Photonic Memory

光量子存储

徐端颐 著
Xu Duanyi

清华大学出版社
北京

内容简介

本书在收集整理迄今为止光量子存储领域已取得的主要研究成果的基础上，对光量子用于信息存储的必要性、可能性和存在的主要问题进行了比较全面和系统的探讨和介绍。主要内容如下：第1章简要介绍光量子存储发展的过程和与光量子存储相关的前沿科学技术，包括量子信息科学新进展及量子光学对信息存储做出的贡献。第2章讨论光量子存储的理论基础——量子信息论的基本概念、研究目标和任务，以及基本物理现象，包括量子存储中的不确定原理、量子概率论、信道容量、量子密集编码、量子数字压缩以及与量子信息存储有关的光子技术基础知识。第3章介绍光量子存储工程应用相关知识，包括纳米光子学、光控量子记忆功能及光子存储器的量子分析、无衰变亚稳态效应、存储效率与量子分布场计算、绝热存储控制场的优化及量子存储中光子数字分析计算，以及气态原子中的单光子记忆功能，单原子介质用于光子存储的可行性分析。第4章介绍光量子固态存储典型结构原理，包括全光固态存储、量子纠缠存储、光子与旋转量子点之间的纠缠、不同晶体之间的量子纠缠及基于Raman散射原理的量子纠缠、单原子中量子纠缠存储、光量子波导存储，自旋量子存储和存储于原子中的量子态及量子存储容量分析。第5章介绍量子化学固态存储，包括光子化学非凝聚态半导体辐射化学、有机光化学及量子化学固态存储基本技术。集成光子学元件机构与基础材料，光学互联、全光固态存储单元、电光混合光子集成存储信号处理。第6章介绍以光量子存储技术为基础的类脑存储、神经网络存储、相位调制随机存储、幂迭代矩阵矢量光计算及极性分子可编程处理器等有代表性的智能化光子存储原理和相关技术。另外，为了使基础理论研究与未来工程应用有机结合，第7章和第8章分别介绍了光量子固体存储器设计及加工制造中的核心技术问题。包括关键部件设计和核心加工工艺设备及材料，以及光量子存储器中光子芯片、基板、互联、纳米光子集成、原子尺度工艺纳米结构制造和纳米结构自组装等技术。

本书涵盖量子光学、量子信息论、集成光学、纳米光子学、光子化学、表面物理和纳米结构制造工艺及测试等相关新兴学科。书中将这些背景差异较大的知识融会贯通，以简练的表达方式使不同研究领域的读者对光量子存储机理获得准确的理解。同时，考虑到光量子存储器件的实验加工以及未来工业化应用的需要，本书用四分之一的篇幅介绍了光量子存储器件的设计加工设备工艺问题。因此，本书除了可供相关领域的科技人员及研究生、本科生参考外，也可供对新兴高科技产业有兴趣的专业人士参考。

图书在版编目(CIP)数据

光量子存储/徐端颐著. —北京：清华大学出版社，2021.12
ISBN 978-7-302-55007-5

Ⅰ. ①光… Ⅱ. ①徐… Ⅲ. ①光存贮—研究 Ⅳ. ①TP333.4

中国版本图书馆CIP数据核字(2020)第056416号

责任编辑：王一玲
封面设计：傅瑞学
责任校对：李建庄
责任印制：宋　林

出版发行：清华大学出版社
网　　址：http://www.tup.com.cn，http://www.wqbook.com
地　　址：北京清华大学学研大厦A座　　**邮　　编**：100084
社 总 机：010-62770175　　**邮　　购**：010-83470235
投稿与读者服务：010-62776969，c-service@tup.tsinghua.edu.cn
质量反馈：010-62772015，zhiliang@tup.tsinghua.edu.cn
课件下载：http://www.tup.com.cn，010-83470236
印 装 者：三河市东方印刷有限公司
经　　销：全国新华书店
开　　本：210mm×285mm　　**印　　张**：44.5　　**字　　数**：1282千字
版　　次：2021年12月第1版　　**印　　次**：2021年12月第1次印刷
印　　数：1～1000
定　　价：890.00元

产品编号：069786-01

序言

光量子是信息显示、传播、存储和处理的重要载体，在现代信息科学技术中具有举足轻重的地位。“光量子存储”是光存储技术的重要发展和延伸，也是量子信息科学中重要的研究课题。作者徐端颐教授长期从事光子与物质相互作用及其在信息存储中的应用研究，并在清华大学创建了光存储国家工程研究中心。他先后发表了《光盘存储系统设计原理》《高密度光盘数据存储》《超高密度超快速光存储》等专著及数百篇论文，在国内外都很有影响。21世纪初徐端颐教授被国家科技部聘任为国家光存储重点基础研究的首席科学家时，他已注意到以光盘为代表的光存储技术及伺服系统已接近物理极限，将以多维光存储及量子存储原理为基础的光学固态存储器列为重要研究目标之一，完成了基于光量子与物质相互作用产生的多种物理及化学效应实现信息写入及读出的原理及实验研究。他的这些研究工作受到国际同行的关注，近年应邀到过许多国家进行学术交流及相关的研究。此间他所用的讲义 *Multi-dimensional Optical Storage*（多维光存储）由国际著名出版公司施普林格（Springer）于2016年出版发行，这也是国际上第一部研究多维光存储的专著。当时美国光学学会月刊（Optics & Photonics News）发表的书评指出，该书“无论就其知识的广度、深度及挑战性都不愧为该领域研究发展的最佳专著”（参见：Alan Shore. Optics & Photonics News. Osa-opn.org，Oct. 2016）。徐端颐教授的另外一本讲义 *Photonic Memory*（光量子存储）汇集了迄今为止光量子存储领域的最新研究成果、发展动态及应用状况。清华大学出版社认为我国还没有同类专著出现，对国内读者意义更大。在国家出版基金的支持下，徐端颐教授特将 *Photonic Memory* 讲义译成中文——《光量子存储》，由清华大学出版社出版发行。

本书在系统介绍光量子存储的基础理论知识、物理实现及工程应用的技术路线与方案的同时，对光量子存储发展具有重要战略意义的研究成果进行了详细介绍，包括：可控偶极量子存储、精密自旋回波量子存储、光量子化学存储、光量子纠缠存储、多波长光量子存储、光子双稳态存储、相位调制随机存储、量子逻辑控制、信号冻结与再生、光量子多能级类脑存储、量子神经网络、幂迭代矩阵矢量光计算、极性分子存储可编程处理器、量子数字压缩与密集编码、光量子存储效率、量子存储保真度及可靠性，等等。同时，作者还考虑到基础理论研究与工程开发协同推进问题，专门安排了两章分别介绍了光量子存储工程实现中的核心技术，包括纳米光机电混合集成、单光子源、光子晶体器件加工以及光学无掩膜直写、极紫外光刻、等离子纳米加工、超薄抗蚀剂膜自组装等研制光量子存储器所必需的关键设备及核心技术。

本书内容丰富详实，对光量子存储中重要概念和基本原理的解释清晰完整，实验数据资料严谨可靠，是一本学科跨度大、基础理论与工程应用研究相结合的具有国际水平的重要专著。

周炳琨
清华大学电子工程系教授
中国科学院院士
中国光学学会理事长
美国光学学会国际顾问委员会委员
2021年6月

前言

世界已步入信息社会，全球每分钟互联网新增的数据超过数万亿字节，每天各种媒体发布和刊载的数据资料，包括视频、音频、图片和文档总量达到甚至超过拍字节(10^{15}B)量级。如此高速增长的数据量都需要存储，无论对固定或移动存储器都是极大的挑战。随着科学技术的进步，未来信息存储将具有如下特征：记录单元将进入分子、原子量级。自然界或人工合成的许多物质中都能找到性能非常稳定的原子或分子，可通过外加的影响改变其状态用于信息记录；多维/多元存储将取代传统的平面二维存储，信息存储容量不仅是记录单元所占用的空间尺寸的函数，也是同一物理空间内其他各稳定参量的函数，即多维/多元编码存储；完全取消机械运动部件，排除机械系统速度、加速度的制约；实现空间交叉互联，信息存储与处理结合，并行读写、编码、压缩及高层次智能化处理，最终实现不受容量、内容、表达方式和处理方法限制的智能化信息存储系统。因为光量子存储不仅可以达到分子、原子量级，而且还有多种物理状态(吸收、辐射、谐振、纠缠、偏振、干涉、衍射等)用于存储信息，可将每个单元存储容量提高若干数量级，是最易于同时实现上述目标的最佳解决方案。并且，不仅可独立存储记忆完整的概念、物理定义、数学模型或图形和图像，而且通过互联实现一定的处理功能，为大数据的智能化存储开辟了一条新途径。另外，光量子存储在散热和抗交叉干扰等方面不存在技术屏障，具有低能耗、容易实现存储单元之间互联、空间耦合相关处理以及大规模集成加工生产等优点，适应未来的信息系统，特别是人工智能新型计算机及其他信息技术发展的需求。

作者在总结收集整理国内外迄今为止光量子存储领域所取得的最新研究成果的基础上编写了此书。除了针对光量子存储技术涉及的基本原理进行了较系统的介绍外，尽可能地将已实现的或正在研究中的各种实验方案逐一介绍。同时，包括作者近年来在国内外相关的学术交流活动中接触到的有关光量子与介质相互作用记录信息的新机理、研究发展技术路线、存储系统实验研究方案，以及在存储密度、容量、数据传输速率及可靠性等方面获得的具体实验数据资料。

光量子存储基于光子与介质之间的物理、化学反应。实验证明，许多物质原子发射的光量子在与其他物质的原子之间相互作用时，可得到多种稳定可逆的物理状态。这些转换过程，大部分可用能量密度矩阵运动方程或迭代矩阵量化描述。例如，掺钕铌硅酸盐晶体受激产生的光量子不仅具有良好的相干性，而且能使掺钕铌硅酸盐晶体产生可控的光量子跃迁和二次受激非线性光子辐射。根据物理数学模型仿真及初步实验结果证明，在此类物质与光量子相互作用过程中，光子的非线性传输和多模态完全有可能用于构建静态或动态光量子固态存储器。另外，光量子与物质的可逆异构化效应，包括许多高分子材料吸收光量子后产生的内部结构与光学特性的可控变化，有机或无机介质双光子吸收耦合非线性效应及其选频吸收，均证实光子具有良好的可控存储信息的特性。实验结果还证明，纳米晶体薄膜、非晶态光致变色材料、高分子材料同样具有高电离子域化合价转换效率、高稳定性、复合噪声低、能耗低及结构设计灵活性大等优点，非常适合工程应用的要求，便于未来实现系统集成及规模化生产。

本书涉及学科非常广泛，除了量子光学、量子信息论、集成光学、非线性光学、纳米光子学、光子化学、表面物理及统计物理等基础学科外，还与许多最新前沿工程技术相关。作者在本书的编写过程中，发现许多知识结构体系之间的“断层”，例如某些定义、符号及数学模型不一致；部分外文专业词汇没有统一的中文翻译。所以在编写过程中对某些数学模型及其推导过程尽可能删繁就简，采用文字描述，对于比较特殊的符号和定义均加适当的注释，不常见的专业词汇仍保留原词作为对照，希望能通过比较简练的表达方式将光量子存储的物理-化学过程展示给读者，使读者对光量子存储的本质和机理有较准确的认识和理解，以便在此基础上，能顺利接受和理解光量子存储中特有的问题及处理方法，例如，不同频率光子态的耦合波方程、光子在介质中的非线性传输模型、光子能量转换效率计算、光量子能耗分析及可靠性计算等重要数学工具和计算方法。此外，为解决本书内容涉及基础理论类型较多，使用符号比较复杂，容易混淆问题，特将本书中使用的重要符号，根据它的物理意义和数学表达方式分类整理作为附件列于书后，供读者查阅参考。

本书内容前沿，涉及众多学科，变量符号繁多，尤其是量子科学的变量符号很特殊也很复杂，虽然有些变量符号按照出版规范应该排成黑斜体(比如矩阵和矢量)，但为了读者阅读方便，同时也和国际上相关领域科技文献统一，而且本书原稿最初也是用英文写成，其中有些内容已在国外出版英文专著，本书变量符号都统一排成白斜体，特此说明。

本书的部分重要内容，例如基于光化学光固态存储器、光量子记忆功能、光量子集成器件三维结构设计制造及无掩膜纳米光刻等，都曾经在清华大学相关专业高年级研究生选修课及其他学术机构组织的专题中使用过。这些内容相对比较独立，且提供了较完整的参考文献目录，适合各种数字化演示文件的制作。在编写本书时仍保留了此特色，并根据光量子信息存储技术的新发展和学科体系进行了全面的补充调整，增添了部分综述性介绍和简要的总结归纳。所以，本书也适合作为相关专业的研究生或本科生的教材。在上述学术交流活动中，作者还曾收到希望将本书内容扩展为一个多学科综合应用培训平台的建议，虽然其重要性是显而易见的，但实际操作难度很大，短期内无法实现。期望通过此次出版发行，充分听取广大读者意见和实际应用考核后再考虑全面修改补充。

光量子信息存储研究的这些特点，曾经引起许多不同学科领域、具有不同研究背景和阅读目标读者群的关注。即这些读者虽然不具体从事光量子存储研究，但对本研究课题中涉及的多学科交叉研究方法或成果颇感兴趣。作者对此十分珍视和欢迎，这种跨学科的互动恰恰是光量子存储技术学科发展的特色和继续进步的潜源。所以在编写过程中，对相关学科在光量子存储研究中的实际应用和贡献都进行了较详细的介绍。例如，基于纳米光子学的量子内物质相互作用、纳米光学器件的加工工艺设备、高效宽带光量子传感等内容都有专门章节系统描述。除了因为这些知识对光量子信息存储研究不可缺少外，更希望这类具有战略意义的跨学科研究课题能获得各方面专业人士、专家学者的关心和支持。更好地获得各相关学科的支持，推动光量子存储的发展，对未来研究开发新一代存储器件有所裨益。例如，为了配合光量子信息存储的基础研究，清华大学利用自行研制的激光阵列扫描三维加工装置和精密压印成型技术，进行了多种光化学反应多阶调制实验芯片以及其他具有纳米结构实验器件的研制。虽然这些实验装置和工艺技术与大规模实用化还有很大的距离，但足以证明实现光量子存储器件的产业化生产并非存在不可逾越的鸿沟，对其他领域的超精密加工制造也有一定的参考价值。

在本书出版之际，作者首先要向鼓励和支持完成此书的专家、教授及清华大学出版社的编辑致以崇高的敬意；对听过相关讲座或参与研讨的朋友们表示衷心的感谢。光量子存储属于新兴学科，发展迅速，日新月异。由于作者在此领域的研究深度有限，不可能全面反映目前国内外的研究水平和状态，书中不足在所难免，衷心希望广大读者批评指正。

徐端颐

2021年6月于清华园

目录

Contents

第1章 概述

人类对自然界的认识，受条件的限制，往往只能从宏观逐步深入微观世界。例如对光的认识，虽然光是人类最早接触的自然现象，但是对它的量子特性的认识，严格的界定应该是20世纪60年代初著名物理学家路易·格劳伯提出的基于光相干性和统计分布特征建立的光量子理论，为光量子和物质相互作用研究奠定了基础。量子理论引入光相干性研究最成功的应用应该属于激光器的研究开发，也可以认为这是世界上最早的量子器件之一。从此，涌现出以量子光学为代表的一大批新兴学科：量子光学、原子光学、量子物理学、量子电动力学、量子场论、量子化学以及纳米光学等。这些学科的发展，使光量子与物质相互作用的研究焕然一新。例如，1997年发现了激光冷却和囚禁原子，2001年发现的玻色-爱因斯坦凝聚现象都是光量子和物质相互作用研究中具有里程碑意义的成果，但与量子存储仍没有直接关系。直至2005年，量子光学理论的奠基人，美国哈佛大学路易·格劳伯与精密光学计量专家、美国国家标准和技术研究所约翰·霍尔合作，开展的光频梳(Optical Frequency Comb，OFC)实验以及在光谱精密测试与光量子记忆检索的研究，可以认为是光量子存储研究中最早取得的突破性进展。在国内，清华大学光存储国家工程研究中心与中国科学院理化研究所等主持承担的国家重点基础研究计划(973计划)超高密度超快速光存储(1999—2004)研究项目中，安排了光量子存储方面的基础研究内容，主要集中在光量子化学存储，特别是双光子效应、单波长吸收、光折变效应、亚稳态存储等实验方面研究，并取得一定的成果。近年来，国内学术界对此项技术逐渐予以重视，在光量子、原子、离子和分子体系量子存储原理研究中都开展了广泛研究。中国科学院量子信息重点实验室、中国科学技术大学光学与光学工程系等单位在量子通信、量子纠缠存储等领域均获得许多重要成就。近期国际上最具代表性的成果是，2013年Silvestre等完成的无纠缠光子比特量子存储器，成功用于长距离量子通信中作为量子存储中继器。由于量子存储时间的长短决定了中继中的分段距离，在信道中添加良好的量子存储功能，可大大增加量子通信安全传输距离。国内最引学术界重视的是2015年中国科技大学史保森领导的科研小组，基于冷原子系统存储介质，利用Raman存储协议成功实现了单光子偏振混合纠缠态和双光子偏振纠缠态量子存储，具有国际领先水平。

近代物理、化学、材料科学及信息科学的新发展为光信息存储开辟了新的发展空间。以光量子与物质相互作用为基础的量子存储，便是其中最有前途的研究领域之一。这也是量子计算、量子通信及量子信息处理等前沿科学的重要组成部分，在未来信息技术领域中有广阔的应用发展前景。量子固态存储可充分利用现代半导体技术与产业发展的成功经验，以及激光技术、纳米加工技术的新成果，完全有可能更快地完成量子固态存储器研究，并早日实现其商业应用。另外，光量子存储技术将可能对信息存储产业带来类似于光纤在通信领域中应用产生重要影响。将此项技术与自由空间光互联结合，有可能对突破IC面临的技术瓶颈，推动量子计算机研究发展做出重要贡献。但光量子固态存储技术目前仍受到各种技术条件的限制，特别是维持量子存储状态，控制其退相干延长存储寿命等方面还面临诸多挑战。虽然量子存储原理研究不断取得显著进展，但目前仍未获根本突破。本书试图将国内外此领域取得的成就综合整理，尽可能将光量子记录信息原理及相关基础知识和技术向读者做一较全面的分析介绍，以此抛砖引玉，为中国量子存储技术的研究开发尽微薄之力。

由于光在传播过程中不存在相互干扰，其携带信息的可靠性远优于电子，这项技术在解决高密度的系统集成比电子技术具有更高的优越性。同时，光的传输过程没有类似电阻的效应，也不会被其他电磁波干扰，所以此项技术非常适合于构建高密度的三维集成信息处理系统。当然，光还具有高速传输和极大的带宽和物理通道密度，为系统设计提供了更广阔的灵活性和适应性。基于目前已有的成熟技术，每个信道的I/O率已能达到数百Gb/s，多通道平行传输时的总容量有望超越Tb量级。同样，因为没有相互干扰，系统很容易实现空间自由互联，为研究制造类脑计算机提供了新的途径。采用光学分选和交叉互联异步传输模式或数据包路由，可建成和共享内存的多处理器系统。在光计算中，可采用两种类型的内存方法，除了传统的二进制存储元件组成的阵列外，还可采用其他类型的光学海量存储器，例如多参量、多维、全息存储系统等。这些类型的内存器具有极高的存储密度、容量数据传输率。这类存储器未来还有可能用于要求高容量、能快速和随机接入、抗辐射、低功耗且体积小、重量轻、结构紧凑、轻便的智能航天器中及超大规模容量和快速访问的地面数据中心。随网络多媒体服务的普遍应用，RAID阵列光学数据存储也将成为未来高速写入数据的首选介质。实际模拟证明，这类设备还可能创造出新的存储方式。利用自由空间光学互联光学数据存储系统，实现一组输入和一组输出之间完全没有交叉干扰的数据快速交换，最大限度地提高信号的信噪比，静态误码率小于9×10^{-13}。全息存储还可能提供基于内容的数据访问，实现大型多媒体数据库建立视频索引、图像识别和数据挖掘管理。不同类型的数据，包括不同格式化的文本、彩色或灰度和二进制图像、视频、表格和时间坐标信号均可交织存储在同一介质中，构成具有联想记忆搜索功能的数据库和检索系统。这种基于全部内容的关联数据访问，可快速检索整个内存空间中存在的关键词或参数。同时，这种光量子存储技术将为光存储展示更大的发展空间，利用日益完善的纳米加工和光子集成技术商业化制造光学固态存储器。

本章将介绍基于光量子物理实现的量子记忆基本原理、优缺点、研究工具、性能评估方法、量子存储主要方案和国际上最新进展。

1.1 光量子存储发展历程

光量子存储器是一种能可靠存储并重新发射光子的装置。量子记忆是基于量子存储协议的物理实现。物理系统中的原子、离子或存在于固体中的异化结构与光子相互作用时，某些特性会产生稳定的改变，可用于记录信息。其保存时间主要决定于介质本身的物理化学性能。而其他参数，例如存储效率或容量往往取决于介质与光量子相互作用的函数。保真度是衡量光量子存储器性能的重要标准，为了确定和测量此参数，通常需要特殊研究开发相应的专用设备和程序。以单光子量子存储器为例，其记忆功能和可靠性(保真度)体现在它重新发出一个光子时的状态，以及对所输入光子的物理状态，如果这两者之间的关系可以用单光子波函数定义，便可以此为基础分析计算和测试其记忆功能和可靠性。必须指出，由于量子记忆在某些情况下可能出现多种状态而导致保真度差异，虽然这种现象并不排除其在某些场合的实用性(例如量子中继器)，但仍不能用于确定量子存储协议以及来自物理系统的限制。因此，光子量子存储器的记忆功能、可靠性及存储效率均取决于所使用的物理系统。效率是量子记忆功能最主要的特征，它将直接影响该器件的可应用性。单光子的存储和检索效率均可用单光子概率描述，其存储效率可能出现负概率，即一个光子在存储过程中就产生输出。增加光量子强度及其与存储器之间的耦合效率是提高量子记忆基本特征的主要方法。

调整量子腔也能提高耦合效率,不同协议的光学厚度具有不同的效率和存储时间。量子存储器的研究与量子信息处理技术同步发展,能实现量子存储的方案很多,根据不同使用需求而异。例如,量子中继器所需的量子存储器的存储时间与应用程序的性能相关。量子中继器中量子记忆的性能与不同链接的纠缠态有密切关系。量子最小的存储时间与 L_0/C 成正比,其中 L_0 为连接链(link)长,C 为光速。此式表明量子的存储时间 T_s 远小于 L/C,其中 L 为通信距离的总长。说明量子的纠缠分布率与$\sqrt{L}$呈指数下降,理论上对无限长的 L,量子存储时间没有限制,但在一般情况下,可用的存储时间还是十分有限的。对基于自旋态光相干的固态存储系统,自旋非均匀展宽是限制存储时间的主要因素。研究证明,动态解耦方法可延长存储时间,下面有专门章节对这些方法及精度要求进行详细介绍。对于多模存储器,其容量取决于存储器能同时存在的最大有效模数。值得重点关注的是基于原子谐振的量子记忆原理。利用光子增强耦合的原子谐振存储器的主要优点是可实现大容量的多模存储,这种多模存储基于存储不同频率的光子,即通过增加内存带宽提高存储器的容量。值得注意的是,这种方法可能使内存可操作速率受到限制。其他参数,如量子存储器的波长也很重要,需与整个系统通信方案、传输通道、光量子源、量子中继器及兼容性等进行综合优化分析。

1. 非谐振 Raman 耦合量子存储器

基于非谐振 Raman 作用的量子存储原理如图 1-1 所示。

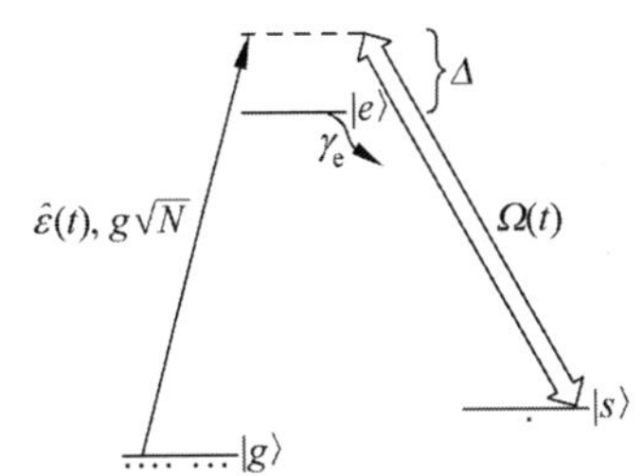

图 1-1 非谐振 Raman 耦合量子存储原理。非谐振 Raman 耦合作用使单个光子吸收一定能量后进入自旋激发态实现信息存储。此光子可通过施加相同能量的控制场检索读出

该方案基于原子的 3 个稳定能态(如图 1-1 所示),在未记录信息之前,所有的原子都处于基态 $|g\rangle$。处于基态的原子具有可通过能量为 $\hat{\varepsilon}(t)$ 的单光子脉冲实现存储和检索特性。对应的控制领域 $|s\rangle$ 与 $|e\rangle$ 之间的转换波 $\Omega(t)$ 脉冲控制特性可用于存储信号的读出检测。单光子输入信号和读出信号均不会分别与 g-e 和 s-e 产生谐振。但双光子谐振是实现有效耦合的必要条件,即 $\omega_p - \omega_c = \delta gs$。为此,首先需要使用 Maxwell 波动方程对介质中电磁场传播进行分析计算,然后用 Hamilton 函数对原子能级和原子场的相互作用进行分析计算。所获得的传播方程为二阶微分方程,因此脉冲的带宽实际上比中心频率小得多,所以此方程可以极大地简化。最复杂的情况就是介质的折射率并非常数,而是随时间变化的函数。将此 Hamilton 函数代入 Heisenberg 方程,可得

$$\hat{A} = \frac{\mathrm{i}}{h}[\hat{H}, \hat{A}] + \frac{\partial \hat{A}}{\partial t} \tag{1-1}$$

为便于获得本系统的动态运行特性,根据系统中光子的数量远小于原子数的特点,可将 Heisenberg 方程组进行简化(见附录)。可以看出,Δ 值比输入脉冲的带宽大得多,而且激发态的扩大会导致激发态消失。值得注意的是,非相干源基态自旋的展宽也可能对此激发过程产生影响,在深入研究计算 Raman 量子存储器属性时应予考虑。

Raman 量子记忆的保真度理论上可以接近理想值,然而,由于耦合控制场使原子从基态 $|g\rangle$ 激发时会产生不必要的自旋导致读出噪声,以致影响系统的保真度。为避免或减少这种现象的发生,可通过适当调整结构参数消偏振,例如选择适合的有效光学厚度,调整单光子耦合效率,控制场的 Rabi 频率、原子数、失谐和基态自旋展宽等。

由于存储信号的读出时光子会被再吸收,受介质厚度的影响,读出方向会影响读出效率,如图 1-2 所示。高效率读出可能需要消耗更多的控制能量,这可能产生式(1-2)所表达的随时间变化的相位调制:

$$\phi(t) = \int_0^t \mathrm{d}t' \frac{|\Omega_c(t')|^2}{\Delta} \tag{1-2}$$

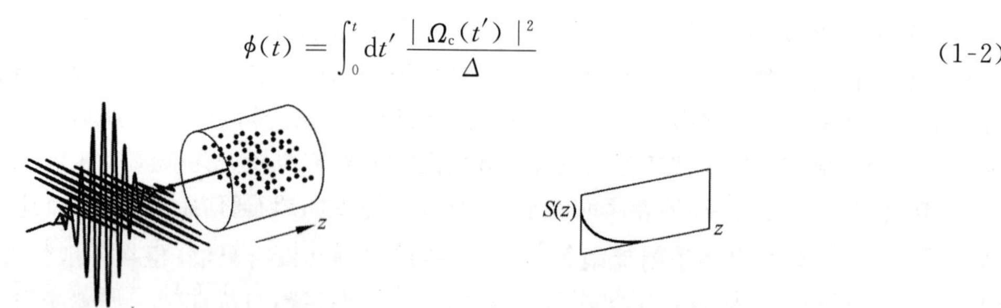

(a) 曲线分别表示控制场和输入脉冲，由于相互产生同步谐振而被介质吸收

(b) 自旋激发辐射沿介质厚度方向z被介质吸收的曲线S(z)

图 1-2　非谐振 Raman 耦合量子存储过程

此效应又被称为 Stark 交变相移，会显著地限制量子存储器的性能。对输入脉冲的调制相位进行适当改变，可有效消除此交变相移，达到理想的效率。基于原子谐振原理的量子多模存储容量，对非受控不均匀展宽的量子存储，包括 Raman 型量子存储，其多模存储容量完全不受光学厚度限制。研究表明，量子存储器可以同时有效存储多个具有一定阈值信号的模数，例如在 Raman 型量子存储器中，此模数与光学厚度的平方根成正比，这说明为什么 Raman 型量子存储器的带宽取决于控制场的带宽，并可利用电磁诱导透射介质制作有限带宽量子存储器。

图 1-2 还说明为什么读出方向会影响读出效率，与 z 同向检测（正向检测）时效率较高，甚至可能达到 100%。如果从反向读出，由于读出脉冲受到剩余部分 T 介质的再吸收，会使效率下降。另外，此方案还相当于一种二能级 Raman 量子存储器。

2. 电磁诱导量子存储

慢光是光学中最奇妙的现象之一。而电磁诱导传播（EIT）则是著名的慢光效应，如图 1-2 所示，被磁场影响的介质会形成具有特殊吸收特性的透明窗。同样从图 1-1 也可看出，光在三能级原子的介质中的传播可被强度为 $\Omega(t)$ 的电磁场控制。当失谐量 Δ（见图 1-3）接近于零时，透明窗特性如图 1-2（b）所示。这种现象可认为是探针场吸收不同导致的干扰解释。当失谐量 Δ 为零时，可认为探针场 $\hat{\varepsilon}(t)$ 通过 g-e 转换后被吸收。

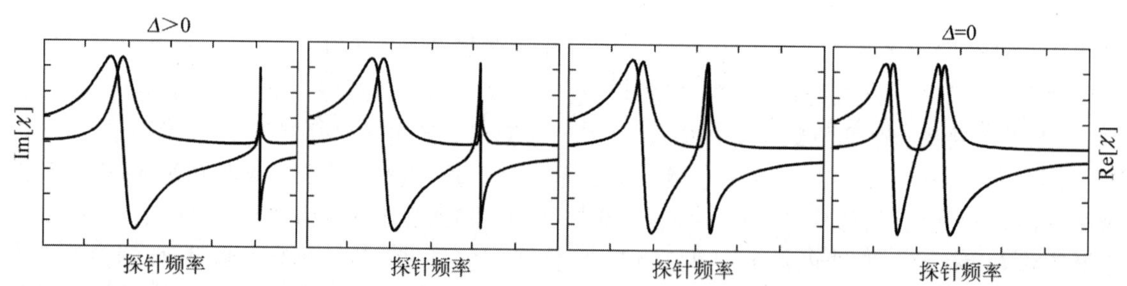

图 1-3　失谐量 Δ 变化对读出信号的影响，分别表示探针场 $\hat{\varepsilon}(t)$（见图 1-1）和透明窗函数 Re[χ]。当失谐量从左到右逐渐减小时，透明窗也按函数 Re[χ] 的斜率相应减少

激射态的寿命按 $|g\rangle \rightarrow |e\rangle \rightarrow |s\rangle \rightarrow |e\rangle$ 吸收过程的顺序被破坏，而影响透明窗的吸收谱。透明窗的磁化序数也伴随 Re[χ] 同步下降。此组数据取决于控制场的 Rabi 频率，对于较弱的传播场（例如单光子），其矢量可减小到零。如果在此过程中逐渐关闭控制场，探针场的光激发会变成自旋态并记录该系统的基态。一旦开启控制场，此存储信号将被重新激发而被读出。系统的光学深度和基态相干时间分别对存储效率和寿命有重要影响。与 Raman 型量子存储类似，其有效存储带宽取决于控制场透明窗结构，如图 1-4 所示。对于多模存储，其容量与光学深度的平方根成正比。这是非异质宽带量子存储器，例如 Raman 型和电磁诱导型量子存储的主要缺点。

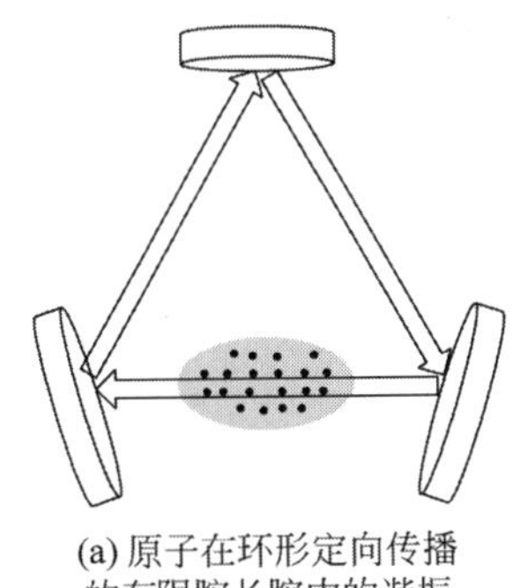

(a) 原子在环形定向传播的有限腔长腔中的谐振

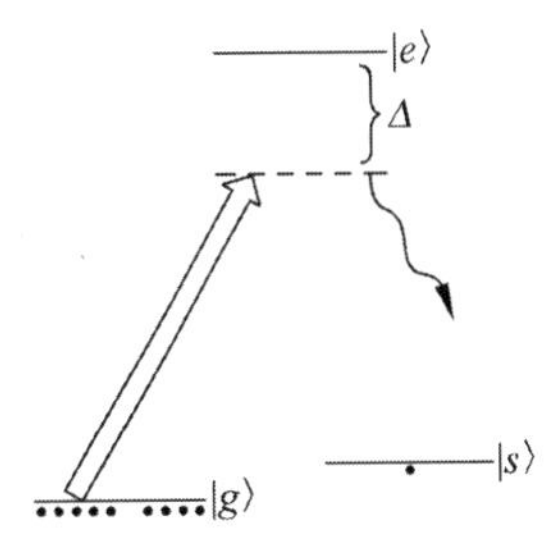

(b) 原子能级结构。所有原子均处于基态，由于腔场对光子散射的作用引起了自旋辐射

图 1-4　可逆异构宽带量子存储过程

3. 非谐振 Raman 散射存储

另外一种基于三能级原子谐振方案，即非谐振 Raman 散射方案早已被用于长距离量子通信。此系统中的量子态不可逆，是不能用于存储的。但此方案中的原子谐振产生的纠缠会发射量子。此量子有可能用作单光子源或长距离量子通信。利用失谐光脉冲激励原子，可产生谐振自旋光子散射。为了避免脉冲被吸收，辐射场必须用$|g\rangle-|e\rangle$转换 Δ 形成失谐。然而，较强的失谐 Δ 可能减少光子散射及自旋激励的概率。所以本方案采用环形腔以提高其耦合概率。这种自激辐射可以覆盖所有的波矢量模型。Raman 散射产生的自旋辐射模取决于波矢量及散射光子。因此，在读出时会被许多谐振原子增强，使噪声被抑制，达到很高的信噪比。此原理被用于旋转共鸣量子存储。

4. 可逆异构宽带量子存储

可逆异构宽带(CRIB)量子存储基于异构宽带调制变换。这种异构展宽源于原子谐振引起的能量变异。此方案中的光子被存储于异构展宽的原子中，当此光子被原子吸收后，该原子态可用式(1-3)描述：

$$|\psi(t)\rangle=\frac{1}{\sqrt{N}}\sum_{j=1}^{N}\mathrm{e}^{\mathrm{i}\delta_j t}\;|gg\cdots \mathrm{e}^{j}g\cdots g\rangle \tag{1-3}$$

式中，N 为谐振原子数；δ_j 为第 j 原子失谐中心频率。由于原子能级分裂导致原子态产生相移，且此相移的发生率取决于异构带宽，此原理可用于存储，但受限异构展宽只允许一个原子相移。当 $t=T$ 时，此异构原子的展宽发生翻转，此时谐振的第 j 原子将失谐成 δ_j。该初始相移原子态$|\Gamma\rangle$在时间 $t=2T$ 时会产生翻转，如图 1-5 所示。

可逆异构宽带量子存储器，原理上其可靠性能达到 100%。与其他方法相似，实际存储效率取决于光学系统。类似上述 Raman 型量子存储，这种存储器的效率同样与介质厚度及读出方向有关，即从正向读出时的效率可以达到 100%。

存储时间取决于物理系统。当存储时间为 t_{stor}时，异构展宽一定会在 $t=t_{\mathrm{stor}}/2$ 时出现翻转，并在 $t=t_{\mathrm{stor}}$时实现有效恢复，如图 1-5 所示。此属性被用作脉冲序列。多模存储是基于非均匀展宽的量子存储的重要特性之一。相对于基于非展宽原子谐振方案，能达到相应效率的存储模数与光学深度呈线性关系。在可逆异构宽带量子存储器中，非均匀展宽由外电场或磁场产生。增加外部磁场强度可获得更大的非均匀展宽，从而增大其存储带宽。

这种可控的内存带宽可用于存储多个输入模式。梯度回波存储器(纵向逆异构宽带量子存储器)同样是基于异构宽带量子存储方案，但展宽是沿纵向(输入场传播方向)变化的外部磁场产生的。与横向异构宽带量子存储相比，沿介质的每一片段传播方向都包含所有频率分量，是梯度回波存储(GEM)最显著的特点，可吸收的原子在空间上呈纵向扩展，因此防止了不同方向检索时的效率差异，

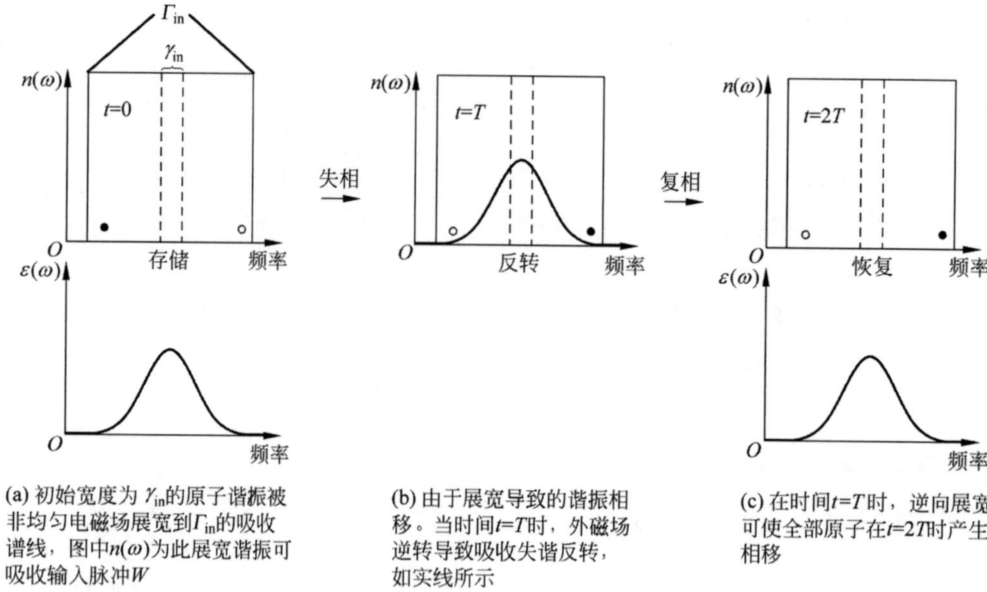

(a) 初始宽度为γ_{in}的原子谐振被非均匀电磁场展宽到Γ_{in}的吸收谱线，图中$n(\omega)$为此展宽谐振可吸收输入脉冲W

(b) 由于展宽导致的谐振相移。当时间t=T时，外磁场逆转导致吸收失谐反转，如实线所示

(c) 在时间t=T时，逆向展宽可使全部原子在t=2T时产生相移

图 1-5　物理系统结构与存储时间的关系

是一种很有影响力的实验成果。

5. 原子频率梳量子存储

原子频率梳（AFC）量子存储属于不同展宽的另一类量子存储方案。其原理是利用原子谐振周期性吸收，如图 1-6 所示。当输入脉冲与梳状原子谐振分布相同时则出现吸收。

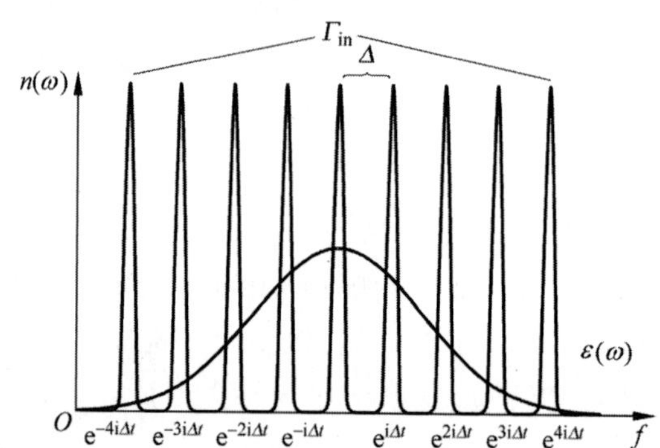

图 1-6　非均匀展宽谐振原子频率梳量子存储示意图。此周期性的吸收峰由光学泵浦形成，当输入场 $\varepsilon(\omega)$分布与此谐振相符时，由于原子在不同吸收峰具有不同的吸收率而出现相应的相移。此原子态相位按照 $t=2n\pi/\Delta(n=1,2,\cdots)$周期分布自动叠加

这些原子由于失相不同，频率也就不同（失谐）。然而，因为周期性吸收峰频率的梳状分布是均匀的，这些原子的失相时间也相同，且为 $2\pi/\Delta$ 的整数倍，Δ 为非均匀展宽谐振原子频率梳吸收峰间的角频。存储时间取决于原子的失相-恢复时间。因此，一旦原子频率梳吸收峰形成，存储时间也就被确定了。如果这种存储激励可转移到原子的另外一个能态，存储时间还可以延长。另外，这种非均匀展宽谐振原子频率梳用于其他目的，例如用于通信时，由于传输中光学激励态变换，存储时间可能被延长。非均匀展宽谐振原子频率梳存储性能可靠，是比较理想的多模存储，从背面读出时的效率可达 100%。

另一种新的方案是基于折射率调制的量子存储器。其基本原理是利用外加电磁场可对折射率进行随时间变化调制的介质，实现对通过介质的光脉冲频率（波长）进行可逆调制，使在介质中传播的光

脉冲的频率呈现与介质折射率随时间变化同步有效调制，且光频率在介质中的位置为时间的线性函数，实现光脉冲的纵向位置与介质原子的有效失谐。所以，此方案相当于失谐位置取决于外加电磁场的梯度回波存储器。因此，可采用基于 Tm^{3+} 离子掺杂铌酸锂晶体，以随时间变化的电场调制其折射率而获得足够带宽的存储输入光脉冲，然后用逆变化电场实现检索读出。

还有一种方案是原子频扫的量子存储，此方案基于对具有双级原子谐振跃迁频率的调制。实验证明，窄带原子谱线能从负到正实现较大的失谐跃迁，允许存储脉冲频率具有比原子共振频率更宽的变化。对该系统的偏振动力学分析证明，这是一种类似电磁诱导透明的慢光效应，且可以用侧腔波导阵列实现。数值分析也揭示此方案与梯度回波存储器很相似。目前发现的最有潜力的介质是空心光子晶体光纤，正在研究开发的方案还有类似原子频扫的量子存储器。该方案基于可控的频率均匀分裂原理，利用量子态光束通过可控谐振频率线宽均匀分裂的介质实现量子存储和检索，最新文献报道已观察到这种与基态原子相干不同的（不同于 EIT）慢光效应。

1.2 物理实现

任何能稳定与光子耦合并光子相干持续时间较长的固态材料都可能用于量子存储。一个被捕获困住的单原子，或陷阱、气体分子及晶体中的谐振原子等都可用于构建量子存储系统。此外，人造原子如量子点和钻石中的氮空穴（NV）也可用于构建物理系统。在蒸气中，Rb 基态原子电子的相干时间远超过 1ms，而某些稀土离子掺杂晶体中的核自旋态稳定时间则可超过 1s。它们从一种状态转换成另一状态的原子/光子界面效率取决于光学深度。适于量子存储的固态材料主要有以下两种：一种是稀土离子掺杂晶体，此类介质很有实用潜力，其特有的光学相干时间和非均匀加宽性能非常适用于量子存储；另一种是 NV 钻石晶体。例如，金刚石 NV 中具有的特性也有希望用于光的量子信息处理。金刚石 NV 中心在室温下的基态核自旋相干时间甚至可超过 1s，完全可用于存储微波光子。现分别详细介绍如下。

1. 稀土元素离子掺杂晶体

稀土元素现在高科技领域中有着广泛的应用前景。20 世纪 60 年代以来，稀土元素在激光工业中受到特别关注，还被用于制造高性能的磁铁和电池。在生命科学中，它们的荧光性质被用于生物流体测试和药物研究。稀土元素主要包括钪、钇及其他 15 种金属元素，统称为镧族元素。其中，有 4 个元素对量子存储特别有吸引力，即镨（Pr）、钕（Nd）、铒（Er）和铥（Tm）。这些稀土元素都有 4 层电子壳，其中 5s、5p 和 6s 电子壳填有较大的径向分布，它们部分屏蔽了 4f 层电子，导致光学线宽均匀狭窄和晶格声子应变降低。有少数晶体，如 YAG（$Y_3A_{15}G_{12}$）及经常使用的铌酸锂晶体均为稀土离子掺杂晶体，其中的稀土离子确定了转换波长。在主晶体中掺杂稀土元素离子取代钇和锂，使该晶体获得对外部磁场或电场激励。一般情况下受激发态寿命的限制，其均匀展宽有限。而且温度会对其性能产生影响，环境温度可能影响声子相互作用及自旋能量交换。另外，掺杂均匀性会造成非均匀增宽和自旋，掺杂剂的浓度也是影响非均匀展宽的重要因素。这是一个不能增加光学深度任意在某一频率增加的掺杂剂浓度的原因。反之，也可能利用这些特性，通过控制掺杂化学计量调整晶体的光学密度。例如，Tm：YAG 掺杂晶体具有良好的光相干跃迁特性，光子可存储在两个可控能级上，特别适合于制造偶极量子存储器。值得注意的是，Tm：YAG 中的 Tm^{3+} 掺杂离子可以控制偶极矩跃迁，增加晶体对外加磁场的灵敏度，即可以显著提高外部电场对其折射率变化的控制精度。因此，稀土掺杂铌酸锂晶体是很适合制造这类量子存储器的。

2. 氮空穴钻石晶体

有时固体中的缺陷也有可能用于存储量子，因为这些缺陷可能提供与原子类似的特性，且具有相对较长的相干时间。该缺陷可以是一个错位的原子或晶体结构中的空穴。此外，存在于或有意添加到晶体结构中的杂质也可能产生同样的效果。不同的杂质可以形成一个或多个电子或空穴(缺少电子)的结构,缺陷的对称性和位置也有重要性质。氮是金刚石中最常见的杂质,氮会代替钻石中的碳而产生空缺。这里重点讨论带负电荷的氮空穴,以由 6 个电子(3 个电子来自碳原子,2 个电子氮原子,另 1 个来自周边的氮原子或其他杂质)的晶格为例,这 6 个电子被限制在缺陷(空位)C3v 对称钻石晶格中,不与相邻晶格有任何共价键。C3v 的对称垂直旋转轴如图 1-7 所示(即 NV 轴),与对称的 NH_3 分子相似并与电子能级和能量有关。

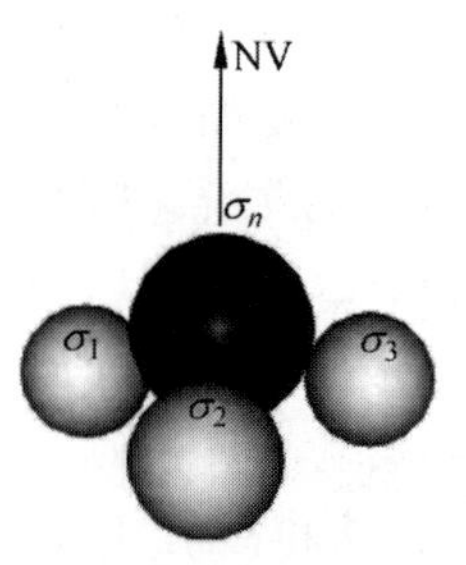

图 1-7 σ_1、σ_2 和 σ_3 代表相邻的 3 个碳原子电子轨道,它们都与相邻 σ_n 的氮共用电子。分布取决于氮空穴矢量 σ_n 的中心,定义为 z 向。一个摇摆的碳电子(例如 σ_1)定义为 x 方向,与 x 和 z 垂直的为 y 向

室温下 NV 中心有较长的电子自旋相干时间(约 1ms),且低温时相干时间会变得更长。这种自旋态可从 NV 中心激发的荧光偏振态用光学方法测量读取。NV 中心的高灵敏度磁感应还成为纳米级核磁共振的有力工具。单个 NV 中心存储微波光子的理论和实验研究均已取得主要突破。NV 中心不加任何邻近核自旋的相干时间(存储)T_2 在室温下达到 1ms。在较低的温度条件下(77K)T_2 达到 0.5s。NV 中心能在几纳米的距离内与相邻的核自旋(C13 和 N15)耦合。核自旋的相干时间则能超过 1s,表明平行电子核耦合率超过 1/T1E,其中 T1E 为电子自旋寿命。证实导致核自旋退相干的电子自旋时间约为 10ms。因此,核自旋相干时间是有限的电子自旋寿命。室温下实现动态解耦的相干时间超过 1s。由于激发态的寿命较短,单 NV 和展宽光子存储还存在许多问题,但不排斥仍是很有发展前途的光量子固态存储方案。

除了上述光量子固态系统设计方案外,还有其他原理和方案可供选择。最常见的是气体中冷原子和热原子产生的谐振,例如热气体中的铷(Rb)原子可用于 Raman 型量子梯度回波存储。在环型腔中捕获的冷原子具有较高的效率和存储时间,用于非共振 Raman 散射(DLCZ)型量子存储。此外,在空腔中的冷阱单原子也被证实可用于量子存储。利用空芯光纤捕获原子具有较大的光学深度,也能达到量子存储的要求。被空心光子晶体光纤阱捕获的铯(Cs)原子已被证实具有更高的光学深度,是有前途的 Raman 式存储方案,其他种稀土离子掺杂光纤也具有类似特性,虽然它们的光相干性还不理想,仍不排斥可用于非均匀加宽量子存储研究。稀土离子掺杂均匀和不均匀透明陶瓷也取得了重要进展,实验证明其特性并不亚于稀土离子掺杂单晶,也是很有竞争力的量子信息存储方案。近 10 年来,量子存储进展迅速,各种量子存储方案应运而生,存储效率不断得到提高,但存储寿命及效率还远没有达到实际应用要求。首先是要提高效率,由于稀土掺杂固体材料的跃迁偶极矩较弱,增加掺杂浓度可提高非均匀加宽和防止光学深度增加。Y_2SiO_5 晶体中掺杂 Pr^{3+} 实现的梯度回波存储器的存储效率达到 69%,用于原子频率梳存储时的阻抗匹配腔的效率可达 58%。此材料用于 EIT 存储实验时,存储寿命超过 1s,实验中采用强脉冲(p-pulse)防止由于自旋退相干产生的非均匀展宽。此技术信噪比有限,只能存储强脉冲。带宽方面,采用 AFC 方案时带宽可达 5GHz。模态方面也有较大的潜力,基于 Tm^{3+} AFC 方案的量子存储器,YAG 可实现的时间模式超过 1000,光子纠缠存储和 AFC 存储都具有多模存储功能,可制造量子中继器用于远程量子通信。原子气体中的 Rb 原子存储效率约 87%,用于 Raman 型量子存储时的带宽约 1.5GHz。环型腔磁光阱冷原子存储时,DLCZ 存储效率约 73%,寿命约 3ms。

量子存储器的另一个重要组成部分是单光子源,通常光子源与量子存储器需结合使用。当检测一个光子时,能确定存储在量子存储器中另一个光子的存在。高效率的单光子源是光量子信息存储处理的关键因素之一,特别是基于 KLM 方案的线性光量子计算。非共振 Raman 散射被用作存储单光子源,用非共振的弱激光脉冲发出一个光子,并激发原子自旋谐振,存储自旋激发态及其模式(波矢量)取决于散射光子和可用于存储的单光子源。

1.3 可控偶极量子存储

上述基于量子存储的各种方案都必须通过量子存储器存入和读取所存的量子。量子存储器的性能主要取决于光与原子的相互作用。本章介绍的偶极矩量子存储则是基于直接控制量子偶极矩的双级实现信息存入与读出。其基本原理是通过分析量子在一个空腔内谐振时光子与原子的相互增强作用，找出影响这种增强作用效率的参量和条件。实验研究证实，在最佳存储条件下，量子偶极矩转换的有效时间 t 为

$$t = \int g^2(t)/\kappa \, \mathrm{d}t \tag{1-4}$$

式中，$g(t)$为光子与原子耦合时间；κ 为谐振腔衰减率。现以 Tm^{3+}：YAG：YAG 介质为例，利用 Maxwell 方程分析自由空间条件下光子在介质中的传播过程建立这种量子存储的理论模型。改变外磁场的方向可控制 Tm^{3+}：YAG：YAG 偶极矩的跃迁，并将这种可控的偶极量子记忆功能与可逆非均匀加宽量子存储器比较，由此可见，偶极矩的调制过程与无光控场 Raman 型量子存储器相似。

根据图 1-8 所示的二能级原子耦合腔模型和 Raman 量子存储原理，可认为 Raman 光谱双光子自旋激发态转换被单光子光学跃迁取代，而且此跃迁由调谐腔耦合控制。因此，可建立描述此反应的基本方程如下：

$$\left.\begin{aligned}
\dot{\sigma}(t) &= -\mathrm{i}\Delta(t)\sigma(t) - \gamma\sigma(t) + \mathrm{i}g(t)E(t) \\
\dot{E}(t) &= \mathrm{i}g(t)\sigma(t) - \kappa E(t) + \sqrt{2\kappa}E_{\mathrm{in}}(t) \\
E_{\mathrm{out}}(t) &= -E_{\mathrm{in}}(t) + \sqrt{2\kappa}E(t)
\end{aligned}\right\} \tag{1-5}$$

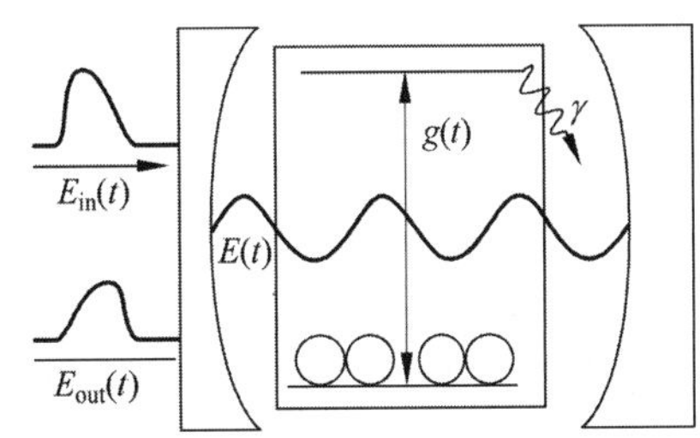

图 1-8 双偶极矩量子存储原理图：中间为空腔，腔内有耦合时间为 $g(t)$的光致谐振耦合物，其控制过程参见式(1-16)

以上动态线性方程组中，σ 为原子的偏振态，E 为谐振腔场及单原子激发光子的概率；$E_{\mathrm{in}}(t)$和 $E_{\mathrm{out}}(t)$为输入和输出的光子波函数；$g(t)$为随时间变化的光与物质的耦合函数是原子基态和激发态间跃迁的偶极矩阵代表原子衰变率；κ 为腔衰减率；$\Delta(t)$为随时间变化的失谐，来自随时间变化的外加磁场，用于控制偶极跃迁，实现 $g(t)$和 $D(t)$转换，其影响将在后面详细讨论。在实践中，根据腔衰减确定最小相关(存储)时间。因此，设$\dot{E}=0$，可得

$$E(t) = \frac{1}{\kappa}(\mathrm{i}g(t)\sigma(t) + \sqrt{2\kappa}E_{\mathrm{in}}(t)) \tag{1-6}$$

因此，

$$\dot{\sigma}(t) = -\frac{g^2(t)}{\kappa}\sigma(t) + \mathrm{i}\sqrt{\frac{2}{\kappa}}g(t)E_{\mathrm{in}}(t)$$

$$E_{\mathrm{out}}(t) = E_{\mathrm{in}}(t) + \mathrm{i}\sqrt{\frac{2}{\kappa}}g(t)\sigma(t) \tag{1-7}$$

设 $\Delta(t)=g(t)=0$，可得

$$\frac{\mathrm{d}}{\mathrm{d}t}|\sigma(t)|^2 = |E_{\mathrm{in}}(t)|^2 - |E_{\mathrm{out}}(t)|^2 \tag{1-8}$$

1. 读出过程

在读出过程时没有入射的光子，即 $E_{\mathrm{in}}=0$。根据式(1-8)，可得

$$|\sigma(0)|^2 = |\sigma(t)|^2 + \int_0^t \mathrm{d}t' \, |E_{\mathrm{out}}(t')|^2 \tag{1-9}$$

所以，读出的激发效率 η_{r} 应为

$$\eta_r=\frac{\int_0^{+\infty}\mathrm{d}t\mid E_{\text{out}}(t)\mid^2}{\mid\sigma(0)\mid^2} \tag{1-10}$$

当读出开始的时间 $t=0$，即 $E_{\text{in}}=0$ 带入式(1-7)，可得

$$\sigma(t)=\sigma(0)\mathrm{e}^{-\int_0^t\mathrm{d}t'g^2(t')/\kappa}$$

$$E_{\text{out}}(t)=\mathrm{i}\sqrt{\frac{2}{\kappa}}g(t)\sigma(t) \tag{1-11}$$

根据式(1-10)和式(1-11)，可得

$$\eta_r=1-\mathrm{e}^{-2\int_0^{+\infty}\mathrm{d}tg^2(t)/\kappa} \tag{1-12}$$

根据式(1-12)，可推导出激发时间表达式为

$$\tau=\int_0^t\mathrm{d}t'g^2(t')/\kappa \tag{1-13}$$

将式(1-13)简化为 $\eta_r=1-\mathrm{e}^{-2\tau_r}$，式中 $\tau_r=\int_0^{+\infty}\mathrm{d}tg^2(t)/\kappa$ 为读出过程的总时耗。为使读出效率最大化，即应该使 τ_r 达到最大值。式中，$g(t)$ 值主要取决于输入场，而且是影响 τ_r 值的唯一因素。为此，重点分析计算输入、输出谐振腔场($\varepsilon_{\text{in}},\varepsilon_{\text{out}}$)，

$$\varepsilon=\frac{\kappa}{g}E,\quad \varepsilon_{\text{in}}=\frac{\sqrt{\kappa}}{g}E_{\text{in}},\quad \varepsilon_{\text{out}}=\frac{\sqrt{\kappa}}{g}E_{\text{out}} \tag{1-14}$$

描述谐振腔场方程为

$$\frac{\mathrm{d}}{\mathrm{d}\tau}\sigma(\tau)=-\sigma(\tau)+\mathrm{i}\sqrt{2}\varepsilon_{\text{m}}(\tau)$$

$$\varepsilon_{\text{out}}(\tau)=\varepsilon_{\text{in}}(\tau)+\mathrm{i}\sqrt{2}\sigma(\tau) \tag{1-15}$$

读出效率方程为

$$\eta_r=\frac{\int_0^{\tau_r}\mathrm{d}\tau\mid\varepsilon_{\text{out}}(\tau)\mid^2}{\mid\sigma(0)\mid^2} \tag{1-16}$$

因此，根据式(1-11)，并令 $E_{\text{in}}=0$，便可得

$$\sigma(\tau)=\sigma(0)\mathrm{e}^{-\tau},\quad \varepsilon_{\text{out}}(\tau)=\mathrm{i}\sqrt{2}\sigma(\tau) \tag{1-17}$$

此简化的指数衰减函数代表了整个读出过程。可以看出，此过程主要受 $g(t)$，特别是 $E_{\text{out}}(t)$ 的影响。

2. 写入过程

讨论写入过程比较简单，将式(1-15)中的 ε_{in} 改为不等于零，即

$$\sigma(0)=\mathrm{i}\sqrt{2}\int_{-\tau_w}^0\mathrm{d}\tau'\mathrm{e}^{\tau'}\varepsilon_{\text{in}}(\tau') \tag{1-18}$$

式中，τ_w 为写入过程的总时间，而且 $\sigma(-\tau_w)=0$，但不包括偶极子消逝(即存储)。为此，可定义写效率为

$$\eta_w=\frac{\mid\sigma(0)\mid^2}{\int_{-\tau_w}^0\mathrm{d}\tau\mid\varepsilon_{\text{in}}(\tau)\mid^2} \tag{1-19}$$

3. 输入场的优化

所谓优化输入场，就是求 $\varepsilon_{\text{in}}(\tau)$ 的最大值 η_w。由于 σ 与 ε_{in} 成线性关系，对于归一化 η_w 的最大值是与 $|\eta_s(\tau_w)|^2$ 对应的，所以应满足

$$\int_{-\tau_w}^0\mathrm{d}\tau\mid\varepsilon_{\text{in}}(\tau)\mid^2=1 \tag{1-20}$$

式(1-17)读出的过程为衰减指数函数。根据此衰减的逆过程就能找到最佳输入场，即最佳的解决目标是使 $\varepsilon_{\text{in}}(\tau)\propto\mathrm{e}^{\tau}$。所以，输入场的优化应满足

$$\frac{\delta}{\delta \varepsilon_{\text{in}}^{*}(\tau)}\left[\mid \sigma(0) \mid^{2} + \lambda\left(\int_{-\tau_{\text{w}}}^{0} \mathrm{d}\tau \mid \varepsilon_{\text{in}}(\tau) \mid^{2} - 1 \right) \right] = 0 \tag{1-21}$$

式中，λ 为 Lagrange 乘子，$\varepsilon_{\text{in}}(\tau)$和 $\varepsilon_{\text{in}}^{*}(\tau)$为 τ 的自变量。用方程式(1-18)求解 $\varepsilon_{\text{in}}(\tau) \propto \mathrm{e}^{\tau}$ 便可得输入场的优化值，参见图 1-9。并可按照此原理分析读出效率：

$$\eta_{\text{w}} = 1 - \mathrm{e}^{-2\tau_{\text{w}}} \tag{1-22}$$

可得总效率(不包含存储过程)为

$$\eta_{\text{out}} = \eta_{\text{w}}\eta_{\text{r}} = (1 - \mathrm{e}^{-2\tau_{\text{w}}})(1 - \mathrm{e}^{-2\tau_{\text{r}}}) \tag{1-23}$$

如果让 $\tau_{\text{w}} = \tau_{\text{r}}$，此式还可进一步简化。若输入过程已优化，则说明 τ_{w} 及 τ_{r} 均为最大值。实际的写入场及读出场应满足

$$\begin{aligned} E_{\text{in}}(t) &\propto g_{\text{w}}(t)\mathrm{e}^{\int_{-\infty}^{t} \mathrm{d}t' g_{\text{w}}^{2}(t')/\kappa} \\ E_{\text{out}}(t) &\propto g_{\text{r}}(t)\mathrm{e}^{-\int_{0}^{t} \mathrm{d}t' g_{\text{r}}^{2}(t')/\kappa} \end{aligned} \tag{1-24}$$

式中，$g_{\text{w}}(t)$及 $g_{\text{r}}(t)$分别代表写入和读出的光致耦合过程，且

$$\int_{-\infty}^{0} \mathrm{d}t \mid E_{\text{in}}(t) \mid^{2} = 1, \quad \int_{0}^{+\infty} \mathrm{d}t \mid E_{\text{out}}(t) \mid^{2} = \eta \tag{1-25}$$

此式说明光致耦合过程为时间平方的函数，输入和输出场均随时间指数函数增加和衰减，因此可以根据式(1-25)确定最佳写入及读出效率。当输入场满足上式时，也能对 g_{w} 为任意值时实现优化，而且输出场的参数也可以根据 g_{r} 选定。

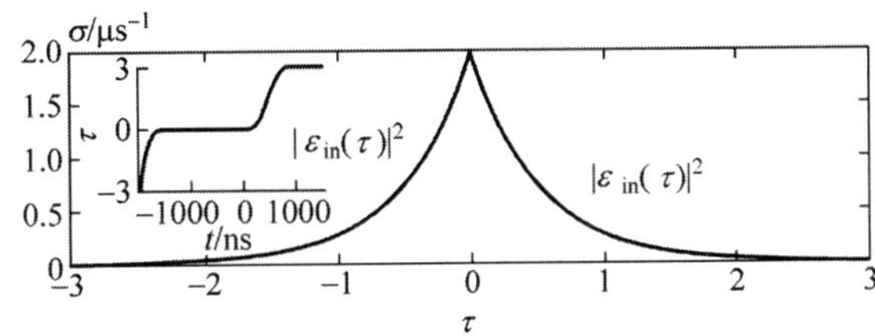

(a) 根据式(1-14) 及式 (1-13) 得到的理论有效输入与输出场曲线，可看出输入及输出变化完全对称

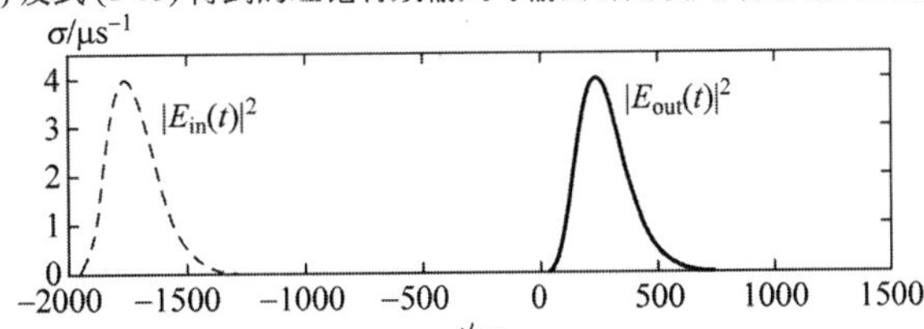

(b) 有效输入场$E_{\text{in}}(t)$与输出场$E_{\text{out}}(t)$的实测曲线

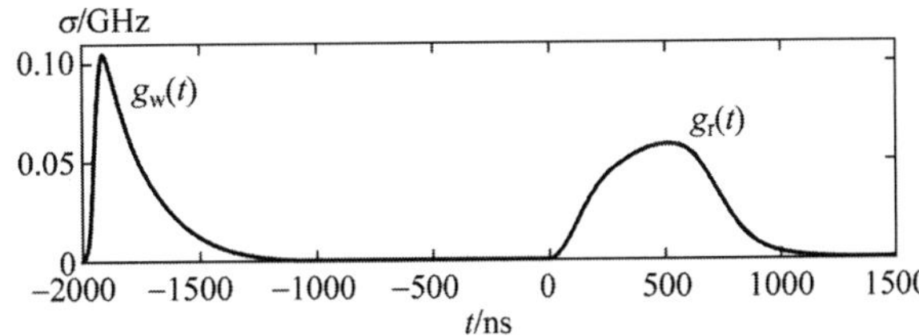

(c) 光致耦合写入函数$g_{\text{w}}(t)$和光致耦合读出函数$g_{\text{r}}(t)$曲线。当写入效率方程$\eta_{\text{w}}=1-\mathrm{e}^{-2\tau_{\text{w}}}$中写入光致耦合函数$g_{\text{w}}(t)$值满足式(1-26a)要求时，$E_{\text{in}}(t)$达到最优化。只要$g_{\text{r}}(t)$满足式(1-26b)，输出$E_{\text{out}}(t)$可根据$E_{\text{in}}(t-T)$选择确定 ($T$为存储时间)

图 1-9　输入场的优化值

说明在特定的情况下，输入和输出场即使均未达到上述条件，也还可能实现存储性能优化。例如当输入和输出场为 $E_{\text{out}}(t) = -\sqrt{\eta_{\text{w}}\eta_{\text{r}}}\,E_{\text{in}}(t-T)$，式中 T 为存储时间，而且完全满足式(1-21)所示比例常数时，写入和读出的过程符合以下条件就能实现耦合优化，即

$$g_{\mathrm{w}}(t)=\sqrt{\frac{\kappa\eta_{\mathrm{w}}\,|\,E_{\mathrm{in}}(t)\,|^{2}}{2\left(1-\eta_{\mathrm{w}}+\eta_{\mathrm{w}}\int_{-\infty}^{t}\mathrm{d}t'\,|\,E_{\mathrm{in}}(t')\,|^{2}\right)}} \tag{1-26a}$$

$$g_{\mathrm{r}}(t)=\sqrt{\frac{\kappa\eta_{\mathrm{r}}\,|\,E_{\mathrm{in}}(t-T)\,|^{2}}{2\left(1-\eta_{\mathrm{r}}\int_{-\infty}^{t}\mathrm{d}t'\,|\,E_{\mathrm{in}}(t'-T)\,|^{2}\right)}} \tag{1-26b}$$

只要式中的 $g_{\mathrm{w}}(t)$值对任何输入场 $E_{\mathrm{in}}(t)$，强度均能达到 $\tau_{\mathrm{w}}=\int_{-\infty}^{0}\mathrm{d}tg_{\mathrm{w}}^{2}(t)/\kappa$，从而就能保持写入效率达到 $\eta_{\mathrm{w}}=1-\mathrm{e}^{-2\tau_{\mathrm{w}}}$。另外，$g_{\mathrm{r}}(t)$值同时实现与输入场成比例，以保证读出效率始终满足

$$\eta_{\mathrm{r}}=1-\mathrm{e}^{-2\tau_{\mathrm{r}}},\quad \tau_{\mathrm{r}}=\int_{0}^{+\infty}\mathrm{d}tg_{\mathrm{r}}^{2}(t)/\kappa \tag{1-27}$$

当然，任何输入场都应该符合所选的 $g_{\mathrm{r}}(t)$值。

上述方法中忽略了自发衰变率 $g(t)$，因为此作用不可逆，会导致效率降低，最佳输入场的效果可能出现差异。例如，让耦合脉冲强度达到 $g_{\mathrm{w}}^{2}(r)$并保持时间 $t_{\mathrm{w}}(r)$，使输入场满足

$$E_{\mathrm{in}}(t)\propto g_{\mathrm{w}}\mathrm{e}^{\frac{g_{\mathrm{w}}^{2}t}{\kappa}+\gamma t} \tag{1-28}$$

然后优化输出场，使读出过程满足

$$E_{\mathrm{out}}(t)\propto g_{\mathrm{r}}\mathrm{e}^{-\frac{g_{\mathrm{r}}^{2}t}{\kappa}-\gamma t} \tag{1-29}$$

因此，系统的综合率都得到满足

$$\eta_{\mathrm{w}}(r)=\frac{\dfrac{g_{\mathrm{w}}^{2}(r)}{\kappa}}{\dfrac{g_{\mathrm{w}}^{2}(r)}{\kappa}+\gamma}\left[1-\mathrm{e}^{-2\left(\frac{g_{\mathrm{w}}^{2}(r)}{\kappa}+\gamma\right)t_{\mathrm{w}}(r)}\right] \tag{1-30}$$

可以看出，在有效时间内，效率趋于 $C/(C+1)$，$C=G^{2}/K\gamma$，本质上 C 为空腔的光学厚度。C 越大效率越高，而 C 主要决定于 G(通过增加偶极矩或原子数)，或通过降低 $K\gamma$(减小腔长，增加谐振频率)提高 C 值。通常，还包括随时间变化的失谐量 $\Delta(T)$。通过功能分解可知，最佳输入场能在很大程度上补偿失谐，如果还不能解决将会降低系统效率。同样，类似于自发衰变，效率取决于 $G^{2}/K\gamma$。

某些稀土离子掺杂晶体的光学跃迁可以通过外加磁场控制。由于晶体在外加磁场作用下，电子相互作用产生超精细 Zeeman 耦合。此耦合效应使所有核子分成基态和激发态，实现对光学跃迁的控制。例如，对 Tm：YAG 晶外加强度约为 80mT 的横向磁场使之跃迁，相应的光学厚度 d 达到 1/cm 量级，磁场控制灵敏度达到纳秒量级，便可能存储光脉冲。实践证明，脉冲的光谱宽很容易受相邻的跃变影响，效率及光学深度随腔增长：$C\approx dF$，F 为腔的精度。从式(1-30)可看出，效率与晶体长度有关，典型(中等)尺寸为 10mm。此方案的存储性能可能优于基于可逆非均匀展宽存储。从实用的观点看，Raman 固态存储器不需要光控制场，结构较为简单，且噪声较容易控制。其他稀土离子掺杂的晶体也可能用于量子存储，例如由电场控制的金刚石 NV 中心晶体。根据不同的原理可以设计出不同结构的量子存储器，但最佳的读写过程中，不一定能构成实用化的存储器，多数情况也只能达到“原型”量子存储功能。如上所述，所有量子存储方案都建立在光与物质相互作用及其控制的基础上。各种方案的优劣都有待于实践的检验。

1.4 双能级谐振光量子存储

双能级谐振光量子存储是利用光调制介质的折射率控制原子的谐振实现信息存储。例如稀土离子掺杂晶体中的原子就具备这种功能。研究表面，线性调制介质折射率会引起光子与原子之间位置

的依赖失谐可用存储和读出光子，类似于上述梯度回波存储器原理。但需要指出的是，梯度回波存储器是基于介质中原子能级跃迁调制，具体存储介质是 Tm^{3+} 掺杂铌酸锂波导。通过外加电场对铌酸锂晶体的折射率，不受其中 Tm 离子跃迁能量的影响。由于该方案是基于时间调制电场，比较容易实现。

光量子存储也是量子通信和信息处理的重要元件。近年来，在理论和实验方面都已取得大量成果。迄今为止，光控强激光脉冲已实现电磁诱导透明和非共振 Raman 型在三级系统中的量子存储。直接控制偶极矩跃迁，模拟 Raman 型二能级原子结构的量子存储也已实现。在光子回波存储方面，利用控制光与物质中原子的耦合反应，使原子产生非均匀展宽谐振，从而调制其移相实现量子存储。这类方案包括控制可逆非均匀谐振展宽、原子频率梳及 GEM 等，其中 GEM 方案达到的存储效率最高。这种基于控制折射率的量子存储的新方案，在用三能级原子（例如稀土离子掺杂到晶体）构成的环形光学腔中，通过中断单光子之间的 Raman 谐振持续改变介质折射率，利用光量子在双能级谐振原子中激发态的差异实现单光子存储。不采用光控脉冲，也不用谐振腔，就可以改成 GEM 存储，即通过控制介质的折射率调制空间频率梯度实现 GEM 存储。

当光在具有双能级原子的介质中传播时，由于光子与原子的相互作用介质折射率发生与随时间相关的变化。传统的描述光传播方程中的许多参数似乎对此没有什么作用。实际上，此时重要的是原子偏振的动态作用。为简化起见，设此传播场是某一固定的线性偏振光。此电磁场可用 Maxwell-Bloch 方程，即

$$\frac{\partial^2 E}{\partial z^2} = \mu_0 \frac{\partial^2 D}{\partial t^2} = \mu_0 \frac{\partial^2}{\partial t^2}(\varepsilon E + P) \tag{1-31}$$

式中，E 为电场；z 为传播方向；μ_0 为真空导磁率；D 为电位移场；ε 为传播介质介电常数；P 为存储介质中双能级原子的偏振态，因此 D 有两种完全不同的贡献。εE 为存储介质的介电常数，当电场随时间变化时，介质的介电常数与其折射率相关，即 $\varepsilon(t)=n^2(t)\varepsilon_0$。由于介质的折射率呈线性变化 $n(t)=n_i+\dot{n}_t$，式(1-31)只需保留一阶导数，可得

$$\left(\frac{\partial^2}{\partial z^2} - \frac{n^2(t)}{c^2}\frac{\partial^2}{\partial t^2}\right)E = \frac{1}{c^2}(2\,\dot{n}^2 E + 4n(t)\,\dot{n}E) + \mu_0\,\ddot{P} \tag{1-32}$$

式中 E 为信号场的变化：

$$E = \mathcal{E}\mathrm{e}^{-\mathrm{i}(\omega_0 t - k_0(t)z)} \tag{1-33}$$

P 为原子偏振态：

$$P = \mathcal{P}\mathrm{e}^{-\mathrm{i}(\omega_0 t - k_0(t)z)} \tag{1-34}$$

其中，波矢量为时间函数：

$$k_0(t) = k_i + \dot{k}_t = (n_i + \dot{n}_t)\frac{\omega_0}{c} \tag{1-35}$$

式中，$\dot{k}=\dot{n}\omega_0/c$，$\omega_0$ 为信号的中心频率。

如果将一些实际数据代入，此波动方程可大为简化。若振幅变化略超过介质长度（导数达到 E/L）和 $k_0(t)=1/L$，此二阶空间导数 E 可以下降。同样，如果 $\omega_0=1/\tau$（τ 为脉冲的持续时间），则此二阶时间导数可以忽视。同样条件下，也允许缓慢变化的偏振算子的第一阶和二阶导数下降。如果在介质以外的空间中的脉冲宽度 $L=C\tau$，比介质的实际长度大得多，使得已减小的 E 的一阶导数接近于一阶空间导数。另外，若 $\Delta n=n_i$（Δn 为折射率变化总值）此时间导数函数也可通过转换方程的有限传播框架消除，设 $\Delta n=n_i$ 及 $kL=2c/nL$，最终简化传输方程为

$$\frac{\partial \mathcal{E}}{\partial z} = \frac{\mathrm{i}\mu_0\omega_0^2}{2k_i}P \tag{1-36}$$

这说明在上述条件下，系统中的折射率为常数（k_i 对传播没有明显的作用），传播方程保持不变。第 j

个原子的偏振态为

$$P^j = \langle g^j \mid \hat{d} \mid e^j \rangle \sigma_{ge}^j \tag{1-37}$$

式中

$$\sigma_{ge}^j = \mid g^j \rangle\langle e^j \mid, \langle g^j \mid \hat{d} \mid e^j \rangle \tag{1-38}$$

是原子基态和激发态之间相应的偶极矩分量矩阵元。在位置 z 的原子偏振为宽度 Δz 中所有原子的集合。此集合中的慢分量为

$$P = \frac{1}{A\Delta z}\langle g \mid \hat{d} \mid e\rangle \sum_{j=1}^{N_z} \sigma_{ge}^j \mathrm{e}^{\mathrm{i}(\omega_0 t - k_0(t) z_j)} \equiv \langle g \mid \hat{d} \mid e\rangle \frac{N}{V}\tilde{\sigma}_{ge} \tag{1-39}$$

式中,设所有原子的偶极矩相同,A 为光子横截面积;V 为光子体积;N 为掺杂原子数,且

$$\tilde{\sigma}_{ge} = \frac{1}{N_z}\sum_{j=1}^{N_z} \sigma_{ge}^j \mathrm{e}^{\mathrm{i}(\omega_0 t - k_0(t) z)} \tag{1-40}$$

此式代表在 z 处的平均偏振态,与光场相互作用的掺杂原子的 Hamilton 算符可以写为

$$\begin{aligned} H &= H_0 + H_{\text{int}} \\ &= \sum_{j=1}^{N} \hbar\,\Omega\sigma_{ee}^j - \langle e \mid \hat{d} \mid g\rangle \sum_{j=1}^{N} \sigma_{eg}^j E(z_j, t) + \text{h. c.} \end{aligned} \tag{1-41}$$

式中设所有的原子激发态均为$\hbar\,\Omega$,则偏振原子慢变化的动态特性为

$$\frac{\mathrm{d}\tilde{\sigma}_{ge}}{\mathrm{d}t} = -\frac{\mathrm{i}}{\hbar}[\tilde{\sigma}_{ge}, H] + \frac{\partial \tilde{\sigma}_{ge}}{\partial t} \tag{1-42}$$

若所有基态初始化的原子数 $N=1$,忽略偏振激发态的变弱量子信号,用方程式(1-36)、方程式(1-39)、方程式(1-41)及方程式(1-42)定义上述慢变场,g 代表原子激发态线宽,便可建立描述光与线性折射率介质中原子偏振相互作用的 Maxwell-Bloch 方程如下:

$$\begin{aligned} \frac{\mathrm{d}\tilde{\sigma}_{ge}(z,t)}{\mathrm{d}t} &= -[\gamma + \mathrm{i}(\Delta + kz)]\tilde{\sigma}_{ge}(z,t) + \mathrm{i}g\,\tilde{\mathcal{E}}(z,t) \\ \frac{\partial\,\tilde{\mathcal{E}}(z,t)}{\partial z} &= \mathrm{i}\,\frac{nNg}{c}\tilde{\sigma}_{ge}(z,t) \end{aligned} \tag{1-43}$$

式中,$\tilde{\mathcal{E}} = \sqrt{\dfrac{\hbar\,\omega_0}{2\varepsilon_i V}}\mathcal{E}$及 $\Delta = \Omega - \omega_0$ 表示失谐。

耦合常数为

$$g = \langle e \mid \hat{d} \mid g\rangle \sqrt{\frac{\omega_0}{2\,\hbar\,\varepsilon_i V}} \tag{1-44}$$

式中,ω_0 为脉冲中心频率,$\varepsilon_i = n_i^2 e_0$ 代表介质初始折射率。由于重点考虑的是 $\Delta_n \ll n_i$ 时的变化规律,所以$\tilde{\mathcal{E}}$和 g 中与时间相关的介电常数可以忽略。以上方程表示介质折射率的线性变化作用。可以看出,折射率的线性变化影响空间频率,并主要取决于式(1-43)中的 kz,参见图 1-10(b)。上述 Maxwell-Bloch 方程同样适合于 GEM 量子存储方案,下面再详细讨论。

1.5 梯度回波存储

1.4 节中的动力学方程式(1-43),在同样条件下对 GEM 方案同样有效。在此方案中,最初的窄原子吸收谱线被外加的纵向梯度场扩展。纵向扩大可容纳全部输入频率的脉冲,参见图 1-10(a)。一旦脉冲被吸收,与位置相关性失谐将使原子激发开始失相。颠倒输入场形成的梯度磁场,可使反相位原子激发,并导致光子再次发射。由此说明,折射率变化导致了失谐空间梯度。

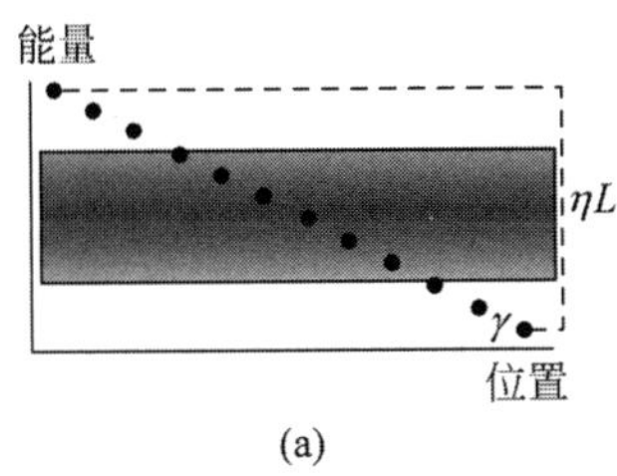

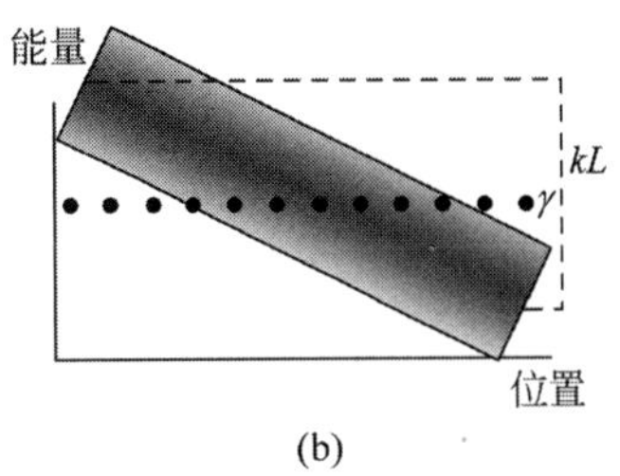

图 1-10 在 GEM 方案中原子吸收谱被展宽：(a) 原子(实心点)可覆盖所有的入射光频率分量；(b) 由于折射率随时间线性变化，光的实际位置取决于频移 k_z，因此允许不同频率光都对窄谱线原子产生谐振

通过以上分析，可获得慢变场 E 的定义为

$$E = e^{-i(\omega_0 t - k_0(t)z)} \tag{1-45}$$

式中，快速变化的相位 $-i(\omega_0 t-k_0(t)z)$ 具有时间与空间两部分分量。时间部分为随相位时间导数而定的有效光频 $\omega_{eff}=\omega_0-k_z$。空间部分代表光子失谐后光空间频率梯度，如图 1-10(b)所示。

这种类似 GEM 的方法也可以实现量子存储。当折射率随时间线性变化时，光被吸收。折射率保持恒定时作为存储，然后通过再次改变折射率与时间的线性关系进行读出，只不过符号与输入相反。所以两阶存储器方案，包括 GEM 存储，如果将存入量子(完全吸收后)从激发态转移到寿命较长的第三态，就可以增加存储时间，只要超过介质长度有效频率的总频移达到 $\dot{k}L$。为了提供 $\dot{k}L$ 信号的全部频率，必须增大信号 $\Delta\omega$，$1/\tau$ 的频带宽度。因此，$\dot{k}L$ 可理解为存储带宽，相当于 hL 在 GEM 中的作用，如图 1-11 所示。

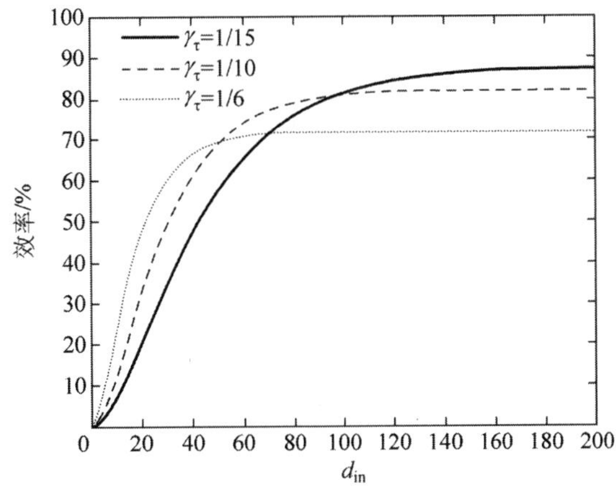

图 1-11 基于初始光学深度 d_{in} 的折射率调制存储方案的效率。此效率由式 $e^{-2\gamma\pi}[1-\exp(-d_{in}\gamma/\dot{k}L)]^2$ 确定。图为不同的脉冲持续时间 t 的效率，相对于激发态线宽 g，设 $\dot{k}L\tau=2$，当光学深度已确定时，可以通过适当选择脉冲持续时间优化存储效率

这种方法也可用于计算 GEM 量子存储效率。首先通过转换方程的频域，找出发射脉冲的衰减因子 $\exp(-\beta\pi)$，式中 $\beta=nNg^2/c\dot{k}$。得到该系统的光学深度

$$d = 2\beta\pi = 2\pi\frac{nNg^2}{ck} = d_{in}\frac{\gamma}{kL} \tag{1-46}$$

式中，d 为有效带宽光学深度，初始带宽则为 $d_{in}=[1-\exp(-d)]^2 e^{-2\gamma\tau}$，参见图 1-11。激发态的衰减仅在写入和读出时发生，所以，可将激发态量子转移到第三能态延长存储寿命。另外，稀土掺杂晶体中原子的超精细基态也可能延长相干时间，增加存储寿命。

1. 典型结构参数分析

对于采用铥掺杂铌酸锂晶体波导构成的原子频率梳存储系统，铌酸锂晶体优越的电光特性与铥

离子相结合可使其工作波波长达到 795nm 的异质宽带转换，在光泵浦作用下实现初始原子线幅 $\gamma=10\text{MHz}$ 及 $\dot{k}L\tau=2$。因此，输入脉冲已足够保证存储带宽的需要。其他参数的选择为：光学深度 $L=3\text{cm}$，以满足 $\Delta n\approx1.5\times10^{-5}$，脉冲持续时间 $\tau=\dfrac{1}{6\gamma}$，以保证 $\omega_0=1/\tau, L\ll\mathcal{L}=c\tau, \dot{k}L=2c/nL, \Delta n=n_i$ 及 $k_0(t)=1/L$。对浓度为 $1.35\times10^{20}\text{cm}^{-3}$ 的掺杂晶体，此长度能实现光学深度 $d_{\text{in}}=18$（峰值），存储效率可达到 43%左右（见图 1-11），如果增大光学厚度，还可进一步提高存储效率（见图 1-11）。在掺杂铌酸锂晶体被高速电场光折变调制时，若锁定温度在绝对温度小于 10K，折射率 $n_o\approx2.26$。光电效应对晶体折射率的改变由下式确定：

$$\Delta\left(\frac{1}{n^2}\right)_{ij} = \sum_k r_{ijk}E_k \tag{1-47}$$

式中 $i,j=1$，此值与控制场的坐标有关。这意味着此随时间变化的外部磁场的方向 E_k 会影响调制效率。如果外部磁场的方向与晶体的初始轴 r_{11k} 方向不重合，就可能产生误差。对于铌酸锂晶体 $r_{113}\approx10\times10^{-12}\text{m/V}$ 和 $r_{112}\approx-3\times10^{-12}\text{m/V}$，如果调制电场为 $0.3\times10^6\sim1.0\times10^6\text{V/m}$，此误差为 $\Delta n=1.8\times10^{-5}$，与平面磁场的方向有关，相当于系统中增加了厚度 10μm、3×10V 调制的作用，通常此值应该控制在 10^{-3} 以内。因为外电场改变折射率时，对介质原子的基态和激发态会产生 Stark 线性偏移效应。另外，某些类型的掺杂元素可调整原子基态和激发态的永久电偶极矩与外加电场方向间的差分，保持谐振频率状态不变，或降低永久偶极子与轴对齐的要求。

2. 量子存储小型化

若希望量子存储实用化，并与其他光电子元件（如光源及探测器等）集成，首先必须小型化。目前，气体原子型量子存储器的长度超过 10cm，稀有元素掺杂晶体存储的长度约 1cm。最小的阻抗量子存储器的长度也近 2mm。这些尺寸与光量子集成器件的要求相差甚远。NV 钻石量子存储器的长度有可能达到光波长量级，也许会成为量子存储器实用化的首选方案。其结构可能会选用 Raman 型量子存储原理，即异质展宽激发失谐 Raman 耦合存储。这方面的理论研究和模型分析工作已卓有成效。

光量子存储器对长距离光通信及光量子信息处理的重要性是显而易见的。光量子存储必需的单光子源最高效率已可超过 80%，并成功应用于铷(Rb)蒸气 L 型梯度回声量子存储系统。在稀有因素掺杂铌酸锂晶体双能级量子存储中的效率也能达到 69%。掺杂铌酸锂晶体与阻抗腔方案相结合效率达到 58%，长度仅 2mm。迄今尚未见结构能达到芯片级量子固态存储器的报道。NV 钻石量子存储器是很有应用潜力的方案，利用光子自旋相干光耦合使存储量子时间达到 0.5s。对比稀土离子掺杂晶体，不太容易激发异构增宽 NV 谐振，除了激发态极短寿命外，效率仅为 17%。每个带负电荷的 NV 由 C3v 中 6 个电子对称组成，类似菱形结构，如图 1-12 所示，包括基态和两个激发态，由于外加磁场的作用，基态分裂 $m_s=1$，构成以 NV 谐振为中心的 4 个不同的方向。外加磁场可改变各 NV 组群的位置。

初始条件下，所有 NV 中心量子都处于电子自旋 $m_s=0$ 的基态 $^3A_{20}$。当所有 NV 中处于 $m_s=-1$ 基态的量子被微波 π 脉冲激发时，如图 1-12 所示，输入脉冲在腔中形成耦合控制场，引起垂直偏振谐振。所以要求空腔带宽必须大于输入场带宽，以保证输入场能使 NV 形成稳定的相干态实现存储，然后用类似的控制场读取存储脉冲，实现检索。此过程中，重点是选择和保证上述转换过程必须与用 Hamilton 函数构建的动态控制特征相符。在低磁场条件下，只能有自旋，量子从基态 $^3A_{2-}$ 转换为激发态 $E_{x;y}$，不允许 Λ 能级量子出现激发。所有的 NVs 准备转换为 $^3A_{2-}$ 基态，基态 $^3A_{2-}$ 耦合激发出 3 阶 L 结构。类似于已形成的光子间的纠缠 L 系统和固态自旋。出于现实考虑，因为偏振与增加激发态的分裂呈线性关系，选择应变机制高的系统作为研究重点。此时，处于激发态的 3 个量子被分成两

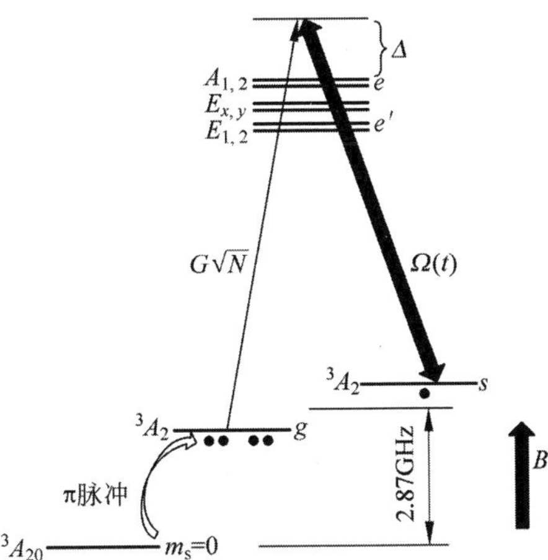

图 1-12 NV 钻石量子存储原理。图中细线表示钻石中 NV 带负电荷的基态及激发态的电子，当微波 π 脉冲传给基态量子 g 时，g 态与 s 态量子耦合成激发态量子，g 和 s 量子的跃迁过程如 $G\sqrt{N}$ 及 $\Omega(t)$ 所示。当激发态量子失谐 Δ 时，形成各种不同 Raman 失谐态展宽，实现光子存储

个分支，每个分支由 3 态组成。上分支激发态，$A_{1,2}$ 被耦合成$\hat{x}(\hat{y})$线性偏振的$^3A_{2-}$ ($^3A_{2+}$)3 基态，此$\hat{x}$及$\hat{y}$的偏振状态能被 NV 的 xy 平面检测到；在下分支激发态 $E_{1,2}$ 中，出现对$^3A_{2-}$ ($^3A_{2+}$)基态相反的偏振态$\hat{y}(\hat{x})$。在高效反应区，下分支出现非自旋，导致包括$^3A_{20}$基态 L 级量子。在该模型中，由于偏振态转移到$^3A_{2-}$基态，考虑到基态$^3A_{2-}$与上下分支中的 $A_{1,2}$ 与 $E_{1,2}A_1$ 激发态之间的耦合。由于激发态的非均匀展宽大于 A_1 和 A_2 间的分裂(即 E_1 和 E_2)，处理上下两分支非均匀展宽的激发态具有相反的偏振选择作用，而形成 4 能级系统。此输入可控场与 4 级人造原子(NV_s)相互作用发生谐振。

描述以上各种反应的 Hamilton 方程如下：

$$\begin{aligned} H &= H_0 + V \\ &= \hbar\sum_{j=1}^{N}\delta_g\hat{\sigma}_{ss}^j + (\omega_p - \Delta)\hat{\sigma}_{ee}^j + (\omega_p - \Delta - \delta_e)\hat{\sigma}_{e'e'}^j - \\ &\quad \hbar\sum_{j=1}^{N}\hat{E}G\mathrm{e}^{-\mathrm{i}\omega_p[t-(z_j/c)]}\hat{\sigma}_{eg}^j + \hat{E}G'\mathrm{e}^{-\mathrm{i}\omega_p[t-(z_j/c)]}\hat{\sigma}_{e's}^j + \\ &\quad \Omega(t)\mathrm{e}^{-\mathrm{i}\omega_c[t-(z_j/c)]}\hat{\sigma}_{es}^j + \Omega'(t)\mathrm{e}^{-\mathrm{i}\omega_c[t-(z_j/c)]}\hat{\sigma}_{e'g}^j + \text{h. c.} \end{aligned} \tag{1-48}$$

式中，下角标 e,e',s,g 分别代表 $A_{1,2}$，$E_{1,2}$，$^3A_{2+}$，$^3A_{2-}$ 态，如图 1-12 所示。此激发态的异构展宽大于 A_1 和 A_2 间的能量分裂，证明都采用 e 代表能级是正确的，对 E_1 和 E_2 也如此假设。在以上 Hamilton 方程中，ω_p 和 ω_c 为输入及控制场的频率，δ_g 及 δ_e 为基态的分裂，输入及控制场由 $A_{1,2}$ 激发态产生。$\hat{\sigma}$为腔场的消逝过程由以下算符表示：

$$G = \langle e \mid \hat{d},\hat{\varepsilon}_p \mid g\rangle\sqrt{\frac{\omega_p}{2\hbar\varepsilon_0 V}},\quad \Omega(t) = \langle e \mid \hat{d},\hat{\varepsilon}_c \mid g\rangle E_c(t)/2\hbar \tag{1-49}$$

此式描述控制场与 e-s 转换耦合的 Rabi 频率。其中 G 及 $\Omega(t)$ 与激发态 e 具有相同的数量级。

自旋态$\hat{S}$为

$$\hat{S} = \frac{1}{\sqrt{N}}\sum_{j=1}^{N}\hat{\sigma}_{gs}^j\mathrm{e}^{\mathrm{i}}(\omega_p - \omega_c)[t - (z_j/c)] \tag{1-50}$$

偏振态为

$$\hat{P} = \frac{1}{\sqrt{N}}\sum_{j=1}^{N}\hat{\sigma}_{ge}^j\mathrm{e}^{\mathrm{i}\omega_p[t-(z_j/c)]},\quad \hat{P}' = \frac{1}{\sqrt{N}}\sum_{j=1}^{N}\hat{\sigma}_{ge'}^j\mathrm{e}^{\mathrm{i}\omega_c[t-(z_j/c)]} \tag{1-51}$$

对于腔长$\hat{E}$，考虑到NVs，N值远大于输入光子数，偏振分析计算可极大简化。另外，因为$\Delta=1/\tau$，其中τ为使激发态消逝的输入脉宽，可得

$$\begin{aligned}\hat{S}=&-\left(\gamma_s+\frac{G^2\hat{E}^*\hat{E}}{\Gamma+\mathrm{i}\Delta}+\frac{|\Omega(t)|^2}{\Gamma'+\mathrm{i}(\delta_e+\delta_g+\Delta)}\right)\hat{S}+\\&\mathrm{i}G'\hat{E}^*\left(\frac{\mathrm{i}G\hat{E}\hat{S}}{\gamma'-\mathrm{i}(\delta_e-\delta_g+\Delta)}+\frac{\mathrm{i}\sqrt{N}\Omega'(t)}{\gamma'-\mathrm{i}(\delta_e-\delta_g+\Delta)}\right)+\\&\mathrm{i}\Omega^*\left(\frac{\mathrm{i}G\sqrt{N}\hat{E}}{\gamma-\mathrm{i}\Delta}+\frac{\mathrm{i}\Omega(t)\hat{S}}{\gamma-\mathrm{i}\Delta}\right)\end{aligned}\tag{1-52}$$

式中，γ_s，γ及γ_s分别代表基态自旋及异构带宽激发态e，e'；G及G'分别为激发态从e到e_0时的寿命。此时，腔场的动力学方程可简化为

$$\hat{E}(t)=\left(\frac{G'\sqrt{N}\Omega(t)\hat{S}^*}{\Gamma'-\mathrm{i}(\delta_g+\delta_e+\Delta)}-\frac{G\sqrt{N}\Omega(t)\hat{S}}{\gamma-\mathrm{i}\Delta}+\sqrt{2\kappa}\hat{E}_{\mathrm{in}}\right)\cdot\frac{1}{\kappa+\dfrac{G^2N}{\gamma-\mathrm{i}\Delta}}\tag{1-53}$$

设腔衰减率k高于输入脉冲持续时间τ，代入偏振态方程$\hat{P}$求激发态消逝动态过程：$\hat{E}_{\mathrm{in}}(t)$为输入场，腔输入输出方程为

$$\hat{E}_{\mathrm{out}}(t)=-\hat{E}_{\mathrm{in}}(t)+\sqrt{(2k)}\hat{E}(t)\tag{1-54}$$

代入式(1-52)和式(1-53)可得到存储器的效率与性能。利用这些方程，可建立评估输入、输出及腔场的单激发波函数。在实际评价中，还应考虑到3阶结构仅包括激发态e'。由于在写入和读出中，可能有更多的无效$e'(E_{1;2})$自旋激发引起光学噪声，这些噪声还有可能与读写过程中用于评价信号强度的单光子波函数无关。从图1-13所示的读写脉冲场比较可知，激发态分裂会使噪声得到抑制，总噪声为

$$\eta_{\mathrm{tot}}=\frac{\int|E_{\mathrm{out}}(t)|^2\mathrm{d}t}{\int|E_{\mathrm{in}}(t)|^2\mathrm{d}t},\quad E_{\mathrm{in/out}}(t)=\langle 0|\hat{E}_{\mathrm{in/out}}(t)|1\rangle\tag{1-55}$$

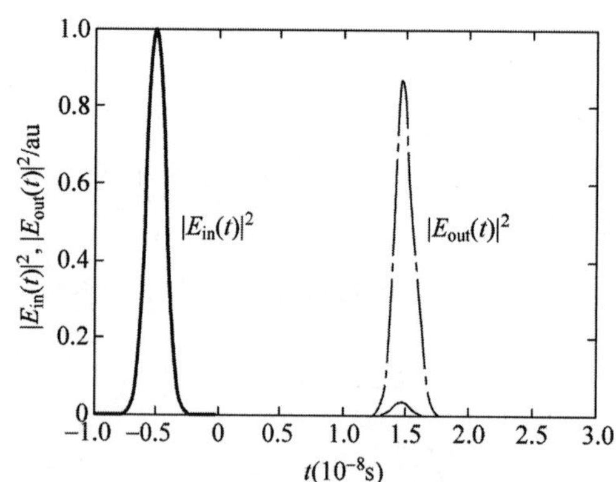

图1-13 读写过程与脉冲场比

图中，实线为输入脉冲信号，点画线为读出脉冲。写入时间约20ns，脉宽D_w约1.9GHz，激发态异构展宽γ_e约10GHz，自旋异构展宽γ_s约200kHz，δ_e为50GHz，δ_g选1GHz。与相应的功率0.24mW相匹配的Rabi函数约为3GHz，激发态失谐Δ=16GHz。整个过程吸收率为88%，总效率为84%。从点画线可看出，噪声低于5%，保真度优于94%

此单激发波函数，可用于比较和评估读出信号中噪声的比重：$1-(P_{\mathrm{noise}}/P_{\mathrm{sig}})$，以便更清楚地分析提高基于NV谐振电子自旋相干存储质量必需的物理参数和外部条件。

1.6 精密自旋回波量子存储

量子或原子核自旋态具有几秒的寿命,可用于信号存储。然而,固态原子的自旋非均匀展宽谐振会限制有效存储时间。即自旋谐振存储光子发生了自旋激发,实验证明这种自旋的非均匀展宽激发保持的时间低于单独的自旋相干时间。为了消除此影响,实验证明自旋回波可以抑制这种限制。自旋回波技术是在自旋矢量相干发生前,采用双 p 脉冲反转偏振态。对每对 p 脉冲可以防止由于不均匀展宽引起的自旋矢量相干。脉冲缺陷影响尚待用半经典量子力学精确分析研究,但初步结果表明,在单光子的量子存储器中,高效且低信噪比的高精度脉冲用于控制的实际水平有所提高,对造成初始态误差的光泵浦也得到了改进和提高。这些成果对未来研究发展固态量子存储器至关重要。

光量子存储是量子中继器的关键元件,在未来长距离量子纠缠传播网络中必不可少。基于原子谐振量子存储,实践已证明具有巨大发展潜力,因为受大量原子聚合干涉效应的影响,光与物质的耦合得到显著增强。在检索读出过程中,原子聚合干涉效应可增强存储光子在确定方向的重发射,并抑制无序背景辐射噪声,从而提高检索效率,获得较高的信噪比,适用于在远程量子通信中作为量子中继器存储信息。低原子态(自旋态)可用于存储,但自旋态通常受到非均匀展宽,即不同的原子谐振会产生微小的能量差异。对于原子气体,由于残留的外部磁场对光转换的依赖(光学偶极陷阱),原子气体对场转换不敏感,抑制了非均匀加宽。而固态原子系统,例如稀土离子掺杂晶体就没有这些不必要的影响,增强了可扩展性和测量灵敏度。然而,也有非均匀加宽自旋转换。例如,在稀土掺杂的晶体中的稀土离子本身也潜在自旋-自旋相互作用,引起空间场结构变化。非均匀加宽很重要,它能在一定程度上延长存储激发相干态转向非均匀线宽的时间,通常能达到几十微秒。此效应可补偿使用自旋回波技术,类似采用一个单一的或一对 p 脉冲。相干时间可以进一步扩展,甚至在采用 p 脉冲链时超出了单原子 T_2 的时间。实践中发现的主要缺陷是不均匀性,对整个样品的射频强度在整个脉冲范围内有 1%以上的误差。在系统最佳工作状态下(即单原子激发存储),p 脉冲的精度必须优于 $1/N$(N 为其中氮原子数),通常是 $10^7 \sim 10^9$ 个原子。这些激发是非定向散发的,因此只能使用 π 脉冲才能实现存储。其他不同原理的谐振量子存储方案中,最著名的是 Duan-Lukin-Cirac-Zoller(DLCZ)系统及其修改方案,包括基于电磁诱导透明存储、非共振 Raman 跃迁存储、控制可逆的非均匀展宽存储和原子频率梳存储。DLCZ 量子存储原理如图 1-14(a)所示,一个非共振写脉冲经 Raman 散射会产生一个单光子和一个激发信号。

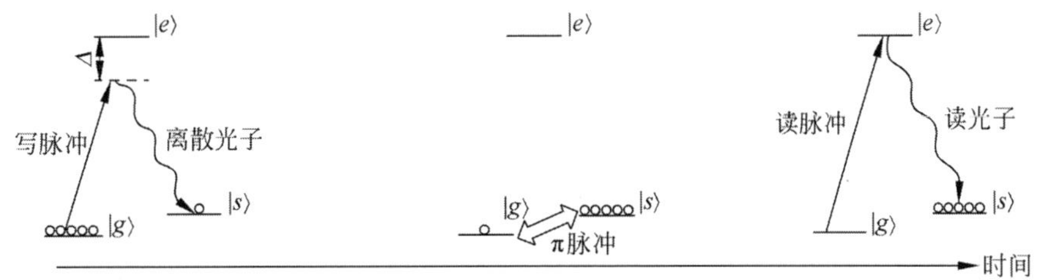

(a) 失谐写脉冲散射单光子写入和创建的单原子在s状态的自旋波激发　(b) 对|g⟩和|s⟩施加p脉冲使|g⟩和|s⟩交换导致复相实现存储　(c) 发射读脉冲激发|g⟩中的原子转化成读光子

图 1-14　DLCZ 存储原理

图 1-14 为处理 p 脉冲误差完整的量子力学过程,可看出此结果与半经典方法基本相符。考虑到光泵浦缺陷对初始态的影响,用半经典方法分析处理多 p 脉冲存储也是可以的。

1. 半经典方法

所谓半经典方法,就是用单原子态的张量积处理聚集原子态,以单激发张量积取代真实的量子

态。设三能级Λ型原子包含两个分裂基态原子$|g\rangle$,$|s\rangle$和激发态原子$|e\rangle$。最初,所有的原子被驱使到$|g\rangle$态。用写脉冲激励光子使位于X_k的k^{th}原子产生如下跃变:

$$|\psi^{(k)}(t_0)\rangle = |g\rangle - \mathrm{i}\xi \mathrm{e}^{\mathrm{i}\Delta k_1 \cdot X_k}|s\rangle \tag{1-56}$$

式中,ξ为对每个原子聚集激发的贡献,$\Delta k_1 = k_w - k_s$,其中k_w为写脉冲矢量,k_s为散射光子。单光子存储使用原子数为$N(N=1)$。总原子态,如单光子态,按照半经典量子力学概念将受限于$\xi=0$。对于光存储,此限制相当于对最大原子数的要求,即$N\gg 1$。考虑到异质展宽和π脉冲的影响,半经典描述很容易用电磁场外单原子为转换单位描述使用π脉冲前或后的相移。其传播过程为

$$U^{\Delta_k}(t_f, t_i) = \begin{pmatrix} 1 & 0 \\ 0 & \mathrm{e}^{-\mathrm{i}\Delta_k(t_f, t_i)} \end{pmatrix} \tag{1-57}$$

式中,Δ_k为从中心跃迁到k^{th}的失谐。此Δ_k具有与Γ宽相关的不同分布。因此,时间隔为$\tau_1 = t_1 - t_0$的原子态为

$$|\psi^{(k)}(t_1)\rangle = U^{\Delta_k}(t_1, t_0)|\psi^{(k)}(t_0)\rangle \tag{1-58}$$

由于$\Gamma\tau<1$,因为此值取决于原子平均偏振态,而此值被不同原子相移因子$\mathrm{e}^{-\mathrm{i}\Delta_k(t_f - t_i)}$的影响很大。采用π脉冲能使中心频率发生$|g\rangle-|s\rangle$之间的转移,可能在某一时间形成一随机相位。为了再现p脉冲,可用两阶原子Rabi频率Ω_i的脉冲激励,其旋转波方程为

$$U^{\theta}(T) = \begin{pmatrix} \cos(\theta_i/2) & -\mathrm{i}\sin(\theta_i/2) \\ -\mathrm{i}\sin(\theta_i/2) & \cos(\theta_i/2) \end{pmatrix}$$

$$\theta_i = \Omega_i T \tag{1-59}$$

式中,T为脉冲持续时间。在使用时间$t=t_1\pi$的脉冲后的最终状态为

$$|\psi^{(k)}(t_2)\rangle = U^{\Delta_k}(t_2, t_1)U^{\theta}(T)U^{\Delta_k}(t_1, t_0)|\psi^{(k)}(t_0)\rangle \tag{1-60}$$

式中,$\theta=\pi$,表示脉冲p完美,Δ_k为误差,说明读脉冲顺利完成存储光子的读出。至于读出光子分布的空间相位,考虑到实际分布$k_{rf}X_N=1$,此空间相位差可以忽略。所以读出脉冲为

$$\begin{aligned} |\psi_f^{(k)}\rangle &= \mathrm{e}^{\mathrm{i}k_r X_k}(\cos(\theta/2) - \xi\sin(\theta/2)\mathrm{e}^{-\mathrm{i}\Delta_k\tau_1}\mathrm{e}^{\mathrm{i}\Delta k_1 X_k})|e\rangle \\ &= \mathrm{i}\mathrm{e}^{-\mathrm{i}\Delta_k\tau_2}(\sin(\theta/2) + \xi\mathrm{e}^{-\mathrm{i}\Delta_k\tau_1}\cos(\theta/2)\mathrm{e}^{\mathrm{i}\Delta k_1 X_k})|s\rangle \end{aligned} \tag{1-61}$$

式中,r表示读出脉冲k矢量。

在原子由基态向激发态转移的过程中,旋转相干转化为光相关,导致光回声谐振。因此,原子偏振成为回声信号源如下:

$$I_{\text{echo}} = I_0 \frac{|P_f|^2}{\mu^2}$$

$$P_f = \sum_{k=1}^{N} \mu\langle e|\psi_f^{(k)}\rangle\langle\psi_f^{(k)}|s\rangle \tag{1-62}$$

式中,μ为电子偶极矩;I_0为单原子辐射强度。根据方程式(1-61),可得到方程式(1-62)中的原子偏振相位。由于此辐射取决于单原子的评价偏振,且仅在回声辐射后消逝,根据式(1-62)中$\langle e|\psi_f^{(k)}\rangle\langle\psi_f^{(k)}|s\rangle$分析,得知

$$\mathrm{i}\xi\sin^2(\theta/2)\mathrm{e}^{\mathrm{i}\Delta_k(\tau_2-\tau_1)}\mathrm{e}^{\mathrm{i}(\Delta k_1 + k_r)X_k} \tag{1-63}$$

此式可排除原子复相时对相位的依赖。将$\tau_1=\tau_2$代入其中,便可理解此过程为什么必须用μ脉冲。每个原子的偶极矩均可作为辐射源。在远场接近复相条件($\tau_1=\tau_2$)时,可得知谐振方向k_{ro}读出信号的振幅与下式成正比:

$$\sum_{j=1}^{N} \mathrm{e}^{\mathrm{i}(\Delta k_1 + \Delta k_2)X_j}\sin^2\theta/2$$

式中,$\Delta k_2 = k_r - k_{ro}$。对于$\Delta k_1 + \Delta k_2 = 0$时,读出信号的强度与$N^2$成正比。

图 1-15 说明,以上分析完全符合原子在 $k_{ro}=k_w+k_r-k_s$ 方向再发射产生的相干现象。证实利用理想的 π 脉冲,在指定方向产生谐振叠加,辐射被增强;其他方向上的辐射被抑制,当原子数 N 较大时强度几乎为零。这些无序的背景辐射强度与下式成反比:

$$\left\langle \sum_{j,k=1}^{N} \mathrm{e}^{\mathrm{i}(\Delta k_1+\Delta k_2)\cdot(X_j-X_k)} \right\rangle = N \tag{1-64}$$

式中 $\Delta k_1+\Delta k_2=0$。因此,整个定向重发射的总强度和无序辐射分布与图 1-15 完全相符。例如写入和读出脉冲相位匹配的条件为 $k_{ro}=-k_s$,p 脉冲防止了回波噪声使振幅达到最高值。根据此分析可计算此时原子偏振为

$$P_f = -\mathrm{i}N\xi\mu\cos^2(\varepsilon/2) \tag{1-65}$$

因为 $\theta=\pi$,所以回波强度为

$$I_{echo} = I_0 N^2 \xi^2 \cos^4(\varepsilon/2) \tag{1-66}$$

式中 I_0 的定义与方程式(1-62)相同。所以,过程的总效率都取决于光学深度,物理理论研究及采用各种实验装置进行的详细实验都证明了这一点。以上分析得到的最重要的结论是,p 脉冲能有效减少噪声。

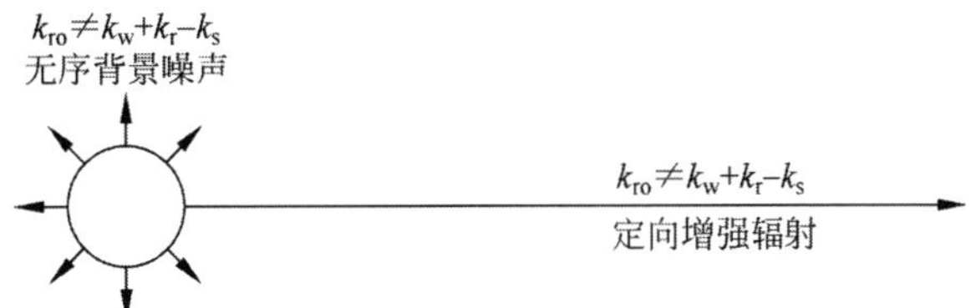

图 1-15 在固定方向上的谐振被增强示意图。此谐振主要取决于相位匹配条件。无定向辐射被抑制,抑制因子为 $1/N$,N 为原子数

2. 信噪比

由于复相脉冲存在的误差会产生一定噪声,分析此噪声很重要,因为高保真的存储中,噪声必须很小。由于信号 π 脉冲使原子态在 $|g\rangle$,$|s\rangle$之间反复转换。虽然 π 脉冲引起的噪声开始时很小,也会因荧光辐射致使噪声不为零。此荧光辐射值为

$$|\langle g \mid \psi_f^{(k)\xi=0} \rangle|^2 = \cos^2(\theta/2) \tag{1-67}$$

式中的$|\psi_f\rangle$并不源自读过程($\xi=0$),但包含了一个非零项$|g\rangle$。因此,p 脉冲误差引起的噪声强度由下式确定:

$$\begin{aligned} I_{noise} &= I_0 \sum_{k=1}^{N} |\langle g \mid \psi_f^{(k)\xi=0} \rangle|^2 \\ &= I_0 N \sin^2(\varepsilon/2) \end{aligned} \tag{1-68}$$

显然,荧光辐射式噪声源与单光子发射有关。半经典描述的无序分布的噪声场主要来自于单原子谐振复相脉冲误差信号。为了研究 p 脉冲缺陷的影响,分析研究信噪比十分重要。此信噪比为

$$r = \frac{I_{noise}}{I_{echo}} = \frac{\sin^2(\varepsilon/2)}{\cos^4(\varepsilon/2)} \tag{1-69}$$

对单光子存储,设 $N\xi^2=1$,即噪声越高,存储可靠性越低。r 脉冲在其强度范围内信噪比应低于 1%。最佳状态时信噪比可达到 0.25×10^{-4},最坏情况时为实际效率的 0.1%。按照半经典算法,不加任何修正时给出的 p 脉冲的典型误差为 1%。详细计算对比表明,以上分析计算结果与下面经典量子力学建立的方程基本相似。

3. 经典量子力学分析

强写入激光脉冲使$|g\rangle$,$|s\rangle$态原子失谐导致原子群激发。根据光子与原子相互作用就能非常完

整地描述辐射场与原子偶极矩之间的相互关系。通常，使用 Hamilton 函数如下：

$$H_{\text{int}} = \sum_{j=1}^{N} G\int \mathrm{d}k\,\hat{a}(k)\mathrm{e}^{\mathrm{i}k,X_j}\hat{\sigma}_{\rho\nu}^{j} + \text{h. c.} \tag{1-70}$$

式中

$$G = \langle \rho \mid \hat{\mu}_j \cdot \hat{\varepsilon} \mid \nu \rangle \sqrt{\frac{\hbar\,\omega}{2\varepsilon_0 \nu}},\quad \hat{\sigma}_{\rho\nu}^{j} = \mid \rho\rangle_{jj}\langle \nu \mid \tag{1-71}$$

式中，ρ 及 ν 代表原子 g、e 能态。此 Hamilton 函数 j^{th}代表场与原子偶极矩 $\hat{\mu}_j$ 之间的相互作用。为了简化，设偶极子与所有的原子同样耦合，且暂不考虑横向作用。根据方程式(1-70)，可求出写激光脉冲和散射光子的 Hamilton 函数的根，参见图 1-14(a)。结合 Hamilton 函数和激发的相互作用，可建立描述读出过程的方程：

$$H_{\text{int}}^{\text{eff}} = \sum_{j=1}^{N} G'\int \mathrm{d}k_s\hat{\alpha}_s^{\dagger}(k_s)\mathrm{e}^{\mathrm{i}(k_w-k_s)X_j}\hat{\sigma}_{sg}^{j} + \text{h. c.} \tag{1-72}$$

式中

$$G' = \langle s \mid \hat{\mu}_j \cdot \varepsilon_s \mid e\rangle\langle e \mid \hat{\mu}_j \cdot \varepsilon_w \mid g\rangle \sqrt{\frac{\hbar\,\omega_s}{2\varepsilon_0 \nu}}\varepsilon_w(\tau)$$

$$\Omega_w(\tau) = \langle e \mid \hat{\mu}_j \cdot \varepsilon_w \mid g\rangle\varepsilon_w(\tau) \tag{1-73}$$

此式为经典场的 Rabi 频率。对 Raman 散射光子的 Hamilton 函数归一化得到的群集原子态为

$$\mid \psi(t_0)\rangle = \frac{1}{\sqrt{N}}\sum_{k=1}^{N}\mathrm{e}^{\mathrm{i}\Delta k_1 \cdot X_k} \mid g\cdots s^{(k)}\cdots g\rangle \tag{1-74}$$

式中，$|g\cdots s^{(k)}\cdots g\rangle$为全部基态原子及旋转态的第 k 个原子，而且 $\Delta k_1 = k_{\text{w}} - k_{\text{s}}$。因为是单原子作用，此处忽略了高阶谐振。系统的原子态及光子态均由 Hamilton 函数表达。为进一步推演原子态读出信号强度，从方程式(1-74)能发现原子态$|\psi(t_0)\rangle$。用 Schrödinger 玻色子算符或等权算符 $\sigma^{+} = |s\rangle\langle g|$ 建立：

$$J_{+}(\Delta k_1) = \sum_{k=1}^{N}\mathrm{e}^{\mathrm{i}\Delta k_1 \cdot X_k}\sigma_{+}^{(k)} \otimes \mathbb{1} \tag{1-75}$$

此异构旋转带宽说明每个原子具有比其他原子稍微不同的能量，形成能量失谐。在时间 $\tau_1 = t_1 - t_0$ 时，原子态$|\psi(t_0)\rangle$变成

$$\mid \psi(t_1)\rangle = \frac{1}{\sqrt{N}}\sum_{k=1}^{N}\mathrm{e}^{\mathrm{i}\Delta_k\tau_1}\mathrm{e}^{\mathrm{i}\Delta k_1 \cdot X_k} \mid g\cdots s^{(k)}\cdots\rangle \tag{1-76}$$

这种由于原子异构旋转展宽引起的失相效应可按群集激发相积累考虑。此与时间 t 相关的失相数学模型如下：

$$\mathrm{e}^{\mathrm{i}\hat{\Omega}t} = \bigotimes_{k=1} N\,\mathrm{e}^{\mathrm{i}\Delta_k t|s\rangle k\langle s|} \tag{1-77}$$

式中，

$$\hat{\Omega} = \sum_{k=1}^{N}\Delta_k \mid s\rangle k\langle s \mid \otimes \mathbb{1} \tag{1-78}$$

其中，$\mathbb{1}$算符代表其余原子的作用，方程式(1-77)中的算符可用 p 脉冲后的复相表示。因此，相移可用下式描述：

$$\mid \psi(t_1)\rangle = \frac{1}{\sqrt{N}}\mathrm{e}^{\mathrm{i}\hat{\Omega}\tau_1}J_{+}(\Delta k_1) \mid g\cdots g_i \tag{1-79}$$

首次用理想的 p 脉冲读出信号时，使$|g\rangle$与$|s\rangle$态互换如下式：

$$\mathrm{e}^{\mathrm{i}\pi/2J_x} = \mathrm{e}^{\mathrm{i}\pi/2\sum_{j=1}^{N}\sigma_x^{(j)}}\otimes\mathbb{1} \tag{1-80}$$

某些情况下可写成：

$$e^{i\pi/2J_x} = \bigotimes_{k=1} N i\sigma_x^{(k)} \tag{1-81}$$

用 p 脉冲激发后，原子群激发转为算子 $e^{i\hat{\Omega}t}$，原子相位恢复。最终存储脉冲获得读光子，见图 1-14(c)。此读出过程可用以下方程描述：

$$J_+(\Delta k_2) = \sum_{k=1}^{N} e^{i\Delta k_2 \cdot X_k} \sigma_+^{(k)} \otimes \mathbb{1} \tag{1-82}$$

整个过程包括失相、p 脉冲、复相及读出，然后原子回到最终态：

$$|\psi_f(\Delta k_1, \Delta k_2)\rangle = \frac{1}{\sqrt{N}} J_+(\Delta k_2) e^{i\hat{\Omega}\tau_2} e^{i\pi/2J_x} e^{i\hat{\Omega}\tau_1} J_+(\Delta k_1) |gg\cdots g\rangle \tag{1-83}$$

用方程式(1-70)及类似 Hamilton 函数对读出过程进行分析，包括量子态、光场、读出光子的反应过程。可看出读出的激发振幅能直接从原子态 $|\psi_f(\Delta k_1, \Delta k_2)\rangle$ 获得。这里没有讨论 Stokes 光子辐射，也没有分析激发概率绝对值，以及读出光子辐射方向的影响控制脉冲误差的影响。在相匹配达到 $\Delta k_1 + \Delta k_2 = 0$ 时，群集增强再次发生，最理想的情况为

$$\langle \psi_f(\Delta k_1, \Delta k_2) | \psi_f(\Delta k_1, \Delta k_2)\rangle = N \tag{1-84}$$

基于理想 p 脉冲分析计算及相匹配条件为 $\Delta k_1 + \Delta k_2 = 0$ 时，以半经典方法分析其他方向的再激发，对于谐振原子数量很大时可以忽略。本节重点讨论 DLCZ 控制，对其他类似量子存储方案也做了分析讨论。这些方案的主要差异在于最初原子激发时是吸收了单光子还是其他的激发方式。

4. 复相脉冲中的总误差

研究有缺陷的 π 脉冲对旋转回声量子存储器误差的影响，通常首先考虑随机方向 $\hat{n}_k$ 上 ε_k 旋转对每个原子的影响如下：

$$\sum_{k=1}^{N} e^{i\varepsilon_k/2\sigma^{(k)} \cdot \hat{n}^{(k)}} \otimes \mathbb{1} \tag{1-85}$$

可以看出，p 脉冲对整个样片强度影响不同。为简化此方程，重点讨论脉冲精度的影响，对所有的原子，此误差的分布如下：

$$e^{i\varepsilon/2J \cdot \hat{n}} = e^{i\varepsilon/2 \sum_{k=1}^{N} \sigma^{(k)} \cdot \hat{n} \otimes \mathbb{1}} \tag{1-86}$$

分析目标在于如何减少 π 脉冲带来的误差对原子态的影响，建立下式：

$$|\psi_f(\Delta k_1, \Delta k_2, \varepsilon)\rangle = \frac{1}{\sqrt{N}} J_+(\Delta k_2) e^{i\hat{\Omega}\tau_2} e^{i\pi/2J_x} e^{i\varepsilon/2J \cdot \hat{n}} e^{i\hat{\Omega}\tau_1} J_+(\Delta k_1) |gg\cdots g\rangle \tag{1-87}$$

式中，$|\psi_f(\Delta k_1, \Delta k_2, \varepsilon)\rangle$ 为最终原子态。因为主要是分析其规范，采用保范算子 $e^{-i\pi/J_x}$ 加在方程式(1-86)左边 $e^{i\pi/2J_x} e^{-i\pi/2J_x}$，可计算归一化原子最终状态：

$$\frac{1}{\sqrt{N}} J_-(\Delta k_2) e^{-i\hat{\Omega}\tau_2} e^{i\varepsilon/2J \cdot \hat{n}} e^{i\hat{\Omega}\tau_1} J_+(\Delta k_1) |gg\cdots g\rangle \tag{1-88}$$

式中，

$$J_-(\Delta k_2) = \sum_{k=1}^{N} e^{i\Delta k_2 \cdot X_k} \sigma_-^{(k)} \otimes \mathbb{1} \tag{1-89}$$

取 $\tau = \tau_1 = \tau_2$，代入上式可得

$$e^{-i\hat{\Omega}\tau} e^{i\varepsilon/2J \cdot \hat{n}} e^{i\hat{\Omega}\tau} = \sum_{k=1}^{N} e^{i\varepsilon_k/2\sigma^{(k)} \cdot \hat{n}'^{(k)}} \otimes \mathbb{1} \tag{1-90}$$

在新的旋转方向上为

$$\hat{n}'^{(k)} = (n_x \cos\Delta_k\tau + n_y \sin\Delta_k\tau)\hat{x} + (-n_x \sin\Delta_k\tau + n_y \cos\Delta_k\tau)\hat{y} + n_z \hat{z} \tag{1-91}$$

归一化后，最终可得

$$\sum_{k=1}^{N} e^{-i\varepsilon_k/2\sigma^{(k)}\cdot\hat{n}'^{(k)}} \otimes \mathbb{1} \tag{1-92}$$

此最终态可进一步简化成$\hat{O}J_+|gg\cdots g\rangle$，其中算符$\hat{O}$为

$$\hat{O}=\frac{1}{\sqrt{N}}\sum_{k=1}^{N} e^{i\Delta k_2\cdot X_k}(\alpha\sigma_-^{(k)}+\beta e^{i\Delta_k\tau}\sigma_z^{(k)}+\gamma e^{2i\Delta_k\tau}\sigma_+^{(k)})\otimes\mathbb{1} \tag{1-93}$$

式中

$$\begin{aligned}
\alpha &= \cos^2(\varepsilon/2)+2\mathrm{i}\sin(\varepsilon/2)\cos(\varepsilon/2)-n_z^2\sin^2(\varepsilon/2)\\
\beta &= -\mathrm{i}\sin(\varepsilon/2)\cos(\varepsilon/2)(n_x-\mathrm{i}n_y)+n_z\sin^2(\varepsilon/2)(n_x-\mathrm{i}n_y)\\
\gamma &= \sin^2(\varepsilon/2)(n_x-\mathrm{i}n_y)^2
\end{aligned} \tag{1-94}$$

此简化方程可用于分析原子处于不同条件$|gg\cdots g\rangle$，$\hat{O}J_+$时的影响。第一种情况是$\sigma_-^{(k)}\sigma_+^{(j)}|gg\cdots g\rangle$中$\delta_{jk}|gg\cdots g\rangle$，其次是$\hat{O}J_+(-1)^{\delta_{jk}}|g\cdots s^{(j)}\cdots g\rangle$场的$\sigma_z^{(k)}\sigma_+^{(j)}$，另外是$N^2$激发，$\sigma_+^{(k)}\sigma_+^{(j)}$导致$N(N-1)$双激发。最终态为

$$\alpha|\psi_1\rangle+\beta|\psi_2\rangle+\gamma|\psi_3\rangle \tag{1-95}$$

式中

$$\left.\begin{aligned}
|\psi_1\rangle &= \frac{1}{\sqrt{N}}\sum_{j=1}^{N} e^{i(\Delta k_1+\Delta k_2)\cdot X_j}|g\cdots g\rangle\\
|\psi_2\rangle &= \frac{1}{\sqrt{N}}\sum_{j,k=1}^{N}(-1)^{\delta_{jk}} e^{i\Delta_k\tau} e^{i\Delta k_1\cdot X_j} e^{i\Delta k_2\cdot X_k}|g\cdots s^{(j)}\cdots g\rangle\\
|\psi_3\rangle &= \frac{1}{\sqrt{N}}\sum_{j,k=1,j\neq k}^{N} e^{2i\Delta_k\tau} e^{i\Delta k_1\cdot X_j} e^{i\Delta k_2\cdot X_k}|g\cdots s^{(j)}\cdots s^{(k)}\cdots g\rangle
\end{aligned}\right\} \tag{1-96}$$

显然，不同的激发过程，情况不同，比较复杂，现只分析最终态。如方程式(1-95)所示，因为d_{jk}符合读出光子的激发方向，如图1-15所示，读脉冲很强，而其他方向的发射仅为$1/N$(N为原子数)，通常N为$10^7\sim10^9$，所以此值非常小，即读激光$k_r=-k_w$形成的读出光子峰值为$k_{ro}=-k_s$。由于原子的随机分布造成发射方向无序，所产生的噪声全部归咎于β和γ系数，即

$$\frac{|\alpha|^2}{N}\left|\sum_{j=1}^{N} e^{i(\Delta k_1+\Delta k_2)\cdot X_j}\right|^2+\frac{|\beta|^2}{N}\sum_{j=1}^{N}\left|\sum_{k=1}^{N}(-1)^{\delta_{jk}} e^{i\Delta_k\tau} e^{i(\Delta k_1)\cdot X_j} e^{i(\Delta k_2)\cdot X_k}\right|^2+\frac{1}{N}\sum_{j,k=1,j\neq k}^{N}|\gamma|^2 \tag{1-97}$$

下面分别讨论最好和最坏情况。设回声相位匹配为$I_{echo}=N|\alpha|^2$，对于较小的误差$\varepsilon=1$，且保持$O(\varepsilon^3)$不变，实现$n_z=0$的条件为

$$|\alpha|^2\leqslant 1-2(\varepsilon/2)^2 \tag{1-98}$$

设理想情况下的信号强度为1，可能逐渐减小。根据量子力学观点，效率的减小因子为$1-2(\varepsilon/2)^2$。按照半经典理论计算，典型的误差为1%，且噪声强度与下式成正比：

$$\frac{1}{N}|\beta|^2\sum_{j=1}^{N}\left|\sum_{k=1}^{N}(-1)^{\delta_{jk}} e^{i\Delta_k\tau} e^{i\Delta k_1\cdot X_j} e^{i\Delta k_2\cdot X_k}\right|^2+\frac{1}{N}\sum_{j,k=1,j\neq k}^{N}|\gamma|^2 \tag{1-99}$$

设误差限制在$\varepsilon=1$，分析$e^{i\Delta k\tau}$因子的影响。如果时间足够长，即τ能与$1/\Gamma$可比，Γ为异构带宽，则$e^{i\Delta k\tau}$完全成为随机相如下：

$$\left|\sum_k e^{i\phi_k}c_k\right|^2=\left|\sum_{k,l}c_k c_l^* e^{i(\phi_k-\phi_l)}\right|=\sum_k|c_k|^2 \tag{1-100}$$

因$\langle e^{i\phi_k\phi_1}\rangle_1=\delta_{k1}$，按对应关系，$\beta$满足

$$\frac{1}{N}|\beta|^2\sum_{j,k=1}^{N}\left|(-1)^{\delta_{jk}} e^{i\Delta k_1\cdot X_j} e^{i\Delta k_2\cdot X_k}\right|^2=N|\beta|^2 \tag{1-101}$$

根据此结论，噪声应与下式成比例：

$$\frac{1}{N}\mid\beta\mid^{2}\sum_{j=1}^{N}\sum_{k=1}^{N}(-1)^{\delta_{jk}}\mathrm{e}^{\mathrm{i}\Delta_{k}\tau}\mathrm{e}^{\mathrm{i}(\Delta k_{1})\cdot X_{j}}\mathrm{e}^{\mathrm{i}(\Delta k_{2})\cdot X_{k}}\mid^{2}+\frac{N(N-1)}{N}\mid\gamma\mid^{2}$$

$$\leqslant N(\varepsilon/2)^{2}\max(n_{z}^{2}(n_{x}^{2}+n_{y}^{2})(\varepsilon/2)^{2}+n_{x}^{2}+n_{y}^{2})+\frac{N^{2}-N}{N}(\varepsilon/2)^{4}\max\mid(n_{x}-\mathrm{i}n_{y})^{2}\mid^{2}$$

$$\approx N(\varepsilon/2)^{2}+O(\varepsilon^{4}) \tag{1-102}$$

所以，可直接选择 $n_z=0$ 时误差作为噪声上限，噪声强度与 ε^4 成正比，即 $I_{\text{noise}}N(\varepsilon/2)^2$。根据量子力学原理推导的方程式(1-101)，与半经典原理根据每个原子无序发射带来的噪声的计算结果基本相符，说明这两种方法均可有效用于脉冲精密控制。

1.7 量子存储保真度及可靠性

量子态保真度是确定光量子存储可靠性的主要标志，而光场与原子的相互作用和光场的量子特性则是影响光量子存储可靠性的基本物理参数。随量子信息科学和量子计研究不断取得新进展，量子态保真研究得到长足的进步，特别是二能级原子和量子化光场强度相互依赖作用，量子态保真度是研究光场参数、二能级原子初始相位和失谐量对光场和原子组成系统，光场与系统量子态的保真度与量子电动学中的粒子物理标准模型，原子与光子相互作用的量子电动力学过程具有巨大影响。因此，对各种同情况下量子态保真度的研究，通过理论和实验建立了比较完整的经典和非经典的光场量子特性与光量子存储可靠性关系的理论模型，其中二项式光场就能较完整地描述自由电子激光中的状态。另外，对二项式光场的量子效应也进行了深入研究，对非线性相干态，禁离子质运动稳态、非线相干场、压缩性光场在量子存储及计算方面潜在应用都引起了学术界的广泛关注。描述光场与介质原子相互作用的基本模型是 Janes-Cumming 模型，在此模型基础上对描述量子态在存储中保持原来状态程度的物理量子态保真度进行了计算，并将其定义为

$$F(\rho_1,\rho_2)=\left[\mathrm{Tr}(\sqrt{\rho_1}\rho_2\sqrt{\rho_1})^{\frac{1}{2}}\right]^2 \tag{1-103}$$

式中，ρ_1、ρ_2 为与两态对应的密度算符，代表量子态保真度，数值在 0 和 1 之间，0 表示完全失真，1 表示没有失真达到最高保真度。所以，保真度是表示量子从初态随时间变化到最终状态的有效状况的指标，其数值应大于 0 小于 1。用于二能级原子和单模电磁场相互作用的 Janes-Cumming 模型的 Hamilton 方程为

$$H=\omega a^{+}a+\omega_0 S_z+g(S^{+}+S^{-})(a^{+}+a) \tag{1-104}$$

式中，省略常数项$\frac{1}{2}\hbar\omega$，g 为作用常数；S^+a 为原子从低能级向高能级跃迁吸收的光子；S^+a^+ 为此跃迁过程中发出的光子；S^-a^+ 为原子从高能级跃迁到低能级发出的光子及其吸收的光子 S^-a。因为 S^+a^+ 和 S^-a 跃迁过程能量不守恒，可忽略相应的旋转波将式(1-103)简化为

$$H=\omega a^{+}a+\omega_0 S_z+g(S^{+}a+S^{-}a^{+}) \tag{1-105}$$

式中，a^+、a 代表频率为 ω 时的单模光场产生和消逝算符；S_z、S^+、S^- 分别代表跃迁频率为 ω_0 的二能级原子自旋算符；g 为原子与单模光场耦合常数。此模型显示了光场与原子相互作用时与光场强度的相关。按照强度耦合 Janes-Cumming 模型的 Hamilton 算符建立的旋转波方程式(1-104)，可改写为

$$H=\omega\hat{a}^{+}\hat{a}+\omega_0 S_z+g(\hat{R}^{+}S_{-}+\hat{R}S_{+}) \tag{1-106}$$

式中，$\hat{a}^+$、$\hat{a}$ 分别表示频率为 ω 的光场产生和消逝算符；S_z、S_+、S_- 分别代表跃迁频率为 ω_0 时原子的自旋升(+)、降(−)算符；g 为原子与单模光场耦合常数；$\hat{R}=\hat{a}\sqrt{\hat{n}}$；$\hat{R}^+=\sqrt{\hat{n}}\hat{a}^+$ 而且量子化光场粒子

数为$\hat{n}=\hat{a}^{+}\hat{a}$。而原子和量子化光场强度耦合作用保真度的 Hamilton 算符又可分为$\hat{H}_0$ 和$\hat{H}_1$ 两部分：

$$\begin{aligned}\hat{H}_0 &= \omega(a^{+}a + S_z)\\ \hat{H}_1 &= (\omega_0 - \omega)\hat{S}_z + g(S_{+}\hat{R} + \hat{R}^{+}S_{-})\end{aligned} \tag{1-107}$$

并可得

$$[\hat{H},\hat{H}_0] = 0,\quad [\hat{H},\hat{H}_1] = 0,\quad [\hat{H}_0,\hat{H}_1] = 0,\quad \hat{U}_1(t,0) = \mathrm{e}^{-\mathrm{i}H_1 t}$$

$$\Delta = (\omega_0 - \omega)$$

$$\hat{U}_1(t,0) = \begin{bmatrix} C(t) & -\mathrm{i}D(t) \\ -\mathrm{i}S(t) & T(t)\end{bmatrix} \tag{1-108}$$

$$C(t) = \cos[\sqrt{(\Delta/2g)^2 + (\hat{n}+1)^2}\,gt] - \frac{\mathrm{i}\Delta}{2}\frac{\sin[\sqrt{(\Delta/2g)^2 + (\hat{n}+1)^2}\,gt]}{\sqrt{(\Delta/2)^2 + g^2(\hat{n}+1)^2}}$$

$$D(t) = g\hat{a}\sqrt{\hat{n}}\,\frac{\sin[\sqrt{(\Delta/2g)^2 + \hat{n}^2}\,gt]}{\sqrt{(\Delta/2)^2 + g^2\hat{n}^2}}$$

$$S(t) = g\sqrt{\hat{n}}\,\hat{a}^{+}\frac{\sin[\sqrt{(\Delta/2g)^2 + (\hat{n}+1)^2}\,gt]}{\sqrt{(\Delta/2)^2 + g^2(\hat{n}+1)^2}}$$

$$T(t) = \cos[\sqrt{(\Delta/2g)^2 + \hat{n}^2}\,gt] + \frac{\mathrm{i}\Delta}{2}\frac{\sin[\sqrt{(\Delta/2)^2 + \hat{n}^2}\,gt]}{\sqrt{(\Delta/2)^2 + g^2\hat{n}^2}} \tag{1-109}$$

设原子和光场作用初始波函数为 $\psi_s(0)$，波函数为 $\psi_s(t)$，且 $\psi_s(t)=U_I(t)\psi_s(0)$。根据量子任意时刻量子态波函数 $\rho_s(t)$可构建任意时刻原子密度算符 $\rho_s(t)$为 $\rho_s(t)=|\psi_s(t)\rangle\langle\psi_s(t)|$，任意时刻光场密度算符 $\rho_f(t)$为 $\rho_f(t)=\mathrm{tr}_{\mathrm{atom}}[\rho(t)]$。利用上述原子和光场强度任意时刻密度算符，便可推导出量子态保真度的解析表达式：

$$F(\rho_1,\rho_2) = [\mathrm{tr}(\sqrt{\rho_1}\,\rho_2\sqrt{\rho_1})^{1/2}]^2 \tag{1-110}$$

式中，ρ_1,ρ_2 为两种密度不同的算符，按照定义数值在 0～1。当 $F(\rho_1,\rho_2)=0$ 时，表示量子信息在存储或传输过程中完全失真，而当 $F(\rho_1,\rho_2)=1$ 时，表示量子信息在存储或传输过程中处于最佳状态，完全没有失真。

对于非旋波近似 Janes-Cumming 模型，考虑到原子和光场相互作用过程违反能量守恒的非旋波（虚光子）部分，以及光场强度对量子态演化影响的更为符合实际情况的 Janes-Cumming 模型为

$$\begin{aligned}F_s(t) &= |a|^2|\langle\psi_f(0)|A\rangle|^2 + |b|^2|\langle\psi_f(0)|B\rangle|^2 + 2\mathrm{Re}[ab^{*}\langle\psi_f(0)|B\rangle\langle A|\psi_f(0)\rangle]\\ F_f(t) &= |\langle A|\psi_f(0)\rangle|^2 + |\langle\varphi_f(0)|B\rangle|^2\end{aligned} \tag{1-111}$$

式中，$F_s(t)$，$F_f(t)$分别代表原子态和光场。由它们构成的系统保真度方程为

$$F_a(t) = |a|^2\sum_n|\langle n|A\rangle|^2 + |b|^2\sum_n|\langle n|B\rangle|^2 + 2\mathrm{Re}[a^{*}b\sum_n\langle n|A\rangle\langle B|n\rangle] \tag{1-112}$$

其中，

$$\begin{aligned}\langle\varphi_f(0)|A\rangle = &\sum_n\cos(\theta/2)\mathrm{e}^{-\bar{n}}\cdot(\bar{n}^n/n!)\cos\Big[g\Omega(n+1) + \\ &\sum_n -\mathrm{e}^{-\bar{n}}\cdot(\bar{n}^{\frac{2n+1}{2}}\,|\,n!\sqrt{n+1})\cdot\mathrm{i}\sin\left(\frac{\theta}{2}\right)\mathrm{e}^{\mathrm{i}\varphi}\sin[g\Omega(n+1)]\Big]\end{aligned} \tag{1-113}$$

$$\langle\varphi_f(0)|B\rangle = \sum_n -\mathrm{i}\cos(\theta/2)\mathrm{e}^{-\bar{n}}\cdot(\bar{n}^{\frac{2n-1}{2}}/\sqrt{n!})\sqrt{n}\sin[g\Omega n] +$$

$$\sum_n \sin(\theta/2)\mathrm{e}^{\mathrm{i}\varphi}\mathrm{e}^{-\bar{n}} \cdot (\bar{n}^n/n!)\cos[g\Omega n] \tag{1-114}$$

由以上方程组确定的原子量子态、光场和系统态保真度可看出，其数值不仅取决于原子初始状态(θ 和 φ)，还取决于场模型函数 $\Omega(t)$，而 $\Omega(t)$ 又取决于原子运动速度 v 和场结构参数 P。下面分别讨论在不同原子初态、原子运动速度和场结构参数系统及子系统量子态保真度的变化。

图 1-16～图 1-18 为原子运动速度 $v=(gl)/\pi$，$p=1$ 及 $\varphi=0$，$\bar{n}=5$ 时 $\theta=0$，π 及 $\pi/2$ 原子量子态保真度、光场及整个系统保真度曲线。从这 3 组曲线可看出，当原子初始处于激发态 $\theta=0$ 或基态$\theta=\pi$ 时，除了原子量子态 $F_a(t)$保真度曲线以外，光场及整个系统的保真度曲线，两者变化几乎完全相同，表明系统和光场的保真度与原子量子态及原子初始处于基态还是激发态都没有太大的关系。

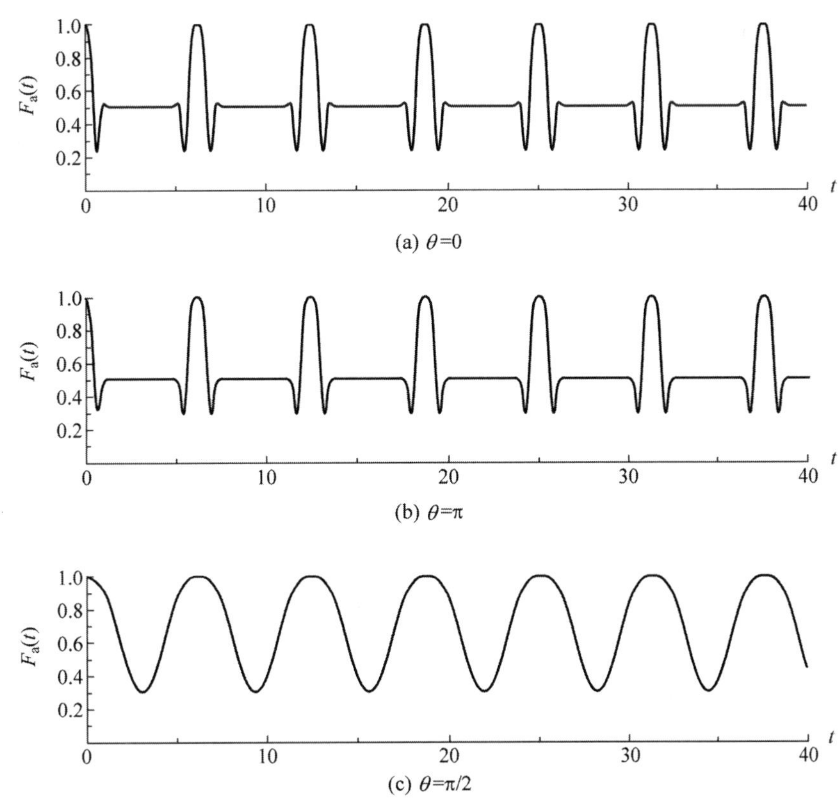

图 1-16　原子量子态 $F_a(t)$保真度变化曲线。图中，$v=(gl)/\pi$，$p=1$ 及 $\varphi=0$，$\bar{n}=5$

当原子初始处于激发态和基态同权重迭加时($\theta=\pi/2$)，光场的量子态保真度变化曲线与激发态($\theta=0$)或基态($\theta=\pi$)时的变化曲线完全一致，说明光场量子态保真度变化与原子初始态无关。但原子和光场组成的系统与原子系统的量子态保真度曲线有明显的差异，说明原子初始态对系统和原子保真度变化有一定影响。图 1-18 为在一定场结构参数和原子初始状态条件下，不同原子运动速度条件下系统的量子态保真度曲线。很明显，原子运动速度也影响系统的量子态保真度。原子运动速度越快，$F_s(t)$各峰宽度越来越大，表明系统量子态保真度越来越高。此现象从理论上再次证明微腔中原子和光场相互作用与原子运动速度有关。原子运动速度越快，与光场纠缠的程度越浅，使原子和光场均受削弱。

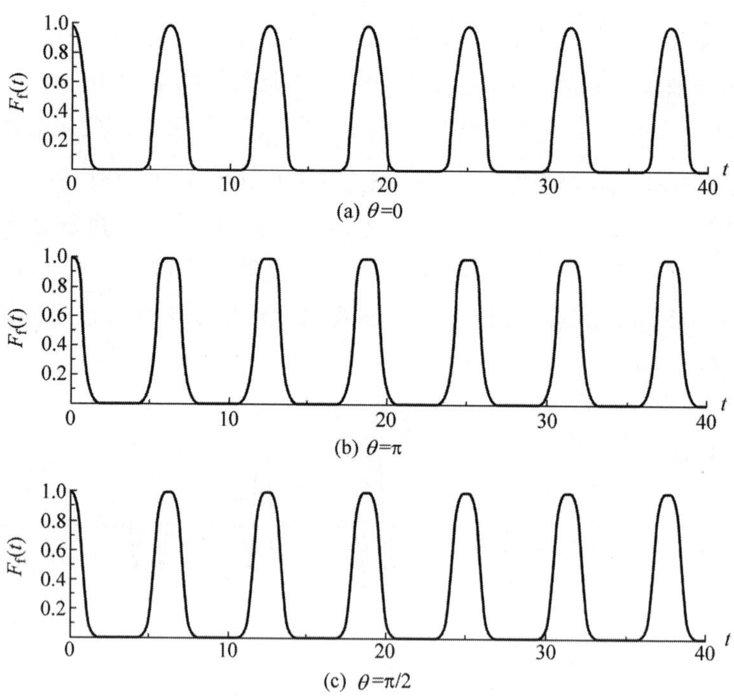

图 1-17　光场保真度 $F_f(t)$时间关系曲线。图中，$v=(gl)/\pi$，$p=1$ 及 $\varphi=0$，$\bar{n}=5$

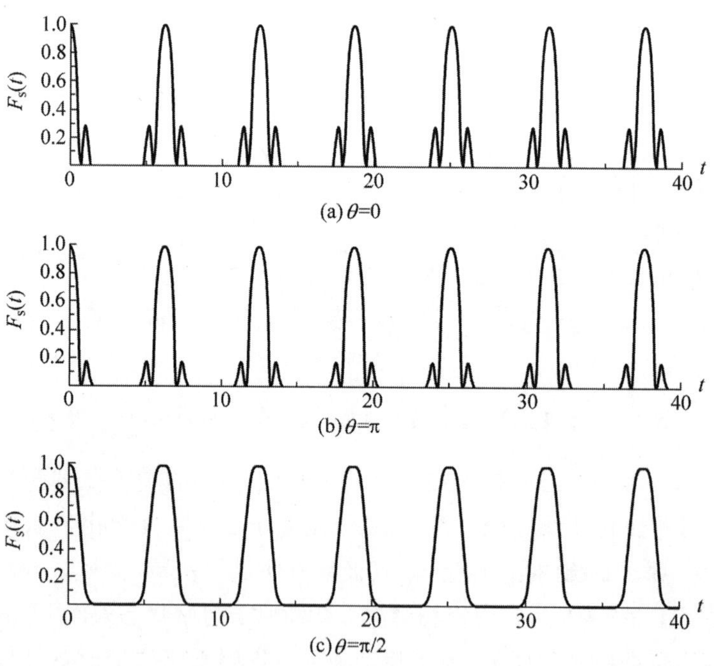

图 1-18　系统保真度 $F_s(t)$与时间相关曲线。图中，$v=(gl)/\pi$，$p=1$ 及 $\varphi=0$，$\bar{n}=5$

1.8 量子光学与集成光学的贡献

1. 量子光学

国际上最初提出量子光学(photonics)的概念是由荷兰科学家 L. J. Poldervaart 1970 年在第九届国际高速摄影会议上提出的。尔后美国哈佛大学教授 Roy J. Glauber 根据相干量子理论对此概念进行了较完整的描述,获 2005 年度诺贝尔物理学奖。如今已派生出真空光子学、固体光子学、微光子学和集成光学等分支学科,逐步成为体系比较完整的多学科交叉发展的新兴学科。光量子研究主要的内容包括光量子与光场本质两个方面。光量子的研究集中于光子结构,而光场的量子本质则集中在光场的各种非经典效应方面。我国研究光量子科学的先驱,中国科学院院士龚祖同在 20 世纪80 年代初提出的光子由带正电光微子 ε^+ 和带负电光微子 ε^- 组成的概念,就属于光子结构研究领域。近年来,我国涌现出一大批从事量子光学研究的年轻科学家,在此领域的研究逐渐赶上了国际水平。

量子尺寸效应(量子阱、量子线和量子点),尤其是微腔激光器及其二维面阵在微光子领域的应用,显著加速了场与物质(原子、分子或离子)相互作用理论模型的研究,解决了单模光场与单二能级原子、多二能级原子及单个和多个多能级原子之间的相互作用过程中的各种物理问题。建立了任意耦合强度的单模光场理想二能级原子系统中的单光子、简并双光子和简并多光子相互作用的理论模型,以及任意耦合强度单模光场与多个二能级原子系统单光子、简并双光子和多光子相互作用量子存储理论模型。为单模光场与多能级原子存储系统设计提供了重要理论依据。为多个多能级原子系统双光子和任意多光子相互作用模型,任意耦合多模光场与单二能级原子系统、多模光场双能级原子系统、多模光场多二能级原子系统等光子相互作用量子存储模型的建立奠定了理论基础。而这些理论模型在分析光场自身相互作用,不同光场之间的模间竞争效应、非经典量子关联性和量子干涉效应研究,光场与原子之间的各种非线性相互作用和自相位调制作用研究中被广泛应用。同时,在这些理论研究成果的基础上完成了动态 Kerr 效应、交变 Stark 相应效应及 Raman 效应在光量子存储中的应用研究。进一步推动了原子之间各种非线性交叉耦合作用,如双电偶极相互作用、四电极相互作用、电多极相互作用、磁偶极乃至磁多极相互作用以及电磁相互作用、光强相关耦合作用、光场空间分布非均匀性的影响及光场强度时间非均匀性分布的影响等研究工作的深入发展。当然,迄今为止光学乃至整个物理学领域中尚存在若干有关光子与物质结构相互作用的深层次问题,例如腔内原子的辐射谱、原子与腔场之间相互作用特性和规律等均有待研究与开拓。

量子光学领域内有关光与物质相互作用机理的研究,不仅具有重要的学术价值,还为光量子的工程应用开辟了一系列新的应用途径。发现了偶极相互作用等同于二能级原子与双模腔场多光子相互作共振,双能级原子与双模腔场非简并双光子相互作用的自发辐射线型特征不同。基于具有不同耦合常数的双能级原子无偶极相互作用、双模腔场多光子相互作用辐射谱、Kerr 介质腔中单个理想二能级原子与双模腔场非简并双光子相互作用辐射谱的理论研究成果,完成了 Kerr 效应对腔内原子辐射谱影响研究。完成了一系列有关光量子吸收、释放过程中能态转移的重要新特征数值计算。根据这些分析计算,揭示出包括单、多模腔场与单原子系统和双模腔场-两原子系统中双偶极与单偶极的定量关系,建立了较完整的原子能级与腔场非简并光子共振相互作用物理模型。通过双偶极-偶极力关联三模腔场多光子共振相互作用及双偶极-偶极力关联的分析研究,发现了双能级原子与 q 模腔场任意兼并特征,为建立光量子存储物理模型和深入分析计算提供了重要研究工具。另外,通过光子与原子谐振相互作用辐射特征的系统分析研究,获得了具有普遍意义的有关腔内原子辐射谱。根据以上阶段性理论研究成果,目前正在以下几个方面继续展开深入研究:①多模腔场-多个双能级原子系统多光子和任意维多光子相互作用过程中,腔内原子辐射谱及其结构特征;②光子与原子之间的非线性交叉耦合作用对腔内原子辐射谱的影响；③单模腔场单原子系统中光子对腔内原子辐射谱及其对原子结构的影响；④腔内辐射场对原子结构，腔内无机简单分子及有机分子(有机低分子、高分子、有机大分子等)结构的影响；⑤Poisson光子统计与光子反聚束效应量子光场非经典模型，光场压缩态及光子反聚束效应的非经典特征；⑥亚Poisson光场中光子数分布概率，光场中光子数起伏与平均光子数的比重等统计学特征。这些研究工作不仅对量子存储理论的深入发展具有重要意义，而且对今后光量子信息存储的实际工程应用具有十分重要的价值。

此外，与量子存储密切相关的单模激光泵、单光子模激光场稳态光子统计特征、单模激光光子泊松分布与激光上下能级原子自发辐射衰变概率研究、泵浦区光场超Poisson光子数及参与相互作用光子数与激发阈值的关系研究所取得的成果，对光量子存储也具有重要意义。我国在这些领域的研究工作目前也已取得实质性的进展，例如高密度、高频率单模亚Poisson激光源、高峰值功率、窄脉冲宽度超短超强脉冲输出、光子反聚束效应等方面所取得的成就，都对光量子存储研究发展起到极大的推动作用。预计还将在原子之间线性相互作用对高阶反聚束效应的影响、高阶反聚束效应的影响等与量子存储信号产生、控制与测量密切相关等问题取得更多成果，为光量子存储研究开拓更广阔的发展空间。

线性压缩及高阶非线性压缩效应是量子光场特有的非经典现象，亚Poisson光子统计与光子反聚束效应不同，高阶压缩产生的非经典光场比相干态的噪声更低。因此，应用此分量记录信息可得到比相干态光场更优的信噪比。同时，高阶压缩光具有更纯的量子效应，对存储信息保真度、保密性、测量灵敏度都有十分广阔的应用前景。例如，超短激光脉冲的脉宽可压缩到10^{-18} s，这种超短强激光脉冲与原子、分子或离子瞬态作用，为密度更高的多光子存储及全光离子阱量子存储等研究提供了崭新的工具。另外，随多模压缩态理论的发展，压缩态光场技术的进步也极大地推动了量子存储固态化和集成化，最终实现产业化。超短脉冲通过时域压缩还可能用于制造更理想的单光子激光器、高纯度单模光场、多能级原子耦合谐振器、压缩器和放大器等实现单原子多阶存储必需的器件。光子相互作用广义非线性高阶压缩和多模相干态Kerr效应形成的自由空间耦合光场-原子系统，已用于单光子和多光子的Kerr-Stark单模光场高阶压缩存储实验研究。光强相关耦合引起的Kerr-Stark非线性效应和双模光场双偶极原子系统的相互作用，已用于建立任意多光子相互作用模型。此外，光子Raman效应模型中多模光场广义非线性特性，及其各种多模叠加光场的广义非线性等阶与不等阶高阶压缩特性的研究成果，对探索各种多模压缩态光场产生机制、测量和光量子存储中尚未解决的其他物理问题研究意义也很重大，进一步挖掘了多模压缩态光量子存储及多纵模非经典量子光场制备与传输等多纵模量子存储中潜在的技术应用，开辟了光量子存储技术研究的新路线。所以量子光学对信息科学的影响可与半导体微电子技术相比拟。虽然光量子存储中目前尚存若干重大问题至今国际上也并未彻底解决，但如同Schrödinger和Heisenberg等科学家创立量子力学理论一样，这些理论的成功应用也经历了无数科学家漫长研究岁月的积累。光量子存储的研究可能同样需要经过类似的历程，本书仅列举出迄今为止本领域理论工作研究的进展概况和目前实施的技术路线与读者共同探讨，若希望更深入地了解详细物理基础知识和量子存储的物理本质，还需进一步参阅有关文献和专著。

2. 光量子的物理特性

光量子存储单元利用固态物质量子或气态原子中的高维空间光子可携带大量信息的原理实现信息存储。不仅存储容量大，还可提高信道传输效率。高维量子态可以大幅度提高光子信息携带量的原因是光量子具有自旋角动量和轨道角动量。其自旋角动量与光子偏振态对应，而轨道角动量与伴生的电磁波相对应，因此光子的这些物理形态都可能用于信息存储。例如用电磁诱导透明效应，可将光量子轨道角动量信息存储于冷原子系中。存储在冷原子系中的轨道角动量信息可通过外加磁场控制读出。目前，研究工作集中于轨道角动量高维编码、延长量子存储寿命，不同物理体系下的单光子空间结构高维量子态存储、激光冷却与囚禁存储光子信号等方案的研究。为了进一步降低信号光的衰减，增加携带角动量量子数，提高信噪比，研究发现 Raman 存储带宽光子及单光子三维叠加存储在更高维量子网络具有很大的潜力。其根本原因是量子力学与信息科学的高度融合推进了量子信息科学。利用量子力学中的量子叠加性和不可复制原理，建立了量子比特(qubit)作为信息存储单元。量子比特由两态系统构成，其最重要的特性就是具有相干叠加性：

$$|\psi\rangle = c_1|0\rangle + c_2|1\rangle, \quad |c_1|^2 + |c_2|^2 = 1 \tag{1-115}$$

对于传统的二进制比特(bit)，可视为 $c_1=0$ 和 $c_2=0$ 时的特例。因此，量子比特可获得比二进制 bit 编码效率高的多维编码。另外，在对光量子的物理特征的深入理论研究的基础上，成功开发出多种新型光电子器件。例如，开关的时间响应小于 1ns 的 AlGaInAs 半导体微腔激光器，如图 1-19(a)所示。这种微腔激光器的阈值电压降至 1.3V，阈值电流降到 $10\mu A$，集成密度达到 $10^8/cm^2$ 量级。这种激光器可以通过改变量子阱的厚度而不需变更材料获得各种激射波长的激光源成为光学固态存储器的核心元件。半导体微腔激光器不仅功耗很低，而且可与光波导结合构成空间互联神经网络，非常适合用于量子存储器做光源。在此基础上研制的量子存储器中的核心部件——波导分光调制器如图 1-19(b)所示。半导体微腔激光器不仅适于光量子存储器件，还有望成为未来超高速光计算机、类脑计算机硬件的基础器件。在半导体微腔激光器的基础上研究开发的面阵微腔激光器技术的突破，促使集成光量子器件的结构尺寸和集成密度取得长足进步。固态存储单元与微腔激光器和探测器构成的光集成芯片，与电光调制器混合集成可实现高数据率动态谱线移动调制，传输率可达 Tb/s 量级。另外，微腔激光器的波长还可细分，利用波分复用多阶存储原理使光量子存储容量倍增。

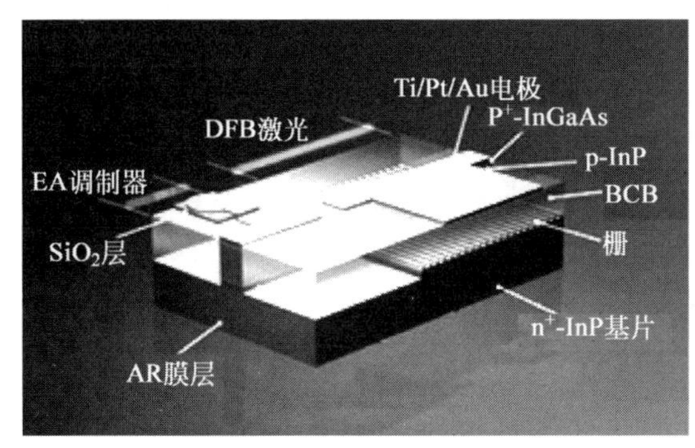

(a) 器件结构原理示意图

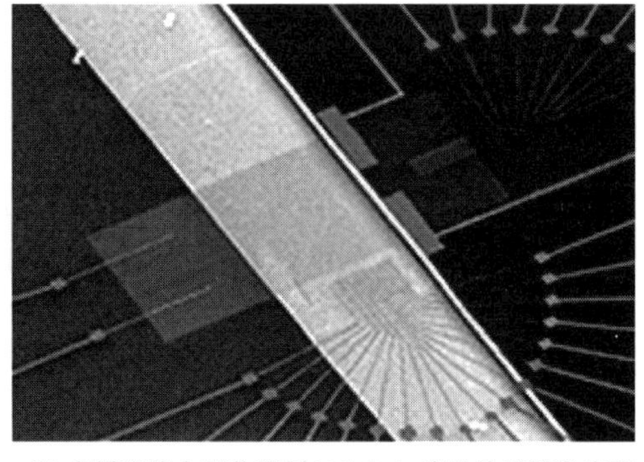
(b) 多量子阱电吸收调制AlGaInAs半导体微腔激光器(即波导分光调制器)

图 1-19 新一代量子微腔激光器

3. 集成光学

集成光学的概念从 20 世纪 80 年代出现以来，已成为各种微型化光电器件设计制造的基本技术路线。由于半导体激光器、光波导调制器、滤波器、矩阵矢量乘法器、高次谐波器、多信道数据处理器、傅里叶变换、Walsh 变换等相关处理器都可以利用集成光学原理设计制造，集成光学成为光存储、光通信、光计算及光信息处理等新兴技术研究发展的重要基础学科。光学集成也是信息科学的重点关注的涉及光电子学、光波导理论、激光技术和微电子学、精细加工等多个交叉学科的研究领域。目标是按照上述各新学科观点将传统的光学元器件和系统微型化、集成化，是信息存储，特别是光量子存储领域必不可少的基础学科之一。硅基光子集成在制造工艺基础、工作频率、加工成本、微型化与智能化方面均具有一定优势，成为目前光电集器件加工的主流技术。基于 CMOS 工艺的硅基光电子集成芯片具有结构紧凑、成本低廉的优点，是制造出超大规模的光电集成芯片的首选发展方向。在同一硅基芯片上，由处理器模块、存储模块及光子器件模块混合组成的三维集成光子器件模型如图 1-20 所示。当然，并非所有集成光子器件都必须采用单片集成结构，应根据器件的性能和介质物理采用片外集成方式，利用键合法将各子系统互联集成。例如，输出端的光电探测器和前置跨阻放大器采用硅基单片集成比较合理，而光子发射、调制、耦合及相应的驱动电路可采用硅基光子器件集成，然后通过互联再次集成。所以，光电集成是光量子存储器件实用化的必由之路，而且因光量子存储器采用光互联，极大地降低了传输延迟。同时，由于能耗低不会因为密集的互联引起发热，避免了各种由热效应带来的问题和缺陷，还可大幅度减小外形尺寸和降低生产成本。

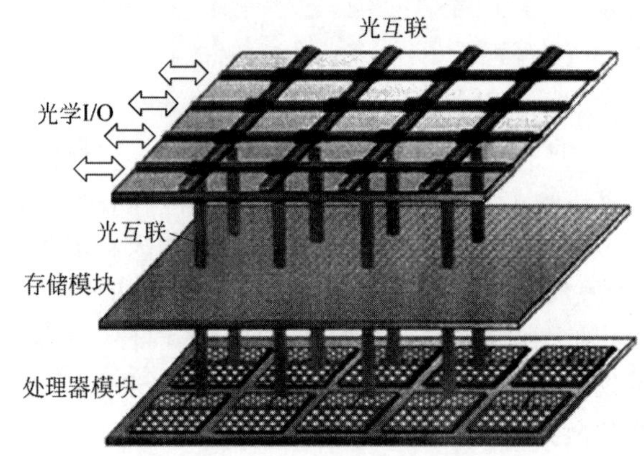

图 1-20　由处理模块、存储模块及光学模块组成的多层互联集成器件结构示意图

集成光学器件根据其结构类型、用途和制造工艺的不同主要可分为以下三类。

(1) 光纤器件：光纤除了作为传输介质外，还可制成具有耦合、放大、滤波及谐振功能的光纤耦合、光纤放大、光纤滤波及光纤谐振等器件。

(2) 微光学器件：包括各种微透镜、微棱镜、光栅、偏振、倍频、调制等功能的高精度微光学元件及纳米光学器件。

(3) 光学集成芯片：利用半导体芯片工艺，在各种晶体、半导体、有机与无机材料平面基片上制成各种微米及纳米量级的光集成芯片，光量子存储器件就是最典型的应用实例之一。

集成光学技术是未来光量子存储器实用化的必经之路，且具有如下优点。

(1) 可高效、经济地实现平面及空间光互联。

(2) 能达到纳米以及更精确的控制临界尺寸。

(3) 充分继承和应用传统集成电路制造，以及光盘和磁盘加工取得的重要技术，比较廉价地实现规模化、工业化生产。

传统的光盘驱动器中的集成光学头是最简单的集成光波导探测器件。该器件包括半导体激光器、光电探测器、衍射光栅和光波导等器件。以 n 型-Si(100)晶体作为衬底，并在基片上氧化生成折射率为 1.46 的 SiO_2 隔离层，然后在 SiO_2 层上沉积一层折射率为 1.53～1.55 的玻璃层，厚度为 0.8μm 波导。所以，光波导器件在传统的集成光学器件中是最典型的元件。利用载流子色散效应制作 SOI 电光器件中常见的电学结构为 pin 结构、反偏 pin 结构和 MOS 电容。不同的电学结构采用不同的材料和制作工艺，各有优缺点，常用的载流子正向注入型 pin 结构波导如图 1-21(a)所示。这种 pin 结构光波导设计的理论分析计算已比较成熟，但制造工艺尚未统一规范。以最普遍使用的标准 CMOS 工艺流程为例，原则上可以在同一 SOI 衬底上完成所有元件制作，其典型结构如图 1-21(b)所示。

此外，目前已规模生产集成光学器件中，采用平面光波导类型的还有 $M\times N$ 分束器、光波导耦合器、阵列光波导光栅、光波导型光开关、功率分配器、光调制器、光滤波器、多功能分光子器件、定向耦合器、光调制器和开关、倍频和参量放大器等。这些产品均利用平面光波导实现光波导耦合，具有体积较小、控制精确、易于批量生产等优点。光量子存储器件中的基本元件之一，利用集成光学原理设计加工的多模干涉 Mach-Zehnder 干涉耦合器如图 1-22 所示。光量子存储器件的实际内部结构及外形如图 1-23 所示。

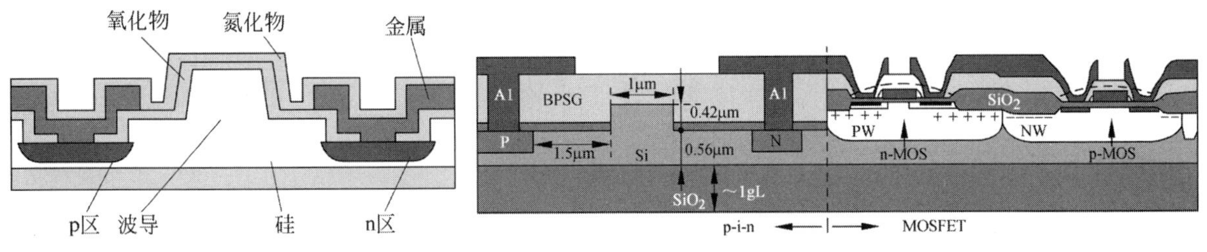

(a) 在SOI衬底上利用传统集成电路工艺制成的通过正向注入pin结构光波导横截面

(b) pin结构光波导及MOSFET结构截面

图 1-21 采用标准 CMOS 工艺流程在 SOI 衬底上完成的典型光波导器件结构示意图

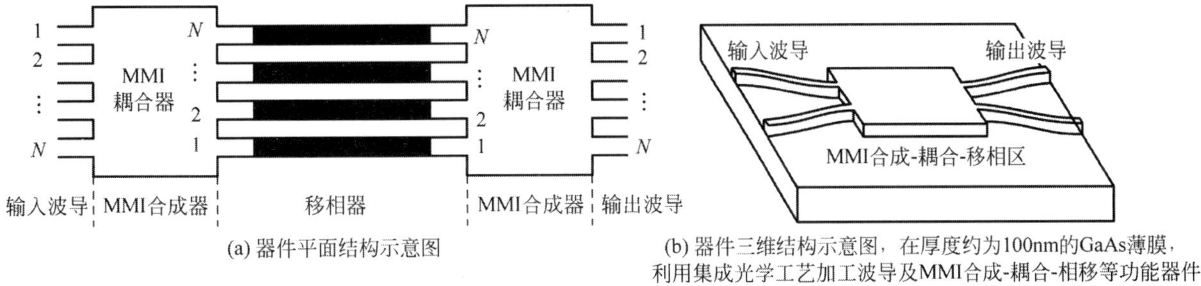

(a) 器件平面结构示意图

(b) 器件三维结构示意图，在厚度约为100nm的GaAs薄膜，利用集成光学工艺加工波导及MMI合成-耦合-相移等功能器件

图 1-22 $N\times N$ 多模干涉 Mach-Zehnder 干涉耦合器，由光调制器由输入输出单模光波导、多模干涉分束器以及移相器组成。两个 $N\times N$ 多模干涉耦合器实现分束器和合束，也可作为开关器件使用，移相器可以改变或调整输入光场的初始相位，从而选择输出通道，实现 $N\times N$ 阵列波导的切换开关控制

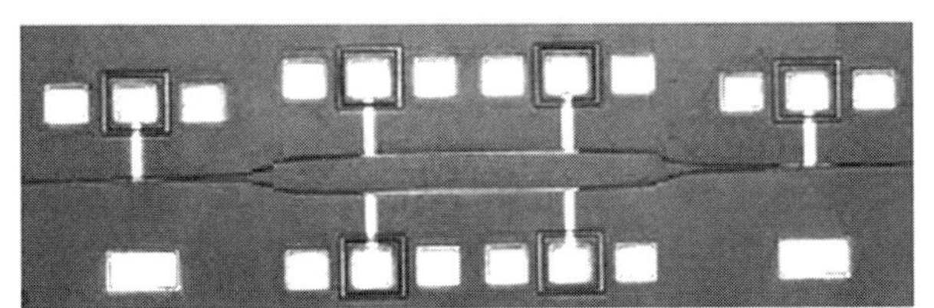

(a) 多模干涉型耦合器电镜内部结构的扫描电镜放大图

(b) 包括半导体激光光源、分束调制器、存储单元及光波导等多种功能的光子器件和由探测器、放大器及信号输入输出电子器件构成的光电混合集成实验芯片的光学放大照片

图 1-23 光量子集成器件的典型内部结构及外形

根据光量子集成器件输入信号的特点及处理要求设计腔型结构，对不同的波导基膜折射率、波导尺寸形状及传播常数，确定芯片实际结构尺寸和形貌。由于波导横截面积与弯曲都对损耗影响很大，对于功能比较复杂的集成芯片需精确计算或根据设计规范模拟确定。光量子存储器件在集成光学的基础上，将各种功能元件集成加工在各种稀土掺杂晶体及其他非线性有机和聚合材(例如半导体的玻璃)片基上。根据各种量子存储机理改变分子结构，控制材料的物理和化学性能实现信息存储。近年来，许多新型集成光学工艺设备发展迅速，例如有机聚合材料超薄膜生长技术、内扩散、离子注入、区域溶化场控加工、溶剂蒸发、选择掺杂、单体聚合分子自组装等均已实用化。精密聚焦激光束光化学加工、深紫外激光阵列扫描三维打印、微尺度压印加工技术也逐步进入工业化应用阶段，使光量子存储的研究有可能从科学实验模型变成可规模化生产的器件；也是今后光量子存储器件进一步微型化，与其他光子学器件结合构成未来量子计算机，获得速度更高、功能更强的量子信息处理系统必不可少的基本技术。

参考文献

[1] Reim K F, Michelberger P, Lee K C, et al. Single-photon-level quantum memory at room temperature. Phys Rev Lett, 2011, 107: 053603.

[2] Pang M L, Yang T T, Li J J, et al. Synthesis and properties of novel photochromic spiropyran compounds with n-heterocyclic residue. Chin J Org Chem, 2010, 68(18): 1895-1902.

[3] Zhang D, Wang M, Tan Y L. Preparation of porous nano-barium-strontium titanate by sorghum straw template method and its adsorption capability for heavy metal ions. Chin J Org Chem, 2010, 68(16): 1641-1648.

[4] Tessier G, Bardoux M, Boué C, et al. Back side thermal imaging of integrated circuits at high spatial resolution. Appl Phys Lett, 2007, 90: 171112.

[5] Julsgaard B, Sherson J, Cirac J L, et al. Experimental demonstration of quantum memory for light. Nature, 2004, 432: 482-486.

[6] Kozawa Y, Sato S. Focusing property of a double-ring-shaped radially polarized beam. Opt Lett, 2006, 31: 820-822.

[7] Nicolas A, Veissier L, Giner L, et al. A quantum memory for orbital angular momentum photonic qubits. Nature Photonics, 2014, 8: 234-238.

[8] Kozawa Y, Sato S. Sharper focal spot formed by higher-order radially polarized laser beams. J Opt Soc Am A, 2007, 24: 1793-1798.

[9] Hamazaki J, Kawamoto A, Morita R, et al. Direct production of high-power radially polarized output from a side-pumped Nd: YVO4 bounce amplifier using a photonic crystal mirror. Opt Express, 2008, 16: 10762-10768.

[10] Moser T, Glur H, Romano V, et al. Polarization-selective grating mirrors used in the generation of radial polarization. Appl Phys B, 2005, 80: 707-713.

[11] Zhao R, Dudin Y O, Jenkins S D, et al. Long-lived quantum memory. Nature Phys, 2009, 5: 100-104.

[12] Hirayama H, Tsukada Y, Maeda T, et al. Marked enhancement in the efficiency of deep-ultraviolet AlGaN light-emitting diodes by using a multi quantum-barrier electron blocking layer. Appl Phys Exp, 2010, 3 (3): 031002.

[13] Grandusky J R, Gibb S R, Mendrick M C, et al. , Properties of mid-ultraviolet light emitting diodes fabricated from pseudomorphic layers on bulk aluminum nitride substrates, Appl Phys Exp, 2010, 3(7): 072103.

[14] Sharma T K, Naveh D, Towe E, et al. Strain-driven light-polarization switching in deep ultraviolet nitride emitters. Phys Rev B, 2011, 84(3): 035305.

[15] Gaeta L. Nonlinear propagation and continuum generation in microstructure optical fibers. Opt Lett, 2002, 27: 924.

[16] Höckel D, Martin E, Benson O. Note: An ultranarrow bandpass filter system for single-photon experiments in quantum optics. Rev Sci Instrum, 2010, 81: 026108.

[17] Zhang R, Garner S R. Creation of long-term coherent optical memory via controlled nonlinear interactions in bose-einstein condensates. Physical Review Letters, 2009, 103: 233602.

[18] Yin Y, Alivisatos A P. Colloidal nanocrystal synthesis and the organic-inorganic interface. Nature, 2005, 437: 664-670.

[19] Zhou Z-Q, Lin W-B, Yang M. Realization of reliable solid-state quantum memory for photonic polarization qubit. Phys Rev Lett, 2012, 108: 190505.

[20] Loke D, Shi L, Wang W, et al. Ultrafast switching in nanoscale phase-change random access memory with superlattice-like structures. Nanotechnology, 2011, 22(25): 254019.

[21] Lundeen J S, Sutherland B, Patel A, et al. Direct measurement of the quantum wavefunction. Nature, 2011, 474: 188-191.

[22] Salvail J Z, Agnew M, Johnson A S. Full characterization of polarization states of light via direct measurement.

Nature Photonics, 2013, 7: 316-321.

[23] Bairavasundaram L N, Soundararajan G, Mathur V, et al. Italian for beginners: The next steps for SLO-based management. Proceedings of the USENIX Workshop on Hot Topics in Storage and File Systems (HotStorage'11), 2011.

[24] Mihailescu M, Soundararajan G, Amza C. MixApart: Decoupled analytics for shared storage systems. Proceedings of the USENIX Workshop on Hot Topics in Storage and File Systems (HotStorage'12), 2012.

[25] Niven-Jenkins B, Le Faucheur F, Bitar N. Content distribution network interconnection (CDNI) problem statement. RFC 6707, IETF, Internet-Draft, 2012.

[26] Rayburn D. Telcos and carriers forming new federated CDN group called OCX. StreamingMedia, 2011-06, http://blog.streamingmedia.com/2011/06/telco-and-carriers-forming-new-federated-cdn-group-called-ocx-operator-carrier-exchange.html.

[27] Chen Y, Sion R. To cloud or not to cloud? Musings on costs and viability. Proceedings of the 2nd ACM Symposium on Cloud Computing (SOCC'11), 2011: 29, doi: 10.1145/2038916.2038945.

[28] Ben-Yehuda O A, Ben-Yehuda M, Schuster A, et al. The Resource-as-a-Service (RaaS) cloud. Proceedings of the USENIX Workshop on Hot Topics in Cloud Computing (HotCloud'12), 2012.

[29] Zhu T, Gandhi A, Harchol-Balter M, et al. Saving cash by using less cache. Proceedings of the USENIX Workshop on Hot Topics in Cloud Computing (HotCloud'12), 2012.

[30] Ben-Yehuda O A, Ben-Yehuda M, Schuster A, et al. Deconstructing amazon EC2 spot instance pricing. ACM Transactions on Economics and Computation, 2011, 1(3): 16.

[31] Yadgar G, Factor M, Li K, et al. Management of multilevel, multiclient cache hierarchies with application hints. ACM Transactions on Computer Systems, 2011, 29(5): 1-51.

[32] Lakshman A, Malik P. Cassandra: A decentralized structured storage system. ACM Sigops Operating Systems Review, 2010, 44: 35-40.

[33] Calder B, Wang J, Ogus A, et al. Windows azure storage: A highly available cloud storage service with strong consistency. SOSP'11 Proceedings of the 23rd ACM Symposium on Operating Systems Principles, 2011: 143-157.

[34] Dimakis A, Godfrey P, Wu Y, et al. Network coding for distributed storage systems. IEEE Trans. Information Theory, 2010, 56(9): 4539-4551.

[35] Esmaili K, Lluis P, Datta A. The CORE storage primitive: Cross-object redundancy for efficient data repair & access in erasure coded storage. arXiv, 2013, arXiv: 1302.5192.

[36] Ford D, Labelle F, Popovici F I, et al. Availability in globally distributed storage systems. OSDI'10 Proceedings of the 9th USENIX Conference on Operating Systems Design and Implementation. 2010: 61-74.

[37] Hu Y, Chen H C H, Lee P C, et al. NCCloud: Applying network coding for the storage repair in a cloud-of-clouds. FAST'12 Proceedings of the 10th USENIX conference on File and Storage Technologies. 2012: 21-21.

[38] Hu Y, Xu Y, Wang X, et al. Cooperative recovery of distributed storage systems from multiple losses with network coding. IEEE Journal on Selected Areas in Communications, 2010, 28(2): 268-276.

[39] Huang C, Simitci H, Xu Y, et al. Erasure coding in windows azure storage. USENIX ATC'12 Proceedings of the 2012 USENIX Conference on Annual Technical Conference, 2012: 2.

[40] Kermarrec A M, Le Scouarnec N, Straub G. Repairing multiple failures with coordinated and adaptive regenerating codes. 2011 International Symposium on Network Coding(NetCod), 2011, doi: 10.1109/ISNETCOD.2011.5978920.

[41] Khan O, Burns R, Plank J, et al. Rethinking erasure codes for cloud file systems: Minimizing I/O for recovery and degraded reads. FAST'12 Proceedings of the 10th USENIX conference on File and Storage Technologies. 2012: 20.

[42] Li R, Lin J, Lee P. CORE: Augmenting regenerating-coding-based recovery for single and concurrent failures in distributed storage systems. arXiv, 2013, arXiv: 1302.3344.

[43] Papailiopoulos D, Luo J, Dimakis A, et al. Simple regenerating codes: Network coding for cloud storage. 2012 Proceedings IEEE INFOCOM, 2012, doi: 10.1109/INFCOM.2012.6195703.

[44] Rashmi K, Shah N, Kumar P. Optimal exact-regenerating codes for distributed storage at the MSR and MBR points via a product-matrix construction. IEEE Trans Information Theory, 2011, 57(8): 5227-5239.

[45] Rashmi K, Shah N, Kumar P, et al. Explicit construction of optimal exact regenerating codes for distributed storage. 47th Annual Allerton Conference on Communication, Control, and Computing, 2009, doi: 10.1109/ALLERTON.2009.5394538.

[46] Sathiamoorthy M, Asteris M, Papailiopoulos D, et al. XORing elephants: Novel erasure codes for big data. Proceedings of the VLDB Endowment, 2013, 6(5): 325-336.

[47] Shah N, Rashmi K, Kumar P, et al. Interference alignment in regenerating codes for distributed storage: Necessity and code constructions. IEEE Trans Information Theory, 2012, 58(99): 2134 2158.

[48] Shum K, Hu Y. Exact minimum-repair-bandwidth cooperative regenerating codes for distributed storage systems. 2011 IEEE International Symposium on Information Theory Proceedings (ISIT), 2011, doi.

[49] Shvachko K, Kuang H, Radia S, et al. The hadoop distributed file system. 2010 IEEE 26th Symposium on Mass Storage Systems and Technologies (MSST), 2010, doi: 10.1109/MSST.2010.5496972.

[50] Suh C, Ramchandran K. Exact-repair MDS code construction using interference alignment. IEEE Trans Information Theory, 2011, 57(3): 1425-1442.

[51] Giovannetti V, Lloyd S, Maccone L. Advances in quantum metrology. Nat Photon, 2011, 5(4): 222-229.

[52] Bussieres F, Sangouard N, Afzelius M, et al. Prospective applications of optical quantum memories. Journal of Modern Optics, 2013, 60(18): 1519-1537.

[53] Wang Z, Dimakis A G, Bruck J. Rebuilding for array codes in distributed storage systems. 2010 IEEE Globecom Workshops, 2010, doi: 10.1109/GLOCO.

[54] Zhu Y, Lee P P C, Hu Y, et al. On the speedup of single-disk failure recovery in XOR-coded storage systems: Theory and practice. 2012 IEEE 28th Symposium on Mass Storage Systems and Technologies (MSST), 2012, doi: 10.1109/MSST.2012.6232371.

[55] Beaver D, Kumar S, Li H C, et al. Finding a needle in haystack: Facebook's photo storage. OSDI, 2010: 47-60.

[56] Hua Y, Zhu Y, Jiang H, et al. Supporting scalable and adaptive metadata management in ultralarge-scale file systems. IEEE Trans Parallel Distrib Syst, 2011, 22(4): 580-593.

[57] Hwang A, Stefanovici I A, Schroeder B. Cosmic rays don't strike twice: Understanding the nature of dram errors and the implications for system design. ASPLOS'12, 2012: 111-122.

[58] Oh Y, Choi J, Lee D, et al. Caching less for better performance: Balancing cache size and update cost of flash memory cache in hybrid storage systems. Proceedings of the 10th USENIX conference on File and Storage Technologies (FAST12), 2012: 25-25.

[59] Canim M, Mihaila G, Bhattacharjee B, et al. SSD bufferpool extensions for database systems. Proceedings of the VLDB Endowment, 2010, 3(1-2): 1435-1446.

[60] Do J, Zhang D, Patel J, et al. Turbocharging DBMS buffer pool using SSDs. Proceedings of the 2011 International Conference on Management of Data, 2011: 1113-1124.

[61] Guerra J, Pucha H, Glider J, et al. Cost effective storage using extent based dynamic tiering. Proceedings of the 9th USENIX Conference on File and Storage Technologies, 2011: 20-20.

[62] Chen F, Koufaty D A, Zhang X. Hystor: Making the best use of solid state drives in high performance storage systems. Proceedings of the International Conference on Supercomputing, ICS'11, 2011: 22-32.

[63] Appuswamy R, van Moolenbroek D, Tanenbaum A. Integrating flash-based SSDs into the storage stack. 2012 IEEE 28th Symposium on Mass Storage Systems and Technologies (MSST), 2012: 1-12.

[64] Grupp L M, Davis J D, Swanson S. The bleak future of NAND flash memory. Proceedings of the 10th USENIX Conference on File and Storage Technologies (FAST), 2012.

[65] Park J-W, Park S-H, Weems C C, et al. A hybrid flash translation layer design for slc-mlc flash memory based multibank solid state disk. Microprocessors and Microsystems, 2011, 35(1): 48-59.

[66] Oh Y, Choi J, Lee D, et al. Caching less for better performance: Balancing cache size and update cost of flash memory cache in hybrid storage systems. Proceedings of the 10th USENIX Conference on File and Storage

Technologies (FAST), 2012.

[67] Wu G, He X, Eckart B. An adaptive write buffer management scheme for flash-based ssds. ACM Transactions on Storage, 2012,8(1), doi.

[68] Min C, Kim K, Cho H, et al. SFS: Random write considered harmful in solid state drives. FAST'12 Proceedings of the 10th USENIX Conference on File and Storage Technologies, 2012: 12.

[69] Park S, Shen K. Fios: A fair, efficient flash I/O scheduler. FAST'12 Proceedings of the 10th USENIX Conference on File and Storage Technologies, 2012.

[70] Zhang X, Davis K, Jiang S. Itransformer: Using SSD to improve disk scheduling for high-performance I/O. Proceedings of the 26th IEEE International Parallel and Distributed Processing Symposium (IPDPS'2012), 2012.

[71] Giovannetti V, Lloyd S, Maccone L. Advances in quantum metrology. Nat Photon,2011, 5(4): 222-229.

[72] Wu G, He X. Reducing ssd read latency via nand flash program and erase suspensions. FAST'2012 Proceedings of the 10th USENIX Conference on File and Storage Technologies, 2012.

[73] Kim H, Agrawal N, Ungureanu C. Revisiting storage for smartphones. FAST'2012 Proceedings of the 10th USENIX Conference on File and Storage Technologies, 2012.

[74] Tartler R, Kurmus A, Ruprecht A. Automatic OS kernel TCB reduction by leveraging compile-time configurability. Proceedings of the Eighth Workshop on Hot Topics in System Dependability, HotDep'12, 2012.

[75] Nam E H Min S L, Kim B S J, et al. Ozone (O3): An out-of-order flash memory controller architecture. IEEE Transactions on Computers, 2011, 60(5): 653-666.

[76] Mir I F, McEwan A A. A fast age distribution convergence mechanism in an SSD array for highly reliable flash-based storage systems. In Proceedings of the 3rd International Conference on Communication Software and Networks (ICCSN'11), 2011.

[77] Zhang Y, Arulraj L P, Arpaci-Dusseau A C, et al. De-indirection for flash-based SSDs with nameless writes. FAST'12 Proceedings of the 10th USENIX Symposium on File and Storage Technologies, 2012.

[78] Knill E, Laflamme R, Milburn G J. A scheme for efficient quantum computation with linear optics. Nature, 409: 46-52, 2001.

[79] Duan L-M, Lukin M, Cirac J I. Long-distance quantum communication with atomic ensembles and linear optics. Nature, 2001, 414: 413-418.

[80] Heshami K, Green A, Han Y, et al. Controllable-dipole quantum memory. Physical Review A, 2012, 86: 013813.

[81] Clark J, Heshami K, Simon C. Photonic quantum memory in two-level ensembles based on modulating the refractive index in time: Equivalence to gradient echo memory. Phys Rev A, 2012, 86: 013833.

[82] Heshami K, Healey C, Khanaliloo B, V. Acosta, C. Santori, P. Barclay and C. Simon, In preparation (2013).

[83] Heshami K, Sangouard N, Minar J, et al. Precision requirements for spin-echo-based quantum memories. Physical Review A, 2011, 83: 032315.

[84] Nunn J, Langford N K, Kolthammer W S, Enhancing multiphoton rates with quantum memories. arXiv: 12081534 v2, 2012.

[85] Sangouard N, Simon C, de Riedmatten H, et al. Quantum repeaters based on atomic ensembles and linear optics. Rev Mod Phys, 2011, 83: 33-80.

[86] Razavi M, Piani M, Lütkenhaus N. Quantum repeaters with imperfect memories: cost and scalability. Phys Rev A, 2009, 80: 032301.

[87] Nunn J, Reim K, Lee K C, et al. Multimode memories in atomic ensembles. Phys Rev Lett, 2008, 101: 260502.

[88] Hedges M P, Longdell J J, Li Y, et al. Efficient quantum memory for light. Nature, 2010, 465(7301): 1052-1056.

[89] Hosseini M, Campbell G, Sparkes B M, et al. Unconditional room-temperature quantum memory. Nature Physics, 2011, 7: 794-798.

[90] Afzelius M, Simon C, de Riedmatten H, et al. Multimode quantum memory based on atomic frequency combs. Phys Rev A, 2009, 79: 052329.

[91] Afzelius M, Usmani I, Amari A, et al. Demonstration of atomic frequency comb memory for light with spin-wave storage. Phys Rev Lett, 2010, 104: 040503.

[92] Staudt M U, Hastings-Simon S R, Nilsson M, et al. Fidelity of an optical memory based on stimulated photon echoes. Phys Rev Lett, 2007, 98: 113601.

[93] Kaviani H. Quantum storage and retrieval of light by sweeping the atomic frequency University of Calgary, MSc Thesis, 2012.

[94] Hétet G, Wilkowski D, Chaneliére T. Quantum memory with a controlled homogeneous splitting. arXiv: 12080677, 2012, doi: 10.1088/1367-2630/15/4/045015.

[95] Tittel W, Afzelius M, Chaneliére T, et al. Photon-echo quantum memory in solid state systems. Laser Photon Rev, 2010, 4: 244-267.

[96] Maze J R, Gali A, Togan E, et al. Properties of nitrogen-vacancy centers in diamond: the group theoretic approach. New J Phys, 2011, 13: 025025.

[97] Mamin H J, Kim M, Sherwood M H, et al. Nanoscale nuclear magnetic resonance with a nitrogen-vacancy spin sensor. Science, 2013, 339(6119): 557-560.

[98] Maze J R, Stanwix P L, Hodges J S, et al. Nanoscale magnetic sensing with an individual electronic spin in diamond. Nature, 2008, 455: 644-647.

[99] Kubo Y, Diniz I, Dewes A, et al. Storage and retrieval of a microwave field in a spin ensemble. Phys Rev A, 2012, 85: 012333.

[100] Julsgaard B, Grezes C, Bertet P. Quantum memory for microwave photons in an inhomogeneously broadened spin ensemble. Phys Rev Lett, 2013, 110(25): 250503, doi: 10.1103/Phys Rev Lett. 110. 250503.

[101] Afzelius M, Sangouard N, Johansson G, et al. Proposal for a coherent quantum memory for propagating microwave photons. arXiv: 13011858, 2013.

[102] Bar-Gill N, Pham L M, Jarmola A, et al. Solid-state electronic spin coherence time approaching one second. arXiv: 12117094, 2012.

[103] Maurer P C, Kucsko G, Latta C, et al. Room-temperature quantum bit memory exceeding one second. Science, 2012, 336(6086): 1283-1286.

[104] Bao X-H, Reingruber A, Dietrich P, et al. Efficient and long-lived quantum memory with cold atoms inside a ring cavity. Nature Physics, 2012, 8: 517-521.

[105] Specht H P, Nölleke C, Reiserer A, et al. A single-atom quantum memory. Nature, 2011, 473(7346): 190-193.

[106] Bajcsy M, Hofferberth S, Balic V, et al. Efficient all-optical switching using slow light within a hollow fiber. Phys Rev Lett, 2009, 102: 203902.

[107] Sprague M R, England D G, Abdolvand A, et al. Efficient optical pumping and high optical depth in a hollow-core photonic-crystal fibre for a broadband quantum memory. arXiv: 12120396, 2012, doi: 10. 1088/1367-2630/15/5/055013.

[108] Ferrier A, Thiel C W, Tumino B, et al. Narrow inhomogeneous and homogeneous optical linewidths in a rare earth doped transparent ceramic. Phys Rev B, 87: 041102(R), 2013.

[109] Sabooni M, Li Q, Kröll S, et al. Efficient quantum memory using a weakly absorbing sample. Phys Rev Lett, 2013, 110: 133604, doi: 10. 1103/Phys Rev Lett. 110. 133604.

[110] Afzelius M, Simon C. Impedance-matched cavity quantum memory. Phys Rev A, 82: 022310, 2010, doi: 10. 1103/Phys Rev A. 82. 022310.

[111] Appel J, Figueroa E, Korystov D, et al. Quantum memory for squeezed light. Phys Rev Lett, 2008, 100: 093602.

[112] Saglamyurek E, Sinclair N, Jin J, et al. Broadband waveguide quantum memory for entangled photons. Nature, 2011, 469: 512-515.

[113] Bonarota M, Le Gouët J-L, Chaneliére T. Highly multimode storage in a crystal. New J Phys, 2011,

13: 013013.

[114] Clausen C, Usmani I, Bussiéres F, et al. Quantum storage of photonic entanglement in a crystal. Nature, 2011, 469: 508-511.

[115] Hosseini M, Sparkes B M, Campbell G, et al. High efficiency coherent optical memory with warm rubidium vapour. Nature Communications, 2011, 2: 174, doi: 10.1038/ncomms1175.

[116] Munro W J, Stephens A M, Devitt S J, et al. Quantum communication without the necessity of quantum memories. Nature Photonics, 2012, 6: 777-781, doi: 10.1038/nphoton.2012.243.

[117] Lvovsky A I, Sanders B C, Tittel W. Optical quantum memory. Nature Photonics, 2009, 3: 706-714.

[118] Hammerer K, Sørensen A S, Polzik E S. Quantum interface between light and atomic ensembles. Rev Mod Phys, 2010, 82: 1041, doi: 10.1103/Rev Mod Phys.82.1041.

[119] Gorshkov A V, André A, Fleischhauer M, et al. Universal approach to optimal photon storage in atomic media. Phys Rev Lett, 2007, 98: 123601, doi: 10.1103/Phys Rev Lett.98.123601.

[120] Hétet G, Longdell J J, Alexander A L, et al. Electro-optic quantum memory for light using two-level atoms. Phys Rev Lett, 2008, 100: 023601, doi: 10.1103/Phys Rev Lett.100.023601.

[121] Louchet A, Habib J S, Crozatier V, et al. Branching ratio measurement of a Λ system in Tm^{3+}: YAG under a magnetic field. Phys Rev B, 2007, 75: 035131, doi: 10.1103/Phys Rev B.75.035131.

[122] Gorshkov A V, André A, Lukin M D, et al. Photon storage in Λ-type optically dense atomic media: I. Cavity model. Phys Rev A, 2007, 76: 033804, doi: 10.1103/Phys Rev A.76.033804.

[123] Kalachev A, Kocharovskaya O. Quantum storage via refractive-index control. Phys Rev A, 2011, 83: 053849, doi: 10.1103/Phys Rev A.83.053849.

[124] Specht H P, Nölleke C, Reiserer A, et al. A single-atom quantum memory. Nature, 2011, 473: 190-193.

[125] He Q Y, Reid M D, Drummond P D. Digital quantum memories with symmetric pulses. Optics Express, 2009, 17(12): 9662-9668.

[126] Gorshkov A V, André A, Lukin M D, et al. Photon storage in Λ-type optically dense atomic media: II. Free-space model. Phys Rev A, 2007, 76: 033805, doi: 10.1103/Phys Rev A.76.033805.

[127] Moiseev S A, Tittel W. Optical quantum memory with generalized time-reversible atom-light interaction. New J Phys, 2011, 13(6): 063035, doi: 10.1088/1367-2630/13/6/063035.

[128] He Q Y, Reid M D, Giacobino E, et al. Dynamical oscillator-cavity model for quantum memories. Phys Rev A, 2009, 79: 022310.

[129] Lauritzen B, Minář J, de Riedmatten H, et al. Telecommunication-wavelength solid-state memory at the single photon level. Phys Rev Lett, 2010, 104: 080502, doi: 10.1103/Phys Rev Lett.104.080502.

[130] Lobino M, Kupchak C, Figueroa E. Memory for light as a quantum process. Phys Rev Lett, 2009, 102: 203601.

[131] Heshami K, Green A, Han Y, et al. Controllable-dipole quantum memory. Phys Rev A, 2012, 86: 013813, doi: 10.1103/Phys Rev A.86.013813.

[132] Hétet G, Longdell J J, Alexander A L, et al. Electro-optic quantum memory for light using two-level atoms. Phys Rev Lett, 2008, 100: 023601, doi: 10.1103/Phys Rev Lett.100.023601.

[133] Kalachev A, Kocharovskaya O. Quantum storage via refractive-index control. Phys Rev A, 2011, 83: 053849, doi: 10.1103/Phys Rev A.83.053849.

[134] Longdell J J, Hétet G, Lam P K, et al. Analytic treatment of controlled reversible inhomogeneous broadening quantum memories for light using two-level atoms. Phys Rev A, 2008, 78: 032337, doi: 10.1103/Phys Rev A.78.032337.

[135] Kalachev A, Kocharovskaya O. Refractive index control for optical quantum storage. J Mod Opt, 2011, 58(21): 1971, doi: 10.1080/09500340.2011.599500.

[136] Kubo Y, Diniz I, Dewes A, et al. Storage and retrieval of a microwave field in a spin ensemble. Phys Rev A, 2012, 85: 012333, doi: 10.1103/Phys Rev A.85.012333.

[137] Saglamyurek E, Sinclair N, Jin J, et al. Broadband waveguide quantum memory for entangled photons. Nature, 2011, 469(7331): 512-515.

[138] Hemmer P R, Turukhin A V, Shahriar M S, et al. Raman-excited spin coherences in nitrogen-vacancy color centers in diamond. Opt Lett, 2001, 26: 361-363.

[139] Reim K F, Nunn J, Lorenz V O, et al. Towards high-speed optical quantum memories. Nature Photonics, 2010, 4: 218-221.

[140] Togan E, Chu Y, Trifonov A S, et al. Quantum entanglement between an optical photon and a solid-state spin qubit. Nature, 2010, 466(7307): 730-734.

[141] Santori C, Fattal D, Spillane S M, et al. Coherent population trapping in diamond N-V centers at zero magnetic field. Optics Express, 2006, 14(17): 7986-7994.

[142] Tamarat Ph, Manson N B, Harrison J P, et al. Spin-flip and spin-conserving optical transitions of the nitrogen-vacancy centre in diamond. New J Phys, 2008, 10: 045004, doi: 10.1088/1367-2630/10/4/045004.

[143] Gorshkov A V, André A, Lukin M D, et al. Phys Rev A, 2007, 76: 033804.

[144] Heshami K, Toward practical solid-state based quantum memories. University of Calgary, PhD Thesis, 2013.

[145] Heshami K, Green A, Han Y, et al. Controllable-dipole quantum memory. Phys Rev A, 2012, 86: 013813, doi: 10.1103/Phys Rev A.86.013813.

[146] Felton S, Edmonds A M, Newton M E, et al. Hyperfine interaction in the ground state of the negatively charged nitrogen vacancy center in diamond. Phys Rev B, 2009, 79: 075203, doi: 10.1103/Phys Rev B.79.075203.

[147] Barclay P E, Fu K-M, Santori C, et al. Hybrid photonic crystal cavity and waveguide for coupling to diamond NV-centers. Optics Express, 2009, 17(12): 9588-9601.

[148] Faraon A, Barclay P E, Santori C, et al. Resonant enhancement of the zero-phonon emission from a colour centre in a diamond cavity. Nature Photonics, 2011, 5: 301-305.

[149] Santori C, Barclay P E, Fu K-M C, et al. Nanophotonics for quantum optics using nitrogen-vacancy centers in diamond. Nanotechnology, 2010, 21(27): 274008, doi: 10.1088/0957-4484/21/27/274008.

[150] Heshami K, Sangouard N, Minár J, et al. Phys Rev A, 2011, 83: 032315.

[151] Lvovsky A I, Sanders B C, Tittel W. Optical quantum memory. Nature Photonics, 2009, 3: 706-714; Tittel W, Afzelius M, Chaneliére T, et al. Photon-echo quantum memory in solid state systems. Las Phot Rev, 2010, 4(2): 244-267.

[152] Moiseev S A, Kröll S. Complete reconstruction of the quantum state of a single-photon wave packet absorbed by a doppler-broadened transition. Phys Rev Lett, 2001, 87: 173601, doi: 10.1103/Phys Rev Lett.87.173601; Kraus B, Tittel W, Gisin N, et al. Quantum memory for nonstationary light fields based on controlled reversible inhomogeneous broadening. Phys Rev A, 2006, 73: 020302, doi: 10.1103/Phys Rev A.73.020302; Alexander A L, Longdell J J, Sellars M J, et al. Photon echoes produced by switching electric fields. Phys Rev Lett, 2006, 96(4): 043602, doi: 10.1103/Phys Rev Lett.96.043602.

[153] de Riedmatten H, Afzelius M, Staudt M U, et al. A solid-state light-matter interface at the single-photon level. Nature, 2008, 456: 773-777.

[154] Zhang R, Garner S R, Hau L V. Creation of long-term coherent optical memory via controlled nonlinear interactions in bose-einstein condensates. Phys Rev Lett, 2009, 103: 233602, doi: 10.1103/Phys Rev Lett.103.233602.

[155] Amari A, Walther A, Sabooni M, et al. Towards an efficient atomic frequency comb quantum memory. Journal of Luminescence, 2010, 130(9): 1579-1585.

[156] Zhao B, Chen Y-A, Bao X-H, et al. A millisecond quantum memory for scalable quantum networks. Nature Phys 5: 95-99.

[157] Zhao R, Dudin Y O, Jenkins S D, et al. Long-lived quantum memory. Nature Physics, 2009, 5, 100-104.

[158] Heinze G, Rudolf A, Beil F, et al. Storage of images in atomic coherences in a rare-earth-ion-doped solid. Phys Rev A, 2010, 81: 011401(R), doi: 10.1103/Phys Rev A.81.011401.

[159] Beavan S E, Fraval E, Sellars M J, et al. Demonstration of the reduction of decoherent errors in a solid-state qubit using dynamic decoupling techniques. Phys Rev A, 2009, 80: 032308, doi: 10.1103/Phys Rev A.80.032308.

[160] Rideout D, Jennewein T, Amelino-Camelia G, et al. Fundamental quantum optics experiments conceivable with

satellites—Reaching relativistic distances and velocities. Class Quantum Grav, 2012, 29(22): 224011, doi: 10.1088/0264-9381/29/22/224011.

[161] 李师群. 现代量子光学的发端和物理学精密测量的新巅峰——2005 年诺贝尔物理学奖成果介绍. 科技导报, 2005, 23 (0512): 12-15.

[162] 陈超. 运算能力最强的单磁通量子微处理器问世. 科技日报, 2007-02-02.

[163] Chen C H. A single magnetic flux quantum processor with optimal operational ability. Science and Technology Daily, 2007-02-02.

[164] 彭堃墀. 量子光学与量子信息. 中国基础科学, 2000(4): 19-24.

[165] Peng K X. Quantum optics and quantum information. China Basic Science, (4): 19-24. 2000.

[166] Chen S, Chen Y-A, Strassel T, et al. Deterministic and storable single-photon source based on a quantum memory. Phys Rev Lett, 2006, 97(17): 3004.

[167] Yao A M, Padgett M J. Orbital angular momentum: Origins, behavior and applications. Advances in Optics and Photonics, 2011, 3: 161-204.

[168] Yang T, Zhang Q, Zhang J, et al. All-versus-nothing violation of local realism by two-photon, four-dimensional entanglement. Phys Rev Lett, 2005, 95(24): 406-406.

[169] Gasparoni S, Pan J W, Walther P, et al. Realization of a photonic controlled-NOT gate sufficient for quantum computation. Phys Rev Lett, 2004, 93(2): 504.

[170] Walther P, Pan J W, Aspelmeyer M, et al. De Broglie wavelength of a non-local four-photon state. Nature, 2004, 429: 158-161.

[171] Sanaka K, Jennewein T, Pan J W, et al. Experimental nonlinear sign shift for linear optics quantum computation. Phys Rev Lett, 2004, 9201(1): 7902-7902.

[172] Pan J W, Gasparoni S, Ursin R, et al. Experimental entanglement purification of arbitrary unknown states. Nature, 2003, 423(6938): 417-422.

[173] Chen T Y, Pan J W, Zhang Y D, et al. All-versus-nothing violation of local realism for two entangled photons. Phys Rev Lett, 2003, 90(16): 408.

[174] Pan J W,Daniell M, Gasparoni S, et al. Experimental demonst ration of four-photon entanglement and high-fidelity teleportation. Phys Rev Lett, 2001, 86(20): 4435-4438.

[175] 齐芳. 我科学家刷新光子纠缠和量子计算两项世界纪录. 光明日报, 2007-02-09.

[176] 丁冬生,周志远,史保森. 高维量子态存储. 量子电子学报, 2014, 31(4): 442-448.

[177] Ding D-S, Zhang W, Zhou Z-Y, et al. Quantum storage of orbital angular momentum entanglement in an atomic ensemble. Phys Rev Lett, 2015, 114: 050502.

[178] Michelberger R S, Champion F M, Sprague M R, et al. Interfacing GHz-bandwidth heralded single photons with a room-temperature Raman quantum memory. arXiv: 1405.1470, 2014.

[179] Xu Z, Wu Y, Tian L, et al. Long lifetime and high-fidelity quantum memory of photonic polarization qubit by lifting zeeman degeneracy. Phys Rev Lett, 2013, Ill: 240503.

[180] Ding D-S, Zhang W, Zhou Z-Y, et al. Toward high-dimensional quantum memory in a cold atomic ensembles. Phys Rev A, 2014, 90: 042301.

[181] 丁冬生,周志远,史保森. 高维量子态存储. 量子电子学报, 2014, 31(4).

[182] Li Y, Zhou Z-Y, Ding D-S, et al. Sum frequence generation with tow orbital angle momentun carring laser beam. JOSA B, 2015, 32(3): 407-411.

第2章

量子信息论基础

2.1 量子信息科学发展概况

本章介绍量子信息理论的基本概念、数学基础和发展状况。包括量子纠缠、通道、传输、概率、编码及压缩等最重要的物理概念及其数学描述和定量分析方法，以及量子纠缠现象和信道容量、量子态其相互关系、可叠加性、连续性和量子操作过程的数学拟合等领域中，与本书讨论光量子存储关系比较密切的研究工作的最新发展。为阅读方便，本节在此先做一概括性介绍。

量子信息论与相关的量子计算之所以吸引广泛关注的原因，首先是其原理有可能成为信息安全和新一代超级计算机的基础，当然也包括海量信息存储，激起许多物理学、数学和计算机科学等不同领域科学家和研究人员的兴趣。除了理论研究外，在实践方面最早开始于量子态控制及信息传输与处理应用研究。从更基本的角度考虑，量子信息论的价值在于对量子力学提出了新的思考。主要途径有二，一是理论物理学家最关注量子信息的理论基础知识，也是本章的重要内容；二是讨论量子信息论的工程实践及其应用，主要包括量子态检测、相关、纠缠、量子信道及系统实现等。本章不可能全部讨论，只能挑选几个比较重要的示例，例如纠缠和通道做较详细的定量分析，以澄清基本概念，尽可能更接近当前的研究实践。另外，对纠缠态测量、信道容量，即在有噪声的情况下信道的最大有效传输能力及优化方法，由于量子信息是一个迅速发展的领域，也许当本书出版时，许多问题已经解决，而又发现更多的新问题。读者需适时关注和参考有关书籍和文献。

1. 量子计算

基于上述目标，采取不同的科学方法，在已有理论基础和实验条件下，尽可能地以高质量控制开展研究。这些传统方法也取得若干预期的成果，但真正取得突破性进展的反而是一些其他方法，如2012年启动的量子逻辑研究，成为后来推进量子计算的突破口，大大超过了专家们的预期。同时，也给研究人员带来新的思考，即超越传统学科结构的多学科交叉研究体系会更有前途。研究人员在执行研究计划时，在原来设想方案遇到障碍时，应该更密切地交流合作，共同探索新的解决方案，及时调整研究技术路线。将研究技术路线制定得十分周密，对此项研究似乎并不现实。量子系统十分复杂，许多现象经典物理学不能解释，量子力学也未必能预见大量实验研究中发现的各种量子机器。例如，原子钟极大地提高了计时与导航精度，量子增强传感器和各种量子光源在量子通信、单原子掺杂中的推广应用。这些研究成果无论是对科学发展或是对新兴产业形成的贡献都是前所未有的。充分证明了基础理论研究与工程应用协同开展的重要性。

在现有的计算机中使用的是经典的物理量，以电平的高低表示二进制数据。而在量子信息科学与技术(Quantum Information Science and Technology，QIST)中则用二维量子系统形式代表二进制信息。可以是光子的两个不同偏振态，也可能是原子电子不同的能级或磁场中的电子或原子核不同的自旋方向。在这种形式下，一个比特的信息被称为量子比特(qubit)。通过量子逻辑门，可对多个量子比特进行操控，即利用量子比特之间的相互作用产生的相干控制量子比特的状态，构成了量子计算机的基本单元。由于这种量子态叠加原理具有极强的计算功能，理论上将会超过所有现有的或未来的经典计算机。另外，一些对于常规计算机非常棘手问题，例如整数分解和离散对数问题，如果利用量子并行处理则很容易获得有效的解决方案。在数据加密方面，量子加密技术几乎可以超越现有的成熟技术。由 Feynman 首次提出的量子的建模与仿真，将来与纳米电子元件设计制造工艺结合便可构成更精确的量子计算机。同时，只有这种量子计算机才有可能模拟和分析介观/纳米物理学中发现的新现象，这反过来又会促进基础理论研究的发展，潜力将超越现有的物理实验室与量子力学控制系统。其他分支科学也在期待这种量子计算机和模拟方法早日用于相关的实验研究。毋庸置疑，这些量子比特和量子逻辑操控系统可大可小，能以少量的比特进行量子操作，甚至单量子比特系统。量子信息理论突破了传统纠错概念。一个单一的量子逻辑位可为几个物理量子比特和量子逻辑运算进行纠错。利用量子纠错与编码逻辑量子比特容错构成量子计算机，可以大量减少物理量子比特和量子逻辑操作的开销。一个逻辑量子比特可以取代 5 个物理比特态编码使用。如果每个门的阈值都能精确实现，将能保证量子计算机任何时候都不会出错。

量子纠错技术和量子计算的基本要素是创造多量子比特纠缠态的能力。在这些独特的量子态中，若干量子比特的结点是唯一的，尽管单个量子比特没有一定的状态。量子纠缠态之间的关联强度是区分量子态最主要的物理学特征。这些特性在自然界中可能不易被发现，但却是控制量子的技术基础。虽然量子控制实验研究还在不断发展，但仍未满足纠缠精度的需求。随实验研究的进步，有可能放宽实现这些阈值的条件，将有助于量子计算机科学的发展，加速量子计算机科学时代的到来。

2. 研究目标与方法论

国际上对研究量子信息科学的路线在许多国家的学术会议上都曾经讨论过，并有专家组的书面报告。对这个特别具有挑战性问题出现多种多样的观点是很自然的，每年都在更新。每当一个重要的基础研究取得重大发展，研究方向、内容和结构往往随之变化。什么是最可行的新兴量子计算技术的研究开发路线图不可能有一个非常确定的预期目标，必须通过自身的实践和广泛的学术交流捕捉可能的发展机会以及自己的研究目标。多学科研究小组分工合作无疑是解决如此复杂的光子问题的最有效的方案，而每一类研究课题的正常完成是实现高层次研究目标的基础。不恰当的技术路线图，特别是具有挑战性的重大理论研究路线图，也许很难预料其进展与后果，也很难安排或定义其研究指标，所以在研究过程中定期对研究技术路线不断更新，增加或补充每个实验研究详细领域的具体调整方案是十分必要的。无论是 5 年期或 10 年期的研究目标，都可能需要设计一个中期技术路线图，以便协调这些技术目标相对于总目标潜在的问题。应该详细地总结每一个新成果获得的基本概念，涉及的广度、优势和挑战，从各学科的角度制定一个完整、均衡的路线图，尽可能减少不可预料因素的影响。此外，每个详细的总结为不同的实验提出了新的具体研究领域，在该领域中需要额外的理论工作。这个中期技术路线图的目的是描述如何控制正在朝着高层次目标发展的状态和指标，但这在实践中往往是非常困难和苛刻的。例如，一个多比特量子必须准备可分离的形式，环境影响可能会导致脆弱的量子态失衡；即使量子弱耦合能适应外部环境，也不一定能足够强耦合进行逻辑门操作；以上研究都能实现时，也未必计算结束时每个量子比特态都能正确读出。在基本量子物理场的实验研究方面，例如β核磁共振(β-NMR)，β离子阱量子计算，β中性原子的量子计算，β腔量子电动力学(QED)计算及光学量子计算，基于电子自旋的量子计算和量子点为基础的β固体超导量子计算等理论分支，每一种不同的理论计算与实验方法都有其独特的优势。例如，原子、光学和核磁共振的方法实验条件关系非常密切，所需质量控制、大型设备和材料的配套研究。然而，大规模量子计算模型的建立则需要高层次的理论工作。所以在研究技术路线中需充分体现每个量子物理系统的特点。根据每个子课题的研究情况，具体考核初始化的量子比特状态、达到基准状态的能力、消相干的时间与运行时间、量子比特稳定互换的能力及达到指定位置的能力等。在量子物理性质研究方面，例如二能级量子系统的退相干(比特)速率，对物理资源的要求，单个量子比特的最终状态(在分布式计算情况下，采用不同的寄存器或不同的处理器)，以及各种不同的量子计算体系结构格式的适应性，对架构基础时钟或量子逻辑实现的灵活性，是否允许量子计算平行作业，是否能够执行逻辑门之间相隔的比特串行操作等要求。

目前各种各样的多比特量子存储器及处理器都正在研制开发之中。某些大企业的研究机构和大学合作已实现了量子器件的单芯片集成和经典控制与读出。高位多比特量子器件的设计制造，涉及大规模量子器件阵列设计软件的研究和复杂而昂贵的高度专业化专用设备的开发，设计研制周期较长。多功能逻辑比特由若干物理量子比特、重复误差校正、量子复制和容错控制单元组成。基于非线性光学量子逻辑门的概率 β，双离子阱、单电子自旋量子点等非量子逻辑门灵敏度、电荷或激子量子自旋量子比特的稳定性及可靠性等的理论与实验研究都还在持续发展过程中。如果是控制电子器件与固态量子比特器件混合集成，需将控制芯片与若干量子比特的芯片连接。必须保证适应于不同温度，如 RSFQ 和 RF CMOS 的要求，不仅跨越了传统的技术界限，而且可能需要各种技术组合才能实现。所以这类器件的研制与开发不是单纯的原理实验研究可完成的。特别是容错逻辑量子比特操作控制驱动芯片的研制涉及大量的工程问题，包括专用加工设备的研制需要较长的周期，所以工业部门早期介入非常重要。在超导量子计算领域涉及的学科和工程技术领域更广，包括：新材料和设备制造、光电子技术、单光子发射与探测、混合集成器件工艺过程测试、芯片测试及质量控制理论和建模的研究都必须同步进行。只有通过大量具有针对性的实验质量控制，鼓励理论工作者与实验工程师密切合作，使量子逻辑单元设计与数据存储、集成数据传输和量子数学调度理论研究、实验及工艺模型相互促进，才能建立切实有用的方法论，推动研究工作不断向前发展。

2.2 物理概念

经典的信息概念认为，一切可以用传统的文字符号、二进制的 0 和 1 符号或任何其他有定义的符号集传送和接收的资源都称为信息。在经典信息论的概念中，主要强调用于这些符号传输的物理系统类型，包括在纸上书写、导线中的电流电压变化、光激光脉冲的频率或强度等。只要数据不丢失，或即使有损失，能理解其意义即可。然而，量子信息理论打破了这一观点。它研究的这种“量子信息”并不存在一一对应的“物质”，而是若干可能以不同状态待发射的微粒。其发送设备和接收设备(测量装置，M)是关联的，很难用经典信息概念描述。因此，量子信息是一种新的信息。为了简要解释量子信息的特点，只能概括为“测量依赖于发射准备(P)”，即此信息只有在测量(读出)时才被完全准备好，如图 2-1 所示。

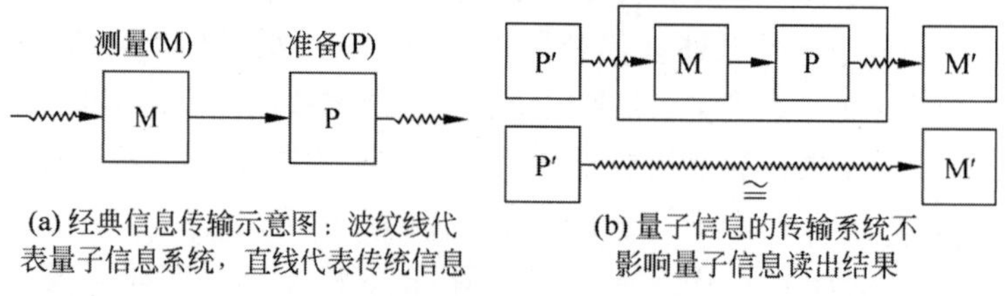

图 2-1　量子信息与经典信息传输的差异

经典的信息传输与量子信息传输都可以用上面所述的方式完成。先讨论从经典到量子信息。事实上现在已经实现,就是一个经典的组合→量子与量子→经典设备的描述。差别是结构相反,测量(M)在制备(P)之前(参见图 2-1(a))。此过程又被为经典隐形态传输,如果输入系统中产生的粒子无法区分,说明传输失败。为澄清区分的确切含义,需采用统计学方法,因为量子力学系统只能用统计实验验证。为此,在系统中添加制备装置 P′和测量设备 M′,参见图 2-1(b)。在这两种情况下,通过大量重复实验,应该能得到相同的统计测量结果。

另外是量子复制,从一个量子输入系统 C 产生两个类型相同的输出 P_1 和 P_2,如图 2-2(a)所示。对输出量子(即 P_1 或 P_2)进行统计学实验,通过 P-M 测量,获得两份数据,参见图 2-2(b)。根据非克隆定理,隐形态传播是可以复制的。然而,该测量装置每次向 A、B 的输出,未必都能将量子信息无损地转化为经典的信息。实际上,所有信息在现代化数据处理环境中均已被微粒化(如电子或光子),完全忽略了经典信息理论所描述的相关过程。但当系统结构尺寸减小到一定程度,量子信息的相关性则不可忽略。未来的量子信息设备解决这些实际问题的能力将远优于经典系统。量子计算机的操作不仅可对每一批数字进行线性叠加,对经典算法难以处理的问题还可以实现所谓“指数加速”运算。另外是量子密码,用于密钥安全传输,即使被窃听也不可能检测到内容。这种加密方法被称为一次性密钥,这就是量子信息科学中的主要两个学科成果——量子计算和量子密码。从信息论到量子力学,信息论则讨论更深层次的问题,是对量子理论的定量分析。最相关的例子是量子纠缠,是量子系统之间的非典型相关现象,导致反 Bell 不等式,是量子力学与经典物理学的主要差异。实验证明,纠缠是一种重要资源,其中最突出的是纠缠增强隐形传态实验,即证实经典的信息信道是不可能传输量子信息的。为量子信息带来更深刻、更令人鼓舞的特点是巨大的量子信息通道容量,可能使计算机的复杂程度极大简化。不仅单个离子可以通过激光操纵构成量子门,双量子比特门也实用。网络量子逻辑门的实际应用已为期不远,10 或 16 量子比特的控制系统正在研制之中。另一个相当成功的技术是核磁共振量子计算。它是利用磁场中的原子核 Zeeman 能级间跃迁实现量子比特,利用高频振荡磁场脉冲控制原子核不同的自旋态记录信息。由于离子阱中不会只用一个分子,可能包含约 10^{20} 个分子,只要解决了初始状态的制备,核磁共振和离子阱量子计算机的存储单元达到几千比特也非幻想。各种研究成果纷纷涌现,例如光子晶体、纳米结构半导体、量子点等。量子密码光学纤维通信,反 Bell 不等式与偏振相关光子实验验证,超过 1000km 的光子纠缠量子密钥通信都是典型的量子信息科学的成果。

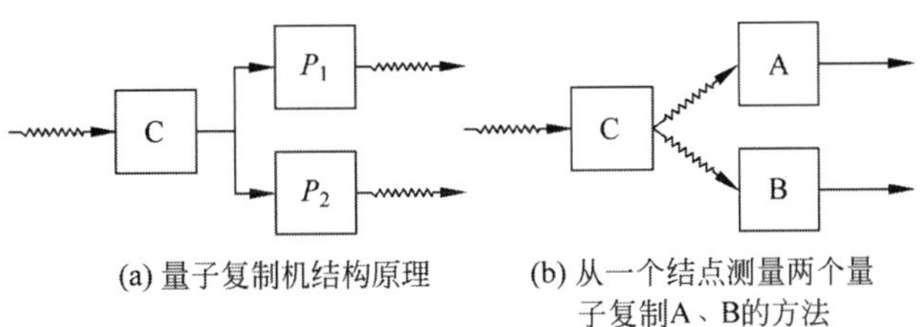

(a) 量子复制机结构原理　(b) 从一个结点测量两个量子复制A、B的方法

图 2-2 量子复制机结构原理及从一个结点测量两个量子复制 A、B 的方法

以上理论的基本概念的数学描述,主要基于经典概率论、Hilbert 空间张量积和密度矩阵、量子统计力学、纠缠态全正向映射等。这些数学描述方法基本上由 S 和 E 两个集合和 $S\times E\ni(\rho A)\rightarrow(A)\in[0,1]$方程构成。$S$ 描述状态,即初始态,$A\in E$ 代表系统中所有测量 yes 等于 no。若概率最高(即相对的大量重复频率),其结果为“yes”,如果测量受到影响,则系统状态取决于(A)。这类方法不仅适用于量子力学,也广泛用于其他统计模型,包含经典概率论,此不详述。仅对其中 S 态和 E 态及 $\rho(A)$规划的精确结构详细讨论如下。

1. 代数算子

实践中可能会遇到3种不同类型系统：量子、经典及半经典混合系统。本节先讨论对以上3种系统都实用的状态定义和基于Hilbert空间H有限代数算子A的一般表达式。A为$B(H)$的封闭线性子空间H域上有限代数算符，而且限于$(A,B\in A\Rightarrow AB\in A)$和伴随矩阵$(A\in A\Rightarrow A^*\in A)$的乘积。为简单起见，先讨论代数$A$。$A$代表系统的$S$和$E$态集合及其域$(\rho A)\mapsto\rho(A)$，每个类型系统的特性都与此有关。虽然$A$和$H$存在于无限空间，但讨论中只要没有明确说明，都只考虑有限维的Hilbert空间。由于大多数量子信息的研究工作都在有限维系统(高斯系统是唯一的例外)，此简化影响不大。因此选$H=C^d$及$B(H)$，是一个$d\times d$复合二维矩阵。因为A是$B(H)$的子代数，根据$B(H)$可得算子范数$\|A\|=\sup\limits_{\|\psi\|=1}\|A\psi\|$及算子排序$A\geqslant B\Leftrightarrow\langle\psi,A\psi\rangle\geqslant\langle\psi,B\psi\rangle\ \forall\,\psi\in H$，便可得

$$\mathcal{L}(\mathcal{A})=\{\rho\in A^*\mid\rho\geqslant 0,\rho(\mathbb{1})=1\}\tag{2-1}$$

式中A^*为A的二维空间，此间A均呈线性且$\rho\geqslant 0$，即$\rho(A)\geqslant 0$；$\forall A\geqslant 0$。所以，可建立描述系统状态的基础参量$S(A)$方程：

$$\mathcal{E}(A)=\{A\in\mathcal{A}\mid A\geqslant 0,A\leqslant\mathbb{1}\}\tag{2-2}$$

式中$\rho(A)$为ρ态测量A影响的概率。通常主要注意某期望值A时ρ态的概率$\rho(A)$。因此，根据方程式(2-1)可确定其状态值的泛函。对两个凸空间$\rho\sigma\in S(A)$和$0\leqslant\lambda\leqslant 1$意味着$\lambda\rho+(1-\lambda)\rho\in S(A)$，且对$E(A)$也同样。$S(A)$的极值点$E(A)$，不允许凸函数分解$(x=\lambda Y+(1-\lambda)Z\Rightarrow\lambda=1$或$\lambda=0$或$y=z=x)$。$S(A)$的极值点与$E(A)$都是系统的重要参数。$E(A)$为带有模糊性非极值参数的影响。它相当于一个检测器，收集了状态不确定的颗粒，但总概率小于1。若要推广到无限空间系统很容易，用Hilbert无限空间取代$H=C^d$就可以了(例如$H=L^2(R)$)。但需要用到本节没有介绍的C^*代数和测量理论。

2. 量子力学系统

根据量子力学系统的基本概念，可知

$$A=B(H)\tag{2-3}$$

这里再次选$H=C^d$。此系统称为d统或$d=2$的量子比特级系。为了简化符号，通常用$S(H)$和$E(H)$代替$S[B(H)]$和$E[B(H)]$。从式(2-2)可以发现，算符$A\in B(H)$的影响为正，上限约为5。元素$P\in E(H)$，$i=P$为投影算子$(P^2=P)$。在量子力学中，量子态通常用密度矩阵表示，即正态归一化3阶算子。按照方程式(2-1)中定义，$B(H)$为Hilbert空间的Hilbert-Schmidt标量乘积，$\langle A;B\rangle=\mathrm{tr}(A^*,B)$。因此，每一线性泛函$\rho\in B(H)^*$可以用算子$\tilde{\rho}$按照$A\mapsto\rho(A)=\mathrm{tr}(\tilde{\rho}A)$表示。每个$\tilde{\rho}$定义一个独特的功能$\rho$。如果$\rho$采用$\tilde{\rho}_{kj}=\mathrm{tr}(\tilde{\rho}|j\rangle\langle k|)=(\rho|j\rangle\langle k|)$恢复$\tilde{\rho}$矩阵，其中$|j\rangle\langle k|$代表$B(H)$的规范(即$|j\rangle\langle k|_{ab}=\delta_{ja}\delta_{kb}$)。通常，$(\psi,\tilde{\rho}\psi)=\rho(|\psi\rangle\langle\phi|)$，$\psi,\phi\in H$，其中$|\psi\rangle\phi|$表示域为$\eta\in H$的一秩算子映射$\langle\phi,\eta\rangle\psi$。为避免混淆，在算符上加符号～以示区别。同样，对常用的元素$B(H)^*$与$B(H)$ B，$\mathrm{tr}(A)$与(A)两个不同的符号表示跟踪迹空间与观测空间的区别。此外，用迹范数$\|\rho\|_1=\mathrm{tr}|\rho|$算符$B^*(H)$代替算子范数。$\rho$为正表示$0\leqslant\rho(|\psi\rangle\langle\psi|)=|\psi\rangle\langle\rho\phi|$，且$I=\rho(\mathbb{1})=\mathrm{tr}(\rho)$。因此，可从方程式(2-1)确定用密度矩阵表示的量子力学状态空间。量子系统的纯态属于一维投影，通常以波函数ψ的密度矩阵$|\psi\rangle\langle\psi|$表示。为获得另一个很有用的参数，采用(Hilbert-Schmidt标量乘积$\langle\rho,\sigma\rangle=\mathrm{tr}(\rho*\sigma)$。由于现在对象是$B^*(H)$，其为矩阵空间(或选用$\rho$泛函$\rho(\mathbb{1})=0$)对应的正交单位算子$I^{\perp}$。如果$I^{\perp}$选$\sigma_1\sigma_2\cdots\sigma_{d2-1}$，且$\langle\sigma j;\sigma k\rangle=2\delta_{jk}$，则每个伴随矩阵算子$\rho(\mathrm{tr}(\rho)=1)$可写成

$$\rho=\frac{\mathbb{1}}{d}+\frac{1}{2}\sum_{j=1}^{d^2-1}x_j\sigma_j=:\frac{\mathbb{1}}{d}+\frac{1}{2}x\cdot\sigma,\quad x\in\mathbb{R}^{d^2-1}\tag{2-4}$$

如果式中$d=2$或$d=3$，最好选择Pauli矩阵，对于σ_j则选用Gell-Mann矩阵。其中量子比特$\rho\geqslant 0$ $(|x|\leqslant 1$。因此，原状态空间$S(C^2)$与Bloch球吻合$\{x\in R^3\,|\,|x|\leqslant 1\}$，并成为与最佳状态的界线。这里

完全用几何方法表示，其最状佳态是 $S(H)$ 凸型曲面的极值点。大多数情况下，d 级系统的最佳状态可用由下式表示：

$$1=\text{tr}(\rho^2)=\frac{1}{d}+\frac{1}{2}\mid x\mid^2\Rightarrow\mid x\mid=\sqrt{2(1-1/d)} \tag{2-5}$$

这说明所有的量子态都包容在半径为 $2^{1/2}(1-1/d)^{1/2}$ 的球体内，然而，不包括所有的正算子，例如 $d^{-1}\mathbb{1}\pm2^{1/2}(1-1/d)^{1/2}\sigma_j$，当 $d=2$ 时为正，就不包括在其中。

3. 经典概率论

因为经典系统与量子系统之间的差别，在分析量子系统中经典概率论十分重要。设有限空间代数对全部有限 X 元素均有效。例如变量 $X=\{1,2,\cdots,6\}$，可以是骰子、硬币 $X=\{$"正"；"反"$\}$或量子比特 $X=\{0;1\}$。为简化起见，以 $S(X)$ 及 $E(X)$ 代表状态空间和效应空间，则描述系统空间的代数式为

$$A=C(X)=\{f:X\rightarrow C\} \tag{2-6}$$

即 X 的复值函数。为解释这个代数算子于 Hilbert 空间 H 上的作用，在 H 空间任意选择一个 $f\in C(X)$ 函数的固定正交点 $|x\rangle$；$x\in X$，且函数的算子 $f=\sum\limits_x f_x\mid x\rangle\langle x\mid\in B(H)$（这里使用相同的符号和设置可避免混淆）。通常，取 $X=\{1\},\{2\},\cdots,\{D\}$，选 $H=C^D$ 为 $|x\rangle$ 的规范。因此，$C(X)$ 变成对角二维 $d\times d$ 代数矩阵。利用式(2-4)可看出 $f\in C(X)$ 的有效范围是 $0\leqslant f_x\leqslant1$；$\forall x\in X$。实质上，可认为 f_x 是影响 x 寄存于 f 的概率。这使"准确"和"模糊"的概率有了明确的区别：$P\in E(X)$ 为准确，且仅当 $P_x=1$ 或 $P_x=0$ 对所有的 $x\in X_P\in E(x)$ $P_X=1$。因此，$P\in C(X)$ 函数可通过亚群 $\omega_P=\{x\in X|P_x=1\}\subset X$ 描述系统一一对应通信过程。所以，ω_P 得以完整寄存在 P，模糊的影响 $f<P$ 概率必小于 1。$C(X)$ 属有限维，且基于 $|x\rangle\langle x|$；$x\in X$ 必然同构于其二重函数 $C^*(X)$。准确地说，每一个线性泛函 $\in C^*(X)$ 均由唯一的函数 $x\mapsto\rho_x=(|x\rangle\langle x|)$ 定义，而且 $\rho(f)=\sum\limits_x f_x\rho_x$。量子主要用线性泛函和相同的符号确定，虽然在讨论量子态时保留了符号 $C^*(X)$。$\rho\in C^*(X)$ 的正值取决于 $\rho_x\geqslant0$，对所有 x 和规范化可得 $1=\rho(\mathbb{1})=\rho\left(\sum\limits_x\mid x\rangle\langle x\mid\right)=\sum\limits_x\rho_x$。因此 $\rho\in C^*(X)$ 态一定是 X 分布的概率 x，即系统初始统计实验的基本概率。通常 $\rho(f)=\sum\limits_j\rho_j f_j\rho$ 为衡量系统 ρ 态 f 的概率。如果 P 具有精确足够，则 $\rho(P)$ 为 ω_P 的概率。纯量子系统状态的概率为 Dirac 衡量 δx；$x\in X$，且 $\delta x(|y\rangle\langle y|)=\delta_{xy}$。因此，每个 $S(X)$ 可派生唯一的线性曲线。

下面进一步讨论有限集 X 域的 E 值。实际上每个结果 $x\in X$ 都与 $E_x\in E(A)$ 相关（若 A 为系统代数模型），并取决于 x 的测量情况。如果测量在系统 ρ 态下进行，得到每个 $x\in X$ 的概率为 $p_x=\rho(E_x)$。P_X 序列则是 X 上的概率分布，且 E 为正算子（Positive Operator-Valued，POV）。对代数式 $A\subset B(H)$ 和有限集 X 中 A 序列 $E=(E_x)_x\in X$（即 $0\leqslant E_x\leqslant\mathbb{1}$），当 $\sum\limits_{x\in X}E_x=\mathbb{1}$ 时即为 X 域上的正算子。如果所有 E_x 都已知，则 E 就是投影测量（Projection-Valued，PV）值。根据量子力学可知伴随算子在 Hilbert 空间 H。同时，根据光谱定理，每个自伴算子在有限维 Hilbert 空间 H，其表达式为 $A=\sum\limits_{\lambda\in\sigma(A)}\lambda P_\lambda$，其中 $\sigma(A)$ 为光谱的特征值 A，P_λ 为投影到相应特征空间的位置。它是 $\sum\limits_\lambda\lambda_\rho(P_\lambda)$ 的唯一特征值，式中 P 取决于 ρ 态：$\rho(A)=\text{tr}(\rho_A)$，此值在量子力学中有详细描述。

4. 张量积

对有限二维 Hilbert 空间 H 和 K，每对矢量 $\psi_1\in H$，$\psi_2\in K$ 可合成为双线性函数形式 $\psi_1\otimes\psi_2$，称为 ψ_1 和 ψ_2 的张量积，并由下式描述：

$$\psi_1\otimes\psi_2(\varphi_1\otimes\varphi_2)=\langle\psi_1,\varphi_1\rangle\langle\psi_2,\varphi_2\rangle \tag{2-7}$$

式中，$\psi_1\otimes\psi_2$ 和 $\varphi_1\otimes\varphi_2$ 两个矢量积的标量定义为

$$\langle \psi_1 \otimes \psi_2 ; \varphi_1 \otimes \varphi_2 \rangle = \langle \psi_1 ; \varphi_1 \rangle \langle \psi_2 ; \varphi_2 \rangle \tag{2-8}$$

此式说明这个定义可延伸到所有的 $\psi_1 \otimes \psi_2$ 定义张量积 $H \otimes K$。如果跨度超过两个希尔伯特空间 H_J，$J=1,2,\cdots,N$ 及其张量积 $H_1 \otimes H_2 \otimes \cdots \otimes H_n$ 就同样可以定义。张量积 $A_1 \otimes A_2$ 中两算子为 $A_1 \in B(H)$；$A_2 \in B(K)$ 定义为

$$(A_1 \otimes A_2)(\psi_1 \otimes \psi_2) = (A_1 \psi_1) \otimes (A_2 \psi_2) \tag{2-9}$$

此空间 $B(H \otimes K)$ 符合整个 $A_1 \otimes A_2$ 跨度。如果 $\rho \in B(H \otimes K)$ 不是乘积形式（和无限空间 H,K），仍有方法定义对 H 的约束，并由下式定义：

$$\mathrm{tr}[\mathrm{tr}H(p)A] = \mathrm{tr}(\rho A \otimes \mathbb{1}), \quad \forall A \in \mathcal{B}(H) \tag{2-10}$$

式中 ρ 覆盖 H 空间，右边覆盖 $H \otimes K$。若此两正交基 $\varphi_1 \varphi_2 \cdots \varphi_N$ 和 $\psi_1 \psi_2 \cdots \psi_m$ 已存在于 H,K 可认为是 $H \otimes K$ 中的卷积 $\varphi_1 \otimes \psi_1 \psi_2 \otimes \varphi_2 \cdots \psi_m \otimes \varphi_n$，并可展开每个 $\psi \in H \otimes K$，正如 $\psi = \sum_{jk} \psi_{jk} \varphi_j \otimes \psi_k$ 及 $\psi_{jk} = \langle \varphi_j \otimes \psi_k ; \psi \rangle$。此法可处理任意数量的张量因子。如果存在严密的双重张量积，就可用更简单方式 Schmidt 模型 $\varphi_j \otimes \psi$ 分解。对于每个张量积 $H \otimes K$ 的元素分别存在各自的正交系统 $\varphi_j ; j=1,2,\cdots,n$ 及 $\psi_k ; k=1,2,\cdots,n_{\varphi_J}$，其中 $\psi = \sum_j \sqrt{(\lambda_j)}$，$\varphi_j \otimes \psi_j$。$\varphi_J$ 和 ψ_J 完全取决于 ψ。利用 Schmidf 展模型展开，则 $\sqrt{\lambda_j}$ 就是 Schmidf 系数。考虑到 $|\psi\rangle\langle\psi|$ 的一维投影分量 $\rho_1 = \mathrm{tr}_K(|\psi\rangle\langle\psi|)$ 与 ψ 相关，可以分解成特征矢量 φ_N，并得到以下表达式：

$$\mathrm{tr}_K(|\psi\rangle\langle\psi|) = \rho_1 = \sum_n \lambda_n |\varphi\rangle\langle\varphi| \tag{2-11}$$

可以选出 K 中标准正交基数 $\psi'_k, k=1,2,\cdots,m$，而 ψ 与 $\varphi_j \otimes \psi_k$ 相关，因此能推算出矢量和：

$$\psi''_j = \sum_k \langle \psi, \phi_j \otimes \psi'_k \rangle \psi'_k \tag{2-12}$$

找出特征值：

$$\psi = \sum_j \phi_j \otimes \psi''_j \tag{2-13}$$

然后，据此式计算任意 $A \in B(H_1)$ 的矩阵指数偏迹（Partial Trace，PT）：

$$\sum_j \lambda_j \langle \phi_j, A \phi_j \rangle = \mathrm{tr}(\rho_1 A) = \langle \psi, (A \otimes \mathbb{1}) \psi \rangle = \sum_{j,k} \langle \phi_j, A \phi_k \rangle \langle \psi''_j, \psi''_k \rangle \tag{2-14}$$

因为 A 为任意值，逐项对比等式两边算符可看出：

$$\langle \psi''_j, \psi''_k \rangle = \delta_{jk} \lambda_j \tag{2-15}$$

所以，正交系统为

$$\psi_j = \lambda_j^{-1/2} \psi''_j \tag{2-16}$$

如果直接使用此结论，如果每个 $B(H)$ 量子系统的混合态 $\rho \in B^*(H)$，则可认为 Hilbert 空间 $H \otimes H'$ 纯态，其特征扩展值 ρ 为 $\rho = \sum_j \rho_j |\varphi_j\rangle\langle\varphi_j|$，并可使用任何正交系统 $H', \psi_j ; j=1,2,\cdots,n$。每个 $\rho \in B^*(H)$ 都可扩展为 Hilbert 空间 $H \otimes H'$ 纯态 ψ。

5. 混合系统

这里讨论的混合系统指经典和量子系统的混合及其代数表达式 $A \subset B(H)$ 和 $B \subset B(K)$。简单称 $\mathcal{A}, \mathcal{B}$ 张量积：

$$\mathcal{A} \otimes \mathcal{B} := \mathrm{span}\{A \otimes B \mid A \in \mathcal{A}, B \in \mathcal{B}\} \subset \mathcal{B}(\mathcal{K} \otimes \mathcal{H}) \tag{2-17}$$

$A \otimes B$ 源于

$$(\rho \otimes \sigma)(A \otimes B) = \rho(A)\sigma(B) \tag{2-18}$$

因此，可将 $A^* \otimes B^*$ 简写为 $(A \otimes B)^*$，即 $A \otimes B$。考虑到 $\mathcal{A}, \mathcal{B}$ 可能出现不同选择情况，如果都是量子系统（$A=B(H)$ 和 $B=B(K)$），可得

$$B(H) \otimes B(K) = B(H \otimes K) \tag{2-19}$$

对这两个经典系统 $A=C(X)$和 $B=C(Y)$，张量积 $C(X)\otimes C(Y)$由复合函数 $X\times Y$ 组成，即 $C(X)\otimes C(Y)=C(X\times Y)$。换言之，合成系统 $C(X)\otimes C(Y)$的量子状态与经典概率论并没有矛盾，仍可以用基于笛卡儿乘积 $X\times Y$ 的随机概率分布描述。如果仅仅一个是经典的子系统而另一个是量子系统，代数式 $C(X)\otimes B(H)$可看做 X 上算子函数，即 $X\ni x\mapsto A_x\in B(H)$，且当 $0\leqslant A_x\leqslant\mathbb{1}$时，$A$ 对 $x\in X$ 都适合。同样，$C^*(X)\otimes B^*(H)$，$B^*(X)$函数 $X\ni x\mapsto\rho_x\in B^*(H)$，而且每个 ρ_x 为 H 和 $\sum_x\rho_x=1$ 之间的正迹算符。A 在 ρ 态的有效概率为

$$\sum_x \rho_x(A_x) \tag{2-20}$$

6. 互相关纠缠

如上所述，若 $A\in A$ 和 $B\in B$，则 $A\otimes B$ 即复合系统。即 A 是第一个子系统的测量点，B 为第二个子系统的测量点。若测量结果为 yes 即两个系统都是 yes。特别是，测量第一个子系统 $A\otimes\mathbb{1}$时完全可以忽略第二个子系统。如果 ρ 是 $A\otimes B$ 态，系统可定义为 $\rho^A(A)=\rho(A\otimes\mathbb{1})$和 $\rho^B(A)=(\mathbb{1}\otimes A)$。如果两个都是量子系统，两状态 $\rho_1\in S(A)$和 $\rho_2\in S(B)$总有一个 $A\otimes B$ 的 ρ 态如 $\rho_1=\rho^A$ 和 $\rho_2=\rho^B$，必须选择乘积状态 $\rho_1\otimes\rho_2$。一般情况下 $\rho\neq\rho^A\otimes\rho^B$，表示 ρ 包含两个子系统。如果 A 态中，系统 $A\otimes B$ 的 ρ 互相关 $A\in A$；$B\in B$，则 $\rho(A\otimes B)\neq\rho^A(A)\rho^B(B)$。可以看出，$\rho=\rho_1\otimes\rho_2$，表示为

$$\rho(A \otimes B) = \rho_1(A)\rho_2(B) = \rho^A(A)\rho^B(B) \tag{2-21}$$

说明 ρ 不相关。如果 $\rho(A\otimes B)=\rho^A(A)\rho^B(B)$，且 get$=\rho^A\otimes\rho^B$ 表示完全相关。在量子信息论中，有一个重要的研究思路就是比较量子系统与经典系统的相关性。因此，在分析量子系统的空间状态时，系统至少包含一个经典子系统。定义复合系统 $A\otimes B$ 的每一个 ρ 态都包含一个经典系统 $A=C(X)$和一个任意经典系统 B。ρ 态为

$$\rho = \sum_{j\in X}\lambda_j\rho_j^A \otimes \rho_j^B$$

式中，正分量 $\lambda_j>0$，$\rho_j^A\in S(A)$；$\rho_j^B\in S(B)$。一般式可写成

$$\rho = \sum_j\lambda_j\rho_j^{(1)} \otimes \rho_j^{(2)} \tag{2-22}$$

式中 $\rho_j^{(k)}$ 代表 $B(H_k)$的量子态，且 $\lambda_j>0$。在量子信息论中，称 ρ 为纠缠态。其他所有可分离态都用 $D(H_1\otimes H_2)$表示，如果 H_1 和 H_2 已知，可用 D 表示。

7. Cauchy-Schwarz 不等式

最早用于判断纠缠标准的是 Bell 不等式(Bell inequality)。它也是分析否存在完备局域隐变量理论的基本数学表达式。但实验表明，贝尔不等式不成立，说明不存在局域隐变量理论可复制量子力学的每一个预测(即 Bell 定理)。如今大部分使用的方法是基于讨论量子正特性的 Cauchy-Schwarz (CHSH)不等式。认为混合系统 $B(H\otimes K)$的量子态 ρ 是一个隐变量模型，如果有一概率空间$(X;\mu)$，且可测量的响应函数 $X\ni x\mapsto F_A(x;k)$；$F_B(x;l)\in R$ 对所有离散 PV 测量 $A=A_1A_2\cdots A_N\in B(H)$，$B=B_1B_2\cdots B_M$，得到结果如下：

$$\int_X F_A(x,k)F_B(x,l)\mu(\mathrm{d}x) = \operatorname{tr}(\rho A_k \otimes B_l) \tag{2-23}$$

Cauchy-Schwarz 不等式和 Heisenberg 不等式都是数学分析中经常用到的不等式，式中所有变量 k、l 和 A、B 和测量函数 $F_A(x;k)$都能得到所谓的隐性参数(hidden parameter)k，x。此隐性变量模型是一互相关不等式，且 ρ 态符合 Cauchy-Schwarz 不等式，设

$$\rho[A \otimes (B + B') + A' \otimes (B - B')] \leqslant 2 \tag{2-24}$$

取所有 $A,A'\in B(H)$与 $B,B'\in B(K)$并与$-\mathbb{1}\leqslant A,A'\leqslant\mathbb{1}$和$-\mathbb{1}\leqslant B,B'\leqslant\mathbb{1}$对应。这时，Cauchy-Schwarz

不等式满足隐性变量模型特性。通常，Cauchy-Schwarz 不等式仅是必要但并不充分的条件，整个参数为未知。它的每个分离态为

$$\rho = \sum_{j=1}^{n} \lambda_j \rho_j^{(1)} \otimes \rho_j^{(2)} \tag{2-25}$$

若承认此隐变量模型，就必须取 $X=1,2,\cdots,n;\mu(\{j\})=\lambda_j;F_A(x;k)=\rho_x^{(1)}(A_k)$，对 F_B 也一样，即每个复合系统中至少包含一个经典子系统。对纯量子系统，只要违背 Cauchy-Schwarz 不等式，满足隐变量模型就存在纠缠。

8. 量子信道

例如陷阱中离子构成的量子系统，它们可携带量子信息。这些量子具有不同特性，例如自由时间演化、控制时间演化（如量子计算机的量子门）。本节将讨论每个过程的"通道"，可以是输入系统 A，也可能是输出系统 B。如果是自由时间演化，输入和输出端应该是相同类型的量子系统。此时，根据 $A=B=B(H)$ 选择 Hilbert 空间 H。如果描述测量过程，须映射量子系统（测量系统）的经典信息（测量结果）。因此，在这个例子中，$A=B(H)$ 为输入，$B=C(X)$ 为输出，其中 X 为测量结果。若 $A\in B$ 为输出系统，调用第一通道将 A 系统转入 B 系统测量，然后输出结果 $T(A)$。因此，可得到描述信道的模型：$T^*:E(B)\rightarrow E(A)$。可以看到，状态和通道模型 $T^*:S(A)\rightarrow S(B)$ 将 $\rho\in S(A)$ 状态的系统 A 转入 $T^*(\rho)$ 态的 B 系统，所以 T^* 即量子通道。

9. 完全正映射

若以线性算子 $T:A\rightarrow B$ 作为通道，T 在$\mathbb{1}$，即 $T(\mathbb{1})\leqslant\mathbb{1}$范围内一定为正映射：$T(A)\geqslant 0$。此时必然需要平行的两个通道 $T:A_1\rightarrow B_1$ 和 $S:A_2\rightarrow B_2$。因为 $T\otimes S$ 与每个 $A\otimes B\in A_1\otimes A_2$ 对应相关的张量积为 $T(A)\otimes S(B)\in B_1\otimes B_2$。显然 $T\otimes S$ 就是通道，将 $A_1\otimes A_2$ 型复合系统转入 $B_1\otimes B_2$ 系统，因此 $S\otimes T$ 应为正映射。由于信道 T 对 $T^*:B^*\rightarrow A^*$ 有双重作用，对于$\in B^*$ 和 $A\in A$，则有 $T^*(A)=(TA)$。此过程出现在著名的 Schrödinger 图像中 T 为正映射，而在 Heisenberg 图像中能直接看到 T 为完全正映射（completely positive maps）$i=T^*$。T 为正映射和完全正映射的区别在于：如果代数模 A 和 B 中有一个是经典系统，则二者都是完全正映射；如果 A 和 B 都是量子系统，则其中只有一个完全正映射；如果两个都为经典系统，则 T 被称为非正映射，说明这时不够完全正的条件。若 $n\geqslant d$，$A=B(C^d)$ 也属于非正映射。如前所述，$T(\mathbb{1})\leqslant\mathbb{1}$，如果 $T(\mathbb{1})$ 不等于$\mathbb{1}$，则在状态 $T^*\rho$ 时 $\rho(T\mathbb{1})=T^*\rho(\mathbb{1})<1$，这将影响$\mathbb{1}$测量的概率，但并不影响输出通道，因为 σ-C 代数永远是真值。

10. Stinespring 定理

Stinespring 定理主要用于研究 σ-C 代数域中的完全正映射，此定理及其衍射出的共变 Stinespring 扩张定理在量子系统分析中有重要用途。量子系统之间的通道 $A=B(H_1)$ 及 $B=B(H_2)$ 中，A 根据 $B(H_1)\ni A\mapsto VAV^*\in B(H_2)$ 可得算子 $V:H_1\rightarrow H_2$。另外，A 子系统也可从 Schrödinger 图像中找到：$B(H)\ni A\mapsto A\otimes 5K\in B(H\otimes K)$。

下面具体介绍 Stinespring 扩张定理。对于每个完全正域 $T:B(H_1)\rightarrow B(H_2)$，具有如下模型：

$$T(A) = V^*(A\otimes 5K)V \tag{2-26}$$

加上 Hilbert 空间 K 及算子 $V:H_2\rightarrow H_1\otimes K$，$K$ 及 V 两者都满足所有 $(A\otimes\mathbb{1})V\varphi$ 及 $A\in B(H_1)$ 跨度，而且 $\varphi\in H_2$ 即 $H_1\otimes K$ 空间密度。其详细解是唯一的，并被称为最低解。如果 $H_1=d_1$，$H_2=d_2$，最小 K 为 $K\leqslant d_1^2 d_2$。引入 $|X_j\rangle\langle X_j|$ 序列一维映射及 $\sum\limits_j |X_j\rangle\langle X_j|=\mathbb{1}$，则可定义 Kraus 算符 $\langle\psi V_j\varphi\rangle=\langle\psi\otimes+j,V\varphi\rangle$。其他条件与方程式(2-26)相同。每个完全正 $T:B(H_1)\rightarrow B(H_2)$，可写成

$$T(A) = \sum_{j=1}^{N} V_j^* A V_j \tag{2-27}$$

其中算子 $V_j: H_2 \to H_1$，$N \leqslant \dim(H_1)\dim(H_2)$。

11. 对偶定理

在正映射双向关联系统之间，能够将纠缠态转化为信道，反之亦然。基本根据源于线性代数定义：一个 d 维矢量空间 V 上的双线性算子 φ 可用 $d\times d$ 矩阵表示。所以，空间 V 上的算子 φ 也可以转换成矩阵元素。若 K 为 Hilbert 空间，纯态量子 ρ 为

$$\rho = (\mathrm{Id} \otimes T^*)\sigma \tag{2-28}$$

式中，σ 为 $H\otimes H_1$ 空间密度算子，Id 为 $B^*(H)$ 的密度，$B(H_1)\to B(K)$，σ 为除了零以外的 $\mathrm{tr}H(\sigma)$。根据式(2-28)，如果 $\tilde{\sigma}$，$\tilde{T}$ 已知，则可建立 $\rho=(\mathrm{Id}\otimes\tilde{T}^*)\tilde{\sigma}$。其中 $\tilde{\sigma}=(\mathbb{1}\otimes U)^*(\mathbb{1}\otimes U)$，$\tilde{T}(\cdot)=U^*T(\cdot)U$，$U$ 为单算符。

12. 可分离性及正映射

以上已定义正映射和完全正映射，代数式中没有量子和量子操作，然而它们在量子信息论中十分重要，因为它们与量子纠缠有密切关系，因此需要研究其可分离性。首选考虑任意正映射，即不完全正映射 $T^*: B^*(H)\to B^*(K)$。如果 Id 仍代表密度，可看出对每个乘积 $\sigma_1\otimes\sigma_2\in S(H\otimes K)$ 都可建立：

$$(\mathrm{Id} \otimes T^*)(\sigma_2 \otimes \sigma_2) = \sigma_1 \otimes T^*(\sigma_2) \geqslant 0 \tag{2-29}$$

因此，对每个正映射 T^*，$(\mathrm{Id}\otimes T^*)\geqslant 0$ 为分离 ρ 的必要条件。所以，定义 A 态 $\rho\in B^*(H\otimes K)$ 可分离任意正映射 $T^*: B^*(K)\to B^*(H)$，算子 $(\mathrm{Id}\otimes T^*)\rho$ 也为正映射。对任意纠缠态，$\rho\in S(H\otimes K)$ 在 $H\otimes K$ 域的算子 A 对 ρ 产生纠缠，且当 $\rho(A)\geqslant 0$ 时，所有 $\sigma\in S(H\otimes K)$ 都可分离。

13. 局部转置矩阵

典型的局部转置矩阵就是上面介绍的完全正映射与非完全正映射转换为 $\theta A=A^{\mathrm{T}}$ 的 $d\times d$ 矩阵。式中，θ 为正映射，其他为转置矩阵：

$$\mathcal{B}^*(\mathcal{H}\otimes\mathcal{K})\ni\rho\mapsto(\mathrm{Id}\otimes\Theta)(\rho)\in\mathcal{B}^*(\mathcal{H}\otimes\mathcal{K}) \tag{2-30}$$

最大纠缠态为

$$\psi = \frac{1}{\sqrt{d}}\sum_j |j\rangle\otimes|j\rangle \tag{2-31}$$

式中 $|j\rangle\in C^d$；$j=1,2,\cdots,d$ 代表范基矢量。在低维时，此转换基本上都是正映射。当维 $H=2$ 及维 $K=2,3$ 时，从每个正映射 $T^*: B^*(H)\to B^*(K)$ 得到 $T^*=T_1^*+T_2^*$，包括两个完全正映射 T_1^*，T_2^* 和 $B(H)$ 转换，说明部分转置矩阵的正性是 $\rho\in S(H\otimes K)$ 态可分离的必要和充分条件。例如 $H=2$ 及 $K=2,3$ 维双矢量子系统 $B(H\otimes K)$，当其部分转置矩阵为正时，$\rho\in S(H\otimes K)$ 态可分离。Peres 首次提出用部分转置矩阵的正性作为评价可分离性的标准。他还推导出在任意有限维内必要和充分条件，虽然这种判断在测量中经常出错，但部分转置矩阵仍成为量子纠缠理论的工具之一。双矢量子系统 $\rho\in B^*(H\otimes K)$ 态被称为 PPT 态。

其他经常用的例子是 non-cp，但正映射是 $B^*(H)\ni\rho\mapsto T^*(\rho)=(\mathrm{tr}\rho)\mathbb{1}-\rho\in B^*(H)$。$T^*(\rho)$ 的特征值为 $\mathrm{tr}\rho-\lambda_i$，式中 λ_i 就是 ρ 的特征值。如果 $\rho\geqslant 0$ 且 $\lambda_i\geqslant 0$ 则 $\sum_j\lambda_j-\lambda_k\geqslant 0$。因此，$T^*$ 为正映射。T^* 为不完全正映射，根据方程式(2-31)可得

$$\mathbb{1}\otimes\mathrm{tr}_2(\rho)-\rho\geqslant 0,\quad \mathrm{tr}_1(\rho)\otimes\mathbb{1}-\rho\geqslant 0 \tag{2-32}$$

对任意可分离态 $\rho\in B^*(H\otimes K)$，这些方程可作为另一种重要的可分离性判断标准，称为被缩小的规范。根据以下条件，这种方法接近于 PPT 判断：对于每个 PPT 态 $\rho\in S(H\otimes K)$ 满足随机减小标准。如果 $H=2$ 或 $K=2,3$ 维，这两种标准相同。因此，2×2 或 2×3 中的 ρ 态是可分离的，只要其满足缩小规范。

2.3 量子纠缠

量子纠缠是量子信息中的基础资源之一，无论是量子信息传输、计算或存储都与量子纠缠有关。本节将简单介绍量子纠缠的过程、状态、物理模型、测量及应用。

1. 纠缠态

讨论纠缠态首先从复合纯态系统 $A\otimes B$ 及其互相关性开始。若有一个经典子系统 $A=C(\{1,2,\cdots,d\})$，其状态空间为 $S(B)^d$ 和 $\rho\in S(B)^d$，如果 $\rho=(\delta_{j1}\tau,\delta_{j2}\tau,\cdots,\delta_{jd}\tau)$，其中 $j=1,2,\cdots,d$ 且 τ 为 B 系统纯态，因此 ρ 对 A 约束，B 为 Dirac 量 $\delta_j\in S(X)$ 或 $\tau\in S(B)$。但如果 A 和 B 都是量子，情况则完全不同，$A\otimes B=B(H\otimes K)$：$\rho=|\psi\rangle\langle\psi|$，$\psi\in H\otimes K$ 且可用 Schmidt 分解 $\psi=\sum_j\lambda_j^{1/2}\varphi_j\otimes\psi_j$ 计算 A 的约束，即 K 维的偏迹为

$$\mathrm{tr}[\mathrm{tr}_k(\rho)A]=\mathrm{tr}[|\psi\rangle\langle\psi|A\otimes\mathbb{1}]=\sum_{jk}\lambda_j^{1/2}\lambda_k^{1/2}\langle\phi_j,A\phi_k\rangle\delta_{jk}\tag{2-33}$$

因此，如果 ψ 纠缠，则 $\mathrm{tr}_k(\rho)=\sum_j\lambda_j|\varphi_j\rangle\langle\varphi_j|$ 为混合系统。如果 $H=K=C^d$ 和 $\mathrm{tr}_k(\rho)$为最大混合，其极端情况下，$\mathrm{tr}_k(\rho)=\mathbb{1}/d$，可得其概率为

$$\psi=\frac{1}{\sqrt{d}}\sum_{j=1}^{d}\phi_j\otimes\psi_j\tag{2-34}$$

式中，$\varphi_1,\varphi_2,\cdots,\varphi_d$ 与 $\psi_1,\psi_2,\cdots,\psi_d$ 正交，$2n\times2n$ 维选用算子 A,A',B,B'时违背 CHSH 不等式最严重，则此态为最大纠缠态。最大纠缠的典型例子是二量子比特(qubit)系统四 Bell 态，即 $H=K=C^2$；$|\mathbf{1}\rangle$；$|0\rangle$其规范基(canonical basis)为

$$\Phi_0=\frac{1}{\sqrt{2}}(|11\rangle+|00\rangle),\quad \Phi_j=i(\mathbb{1}\otimes\sigma_j)\Phi_0,\quad j=1,2,3\tag{2-35}$$

式中用$|j_k\rangle$简化代替$|j\rangle\otimes|k\rangle$，$\sigma_j$ 为 Pauli 矩阵。Bell 态为 $C^2\otimes C^2$ 是量子信息中最典型的纠缠态。对混合态其密度矩阵为 $\rho\in S(C^2\otimes C^2)$，其中特征矢量为 φ_j，特征值为 $0\leqslant\lambda_j\leqslant1$；$\sum_j\lambda_j=1$，统称 Bell 对角态，当$|\lambda\rangle>1/2$ 时 ρ 为最大纠缠态。根据最大纠缠态，可进一步推导最大纠缠态可分离性标准为

$$\mathcal{F}(\rho)=\psi_{\mathrm{max.\,ent}}^{\mathrm{sup}}\langle\psi,\rho\psi\rangle\tag{2-36}$$

式中，如果 ρ 为可分离减小标准对任意最大纠缠态，有$\langle\psi;[\mathrm{tr}(\rho)\otimes\mathbb{1}-\rho]-\psi\rangle\geqslant0$ 参见式(2-32)。根据范积$|\psi\rangle\langle\psi|$ is $d^{-1}\mathbb{1}$可得

$$d^{-1}=\langle\psi,\mathrm{tr}_1(\rho)\otimes\mathbb{1}\psi\rangle\leqslant\langle\psi,\rho\psi\rangle\tag{2-37}$$

因而$\mathcal{F}(\rho)\leqslant1/d$。此条件并不太严格。用 PPT 判断就可看出 $\rho=\lambda|\varphi_1\rangle\langle\varphi_1|+(1-\lambda)|\mathbf{00}\rangle\langle\mathbf{00}|$(在 Bell 态 φ_1)对所有 $0<\lambda\leqslant1$ 纠缠，但直接计算为 $F(\rho)\leqslant1/2$(对 $\lambda\leqslant1/2$)。

另外，$H_1\otimes H_2$ 上纯态参数为

$$\phi=(X_1\otimes\mathbb{1})\psi=(\mathbb{1}\otimes X_2)\psi\tag{2-38}$$

式中 ψ 为已确定的最大纠缠态。

2. Werner 态

如果纠缠混合态而不是纯态，即使 Hilbert 空间的维数不高，分析也较困难。因双分离系统的状态空间 $S(H_1\otimes H_2)H_i=d_i$ 是$(d_1^2d_2^2-1)$维几何空间。所以，即使在最简单的情况下，例如 2 量子比特，状态空间维数也会变得很高(15 维以上)。因此，通常只能用于分析一些参数不多的特殊模型状态。最重要的工具是对称性研究，即研究归一化的不变集。有 3 个最突出的例子：首先是 $\rho\in S(H\otimes H)$ $(H=C^d)$态，这是一个 H 归一化的 $U\otimes U$ 群不变，即$[U\otimes U;\rho]=0$ 对所有 U 不变。此 ρ 通常称为

Werner 态 ρ，其结构可以很容易地用群论分析。在有限维张量积 $H\otimes N$ Hilbert 空间 H 上的每个算子 A 被 $U\otimes N$ 是线性组合置换算子取代，即 $A=\sum_{\pi}\lambda_{\pi}V_{\pi}$。由所有带 π 元素排列 $\lambda_{\pi}\in C$ 及 V_{π} 构成其总，并定义如下：

$$V_{\pi}\phi_1\otimes\phi_2\otimes\cdots\otimes\phi_N=\phi_{\pi^{-1}(1)}\otimes\phi_{\pi^{-1}(2)}\otimes\cdots\otimes\phi_{\pi^{-1}(N)} \tag{2-39}$$

当 $N=2$ 时，只有两个排列：恒等式$\mathbb{1}$和 $F(\psi\otimes\varphi)=\varphi\otimes\psi$。因此，$\rho=a\mathbb{1}+bF$，$a,b$ 为系数。因为 ρ 为密度矩阵，a,b 没有限制。为了获得更合理的约束条件，以 $P_{\pm F}$ 取代$\mathbb{1}$和 F，即 $FP_{\pm}\psi=\pm P_{\pm}\psi$，$P_{\pm}=(\mathbb{1}\pm F)/2$。$P_{\pm}$ 是在对称子空间 $H_{\pm}^{\otimes 2}\subset H\otimes H$ 上的映射，代表 Bose-Fermi 子空间上的张量积。如果 $H_{\pm}^{\otimes 2}$ 维的 $d_{\pm}=d(d\pm 1)/2$，便可获得每个 Werner 态 ρ 的表达式：

$$\rho=\frac{\lambda}{d_+}P_+ +\frac{(1-\lambda)}{d_-}P_-,\quad \lambda\in[0,1] \tag{2-40}$$

另外，还可看出每个 Werner 态都是 $U\otimes U$ 不变量。如果 ρ 已知，很容易就能根据期待值 ρ 和迹函数 $\mathrm{tr}(\rho F)=2\lambda-1\in[-1;1]$算出参数 λ。因此可得任意态的 $\rho\in S(H\otimes H)$如下：

$$P_{UU}(\sigma)=\frac{\mathrm{tr}(\sigma F)+1}{2d_+}P_+ +\frac{1-\mathrm{tr}(\sigma F)}{2d_-}P_- \tag{2-41}$$

这就是所有空间 Werner 态的定义。在许多情况下，使用它的一般式：

$$P_{UU}(\sigma)=\int_{U(d)}(U\otimes U)\sigma(U^*\otimes U^*)\mathrm{d}U \tag{2-42}$$

式中 $\mathrm{d}U$ 表示格式化，左边是 Haar 不变量 $U(d)$，右边是 $U\otimes U$ 不变量，由于 $\mathrm{d}U$ 值恒定，只需检查 F 时间迹 $\mathrm{tr}(F\sigma)$积分：

$$\mathrm{tr}\left[F\int_{U(d)}(U\otimes U)\sigma(U^*\otimes U^*)\mathrm{d}U\right]=\int_{U(d)}\mathrm{tr}[F(U\otimes U)\sigma(U^*\otimes U^*)]\mathrm{d}U \tag{2-43}$$

$$=\mathrm{tr}F(\sigma)\int_{U(d)}\mathrm{d}U=\mathrm{tr}(F\sigma) \tag{2-44}$$

式中已用 F 与 $U\otimes U$ 归一化及 $\mathrm{d}U$ 归一化，P_{UU} 可用任意算子 $A\in B(H\otimes H)$完成积分获得信道。$U\to U^*$ 替换式(2-42)，循环范积 $\mathrm{tr}(AP_{UU}(\rho))$ 求 $\mathrm{tr}(P_{UU}(A))=\mathrm{tr}(AP_{UU}(\rho))$，使 P_{UU} 成为 Heisenberg、Schrödinger 图像形式，即 $P_{UU}^*=P_{UU}$。如果 $\sigma\in S(H\otimes H)$为式(2-42)中可分离态 $P_{UU}(\sigma)$是完全由可分离态组成的积分函数，所以 $P_{UU}(\sigma)$是可分的。由于每个 Werner 态 ρ 本身的旋转，$P_{UU}(\sigma)$为可分离态 $\sigma\in S(H\otimes H)$。确定可分的 Werner 态仅需计算所有 $\mathrm{tr}(F\sigma)\in[-1;1]T$ 可分离 σ。因为每个 σ 包含凸分解成纯乘积态，完全可以看成

$$\langle\psi\otimes\phi,F\psi\otimes\phi\rangle=|\langle\psi,\phi\rangle|^2 \tag{2-45}$$

此式范围从 0 到 1。因为式(2-33)中 ρ 是可分离的($1/2\leqslant\lambda\leqslant 1$)，因此 $\lambda=(\mathrm{tr}(F\rho)+1)/2$ 也是纠缠态。若 $H=C^2$，每个 Werner 态为 Bell 对角线与推导结果完全相符。

3. 等分态

根据 Werner 态 ρ 部分转置矩阵$(\mathrm{Id}\otimes\theta)\rho$ 中 ρ 的定义，由 $U\otimes U$ 不变量可看出$(\mathrm{Id}\otimes\theta)\rho$ 为 $U\otimes U$ 不变式，其中 U 由$|j\rangle$构成(且 $U^*=U^{\mathrm{T}}$)。每个对称态 l 被称为均方态，而且也是$\mathbb{1}$和部分转置线性组合，其表达式为

$$F=(\mathrm{Id}\otimes\Theta)F=|\psi\rangle\langle\psi|=\sum_{j,k=1}^{a}|jj\rangle\langle kk| \tag{2-46}$$

式中，$\psi=\sum_{j}|jj\rangle$ 为最大量子态，每个等方 τ 可写成

$$\tau=\frac{1}{d}\left(\lambda\frac{\mathbb{1}}{d}+(1-\lambda)F\right),\quad \lambda\in\left[0,\frac{d^2}{d^2-1}\right] \tag{2-47}$$

式中，λ,d 的期望值根据下式确定

$$\mathrm{tr}(F\tau) = \frac{1-d^2}{d}\lambda + d \tag{2-48}$$

范围 0～d，任意态 $\sigma\in(H\otimes H)$取决于

$$P_{U\bar{U}}(\sigma) = \frac{1}{d(1-d^2)}\{[\mathrm{tr}(F\sigma)-d]\mathbb{1}+[1-d\mathrm{tr}(F\sigma)]F\} \tag{2-49}$$

对 Werner 态 $P_{U\bar{U}}$，可写成以下积分式

$$P_{U\bar{U}}(\sigma) = \int_{U(d)}(U\otimes\bar{U})\sigma(U^*\otimes\bar{U}^*)\mathrm{d}U \tag{2-50}$$

同理，$P_{U\bar{U}}$为 $P_{U\bar{U}}^*=P_{U\bar{U}}$信道，其固定点 $P_{U\bar{U}}(\tau)=\tau$ 为严格的均方态，且 $P_{U\bar{U}}$的分离态可分离均方态一致，其期待值为

$$\langle\psi\otimes\phi,F\psi\otimes\phi\rangle = \left|\sum_{j=1}^{d}\psi_j\phi_j\right| = |\langle\psi,\bar{\phi}\rangle|^2\in[0,1] \tag{2-51}$$

说明 τ 也是分离态。如果

$$\frac{d(d-1)}{d^2-1}\leqslant\lambda\leqslant\frac{d^2}{d^2-1} \tag{2-52}$$

当 $\lambda=0$ 时，可得最大纠缠态；当 $d=2$ 时，可再次回到 Bell 对角线态。

4. *OO*-不变态 *s*

Werner 态与均方态结合，可形成密度矩阵，写成 $\rho=a\mathbb{1}+bF+cF$，或 3 个相互垂直的投影算子：

$$p_0=\frac{1}{d}F,\quad p_1=\frac{1}{2}(\mathbb{1}-F),\quad \frac{1}{2}(\mathbb{1}+F)-\frac{1}{d}F \tag{2-53}$$

参见图 2-3。

如果 $\mathrm{tr}(p_j)^{-1}p_j$，$j=0,1,2$ 的线性组合为

$$\rho=(1-\lambda_1-\lambda_2)p_0+\lambda_1\frac{p_1}{\mathrm{tr}(p_1)}+\lambda_2\frac{p_2}{\mathrm{tr}(p_2)},\quad \lambda_1,\lambda_2\geqslant 0,\quad \lambda_1+\lambda_2\leqslant 1 \tag{2-54}$$

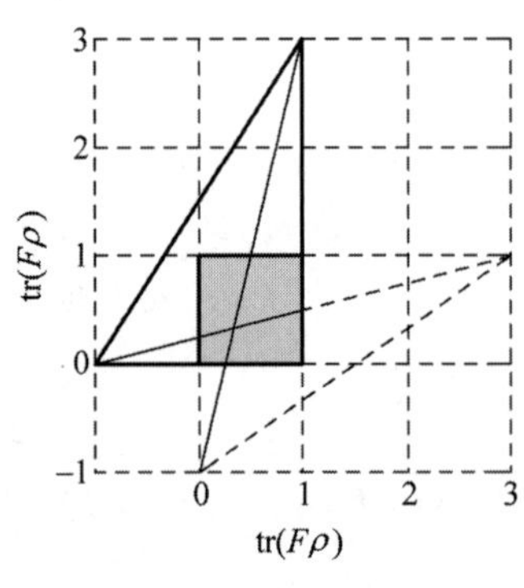

图 2-3　图中上面大三角为 *OO*-不变态，下面小三角为 $d=3$，虚线为等方 Werner 态

若每个算子 $U=U,U\otimes U$ 的形态不变，则 U 为正交矩阵。即上式已给出式(2-47)所有不变算子，因此称为 *OO* 不变量。由直角群 $O(d)$取代单一群 $U(d)$，包括 $O(d)$平均算子的定义 $\rho\in S(H\otimes H)$)：

$$P_{OO}(\rho)=\int_{O(d)}U\otimes U\rho U\otimes U^*\mathrm{d}U \tag{2-55}$$

此式可根据下式获得期望值 $\mathrm{tr}(F)$，$\mathrm{tr}(F)$为

$$P_{OO}(\rho)=\frac{\mathrm{tr}(F\rho)}{d}p_0+\frac{1-\mathrm{tr}(F'\rho)}{2\mathrm{tr}(p_1)}p_1+\left(\frac{1+\mathrm{tr}(F\rho)}{2}-\frac{\mathrm{tr}(F'\rho)}{d}\right)\frac{p_2}{\mathrm{tr}(p_2)} \tag{2-56}$$

$\mathrm{tr}(F\rho)$，$\mathrm{tr}(F\rho)$值的范围可由下式确定：

$$-1\leqslant\mathrm{tr}(F\rho)\leqslant 1,\quad 0\leqslant\mathrm{tr}(F'\rho)\leqslant d,\quad \mathrm{tr}(F\rho)\geqslant\frac{2\mathrm{tr}(F'\rho)}{d}-1 \tag{2-57}$$

图 2-3 中的 $d=3$ 三角形，为 *OO*-不变量的部分变换。图中灰色正方形 $Q=[0;1]\times[0;1]$代表 *OO*-不变量的 PPT 态，同时也是可分离态，因为每个 *OO*-不变量的 PPT 态都是分离的。此分离 *OO*-不变量还会形成 Q 子集。

5. PPT 态

上面提到的可分离态和 PPT 状态适于 2×2 和 2×3，可用于不变态研究。然而，可分性和积极的

部分转置是不等价的。正交系列 $\varphi_j \in H_1 \otimes H_2, j=1,2,\cdots,N<d_1d_2(d_k=\dim H_k)$ 被称为可扩张积，条件是所有 φ_j 为积矢量并对所有正交 φ_j 都是非积矢量。使 E 及其正交补 $E^{\perp}$ 映射到的整个 φ_j 空间，即 $E^{\perp}=\mathbb{1}-E$，并定义态 $\rho=(d_1d_2-N)^{-1}E^{\perp}$。因为 ρ 没有积矢量 φ_j 卷入纠缠态，这就是 PPT。PPT 还可看成：映射 E 为一维映射的总和 $|\varphi_j\rangle\langle\varphi_j|, j=1,2,\cdots,N$；因为 φ_j 是所有部分转置矩阵 $|\varphi_j\rangle\langle\varphi_j|$ 的积矢量，包括 UPB $\tilde{\varphi}_j, j=1,2,\cdots,N$ 的 $|\tilde{\varphi}_j\rangle\langle\tilde{\varphi}_j|$ 的形式和 E 的部分转置矩阵 $(\mathbb{1}\otimes\theta)E$ 及 $|\tilde{\varphi}_j\rangle\langle\tilde{\varphi}_j|$ 总和。因此，$(\mathbb{1}\otimes\theta)E^{\perp}=\mathbb{1}-(\mathbb{1}\otimes\theta)E$ 为正映射。所构成的 PPT 纠缠态一定能在 UPBs 中发现。例如以下矢量：

$$\phi_j = N(\cos(2\pi j/5), \sin(2\pi j/5), h), \quad j=0,1,2,3,4 \tag{2-58}$$

$N=2/\sqrt{5+\sqrt{5}}$ 及 $h=1/2\sqrt{1+\sqrt{5}}$ 形成高为 h 的金字塔结构的顶点。选非相邻矢量正交，因此可看出以上 5 个矢量为

$$\psi_j = \phi_j \otimes \phi_{2j} \bmod 5, \quad j=0,1,2,3,4 \tag{2-59}$$

另外，例如在 Hilbert $H=3$ 维空间中形成的 UPB，即在 3×3 维 Hilbert 空间也存在 5 个矢量如下：

$$\begin{aligned}&\frac{1}{\sqrt{2}}|0\rangle\otimes(|0\rangle-|1\rangle), \quad \frac{1}{\sqrt{2}}|2\rangle\otimes(|1\rangle-|2\rangle), \quad \frac{1}{\sqrt{2}}(|0\rangle-|1\rangle)\otimes|2\rangle\\&\frac{1}{\sqrt{2}}(|1\rangle-|2\rangle)\otimes|0\rangle, \quad \frac{1}{3}(|0\rangle+|1\rangle+|2\rangle)\otimes(|0\rangle+|1\rangle+|2\rangle)\end{aligned} \tag{2-60}$$

式中 $|k\rangle(k=0,1,2)$ 代表 $H=C^3$ 中的标准基。

6. 多粒子态

许多量子信息实际应用中多为大系统，包括大量子系统，例如量子寄存器，其相关性和纠缠特性都需要研究。若不了解多粒子态就比较困难，特简要说明如下。纯态的最大困难是缺乏类似 Schmidt 分解模拟工具。为此，需建立 N 交叠张量乘积函数 $H^{(1)}\otimes\cdots\otimes H^{(N)}(N\geqslant2)$，可写为

$$\psi = \sum_{j=1}^{d}\lambda_j\phi_j^{(1)}\otimes\phi_j^{(2)}\otimes\cdots\otimes\phi_j^{(N)} \tag{2-61}$$

式(2-61)中 ψ 的任何范迹 $|\psi\rangle\langle\psi|$ 具有可分离的矢量特征。因此，每个纠缠态，两粒子与具有不可分特征矢量的混合态(如 Bell 对角态)不适合 Schmidt 分解。因此出现许多适合双纯态系统新方法，例如式(2-61)中的 Schmidt 分解。最有名的代表是三重量子比特系统 GHZ 量子态：

$$\psi = \frac{1}{\sqrt{2}}(|000\rangle+|111\rangle) \tag{2-62}$$

从上式可看出，局部隐变量理论和量子力学之间的矛盾，即使非统计预测(如最大纠缠态双向系统)。同时也出现多种不同的新概念，例如 N-分离系统 $B(H_1)\otimes B(H_2)\otimes\cdots\otimes B(H_N)$ 的 ρ 分裂：

$$\rho = \sum_J \lambda_J\rho_{j1}\otimes\rho_{j2}\otimes\cdots\otimes\rho_{jN} \tag{2-63}$$

式中 $\rho_{jk}\in B^*(H_k)$ 代表态，$J=(j_1,j_2,\cdots,j_k)$ 为多指数列。另外，可将 $B(H_1)\otimes B(H_2)\otimes\cdots\otimes B(H_N)$ 分解为两个子系统(或 M 个子系统，$M<N$)，如果该系统是可分离的，称 ρ 为双分算符。显然，N 分离性表明双分特性有可能分解所有可分元素。反之，用有限积构建三量子比特态用于 UPB 可得

$$|0,1,+,\rangle, \ |1,+,0\rangle, \ |+,0,1\rangle, \ |-,-,-\rangle, \quad |\pm\rangle = \frac{1}{2}(|0\rangle \pm |1\rangle) \tag{2-64}$$

此为纠缠态，希望能将任何系统分解为双子系统，以及更多的系统可用于沃纳态，即密度矩阵 $\rho\in B^*(H\otimes N)$ 以补偿(置换)所有 $U\otimes N$ 单元和线性置换单元 ρ。由于所有 $U\otimes N$ 态都源于对称群论，当 $N=3$ 时构成的不变态为 5 维多面体。

2.4 量子信道

信道是信息转换中非常普遍的形式，无论是经典的、量子的还是混合系统之间都需要通过信道联系。几乎所有量子信息系统需要将量子信息在距离上传输，包括光纤通信或量子信息存储系统。通过信道或量子操作 $T:B(H)\rightarrow B(H)$实现传输，用于读出量子信息。最理想的情况是选用的通道不影响其他信息，即 $T=\mathbb{1}$，或者用另外的物理设备完成，即 T 可逆或 T^{-1} 是另外一个通道。根据 Stinespring 定理，可得 $T^*\rho=U\rho U^*$，U 为归一化噪声算子，即承载信息的系统不与环境互动的理想通道。然而在实际情况中，与环境的交互作用不可避免地形成噪声，噪声信道如图 2-4 所示。其一般表达式为

$$T^*(\rho)=\mathrm{tr}_K(U(\rho\otimes\rho_0)U^*) \tag{2-65}$$

式中，$U:H\otimes K\rightarrow H\otimes K$ 为 Hilbert 空间 H 及环境 K 系统的单元算子，$0\rho\in S(K)$为环境初始态。量子信息最初存储于 $\rho\in S(H)$中，如果只有一个系统可用，信息就不可能从 $T^*(\rho)$中恢复。设 $T:B(H)\rightarrow B(H)$为信道，Hilbert 空间 K，纯态 0 及式(2-58)中单元 U 为 $H\otimes K\rightarrow H\otimes K$。维数 K 必须选 $\dim(K)=\dim(H)^3$。根据 Stinespring 方程 $T(A)=V^*(A\otimes 5)V$：T 的 $H\rightarrow H\otimes K$，矢量选$\psi\in K$，则 $U(\varphi\otimes\psi)=V(\varphi)$可得归一化的 $U:H\otimes K\rightarrow H\otimes K$。若 $e_j\in H$；$j=1,2,\cdots,d_1$ 且 $f_k\in K$，正交基 $k=1,2,\cdots,d_2$ 如下式($f_1=\psi$)：

$$\mathrm{tr}[T(A)\rho]=\mathrm{tr}[\rho V^*(A\otimes\mathbb{1})V]=\sum_i\langle V\rho e_j,(A\otimes\mathbb{1})Ve_j\rangle \tag{2-66}$$

$$=\sum_{jk}\langle U(\rho\otimes|\psi\rangle\langle\psi|)(e_j\otimes f_k),(A\otimes\mathbb{1})U(e_j\otimes f_k)\rangle \tag{2-67}$$

$$=\mathrm{tr}[\mathrm{tr}_K[U(\rho\otimes|\psi\rangle\langle\psi|)U^*]A] \tag{2-68}$$

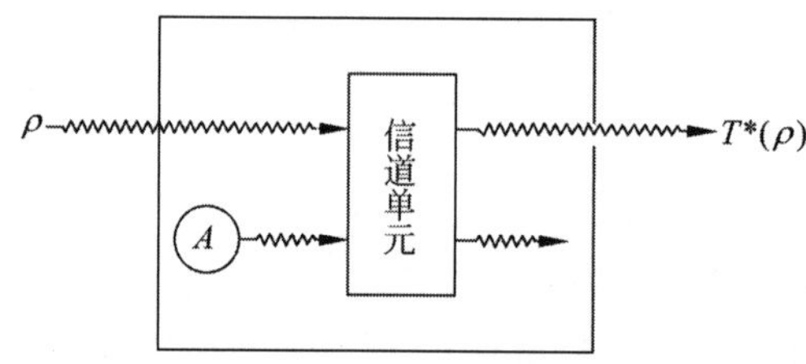

图 2-4 噪声信道

为了代表一般情况，在 T 中采用随机单元 $U0$ 构成带噪声的非理想信道。当然最典型的噪声信道是 d-级非偏振 $H=C^d$ 信道：

$$\mathcal{L}(\mathcal{H})\ni\rho\mapsto\theta\rho+(1-\theta)\frac{\mathbb{1}}{d}\in\mathcal{L}(\mathcal{H}),\quad 0\leqslant\theta\leqslant 1 \tag{2-69}$$

在 Heisenberg 图中为

$$\mathcal{B}(\mathcal{H})\ni A\mapsto\theta A+(1-\theta)\frac{\mathrm{tr}(A)}{d}\mathbb{1}\in\mathcal{B}(\mathcal{H}) \tag{2-70}$$

T-Stinespring 扩大为 $K=H\otimes H\oplus C$ 及 $V:H\rightarrow H\otimes K=H\otimes^3\oplus H$，其中

$$|j\rangle\mapsto V|j\rangle=\left[\sqrt{\frac{1-\theta}{d}}\sum_{k=1}^{d}|k\rangle\otimes|k\rangle\otimes|j\rangle\right]\oplus[\sqrt{\theta}\,|j\rangle] \tag{2-71}$$

式中$|k\rangle$，$k=1,2,\cdots,d$ 代表 H 中范基。T 及 K 取决于外部环境状态：

$$\psi=\left[\sqrt{\frac{1-\theta}{d}}\sum_{k=1}^{d}|k\rangle\otimes|k\rangle\right]\oplus[\sqrt{\theta}\,|0\rangle]\in\mathcal{K} \tag{2-72}$$

且归一化的算子为 $U:H\otimes K\rightarrow H\otimes K$，则归一化噪声算子总和 U 为

$$U(\phi_1 \otimes \phi_2 \otimes \phi_3 \oplus \chi) = \phi_2 \otimes \phi_3 \otimes \phi_1 \oplus \chi \tag{2-73}$$

1. 对称信道

信道对称性是常用参数之一。Hilbert 空间 H_1 和 H_2 上的群中 $G, T: B(H_1) \to B(H_2)$ 称为与 π_1 和 π_2 相关信道协议，若

$$T[\pi_1(U)A\pi_1(U)^*] = \pi_2(U)T[A]\pi_2(U)^*, \quad \forall A \in \mathcal{B}(\mathcal{H}_1), \quad \forall U \in G \tag{2-74}$$

则信道的一般表达式主要依据 Stinespring 定律。考虑到信道 $T: B(H) \to B(H)$ 正交组群相关，对所有 H 维 $UT(UAU^* = UT(A)U^*, \bar{U}=U, |j\rangle, j=1,2,\cdots,e$ 最大纠缠态为 $\varphi = d^{-1/2}\sum_j |jj\rangle$ 及 OO-不变量，且对所有 $U, U\otimes U\psi = \psi$。因此每个 $\rho = (\mathrm{Id}\otimes T^* |\psi\rangle\langle\psi|$ 都是 OO-不变量。按照二元论观点 T 及 ψ 完全取决于 ρ。所以可用 OO-不变量分析计算所有正交协变信道。首选考虑线性系统 $X_1(A) = d\mathrm{tr}(A)5, X_2(A) = dA^{\mathrm{T}}$ 及 $X_3(A) = dA$。它们不是信道，但具有能校正协方差的特性，且与算子$\mathbb{1}; F; F \in B(H\otimes H)$ 相吻合，即

$$(\mathrm{Id} \otimes X_1)|\psi\rangle\langle\psi| = \mathbb{1}, \quad (\mathrm{Id} \otimes X_2)|\psi\rangle\langle\psi| = F, \quad (\mathrm{Id} \otimes X_3)|\psi\rangle\langle\psi| = F \tag{2-75}$$

因此，用方程式(2-74)可确定三极值 OO-不变态信道（参见图 2-3 中的上三角）为

$$T_0(A) = A, \quad T_1(A) = \frac{\mathrm{tr}(A)\mathbb{1} - A^{\mathrm{T}}}{d-1} \tag{2-76}$$

$$T_2(A) = \frac{2}{d(d+1)-2}\left[\frac{d}{2}(\mathrm{tr}(A)\mathbb{1} + A^{\mathrm{T}}) - A\right] \tag{2-77}$$

每个 OO-不变量信道为此三角之和，包括与 Werner 等方态相关的信道，且可能形成去偏振信道：$T(A) = \theta A + (1-\theta)d - \mathbb{1}\,\mathrm{tr}(A)\mathbb{1}$ 及 $\theta \in [0; d^2 = (d^2-1)]$。如方程式(2-77)所示，相应的 Werner 态为

$$T(A) = \frac{\theta}{d+1}[\mathrm{tr}(A)\mathbb{1} + A^{\mathrm{T}}] + \frac{1-\theta}{d-1}[\mathrm{tr}(A)\mathbb{1} - A^{\mathrm{T}}], \quad \theta \in [0,1] \tag{2-78}$$

对于基态，全部协信道都成了扩大空间中的参数。

2. 经典信道

经典信道与量子信道相似，信道 $T: C(X) \to C(Y)$ 都可传播经典信息，且这一进程均为正。因此可认为 T 为全正和完全正。显然，T 为矩阵 $T_{xy} = \delta_y(T|x\rangle\langle x|)$，且 $\delta_y \in C^*(X)$，代表 Dirac 量。$\delta_y \in Y$ 和 $|x\rangle\langle x| \in C(X)$ 为 $C(X)$ 中范基，且 T 范围为 $0 \leqslant T_{xy} \leqslant 1$ 且

$$1 = \delta_y(\mathbb{1}) = \delta_y(T(\mathbb{1})) = \delta_y\left[T\left(\sum_x |x\rangle\langle x|\right)\right] = \sum_x T_{xy} \tag{2-79}$$

因此，序列 $(T_{xy})_{x\in X}X$ 和 T_{xy} 的概率分布就是该信道传播信息的输出概率 $x \in X$（若 $y \in Y$ 全部传输完毕）。每个经典信道都单独取决于其传输概率矩阵。

3. 信道运行参数

量子系统及混合系统的输出特性 $T: B(H)\otimes M(X) \to B(K)$，为系统的显性特征。$T$ 源于亚信道：

$$\mathcal{C}(X) \ni f \mapsto T(\mathbb{1} \otimes f) \in \mathcal{B}(\mathcal{H}) \tag{2-80}$$

此式为 T 之和，即 $\mathrm{tr}[T(\mathbb{1}\otimes|x\rangle\langle x|)]$ 为系统 ρ 态时测量 $x \in X$ 的概率。另外，可得到每个量子信道 $x \in X$ 为

$$\mathcal{B}(\mathcal{H}) \ni A \mapsto T_x(A) = T(A \otimes |x\rangle\langle x|) \in \mathcal{B}(\mathcal{K}) \tag{2-81}$$

此式代表 T 信道测量操作为 $x \in X$ 时特性。如果测量系统于 ρ 态，其 $T^* x(\rho)$ 态（参见图 2-5）的测量结果 $x \in X$ 为

$$\mathrm{tr}(T_x^*(\rho)) = \mathrm{tr}(T_x^*(\rho)\mathbb{1}) = \mathrm{tr}(\rho T(\mathbb{1}\otimes|x\rangle\langle x|)) \tag{2-82}$$

即为 ρ 上测量概率 $x\in X$。T 为 T_x 操作参数，并由下式描述：

$$T(A\otimes f) = \sum_x f(x)T_x(A) \tag{2-83}$$

所以 $T_x, x\in X, T$ 的第二个边界为

$$\mathcal{B}(\mathcal{H})\ni A\mapsto T(A\otimes\mathbb{1}) = \sum_{x\in X}T_x(A)\in\mathcal{B}(\mathcal{H}) \tag{2-84}$$

最著名的测量方法是 von Neumann 测量，结合 PV 测量可得到映射级数 $E_x, x=1,2,\cdots,d$，及本征映射自相关矩阵 $A\in B(H)$ 用于定义此信道：

$$T:\mathcal{B}(\mathcal{H})\otimes\mathcal{C}(X)\to\mathcal{B}(\mathcal{H}),\quad X=\{1,2,\cdots,d\},\quad T_x(A)=E_xAE_x \tag{2-85}$$

因此，可获得最终态 $\mathrm{tr}(E_{x\rho})^{-1}E_{x\rho}E_x$，若初始态 ρ 中系统测量值 $x\in Xon$，这就是量子力学的经典结论。$B(H)\otimes C(X)$ 及 $B(K)$ 的另一特征是混合输入、输出量子的信道 $T:B(K)\to B(H)\otimes C(X)$，可用于描述附加经典信息系统状态的改变。若 T 分解为信道级数 $T_x:B(K)\to B(H)$，则可在图中找到 $T^*(\rho\otimes p)=\sum_x pxT_x^*(\rho)$。$T$ 使经典信息 $x\in X$，量子信息 $\rho\in B(K)$ 操作参数转变为 T_x（参见图 2-6）。信道 $T:B(H)\otimes C(X)\to B(K)\otimes C(Y)$ 及混合输入输出参数的变化如图 2-7 所示，根据方程 $T^*(\rho\otimes p)=\sum_y pyT^*y(\rho)$ 可知 $T_y:B(H)\otimes C(X)\to B(K), y\in Y$。接收经典信息 $y\in Y$ 及 $\rho\in B^*(K)$ 态量子同为系统输入态。

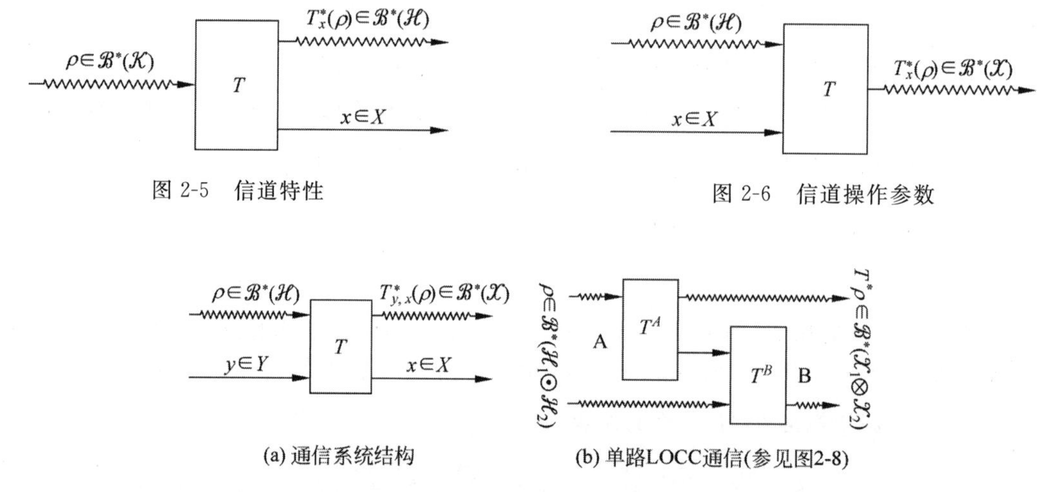

图 2-5 信道特性

图 2-6 信道操作参数

图 2-7 混合信道特性

4. 异地操作经典通信及信道分离

本节讨论最普遍的异地操作经典通信（Local Operations and Classical Communications，LOCC）及其可分离性。LOCC 属于有限维双向系统的信道 $T:B(H_1\otimes K_2)\to B(K_1\otimes K_2)$。以双信道 $T^{A,B}$：$B(H_j)\to B(K_j)(LO_s)$ 运行 $T=T^A\otimes T^B$ 为例，即设在 T 时刻 A、B 二人同时操作各自的量子，但均无信息传播，无论经典或量子信息都没有，然后进行单向经典通信（单路 LOCC）。即 A 在自己的设备上操作经典测量的结果 $j\in X=\{1,2,\cdots,N\}$，而 B 选择此信道写数据 $T=(T^A\otimes\mathrm{Id})(\mathrm{Id}\otimes TB)$，所用设备 $T^A:B(H_1)\otimes C(X_1)\to B(K_1)$ 及参数 $T^B:B(H_2)\to C(X_1)\otimes B(K_2)$，此通信过程为

$$\mathcal{B}(\mathcal{H}_1\otimes\mathcal{H}_2)\xrightarrow{\mathrm{Id}\otimes T^B}\mathcal{B}(\mathcal{H}_1)\otimes\mathcal{C}(X)\otimes\mathcal{B}(\mathcal{K}_2)\xrightarrow{T^A\otimes\mathrm{Id}}\mathcal{B}(\mathcal{K}_1\otimes\mathcal{K}_2) \tag{2-86}$$

方程式(2-86)代表 B 的操作过程，调用了 A 的数据 $j_1\in X_1$，传输相应的测量结果 $j_2\in X_2$，对 A 也一样。按照方程式(2-80)操作，过程如图 2-8 所示。如果 A 和 B 都同时停止，即操作中断。这就是最普遍的异地操作经典通信系统信道，主要用于两地双向通信。这种系统对研究纠缠理论很有意义，但

系统比较复杂。为此做了简化,取消原来的信道,改为 $T:B(H_1 \otimes K_2) \rightarrow B(K_1 \otimes K_2)$,称为可分离系统,操作模型变为

$$T = \sum_{j=1}^{N} T_j^A \otimes T_j^B \tag{2-87}$$

通信过程如图 2-8 所示。

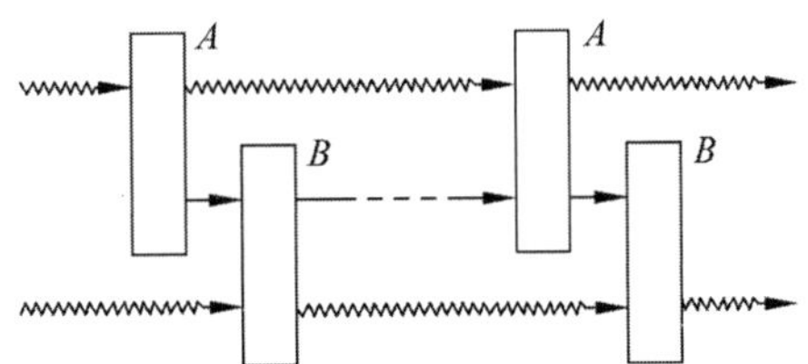

图 2-8 两地 LOCC 通信操作系统
(图中 A、B 代表两个通信操作人员,矩形代表信道)

图 2-8 中上、下两组波纹线表示量子系统,中间直线表示经典信息交换系统,用于 A、B 两地信息交换。可以看出,LOCC 的信道是分开的。

5. Weyl 算符

量子系统的动态结构及其次数和权重通常用可分离 Hilbert 空间 H 和二维伴随矩阵 $Q_1, Q_2, \cdots, Q_d$ 以及 $P_1, P_2, \cdots, P_d$ 描述,此伴随矩阵应满足以下通信规范关系:$[Q_j, Q_k] = 0, [P_j, P_k] = 0, [Q_j, P_k] = \mathrm{i}\delta_{jk}\mathbb{1}$。以上关系可压缩成下式:

$$R_{2j-1} = Q_j, \quad R_{2j} = P_j, \quad j = 1, 2, \cdots, d, \quad [R_j, R_k] = -\mathrm{i}\sigma_{jk} \tag{2-88}$$

式中 σ 为对偶矩阵:

$$\sigma = \mathrm{diag}(J, J, \cdots, J), \quad J = \begin{bmatrix} 0 & 1 \\ -1 & 0 \end{bmatrix} \tag{2-89}$$

此参数对经典空间几何有重要用途,称为由 σ 和二维矢量空间 $V = R^{2d}$ 组成的偶算子 $(V;\sigma)$。对式(2-88)中 R_j 归一化处理可得

$$W(x) = \exp(\mathrm{i}x \cdot \sigma \cdot R), \quad x \in V, \quad x \cdot \sigma \cdot R = \sum_{jk=1}^{2d} x_j \sigma_{jk} R_k \tag{2-90}$$

直接将 R_j 代入,若 $W(x), x \in V$ 中 $[W(x); A] = 0, \forall x \in V$ 表示 $A = \lambda \mathbb{1}, \lambda \in C$ 且满足下式:

$$W(x)W(x') = \exp\left(-\frac{\mathrm{i}}{2} x \cdot \sigma \cdot x'\right) W(x + x') \tag{2-91}$$

成为 Weyl$(V;\sigma)W(x)$ 函数式,称为 Weyl 算符。根据 Stone-von Neumann 唯一性原理,所有等式都是等价的,即如果出现两个 $W_1(x); W_2(x)$,都存在同一 U,使得 $UW_1(x)U^* = W_2(x)\ \forall x \in V$。根据 Schrödinger 方程,其中 $H = L^2(R^d)$; Q_j, P_k 分别代表时空关系。

6. Gauss 态

密度算子 $\rho \in S(H)$ 的瞬态期望值为 $\mathrm{tr}(\rho Q_j^2)$,并限于全部 $j = 1, 2, \cdots, d$,并且定义 $m \in R^{2d}$,相关矩阵 α 如下:

$$m = \mathrm{tr}(\rho R_j), \quad \alpha_{jk} + \mathrm{i}\sigma_{jk} = 2\mathrm{tr}[(R_j - m_j)\rho(R_k - m_k)] \tag{2-92}$$

式中 m 为任意值,根据式(2-92),相关矩阵 α 必须完全对称,且大于零:

$$\alpha + \mathrm{i}\sigma \geqslant 0 \tag{2-93}$$

为了区别于其他矩阵,每个 $\rho \in S(H)$ 态可单独用其量子特征函数 $X \ni x \mapsto \mathrm{tr}[W(x)\rho] \in C$,即 ρ 的量子傅里叶变换,实际上也是 ρ 的 Wigner 函数傅里叶变换,又称为 ρGauss 态:

$$\mathrm{tr}[W(x)\rho] = \exp\left(\mathrm{i}m \cdot x - \frac{1}{4}x \cdot \alpha \cdot x\right) \tag{2-94}$$

P 的基本特征主要取决于 m 及协方差矩阵 α 。最典型的 Gauss 态是 d 谐振系统的基态 ρ_0(其中 0 及 α 源于经典 Hamilton 函数),其相空间变换 $\rho_m = W(m)\rho W(-m)$,即量子光学中的相干态。ρ_0 和 ρ_m 也是纯态 $i=\sigma^{-1}\alpha = -\mathbb{1}$,也就是 Gauss 态。混合 Gauss 态的一阶谐函数为

$$\rho_N = \frac{1}{N+1}\sum_{n=0}^{+\infty}\left(\frac{N}{N+1}\right)^n | n\rangle\langle n | \tag{2-95}$$

式中,$|n\rangle\langle n|$ 为基数,N 为光子数。ρ_N 的特征函数为

$$\mathrm{tr}[W(x)\rho_N] = \exp\left[-\frac{1}{2}\left(N+\frac{1}{2}\right)| x |^2\right] \tag{2-96}$$

其相应的矩阵可简化为 $\alpha=2\left(N+\frac{1}{2}\right)\mathbb{1}$。

7. Gauss 纠缠

对于双向系统,向空间可直接分解为 $V=V_A\oplus V_B$(如同上节定义 A、B 分别代表两个双向操作者),相应的偶矩阵为 $\sigma=\sigma_A\oplus\sigma_B$。$W_A(x)$、$W_B(y)$分别代表两个于 Hilbert 空间 H_A、H_B 的操作者,相应的向空间为 V_A 和 V_B,可得满足 Weyl 相关$(V;\sigma)$的张量矩阵 $W_A(x)\otimes W_B(y)$。根据 Stone-von Neumann 唯一性原理,可确定 $W(x\oplus y)$,$x\oplus y\in V_A\oplus V_B=V$,$W_A(x)\otimes W_A(y)$,因此可得$H=H_A\otimes H_B$ 中的乘积态 ρ。协方差矩阵 Gauss 态是可分离的,其协方差 α_A、α_B 为

$$\alpha \geqslant \begin{bmatrix} \alpha_A & 0 \\ 0 & \alpha_B \end{bmatrix} \tag{2-97}$$

相对有限维系统,Gauss 态的可分离性由两个矩阵的非线性规划确定。最关键的计算工具是 $2n+2m\times 2n+2m$ 序列矩阵 α_N,$N\in N$,如下:

$$\alpha_N = \begin{bmatrix} A_N & C_N \\ C_N^{\mathrm{T}} & B_N \end{bmatrix} \tag{2-98}$$

α_0 已知,其他 α_N 定义如下:

$$A_{N+1} = B_{N+1} = A_N - \mathrm{Re}(X_N), \quad C_{N+1} = -\mathrm{Im}(X_N) \tag{2-99}$$

式中,$\alpha_N-\mathrm{i}\sigma\geqslant 0$,$\alpha_{N+1}=0$,$X_N=C_N(B_N-\mathrm{i}\sigma_B)^{-1}C_N^{\mathrm{T}}$。如果 $N\in N$ 则 $AN-\mathrm{i}\sigma A\ngeqslant 0$,$\rho$ 不可分。若 $N\in N$,$A_N-\|C_N\|\mathbb{1}-\mathrm{i}\sigma_A\geqslant 0$,则 ρ 可分。

如果在式(2-86)中插入双向态 ρ 的部分转置矩阵,A 的 Gauss 态互相关矩阵 α 可满足

$$\alpha+\mathrm{i}\tilde{\sigma}\geqslant 0, \quad \tilde{\sigma} = \begin{bmatrix} -\sigma_A & 0 \\ 0 & \sigma_B \end{bmatrix} \tag{2-100}$$

若 $X_A=2$ 维及 $X_B=2d$ 维量子系统高斯态为可分,对其他系统 PPT 判断可能失败,说明 Gauss 纠缠态符合 PPT。所以,PPT 协方差矩阵是判断 Gauss 纠缠态的基础。

8. Gauss 信道

对无限空间量子系统,每个 Weyl 算子$(W(x_j),j=1,2,\cdots,N;\ x_j\neq x_k,j\neq k)$都是线性的,并容易获得其 Gauss 态的期望值 $\sum_j\lambda_j W(x_j)$。因此,Weyl 算符在有限空间的线性规划可定义为 $T[W(x)]=f(x)W(A_x)$,f 为复合函数,V 和 A 为 $2d\times 2$ 矩阵。若 A 连续性与 T 匹配,可得其线性规划 $B(H)$,但通常为不完全正。如果 $V\ni x\mapsto W(A_x)$表示 Weyl 算子相关,归一化算子 U,$T[W(x)]=W(A_x)=UW(x)U^*$,说明为完全正。如果 A 保留对偶矩阵,$f\equiv 1$,必须按照下式选择矩阵:

$$M_{jk} = f(x_j-x_k)\exp\left(-\frac{\mathrm{i}}{2}x_j\cdot\sigma x_k+\frac{\mathrm{i}}{2}Ax_j\cdot\sigma Ax_k\right) \tag{2-101}$$

则可得相应的 T 为正或完全正。例如在 Gauss 态中的 f 函数，即 $f(x)=\exp(-1/2x\beta x)$ 定义矩阵 β，构成的 Gauss 信道。若 $A:V\to V$ 为任意线性规划，可延伸为 $V\ni x\mapsto A_x\oplus A'_x\in V\oplus V'$，$(V';\sigma')$ 为环境因素的对偶矢量空间函数。Hilbert 空间 $H\otimes H$ 的 Weyl 算子 $W(x)\otimes W'(x')=W(x;x')$ 与相空间算子 $x\oplus x'\in V\oplus V'$ 结合，则 $U:H\otimes H'\to H\otimes H'$，$U^*W(x;x')U=W(A_x;A'_x)$。如果 ρ' 为 Gauss 密度矩阵 H，描述 Gauss 信道初始态方程为

$$\mathrm{tr}[T^*(\rho)W(x)]=\mathrm{tr}[\rho\otimes\rho' U^* W(x,x')U]=\mathrm{tr}[\rho W(A_x)]\mathrm{tr}[\rho' W(A'_x)] \tag{2-102}$$

因此，$T[W(x)]=f(x)W(A_x)$，其中 $f(x)=\mathrm{tr}[\rho' W(A'_x)]$。一级自由 Gauss 应用信道，实际参数 $k\neq 1$，$\mathbb{R}^2\ni x\mapsto A_x=k_x\in\mathbb{R}^2$ 表达式为

$$\mathbb{R}^2\ni x\mapsto A'_x=\sqrt{1-k^2}\,x\in\mathbb{R}^2<1 \tag{2-103}$$

当 $k<1$ 时，

$$\mathbb{R}^2\ni(q,p)\mapsto A'(q,p)=(\kappa q,-\kappa p)\in\mathbb{R}^2,\quad \kappa=\sqrt{k^2-1} \tag{2-104}$$

对 $k>1$，若初始环境温度态为 ρ_{N^-}（参见式(2-95)），则可推导出

$$T[W(x)]=\exp\left[\frac{1}{2}\left(\frac{|k^2-1|}{2}+N_c\right)x^2\right]W(kx) \tag{2-105}$$

式中，$N_c=|k^2-1|\widetilde{N}$。如果 N 态映射到热态 ρ_N，其光子数为

$$N'=k^2N+\max\{0,k^2-1\}+N_c \tag{2-106}$$

若 $N_c=0$，说明 $T(k>1)$，$N_c>0$ 导致此信道的经典或量子噪声增加。

9. 编码

在一定条件下，量子信息可从经典信道传输，纠缠为此提供了另外一个资源。假设 A 用量子信道传输经典信息 $x\in X=\{1,2,\cdots,n\}$ 给 B，A 用 d 级量子系统态 $\rho_x\in B^*(H)$ 发信息给 B，用正算符 $E_1,E_2,\cdots,E_m$ 测量。如果 A 的发出概率为 $x\in X$ 为 $\mathrm{tr}(\rho_x E_y)$，B 接收到信号的概率为 $y\in X$，此时经典信道的定义为

$$\mathcal{C}^*(X)\ni p\mapsto\left(\sum_{x\in X}p(x)\mathrm{tr}(\rho_x E_1),\cdots,\sum_{x\in X}p(x)\mathrm{tr}(\rho_x E_m)\right)\in\mathcal{C}^*(X) \tag{2-107}$$

为获得理想的信道，A 应该选用正交纯态 $\rho_x=|\psi_x\rangle\langle\psi_x|$，$x=1,2,\cdots,d$，$B$ 方相应的一维映射为 $E_y=|\psi_y\rangle\langle\psi_y|\,y=1,2,\cdots,d$。如果 $d=2$，$H=C^2$，则用一个量子比特可传输一个比特的信息。但如果 A 与 B 构成纠缠态 $\sigma\in S(H\otimes H)$，则可使传输信息增加一倍。如果 A 用 $D_x:B(H)\to B(H)$，通过理想的量子信道，传输经典信息 $x\in X=\{1,2,\cdots,n\}$ 给 B，B 测量（读出）信息 $E_1,E_2,\cdots,E_n\in B(H\otimes H)$，此概率为

$$\mathrm{tr}[(D_x\otimes\mathrm{Id})^*(\sigma)E_y] \tag{2-108}$$

这就是经典通信信道转移矩阵 T 的定义，若为理想信道，则此矩阵式(2-108)为恒等式。并称 E,D 及 σ 为密集编码。

10. 量子态评估

为进一步讨论 d 级量子系统。设所有元素均处于同一态 $\rho\in B^*(H)$，主要测量 $\rho^{\otimes N}$ 系统中 ρ 态。由此可见 $E^N:C(X_N)\to B(H^{\otimes N})$ 的值就是量子空间的 $S(H)X_N\subset S(H)$。根据每个 E^N，从 $E(f)=\sum_\sigma f(\sigma)E^N_\sigma$ 可知，E^N_σ，$\sigma\in X_N$，因此可得期望值 E_N，测量系统态为 $\rho^{\otimes N}$，其密度矩阵的每个矩阵为

$$\langle\phi,\hat{\rho}_N\psi\rangle=\sum_{x\in X_N}\langle\phi,\sigma\psi\rangle E^N_\sigma \tag{2-109}$$

E^N 即评价标准，也是质点密度 ρ 的评价标准，$\rho^{\otimes N}$ 的测量值与 ρ 相近，即概率为

$$K^N(\omega):=\mathrm{tr}(E^N(\omega)\rho^{\otimes N}),\quad E^N(\omega)=\sum_{\sigma\in X_N\cap\omega}E_\sigma^N \tag{2-110}$$

大多数情况下，$E^N(N=1,2,\cdots)$当 $N\to+\infty$ 时概率为零，参见式(2-110)。若 $\rho=1/2(\mathbb{1}+x\sigma)$，即 ρ 期望值的 Bloch 表达式，则结果取决于 $1/2(1+x_j)$。因此，只要 N 足够大，测量结果就好。

11. 量子比特萃取

对纠缠态的量子比特萃取首先选用最大纠缠态(见式(2-36))大于 1/2，设通信双方 A 和 B 共享大量的 ρ 态量子对，使总数达到 $\rho^{\otimes N}$。取量子对(1 和 2)即 $\rho\otimes\rho$ 且用其每一算子 $P_{U\bar{U}}$ 构成等方态，参见式(2-49)。按照 LOCC 算法，由 A 选取一任意算子作为其量子比特发送给 B，然后选 $\bar{U}$ 为 B 的量子。即完成了此等方态 $\tilde{\rho}\otimes\tilde{\rho}$ 的最大纠缠 ρ。A,B 每一方的量子对数的转换为

$$U_{\mathrm{XOR}}:|a\rangle\otimes|b\rangle\mapsto|a\rangle\otimes|a+b \bmod 2\rangle \tag{1-111}$$

A,B 双方完成的测量都是基于$|0\rangle;|1\rangle$的量子对 1。如果测量完成，2 保持高 F，其他量子对取消。如果操作程序反复进行可继续维持高 $F(\rho)$，但必须提供足够的量子对。如果最终 $F(\rho)\leqslant 1/2$ ρ 仍为纠缠态，通信双方还可用其他方法增加 F。例如，A 方可用 $T:C(X)\otimes B(H)\to B(H)$，$(X=\{1;2\})$去增加自己的量子对。使量子态变成 $\rho\mapsto p_x^{-1}(T_x\otimes\mathrm{Id})^*(\rho)$，$x=1,2$，完成概率能达到 $p_x=\mathrm{tr}[T_x^*(\rho)]$。如果操作都正确完成，$A$、$B$ 双方在通信结束前完全可以保持 $\tilde{\rho}$ 最高纠缠态如下：

$$\tilde{\rho}=\frac{(T_x\otimes\mathrm{Id})^*(\rho)}{\mathrm{tr}[(T_x\otimes\mathrm{Id})^*(\rho)]} \tag{2-112}$$

只要 $F(\tilde{\rho})>1/2$ 就可以保持最佳通信量子信息萃取效率。

12. 量子纠缠度

量子纠缠度与量子系统，通信条件及测量概率都有关，根据纠缠系统性质量化纠缠态，获得的纠缠度 E 都是量子态 ρ 的函数。对有限空间双向系统 $E(\rho)\in R^+$，如果 ρ 的未纠缠 $E(\rho)$ 为零，则为最大纠缠态。但若 H 及 K 维增长，最大纠缠态的量子比特对 ρ 应包含一比特纠缠，即 $E(\rho)=1$ 且 $\rho^{\otimes N}$ 中包含 N 对量子。如果 $\rho^{\otimes N}$ 为 $H\otimes H$ 系统的最大纠缠态 $H=C^N$，则可得 $E(\rho^{\otimes N})=\log_2(\dim(H))=N$，但应该更改 $\rho^{\otimes N}$ 的张量将$(C^2\otimes C^2)\otimes N$ 换为$(C^2)^{\otimes N}\otimes(C^2)^{\otimes N}$(包括通信 A、B 双方)。这时对最大纠缠态 $\rho\sigma\in S(H\otimes H)$的 $E(\sigma)\leqslant E(\rho)=\log_2(d)$。从中可知最大量子信息传输量和信息萃取量，及通过增加 LOCC 操作提高通信能力。但所有的 ρ 态 $E[T(\rho)]\leqslant E(\rho)$ 和所有 LOCC 信道 T，E 不能增加。即使用 LOCC 操作 $U\otimes V$，对所有 ρ 态及归一化 U，$E(UV\rho U^*\otimes V^*)=E(\rho)\rho$ 及所有 LOCC 信道 T。另外，$E(U^*\otimes V^*\tilde{\rho}U\otimes V)\leqslant E(\tilde{\rho})$，$\tilde{\rho}=U\otimes V\rho U^*\otimes V$ 可得到 $E(\rho)\leqslant E(U\otimes V\rho V^*\otimes U^*)$，因此 $E(\rho)=E(U\otimes V\rho U^*\otimes V^*)$。如果 E 定义在 $S(H\otimes H)$便可自动进入 $S(H_1\otimes H_2)$Hilbert 空间$(H_k)\leqslant\dim(H)$维 H_k。根据 Hilbert 空间序列 $H_N;N\in N$ 及 $\sigma_N\in S(H_N\otimes H_N)$态及 $\lim\|\rho_N-\sigma_N\|_1=0$，可得

$$\lim_{N\to\infty}\frac{E(\rho_N)-E(\sigma_N)}{1+\log_2(\dim\mathcal{H}_N)}=0 \tag{2-113}$$

若 E 取更大的张量积 $\rho^{\otimes N}(N\to+\infty)$进行调整，则每个 ρ 态极限存在

$$E^\infty(\rho)=\lim_{N\to+\infty}\frac{E(\rho^{\otimes N})}{N} \tag{2-114}$$

对于纯态 $\rho=|\psi\rangle\langle\psi|\in S(H\otimes K)$，若其纠缠部分 $\sigma=\mathrm{tr}_H|\psi\rangle\langle\psi|=\mathrm{tr}_K|\psi\rangle\langle\psi|$ 属于混合纠缠态。建议用 ρ 的 von Neumann 熵测量混合态，即

$$E_{vN}(\rho)=-\mathrm{tr}[\mathrm{tr}_{\mathcal{H}}\rho\ln(\mathrm{tr}_{\mathcal{H}}\rho)] \tag{2-115}$$

利用 von Neumann 熵推导 E_{vN}，根据与 LOCC 相关的 Nielsen 法则进行优化，取两者概率分布为 $\lambda=(\lambda_1\ \lambda_2\cdots\ \lambda_M)$及 $\mu=(\mu_1\ \mu_2\cdots\ \mu_N)$获得递减序列 $\lambda_1\geqslant\lambda_2\geqslant\cdots\geqslant\lambda_M$ 和 $\mu_1\geqslant\mu_2\cdots\geqslant\mu_N$)。$\lambda$ 为 μ 的主要成分，标记为 $\lambda<\mu$，如果

$$\sum_{j=1}^{k}\lambda_j \leqslant \sum_{j=1}^{k}\mu_j \quad \forall k = 1,2,\cdots,\min(M,N) \tag{2-116}$$

便可得纯态

$$\Psi = \sum_j \lambda_j^{1/2} e_j \otimes e_j' \in \mathcal{H} \otimes \mathcal{K} \tag{2-117}$$

也可转换成其他纯态：

$$\Phi = \sum_i \mu_j^{1/2} f_j \otimes f_j' \in \mathcal{H} \otimes \mathcal{K} \tag{2-118}$$

采用 LOCC 操作，ψ 的 Schmidt 系数主要取决于 Φ，即 $\lambda \prec \mu$。$\mathrm{tr}_H|\psi\rangle\langle\psi|$ von Neumann 熵可用 ψ 的 Schmidt 系数 λ 计算其概率分布：$S(\lambda) = -\sum_j \lambda_j \ln(\lambda_j)$。因此 E_{vN} 为可测量纯态。双向系统的每个 $\Psi \in H \otimes K$ 态可用任何纠缠态 Φ 实现 LOCC 通信操作。此 LOCC 具体操作方程如下：

$$T_N: \mathcal{B}[(\mathcal{H} \otimes \mathcal{K})^{\otimes M(N)}] \to \mathcal{B}[(\mathcal{H} \otimes \mathcal{K})^{\otimes N}] \tag{2-119}$$

所以，

$$\lim_{N\to+\infty} \| T_N^*(|\phi\rangle\langle\phi|^{\otimes N}) - |\psi\rangle\langle\psi\| |_1 = 0 \tag{2-120}$$

总之，保持 $r = \lim\limits_{N\to+\infty} M(N) = N$ 可使高纠缠态转化为低纠缠态并继续返回原始态；$E_{vN}(|\psi\rangle\langle\psi|)$ 代表最大纠缠态量子比特数 $|\psi\rangle\langle\psi|$；E_{vN} 代表纯态纠缠度；减小 von Neumann 熵 E_{vN} 只影响纠缠度。

13. 混合态量子纠缠

定义混合态量子纠缠度比较困难，首选讨论从 $\rho \in S(H \otimes K)$ 态中萃取最大纠缠比特 $E_D(\rho)$。最可行的方法是 LOCC 信道序列：

$$T_N: \mathcal{B}(\mathbb{C}^{d_N} \otimes \mathbb{C}^{d_N}) \to \mathcal{B}(\mathcal{H}^{\otimes N} \otimes \mathcal{K}^{\otimes N}) \tag{2-121}$$

从而

$$\lim_{N\to\infty} \| T_N^*(\rho^{\otimes N}) - |\Omega_N\rangle\langle\Omega_N| \|_1 = 0 \tag{2-122}$$

设最大纠缠态序列为 $\Omega_N \in C^{dN}$，可定义

$$E_D(\rho) = \sup_{(T_N)_{N\in N}} \limsup_{N\to\infty} \frac{\log_2(d_N)}{N} \tag{2-123}$$

式中，上限超过所有萃取方案 $(T_N)_{N\in N}$，可看出 E_D 满足 E_0, E_1, E_2 及 E_{5b}。对双向系统，从其中的 ρ 态中可萃取最大纠缠信号。因此，使用 LOCC 信道序列

$$T_N: \mathcal{B}(\mathcal{H}^{\otimes N} \otimes \mathcal{K}^{\otimes N}) \to \mathcal{B}(\mathbb{C}^{d_N} \otimes \mathbb{C}^{d_N}) \tag{2-124}$$

及最大纠缠态序列 $\Omega_N \in C^{d_N}$，$N \in N$ 及其特性：

$$\lim_{N\to+\infty} \| \rho^{\otimes N} - T_N^*(|\Omega_N\rangle\langle\Omega_N|) \|_1 = 0 \tag{2-125}$$

则可获得 ρ 的纠缠价值 $E_{C(\rho)}$：

$$E_C(\rho) = \inf_{(S_N)_{N\in N}} \liminf_{N\to+\infty} \frac{\log_2(d_N)}{N} \tag{2-126}$$

此式代表混合纠缠态的最小扩展边界 E_{vN}，则可得 ρ 形成的纠缠 $E_F(\rho)$ 为

$$E_F(\rho) = \inf_{\rho = \sum_j p_j |\psi_j\rangle\langle\psi_j|} \sum_j p_j E_{vN}(|\psi_j\rangle\langle\psi_j|) \tag{2-127}$$

量化纠缠态的另外一个方法是测量纠缠分离态 D 的差异。此差异与熵相关，因此建立纠缠度与其熵 $E_R(\rho)$ 的关系式为

$$E_R(\rho) = \inf_{\sigma\in\mathcal{D}} S(\rho \mid \sigma), \quad S(\rho \mid \sigma) = [\mathrm{tr}(\rho\log_2\rho - \rho\log_2\sigma)] \tag{2-128}$$

可以看出，E_R 满足不同 E_R 整合为 $E_R^{+\infty}$ 条件。对于纯态，集成度随 von Neumann 熵同步减小。对于混合态，情况较为复杂，集成度变换不明显。对 E 满足于 E_0, E_1, E_2 及 E_{5b} 集成度，态 $\rho \in S(H \otimes K)$ 为

$E_D(\rho)\leqslant E(\rho)\leqslant E_C(\rho)$接近于 E^{∞}。

从以上分析可知，几乎所有量都与 Hilbert 空间维指数相关，直接数字计算 ρ 态意义不大。所以寄希望于计算其他量子态，例如纯态情况，设 $H=C^2$ 的纯态为 $\psi\in H\otimes H$，可计算 $E_{vN}(\psi)$如下：

$$E_{vN}(\psi)=H\left[\frac{1}{2}(1+\sqrt{1-C(\psi)^2})\right] \tag{2-129}$$

其中，

$$H(x)=-x\log_2(x)-(1-x)\log_2(1-x) \tag{2-130}$$

同时存在 $C(\psi)$，

$$C(\psi)=\left|\sum_{j=0}^{3}\alpha_j^2\right|,\quad \psi=\sum_{j=0}^{3}\alpha_j\Phi_j \tag{2-131}$$

式中 Φ_j，$j=0,1,2,3$；由于 C 比较重要，设 $C(\psi)=|\psi L\Sigma\psi|$，其中 $\psi\mapsto\Sigma\psi$。因此，Σ 为反算子且为 $H\ni\Phi\mapsto\sigma_2\bar{\Phi}$ 域 的张量积，$\Sigma=\xi\otimes\xi$，其中 $\bar{\Phi}$ 为复共轭，σ_2 为第二 Pauli 矩阵。$C(\psi)$ 范围由 0 到 1，且 $E_{vN}(\psi)$ 为 $C(\psi)$ 的单调函数。Bell 态 $C(\Phi_j)=1$ 及分离态 $\Phi_1\otimes\Phi_2$ 可导致 $C(\Phi_1\otimes\Phi_2)=0$，从因数分解 $\Sigma=\xi\otimes\xi$ 中也能看出。若 $\alpha_j(\alpha_0)$ 态满足 $|\alpha_0|^2>1/2$，则 $C(\psi)$ 不可能为零，由于

$$\left|\sum_{j=1}^{3}\alpha_j^2\right|\leqslant 1-|\alpha_0|^2 \tag{2-132}$$

因为 $C(\psi)$最小值为 $1-2|\alpha_0|^2$ 则，E_{vN} 为

$$E_{vN}(\psi)\geqslant h(|\langle\Phi_0,\psi\rangle|^2),\quad h(x)=\begin{cases}H\left[\frac{1}{2}+\sqrt{x(1-x)}\right], & x\geqslant\frac{1}{2}\\ 0, & x<\frac{1}{2}\end{cases} \tag{2-133}$$

可看出最大纠缠态 $\Phi,\Phi'\in H\otimes H$ 与 $U\otimes U_2$ 转换有关。如果将 Bell 原理引入方程式(2-133)，根据 $\Phi_j'=U_1\otimes U_2\Phi_j$，$j=0,1,2,3$ 可得到 C'的等式 $C'(\psi)=U_1^*\otimes U_2^*\psi$，$\Sigma U_1^*\otimes U_2^*\psi=C(\psi)$。则最大纠缠态为

$$E_{vN}(\psi)\geqslant h[\mathcal{F}(|\psi\rangle\langle\psi|)] \tag{2-134}$$

式中，$F(|\psi\rangle\langle\psi|)$为$|\psi\rangle\langle\psi|$的部分最大纠缠态，且满足 $\psi=a|00\rangle+b|11\rangle$及 $a,b\geqslant0$，$a^2+b^2=1$。极值为$|\langle\psi,\Phi\rangle|^2$ 的最大纠缠态为 $F(|\psi\rangle\langle\psi|)=(a+b)^2/2=1/2+ab$。简化算法为 $h[F(|\psi\rangle\langle\psi|)]=h(1/2+ab)=E_{vN}(\psi)$。另外，若将式(2-134)进行如下变换，也可延用于混合态：

$$E_F(\rho)\geqslant h[\mathcal{F}(\rho)] \tag{2-135}$$

例如，$\rho=1/2(|\Phi_1\rangle\langle\Phi_1|+|00\rangle\langle00|)$，若 $F(\rho)=12$，则$[F(\rho)]=0$，ρ 为纠缠态。按照 Bell 对角态对 $\rho=\sum_{j=0}^{3}\lambda_j|\Phi_j\rangle\langle\Phi_j|$ 分解，可得 $\rho=\sum_j\mu_j|\psi\rangle\langle\psi|$，改为 ρ 纯态 $|\psi_j\rangle\langle\psi_j$ 得到$h[F(\rho)]=\sum_j\mu_j(E_{vN}|\psi\rangle\langle\psi|)$。减小全部 $h(\lambda_1)$态的 von Neumann 熵，可得 $\sum_j\mu_jE_{vN}(|\psi_j\rangle\langle\psi_j|)=h(\lambda_1)$ 及 $EF(\rho)=h(\lambda_1)$。因为 ρ 中最大熵为 λ_1，设最大特征值小于 1/2，则可得到相指数 $\exp(\mathrm{i}\Phi_j)$，使 $\sum_{j=0}^{3}\exp(\Phi_j)\lambda_j=0$，使 ρ 成为各种态的线性集合：

$$\mathrm{e}^{\mathrm{i}\Phi_0/2}\sqrt{\lambda_0}\Phi_0+\mathrm{i}\left[\sum_{j=1}^{3}(\pm\mathrm{e}^{\mathrm{i}\Phi_j/2}\sqrt{\lambda_j})\Phi_j\right] \tag{2-136}$$

若所有态 C 同时为 0，则它们的熵也为 0，根据式(2-135)，可得 $E_F(\rho)=0$，最大熵小于 1/2，如图 2-9 所示。Bell 对角态 ρ 与 λ 纠缠，其最大特征值 $\lambda>1/2$，ρ 的纠缠态为

$$E_F(\rho)=H\left[\frac{1}{2}+\sqrt{\lambda(1-\lambda)}\right] \tag{2-137}$$

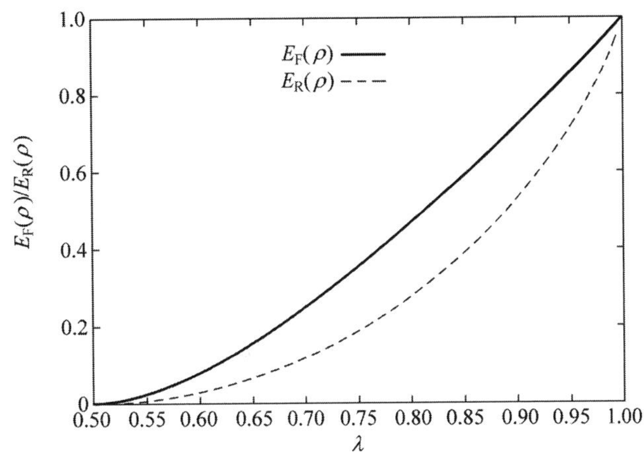

图 2-9　Bell 对角态纠缠态 $E_F(\rho)$及其熵 $E_R(\rho)$与 ρ 的最大特征值 λ 的关系曲线

14. Wootter 法则

Wootter 算法可用于普通双比特量子态 ρ 熵 E_F 的计算。基于混合态 C 激发可改写为 $C^2(\psi) = |\langle\psi, \sum\psi\rangle|$ 如下：

$$C^2(\psi) = \mathrm{tr}(|\psi\rangle\langle\psi||\Xi\psi\rangle\langle\Xi\psi|) = \mathrm{tr}(\rho\Xi\rho\Xi) = \mathrm{tr}(R^2) \tag{2-138}$$

其中，

$$R = \sqrt{\sqrt{\rho}\Xi\rho\Xi\sqrt{\rho}} \tag{2-139}$$

式中 $\rho=|\psi\rangle\langle\psi|$，$\rho$ 可为任意值，若 λ_j，$j=1,2,3,4$，只要 R 及 λ_1 不低于平均值，则可得 ρ 的最大值为

$$C(\rho) = \max(0, 2\lambda_1 - \mathrm{tr}(R)) = \max(0, \lambda_1 - \lambda_2 - \lambda_3 - \lambda_4) \tag{2-140}$$

可看出 $C(|\psi\rangle\langle\psi|)$与式(2-131)中 $C(\psi)$相符。根据式(2-129)$E_F(\rho)$，若用 $C(\rho)$取代 $C(\psi)$，则双比特纠缠态 ρ 为

$$E_F(\rho) = H\left[\frac{1}{2}(1+\sqrt{1-C(\rho)^2})\right] \tag{2-141}$$

这就是 Wootter 法则，式中 ρ 为二元熵。如果将 Wootter 法则用于高维 Hilbert 空间，按照 Bell 原理 2_j，$j=0,1,2,3$ 只能用于 2×2 维空间。

15. Bell 对角态熵

计算双比特系统纠缠熵 E_R 比较困难，但此法则用于 Bell 对角态则比较容易。Bell 对角态 ρ 的纠缠熵 $E_R(\rho)$在特征值 λ 为最大时为

$$E_R(\rho) = \begin{cases} 1-H(\lambda), & \lambda > \dfrac{1}{2} \\ 0, & \lambda \leqslant \dfrac{1}{2} \end{cases} \tag{2-142}$$

所有量子信息传输过程中都一定会受到信道噪声的影响，为了保证传输的信息准确无误，又增加了若干附加信息(例如编码、校正信息)，使真正有效信息数据流受到限制。这就是信道容量。这显然是一种浪费。本节将讨论在什么情况下每个信道，在受噪声干扰的情况下传输最大信息的能力，包括经典及量子信息的传输容量。

设有两个有效信息 A_1，A_2 与信道 T 构成 $T:A_1\to A_2$ 通信系统，另外一个带噪声信号编码信息 B 也通过此信道：$E:A_2\to B$，通过解码后 $D:B\to A_1$。理想情况下 $B\to B$，即输入输出完全相同。但实际通信系统中输入、输出、编解码都会有误差。只有对这些误差精确分析判断才能提高信道通信容量。

所以提出范数差分($\| ETD-\mathrm{Id} \|_{\mathrm{cb}}$)的概念，式中 Id 为 B 信道特征(identity)；$\|\cdot\|_{\mathrm{cb}}$为信道范数(cb-norm)的缩写，即

$$\| T \|_{\mathrm{cb}} = \sup \| T \otimes \mathrm{Id}_n \|, \quad \mathrm{Id}_n : \mathcal{B}(\mathbb{C}^n) \to \mathcal{B}(\mathbb{C}^n) \tag{2-143}$$

此信道范数与信道性能有密切关系，例如 $\| T \otimes \mathrm{Id}_{B(C^d)} \|$ 就可增加信道空间 d。例如，信道 C^d 上的多项式 θ 可写成 $\|\theta\|_{\mathrm{cb}}=d$，此信道范数具有若干优越性，即 $\| T_1 \otimes T_2 \|_{\mathrm{cb}} = \| T_1 \|_{\mathrm{cb}} \| T_2 \|_{\mathrm{cb}}$，且对每个信道为 $\| T \|_{\mathrm{cb}}=1$。若 $\| T \|_{\mathrm{cb}} = \| T \otimes \mathrm{Id}_{B(H)} \|$，$T$ 为 $B(H) \to B(H)$，则可得范数为

$$\Delta(T, \mathcal{B}) = \inf_{E,D} \| ETD - \mathrm{Id}_{\mathcal{B}} \|_{\mathrm{cb}} \tag{2-144}$$

此式覆盖全部信道 $E: A_2 \to B$ 及 $D: B \to A_1$，且 Id_B 为理想 B 信道。N 为 B 系统在 T 信道通信中的最小误差，并采用容易编码 E 和 D 解码。如果用 M 复制信道可减少误差，在 T 信道中采用 M 复制，即所谓长代码传输 N，在 $B^{\otimes N}$系统中用信道复制。此信道的编解码过程为 $E: A \otimes M_2 \to B^{\otimes N}$，$D: B^{\otimes N} \to A_1^{\otimes M}$。如果增加 M 信道数，误差 $N(T^{\otimes M}; B^{\otimes N}(M))$可以降低。设 T 为信道，B 为信号，$c \geqslant 0$，若任意序列 $M_j, N_j, j \in N, M_j \to +\infty$ 且 $\sup\limits_{j \to +\infty} N_j / M_j < c$，则可得

$$\lim_{j \to +\infty} \Delta(T^{\otimes^{M_j}}, \mathcal{B}^{\otimes^{N_j}}) = 0 \tag{2-145}$$

此式的上限就是信道 T 传输 B 的容量，可简写为 $C(T;B)$。可以看出，$c=0$ 时，$C(T;B) \geqslant 0$。若每个 $c>0$，则 $C(T;B) \to +\infty$。由于 N 的单调特性，它只满足于 M_j 及附加条件 $M_j/(M_{j+1}) \to 1$。

对于经典信道 $T: C(Y) \to C(X)$。按照经典信息论，T 完全取决于其发送 $y \in Y$ 接收 $x \in X$ 的传输概率 Txy，$(x;y) \in X \times Y$。因经典代数的范数与普通规范相同，设 $X=Y$，可得

$$\| \mathrm{Id} - T \|_{\mathrm{cb}} = \| \mathrm{Id} - T \| = \sup_{x,f} \left| \sum_y (\delta_{xy} - T_{xy}) f_y \right| \tag{2-146}$$

$$= 2 \sup_x (1 - T_{xx}) \tag{2-147}$$

式(2-147)为包括全部 $f \in C(X)$的最大误差概率，其中 $\| f \| = \sup\limits_y | f_y | < 1$。代入经典信道 T 中，且取比特代数(bit-algebra) $B=C_2$，则可得精确的经典 Shannon 不连续，无记忆信道容量。因此可用 Shannon 噪声信道码原理计算出经典信道容量 $C_c(T)$。所以经典输入代数 $C(X)$及其映像 $q=T^*(p) \in C^*(Y)$的概率为 $p \in C^*(X)$，p 及 q 分别代表 X，Y 上的分布，而 p_x 代表传输的字母概率 $x \in X$。同理，$P_{xy} = T_{xy} p_x$，$q_y = \sum\limits_x T_{xy} p_x$，发送概率为 $x \in X$，接收概率为 $y \in Y$。P_{xy}为 P 在 $X \times Y$ 综合概率，T_{xy}代表概率条件，便可得共有信息为

$$I(p, T) = S(p) + S(q) - S(P) = \sum_{(x,y) \in X \times Y} P_{xy} \log_2 \left(\frac{P_{xy}}{p_x q_y} \right) \tag{2-148}$$

式中，$S(p)$，$S(q)$及 $S(P)$分别代表 p，q 和 P 的熵，表示 p，q 相互包容，即 $P_{xy} = p_x q_y$。因此，可得经典信道 $T: C(Y) \to C(X)$的 Shannon 经典综合容量 $C_c(T)$：

$$C_c(T) = \sup_p I(p, T) \tag{2-149}$$

式中，上确界(sup)包括所有 $p \in C^*(X)$。

如果经典数据通过量子信道传输 $T: B(H) \to B(H)$，编码 $E: B(H) \to C_2$ 及解码 $D: C_2 \to B(H)$。按照 Shannon 原理，可计算出信道容量，称为一次性经典容量：

$$C_{c,1}(T) = \sup_{E,D} C_c(ETD) \tag{2-150}$$

式中，上确界覆盖经典比特的编码与解码。所谓一次性，指此信道 T 只能用一次。但 $C_{c,1}(T)$可能有许多选择，例如纠缠编码就可增加传输率，即纠缠辅助容量。设纠缠增强经典信道容量为$C_e(T)$，用纠缠态传输信息，A 为发送方，B 为接收方；设发送系统态为 $\rho \in B^*(H)$，通过信道 ρ 被净化 $\psi \in H \otimes H$，i. e. $\rho = \mathrm{tr}_1 | \psi \rangle \langle \psi | = \mathrm{tr}_2 | \psi \rangle \langle \psi |$，则可得熵为

$$S(\rho T) = S[(T \otimes \mathrm{Id})(| \psi \rangle \langle \psi |)] \tag{2-151}$$

式中$(T\otimes \mathrm{Id})(|\psi\rangle\langle\psi|)$为密度算符。若输入态为$\rho$,输出态为$T^*(\rho)$,由于量子相似,输入=输出,其概率分布为$T_{xy}$。如果$T^*(\rho)=\mathrm{tr}_K(U_{\rho\otimes K}U^*)$,单位为$U:H\otimes K$,纯环境态为$K$,则可得

$$S(\rho)T=S[T_K^*] \tag{2-152}$$

式中,T_K为信道,代表传输环境,即$T^*K(\rho)=\mathrm{tr}_H(U_\rho\otimes\rho_K U^*)$;$S(\rho,T)$为环境熵,则可得

$$I(\rho,T)=S(p)+S(T^*\rho)-S(\rho,T) \tag{2-153}$$

此式即为共有信息。所以,量子信道$T:B(H)\to B(H)$的纠缠辅助容量为

$$C_e(T)=\sup_\rho I(\rho,T) \tag{2-154}$$

式中上确界覆盖所有$\rho\in B^*(H)$。由于量子共有信息$I(\rho T)$的优良特性,量子共有信息容量$C_e(T)$比经典容量$C_c(T)$增加了许多优点。其容量达到$C_{c;1}(T)=C_c(T)=(1-\theta)\log_2(d)$,通过纠缠增强后的容量为$C_e(T)=2C_c(T)$。各种增强因素的作用如图2-10所示。

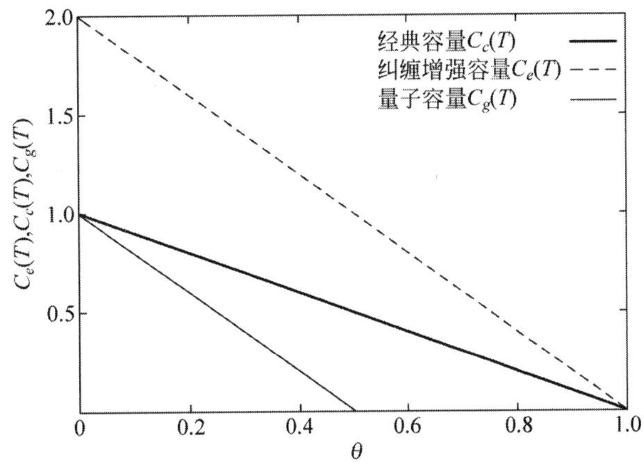

图2-10 各种误差概率对量子信道容量的影响

对于消偏振信道,

$$\mathcal{B}^*(\mathbb{C}^d)\ni\rho\mapsto T^*(\rho)=(1-\theta)\rho+\theta\mathrm{tr}(\rho)\frac{1}{d}\in\mathcal{B}^*(\mathbb{C}^d) \tag{2-155}$$

$C_e(T)$与$C_{c;1}$相比,首先对所有单元U,$I(U\rho U^*;T)=I(\rho;T)$计算$S(U\rho U^*;T)$。如果ψ是ρ净化,则$U\rho U^*$为$U\otimes U\psi$的净化。由于$I(\rho;T)$值超过所有单元达到最大混合态,则可计算纠缠增强容量$C_e(T)$为

$$C_e(T)=\log_2(d^2)+\left(1-\theta\frac{d^2-1}{d^2}\right)\log_2\left(1-\theta\frac{d^2-1}{d^2}\right)+\theta\frac{d^2-1}{d^2}\log_2\frac{\theta}{d^2} \tag{2-156}$$

同样,一次信道容量$C_{c;1}(T)$为

$$C_{c;1}(T)=\log_2(d)+\left(1-\theta\frac{d-1}{d}\right)\log_2\left(1-\theta\frac{d-1}{d}\right)+\theta\frac{d-1}{d}\log_2\frac{\theta}{d} \tag{2-157}$$

如果ρ_j为纯态,则$T^*\rho_j$熵最小,如图2-11所示。信道容量熵$C_e(T)/C_{c;1}(T)$为噪声参数θ的函数,如图2-12所示。

对于Gauss信道,例如$H=L^2(R)$ Hilbert一维空间,一维谐振电磁场及折叠信道T等,都存在$C_{c;1}(T)$,$C_e(T)$调制。对信道容量有一定约束,只允许ρ态信息在输入Hilbert空间信道编码。此约束$\mathrm{tr}(\rho aa^*)\leqslant N$的$N>0$,通常会使算子$a^*$和$a$受影响,如图2-13所示。

将式(2-156)得的信道纠缠增强容量用于Gauss态,则可计算Gauss态$\rho_N C_e(T)$的量子共有信息容量:

$$g(x)=(x+1)\log_2(x+1)-x\log_2 x \tag{2-158}$$

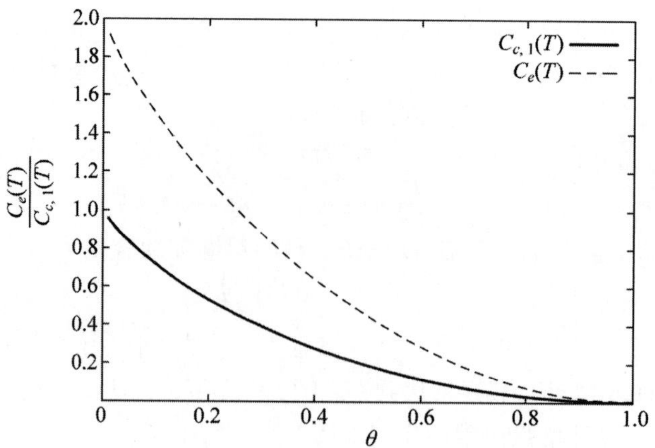

图 2-11 消偏振比特纠缠增强信道容量 $C_e(T)$与一次性信道容量 $C_{c,1}(T)$与曲线

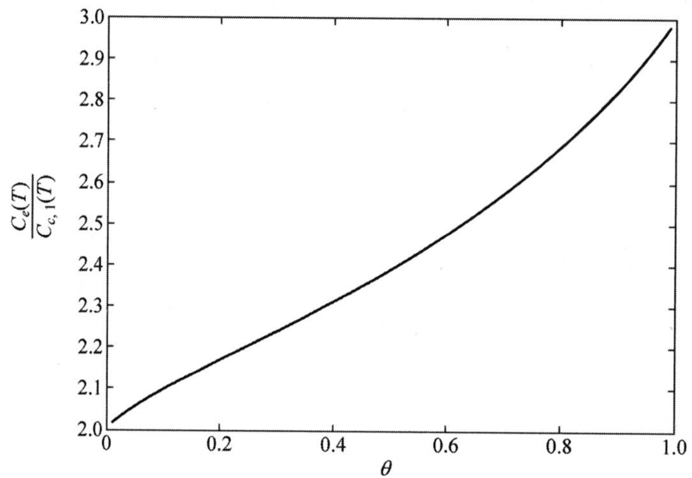

图 2-12 纠缠增强信道容量与消偏振比特无增强经典经典信道容量比较

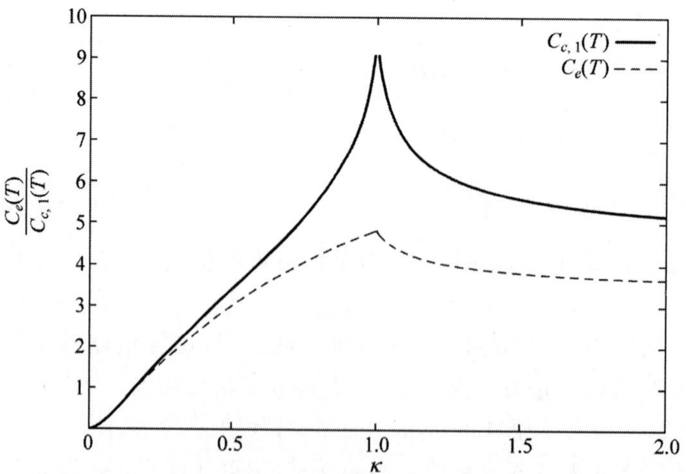

图 2-13 Gauss 信道 $N_c=0$，输入噪声 $N=10$ 时的一次性信道容量 $C_{c,1}$ 及纠缠增强信道容量 $C_e(T)$与环境参数 κ 的关系

然后可建立

$$S(\rho N)=g(N),\quad S(T[\rho N'])=g(N') \tag{2-159}$$

式中，$N'=k^2N+\max\{0;k^2-1\}+N$，则输入输出熵为

$$S(\rho,T)=g\left(\frac{D+N'-N-1}{2}\right)+g\left(\frac{D-N'+N-1}{2}\right) \tag{2-160}$$

式中

$$D=\sqrt{(N+N'+1)^2-4k^2N(N+1)} \tag{2-161}$$

如图 2-14 所示。

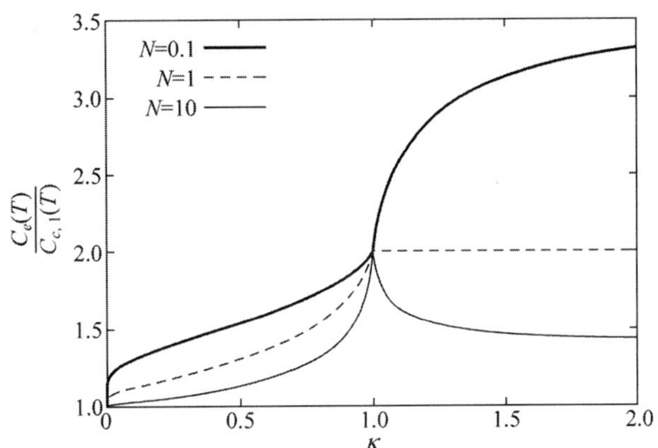

图 2-14 Gauss 信道 $N_c=0$ 和输入噪声 $N=0.1,1,10$ 时，纠缠增强与一次性信道容量比较

根据一次性容量 $C_{c,1}(T)$ 概率分布 p_j 及密度算子 ρ_j，有 $\sum_j p_j\operatorname{tr}(aa*\rho_j)\leqslant N$，Gauss 概率分布 $p(x)=(3N)^{-1}\exp(-|x|^2/N)$，可得一次性信道特性表达式：

$$C_{c,1}(T)=g(N')-g(N'_0),\quad N'_0=\max\{0,k^2-1\}+N_c \tag{2-162}$$

如图 2-13 所示。$\frac{C_e(T)}{C_{c,1}(T)}$如图 2-14 所示。

量子信道处理经典信息容量比较困难，目前还没有完整的理论。Bennett 提出的所谓二选一定律(alternative definition)取代最小保真度范数，可能会有一定的帮助。根据信道 $T:B(H)\to B(H)$ 及子空间，建立下式：

$$\mathcal{F}_p(\mathcal{H}',T)=\inf_{\psi\in\mathcal{H}'}\langle\psi,T[|\psi\rangle\langle\psi|]\psi\rangle \tag{2-163}$$

设 $H'=H_{\text{holds}}$ 对 $\mathcal{F}_p(T)$ 简化可得

$$\lim_{j\to+\infty}\mathcal{F}_p(E_jT^{\otimes M_j}D_j)=1 \tag{2-164}$$

其中

$$E_j:\mathcal{B}(\mathcal{H})^{\otimes M_j}\to M_2^{\otimes N_j},\quad D_j:\mathcal{M}_2^{\otimes N_j}\to\mathcal{B}(\mathcal{H})^{\otimes M_j},\quad j\in\mathbb{N} \tag{2-165}$$

代表 $M_j,N_j,j\in\mathbb{N}$ 编解码序列，若能满足同样约束($\lim\limits_{j\to+\infty}N_j/M_j<c$)，可获得以下 $C_q(T)$ 方程：

$$\|T-\mathrm{Id}\|\leqslant\|T-\mathrm{Id}\|_{\mathrm{cb}}\leqslant4\sqrt{\|T-\mathrm{Id}\|} \tag{2-166}$$

$$\|T-\mathrm{Id}\|\leqslant4\sqrt{1-\mathcal{F}_p(T)}\leqslant4\sqrt{\|T-\mathrm{Id}\|} \tag{2-167}$$

若定义量子源为 $\rho_N\in B*(K\otimes N)$ 算子序列 ρ_N：$N\in N$(用 Hilbert 空间 K)，量子源熵为 $\lim\sup\limits_{N\to+\infty}S(\rho_N)/N$，则信道 T 中 ρ 态的纠缠保真度为

$$\mathcal{F}_e(\rho,T)=\langle\psi,(T\otimes\mathrm{Id})[|\psi\rangle\langle\psi|]\psi\rangle \tag{2-168}$$

式中，ψ 为净化 ρ。若 $c\geqslant0$，量子源 ρ_N，$N\in N$，熵为 c，则可得

$$\lim_{n\to+\infty}\mathcal{F}_e(\rho_N,E'_NT^{\otimes N}D'_N)=1 \tag{2-169}$$

编码：

$$E'_N:\mathcal{B}(\mathcal{H})^{\otimes N}\to\mathcal{B}(\mathcal{K}^{\otimes N}),\quad D'_N:\mathcal{B}(\mathcal{K}^{\otimes N})\to\mathcal{B}(\mathcal{H})^{\otimes N},\quad j\in\mathbb{N} \tag{2-170}$$

式中，E'_N，D'_N的作用与式(2-165)中E_j，D_j略有不同。但因为输入输出张量积相同，根据最小保真度$F_p(H'_N;E'_NT^{\otimes N}D'_N)$选择合适的子空间$H'N\subset K\otimes N$，$N\to+\infty$。根据式(2-165)中$E_j$，$D_j$的张量积，式(2-169)中$E'_N$，$D'_N$张量积的约束，可能有助于处理经典信息容量。

另外，由于目前量子容量$C_q(T)$的编码理论还不完善，可以考虑利用信息的相关性：

$$J(\rho T)=S(T^*\rho)-S(\rho T) \tag{2-171}$$

式中，$S(T^*\rho)$为输出态$S(\rho T)$的熵，与用$J(\rho T)$的量子信息作用相似，$J(\rho T)$也具有许多不良特性，然而可以控制其不利因素。按照 Shannon 原理把它代入$C_q(T)$，建立：

$$C_s(T)=\sup_N\frac{1}{N}C_{s,1}(T^{\otimes N}),\quad C_{s,1}(T)=\sup_\rho J(\rho,T) \tag{2-172}$$

利用输出系统中的多项式算符Θ获得$C_q(T)$不等式：

$$C_q(T)\leqslant C_\theta(T)=\log_2\|T\Theta\|_{\text{cb}} \tag{2-173}$$

对于任何信道，该方法比其他计算方法简单。因为$\|\theta\|_{\text{cb}}=d$，且d为θ算子 Hilbert 空间。设$N_j=M_j\to c\leqslant C_q(T)$，$j$足够大，$\|\text{Id}_2^{N_j}-E_jT^{\otimes M_j}D_j\|\leqslant\varepsilon$选择适当的编解码$E_j$；$D_j$便可得

$$2^{N_j}=\|\text{Id}_2^{N_j}\Theta\|_{\text{cb}}\leqslant\|\Theta(\text{Id}_2^{N_j}-E_jT^{\otimes M_j}D_j)\|_{\text{cb}}+\|\Theta E_jT^{\otimes M_j}D_j\|_{\text{cb}} \tag{2-174}$$

$$\leqslant 2^{N_j}\|\text{Id}_2^{N_j}-E_jT^{\otimes M_j}D_j\|_{\text{cb}}+\|\Theta E_j\Theta(\Theta T)^{\otimes M_j}D_j\|_{\text{cb}} \tag{2-175}$$

$$\leqslant 2^{N_j}\Theta+\|\Theta T\|_{\text{cb}}^{M_j} \tag{2-176}$$

式中，D_j及$\Theta E_j\Theta$为信道，乘上cb范数，取其对数可得

$$\frac{N_j}{M_j}+\frac{\log_2(1-\Theta)}{M_j}\leqslant\log_2\|\Theta T\|_{\text{cb}} \tag{2-177}$$

因为$C_\Theta(T)$为$C_q(T)$上限，可代表实际信道量子容量。例如T为经典信道，$\Theta t=T$为经典代数对角矩阵。所以，$C_\Theta(T)=\log_2\|\Theta T\|_{\text{cb}}=\log_2\|T\|_{\text{cb}}=0$，范数信道为 1。因而证明经典信道的量子容量为 0，如图 2-15 所示。Gauss 信道的$C_q(T)$及$C_s(T)$与环境参数K的关系曲线如图 2-16 所示。

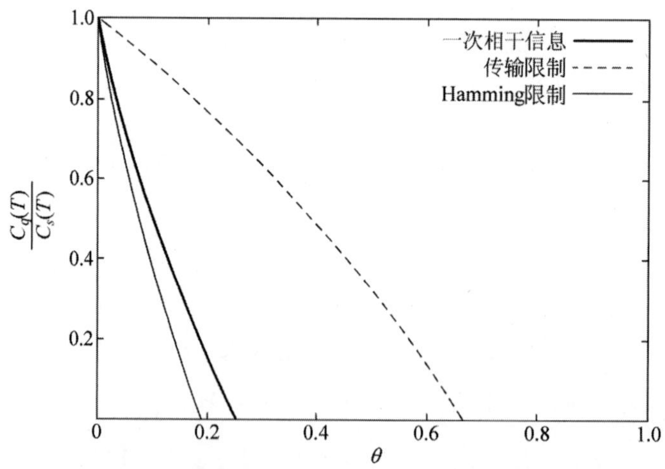

图 2-15 $C_q(T)$，$C_s(T)$及消偏振量子比特信道的 Hamming 限制与噪声θ的关系

精确计算偏振信道容量$C_q(T)$意义不大，因为相干信息$J(\rho,T)$来源于T，即$J(U\rho U^*,T)=J(\rho T)$，不可能对所有输入优化。但若T及λ的噪声参量θ的特征值ρ很高，计算量子比特的$J(\rho,T)$：

$$J(\rho,T)=S\left(\lambda(1-\theta)+\frac{\theta}{2}\right)-S\left(\frac{1-\theta/2+A}{2}\right)-S\left(\frac{1-\theta/2-A}{2}\right)-$$

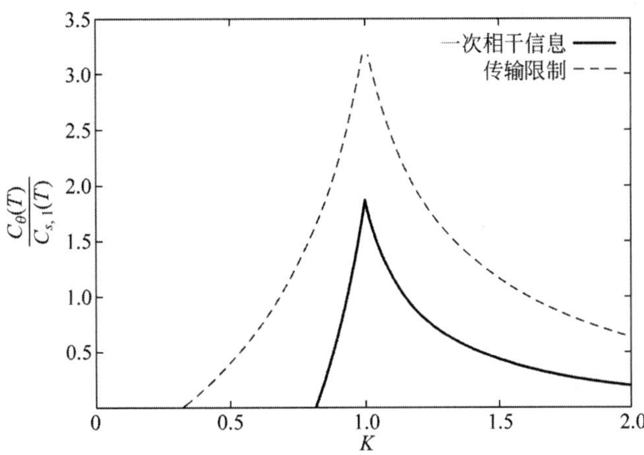

图 2-16 Gauss 信道的 $C_\theta(T)$ 及 $C_{s,1}(T)$ 与环境参数 K 的关系

$$S\left(\frac{\lambda\theta}{2}\right)-S\left(\frac{(1-\lambda)\theta}{2}\right) \tag{2-178}$$

式中，$S(x)=-x\log_2(x)$，再次用熵函数：

$$A=\sqrt{(2\lambda-1)^2(1-\theta/2)^2+4\lambda(1-\lambda)(1-\theta)^2} \tag{2-179}$$

对 λ 优化可得最大值 $\lambda=1/2$。若 J 为正，则可计算 $C_\theta(T)$ 如下：

$$C_\theta(T)=\max\left\{0,\log_2\left(2-\frac{3}{2}\theta\right)\right\} \tag{2-180}$$

为获得 $C_q(T)$ 下限 $r\leqslant C_q(T)$，可取序列为

$$E_M: \mathcal{M}_d^{\otimes M}\rightarrow \mathcal{M}_2^{\otimes N(M)},\quad M,N(M)\in\mathbb{N} \tag{2-181}$$

纠错相应的误码 D_M 应为

$$\lim_{j\rightarrow+\infty}N(M)/M=r,\quad \lim_{j\rightarrow+\infty}\|E_M T^{\otimes M}D_M-\mathrm{Id}\|_{\mathrm{cb}}=0 \tag{2-182}$$

如果有大量信道 T 平行复制，M 趋向无穷大，则误差数将逼近 θM，误码概率逐渐大于 θM：

$$T^{\otimes M}=[(\theta-1)\mathrm{Id}+\theta d^{-1}\mathrm{tr}(\cdot)\mathbb{1}]^{\otimes M}=\sum_{K=1}^{M}(1-\theta)^K\theta^{N-K}T_K^{(M)} \tag{2-183}$$

式中，$T_K^{(M)}$ 为所有张量积之和，$T_K^{(M)}$ 为信道，K 为 M 传输系统的误差积，即

$$\left\|T^{\otimes M}-\sum_{K\leqslant\theta M}(1-\theta)^K\theta^{N-K}T_K^{(M)}\right\|_{\mathrm{cb}} \tag{2-184}$$

$$=\left\|\sum_{K>\theta M}(1-\theta)^K\theta^{N-K}T_K^{(M)}\right\|_{\mathrm{cb}} \tag{2-185}$$

$$\leqslant\sum_{K>\theta M}^{M}(1-\theta)^K\theta^{N-K}\|T_K^{(M)}\|_{\mathrm{cb}} \tag{2-186}$$

$$\leqslant\sum_{K>\theta M}^{M}\binom{M}{K}(1-\theta)^K\theta^{N-K}=R \tag{2-187}$$

式中，R 为极限 $M\rightarrow+\infty$ 二项式序列，包括 M 空间编码序列 EM、比特解码序列 $N(M)$ 及校正码序列 θM。根据 Shannon 原理，这些序列也可采用随机编码，而且原理上都能校正。如果相应的校正码恰好能够校正 θM 错误，便可实现 $r=\lim\limits_{M\rightarrow+\infty}N(M)=M$。对消偏振信道，采用的随机平衡码为

$$C_q(T)\leqslant 1-H(\theta)-\theta\log_2 3 \tag{2-188}$$

式中，H 为二进制熵，可用于改善机动码。

对于 Gauss 信道 $C_q(T)$，有

$$C_\theta(T) = \max\{0, \log_2(k^2+1) - \log_2(|k^2-1| + 2N_c)\} \tag{2-189}$$

如果 N_c 足够大(即 $N_c \geqslant \max\{1;k^2\}$),$C_q(T)$变成 0,则 Gauss 态 ρ_N 的相干信息为

$$J(\rho_N, T) = g(N') - g\left(\frac{D+N'-N-1}{2}\right) - g\left(\frac{D-N'+N-1}{2}\right) \tag{2-190}$$

其中,N'、D 及 g 随 N 增加,且可计算最大全 Gauss 态的 $C_G(T)$为

$$C_G(T) = \lim_{N\to+\infty} J(\rho_N, T) = \log_2 k^2 - \log_2|k^2-1| - g\left(\frac{N_c}{k^2-1}\right) \tag{2-191}$$

Gauss 信道的 $C_\theta(T)$及 $C_s(T)$两参数与噪声 K 的函数关系如图 2-16 所示。T 为传输量子比特的信道。如果 $K=1$ 且取 $\lim\limits_{N\to+\infty}$ 可得 $C_G(T) = -\log_2(N_c e)$。$C_\theta(T)$变成 $C_\theta(T) = \max\{0, -\log_2(N_c)\}$,如图 2-17 所示。这时,可能获得能满足噪声条件的一次性相关信息 $C_G(T)$,因此量子容量一定在两条曲线之间,见图 2-17。

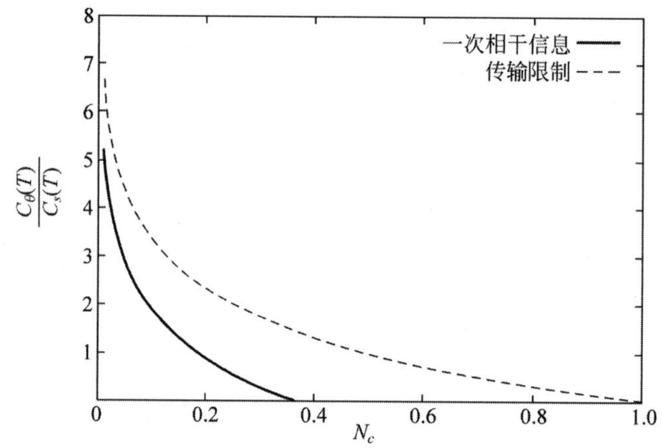

图 2-17　Gauss 信道的 $C_\theta(T)$及 $C_s(T)$与噪声参数 $N_c(K=1)$的关系

16. 纠缠度对信道的影响

信道的许多特性与纠缠度有关。对双向信道系统 T 能达到的最大纠缠态为 $\psi \in H \otimes H$,发送部分低纠缠态信道 $T = (\mathrm{Id}\rho \otimes T^*)|\psi\rangle\langle\psi|$。如果纠缠态为 $\rho \in S(H \otimes H)$,就可以在 T 信道中传输信息。然而,$\rho \mapsto T$ 及 $T\rho \mapsto \rho T$ 两种传输过程,互相不能交换。这是受其二元性影响造成的,因为对每个态 $\rho \in S(H \otimes H)$,只有一个信道 T 和一个纯态 $\Phi \in H \otimes H$,且 $\rho = (\mathrm{Id} \otimes T^*)|\Phi\rangle\langle\Phi|$。但 Φ 通常不是最大纠缠而且还取决于 ρ。不过也有例外,只要 $T\rho$ 与 ρ 相符,例如 Bell 对角态信道。ρ_T 能代表纠缠度 $E(\rho_T)$,且获得符合信道 T 的数量。此特殊的参量就是“单路 LOCC”E,以同样方式定义萃取纠缠 ED。按照 ED 与 C_q 关系可建立不等式:$E_D \to (\rho) \geqslant C_q(T\rho)$和 $E_D \to (T\rho) \leqslant C_q(T\rho)$。因此,若$\rho T_\rho = \rho$,就可以计算 $C_q(T)$的 $E_D \to (\rho)$。其传输范围 $C_\theta(T)$是一对数函数:

$$E_\theta(\rho_T) = \log_2 \|(\mathrm{Id} \otimes \Theta)\rho_T\|_1 \tag{2-192}$$

此式代表纠缠度,虽然还存在某些缺点,例如,不是 LOCC 的单调函数,不符合纯态 von Neumann 熵,但仍可与消偏振信道和等方态一起使用。

按照最低有效数字位定理(LSD),量子信道相关信息可用于量子通信。对 Pauli 信道,相干信息有一个简单的形式,证实在某些特殊情况下,可使用随机稳定编码校正信道产生的误差。此稳定量子校正码能抑制的 Pauli 信道中杂乱信号为

$$\rho \mapsto p_I\rho + p_X X\rho X + p_Y Y\rho Y + p_Z Z\rho Z \tag{2-193}$$

式中,$p = (p_I, p_X, p_Y, p_Z)$和 $H(p)$为概率矢量熵。因此可校正典型错误:

$$T_\delta^{p^n} \equiv \left\{a^n : \left|-\frac{1}{n}\log_2(\Pr\{E_{a^n}\}) - H(p)\right| \leqslant \delta\right\} \tag{2-194}$$

式中，a^n 为字母序列$\{I,X,Y,Z\}$，$\Pr\{E_{a^n}\}$为 IID Pauli 信道概率张量积误差 $E_{a^n}\equiv E_{a_1}\otimes E_{a_2}\otimes\cdots\otimes E_{a_n}$。其典型的形式为

$$\sum_{a^n\in T_\sigma^{p^n}}\Pr\{E_{a^n}\}\geqslant 1-\varepsilon \tag{2-195}$$

对所有 $\varepsilon>0$ 及大 n，稳定码 S 在$\{E_{a^n}:a^n\in T_\delta^{p^n}\}$情况下的校正条件为

$$E_{a^n}^{\dagger}E_{b^n}\notin N(\mathcal{S})\setminus\mathcal{S} \tag{2-196}$$

即对所有误码 E_{a^n} 和 E_{b^n}，$a^n,b^n\in T_\delta^{p^n}$，其中 $N(\mathcal{S})$为 S 规范。为了获得随机稳定码的误码概率，对上式做如下处理：

$$\begin{aligned}\mathbb{E}_s\{p_e\}&=\mathbb{E}_s\left\{\sum_{a^n}\Pr\{E_{a^n}\}\ \mathcal{I}(E_{a^n}\ \mathcal{S})\right\}\\&\leqslant\mathbb{E}_s\left\{\sum_{a^n\in T_\delta^{p^n}}\Pr\{E_{a^n}\}\ \mathcal{I}(E_{a^n}\ \mathcal{S})\right\}+\varepsilon\\&=\sum_{a^n\in T_\delta^{p^n}}\Pr\{E_{a^n}\}\ \mathbb{E}_s\{\mathcal{I}(E_{a^n}\ \mathcal{S})\}+\varepsilon\\&=\sum_{a^n\in T_\delta^{p^n}}\Pr\{E_{a^n}\}\ \Pr_{\mathcal{S}}\{(E_{a^n}\ \mathcal{S})\}+\varepsilon\end{aligned} \tag{2-197}$$

以上第一个等式中，$\mathcal{I}$为指示函数，一般为 1。$\mathcal{S}$为不可校正数，如果 E_{a^n} 不能校正，$\mathcal{S}$为零。第一个不等式代表能校正的典型错误。第三个等式为指示函数，其连续方程如下：

$$\begin{aligned}&=\sum_{a^n\in T_\delta^{p^n}}\Pr\{E_{a^n}\}\ \Pr_{\mathcal{S}}\{\exists E_{b^n}:b^n\in T_\delta^{p^n},b^n\neq a^n,E_{a^n}^{\dagger}E_{b^n}\in N(\mathcal{S})\setminus\mathcal{S}\}\\&\leqslant\sum_{a^n\in T_\delta^{A^n}}\Pr\{E_{a^n}\}\ \Pr_{\mathcal{S}}\{\exists E_{b^n}:b^n\in T_\delta^{p^n},b^n\neq a^n,E_{a^n}^{\dagger}E_{b^n}\in N(\mathcal{S})\}\\&=\sum_{a^n\in T_\delta^{p^n}}\Pr\{E_{a^n}\}\ \Pr_{\mathcal{S}}\{\bigcup_{b^n\in T_\delta^{p^n},b^n\neq a^n}E_{a^n}^{\dagger}E_{b^n}\in N(\mathcal{S})\}\\&\leqslant\sum_{a^n,b^n\in T_\delta^{p^n},b^n\neq a^n}\Pr\{E_{a^n}\}\ \Pr_{\mathcal{S}}\{E_{a^n}^{\dagger}E_{b^n}\in N(\mathcal{S})\}\\&\leqslant\sum_{a^n,b^n\in T_\delta^{p^n},b^n\neq a^n}\Pr\{E_{a^n}\}2^{-(n-k)}\\&\leqslant 2^{2n[H(p)+\delta]}2^{-n[H(p)+\delta]}2^{-(n-k)}\\&=2^{-n[1-H(p)-k/n-3\delta]}\end{aligned} \tag{2-198}$$

以上第一个等式代表对量子稳定码的误码的校正条件，式中 $N(\mathcal{S})$为$\mathcal{S}$范数。第一个不等式代表可忽略条件，包括修复错误，例如 $N(\mathcal{S})$中的错误及概率大于 $N(\mathcal{S})\setminus\mathcal{S}\in N(\mathcal{S})$的错误。第二个等式代表正确概率。第二个不等式代表边界条件。第三个不等式代表固定算子 $E_{a^n}^{\dagger}E_{b^n}$ 的概率，其随机稳定算符的限制条件为

$$\Pr_{\mathcal{S}}\{E_{a^n}^{\dagger}E_{b^n}\in N(\mathcal{S})\}=\frac{2^{n+k}-1}{2^{2n}-1}\leqslant 2^{-(n-k)} \tag{2-199}$$

此随机稳定码等于固定算子 $Z_1,Z_2,\cdots,Z_{n-k}$及均匀随机 Clifford 单项式。其概率与固定算子 $\bar{Z}_1,\bar{Z}_2,\cdots,\bar{Z}_{n-k}$有关，其典型边界条件为

$$\forall a^n\in T_\delta^{p^n}:\Pr\{E_{a^n}\}\leqslant 2^{-n[H(p)+\delta]},\quad |T_\delta^{p^n}|\leqslant 2^{n[H(p)+\delta]} \tag{2-200}$$

如果 $k/n=1-H(p)-4\delta$，误码率可能减小，所以在同样误码率范围内至少存在一个稳定码。

2.5 增强传输

在各种量子通信中，往往不可能一次输入就完成全部通信。有两个问题需量化分析：第一个是优化输入系统信道数 N，第二个是取 $N\to+\infty$。对输出系统，也存在类似情况。如果信道 $T:B(H^{\otimes M})\to B(H^{\otimes N})$ 与同类输入系统 N 和输出系统 M 共同运行，其优化目标 $F(T)$ 根据目标函数 $T^*(\rho^{\otimes N})$ 确定。增加信道传输能力的主要方式如下。

首先利用纯态克隆，即为每个未知纯输入状态 $\sigma=|\psi\rangle\langle\psi|,\psi\in H$ 进行克隆，由信道 T 产生应该近似普通状态 $T^*(\sigma^{\otimes N})$ 的 M 份复制作为输入。$\sigma^{\otimes}$ 可用两种不同的概率衡量 $T^*(\sigma^{\otimes N})$，也可以单独检查每个克隆的质量或同时检验输出系统之间的相关性：

$$\sigma^{(j)}=\mathbb{1}^{\otimes(j-1)}\otimes\sigma\otimes\mathbb{1}^{\otimes(M-j)}\in\mathcal{B}(\mathcal{H}^{\otimes M})\tag{2-201}$$

这种方式的优点为

$$F_{c,1}(T)=\inf_{j=1,2,\cdots,N}\inf_{\sigma_{\text{pure}}}\operatorname{tr}(\sigma^{(j)}T^*(\sigma^{\otimes N}))\tag{2-202}$$

此式可检测输入态 $T^*(\rho^{\otimes N})$ 中最差一组的可靠性。相关性可用下式分析：

$$F_{c,\text{all}}(T)=\inf_{\sigma_{\text{pure}}}\operatorname{tr}(\sigma^{\otimes M}T^*(\sigma^{\otimes N}))\tag{2-203}$$

以上完成了输入 σ 的 M 个无关联复制中最坏情况的分析检测。若需要还可以检测其他误差，例如迹范数距或相对熵。若没有发现与此检测不同的情况，就可以略。此外，由于设备因素可能导致所谓“状态依存克隆”“非对称克隆”等物理和技术上都具挑战性的问题，这里暂不讨论。其他与克隆关系最密切的是净化，即消除噪声。也就是说，最初准备的 N 个纯态 ρ 都应该通过去极化信道：

$$R^*\sigma=\theta\sigma+(1-\theta)\mathbb{1}/d\tag{2-204}$$

之后的任务是检查 T 对 N 的去相干系统作用，使 $T^*(R^*\rho)$ 应尽可能靠近原纯态。其他主要选择是克隆的净化问题，定义如下：

$$F_{R,1}(T)=\inf_{j=1,2,\cdots,N}\inf_{\sigma_{\text{pure}}}\operatorname{tr}(\sigma^{(j)}T^*[(R^*\sigma)^{\otimes N}])\tag{2-205}$$

及

$$F_{R,\text{all}}(T)=\inf_{\sigma_{\text{pure}}}\operatorname{tr}(\sigma^{\otimes M}T^*[(R^*\sigma)^{\otimes N}])\tag{2-206}$$

只要 R^* 相等，这些量可作为 $F_{c,1}$ 及 F_c 的一般式。另外，域 θ 为正，但又不完全正，且 θ 不受物理设备控制。每个纯量子态 σ 其正交补 $\sigma^{\perp}$ 取决于以下反归一算子：

$$\psi=\alpha\mid 0\rangle+\beta\mid 1\rangle\mapsto\Theta\psi=\bar{\alpha}\mid 0\rangle-\bar{\beta}\mid 1\rangle\tag{2-207}$$

因为 $\theta\sigma$ 为 σ 态，信道 T 的 $T^*(\sigma^{\otimes N})$ 接近于 $(\theta\sigma)^{\otimes M}$。此前已选择输入与输出为任意相关态，所以可获以下优点：

$$F_{\theta,1}(T)=\inf_{j=1,2,\cdots,N}\inf_{\sigma_{\text{pure}}}\operatorname{tr}[(\Theta\sigma)^{(j)}T^*(\sigma^{\otimes N})]\tag{2-208}$$

及

$$F_{\theta,\text{all}}(T)=\inf_{\sigma_{\text{pure}}}\operatorname{tr}[(\Theta\sigma)^{\otimes M}T^*(\sigma^{\otimes N})]\tag{2-209}$$

插入 θ 可便于测量系统及评价输入输出态。

上述泛函定义了优化方式，以下讨论 $F_{\#,\#}$ 的最大值(#=c,R,Q 及 #=1)。根据

$$F_{\#,\#}(N,M)=\inf_{T}F_{\#,\#}(T)\tag{2-210}$$

式中，上确界包括所有信道 $T:B(H^{\otimes M})\to B(H^{\otimes N})$，$T$ 为优化信道。由于信道 T 维度系数 M 及 N 都很大，好在所有 $F_{\#,\#}(T)$ 符合所有对称群，允许在大多数情况下，能直接计算 $F_{\#,\#}(N,M)$ 最优值，并确定 $\hat{T}$ 优化特性。但以上处理仅限于“一般”情况的直接优化，而不一定适合任何特定输入态。例如输

入系统改变为 N 空间 $p\in SN$，且 V_p 相应的 $H^{\otimes N}$ 单项式为 $T^*(V_p\rho^{\otimes N}V_p^*)=T^*(\rho^{\otimes N})$，则这时

$$F_{\#,\#}[\alpha_p(T)]=F_{\#,\#}(T),\quad \forall p\in S_N,\quad [\alpha_p(T)](A)=V_p^*T(A)V_p \tag{2-211}$$

即 $F_{\#,\#}(T)$ 为置换输入系统的不变量。同样，可看出 $F_{\#,\#}(T)$ 在改变输出系统时也不变：

$$F_{\#,\#}[\beta_p(T)]=\mathcal{F}(T),\quad \forall p\in S_M,\quad [\beta_p(T)](A)=T(V_p^*AV_p) \tag{2-212}$$

对于 $r_\#=c$ 和 $\#=\mathrm{all}$ 可得

$$\mathrm{tr}[\sigma^{\otimes M}V_pT^*(\rho^{\otimes N})V_p^*]=\mathrm{tr}[V_p\sigma^{\otimes M}V_p^*T^*(\rho^{\otimes N})]=\mathrm{tr}[\sigma^{\otimes M}T^*(\rho^{\otimes N})] \tag{2-213}$$

此方法也可以用于其他情况。按照地区单项式 $U\otimes N$ 轮换信道 T：$F_{\#,\#}(T)$，且正好有

$$F_{\#,\#}[\gamma_U(T)]=F_{\#,\#}(T),\quad \forall U\in U(d) \tag{2-214}$$

和

$$[\gamma_U(T)](A)=U^{*\otimes N}T(U^{\otimes M}AU^{*\otimes M})U^{\otimes N} \tag{2-215}$$

为了使 S_N，S_M 及 $U(d)$ 平衡，更换 T，可得

$$\overline{T}=\frac{1}{N!M!}\sum_{p\in S_N}\sum_{q\in S_M}\int_G\alpha_p\beta_q\gamma_U(T)\mathrm{d}U \tag{2-216}$$

式中，$\mathrm{d}U$ 为已规范化 $U(d)$ 上的 Haar 不变量。$\overline{T}$ 具有以下对称性：

$$\alpha_p(\overline{T})=\overline{T},\quad \beta_q(\overline{T})=\overline{T},\quad \gamma_U(\overline{T})=\overline{T},\quad \forall p\in S_N,\quad \forall q\in S_M,\quad \forall U\in U(d) \tag{2-217}$$

且所有算子 T 完全对称。$F_{\#,\#}$ 说明 T 被 $\overline{T}$ 取代不会减少：

$$\mathcal{F}_{\#,\#}(T)=\mathcal{F}_{\#,\#}\left(\frac{1}{N!M!}\sum_{p\in S_N}\sum_{q\in S_M}\int_G\alpha_p\beta_q\gamma_U(T)\mathrm{d}U\right) \tag{2-218}$$

$$\geqslant\frac{1}{N!M!}\sum_{p\in S_N}\sum_{q\in S_M}\int_G\mathcal{F}_{\#,\#}[\alpha_p\beta_q\gamma_U(T)]\mathrm{d}U=\mathcal{F}_{\#,\#}(T) \tag{2-219}$$

计算最优化 $F_{\#,\#}(N;M)$ 值，从而实现 $F_{\#,\#}$ 在完全对称 T 时的最大化 $F_{\#,\#}(T)$。不仅简化了分析过程，并使空间参数显著减小。当然，从这些参数还不能肯定为最佳情况，但代表最佳克隆结果是无疑的。

为进一步减少这些参数，设 $U\mapsto U^{\otimes N}$ 及 $U(d)$ 上 $p\mapsto V_p$ 分别代表 S_N 和 $H^{\otimes N}$，即任意 $H^{\otimes N}$ 上算子与 $U^{\otimes N}$ 转换，构成 V_p 的线性组合，用于分解 $U^{\otimes N}$ 及 V_p。设 $H=C^2$，$H^{\otimes N}$ 为 N Hilbert 空间旋转 1/2 粒子，且可分解为角动量特征值。更精确地计算为

$$L_k=\frac{1}{2}\sum_j\sigma_k^{(j)},\quad k=1,2,3 \tag{2-220}$$

式中，k 为总角动量(即 σ_k 为第 k 级 Pauli 矩阵，$\sigma^{(j)}\in B(H^{\otimes N})$，且 $L^2=\sum_k L_k^2$。L^2 的特征值为

$$L=\sum_j s(s+1)P_s,\quad s=\begin{cases}0,1,2,\cdots,N/2 & N\text{ 为奇数}\\ 1/2,3/2,\cdots,N/2 & N\text{ 为偶数}\end{cases} \tag{2-221}$$

式中，P_s 为 $\widetilde{L}^2$ 的映射。$U\mapsto U^{\otimes N}$ 和 $p\mapsto V_p$ 替换 $\widetilde{L}$。因此 $\widetilde{L}^2$ 的 $P_sH^{\otimes N}$ 为 $U\otimes N$ 与 V_p 的子空间，代表 $U\otimes N$ 和 V_p 的约束，$SU(2)$ 代表 S_N。由于 $\widetilde{L}^2$ 为 $P_sH^{\otimes N}$ 常数，$SU(2)$ 表示不可约 $3s$，定义为

$$\pi_s\left[\exp\left(\frac{i}{2}\sigma_k\right)\right]=\exp(iL_k^{(s)}),\quad L_k^{(s)}=\frac{1}{2}\sum_{j=1}^{2s}\sigma_k^{(j)} \tag{2-222}$$

其子空间 $H^{\otimes 2s}$ 为

$$\mathcal{H}_s=\mathcal{H}_+^{\otimes 2s} \tag{2-223}$$

因此，可得

$$P_s\mathcal{H}^{\otimes N}\cong\mathcal{H}_s\otimes\mathcal{H}_{N,s},\quad U^{\otimes N}\psi=(\pi_s(U)\otimes\mathbb{1})\psi,\quad \forall\psi\in P_s\mathcal{H}^{\otimes N} \tag{2-224}$$

因为 V_p 和 $U^{\otimes N}$ 取代了 Hilbert 空间 $K_{N,s}$ 支持 S_N 的 $\hat{\pi}_{Ns}(p)$。$K_{N,s}$ 取决于 H_s 和张量系数 N，且维

数为

$$\dim K_{N,s} = \frac{2s+1}{N/2+s+1}\binom{N}{N/2-s} \tag{2-225}$$

可得

$$\mathcal{H}^{\otimes N} \cong \bigoplus_s \mathcal{H}_s \otimes K_{N,s}, \quad U^{\otimes N} \cong \bigoplus_s \pi_s(U) \otimes \mathbb{1}, \quad V_p \cong \bigoplus_s \mathbb{1} \otimes \hat{\pi}(p) \tag{2-226}$$

根据 T 对称性，置换不变量($\alpha_p(T)=T$ 和 $\beta_p(T)=T$)，合并可得

$$T(A_j \otimes B_j) = \bigoplus_s \left[\frac{\mathrm{tr}(B_j)}{\dim \mathcal{K}_{N,j}} T_{sj}(A_j) \otimes \mathbb{1}\right], \quad T_{sj}: \mathcal{B}(\mathcal{H}_j) \to \mathcal{B}(\mathcal{H}_s) \tag{2-227}$$

若 $A_j \otimes B_j \in B(H_j \otimes K_{Nj})$，算符 T_s 作为单位因子，按照 $\gamma_U(T)=T$ 可得如下差分方程：

$$\pi_s(U)T(A_j)\pi_s(U^*) = T[\pi_j(U)A_j\pi_j(U^*)], \quad \forall U \in SU(2) \tag{2-228}$$

对所有均匀信道 T 分类，可简化对其他信道 T_{sj} 研究。并按照 Stinespring 协变式，可得

$$T_{sj}(A_j) = V^*(A_j \otimes \mathbb{1})V, \quad V: \mathcal{H}_s \to \mathcal{H}_j \otimes \widetilde{\mathcal{H}}, \quad V\pi_s(U) = \pi_j(U) \otimes \widetilde{\pi}(U)V \tag{2-229}$$

式中，$\widetilde{\pi}$ 表示上 $SU(2)$。若 $\widetilde{\pi}$ 为不可约总角动量 l 的纠缠算子，V 为 Clebsh-Gordon 系数分量。因此，相应的运算是唯一的，可写为

$$T_{sjl}(A_j) = [V_l(A_j \otimes \mathbb{1})V_l], \quad V_l\pi_s(U) = \pi_j(U) \otimes \pi_l(U)V_l \tag{2-230}$$

式中，l 范围为 $|j-s|$ 至 $j+s$。由于 $\widetilde{\pi}$ 通常已分解为包络约分量、每个协变式 T_{sj} 为 T_{sjl} 的包络线，根据式(2-229)可得

$$T(A_j \otimes B_j) = \bigoplus_s \left[\sum_l c_{jl}[T_{sjl}(A_j) \otimes (\mathrm{tr}(B_j)\mathbb{1})]\right] \tag{2-231}$$

式中，c_{jl} 的约束条件为 $c_{jl}>0$ 和 $\sum_j cjl = (\dim K_{Nj})^{-1}$。因此，可完全确定所有对称参数，并改写 $F_{\#;\#}(T)$，实现了 $s;j$ 及 l 的最佳化。因而，根据群论，可获得 $H=C^d$ 便可任意替换式(2-228)中分量的数学模型：

$$H^{\otimes N} \cong \bigoplus_Y H_Y \otimes \mathcal{K}_Y, \quad U^{\otimes N} \cong \bigoplus_Y \pi_Y(U) \otimes \mathbb{1}, \quad V_p \cong \bigoplus_Y \mathbb{1} \otimes \widetilde{\pi}_Y(p) \tag{2-232}$$

式中，$\pi_Y: U(d) \to B(H_Y)$ 和 $\widetilde{\pi}_Y: S_N \to B(K_Y)$ 都是不回归分量。指数和包含所有行 d 及帧 N，即帧按行 d 长度方向排列。所以，指数总和 Y 覆盖了行 d 及所有 Young 组元。即按照 N 组元排列成行：$Y_1 \geqslant Y_2 \geqslant \cdots \geqslant Y_d \geqslant 0$，且 $\sum_k Y_k = N$。角总动量 s 的参数，通常取 $d=2$ 时为 $Y_1 - Y_2 = 2s$，Y 也随 $Y_1 + Y_2 = N$ 完全确定。因其他参数没有重大变化，在式(2-232)同样条件下，通常用 d 取代 s，j 和 l 按 Young 结构确定。但确定 $U(d)$ 比较困难，所以通常直接利用量子比特 $d \geqslant 2$。目前按照此思路已取得一定成果，但仍远不及上述有限维优化理论。

与最佳克隆原理提高信道容量相似的方法是纠缠萃取。其基本思路相同，都是增加多个输入。从技术角度仍未推广，但可作一些比较容易的探索性研究。例如，用 Hilbert 空间 H 双重张量积 $H_A \otimes H_B$ 和信道取代"量子"，实现类似 LOCC 通信操作：

$$T: \mathcal{B}(H_A^{\otimes M} \otimes H_B^{\otimes M}) \to \mathcal{B}(H_A^{\otimes N} \otimes H_B^{\otimes N}) \tag{2-233}$$

目的是确定 T，使 $T^*(\rho^{\otimes N})$ 成为可萃取混合态 $\rho \in B^*(H_A \otimes H_B)$，尽量让最大叠纠缠态 $\psi \in H_A \otimes H_B$ 张量积 $\psi\rangle\langle\psi|^{\otimes M}$ 与 M 交叠。其优点与 $F_{\#\mathrm{all}}$ 相似，可直接根据集成度 E_D(取代范数积)定义：

$$F_D(T) = \inf_\rho \inf_\psi \langle \psi^{\otimes M}, T^*(\rho^{\otimes N})\psi^{\otimes M}\rangle \tag{2-234}$$

式中，inf 取代了所有最大纠缠态 ψ 和萃取态 ρ，便可看出与集成度的相关性。因此，可简单地得到 ρ 态计算 $E_D(\rho)$ 的方程如下：

$$F_{D,\rho}(T) = \inf_\psi \langle \psi^{\otimes M}, T^*(\rho^{\otimes N})\psi^{\otimes M}\rangle \tag{2-235}$$

如果换用群论分析计算则比较困难。因为 $F_{\#,\#}$ 限制了变换不变量算子的优化，即 $\alpha_p(T)=T$，$\beta_p(T)=T$，归一化协方差为

$$U^{\otimes N}T(A)U^{*\otimes N} = T(U^{\otimes M}AU^{*\otimes M}) \tag{2-236}$$

且并不是对所有的 $H_A \otimes H_B$ 归一化 U，仅在 $U=U_A \otimes U_B$ 的 F_D 时 ρ 对 F_{D_p} 不变，仍比较麻烦。但若根据式(2-223) F_{D_p} 对 ρ 态对称性的状态做一些处理，例如变为 OO-不变状态，有可能简化此方案的优化计算。

信道优化设计的另一个方案是最优化克隆。首先，根据式(2-202)、式(2-203)和群论定义纯态 ρ，$F_{c,1}(T)$ 为

$$F_{c,1}(T) = \inf_{j=1,2,\cdots,N} \inf_{\sigma_{\text{pure}}} \text{tr}[\sigma^{(j)} T^*(\sigma^{\otimes N})] \tag{2-237}$$

$$= \inf_{j=1,2,\cdots,N} \inf_{\sigma_{\text{pure}}} \text{tr}(T(\sigma^{(j)})\sigma^{\otimes N})) \tag{2-238}$$

$$= \inf_{j=1,2,\cdots,N} \inf_{\psi} \langle \psi^{\otimes N}, T(\sigma^{(j)})\psi^{\otimes N} \rangle \tag{2-239}$$

因此，$F_{c,\#}$ 仅取决于信道 T 的 $B(H_{+}^{\otimes N})$ 分量(其中 $H_{+}^{\otimes N}$ 为 $H^{\otimes N}$Bose 子空间)。设 T 没有损耗，可得

$$T: \mathcal{B}(\mathcal{H}^{\otimes M}) \to \mathcal{B}(\mathcal{H}_{+}^{\otimes N}) \tag{2-240}$$

其中，$U^{\otimes N}$ 对 $H_{+}^{\otimes N}$ 的约束是不可约分表达式(对任意 d)和量子比特情况下 $U^{\otimes N}\psi=\pi_s(U)\psi$，$s=N/2$(对所有 $\psi \in H_{+}^{\otimes N}$)。因此，根据式(2-226)，$T$ 的分解只包含加数 $s=N/2$，可简化优化变量计算。由于所有变量都需优化，使所有克隆必须根据式(2-230)从 3 降低到 2。详细分析表明，根据式(2-239)的 $F_{c,1}$ 和 $F_{c,\text{all}}$ 最大条件是至少 $s=N/2$，$j=N/2$ 和 $l=(M-N)/2$ 有一个消失。以下定理可得精确结论。

设每个 $H=C^d$ 能使 $F_{c,1}$ 和 F_c 都达到最优克隆：

$$\hat{T}^*(\rho) = \frac{d[N]}{d[M]} S_M(\rho \otimes \mathbb{1}) S_M \tag{2-241}$$

式中，$d[N]$，$d[M]$ 为对称张量积，$H_{+}^{\otimes N}$ 维；SM 表示 $H^{\otimes M}$ 向 $H_{+}^{\otimes M}$ 发射。可得优化的可靠性方程为

$$F_{c,1}(N,M) = \frac{d-1}{d} \frac{N}{N+d} \frac{M+d}{M} \tag{2-242}$$

及

$$F_{c,\text{all}}(N,M) = \frac{d[N]}{d[M]} \tag{2-243}$$

$\hat{T}$ 是解决优化问题的关键参数。式(2-240)的 T 中不包括 $F_{c,1}$ 或 $F_{c,\text{all}}$ 以外的其他算符，可见重点在提高 $F_{c,\text{all}}$ 中每个 $F_{c,l}$ 克隆信号质量。分析这两种情况的最优解可知，纯态具有特殊功能，虽然量子系统还没有获得具体结果，但很容易通过检测经典情况下克隆与任意混合态变化的相关性实现克隆最优化。

净化系统也是提高信道性能的方法之一。所谓净化系统，实际上就是使 $F_{R,\#}$ 最大化。这比上述优化克隆更加困难，因为从式(2-240)得到的简化已不适用。因此，必须考虑式(2-231)中所有 T 变量的直接分解和只适用于量子比特。因此，设其他 $H=C^2$，$SU(2)$ 的对称性良好，初始纯态 ψ 为基矢量，可获得输入噪声的状态：

$$\rho(\beta) = \frac{1}{2\cosh(\beta)} \exp\left(2\beta \frac{\sigma_3}{2}\right) = \frac{1}{e^{\beta}+e^{-\beta}} \begin{pmatrix} e^{\beta} & 0 \\ 0 & e^{-\beta} \end{pmatrix} \tag{2-244}$$

$$= \tanh(\beta) \mid \psi\rangle\langle\psi \mid + (1-\tanh(\beta)) \frac{1}{2} \mathbb{1}, \psi = \mid 0\rangle \tag{2-245}$$

对 ρ 的伪温度参数 β 的选择，参考式(2-204)$\theta=\tanh(\beta)$，可简化计算 $\rho=R^*\sigma$。其结果一定分解为 spin-s 乘积态 $\rho(\beta)^{\otimes N}$(参考式(2-234))。但 $\rho(\beta)$ 不是唯一的噪声源，可继续应用式(2-234)解析计算。即用 $\exp(\mathrm{i}\beta\rho_3)$ 同样处理 $\rho(\beta)$，直接获得 $\rho(\beta)^{\otimes N}$：

$$\rho(\beta)^{\otimes N}=\bigoplus_s w_N(s)\rho_s(\beta)\oplus\frac{\mathbb{1}}{\dim\mathcal{K}_{N,s}} \tag{2-246}$$

式中

$$w_N(s)=\frac{\sinh((2s+1)\beta)}{\sinh(\beta)(2\cosh(\beta))^N}\dim\mathcal{K}_{N,s} \tag{2-247}$$

及

$$\rho_s(\beta)=\frac{\sinh(\beta)}{\sinh((2s+1)\beta)}\exp(2\beta L_3^{(s)}) \tag{2-248}$$

其中 $L_3^{(s)}$ 为三部分 spin-s 和 K_{N_s} 维角动量。对照式(2-223)代表的 π_s 空间与对称张量积 $H_+^{\otimes 2s}$ 就可说明 $\rho_s(\beta)$ 相当于 $2s$ 态颗粒。即 $\rho(\beta)^{\otimes N}$ 的分解导致如下序列变换：

$$Q_s:\mathcal{B}(\mathcal{H}_+^{\otimes 2s})\rightarrow\mathcal{B}(\mathcal{H}^{\otimes N}),\quad Q_s^*[\rho(\beta)^{\otimes N}]=\rho_s(\beta) \tag{2-249}$$

若 Q 系统进行 Q_s 序列操作，则测量输出系统数和 $\rho(\beta)^{\otimes N}$ 对 $\rho_s(\beta)$ 的变换。其中的关键是测量 $\rho_s(\beta)$ 的纯度，增加到 $s>1/2$。因此，若 Q 已净化会自然减少不可约自旋分量。但由于 Q 的输出不稳定，最简便的方法是构建一个能产生相同输出数量 M，从而实现最优 $2s\rightarrow M$ 克隆 $\hat{T}_{2s\rightarrow M}$。如果 $2s<M$ 或掉到 $2s\rightarrow M$ 颗粒 $M\leqslant 2s$，更精确地判断 $\hat{Q}:B(H^{\otimes M})\rightarrow B(H^{\otimes N})$，可用下式：

$$\hat{Q}^*[\rho(\beta)^{\otimes N}]=\sum_s w_N(s)\,\hat{T}^*_{2s\rightarrow M}[\rho_s(\beta)] \tag{2-250}$$

其中

$$\hat{T}^*_{2s\rightarrow M}(\rho)=\begin{cases}\dfrac{\mathrm{d}[2s]}{\mathrm{d}[M]}S_M(\rho\otimes\mathbb{1})S_M, & M>2s\\ \mathrm{tr}_{2s-M}\rho, & M\leqslant 2s\end{cases} \tag{2-251}$$

式中，$\mathrm{tr}_{2s-M}\rho$ 为部分痕迹；tr_{2s} 为张量因素，说明这是获得净化量子比特的最佳方式。根据式(2-250)对最大 $F_{R,1}$ 和 $F_{R,\mathrm{all}}$ 的定义，所有最佳净化 $F_{R,1}$ 和 $F_{R,\mathrm{all}}$ 的最大值为

$$F_{R,1}(N,M)=\sum_s w_N(s)f_1(M,\beta,s),\quad F_{R,\mathrm{all}}(N,M)=\sum_s w_N(s)f_{\mathrm{all}}(M,\beta,s) \tag{2-252}$$

其中，

$$\begin{aligned}&2f_1(M,\beta,s)-1\\ =&\begin{cases}\dfrac{2s+1}{2s}\coth((2s+1)\beta)-\dfrac{1}{2s}\coth\beta, & 2s>M\\ \dfrac{1}{2s+2}\,\dfrac{M+2}{M}((2s+1)\coth((2s+1)\beta)-\coth\beta), & 2s\leqslant M\end{cases}\end{aligned} \tag{2-253}$$

及

$$f_{\mathrm{all}}(M,\beta,s)=\begin{cases}\dfrac{2s+1}{M+1}\,\dfrac{1-\mathrm{e}^{-2\beta}}{1-\mathrm{e}^{-(4s+2)\beta}}, & M\leqslant 2s\\ \dfrac{1-\mathrm{e}^{-2\beta}}{1-\mathrm{e}^{-(4s+2)\beta}}\begin{pmatrix}2s\\M\end{pmatrix}^{-1}\sum\limits_K\begin{pmatrix}K\\M\end{pmatrix}\mathrm{e}^{2\beta(K-s)}, & M>2s\end{cases} \tag{2-254}$$

最佳保真度表达式给出的结构较为复杂。绘出的 θ 函数(图 2-18)，N 函数(图 2-19)和 M 函数(图 2-20)具有十分类似的功能，对 M 的依赖明显不同。

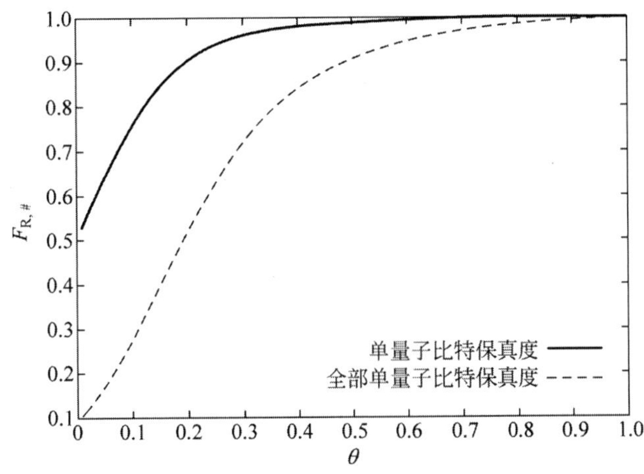

图 2-18 量子比特 $N=100$ 和 $M=10$ 最佳净化相对噪声函数 θ 的关系

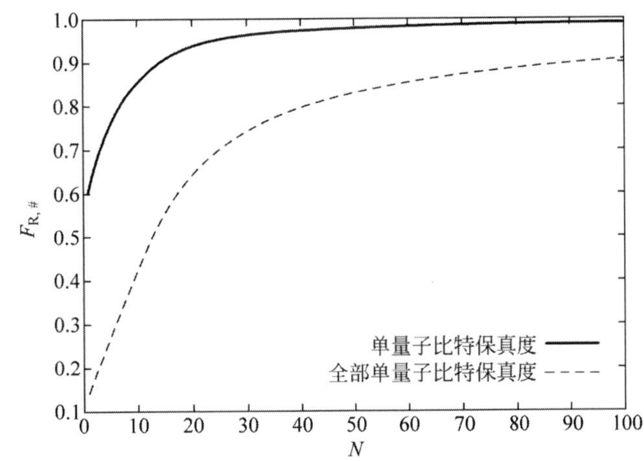

图 2-19 量子比特 $\theta=0.5$ 及 $M=10$ 最佳净化相对 N 函数的关系

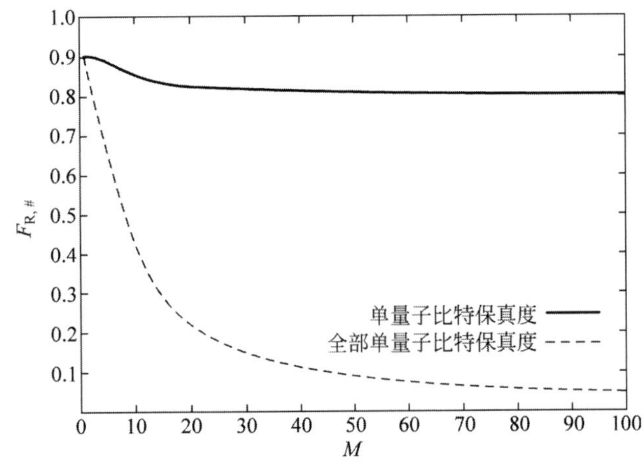

图 2-20 量子比特 $\theta=0.5$ 及 $N=10$ 最佳净化相对 M 函数的关系

1. 纯态估算

以上分析了纯态估算、克隆和态评价的密切关系，可以根据 E 的简单估计量构成一个近似 T 的克隆。

若 E 处于 N 输入态，且 M 系统符合经典信息要求，为了得到最优克隆能直接评估最优纯状态，设 E 具有以下形式：

$$\mathcal{C}(X) \ni f \mapsto E(f) = \sum_{\sigma \in X} f(\sigma) E_\sigma \in \mathcal{B}(\mathcal{H}^{\otimes N}) \tag{2-255}$$

式中，$X \subset B^*(H)$ 为有限纯态。E 的质量可用类似概率论的方法分析：

$$\mathcal{F}_s(E) = \inf_{\psi \in \mathcal{H}} \langle \psi, \rho_\psi \psi \rangle = \inf_{\psi \in \mathcal{H}} \sum_{\sigma \in X} \langle \psi^{\otimes N}, E_\sigma \psi^{\otimes N} \rangle \langle \psi, \sigma \psi \rangle \tag{2-256}$$

式中，$\rho_\psi = \sum_\sigma \langle \psi \otimes N; E\sigma\psi \otimes n \rangle \sigma$ 为 E 期待置的密度矩阵，其下限覆盖所有纯态 ψ，因此 $F_s(E)$ 最差。ρ_ψ 为输入态 ψ。若要从 E 克隆 T_E，可用下式：

$$T_E^*(|\psi\rangle\langle\psi|^{\otimes N}) = \sum_\sigma \langle \psi^{\otimes N}, E_\sigma \psi^{\otimes n} \rangle \sigma^{\otimes M} \tag{2-257}$$

其颗粒 $F_{c,1}(T_E)$ 完全符合 $F_s(E)$。所以，对所有 M，都可任意克隆质量相同的 $F_s(E)$。因此，

$$F_s(E) \leqslant F_{c,1}(N, +\infty) = \lim_{M \to \infty} F_{c,1}(N, M) = \frac{d-1}{d} \frac{N}{N+d} \tag{2-258}$$

式中，$F_{c,1}(N, +\infty)$ 为从输入系统 N 产生的任意数量的优质克隆。可以看出，其范围取决于以下函数群：

$$\mathcal{C}(X_M) \ni f \mapsto E^M(f) = \sum_{\sigma \in X} f(\sigma) E_\sigma^M \in \mathcal{B}(\mathcal{H}^{\otimes M}), X_M\ \mathcal{S}(\mathcal{H}) \tag{2-259}$$

计算错误概率，就是分析误差在 $N \to \infty$ 时消失的过程。如果 $E_\sigma^M \in B(H^{\otimes M})$ 为纯张量积，就无法分辨输出态 $\hat{T}^*(\rho^{\otimes N})$ 之间的不同(具有高度相关)。纯积态 $\tilde{\rho}^{\otimes M}$，$\tilde{\rho} \in B^*(H)$ 指覆盖 $M-1$ 张量部分微量。因此，用 N 对 M 的最优输出 E^M，克隆 $\hat{T}_{N \to M}$ 得到 $M \to \pm\infty$ 范围内对 $\tilde{\rho}$ 的评估准确。且 $\tilde{\rho}$ 的可靠性 $\langle \psi, \tilde{\rho}\psi \rangle$ 与 $\hat{T}_{N \to M}$ 的纯输入状态 ψ，$F_{c;1}(N;M)$ 及 $F_{c;1}(N;M)$ 一致。由于 $\hat{T}_{N \to M}$ 与 E^M 分量收敛于 E 和 $F_e(E) = F_{c;1}(N; +\infty)$ 估计量，原则上能产生大量纯态最优克隆。实际上只要是有限复制，获得的最优克隆 $\hat{T}_{N \to M}$ 一定优于所有估算结果。所以，利用经典信息通信，不仅浪费而且破坏了过多的量子信息。最佳净化也同样，可以先混合输入态 $\rho(\beta)^{\otimes N}$ 运行，用逆 $(R^*)^{-1}$ 信道映射经典数据，并因此净化了量子比特。输出系统的质量达到这种要求，但比根据式(2-250)优化的净化结果差，因为系统输出 M 数是有限的，如式(2-258)所示。在这个意义上，UNOT 门比克隆和净化更难，因为缺乏量子操作性能评估策略。用群论也可以证明：$H = C^2$ 时，所有信道 $T: B(H) \to B(H_+^{\otimes N})$ 的评估都能使最大概率小于 $F_{\theta,\#}$。

$$F_{\theta,1}(N,1) = F_{\theta,\text{all}}(N,1) = 1 - \frac{1}{N+2} \tag{2-260}$$

输出数 M 并不重要，因为最优化的系统能完全保证产生任意数量质量相同的副本。若优化一个克隆系统，使之从 N 个输入产生 M 个输出达到最大速率，即 $M(N) = N$，$N \to \pm\infty$ 最大比为 $\lim_{N \to \pm\infty} F(N, M(N))$ 的渐近极限，无疑此阈值最好等于 1。这对纠缠萃取和信道容量都非常重要，但与群论和量子态评估有密切关系，难以精确计算。因此，下面重点讨论混合状态的估算。

如果事前不知道输入系统纯态，则不能估计和克隆，也不可能实现多输入系统优化，即输入最大等于对 N 取 $N \to +\infty$ 极限，在 $N \to +\infty$ 时 E^N 的方差为 E^N。在这种情况下，确定状态空间 $S(H)$ 的实际参数 $x = (x_1\ x_2 \cdots x_n) = \Sigma \subset R^n$ 和相应的输入 $\rho(x)$ 状态都很方便。如果要覆盖所有状态，必须采用 Bloch 球单位体系(参见图 2-21)。若输入系统 N 为离 $E_x^N \in B(H^{\otimes N})$，$x \in X_N$；$x \in X_N$ 值为有限子集 Σ 中 X_N。E^N 在 $\rho(x)^{\otimes N}$ 态的期望值为矢量 $\langle E^N \rangle_{x,j,j} = 1, 2, \cdots, N$ 组成的期望值为

$$\langle E^N \rangle_{x,j} = \sum_{y \in X_N} y_j \operatorname{tr}(E_y^N \rho(x)^{\otimes N}) \tag{2-261}$$

其二次误差表达式为以下矩阵：

$$V_{jk}^{N}(x)=\sum_{y\in X_N}(\langle E_N\rangle_{x,j}-y_j)(\langle E_N\rangle_{x,k}-y_k)\mathrm{tr}(E_N\rho(x)^{\otimes N}) \tag{2-262}$$

最好的预期是使 $V_{jk}(x)$减小为 $1/N$,即

$$V_{jk}^{N}(x)\simeq\frac{W_{jk}(x)}{N} \tag{2-263}$$

为获得式(2-262)的边界,需采用 Hellström 量子信息矩阵：

$$H_{jk}(x)=\mathrm{tr}\left[\rho(x)\frac{\lambda_j(x)\lambda_k(x)-\lambda_k(x)\lambda_j(x)}{2}\right] \tag{2-264}$$

式中 λ_j 为对称对数,其偏微分方程表达式为

$$\frac{\partial\rho(x)}{\partial x_j}=\frac{\lambda_j(x)\rho(x)+\rho(x)\lambda_j(x)}{2} \tag{2-265}$$

若 E_N 需满足以下条件：

(1) $NV_{jk'}^{N}(x)$为 $NV_{jk}^{N}(x)$的误差矩阵,遵循 $N\to+\infty$时 x 趋于 $W_{jk}(x)$。

(2) $W_{jk}(x)$在 $x_0=x$ 时连续。

(3) $H_{jk}(x)$及其序列边界临近 x_0。

可得

$$\mathrm{tr}[H^{-1}(x_0)W^{-1}(x_0)]\leqslant(d-1) \tag{2-266}$$

量子比特符合以上条件就可以对每个量子比特进行测量或读取。

当 $N\to+\infty$时,即 EN_x 置换排列单项式 $V_p,p\in SN$ 及所有地区单项式 $U\otimes N,U\in U(d)$时克隆质量不受损失。若不考虑测量映射值,每个 EN_x 一定符合 PY 从 $H\otimes N$ 投向 $U(d)$。根据式(2-233)定义的每个不变子空间 $H_Y\otimes K_Y$ 的 V_p 总和,其中 $Y=(Y_1\ Y_2\cdots\ Y_d)$根据 Young 模型排成 d 行 N 列。E_N 按照 Young 模型(E_N 投影)在 Σ 中 $x(Y)\in\Sigma$ 取任意值。由于 Young 模型本身有了规范化的 Σ 结构元素,$s(Y)$的概率 $s(Y)=Y/N$。所以,量子到经典信道的概率为

$$\mathcal{C}(X_N)\ni f\mapsto\sum_Y f(Y/N)P_Y\in\mathcal{B}(\mathcal{H}^{\otimes N}) \tag{2-267}$$

式中,$X_N\subset\Sigma$ 为归一化的 Young 模型,所有 Y/N 为 d 行 N 列。以上各种因素导致误差概率按指数衰减逼近极限。式(2-267)得到的 $E^N(N\in EN)$评估序列也渐近逼近极限,即错误的概率 $K_N(\Delta)$在 $N\to+\infty$时消失,如下式所示：

$$\lim_{N\to+\infty}\frac{1}{N}\ln K_N(\Delta)=\inf_{s\in\Delta}I(s) \tag{2-268}$$

式中,$I:U\to R$ 为两个概率矢量 s 和 r 之熵：

$$I(s)=\sum_j s_j(\ln s_j-\ln r_j) \tag{2-269}$$

所以,式(2-268)可改写为

$$K_N(\Delta)\approx\exp(-N\inf_{s\in\Delta}I(s)) \tag{2-270}$$

因为 I 函数在 $s=r$ 时的概率 K_N 收敛于 $r\in\Sigma$ 点,其收敛速度严格按照 I 函数指数和测量结果。

2. 净化与纯化

净化是量子信息系统中重要问题之一,首选是计算 $M(N)$序列 $N\to+\infty$时 $F_{R;\#}(N,M)$的保真度,$N\in N$ 时将收敛至 $c\in R$。根据式(2-254)密度矩阵 $\rho_s(\beta)$,可改写为

$$\rho_s(\beta)\otimes\frac{\mathbb{1}}{\dim\mathcal{K}_{N,s}}=w_N^{-1}(s)P_s\rho(\beta)^{\otimes N}P_s,\quad w_N(s)=\mathrm{tr}(\rho(\beta)^{\otimes N}P_s) \tag{2-271}$$

式中,P_s 从 $H^{\otimes N}$向 $Hs\otimes K_{N,s}$的发射,即 P_s 等于式(2-267)中 P_Y,如果采用同样参量,可得

$$(Y_1,Y_2)\mapsto(s,N)=((Y_1-Y_2)/2,Y_1+Y_2) \tag{2-272}$$

同理，$\Sigma \ni (x_1;x_2) \mapsto x_1 - x_2 \in [0;1]$ 及 $K_N(\Delta)$ 也变成$[0;1]$，即 $\Delta \subset [0;1]$：

$$K_N(\Delta) = \sum_{2s/N \in \Delta} \operatorname{tr}(\rho(\beta)^{\otimes N} P_s) = \sum_{2s/N \in \Delta} w_N(s) \tag{2-273}$$

且其和为

$$F_{R,\#}(N,M(N)) = \sum_s w_N(s) f_{\#}(M(N),\beta,s) \tag{2-274}$$

度量积分函数$[0;1] \ni x \mapsto \tilde{f}_{\#}(N;\beta;x) \in R$。由于$\tilde{f}_{\#}(N;\beta;2s/N) = f_{\#}(M(N);\beta;s, \tilde{f}_{\#}$ 与 $f_{\#}$ 相关，所以，若 t 函数$\tilde{f}_{\#}(N;\beta)$均按照 $N \to +\infty$ 收敛，从而可得

$$\lim_{N \to +\infty} F(N,M(N)) = \lim_{N \to +\infty} \sum_s \tilde{f}_{\#}(N,\beta,s) = \tilde{f}_{\#}(\beta,\theta) \tag{2-275}$$

若都取极限，以上两个净化 $F_{R,\#}$ 的极限均趋于 1：

$$\lim_{N \to +\infty} \lim_{M \to +\infty} F_{R,1}(N,M) = 1 \tag{2-276}$$

且

$$\Phi(\mu) = \lim_{\substack{N \to +\infty \\ M/N \to \mu}} F_{R,\text{all}}(N,M) = \begin{cases} \dfrac{2\theta^2}{2\theta^2 + \mu(1-\theta)}, & \mu \leqslant \theta \\ \dfrac{2\theta^2}{\mu(1+\theta)}, & \mu \geqslant \theta \end{cases} \tag{2-277}$$

如果只考虑每个量子比特，完全可用任何速度产生任意良好的量子比特。另外，输出系统之间的相关性将在极限为零时消失。从函数 Φ 可看出，所有比特的渐近趋势与 μ 相关。

过去的 10 年中，量子信息科学的进步都基于 Shannon 信息论、加密协议和 Shor 因子分解算法。在任何量子力学信息处理装置中不可避免地存在噪声，这对所有量子实际应用，包括量子保密通信、存储、计算及编码纠错都是不可回避的问题。在分析这些问题时，还会用到概率论、线性代数、纠错和量子状态萃取等方面的知识。

2.6 量子概率

经典概率模型或概率空间是以一组与 ω 相关的 Ω 函数及其子集 $S \subset \Omega$ 代表的物理事件，并通过这些事件出现的或然率关联概率 $P(S)$为代表数学模型。要求这些事件必须形成 σ 代数、概率的度量 IP 必须包含 σ 并归一化为 $P(\Omega)=1$ 的形式。量子概率在某些程度上放宽了这种限制，提升了采样点集 Ω 的物理内涵，经典概率模型中的点集 $\omega \in \Omega$ 代表所有事件同时发生或不发生，但量子概率与此不同，以上述消偏振为例，这是一个封闭在 Hilbert 子空间的事件或其等价映射情况，对所有这些情况的预测，统称量子概率。其特点包括：

(1) 代表量子模型的所有情况参量的变量 ε 必须是 H 维的某个 $*$-代数。

(2) 概率函数 $P:\varepsilon \to [0;1]$必须加入 σ，并按照 Gleason 定理 $\dim(H) \geqslant 3$，表示此事件的概率取决于 A 上的 φ 态，如下式：

$$\mathbb{P}(E) = \varphi(E), \quad E \in \mathcal{A} \tag{2-278}$$

以下详细介绍这些概念。

1. $*$-代数

Hilbert 空间为综合线性空间 H 的双线性函数：

$$\mathcal{H} \times \mathcal{H} \to \mathbb{C} : (\psi, \mathcal{X}) \mapsto \langle \psi, \mathcal{X} \rangle \tag{2-279}$$

其内积的定义及有关 Hilbert 空间的情况都与 Dénes Petz 卷积的贡献有关。若为有限维 Hilbert 空间 H，则 H 上算子的线性域为 $A:H \to H$。这些算子可以在其域内进行加减乘除运算。算子 A 的伴随矩阵代表 H 空间唯一的有效算符 A^*：

$$\forall_{\psi,\vartheta\in\mathcal{H}}: \langle A^*\psi,\theta\rangle = \langle\psi, A\theta\rangle \tag{2-280}$$

A 算符规范的定义如下：

$$\| A \| := \sup\{\| A\psi \| \mid \psi\in\mathcal{H}, \|\psi\| = 1\} \tag{2-281}$$

并具有以下特性：

$$\| A^* A \| = \| A \|^2 \tag{2-282}$$

$$\iota: \mathcal{A}\to \mathcal{C}(\Omega): \iota(\mathcal{A})(\omega) := \omega(A) \tag{2-283}$$

2. 量子比特

最简单的非交换 $*$-代数 M_2，为具有综合入口的 2×2 矩阵代数式。且其最简单的 M_2 态为$\frac{1}{2}\mathrm{tr}$，此量子的数字特性类似于硬币。它在正交空间的概率 M_2 满足于 2×2 复合矩阵 E：

$$E^2 = E = E^* \tag{2-283}$$

由于 E 为伴随矩阵，它必须具有特征值，且 $E^2=E$ 必须为 0 或 1。所以它有 3 个概率：

(1) 两者为 0，即 $E=0$。

(2) 其中一个为 0，另外一个为 1。

(3) 两者都为 1，即 $E=\mathbb{1}$。

在第 2 个情况下，E 为一维投影：

$$\mathrm{tr}E = 0+1 = 1, \quad \det E = 0\cdot 1 = 0 \tag{2-285}$$

因此，$E^*=E$ 且 $\mathrm{tr}E=1$ 并可写成

$$E = E(x,y,z) = \frac{1}{2}\begin{pmatrix}1+z & x-\mathrm{i}y\\ x+\mathrm{i}y & 1-z\end{pmatrix} \tag{2-286}$$

所以，$\det E=0$ 并表示为

$$\frac{1}{4}[(1-z)^2-(x^2+y^2)] = 0 \Rightarrow x^2+y^2+z^2 = 1 \tag{2-287}$$

所以，M_2 上一维投影用球形 S_2 作为计数单位：$a=(a_1;a_2;a_3)\in R^3$ 可写成

$$\sigma(a) = \begin{vmatrix}a_3 & a_1-\mathrm{i}a_2\\ a_1+\mathrm{i}a_2 & -a_3\end{vmatrix} = a_1\sigma_1+a_2\sigma_2+a_3\sigma_3 \tag{2-288}$$

式中，$\sigma_1,\sigma_2,\sigma_3$ 为 Pauli 矩阵：

$$\sigma_1 := \begin{pmatrix}0 & 1\\ 1 & 0\end{pmatrix}, \quad \sigma_2 := \begin{pmatrix}0 & -\mathrm{i}\\ \mathrm{i} & 0\end{pmatrix}, \quad \sigma_3 := \begin{pmatrix}1 & 0\\ 0 & -1\end{pmatrix} \tag{2-289}$$

对于全部 $a,b\in R^3$ 具有

$$\sigma(a)\sigma(b) = \langle a,b\rangle\cdot\mathbb{1}+\mathrm{i}\sigma(a\cdot b) \tag{2-290}$$

式(2-286)可写成

$$E(a) := \frac{1}{2}(\mathbb{1}+\sigma(a)), \quad \| a \| = 1 \tag{2-291}$$

同样，也可计算 M_2 可能的状态：

$$\varphi(A) = \mathrm{tr}(\rho A), \quad 其中\ \rho = \rho(a) := \frac{1}{2}(\mathbb{1}+\sigma(a)), \quad \| a \| \leqslant 1 \tag{2-292}$$

所以，$E(\alpha)$ 情况下的 $\rho(b)$ 状态存在的概率为

$$\mathrm{tr}(\rho(b)E(a)) = \frac{1}{2}(1+\langle a,b\rangle) \tag{2-293}$$

此时，$E(a)$ 和 $E(b)$ 完全兼容。如果仅 $a=\pm b$，其他均为 $a\in S_2$，则为

$$E(a)+E(-a) = \mathbb{1}, \quad E(a)E(-a) = 0 \tag{2-294}$$

所以，量子比特的状态是在三维单位球体矢量 b。对每个单位球具有 2 中之 1 的概率，例如电子

具有 $E(a)$ 和 $E(-a)$ 状态，电子 $E(-a)$ 的负概率为 $\frac{1}{2(1+\langle ha,bi\rangle)}$。所以，经典的抛硬币概率等于 $\frac{1}{2(1+\langle a,b\rangle)}$。量子硬币现象在自然界存在，例如光子偏振、量子自旋方向都具有这种特征。

3. 光子

光子的特性参数也可用 M_2 一维投影表示。例如对光子偏振态的描述处理，它投影到一维子空间，方程式(2-282)表示的单位矢量($\cos\alpha, e^{i\varphi}\sin\alpha$)为

$$F(\alpha,\varphi)=\begin{pmatrix}\cos^2\alpha & e^{-i\varphi}\cos\alpha\sin\alpha\\ e^{i\varphi}\cos\alpha\sin\alpha & \sin^2\alpha\end{pmatrix} \tag{2-295}$$

方程式(2-286)中 $E(x,y,z)$ 投影，具有如下关系：

$$x=\sin2\alpha\cos\varphi,\quad y=\sin2\alpha\sin\varphi,\quad z=\cos2\alpha$$

式中，定义光子的两个偏振态在球体单元 R^3 中的映射称为 Bloch 球，如图 2-21 所示。$F(\alpha,0)$ 在 C^2 中投影带倾角 $\tan\alpha$ ($\alpha\in[-\pi/2,\pi/2)$)，$F(\alpha,0)$ 为

$$F(\alpha,0)=\begin{pmatrix}\cos^2\alpha & \cos\alpha\sin\alpha\\ \cos\alpha\sin\alpha & \sin^2\alpha\end{pmatrix}=E(\sin2\alpha,0,\cos2\alpha) \tag{2-296}$$

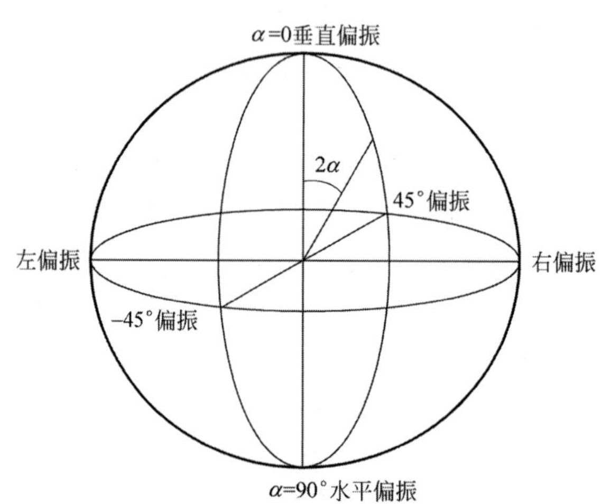

图 2-21 量子比特的定义(Bloch 球面空间坐标系统)

实际上，任何原子或分子系统，如果只有两个能级，都可直接用(M_2;′)表示，即 $f:CU\{+\infty\}\rightarrow S_2$，如下式：

$$\left.\begin{aligned}&f(0):=(0,0,1)\\&f(\infty):=(0,0,-1)\\&f(re^{i\varphi}):=(\sin\theta\cos\varphi,\sin\theta\sin\varphi,\cos\theta)\\&\vartheta=2\arctan r,\quad r\in(0,+\infty),\quad \varphi\in[0,\pi)\end{aligned}\right\} \tag{2-297}$$

说明 $E(f(z))$ 是 C^2 在带倾角 $z\in C$ 上的一维投影。

4. 概率空间上的运算

概率空间的运算，特别是概率系统的输入输出，在研究量子系统方面有重要用途，可认为是经典概率论的核心。通过操作从一个有限的经典概率空间 Ω 到一个有限的经典概率空间 Ω' 构成 $\Omega\times\Omega'$ 过渡矩阵，即非负数矩阵($t_{\omega\omega'}$)，且满足

$$\forall_{\omega\in\Omega}:\sum_{\omega'\in\Omega'}t_{\omega\omega'}=1 \tag{2-298}$$

(1) 设 τ 为双射影 $\Omega\rightarrow\Omega'$，例如一列球($\Omega=\Omega'=\{$球$\}$)，或力学的时间系统($\Omega=\Omega'=$相位空间)，

或其他任何统计实验的结果，都可用下式表示：

$$t_{\omega\omega'} := \begin{cases} 1, & \omega' = \tau(\omega) \\ 0, & \text{其他} \end{cases} \tag{2-299}$$

(2) 设 $X:\Omega \to \Omega'$ 为某事物主体，例如用 X 代表 Ω'-值的随机变化，$\Omega' R$ 或 R^n 等的子集。若度量 X' 或丢失了 ω 除 X' 以外的所有数据，都可用下式表示其概率：

$$t_{\omega\omega'} := \begin{cases} 1, & \omega' = X(\omega) \\ 0, & \text{其他} \end{cases} \tag{2-300}$$

(3) 以上事件的反转态为

$$t_{\omega'\omega} := \begin{cases} \dfrac{\pi(\{\omega\})}{\pi(X^{-1}(\{\omega'\}))}, & \omega' = X(\omega) \\ 0, & \text{其他} \end{cases} \tag{2-301}$$

式中 π 为概率分布，设均不为零。设系统 Ω 浸没到一个更大的系统中时，代表它的每个反转矩阵都可以分解为以上各矩阵之积。即每个操作都可以分解并按照约束条件重新整理，又被称为扩大操作。

5. 量子操作

如果$\mathcal{A}$是一个代表量子系统的 $*$-代数单位，用$\mathcal{A}^*$ 表示一对$\mathcal{A}$，用$\mathcal{A}^*_{+;1}$代表正归一化函数$\mathcal{A}$态。用 $Mn(\mathcal{A})$表示所有带$\mathcal{A}$输入 $n\times n$-矩阵位的 $*$-代数单位。注意，$M_n(\mathcal{A})$与$\mathcal{A}$为同构体。设进行物理操作需要向系统 A 输入某一态，并在系统 B 产生一个输出态。其映射 $f:\mathcal{A}^*_{+;1} \to B^*_{+;1}$ 可描述此操作，其基本过程如下。

(1) f 必须是仿映射，代表所有 $\rho, \theta\ \mathcal{A}^*_{+;1}$ 及 $\lambda \in [0;1]$：

$$\lambda f(\rho) + (1-\lambda) f(\theta) = f(\lambda\rho + (1-\lambda)\theta) \tag{2-302}$$

这是等价随机原理推理的必要条件，ρ 表示系统概率为 λ 的态，θ 为概率 $1-\lambda$ 系统态，所以 $\lambda\rho + (1-\lambda)\theta$ 不可能很高。映射 f 满足此条件可扩展到唯一的线性映射$\mathcal{A}^* \to \mathcal{B}^*$，因此每个$\mathcal{A}^*$ 元素可写为$\mathcal{A}$上一个最多 4 态的线性组合。所以，f 必须是某线性映射 $T:B \to \mathcal{A}$的伴随矩阵，可用 T^* 取代 f。

(2) 当然，$f=T^*$ 必须是$\mathcal{A}^*_{+;1}$到$\mathcal{B}^*_{+;1}$，对所有 $\rho \in \mathcal{A}^*$ 的映射：

$$\operatorname{tr}(T^*\rho) = \operatorname{tr}(\rho), \quad T^*\rho \geqslant 0, \rho \geqslant 0 \tag{2-303}$$

(3) 实验证明，量子力学中的纠缠态均属于正性。如果一个系统合并其他系统，然后对前系统进行操作 T^*，则整个组合必须为正状态。因为此“纠缠”发生在两系统之间，所以必须要求为强正性映射。即所有 $n \in N$：$\mathrm{id}_n \otimes T^*$ 在 $M_n \otimes \mathcal{A}$上对 $M_n \otimes B$ 映射必须完全为正映射，被称为完全正映射 T^*（或 T 物质），即 Heisenberg 图像。

例如一个线性映射 $T:B \to \mathcal{A}$，称为从$\mathcal{A}$到$\mathcal{B}'$操作，必须满足以下条件：

$$T(\mathbb{1} B) = \mathbb{1}\mathcal{A}$$

式中，T 为完全正映射，即 $M_n(B) \to M_n(\mathcal{A})$对所有 $n \in N$，$\mathrm{id}_n \otimes T$ 为正。式中 $M_n(\mathcal{A})$为具有 A 入口的 $n\times n$ 矩阵代数，且此代数 $M_n \otimes \mathcal{A}$为同构体。例如 A 映射为正，但不完全正，即$\mathcal{A} := M_2$，且有

$$T^* : \mathcal{A}^* \to \mathcal{A}^* : \begin{pmatrix} a & b \\ c & d \end{pmatrix} \mapsto \begin{pmatrix} a & c \\ b & d \end{pmatrix} \tag{2-304}$$

转换此映射，使 T^* 成为线性正且保留轨迹。然而，T^* 为不完全正，因为

$$\mathrm{id}_2 \otimes T^* : \frac{1}{2}\begin{pmatrix} 1 & 0 & 0 & 1 \\ 0 & 0 & 0 & 0 \\ 0 & 0 & 0 & 0 \\ 1 & 0 & 0 & 1 \end{pmatrix} \mapsto \frac{1}{2}\begin{pmatrix} 1 & 0 & 0 & 0 \\ 0 & 0 & 1 & 0 \\ 0 & 1 & 0 & 0 \\ 0 & 0 & 0 & 1 \end{pmatrix} \tag{2-305}$$

此矩阵左边矩阵为发射矢量$(e_0\otimes e_0+e_1\otimes e_1)/\sqrt{2}\in C^2\otimes C^2$，属于纠缠态，矩阵的特征值为 1/2 及 −1/2，因此不是有效密度矩阵。但若$\mathcal{A}$或 B 为交换群，则任何正操作 $T:\mathcal{A}\to B$ 都会自动成为完全正。典型的量子操作过程如下：

(1) 设 $U\in M_n$ 为单元，进行同构体操作 $T:M_n\to M_n:A\mapsto U^*AU$。

(2) 操作 $*$-同态 $j:M_k\to M_l\otimes M_k:A\mapsto \mathbb{1}\otimes A$。

(3) 设 φ 为 M_k 态，进行映射操作 $E:M_l\otimes M_k\to M_k\otimes B\otimes A\mapsto\varphi(B)A$。

因为若$\mathcal{A}\subset M_k$ 及 $T:\mathcal{A}\to B\subset M_l i$ 为 $*$-同态，及所有 $A,B\in A$ 为 $T(AB)=T(A)T(B)$，且 $T(A^*)=T(A)^*$，则 T 为完全正映射。对所有 $n\in N$，映射

$$\mathrm{id}_n\otimes T:(A_{ij})_{i,j=1}^n\mapsto(T(A_{i,j}))_{i,j=1}^n \tag{2-306}$$

为正，即对所有 $\psi=(\psi_1\ \psi_2\cdots\ \psi_n)\in(C^l)^n$，使 $A=X^*X$，且 $X\in M_n(A)$，则有

$$\begin{aligned}\langle\psi,(\mathrm{id}_n\otimes T)(X^*X)\psi\rangle&=\sum_{i,i'=1}^{t}\langle\psi_i,T((X^*X)_{ii'})\psi_{i'}\rangle\\&=\sum_{i,i'=1}^{l}\sum_{j=1}^{n}\langle\psi_i,T(X_{ji}^*X_{ji'})\psi_{i'}\rangle \qquad (2\text{-}307)\\&=\sum_{i,i'=1}^{l}\sum_{j=1}^{n}\langle\psi_i,T(X_{ji})^*T(X_{ji'})\psi_{i'}\rangle\\&=\sum_{j=1}^{n}\left\|\sum_{i=1}^{l}T(X_{ji})\psi_i\right\|^2\geqslant 0 \qquad (2\text{-}308)\end{aligned}$$

另外，设 $A\subset M_k$，$B\subset M_l$，V 为线性映射 $C^l\to C^k$，则

$$T:\mathcal{A}\to\mathcal{B}:A\mapsto V^*AV \tag{2-309}$$

成为完全正映射。

如果$(A_{ij})_{i;j=1}^n\in M_n(A)$为正映射，则对 t 所有$(\psi_1\ \psi_2\cdots\ \psi_n)\in(C^l)^n=C^n\otimes C^l$，可得

$$\begin{aligned}\langle\psi,(\mathrm{id}_n\otimes T)(A)\psi\rangle&=\sum_{i,j=1}^{n}\langle\psi_i,T(A_{ij})\psi_j\rangle\\&=\sum_{i,j=1}^{n}\langle\psi_i,V^*A_{ij}V\psi_j\rangle\\&=\sum_{i,j=1}^{n}\langle V\psi_i,A_{ij}V\psi_j\rangle\geqslant 0 \qquad (2\text{-}310)\end{aligned}$$

能分解为纯态 $\varphi=\sum_i\langle\psi,\psi\rangle$，且

$$\varphi(B)A=\sum_{i=1}^{l}\lambda_i\langle\psi_i,B\psi_i\rangle A=\sum_{i=1}^{l}\lambda_iV_i^*(B\otimes A)V_i \tag{2-311}$$

式中，$V_i:C^k\to C^l\otimes C^k:\theta\mapsto\psi_i\otimes\theta$。

6. 拆分量子操作

有限维矩阵代数完全正映射的特性很重要。设 T 线性映射 $M_k\to M_l$，T 为完全正映射，若仅存在 $m\in N$ 并对所有 $A\in M_k$ 操作 $V_1\ V_2\cdots\ V_m:C^l\to C^k$，可得

$$T(A)=\sum_{i=1}^{m}V_i^*AV_i \tag{2-312}$$

这些物理参数说明，该系统为纠缠态。若在此系统上完成操作 T，可得到完全正新态对。此态全部由操作 T 态分解成矢量态。设 H 是有限维 Hilbert 空间，H'为量子对，所有线性泛函为 $H\to C$，则元素 H'空间形式为$\theta':X\mapsto\langle\theta,X\rangle$，Dirac 符号表示为 $\bar{\theta}:X\mapsto\langle\theta,X\rangle$。$H'$对实际上是同构 H 本身，但维护方便。如果 $H=C^N$，则对 H'有代数 M_n^t 作用。反代数 M_n 具有乘法作用：$A^tB^t=(BA)^t$。对 Hilbert

空间的 C^k 的张量积 $H_{kl}:=C^k\otimes(C^l)'$ 及 C^l 对，利用矢量 $\psi\otimes\bar{\theta}\in H_{kl}$ 进行操作 $|\psi\rangle,\langle\theta|:X\mapsto\langle\theta,X\rangle\psi$。但在 Hilbert 空间 H_{kl} 就被看作是所有 $C^l\to C^k$ 空间，则在 Hilbert 空间的代数 $M_k\otimes M_l^t$ 自然成为

$$A\otimes B^t:\psi\otimes\bar{\theta}\mapsto A\psi\otimes B^t\bar{\theta}[\approx A\mid\psi\rangle\langle\theta\mid B] \tag{2-313}$$

空间 H_{ll} 旋转不变矢量，即 $M_l\otimes M_l^t$ 上完全纠缠态为

$$\Omega:=\frac{1}{\sqrt{l}}\sum_{i=1}^{l}e_i\otimes\bar{e_i}\left[\approx\frac{1}{\sqrt{l}}\sum_{i=1}^{l}\mid e_i\rangle\langle e_i\mid=\mathbb{1}_l/\sqrt{l}\right] \tag{2-314}$$

对任意正交基 C^l 的 $e_1\ e_2\cdots\ e_l$，此矢量的特征为

$$\begin{aligned}\langle\Omega,(A\otimes B^t)\Omega\rangle&=\frac{1}{l}\sum_{i=1}^{l}\sum_{j=1}^{l}\langle e_i\otimes\bar{e_i},(A\otimes B^t)e_j\otimes\bar{e_j}\rangle\\&=\frac{1}{l}\sum_{i=1}^{l}\sum_{j=1}^{l}\langle e_i,Ae_j\rangle\langle\bar{e_i},B^t\bar{e_j}\rangle\\&=\frac{1}{l}\sum_{i=1}^{l}\sum_{j=1}^{l}\langle e_i,Ae_j\rangle\langle e_j,Be_i\rangle=\frac{1}{l}\mathrm{tr}(AB)\end{aligned} \tag{2-315}$$

设 $T:M_k\to M_l$ 为完全正映射，$Hl_U:=C^l\otimes(C^l)'$ 和 ω 代表态，为

$$\omega(X):=\langle\Omega,X\Omega\rangle \tag{2-316}$$

当 $B(H_u)\approx M_lM_l^t$，因为 T 是完全正映射，则 $B(H_{kl})\approx M_k\otimes M_l^t$ 中的态 ω_T 为

$$\omega_T(A\otimes B^t):=\omega(T(A)\otimes B^t) \tag{2-317}$$

此式也表示态。分解 ω_T 为纯态，根据矢量 $v_1,v_2,\cdots,v_m\in H_{kl}$，可得

$$\omega_T(X)=\sum_{i=1}^{m}\langle v_i,Xv_i\rangle \tag{2-318}$$

说明 $v_i\in H_{kl}$ 能代表矢量 $V_i:C^l\to C^k$。这些操作完全能够满足方程式(2-312)的要求。实际上，对所有 $\psi;\theta\in C^l$ 为

$$\begin{aligned}\sum_{i=1}^{m}\langle\psi,V_i^*AV_i\theta\rangle&=\sum_{i=1}^{m}\langle V_i\psi,AV_i\theta\rangle\\&=\sum_{i=1}^{m}\langle v_i,(A\otimes(\mid\bar{\psi}\rangle\langle\bar{\theta}\mid))v_i\rangle_{H_{kl}}\\&=\omega_T(A\otimes(\mid\bar{\psi}\rangle\langle\bar{\theta}\mid))\\&=\omega(T(A)\otimes(\mid\bar{\psi}\rangle\langle\bar{\theta}\mid))\\&=\mathrm{tr}(T(A)(\mid\theta\rangle\langle\psi\mid))\\&=\langle\psi,T(A)\theta\rangle\end{aligned} \tag{2-319}$$

可用下式取代进行检验：

$$V_i=\sum_j\mid\alpha_j^i\rangle\langle\beta_j^i\mid,\quad\alpha_j^i\in\mathbb{C}^k,\quad\beta_j^i\in\mathbb{C}^l \tag{2-320}$$

可以证明

$$v_i=\sum_j\alpha_j^i\otimes\bar{\beta_j^i} \tag{2-321}$$

7. 拆分唯一性

上述式(2-320)中的拆分并不是唯一的。如果矩阵 $V_1V_2\cdots V_m$ 为线性无约束，则取决于其完全正映射转换形式：

$$V_i':=\sum_{j=1}^{m}u_{ij}V_j \tag{2-322}$$

式中 u 为 $m\times m$ 复合矩阵单位。若拆开的 m 数是独立的，则取最小值，称为操作列 T。通常，m 可取

大于列 T 的任意值，使 T 可拆开。若操作 V_i 是非线性独立的，从属空间 D 为

$$D := \left\{\lambda \in \mathbb{C}^m \mid \sum_{i=1}^{m} \bar{\lambda}_i V_i = 0\right\} \tag{2-323}$$

式中，m 为维数与式(2-322)中的矩阵 u 在初始空间 $D^{\perp}$ 部分等容。最终空间为$(D')^{\perp}$，其中 D'代表 V_i'中的非独立空间。

设 $A := M_k$ 时态 φ，其输入纯态的分解为

$$\varphi(A) = \sum_{i=1}^{m} \langle \psi_i, A\psi_i \rangle = \sum_{j=1}^{n} \langle \theta_j, A\theta_j \rangle \tag{2-324}$$

设 $D \subset C^m$ 且 $D' \subset C^n$，说明此非独立空间分别为 $\psi = (\psi_1\ \psi_2 \cdots\ \psi_m)$ 和 $\theta = (\theta_1\ \theta_2 \cdots\ \theta_n)$，则 ψ 及 θ 被转化为

$$\theta_j = \sum_{i=1}^{m} u_{ji}\psi_i \tag{2-325}$$

式中 $n \times m$ 矩阵 u 代表初始空间 $D^{\perp}$ 最终空间及$(D')^{\perp}$部分等容 $C^m \rightarrow C^n$。如果 m 数组$(\psi_1\ \psi_2 \cdots\ \psi_m)$及 n 数组$(\theta_1\ \theta_2 \cdots\ \theta_n)$都是独立矢量，则 $n = m$ 且 u 为一元矩阵。

若 ψ 及 θ 中 $H := (C^k)m = C^m$，$C^k := (C^k)^n$，$H' = C^n \otimes C^k$，则式(2-324)可改写为

$$\varphi(A) = \langle \psi, (\mathbb{1}_m \otimes A)\psi \rangle = \langle \theta, (\mathbb{1}_n \otimes A)\theta \rangle \tag{2-326}$$

若 $L \subset H$ 及 $L' \subset H'$ 均分别为子空间$(\mathbb{1}_m \otimes A)\psi$ 及$(\mathbb{1}_n \otimes A)\theta$ 的矢量，且 A 为矩阵代数 $A \rightarrow M_k$，设 $U: L \rightarrow L'$，则可得

$$U(\mathbb{1}_m \otimes A)\varphi := (\mathbb{1}_n \otimes A)\theta \tag{2-327}$$

因此 U 为等容，且有

$$\begin{aligned} \|(\mathbb{1}_n \otimes A)\theta\|^2 &= \langle (\mathbb{1}_n \otimes A)\theta, (\mathbb{1}_n \otimes A)\theta \rangle = \langle \theta, (\mathbb{1}_n \otimes A^* A)\theta \rangle \\ &= \varphi(A^* A) = \|(\mathbb{1}_m \otimes A)\psi\|^2 \end{aligned} \tag{2-328}$$

若 U 延伸到正交 L 映射 $H \rightarrow H'$，对所有 $X \in H$ 输入 $U_X = 0$，则可看出 U 实际上成为 $u \otimes \mathbb{1}_k$ 对所有等容 $u: C^m \rightarrow C^n$，说明所有 $A \in M_k$ 为

$$U(\mathbb{1}_m \otimes A) = (\mathbb{1}_n \otimes A)U \tag{2-329}$$

因$(\mathbb{1}_m \otimes A)$为 $L^{\perp}$ 叶形不变量，所以 $L^{\perp}$ 两侧为零，且 $X \in L$，即 $X = (\mathbb{1}_m \in X)\psi$ 及 $X_2 \in M_k$ 具有

$$\begin{aligned} U(\mathbb{1}_m \otimes A)\chi &= U(\mathbb{1}_m \otimes A)(\mathbb{1}_m \otimes X)\psi = U(\mathbb{1}_m \otimes AX)\psi \\ &= (\mathbb{1}_n \otimes AX)\theta = (\mathbb{1}_n \otimes A)(\mathbb{1}_n \otimes X)\theta \\ &= (\mathbb{1}_n \otimes A)U(\mathbb{1}_m \otimes X)\psi = (\mathbb{1}_n \otimes A)U_X \end{aligned} \tag{2-330}$$

余额为

$$C^{\perp} = D \otimes \mathbb{C}^k \tag{2-331}$$

同样，$(L')^{\perp} = D' \otimes C^k$，对所有 $\lambda \in C^m$ 及 $\mu \in C^k$，有

$$\langle \lambda \otimes \mu, (\mathbb{1} \otimes A)\psi \rangle = \sum_{i=1}^{m} \bar{\lambda}_i \langle \mu, A\psi_i \rangle = \left\langle A^* \mu, \left(\sum_{i=1}^{m} \bar{\lambda}_i \psi_i\right) \right\rangle \tag{2-332}$$

如果 $\lambda \in D$，$\lambda \in \mu$ 正交于 L，则 $D \otimes C^k \subset L^{\perp}$；若逆向操作，正交投影到 L 为 $U^* U = u^* u \otimes \mathbb{1}_k$，则对某些 C^m 的子空间 $L = \varepsilon \otimes C_k$，且 $\varepsilon^{\perp} \subset D$；若设 $\lambda \perp \varepsilon$，则对所有 $\mu \in C^k$，$\lambda \otimes \mu \perp L$。将 $A = \mathbb{1}$ 代入式(2-332)可发现对所有 μ 为 0，即

$$\sum_{i=1}^{m} \bar{\lambda}_i \psi_i = 0 \quad \lambda \in D \tag{2-333}$$

8. 量子算符特性

设 A，B 均为 Hilbert 空间算子，且 $A \geqslant B$，A 和 B 为正。此特性对以下不等式很有用。设 A 和 B 为 $*$-代数及 Hilbert 空间 H 和 K 上的算子，进行 $T: A \rightarrow B$ 操作，则对所有 $A \in \mathcal{A}$，可得

$$T(A^*A) \geqslant T(A)^*T(A) \tag{2-334}$$

因为算子 $X \in M_2 \otimes \mathcal{A}$，从下式可得

$$X := \begin{pmatrix} A^*A & -A^* \\ -A & \mathbb{1} \end{pmatrix} = \begin{pmatrix} A & -\mathbb{1} \\ 0 & 0 \end{pmatrix}^* \begin{pmatrix} A & -\mathbb{1} \\ 0 & 0 \end{pmatrix} \tag{2-335}$$

且为正，因此 T 为完全正映射且 $T(\mathbb{1}) = \mathbb{1}\,l$，则下式成立：

$$(\mathrm{id} \otimes T)(X) = \begin{pmatrix} T(A^*A) & -T(A)^* \\ -T(A) & \mathbb{1} \end{pmatrix} \tag{2-336}$$

这也是正算子。插入 $\xi := \psi \oplus T(A)\psi$ 可得

$$\langle \xi, (\mathrm{id} \otimes T)X\xi \rangle = \langle \psi, (T(A^*A) - T(A)^*T(A))\psi \rangle \tag{2-337}$$

此值对所有 $\psi \in H$ 均为正。

如果进行 $T: A \to B$ 操作，且对某些 $A \in \mathcal{A}$ 取 $T(A^*A) = T(A)^*T(A)$，则 $T(A^*B) = T(A)^*T(B)$ 和 $T(B^*A) = T(B)^*T(A)$。

只要使 $B \in \mathcal{A}$ 及 $\lambda \in R$，便可得

$$T((A^* + \lambda B^*)(A + \lambda B)) = T(A)^*T(A) + \lambda T(A^*B + B^*A) + \lambda^2 T(B^*B) \tag{2-338}$$

$$T((A^* + \lambda B^*)(A + \lambda B)) \geqslant T(A)^*T(A) + \lambda(T(A)^*T(B) + T(B)^*T(A)) + \lambda^2 T(B)^*T(B)) \tag{2-339}$$

此不等式适用于所有 $\lambda \in R$：

$$T(A^*B + B^*A) \geqslant T(A)^*T(B) + T(B)^*T(A) \tag{2-340}$$

如果用 iA 代替 A，iB 代替 B，此不等式也成立；如果只用 iB 代替 B，则有 $T(A^*B) = T(A)^*T(B)$ 和 $T(B^*A) = T(B)^*T(A)$；如果所有 T 操作相同，则 T 为 $*$-同形态。

设 $(A;\varphi)$ 和 $(B;\psi)$ 为退化量子概率空间，且进行 $j: A \to B$，$E: B \to A$ 操作，保存态为

$$E \cdot j = \mathrm{id}_A \tag{2-341}$$

则 j 内射 $*$-同态量，且 $P := j, E$ 条件指数为

$$P(C_1BC_2) = C_1P(B)C_2 \tag{2-342}$$

且对所有 $C_1; C_2 \in j(A)$ 及所有 $B \in B$ 都成立。

设 j 为随机变量，P 是相关函数 ψ 的期望值。对任意 $A \in \mathcal{A}$，可得

$$A^*A = E \cdot j(A^*A) \geqslant E(j(A)^*j(A)) \geqslant E \cdot j(A)^*E \cdot j(A) = A^*A \tag{2-343}$$

及以下等式：

$$\psi(j(A^*A) - j(A)^*j(A)) = \varphi \cdot E(j(A^*A) - j(A)^*j(A)) = 0 \tag{2-344}$$

若 $(B;\psi)$ 没有退化，即 $j(A^*A) = j(A)^*j(A)$，则 j 为 $a*$-同态。j 为内射因此与 E 成反比。根据式(2-344)，可得

$$E(j(A)^*j(A)) = E \cdot j(A)^*E \cdot j(A) \tag{2-345}$$

按照量子乘法原理，对所有 $B \in B$ 及 $A_1 \in A$，有

$$E(j(A_1)^*B) = E \cdot j(A_1)^*E(B) = A_1^*E(B) \tag{2-346}$$

对于 $A_2 \in A$，也同样有

$$E(j(A_1)^*Bj(A_2)) = E(j(A_1)^*B)E \cdot j(A_2) = A_1^*E(B)A_2 \tag{2-347}$$

9. 量子不可能

任何基于概率描述的物理(量子与非量子)系统，从系统空间到映射都应为完全正映射。这种强制性约束在量子力学著名的 Heisenberg 原理中得到体现，即静态不可测量及量子不可克隆原理。这些系统均已有精辟论述和严密数学模型，统称量子中的不可能。不可克隆定理是保证量子密钥安全

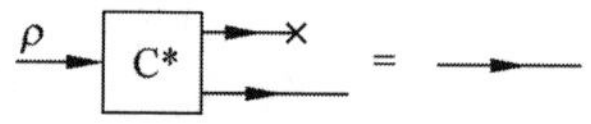

性的理论基础。不可克隆定理的基础表达式用非正交矢量态描述。在能清楚区别经典和量子的情况下，克隆或复制一个随机目标的方法是首先确定输入目标态 ρ，并在输出空间产生一对相同态目标作为其对象，如图 2-22 所示。图中，ρ 为输入信号，右边为两个同态输出信号。

图 2-22 量子拷贝过程示意图

式中，对所有 $\rho \in A^*_{+,1}$，有

$$(\mathrm{tr} \otimes \mathrm{id})C^*(\rho) = (\mathrm{id} \otimes \mathrm{tr})C^*(\rho) = \rho \tag{2-348}$$

若用 Heisenberg 图表示所有 $A \in \mathcal{A}$ 复制和复制操作过程 $C: A \otimes A \to A$ 为

$$C(\mathbb{1} \otimes A) = C(A \otimes \mathbb{1}) = A \tag{2-349}$$

在经典物理系统中，此复制不成问题。例如，要复制 n bits，Ω 代表 n 比特数字流空间 $\{0;1\}^n$，γ 为复制符号：

$$\Omega \to \Omega \times \Omega : \omega \mapsto (\omega, \omega) \tag{2-350}$$

复制过程为

$$C : \mathcal{C}(\Omega) \times \mathcal{C}(\Omega) \to \mathcal{C}(\Omega) : Cf(\omega) := f\gamma(\omega) = f(\omega, \omega) \tag{2-351}$$

对所有 $f \in C(\Omega)$，

$$C(\mathbb{1} \otimes f)(\omega) = (\mathbb{1} \otimes f)(\omega, \omega) = f(\omega) \tag{2-352}$$

同样，对 $C(f \otimes \mathbb{1})$，就能满足式(2-349)。π 在 Ω 上的概率分布为

$$(C^* \pi)(v, \omega) = \delta_{v\omega} \pi(\omega) \tag{2-353}$$

且满足式(2-348)，

$$(\mathrm{tr} \otimes \mathrm{id})C^*(\pi)(\omega) = \sum_{v \in \Omega} \delta_{v\omega} \pi(\omega) = \pi(\omega) \tag{3-354}$$

但以上法则只能在阿贝条件下成立。

设 A 为有限维 Hilbert 空间 $a*$-代数，$\mathcal{A}$ 为复制操作，$\mathcal{A}$ 为阿贝数。因此，根据 Gel'fands 原理，A 对 Ω 与 $C(\Omega)$ 同形用于以上复制。反之，对 $C: A \otimes A \to A$ 按照式(2-349)复制操作 $A \in \mathcal{A}$：

$$C((\mathbb{1} \otimes A)^* (\mathbb{1} \otimes A)) = C(\mathbb{1} \otimes A^* A) = A^* A = C(\mathbb{1} \otimes A)^* C(\mathbb{1} \otimes A) \tag{2-355}$$

则对所有 $A, B \in \mathcal{A}$，有

$$\begin{aligned} AB &= C(A \otimes \mathbb{1})C(\mathbb{1} \otimes B) = C((A \otimes \mathbb{1})(\mathbb{1} \otimes B)) \\ &= C((\mathbb{1} \otimes B)(A \otimes \mathbb{1})) = C(\mathbb{1} \otimes B)C(A \otimes \mathbb{1}) = BA \end{aligned} \tag{2-356}$$

10. 非经典编码

与上述密切相关的是量子信息不能被经典编码的规则：不可能在一个量子系统中操作，从中提取信息，然后根据这些信息重构原状态的量子系统，即

$$\rho \in A^* \overset{C^*}{\mapsto} \pi \in B^* \overset{D^*}{\mapsto} \rho \in A^* \tag{2-357}$$

此式基于著名的 Heisenberg 图逆变定理。

11. Heisenberg 原理

Heisenberg 原理的重要含义是：量子系统不可能在不改变其状态的情况下从中获取信息。更确切地表述如下：如果系统中提取(或测量)代数 A 因子($A \cap A' = C\mathbb{1}$)信息，即或消除(无视)这些信息，则系统的初始态一定会发生某些改变。用数学形式表达从这个物理系统中提取(或测量)信息的操作过程为

$$M^* : A^* \to A^* \otimes B^* \tag{2-358}$$

式中 A 代表物理系统，B 代表复制此信息的输出。A^* 由系统状态和输出概率分布 B^* 组成。所以，B 将被替换，若系统初始态没有被测量改变，则

$$(\mathrm{id} \otimes \mathrm{tr})M^*(\rho) = \rho \quad \forall_{\rho \in A^*} \tag{2-359}$$

且设 A 为要求获取信息 ρ 时系统状态不改变的因子，

$$(\mathrm{tr} \otimes \mathrm{id})M^*(\rho) = \theta \tag{2-360}$$

式中 θ 不取决于 ρ，如图 2-23 所示。

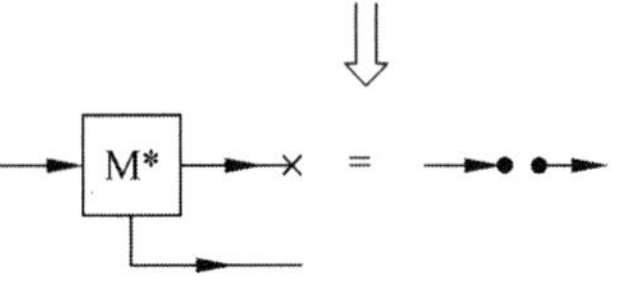

图 2-23 Heisenberg 原理示意图

以上过程代表反 Heisenberg 原理。M 为对所有 $A \in \mathcal{A}$，算符 $A \otimes B \to A$，

$$M(A \otimes \mathbb{1}) = A \tag{2-361}$$

则

$$M(\mathbb{1} \otimes B) \in A \cap A' \tag{2-362}$$

如果 A 是因子，在 B 上有其固定状态 θ，

$$M(\mathbb{1} \otimes B) = \theta(B) \cdot \mathbb{1}_A \tag{2-363}$$

即式(2-363)包含了式(2-360)。因此，对所有 A 上 ρ 及所有 $B \in \mathcal{B}$，

$$((\mathrm{tr} \otimes \mathrm{id})M^*\rho)(B) = \rho(M(\mathbb{1} \otimes B)) = \rho(\theta(B)\mathbb{1}_A) = \theta(B) \tag{2-364}$$

12. 随机变量与 von Neumann 测量

设随机变量 a^*-同态包含一个代数 B 到更大的代数 A，为

$$A \xleftarrow{j} B \tag{2-365}$$

此协变式代表受子系统 B 限制的操作 j^*，为

$$A^* \xrightarrow{j^*} B^* \tag{2-366}$$

若对某些限制条件 $B = C(\Omega:)$，则 j 被当作随机变量 Ω-值。设 $\Omega = \{x_1\ x_2 \cdots\ x_n\}$，则 j^* 为 A 设备发射 P_i，通过

$$\sum_{i=1}^{n} P_i = \sum_{i=1}^{n} j(1_{\{x_i\}}) = j(\mathbb{1}_B) = \mathbb{1}_A \tag{2-367}$$

且对 $i \neq j$，

$$P_i P_k = j(1_{\{x_i\}}) j(1_{\{x_k\}}) = j(1_{\{x_i\}} \cdot 1_{\{x_k\}}) = 0 \tag{2-368}$$

P_i 取代包含 x_i' 量的 j，方程可改写为

$$j(f) = j\left(\sum_{i=1}^{n} f(x_i) 1_{\{x_i\}}\right) = \sum_{i=1}^{n} f(x_i) P_i \tag{2-369}$$

如果 $\Omega \subset R$，则 j 为共轭矩阵，

$$j(\mathrm{id}) = \sum_{i=1}^{n} x_i P_i =: X \tag{2-370}$$

j 的特性证毕。

设 A 为有限维 $*$-代数，是一对一的内射 $*$-同态 $j: C(\Omega) \to A$，对某些有限 $\Omega \subset R$ 及伴随矩阵 $X \in A$，可得

$$j(\mathrm{id}) = X \tag{2-371}$$

若 j 为 a^*-同态 $C(\{x_1\ x_2 \cdots\ x_n g\})A$ 且 $x_1\ x_2 \cdots\ x_n$，则

$$X := j(\mathrm{id}) = \sum_{i=1}^{n} x_i j(1_{\{x_i\}}) =: \sum_{i=1}^{n} x_i P_i \tag{2-372}$$

这是 A 的共轭元素，如果 $X \in A$ 为 Hermite 共轭矩阵，则 $x_1\ x_2 \cdots\ x_n$ 为其特征值。采用 $p: C \to C$ 表示多项式，可得

$$p(x) := (x - x_1)(x - x_2) \cdots (x - x_n) \tag{2-373}$$

对 $i = 1, 2, \cdots, n$，可得多项式 p_i，

$$p_i(x) := \frac{p(x)}{(x-x_i)p(x_i)} \tag{2-374}$$

则 $p_i(x_k)=\rho_{\mathrm{ikpk}}$，所以 X 的谱 $\{x_1\ x_2 \cdots\ x_n\}$ 为

$$\sum_{i=1}^{n} p_i = 1, \quad p_i \cdot p_k = \delta_{ik} p_k \tag{2-375}$$

若映射 $P_i = p_i(X), i=1,2,\cdots,n$，使 A 满足于

$$\sum_{i=1}^{n} P_i = \mathbb{1}, \quad P_i P_k = \delta_{ik} P_k \tag{2-376}$$

因此可定义

$$j(f) = \sum_{i=1}^{n} f(x_i) P_i \tag{2-377}$$

则 j 与 a^*-同态，特性为 $j(\mathrm{id})=X$。不同的 $X's$ 对应不同 $j's$。

13. 共键测量

设 X 和 Y 为 $*$-代数 A 的自伴矩阵元素。X 和 Y 为 $\mathrm{sp}(X)$ 与 $\mathrm{sp}(Y)$ 谱中随机变量。通过这些随机变量的共同测量 M^*，A 态 ρ 为输入，所产生的 $\mathrm{sp}(X)\times\mathrm{sp}(Y)$ 的概率分布 π 为函数 $f(X)$，$f(Y)$ 的输出：

$$\begin{aligned} \rho(f(X)) &= \sum_{x\in \mathrm{sp}(X)} \sum_{y\in \mathrm{sp}(Y)} \pi(x,y) f(x) \\ \rho(g(Y)) &= \sum_{x\in \mathrm{sp}(X)} \sum_{y\in \mathrm{sp}(Y)} \pi(x,y) g(y) \end{aligned} \tag{2-378}$$

以上方程的逆变式为

$$\begin{aligned} M(f \otimes \mathbb{1}) &= f(X) \\ M(\mathbb{1} \otimes g) &= g(Y) \end{aligned} \tag{2-379}$$

若两个随机变量 X，Y 允许共键测量，且可互换。

14. 新量子现象

在上页中提到，某些限制使量子操作受影响。如果设 A 通过经典电话线发送一个量子态 ρ 的量子比特信息给 B，在没有经典编码时，没有任何进一步的工具是不可能的。如果 A 对量子比特进行测量，然后通过普通电话告诉 B，则不会让 B 重建 ρ 态。然而，若 A 和 B 原来就在一起，它们共同创造了纠缠态量子比特，当然双方都掌握了此比特。利用这种对纠缠态的共享，A 确实能将此比特转移给 B。当然，A 无法避免在此过程中破坏原始状态 ρ。另外，A 和 B（见图 2-25）都会复制状态 ρ。所以，此过程称为隐形传输，如图 2-24 所示。

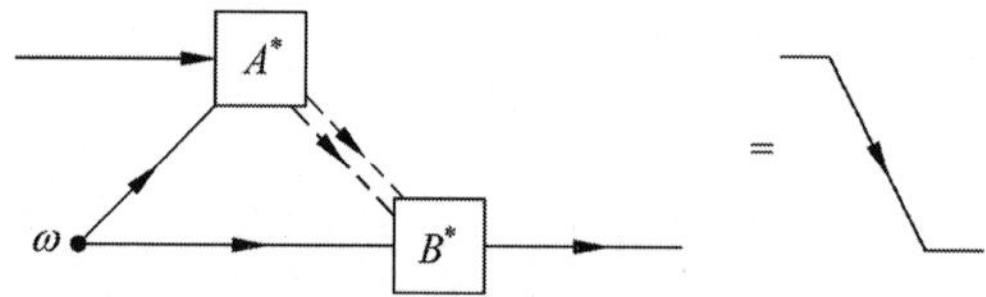

图 2-24 基于共享纠缠的隐形传输示意图

图 2-25 中，ω 为 A，B 上充分纠缠态 $X \mapsto \langle \Omega, X\Omega \rangle$。其操作过程是：$A$ 占有一对纠缠态中的量子比特，希望传送一个给 B。A 按照 von Neumann 测量方法，获得以下两个量子比特的 4 个 Bell 映射：

$$Q_{00} := \frac{1}{2}\begin{pmatrix} 1 & 0 & 0 & 1 \\ 0 & 0 & 0 & 0 \\ 0 & 0 & 0 & 0 \\ 1 & 0 & 0 & 1 \end{pmatrix}, \quad Q_{01} := \frac{1}{2}\begin{pmatrix} 1 & 0 & 0 & -1 \\ 0 & 0 & 0 & 0 \\ 0 & 0 & 0 & 0 \\ -1 & 0 & 0 & 1 \end{pmatrix}$$

$$Q_{10} := \frac{1}{2}\begin{pmatrix} 0 & 0 & 0 & 0 \\ 0 & 1 & 1 & 0 \\ 0 & 1 & 1 & 0 \\ 0 & 0 & 0 & 0 \end{pmatrix}, \quad Q_{11} := \frac{1}{2}\begin{pmatrix} 0 & 0 & 0 & 0 \\ 0 & 1 & -1 & 0 \\ 0 & -1 & 1 & 0 \\ 0 & 0 & 0 & 0 \end{pmatrix} \tag{2-380}$$

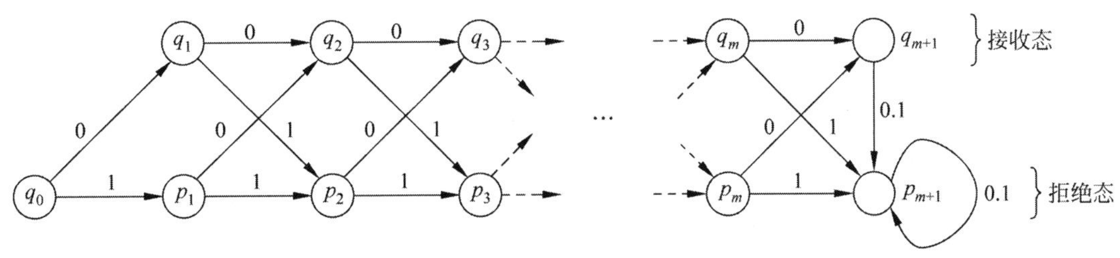

图 2-25　单项量子有限操作系统运行过程示意图，接受语言为 $L_m = \{w0 \mid w \in \{0;1\}^*; |w| \leqslant m\}$

A 算符可用以下逆变式描述：

$$A: \mathcal{C}_2 \otimes \mathcal{C}_2 \to M_2 \otimes M_2, \quad A(e_i \otimes e_j) := Q_{ij}$$

A 按照$(i;j)$获得量子比特，然后通过另外的信道通知 B。B 从纠缠量子对中拥有自己的比特，若 $j=1$，则会发生相位突变：

$$Z: \begin{pmatrix} \rho_{00} & \rho_{01} \\ \rho_{10} & \rho_{11} \end{pmatrix} \mapsto \begin{pmatrix} \rho_{00} & -\rho_{01} \\ -\rho_{10} & \rho_{11} \end{pmatrix} = \begin{pmatrix} 1 & 0 \\ 0 & -1 \end{pmatrix}\begin{pmatrix} \rho_{00} & \rho_{01} \\ \rho_{10} & \rho_{11} \end{pmatrix}\begin{pmatrix} 1 & 0 \\ 0 & -1 \end{pmatrix} \tag{2-381}$$

若 $j=0$，则 B 中止操作；若 $i=1B$ 执行量子否(quantum not)操作，则

$$X: \begin{pmatrix} \rho_{00} & \rho_{01} \\ \rho_{10} & \rho_{11} \end{pmatrix} \mapsto \begin{pmatrix} \rho_{11} & \rho_{10} \\ \rho_{01} & \rho_{00} \end{pmatrix} = \begin{pmatrix} 0 & 1 \\ 1 & 0 \end{pmatrix}\begin{pmatrix} \rho_{00} & \rho_{01} \\ \rho_{10} & \rho_{11} \end{pmatrix}\begin{pmatrix} 0 & 1 \\ 1 & 0 \end{pmatrix} \tag{2-382}$$

如果 $i=0$，则 B 不用管。在 Heisenberg 图中，B 操作的结果为

$$B: M_2 \to \mathcal{C}_2 \otimes \mathcal{C}_2 \otimes M_2 : M \mapsto M \oplus \sigma_3 M \sigma_3 \oplus \sigma_1 M \sigma_1 \oplus \sigma_2 M \sigma_2 \tag{2-383}$$

式中，

$$\sigma_1 := \begin{pmatrix} 0 & 1 \\ 1 & 0 \end{pmatrix}, \quad \sigma_2 := \begin{pmatrix} 0 & -i \\ i & 0 \end{pmatrix}, \quad \sigma_3 := \begin{pmatrix} 1 & 0 \\ 0 & -1 \end{pmatrix} \tag{2-384}$$

以上为 Pauli 自旋矩阵，B 发出了一个与 A 准备发给 B 的完全一样的比特。此结果在 Heisenberg 图中可以得到证明。即，以上 A 和 B 态和操作均满足

$$(\mathrm{id}_{M_2} \otimes \omega)(A \otimes \mathrm{id}_{M_2})B = \mathrm{id}_{M_2} \tag{2-385}$$

2.7　量子密集编码

量子力学系统巨大的信息处理能力，归因于具有 n 量子比特的状态(qubit)系统是由一个 $2n$ 维矢量空间的单位矢量构成的，说明经典的信息可能用较少的量子比特指数进行编码和传输。然而，根据量子信息理论中 Holevo 定理，数量不超过 n 的经典比特信息可以用 n 个量子比特正确地相互传输。所以很容易得出结论：量子系统中的指数自由度一定保存或隐藏了若干无法访问的信息。更微妙的是，多比特量子态信息的收件人可选择测量通信双方都能提取信息的状态。一般情况下，这些测量不能交换。因此，若制造一些特殊信号干扰系统，就能破坏部分或全部可能被他人发现或测量的信息。这使量子随机存取码成为可能，而且所用的量子比特比经典比特少得多。因此，收件人可以自由选择通信双方想提取的编码经典信息。可以认为这是一个一次性的量子电话簿，整个电话簿的内容被压缩成几个量子比特，这些比特的接收者可以通过适当选择测量，查看通信双方准备选择的任何一个电话号码。这种量子码，完全可能构成非常强大的量子通信系统。例如，希望将 $B_1\ B_2 \cdots\ B_m$，m 个经典

比特换成 n 个量子比特(当然 $m\gg n$),然后将量子比特随机接入参数 $m;n;p$ 编码(或 $m\mapsto pn$ 编码)。组成从$\{0;1\}m$ 到 C_{2n}支持的混合态编码,连同收件人的 m 序列都可以测量。如果收件人选择第 i 个测量,并用于 $b_1\,b_2\cdots\,b_m$ 编码,测量结果的概率至少为 P。由于 y 可能有 m 个测量,可能是不能互换的,收件人无法测量陆续收到的所有编码比特。此外,还不可能排除在 n 量子比特中的经典码 $a>1$。量子编码可以概括为 $3\mapsto 0.781$ 编码,并可以用一个量子比特编若干经典比特码。

尽管目前量子编码尚未完全成熟,但已证明任何 $m\mapsto P_n$ 量子编码可满足 $n\geqslant(1-H(p))m$,$H(p)=-\log p-(1-p)\log(1-p)$为二进制熵函数。根据熵聚结原理提高了熵,并融入合状态,这也是对 Holevo 定理的新发展。根据任何 $p>1/2$ 条件,都可建立 $m\mapsto P_N$ 经典码 $n=(1-H(p))m+O(\log m)$。因此,尽管量子随机存取码可以比经典码更简捷,可能只是一个量子比特对数元,在现有的许多量子计算中已实现,但是系统的复杂程度随量子比特数急剧增长。另外,损失一个比特,采用已初始的化的$|0\rangle$新量子比特(通常称为干净比特)也可提高系统性能,但系统的复杂程度也将大为增加。另外一条出路是,利用量子有限自动操作(Quantum Finite Automata,QFA)系统,不用上述纯净比特,只用有限的存储器。除了决定是否接受或拒绝输入外不添加任何中介测量。这种有限自动操作系统,一般的量子计算只用有限内存,测量自动机空间状态,可以充分发挥量子计算的能力。QFA 目前还不能使用所有经典确定性有限自动机(DFA)语言。

1. 量子系统

一个比特(即 $f0;1g$ 1 单元)是经典信息的基本单位,一个量子比特是量子信息的基本单位。量子比特是用二维 Hilbert 空间 C_2 单位矢量描述,用此空间的一组$|0\rangle$和$|1\rangle$正交基表示。量子比特状态是形式 $\alpha|\ \vdash 0\rangle+\beta|\ \vdash 1\rangle$的线性叠加,$n$ 个量子比特的状态用 n 次张量积 $C_2\otimes C_2\otimes\cdots\otimes C_2$ 单位矢量描述。由 $2n$ 矢量$|x\rangle$代表的空间正交基中 $x\in\{0;1\}n$ 是量子计算的基础。通常,n 比特是 $2n$ 计算基础态的线性叠加。因此,描述一个 n 量子比特系统需要 $2n$ 个复数。量子比特信息只能在标准正交基测量读出,也是量子计算的基础。当一个量子态 $\sum_x \alpha_x\mid x\rangle$ 被测量时,可以得到概率为$|\alpha_x|^2$ 的结果 x。由 von Neumann 提出的在希尔伯特空间的测量,定义为一组正交投影算子。当一个态$|\phi\rangle$量子按此投影算子测量,可得到概率为 $\|P_i|\phi\rangle\|^2$ 的 i,但同时,此量子比特立即变成 $P_i|\phi\rangle/\|P_i|\phi\rangle\|$。为了检索未知量子态$|\phi\rangle$的信息,只能增加其态的辅助量子比特,在测量前根据算子$\{P_i\}$组合成$|\phi\rangle\otimes|\bar{0}\rangle$。这就是量子测量最一般的形式,称为正算(Positive Operator Valued Measurement,POVM)。

2. 密度矩阵

通常,量子系统为混合状态概率分布的叠加。例如,一个混合态从一个纯态$|\phi\rangle$测量。若混合状态$\{p_i,|\phi_i\rangle\}$,在叠加$|\phi_i\rangle|$后发生概率为 p_i,则此混合状态的特性完全取决于其密度矩阵 $\rho=\sum_i P_i\mid\phi_i\rangle\langle\phi_i\mid$。其中,$\langle\phi|$用于表示共轭转置矩阵叠加(列矢量)$|\phi\rangle$,$|\phi\rangle\langle\phi|$表示其矢量的外积。例如,归一化变换 U,混合状态$\{p_i,|\phi_i\rangle\}$变成$\{p_i,|\phi_i\rangle\}$,所以密度矩阵变成 $U\rho U^{\dagger}$。根据投影算子$\{P_j\}$测量时,得到的结果 j 为 $q_j=\sum_i P_i\|P_j\langle\phi_i\mid\|^2=\mathrm{tr}(P_j\rho P_j)$,概率为 q_j 和剩余密度矩阵为 $P_j\rho P_j/q_j$。因此,在任何物理操作条件下,具有相同密度矩阵的混合态具有相同的特性,鉴别混合态需用其密度矩阵。下面对密度矩阵性质进行下列定义。

对任何密度矩阵 ρ:

(1) ρHermite,即 $\rho=\rho^{\dagger}$;

(2) ρ 有单位的痕迹,即 $\mathrm{tr}(\rho)=\sum_i\rho(i,i)=\mathbb{1}$;

(3) ρ 为正,即对所有$|\psi\rangle\langle\psi|\rho|\psi\rangle\geqslant 0$。

因此,每一个密度矩阵为对角化和整体具有非负实特征值,总和为 1。在统计经典概率分布的随机性(或不确定性)时,可用其量化 Shannon 熵。处理混合态比较麻烦,因为所有混合状态与一个给定的密度矩阵在物理上没有区别,可能包含相同数量的"熵"。

3. 经典熵及公共信息

在同样有限条件下,变量 x 及其概率经典随机变量 X 的 Shannon 熵 $S(X)$ 为

$$S(X)=-\sum_{x}p_{x}\log p_{x} \tag{2-386}$$

随机变量 X,Y 的共有信息$(X:Y)$为

$$I(X:Y)=S(X)+S(Y)-S(XY) \tag{2-387}$$

式中,X,Y 代表 X 和 Y 范围内结点随机变化,以及 X,Y 随机变量之间的量化关系。如果 Y 能正确地预测 X,说明 X 和 Y 具有大量共有信息。设 X,Y 为均匀分布的 Boolean 随机变量,则 $\Pr(X=Y)=p$,$I(X:Y)\geqslant 1-H(p)$。混合态 $X=\{p_i,|\phi_i\rangle\}$,其重叠$|\phi_i\rangle$概率为 p_i。

由于混合态$|\phi_i\rangle$不能完全区分,无法定义其$\{p_i\}$的 Shannon 熵。另外,因为混合态的密度矩阵可能与其他混合态相同,导致熵也相同。

4. 渐近随机存取码

设要求随机存取代码所需的量子比特数为 x,概率 p 为 $1/2<p\leqslant 1$。进行编码的量子(或经典)比特 $mp\mapsto N$ 编码满足 $n\geqslant(1-H(p))m$。ρ_x 表示对应的 m-bit 字符串 x 的编码密度矩阵。ρ 为与 x 对应的密度矩阵,x 为所需提取的均匀$\{0;1\}m$ 编码 x,则可建立方程

$$\rho=\frac{1}{2^m}\sum_{x}\rho_x \tag{2-388}$$

同时,对任意 $y\in\{0,1\}k$,其中 $0\leqslant k\leqslant m$,有

$$\rho_y=\frac{1}{2^{m-k}}\sum_{z\in\{0,1\}^{m-k}}\rho_{zy} \tag{2-389}$$

此式为与 x 对应的混合态,$S(\rho_y)\geqslant(1-H(p))(m-k)$。设 $k=m,k\in\{0,1\}m$,说明 $S(\rho_y)\geqslant 0$,因为对任意混合态的 von Neumann 熵为负,取其真值为 $k+1$,则 $\rho_y=1/2(\rho_{0y}+\rho_{1y})$,可得

$$S(\rho_{by})\geqslant(1-H(p))(m-k-1) \tag{2-390}$$

对 $b=1,0$,ρ 为第 $m-k$ 比特编码数据流的混合态 b。在测量 $m-k$ 时,需用从 b 返回的密度矩阵 ρ,且概率至少为 p。所以,根据此混合熵可得

$$S(\rho_y)\geqslant\frac{1}{2}(S(\rho_{0y})+S(\rho_{1y}))+(1-H(p))\geqslant(1-H(p))(m-k) \tag{2-391}$$

特别是在 $k=0$ 时,$S(\rho)\geqslant(1-H(p))m$。$\rho$ 定义在 $2n$ 维 Hilbert 空间(只用于 n 比特编码),所以 $S(\rho)\leqslant n$ 且 $n\geqslant(1-H(p))$。

现以一渐近匹配下限经典的编码方案为例。设对任意 $p>1/2$,按 $n=(1-H(p))m+O(\log m)$ 进行经典 $mp\mapsto n$ 编码。若 $p>1-1/m$,$H(p)\leqslant(\log m+2)/m$ 且特性相同。当 $p\leqslant 1-1/m$,可采用码 $S\subseteq\{0;1\}m$,所以对每个 $x\in\{0;1\}m$,在 Hamming 数$(1-p-1/m)m$ 内,$y\in S$。S 为重叠(包容)码,其值为

$$|S|\leqslant 2^{\left(1-H\left(p+\frac{1}{m}\right)\right)m+2\log m}\leqslant 2^{(1-H(p))m+4\log m} \tag{2-392}$$

根据以上重叠码结构可知,以 $S(x)$代表重叠码 S 的 x 上的码子,概率为 $S(x)$与码流 x 之比。为保证获编码大小合适,至少$(p+1/m)m$ 中可校正 m 比特码,说明其概率(覆盖全部比特 i)$x_i=S(x)_i$ 是至少为 $p+1/m$。而且,编码需要的概率应该针对每一位,而不是平均值,所以必须加以修正。设 r 为 m-bit 字符串,π 被$\{1\ 2\ \cdots\ m\}$置换。设字符串 $x\in\{0;1\}^m$,$\pi(x)$代表 $x_{\pi(1)}x_{\pi(2)}\cdots x_{\pi(m)}$,编码 $S_{\pi r}$ 定义为 $S_{\pi r(x)}=\pi-1\{S[\pi(x+r)]\}+r$。如果 π 和 r 随机产生,x 和其他指数 i 为任意值,则第 i 位编码与 x_i 差异的概率 p 应该为 $1-p-1/m$;如果 π 和 r 均为随机值,则 $\pi(x+r)$也为随机。此外,对于固定

的$y=\pi(x+r)$，若恰好存在与任何排列π相应的r，则可得$y=\pi(x+r)$，$\pi(x+y=R)$。因此，如果π条件符合$y=\pi(x+r)$，所有$(\pi^{-1}(i))\pi$也可能相同。由此说明，$x_i \neq S_{\pi r}(x)_i$（或相等，$\pi(x+r)_{\pi-1(i)} \neq (S(\pi(x+r))_{\pi-1(i)}$）是随机的，则$\pi$和$dr$也恰好是随机值，$y$与$j$的概率$y_j \neq S(y)_j$。最后，还有一小串置换的列，其属性需继续选择。如果π和r仍为随机，而不是空间排列和字符串，则可求其概率如下。设$l=m^3$，字符串$r_1\ r_2 \cdots r_l \in \{0;1\}m$和排列$\pi_1\ \pi_2 \cdots \pi_l$均为独立均匀随机值，$x\in\{0;1\}m$及$i\in\{1\ 2\ \cdots\ m\}$为固定值，$X_j$为1，$x_i \neq S_{\pi_j r_j}(x)_i$或0，则$\sum_{j=1}^{i} X_j$为一个独立的Bernoulli随机变量之和。$1/l\sum_{j=1}^{l} X_j$为当排列串为随机从集合$\{(\pi_1;r_1)(\pi_2;r_2)\cdots(\pi_l;\pi_r)\}$时，编码$x$第$i$位错误的概率。此概率$1/l\sum_{j=1}^{l} X_j$至少为$(1-p-1/m)l+m^2$，即错误的概率$1/\sum_{j=1}^{l} X_j$至少是$(1-p)$，边界为$\mathrm{e}^{-2m^4}=\mathrm{e}^{-2m}$。此边界代表$x$的第$i$位编码错误的概率$1-p$，最大值小于1。因此，有一个组合的字符串$r_1\ r_2 \cdots r_l$和排列$\pi_1\ \pi_2 \cdots \pi_l$，并加符号“′”以示区别。随机访问代码的定义为：$x$编码选$j\in\{1\ 2\ \cdots\ l\}$全部为随机$y=S_{\pi_j r_j}(x)$。这就是第$i$位只取$y_i$编码的$x$解码。此编码方案共需字长$\log(l|S|)\leqslant \log l+\log|S|=(1-H(p))m+7\log m$比特。

5. 单项量子有限操作

单项量子有限自动操作(Quantum Finite Automata，QFA)为有限空间量子计算机的理论模型。QFA模型除了决定接受或拒绝输入，不允许做其他测量。下面的模型描述允许按照量子物理规律，受空间约束的全范围的操作，允许做任何正交或von Neumann测量，作为一个有效的中间计算步骤。该模型可以看作是一个混合态量子计算机类定义的有限量子比特内存计算模型。因此，任何洁净量子比特都必须在自动机有限内存中明确统计说明。例如，执行一般的正算子测量，自动机的状态需要将联合测量的状态用一个新的附属量子比特记录下来，当这些辅助量子比特被明确纳入计算时，用von Neumann测量可以得到同样的效果。

在数学描述中，GQFA定义为：GQFA具有一组有限的基础状态Q，它由接受态、拒绝态和不确定态三种状态组成，分别用Q_{acc}，Q_{rej}，Q_{non}表示。还有一个态q_0专门用做启动态。若给GQFA输入有限字母表上字符，还可以使用符号₵及\$，分别表示左、右标记。设$\Gamma=\Sigma\cup\{₵\ |;\ \$\}$代表GQFA工作字母表。每个符号$\sigma\in\Gamma$，GQFA都有相应的超算符$U_\sigma$，它由一个有限转换单元序列和CQ空间von Neumann测量构成，所以GQFA用$Q,Q_{\mathrm{acc}},Q_{\mathrm{rej}},Q_{\mathrm{non}},q_0,\Sigma$及所有$\sigma\in\Gamma$的$U_\sigma$定义。任何时候，GQFA的状态都可用一个支持$C^Q$的密度矩阵描述，计算从$|q_0\rangle\langle q_0|$态开始，然后变换到对应的左端标记$C|$，输入$X$和右端标记\$字母进行计算。用ρ'代表$\{P_{\mathrm{acc}};\ P_{\mathrm{rej}};\ P_{\mathrm{nong}}\}$操作测量，$P_i$为$E_i$空间正交投影，$E_{\mathrm{acc}}=\mathrm{span}\{|q\rangle|q\in Q_{\mathrm{acc}}\}$，$E_{\mathrm{rej}}=\mathrm{span}\{|q\rangle|q\in Q_{\mathrm{rej}}\}$，且$E_{\mathrm{non}}=\mathrm{span}\{|q\rangle|q\in Q_{\mathrm{non}}\}$；概率$i\in\{\mathrm{acc};\mathrm{rej};\mathrm{non}\}$，等于$\mathrm{tr}(P_i\rho')$。若出现acc(或rej)，表示输入被接受(或被拒绝)；GQFA M表示接受，计算继续进行，显示$P_{\mathrm{non}}\rho'/P_{\mathrm{non}}=\mathrm{tr}(P_{\mathrm{non}}\rho'$态。$\sigma$为阅读符号，$L$为输入语言概率$p$，通常$p>1/2$表示$L$的所有字符都已被接受，如图2-25所示。

GQFA的语言规则校验L_m为

$$L_m=\{w_0\mid w\in\{0,1\}^*,\quad |w|\leqslant m\},\quad m\geqslant 1 \tag{2-393}$$

此过程包括：(1)L_m通过单向自动机确定的大小$O(m)$；(2)L_m完成单矢量子有限自动识别；(3)任何广义单矢量子自动机识别L_m的概率恒定大于1/2且保持$2\Omega(m)$状态。

6. 量子密集编码的优点

纠缠在量子信息论中起核心作用，特别是在量子存储和通信中是一个新的重要物理资源，密集编码则为这项技术实用化的重要环节之一。以通信为例，设收件人和发件人双方分别用 A 和 B 表示，前面已经介绍，当且仅当双方共用一对最大纠缠态的量子比特的二能级系统时其同时交换的量子比特为

$$|\psi_0\rangle=\frac{|00\rangle+|11\rangle}{\sqrt{2}} \tag{2-394}$$

量子比特的 Holevo 限制能够携带更多比特的经典信息，同时必须利用量子态混合描述密度矩阵的处理和校正。利用经典通信(LOCC)不能创建共享的纠缠态，通过密集编码可最有效地实现量子通信。因此，直接使用一个共同的混合状态 ρ^{AB}，引入分布式量子密集编码的概念：设有多位发件人 A 和许多接收者 B。采用最简单的编码操作，即一个字母只关联一个系统操作。根据此协议，A、B 也可分别代表输入(发射)、输出(接收)设备。密集编码可能成为通信双方的相干信息：

$$I(A\rangle B)=S(\rho^B)-S(\rho^{AB}) \tag{2-395}$$

式中 von Neumann 熵 $S(\sigma)=-\mathrm{Tr}\rho\log\rho$ 为严格正。$I(A_iB)$及 $I(B_iA)$为小于或等于零的分离或缚纠缠态。如果 $I(A_iB)$或 $I(B_iA)$均为严格正，且 ρ^B 态可用散列不等式提取，这种既不可分离也不是缚纠缠态可用于密集编码。一个通用的编码方案是，使每个字母为一个完全正相关(CPTP)的图迹。这种编码仍然是单一的，但通过预处理操作优化两个独立字母以外的相干信息 $I(A\rangle B)$，即 B 无须 CPTP 操作，而由 A 操作增加 $I(A\rangle B)$，由此可避免 B 子系统的噪声，也不增加数据量。但在多发送端情况下，此操作可能会限制预处理的操作。这需增加相干信息，且不集中在某一子系统，而是分散在多个子系统中，由 B 方统一操作消除这类噪声。这种允许接收方(设备)操作的分布式密集编码，通过预处理，可以在发送端进行类似的分类操作处理。因此，提出了带预处理双方密集编码的概念。

7. 预处理双边密集编码

在通信双方都已知结果，即能兼顾双方(发送和接收)的情况下，讨论密集的编码，最重要的是相干信息的最大化，也是密集编码的量子优势。通信双方 A、B 在 $d_A\otimes d_B$ 域，即 $\rho^{AB}\in M(C^{d_A})\otimes M(C^{d_B})$维的混合态，$\rho^{AB}$协议优化条件是：

(1) A 执行地区 CPTP 域 $\Lambda_i:M(C^{d_A})\to M(C^{d'_A})$(输出维 d'_A可能不同于输入 d_A)时，A 方的先验概率为 p_i。A 因此将 ρ^{AB}转换为集合$\{(p_i,\rho_i^{AB})\}$，其中 $\rho_i^{AB}=(\Lambda_i\otimes\mathrm{id})[\rho^{AB}]$。

(2) A 将其他部分集合状态发送给 B。

(3) B 处理集合$\{(p_i,\rho_i^{AB})\}$，提取关于指数 i 的最大可能的信息。但只允许复制一次，即 A 的行为只存在于这一次 ρ^{AB}复制中。另外，该协议需要一个维度与输出维度 d'相同的量子通道，即按相同维发送了一个完美的量子系统。此协议对应于该协议的容量(共享态的信息传输率)为

$$\begin{aligned}C^{d'_A}(\rho^{AB})&=\log d'_A+S(\rho^B)-\min_{\Lambda_A}((\Lambda_A\otimes\mathrm{id}_B)[\rho^{AB}])\\&=\log d'_A+\max_{\Lambda_A}I'(A\rangle B)\end{aligned} \tag{2-396}$$

式中，$I'(A_iB)$为转化态的相干信息$(\Lambda_A\otimes\mathrm{id}_B)[\rho^{AB}]$。此量取决于双方对共享状态 ρ^{AB}和$\{\Lambda_i\}$域输出维数 d'。即使每个复制状态都能使用，也不能代表完美的量子通道的能力，还需一定维度辅助处理无限的噪声纠缠。主要的区别是：优化输出维(即量子通道)Λ_A，每个态的复制率。此密集编码协议的能力 $C^{d'_A}(\rho^{AB})$(使 A 发一长串的状态 ρ_i^{AB} 从而达到渐近极限)，可用 Holevo 量化描述如下：

$$C^{d'_A}(\rho^{AB})=\max_{\{(p_1,\Lambda_1)\}}\left(S\left(\sum_i\rho_i^{AB}\right)-\sum_i p_iS(\rho_i^{AB})\right) \tag{2-397}$$

结合以上分析最优化$\{(\hat{p}_i,\hat{\Lambda}_i)\}$可知，由于熵减小和 A 不操作可改变或减少态 ρ^B，所以有

$$C^{d'_A}(\rho^{AB})\leqslant S\left(\sum_i\hat{\rho}_i^A\right)+S(\rho^B)-\sum_i p_iS(\hat{\rho}_i^{AB})$$

$$\leqslant \log d'_A + S(\rho^B) - \min_{\Lambda_A} S((\Lambda_A \otimes \mathrm{id}_B)[\rho^{AB}]) \tag{2-398}$$

以上的不等式与式(2-396)中相应的数量可用以下编码获得：

$$p_n^i = 1/d'^2_A, \quad \Lambda_i[X] = U_i \Lambda_A[X] U_i^\dagger \tag{2-399}$$

此归一化的单元$\{U_i\}_{i=1}^{d'^2_A}$为正交 $\mathrm{tr}(U_i^\dagger U_j) = d'_A \delta_{ij}$，且对所有 $X \in M(C^{d'_A}$，满足 $1/d'_A \sum_2 U_i X U_i^\dagger = \mathrm{tr}(X)\mathbb{1}$，所以有

$$\sum_i \rho_i^{AB} = \mathbb{1}/d'_A \otimes \rho^B \tag{2-400}$$

且

$$S\left(\sum_i \rho_i^{AB}\right) = \log d'_A + S(\rho^B) \tag{2-401}$$

和

$$\sum_i p_i S(\rho_i^{AB}) = S((\Lambda_A \otimes \mathrm{id}_B)[\rho^{AB}]) \tag{2-402}$$

若 A 总是选择一个纯态的新附加量替代 A 部分共享态，则构成预处理 $\wedge_{\mathrm{sub}}[X] = \mathrm{tr}(X)|\psi\rangle\langle\psi|$，并获得 $\log d'_A$，与 d'_A-字母信息经典传输相关，即没有量子的优点。此时，如果 $X > \log d'_A$则会出现量子效应。或当每次开始 $I(A\rangle B) > 0$ 时，A 方操作可减少综合熵，且低于 B 方熵。此处理具有以下重要作用：

$$\rho^{AA'B} = \rho^{AB} \otimes \rho^{A'}, \quad S(\rho^{A\bar{B}}) < S(\rho^{\bar{B}}), \quad S(\rho^{AB}) + S(\rho^{A'}) \geqslant S(\rho^B) \tag{2-403}$$

AA'如为一合成系统，A 方可在上面完全综合操作，即做以下预操作：

$$\mathrm{id}_A \otimes \Lambda_{\mathrm{sub}}^{A'}[\rho^{AA'B}] = \rho^{AB} \otimes |\psi\rangle_{A'}\langle\psi| \tag{2-404}$$

但此操作只能在 A'上实现。因为式(2-399)中 d'_A的贡献是纯经典的，若换一种计算传输率的方法，则可看出密集编码的优点如下：

$$\Delta(A\rangle B) \equiv S(\rho^B) - \inf_{\Lambda_A} S((\Lambda_A \otimes \mathrm{id}_B)[\rho^{AB}]) = \sup_{\Lambda_A} I'(A\rangle B) \tag{2-405}$$

此式无论输出维如何，都能反映整个 Λ_A 域的上限或下限，所以通过 Λ_{sub}可以实现 $\Delta(A_i B) \geqslant 0$。如果 $\Delta(A_i B)$为完全正，此态就是密集代码(Dense-Codeable，DC)。值得注意的是，这种密集编码率不同于一般编码分类，按照信息理论的定义更多地依赖量子态。实验中出现的纠缠纯化，按照 von Neumann 熵是凹的概念，可认为是其极值。因为 Λ_A 的输入是一个作用于 d_A 维系统的算子，所以根据 Λ_A 是极值，大多数算子都可用 d_AKraus 算子描述，即

$$\Lambda_A[X] = \sum_{i=1}^{d_A} A_i X A_i^\dagger \tag{2-406}$$

式中操作 $\Lambda[X]$的范围为 Kraus 算子各列 A_i，每个操作者 A_i 为 d_A(输入维)列。因此，最佳输出维 $d_{A'}$可以是 d_A^2 和式(2-404)中下限，即最小值。它有可能利用纠缠纯化进一步提高密集编码的量子优势。利用熵凸性，直接获得 $\Delta(A\rangle B)$的上限：

$$\Delta(A\rangle B) \leqslant S(\rho^B) - \min_A S(\rho^{AB}(A)), \quad \rho^{AB}(A) = \frac{A \otimes \mathbb{1}\rho^{AB} A^\dagger \otimes \mathbb{1}}{\mathrm{Tr}(A \otimes \mathbb{1}\rho^{AB} A^\dagger \otimes \mathbb{1})} \tag{2-407}$$

式中，按照以上分析，A 代表 $d_A \times d_A$ 正方矩阵，但这只是一个上限。在以上框架中，因为需要经典通信，不允许本地过滤。此外，一个真正的地方过滤，会减小在式(2-407)中密度矩阵 ρ^B 的变化。由 Werner 态归一化的密集编码率 ρ_p 为

$$\rho_p = p|\psi_0\rangle\langle\psi_0| + (1-p)\frac{\mathbb{1}}{4} \tag{2-408}$$

式中，ψ_0 的定义参见式(2-394)，ρ_p 态在 $p > 1/3$ 时为纠缠态。但对归一化 DC，仅在 $p > p_{U-DC} = 0.7476$。如果允许采用通用编码，某些 $p < p_{U-DC}$ 为 $\rho_p DC$ 态，即可按式(2-405)预处理。$\Delta(A\rangle B)$可大于 $I(A\rangle B)$，后者是完全正。式(2-405)还可判断一个态对某些有限编码是否用于其他操作更有效。数

据显示，没有预处理 $\Lambda_A:M(C^2)\to M(C^2)$ 可提高共享两量子比特状态下的 $I(A_iB)$。然而，最佳预处理原理是根据 $\Lambda_A:M(C^2)\to M(C^4)$，即用更大的输入。如式(2-407)所讨论的，可以用矩阵 A 作为 $A:C^2\to C^2$，并可看出 $U\otimes U^*$ 态对称性及双方熵不变性。使 A 为 Schmidt 基础中 ψ_0 对角矩阵，即

$$A=\begin{bmatrix} r & 0 \\ 0 & 1-r \end{bmatrix},\quad 0\leqslant r\leqslant 1 \tag{2-409}$$

且能估算熵 $S(\rho^{AB}(A))$。当得到最佳选择为 $r=0,1$，边界为 $1-H_2((1+p)/2)$ 时，则其中 $H_2(x)=-x\log x-(1-x)\log(1-x)$ 为二元熵。因此，式(2-407)的边界很严，因它对每个 $p>0$ 甚至对分离态都为完全正，所以它不可能用于判断式(2-406)，成为 $\Delta(A>B)$ 的超凡极限，且确定了式(2-405)的参数。

8. 多路发送预处理

如果是多发送方 A，可能出现操作受限通信失败，或只能用 LOCC 操作，但不影响部分密集编码。实际上，只要每个 A 在其字系统中的操作满足最优条件，即可实现最佳归一化局域操作。但同时为多个发送者和多个接收者的情况下，即使仅用一元编码，在某些情况下也会发生编码不满足量子相关条件。同样，综合操作或仅发送方的交互操作都可充分利用量子相关实现密集编码，充分发挥发送方设置与接收设置之间的量子关联作用。对多输入单输出的情况，允许用一般操作编码，但不能用最佳预处理。因为，按照式(2-396)，在多输入单输出的情况下，密集编码能力可表示为

$$\chi_O^{d'_A}=\log d'_A+S(\rho^B)-\min_{\Lambda\in O}((\Lambda\otimes\mathrm{id})[\rho^{AB}]) \tag{2-410}$$

式中，O 为发送方允许的操作。对比特操作，例如综合操作(G)及 LOCC 或 LO 操作时，有

$$\chi_G^{d'_A}\geqslant\chi_{\mathrm{LOCC}}^{d'_A}\geqslant\chi_{\mathrm{LO}}^{d'_A}\geqslant\log d'_A \tag{2-411}$$

此容量至少相当于多输入单输出的经典之一，因为 A 方总是可用本地代替，$\Lambda_{\mathrm{sub}}^{A}=\Lambda_{\mathrm{sub}}^{A1}\otimes\Lambda_{\mathrm{sub}}^{A2}\otimes\cdots\otimes\Lambda_{\mathrm{sub}}^{AN}$。有些问题的是目标选择输出维数 d'_AD' 的兼容性。所以，设它总是因式分解的形式 $d'_A=d'_{A1}d'_{A2}\cdots d'_{AN}$，以便完全实现当地最优一元编码。相应地，如果只有一个发送者，可定义相应的(非负)量子为

$$\Delta_G\geqslant\Delta_{\mathrm{LOCC}}\geqslant\Delta_{\mathrm{LO}}\geqslant 0 \tag{2-412}$$

便可获得 Δ_{LOCC} 的上限，及与式(2-407)相似的 Δ_{LO}：

$$\Delta_{\mathrm{LOCC}}(A\rangle B)\geqslant S(\rho^B)-\min_{A_{\mathrm{prod}}}S\left(\frac{A_{\mathrm{prod}}\otimes\mathbb{1}\rho^{AB}A_{\mathrm{prod}}^{\dagger}\otimes\mathbb{1}}{\mathrm{tr}(A_{\mathrm{prod}}\otimes\mathbb{1}\rho^{AB}A_{\mathrm{prod}}^{\dagger}\otimes\mathbb{1})}\right) \tag{2-413}$$

式中，$A_{\mathrm{prod}}=A_1\otimes A_2\otimes\cdots\otimes A_N$，每个 A_i 为一个 $d_{A_i}\times d_{A_i}$ 的平方矩阵。

以式(2-407)代表的结构层次为例，很精确的共享态不能直接确认发件人之间的操作级别，不能用密集编码，只能进行一般操作。

密集编码多发送通信中是不能单路提取的。因为处于纠缠态，已知的 $ED(A\rangle B)=0$ 态承认 B-对称扩展。只要态 ρ^{AB} 满足 B-扩张，就存在 $\sigma^{ABB'}$ 状态，其约分满足 $\sigma^{AB}=\sigma^{AB'}=\rho^{AB}$。所以，$\rho^{AB}$ 就存在三重对称扩展 $\sigma^{ABB'}$，且可同时由单路提取。单向提取协议由 A 方操作，其结果为式(2-406)中 Kraus 算子，并传达给对方。B 方根据得到的结果后可以执行一个操作，A 方不必有任何行动。如果在处理 $\rho_{ABB'}$ 时运行 LOCC 协议，并允许 A 和 B 及 A 和 B' 之间的平行提取。这就终止了字系统 A 及 B 与 B' 间最大纠缠态。这是不可能的，因为收发双方的纠缠是单独对应的。结论是：单向提取态不接受对称 B-扩展。至于双比特 Werner 态，它承认对称扩展的 $p\leqslant 2/3$。

9. 多复制处理的限制

以上分类讨论仅分析了熵与可分离特性之间的关系，对多复制处理没有什么帮助。以下分析实现量子 n 复制的优点及量子态：

$$\Delta^{(n)}(A\rangle B)=\frac{1}{n}\Delta(A\rangle B)\rho^{AB\otimes n}=S(\rho^B)-\frac{1}{n}\min_{\Lambda_A^{(n)}}S\{(\Lambda_A^{(n)}\otimes\mathrm{id}_B)[\rho^{AB\otimes n}]\} \tag{2-414}$$

为作用于(C_A^{dn})的 $\Lambda_A^{(n)}$，且每个量子复制的渐近式为

$$\Delta^{+\infty}(A\rangle B)=\lim_{n\to+\infty}\Delta^{(n)}(A\rangle B) \tag{2-415}$$

对比 $\Delta_O^{(n)}(A_iB)$ 和 $\Delta_O^{+\infty}(A\rangle B)$ 关系可看出，A 方受 O 级操作约束，所以 $\Delta_{LO}^{(n)}(A\rangle B)=\Delta_{LO}^{+\infty}(A\rangle B)=0$ 且 $0<\Delta_{LOCC}^{(n)}(A\rangle B)\leqslant\Delta_{LOCC}^{+\infty}(A\rangle B)$，其中 $\Delta_{LOCC}^{(n)}(A\rangle B)=\Delta_{LOCC}^{+\infty}(A\rangle B)=0$，且 $0<\Delta_G^{(n)}(A\rangle B)\leqslant\Delta_G^{+\infty}(A\rangle B)$ 为 Smolin 态。

纯化纠缠和密集编码与系统收发双方单独对应之间的关系，与量子计算中的密集编码和纠缠有相似之处，但不是巧合。根据纯化量子态纠缠的定义，对双态 $\rho^{AB}\in M(C^{dA})\otimes M(C^{dB})$ 为

$$E_p(\rho^{AB})=E_p(A:B)=\min_{\psi:\mathrm{tr}_{A'B'}(\psi)=\rho_{AB}}S(\psi_{AA'}) \tag{2-416}$$

式中，最低净化为

$$\psi=|\psi\rangle\langle\psi|_{AA'BB'},\quad |\psi\rangle\in\mathbb{C}^{d_A}\otimes\mathbb{C}^{d_{A'}}\otimes\mathbb{C}^{d_B}\otimes\mathbb{C}^{d_{B'}} \tag{2-417}$$

因此，$\mathrm{tr}_{A'B'}(\psi)=\rho^{AB}$。纯化纠缠是一个总的相关性衡量，其中所有相关性，包括可分离状态的不知何故的纠缠。实际上，存在两部分纯状态的情况下，一个子系统的熵对应一个纠缠量。设 ρ^{AB} 的谱谐振 $\{\lambda_i,|\lambda_i\rangle\langle\lambda_i|\}$ 的净化为

$$|\psi\rangle=\sum_i\sqrt{\lambda_i}\,|\lambda_i\rangle_{AB}\,|i\rangle_{A'}\,|0\rangle_{B'}=|\psi\rangle_{AA'B}\,|0\rangle_{B'} \tag{2-418}$$

则任何其他净化可通过测量等容 $U_{A'B'}$ 根据 $|\psi\rangle=U_{AB}\otimes\mathbb{1}_{A'B'}$ 关系获得，即

$$\begin{aligned}\psi_{AA'}&=\mathrm{tr}_{BB'}(\psi_{AA'BB'})\\&=\mathrm{Tr}_{BB'}(U_{A'B'}\bar{\psi}_{AA'B}\otimes|0\rangle\langle0|_{B'}U_{A'B'}^{\dagger})\\&=(\Lambda_{A'}\otimes\mathrm{id}_A)[\mathrm{tr}_B(\bar{\psi}_{AA'B})]\\&=(\Lambda_{A'}\otimes\mathrm{id}_A)[\bar{\psi}_{AA'}]\end{aligned} \tag{2-419}$$

式中

$$\Lambda_{A'}[X_{A'}]=\mathrm{tr}_{B'}(U_{A'B'}X_{A'}\otimes|0\rangle\langle0|_{B'}U_{A'B'}^{\dagger}),\quad X_{A'}\in C(\mathbb{C}^{d_{A'}}) \tag{2-420}$$

改变 $U_{A'B'}$，净化 ψ 变换 $\Lambda_{A'}$，则有

$$E_p(\rho_{AB})\equiv\min_{\Lambda_{A'}}S\{(\Lambda_{A'}\otimes\mathrm{id}_A)[\bar{\psi}_{AA'}]\} \tag{2-421}$$

对比式(2-221)及式(2-417)可断定三重纯态 ψ_{ABC} 之一为

$$S(B)=\Delta(A\rangle B)+E_p(B:C) \tag{2-422}$$

对于固定熵，多个 B 与 C 互相关，对 A、B 间传输密集码小有利。三重混合态 ρ^{ABC} 为净化 ψ_{ABCD}，通过式(2-422)获得(AD)，B 及 C 为

$$S(B)\geqslant\Delta(A\rangle B)+E_p(B:C) \tag{2-423}$$

实际上，根据优势分析很容易检查 $\Delta(AD\rangle B)\geqslant\Delta(A\rangle B)$，所有三态 ρ_{ABD} 特别是 ψ_{ABCD} 还原 ABD。在可认为渐近的情况下，用关系 $\varphi_{ABC\otimes n}(\rho^{ABC\otimes n})$，von Neumann 熵相加，除以 n，以限制 $n\to+\infty$，取极限可得

$$S(B)=\Delta^{+\infty}(A\rangle B)+E_{LOq}(B:C) \tag{2-424}$$

且

$$S(B)\geqslant\Delta^{+\infty}(A\rangle B)+E_{LOq}(B:C) \tag{2-425}$$

对纯态及混合态，有

$$E_{LOq}(A:B)=\lim_n\frac{1}{n}E_p(\rho^{AB\otimes n}) \tag{2-426}$$

在渐近域，获得 ρ^{AB} 及 EPR 量子对近似和通信渐近归零。在纯粹状态下，获得不同的相关性和纠缠/参数之间的关系如下：

$$I_{HV}(A\rangle B)-\Delta(A\rangle B)=E_p(B:C)-E_F(B:C) \tag{2-427}$$

$$C_D(A\rangle B)-\Delta^{+\infty}(A\rangle B)=E_{\mathrm{LO}_q}(B:C)-E_C(B:C) \tag{2-428}$$

式中,对双向态 ρ^{AB}:IHV 为相关度时,有

$$I_{HV}(A\rangle B)=\max_{\{M_x\}}[S(\rho_B)-\sum_x p_x S(\rho_B^x)] \tag{2-429}$$

其中,最大值在 A 系统中覆盖所有 POVMs$\{M_x\}$应用系统,$p_x\equiv\mathrm{Tr}[(M_x\otimes I)\rho_{AB}]$为 B 方条件下 x 的概率 $\rho_x B\equiv\mathrm{Tr}_A[(M_x\otimes I)\rho_{AB}]/p_x$,和 A 方条件下的概率 $\rho_B=P_x p_x\rho_x B=\mathrm{Tr}_A(\rho_{AB})$。$CD$ 为从 A 到 B 单向经典通信随机提取的信息,为互相关经典比特。A 与 B 可渐近共享原始复制 ρ_{AB},等于 $CD(A_iB)=-\lim_n 1/nIHV(A_iB)\rho^{AB\otimes n}$。$E_F$ 由原始复制纠缠构成:

$$E_F(A:B)=\min_{\{(p_1,\psi_1^{AB})\}}\sum_i p_i S(\psi_i^A) \tag{2-430}$$

式中,覆盖全部纯谐振的最小值为

$$\sum_i p_i\psi_i^{AB}=\rho_{AB} \tag{2-431}$$

创造 ρ_{BC} 的成本,即纠缠的价值 E_C 由本地操作和经典通信 EPR-比特提供,即 $E_C(A:B)=\lim_n 1/EF(A:B)\rho^{AB\otimes n}$。其差别可从式(2-427)及式(2-428)看出均为正。结果包括不同的两部分:第一部分是覆盖全部域,密集编码的量子特性,且不受输出量限制,说明主要集中于态熵,尤其是通信双方各自对应的独立态+信道;其次,由于同样原因无法区分态与信道用途,包括所使用的独立态和复制的数量,以及复制上的编码。所以,此项开支的量化理论值为

$$DC^{(+\infty)}(\rho)=1+\sup_n\sup_{\Lambda_A}\frac{nS(\rho^B)-S((\Lambda_A\otimes\mathrm{id}^{\otimes n})[\rho^{\otimes n}])}{S(\rho^{A\otimes n})} \tag{2-432}$$

式中,按照经典通信,每比特率发送,即用二维量子信道。实际上,后一种情况已考虑到每个信道共享态用户可用任何数量的复制。尤其是对纯态 $DC^{(\infty)}(\psi^{AB})=2$,$A$、$B$ 无论是什么程度的纠缠:$\Delta(\psi^{AB})=S(\rho^B)$。可以看出,系统状态对密集编码及可操作性,复制数量的影响是有差别的。显而易见,利用共享的量子态传输经典信息(多复制),无论是双边、多边及多对一操作,系统态的有效性对多方密集编码都有限制,对发件人操作是个约束。即使用最通用的编码在共享态下进行的任何复制,此限制也不会被删除。所以,系统需对量子态进行分类控制,实现多用户平行受限通信,建立一种能详细描述多状态密集编码操作类型,允许发送者之间可就地进行本地操作,例如 LOCC 通信。需要充分发挥密集编码和净化纠缠量子一一对应通信的优势,提高聚密集编码容量(dense-code ability)。还可以利用量化的 von Neumann 熵扩大量子优势,避免由于三方甚至多方通信中产生混乱。

2.8 量子数据压缩

设字长为 n 个字母的信息,每个字母用纯态表示模型如下:

$$\{|\varphi_x\rangle,p_x\} \tag{2-433}$$

且$|\varphi_x\rangle'$为相互正交(例如每个$|\varphi_x\rangle$)可用单光子偏振态表示,每个字母可用以下密度矩阵描述:

$$\rho=\sum_x p_x|\varphi_x\rangle\langle\varphi_x| \tag{2-434}$$

则整个信息可用以下密度矩阵描述:

$$\rho^n=\rho\otimes\rho\otimes\cdots\otimes\rho \tag{2-435}$$

但实际应用时,首先应考虑尽可能减少冗余,以提高效率。为此,在设计量子编码时,应将信息压缩到最小 Hilbert 空间,但又不影响信息的保真度。例如,量子存储器所记录的通过数据压缩后的数据统计学特性(即 ρ),此参数代表该设备存储节约时空的能力,是存储器的重要技术指标之一。Ben Schumacher 压缩方法能较好地在 Hilbert 空间实现最佳数据压缩及良好的极限 $n\rightarrow+\infty$,如下式:

$$\log(\dim \mathcal{H}) = nS(\rho) \tag{2-436}$$

式中，von Neumann 熵代表所携带量子信息每个字母的量子比特数。例如，若此信息由 n 个字母组成，则包含 n 个光子的偏振状态，可将消息压缩至 $m=nS(\rho)$。这种光子压缩的有效概率 ρ 至少不低于 $\rho=\frac{1}{2}\mathbb{1}$，这与经典信息存储中不能压缩随机比特一样，也不能压缩随机量子比特。当获得 Shannon 结果后，就可证明 Schumacher 定理。该定理为量子信息熵的精确理论解释和实用化做出了最重要的贡献。

1. 量子数字压缩实例

在讨论 Schumacher 量子数字压缩协议之前，下面的例子有助于对它的理解。设所有字母都是谐振单量子比特，即

$$|\uparrow_x\rangle = \begin{pmatrix} 1/\sqrt{2} \\ 1/\sqrt{2} \end{pmatrix}, \quad p = \frac{1}{2} \tag{2-437}$$

则每个字母的密度矩阵为

$$\rho = \frac{1}{2}|\uparrow_z\rangle\langle\uparrow_z| + \frac{1}{2}|\uparrow_x\rangle\langle\uparrow_x| = \frac{1}{2}\begin{pmatrix} 1 & 0 \\ 0 & 0 \end{pmatrix} + \frac{1}{2}\begin{pmatrix} \frac{1}{2} & \frac{1}{2} \\ \frac{1}{2} & \frac{1}{2} \end{pmatrix} = \begin{pmatrix} \frac{3}{4} & \frac{1}{4} \\ \frac{1}{4} & \frac{1}{4} \end{pmatrix} \tag{2-438}$$

显然，ρ 沿 $\hat{n}=1/\sqrt{2(\hat{x}+\hat{z})}$ 轴均匀分布，所以

$$|0'\rangle \equiv |\uparrow_{\hat{n}}\rangle = \begin{pmatrix} \cos\frac{\pi}{8} \\ \sin\frac{\pi}{8} \end{pmatrix}, \quad |1'\rangle \equiv |\downarrow_{\hat{n}}\rangle = \begin{pmatrix} \sin\frac{\pi}{8} \\ -\cos\frac{\pi}{8} \end{pmatrix} \tag{2-439}$$

其特征值为

$$\lambda(0') = \frac{1}{2} + \frac{1}{2\sqrt{2}} = \cos^2\frac{\pi}{8}, \quad \lambda(1') = \frac{1}{2} - \frac{1}{2\sqrt{2}} = \sin^2\frac{\pi}{8} \tag{2-440}$$

式中，$\lambda(0')+\lambda(1')=1$，$\lambda(0')\lambda(1')=1/8=\det\lambda$。$|0'i\rangle$ 与两个信号态交叠：

$$|\langle 0'|\uparrow_z\rangle^2 = |\langle 0'|\uparrow_x\rangle|^2 = \cos^2\frac{\pi}{8} = 0.8535 \tag{2-441}$$

$|1'\rangle$ 也等于这两个信号的交叠：

$$|\langle 1'|\uparrow_z\rangle|^2 = |\langle 1'|\uparrow_x\rangle|^2 = \sin^2\frac{\pi}{8} = 0.1465 \tag{2-442}$$

例如，无论 $|\uparrow z\rangle$ 或 $|\uparrow x\rangle$ 被记录或发送，都可猜到 $|\psi\rangle=|0'\rangle$。此猜想的最大可靠性为

$$F = \frac{1}{2}|\langle\uparrow_z|\psi\rangle|^2 + \frac{1}{2}|\langle\uparrow_x|\psi\rangle|^2 \tag{2-443}$$

其中，所有的量子比特态均为 $|\psi\rangle$（$F=0.8535$）。

设 A 需发 3 个信息给 B。但 A 只有两个量子比特，而且还要求完全可靠。所以，A 只发出两个比特，要求 B 猜第 3 个 $|0'\rangle$。即 B 收到两个字母 $F=1$，第 3 个 $F=0.8535$。因此，全部 $F=0.8535$。但是，有更好的程序。通过对角化分解 ρ，使单个量子比特的 Hilbert 空间变成“可能”的一维子空间（$\vdash|0'\rangle$ 和“不可能”的一维子空间（$\vdash|1'\rangle$。所以，可将 3 比特分解成可能与不可能的 Hilbert 子空间。若 $|\psi\rangle=|\psi_1\rangle|\psi_2\rangle|\psi_3\rangle$ 为任何信号态（3 个信号中的任一个为 $|\uparrow_z\rangle$ or $|\uparrow_x\rangle$ 态），则有

$$|\langle 0'0'0'|\psi\rangle|^2 = \cos^6\left(\frac{\pi}{8}\right) = 0.6219$$

$$|\langle 0'0'1'|\psi\rangle|^2 = |\langle 0'1'0'|\psi\rangle|^2 = |\langle 1'0'0'|\psi\rangle|^2 = \cos^4\left(\frac{\pi}{8}\right)\sin^2\left(\frac{\pi}{8}\right) = 0.1067$$

$$|\langle 0'1'1'|\psi\rangle|^2=|\langle 1'0'1'|\psi\rangle|^2=|\langle 1'1'0'|\psi\rangle|^2=\cos^2\left(\frac{\pi}{8}\right)\sin^4\left(\frac{\pi}{8}\right)=0.0183$$

$$|\langle 1'1'1'|\psi\rangle|^2=\sin^6\left(\frac{\pi}{8}\right)=0.0031 \tag{2-444}$$

所以,Hilbert 空间可分解为 Λ 子空间:$\{|0'0'0'\rangle,|0'0'1'\rangle,|0'1'0'\rangle,|1'0'0'\rangle\}$,且其正交余角为 $\Lambda^{\perp}$。如果信息态投影为 Λ 或 $\Lambda^{\perp}$,其子空间内概率为

$$P_{\text{likely}}=0.6219+3\times 0.1067=0.9419 \tag{2-445}$$

在子空间上的映射概率为

$$\text{不可能性}=3\times 0.0183+0.0031=0.0581 \tag{2-476}$$

若用转换单元 U 模糊计算 A 方概率,概率最高的 4 个基础态为

$$|\cdot\rangle|\cdot\rangle|0\rangle \tag{2-447}$$

概率最低的 4 个基础态为

$$|\cdot\rangle|\cdot\rangle|1\rangle \tag{2-448}$$

以上就是对 A 方第 3 量子比特的模糊计算结果。如果此值为 $|0\rangle$,则 A 方输入态完全有效映射到 Λ,然后将剩下的两个量子比特发给 B。当 B 收到此比特态时用 $|0\rangle$ 解压缩 U^{-1},可得

$$|\psi'\rangle=U^{-1}(|\psi_{\text{comp}}\rangle|0\rangle) \tag{2-449}$$

若 A 的第 3 个比特值为 $|1\rangle$,可将其输入态映射到低概率子空间 $\Lambda^{\perp}$。此时,是 A 发送的最佳态,使 B 解压缩达到 $|0'0'0'\rangle$ 态,与发送态 $|\psi_{\text{comp}}\rangle$ 完全一致,所以有

$$|\psi'\rangle=U^{-1}(|\psi_{\text{comp}}\rangle|0\rangle)=|0'0'0'\rangle \tag{2-450}$$

因此,若 A 的 3 个编码信号态均为 $|\psi\rangle$,发送两个给 B,B 按照上述方法解码,则可获得 ρ' 态:

$$|\psi\rangle\langle\psi|\rightarrow\rho'=E|\psi\rangle\langle\psi|E+|0'0'0'\rangle\langle\psi|(1-E)|\psi\rangle\langle 0'0'0'| \tag{2-451}$$

式中,E 为 Λ 映射,可靠性为

$$\begin{aligned}F&=\langle\psi|\rho'|\psi\rangle=(\langle\psi|E|\psi\rangle)^2+(\langle\psi|(1-E)|\psi\rangle)(\langle\psi|0'0'0'\rangle)^2\\&=(0.9419)^2+(0.0581)(0.6219)=0.9234\end{aligned} \tag{2-452}$$

若发送的信息字长更大,可靠性还可按照下式改善。将量子比特的谐振 von Neumann 熵调整为

$$S(\rho)=H\left(\cos^2\frac{\pi}{8}\right)=0.60088\cdots \tag{2-453}$$

所以根据 Schumacher 原理,可缩短字长 0.6009,且能保证良好的可靠性。

2. Schumacher 编码

Shannon 的无噪声编码定理的核心是可以编码的典型序列码,且具有较好的保真度。为量化量子信息的可压缩性,提出子空间序列的概念。Schumacher 无噪声量子编码原理的关键是对典型子空间编码,其他正交成分可忽略,所以保真度基本没有损失。信息 n 字母都纯粹量子态,且满足 $\{|\varphi_x\rangle,p_x\}$,所以单字母的密度矩阵为

$$\rho=\sum_x p_x|\varphi_x\rangle\langle\varphi_x| \tag{2-454}$$

同时,因为这些字母都是独立的,所以整个信息的密度矩阵为

$$\rho^n\equiv\rho\otimes\cdots\otimes\rho \tag{2-455}$$

若 n 比较大,此密度矩阵具有几乎支持所有完整信息的 Hilbert 子空间,这些子空间的维数渐近于 $2^{nS(\rho)}2ns(\rho)$。如果正交基 ρ 为对角矩阵,在这个基础上可以把量子信息源当作有效的经典源码,所产生的 ρ 态字符串信息,每个概率对应于其特征值的乘积。对于所指定的 n 和 δ,典型的子空间 Λ 作为带值特征值 λ 的空间矢量 $\rho^n\lambda$ 满足于

$$2^{-n(S-\delta)}\geqslant\lambda\geqslant \mathrm{e}^{-n(S+\delta)} \tag{2-456}$$

根据 Shannon 原理可推断任何 $\delta,\varepsilon>0$ 且 n 为最大值,ρ^n 特征值之和满足

$$\operatorname{tr}(\rho^n E) > 1 - \varepsilon \tag{2-457}$$

式中 E 为典型子空间映射，且$(\rho^n E)$中特征值的数字满足

$$2^{n(S+\delta)} \geqslant \dim(\Lambda) \geqslant (1-\varepsilon)2^{n(S-\delta)} \tag{2-458}$$

此编码完全适合典型子空间发送态。例如，可模糊衡量 Λ 或 $\Lambda^{\perp}$ 之间输入信息，Λ 的概率 $P_{\Lambda}=\operatorname{tr}(\rho^n E)>1-\varepsilon$。同时，映射态也被编码发送。其他输出概率可以忽略不计。此编码方案引入了量子态，所以可用最少的量子比特携带更多的信息。例如，可用基于 U 单一变化代替 Λ 中每个态 $|\psi\rangle_{\text{typ}}$ 构成

$$U|\psi_{\text{typ}}\rangle = |\psi_{\text{comp}}\rangle|0_{\text{rest}}\rangle \tag{2-459}$$

式中，$|\psi\rangle_{\text{comp}}n(S+\delta)$量子态，$|0_{\text{rest}}\rangle$代表其余量子$|0\rangle\cdots|0\rangle$态。$A$ 方发送$|\psi\rangle_{\text{comp}}$给 B 时，B 用$|0_{\text{rest}}\rangle$及 U^{-1}解码。设

$$|\varphi_i\rangle = |\varphi_{x_1(i)}\rangle|\varphi_{x_2}(i)\rangle\cdots|\varphi_{x_n(i)}\rangle \tag{2-460}$$

任何一个纯态信息中的字母 n 都可以发送。完成编码、传输及解码后，B 方重构的态为

$$|\varphi_i\rangle\langle\varphi_i| \to \rho_i' = E|\varphi_i\rangle\langle\varphi_i|E + \rho_{i,\text{Junk}}\langle\varphi_i|(1-E)|\varphi_i\rangle \tag{2-461}$$

式中 $\rho_{i,\text{Junk}}$为发送态。若大体估算 $\Lambda^{\perp}$ 结果不会存在任何问题，信息传输过程中的保真度平均变化为

$$\begin{aligned} F &= \sum_i p_i\langle\varphi_i|\rho_i'|\varphi_i\rangle \\ &= \sum_i p_i\langle\varphi_i|E|\varphi_i\rangle\langle\varphi_i|E|\varphi_i\rangle + \sum_i p_i\langle\varphi_i|\rho_{i,\text{Junk}}|\varphi_i\rangle\langle\varphi_i|1-E|\varphi_i\rangle \\ &\geqslant \sum_i p_i \| E|\varphi_i\rangle \|^4 \end{aligned} \tag{2-462}$$

式中，最后一个不等式中因 Junk 为负，所以任意数均满足

$$(x-1)^2 \geqslant 0, \quad x^2 \geqslant 2x-1 \tag{2-463}$$

若设 $x=\| E|\rho_i\rangle \|^2$，可得

$$\| E|\varphi_i\rangle \|^4 \geqslant 2\| E|\varphi_i\rangle \|^2 - 1 = 2\langle\varphi_i|E|\varphi_i\rangle - 1 \tag{2-464}$$

因此，

$$F \geqslant \sum_i p_i(2\langle\varphi_i|E|\varphi_i\rangle - 1) = 2\operatorname{tr}(\rho^n E) - 1 > 2(1-\varepsilon) - 1 = 1 - 2\varepsilon \tag{2-465}$$

说明此信息至少被压缩到小于 $n(S+\delta)$量子比特。证明在保证可靠性的条件下 n 达到了最大值，即经压缩后的信息每个字母少至 $S+\delta$ 比特。当 B 对 $\rho_{\text{comp},i}$解码时，用其所收到的附加量子比特及转换单元 U^{-1}，可得

$$\rho_i' = U^{-1}(\rho_{\text{comp},i} \otimes |0\rangle\langle 0|)U \tag{2-466}$$

式中，ρ_i'为解码单元。设 ρ_{comp}已压缩为 $n(S-\delta)$比特。输入信息通过编码、解码全部出现在 $2^{n(S-\delta)}$维 B 方 Hilbert 空间的 Λ'子空间。如果输入信息为$|\rho_i\rangle$，被 B 方重建 ρ_i'，此对角矩阵为

$$\rho_i' = \sum_{a_i} |a_i\rangle\lambda_{a_i}\langle a_i| \tag{2-467}$$

式中$|a_i\rangle'$为 Λ'中相互正交态。重建的信息的可靠性为

$$\begin{aligned} F_i &= \langle\varphi_i|\rho_i'|\varphi_i\rangle \\ &= \sum_{a_i}\lambda_{a_i}\langle\varphi_i|a_i\rangle\langle a_i|\varphi_i\rangle \\ &\leqslant \sum_{a_i}\langle\varphi_i|a_i\rangle\langle a_i|\varphi_i\rangle \leqslant \langle\varphi_i|E'|\varphi_i\rangle \end{aligned} \tag{2-468}$$

式中，E'为 Λ'子空间上正交映射。因此，评价可靠性为

$$F = \sum_i p_i F_i \leqslant \sum_i p_i\langle\varphi_i|E'|\varphi_i\rangle = \operatorname{tr}(\rho^n E') \tag{2-469}$$

但因 E' 在 $2^{n(S-\delta)}$，$\mathrm{tr}(\rho^n E')$ 维空间的映射不大于特征值为 ρ^n 的 $2^{n(S-\delta)}$ 之和。根据此典型子空间特性，此特征值在 n 足够大时变得很小：

$$F \leqslant \mathrm{tr}(\rho^n E') < \varepsilon \tag{2-470}$$

以上说明，如果希望每个字母压缩至 $S-\delta$ 比特，但当 n 很大时，可靠性会变差。因此，希望每个字母的 $S(\rho)$ 比特的最佳压缩方案是在保证获得良保真度的情况下 n 趋于无穷大。这是 Schumacher 无噪声量子编码定理。研究证明，$n(S-\delta)$ 量子比特不足以区分所有的典型状态。通过比较总结 Shannon 无噪声编码定理和 Schumacher 无噪声量子编码定理之间的异同发现，在经典的情况下，几乎所有的长信息都是典型的序列，所以只能对这些小概率误差的序列进行编码。在量子情况下，几乎所有的长信息都与典型的子空间交叠，因此可以只编码典型的子空间，并仍然达到良好的保真度。事实上，上述 A 方通过互为正交量子态的 $x_1x_2\cdots x_n$ 字符串把有效的经典信息发送给 B 方，B 方能按这些经典指令重建 A 态，通过这种方式实现了高保真压缩，每个字母仅用 $H(X)h(x)$ 量子比特。但如果字母出自非正交纯态谐振，这个压缩量不可能最优，因为不能完全区分非正交态，将导致一些关于态制备的经典信息失效。因此，Schumacher 编码更为优越，获得每个字母的最佳压缩比特 $S(\rho)$，对信息的包容效率更高。

3. 混合态编码

Schumacher 定理描述的集合态可压缩性特性混合态谐振，不完全适用于信息构建。新的压缩方案必须采用谐振相互正交的纯态。正交谐振集合 Shannon 熵等于 von Neumann 熵：

$$H(X) = S(\rho) \tag{2-471}$$

所以，经典和量子可压缩性趋于一致。因为可完美识别正交态，所以如果 A 发送以下信息给 B，

$$|\varphi_{x_1}\rangle\varphi_{x_2}\rangle\cdots|\varphi_{x_n}\rangle \tag{2-472}$$

A 可发送经典信息 $x_1x_2\cdots x_n$ 给 B，B 也可完美地重建此态。但若字母为相互正交混合态 $\{\rho_x, p_x\}$ 时，

$$\mathrm{tr}\ \rho_x\rho_y = 0, \quad x \neq y \tag{2-473}$$

ρ_x 和 ρ_y 支持 Hilbert 正交子空间。混合态也能完美识别，信息本质上是经典的，因此可压缩为每字母 $H(X)$ 量子比特。例如，将字母的 Hilbert 空间 H_A 扩展为更大的 $H_A \otimes H_B$ 空间，并选用净化 ρ_x，纯态 $|\rho_x\rangle_{AB} \in H_A \otimes H_B$，可得

$$\mathrm{tr}_B(|\varphi_x\rangle_{AB\,AB}\langle\varphi_x|) = (\rho_x)_A \tag{2-474}$$

这些纯态相互正交，且谐振 $\{|\rho x\rangle_{AB,P_x}\}$ 具有 von Neumann 熵 $H(X)$。因此，Schumacher 可压缩信息：

$$|\varphi_{x_1}\rangle_{AB}|\varphi_{x_2}\rangle_{AB}\cdots|\varphi_{x_n}\rangle_{AB} \tag{2-475}$$

对每个字母 $H(X)$ 量子比特。接收方 B 可用抛弃子系统 B 的现实范积，并重建 A 方信息。为获得混合态字母信息更佳的可压缩性特性，按照让每个字母纯态减小至 $S(\rho)$，相互正交混合态减小至 $H(X)$ 的要求，选择

$$\rho = \sum_x p_x\rho_x \tag{2-476}$$

此为对角矩阵，其中，

$$\begin{aligned} S(\rho) &= -\mathrm{tr}\ \rho\log\rho = -\sum_x \mathrm{tr}(p_x\rho_x)\log(p_x\rho_x) \\ &= -\sum_x p_x\log p_x - \sum_x p_x \mathrm{tr}\ \rho_x\log\rho_x \\ &= H(X) + \sum_x p_x S(\rho_x) \end{aligned} \tag{2-477}$$

因对每个 x，有 $\mathrm{tr}\ \rho_x = 1$。所以，Shannon 熵为

$$H(X) = S(\rho) - \sum_x p_x S(\rho_x) \equiv \chi(\varepsilon) \tag{2-478}$$

式中，$\chi(\varepsilon)$称为谐振 $\varepsilon=\{\rho_x, p_x\}$的 Holevo 信息。显然，$\rho$ 并不取决于密度矩阵，但 ρ 符合混合态谐振。由此可见，无论是谐振纯态或相互正交的混合态的谐振，Holevo 信息 $\chi(\varepsilon)$是每个字母量子比特的最佳值，可实现大 n 信息压缩并具有良好的保真度。此 Holevo 信息可认为是泛 von Neumann 熵，对纯态谐振态可减小至 $S(\rho)$。它也与经典信息理论有密切的相似性：

$$I(Y;X) = H(Y) - H(Y \mid X) \tag{2-479}$$

此 Shannon 熵的平均值可从 χ 值得到

$$\chi(\varepsilon) = S(\rho) - \sum_x p_x S(\rho_x) \tag{2-480}$$

von Neumann 谐振熵的评价值随准备条件的选择而增减。类似经典交互信息，Holevo 信息始终为正，$S(\rho)$凹度如下：

$$S\left(\sum_x p_x \rho_x\right) \geqslant \sum_x p_x S(\rho_x) \tag{2-481}$$

通过分析 Holevo 可压缩信息和由正交混合态字母信息构成信息压缩性之间的联系，证明一般情况下，高保真压缩到每字母小于 χ 比特是不可能的，必须使用 χ 的单一性特征，采用特殊超算符 \$，按照下式作用于混合态谐振：

$$\$: \varepsilon = \{\rho_x, p_x\} \to \varepsilon' = \{\$(\rho_x), p_x\} \tag{2-482}$$

则

$$\chi(\varepsilon') \leqslant \chi(\varepsilon) \tag{2-483}$$

Lindblad-Uhlmann 单调性与 von Neumann 熵有密切的相关性，X 的单调性表明，X 为量化量子系统中编码的信息总量。超算符退相干描述只能保留或减少信息量。相反，von Neumann 熵是不是单调的，超算符需要将一个初始纯态变成混合态增加 $S(\rho)$，但另一个超算符需要每一个混合状态成为基态 $|0\rangle\langle 0|$，从而减少初始混合态熵使之为零。有时会错误地认为，S 减少的信息是信息增益，实际上是因为系统识别不同准备条件的能力已被完全摧毁。同时，衰变到基态 Holevo 信息减少到零，说明已失去重建的初始状态的能力。设所有输入的信息为 $\varepsilon^{(N)}$ 中 n 字母信息的每个独立谐振 $\varepsilon=\{\rho_X, P_X\}$，代码构造、压缩信息都在 Hilbert 的空间$\widetilde{H}(n)$，压缩信息 $\tilde{\varepsilon}^{(n)}$ 通过超算符 \$ 解压缩为

$$\$: \tilde{\varepsilon}^{(n)} \to \varepsilon'^{(n)} \tag{2-484}$$

可获得输出信息谐振 $E_0^{(n)}$。

$E^{(n)}$ 有较高可靠性，对任意 δ 和 n，$E'^{(n)}$ 满足

$$\frac{1}{n}\chi(\varepsilon^{(n)}) - \delta \leqslant \frac{1}{n}\chi(\varepsilon'^{(n)}) \leqslant \frac{1}{n}\chi(\varepsilon^{(n)}) + \delta \tag{2-485}$$

Holevo 信息的每个字母输入与输出相近。由于输入为乘积态，添加了 $S(\rho)$：

$$\chi(\varepsilon^{(n)}) = n\chi(\varepsilon) \tag{2-486}$$

由 Lindblad-Uhlmann 唯一性原理，可得

$$\chi(\varepsilon'^{(n)}) \leqslant \chi(\tilde{\varepsilon}^{(n)}) \tag{2-487}$$

结合式(2-485)～式(2-487)，可得

$$\frac{1}{n}\chi(\tilde{\varepsilon}^{(n)}) \geqslant \chi(\varepsilon) - \delta \tag{2-488}$$

式中，$\chi(\tilde{\varepsilon}^{(n)})$上限为 $S(\tilde{\rho}^{(n)})$，为$\widetilde{H}^{(n)}$指数。由于 δ 可能很小，可确定 $n \to +\infty$时，则有

$$\frac{1}{n}\log(\dim \widetilde{\mathcal{H}}^{(n)}) \geqslant \chi(\varepsilon) \tag{2-489}$$

所以，要求每个字母高保真压缩低于 $\chi(\varepsilon)$量子比特是不可能的，最多能接近此值。

4. 可理解信息

Holevo 信息 $\chi(\varepsilon)$与经典相关信息以及 X 的单调性 $I(X;Y)$都非常类似，设 X 为经典信息可在量子系统中存储和提取。以上已讨论了量化量子信息、量子比特测量、量子态信息重建和量化量子比特准确态的测量。量化经典信息内容可以从这些信息中提取，特别是其中的字母包括不相互正交的信息。但所存储的非正交量子态经典信息还无法完全区别这些信息如果是非经典信息，这种情况就可以避免。例如，经典带宽光纤通信，需要在单光子信息中编码，以提高整个经典信息传输率。如果这些光子都被紧密联系在一起，相互重叠，这些信息同样不能区分。这虽然与量子压缩有所区别，但比量子信息可压缩，数学上是相关的。例如，von Neumann 熵及其广义 Holevo 信道信息就可用于解决此问题。设 A 根据量子态 $\varepsilon=\{|\rho_x\rangle,p_x\}$集合准备一个纯态量子，若 B 已知道此集合，但不知 A 选择的特定状态，B 想获得尽可能多的 x 信息，就需收集测量 POVM$\{F_y\}$；如 A 已选择制备了 x，B 获得测量结果的条件概率为

$$p(y \mid x)=\langle\varphi_x \mid F_y \mid \varphi_x\rangle \tag{2-490}$$

此条件概率与 X 集合一起决定了 B 能获得的准备好的共有信息 $I(X;Y)$，最好的测量结果取决于此集合。B 可获得的信息最大值为

$$A_{cc}(\varepsilon)=\max_{\{F_y\}} I(X;Y) \tag{2-491}$$

式中 max 覆盖所有 POVM's。此数称为集合 ε 接近值。如果$|\varphi_x\rangle$相互正交，则通过正交度测量，量子信息的正交量子态就能完全区别：

$$E_y=|\varphi_y\rangle\langle\varphi_y| \tag{2-492}$$

其条件概率为

$$p(y \mid x)=\delta_{y,x} \tag{2-493}$$

所以，$H(X|Y)=0$ 及 $I(X;Y)=H(X)$。此测量为最佳结果，所以

$$A_{cc}(\varepsilon)=H(X) \tag{2-494}$$

对于纯态和混合态正交集合，最值得关注的是信号态为非正交纯态。此时，$A_{cc}(\varepsilon)$不能用一般已知的公式，而采用

$$A_{cc}(\varepsilon)\leqslant S(\rho) \tag{2-495}$$

这就限定了正交态信号，其中 $S(\rho)=H(X)$。总之，根据经典信息论，$I(X;Y)\leqslant H(X)$。但对于非正交态，有 $S(\rho)<H(X)$，因此式(2-495)是一个更好的约束。即便如此，此约束并不严格。在许多情况下，$A_{cc}(\varepsilon)$严格小于 $S(\rho)$。因为 $A_{cc}(\varepsilon)$与 $S(\rho)$之间的关系是十分清晰的，每个信息中包含 n 个可访问的字母，为 B 提供了许多灵活性，选择所有 n 个字母进行集合测试，从而收集更多的信息。此外，A 可以根据这些条件选择进行准备，而不是随意从集合 ε 挑选字母组合消息，这是特殊信息(代码)集合设计的特色。A 和 B 双方都能方便地找到代码集合 ε，当字母 $n\to+\infty$时，信息逼近 $S(\rho)$。因此，$S(\rho)$代表了纯量子态集合包含的所有信息。如果这些结果推广到混合量子态集合，以 Holevo 信息取代 von Neumann 熵。混合状态$\{\rho_x,p_x\}$集合的可访问信息为

$$A_{cc}(\varepsilon)\leqslant \chi(\varepsilon) \tag{2-496}$$

此 Holevo 边界，通常并非严格限制。但若 A 和 B 都选 n 字母编码，每个字母集合的边界为 E，B 采用 POVM 所有 n 个字母。如果要求所有码为乘积态，则每个字母最佳编码为 $\chi(\varepsilon)$。这时，$\chi(\varepsilon)$代表混合量子态信息。一方面，混合量子态的字母可出现在 A 通过噪声量子信道发送给 B 的混合态。由于信道退相干，B 接收混合态时必须解码。此时，$\chi(\varepsilon)$代表通过噪声量子信道传输给 B 的最大经典信息。例如，A 发送 n 张偏振态照片给 B，如果噪声影响每一张照片是 A 在纠缠态下发送的，则 $\chi(\varepsilon)$为最大值，B 仍能获得清晰照片，因为

$$\chi(\varepsilon) \leqslant S(\rho) \leqslant 1 \tag{2-497}$$

一般情况下，非纠缠单光子至少能携带一个比特经典信息。

5. Holevo(信道)限制

Holevo 限制对信息的影响还没有完美的理论分析，但可利用量子信息论中的许多结论，确定 von Neumann 熵的可加性。设 A 从 $\varepsilon=\{\rho_x, p_x\}$ 集合中准备一个量子态，且 B 执行 POVM$\{F_y\}$操作，A 准备发送的 x 及 B 收到的 y 的概率分布为

$$p(x,y) = p_x \mathrm{tr}\{F_y \rho_x\} \tag{2-498}$$

可以看出，

$$I(X;Y) \leqslant \chi(\varepsilon) \tag{2-499}$$

因为 3 个子系统具有很强的亚可加性，可以将 3 个子系统当成同一个。若用输入系统 X 存储准备好的经典信息，则输出系统 Y 与 x 的经典互相关取决于概率分布 $p(x,y)$。然后，应用 X,Y 的强亚可加性及量子系统 Q，可获得 $I(X;Y)$对 $X(\varepsilon)$的关系。设 XQY 系统的初始态为

$$\rho_{XQY} = \sum_x p_x \mid x\rangle\langle x \mid \otimes \rho_x \otimes \mid 0\rangle\langle 0 \mid \tag{2-500}$$

式中，$|x\rangle's$ 为输入系统 X 正交纯态，$|0\rangle$为输出系统 Y 的特殊纯态，可得

$$\rho_X = \sum_x p_x \mid x\rangle\langle x \mid \to S(\rho_X) = H(X)$$

$$\rho_Q = \sum_x p_x \rho_x \equiv \rho \to S(\rho_{QY}) = S(\rho_Q) = S(\rho) \tag{2-501}$$

因为$|x\rangle's$ 为相互正交，可得

$$S(\rho_{XQY}) = S(\rho_{XQ}) = \sum_x -\mathrm{tr}(p_x\rho_x \log p_x\rho_x) = H(X) + \sum_x p_x S(\rho_x) \tag{2-502}$$

进行归一化对 B 方输出系统 Y 中的测量结果做一记号。设执行正交测量$\{E_y\}$，其中

$$E_y E_{y'} = \delta_{y,y'} E_y \tag{2-503}$$

考虑到常规 POVM，按照下式归一化 QY 上的 U_{QY}：

$$U_{QY}: \mid \varphi\rangle_Q \otimes \mid 0\rangle_Y = \sum_y E_y \mid \varphi\rangle_Q \otimes \mid y\rangle_Y \tag{2-504}$$

式中，$|y\rangle$为相互正交 ρ_{XQY}，转化为

$$U_{QY}: \rho_{XQY} \to \rho'_{XQY} = \sum_{x,y,y'} p_x \mid x\rangle\langle x \mid \otimes E_y \rho_x E_{y'} \otimes \mid y\rangle\langle y' \mid \tag{2-505}$$

因为 von Neumann 熵在归一化基础上为不变量，所以有

$$S(\rho'_{XQY}) = S(\rho_{XQY}) = H(x) + \sum_x p_x S(\rho_x)$$

$$S(\rho'_{QY}) = S(\rho_{QY}) = S(\rho) \tag{2-506}$$

取式(2-505)中的范积，可得

$$\rho'_{XY} = \sum_{x,y} p_x \mathrm{tr}(E_y \rho_x) \mid x\rangle\langle x \mid \otimes \mid y\rangle\langle y \mid$$

$$= \sum_{x,y} p(x,y) \mid x,y\rangle\langle x,y \mid \to S(\rho'_{XY}) = H(X,Y) \tag{2-507}$$

由式(2-503)，可得

$$\rho'_Y = \sum_y p(y) \mid y\rangle\langle y \mid \to S(\rho'_Y) = H(Y) \tag{2-508}$$

调用以下亚可加性：

$$S(\rho'_{XQY}) + S(\rho'_Y) \leqslant S(\rho'_{XY}) + S(\rho'_{QY}) \tag{2-509}$$

且变换成

$$H(X)+\sum_x p_x S(\rho_x)+H(Y)\leqslant H(X,Y)+S(\rho) \tag{2-510}$$

或

$$I(X;Y)=H(X)+H(Y)-H(X,Y)\leqslant S(\rho)-\sum_x p_x S(\rho_x)=\chi(\varepsilon) \tag{2-511}$$

这就是 Holevo 约束。对于处理更多的一般 POVM's,可通过添加多个子系统 Z 扩大系统。然后,按照 Z 构建归一化的 U_{QY} 如下:

$$U_{QYZ}:|\varphi\rangle_Q\otimes|0\rangle_Y\otimes|0\rangle_Z=\sum_y\sqrt{F_y}\,|\varphi\rangle_A\otimes|y\rangle_Y\otimes|y\rangle_Z \tag{2-512}$$

所以,

$$\rho'_{XQYZ}=\sum_{x,y,y'}p_x\,|x\rangle\langle x|\otimes\sqrt{F_y}\rho_x\sqrt{F_{y'}}\otimes|y\rangle\langle y'|\otimes|y\rangle\langle y'| \tag{2-513}$$

则覆盖 Z 的范积为

$$\rho'_{XQY}=\sum_{x,y}p_x\,|x\rangle\langle x|\otimes\sqrt{F_y}\rho_x\sqrt{F_y}\otimes|y\rangle\langle y| \tag{2-514}$$

及

$$\rho'_{XY}=\sum_{x,y}p_x\operatorname{tr}(F_y\rho_x)\,|x\rangle\langle x|\otimes|y\rangle\langle y|=\sum_{x,y}p(x,y)\,|x,y\rangle\langle x,y|\rightarrow S(\rho'_{XY})=H(X,Y) \tag{2-515}$$

6. 可区别性优化

根据可区分性概念,以单量子比特为例,A 准备以下 3 个纯态之一:

$$|\varphi_1\rangle=|\uparrow\hat{n}_1\rangle=\begin{pmatrix}1\\0\end{pmatrix}$$

$$|\varphi_2\rangle=|\uparrow\hat{n}_2\rangle=\begin{pmatrix}-\frac{1}{2}\\\frac{\sqrt{3}}{2}\end{pmatrix}$$

$$|\varphi_3\rangle=|\uparrow\hat{n}_3\rangle=\begin{pmatrix}-\frac{1}{2}\\-\frac{\sqrt{3}}{2}\end{pmatrix} \tag{2-516}$$

式中,$-1/2$ 表示 3 个旋转方向,在 xz 面时对称分布;每个态具有 $1/3$ 概率,A 方信号态为非正交,有

$$\langle\varphi_1|\varphi_2\rangle=\langle\varphi_1|\varphi_3\rangle=\langle\varphi_2|\varphi_3\rangle=-\frac{1}{2} \tag{2-517}$$

B 方找到尽可能多的 A 方准备的信息。A 方的密度矩阵集合为

$$\rho=\frac{1}{3}(|\varphi_1\rangle\langle\varphi_1|+|\varphi_2\rangle\langle\varphi_3|+|\varphi_3\rangle\langle\varphi_3|)=\frac{1}{2}\mathbb{1} \tag{2-518}$$

式中 $S(\rho)=1$。因此,Holevo 限制说明 A 方准备的共有信息及 B 方测量结果一定超过 1 比特,虽然受影响的信息低于 Holevo 限制允许的 1 比特,因此,A 方集合足够均匀,说明为最佳测量。B 方可根据 3 个输出选择 POVM,其中,

$$F_{\bar{a}}=\frac{2}{3}(1-|\varphi_a\rangle\langle\varphi_a|),\quad a=1,2,3 \tag{2-519}$$

则

$$p(a\mid b)=\langle\varphi_b|F_{\bar{a}}|\varphi_b\rangle=\begin{cases}0, & a=b\\ \frac{1}{2}, & a\neq b\end{cases} \tag{2-520}$$

因此,测量结果排除了 A 方准备概率,但等于综合概率($p=1/2$)。B 方获得的信息为

$$I = H(X) - H(X \mid Y) = \log_2 3 - 1 = 0.58496 \tag{2-521}$$

此结果为最佳，说明 POVM 可选择 3 个 Fa's 共享 3 个输入态的集合。用式(2-519)优化计算，可建立可理解信息集合 $\varepsilon=\{|\varphi_a, p_a=1/3\}$：

$$A_{cc}(\varepsilon) = \log_2\left(\frac{3}{2}\right) = 0.58496\cdots \tag{2-522}$$

且 Holevo 限制并未饱和。

7. 获取 Holevo 纯态

上述讨论给定一个纯态集合就可构造 n 个字母码字，渐近实现可访问信息 $S(\rho)$。所以必须选择一种码用于准备可视码(Prepare Decoding Observable，PDO)码字的集合，使发送及接收双方都能识别。若 A 方选择 $2^{n(S-\delta)}$ 码字，B 方可以顺利确定发送方，并以极低的误码概率实现 $n\to+\infty$。但应保证调用随机编码时，发送方乘积信号态为

$$|\varphi_{x_1}\rangle|\varphi_{x_2}\rangle\cdots|\varphi_{x_n}\rangle \tag{2-523}$$

通过绘制每个字母随机从集合 $\varepsilon=\{|\varphi_x\rangle, p_x\}$，可看出典型的码字具有很大的 $\Lambda^{(n)}>2^{n(S(\rho)-\delta)}$ 维子空间 $\Lambda^{(n)}$ 交叠。此外，对于一个典型代码，每个字母边缘集合接近于 E。因为典型子空间 n 很大，A 方可选择很多码字，两个典型码的交迭很小。典型码字随机分布在 D 维子空间的平均交迭为 $1/D$。若 $|u\rangle$ 和 $|w\rangle$ 两码字在 D 维空间中任意两个矢量单位也存在交叠，则此码字为

$$\langle|\langle u \mid w\rangle|^2\rangle_\Lambda < 2^{-n(S-\delta)} \tag{2-524}$$

式中 $\langle\cdot\rangle_\Lambda$ 代表随机典型码字。可以确信，典型码字均匀分布在子空间，平均交集的随机码子交叠为

$$\begin{aligned}|\varphi_{x_1}\rangle\cdots|\varphi_{x_n}\rangle, |\varphi_{y_1}\rangle\cdots|\varphi_{y_n}\rangle &= \sum p_{x_1}\cdots p_{x_n} p_{y_1}\cdots p_{y_n}(|\varphi_{x_1} \mid \varphi_{y_1}\rangle|^2\cdots|\langle\varphi_{x_n} \mid \varphi_{y_n}\rangle|^2) \\ &= \mathrm{tr}(\rho\otimes\cdots\otimes\rho)^2\end{aligned} \tag{2-525}$$

设典型子空间 $\Lambda^{(n)}<2^{n(S+\delta)}$ 且特征值 $\rho^{(n)}=\rho\otimes\cdots\otimes\rho$ 对 $\Lambda^{(n)}$ 的限制满足于 $\lambda<2^{-n(S-\delta)}$，则

$$\langle|\langle u \mid w\rangle|^2\rangle_\Lambda = \mathrm{tr}_\Lambda[\rho^{(n)}]^2 < 2^{n(S+\delta)}[2^{-n(S-\delta)}]^2 = 2^{-n(S-3\delta)} \tag{2-526}$$

式中 tr_Λ 表示典型子空间迹。设 $2^{n(S-\delta)}$ 随机码字 $\{|u_i\rangle\}$ 可选，则 $|u_j\rangle$ 为任意固定码字：

$$\sum_{i\neq j}\langle|\langle u_i \mid u_j\rangle|^2\rangle < 2^{n(S-\delta)}2^{-n(S-\delta')} + \varepsilon = 2^{-n(\delta-\delta')} + \varepsilon \tag{2-527}$$

式中所有的码字及平均长度不限于典型码字 ε。对任何固定 δ，可选 δ' 及 ε 足够小，n 足够大。所以，平均编码超过码及码字时，码字成为 $n\to+\infty$ 高识别区分。若调用标准 Shannon 码，式(2-527)中平均码也适用于特定的代码。此外，因所有代码每个字母限制集合接近 ε，此特征码满足式(2-527)。同时，式(2-527)覆盖所达到特定码字 $|u_j\rangle$，但取消了多半码字，以确保每一个码字达到最高识别率。A 方可选择 $2^{n(S-\delta)}$ 高识别率的码字，组成相互正交 $n\to+\infty$。因此，每个可访问信息为

$$\frac{1}{n}A_{cc}(\tilde{\varepsilon}^{(n)}) = S(\rho) - \delta \tag{2-528}$$

是可以实现的，$\tilde{\varepsilon}^{(n)}$ 表示 A 方 n 个字母码字集合。对于任何有限的 n，B 方的 POVM 将被一个复杂的 n 个字母集进行测量。可证明，仔细分析 POVM 及概率误差范围，根据 Holevo 和熵的可叠加性，每个字母可访问信息不可能超过 $S(\rho)$。Holevo 限制表明：

$$A_{cc}(\tilde{\varepsilon}^{(n)}) \leqslant S(\tilde{\rho}^{(n)}) \tag{2-529}$$

式中 $\tilde{\rho}^{(n)}$ 代表码字密度矩阵，其可叠加性为

$$S(\tilde{\rho}^{(n)}) \leqslant \sum_{i=1}^{n} S(\tilde{\rho}_i) \tag{2-530}$$

式中 $\tilde{\rho}_i$ 为减小后的第 i 个字母的密度矩阵。因为每个 $\tilde{\rho}_i$ 都逐渐接近于 e，则有

$$\lim_{n\to+\infty}\frac{1}{n}A_{cc}(\tilde{\varepsilon}^{(n)}) \leqslant \lim_{n\to+\infty}\frac{1}{n}S(\tilde{\rho}^{(n)}) \leqslant S(\rho) \tag{2-531}$$

此约束除了每一字母的集合限制渐近 ε，与任何代码无关，特别适用于码字纠缠态而不是乘积状态。

因此，$S(\rho)$为每个字母的最佳可访问信息。可以定义一种与一个特定的纯量子态字母表相关的信道容量，即固定字母容量。设A配备了一个量子态源，就可以生产任何$|\rho_x\rangle$态，几乎达到其选择的先验概率状态。固定字母容量C_{fa}为最大，A能获得最佳概率分布$\{p_x\}$，且可建立

$$C_{fa} = \max_{\{p_x\}} S(\rho) \tag{2-532}$$

式中，C_{fa}为上述特殊量子态字母表中的字母最大经典比特数。

8. Holevo 混合态

为了扩大n-字母信息，设每个字母集合的限制为混合态量子的集合：

$$\varepsilon = \{\rho_x, p_x\} \tag{2-533}$$

认为每个字母表示$\chi(\varepsilon)$经典信息比特，$n\to\infty$是可能的。现在的任务是：

(1) 指定一个代码，使通信A,B双方都可以使用，由码字集合产生ε字母集合。

(2) 指定B解码时，用PDO识别码字。

(3) B的误差概率，当$n\to+\infty$时接近于零。正如以上纯态讨论案例，提供一种更合理的结论。

同样，设A将选择混合状态码字，每个字母根据集合E编码，即码字为

$$\rho_{x_1}\otimes\rho_{x_2}\otimes\cdots\otimes\rho_{x_n} \tag{2-534}$$

被选择的概率为$p_{x_1}p_{x_2}\cdots p_{x_n}$。每个典型的码字可视为一个纯态的集合，几乎能支持某一典型子空间。如果各个码字的典型空间很少交叠，B就能以最小的错误概率，执行PDO识别A的典型子空间的信息。码字的平均熵为

$$\langle S^{(n)}\rangle = \sum_{x_1x_2\cdots x_n} p_{x_1}p_{x_2}\cdots p_{x_n}S(\rho_{x_1}\otimes\rho_{x_2}\otimes\cdots\otimes\rho_{x_n}) \tag{2-535}$$

利用添加乘积态熵，且$\sum_x p_x = 1$，可得

$$\langle S^{(n)}\rangle = n\sum_x p_x S(\rho_x) \equiv n\langle S\rangle \tag{2-536}$$

n越大，码字熵概率很高，且特征值$\rho_{x_1}\otimes\rho_{x_2}\otimes\cdots\otimes\rho_{x_n}$概率接近于$2^{-n\langle S\rangle}$。即典型的$\rho_{x_1}\otimes\rho_{x_2}\otimes\cdots\otimes\rho_{x_n}$支持$2^{n\langle S\rangle}$维典型子空间。Shannon噪声信道编码定理也已证明，典型信息通过经典噪声信道，能收到的典型信息数为$2^{nH(Y|X)}$。根据每个典型信息$x_1x_2\cdots x_n$，B可构建保证A的信息支持$2^{n(\langle S\rangle+\delta)}$维"解码子空间"。$B$设计的PDO信息解码子空间可确定$A$信息的真伪。如果典型的解码子空间交迭，解码不可能出错。虽然B只重视解码子空间的价值(因此$x_1x_2\cdots x_n$)，B实现PGM由所有矢量确定的典型A的码字矢量子空间(此PGM通过不太大的n正交测量)。B获得的特定结果存在于由源$\rho\otimes\rho\otimes\cdots\otimes\rho$确定的$2^{nS(\delta)}$维$A$发送信息的子空间。因$B$的测量结果均匀分布在$2^{nS}$维$2^{nS}$子空间，此矢量的平均交迭决定于$B$特定的解码空间：

$$\frac{2^{n(\langle S\rangle+\delta)}}{2^{nS}} = 2^{-n(S-\langle S\rangle-\delta)} = 2^{-n(\chi-\delta)} \tag{2-537}$$

若A选择2^{nR}码字，则平均解码误差概率为

$$2^{nR}2^{-n(\chi-\delta)} = 2^{-n(\chi-R-\delta)} \tag{2-538}$$

选择任何R小于X，当$n\to+\infty$时，错误概率都非常小。一般可选择一特定码，去掉部分码字实现每个码字的错误概率最低。

9. 信道容量

结合Holevo限制，根据每字母需要的比特数，可建立量子信道经典容量表达式(但此容量不会超过允许的纠缠码字)。设此信道由一个超算符描述，并认为同样的超算符\$用于每个字母(无记忆量子通道)，制备的纯态信息(熵可加)为$|\varphi_x\rangle$，则接收到的信息为

$$|\varphi_x\rangle\langle\varphi_x| \to \$(|\varphi_x\rangle\langle\varphi_x|) \equiv \rho_x \tag{2-539}$$

若发送的纯态信息$|\varphi_{x_1}\rangle|\varphi_{x_2}\rangle\cdots\varphi_{x_n}\rangle$，接收为混合态$\rho_{x_1}\rho_{x_2}\cdots\rho_{x_n}$，则发送方的码字集合为接收方混合态集合$\tilde{\varepsilon}^{(n)}$。因此接收的最佳信息取决于$A_{cc}(\tilde{\varepsilon}^{(n)})$，其满足于 Holevo 限制：

$$A_{cc}(\tilde{\varepsilon}^{(n)}) \leqslant \chi(\tilde{\varepsilon}^{(n)}) \tag{2-540}$$

接收方的集合为

$$\{\rho_{x_1}\otimes\rho_{x_2}\otimes\cdots\otimes\rho_{x_n},\quad p(x_1,x_2,\cdots,x_n)\} \tag{2-541}$$

式中，$p(x_1,x_2,\cdots,x_n)$为发送码字概率分布。则可计算集合

$$\begin{aligned}&\sum_{x_1x_2\cdots x_n}p(x_1,x_2,\cdots,x_n)S(\rho_{x_1}\otimes\rho_{x_2}\otimes\cdots\otimes\rho_{x_n})\\&=\sum_{x_1x_2\cdots x_n}p(x_1,x_2,\cdots,x_n)[S(\rho_{x_1})+S(\rho_{x_2})+\cdots+S(\rho_{x_n})]\\&=\sum_{x_1}p_1(x_1)S(\rho_{x_1})+\sum_{x_2}p_2(x_2)S(\rho_{x_2})+\cdots+\sum_{x_n}p_n(x_n)S(\rho_{x_n})\end{aligned} \tag{2-542}$$

式中，$p_1(x_1)=\sum_{x_2,\cdots,x_n}p(x_1,x_2,\cdots,x_n)$为第一字母概率分布。根据其可叠加性，可得

$$S(\tilde{\rho}^{(n)}) \leqslant S(\tilde{\rho}_1)+S(\tilde{\rho}_2)+\cdots+S(\tilde{\rho}_n) \tag{2-543}$$

式中，$\tilde{\rho}_i$为第i字母简化密度矩阵。结合式(2-542)及式(2-543)，可得

$$\chi(\tilde{\varepsilon}^{(n)}) \leqslant \chi(\tilde{\varepsilon}_1)+\chi(\tilde{\varepsilon}_2)+\cdots+\chi(\tilde{\varepsilon}_n) \tag{2-544}$$

式中，$\tilde{\varepsilon}_i$为接收的第i字母集合t。式(2-544)可用于任何乘积态。信道可用超算符描述，则可定义纯态信道容量为

$$C(\$)=\max_E\chi(\$(\varepsilon)) \tag{2-545}$$

因此，$X(\tilde{\varepsilon}_i)\leqslant C$。根据式(2-544)中条件，可得

$$\chi(\tilde{\varepsilon}^{(n)}) \leqslant nC \tag{2-546}$$

式中，$\tilde{\varepsilon}^{(n)}$为任意乘积态集合。根据 Holevo 限制，接收信息增益受nC控制。可见，只要代码选择正确并且能解码，每个字母比特$\chi(\$(\varepsilon))$均可达到任何$\varepsilon$值。因此，可以通过噪声信道发送最佳比特数，错误概率可忽略不计。如准备发送的信息是乘积状态，若允许发送信息为纠缠态，则可获得更高的容量，即纠缠态信息的量子信道容量更大。这是量子信息论中很有趣的开放性问题。

参考文献

[1] Devetak I. The private classical capacity and quantum capacity of a quantum channel. IEEE Transactions Information Theory, 2005, 51(1): 44-55.

[2] Salter C L, Stevenson R M, Farrer I, et al. An entangled-light-emitting diode. Nature, 2010, 465: 594-597.

[3] Nanowerk News. Quantum Cryptography breakthrough heralds uncrackable communication networks. Nanowerk, 2010-04-21, http://www.nanowerk.com/news/newsid=15900.php.

[4] Kostoff R N, Schaller R R. Science and technology roadmaps. IEEE Transactions Engineering Management, 2001, 48: 132-143.

[5] Mankins J C. Approaches to strategic research and technology (R&T) analysis and road mapping. Acta Astronautica, 2002, 51: 3-21.

[6] Aharonov D, Ta-Shma A. Adiabatic quantum state generation and statistical zero knowledge. STOC'03 Proceedings of the 35th Annual ACM Symposium on Theory of Computing, New York, NY: ACM Press, 2003: 20-29.

[7] Aharonov D, van Dam W, Kempe J, et al. On the universality of adiabatic quantum computation. manuscript 2003.

[8] Childs A M, Cleve R C, Deotto E, et al. Exponential algorithmic speedup by a quantum walk. STOC'03 Proceedings of the 35th ACM Symposium on Theory of Computing, New York, NY: ACM Press, 2003: 59-68.

[9] Avan Dam W, Mosca M, Vazirani U. How powerful is adiabatic quantum computation. Proceedings of the 42nd Annual Symposium on the Foundations of Computer Science (FOCS'01), Los Alamitos, CA: IEEE Computer Society Press, 2001: 279-287.

[10] Aharonov D, Gottesmann D. Improved threshold for fault-tolerant quantum computation. manuscript, 2002.

[11] Abrams D S, Lloyd S. A quantum algorithm providing exponential speed increase for finding eigen values and eigen vectors. Physical Review Letters, 1999, 83: 5162-5165.

[12] Traub J, Wozniakowski H. Path integration on a quantum computer. Quantum Information Processing, 2002, 1: 365-388.

[13] Grover L. A fast quantum mechanical algorithm for database search. Proceedings of the 28th Annual ACM Symposium on Theory of Computing, New York, NY: Association for Computing Machinery Press, 1999: 212-219.

[14] Aaronson S. Quantum lower bound for the collision problem. Proceedings of the 34th Annual ACM Symposium on Theory of Computing, New York, NY: Association for Computing Machinery Press, 2002: 635-642.

[15] Watrous J. On quantum and classical space-bounded processes with algebraic transition amplitudes. Proceedings of the 40th Annual Symposium on the Foundations of Computer Science (FOCS'99), Los Alamitos, CA: IEEE Computer Society Press, 1999: 341-351.

[16] Buhrman H, Cleve R, Wigderson A. Quantum vs classical communication and computation. Proceedings of the 30th Annual ACM Symposium on Theory of Computing, New York, NY: Association for Computing Machinery Press, 1998: 63-68.

[17] Ambainis A, Schulman L J, Ta-Shma A, et al. The quantum communication complexity of sampling. Proceedings of the 39th Annual Symposium on the Foundations of Computer Science (FOCS'98), Los Alamitos, CA: IEEE Computer Society Press, 1998: 342-351.

[18] Raz R. Exponential separation of quantum and classical communication complexity. Proceedings of the 31st ACM Symposium on Theory of Computing (STOC'1999), New York, NY: ACM Press, 2001: 358-367.

[19] Bar-Yossef Z, Jayram T S, Kerenidis I. Exponential separation of quantum and classical one-way communication complexity The 36th Annual ACM Symposium on Theory of Computing (STOC'04), Chicago, IL, USA, June 13-15, 2004.

[20] Hallgren S. Polynomial-time quantum algorithms for Pell's equation and the principal ideal problem. Proceedings of the 34th Annual ACM Symposium on Theory of Computing, New York, NY: ACMachinery Press, 2002: 653-658.

[21] van Dam W, Hallgren S. Efficient quantum algorithms for shifted quadratic character problems. arXiv: quant-ph/0011067v2, 2001.

[22] Ip L. Solving shift problems and hidden coset problem using the Fourier transform. arXiv: quant-ph/0205034, 2002.

[23] van Dam W, Seroussi G. Efficient quantum algorithms for estimating Gauss sums. arXiv: quant-ph/0207131, 2002.

[24] Regev O. Quantum computation and lattice problems. Proceedings of the 43rd Annual Symposium on the Foundations of Computer Science (FOCS'02), Los Alamitos, CA: IEEE Computer Society Press, 2002: 520-530.

[25] Grigni M, Schulman L, Vazirani M. Quantum mechanical algorithms for the nonabelian hidden subgroup problem. Proceedings of the 33rd ACM Symposium on Theory of Computing (STOC'01), New York, NY: ACM Press, 2001: 68-74.

[26] Ettinger M, Hoyer P, Knill E. The quantum query complexity of the hidden subgroup problem is polynomial. arXiv: quant-ph/0401083, 2004.

[27] Kuperberg A. Subexponential-time quantum algorithm for the dihedral hidden subgroup problem. arXiv: quant-ph/0302112, 2003.

[28] Magniez F, Santha M, Szegedy M. Quantum algorithm for detecting triangles. manuscript 2003.

[29] van Dam W, Vazirani U. Limits on quantum adiabatic optimization. The 5th Workshop on Quantum Information Processing (QIP 2002), New York, USA, January 14-17, 2002.

[30] Reichardt B. The quantum adiabatic optimization algorithm and local minima. The 36th Annual ACM Symposium on Theory of Computing (STOC'2004) Chicago, IL, USA, June 13-15, 2004.

[31] Farhi E, Goldstone J, Gutman S, et al. Tunneling in quantum adiabatic optimization. manuscript in preparation 2004.

[32] Farhi E, Gutmann S. Quantum mechanical square root speedup in a structured search problem. arXiv: quant-ph/9711035, 1997.

[33] Watrous J. Quantum simulations of classical random walks and undirected graph connectivity. J Comp Sys Sci, 2001, 62(2): 376-391.

[34] Ambainis A, Aharonov D, Kempe J, et al. Quantum walks on graphs. Proceedings of the 33rd ACM Symposium on Theory of Computing (STOC'2001), New York, NY: ACM Press, 2001: 50-59.

[35] Lo H-K, Chau H F. Unconditional security of quantum key distribution over arbitrarily long distances. Science, 1999, 283: 2050-2056.

[36] Lidar D A, Whaley K B. Decoherence-free subspaces and subsystems in irreversible quantum dynamics. Benatti F,Floreanini R, ed. Springer Lecture Notes in Physics, Berlin: Springer-Verlag, 2003, 622: 83120.

[37] Bacon D, Brown K R, Whaley K B. Coherence-preserving quantum bits. Phys Rev Lett, 2001, 87: 247902.

[38] Freedman M, Kitaev A, Larsen M J, et al. Topological quantum computation. Bull Am Math Soc, 2003, 40: 31-38.

[39] Gottesman D, Kitaev A Y, Preskill J. Encoding a qubit in an oscillator. Phys Rev A, 2001, 64: 012310.

[40] Gottesman D. An introduction to quantum error correction. Lomonaco Jr S, ed. Quantum Computation: A Grand Mathematical Challenge for the Twenty-First Century and the Millennium, Providence, RI: American Mathematical Society, 2002: 221-235.

[41] Kitaev A Y, Watrous J. Parallelization, amplification, and exponential time simulation of quantum interactive proof systems. Proceedings of the 32nd ACM Symposium on Theory of Computing (STOC'2000), New York, NY: ACM Press, 2000: 608-617.

[42] Watrous J. Limits on the power of quantum statistical zero-knowledge. Proceedings of the 43rd Annual IEEE Symposium on Foundations of Computer Science (FOCS'02), Los Alamitos, CA: IEEE Computer Society Press, 2002: 459-468.

[43] Kobayashi H, Matsumoto K. Quantum multi-prover interactive proof systems with limited prior entanglement. J Comp Sys Sci, 2003, 66(3): 429-450.

[44] Somaroo S, Tseng C H, Havel T, Laflamme R, et al. Quantum simulation of a quantum computer. Phys Rev Lett, 1999, 82: 5381-5384.

[45] Tseng C H, Somaroo S S, Sharf Y S, et al. Quantum simulation of a three-body interaction Hamiltonian on an NMR quantum computer. Phys Rev A, 2000, 61: 12302-12308.

[46] Viola L, Fortunato E M, Lloyd S, et al. Stochastic resonance and nonlinear response by NMR spectroscopy. Phys Rev Lett, 2000, 84: 5466-5470.

[47] Weinstein Y, Lloyd S, Emerson J V, et al. Experimental implementation of the quantum Baker's map. Phys Rev Lett, 2002, 89: 157902.

[48] Emerson J, Weinstein Y S, Lloyd S, et al. Fidelity decay as an efficient indicator of quantum chaos. Phys Rev Lett, 2002, 89: 284102.

[49] Teklemariam G, Fortunato E M, Pravia M A, et al. Experimental investigations of decoherence on a quantum information processor. Chaos, Solitons, and Fractals, 2002, 16: 457-465.

[50] Boutis G S, Greenbaum D, Cho H, et al. Spin diffusion of correlated two-spin states in a dielectric crystal. Phys Rev Lett, 2004, 92: 137201.

[51] Vidal G, Latorre J I, Rico E, et al. Entanglement in quantum critical phenomena. Phys Rev Lett, 2003, 90: 227902.

[52] Knill E, Laflamme R, Milburn G J. Efficient linear optics quantum computation. Nature, 2001, 409: 46-52.

[53] Nielsen M A. Conditions for a class of entanglement transformations. Phys Rev Lett, 1999, 83(2): 436-439.

[54] Raussendorf R, Briegel H J. A one-way quantum computer. Phys Rev Lett, 2001, 86: 5188.

[55] Schack R, Caves C M. Classical model for bulk-ensemble NMR quantum computation. Phys Rev A, 1999, 60(6): 4354.

[56] Knill E, Laflamme R. On the power of one bit of quantum information. Phys Rev Lett, 1998, 81: 5672-5675.

[57] Poulin D, Blume-Kohout R, Laflamme R, et al. Exponential speed-up with a single bit of quantum information: Measuring the average fidelity decay. Phys Rev Lett, 2004, 92(17): 177906.

[58] Brassard G. Quantum communication complexity: A survey. Found Phys, 2003, 33(11): 1593-1616.

[59] Vitanyi P M B. Quantum Kolmogorov complexity based on classical descriptions. IEEE Trans Inform Theo, 2001, 47(6): 2464-2479.

[60] Gacs P. Quantum algorithmic entropy. J Phys A: Math Gen, 2001, 34(35): 6859-6880.

[61] Devetak I, Winter A. Distilling common randomness from bipartite quantum states. Proceedings of the IEEE International Symposium on Information Theory (ISIT 2003), Piscataway, NJ: IEEE, 2003: 403.

[62] Nielsen M A, Chuang I L. Quantum computation and quantum information. Cambridge: Cambridge University Press, 2000: Sec 8.2.

[63] Shor P W. Capacities of quantum channels and how to find them. Math Progr, 2003, 97(1-2): 311-335.

[64] Bennett C H, Shor P W, Smolin J A, et al. Entanglement-assisted classical capacity of noisy quantum channels. Phys Rev Lett, 1999, 83(15): 3081-3084.

[65] Bennett C H, Shor P W, Smolin J A, et al. Entanglement-assisted capacity of a quantum channel and the reverse Shannon theorem. IEEE Trans Inform Theo, 2002, 48(10): 2637-2655.

[66] Lo H-K. Classical-communication cost in distributed quantum-information processing: A generalization of quantum-communication complexity. Phys Rev A, 2000, 62: 012313.

[67] Bennett C H, DiVincenzo D P, Smolin J A, et al. Remote state preparation. Phys Rev Lett, 2001, 87: 077902.

[68] Hayden P, Jozsa R, Winter A. Trading quantum for classical resources in quantum data compression. J Math Phys, 2002, 43(9): 4404-4444.

[69] Winter A, Massar S. Compression of quantum measurement operations. Phys Rev A, 2001, 64: 012311.

[70] Jozsa R, Linden N. On the role of entanglement in quantum computational speedup. Proc Roy Soc London Ser A: Math Phys Eng Sci, 2003, 459(2036): 2011-2032.

[71] Shor P W, Smolin J A, Terhal B M. Nonadditivity of bipartite distillable entanglement follows from conjecture on bound entangled Werner states. Phys Rev Lett, 2001, 86(12): 2681-2684.

[72] Vidal G, Cirac J I. Irreversibility in asymptotic manipulations of entanglement. Phys Rev Lett, 2001, 86: 5803-5806.

[73] Vedral V. The role of relative entropy in quantum information theory. Rev Mod Phys, 2002, 74: 197.

[74] Bennett C H, DiVincenzo D P, Fuchs C A, et al. Quantum nonlocality without entanglement. Phys Rev A, 1999, 59(2): 1070-1091.

[75] Vidal G. Entanglement monotones. J Mod Opt, 2000, 47: 355.

[76] Vidal G, Tarrach R. Robustness of entanglement. Phys Rev A, 1999, 59(1): 141-155.

[77] Bennett C H, DiVincenzo D P, Mor T, et al. Unextendible product bases and bound entanglement. Phys Rev Lett, 1999, 82(26): 5385-5388.

[78] DiVincenzo D P, Mor T, Shor P W, et al. Unextendible product bases, uncompletable product bases, and bound entanglement. Communications in Mathematical Physics, 2003, 238: 379-410.

[79] Lewenstein M, Krauss B, Cirac J I, et al. Optimization of entanglement witnesses. Phys Rev A, 2000, 62: 052310.

[80] Terhal B M. A family of indecomposable positive linear maps based on entangled quantum states. Linear Alg Appl, 2000, 323: 61-73.

[81] Ekert A K, Alves C M, Oi D K L, et al. Direct estimations of linear and non-linear functionals of a quantum state. Phys Rev Lett, 2002, 88: 217901.

[82] Gottesman D, Chuang I L. Demonstrating the viability of universal quantum computation using teleportation and single qubit operations. Nature, 1999, 402: 390-393.

[83] Shor P W, Preskill J. Simple proof of security of the BB84 quantum key distribution protocol. Phys Rev Lett, 2000, 85: 441-444.

[84] Tamaki K, Koashi M, Imoto N. Unconditionally secure key distribution based on two nonorthogonal states. Phys Rev Lett, 2003, 90: 167904.

[85] Spekkens R W, Rudolph T. Degrees of concealment and bindingness in quantum bit commitment protocols. Phys Rev A, 2002, 65: 012310.

[86] Cleve R, Gottesman D, Lo H-K. How to share a quantum secret. Phys Rev Lett, 1999, 83: 648-651.

[87] DiVincenzo D P, Leung D W, Terhal B M. Quantum data hiding. IEEE Trans Inform Theo, 2002, 48: 580-598.

[88] Eggeling T, Werner R F. Hiding classical data in multipartite quantum states. Phys Rev Lett, 2002, 89: 097905.

[89] DiVincenzo D P, Hayden P, Terhal B M. Hiding quantum data. Found Phys, 2003, 33(11): 1629-1647.

[90] Buhrman H, Cleve R, Watrous J, et al. Quantum fingerprinting. Phys Rev Lett, 2001, 87(16): 167902.

[91] Crepeau C, Gottesman D, Smith A. Secure multi-party quantum computing. Proceedings of the 34th ACM Symposium on Theory of Computing (STOC 2002), New York, NY: ACM Press, 2001: 643-652.

[92] Barnum H, Crepeau C, Gottesman D, et al. Authentication of quantum messages. Proceedings of the 43rd Annual Symposium on Foundations of Computer Science (FOCS'02), Los Alamitos, CA: IEEE Computer Society Press, 2002: 449-458.

[93] Ambainis A, Mosca M, Tapp A, et al. Private quantum channels. Proceedings of the 41st Annual Symposium on Foundations of Computer Science (FOCS'00), Los Alamitos, CA: IEEE Computer Society Press, 2000: 547-553.

[94] Boykin P O, Roychowdhury V. Optimal encryption of quantum bits. Phys Rev A, 2003, 67(4): 042317.

[95] Hayden P, Leung D W, Shor P W, et al. Randomizing quantum states: Constructions and applications. Comm Math Phys, 2004, 250(2): 371-391.

[96] Leung D W. Quantum Vernam cipher. Quantum Information and Computation, 2002, 2(1): 14-34.

[97] Cleve R, Watrous J. Fast parallel circuits for the quantum Fourier transform. Proceedings of the 41st Annual Symposium on Foundations of Computer Science (FOCS'00), Los Alamitos, CA: IEEE Computer Society Press, 2000: 526-536.

[98] Hales L, Hallgren S. An improved quantum Fourier transform algorithm and applications. Proceedings of the 41st Annual Symposium on Foundations of Computer Science (FOCS'00), Los Alamitos, CA: IEEE Computer Society Press, 2000: 515-525.

[99] DiVincenzo D P, Bacon D, Kempe J, et al. Universal quantum computation with the exchange interaction. Nature, 2000, 408: 339-342.

[100] Berman G P, Doolen G D, Kamenev D I, et al. Perturbation theory for quantum computation with a large number of qubits. Phys Rev A, 2002, 65: 012321.

[101] Berman G P, Doolen G D, Lopez G V, et al. A quantum full adder for a scalable nuclear spin quantum computer. Computer Physics Communications, 2002, 146(3): 324-330.

[102] Berman G P, Borgonovi F, Goan H S, et al. Single-spin measurement and decoherence in magnetic-resonance force microscopy. Phys Rev B, 2003, 67: 094425.

[103] Zurek W H. Decoherence, einselection, and the quantum origins of the classical. Rev Mod Phys, 2003, 75: 715-775.

[104] Shirman A, Schön G. Dephasing and renormalization in quantum two-level systems. Nazarov Y V, ed. Proceedings of NATO ARW Workshop on Quantum Noise in Mesoscopic Physics, Dordrecht, The Netherlands: Kluwer Academic Publishers, 2002.

[105] Steane A M. Quantum computing and error correction. Turchi E A, Gonis A, ed. Decoherence and Its Implications in Quantum Computation and Information Transfer, Amsterdam, The Netherlands: IOS Press, 2001: 284-298.

[106] Freedman M, Kitaev A, Larsen M J, et al. Topological quantum computation. Bull Am Math Soc, 2003, 40: 31.

[107] Viola L, E. Knill. Robust dynamical decoupling of quantum systems with bounded controls. Phys Rev Lett, 2003, 90: 037901.

[108] Byrd M S, Lidar D A. Combined error correction techniques for quantum computing architectures. J Mod Opt, 50, 2003, 50(8): 1285-1297.

[109] Fedichkin L, Fedorov A, Privman V. Measures of decoherence. Donkor E, Pirich A R, Brandt H E, ed. Proceedings of the 2003 International Society for Optical Engineering (SPIE) Conference on Quantum Information and Computation, Bellingham WA: SPIE, 2003, 5105: 243-254.

[110] Loss D, DiVincenzo D P. Exact Born approximation for the spin-boson model. arXiv: cond-mat/0304118, 2003.

[111] Fiete G A, Heller E J. Semiclassical theory of coherence and decoherence. Phys Rev A, 2003, 68: 022112.

[112] Vion D, Aassime A, Cottet A, et al. Manipulating the quantum state of an electrical circuit. Science, 2002, 296: 886-889.

[113] Chen P C, Piermarocchi C, Sham L J. Control of exciton dynamics in nanodots for quantum operations. Phys Rev Lett, 2001, 87: 067401.

[114] Myrgren E, Whaley K B. Implementing a quantum algorithm with exchange-coupled quantum dots: A feasibility study. Quant Inform Proc, 2003, 2(5): 1.

[115] Raimond J M, Brune M, Haroche S. Manipulating quantum entanglement with atoms and photons in a cavity. Rev Mod Phys, 2001, 73: 565-582.

[116] Horodecki R, Horodecki P, Horodecki M, et al. Quantum entanglement. Rev Mod Phys, 2009, 81(2): 865-942.

[117] Yuan Z L,Dynes J F, Shields A J. Avoiding the blinding attack in QKD. Nature Photonics, 2010, 4: 800-801.

[118] Bruß D, D'Ariano G, Lewenstein M, et al. Distributed quantum dense coding. Phys Rev Lett, 2005, 93: 210501.

[119] Bruß D, D'Ariano G, Lewenstein M, et al. Dense coding with multipartite quantum states. Int. J Quant Inf, 2006, 4: 415.

[120] Devetak, Winter A. Distillation of secret key and entanglement from quantum states. Proc Roy Soc London A, 2005, 461(2053): 207-235.

[121] Horodecki M, Horodecki P, Horodecki R, et al. Classical capacity of a noiseless quantum channel assisted by noisy entanglement. Quant Inf Comp, 2001,1: 70.

[122] Winter A. Scalable programmable quantum gates and a new aspect of the additivity problem for the classical capacity of quantum channels. J Math Phys, 2002, 43: 4341.

[123] Terhal M, Horodecki M, DiVincenzo D P, et al. The entanglement of purification. J Math Phys, 2002, 43: 4286-4298.

[124] Horodecki M, Horodecki P. Reduction criterion for separability and limits for a class of protocol of entanglement distillation. Phys Rev A, 1999, 59: 4206-4216.

[125] Bennett C H, DiVincenzo D P, Smolin J, et al. Mixedstate entanglement and quantum error correction. Phys Rev A, 1996, 54: 3824-3851.

[126] Synak-Radtke B, Pankowski Ł, Horodecki M, et al. On some entropic entanglement parameter. e-print arXiv: quant-ph/0608201.

[127] Smolin J A. Four-party unlockable bound entangled state; Phys Rev A, 2001, 63: 032306.

[128] Ghosh S, Kar G, Roy A, et al. Distinguishability of bell states. Phys Rev Lett, 2001, 87: 277902.

[129] Doherty C, Parillo P A, Spedalieri F M. Distinguishing separable and entangled states. Phys Rev Lett, 2002, 88: 187904.

[130] Doherty A C, Parrilo P A, Spedalieri F M. Complete family of separability criteria. Phys Rev A, 2004, 69: 022308.

[131] Terhal B M, Doherty A C, Schwab D. Symmetric extensions of quantum states and local hidden variable theories. Phys Rev Lett, 2003, 90: 157903.

[132] Coffman V, Kundu J, Wootters W K. Distributed entanglement. Phys Rev A, 2000, 61: 052306.

[133] Horodecki P, Nowakowski M Ł. A simple test for quantum channel capacity. J Phys A: Math Theor, 2009, 42: 135306.

[134] Tóth G, Acín A. Genuine tripartite entangled states with a local hidden-variable model. Phys Rev A, 2006, 74: 030306.

[135] Koashi M, Winter A. Monogamy of quantum entanglement and other correlations. Phys Rev A, 2004, 69(2): 22309.

[136] Henderson L, Vedral V. Classical, quantum and total correlations. J Phys A, 2001, 34: 6899-6905.

[137] Devetak A C, Winter A. Distilling common randomness from bipartite quantum states. IEEE Trans Inform Theo, 2004, 50: 3183.

[138] Hayden P, Horodecki M, Terhal B. The asymptotic entanglement cost of preparing a quantum state. J Phys A, 2001, 34: 6891-6898.

[139] Acín A, Andrianov A, Costa L, et al. Generalized Schmidt decomposition and classification of three-quantum-bit states. Phys Rev Lett, 2000, 85(7): 1560-1563.

[140] Alber G, Beth T, Horodecki M, et al. Quantum Information, Springer, Berlin, 2001.

[141] Ashikhmin E K. Nonbinary quantum stabilizer codes. IEEE Trans Inf Theo, 2001, 47(7): 3065-3072.

[142] Barnum H, Knill E, Nielsen M A. On quantum fidelities and channel capacities. IEEE Trans Inf Theo, 2000, 46: 1317-1329.

[143] Barnum H, Nielsen M A, Schumacher B. Information transmission through a noisy quantum channel. Phys Rev A, 1998, 57(6): 4153-4175.

[144] Bennett C H, Bernstein H J, Popescu S, et al. Concentrating partial entanglement by local operations. Phys Rev A, 1996, 53(4): 2046-2052.

[145] Shi B-S, Tomita A. Generation of a pulsed polarization entangled photon pair using a Sagnac interferometer. Phys Rev A, 2004, 69: 013803.

[146] Kuklewicz C E, Fiorentino M, Messin G, et al. High-flux source of polarization-entangled photons from a periodically poled $KTiOPO_4$ parametric down-converter. Phys Rev A, 2004, 69: 013807.

[147] Sanaka K, Kawahara K, Kuga T. New High-Efficiency Source of Photon Pairs for Engineering Quantum Entanglement. Phys Rev Lett, 2001, 86: 5620.

[148] Bennett C H, Shor P W, Smolin J A, et al. Entanglement-assisted capacity of a quantum channel and the reverse Shannon theorem. IEEE Trans Inform Theo, 2001, 48(10): 2637-2655.

[149] Beth T, Rwotteler M. Quantum algorithms: Applicable algebra and quantum physics. Alber G, et al, ed. Quantum Information, Berlin, Heidelberg: Springer-Verlag, 2001: 97-150.

[150] Biolatti E, Iotti R C, Zanardi P, et al. Quantum information processing with semiconductor macroatoms. Phys Rev Lett, 2000, 85(26): 5647-5650.

[151] Boschi D, Branca S, De Martini F, et al. Experimental realization of teleporting an unknown pure quantum state via dual classical an Einstein-Podolsky-Rosen channels. Phys Rev Lett, 1998, 80(6): 1121-1125.

[152] Bouwmeester D, Ekert A K, Zeilinger A, ed. The physics of quantum information: Quantum cryptography, quantum teleportation, quantum computation. Berlin: Springer, 2000.

[153] Braunstein S L, Caves C M, Jozsa R, et al. Separability of very noisy mixed states and implications for NMR quantum computing. Phys Rev Lett, 1999, 83(5): 1054-1057.

[154] Brennen G K, Caves C M, Deutsch I H, et al. Quantum logic gates in optical lattices. Phys Rev Lett, 1999, 82(5): 1060-1063.

[155] Brun T A, Wang H L. Coupling nanocrystals to a high-q silica microsphere: Entanglement in quantum dots via photon exchange. Phys Rev A, 2000, 61: 032307.

[156] Brua D, Di Vincenzo D P, Ekert A, et al. Optimal universal and state-dependent cloning. Phys Rev A, 1998, 57(4): 2368-2378.

[157] Brua D, Ekert A K, Macchiavello C. Optimal universal quantum cloning and state estimation. Phys Rev Lett, 1998, 81(12): 2598-2601.

[158] Brua D, Macchiavello C. Optimal state estimation for d-dimensional quantum systems. Phys Lett A, 1999, 253: 249-251.

[159] Buttler W T, Hughes R J, Lamoreaux S K, et al. Daylight quantum key distribution over 1:6 km. Phys Rev Lett, 2000, 84: 5652-5655.

[160] Bubzek V, Hillery M. Universal optimal cloning of qubits and quantum registers. Phys Rev Lett, 1998, 81(22): 5003-5006.

[161] Bubzek V, Hillery M, Werner R F. Optimal manipulations with qubits: Universal-not gate. Phys Rev A, 1999, 60(4): R2626-R2629.

[162] Cerf N J. Asymmetric quantum cloning in any direction. J Mod Opt, 2000, 47(2): 187-209.

[163] Cerf N J, Adami C, Gingrich R M. Reduction criterion for separability. Phys Rev A, 1999, 60(2): 898-909.

[164] Cirac J I, Ekert A K, Macchiavello C. Optimal purification of single qubits. Phys Rev Lett, 1999, 82: 4344-4347.

[165] DiVincenzo D P, Shor P W, Smolin J A, et al. Evidence for bound entangled states with negative partial transpose. Phys Rev A, 2000, 61(6): 062312.

[166] Donald M J, Horodecki M. Continuity of relative entropy of entanglement. Phys Lett A, 1999, 264(4): 257-260.

[167] W. Dwur, Cirac J I, Lewenstein M, et al. Distillability and partial transposition in bipartite systems. Phys Rev A, 2000, 61(6): 062313.

[168] Eggeling T, Vollbrecht K G H, Werner R F, et al. Distillability via protocols respecting the positivity of the partial transpose. Phys Rev Lett, 2001, 87: 257902.

[169] Eggeling T, Werner R F. Separability properties of tripartite states with $U\otimes U\otimes U$-symmetry. Phys Rev A, 2001, 63(4): 042111.

[170] Fischer D G, Freyberger M. Estimating mixed quantum states. Phys Lett A, 2000, 273: 293-302.

[171] Giedke G, Duan L-M, Cirac J I, et al. Distillability criterion for all bipartite Gaussian states. Quant Inf Comp, 2001, 1(3): 79-86.

[172] Giedke G, Kraus B, Lewenstein M, et al. Separability properties of three-mode Gaussian states. Phys Rev A, 2001, 64(5): 052303.

[173] Gill R D, Massar S. State estimation for large ensembles. Phys Rev A, 2000, 61: 2312-2327.

[174] Gruska J. Quantum computing, New York: McGraw-Hill, 1999.

[175] Harrington J, Preskill J. Achievable rates for the Gaussian quantum channel. Phys Rev A, 2001, 64(6): 062301.

[176] Hayden P M, Horodecki M, Terhal B M. The asymptotic entanglement cost of preparing a quantum state. J Phys Math Gen, 2001, 34(35): 6891-6898.

[177] Holevo A S. Statistical structure of quantum theory. Berlin: Springer, 2001.

[178] Holevo A S, Werner R F. Evaluating capacities of bosonic Gaussian channels. Phys Rev A, 2001, 63(3): 032312.

[179] Horodecki M, Horodecki P. Reduction criterion of separability and limits for a class of distillation protocols. Phys Rev A, 1999, 59(6): 4206-4216.

[180] Horodecki M, Horodecki P, Horodecki R. General teleportation channel, singlet fraction, and quasidistillation. Phys Rev A, 1999, 60(3): 1888-1898.

[181] Horodecki M, Horodecki P, Horodecki R. Limits for entanglement measures. Phys Rev Lett, 2000, 84(9): 2014-2017.

[182] Horodecki M, Horodecki P, Horodecki R. United approach to quantum capacities: Towards quantum noisy coding theorem. Phys Rev Lett, 2000, 85(2): 433-436.

[183] Horodecki M, Horodecki P, Horodecki R. Mixed-state entanglement and quantum communication. Alber G, et al, ed. Quantum Information. Berlin, Heidelberg: Springer-Verlag, 2001: 151-195.

[184] Horodecki P, Horodecki M, Horodecki R. Bound entanglement can be activated. Phys Rev Lett, 1999, 82(5): 1056-1059.

[185] Hughes R J, Morgan G L, Peterson C G. Quantum key distribution over a 48 km optical fibre network. J Mod Opt, 2000, 47(2-3): 533-547.

[186] Jennewein T, Simon C, Weihs G, et al. Quantum cryptography with entangled photons. Phys Rev Lett, 2000, 84: 4729-4732.

[187] Keyl M, Schlingemann D, Werner R F. Infinitely entangled states. Quant Inform Comp, 2003, 3(4): 281-306.

[188] Keyl M, Werner R F. Optimal cloning of pure states, testing single clones. J Math Phys, 1999, 40: 3283-3299.

[189] Keyl M, Werner R F. Estimating the spectrum of a density operator. Phys Rev A, 2001, 64(5): 052311.

[190] Keyl M, Werner R F. The rate of optimal purification procedures. Ann Henri Poincarfie, 2001, 2(1): 1-26.

[191] King B E, Wood C S, Myatt C J, et al. Cooling the collective motion of trapped ions to initialize a quantum register. Phys Rev Lett, 1998, 81(7): 1525-1528.

[192] Lewenstein M, Sanpera A. Separability and entanglement of composite quantum systems. Phys Rev Lett, 1998, 80(11): 2261-2264.

[193] Linden N, Barjat H, Freeman R. An implementation of the Deutsch-Jozsa algorithm on a three-qubit NMR quantum computer. Chem Phys Lett, 1998, 296(1-2): 61-67.

[194] Makhlin Y, Schwon G, Shnirman A. Quantum-state engineering with Josephson-junction devices. Rev Mod Phys, 2001, 73(2): 357-400.

[195] Marx R, Fahmy A F, Myers J M, et al. Approaching five-bit NMR quantum computing. Phys Rev A, 2000, 62(1): 012310.

[196] Nagerl H C, Bechter W, Eschner J, et al. Ion strings for quantum gates. Appl Phys B, 1998, 66(5): 603-608.

[197] Nielsen M A. Conditions for a class of entanglement transformations. Phys Rev Lett, 1999, 83(2): 436-439.

[198] Nielsen M A. Continuity bounds for entanglement. Phys Rev A, 2000, 61(6): 064301.

[199] Nielsen M A. Characterizing mixing and measurement in quantum mechanics. Phys Rev A, 2001, 63(2): 022114.

[200] Rains E M. Bound on distillable entanglement. Phys Rev A, 1999, 60(1): 179-184.

[201] Rains E M. A semide. nite program for distillable entanglement. IEEE Trans Inform Theory, 2001, 47(7): 2921-2933.

[202] Rudolph O. A separability criterion for density operators. J Phys A, 2000, 33(21): 3951-3955.

[203] Beveratos A, Brouri R, Gacoin T, et al. Single photon quantum cryptography. Phys Rev Lett, 2002, 89: 187901.

[204] Simon R. Peres-Horodecki separability criterion for continuous variable systems. Phys Rev Lett, 2000, 84(12): 2726-2729.

[205] James D F V, Kwiat P G. Atomic-vapor-based high efficiency optical detectors with photon number resolution. Phys Rev Lett, 2002, 89: 183601.

[206] Tanamoto T. Quantum gates by coupled asymmetric quantum dots and controlled-not-gate operation. Phys Rev A, 2000, 61: 022305.

[207] Terhal B M, Vollbrecht K G H. Entanglement of formation for isotropic states. Phys Rev Lett, 2000, 85(12): 2625-2628.

[208] Vidal G. Entanglement monotones. J Mod Opt, 2000, 47(2-3): 355-376.

[209] Wilde M. Quantum information theory. Cambridge: Cambridge University Press, 2013.

[210] Preskill J. Lecture notes for the course 'Information for Physics 219 = Computer Science 219, Quantum Computation,' Caltech, Pasadena, California, 1999.

[211]　Rains E M. Erratum: Bound on distillable entanglement. Phys Rev A, 2001, 63(1): 019902.

[212]　Mermin N D. Quantum computer science: An introduction. Cambridge: Cambridge University Press, 2007.

[213]　Liu N-L, Li L, Yu S, et al. Duality relation and joint measurement in a Mach-Zehnder interferometer. Phys Rev A, 2009, 79(5): 052108.

[214]　Simon R. Peres-Horodecki separability criterion for continuous variable systems. Phys Rev Lett, 2000, 84 (12): 2726-2729.

[215]　Singh S. The code book: The Science of Secrecy from Ancient Egypt to Quantum Cryptography, Fourth Estate,London, 1999.

[216]　StHrmer E. Positive linear maps of operator algebras. Acta Math, 1963, 110: 233-278.

[217]　Tanamoto T. Quantum gates by coupled asymmetric quantum dots and controlled-not-gate operation. Phys Rev A, 2000, 61: 022305.

[218]　Kurtsiefer C, Oberparleiter M, Weinfurter H. High-efficiency entangled photon pair collection in type-II parametric fluorescence. Phys Rev A, 2001, 64: 023802.

[219]　Vidal G. Entanglement monotones. J Mod Opt, 2000, 47(2-3): 355-376.

[220]　Bovino F A, Varisco P, Colla A M, et al. Effective fiber-coupling of entangled photons for quantum communication. Opt Comm,2003, 227: 343.

[221]　Migdall A L, Branning D, Castelletto S. Tailoring single-photon and multiphoton probabilities of a single-photon on-demand source. Phys Rev A, 2002, 66: 053805.

[222]　Knill A E. Nonbinary quantum stabilizer codes. IEEE Trans Inform Theory, 2001, 47(7): 3065-3072.

[223]　Barnum H, Knill E, Nielsen M A. On quantum. delities and channel capacities. IEEE Trans Inform Theory, 2000, 46: 1317-1329.

[224]　Pittman T B, Jacobs B C, Franson J D. Single photons on pseudodemand from stored parametric down-conversion. Phys Rev A, 2002, 66: 042303.

[225]　Trojek P, Schmid Ch, Bourennane M, et al. Compact source of polarization-entangled photon pairs. Opt Exp, 2004, 12(2): 276-281.

[226]　Fiorentino M, Messin G, Kuklewicz C E, et al. Generation of ultrabright tunable polarization entanglement without spatial, spectral, or temporal constraints. Phys Rev A, 2004, 69: 041801.

[227]　Bitton G, Grice W P, Moreau J, et al. Cascaded ultrabright source of polarization-entangled photons. Phys Rev A, 2002, 65: 063805.

[228]　Biolatti E, Iotti R C, Zanardi P, et al. Quantum information processing with semiconductor macroatoms. Phys Rev Lett, 2000, 85(26): 5647-5650.

[229]　Bouwmeester D, Ekert A K, Zeilinger A. The physics of quantum information: Quantum cryptography, quantum teleportation, quantum computation, Berlin: Springer, 2000.

[230]　Braunstein S L, Caves C M, Jozsa R, et al. Separability of very noisy mixed states and implications for NMR quantum computing. Phys Rev Lett, 1999, 83(5): 1054-1057.

[231]　Brennen G K, Caves C M, Deutsch I H, et al. Quantum logic gates in optical lattices. Phys Rev Lett, 1999, 82(5): 1060-1063.

[232]　Brun T A, Wang H L. Coupling nanocrystals to a high-q silica microsphere: Entanglement in quantum dots via photon exchange. Phys Rev A, 2000, 61: 032307.

[233]　Brua D, MacChiavello C. Optimal state estimation for d-dimensional quantum systems. Phys Lett A, 1999, 253: 249-251.

[234]　Buttler W T, Hughes R J, Lamoreaux S K, et al. Daylight quantum key distribution over 1:6 km. Phys Rev Lett, 2000, 84: 5652-5655.

[235]　Bubzek V, Hillery M, Werner R F. Optimal manipulations with qubits: Universal-not gate. Phys Rev A, 1999, 60(4): R2626-R2629.

[236]　Cerf N J. Asymmetric quantum cloning in any direction. J Mod Opt, 2000, 47(2): 187-209.

[237]　Cerf N J, Adami C, Gingrich R M. Reduction criterion for separability. Phys Rev A, 1999, 60(2): 898-909.

[238]　Cirac J I, Ekert A K, MacChiavello C. Optimal puri. cation of single qubits. Phys Rev Lett, 1999, 82:

4344-4347.

[239] DiVincenzo D P, Shor P W, Smolin J A. Quantum-channel capacity of very noisy channels. Phys Rev A, 1998, 57(2): 830-839. DiVincenzo D P, Shor P W, Smolin J A. Erratum: Quantum-channel capacity of very noisy channels [Phys. Rev. A 57, 830 (1998)]. Phys Rev A, 1999, 59(2): 1717.

[240] Nambu Y, Usami K, Tsuda Y, et al. Generation of polarization-entangled photon pairs in a cascade of two type-I crystals pumped by femtosecond pulses. Phys Rev A, 2002, 66: 033816.

[241] Donald M J, Horodecki M. Continuity of relative entropy of entanglement. Phys Lett A, 1999, 264(4): 257-260.

[242] Donald M J, Horodecki M, Rudolph O. The uniqueness theorem for entanglement measures. Journal of Mathematical Physics, 2002, 43(9): 4252.

[243] Dwur W, Cirac J I, Lewenstein M, et al. Distillability and partial transposition in bipartite systems. Phys Rev A, 2000, 61(6): 062313.

[244] Jeffrey E, Peters N A, Kwart P G. Towards a periodic deterministic source of arbitrary single-photon states. New J Phys, 2004, 6: 100.

[245] Imamoglu A. High efficiency photon counting using stored light. Phys Rev Lett, 2002, 89: 163602.

[246] Fischer D G, Freyberger M. Estimating mixed quantum states. Phys Lett A, 2000, 273: 293-302.

[247] Shapiro J H. Architectures for long-distance quantum teleportation. New J Phys, 2002, 4: 47.

[248] Beveratos A, Kühn S, Brouri R, et al. , Room temperature stable single-photon source. Eur Phys J D, 2002, 18(2): 191-196.

[249] Gill R D, Massar S. State estimation for large ensembles. Phys Rev A, 2000, 61: 2312-2327.

[250] Gruska J. Quantum computing. New York: McGraw-Hill, 1999.

[251] Harrington J, Preskill J. Achievable rates for the Gaussian quantum channel. Phys Rev A, 2001, 64 (6): 062301.

[252] Hayden P M, Horodecki M, Terhal B M. The asymptotic entanglement cost of preparing a quantum state. J Phys Math Gen, 2001, 34(35): 6891-6898.

[253] Holevo A S. Statistical structure of quantum theory. Berlin: Springer, 2001.

[254] Holevo A S, Werner R F. Evaluating capacities of bosonic Gaussian channels. Phys Rev A, 2001, 63 (3): 032312.

[255] Horodecki M, Horodecki P. Reduction criterion of separability and limits for a class of distillation protocols. Phys Rev A, 1999, 59(6): 4206-4216.

[256] Horodecki M, Horodecki P, Horodecki R. General teleportation channel, singlet fraction, and quasidistillation. Phys Rev A, 1999, 60(3): 1888-1898.

[257] Horodecki M, Horodecki P, Horodecki R. Limits for entanglement measures. Phys Rev Lett, 2000, 84(9): 2014-2017.

[258] Horodecki M, Horodecki P, Horodecki R. United approach to quantum capacities: Towards quantum noisy coding theorem. Phys Rev Lett, 2000, 85(2): 433-436.

[259] Kurtsiefer C, Zarda P, Mayer S, et al. A stable solid-state source of single photons. Phys Rev Lett, 2000, 85: 290.

[260] Horodecki P, Horodecki M, Horodecki R. Bound entanglement can be activated. Phys Rev Lett, 1999, 82 (5): 1056-1059.

[261] D. Fattal, Diamanti E, Inoue K, et al. Quantum teleportation with a quantum dot single photon source. Phys Rev Lett, 2004, 92: 037904.

[262] Jennewein T, Simon C, Weihs G, et al. Quantum cryptography with entangled photons. Phys Rev Lett, 2000, 84: 4729-4732.

[263] J. Vuckovic, Yamamoto Y. Photonic crystal microcavities for cavity QED with a single quantum dot. Appl Phys Lett, 2003, 82: 2374-2376.

[264] E. Waks, Inoue K, Santori C, et al. Secure communication: Quantum cryptography with a photon turnstile. Nature, 2002, 420: 762.

[265] Vuckovic J, Fattal D, Santori C, et al. Enhanced single-photon emission from a quantum dot in a micropost microcavity. Appl Phys Lett, 2003, 82: 3596-3598.

[266] Michler P, Kiraz A, Becher C, et al. A quantum dot single-photon turnstile device. Science, 2000, 290 (5500): 2282-2285.

[267] Kraus B, Lewenstein M, Cirac J I. Characterization of distillable and activatable states using entanglement witnesses. Phys Rev A, 2002, 65: 042327.

[268] Lo H-K, Spiller T, Popescu S. Introduction to quantum computation and information. World Singapore: Scientific, 1998.

[269] Knill E, Laflamme R, Milburn G J. A scheme for efficient quantum computation with linear optics. Nature, 2001, 409(6816): 46-52.

[270] Marx R, Fahmy A F, Myers J M, et al. Approaching five-bit NMR quantum computing. Phys Rev A, 2000, 62(1): 012310.

[271] Matsumoto R, Uyematsu T. Lower bound for the quantum capacity of a discrete memoryless quantum channel. J Math Phys, 2002, 43: 4391.

[272] Nagerl H C, Bechter W, Eschner J, et al. Ion strings for quantum gates. Appl Phys B, 1998, 66(5): 603-608.

[273] Gisin N, Ribordy G, Tittel W, et al. Quantum cryptography. Rev Mod Phys, 2002, 74: 145.

[274] Werner R F, Wolf M M. Bound entangled Gaussian states. Phys Rev Lett, 2001, 86(16): 3658-3661.

[275] Werner R F, Wolf M M. Bell inequalities and entanglement. Quant Inform Comp, 2001, 1(3): 1-25.

[276] Werner R F. Quantum information theory—An invitation. Alber G, et al, ed. Quantum Information, Berlin Heidelberg: Springer-Verlag, 2001: 14-59.

[277] Weinfurter H, Zeilinger A. Quantum communication. Alber G, et al, ed. Quantum Information. Berlin Heidelberg: Springer-Verlag, 2001: 58-95.

[278] Weigert S. Reconstruction of quantum states and its conceptual implications. Doebner H D, Ali S T, Keyl M, et al, ed. Trends in Quantum Mechanics, Singapore: World Scientific, 2000: 146-156.

[279] Vollbrecht K G H, Werner R F. Why two qubits are special. J Math Phys, 2000, 41(10): 6772-6782.

[280] Simon R. Peres-Horodecki separability criterion for continuous variable systems. Phys Rev Lett, 2000, 84 (12): 2726-2729.

[281] Santori C, Pelton M, Solomon G, et al. Triggered single photons from a quantum dot. Phys Rev Lett, 2001, 86: 1502.

[282] Tanamoto T. Quantum gates by coupled asymmetric quantum dots and controlled-not-gate operation. Phys Rev A, 2000, 61: 022305.

[283] Santori C, Fattal D, J Vuckovic, et al. Indistinguishable photons from a single-photon device. Nature, 2002, 419: 594-597.

[284] Vidal G. Entanglement monotones. J Mod Opt, 2000, 47(2-3): 355-376.

[285] Vidal G, Latorre J I, Pascual P, et al. Optimal minimal measurements of mixed states. Phys Rev A, 1999, 60: 126-135.

[286] Vidal G, Tarrach R. Robustness of entanglement. Phys Rev A, 1999, 59(1): 141-155.

第3章

光量子存储原理

3.1 基础材料及器件

在当今信息社会中,信息的存储、传输、显示、处理及传播高速增长。高清柔性显示、宽带及高密度信息存储以及有线与无线网络通信的需求,带动了光量子技术的发展。光子学与纳米技术相结合形成的纳米光子学,成为解决上述技术问题的主要基础。例如,以光子晶体为基础的光量子集成器件,及与微波通信相结合的混合集成器件,完全有可能成为可与20世纪集成电路相媲美的新一代核心器件与技术。纳米光子学主要研究光与物质相互作用,覆盖了上述应用领域,涉及面较广。本节重点介绍纳米光子学在信息存储中的应用,包括近期可能实现的产品化技术及可能在10年或20年后才能产业化的潜在技术。最有希望在近期商品化的是光量子网络,也是当前企业界比较关注的领域。纳米光子学信息存储技术则介于两者之间,属于中长期研究项目。其主要基础材料及器件包括纳米光子学材料、激光及纳米传感器等。例如量子点激光器,纳米颗粒有机、无机介质等都是光子存储必不可少的材料,也属于纳米光子学领域尚未解决的重要研究课题。这些基础器材在光量子存储中具有广泛的应用空间,诸如信息的生成、调制、放大、操控及检测等信息存储与读出的各个环节都离不开这些基础器材。

1. 纳米颗粒

以 TiO_2 及 ZnO 为例,它们对紫外光都具有很高的吸收率,且能高效地转换为各种波长的可见光。光子晶体及有穴光纤维是制造光量子信息传播控制器件的基础材料。特别是光子晶体是集成光量子器件的核心材料,用于加工制造各种光子的传输、开关、切换等功能器件,同时也是集成光量子器件的基础结构材料。目前,已完全实用化光子晶体光纤,其工作范围从可见光至1550nm近红外。不仅具有良好的线性,还能保证传播光束的偏振态及模式不变。

2. 辐射源

光量子存储中核心器件是光量子发射源。目前,量子阱、量子线(quantum wire)及量子点(Q-dot)激光器都可以利用半导体工艺商业化生产。其中,量子阱激光器使用最为普遍。量子阱激光器除了体积小、功耗低以外,还有许多优点。例如工作频率高、稳定性好、寿命长和控制方便,非常适合于纳米光学集成器件工艺制造。另外基于电子在半导体量子阱中导带子带间跃迁和声子辅助共振隧穿原理的量子级联激光器(Quantum Cascade Lasers,QCL),不同于传统的p-n结型半导体激光器的电子-空穴复合受激辐射机制,QCL受激辐射过程只有电子参与,激射波长的选择可通过有源区势阱和势垒能带裁剪实现。利用厚度为纳米级的垂直于半导体异质结薄层量子限制效应产生分离电子态,通过在这些激发态产生的粒子数反转构成该激光器有源区,电子从高能级跃迁到低能级过程中不但没有损失，还可以注入下一个过程再次发光。由多级（通常大于 500 层）耦合量子阱串接组成高密度有源区，实现了单电子注入的多光子输出。这种 QCL 不仅谱带宽，能连续及脉冲输出，还可通过改变量子阱层的厚度改变发光波长，实现波长可调。所以 QCL 是多波长多阶光量子存储的理想光源，其结构原理如图 3-1 所示。

图 3-1 量子阱串接耦合级联量子激光器结构示意图

单模 QCL 的脉冲模式室温下还可获得适合于大气窗口的各种波段激光，有可能用于自由空间无线通信。

3. 纳米技术

纳米技术不仅在集成电路制造中有重要意义，也是光量子存储中的核心技术。2012 年的制造工艺水平为 25nm，到 2015 年用波长 13nm 的超紫外（EUVL）投影光刻，使加工最小尺寸又减小到 7nm。到 21 世纪中，最小加工尺寸有可能继续降低至 1nm，即达到分子量级，真正实现纳米加工制造。目前加工基片尺寸为 300mm，直径 500mm 的基片已实用化，但还没有大规模投产。其他具有纳米尺度加工能力的技术还有电子束扫描显微镜（ESM）及探针扫描显微镜（SPM）等系统。这些设备都具有纳米加工能力，但加工效率远低于超紫外投影光刻，多应用于科学研究或小批实验性加工生产。

纳米加工技术中的另外一个重要器材是高分辨率、高灵敏度和高稳定性光刻过渡介质。这些有机或无机材料的研发又取决于纳米光子学及光子化学的发展。此外，在工程应用方面，纳米尺度的测量及工艺过程控制还存在许多问题需继续研究发展。例如纳米结构相关函数（Nanoscopic Structure-Function Relationship，NSFR），与光量子转换函数之间的关系研究，就属于纳米光子学与纳米加工工艺、材料科学交叉研究课题，也是本学科今后发展的机会和方向。另外，利用量子切割（Quantum Cutters，QC），实际上也是利用光子直接重构介质上原子或分子实现纳米结构加工。同样，也还需深入探索研究。

4. 传感与探测

探测与传感是光量子信息存储中的核心技术。任何信息存储的读取都需要相应的传感器，特别是高灵敏度的纳米尺度的光量子传感器，即光电混合集成传感器同样需上述学科合作研究开发。例如纳米光纤传感器，利用直径 20nm 左右的锥形光纤近场光学原理，可探测在锥形光纤触点范围纳米空间内物质的光学或其他物理化学特性的变化，主要应用于生物、化学及基因工程等领域。当然，也可根据此原理制成纳米级探测单元，应用于其他领域以及纳米级存储器的探测单元。

3.2 纳米光量子存储

1. 近场直写二维量子存储

近场光学原理可达到的最小信息符尺寸达到或低于 40nm。例如，利用可逆开关增强绿色荧光蛋白（Reversibly Switchable Enhanced Green Fluorescent Protein，RSEGFP）制成的存储单元，最小尺寸可达到 40nm 以下。RSEGFP 的存储灵敏度很高，切换寿命高于 10^5，完全可用于信息存储。基于受激发损耗(Stimulated Emission Depletion,STED)原理的远场显微技术的分辨率也能达到纳米量级。受激发损耗光束直径 d 为

$$d=\lambda/[2N_x(1+I_m/I_s)^{1/2}] \tag{3-1}$$

式中,λ 为波长;N 为数值孔径;I_m 及 I_s 为损耗前后的光密度($I_m \gg I_s$)。若 I_s 为 $1\sim10\text{MW/cm}^2$,$d\approx40\text{nm}$ 时,I_m 为 $100\sim500\text{MW/cm}^2$。利用此原理可构成可逆荧光蛋白开关,开关时间 $\tau<10^{-3}\sim100\text{ms}$,寿命 $\tau\approx1\mu\text{s}$。用光致变色染料若丹明(rhodamines),RSEGFP 开关及传统的 Dronpa 荧光蛋白开关效应如图 3-2 所示。

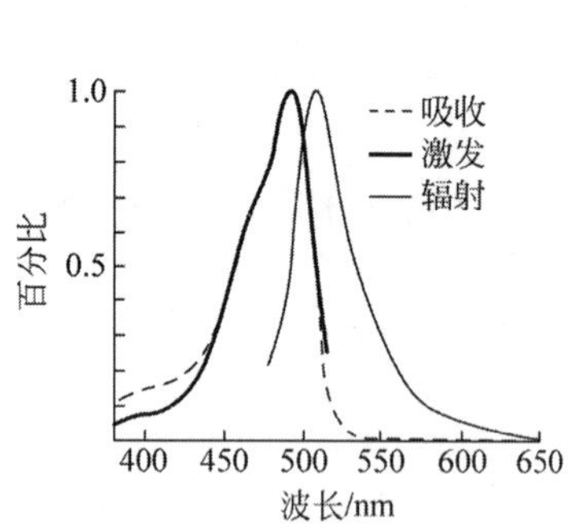

(a) RSEGFP在pH值7.5荧光平衡态时荧光谱线:吸收(虚线),激发(粗实线)及辐射(细点线)

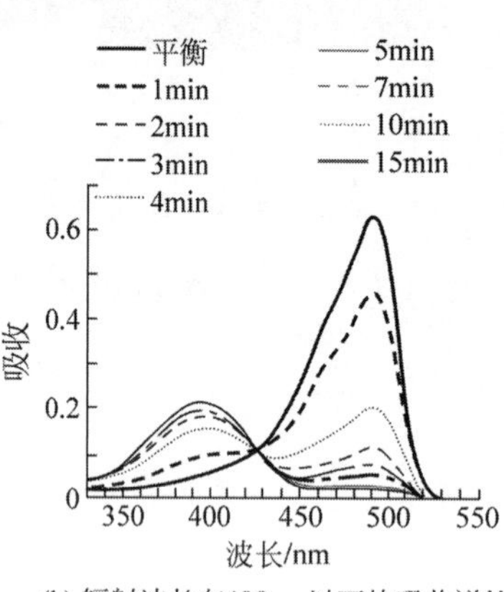

(b) 辐射波长在488nm以下的吸收谱线

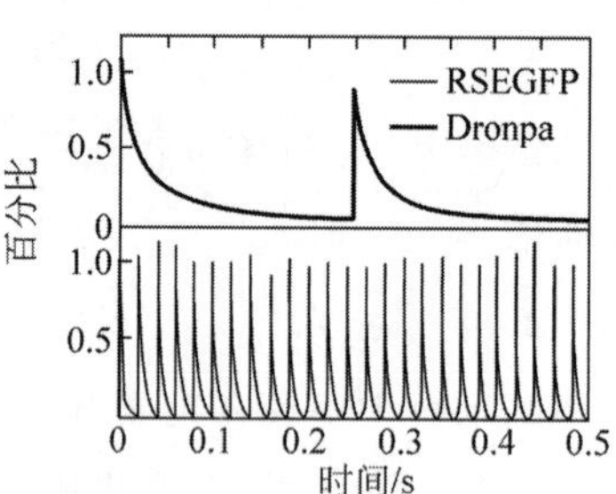

(c) 固定PAA强度时Dronpa开关曲线(粗线)及RSEGFP开关曲线(细线),开关波长405nm(强度20mW/mm²)及491nm(60mW/mm²)

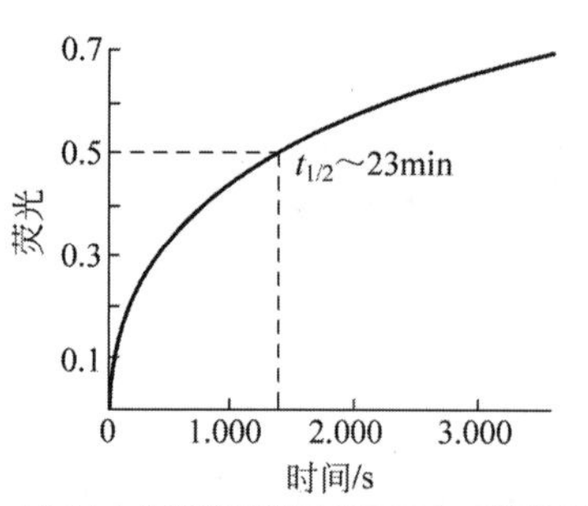

(d) PAA中温度22℃时的RSEGFP荧光曲线

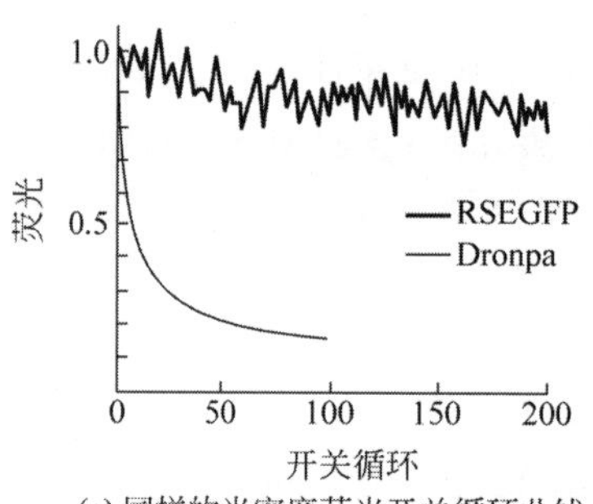

(e) 同样的光密度荧光开关循环曲线

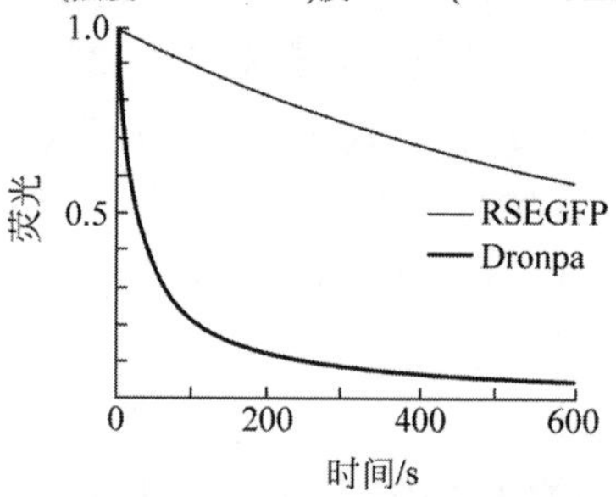

(f) 在PAA层中,RSEGFP及Dronpa的405nm(100mW/mm²)及491nm(30W/mm²)连续照射荧光辐射曲线;RSEGFP的初始值$t_{1/2}$=800s,当$t_{1/2}$=30s时荧光减小至50%

图 3-2 rsEGFP 开关特性曲线

RSEGFP 载色体半成熟期在 37℃时为 3h。蛋白变成了单体,可融合于各种蛋白中,包括微管球蛋白及组蛋白 H2B。在光子作用下可反复转换,用于高分辨率、高密度图形写入及读出,如图 3-3 所示。图中,采用 405nm 波长,强度 $I_m<10\text{W/mm}^2$ 时获得的 RSEGFP 图形((b)为电子显微镜放大图,(a)为数字化测量结果)。

本实验使用 1.9Mb 速率标准通信码(ASCII 码)写入,最大尺寸约为 70nm。此尺寸与膜层厚度有关,如果适当调整记录介质厚度写入信息符直径可控制在 $d<40\text{nm}$,优于普通近场光学显微镜。此介质也适用于 532nm 及 650nm 波长激光,制成对不同波长敏感的开关,用于多波长多阶光量子存储。写入系统可用锥型多模光纤,检测可用雪崩二极管组成存储单元。

2. 量子三维存储

光量子固态存储的方案很多,最早实现的是光子回声量子固态存储。其基本原理是利用光子与物质作用中量子态的可逆转换实现信息存储。光子回声量子固态存储发明于 20 世纪 60 年代,近年来这方面的理论及实验研究都取得了重要进展。目前,用稀有元素掺杂晶体的多量子态实现可逆存

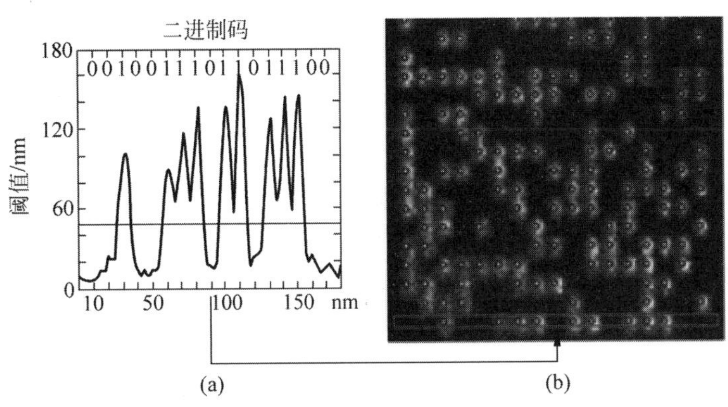

图 3-3　在 15μm×15μm 面积的 PAA 层上用 rsEGFP 进行写入实验结果

储。利用其他原理，如电磁感应透明(EIT)、非共振 Rama 效应、可逆非均匀展宽原子频率梳(AFCs)和自旋极化等数据存储方案均获得重要进展。最有希望的是用于量子中继器，只要存储时间达到毫秒量级就具有实用意义。EIT 光子存储原理及吸收介质的特性，原子蒸气连续变量系统、原子偏振-光子系统、钻石中的氮空穴以及纤维和晶体中的稀土离子都可用于量子存储。其中，单一模式或单一量子态的稀土掺杂系统的多模式和多量子态，最有可能用于长距离量子通信中包括量子密码的中继存储。逐渐退化的信号通过中继缓存重新发出，实现更长距离的量子网络安全传输。另外，气体原子也可实现量子存储，例如铯原子云本身是透明的，允许光通过。但可用激光将它“变黑”，即能吸收所有波长的光。不过在它吸收光能后不成为热，而在铯云中以自旋波的形式实现信息存储。当它被另外一种激光脉冲辐射时，自旋波会放出光子使铯原子云恢复透明。在这些量子存储方案中，速度最高的是量子纠缠存储。纠缠是量子物理的基本特征。各种物理系统都可能出现纠缠态，但大量的实验证明，光与物质系统之间的纠缠是最有可能用于量子中继和量子网络。其中最有意义的是纠缠态具有的量子密码，使信息能通过公开的信道安全传输。此外，量子比特的二维 Hibert 空间特性构成的编码方式和字符串量子位叠加特性，可用于误码校正及于量子计算。稀土掺杂铌酸锂波导和光子回波量子存储协议相结合的存储器，工作频率可达到 5GHz 以上。集成宽带稀土掺杂铌酸锂晶体量子存储器构成的庞大序列，解决了子通信中的若干关键性问题，在量子信息科学中具有巨大的发展潜力。

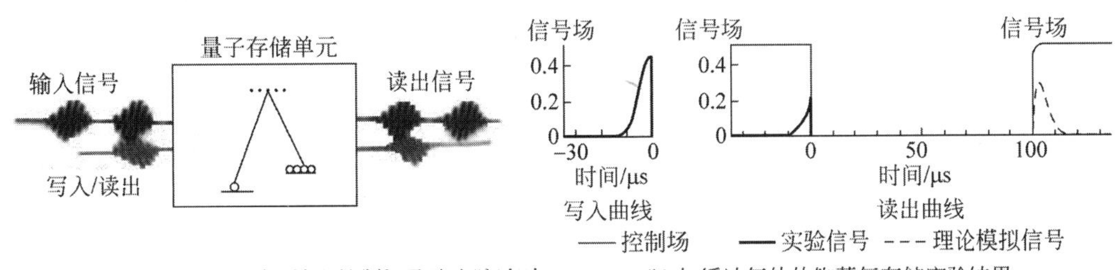

(a) 光子写入及读出过程。当再次输入控制场及读出脉冲时，受激原子回到低能级发出所记录的信号，实现信息读出

(b) 加缓冲气体的铷蒸气存储实验结果

图 3-4　EIT 光子存储原理及吸收介质的特性

通常，量子存储器存储态(纯态或混合态)用密度矩阵 ρ 表示输入态，用密度矩阵 ρ' 表示输出态。在最坏情况下，量子存储器的保真度可用概率表示为

$$F(\rho) = \mathrm{tr}\sqrt{\sqrt{\rho'}\,\rho\,\sqrt{\rho'}} \tag{3-2}$$

式中 $F(\rho)$ 为 $\sqrt{\rho'}\,\rho\,\sqrt{\rho'}$ 的熵根。利用量子误码校正及量子过程层析成像(quantum process tomography)可以提高存储器的保真度。

光量子存储的量子比特可以同步平行处理。当它用于中继器时，可提高系统的通信能力和延长通信距离。另外，基于原子谐振量子相干原理，量子存储还可应用于精密测量，即光子转换为原子的量子态时，可减少量子噪声水平，从而提高测量精度，用于磁场、时钟及光谱测量仪器。

由于吸收谱的分布不规则，光场在 EIT 条件的传播为正分布如图 3-4(b)所示。说明群速随 Rabi 因子相对于真空光速 c 下降。理论上，群速随控制场强度的降低可以任意减小，实验证明可以下降 7 个数量级。慢光是 EIT 标志性的特征，用途广泛，例如用于缓冲光纤通信流量。这也是量子存储器的基础应用之一，其功能如图 3-4(a)所示。与 EIT 窗口谐振的光脉冲，进入 EIT 介质后，速度就会下降，从而使空间被压缩，所以脉冲的初始空间宽度远大于 L，与介质相适应。一旦脉冲进入，绝热降低控制场强度，并使群速降为零，从而损毁 EIT 窗将脉冲存储于介质中。当需要检索脉冲时，打开控制场，然后脉冲恢复其在 EIT 介质中的传播。在信号进入 EIT 介质之前，所有原子通过控制场被光泵浦到基础能级 $|b_i\rangle$，所以原子的初始状态为

$$|\psi_0\rangle = |b_1 b_2 \cdots b_N\rangle \tag{3-3}$$

当信号脉冲进入介质并被存储之后，其量子态转换为 EIT 介质中的原子共同激励。若信号为单脉冲，原子态变为

$$|\psi_1\rangle_A = \sum_j \psi_j \mathrm{e}^{i\Delta k z_j} |b_1 \cdots c_j \cdots b_N\rangle \tag{3-4}$$

式中，N 为共振原子数；z_j 为 j 原子传播场的位置；Δk 为控制场与信号场波矢量之差。也就是说，有一个原子被转换为基态 $|c_i\rangle$，但并不知道是哪一个原子。在理想的退相干基态情况下，既不传输也不存储时原子保持在激发态 $|a_i\rangle$。即这种 EIT-基存储不受原子态自发衰退的影响，是 EIT 基存储的重要特征。实验证明，波长 795nm 的 μs 脉冲可在铷蒸气单元中存储时间超过 0.5ms，热钠原子云的存储时间可达到 0.9ms。输入信号、控制场和存储介质 EIT 窗光学深度 L 的吸收率 α_L 都会影响存储效率。其中，光学深度吸收率 α_L 影响最大。首先，输入信号脉冲的光谱必须与 EIT 透明窗匹配，信号持续时间 τ 必须满足于 $\tau \gg 1/W_{\text{EIT}}$，其中 W_{EIT} 为电磁诱导透明窗透明度(Electromagnetically-Induced Transparency，EIT)，由方程式(3-5)确定：

$$W_{\text{EIT}} = \frac{4}{\sqrt{\alpha_L}} \frac{\Omega^2}{W_{\text{line}}} \tag{3-5}$$

式中，α 为 EIT 介质吸收系数；L 为 EIT 厚度；Ω 为控制场 Rabi 频率；W_{line} 为激发光量子能级宽度。另外，信号脉冲必须与 EIT 介质几何尺寸匹配，即信号脉冲的尺寸应与被慢光效应压缩的空间相匹配，不得超过光学深度 L。若这些条件同时满足，减速充分，则可获得高反差的 EIT 透明窗，即吸收率 α_L 最大，如图 3-4(a)所示。图中上面部分为控制场信号，相当于开关，存储信号脉冲(下面部分)使 EIT 介质中原子从基态激发至高位，然后控制场关闭，完成信息存储。以掺镨 Y_2SiO_5 晶体超慢光存储为例，存储时间可达到 2.3s，另外掺镨 $La_2(WO_4)_3$ 晶体超慢光存储实验证明，存储时间可提高 15 倍，当然成本也将同步增加。

在蒸气介质存储实验中，同样原子密度越高，α_L 值就越大。由于原子基态去相干增加及 Raman 效应的相应 EIT 下降，存储性能改善，存储寿命明显增加。单光子 DLCZ 存储于冷原子云及读出实验已获成功，如图 3-4(b)所示。冷原子云的吸收率 $\alpha_L=24$，细实线为控制场，粗实线为实验信号，虚线为理论模拟信号。对中等光密度($\alpha_L \leqslant 25$)，实验结果与理论分析非常吻合，参见图 3-4(b)。因光学深度有限，信号脉冲没有完全进入存储单元，导致脉冲泄漏影响效果。一种改进的单光子存储系统，将光子裂开为两个分离的通道，每个都存储在超冷原子云中。由于两个相位之间的关系和存储模式都被可靠保存，并可通过干涉测量进行检索。

EIT 基量子存储的读出信号受背景噪声的影响，此噪声源于存储过程中原子态的再生。例如，在控制场作用下，原子从 $|c\rangle$ 态被激光泵浦到激发态 $|a\rangle$，然后自发衰变到基态时，发射出热光子造成污

染信号。为了最大限度地减少这种噪声，有时只能牺牲存储寿命换取信号质量。此项工作尚存大量理论问题和实验工作有待深入开展。

与 EIT 基量子存储关系密切的是 Λ 型原子谐振纠缠存储。这种激发态的产生不是由外部输入光子激发，而是自生谐振。当初始态 $|b\rangle$ 原子被光子写脉冲照射时，受激原子转移到 $|a\rangle$ 态，如图 3-5(a)所示。此散射光子方向各异，每个散射空间模型通过光纤选择导入单光子探测器进行测量，但其概率很低。只有原子形成谐振，同时进入相同模型才可能提高测量概率。空间滤波可以消除原子发射光子位置的信息，使原子通过谐振实现叠加(参见方程式(3-5))，则此原子谐振状态相当于存储在 EIT 介质中的光子。因此，可应用经典读出场实现 $|c\rangle$-$|a\rangle$ 转换，发挥 EIT 控制场的作用，通过测量原子集合状态实现单光子信号的检索(参见方程式(3-4)及图 3-5(b))。此方案类似于一对光子合成产生的单光子，根本区别在于原子激发寿命长，且可以在任意时间检索，便于用于中继器。该协议也可被看作一个确定的单光子"枪"，一旦对准方向，就可用发射所需的信号光子。两个远程谐振纠缠原子链接输出的状态如图 3-5(c)所示。写脉冲与原子谐振通过束合成器射向探测器。即两谐振态变成纠缠重叠和，即

$$\psi = \frac{1}{\sqrt{2}} \mid \psi_0 \rangle \mid \psi_1 \rangle + \mathrm{e}^{\mathrm{i}\phi} \mid \psi_1 \rangle \mid \psi_0 \rangle \tag{3-6}$$

式中，相 ψ 取决于谐振与探测器之间的链接长度。Λ 型原子谐振存储方案单光子存储寿命可达 400ns，闲光子可达 50%，抑制了双光子相干态。通过增加光学腔长度，提高光学深度效率，使光子再现率达到 84%。

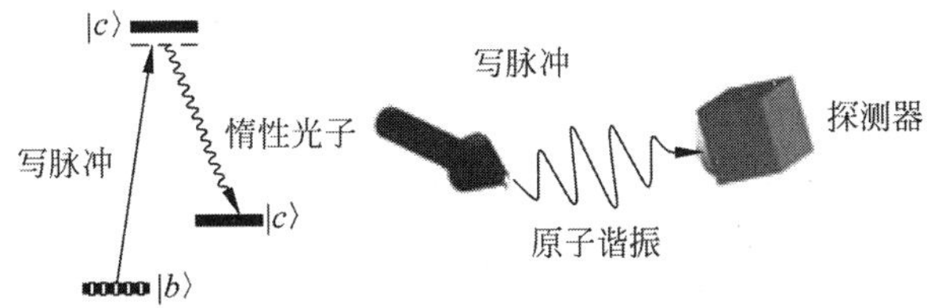

(a) 初始态原子$|b\rangle$被写入脉冲辐射，按照纳慢概率跃变到$|a\rangle$态。每个原子同时产生任意方向的散射光子，这些散射光子通过光纤可用单光子探测器检测，且效率很低。如果检测原子谐振产生方程式(3-5)描述的叠合，所发出的光子效率就会高得多。空间滤波消除被光子激射原子的位置信息而降低噪声

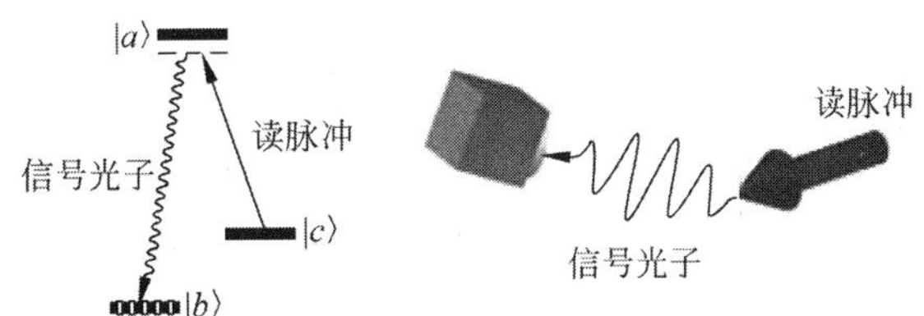

(b) 用经典读脉冲激励谐振原子返回基态$|b\rangle$，探测获取信号光子实现信息读出

(c) 两组谐振光子纠缠重叠于分光器上进行探测，不携带信号的闲光子不能识别

图 3-5 Λ 型原子存储原理

利用这些不同自由度的光学和原子激发功能，包括偏振、角动量和方向之间的纠缠，根据相同原理，频率编码光量子纠缠与 ^{85}Rb 和 ^{87}Rb 同位素冷混合，光子纠缠原子集合可以存储在 EIT 单元中，使得两个原子量子比特纠缠。此纠缠也可通过在一对偏振编码从两远程光量子比特 Bell 测量。所产生的信号在分束器混合后进入光子数测量器，完成单一信号光子两个剩余的结点上的纠缠态检测，并通

过读取从这些结点的信号光子进行验证。该方案可用于量子隐形态多量子比特的量子存储器。由于纠缠是由自发辐射产生,是唯一用后选定方式的光量子存储器。

3. 光子回波存储

类似于 EIT 基存储,光子回波量子存储是利用原子的量子态被光脉冲激发集体转移,且可利用非均匀展宽,实现方程式(3-4)中两能级原子谐振。在 $t=0$ 时吸收了一个信号光子,原子状态为

$$|\psi_1\rangle = \sum_j \psi_j \mathrm{e}^{-\mathrm{i}\delta_j t} \mathrm{e}^{\mathrm{i}kz_j} \mid b_1 \cdots a_j \cdots b_N\rangle \tag{3-7}$$

式中,k 为信号场光矢量;δ_j 为 j 原子对光频的失谐,其他变量与方程式(3-5)相同。因原子偶极子初始相排列 K 中每个原子不同而迅速衰减为 δ_j。所有光子回波量子存储都采用原子偶极子形成不久之后的复相,从而再现集体原子相干,即某些时刻所有原子的相位都是相等的,从而触发吸收信号的发射。根据光谱失谐 δ_j 初始分布可将光子回波的量子存储器分为受限可逆异构展宽(Controlled Reversible Inhomogeneous Broadening,CRIB)和梯度回波存储(Gradient Echo Memory,GEM)两类。因为梯度回波存储已在第 1 章中介绍,下面主要介绍 CRIB 存储。

CRIB 最初的存储方案,基于 Maxwell-Bloch 方程中隐藏时间反转对称性描述的原子光学系统演化过程中吸收和再发射。读出时,原子光系统需所有原子的失谐倒置,即 $\delta J_2 = -\delta J_1$(见图 3-6)。此外,必须模式匹配(或相匹配),包括所有原子相移 $\mathrm{e}^{-2\mathrm{i}kz_j}$,导致在映射的正向辐射体的原子集相干,在吸收正向辐射过程中产生反向传播相干,从而产生反向的光发射。但介质的光学厚度必须足够大,才能保证完全吸收入射光。

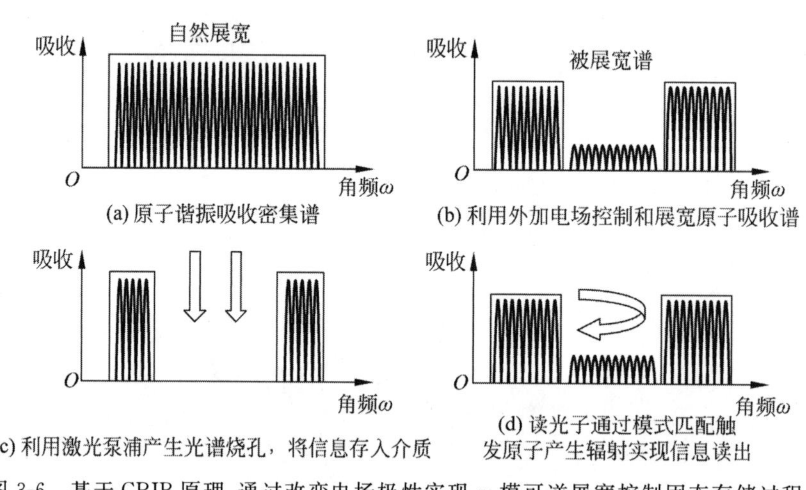

图 3-6 基于 CRIB 原理,通过改变电场极性实现 m 模可逆展宽控制固态存储过程

比较以上方案:CRIB 的多模容量与吸收深度成线性关系,而 EIT 方案与吸收深度的平方根成正比。例如,用掺钕钒酸钇晶体存储的方向读出,弱相干输入状态的持续时间为 20ns,读出效率为 0.5%,各个态量子存储保真度超过 97%。AFC 存储方案用初始激发相干光暂时转移到用两 π 脉冲变相延迟的基态相干产生束状谱。用波长 450ns 光脉冲在掺镨 Y_2SiO_5 晶体中的写入存储时间为 20μs,效率约 1%。同年,用铥掺杂 YAG 晶体也实现了 AFC 存储,剪裁其梳状结构进行存储的效率达到 9.1%,几乎提高了一个数量级。由于双能级原子谐振 Faraday 效应,原子跃迁引起的失谐 Δ 很大($\Delta \gg w_{\text{line}}$),感应部分实部与 Δ 成反比,而虚部为 Δ^{-2}。因此,非谐振波不会激发任何原子,故可忽略不计其吸收,但相移影响不能忽略,量子的原子相也会受到影响。

4. 原子频率梳

所谓原子频率梳(Atomic Frequency Combs,AFC)的原理是指失谐 δ 原子的吸收谱线分布为间距为 Δ 倍数的周期性梳状结构,如图 3-7 所示。当原子偶极子在不同的"梳齿"间的相积累不等于 2π

的倍数时，会引起周期为 $2\pi/\Delta$ 的复相。在某一固定的周期时间内可抑制其重发射，必要时可通过激发读出。原子受激光相干性作用可暂时转移为其他原子间相干态，例如基态自旋能级，则梳状结构消失，如图 3-7 所示。现有介质中，稀土离子掺杂晶体就能满足这种要求。AFC 量子存储方法研究始于 2008 年，实验证明，此量子态可长时间保存并可靠读出。若横向展宽 AFC 效率正向可达 54%，反向读取可达 100%，就具有使用价值。与 CRIB 方案相比，由于此方案无须通过光泵浦移动原子，AFC 能更好地利用光学深度。另一个优点是不受多模限制，其自然展宽谱线吸收率足够大。计算表明，在掺铕 Y_2SiO_5 晶体中能够存储 100 个模式，效率达到 90%以上。AFC 量子存储的原理如图 3-7 所示。

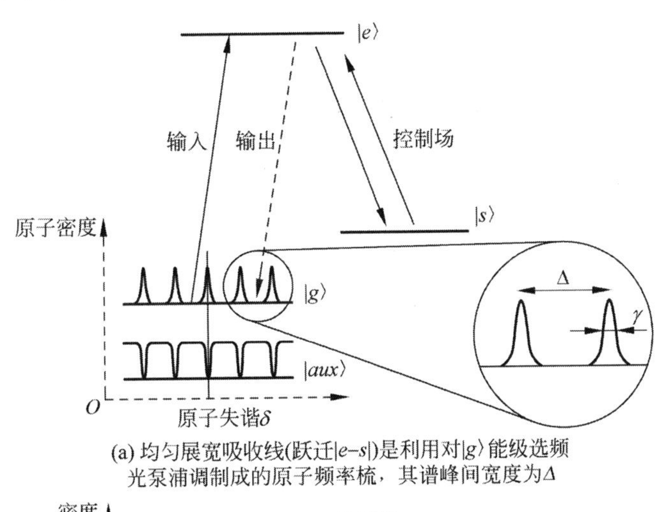

(a) 均匀展宽吸收线(跃迁|e−s|)是利用对|g⟩能级选频光泵浦调制成的原子频率梳，其谱峰间宽度为Δ

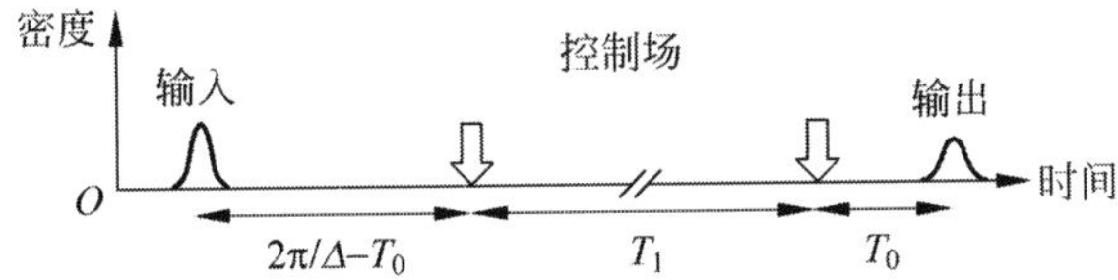

(b) 信号输入及读出流程坐标图：在输入光子作用下产生相移，立即形成群集偶极子。由于其吸收强度是不连续的，所以形成周期为 $2\pi/\Delta$ 的梳状结构如图(a)所示。利用反向控制场对|aux|的控制，实现信息有效的长期存储。在存储时间 T_s 后，在光场的作用下可重新发射进行读出

图 3-7 基于 AFC 量子存储原理

5. Faraday 谐振量子存储

基于光子与原子相互作用的 Faraday 谐振作用的量子存储器，存储单元为充满气体的单元，信号波为沿 y 方向的偏振光。所存储的量子信息用 Stokes 参数 $\hat{S}_2$ 和 $\hat{S}_3$ 波参数编码。Stokes 参数 $\hat{S}_2$ 为相对于 y 方向的偏振角，而 $\hat{S}_3$ 为光子群集自旋。为了实现存储，沿控制场 z 方向的非谐振原子气体受光泵浦作用，形成沿 x 方向的角动量。但由于角动量不确定，原子群集的 y 向和 z 向作用也不确定。所以，首先讨论光对原子的作用。在光子之间的相互作用会导致以下效应。光子的群集自旋导致原子绕 z 轴旋转，微观角度 θ 的影响为

$$\begin{aligned}\hat{J}_{y,\text{out}} &= \hat{J}_{y,\text{in}}\cos\theta + \hat{J}_{x,\text{in}}\sin\theta \\ \hat{J}_{x,\text{out}} &= \hat{J}_{x,\text{in}}\cos\theta - \hat{J}_{y,\text{in}}\sin\theta \\ \hat{J}_{z,\text{out}} &= \hat{J}_{z,\text{in}}\end{aligned} \tag{3-8}$$

当 θ 很小时，可设 $\cos\theta\approx 1$，$\sin\theta\approx\theta$，则方程式(3-8)中的微观经典数 $\hat{J}_x$ 为

$$\begin{aligned}\hat{J}_{y,\text{out}} &= \hat{J}_{y,\text{in}} + \alpha\hat{S}_{3,\text{in}} \\ \hat{J}_{z,\text{out}} &= \hat{J}_{z,\text{in}}\end{aligned} \tag{3-9}$$

式中 α 为比例系数。另外，光波偏振形成的 z 向 Faraday 偏转原子角动力分量为

$$\hat{S}_{2,\text{out}} = \hat{S}_{2,\text{in}} + \beta \hat{J}_{z,\text{in}}$$

$$\hat{S}_{3,\text{out}} = \hat{S}_{3,\text{in}} \tag{3-10}$$

根据方程式(3-9)和式(3-10)对光子与原子的相互作用的描述，若此转角很小，且 x 向偏振分量很大，则可发现光学态 Stokes 参数 $\hat{S}_3$ 的痕迹。但是还不可能用于存储，因为这时原子还没有收到 $\hat{S}_3$ 的信息，与存储信息相关的 $\hat{J}_y$ 及 $\hat{J}_z$ 值也未确定。基于原子与光子 Faraday 效应的量子存储原理如图 3-8 所示。

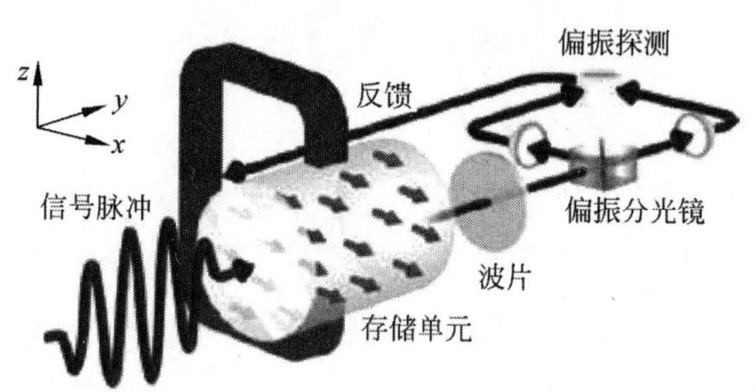

图 3-8　基于原子与光子 Faraday 效应的量子存储原理示意图。量子信息被编码并携带于偏振光中。当信号光通过存储单元时，经可控外加磁场脉冲调制，通过测量光的偏振态读出信息

为了完善此存储方案，测量原子谐振偏振态，确定 Stokes 参数 $\hat{S}_2$。计算反馈在原子上形成的角动量 $\hat{J}_z'$ 为

$$\hat{J}_z' = \hat{J}_{z,\text{out}} - S_{2,\text{out}}/\beta = -\hat{S}_{2,\text{in}}/\beta \tag{3-11}$$

此为外加磁场引起的角动量。由于光偏振的两个分量已转换为原子角动量，虽然 $\hat{J}_y$ 分量也可能被初始噪声污染，但可通过压缩初始原子自旋进行控制。实际上，光通过谐振原子两次，方向不同，对上述测量方法影响不大。利用原子与光子相互作用的量子存储的共同特点是信息存储于原子的相干态。用于容易发生退相干，限制了存储寿命。CRIB 及 AFC 方案中，储存寿命受调整过的吸收谱线宽度的影响。此宽度本质是被固有的光学跃迁均匀展宽的限制，同时也受到泵浦激光功率波动的限制，通常具有较窄的谱线宽度，相干时间较长。

拉曼型光量子存储器，包括 EIT 及 REQM 的存储寿命都受基态相干限制。例如蒸气原子存储单元，基态去相干主要源于原子的运动——漂入漂出激光束。采用惰性缓冲气体和腔壁用石蜡涂层可减少此影响。在超冷原子磁光陷阱中，退相干来自于磁场。不均匀的原子基态 Zeeman 移位导致叠加态量子相位损失。

实验证明，用原子钟锁定系统可降低磁场波动的影响，使磁子能级光子失谐被 Zeeman 效应的影响最小。剩余原子被转移到介质晶格中而消失，原子失相大为降低，存储时间到达 7ms。EIT 存储方案中，由于谐振态原子填充三维光学晶格中，每一个原子与晶格对应。不受机械震动和磁场均匀性的影响，存储寿命较长，可达到 238ms。显然光子晶格结构与存储寿命有关，所以稀土离子掺杂晶体可延长存储时间。例如，掺镨 Y_2SiO_5 晶体的随机 Zeeman Pr^{3+} 离子能被脉动磁场转移，使存储寿命提高到 30s。

3.3　光量子在存储器中的作用

光量子，包括单光量子源是量子信息存储的基础。以上介绍的各种量子信息存储方案中，都是以光量子与物质作为基础的。例如受控可逆的非均匀加宽(CRIB)存储，光谱烧孔和可控 Stark 电场梯

度转换，有限光学深度和原子分布，存储系统原子的运动方程，弱激励条件下的原子运动方程的一般解，初始原子分布与光脉冲的关系等重要存储原理都与光量子作用有关。

1. 基本原理

首先分析光脉冲通过由双能级原子构成的介质时，对基态$|g\rangle$和激发态$|e\rangle$原子态的作用。可看出，慢光正频部分-光场变化函数$E(z,t)$分解为向前和向后两种模式：

$$E(z,t)=E_{\mathrm{f}}(z,t)\mathrm{e}^{\mathrm{i}w_0 z/c}+E_b(z,t)\mathrm{e}^{-\mathrm{i}w_0 z/c} \tag{3-12}$$

此模型的适用条件是：在光波导或$\lambda/l\gg1$的介质中的一维光传播，已确定的光束面积A，波长λ和传播长度l。光脉冲中心频率失谐ω_0为原子的跃迁频率ω_{eg}，且存在失谱$\Delta=\omega_0-\omega_{\mathrm{eg}}$。由于原子跃迁形成非均匀展宽，若在均匀空间，与此失谱Δ相关原子的密度为$\rho(\Delta)$。为分析原子谐振特性，定义原子平均场随时间缓慢变化如下：

$$\sigma_{ij}(z,t;\Delta)=\frac{1}{N(\Delta,z)}\sum_{n=1}^{N(\Delta,z)}|\ i\rangle_{nn}\langle j\ | \tag{3-13}$$

式中i,j为e及g位置。此级数和中，所有原子指数N为

$$N(\Delta,z)=\rho(\Delta)\delta z\delta\Delta/L \tag{3-14}$$

失谱的间隔为

$$[\Delta-(\delta\Delta/2),\Delta+(\delta\Delta/2)] \tag{3-15}$$

间隔的位置为

$$[z-(\delta z/2),z+(\delta z/2)] \tag{3-16}$$

式(3-14)中L为介质长度。用Hamilton函数描述的光子脉冲原子系统为旋转波近似函数：

$$H=\int_{-\infty}^{+\infty}\mathrm{d}\Delta\frac{\xi(\Delta)}{L}\int_0^L\mathrm{d}z[\Delta\sigma_{\mathrm{ee}}(z,t;\Delta)-\wp E(z,t)\sigma_{\mathrm{eg}}(z,t;\Delta)+\mathrm{h.c.}] \tag{3-17}$$

式(3-14)中的ρ为$|e\rangle$-$|g\rangle$跃迁偶极矩。依此类推，光场振幅与原子相干部分σ_{ge}分解为两部分：

$$\sigma_{\mathrm{ge}}(z,t;\Delta)=\sigma_{\mathrm{f}}(z,t;\Delta)\mathrm{e}^{\mathrm{i}w_0 z/c}+\sigma_{\mathrm{b}}(z,t;\Delta)\mathrm{e}^{-\mathrm{i}w_0 z/c} \tag{3-18}$$

大多数基态原子近似认为$\sigma_{\mathrm{ge}}\approx1$，完全能满足单光子或少数光子存储情况。此时原子相干演变可用Heisenberg-Langevin方程描述如下：

$$\frac{\partial}{\partial t}\sigma_{\mathrm{f}}(z,t;\Delta)=-\mathrm{i}\Delta\sigma_{\mathrm{f}}(z,t;\Delta)+\mathrm{i}\ \wp E_{\mathrm{f}}(z,t) \tag{3-19}$$

$$\frac{\partial}{\partial t}\sigma_{\mathrm{b}}(z,t;\Delta)=-\mathrm{i}\Delta\sigma_{\mathrm{b}}(z,t;\Delta)+\mathrm{i}\ \wp E_{\mathrm{b}}(z,t) \tag{3-20}$$

式中忽略了均匀去相干，且包含了不均匀失相。采用不同近似，光子脉冲的正(f)、反(b)向值分别为

$$\left(\frac{\partial}{\partial t}+c\frac{\partial}{\partial z}\right)E_{\mathrm{f}}(z,t)=\mathrm{i}\beta\int_{-\infty}^{+\infty}d\Delta G(\Delta)\sigma_{\mathrm{f}}(z,t;\Delta) \tag{3-21}$$

$$\left(\frac{\partial}{\partial t}-c\frac{\partial}{\partial z}\right)E_{\mathrm{b}}(z,t)=\mathrm{i}\beta\int_{-\infty}^{+\infty}d\Delta G(\Delta)\sigma_{b}(z,t;\Delta) \tag{3-22}$$

式中

$$\beta:=g_0^2N\ \wp \tag{3-23}$$

其中

$$g_0:=\sqrt{\omega_0/(2\varepsilon_0V)}\quad N:=\int d\Delta p(\Delta) \tag{3-24}$$

N为体积V中量子化原子数。所以，

$$\rho(\Delta)=N\times G(\Delta) \tag{3-25}$$

$G(\Delta)$即归一化的原子分布谱。

式(3-19)～式(3-22)所描述的系统中，主要分析光子诱导原子谐振受引入偏振光场作用的关系。

实际上，原子极化也可以作光场。考虑到弱激励，耦合方程应为线性一阶概率。同时，此线性运动方程说明经典和单光子动力学是等价的，所以 E_b 和 E_f 值可认为是经典场或单光子波函数。σ_b 及 σ_f 可认为是经典原子偏振或单光子激发的原子波函数，根据运动方程对称性分析，可推导出基于可逆吸收的量子存储原理。光算子和原子相干正向部分可分别做如下转换：

$$\Delta \rightarrow -\Delta \tag{3-26}$$

$$E_b \rightarrow -E_b \tag{3-27}$$

同理可获得光算子和原子相干反向部分的转换方程。从而可揭示 CRIB 量子存储器的本质：正向传播的光脉冲完全被原子谐振吸收，实现信息写入，需要一个反向光脉冲，通过其频谱分量与原子跃迁频率之间的失谐写入信息。同时，用相位匹配操作，波函数的单原子激发产生向后传播，成为检索脉冲，实现信息读出，其基本过程如图 3-9 所示。

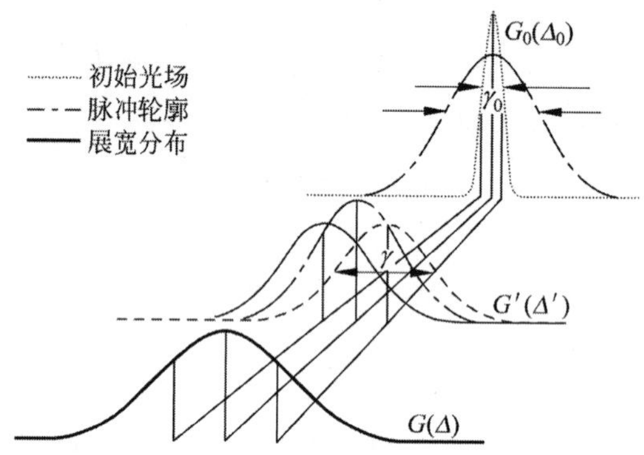

图 3-9　原子光谱示意图。实线代表展宽为 0 的初始分布 $G_0(\Delta_0)$；3 条虚线分别代表不同展宽分布的初始场谱线 $G'(\Delta')$；最终展宽分布 $G(\Delta)$ 为初始分布 $G_0(\Delta_0)$ 与携带存储信号吸收谱(Δ_0)的展宽 $G'(\Delta')$ 的卷积；最上端的虚线代表宽带 γ 的脉冲轮廓

根据上述原理建造光子存储器的要点如下。

(1) 选择介质材料：介质原子的跃迁与光域频率吻合，且脉冲持续时间内光吸收过程中保持振幅和相位不变，消相干率低。通过若干实验证明，室温下原子气体或离子掺杂固体材料都可以实现量子存储，且离子掺杂固体材料效果最好。

(2) 原子吸收线窄：由于每个离子受到的外界影响不同，离子掺杂材料的吸收跃迁拓宽不均匀。利用光泵浦技术将吸收谱线变窄。此谱线宽度主要取决于材料原子谐振的消相干率。实际上，此吸收带宽与光学泵浦激光带宽有关。参见图 3-9 中初始失谐 Δ_0、异构原子分布 $G_0(\Delta_0)$ 及带宽 γ_0。

(3) 初始分布 $G_0(\Delta_0)$ 影响失谐 Δ_0，可使可逆性和控制的非均匀展宽扩大。每一个失谐 Δ_0 扩大到 $\Delta_0+\Delta'$，其中 Δ' 与 $G'(\Delta')$ 分布有关(见图 3-9 中虚线)。离子掺杂材料中，控制初始非均匀加宽吸收线可施加电场梯度转移的离子的跃迁频率。按照 Stark 效应，Stark 诱导可产生失谐 Δ'，最后的分布(图 3-9 中实线)导致所有的失谐 Δ_0 扩大，为初始分布 $G_0(\Delta_0)$ 和分布 $G'(\Delta')$ 的卷积。通过改变电场，反向 Stark 效应使每个失谐反转，则式(3-26)变成为

$$\Delta_0+\Delta' \rightarrow \Delta_0-\Delta' \tag{3-28}$$

式中可控不均匀展宽不受 z 约束，而与稀土掺杂光纤或传播脉冲断面电场梯度有关。

(4) 当光激发下降到零时，运动方程相关联的正向分量位置达到反向相位 $e^{iw_0 z/c}$ 原子谐振。通过此转换，根据方程式(3-19)正向分量 σ_f 成为反分 σ_b。相移 $e^{iw_0 z/ce}$ 可由反向传播 π 脉冲转换成原子相干控制基态，所以选择具有长时间相干性基态就可以获得更长的存储时间。如果不采用相移，系统的演化取决于正向方程。脉冲释放在介质中正向传播时部分被吸收，从而降低存储效率。不过，这种简化方案不需使用外加控制激光场，避免了光噪声，对光子存储器也是一个优点。

2. 一般解

用归纳法求解运动方程。设 i_o 为原子初始分布 $G_0(\Delta_0)$ 和展宽分布 $G'(\Delta')$ 对信号吸收的贡献，则可得原子算符：

$$\sigma_{\mathrm{ij}}(z,t;\Delta',\Delta_0):=\frac{1}{N(\Delta'+\Delta_0,z)}\sum_{n=1}^{N(\Delta'+\Delta_0,z)}|i\rangle_{nn}\langle j| \tag{3-29}$$

式中

$$N(\Delta'+\Delta_0,z) \tag{3-30}$$

此式为 z 上初始失谐展宽到 $\Delta'+\Delta_0$ 的原子数 Δ_0。当不均匀展宽反转时，失谐从 $\Delta'+\Delta_0$ 变为 $-\Delta'+\Delta_0$，所以原子特征可用算子 $\sigma_{\mathrm{ij}}(z,t,-\Delta',\Delta_0)$ 表示。此原子算符也可分解为两部分。值得注意的是，光脉冲在正向通过原子谐振的传播：

$$\left(\frac{\partial}{\partial t}+c\frac{\partial}{\partial z}\right)E_{\mathrm{f}}^{\mathrm{in}}(z,t)=\mathrm{i}\beta\int_{-\infty}^{+\infty}\mathrm{d}\Delta_0\,\mathrm{d}\Delta' G(\Delta_0)G'(\Delta')\sigma_{\mathrm{f}}(z,t;\Delta',\Delta_0) \tag{3-31}$$

$$\frac{\partial}{\partial t}\sigma_{\mathrm{f}}(z,t;\Delta',\Delta_0)=-\mathrm{i}(\Delta_0+\Delta')\sigma_{\mathrm{f}}(z,t;\Delta',\Delta_0)+\mathrm{i}\,\wp E_{\mathrm{f}}^{\mathrm{in}}(z,t) \tag{3-32}$$

最初，当没有原子被激发时，有

$$\sigma_{\mathrm{f}}(z,t\rightarrow-\infty;\Delta',\Delta_0)=0 \tag{3-33}$$

将此式代入方程式(3-32)可得

$$\sigma_{\mathrm{f}}(z,t;\Delta',\Delta_0)=\mathrm{i}\,\wp\int_{-\infty}^{t}\mathrm{d}s\,\mathrm{e}^{-\mathrm{i}(\Delta'+\Delta_0)(t-s)}E_{\mathrm{f}}^{\mathrm{in}}(z,s) \tag{3-34}$$

说明存储时间 T 比脉冲持续时间 τ 长。因此，在位置 $z=0$，入射光脉冲 $E_{\mathrm{in}}(z=0)$ 以 $T/2$ 为中心。当脉冲持续时间 τ 足够长时，非均匀加宽在 $t=0$ 时逆转。入射光脉冲的傅里叶变换为

$$\widetilde{E}_{\mathrm{f}}^{\mathrm{in}}(z,\omega):=\int_{-\infty}^{0}\mathrm{d}t\,\mathrm{e}^{\mathrm{i}\omega t}E_{\mathrm{f}}^{\mathrm{in}}(z,t) \tag{3-35}$$

由于入射光脉冲为正时没有定义，上限等于0。此外，扩展分布带宽 γ 大于逆存储时间 $1/T$，因此可对方程式(3-21)引入光脉冲傅里叶变换，其中 σ_{f} 被其表达式取代：

$$\left(\frac{\partial}{\partial z}-\frac{\mathrm{i}\omega}{c}+\eta H(\omega)\right)\widetilde{E}_{\mathrm{f}}^{\mathrm{in}}(z,\omega)=0 \tag{3-36}$$

其中，$H(\omega)$ 为

$$H(\omega):=\int_{0}^{+\infty}\mathrm{d}x\left(\mathrm{e}^{\mathrm{i}\omega t}\cdot\int_{-\infty}^{+\infty}\mathrm{d}\Delta_0\,\mathrm{d}\Delta' G_0(\Delta_0)G'(\Delta')\mathrm{e}^{-\mathrm{i}(\Delta'+\Delta_0)z}\right) \tag{3-37}$$

且

$$\eta:=g_0^2N\wp^2/c \tag{3-38}$$

则方程式(3-34)的解为

$$\widetilde{E}_{\mathrm{f}}^{\mathrm{in}}(z,\omega)=\widetilde{E}_{\mathrm{f}}^{\mathrm{in}}(0,\omega)\mathrm{e}^{\mathrm{i}\omega z/c}\mathrm{e}^{-\eta H(\omega)z} \tag{3-39}$$

在介质中 $0<z<L$ 任何点。方程式(3-36)及式(3-39)表示输入脉冲被原子谐振吸收过程。因为有

$$|\widetilde{E}_{\mathrm{f}}^{\mathrm{in}}(z,\omega)|^2=\mathrm{e}^{-\alpha(\omega)z}|\widetilde{E}_{\mathrm{f}}^{\mathrm{in}}(0,\omega)|^2 \tag{3-40}$$

则可确定吸收系数 $\alpha(\omega)$ 为

$$\alpha(\omega):=\frac{2g_0^2N\wp^2\mathrm{Re}\{H(\omega)\}}{c} \tag{3-41}$$

此系数正比于光脉冲与原子谐振的耦合，且取决于原子分布函数 $H(\omega)$。下面介绍原子谐振释放出光脉冲方向的控制。

3. 反向激发

光脉冲被部分吸收后转换成原子谐振。当时间 $t=0$ 时，非均匀展宽为反向，失谐 $\Delta_0+\Delta'$ 变为

$\Delta_0-\Delta'$。由于原子系统中的相移 $e^{i w_0 z/c}$,系统空间反转。设在 $t=0$ 时没有被吸收的光子已离开介质,所以场为零,即只有原子激发,且可用下式描述:

$$\left(\frac{\partial}{\partial t}-c\frac{\partial}{\partial z}\right)E_b^{out}(z,t)=i\beta\int_{-\infty}^{+\infty}d\Delta_0 d\Delta' G_0(\Delta_0)G(-\Delta')\sigma_b(z,t;-\Delta',\Delta_0) \tag{3-42}$$

$$\frac{\partial}{\partial t}\sigma_b(z,t;-\Delta',\Delta_0)=-i(\Delta_0-\Delta')\sigma_b(z,t;-\Delta',\Delta_0)+i\wp E_b^{out}(z,t) \tag{3-43}$$

初始条件为

$$E_b^{out}(z,t=0)=0$$

$$\sigma_b(z,t=0;-\Delta',\Delta_0)=i\wp\int_{-\infty}^{0}ds e^{i(\Delta'+\Delta_0)s}E_f^{in}(z,s) \tag{3-44}$$

则方程式(3-44)的解为

$$\sigma_b(z,t;-\Delta',\Delta_0)=\sigma_b(z,0;-\Delta',\Delta_0)+ \int_0^t ds\{e^{i(\Delta'-\Delta_0)(t-s)}\cdot[i\wp E_b^{out}(z,s)+i(\Delta'-\Delta_0)\sigma_b(z,0;-\Delta',\Delta_0)]\} \tag{3-45}$$

代入方程式(3-42),可得

$$\left(\frac{\partial}{\partial z}+\frac{i\omega}{c}-\eta F(\omega)\right)\widetilde{E}_b^{out}(z,\omega)=\eta\int_{-\infty}^{+\infty}d\Delta_0 G_0(\Delta_0)J(\omega;\Delta_0)\widetilde{E}_f^{in}(z,-\omega+2\Delta_0) \tag{3-46}$$

则输入光子脉冲的傅里叶变换为

$$\widetilde{E}_b^{out}(z,\omega):=\int_0^{+\infty}dt e^{i\omega t}E_b^{out}(z,t) \tag{3-47}$$

因为输出光子脉冲以 $T/2$ 为中心,下限为0,不能为负,则可引入以下函数:

$$J(\omega;\Delta_0):=\int_{-\infty}^{+\infty}dx\int_{-\infty}^{+\infty}d\Delta' G'(-\Delta')e^{i(\Delta'-\Delta_0)x}e^{i\omega x} \tag{3-48}$$

且

$$F(\omega):=\int_0^{+\infty}dx\left(e^{i\omega x}\cdot\int_{-\infty}^{+\infty}d\Delta_0 d\Delta' G_0(\Delta_0)G'(-\Delta')e^{i(\Delta'-\Delta_0)x}\right) \tag{3-49}$$

通过解方程式(3-45),建立输入输出光子脉冲之间方向相反的关系:

$$\widetilde{E}_b^{out}(z,\omega)=-\eta\int_{-\infty}^{+\infty}d\Delta_0 G_0(\Delta_0)e^{-i\omega z/c}\cdot [e^{2i\Delta_0 L/c}e^{-\eta LH(-\omega+2\Delta_0)}e^{\eta(z-L)F(\omega)}-e^{2i\Delta_0 z/c}e^{-\eta zH(-\omega+2\Delta_0)}]\cdot \frac{J(\omega,\Delta_0)}{2i\Delta_0/c-\eta H(-\omega+2\Delta_0)-\eta F(\omega)}\widetilde{E}_f^{in}(0,-\omega+2\Delta_0) \tag{3-50}$$

下面讨论不用原子谐振相移时输出脉冲的方向。

设 $t=0$,没有原子谐振的附加相移 $e^{i w_0 z/c}$,系统只能正向发射,如方程式(3-32)所示,其中 Δ'已变成$-\ddot{A}'$。因此,光子脉冲部分被吸收,且光子激射转移给原子。则初始条件为

$$E_f^{out}(z,t=0)=0$$

$$\sigma_f(z,t=0;-\Delta',\Delta_0)=i\wp\int_{-\infty}^{0}ds e^{i(\Delta'+\Delta_0)s}E_f^{in}(z,s) \tag{3-51}$$

根据此方程,可推导输出光脉冲正向传播表达式:

$$\widetilde{E}_f^{out}(z,\omega)=-\eta z\int_{-\infty}^{+\infty}d\Delta_0 G_0(\Delta_0)J(\omega;\Delta_0)\cdot \sinh c\left(\eta z\frac{F(\omega)-H(-\omega+2\Delta_0)}{2}-iz\frac{\omega-\Delta_0}{c}\right)\cdot \exp\left(iz\frac{\Delta_0}{c}-\eta z\frac{F(\omega)+H(-\omega+2\Delta_0)}{2}\right)\cdot \widetilde{E}_f^{in}(0,-\omega+2\Delta_0) \tag{3-52}$$

式中，sinhc 为双曲函数($\text{sinhc}(x)=\sinh(x)/x$)。方程式(3-51)及式(3-52)代表原子谐振在向前及向后辐射光子脉冲及介质特原子征函数。

4. **光学深度的限制**

实际系统中，光学深度对存储特性的影响也很大。以 CRIB 存储为例，采用简化模型，使初始分布减为单一的窄吸收谱线 $G_0(\Delta_0)=\delta(\Delta_0)$，初始吸收谱线展宽间隔为$[-\gamma/2,\gamma/2]$的常数，且满足于

$$\int_{-\infty}^{+\infty} \mathrm{d}\Delta' G'(\Delta') = \int_{-\infty}^{+\infty} \mathrm{d}\Delta G(\Delta) = 1 \tag{3-53}$$

式中，光脉冲宽度小于异构展宽 Γ/γ，并有

$$H(\omega) \approx F(\omega) \approx \bar{J}(\omega;0)/2 \approx \pi/\gamma \tag{3-54}$$

且输出脉冲的反向传输为

$$E_{\mathrm{b}}^{\mathrm{out}}(0,t) = -(1-\mathrm{e}^{-\alpha L})E_{\mathrm{f}}^{\mathrm{in}}(0,-t) \tag{3-55}$$

当位置 $z=0$ 时，吸收系数为

$$\alpha = 2\pi g_0^2 N \wp^2/\gamma c \tag{3-56}$$

存储效率为

$$\mathrm{Eff} := \frac{\int \mathrm{d}\omega \mid \widetilde{E}^{\mathrm{out}}(\omega) \mid^2}{\int \mathrm{d}\omega \mid \widetilde{E}^{\mathrm{in}}(\omega) \mid^2} \tag{3-57}$$

对应吸收光子概率的再现检出概率，存储效率取决于光学深度 α_L，参见图 3-10，只要光学厚度足够大，就可以达到 100%。在相同的条件下，不采用相移方法，在位置 $z=L$ 时的正向输出光脉冲表达式为

$$\widetilde{E}_{\mathrm{f}}^{\mathrm{out}}(L,\omega) = -\alpha L \mathrm{e}^{-\alpha L/2} \frac{\sin(\omega L/c)}{\omega L/c} \widetilde{E}_{\mathrm{f}}^{\mathrm{in}}(0,-\omega) \tag{3-58}$$

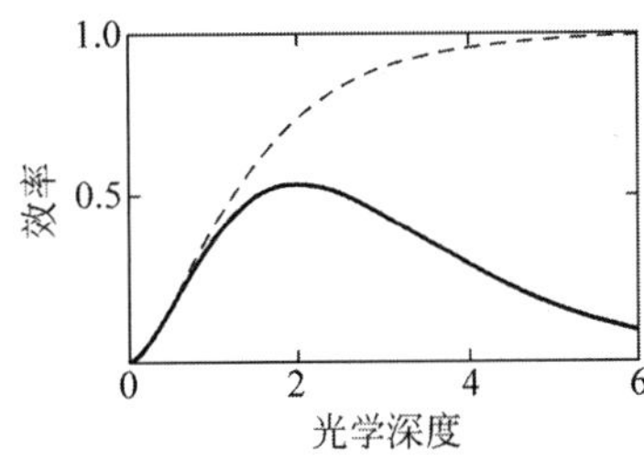

图 3-10 在展宽为常数时光脉冲效率与光学深度关系曲线。实线代表正向传播，虚线代表反向传播。在正向传播时随$(\alpha L)2\mathrm{e}^{-\alpha L}$变化，反向传播时为$(1-\mathrm{e}^{-\alpha L})^2$

该函数导致输出光脉冲展宽 Γ 失真，正向大于 c/L，反向小于 c/L，如下式：

$$E_{\mathrm{f}}^{\mathrm{out}}(L,t) = -\alpha L \mathrm{e}^{-\alpha L/2} E_{\mathrm{f}}^{\mathrm{in}}(0,-t) \tag{3-59}$$

在此系统中，原子谐振的相互作用均不会引起前后两个反向的失真。对于小光学深度，存储效率在向前或向后两个方向上都随光学深度的平方变化。然而，在向前(正向)方向，脉冲被原子吸收。随光深度的增加，存储效率在光学深度 $\alpha L=2$ 时达到 54%。若设整个脉冲光谱宽度的光学深度恒定，且低于脉冲光谱分量，则存储效率较低。

5. **存储效率与量子场**

此前讨论了光学厚度对存储效率的影响。对带宽 $G_0(\Delta_0)\approx\gamma_0$ 的初始分布小于谱脉冲带宽度 Γ，并扩大到带宽 $G(\Delta)\approx\gamma$，则光学深度为

$$\alpha L \approx \frac{g_0^2\ \wp^2 \rho_0(\Delta_0) L}{c} \frac{\gamma_0}{\gamma} = \alpha_0 L \frac{\gamma_0}{\gamma} \tag{3-60}$$

式中，$\rho_0(\Delta_0)=NG_0(\Delta_0)$为初始原子密度，$\alpha_0 L$为无展宽的初始光学深度。对确定介质，光学深度$\alpha L$随初始分布带宽变化。以上分析可知，初始分配带宽也会限制存储寿命，说明存储效率与存储寿命之间需要平衡优化。

6. 存储效率和存储寿命

为分析初始展宽分布的影响，设带宽分布为常数，则带宽为

$$G'(\Delta')=\frac{1}{\gamma}\theta\left(\Delta'+\frac{\gamma}{2}\right)\theta\left(\frac{\gamma}{2}-\Delta'\right) \tag{3-61}$$

式中，θ为 Heaviside 函数，所以当$\Gamma\ll\gamma$且$\gamma_0\ll\gamma$时，$J(\omega,\Delta_0)/2\approx H(\omega)\approx F(\omega)\approx\pi/\gamma$。说明可用对正向传播计算的方法处理反向传播。当$\gamma_0\ll c/L$时，反向光子脉冲为

$$E_{\mathrm{b}}^{\mathrm{out}}(0,t)=-(1-\mathrm{e}^{-\alpha L})E_{\mathrm{f}}^{\mathrm{in}}(0,-t)\cdot\int_{-\infty}^{+\infty}\mathrm{d}\Delta_0 G_0(\Delta_0)\mathrm{e}^{-2\mathrm{i}\Delta_0 t} \tag{3-62}$$

当位置$z=0$时，为输出脉冲中心。比较方程式(3-60)及式(3-62)可看出，相当于输出脉冲乘上了初始分布的傅里叶变换。对初始分布带宽γ_0，存储寿命T受限于$1/\gamma_0$，已被实验验证。所以，存储寿命为$T\gamma_0^{-1}$。由于初始线宽也影响光学深度(参见方程式(3-58))及存储效率，需要平衡。对于二能级原子系统，如果另一个稳态寿命长可通过激发原子到第二稳态 B 作基态。优化展宽，可确定初始分布为

$$v:=\frac{g_0^2 N\wp^2 L}{c}\approx\frac{g_0^2\wp^2\rho_0(0)\gamma_0 L}{c}=\alpha_0 L\gamma_0 \tag{3-63}$$

此式取决于介质特性和初始分布，因此值已确定。展宽后的光学深度为

$$\alpha L\approx v/\gamma \tag{3-64}$$

脉冲确定后，可通过优化展宽分布进一步提高存储效率。原子分布与光子脉冲分布相同，为 Lorentz 型，

$$\widetilde{E}_{\mathrm{f}}^{\mathrm{in}}(0,\omega)=\frac{\Gamma}{2\pi}\frac{1}{\Gamma^2/4+\omega^2} \tag{3-65}$$

$$G_0(\Delta_0)=\frac{\gamma_0}{2\pi}\frac{1}{\gamma_0^2/4+\Delta_0^2} \tag{3-66}$$

$$G'(\Delta')=\frac{\gamma}{2\pi}\frac{1}{\gamma^2/4+\Delta'^2} \tag{3-67}$$

为计算初始分布宽带的v的有效值。设$\gamma_0\to 0$，$\rho_0(0)\to+\infty$，函数$J(\omega;0)$，$F(\omega)$及$H(\omega)$可简化为

$$J(\omega;0)=\frac{\gamma}{\gamma^2/4+\omega^2},\quad H(\omega)=F(\omega)=\frac{\gamma/2+\mathrm{i}\omega}{\gamma^2/4+\omega^2} \tag{3-68}$$

输出脉冲为

$$\widetilde{E}_{\mathrm{b}}^{\mathrm{out}}(0,\omega)=-\frac{\Gamma}{2\pi(\Gamma^2/4+\omega^2)}\left[1-\exp\left(-\frac{v\gamma}{\gamma^2/4+\omega^2}\right)\right] \tag{3-69}$$

$$\widetilde{E}_{\mathrm{f}}^{\mathrm{out}}(L,\omega)=-\frac{\Gamma}{2\pi(\Gamma^2/4+\omega^2)}\frac{v\gamma}{\gamma^2/4+\omega^2}\cdot$$
$$\exp\left(-\frac{v\gamma}{2(\gamma^2/4+\omega^2)}\right)\sin c\left(\frac{v\omega}{\omega^2+\gamma^2}\right) \tag{3-70}$$

设脉冲传播Γ小于c/L，从图 3-11(a)可看出$\nu=2\Gamma$，存储效率为带宽分布γ的函数。对于大γ，光学深度(方程式(3-60))与γ成反比，如图 3-11(a)所示，向前与向后存储效率相同。对较小γ，正向传播时，反向传播会产生再吸收使效率增加到极值，最大可达 100%。对$\gamma\to 0$时，展宽很小，存储效率均趋于零。原子展宽与光子宽带的影响属同一量级，若取较小值$v=0.05\Gamma$，如图 3-11(b)所示，曲线形状与图 3-11(a)相似；但γ小于v时，极大值出现在窄展宽。

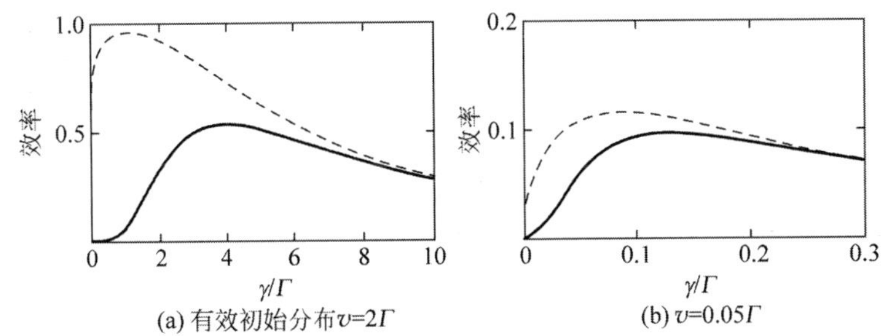

(a) 有效初始分布$\upsilon=2\Gamma$　　(b) $\upsilon=0.05\Gamma$

图 3-11 存储效率与带宽分布的关系曲线(实线为光脉冲向前辐射效率,虚线为反向效率,均为带宽分布 γ 的函数(单位为脉宽 Γ))

为了保证 CRIB 存储效率,展宽后的光学深度必须满足 $\alpha L>1$。从方程式(3-64)可看出,初始分布有效宽度必须大于展宽 $\upsilon>\gamma$。因此,脉宽 $\Gamma\approx\upsilon$,且可展宽初始分布到 $\gamma\approx\Gamma$,从而提高效率。如果 $\upsilon\gg\upsilon$,更有利于选择一个较小的展宽 $\gamma\approx\upsilon\ll\Gamma$。然而,由于受过滤的影响,输入脉冲出现强失真。为进一步分析展宽对效率的影响,设分布仍保持 Lorentz 曲线形状,初始分布为

$$\widetilde{E}_{\mathrm{f}}^{\mathrm{in}}(0,\omega)=\frac{\Gamma}{2\pi}\frac{1}{\Gamma^2/4+\omega^2} \tag{3-71}$$

$$G_0(\Delta_0)=\frac{1}{\gamma_0}\theta(\Delta_0+\gamma_0/2)\theta_0(\gamma_0/2-\Delta_0) \tag{3-72}$$

$$G'(\Delta')=\frac{1}{\gamma}\theta(\Delta'+\gamma/2)\theta(\gamma/2-\Delta') \tag{3-73}$$

当初始分布 υ 为固定值,计算存储效率,并与方程式(3-65)～式(3-67)中 Lorentz 曲线进行比较。当 $\gamma_0\to0$ 时,函数 J,F 及 H 为

$$J(\omega;0)=\frac{2\pi}{\gamma}\theta(\omega+\gamma/2)\theta(\gamma/2-\omega) \tag{3-74}$$

$$F(\omega)=H(-\omega)^*=\frac{J(\omega)}{2}+\frac{\mathrm{i}}{\gamma}\log\frac{\gamma+2\omega}{\gamma-2\omega} \tag{3-75}$$

所以,反向光子脉冲[方程式(3-35)]为

$$\widetilde{E}_{\mathrm{b}}^{\mathrm{out}}(0,\omega)=-\frac{1}{2\pi}(1-\mathrm{e}^{-\frac{2\pi\upsilon}{\gamma}})\frac{1}{\Gamma^2/4+\omega^2} \tag{3-76}$$

对于 $\omega\in[-\gamma/2,\gamma/2]$及 0,当 $\Gamma\ll c/L$ 时,正向脉冲为

$$\widetilde{E}_{\mathrm{f}}^{\mathrm{out}}(L,\omega)\approx-\frac{\upsilon}{\gamma}\mathrm{e}^{-\frac{\pi\upsilon}{\gamma}}\frac{\Gamma}{\Gamma^2/4+\omega^2} \tag{3-77}$$

按照上述表达式,参见图 3-12,可看出光脉冲展宽形状基本相同,对存储效率影响不大。然而,展宽分布越大,存储效率越高。此外,基于简化 CRIB 原理的存储方案不需外加激光场,而且效率可用达到 54%。与完整 CRIB 方案相比,原子的相互作用不会引起存储光脉冲失真,存储寿命主要受原子初始光谱分布的限制,即介质的吸收决定了存储效率,且展宽分布的形状不影响存储效率。

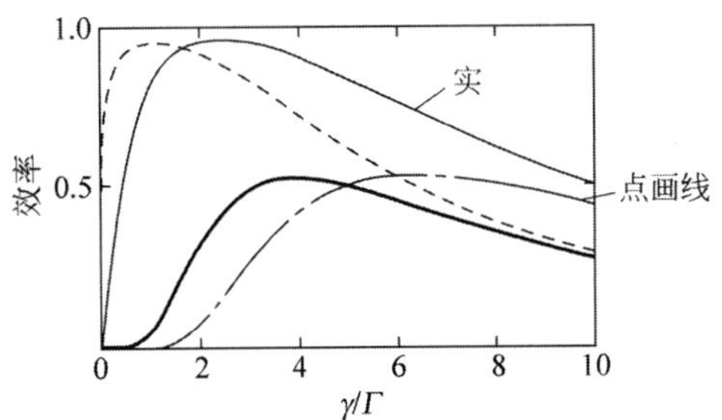

图 3-12 不同原子谐振及初始光脉冲存储效率比较曲线。粗实线为正向原子谐振,虚线为反向;细实线为光子脉冲正向发射,点画线为反向辐射。初始分布的有效宽度 $\upsilon=2\Gamma$

控制和释放光子的能力是光量子存储的基础。在铯原子蒸气中低强度光子脉冲相干存储的带宽可达到 1GHz。采用强控制场双光子谐振跃迁存储带宽可以达到 THz 量级,总效率达到 35%,且可用光子连续脉冲存

储与检索。光量子信息具有极大潜力，且不存在相互干扰，在其信息编码存储中具有鲁棒效应。随光子源、探测器及控制技术的发展，为智能化海量光子存储奠定了基础。可逆映射光子激发存储与光子网络相结合，将成为新一代信息系统的发展方向。当前的研究重点在存储寿命、存储效率、存储模式（多种不同的光子）和带宽容量。以上介绍的电磁诱导透明、可逆的非均匀展宽和原子频率梳等存储方案也可以采用四波混频谐振，利用受激 Brillouin 散射实现梯度回波存储。典型的存储寿命为 1ms～1s，存储效率为 15%～35%，带宽为 MHz～GHz。例如，Raman 存储器中的动态带宽用辅助写入/读脉冲控制，利用较窄的原子共振产生的虚拟场与该信号场耦合进行存储。利用 Raman 跃迁失谐展宽实现了宽带脉冲存储宽、单光子存储和无衰减传输。Raman 效应存储原理如图 3-13 所示，介质仍为铯原子蒸气，通过双光子信号脉冲激射使介质原子谐振激发形成自旋波实现存储。当读脉冲发送到存储单元时，将自旋波转换为光信号输出。铯 D2 吸收线为 852nm，当加热到 62.5℃时谐振光学深度 $d \approx 1800$，存储时间 2.5ms，检索效率 $\eta_{\text{ret}}/\eta_{\text{tot}}=\eta$ 显著大于存储效率。

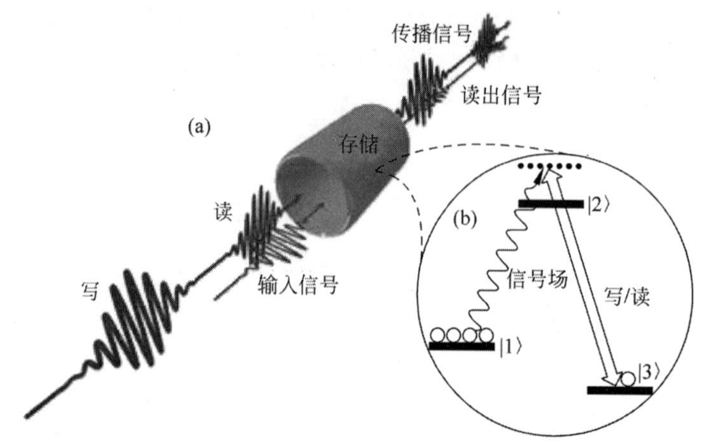

(a) Raman存储过程。写入脉冲携带信号存入，如果脉冲没有完全吸收，则部分存储传输信号穿透存储器

(b) Λ型存储原子能级结构。存储前原子被光泵浦作用处于基态|1⟩。受写入场信号双光子谐振作用，产生受激Raman散射效应，原子失谐从激发态吸收一个光子进入存储态；反之，可进行检索读出

图 3-13 Raman 效应存储原理

采用热碱金属蒸气存储实验过程如图 3-14 所示。存储和检索效率的理论计算值与实验结果如图 3-15 所示。

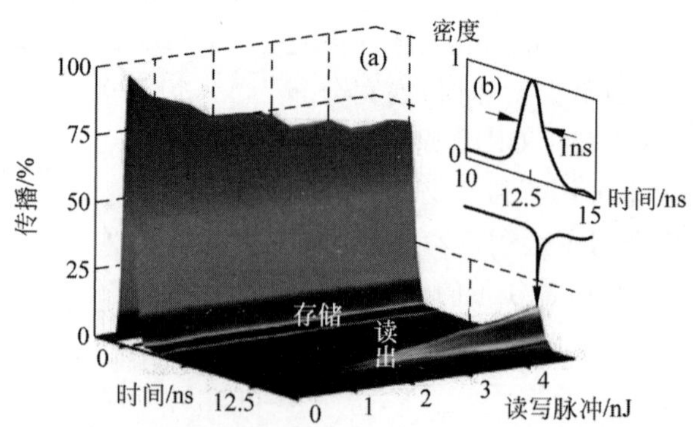

(a) 写入(t=0ns)和读出(t=12.5ns)光脉冲能量分布：写入前脉冲能量为100%，写入后下降到70%，30%被存储吸收，存储12.5ns后，能量损失50%，检索效率仅为15%

(b) 检索信号FWHM为1ns，带宽超过1GHz

图 3-14 热碱金属蒸气存储实验

写入/读出脉冲能量与存储器效率有相关性，如图 3-15 所示。其中，使用相位匹配反向检索的效率最优。优化后的总效率 η_{tot} 可提高两倍。另外，从图 3-15(c)可看出，读写脉冲能量越大，总存储效率 η_{tot} 越高。15nJ 的单脉冲能量可以获得 30%的总效率。正向检索的效率受重新吸收的限制，最高效率只能达到 60%。采用相匹配的反向检索效率则高于 90%。实际的实验测试读出信号如图 3-16 所示。

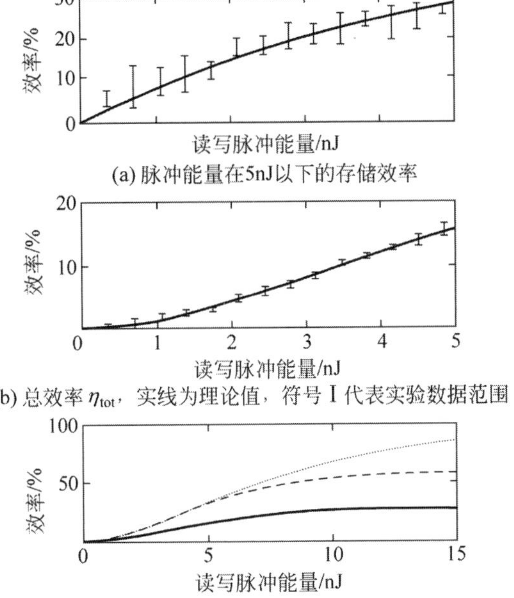

(a) 脉冲能量在5nJ以下的存储效率

(b) 总效率 η_{tot}，实线为理论值，符号 I 代表实验数据范围

(c) 包括高脉冲能量在内的存储效率，其中粗实线为正向读出实验效率曲线，虚线为经过优化且被受再吸收影响的正向读出效率曲线，细实线为经过优化的相匹配反向读出效率曲线

图 3-15 量子信息存储中读写脉冲能量与效率关系

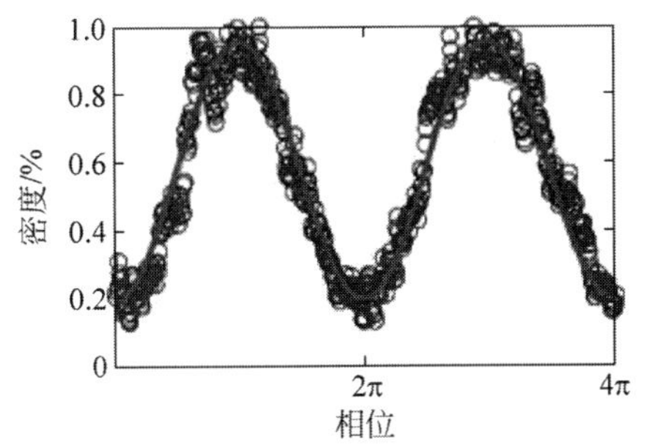

图 3-16 存储和检索的正弦振荡信号。圆圈为实验数据，实线为最小二乘拟合；归一化最高透明度为 86%，与理论计算相符

铯原子 Raman 量子存储实验系统如图 3-17 所示。读、写和脉冲信号源为带宽 1.5GHz 的振荡器，被调谐的激光实际频率为 18.4GHz，两个连续的脉冲的间隔为 12.5ns。激光束被第一个偏振分光器分成很强的垂直偏振(○)和较弱的水平偏振(⊙)两部分。垂直偏振光由电光调制器(EOM)形成频率为 9.2GHz 的信号激光束，并利用 9.2GHz 的 Fabry-pérot 标准选频器滤波后构成对应的 $|1\rangle-|2\rangle$ 信号域。频率均为 9.2GHz 的控制与信号光经第二个偏振分光器重组合并射入长度为 7cm 的铯和氖气体存储单元盒。汇集光束腰直径为 350μm，盒中气压 20Torr，其中氖气用于缓冲。从存储单元输出光束被第三个偏振分光器及 Pol 滤波器后，信号光进入带宽 1GHz 的高速单光子雪崩光电探测器(APD)测量脉冲信号。原子团最初是在基态 $|1\rangle$，被半导体激光器光泵浦激发跃迁谐振态 $|2\rangle$。

为分析该存储器相干属性，在 Mach-Zehnder 装置中将衰减信号场复制。通过干涉仪修正使存储信号透明度达到 86.5%(未校正前为 67%)。存储和检索效率的计算求解，采用半经典线性 Maxwell-Bloch 方程组。信号场及其振幅 A 通过 Λ 型原子区域，原子在写场作用下形成周期为 $\Omega(\tau)$ 的 Rabi 频率函数。失谐 Δ 是主要问题，偏振可被绝热消除，存储所生成的自旋波的振幅 B 为

$$B_{mem}(z)=\int_{-\infty}^{+\infty} f(\tau)J_0\left[2C\sqrt{(1-\omega(\tau))z}\right]A_{in}(\tau)\mathrm{d}\tau \tag{3-78}$$

式中，A_{in} 为存储信号场振幅，J_0 为 Bessel 函数，则可得

$$C^2=d\gamma W/\Delta^2 \tag{3-79}$$

与 Raman 存储器的光学深度 d 及激发态$|1\rangle$的均匀展宽有关。现介入无量纲 Rabi 频率函数

$$\omega(\tau) = \frac{1}{W}\int_{-\infty}^{\tau} |\Omega(\tau')|^2 \mathrm{d}\tau' \tag{3-80}$$

及归一化 Stark-Rabi 频率

$$f(\tau) = C\mathrm{e}^{\mathrm{i}W\omega(\tau)/\Delta}\Omega(\tau)/\sqrt{W} \tag{3-81}$$

式中,W 为常数,与控制脉冲能量成比例,定义为 $\omega(+\infty)=1$;若纵坐标为归一化 z,则 $z=1$ 为谐振的输出面。

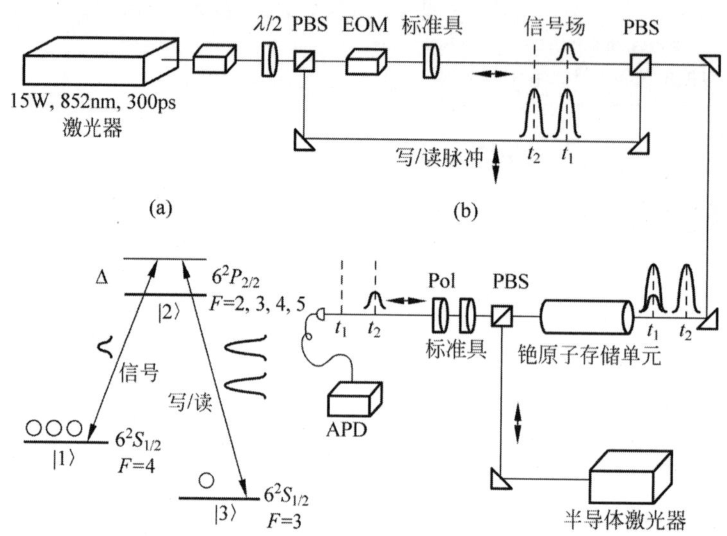

图 3-17 Raman 存储系统原理图

(a) 用于 Raman 存储的 Λ 型原子。(b) Raman 存储光路系统。以波长 852nm,15W,脉宽 300ps 激光器为光源,t_1 脉冲为输入信号,使铯原子谐振产生旋转波用于信号存储;t_2 为读出脉冲激发检索信号。经过偏振光过滤器 Pol,由高速单光子雪崩光电探测器(APD)测量脉冲信号。PBS 为偏振分光镜,EOM 为声光调制器。符号↕为垂直偏振光,↔为水平偏振光

设 Δ 为原子谐振失谐。旋转波振幅 B 在存储完成后逐渐消失,此旋转波演变的过程如下。存储效率:

$$\eta_{\text{store}} = N_{\text{mem}}/N_{\text{in}} \tag{3-82}$$

式中 N_{mem} 为存储原子数,

$$N_{\text{mem}} = \int_0^1 |B_{\text{mem}}(z)|^2 \mathrm{d}\tau \tag{3-83}$$

N_{in} 为激发旋转波原子数,

$$N_{\text{in}} = \int_{-\infty}^{+\infty} |A_{\text{in}}(\tau)|^2 \mathrm{d}\tau \tag{3-84}$$

从此,存储获得的读出信号的光子数为

$$N_{\text{out}} = \int_{-\infty}^{+\infty} |A_{\text{out}(\tau)}|^2 \mathrm{d}\tau \tag{3-85}$$

因此,当总效率为 $\eta_{\text{tot}}=N_{\text{out}}/N_{\text{in}}$ 时,可用下式计算输出信号振幅 A_{out}:

$$A_{\text{out}}(\tau) = f^*(\tau)\int_0^1 J_0\left[2C\sqrt{\omega(\tau)(1-z)}\right]B_{\text{mem}}(z)\mathrm{d}z \tag{3-86}$$

通常,由于受各种损耗的影响,读出信号场振幅 A_{out} 一定小于输入场 A_{in}。所以,即使是最完美的系统,输入与输出信号之比小于 1。当然,如果采用反向读出可排除部分影响,能在一定程度上提高此比值。

3.4 存储光量子控制

在量子存储中,控制量子有许多方法。其中,用光脉冲直接控制在半导体量子点电子自旋或施加量子比特的方案有许多优点,能成功地激励量子,将信息转移为核自旋;并且运作速度快、功耗低,容易与光纤通信网络连接,易于实现较长相干时间的量子存储。目前,量子模拟、量子比特的控制已成为独立的研究课题。在利用非线性相干光子、双光量子比特门以及电子自旋量子比特脉冲激 Raman 散射量子测控方法都已获得重要进展。利用半导体微腔控制自发辐射量子阱的激子实验研究已实现。各种用于控制电子自旋和单光子脉冲产生的技术,在近 10 年间层出不穷。实现了大容量的量子信息存储系统,并尽可能地减小了体积,增强了容错能力和低故障与噪声(退相干)。基于量子测量计算,量子纠缠及拓扑群或表面编码,对量子存储系统中量子进行测量控制,并保持高保真和可靠性。本节将对这些成就分别进行系统介绍。

1. 单比特与双比特控制

量子纠缠态的记忆功能与半导体量子点光脉冲特性有关。半导体量子点激子的振幅强度大于无相关自由电子。量子点半径等于激子 Bohr 半径。气体中的量子点由许多电子组成,激子与这些电子振荡结合形成大电偶极子,其激发的强振荡,可通过低能量超短光脉冲快速控制电子自旋及映射测量。另外,半导体量子点可以在固定位置的二维正方晶格上生成,并可夹在两个强反馈反射镜形成的间隔等于半个波长的微腔中。量子点激子可有效地与微腔模耦合。在此微腔中,电子自旋纠缠态可同时创建多对邻近双量子比特。量子点中激子发出的光子很容易满足光量子存储所需的波长。

2. 量子中的电子旋转

平面微腔结构如图 3-18 所示。图 3-18(a)为在平面 GaAs 衬底上随机自组装的砷化铟镓量子。这些量子点被控制柱支撑,见图 3-18(c)的反馈反射微腔中。单电子被注入并从临近掺杂层捕获量子。量子点微腔系统的不足之处在于量子点的位置及激子发射波长难以控制,光学系统比较复杂。图 3-18(b)中,砷化铟镓量子点阵列排成正方形网格。这些量子点被放置由平面反射镜组成的反馈微腔如图 3-18(d)所示。此系统中实现了均匀谐振,因此可以在此基础上,通过选择适当的照射位置,入射光脉冲的波长及角度,实现单量子比特门与任意相邻量子点之间的一对双量子比特门。另外,通过在微腔固定部位选择性掺杂,改变调整量子点结构及特性。

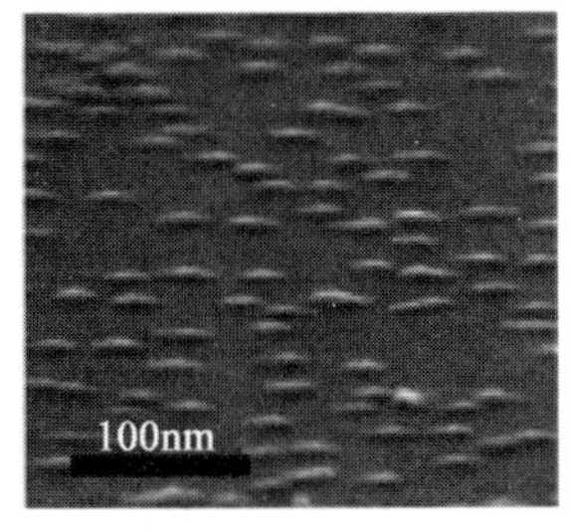

(a) 自组装InGaAs量子点

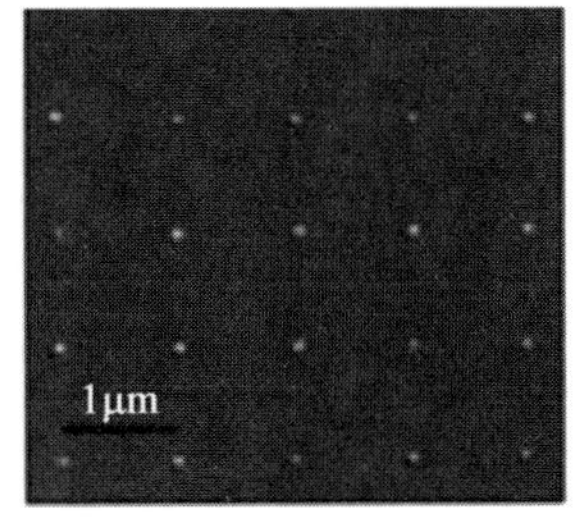

(b) InGaAs量子点阵列

(c) 自组装InGaAs支柱

(d) InGaAs微腔截面

图 3-18 由平面反射镜组成的反馈微腔结构

量子点中的 Zeeman 电子自旋分裂形成带电激子及量子点,其能态分布如图 3-19 所示。当在垂直于量子点生长方向施加直流磁场时,电子能级分裂成两部分(Zeeman 分裂),即与直流磁场方向平行和垂直的两种自旋。其能量为 $\varepsilon_e=\mu_e g_e B_{ext}$,其中 μ_e 为 Bohr 磁子,g_e 为 g 因子自旋电子,B_{ext} 为直流磁场强度。在真空中,g_e 为 2.0013。然而在 InGaAs 量子点中的自旋电子,因为受强自旋轨道的作用,具有不同的 g 因子。在 InGaAs 量子中的 Zeeman 子能级电子自旋构成一量子比特,如图 3-19 所示。当一个电子空穴对注入量子点中时捕获了一个单电子构成三重态(trion),如图 3-19 所示。该三重态自旋电子之和(单态)为零。此三重态的能级取决于空穴自旋 Zeeman 分裂 $\delta_h=-\mu_e g_h B_{ext}$,孔的 g 因子为 $g_h=-0.30$。所以 InGaAs 量子点成为自旋电子 Zeeman 分裂加三重态。随直流磁场的增大,此量子点的参量被分为 4 个部分,即三重态、电子、偏振角(°)和波长,如图 3-19 所示。

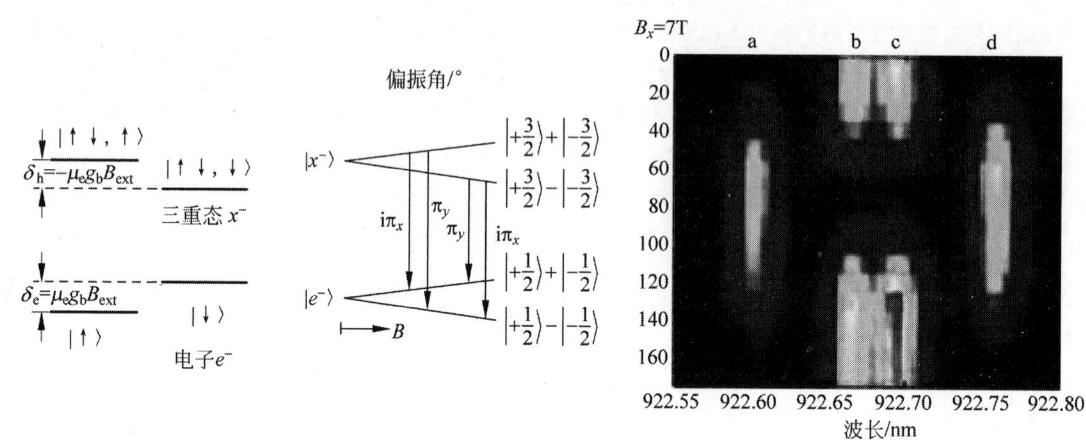

图 3-19 在 InGaAs 量子点中注入电子产生 Zeeman 分裂及谐振偏振选择作用,并激发出三重态

每一谱线为量子点平面(x,y)上线偏振,由偏振光、量子点自旋、两能级电子自旋量子比特形成的 Λ 型三能级系统,是实现高速光控电子旋转的关键。

3. 自发辐射增强

聚束光子在谐振腔中实现单量子点耦合效应如图 3-20(a)所示。不同的光致发光(Photoluminescence,PL)密度,温度与激子发射波长光谱变化的曲线如图 3-20(b)所示。该装置的腔模体积约为 $20(\lambda/n)^3$,腔 Q 值约为 1.5×10^4,自发辐射率增强因子,即 Purcell 因子 γ_0/γ 约为 200。其中 $\gamma=(1\text{ps})^{-1}$,$\gamma_0=(3\text{ns})^{-1}$分别为微腔自发谐振辐射率和失谐辐射率。利用各种类型光脉冲处理量子信息的可靠性,取决于 Purcell 因素,而不是量子点微腔系统耦合机制的强弱。这上述两个 Purcell 因素对增强量子点激子自发辐射的贡献如图 3-20 所示(图中所用的 Purcell 系数约为 200)。表达此激子增强的关系式为 $f_{exc}=f_{e-h}\cdot a^2/aB^2$。这就是微腔激子发光寿命仅 15ps 的部分原因,而无电子相关的自由电子空穴发射寿命仅为 3ns。另外,也受腔增强真空场强度(QED,即腔量子电动力学效应)效应的影响。实验证明,这种激子发射寿命也是 15ps。由于量子点半径的增加和 Γ 值接近于 1(Γ 为在半导体内的波数,且 $\Gamma=2\pi N/\lambda$)。由于激子发射模式集中在垂直于量子点平面的方向,随辐射图形立体角的减少,表明电磁场适合发射模式减少,这意味着振子强度,即振荡增强因子 $a_2=aB^{*2}$ 随场密度减小而消失。当 $k_a\gg1$ 的极端情况下,激子态的自发辐射率 γ_{e-h}与自由电子-空穴 γ_{exc}率之比 $\gamma_{exc}/\gamma_{e-h}$趋于饱和:$6\lambda/(\pi^2 naB\cdot2)$。GaAs 量子点的饱和衰变率为 $\gamma_{exc}\approx(20\text{ps})^{-1}$,如图 3-20 所示,且已被实验验证。因为辐射模式变为集中垂直于量子点平面方向。如上面所述,当量子点嵌入一个平面微腔中时,自发辐射率会进一步增加,影响平面微腔中垂直方向真空场密度的增加如图 3-21 所示。此图还显示了平面微腔中光子的寿命。当反射镜的透射率低于一定值时,光子寿命超过了自发辐射寿命,表明系统从弱耦合进入强耦合。

4. 平面微腔

增加 Bragg 反射(DBR)层数可增加平面微腔的 Q 值。目前,Q 值已达到 10^6 以上,且平面微腔的 Q 值为

$$Q=\frac{\lambda_0}{\Delta\lambda_{1/2}}=\frac{2\pi Ln(R_1R_2)^{1/4}}{\lambda_0[(1-R_1R_2)^{1/2}]} \tag{3-87}$$

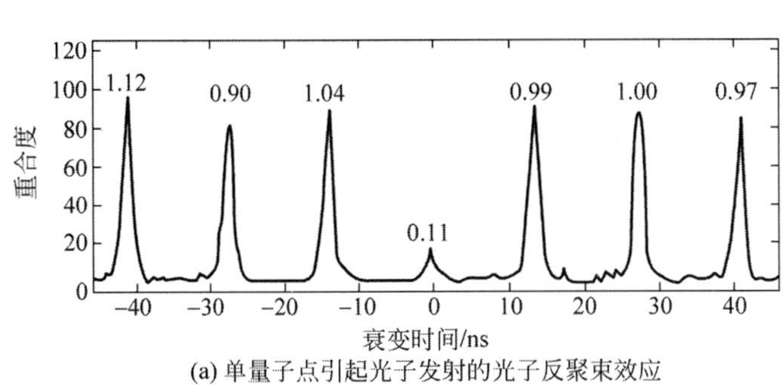

(a) 单量子点引起光子发射的光子反聚束效应

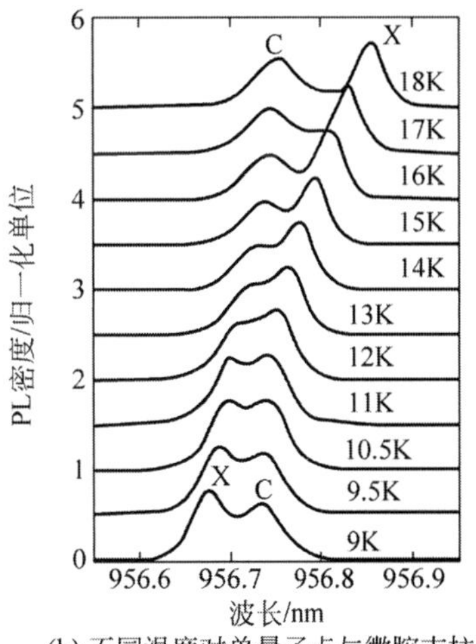

(b) 不同温度对单量子点与微腔支柱之间强耦合强度的影响(真空Rabi分裂)

图 3-20　GaAs 量子点的反聚束效应及温度对耦合强度的影响

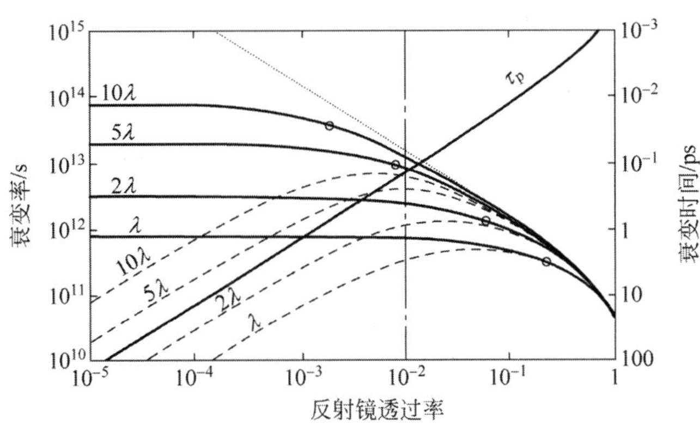

图 3-21　量子点微腔中光子衰减时间和激子自发辐射衰变率与镜腔的透过率(半波长干涉反射镜)的关系

式中,λ_0 为波长;L 为有效腔长;DBRs 反射镜为腔透过滤;R_1 及 R_2 为 DBRs 的反射率;n 为微腔有效折射率。当 $q=10^3,10^4,10^5,\gamma_m=2,6,3$ 和 $20\lambda_m$ 时,量子点在 5cm×5cm 平面内按 $2\lambda_m$ 间距排列构成 $Q=10^3$,近似 10^9b 的微腔量子点的芯片。这种平面结构有利实现两比特门控制光脉冲。自旋量子比特的测量及量子比特光泵浦初始化原理如图 3-22 所示。所形成的 Λ 型三能级人造原子的能级,由两个自旋电子 Zeeman 亚能级 $|0\rangle$,$|1\rangle$ 和最低能级 $|e\rangle$ 组成。窄带激光辐射调谐于 $|1\rangle$ 和 $|e\rangle$ 态之间时。由于 $|0\rangle$ 的自发辐射率等于 $|1\rangle$,电子自旋态在多次循环吸收和自发辐射光子后被初始化为基态 $|0\rangle$。此原理及实验结果如图 3-22 所示。

设电子的自旋状态 $|1\rangle$ 吸收泵浦光后被激发为 $|e\rangle$ 态,然后衰变为基态 $|0\rangle$,并发射出一个能量在跃迁频率 $|0\rangle$ 态和 $|e\rangle$ 态之间的光子。如图 3-22(b)所示,所吸收的光子数随光泵浦时间的增加而减小,对应的过程就是电子的自旋态被初始化为 $|0\rangle$ 态。在光泵浦宽为 13ns 时,初始化状态 $|0\rangle$ 的可靠性为 7%。此初始化也是光子存储的热平衡过程,且必须保证磁场足够强和超低温条件:$\delta_e=\mu_e g_e B_{ext}\gg k_{BT}$,而且持续时间大于电子自旋消失的时间 $T_1(\geqslant 1\text{ms})$。

如图 3-22(a)所示原理,也可用于测量电子自旋。因为光子在 $|0\rangle$ 态和 $|e\rangle$ 的跃迁数与泵浦光的照射能量完全对应,所以当泵浦光存在时电子自旋一定处于初始态 $|1\rangle$,相反,当光子数为 0 时,电子自旋一定处于 $|0\rangle$ 态。具体测量步骤为:(1)打开光泵浦;(2)测量 $|0\rangle$ 态光子密度;(3)记录光子数;(4)控制光泵浦持续实现单量子比特门功能。

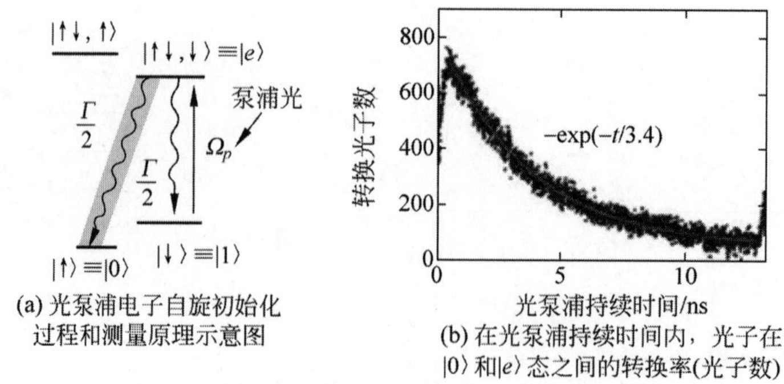

(a) 光泵浦电子自旋初始化过程和测量原理示意图
(b) 在光泵浦持续时间内，光子在|0⟩和|e⟩态之间的转换率(光子数)

图 3-22　光泵电子的初始化及其转换率

设在此跃迁过程中相干 Rabi 频率分别为 Ω_0 和 Ω_1，且电子自旋 Zeeman 频率为 δ_e。当 $\delta_e \ll \Omega_0, \Omega_1 \ll \Delta_0$，$\Delta_0$ 和 Δ_1 为最大和最小失谐参数，且 Δ_1 满足光脉冲的频谱覆盖电子自旋自动选择频率带宽，并保证实现非共振受激 Raman 跃迁。相长干涉产生的非共振受激 Raman 散射概率增加，导致高效电子自旋态 $|0\rangle$ 和 $|1\rangle$ 之间的转换。当光脉冲达到傅里叶变换极限时所有相位差自动变成常数。$|0\rangle$ 和 $|1\rangle$ 态转换效率则为

$$\Omega_{\text{eff}}(t) \simeq \frac{\Omega_0(t)\Omega_1(t)^*}{2\Delta} = \frac{|\Omega(t)|^2}{2\Delta} \tag{3-88}$$

式中，$\Delta' \cong \Delta_{0'} \cong \Delta_1$，电子自旋转角 Φ 可根据 Rabi 频率计算如下：

$$\Phi = \int \mathrm{d}t \frac{|\Omega(t)|^2}{2\Delta} \propto \int \mathrm{d}t P(t) \tag{3-89}$$

由于 $P(t)$ 为 t 时刻的光脉冲功率，Φ 只取决于光脉冲的能量，所以无须对光脉冲的形状和宽带精确控制，都能获得精度足够高的单比特门。在 $\pi/2$ 脉冲(能量密度 $5\mu J/cm^2$)及 π 脉冲(能量密度 $14\mu J/cm^2$)两种情况下，此单比特门的可靠性都能达到 99.9%以上。其他条件如下：光脉冲宽度 100fs，电子旋转弛豫时间 $T_2 = 10\mu s$，三重发射(自发辐射)寿命 $\tau = 200ps$ 及电子旋转 Zeeman 频率 $\delta_e/2\pi = 100GHz$。这相当于横向磁场约 1000T 时的瞬间电子自旋旋转，有效地应用了持续时间为 100fs 的超短光脉冲，如图 3-23 所示，主要参数：(1)脉冲振幅；(2)脉冲频率；(3)激发概率；(4)$\pi/2$ 脉冲；(5)延迟时间。

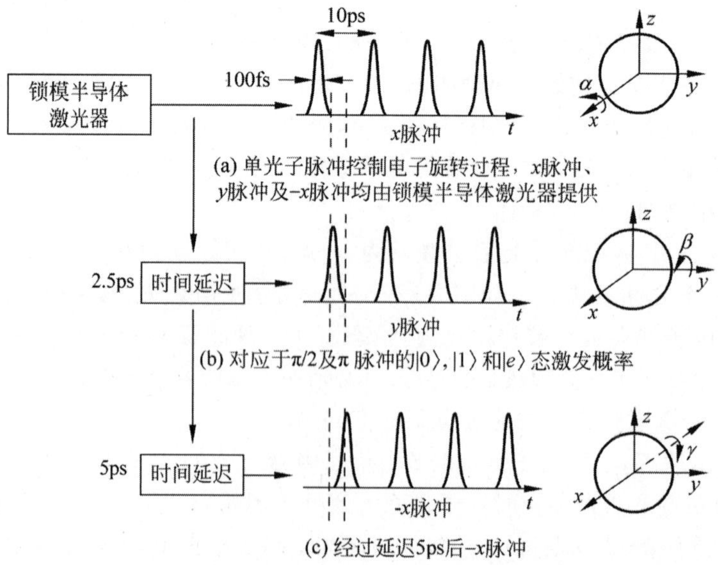

(a) 单光子脉冲控制电子旋转过程，x脉冲、y脉冲及−x脉冲均由锁模半导体激光器提供
(b) 对应于π/2及π脉冲的|0⟩，|1⟩和|e⟩态激发概率
(c) 经过延迟5ps后−x脉冲

图 3-23　超短光脉冲的形成进程及主要特性

传统的电子自旋谐振实验中，采用微波振荡器调谐 Zeeman 频率的载波相位作时钟信号。该方法基于超短光脉冲控制电子旋转，利用锁模激光器产生的重复频率光脉冲与电子的自旋 Zeeman 频率同步。光脉冲到达时间由系统时钟提供，如图 3-23 所示。第 1 个光脉冲使电子围绕坐标系统在 x 轴沿 α 反向按 Larmor 频率旋转。第 2 个光脉冲序列经延迟($t=\pi/2\delta_e$)使电子围绕坐标系 y 轴沿 β 反向自旋。第 3 个光脉冲经过半周期时间延迟($t=\pi/\delta_e$)使电子在 $-x$ 轴沿 γ 反向旋转。这些光脉冲的相位差分别为 0，$\pi/2$ 及 π，到达时间分别为 $t=0,\pi/2\delta_e$ 和 π/δ_e。

根据 Eula 定理，任意单量子比特门 SU(2)分为 3 个旋转算子：$\hat{R}x(\alpha)$，$\hat{R}y(\beta)$和$\hat{R}x(\gamma)$，任意一个 $SU(2)$都可以通过控制 3 个光脉冲，按照 $t=0,\pi/2\delta_e$ 及 π/δ_e 实现。所有 Zeeman 频率为 $\delta_e/2\pi=100\text{GHz}$ 的单量子比特门开关时间仅为 5ps，说明运行速度与传统的微波脉冲控制电子自旋共振技术相比增加了 $10^3\sim10^4$ 倍。上述方案最显著的优点是多个间距为 $2\sim3\mu\text{m}$ 的电子自旋单量子比特门同步运行，极大地提高了工作效率及可靠性。

最初的谐振电子自旋单脉冲单量子比特门实验是用 Si 掺杂 GaAs 晶体。现在采用单 InGaAs 量子点中电子自旋进行类似实验，结果如图 3-24 所示。图 3-24(a)为使用一个单光脉冲观察到的相干 Rabi 振荡。当旋转角为 $\Phi=12\pi$ 的单脉冲相干 Rabi 振荡能量增加时，可得到脉冲宽度为 4ps，电子自旋 Zeeman 频率为 $\delta_e/2\pi=26$ 和三重态失谐 $\Delta=270\text{GHz}$；图 3-24(b)为 Bloch 球坐标系中，旋转角 $\Phi=3\pi$ 的电子自旋量子态测量过程时序图。因为初始化可靠度约为 92%，电子自旋方向可能偏离 $t=0$ 极。电子自旋量子态与目标态间的偏差随旋转角(例如 $\Phi=\pi,\pi/2,\cdots$)进一步增大，因为电子空穴对光脉冲的吸收导致三重态失谐，绕 z 轴旋转的电子产生如图 3-24(b)所示的自旋叠加。因为脉冲宽度为 4ps，与电子自旋的 Larmor 周期 40ps 相比过大，不可忽略。

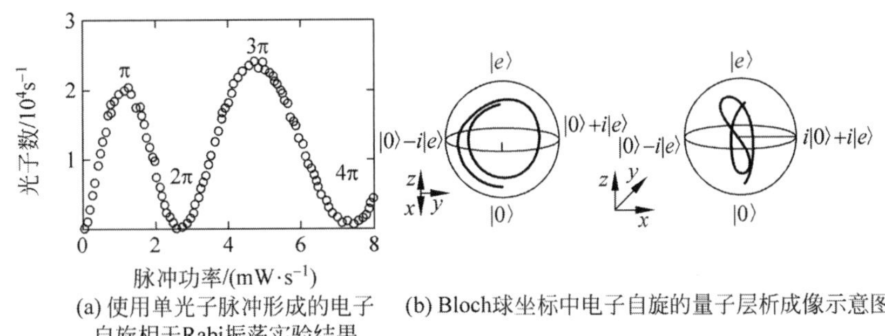

(a) 使用单光子脉冲形成的电子自旋相干Rabi振荡实验结果　(b) Bloch球坐标中电子自旋的量子层析成像示意图

图 3-24 InGaAs 量子点中电子自旋特性实验

使用双光脉冲形成的电子自旋 Ramsey 干涉实验结果如图 3-25 所示。图 3-25(a)显示了通过不同的光脉冲照射旋转角度与时间差的两个光脉冲辐射，从初始状态$|0\rangle$跃变为最终状态$|1\rangle$的概率。此概率利用光子计数率测量，如图 3-25(b)所示。此 Ramsey 干涉仪显示当 $\Phi=\pi/2$ 时能见度最大，且 $\pi/2$ 脉冲的保真度为 98%～99%。当 $\Phi=\pi$，Ramsey 干涉仪将输出一个恒定值，然而，出现轻微的残余振荡如图 3-25(a)当 π 脉冲照射后，残留振荡造成电子自旋方向偏离北极约 0.17rad，如图 3-25(b)所示。通过以上分析可知，用单一的光脉冲实现腔模控制双比特门的工作原理如下：腔模的相位或振幅被两个不同相位的量子比特状态调制，且这种调制又取决于两比特的时序调制，从而实现了腔模控制的双量子比特门。总之，此过程基于激光照射引起的量子比特间受激散射，或由腔模和双比特组成的复合系统纠缠随时间演化的几何相位 Raman 调制。

一种更简单相位的调制方法如图 3-26(a)所示。排列为正方形格子在平面的量子点阵列微腔形成 Λ 型掺入一个电子的三能级型人造原子如图 3-26(b)所示。由于光脉冲照射光斑尺寸与平面微腔相同，相邻两量子比特受到的控制场强度相等。比较电子自旋激发态$|1\rangle$和能量最低的三重态$|e\rangle$之间的跃迁频率可知，腔体谐振频率在低能区，光脉冲中心频率所在区域的能量更低如图 3-26(b)所示。

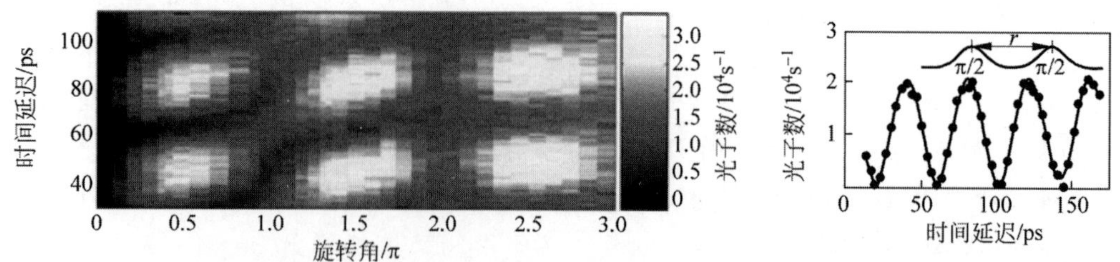

(a) 按照光子数确定的不同旋转角对应的脉冲时间延迟 (b) Ramsey干涉图形对应的两个π/2脉冲之间的时间差

图 3-25 利用双光脉冲对电子自旋 Ramsey 干涉实验结果

微腔共振频率随两量子比特态(即 $1/\sqrt{2}(|\pm|)$和$|e\rangle$态)变化，如图 3-26(c)所示微腔中的电磁场受控于光脉冲辐射，如图 3-26(d)所示。当电场覆盖的相空间对 3 种态均为 π 时，便可实现通用双比特门，即所谓相控门的功能。

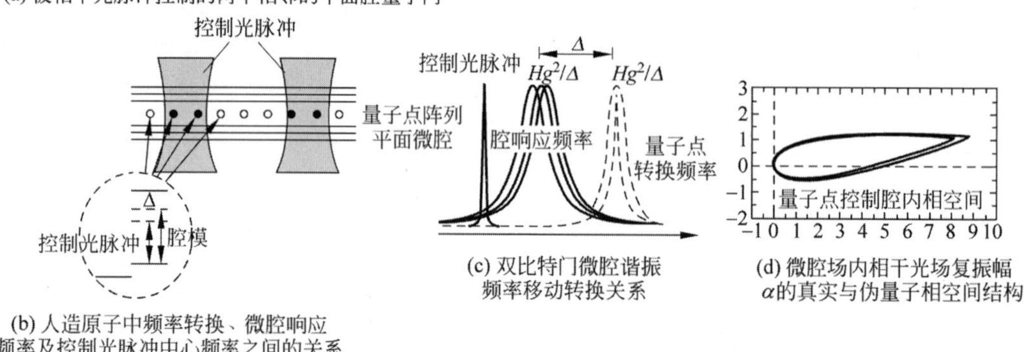

(b) 人造原子中频率转换、微腔响应频率及控制光脉冲中心频率之间的关系

(c) 双比特门微腔谐振频率移动转换关系

(d) 微腔场内相干光场复振幅α的真实与伪量子相空间结构

图 3-26 相干光脉冲量子门工作原理及其特性

这种双比特门的显著优点是在任意的正方格子上创建仅通过移动光脉控制 4 种不同的辐射位置。如果采用三维结构，在柱状微腔光子晶体构建的双比特门中引入耦合波导作为高效量子信道，则可获得功能更强的微腔量子器。这种双量子比特门存在两种副作用会导致退相干。为了避免这种情况，有必要控制光脉冲$|1\rangle$与$|e\rangle$态之间跃迁频率和光脉冲的能量，如图 3-26(d)所示。与三重态相移不同，当控制光脉冲能量降低时，各通道所覆盖面积减小造成失谐。其他消相干效应源于腔不断发出的控制光脉冲的光子泄漏到外层量子，引起振幅和相位偏移。这些问题可利用上述相干控制光脉冲方程及人工原子模型进行数值模拟分析，实现优化设计。

量子存储中的另外一个重要指标是存储寿命(失谐时间)。由半导体中掺杂构成的激子和受限电子 Zeeman 子能级 Λ 型三态系统，如图 3-27(a)所示，即在掺杂^{19}F:ZnSe 晶体中的^{19}F 原子，也是核自旋为 1/2 的氟原子同位素。

^{19}F 施主原子在低温下捕获未成对电子成为中性。核自旋存储器和电子自旋处理器共存于此单^{19}F 系中，形成约 30MHz 的超精细耦合常数。在 30ns 内可用常规双共振技术实现量子比特的快速传递。此中性点的掺杂可通过大量的体效应俘获激子。图 3-27(b)显示^{19}F：ZnSe34 的 PL 谱。此受限激子的强发射峰 D_0X 能量为 6meV，低于自由激子(X)。此能量差与受限激子能相对应。双电子在轨道 2s 或 2p 上跃迁的 PL 峰的能量为 22meV，也低于激子发射峰能量。

这些光谱特征理论上可用 Kohn 质量近似描述。当对^{19}F：ZnSe 晶体施加直流磁场时，形成了类似于图 3-22 的 Λ 型三能级系统。在 GaAs 晶体^{29}Si：GaAs 中，另一施主杂质^{29}Si 的特征也相似。此外，硅晶体^{31}P：Si 中^{31}P 掺杂也表现出相似的特征。因为此晶体是一种间接跃迁的半导体，不适合光学控制激子发射，光量子非辐射复合率低。为此，提出增加光子晶体微腔自发辐射率，或采用量子

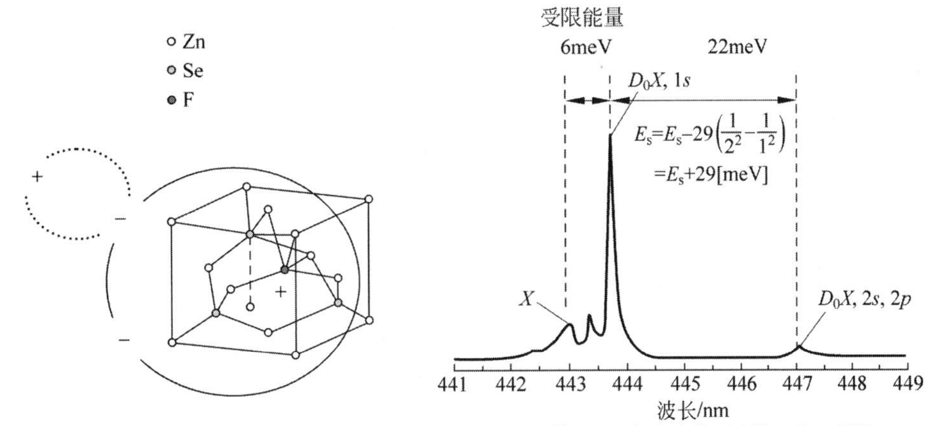

(a) 掺杂物质(^{19}F: ZnSe)，受束电子D_0和受束激子D_0X　(b) 在^{19}F:ZnSe掺杂中的受束激子的PL谱线

图 3-27　Λ型三态原子内部结构及其受束激子的 PL 谱

Hall 效应锐化光学微腔的方案。

电子自旋弛豫时间(T_1)取决于掺杂如图 3-28(a)所示。光泵浦在谐振作用下，电子自旋态转换为初始基态。谐振光脉冲在照射系统时间 τ 后，测量电子的自旋态$|\downarrow_i\rangle$泄露概率。图 3-28(b)为 Si：GaAs 掺杂系统实验结果。当直流磁场 $B_0=4T$，自旋弛豫时间 $T_1=4$ms，且随直流磁场强度的增加而减少，完全符合基于自旋-晶格松弛模型理论的估算。在同一系统中，电子自旋相弛豫时间(T_2')可用 Ramsey 干涉实验的两个 $\pi/2$ 脉冲测定(如图 3-28 所示)，量级为 1～2ns。在电磁诱导透明和非共振 Raman 散射实验中也得到验证。T_2'如此短是受纵向磁场的波动 $\Delta B_0(t)$的影响，即平行于直流磁场的分量的作用，晶体的 Ga 及 As 原子形成核自旋。因为 Si 与 ZnSe 掺杂晶体可使质核自旋耗尽，采用 ^{31}P：Si 和^{19}F：ZnSe ^{31}P 掺杂效果最好。

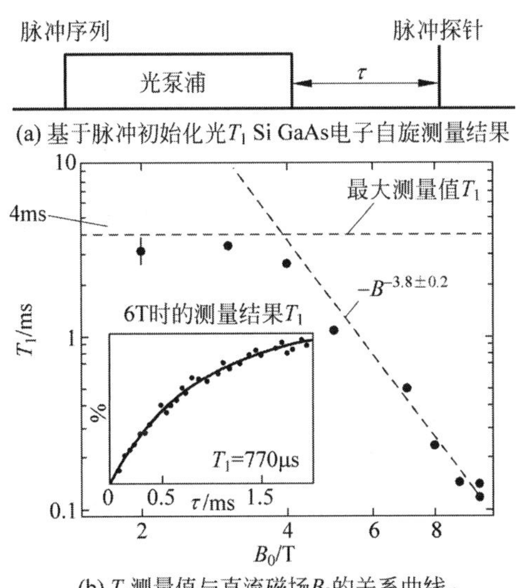

(a) 基于脉冲初始化光T_1 Si GaAs电子自旋测量结果

(b) T_1测量值与直流磁场B_0的关系曲线。
当B_0>4T时，T_1可能大于最大测量极限时间(4ms)

图 3-28　Si：GaAs 掺杂晶体材料的辐射增强特性实验

实验证明，对于^{31}P：^{28}Si 掺杂系统，$T_2\cong 10\sim100$ms。为了抑制 $\Delta B_0(t)$的影响，在 Hahn 自旋回波实验中使用 3 个光脉冲如图 3-29 所示。在没有第二聚焦脉冲(即传统的 Ramsey 干涉)实验时，干涉条纹在 $\tau=26$ns 完全消失如图 3-29(b)所示。在第二聚焦脉冲(即 Hahn 自旋回波)实验时，可观察到由于电子自旋引起的 Larmor 旋转干涉条纹(见图 3-29(c))。可见度相对于时间延迟的测量结果如

图 3-29(d)所示。消除 $\Delta B_0(t)$影响后的退相干时间 $T_2 \approx (6.7 \pm 2.5)\mu s$。类似在单一 InGaAs 量子点中的电子自旋 T_2。如果采用多脉冲去耦方案(例如 CPMG 脉冲序列),可获得更大 T_2 时间,目前 T_2 的最高记录为 200μs。因此,当单量子比特门运行时间为 5ps 时,以上系统单量子比特门的 T_2 为 1～0.1μs。

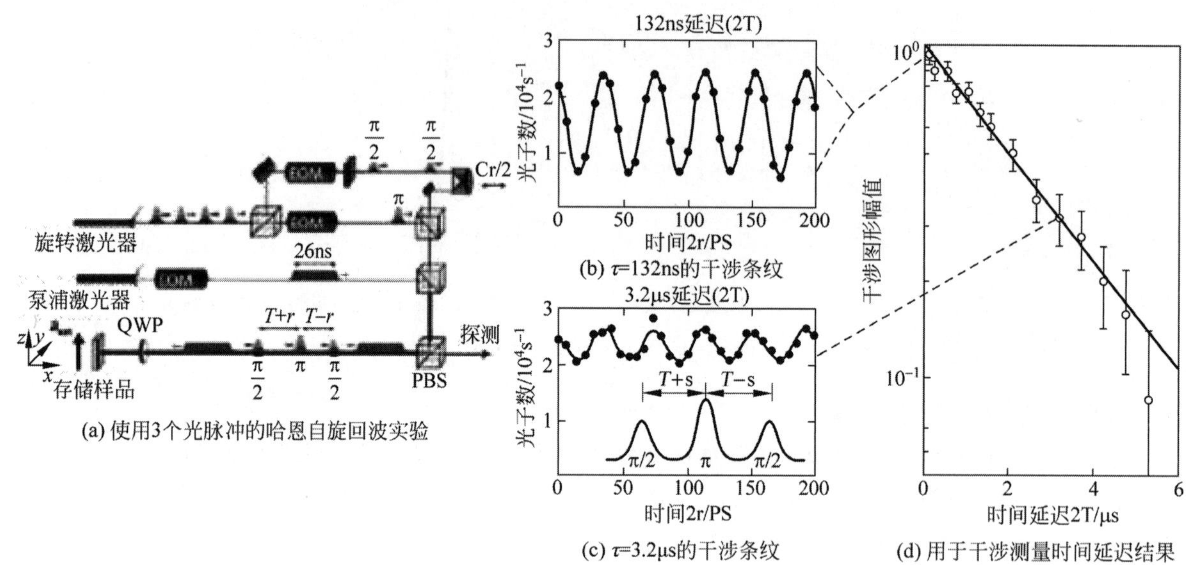

图 3-29　多光脉冲自旋回波实验系统及实验结果

T_1 为核自旋时间很长,即所谓的饱和梳状脉冲测量,这是特殊的核磁共振(NMR)脉冲序列,如图 3-30(a)所示。当 $\pi/2$ 脉冲照射到系统的时间间隔与核自旋弛豫时间(T_2^*)相比足够长,则完全混合态为

$$\hat{I} = 1/2(|\uparrow\rangle\langle\uparrow| + |\downarrow\rangle\langle\downarrow|) \tag{3-90}$$

式中,基态核自旋为↑,激发态为↓等于在短时间形成的混合态。

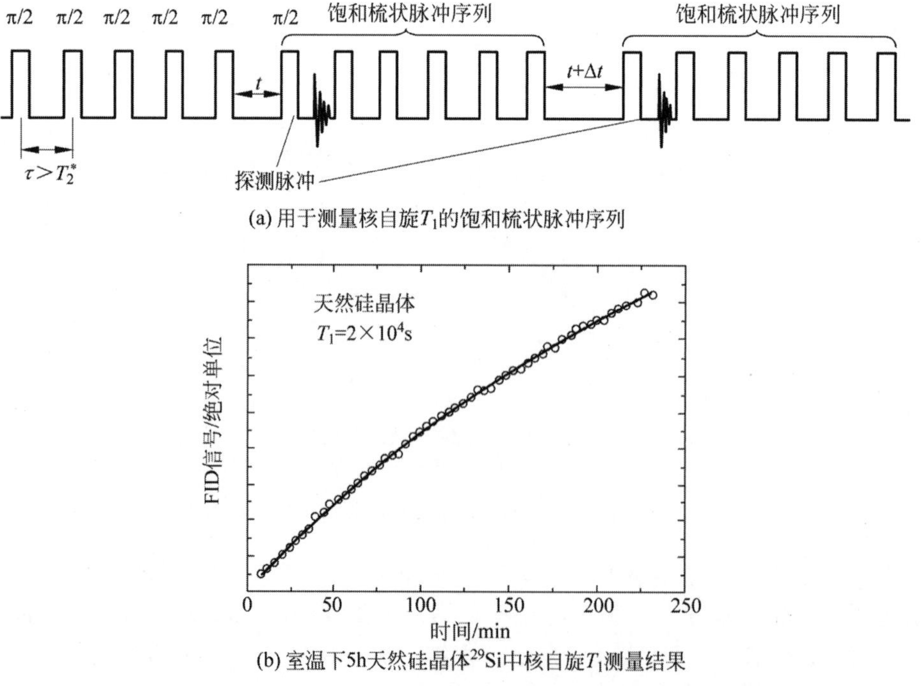

图 3-30　利用 NMR 饱和梳状脉冲对天然晶体自旋弛豫特性的实验

当系统从混合态自由演化为初始态时，在 T_1 时间内核自旋释放为循热平衡态：

$$\hat{\rho}_{\text{th}} = \rho_{\uparrow} \mid \uparrow \rangle\langle \uparrow \mid + \rho_{\downarrow} \mid \downarrow \rangle\langle \downarrow \mid \tag{3-91}$$

式中的 Boltzmann 分布为

$$\rho_{\uparrow} / \rho_{\downarrow} = \exp(-\Delta E / k_B T) \tag{3-92}$$

式中，ΔE 为 Zeeman 核自旋跃变能级；$\rho\uparrow$ 及 $\rho\downarrow$ 的差别是被饱和度梳状脉冲的第一个 $\pi/2$ 脉冲检测诱导检测的自由感应衰减(FID)信号，测量结果如图 3-30(b)所示。此实验中，T_1 为天然硅晶体的 ^{29}Si 核自旋(在 ^{29}Si 天然水晶中含量为 4.7%)，室温下测量时间 2×10^4 s(超过 5h)。测量核自旋的退相干时间 T_2，不仅要消除 $\Delta B_0(t)$ 的影响，还需抑制 ^{29}Si 核自旋之间的偶极相互作用。

3.5 系统集成

未来的固态存储器一定具有智能化的特征，所以除了存储单元外，必须增加逻辑、处理接口驱动等单元。因此，采用以纳米技术为核心的大规模光电子器件集成技术(Electronic-Photonic Integrated Devices，EPID)制造量子存储器件是必然的趋势。只有这样，才能同时实现高可靠性、高速度、低功耗、低成本及物理接口简单、实用方便。美国麻省理工学院等开发的光子集成模块设计平台，对 EPID 存储器设计有重要参考价值。有希望将多种功能器件，包括微电子器件和光子器件，通过三维光互联密集集成为具有强大存储功能的单芯片系统(Systems on a Chip，SoC)，是未来智能化量子固态存储器制造生产的必由之路。本节简要介绍如下。

SOI-CMOS 工艺中，单片集成 EPID 器件的波导一般设计在最底层。利用 CMOS 工艺加工单晶硅和多晶硅晶体管的栅极层直接制作在晶片的外延层中，处理剩下的多晶硅层也可作为波导。多种材料叠加构成的 EPIC 器件横截面如图 3-31(a)所示。使用这种集成平台设计的芯片可在批量生产的 SOI-CMOS 工艺设备上加工制造，以便充分使用现有集成电路设计数据流与其他基础设施共享。表 3-1 为此类 CMOS 亚微米 DRAM 工艺制造的波导损耗比较。迄今为止，波导损耗低于 5dB/cm，光谱范围为 860～1550nm。

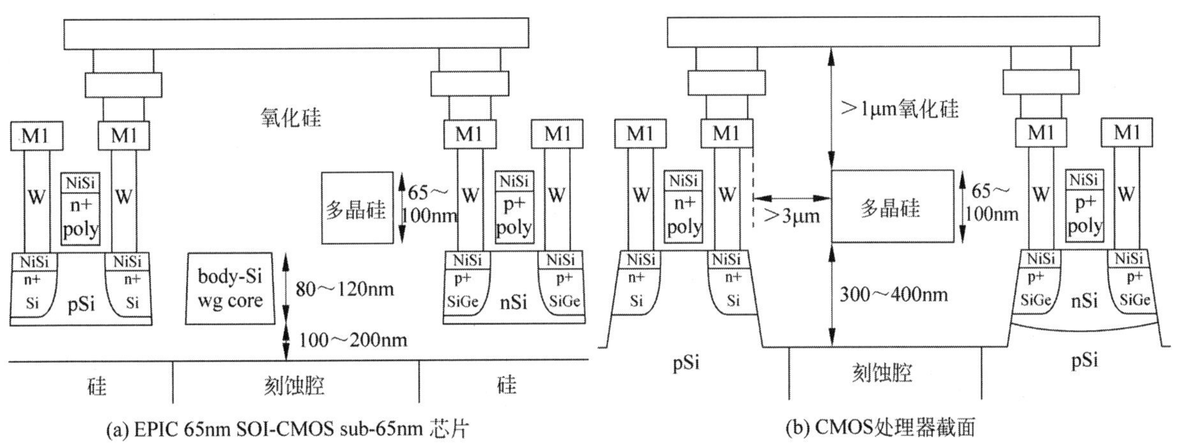

图 3-31　单片集成电路芯片截面

表 3-1　CMOS 及 DRAM 光子集成芯片中的光波导损耗

工　艺	波导材料	损　耗	年　份
65nm CMOS	多晶硅	55dB/cm	2008
32/28nm CMOS	多晶硅	55dB/cm	2010
90nm CMOS	多晶硅	50dB/cm	2009
Scaled DRAM	多晶硅	6dB/cm	2012
25nm CMOS	掺杂多晶硅	<5dB/cm	2015

利用现有的层约束波导厚度最适合当前晶体管生产工艺及设计。通常,单晶硅层的厚度范围80～120nm,多晶硅层厚度范围65～100nm。这可能对无源光子器件工作波长的最弯曲半径有影响。虽然SOI工艺垂直堆叠单晶硅和多晶硅结构层设计有一定的灵活性,但氧化物隔离层的厚度只有2nm,波导弯曲太大可能有困难。保证波导层的蚀刻掩模图案复合工艺要求是光子器件设计的首要任务。根据目前CMOS设计规范,只有少数光子器要求尺寸小于80nm,因此对于当前大规模集成电路制造生产线应该不存在困难。用传统CMOS工艺制造的集成环型谐振滤波器芯片结构如图3-32所示,其中光子集成部分的最小尺寸为32nm。

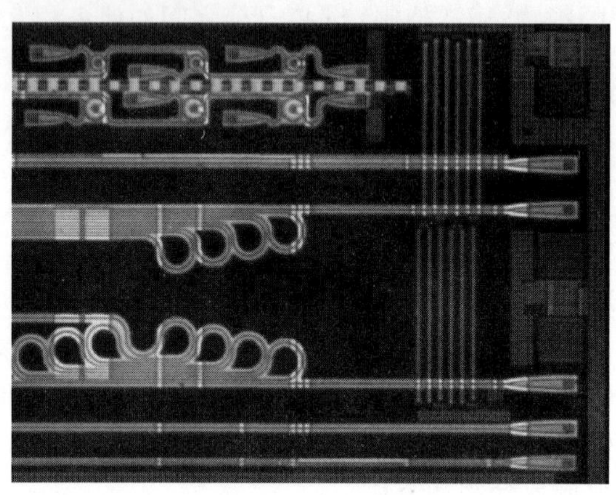

图3-32 用传统CMOS工艺制造的32nm的光子集成环型谐振滤波器芯片结构

微结构制造工艺一体化的主要优势是,能充分使用现有的掺杂、微电子工艺装备和设计规范,能较快地实现单片集成光电器件的全数字化设计。美国麻省理工学院已在此系统上完成了加工传输率3.5Gb/s,能耗52fJ/b的高灵敏度单片CMOS工艺EPIC光子器件制造平台。由波导构成的光互联,应用通用多协议与光网络交换,最终目标是与标准Internet衔接。由此提出波长开关网络(Wavelength Switched Optical Network,WSON)概念。这种基于通用多协议标签开关(Generalized Multi-Protocol Label Switching,GMPLS)控制和路径计算单元(Path Computation Element,PCE)使系统自动成为光网络的一部分,实现资源共享。为了加速光电与电光转换及波长转换与再生,保证WSON故障恢复能力,提出预处理防御(Pre-Planned,PP)和动态处理(On-The-Fly,OTF)两个方案,所谓PP方案,就是在运作前对服务路径进行测试计算。这种计算只要时间允许有可能离线进行,以保证更准确可靠。如果有光学损伤,可用专用单元取代。此计算和再生替换硬件在网络设计中已充分考虑。一旦PP处理后系统恢复正常,回到原来路径或与其他处理共享,应根据网络计算的结果而定。这种处理方式,不仅系统恢复速度快,而且资源不可能被"盗"。对于OTF方案,路径计算时间至关重要,因为可能在处理过程中正常运行被中断,所以有临界时间的要求。为此,OTF路径分析计算通常是在分布式环境中的网络结点上进行,同时要根据信息的重要性级别和资源冲突程度进行甄别,因此可能OTF方案对用户更有吸引力,但硬件成本可能令人望而却步。所以一般情况下,除非PP预先计划的路径已被耗尽才会选择OTF替代。在大型网络中,再生器往往需要在使用前预先计划安排,从这个意义上讲没有真正的OTF方案。本节介绍的部分暂停适时修复(OTN Pit Stop,OTN-PS)方案,该装置不需对传统的可重构光分复用器(Reconfigurable Optical Add Drop Multiplexer,ROADM)体系结构做重大修改,因为它可通过连接OTN开关提供或加一个简单的OTN矩阵类似于ROADM的。这种方法和装置与集中式或分布式控制平台和路径计算架构完全兼容。

这种基于波长选择开关(WSS)技术的ROADM装置安装与方向受限或部分方向受限的ROADM结构类型。OTN矩阵连接到ROADM的添加/删除部分,作为外部设备。并非设备所有的A/D口都与OTN-PS连接,因为该装置仅针对入射光路的一个子集提供再生/波长转换服务。可能出现两种情况如图 3-33 所示：(a)ROADM 装有转发器支持客户端 G.709 OTN，随 OTN 开关连接单色光纤维，OTN 开关功能，由过 OTN 矩阵控制；(b)OTN 开关成为 DWDM XFPs 交换设备，发射方的波长(多波长)与 WSS 直接相连。

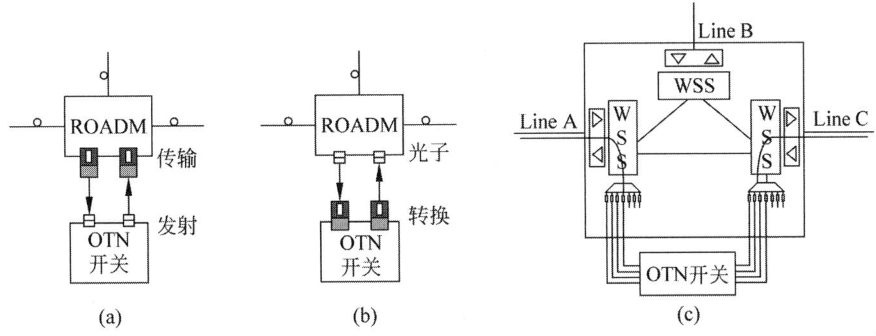

图 3-33 暂停适时修复(OTN-PS)系统结构原理示意图

为了尽可能地使系统简化，图 3-33 只有一个加/降偶(add/drop pair)。对完整的系统，应有多个转发器(a)，或采用 DWDM XFPs(b)，以确保服务于多个光路。如果使用可调谐转发器或可调谐 DWDM XFPs，则可实现全光波长重构转换服务，且简化了波长分配过程，减少阻塞概率。此外，使用 OTN-PS 支持不同的 OTU 容器，可应用于多比特率 WSONs。例如，应用在某些国家光路已经从 10Gb/s(OTU-2)升级到 300Gb/s(OTU-5)的 WSON。另外，OTN 开关经过改进支持 ODU Flex 包，用于 OTN-PS 启用结点遍布网络。

基于纳米加工技术的集成制造自由空间光学芯片和光互联器件还具有许多优势，通过光波导实现自由空间光纤交叉连接，不仅集成度高、可靠性好，还可防止各种串扰及热学或机械扰动的影响。对于复杂系统，采用芯片级波束可调增益元件，压电微驱动液晶相位光栅，MEMS 的微透镜和反射镜等，消除机械运动的鲁棒性。利用硅-绝缘体(Silicon-On Insulator，SOI)制造工艺设备及标准 CMOS 工艺技术，组成 SOI 加工平台；利用 III-V 族 SOI 光波导材料混合集成工艺完成自由空间光束转向集成，可调谐光源及放大器等重要工序及配套器件，为光电子芯片级集成系统实现各种特殊功能提高了广阔的选择空间。例如，SOI 制成的光学相控阵表面波导光栅相调谐器，实现了偏转角为 2.3°×14°二维转向扫描。该器件采用星型耦合器集成光栅阵列，无须相位调谐就可以用于远场扫描；利用 16 通道独立调节的光学相控阵 SOI 器件，实现了二维自由空间光束转向 20°×14°视场超过 1.6°×0.6°。

基于 SOI 工艺，在 1μm SiO_2 上光刻深度(280±20)nm 宽度 500nm 的波导。利用多模干涉(MMI)获得间隔为 100μm 的 16 通道，每个通道采用电子束沉积 72nm 铬镍和 75nm 金制成 470μm×4μm 电阻加热器，保留 6.5μm 间隔，顶部覆盖 SiO 避免串扰。另外一种 50%占空比的光栅阵列，间距为 600nm，长度 200μm 和蚀刻深度 75nm。在光栅阵列波导间距为 3.5μm。用扫描电子显微镜获得的光栅阵列图像如图 3-34 所示。该系统采用高数值孔径的非球面透镜(NA=0.83，焦距=15mm)用于收集的光学输出和图像的傅里叶变换，另外两个附加的镜头(焦距 18cm 和 6cm)用于红外相机实时远场图像的傅里叶成像。偏振方由偏振控制器向可绕 TE 轴线调整。在 θ 轴方向(即平行于波导的方向)组成波长测量的精度 0.14°/nm，波束宽度 0.6°/1μm 波导阵列，而在 ψ 轴方向(即垂直于波导轴)精度取决于发射器的相对相位。用此光栅阵列相位和波长控制获得的光束场分布如图 3-35 所示，图(a)中左下对应的发光波长为 1625nm，中心对应于 1575nm。右下为当偏角为 θ 边界时的波长为 1525nm；(b)为波长 1555nm、背景噪声 10dB 情况下，光束沿 ψ 轴偏转 1°截面上的光密度分布。

对背景噪声为 10dB，偏角 20°(ψ 轴)×14°(θ 轴)增量 1°的相控阵列进行优化求解后的理论计算与试验结果的比较如图 3-36 所示。这些相位设置被存储在存储器中，无须实时扫描，大大提高了扫描速度。其视场光密度分布的中心视场剖面光密度分布波长为 1555nm，θ 宽度为 1μm，ψ 波束宽 1.6°。

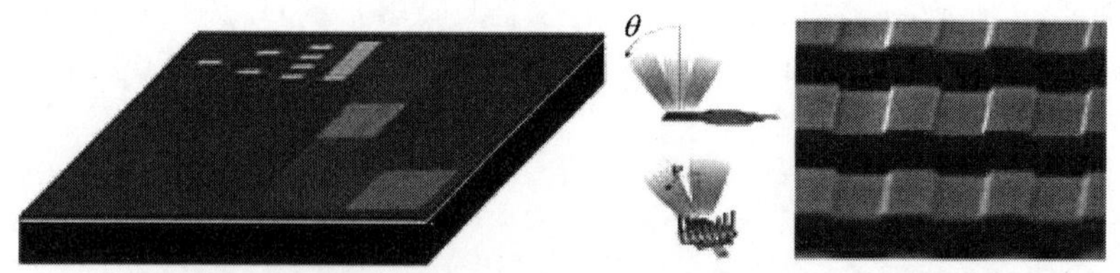

(a) 二维转向扫描装置的示意图 (b) 形成的纵向发射角θ(上)和横向发射角ψ(下) (c) 光栅阵列扫描电子显微镜放大图

图 3-34 SOI 工艺制成的光栅相调谐光学表面波导相控阵调制器

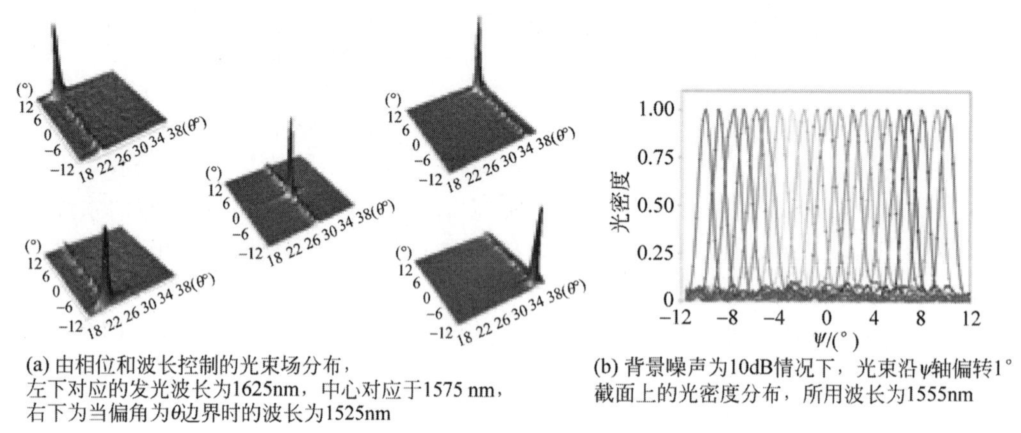

(a) 由相位和波长控制的光束场分布，左下对应的发光波长为1625nm，中心对应于1575 nm，右下为当偏角为θ边界时的波长为1525nm (b) 背景噪声为10dB情况下，光束沿ψ轴偏转1°截面上的光密度分布，所用波长为1555nm

图 3-35 采用光栅阵列调制后的光场分布

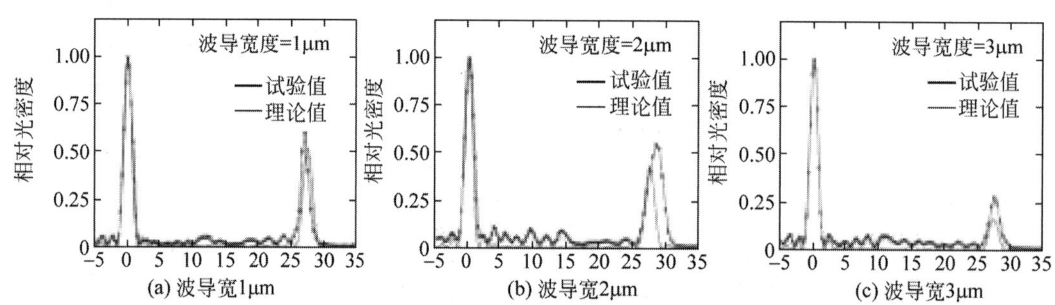

(a) 波导宽1μm (b) 波导宽2μm (c) 波导宽3μm

图 3-36 对波长 1625nm、远场 ψ 波导的理论优化计算与实际试验测试结果的对比

当波导间距固定在 3.5μm，测量中心与旁瓣的相对功率分布。测量和计算截面的 ψ 波长 1625nm 远场光密度如图 3-36 所示。根据计算确定的光栅蚀刻深度为 75nm。偏离中心分别为 1μm、2μm 和 3μm 的旁瓣的相对高度值为 0.6、0.55 和 0.28。此 SOI 集成微型单片光调制器，将视场角为 1.6°×0.6°的光束，通过光学相控阵调制系统，形成 20°×14°的 16-信道二维自由空间光束矩阵，背景噪声低于 10dB。旁瓣功率相对于中心峰值功率之比在 28%～60%之间，试验测试证明此优化设计有效提高了光学相控阵波导的效率。

1. 单光子包原子存储系统

光量子的存储记忆功能主要基于单个光子与原子系统的相互作用，存储的信息从一个单一的光子相干转移到另一个原子的集体激发。所以光子与原子之间能量及所携带信息的相互转换，是量子存储和通信的重要基础。同时，具有这种量子信息处理能力的系统，也可构成结点可移动的量子信息的网络存储器。如果不使用主动反馈，这种存储可看成是一个密度可控制的动态密集光场。本节将分析基于非共振 Raman 相互作用的经典的脉冲控制场和原子介质宽带信号光子存储过程，如图 3-37

所示。用一可靠性高的光子信息源，以原子谐振或旋转波的形式发射所需存储的信息，与上述存储信息从光场转移为原子谐振自旋窄带存储原理完全不同。本方案是通过控制场将输入信息变成某瞬态波包，进行存储、传输或波形波包映射，实际上是与量子动力学密切相关的自发辐射过程，类似 Stokes 散射激发与纠缠。但光子波包实际存储过程与此不同，其基本结构模型具有明确的时间反演对称性特征，即只要激发态解除，自发辐射立即被抑制。

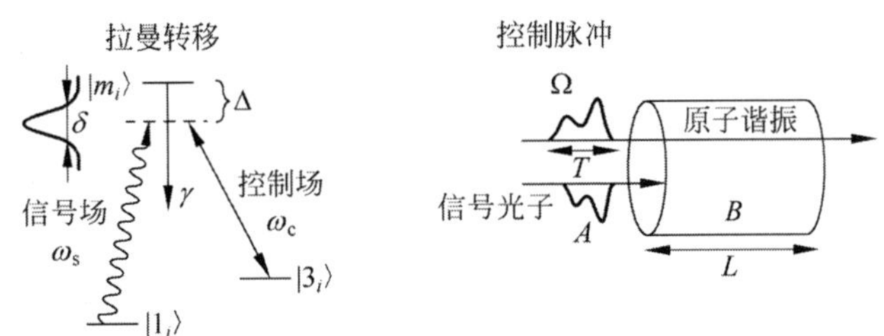

图 3-37　脉冲控制光场量子存储原理及过程

无损存储宽带单光子通常包含密码和隐形态量子，通过失谐共振构成存储信息。若背离谐振，会形成不均匀鲁棒，相应被固体原子吸收(例如半导体电荷量子点)取代。此外，在存储和检索时的控制脉冲失谐的改变，可对允输出状态的频率进行控制。以下介绍的有限一维传播的三维存储模型如图 3-37 所示。

此模型的信号和控制场均为 Raman 谐振，其中心频率分别为 ω_s 及 ω_c。在经典控制时间 t 和位置 z 时的 Rabi 频率 $\tau \equiv t - z/c$。此信号和自旋波的信号及振幅可分别用缓慢消失的算子 $A(\tau,z)$，$B(\tau,z)$，描述。自旋波是一种形式为 $B(\tau,z) \propto \Sigma_\beta \parallel e - \mathrm{i}(\omega_s - \omega_c)\tau$ 的谐振相干，其中指数 β 覆盖所有位置 z 上的原子。如果信号失谐 Δ 和单光子共振控制脉冲大于信号带宽 δ，控制 Rabi 频率 Ω 和控制带宽，则激发态 $|m_i\rangle$ 可以绝热消除。如果集合谐振状态 $|1_i| \equiv |3_i|$，且亚稳态原子数可忽略则可以用线性理论 Maxwell-Bloch 方程近似描述在缓慢变化的波包：

$$[\partial_\tau - \mathrm{i}\,|\,\Omega(\tau)\,|^2/\Gamma]B(\tau,z) = -\kappa^*\,\Omega^*(\tau)A(\tau,z)/\Gamma \tag{3-93}$$

$$[\partial_z - \mathrm{i}\,|\,\kappa\,|^2/\Gamma]A(\tau,z) = \kappa\Omega(\tau)B(\tau,z)/\Gamma \tag{3-94}$$

式中，κ 为信号耦合控制场；$\Gamma \equiv \Delta - \mathrm{i}\gamma \equiv |\Gamma| e - \mathrm{i}\theta$ 为相 θ 的复合失谐。γ 产生于包括自发辐射的失相过程。若其中不包含 Langevin 噪声算子带来的损失，则 A 及 B 为正常期望值。因此，在忽略存储时间内自旋波慢失相的情况下，存储时间(寿命)为 $\varepsilon(\tau) \equiv C\omega(\tau)/\omega(T)$，式中 T 为作用持续时间；有效距离为 $\zeta(z) \equiv Cz/L$，式中 L 为谐振长度。其中，Rabi 频率的积分为

$$\omega(\tau) \equiv R^{\int^\tau |\tau'|^2 \mathrm{d}\tau'} \tag{3-95}$$

且其耦合参数为

$$C \equiv |\,\kappa\,|\,\sqrt{L\omega(T)}\Big/\,|\,\Gamma\,| \tag{3-96}$$

此为无量纲的光场湮没算子(设 κ 为简单真值)，且

$$\alpha(\varepsilon,\zeta) \equiv \sqrt{\omega(T)/C}\,\mathrm{e}^{-\mathrm{i}\chi(\tau,z)}A(\tau,z)/\Omega(\tau) \tag{3-97}$$

旋转波的指数为

$$\beta(\varepsilon,\zeta) \equiv \sqrt{L/C}\,\mathrm{e}^{-\mathrm{i}\chi(\tau,z)}/B(\tau,z) \tag{3-98}$$

$$\chi(\tau,z) \equiv [\omega(\tau) + |\,\kappa\,|^2 z]/\Gamma \tag{3-99}$$

式中，χ代表控制场的 Stark 偏移，表示信号波群速的修正。随以上变化，此动态方程可归纳为简单耦合系统：

$$\partial\zeta\alpha = \mathrm{e}^{\mathrm{i}\theta}\beta, \quad \partial Q\beta = -\,\mathrm{e}^{\mathrm{i}\theta}\alpha \tag{3-100}$$

解上述方程可获得拥有所有控制脉冲形状和任意输入值。耦合参数 C 的(ε,ζ)空间覆盖整个存储相互作用过程，这时原子的集合 C 可重新写为

$$C = (\pi\alpha_f \hbar / m_e)^{\frac{1}{2}} f \sqrt{N_a} N_c / (|\Gamma| A) \tag{3-101}$$

式中，f 为信号控制转换振子强度的几何平均值；A 为控制领域横截面的面积；$N_a(N_c)$为包括控制脉冲的相互作用原子（光子）数。其中 α_f 为精细结构常数，这里即电子质量。存储器写入和读出都必须是单值函数。根据场算符 α 和 β 典型结构方程可知色散限制 $\Delta \gg \gamma$。在这种情况下，相位 θ 消失，并一定满足以下连续方程：

$$\partial_\zeta \alpha^\dagger \alpha + \partial_\varepsilon \beta^\dagger \beta = 0 \tag{3-102}$$

综合此直角空间表达式(ε,ζ)，可得连续激发条件为

$$N_\alpha(C) + N_\beta(C) = N_\alpha(0) + N_\beta(0) \tag{3-103}$$

$$\int_0^C \alpha^\dagger(\varepsilon,\zeta)\alpha(\varepsilon,\zeta)\mathrm{d}\varepsilon, \quad N_\beta(\varepsilon) \equiv \int_0^C \beta^\dagger(\varepsilon,\zeta)\beta(\varepsilon,\zeta)\mathrm{d}\zeta \tag{3-104}$$

式中，算子数 $N_\alpha(\zeta)$在有效距离 ζ 内为信号光子数，也等于在存储时间 τ 内的旋转激子数。其初始振幅为

$$\{\alpha_0(\varepsilon),\beta_0(\zeta)\} \to \{\alpha_C(\varepsilon),\beta_C(\zeta)\}$$

$$\alpha_0(\varepsilon) \equiv \alpha(\varepsilon,0), \quad \beta_0(\zeta) \equiv \beta(0,\zeta) \tag{3-105}$$

通过以下转换$\{\alpha_0(\varepsilon),\beta_0(\zeta)\} \to \{\alpha_C(\varepsilon),\beta_C(\zeta)\}$，可获得信号振幅单元：$C(\varepsilon) \equiv \alpha(\varepsilon,C)$，且$\beta_C(\zeta) \equiv \beta(C,\zeta)$为写入时旋转波振幅，则可用量子力学对光场及旋转波的转换求解。所以，重点在分析 $\Gamma \to \Delta$；$\theta \to 0$ 时的弥散极限值如下：

$$\alpha_C(\varepsilon) = \int_0^C [G_1(\varepsilon - x, C)\alpha_0(x) + G_0(C - x, \varepsilon)\beta_0(x)]\mathrm{d}x \tag{3-106}$$

$$\beta_C(\zeta) = \int_0^C [G_1(\zeta - x, C)\beta_0(x) - G_0(C - x, \zeta)\alpha_0(x)]\mathrm{d}x \tag{3-107}$$

此积分核为

$$G_0(p,q) \equiv J_0(2\sqrt{pq})$$

$$G_1(p,q) \equiv \delta(p) - \Theta(p) J_1(2\sqrt{pq})\sqrt{q/p} \tag{3-108}$$

式中，J_n 为一类 Bessel 函数；Θ 为 Heaviside 函数。积分核 $G_{0,1}$ 可根据方程式(3-106)、式(3-107)，$C - x = y$ 对称映射和自变量 ε 及 ζ 建立输入输出求解模型：

$$G_0(C - \varepsilon, \zeta) = \sum_{i=1}^{+\infty} \phi_i(\zeta)\lambda_i\phi_i(C - \varepsilon) \tag{3-109}$$

$$G_1(\zeta - \varepsilon, C) = \sum_{i=1}^{+\infty} \phi_i(\zeta)\mu_i\phi_i(C - \varepsilon) \tag{3-110}$$

式中，$\{\phi_i\}$为完全正交模型，且真值满足 $\lambda 2i + \mu 2i = 1$；$\forall i$ 为写入谐振起始态$|0\rangle$，也可用期待值 $\beta_0(\zeta)$($\beta_0(\zeta) \to 0$)取代。根据以上方程解，可得光输入模型 $\phi_i(C-\varepsilon)$，自旋波输出模型 $\phi_i(\zeta)$及对每个 i 的转换振幅为 λ_i。开始于 τ 的存储时间 ε 的输入模型为

$$\phi_i(\tau) \equiv \sqrt{C/\omega(T)}\, \mathrm{e}^{\mathrm{i}\chi(\tau,0)} \Omega(\tau)\phi_i[C - \varepsilon(\tau)] \tag{3-111}$$

写入效率可根据写入结束旋转波算子$\langle N_\beta(C)\rangle$确定。用 ϕ_i 展开输入信号波 $\xi(\tau)$，则写入效率 $\langle N_\beta(C)\rangle = \sum_i \lambda_i^2 |\xi_i|^2$，其中第 i 个交叠为

$$\xi_i \equiv \int_0^T \xi^*(\tau)\phi_i(\tau)\mathrm{d}\tau \tag{3-112}$$

当$\langle N_\beta(C)\rangle = 1$ 时，写入结束。前 5 个转换振幅对 C 的关系可参见图 3-38(a)，并如以下方程所示：

$$\int_0^C J_0(2\sqrt{xy})\phi_i(y)\mathrm{d}y = \lambda_i\phi_i(x) \tag{3-113}$$

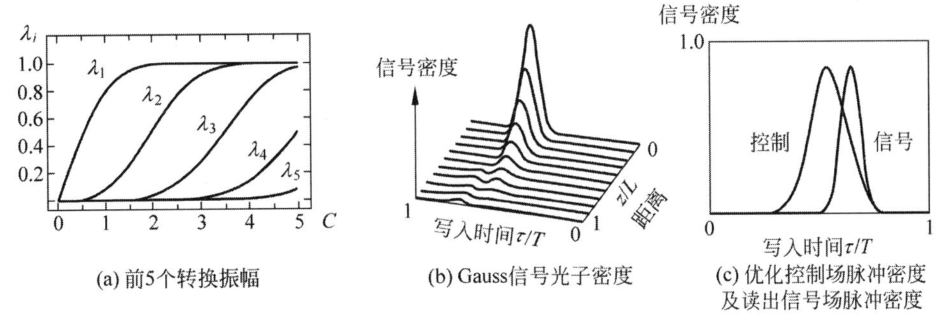

(a) 前5个转换振幅　(b) Gauss信号光子密度　(c) 优化控制场脉冲密度及读出信号场脉冲密度

图 3-38　经过优化后的存储光子信号特性

采用 500×500 正方网格对图 3-38(a)中 5 个最大的 G_0 值与函数 C 的关系绘制曲线如图 3-38(b)、(c)所示。其中,图(b)为 Gauss 信号光子密度$\{A^{\dagger}(\tau,z)A(\tau,z)\}$,波包振幅 $\xi(\tau)\propto\exp\{-2\ln 2[(\tau-\tau_0)/\sigma^2]\}$,由原子谐振衍生出 $C=2$。其中,$\sigma=T/8,\tau_0=2T/3$;图(c)为优化控制场密度及信号场脉冲密度。因此,可获得标准信息存储有效控制场的耦合参数,并可计算最佳存储效率:

$$\xi_1=1,\quad \xi_{i1}=0 \tag{3-114}$$

因此,

$$N_\beta(C)=\lambda_1^2\approx 1(C\geqslant 2)$$

为此,必须保证形成控制场 $\phi_1(\tau)=\xi(\tau)$。存储效率曲线如图 3-39 所示。

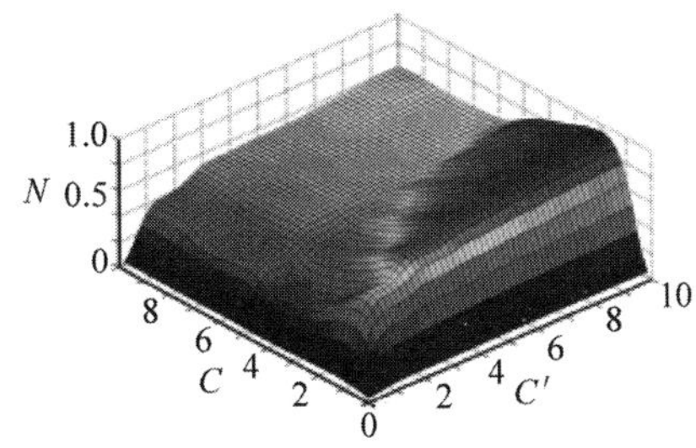

图 3-39　正相读出光子概率 N 及写入与读出耦合参数 C 和 C'

2. 固态光子散射界面

光子与物质原子之间的相干及恢复研究是量子信息存储甚至对整个量子信息科学的核心课题。目前的试验中,每个脉冲光子可以引起固体中 10^7 个原子谐振。存储信号通过复相读出的效率可达 95%,为单光子存储展示了值得期待的前景。光子与原子之间的相干效率越高越好,因此研究光子与固态亚界面产生的散射十分重要。首先要分析信号脉冲 $E_{in}(t)$通过控制场(t)映射为一个自旋波,经过存储一定时间$(T-t)$后,用反演控制场读出脉冲 $E_{out}(t)$过程中各种条件的影响。试验证明,此存储过程为控制域、输入信号脉冲形状等多种因素的影响。多次迭代写入实验过程如图 3-40 所示。经过优化后的信号脉冲写入及读出信号场与存储效率的理论曲线,与实际实验结果比较如图 3-41 所示。

第一次光子存储效率一般较低,输出脉冲的形状与初始脉冲是完全不同。在创建下一次输入脉冲 $E(1)_{in}(t)$时,通过数字翻转,使输出为 $\varepsilon(0)(t)$的零迭代重整,以补偿脉冲能量的损失,即按照 $E(t)\propto(0)(\tau-t)$确定 $\varepsilon(1)$。通过这些步骤重复迭代,直到输出信号脉冲与反演输入脉冲一致。试验证明通过每个迭代处理的内存效率增长 43%±2%。由于自旋波的消退,光学深度 $\alpha L=24$ 存储效率最高可达 54%。由于自旋波在 100μs 存储时间内的衰变因子为 0.82,所以最高预期效率为 45%。

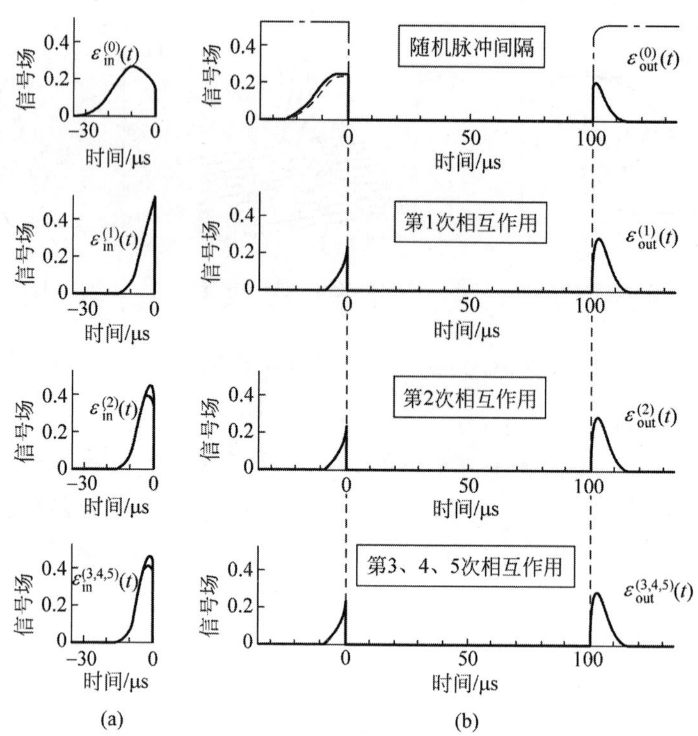

图 3-40 迭代信号脉冲优化曲线。实线为温度 60.5℃，光学深度 $\alpha L=24$，16mW 恒控制场，写入实验曲线及经过存储间隔 $\tau=100\mu s$ 后检索读出曲线(点画线为脉冲原始强度)；虚线为数值模拟曲线。(a)为不同输入脉冲下的信号场分布；(b)为存储单元上实际信号场，初始脉冲泄漏 $t<0$ 及 $t>100\mu s$ 的检索信号场 ε_{out}，所有输入脉冲归一化为相同面积 $2dt=1$

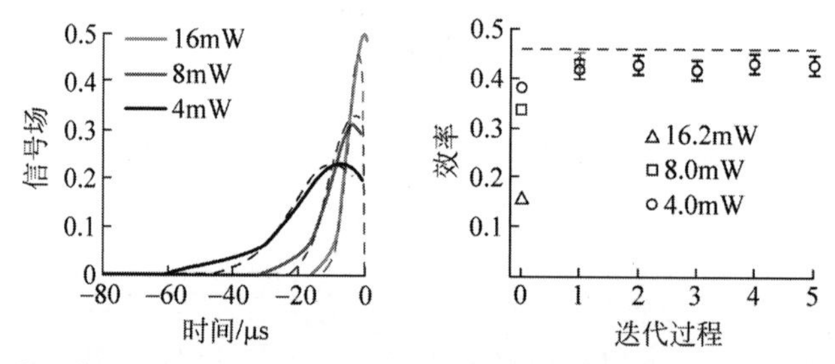

(a) 采用3种不同功率的写入/读出曲线。实线为实验曲线，虚线为理论曲线

(b) 各重复迭代步骤之后相应的存储效率。虚线为理论计算的最优效率，存储单元的温度为60.5℃，光学深度αL=24

图 3-41 经过优化的信号脉冲 5 次写入实验结果

3. 控制脉冲特性及优化

以上描述的迭代优化过程，找到了最优信号脉冲波形及系统的参数，包括光学深度、控制场 Rabi 频率及各种失相干率等。然而，许多情况下问题不在输入信号脉冲，例如写入/读出脉冲控制场剖面模型就对存储过程有很大影响。设具有最佳存储效率的优化自旋波为 $S_{opt}(z)$，先建立自旋波“消失”模型 $s(z)$。$s(z)$与 $S_{opt}(z)$相似，仅与光学深度有关，且可存储单脉冲信号。首先 1 对 1 输入输出 $E_{in}(t)$ 型脉冲信号交换，最优化自旋波 $S_{opt}(z)$，按照 3 种不同的存储初始脉冲形状进行实验，如图 3-42 所示。其中，图(a′)为弧形前缘，(b′)为正弦函数，(c′)为降序斜率；图(a)～(c)表示相应的计算最佳写入($t<0$)控制脉冲。因为检索控制脉冲的形状和功率不影响存储效率，如图 3-42(a)～(c)所示。图中

两个输入脉冲控制场，虚线为平面控场，实线为反演写入控制场。平面控制域(与3个输入相同)导致相同的输出脉冲，即(a′)～(c′)中的虚线。因激发已存储在相同的最优自旋波中，与输入信号的脉冲无关。另外，使用时间反演写入控制场检索输出脉冲，可作为对应于时间反演的输入脉冲的备份。

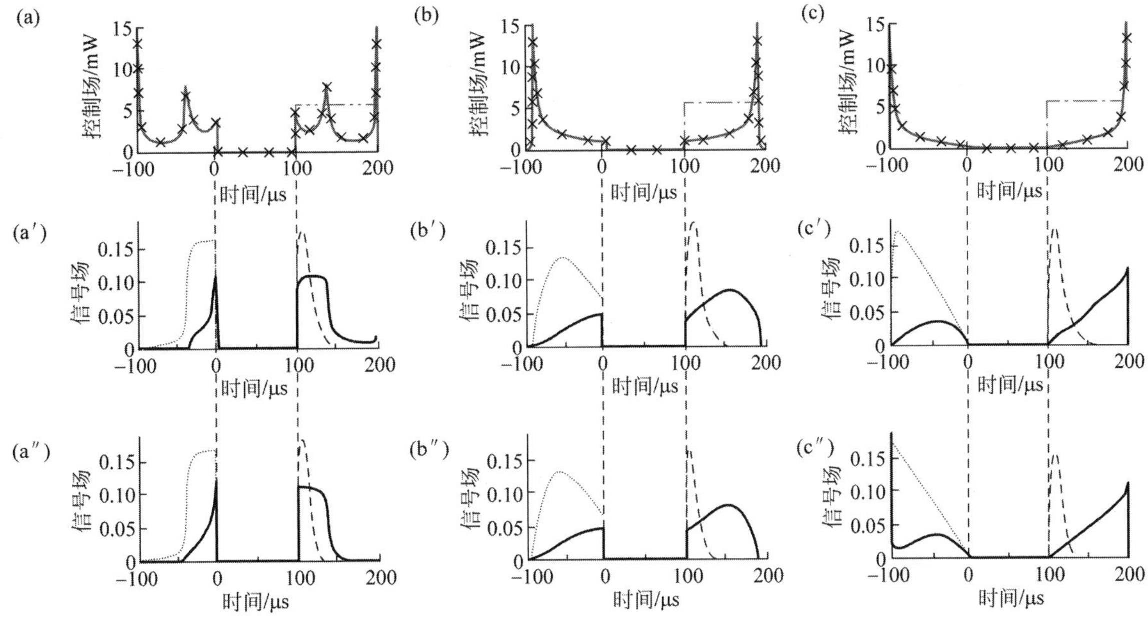

图3-42 经过优化的存储信号脉冲控制场的3种模型((a)、(b)、(c))曲线对比。图中，虚线为输入信号脉冲形状，脉冲的泄漏形状基本上与此相同，如实线所示；平面控制场检索信号脉冲形状($t>100\mu s$)如点画线所示，通过时间反演控制的控制场如带×的实线所示；存储单元的温度为60.5℃，光学长度为$\alpha L=24$。图(a′)～(c′)为实验曲线，图(a″)～(c″)为数值计算结果

以上分析说明，反演迭代开始于控制信号为零的迭代收敛，同时证明了实验数据和数值模拟正确。为进一步测试控制优化过程，重复相同测量8个不同的随机脉冲形状如图3-43(a)实线所示。脉冲#4、#6和#8与图3-42中输入脉冲(a′)、(b′)和(c′)相同。对于每个输入脉冲，都进行了最优写控制计算，如图3-43(a)虚线所示。在60.5℃条件下，理论与实验测量的存储效率如图3-43(b)所示。检索任何一个恒定控制脉冲或时间反演写入控制脉冲，分别用菱形和圆表示，参见图3-43(b)。对上述光

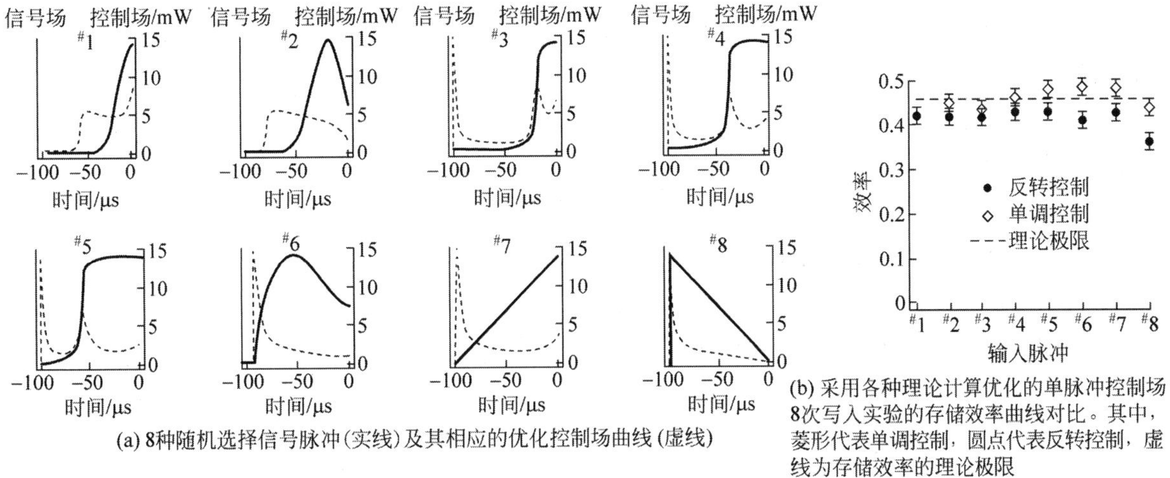

(a) 8种随机选择信号脉冲(实线)及其相应的优化控制场曲线(虚线)

(b) 采用各种理论计算优化的单脉冲控制场8次写入实验的存储效率曲线对比。其中，菱形代表单调控制，圆点代表反转控制，虚线为存储效率的理论极限

图3-43 经优化后的实际控制脉冲实验曲线

学深度的理论计算最大存储效率为45%(图中水平虚线),通过实验得到光学深度及控制电场强度精确值,对优化控制场计算至关重要。

4. 光学深度与存储效率

此前分析了三能态系统光学深度 $\alpha L=24$ 与信号和控制方法之间的关系。下面进一步讨论光学深度与存储效率的关系。根据理论预测,光学深度是影响存储效率的第一要素。在不同温度、不同功率控制场下的铷原子存储单元存储效率如图3-44所示。实验温度为45～77℃,光学长度 αL 为6～88。说明相对较低的光学深度($\alpha L\leqslant 25$)时,控制场强度对存储效率影响最大。

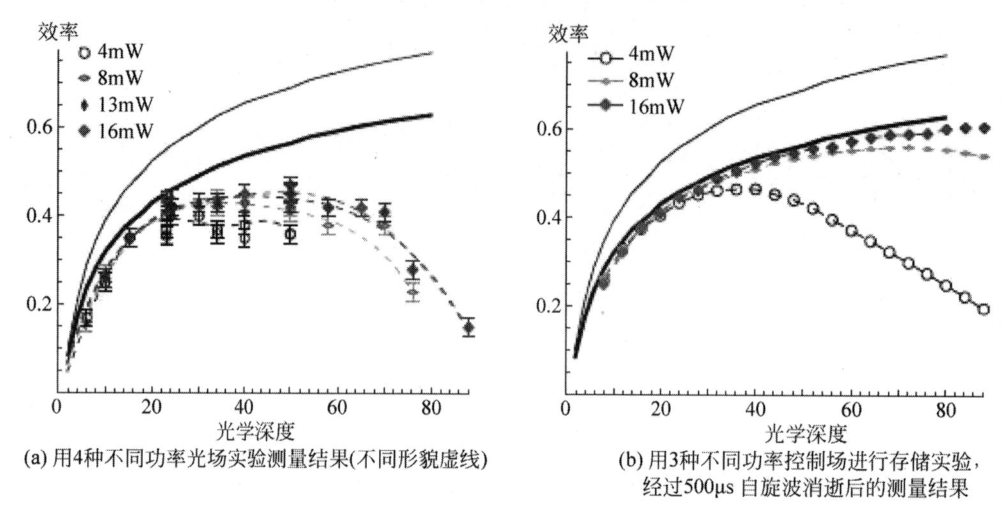

图3-44　优化后的写入信号获得的存储效率与介质光学深度之间的关系。图中细线为完全没有自旋波消逝的理论计算曲线,粗线为存储100μs后效率下降为0.82时的曲线

以上实验证实,当光学深度 $\alpha L>20$ 时实际存储效率下降如图3-44(a)所示,且存储寿命对控制场强度十分敏感,如图3-44(b)中圈形曲线所示。这主要是受自旋波衰变的影响,所以自旋波消退在存储和检索过程中不能忽视。虽然迭代优化仍有效产生信号脉冲并获得最高存储和检索效率,但只能在一定的控制场和光学深度 αL 范围内才有效。另外,控制场功率对存储寿命影响很大,例如当控制场功率8mW以下时,500μs以后自旋波衰减十分显著,造成效率大幅度下降,如图3-44(b)所示。但对于功率较低的控制场,则可通过延长脉冲的时间予以补偿,如图3-44(a)所示,同样可使较低的控制场和光学深度的存储效率达到高峰。因此,可通过减少自旋波衰变,提高控制场功率或优化写入时间获得最佳存储效率。

进一步对优化后输入信号脉冲及读出脉冲场的实验分析如图3-45所示。将图3-45(a)和(b)中经过计算优化的存储和检索脉冲作为图3-45(c)中的 $t<0$ 时段。对不同光学深度 $\alpha L=24,40,50$,保持 $L/T(\sim vg\propto 2/\alpha L)$ 不变进行实验。输出信号脉冲形状及反演输入脉冲如图3-45(d)所示。

图3-45(a)和(b)为优化的存储和检索输入信号脉冲的迭代优化结果,控制场功率为8mW,实线代表实验结果,虚线代表数值模拟结果;(c)为计算优化写入控制场($t<0$)信号脉冲;(d)为信号场输入(虚线)和经过反转期($t>100\mu s$)生成的存储信号场曲线。虽然存储效率低于理论值,但控制域仍实现了最优输出。从 $\alpha L\sim 25$ 以后,实验值开始偏离理论值,当 $\alpha L>60$ 后存储效率不再单调增长,最终效率明显低于理论值。

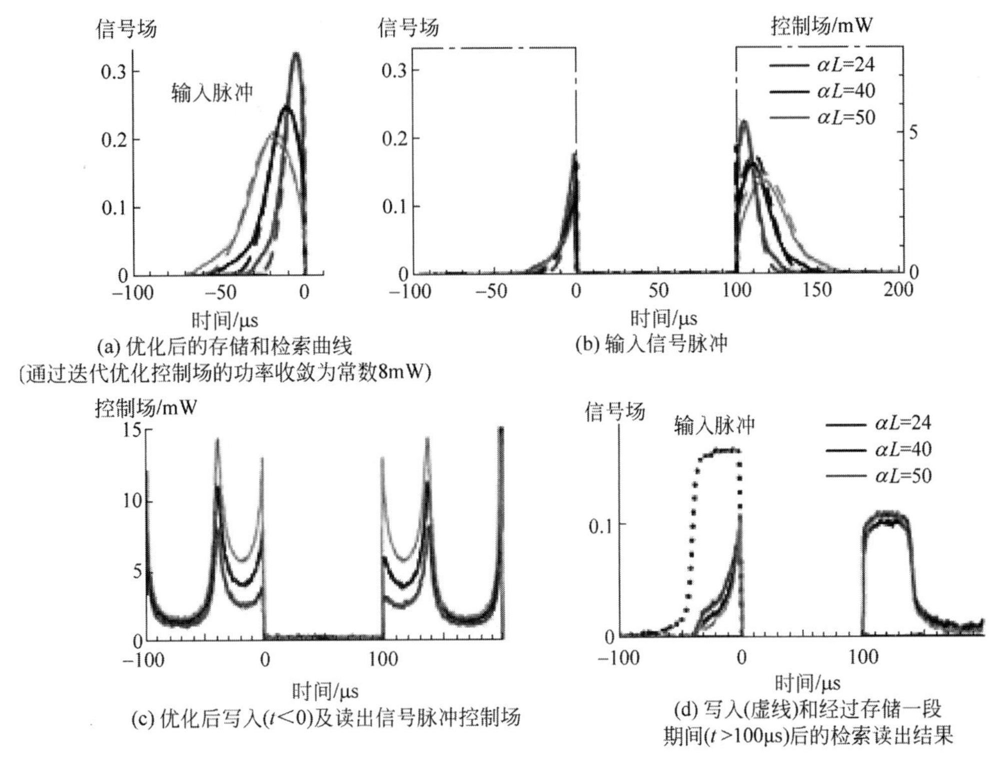

(a) 优化后的存储和检索曲线（通过迭代优化控制场的功率收敛为常数8mW）

(b) 输入信号脉冲

(c) 优化后写入($t<0$)及读出信号脉冲控制场

(d) 写入(虚线)和经过存储一段期间($t>100\mu s$)后的检索读出结果

图 3-45 不同光学深度的优化结果

3.6 原子中光量子存储效应

任何量子信息系统都需要了解光量子的存储态和过程，以促进控制单个光子和原子之间的相互作用的探索。经典激光场控制的光脉冲在通过物质-光量子界面时嵌入固态材料。输入的脉冲信号映射到寿命长的原子相干态（称为自旋波）然后再根据要求高效读出，如图 3-46 所示。

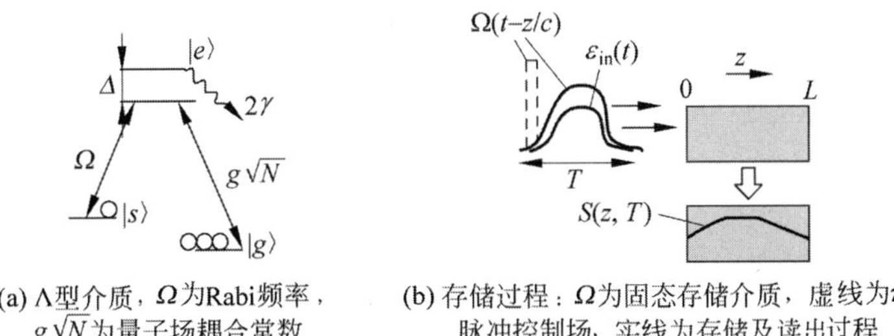

(a) Λ型介质，Ω为Rabi频率，$g\sqrt{N}$为量子场耦合常数

(b) 存储过程：Ω为固态存储介质，虚线为π脉冲控制场，实线为存储及读出过程

图 3-46 典型的光量子存储介质及信号写入读出

在物理意义上，谐振增强发射和自发衰变 2γ 速度只取决于 $g\sqrt{N}$，最佳存储过程及反向检索也主要取决于 $g\sqrt{N}$。Λ 型量子存储器的模型如图 3-46(a)所示，其信号场频率 ν 是源于 $|g\rangle-|e\rangle$ 转换产生的失谐 Δ。这种系统的光量子存储可采用多种方法实现。例如，电磁感应透明（EIT）、谐振场（$\Delta=0$）透明窗、量子场梯度传播、Raman 失谐（$|\Delta|\gg\gamma d$）及光子被吸收到稳定的基态 $|s\rangle$ 受激 Raman 转换、光子回波、共振 π 脉冲，将不稳定的激发态 $|e\rangle$ 转换为稳定的基态 $|s\rangle$ 都能用于光子存储。其中，最常见问题是脉冲不能完全进入介质实现存储。例如 EIT 方案，当脉冲进入介质时，伴随透明窗缩小降低了群速，从而增加了自发射，如图 3-46 所示。图 3-46(a)模型中，输入信号与 N 介质原子在长度

$L(z=0,z=L)$横截面面积 A 范围内,控制过程的特性随 Rabi 频率 $\Omega(t-z/c)$,$P(z,t)=\sqrt{N}\Sigma_i|g\rangle i\langle s|/N_z$ 缓慢变化。其中,Σ 为 z 位置所有原子总数 N_z,$|g\rangle-|e\rangle$,即慢变化谐振。所有原子均为初始态 $|g\rangle$。如图 3-46(b)所示,量子场模型的包络线 $\varepsilon_{in}(t)$(在 $t\in[0,t]$时不为零,在正向时 $z=0$),一些慢变模式的谐振$|g\rangle-|e\rangle$与 $S(z,t)=N\Sigma_i|g\rangle i\langle s|/N_z$ 相干。然后在 $T_r>T$ 时执行逆操作检索回到 S 场模式。为便于计算,对确定的光学深度 $d=g_2NL/(\gamma c)$和输入模式 $\varepsilon_{in}(t)$,原子-光子耦合 $g=\rho[\nu/(2\hbar\in O_{al})]^{1/2}$简化,$\rho$ 为偶极矩阵元素。存储效率为检索光子数量与入射光子数量之比:

$$(\partial_t+c\partial_z)\varepsilon(z,t)=\mathrm{i}g\sqrt{N}P(z,t) \tag{3-115}$$

$$\partial_t P(z,t)=-(\gamma+\mathrm{i}\Delta)P(z,t)+\mathrm{i}g\sqrt{N}\varepsilon(z,t)+\mathrm{i}\Omega(t-z/c)S(z,t) \tag{3-116}$$

$$\partial_t S(z,t)=\mathrm{i}\Omega^*(t-z/c)P(z,t) \tag{3-117}$$

量子存储的初始条件为 $\varepsilon(0,t)=\varepsilon_{in}(t)$,$\varepsilon(z,0)=0$,$P(z,0)=0$ 及 $\varepsilon(z,0)=0$。对已有模型 $\varepsilon_{in}(t)$,按照 $(c/L)\int^{\tau}|\varepsilon_{in}(\tau)|^2\mathrm{d}\tau=1$ 规范化,可得存储效率 $\varepsilon_{in}(c/L)\int_0^t|\varepsilon_{in}(t)|^2\mathrm{d}t=1$,$\eta_s=(1/L)\int^2|\varepsilon_{in}(z,t)|^2\mathrm{d}z$。对于读取过程,初始条件为 $\varepsilon(0,t)=0$,$\varepsilon(z,T_r)=0$,$P(z,T_r)=0$ 及 $S(z,T_r)=S(L-z,T)$(反检索)或 $S(z,T_r)=S(z,T)$(正检索)。这两种情况的存储总效率 $\eta_{back/forw}=(c/L)R\infty T_r|\varepsilon_{out}(t)|2\mathrm{d}t$,其中 $\varepsilon_{out}(t)\equiv\varepsilon(L,t)$。

将以上推导改为规范的数学表达式,采用格式化坐标 $\zeta=z/L$ 及 $\zeta\to s$ 空间 Laplace 变换出求 $t'=t-(z/c)$,则根据方程式(3-115)可得 $\varepsilon(s,t')=\mathrm{i}\sqrt{\dfrac{d\gamma L}{c}}P(s,t')/s$,便可计算存储效率:

$$\eta_r=L^{-1}\left\{\gamma d/(ss')\int_{T_t}^{+\infty}\mathrm{d}t'P(s,t')[P(s'^*,t')]^*\right\} \tag{3-118}$$

式中 L^{-1}为 Laplace 逆变换($s\to\zeta$ 及 $s'\to\zeta'$),采用 $\zeta=\zeta'=1$。为了计算 η_r,插入 $E(s,t')$,将方程式(3-115)带入方程式(3-116),可得

$$\begin{aligned}&\partial_t\{P(s,t')[P(s'^*,t')]^*+S(s,t')[S(s'^*,t')]^*\}\\&=-\gamma(2+d/s+d/s')P(s,t')[P(s'^*,t')]^*\end{aligned} \tag{3-119}$$

根据方程式(3-118)、式(3-119),可求初始及最终值 η_r。设 $P(s,+\infty)=S(s,+\infty)=0$(即不考虑量子激射),带入 L^{-1}可得

$$\eta_r=\int_0^1\mathrm{d}\zeta\int_0^1\mathrm{d}\zeta' k_d(\zeta,\zeta')S(\zeta,T_r)S^*(\zeta',T_r) \tag{3-120}$$

$$k_d(\zeta,\zeta')=\frac{d}{2}\mathrm{e}^{-d(1-(\zeta+\zeta')/2)}I_0\left(d\sqrt{(1-\zeta)(1-\zeta')}\right) \tag{3-121}$$

式中 I_0 零阶第一类 Bessel 函数。但 η_r 并不取决于 Δ 及 $\Omega(t)$,其物理意义是原子从激发态变为输出模式 $E_{out}(t)$及向其他方向衰变之间存在固定的比率,且仅取决于光学深度 d 和 $S(\zeta,T_r)$。方程式(3-118)中的 η_r 为实际 $S(\zeta)$态中对称算符 $k_r(\zeta,\zeta')$的期望值。因此,$S(\zeta)$的最大本征特征值的特征矢量 η_{rmax}为

$$\eta_r S(\zeta)=\int_0^1\mathrm{d}\zeta' k_d(\zeta,\zeta')S(\zeta') \tag{3-122}$$

为了求$\widetilde{S}_d(\zeta)$,根据方程式(3-120)积分,按照图 3-47,取 $d=1,10,100$,且 $d\to+\infty$求最佳自旋波 $\widetilde{S}_d(1-\zeta)$。对已确定的 d,Δ 及 $\varepsilon_{in}(t)$,可获得输入控制时间(t)及反转时间 $\Omega^*(T-t)$,从而优化 $\varepsilon_{in}(t)$。设 $U[\Omega(t)]$为 Hilbert 空间的子空间自旋波模型 A,输出场子空间模型 B,以及存储信息的空子空间模型。

设自旋波 $S(\zeta,T)/\sqrt{\eta_{smax}}$处于绝热高速存储及读出状态,$A$ 空间的矢量单元为$|a\rangle$,则读出效

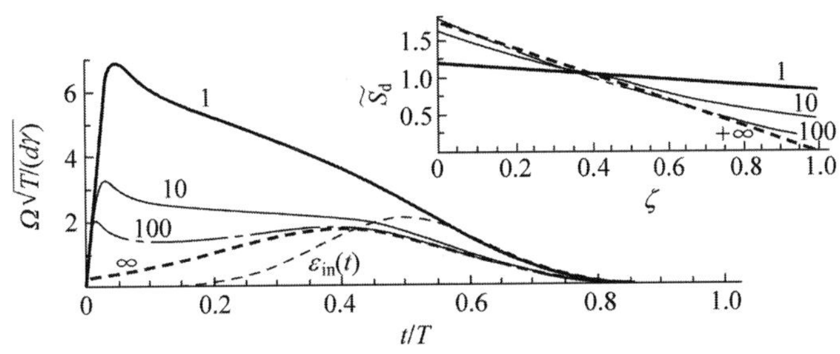

图 3-47　输入模型 $\varepsilon_{in}(t)$，$\Omega(t)$为控制场及不同光学深度 d 时理想检索模型$\widetilde{S}_d$ 关系曲线，虚线为输入模型 $\varepsilon_{in}(t)$。(a)当 $d=1,10,100$ 及 $d\to+\infty$时，实现效率 $\varepsilon_{in}(t)$最佳化的控制场 $\Omega(t)$曲线；(b)当 $d=1,10,100$ 及 $d\to+\infty(\zeta=z/L)$的检索理想模型$\widetilde{S}_d(1-\zeta)$

率为

$$\eta_r=|\langle b\mid U[\Omega(t)]\mid a\rangle|^2=|\langle a\mid U^{-1}[\Omega(t)]\mid b\rangle|^2 \tag{3-123}$$

式中$|a\rangle$为么正性$U[(t)]$，$|b\rangle$为 B 空间格式化映射$U[(t)]|a\rangle|$，代表自旋波反转模型。求出读出时间算子 Γ，则可得

$$\eta_r=|\langle a\mid \mathcal{T}\mathcal{T}U^{-1}[\Omega(t)]\mathcal{T}\mathcal{T}\mid b\rangle|^2 \tag{3-124}$$

及反转时间算子：

$$\mathcal{T}U^{-1}[\Omega(t)]\mathcal{T}\text{是 }U[\Omega^*(T-t)]\text{ 的简化式} \tag{3-125}$$

因此，读出效率 η_r 为

$$\eta_r=|\langle \alpha\mid \mathcal{T}U[\Omega^*(T-t)]\mathcal{T}\mid b\rangle|^2 \tag{3-126}$$

所以，经过优化处理的信息写入与读出效率相同，即 $\eta_{smax}=\eta_{rmax}$。

利用方程式(3-115)～式(3-117)，说明正确选择输入模式可以优化存储过程。利用 Laplace 变换消除或简化式(3-116)中 S，并采用 Laplace 逆变换，获得

$$\varepsilon_{out}\left(T_r+\frac{L}{c}+t\right)=-\sqrt{\frac{d\gamma L}{c}}\int_0^1 d\zeta\,\frac{\Omega(t)}{\gamma+i\Delta}e^{-\frac{\gamma d\zeta+h(t)}{\gamma+i\Delta}}\cdot$$
$$I_0[2\sqrt{\gamma d\zeta h(t)}/(\gamma+i\Delta)]S(1-\zeta_i T_r) \tag{3-127}$$

式中

$$h(t)=\int_0^t dt'\mid\Omega(t')\mid^2$$

对确定的 d,Δ 及自旋 $S(\zeta)$，可获得的控制时间(t)。对标准的持续时间 T_{out}模型 $\varepsilon_2(t)$的标称输出为 $S(\zeta)$，所以 $\varepsilon_{out}(T_r+(L/c)+t)=\sqrt{\eta_r}\,\varepsilon_2(t)$。获得自大总存储效率曲线如图 3-48 所示。

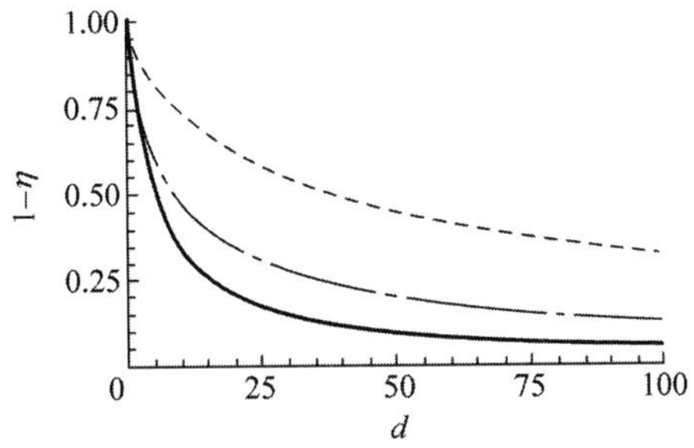

图 3-48　η_{back}^{max}(实线)和 η_{forw}^{max}(点画线)及最大存储与读出总存储效率 η_{square}(虚线)曲线。η_{square} 根据图 3-40 中控制场及谐振存储输入模型 $\varepsilon_{in}(t)$确定

此$|a\rangle \in A$反演优化过程不仅可以用于优化检索，而且可用于其他存储过程。图 3-48 中产生的最大迭代效率$\eta_{\text{forw}}^{\max}$小于$\eta_{\text{back}}^{\max}$，因为检索过程难以减少在整个媒体中自励磁传播。存储过程中最需要研究的基本物理现象是量子反转比率固定和量子态转换中的损失。以上分析不仅适用于光量子存储(例如可调光子晶体光存储)，还可用于控制场内其他线性量子信息处理。

1. 单光子多能级存储

可逆量子存储中的基本物理过程是光子与物质原子之间量子态的转移，也是量子信息科学的一个基本问题。例如，量子中继器用于量子通信中补偿光纤的损失，特别是单个原子腔和固态系统光量子存储实验已直接使用于光通信，能存储和检索通信光子，使传播距离延伸数千海里。这种量子存储器在光纤通信网络较容易集成，且可同时使用一对光子源，并提供了适应长距离传输的单光子窄带触发开关。此外，基于铒掺杂固体信量子记忆原子介质的光学跃迁范围，基态和激发态之间转换的光谱特性非常适于光子量子存储。这些成就又进一步推动了稀土掺杂固体介质的研究发展，扩大了单个光子吸收谱范围，使单光子与原子谐振作用存储时间延长，能防止非齐次移相，提高了光子集发效率。光量子存储，特别是单个光子存储不可能使用传统的光子回波，双个脉冲光子回波及π脉冲诱导放大发射技术。基于诱导原子偶极子的人造非均匀增宽，并通过控制可逆的非均匀增宽场，利用Er^{3+}：Y_2SiO_5晶体的梯度电场线性 Stark 效应，实现了光脉冲相位长时间存储。

为了在稀土掺杂固体介质中 CRIB 存储实验，首先材料必须具有一个狭窄吸收谱的透明窗，且此谱线可通过线性 Stark 效应由梯度电场进行扩展与存储光子的带宽匹配。入射光子被谱线展宽的离子吸收映射为集群原子激发。离子i在时间t，由于吸收频率$\omega_i=\omega_0+\Delta_i$光子产生偏离中心$\omega_0$的相移$\Delta_{it}$。当电场的极性在$t=\tau$时刻切换后展宽反转为$\omega_i=\omega_0-\Delta_i$，所以离子在$\tau$时刻后复相并释放光子，完成光子的存储与读出。

实验证明，稀土掺杂晶体的存储时间T_1比较长，在 0.1～10ms 范围。尤其是铒掺杂晶体Er^{3+}：Y_2SiO_5，T_1最大可到达 160ms。实验中，由于 1545nm 激光作用，受激离子从基态暂时掉到第二能态z_2，如图 3-49 所示，可用于单光子存储。Y_2SiO_5晶体中掺杂铒(10ppm)，其 3 个互相垂直的消光坐标

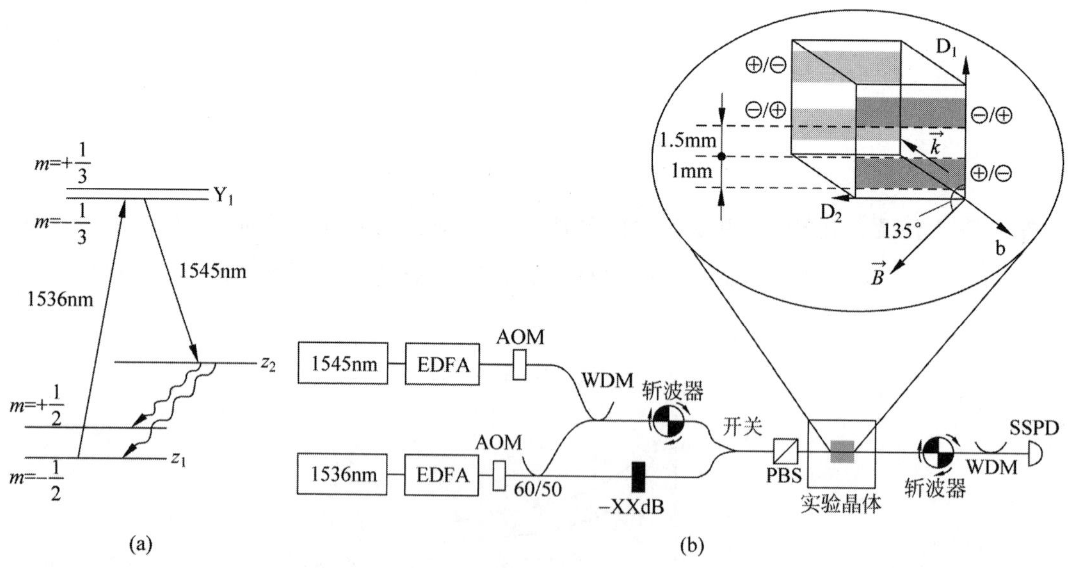

图 3-49 4 个电极 Stark 展宽电场梯度效应光量子存储实验原理示意图。(a) Er^{3+}：Y_2SiO_5能级结构。(b) 实验装置示意图：波长 1536nm 外腔式激光器，经过声光调制器用作存储弱脉冲。另外一路分布反馈(DFB)激光器，波长 1545nm ＋光纤放大器，采用波分多路(WDM)。存储脉冲经光纤衰减器减小到单光子水平，经光开关发送至介质。为了保护检测器(SSPD)，避免噪音，采用了两个斩波器

轴标签为 D_1,D_2 和 b,尺寸分别为 3.5mm×4mm×6mm。采用强度 B=1.5mT 磁诱导 Zeeman 分裂准备内存之用。从永久磁铁对 D_1-D_2 平面内,并与 D_1 轴保持 $\theta=135°$,见图 3-49(b)。光沿 b 轴传播。在晶体置放 4 个电极构成 Stark 展宽电场梯度效应,如图 3-49(b)所示。偏振光通过偏振分束器(PBS)进入存储介质。

实验分为两个部分:波长 1545nm 激光存储序列,时间间隔 5μs,脉冲持续时间 $\delta\tau$。介质的 Zeeman 寿命可到达 T_z=130ms。超导单光子探测器(SSPD)检测输出模式的效率达到 17%。光的入射脉冲弱相干态 $|\alpha\rangle$ 的平均光子数 $\bar{n}=|\alpha|^2$。实验采用脉冲 $\bar{n}=10$,$\delta\tau$=200ns,电场极性 $U=\pm 50$V。晶体吸收光子数的检测结果如图 3-50 所示。其中,第一个峰值对应于输入晶体的光子;第二个峰值是 CRIB 回声光子,底部为噪声。CRIB 回声激发光子仅约 0.25%。信号读出后,回声消失,窄吸收峰不复存在,通过逆转电场梯度可选择检索存储时间。

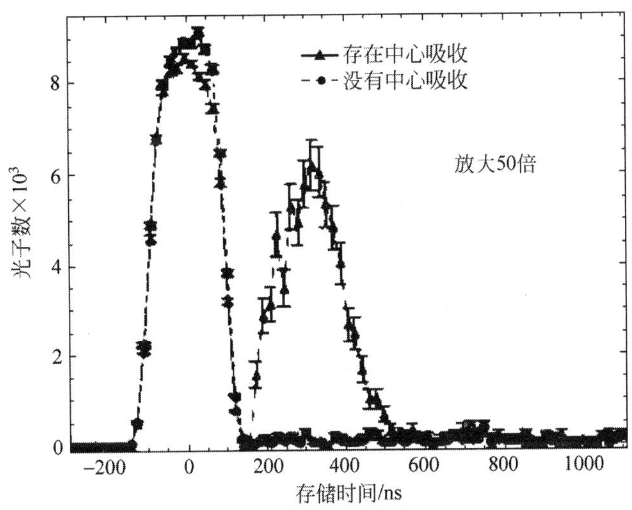

图 3-50 CRIB 存储实验曲线:左边为入射光子脉冲,三角形实线为 CRIB 测量结果,圆圈虚线为吸收峰消失,$\bar{n}$=10,$\delta\tau$=200ns;电场($U=\pm 50$V)在翻脉冲输入后反转,信号消失,整个过程 200s

CRIB 回声存储效率如图 3-51 所示,最大存储时间大约 600ns。设吸收线为高斯形状,衰减时间 370ns,存储短脉冲 $\delta\tau$=100ns 用于存储。展宽 $U=\pm 70$V,提高了存储时间带宽,但降低了存储效率。

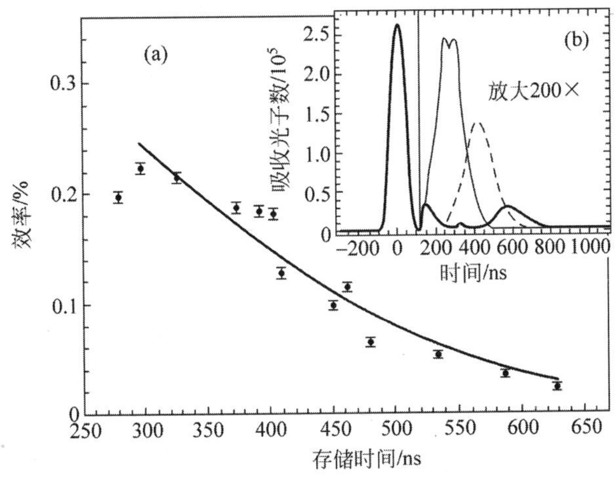

图 3-51 CRIB 存储效率与存储时间的关系函数曲线。输入脉冲 $\delta\tau$=200ns,光子数 $\bar{n}$=10,外加磁场 $U=\pm 50$V;误差来源于测量光子数统计的不确定性,约为 3%。(a)中实线为 Gauss 拟合;(b)中为 CRIB 回声在外加电场 3 个不同切换时间点的曲线;其中 $\delta\tau$=100ns,$U=\pm 70$V,综合时间是 500s

增加衰减逐渐降低 n，输入脉冲 $\delta\tau=200$ns，结果如图 3-52(a)所示。CRIB 回波光子数和信噪比与$\bar{n}$成线性关系，说明效率 $\bar{n}$ 无关。图 3-52(b)为带量子密钥测量的结果，即所谓伪信号光子(约每脉冲 0.6 光子)。信噪比约 3%。

主要噪声来自残留荧光及声光调制器。根据 CRIB 存储模型，读出效率为

$$\eta_{\text{CRIB}}(t)=d^2\mathrm{e}^{-d}\mathrm{e}^{-t^2\bar{\gamma}^2} \tag{3-128}$$

其中$\bar{\gamma}=2\pi\gamma$为介质初始高斯吸收峰，d 为光学深度。根据图 3-52 及方程式(3-128)，可得吸收峰半宽为 1MHz。$T_2\approx2\mu$s，对应的均匀线宽 160kHz。Er^{3+} ：Y_2SiO_5 的相干性，随工作温度下降和磁场的提高而增加。

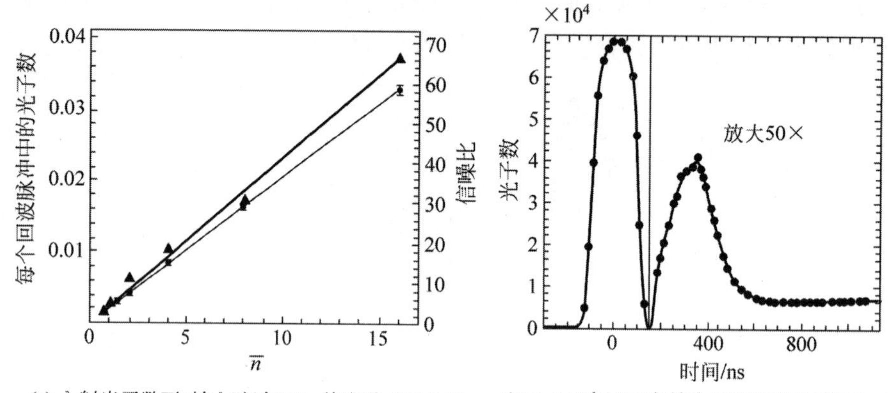

(a) 入射光子数$\bar{n}$与输入脉冲200ns的实验关系曲线。细线表示CRIB中的光子数，粗线为信噪比　(b) $\bar{n}$=0.6时CRIB存储光子数(累计时间25ms)

图 3-52　可逆非均匀展宽(CRIB)光子存储实验结果

图 3-52 所示的在实验中主要缺陷是光学泵的背景噪声和光学深度 d_0 的损失。实测存储和检索效率 $\eta(t)=\eta_{\text{CRIB}}(t)\exp(-d_0)$。展宽光学深度 $d'=0.5\pm0.2$。50V 外加电压导致的 $d=0.17\pm0.17$。实验证明，简化模型的精度不够。存储检索效率仅为 1.5×10^{-3}(包括被动损失 d_0)，存储时间 300ns，见图 3-52，大约 80%的检索光子被吸收背景。晶体的特性也有响应，Y_2O_3 的存储寿命较长。

2. 纳米离子光子放大效应

从光与物质之间的强耦合和实验可知，强光学场与高浓表面离子(Surface Plasmons，SPs)相互作用时会产生强发射，是因为强光场作用形成的纳米线(nanowire)具有类似镜头的效应，导致自发辐射光进入 SPs 模式形成单个光子，本质上仍属于线性光学效应。因为它只涉及一个光子，说明如果单光子出现强烈相互作用，此系统还可能产生非线性光学现象。通过非线性光学交互作用，控制另一个光信号的传播，起到类似于电子晶体管的作用，构成光学"门"。目前的主要困难是单光子非线性很弱，但不排斥未来可能在光量子存储及光量子放大器中得到实际应用。

SPs 等离子与光量子实现了可控单光量子与物质相互作用。传播的电磁只局限于等离子界面的表面，从而产生特有波导衍射，经过亚波长孔径增强成像。这种金属纳米粒子等离子谐振增强量子场中单分子通过表面增强 Raman 散射产生的光子很容易探测。与单模光纤相似，当其半径低于光波长($R\ll\lambda_0$)时，纳米线具有良好的约束和导向作用。SPs 显著减少了辐射波长和横模，分别为 $\lambda p_l\propto1/k\propto R$ 和 eff$\propto R_2$。SPs 模之间的相互增强促进偶极跃迁发射，其耦合常数为 $g\propto1/\sqrt{A_{\text{eff}}}$。降低群速度使激发态态密度增大：$D(\omega)\propto1/R$。SPs 表面离子自发辐射率达 $\Gamma_{pl}\sim g^2(\omega)D(\lambda_0/R)3(\omega)$，远大于其他信道发射率 Γ'。从物理意义上，Γ'包括自由空间发射和欧姆损失无辐射发射的贡献。有效 Purcell 因子 $P\equiv\Gamma_{\text{pl}}/\Gamma'$，超过同类系统 10^3倍(见图 3-53(c))，能与纳米光纤相比，低于光子衍射极限 $P<1$。这种宽带强耦合纯粹来自几何因素，并非任何表面等离子激元共振，而发生自腔 QED 强耦合机理。从

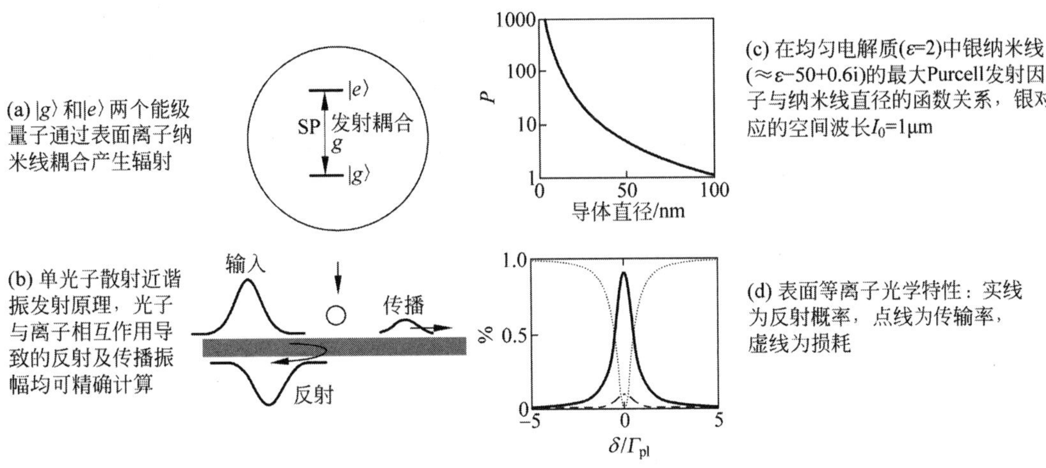

图 3-53　表面离子单光子发射原理示意图

图 3-53(a),(b)中可看出,这属于一维强耦发射电磁传播模型式。即由频差 ω_e 隔开的基态 $|g\rangle$ 和激发态 $|e\rangle$ 组成的双能级系统,其相应的 Hamilton 函数为

$$H = \hbar(\omega_{eg} - i\Gamma'/2)\sigma_a + \int dk\, \hbar c \mid k \mid \hat{a}_k^\dagger \hat{a}_k - \hbar g\int dk(\sigma_{eg}\, \hat{a}_k e^{ikca} + hc) \tag{3-129}$$

其中

$$\sigma_{ij} = \mid i\rangle\langle j \mid, \hat{a}_k \tag{3-130}$$

为波矢 k 的湮没算子；$\hat{a}_k$ 为辐射场交感矩阵元,在整个频率范围内为线性 $\upsilon k = c|k|$,c 为纳米线上 SPs 群速,e 为频率。式(3-130)可代表开放系统的随机波函数的量子跳跃,因此 Hamilton 函数能准确地描述其能量转换的动力学过程 $kBT < \hbar\omega_{eg}$,kB,式中 kB 即 Boltzmann 常数。由于 SPs 辐射可被双能量辐射作用调制,低功率的光子都可以极高的效率反射。因为不能同时发射多个光子,高功率辐射则很快饱和,所以采用低功率单个光子散射,如图 3-54(b)所示(图中坐标均为归一化值)。因为只在光频率 ω_{eg} 附近的 SP 模式可有效地处理 SPs 左、右场传播,且可计算出左(右)传播光子湮灭的位置 z:

$$\widetilde{E}_{L(R)}(z) = (1/\sqrt{2\pi})\int dk e^{ikz}\, \hat{a}_{L(R),k} \tag{3-131}$$

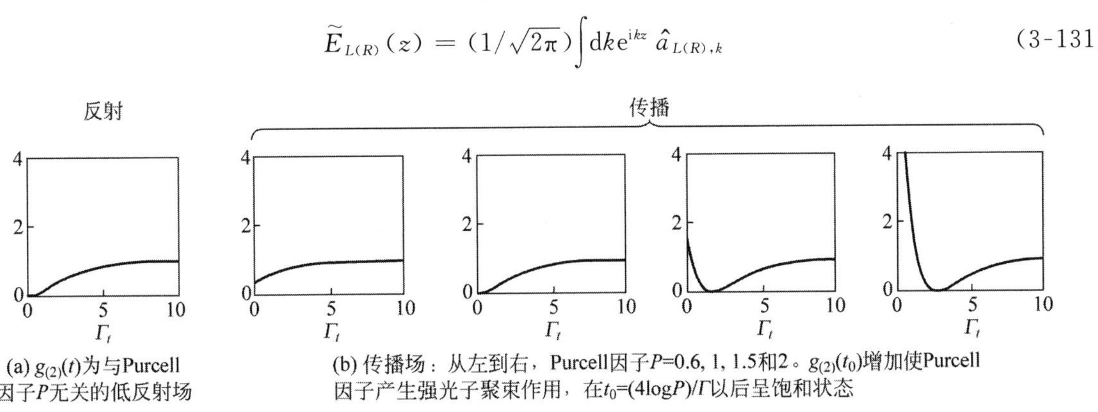

图 3-54　在较低入射功率($\Omega_c/\Gamma = 0.01$)时,二阶相关函数 $g_{(2)}(t)$ 的反射和投射场分布

精确求解右、左传播场在 $P \to +\infty$ 时散射,及计算多原子或光子激发系统散射态波矢 k 光子的反射系数为

$$r(\delta_k) = -\frac{1}{1 + (\Gamma'/\Gamma_{pl}) - (2i\delta_k/\Gamma_{pl})} \tag{3-132}$$

式中,

$$\delta_k \equiv ck - \omega_{eg} \tag{3-133}$$

δ_k为光子失谐，透射系数与$rt(\delta_k)=1+r(\delta_k)$相关。$\Gamma_{pl}=4g_2/c$代表SPs衰变率，源于方程式(3-128)Feimi黄金法则Hamilton模型。当谐振$r\approx-(1-1/P)$时，$|g\rangle$态大Purcell因子发射相当于一个完美的反射镜，形成π相变反射。带宽$\Delta\omega$，取决于总自发发射速率$\Gamma=\Gamma_{pl}+\Gamma'$。系统的非线性响应可认为是单个光子或多光子发射相互作用。设右传播入射场$hE\hat{R}i=\varepsilon c(z,t)$从基态发射。通过变换初始相干态可映射为Hamilton函数中表面频率$\Omega_c=\sqrt{2}\pi g\varepsilon c$。对于窄带宽($\delta\omega<\Gamma$)，谐振($\delta_k=0$)输入场，稳态透射率和反射率分别为

$$\mathcal{T}=\frac{1+8(1+P)^2(\Omega_c/\Gamma)^2}{(1+P)^2(1+8(\Omega_c/\Gamma)^2)} \tag{3-134}$$

$$\mathcal{R}=\left(1+\frac{1}{P}\right)^{-2}\frac{1}{1+8(\Omega_c/\Gamma)^2} \tag{3-135}$$

在低功率时($\Omega_c/\Gamma<1$)，单光子辐射同样具有散射特征$R\approx[1+(1/P)]-2$，$T\approx(1+P)-1$，是Purcell因子单发射最完美的发射镜。若输入功率高($\Omega_c/\Gamma>1$)，则大部分光子透射对反射无效，即$T\to1$，$R\sim Q[(\Gamma/\Omega_c)^2]$。最值得注意的是，Rabi频率$\Omega_c\sim\Gamma$时达到饱和，即在脉冲持续时间$1/\Gamma$内，$P$到达极限，对应的单量子开关能量$\sim\hbar v$。当低功率过低时，系统产生的光子带宽在$\delta\omega<\Gamma$，这些光子不能有效地反射。若在右播入射场中激发量子处于基态，最初的波函数为

$$|\tilde{\psi}(t\to-\infty)\rangle = D[(\alpha_k e^{-iv_k t})]\,|v\alpha c\rangle\,|g\rangle \tag{3-136}$$

式中，位移算符为

$$D[(\alpha_k)]\equiv\exp\left(\int dk\,\hat{\alpha}^{\dagger}_{R,k}\alpha_k-\alpha_k^*\,\hat{\alpha}_{R,k}\right) \tag{3-137}$$

若为真空多模相干态，此位移算符变换为

$$|\tilde{\psi}\rangle = D[(\alpha_k e^{-iv_k t})]\,|\psi\rangle \tag{3-138}$$

因此初始态变换为$|\psi(t\to-\infty)\rangle=|v_{ac}\rangle|g\rangle$，Heisenberg场算符转换为$\hat{E}_R(z,t)\to\hat{E}_R(z,t)+E_c(z,t)$，外场振幅为$E_c(z,t)=(1/\sqrt{2}\pi)\int dk e^{ikz}\alpha_L(r),k$。Hamilton函数中初始相干态$c$码字可转换为经典Rabi频率相干态$c=\sqrt{2}gE_c$。即根据真空交互模型可获得从$|e\rangle$态到$|g\rangle$态指数衰减$\Gamma$。对于窄带宽($\delta\omega\ll\Gamma$)，

$$T=\frac{1+8(1+P)^2(\Omega_c/\Gamma)^2}{(1+P)^2(1+8(\Omega_c/\Gamma)^2)} \tag{3-139}$$

谐振($\delta_k=0$)输入场，稳态透射率和反射率为

$$R=\left(1+\frac{1}{P}\right)^{-2}\frac{1}{1+8(\Omega_c/\Gamma)^2} \tag{3-140}$$

在低功率$\Omega_c/\Gamma\ll1$时，单光子散射为$R\approx(1+1/P)-2$，$T\approx(1+P)-2$，较大的Purcell因子促使单光子辐射构成发射镜。

3. 单光子三极管

通过对二能级发射分析，利用单光子和多光子场的相干控制，光子的相互作用及多能态转换发射，构成三级辐射系统如图3-55所示。其中，从SPs中分裂出亚稳状态$|s\rangle$量子，形成不同取向的偶极矩，谐振耦合态$|e\rangle$及Rabi频率(t)经典光控场，$|g\rangle$与$|e\rangle$态SP耦合，使系统能控制随机传播“信号”脉冲，实现单光子或多个光子“门”的功能，类似理想单光子晶体管。以下介绍一种实现相干存储单个光子的方法，以及派生的单光子晶体管。此器件同时具有存储功能，因为其栅场原子具有记忆功能，能存储输入的脉冲信号。这种单光子存储理念是先利用携带信息的控制场在SP模型中建立初始化量子态$|g\rangle$，同时此控制场还通过控制$|g\rangle$态量子转换为$|s\rangle$态的选择性，实现对输入信息的存储及放大功能。当然，也可以理解为一种能显示时间反演对称性的功能，存储过程相当于单个光子的时间反演生成

过程。在此过程中,$|g\rangle$,$|e\rangle$,$|s\rangle$ 3 种量子态的转换,以及实现输出光子的状态与数量如图 3-55 所示。

此外,存储效率如上所述与 Purcell 因子 P 有关,完全取决于这个三能级系统的量子动力学过程。理论分析表明,提高存储效率和寿命,首先是正确选择记录介质,记录媒体的物理特性对存储效率及寿命起决定性的作用。另外就是优化输入脉冲的调制频率和持续时间,最后是控制脉冲发射器,即光量子辐射源的特性,包括波长、功率即调制频率等基本参数。当然需要与存储介质的特性联合考虑,也要研究光量子存储及开关系统中最核心的问题。本节主要讨论 SP 稳态和亚稳态原子之间的映射,即$(\alpha|0\rangle+\beta|1\rangle)|g\rangle\rightarrow|0\rangle(\alpha|g\rangle+\beta|s\rangle)$转换过程。下面讨论当控制场关闭时光子的反射特性,包括反射率、透射率及效率。在关闭 t 时刻,三能级系统内部状态的转换及控制、单光子存储及单光子晶体管功能如图 3-55 所示。

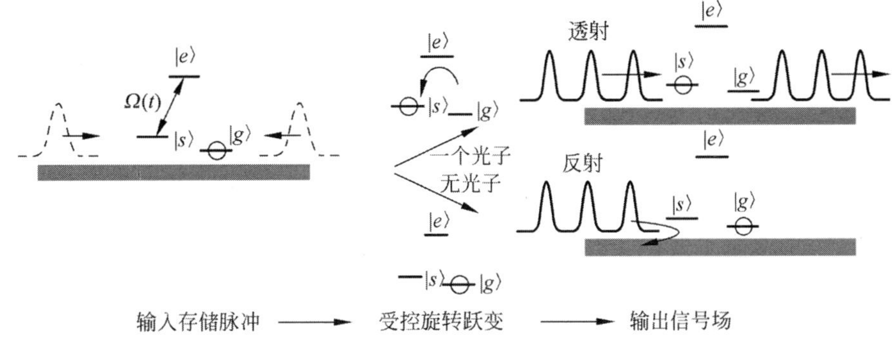

图 3-55　SPs 三极晶体管工作原理及三能级原子跃迁存储信息过程示意图。第一步是发射被存储信息调制的输入脉冲;第二步根据输入脉冲确定光子自旋反转条件及数量(选择为零或一个光子两种传播方式);第三步根据输出场信号确定出射光子透射或反射及其数量

若此系统用于晶体管,更要考虑的是对反应过程的时间限制及信号强度。特别是存储于$|g\rangle$发射态的激子,被光子泵激发后能获得数量足够大的光子信号。

实验证明,SPs 中光子沿着纳米线传播不可避免地带来损耗以及较大的体积,限制了其实用性,因此必须进一步减小纳米线尺寸和损耗,提高 Purcell 因子;必须采用微光子学(microphotonic)集成设备与技术,制造集成化 SPs 低损耗波导,增强非线性互相干作用、耦合速度与效率。此集成结构方案如图 3-56 所示。以 SP 纳米线耦合损耗及相位匹配为基础,根据 SPs 耦合效率与距离的关系,采用锥形纳米结构,利用微光子集成技术进行优化设计,实现器件的微型化。

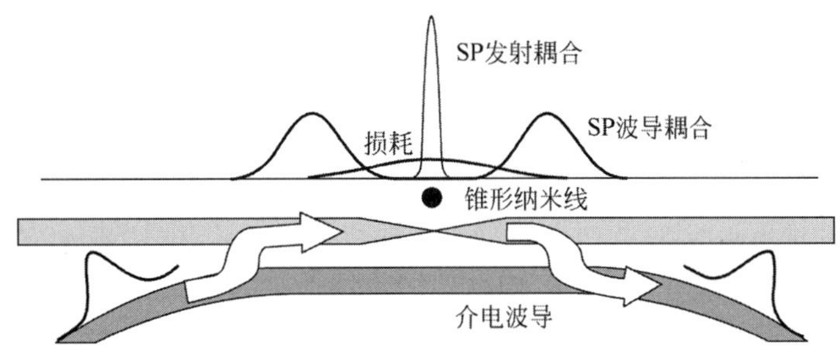

图 3-56　SPs 锥形纳米线耦合低损耗介质波导集成化结构示意图。光量子通过单光子波导转移到锥形纳米线,在它被转移回波导之前产生谐振。若相位匹配,耦合效率如细曲线所示。相位匹配条件较差的区域恰好远离锥形纳米线线中心区,耗散损失最大

只有当相位匹配时,纳米线与波导之间的耦合效率最高,如图 3-56 中细曲线峰所示。因为锥形波导的弯曲区域远离纳米线,相位匹配差的区域,耗散损失大,SPs 耦合效率很低。靠近纳米线锥的区域,耦合效率超过 95%。这种导体/介质接口界面,使用传统光学元件结构原理设计也能实现系统

集成,基本上能保证各种非线过程没有损失,并可采用大规模集成光子器件工艺制造。纳米 SPs 集成器件中的另一个关键性要求是光子发射源的互联,特别是大规模带宽耦合和许多特殊可调制发射器与纳米线的耦合必不可少。因此,使用固态发射器,例如量子点纳米晶体、宽光谱单光子发射器,比较容易提供高分辨率的光束和三能级器件内部的独立原子系统接口。在导电纳米线附近集成单光子发射器和光学非线性单光子开关,并在此基础上进一步创建单光子晶体管。如果单光子探测器件有效耦合,同时提供选通脉冲的有效检测,将会实现各种功能的量子信息科学处理功能。例如,采用门脉冲实现 0 和 1 光子叠加运算,以超过 0/1 光子叠加的其他模型数字运算与逻辑处理功能。其意义及难度远超过光量子存储器,故不在本书讨论范畴。

仅就这种单光子三极管的工程化应用而论,还有许多重要研究工作,例如初始脉冲传播方向的控制,大量连续信号光子的编码与纠正,受控相位门脉冲的压缩与扩展,提高信号场的增益,信号光子的纠缠,以及等离子系统 QED 腔的扩展等。特别是因为本方案是依赖于条件相移获得光子反射,从微观的角度看,为 SPs 反射产生单原子的共振腔,完全依赖于原子本身的天然特性,很难工艺干预。此外,用 SPs 获得的大光学深度只适合于少数光子发射。若要进一步提高效率,需将此系统改为能有效实现 EIT-based 的非线性方案。例如,基于非平衡量子动力学,利用非扰动(non-perturbative)光子-原子相互束缚态和光量子相变等高阶相关性传播,创建功能更强的超平衡相互作用光子信息处理系统。

因为单光子动力学只关注近谐振光子发射的动力学过程,可对光子量子左/右传播场做近似处理。对这两个场定义为$\hat{a}_L(R),k,\hat{a}_L^\dagger(R),k$,其中指数 k 的范围是$\pm\infty$。根据这两项近似,可建立单光子三极管的简化光子动力学方程:

$$\int \mathrm{d}k\,\hbar c\mid k\mid \hat{a}_k^\dagger\,\hat{a}_k \rightarrow \int \mathrm{d}k\,\hbar ck(\hat{a}_{R,k}^\dagger\,\hat{a}_{R,k}+\hat{a}_{L-k}^\dagger\,\hat{a}_{L,-k}) \tag{3-141}$$

及

$$\sigma_{\mathrm{eg}}\,\hat{a}_k \mathrm{e}^{\mathrm{i}kza} \rightarrow \sigma_{\mathrm{eg}}(\hat{a}_{R,k}+\hat{a}_{L,k})\mathrm{e}^{\mathrm{i}kza} \tag{3-142}$$

为了计算单光子散射的透、反射率,建立单光子(或原子)波函数如下:

$$\mid \psi_k\rangle = \int \mathrm{d}z(\phi_L(z)\,\hat{E}_L^\dagger(z)+\phi_R(z)\,\hat{E}_R^\dagger(z))\mid g,vac\rangle + c_e\mid e,vac\rangle \tag{3-143}$$

式中 $z\rightarrow\pm\infty$,代表光子场振幅,例如开始光子向右传播 $\phi_R(z\rightarrow-\infty)\sim \mathrm{e}^{\mathrm{i}kz}$,$\phi_R(z\rightarrow+\infty)\sim t\mathrm{e}^{\mathrm{i}kz}$,及 $\phi_L(z\rightarrow-\infty)\sim r\mathrm{e}^{-\mathrm{i}kz}$,其中 $t(r)$ 为透射(或反射)系数。然后根据 Schrödinger 方程及方程式(3-129)计算 $H|\psi_K\rangle=E_K|\psi_K\rangle$,$r,t$ 及 c_e。

根据以上两个近似,该场的 Heisenberg 方程为

$$\left(\frac{\partial}{\partial z}+\frac{1}{c}\frac{\partial}{\partial t}\right)\hat{E}_R(z,t)=\frac{\sqrt{2\pi}\mathrm{i}g}{c}\sigma_{\mathrm{ge}}(t)\delta(z-z_a) \tag{3-144}$$

此式可进一步整合为

$$\hat{E}_R(z,t)=\hat{E}_{R,\mathrm{free}}(z-ct)+\frac{\sqrt{2\pi}\mathrm{i}g}{c}\sigma_{\mathrm{ge}}(t-(z-z_a)/c)\Theta(z-z_a) \tag{3-145}$$

式中 $\theta(z)$为 Heaviside 阶梯函数,同样也可得另一个函数$\hat{E}_L(z,t)$。设初始场向右传播,$\hat{E}_R(z,t)$代表透射场 $z>z_a$,$z<z_a$,$\hat{E}_L(z,t)$代表反射场。

为了计算透射场密度,对方程式(3-145)取第一阶相关函数,可得右辐射场密度:

$$G_R^{(1)}(z,t)=\langle[\hat{E}_R^\dagger(z,t)+\varepsilon_c^*(z,t)][\hat{E}_R(z,t)+\varepsilon_c(z,t)]\rangle \tag{3-146}$$

此乃 $z>z_a$ 的平均透射密度。将方程式(3-145)代入式(3-146)。因为初始光子态在真空条件,$\hat{E}_R$ 不影响计算 $G(1)$。$g(t)$可用方程式(3-145)计算,并按量子退化理论处理。密度矩阵为

$$\rho_{\mathrm{jump}}=\hat{E}_T\rho_{ss}\,\hat{E}_T^\dagger/\langle\hat{E}_T^\dagger\,\hat{E}_T\rangle_{ss} \tag{3-147}$$

式中,ρ_{ss}为不变态密度矩阵;$\langle\hat{E}_T^\dagger\,\hat{E}_T\rangle_{ss}$为恒稳态平均值。其中,$\hat{E}_T$ 为跃迁算子,其物理意义仍是传播

场，不过有以下限制：

$$\langle \sigma_{ge} \rangle_{jump} = (1+P)\langle \sigma_{ge} \rangle_{ss} = 2i\Omega_c/\Gamma' \tag{3-148}$$

及

$$\langle \hat{E}_T \rangle_{jump}/\langle \hat{E}_T \rangle_{ss} = 1-P^2 \tag{3-149}$$

对高 P 值，在传播场中的初始振幅会出现 π 相位增强。

3.7　量子存储效率

前面讨论了各种光量子存储和检索原理及技术，包括基于电磁感应透明(EIT)方法，去谐振 Raman 过程和光子回波存储等技术。本节以 $\gamma\Lambda$-型原子 Raman 脉冲传播控制光子回波存储技术为例，分析各种存储量子态的物理特性。讨论光子在介质 $\lambda\Lambda$-型原子波包自由空间，光子绝热降低群速度，脉冲传播控制光子存储及通过去谐振 Raman 技术和光子回波技术的写入与检索效率 $C/(1+C)$ (C 为协调参数)。实现 $C/(1+C)$ 效率的最优化，平滑输入模式，满足 $TC\gamma \gg 1$ 和 $TC\gamma \sim 1$ 一阶共振输入模式条件(T 为输入模式持续时间，γ 为跃迁谱线宽度)。说明只要能够严格控制入射光子波包形状或经典控制脉冲的形状和功率，则可实现的最高存储效率只取决于介质的光学深度 d。另外，基于时间反转迭代算法优化量子状态的映射，不仅可作为分析量子存储效率的数学工具，而且还可以当作一种提高光子存储效率的实验技术使用。有可能使输入模式的持续时间减小到 $\sim 1/(\gamma C)$，(γ 为光学极化衰减率，C 为腔协同参数)。存储空间光学深度为 d 时达到的存储时间 $T_\gamma \ll 1$ 和 $T_{d\gamma} \gg 1$。

1. γΛ 型原子光子回波存储

设介质的光学深度为 L，截面面积 A，包含原子数 $N=RL_0 d_z n_{(z)}$，其中 $n_{(z)}$ 为每单位长度上原子数。量子和原子的跃迁频率分别为 ω_{eg} 和 ω_{es}。量子场的波长 $\lambda = 2\pi c/\omega_1$，共振光学深度 $d \sim \lambda_2 N$，偏振算子 $\hat{P}(z,t)=\sqrt{N}\hat{\sigma}_{ge}(z,t)$，自旋波算子 $\hat{S}(z,t)=\sqrt{N}\hat{\sigma}_{gs}(z,t)$ 及慢变群集原子算子 $\hat{\sigma}_{\mu\nu}(z,t)$。由于偶极子和旋转波很相似，若所有原子均处于基态，则 Heisenberg 运动方程为

$$\left.\begin{aligned}
(\partial_t + c\partial_z)\hat{\varepsilon} &= ig\sqrt{N}\hat{P}n(z)L/N \\
\partial_t \hat{P} &= -(\gamma + i\Delta)\hat{P} + ig\sqrt{N}\hat{\varepsilon} + i\Omega\hat{S} + \sqrt{2\gamma}\hat{F}_P \\
\partial_t \hat{S} &= -\gamma_s \hat{S} + i\Omega^* \hat{P} + \sqrt{2\gamma_s}\hat{F}_s
\end{aligned}\right\} \tag{3-150}$$

式中，γ_s 为自旋波衰变率，γ 为极化衰减率，$\hat{F}_P(z,t)$ 和 $\hat{F}_s(z,t)$ 为相应的 Langevin 噪声算子。由于原子场中群集谐振增强导致耦合常数 g 增加 $\sqrt{N}$ 倍。若最初所有原子在基态，不存在原子激发态。输入量子场只存在非空模式 $h_0(t)[0,t]$，代表光子存储和检索态。精确的存储效率，即输入的激发光子数为

$$\eta_\varepsilon = \frac{\displaystyle\int_0^L dz \frac{n(z)}{N}\langle \hat{S}^\dagger(z,T)\hat{S}(z,T)\rangle}{\displaystyle\frac{c}{L}\int_0^T dt\langle \hat{\varepsilon}^\dagger(0,t)\hat{\varepsilon}(0,t)\rangle} \tag{3-151}$$

式(3-148)～式(3-150)中的 $\hat{F}_P$ 和 $\hat{F}_S$ 可以忽略当作复数方程处理，代表量子模型的辐射场。因此，可简化方程式(3-148)～式(3-150)的预期值，并引入无量纲 $t'=-z/c$ 及 $\tilde{t}=\gamma t'$ 时间坐标为 $\tilde{z}=\int_0^z dz' n(z')/N$。

式(3-150)和式(3-151)中的因子 $\hat{\varepsilon}_t$ 可定义为

$$\partial_{\tilde{t}}\varepsilon = i\sqrt{d}P \tag{3-152}$$

$$\partial_{\tilde{t}}P = -(1+i\tilde{\Delta})P + i\sqrt{d}\varepsilon + i\tilde{\Omega}(\tilde{t})S \tag{3-153}$$

$$\partial_{\tilde{t}}S = i\tilde{\Omega}^*(\tilde{t})P \tag{3-154}$$

式中，光学深度 $d=g_2NL/(\gamma C)$，$\tilde{\Delta}=\Delta/\gamma$ 及 $\tilde{\Omega}=\Omega/\gamma$。存储过程如图 3-57(a)所示，初始边界条件为 $\varepsilon(\tilde{z}=0,\tilde{t})=\varepsilon_{\text{in}}(\tilde{t})$，$P(\tilde{z},\tilde{t}=0)=0$ 及 $S(\tilde{z},\tilde{t}=0)=0$，其中 $\varepsilon_{\text{in}}(\tilde{t})$ 对 $\tilde{t}\in[0,\tilde{T}]$ 非零($\tilde{T}=T\gamma$)，其数学模型为

$$\int_0^{\tilde{T}} \mathrm{d}\tilde{t}\ |\varepsilon_{\text{in}}(\tilde{t})|^2 = S(\tilde{z},\tilde{T}) \tag{3-155}$$

代表存储自旋波，存储效率为

$$\eta_s = \int_0^1 \mathrm{d}\tilde{z}\ |S(\tilde{z},\tilde{T})|^2 \tag{3-156}$$

源于衰变 γ 及泄漏 $\varepsilon(\tilde{z}=1,\tilde{t})$ 的损耗如图 3-57(a)所示。在 $\tilde{T}_r>\tilde{T}$($\tilde{T}_r=T_r\gamma$)时间后正向读出光子如图 3-57(b)，反向读出信号如图 3-57(c)所示，存储效率如图 3-58 所示。代入方程式(3-152)～式(3-154)，根据自旋波可 $S(\tilde{z},\tilde{T}_r)=(1-\tilde{z},\tilde{T})$，获得反向检索，而取 $S(\tilde{z},\tilde{T}_r)=S(\tilde{z},\tilde{T})$ 可得正向检索。在检索时保持初始和边界条件 $E(\tilde{z}=0,\tilde{t})=0$ 及 $P(\tilde{z},\tilde{T}_r)=0$。若读出前自旋波已归一化，则检索效率为

$$\eta_r = \int_{T_r}^{+\infty} \mathrm{d}\tilde{t}\ |\varepsilon(1,\tilde{t})|^2 \tag{3-157}$$

若读出前自旋波未归一化，则检索总效率为 $\eta_{\text{tot}}=\eta_s\eta_r$。对方程式(3-152)～式(3-154)求解。对其进行 Laplace 变换，可得

$$\varepsilon = \mathrm{i}\frac{\sqrt{d}}{u}P + \frac{\varepsilon_{\text{in}}}{u} \tag{3-158}$$

$$\partial_{\tilde{t}} P = -\left(1+\frac{d}{u}+\mathrm{i}\tilde{\Delta}\right)P + \mathrm{i}\hat{\Omega}(t)S + \mathrm{i}\frac{\sqrt{d}}{u}\varepsilon_{\text{in}} \tag{3-159}$$

还可进一步简化为

$$\left[\ddot{S}-\frac{\dot{\tilde{\Omega}}^*}{\tilde{\Omega}^*}\dot{S}\right]+\left(1+\frac{d}{u}+\mathrm{i}\tilde{\Delta}\right)\dot{S}+|\tilde{\Omega}|^2 S = -\tilde{\Omega}^*\frac{\sqrt{d}}{u}\varepsilon_{\text{in}} \tag{3-160}$$

式中字母上方“‥”代表 $\tilde{t}$ 的演化。

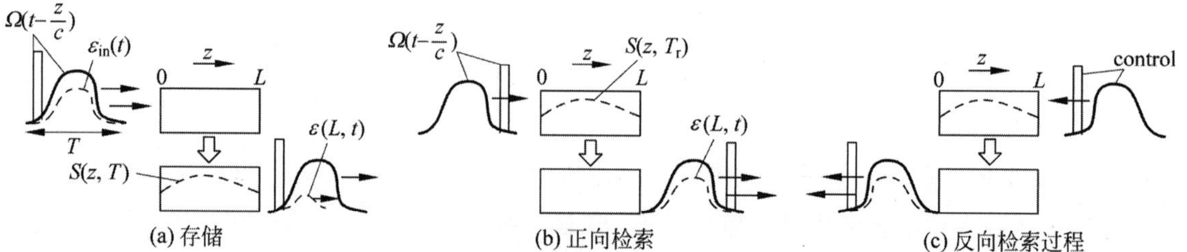

图 3-57　γΛ 型原子存储和检索原理示意图

实线为绝热存储或检索时控制场 Ω，点线为存储或检索 π 脉冲控制场，

虚线为量子场 E 及自旋波模型 S，$\varepsilon(L,t)$ 为在存储及检索时的泄漏

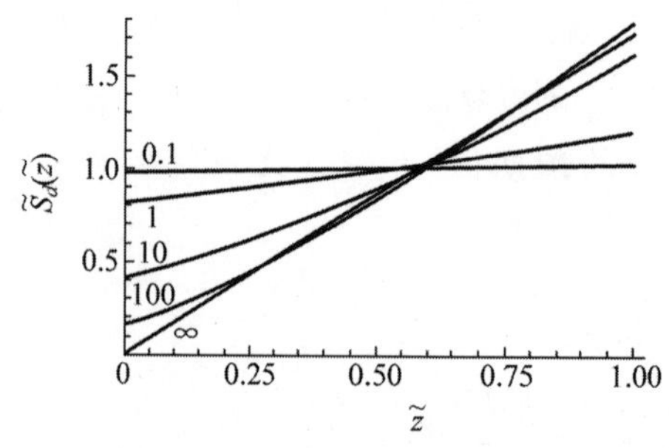

图 3-58　光学深度值特征值为 d 时正向检索的优化模型 $\tilde{S}_d(\tilde{z})$。若将此模型取逆，则为反向检索的优化模型 $\tilde{S}_d(-\tilde{z})$，以及绝热和快速存储情况下的最优化旋转波模型

虽然此系统已包含不可逆衰变 γ,时间反转仍然是一个重要和有意义的概念,不仅应考虑电场和自旋波模式,还应包括所有模型及激励的衰变。若认为整个空间为封闭,则玻色子算符$\{\hat{O}_i^\dagger\}$为

$$[\hat{O}_i, \hat{O}_j^\dagger] = \delta_{ij} \tag{3-161}$$

为提高输出字段和检索效率,基于原子裂变和时间反演参数,对方程式(3-162)求解。该模式可用于检索和存储优化,绝热极限与光学偏振 P 绝热消除有关。考虑到检索过程,按照绝热近似原则,取$\partial_{\tilde{t}} P$ 为 0。重新调节变量$\tilde{t} \to h(\widetilde{T}_r, \tilde{t})$成为无量纲形式:

$$h(\tilde{t}, \tilde{t}') = \int_{\tilde{t}}^{\tilde{t}'} |\widetilde{\Omega}(\tilde{t}'')|^2 \mathrm{d}\tilde{t}'' \tag{3-162}$$

使方程式(3-152)～式(3-154)独立求解重新组合简化。为简单起见,设检索始于$\tilde{t}=0$ 而不是在时间 $t=\widetilde{T}_r$,初始自旋波为 $S(\tilde{z}, \tilde{t}=0)=S(\tilde{z})$。为获得绝热近似方程式,对方程式(3-154)和式(3-158)简化为 S 线性一阶常微分方程,求解这个方程 $S(u, \tilde{t})$,(u')代表 $\varepsilon(u, \tilde{t})$,根据方程式(3-158)和式(3-159),并采取 Laplace 逆变换 $u \to \tilde{z}=1$ 可得:

$$\varepsilon(1, \tilde{t}) = -\sqrt{d}\,\widetilde{\Omega}(\tilde{t}) \int_0^1 \mathrm{d}\tilde{z} \frac{1}{1+\mathrm{i}\widetilde{\Delta}} \mathrm{e}^{-\frac{h(0,\tilde{t})\mathrm{d}\tilde{z}}{1+\mathrm{i}\widetilde{\Delta}}} \cdot$$
$$I_0\left(2\frac{\sqrt{h(0,\tilde{t})\mathrm{d}\tilde{z}}}{1+\mathrm{i}\widetilde{\Delta}}\right) S(1-\tilde{z}) \tag{3-163}$$

其中,$\tilde{t}$-取决于$\tilde{z}$-相,可认为代表 Stark 相移及折射率的变化,并存在以下关系:

$$\int_0^{+\infty} \mathrm{d}r \mathrm{e}^{-pr^2} I_0(\lambda r) I_0(\mu r) = \frac{1}{2p} \mathrm{e}^{\frac{\lambda^2+\mu^2}{4p}} I_0\left(\frac{\lambda\mu}{2p}\right) \tag{3-164}$$

若 μ、λ 及 p 已确定时,可认为 $h(0,+\infty)(dh(0,+\infty) \gg |d+\mathrm{i}\widetilde{\Delta}|^2)$,读出效率为

$$\eta_r = \int_0^1 \mathrm{d}\tilde{z} \int_0^1 \mathrm{d}\tilde{z}' k_r(\tilde{z}, \tilde{z}') S(1-\tilde{z}) S^*(1-\tilde{z}') \tag{3-165}$$

根据方程式(3-164)可知,η_r 与失谐和控制脉冲波形无关,而取决于自旋波和光学深度,因此不会改变绝热近似效率。最优性能双个光子存储相同,在 Raman 极限($d\gamma \ll |\Delta|$)时,输出脉冲长度随 j_0 下降,且 $h(0, \tilde{t})d/\widetilde{\Delta}^2 \sim 1 T_{\text{out}} \sim \Delta^2/(d\gamma|\Omega|^2)$。值得注意的是,Raman 限制条件为 $d\gamma \ll |\Delta|$ 而不是 $\gamma \ll |\Delta|$。如果受激光功率的限制,又希望达到最小 T_{out}只能用 EIT 检索。

若没有绝热极限,任何输入模式均可获得相同的存储最大效率,如图 3-59 所示。达到 Δ 的充分必要条件是最佳绝热存储的脉冲持续时间 T 符合绝热近似 $Td\gamma \gg 1$ 和相应的腔模条件。

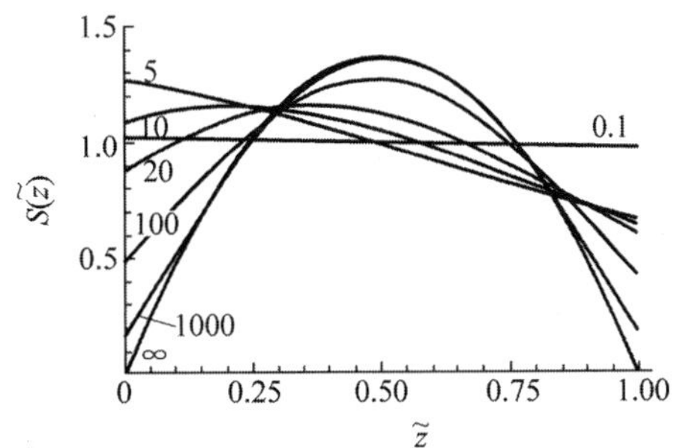

图 3-59　对不同 d,存储及正向读出的优化自旋波模型

下面介绍绝热存储类 Gauss 输入模式和图 3-59 所示的存储及正向读出的优化自旋波模型。通过使用绝热方程控制脉冲形状,然后计算存储的总效率及检索值。当 $Td\gamma$ 减少到 1,有可能效率到达最优值。如图 3-60(a)所示,总效率为 T 的函数 $d\gamma\Delta=0$ 和 $d=1,10,100,1000$。虚线为实际最优效率,当$Td\gamma \leqslant 10$ 时效率下降。从图 3-60(b)中还可看出,当 $d=10$ 固定值时,在不同失谐 $\Delta(0\sim 200\gamma)$

最佳绝热存储被破坏。当从谐振极限($d\gamma \gg |\Delta|$)移至 Raman 极限($d\gamma \ll |\Delta|$)时，在存储中止前可取较小的 $Td\gamma$ 值。虽然 $\Delta=100$ 的曲线 γ 和 $\Delta=200\gamma$ 几乎一致，但 $Td\gamma \gg 1$ 仍是基本相关条件。

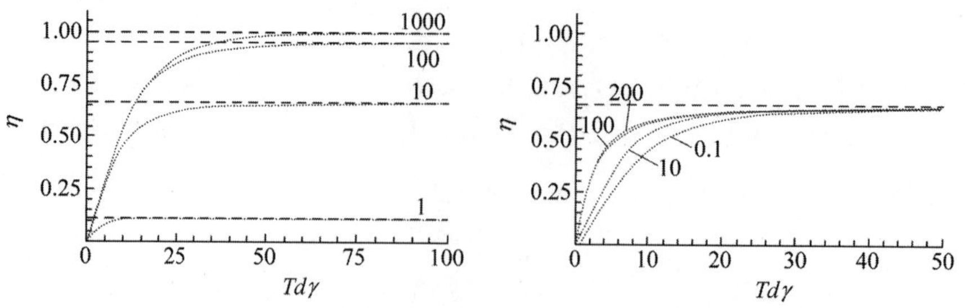

(a) 按照$\Delta=0$，$d=1, 10, 100$，1000绘制的反向检索总存储效率，水平虚线分别为不同d的极限值　(b) 同样条件，但$d=10$，$\Delta/\gamma=0, 1, 10, 100, 100$的最优绝热存储效率曲线

图 3-60　最优绝热存储效率与 $Td\gamma$ 关系曲线

2. 亚稳态效应

若两个亚稳状态$|g\rangle$和$|s\rangle$退化，仍使用相同的方程分析反向检索，自旋波呈 $S(z) \to S(L-z)$ 翻转。如果$|g\rangle$和$|s\rangle$不退化，则呈现 $\omega_{sg}=c\Delta k$ 分裂，然后从 $S(L-z)\exp(-2ikz)$ 进行反向检索，除非 $\Delta kL \ll \sqrt{d}$，否则效率大大降低。Δk 可理解为有效 EIT 自旋波傅里叶变换的窗口。此窗口的宽度$\sim\sqrt{d}/L$。产生的额外相移偏离中心傅里叶变换中心仅 $2\Delta k$，所以对效率没有显著影响。实验证明，当 $S(\tilde{z})=1$ 及 $S(\tilde{z})=\sqrt{3}\,\tilde{z}$，检索效率减少 50%。

非退化的亚稳状态对反向检索效率的影响有两种可能。第一是非退化亚稳状态打破了反向检索的动量守恒。在存储时其动量 Δk 转换为谐振。然而反向检索的动量守恒，自旋波需要动量$-\Delta k$。第二是认为当 $\Delta k_6=0$，反向检索最优存储不再是时间逆转。若慢变算子没有确定，自旋波会对存入原子写上 $\exp(i\Delta kz)$ 相。由于时间逆转形成反相复共轭，反向后检索的存储只有 $\Delta k=0$，反相复共轭可忽略。因此，反向检索存储优化后，检索存在非退化($\Delta k_6=0$)。完整的反向存储和检索的过程，迭代直至收敛为一个特定的输入(或自旋波)。使用以下方程可得到一个重要的常数 $S_2(\tilde{z})$：

$$S_2(\tilde{z}) = \int_0^1 d\tilde{z}' k_r(\tilde{z},\tilde{z}') e^{-i2\Delta\tilde{k}\tilde{z}'} S_1^*(\tilde{z}') \tag{3-166}$$

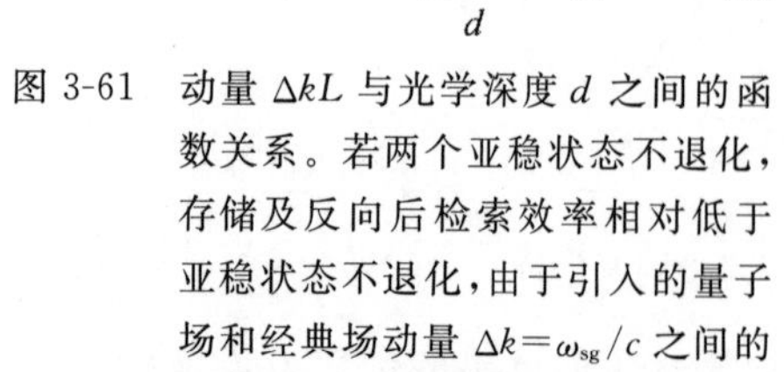

其最大特征矢量为

$$\lambda S(\tilde{z}) = \int_0^1 k_r(\tilde{z},\tilde{z}') e^{-i2\Delta\tilde{k}\tilde{z}'} S^*(\tilde{z}') \tag{3-167}$$

式中$|\lambda|^2$ 为反向检索存储最大总效率。当常数 $k=0$ 时，存储与读出的效率通常相同。值得注意的是，优化后 λ 形成 $\lambda|\exp(i\alpha)$和$|\lambda|\exp(-i\alpha)\alpha$ 的相振荡。出于完整性考虑，在 $\Delta k=0$ 时输入实现最佳。

以上证明 $\Delta k=0$ 存储检索最优。随 ΔkL 增加，反向检索最优总效率将降到最正向检索优总效率$(\Delta kL)_1$。如图 3-61 所示，未优化之前曲线$(\Delta kL)_2$(虚线)与 d 呈线性关系，而曲线$(\Delta kL)_1$ 生长低于$\sqrt{d}$。因为在 $\Delta kL=0$ 时，最佳正向和最佳反向误差下降为 $1/d$，最终接近相同，所以 ΔkL 小可使它们平等。图 3-62(a)和(b)分别代表优化值$|S(\tilde{z})|$和相位 $\arg[S(\tilde{z})]$模型。此为正向传播，在 $d=20$ 的不同的值 ΔkL 时变化较慢，随 ΔkL 增大变化逐渐集中趋

图 3-61　动量 ΔkL 与光学深度 d 之间的函数关系。若两个亚稳状态不退化，存储及反向后检索效率相对低于亚稳状态不退化，由于引入的量子场和经典场动量 $\Delta k=\omega_{sg}/c$ 之间的能量 $\hbar\omega_{sg}$ 不同所致。图中纵坐标为 ΔkL，随其增加反向检索最优效率(实线)，大约只有正向检索的最优总存储效率(虚线)的 1/2

于一致，即有利于减小光学深度。相最优化模型基本上为线性。

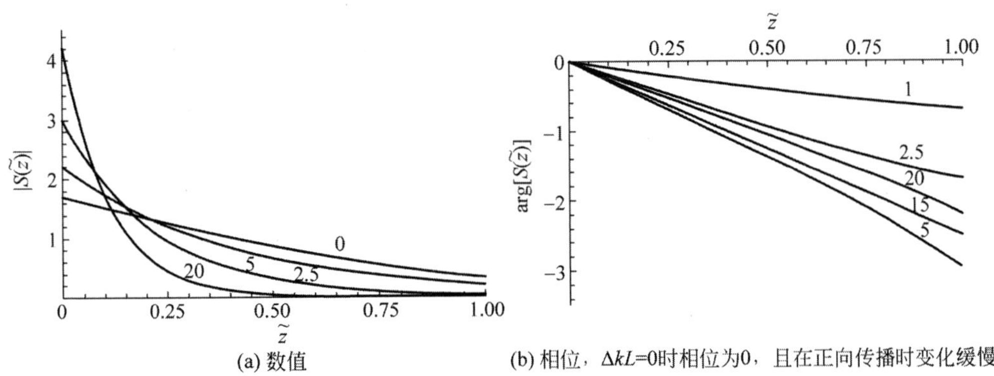

图 3-62 光学深度 d 为 0～20(加上不同的 ΔkL)时，反向检索存储优化模型

3. Λ 型介质光子存储效率

美国哈佛大学物理系 2012 年首次提出利用最优控制理论扩展 Λ 型介质光子存储效率，增加存储带宽，优化控制可逆的非均匀增宽。用经典双光子谐振控制脉冲改变拉比频率，实现 4 波混合，空间光变换，增加一个陷阱中原子数量及不均匀展宽长度交互。最优冲控制可逆的非均匀增宽，优化的存储领域控制，提高光存储效率。

弱光脉冲存储信息是量子信息领域长期的挑战性课题。如何实现一个独立的高保真光量子高效态转换到原子量子态。许多实验研究及理论研究证明，基于原子的量子存储器保真度已可达 70%，明显高于传统的光记录技术。典型的实验设置如图 3-63 所示，光量子存储分 3 个步骤：光子与原子相互作用，改变原子量子态及原子反馈测量读出，目前，最佳实验存储寿命为 15ms。这些量子力学变换过程，在经典正交 X,P 光子电场中分解为频率 ω，即 $E\propto X\cos\omega t+P\sin\omega t$。另外一个属性就是光子数

$$\hat{n}=\frac{1}{2}(\hat{X}_L^2+\hat{P}_L^2-1) \tag{3-168}$$

以上分量也可以用$\hat{X}_L$ 和$\hat{P}_L$ 表示。用于量子信息存储还需满足以下条件：光子存储脉冲应为独立可控发送态；光量子可以转换为存储介质原子稳定量子态；记录信息的原子态在一定存储时间后释放光子。

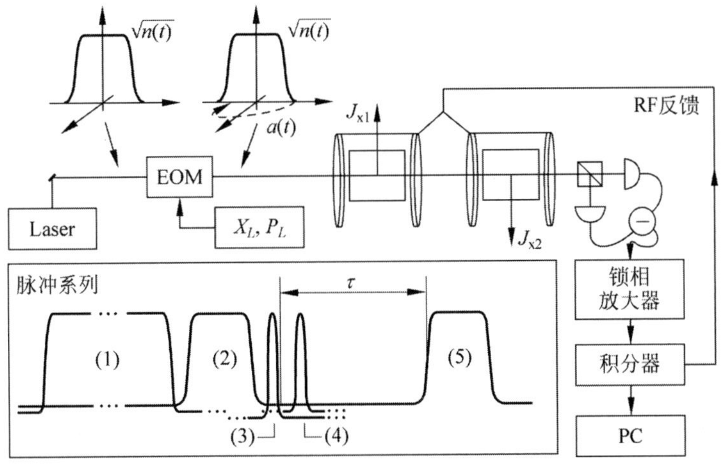

图 3-63 基于铯原子光量子存储实验系统示意图。激光通过由 X_L，P_L 及 EOM 组成分光调制器进入铯原子存储单元组 J_{x1}，J_{x2}，记录及读出过程如箭头所示。量子存储过程的脉冲序列如下：(1)光泵浦(4ms)；(2)输入光脉冲($\hat{t}$)与正交偏振强振幅脉冲 $\sqrt{n(t)}$ 纠缠交叠；(3)磁反馈脉冲；(4)原子释放 $\pi/2$ 磁脉冲(读出)；(5)读出光脉冲

如图 3-63 所示，光子能量存储于基态铯原子磁子次能级自旋叠加，并导入基态 F 磁矩算子$\hat{J}$。从相干自旋状态(Coherent Spin State，CSS)转换为非零值$\langle \hat{J}_x \rangle = J_x$，即两最小量子的不确定映射$\langle \delta J_y^2 \rangle = \langle \delta J_z^2 \rangle = J_x/2$。所有态可归纳为$[\hat{J}_y, \hat{J}_z] = iJ_x$ 交换算符：

$$[\hat{X}_A, \hat{P}_A] = i, \quad \hat{X}_A = \hat{J}_y / \sqrt{J_x}, \quad \hat{P}_A = \hat{J}_z / \sqrt{J_x} \tag{3-169}$$

因此，原子角动量转换为 y，z 分量。对于量子存储，原理上认为是单原子谐振的两个对偶变量：

$$\hat{X}_A = (\hat{J}_{y1} - \hat{J}_{y2}) / \sqrt{2J_x}, \quad \hat{P}_A = (\hat{J}_{z1} + \hat{J}_{z2}) / \sqrt{2J_x} \tag{3-170}$$

及

$$\hat{J}_{x1} = -\hat{J}_{x2} = J_x = FN_{\text{atom}} \tag{3-171}$$

则对于光子 W 频带，第 H 存储偶为

$$\hat{X}_L = \frac{1}{\sqrt{T}} \int_0^T (\hat{a}^\dagger(t) + \hat{a}(t)) \cos(\Omega t) \mathrm{d}t, \quad \hat{P}_L = \frac{\mathrm{i}}{\sqrt{T}} \int_0^T (\hat{a}^\dagger(t) - \hat{a}(t)) \cos(\Omega t) \mathrm{d}t \tag{3-172}$$

式中，Ω 为自旋 Larmor 频率。代表光量子存储的 3 个步骤：(1)光与原子的相互作用；(2)后续测量透射光；(3)反馈到原子条件对测量结果如图 3-64 所示。其相互作用方程为

$$\begin{aligned} \hat{X}_L^{\text{out}} &= \hat{X}_L^{\text{in}} + k\hat{P}_A^{\text{in}}, \quad \hat{P}_L^{\text{out}} = \hat{P}_L^{\text{in}} \\ \hat{X}_A^{\text{out}} &= \hat{X}_A^{\text{in}} + k\hat{P}_L^{\text{in}}, \quad \hat{P}_A^{\text{out}} = \hat{P}_A^{\text{in}} \end{aligned} \tag{3-173}$$

此方程简明表达了输入光子态、原子状态及输出光子态之间的关系。设输入光子为真空中相干态，原子的相干自旋态的平均值为

$$\langle \hat{X}_L \rangle = \langle \hat{X}_A \rangle = \langle \hat{P}_L \rangle = \langle \hat{P}_A \rangle = 0 \tag{3-174}$$

以及变量

$$\delta X_L^2 = \delta X_A^2 = \delta P_L^2 = \delta P_A^2 = 1/2 \tag{3-175}$$

则可得光子存储的重要参数作用参数 k，

$$k^2 = 2(\delta X_L^{\text{out}})^2 - 1 \tag{3-176}$$

正常情况下，初始原子状态一定成为 $\delta Xx^2 \to 0$ 的纠缠自旋态，即记录脉冲已卷入，若再次受光子激发则发射 X_L^{out} 读出。测量结果为 $x = \hat{X}^{\text{in}}L + k\hat{P}_A^{\text{in}}$，原子带着馈增益 g 反馈为$\hat{P}_A$：

$$\hat{P}_A^{\text{mem}} = \hat{P}_A^{\text{in}} - gx = \hat{P}_A^{\text{in}}(1 - kg) - g\hat{X}_L^{\text{in}} \tag{3-177}$$

式中，若$\hat{X}_L^{\text{in}}$ 为$\hat{P}_A^{\text{mem}}$映射，则 $g = k = 1$。

方程式(3-168)中第二个算符表示光子已映射到原子$\hat{X}_A^{\text{mem}} = \hat{X}_A^{\text{in}} + \hat{P}_L^{\text{in}}$，形成初始纠缠态$\hat{P}_L^{\text{in}} \to \hat{X}_A^{\text{mem}}$映射，导致光子进入原子。$H$ 沿 x 轴方向且自旋 Larmor 频率 $\Omega = 322\text{kHz}$。光泵浦也沿 H 初始化原子，因此有

$$\hat{J}_{x1} = -\hat{J}_{x2} = J_x = 4N_{\text{atoms}} \approx 1.2 \times 10^{12} \tag{3-178}$$

耦合参数 k 反应 Cs 原子的密度。输入状态($\hat{t}$)为 y 偏振编码脉冲。$\hat{a}(t)$为 W 带宽电光调制器(EOM)提供存储信息。原子记录了 y 偏振脉冲携带的信息。因为每个系列包括 10^4 量子存储序列，$\hat{X}_A^{\text{mem}}$ 和$\hat{P}_A^{\text{mem}}$ 无法同时测量。所以，测量过程为

$$\hat{X}_L^{-\text{out}} = \hat{X}_L^{-\text{in}} + k\hat{P}_A^{\text{mem}} \tag{3-179}$$

读出脉冲 X_L^{out} 为 Stokes 参数。测量结果分布如图 3-64(a)中$\hat{X}_L^{\text{out}}/k$ 所示，该系列为

$$\langle \hat{P}_L^{\text{in}} \rangle = -4, \quad \langle \hat{X}_L^{\text{in}} \rangle = 0 \tag{3-180}$$

每脉冲光子数$\langle\hat{n}\rangle=8$，根据测量可得

$$\langle\hat{P}_{A}^{mem}\rangle=\frac{1}{k}\langle X_{L}^{-out}\rangle \tag{3-181}$$

及其变化：

$$\sigma_{p}^{2}=\langle(\delta\hat{P}_{A}^{mem})^{2}\rangle=\frac{1}{k^{2}}\left((\delta X_{L}^{-out})^{2}-\frac{1}{2}\right) \tag{3-182}$$

此量子存储态中，k只能通过实验获得。实验过程如图 3-63 所示，用$\pi/2$脉冲写入，然后用$\hat{p}_{pL}$脉冲测量$\langle\hat{X}^{mem}\rangle$及误差：

$$\sigma_{x}^{2}=\langle(\delta\hat{X}_{A}^{mem})^{2}\rangle \tag{3-183}$$

实验结果如图 3-64 及图 3-65(a)所示，增益分别为 0.80 及 0.84，存储态实验方差平均低于 33%。

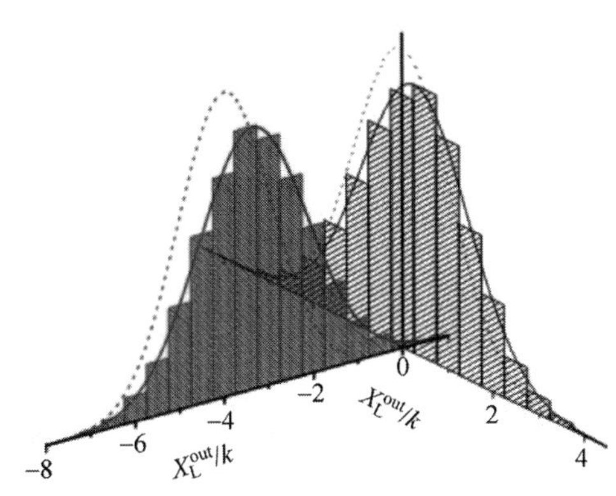

(a) 用相干态为$\langle\hat{X}_L\rangle=0$, $\langle\hat{P}_L\rangle=-4$光子输入，然后从存储态原子读出的实验结果直方图。其中深色代表用$\pi/2$脉冲读出X_A，浅色代表不用$\pi/2$脉冲读出P_A，虚线代表理想(可靠性100%)光量子存储Gauss分布

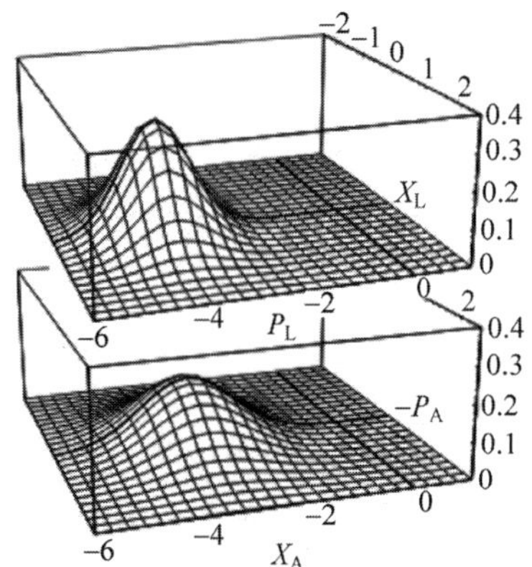

(b) 与(a)中输入态对应的光相干态(上)和原子内重建存储态(下)

图 3-64　光量子存储实验结果

量子存储的缺陷主要来源于原子态的退相干和存储单元壁的反射。经过优化改进，提高了可靠性以后的实验结果如图 3-65(b)所示。

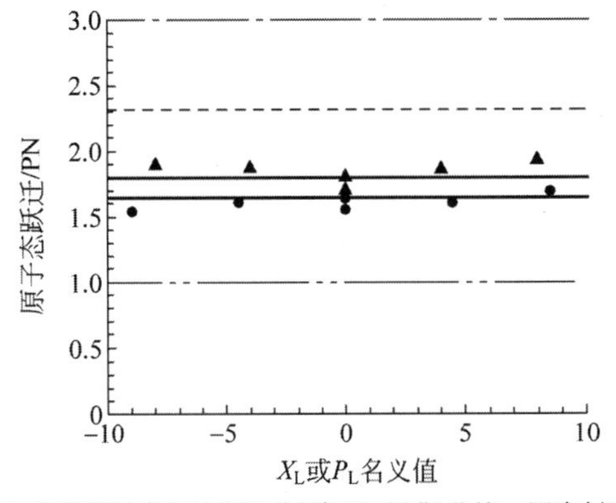

(a) 存储原子状态实验和理论(量子和经典)曲线，用发射噪声(Projection Noise, PN)为单位：图中三角形和圆点为实验结果，文中分别用$2\sigma_{2x}$和$2\sigma_{p2}$表示，点画线为任意相干输入态量子和经典噪声映射理论曲线，虚线为输入最佳经典实验曲线

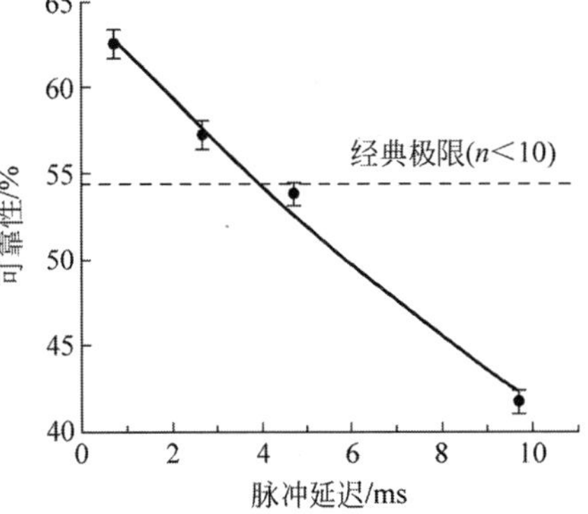

(b) 存储光子数0～10时，可靠性与存储时间的函数关系曲线，存储时间4ms时可靠性高于经典极限，误差2.5%

图 3-65　光量子存储器的量子噪声及可靠性与存储时间的函数关系曲线

即使用偏振光，以线性相关光子数量代表输入功率，发射噪声水平(Projection Noise level，PNL)仍稳定在 2.5%，如果 PNL 高于预估值，存储状态的方差更低。

增益因子低也会导致可靠性低都与 PNL 函数有关。而常数 k^2 与下式成线性关系：

$$((\delta S_2^{\text{out}})^2-(\delta S_2^{\text{in}})^2)/(\delta S_2^{\text{in}})^2 \tag{3-184}$$

如图 3-66 所示，k^2 可用于分析光量子存储与原子变量的方差和平均值变量之间的关系。此存储方案中以光 $\hat{X}_L$ 算子取代原子谐振动量 $\hat{P}_A$，可代表光子与原子相互作用后的状态 $|\Psi\rangle L_A$。测量后的非规范化状态为 $L\langle x|\Psi\rangle L_A$，其变换 $\exp\{-ikx\hat{P}_A\}L\langle x|\Psi\rangle L_A$ 可写为

$$L\langle x \mid \exp\{-ik\hat{X}_L\hat{P}_A\}\Psi\rangle_{LA} \tag{3-185}$$

$|x\rangle$ 具有算子 $\hat{X}_L$ 的特征，可通过密度算符计算相应的概率：

$$\begin{aligned}\rho&=\int_{-\infty}^{\infty}\mathrm{d}x\exp\{-ikx\hat{P}_A\}_L\langle x \mid \Psi\rangle_{LALA}\langle\Psi \mid x\rangle_L\exp\{ikx\hat{P}_A\}\\&=Tr_m(\exp\{-ik\hat{X}_L\hat{P}_A\}\Psi\rangle_{LALA}\langle\Psi \mid \exp\{ik\hat{X}_L\hat{P}_A\})\end{aligned} \tag{3-186}$$

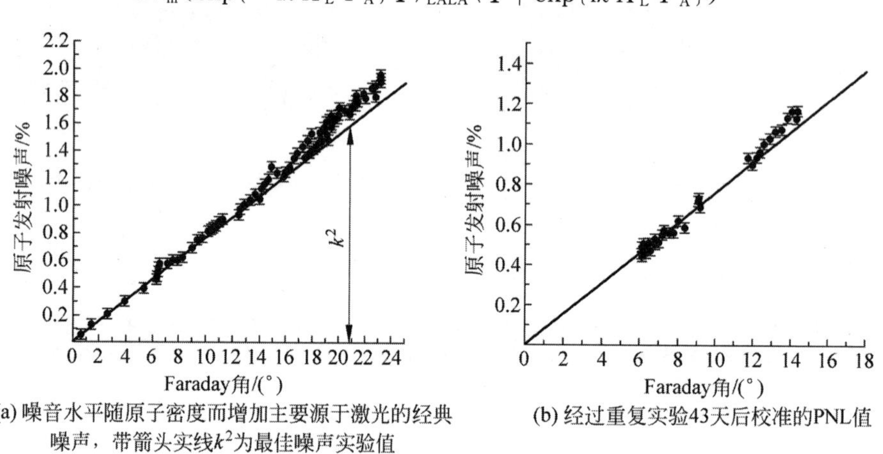

(a) 噪音水平随原子密度而增加主要源于激光的经典噪声，带箭头实线k^2为最佳噪声实验值

(b) 经过重复实验43天后校准的PNL值

图 3-66 抑制噪声实验曲线。以原子为单位的光散射噪声是与 Faraday 旋转角成正比的函数 J_x。其统计误差根据 10^4 次循环实验计算而得

任何原子算符的平均预期值 $f(\hat{X}_A,\hat{P}_A)$ 可用于跟踪密度算符计算。根据跟踪循环特性，可得 Heisenberg 图中量原子算符的期望值。完成反馈到原子的变量 $\hat{P}_A$ 中反馈增益系数 g 的测量。

$$\begin{aligned}\rho&=\int_{-\infty}^{+\infty}\mathrm{d}x\exp\{-ikx\hat{P}_A\}_L\langle x \mid \Psi\rangle_{LALA}\langle\Psi \mid x\rangle_L\exp\{ikx\hat{P}_A\}\\&=Tr_m(\exp\{-ik\hat{X}_L\hat{P}_A\}\Psi\rangle_{LALA}\langle\Psi \mid \exp\{ik\hat{X}_L\hat{P}_A\})\end{aligned} \tag{3-187}$$

以上分析对任意输入态包括混合态均有效，能使增益显著改善。在光量子信息存储中带宽有限，因此上述光子探测及检索方法对其他类型的量子存储均可使用，且可扩展量子存储的应用范围。

4. 光子体晶光量子存储

量子存储不仅能在单原子或原子蒸气中实现，加拿大卡尔加里大学的研究证明，在掺杂稀土离子光子晶体中也能完成，即量子固态存储器。德国帕德伯恩大学、瑞士尼古拉斯大学都有类似报道。他们利用掺铥铌酸锂，掺钕钇硅酸盐获得存储寿命 200ns，存储效率超过 20%的量子中继器用于长距离光纤通信。

在量子存储实验中，探测器、单光子发射器、量子隐形态、量子非破坏测量、量子反馈控制、量子光场间信息交换、控制强耦合等核心器件与技术缺一不可。典型的实验设置如图 3-67 所示。由于在

Pr^{3+} ：Y_2SiO_5 晶体中 $^3H_4 \rightarrow {}^1D_2$ 跃迁的光学均匀的线宽只有 2500Hz，所以要求激光器的线宽优于 200Hz/s。激光输出后被分为两束，其中一束通过两个声光调制器(AOMs)用作探针光束，另一束通过频移分光镜(PBS)进入双 AOMs 用于耦合泵浦场。这种经耦合/重新泵浦的光束经分光镜进入如存储样品与探测光束汇合，作为差探测信号。样品为 0.05%Pr^{3+} 掺杂 Y_2SiO_5，厚 4mm，置于液氦低温恒温器中。3 个正交的超导磁体构成直流磁场，用于信号检测。样品中超精细状态 Pr^{3+} 离子磁场脉动产生随机 Zeeman 相移。因为磁场变化不敏感，要求磁场强度高达 78mT。当动态去相干控制(Dynamic Decoherence Control，DDC)生效，可获得 30s 以上相干时间。实验中能级转换如图 3-68 所示。光学非均匀线宽仅几 GHz。狭窄均匀线宽(1kHz 量级)，寿命超过 1min，完全能到达小范围的光学频率谐振实验要求。开始前 5 个光学频率(如图 3-68 中"R")反复应用，形成离子谐振，得到的吸收非均匀宽度 100kHz，实际测量结果及耦合光束狭窄的透明度探测结果如图 3-69 所示。实验脉冲时间序列及存储时间输出脉冲能量如图 3-70 所示。

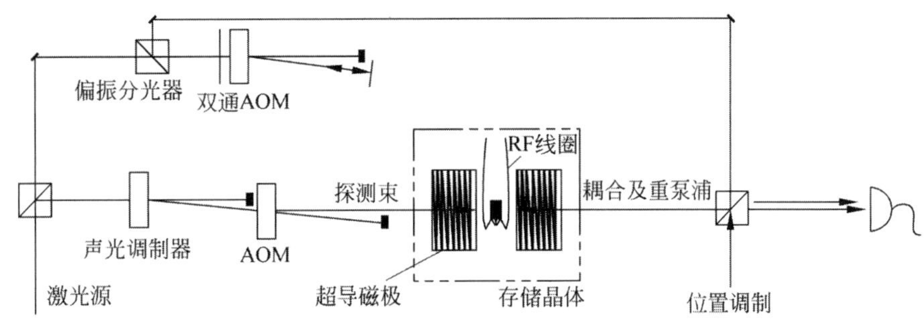

图 3-67 掺杂稀土离子光子体晶光量子存储实验装置结构原理。两束激光通过存储实验样品构成外差探测信号读出

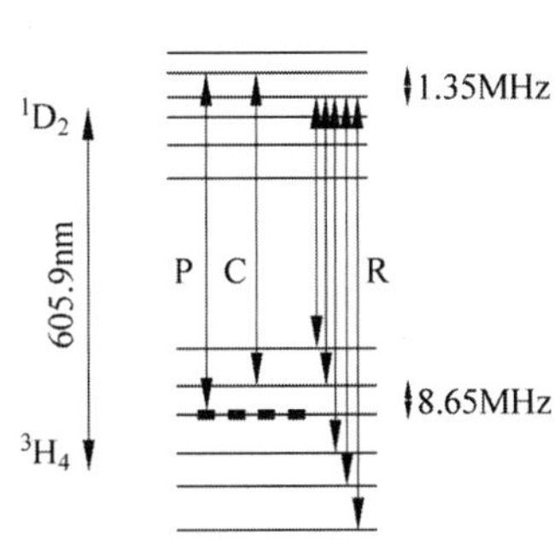

图 3-68 掺杂稀土离子光子体晶光量子存储实验能级转换示意图。由于 5/2Pr^{3+} 原子核 5/2 自旋引起的零光子 $^3H_4 \rightarrow {}^1D_2$ 跃迁。在存在磁场情况下零场状态的线性组合：P 为探测束，C 为耦合，R 为重泵浦

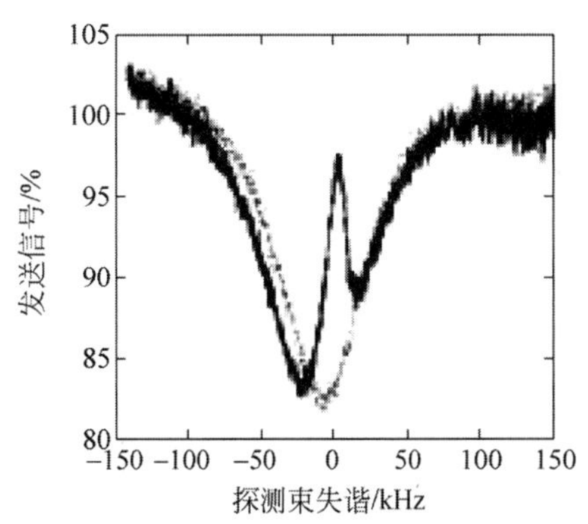

图 3-69 弱探测信号发送曲线：功率 10μW，扫描频率与原子谐振完全耦合。实线为 1mW 耦合束曲线，虚线为取消耦合的曲线

重泵光束用于每次发射每 4ms 300kHz 的扫频，外差信号射频探测器的带宽也相当于 300kHz，耦合强度约 1mW。

从图 3-69 可看出，谐振吸收峰仅 15%。但图 3-70 中的光存储时间序列显示，用 10mW 功率，20μs 探测脉冲使耦合态光相干转换到自旋态。采用动态去相干控制(Dynamic Decoherence Control，DDC)时，系统输出存储信号的衰减常数为 0.35s，没有 DDC 时系统输出存储信号的衰减常数为 2.3s。存储实验样品厚 4mm，测量实验表明，增加光学厚度及浓度，非均匀增宽超精细跃迁并没有显著提高。

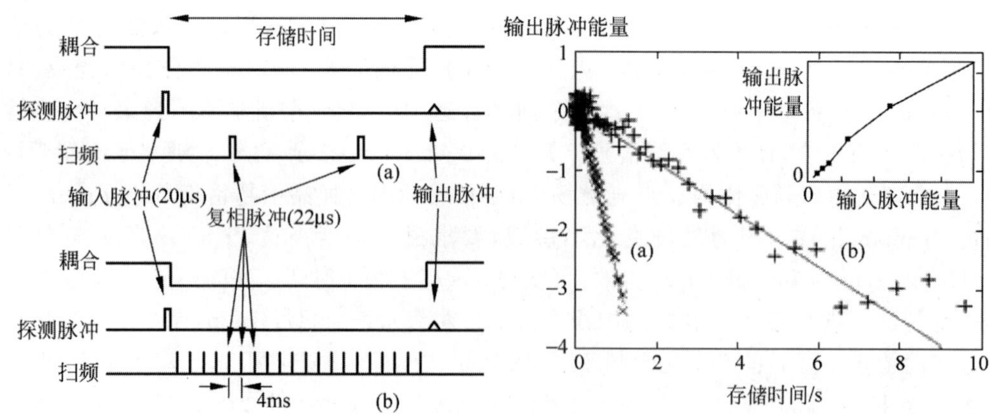

图 3-70 存储实验脉冲序列及输出能量测试曲线。图左为光存储实验脉冲序列谱，其中(a)为自旋转换不均匀展宽复相脉冲，存储时间 1/4 和 3/4 使用的两个复相位脉冲；(b)棒棒控制动态退相干脉冲，复相位脉冲数为 N。第一复相位脉冲在存储后 2ms，脉冲相隔 4ms，最后一个脉冲在读出前 2ms，复相位脉冲持续 22μs。图右为输出脉冲能量与存储时间的关系曲线，其中(a)采用基态自旋相干复相获得快衰减。(b)用棒棒控制退相干实现慢衰减。小插图为输出脉冲能量曲线，为输入脉冲能量的函数。探测脉冲长度 20μs，延迟常数 100ms

5. 双光子干涉存储

利用于双光子干涉测量也可实现光子存储。单光子脉冲通过半透半发射分光器(BS)进入不同的端口后会产生霍曼(Hong-Ou-Mandel，HOM)干涉效应(HOM-BS)，如图 3-71 所示。其中有两组相干脉冲具有明显差异，并可映射到掺铥铌酸锂晶体中形成固态量子存储器。该两束输入光子所产生的干涉振幅概率的可见度 V 与光子所在空间、时间、光谱和偏振模式相关，定义为

$$V = (\mathcal{R}_{\max} - \mathcal{R}_{\min}) / \mathcal{R}_{\max} \tag{3-188}$$

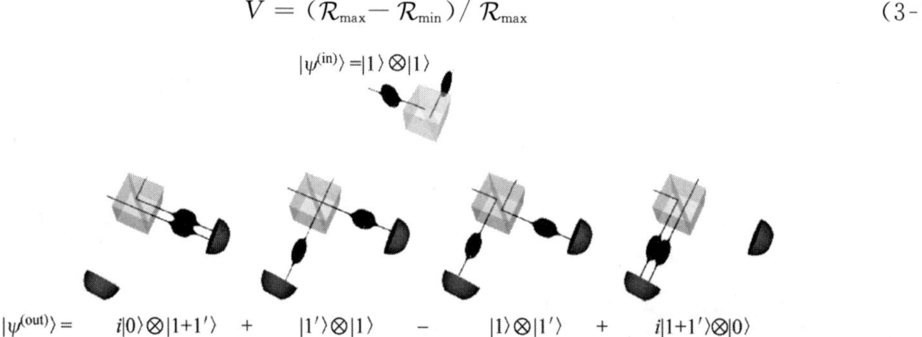

图 3-71 单个光子 BS 输入 $|\psi^{(\text{in})}\rangle = |1,1'\rangle$ HOM 干涉效应存储原理。输入的光子产生的相干与其正交偏振态相关，有可能形成 4 种不同情况。其中第二、三两种很相似可能无法区别，因此取消；其余两种正交偏振 $j\psi^{(\text{out})}i$ 光子群则完全是有可能测量的

式中，$R_{\min}$ 及 $R_{\max}$ 分别代表输出光子的最大与最小检测结果。HOM 效应利用晶体材料的双光子干涉存储以光子波函数为特征的量子信息，实验系统的基本结构如图 3-72 所示。波长 795.43nm 连续激光通过(AOM)形成正弦信号。第一路(一)经负折射光纤调制后传播到偏振分光器(BS)变成两束，分别由偏振控制器(PCs)和两个微机电(MEMS)开关进入两个 Ti:Tm:$LiNbO_3$ 酸锂波导(a，b)，作为存储单元且置于超导螺线管中冷却到 3K。根据存储晶体非均匀展宽铥离子吸收光谱，采用带宽 600MHz 间隔几十 MHz 的线性调制技术(frequency-chirping，AFCs)技术调制，准备储存的时间约 5ms。AOM 输出的第二路(+)光束，带宽 50MHz，循环频率 2.5～3MHz。该脉冲被偏振分光镜(PBS)及半波片(HWP)分为两种空间模式。所有脉冲经中性密度滤光片(NDFs)衰减，经光纤耦合进入 Ti：Tm:$LiNbO_3$ 酸锂波导，脉冲通过 1/4 波片和半波片控制其偏振态产生双光子干涉实现信息存储。脉冲通过 10km 光纤传播延迟(存储)经分束器输出，利用两个硅雪崩二极管(Si-APDs)单光子探

测器检测。检测信号通过数字转换(Time-to-Digital Convertor,TDC)输入计算机。若用单光子 Fock 态输入,其可见度(读出信号)理论上能达到 100%。由于光脉冲失相,实际实验的最高可见度仅 50%(平均光子数),但作为光子波函数量子存储基本上已能满足要求。

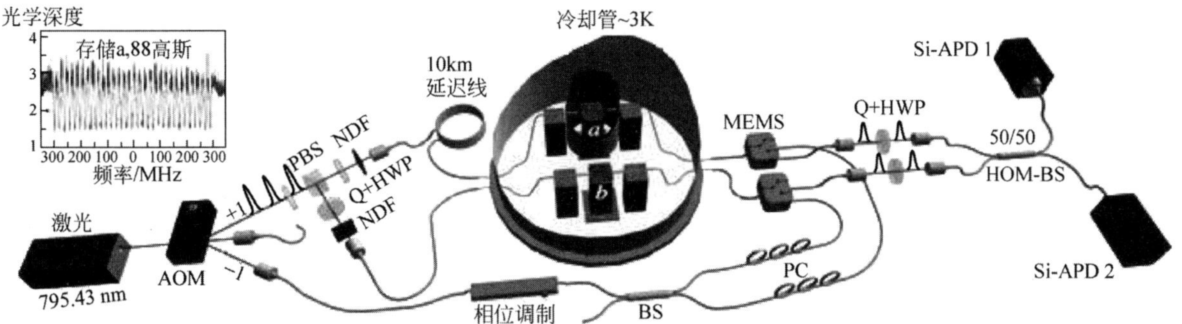

图 3-72　HOM 干涉效应光量子固态存储实验系统结构原理图。图中光源为波长 795.43nm 连续激光器,AOM 为声光调制器,NDF 为中性密度滤光片,PC 为偏振控制器,MEMS 为微机电开关,Q+HWP 为 1/4 波片和半波片,PBS 为偏振分光镜,BS 为 1∶1 分光镜,HOM-BS 为霍曼干涉分光镜,Si-APDs 为硅雪崩二极管探测器

实验指出,HOM 的信号强度与光子数平均值 μ 关系不大。当输入模式相同时,光子密度的增加并不能提高输入信号的对比度,相反如果光子密度太高还可能引起附加噪声。但输入光子束的偏振角及脉冲的时间间隔对其影响较大,如图 3-73 所示。

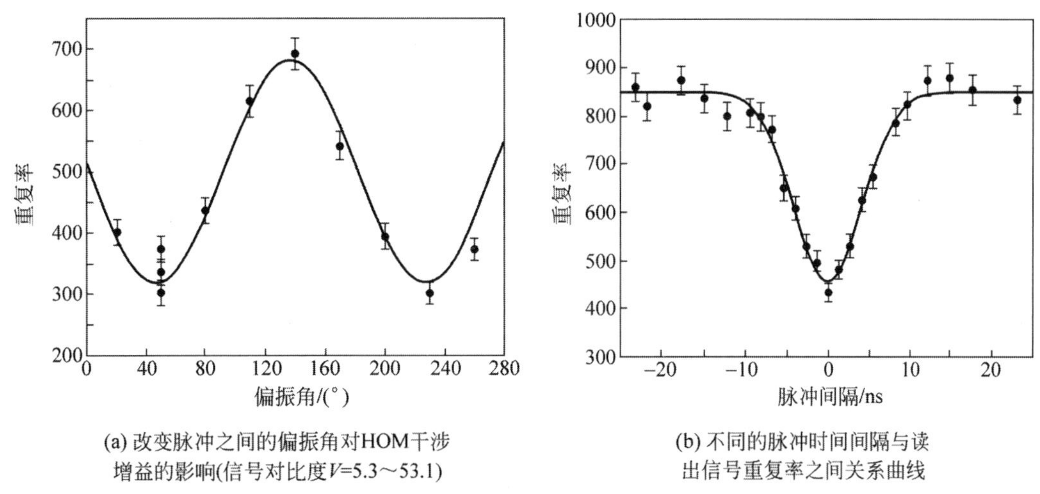

(a) 改变脉冲之间的偏振角对HOM干涉增益的影响(信号对比度V=5.3～53.1)

(b) 不同的脉冲时间间隔与读出信号重复率之间关系曲线

图 3-73　存储 HOM 干涉信号强度(重复率)实验统计数值分布图

实际上,两个探测器检测到的 HOM-BS 的输出所获得的信号重复率对应的是相干信号 Bell 态的映射 $j_{\psi-i}$ 量子比特。为此,对 50∶50 BS HOM 干涉信号重复率的 Fock 态为

$$
\begin{aligned}
|\psi\rangle_{ab} &= \sqrt{p(1,1)}\ |11\rangle_{a,b} + \sqrt{p(2,0)}\ |20\rangle_{a,b} + \sqrt{p(0,2)}\ |02\rangle_{a,b} \\
&= \left(\sqrt{p(1,1)}(\tilde{a}^{\dagger} \otimes \tilde{b}^{\dagger}) + \frac{1}{\sqrt{2!}}\left[\sqrt{p(2,0)}((\tilde{a}^{\dagger})^2 \otimes I) + \sqrt{p(0,2)}(I \otimes (\tilde{b}^{\dagger})^2)\right]\right)|00\rangle_{a,b}
\end{aligned}
\tag{3-189}
$$

式中,输入模型矢量 a、b 及其中光子 n、m,概率 $p(n,m)$ 为

$$
p(n,m) = |({}_a\langle n| \otimes {}_b\langle m|)(|\alpha\rangle_a \otimes |\beta\rangle_b)|^2 = \frac{e-(|\alpha|^2+|\beta|^2)}{n!m!}(|\alpha|^2)^n(|\beta|^2)^m
\tag{3-190}
$$

设平均光子数不超过两个，探测器没有噪声，Fork 态创建的两个瞬态叠加模型分别为初始态(e)和最终态(l)模式。根据输入模型 $x^{\dagger}(x^{\dagger}=a^{\dagger},b^{\dagger})$ 被分光镜分为两个算符(sin 及 cos)创建的模型为

$$(\hat{x}^{\dagger})^{n}\mid 0\rangle_{x}\rightarrow\left[\cos\left(\frac{\theta_{x}}{2}\right)\hat{x}_{e}^{\dagger}\otimes I+\mathrm{e}^{\mathrm{i}\phi_{x}}\sin\left(\frac{\theta_{x}}{2}\right)I\otimes\hat{x}_{l}^{\dagger}\right]^{n}\mid 00\rangle_{xe,xl} \tag{3-191}$$

式中，$\cos(\theta_x/2)$ 及 $\sin(\theta_x/2)$ 为振幅，θ_x 为两个瞬态模型的量子比特相位，xe 及 xl 代表所在空间，则量子态 $|e\rangle_x$ 为

$$\mid e\rangle_{x}\equiv\mid 10\rangle_{xe,xl}=(\hat{x}_{e}^{\dagger}\otimes I)\mid 00\rangle_{xe,xl} \tag{3-192}$$

若方程式(3-189)中 $\hat{a}$, $\hat{b}$ 算子代入方程式(3-192)，可得 HOM-BS 输入量子比特的波函数 $|\psi\rangle_{ab}$：

$$\begin{aligned}(\hat{a}^{\dagger}\otimes\hat{b}^{\dagger})\mid 00\rangle_{ab}\rightarrow\frac{1}{2}\Bigg[&\left(\mathrm{i}\mathrm{e}^{\mathrm{i}\phi_{b}}\cos\left(\frac{\theta_{a}}{2}\right)\sin\left(\frac{\theta_{b}}{2}\right)+\mathrm{i}\mathrm{e}^{\mathrm{i}\phi_{a}}\sin\left(\frac{\theta_{a}}{2}\right)\cos\left(\frac{\theta_{b}}{2}\right)\right)(\hat{c}_{e}^{\dagger}\hat{c}_{l}^{\dagger}+\hat{d}_{e}^{\dagger}\hat{d}_{l}^{\dagger})+\\&\left(\mathrm{e}^{\mathrm{i}\phi_{b}}\cos\left(\frac{\theta_{a}}{2}\right)\sin\left(\frac{\theta_{b}}{2}\right)-\mathrm{e}^{\mathrm{i}\phi_{a}}\sin\left(\frac{\theta_{a}}{2}\right)\cos\left(\frac{\theta_{b}}{2}\right)\right)(\hat{c}_{e}^{\dagger}\hat{d}_{l}^{\dagger}-\hat{c}_{e}^{\dagger}\hat{d}_{l}^{\dagger})+\\&\mathrm{i}\mathrm{e}^{\mathrm{i}(\phi_{a}+\phi_{b})}\sin\left(\frac{\theta_{a}}{2}\right)\sin\left(\frac{\theta_{b}}{2}\right)((\hat{c}_{l}^{\dagger})^{2}+(\hat{d}_{l}^{\dagger})^{2})+\\&\mathrm{i}\cos\left(\frac{\theta_{a}}{2}\right)\cos\left(\frac{\theta_{b}}{2}\right)((\hat{c}_{e}^{\dagger})^{2}+(\hat{d}_{e}^{\dagger})^{2})\Bigg]\mid 0000\rangle_{ce,cl,de,dl}\end{aligned} \tag{3-193}$$

$$\begin{aligned}((\hat{a}^{\dagger})^{2}\otimes I)\mid 00\rangle_{ab}\rightarrow\frac{1}{2}\Bigg[&2\mathrm{e}^{\mathrm{i}\phi_{a}}\cos\left(\frac{\theta_{a}}{2}\right)\sin\left(\frac{\theta_{a}}{2}\right)(\hat{c}_{e}^{\dagger}\hat{c}_{l}^{\dagger}-\hat{d}_{e}^{\dagger}\hat{d}_{l}^{\dagger})+\\&\mathrm{i}2\mathrm{e}^{\mathrm{i}\phi_{a}}\cos\left(\frac{\theta_{a}}{2}\right)\sin\left(\frac{\theta_{a}}{2}\right)(\hat{c}_{e}^{\dagger}\hat{d}_{l}^{\dagger}+\hat{c}_{l}^{\dagger}\hat{d}_{e}^{\dagger})+\\&\cos^{2}\left(\frac{\theta_{a}}{2}\right)((\hat{c}_{e}^{\dagger})^{2}+\mathrm{i}2\,\hat{c}_{e}^{\dagger}\hat{d}_{e}^{\dagger})-(\hat{d}_{e}^{\dagger})^{2})+\\&\mathrm{e}^{\mathrm{i}2\phi_{a}}\sin^{2}\left(\frac{\theta_{a}}{2}\right)((\hat{c}_{l}^{\dagger})^{2}+\mathrm{i}2\,\hat{c}_{l}^{\dagger}\hat{d}_{l}^{\dagger}-(\hat{d}_{l}^{\dagger})^{2})\Bigg]\mid 0000\rangle_{ce,cl,de,dl}\end{aligned} \tag{3-194}$$

同样可得 $I(\hat{b}^{\dagger})^{2}|00\rangle_{ab}$。式中输出模型 c 空间矢量态相对的 Bell 态映射为

$$\mid\psi_{-}\rangle_{cd}=\frac{1}{\sqrt{2}}(\hat{c}_{e}^{\dagger}\hat{d}_{l}^{\dagger}-\hat{c}_{l}^{\dagger}\hat{d}_{e}^{\dagger})\mid 0000\rangle_{ce,cl,de,dl} \tag{3-195}$$

其输出检测概率为

$$\mathcal{P}_{-}(\theta_{a},\phi_{a},\theta_{b},\phi_{b})=\mid cd\langle\psi-\mid\psi(\theta_{a},\phi_{a},\theta_{b},\phi_{b})\rangle_{cd}\mid^{2} \tag{3-196}$$

将方程式(3-196)与方程式(3-191)联立计算，若光子数相等 $|\alpha|^2=|\beta|^2\mu$，则 α 与 β 合成角为

$$\begin{aligned}\mathcal{P}_{-}(\theta_{a},\phi_{a},\theta_{b},\phi_{b})\propto\frac{\mu^{2}\mathrm{e}^{-2\mu}}{8}\Bigg[&4\sin^{2}\left(\frac{\theta_{a}+\theta_{b}}{2}\right)+\sin^{2}(\theta_{a})+\sin^{2}(\theta_{b})\\&-2\sin(\theta_{a})\sin(\theta_{b})(1+\cos(\phi_{a}-\phi_{b}))\Bigg]\end{aligned} \tag{3-197}$$

则可计 BS 输入的算两个不同量子位映射的概率，即角度 θ_x 和 ϕ_x 的概率。同时，也可用于计算 Bell 态的测量错误率：

$$e\equiv\frac{\mathcal{P}_{-}^{\parallel}}{\mathcal{P}_{-}^{\parallel}+\mathcal{P}_{-}^{\perp}} \tag{3-198}$$

两个输入量子正交映射概率 $\psi_a=\psi_b$ 及 $\theta_a=\theta_b$ 相同，若取 $\phi_a=\phi_b=0$，还可获得错误率。简化相应的符号，输入量子态为

$$\mid\psi\rangle=\cos\left(\frac{\theta_{z}}{2}\right)\mid e\rangle+\sin\left(\frac{\theta_{z}}{2}\right)\mid l\rangle \tag{3-199}$$

若用 Bloch 球 xz 平面描述量子比特，根据方程式(3-196)，可计算相应的映射概率为

$$\mathcal{P}_{-}(\theta_{a},0,\theta_{b},0)\propto\frac{\mu^{2}\mathrm{e}^{-2\mu}}{8}\left[4\sin^{2}\left(\frac{\theta_{a}+\theta_{b}}{2}\right)+\sin^{2}(\theta_{a})+\sin^{2}(\theta_{b})-4\sin(\theta_{a})\sin(\theta_{b})\right] \tag{3-200}$$

若输入量子态正交($\theta_a = \theta_b - \pi$),且平行($\theta_a = \theta_b$),特别从 BS 输入的两个量子比特分别为$|e\rangle|l\rangle$时,映射概率增加 θ_a(或 θ_b),并达到最大值。

6. 光子和电子的相互作用

以上各种量子存储过程中光子与电子都起作用。本节重点讨论在这些存储过程中光子与电子之间相互作用的异同,传播性质与物质相互作用中各自不同的特点。光子与电子之间有许多相似之处,例如光子和电子分别在周期性结构光子晶体和电子半导体晶体中的作用十分相似,包括电子对电子、电子与空穴、光子对光子以及光子与电子之间的相互作用产生激子和双激子,隐失波和表面等离子谐振等效应,被广泛用于信息存储。从物理学的角度,光子和电子都是基本粒子,同时表现出粒子和波动特征。在经典物理学中对光子和电子的描述似乎完全不同,但从纳米光子学的角度便可发现,光子和电子表现出许多类似的特征,如表 3-2 所示。在物理学中光子和电子都属于基本粒子,同时表现出粒子和波动现象,而且均可用 $\lambda=\hbar/p$ 关系式描述(λ 为波长,$\hbar$为 Plank 常量,p 为粒子动量)。可相互作用,但也存在很大差别。

表 3-2 光子和电子在介质中的传播特征比较

类 型	光 子	电 子
波长	$\lambda=\hbar/p=c/\nu$	$\lambda=\hbar/p=c/m\nu$
特征(波动)方程	$[\nabla\cdot\nabla/\varepsilon(r)]B(r)=(\omega/c)^2B(r)$	$\hat{H}\psi(r)=[\nabla\cdot\nabla+V(r)]\psi(r)=E\psi$
传播空间	平面波(k 为波矢量)$E=E^0(e^{ikr-\omega t}+e^{-ikr-\omega t})/2$	平面波(k 为波矢量)$\psi=c(e^{ikr-\omega t}+e^{-ikr-\omega t})$
与介质的相互作用	介电常数(折射率)	库仑作用
通过经典禁带传播	光子(消失波)矢量波通道,成虚像,振幅按禁带指数衰变	电子通道,振幅(概率)随禁带指数衰变
定域影响	随介电常数变化产生强散射(例如在光子晶体中)	随库仑作用变化产生强散射(例如在电子半导体晶体中)
协同效应	非线性光学作用	多体校正,超导库伯对,构成激子

与光子的非线性光学作用相似,电子特有的超导 Cooper 对是指电子处于超导态时,通过晶格振动(即声子)在动量空间形成的配对态。用于电子通过声子传递互相吸引的作用,使电子能在动量空间配对,从而由费米子转化为玻色子(即 Cooper 电子对)。所以从物理意义上考虑,超导现象为对应于动量空间的玻色-爱因斯坦凝聚态,与玻色子超流为同一起源。Cooper 电子对成为费米子向玻色子转变的媒体。但光子的波长比电子大得多。由于电子的能量和动量取决于加速电压,所以电子的动量往往比光子大。按照相对论,光子的质量为 $m=\hbar/c^2$,这就是电子显微镜的分辨率比光子显微镜高的原因(光子显微镜的分辨率取决于波长的衍射极限)。电子的动量被束缚在原子或分子中与在固体中传播的光子完全不同。光子传播波的形式及空间可用 Maxwell 方程描述。在电介质及电磁场中的基本传播特征程描述如表 3-2 所示。介电常数或折射率实际为电磁波传播中受到的阻碍。因此,光子在介质中的传播速度与在真空中的传播速度 c_0 之比为

$$C(Z)=\frac{c_0}{n}=\frac{c_0}{\varepsilon^{1/2}} \tag{3-201}$$

表 3-2 中特征值方程涉及磁位移矢量 B_s 是因为电场 E 与磁场 B 均与 Maxwell 方程相关,可与 E 等价处理,但此处用 B 算符更合适。方程中光子的特征值 $C(Z)$也可用$(\omega/c)^2$ 描述。光子和电子的能量方程中介质的介电常数 r 就是折射率 $n(r)$,取决于空间位置 $\gamma(\Gamma)$和波矢量 k。相应的电子波动方程即表 3-2 中的 Schrödinger 方程。式中,$\hat{H}$为 Hamilton 算符,可根据电子的动能和势能计算:

$$\hat{H}=-\frac{\hbar^2}{2m}\left(\frac{\partial^2}{\partial x^2}+\frac{\partial^2}{\partial y^2}+\frac{\partial^2}{\partial z^2}\right)+V(r)=-\frac{\hbar^2}{2m}\nabla^2+V(r) \tag{3-202}$$

式中第一项源于动能，第二项 $V(r)$ 源于自电子由于其相互作用及与周围介质(库仑作用)的势能。Schrödinger 方程解决了能量状态、特征值 E 及电子的波函数(概率)的计算。该函数的平方 $|\psi(r)|^2$ 代表电子在 $\gamma(\Gamma)$ 域概率密度。因此，电子的波函数 ψ 可视为电子波对应电场 E 中的振幅。电磁波在传播中与介质的相互作用体现与介电常数(或折射率)。这些参数的变化直接影响传播特性、光子能量、电子和原子核库仑作用以及波函数的性质(概率分布)。电子和光子另外一个重要的区别是电子生成标量场，而光子为矢量场(光偏振)。电子具有自旋，其分布可用 Feimi-Dirac 统计描述，所以称为费米子。而光子没有自旋，其分布用 B 统计描述，因此光子被称为玻色子。另外，由于电子有电荷，而光子的电荷为零，与外部静电场和磁场的相互作用在原理上完全不同。在传播过程中，电子会受其他电磁波的影响，而光子除了空间折射率 n 变化外，不受任何其他影响。电磁波传播用复平面(包括实部和虚部)电场描述。传播过程中产生正弦电磁波振荡电场 E 和相应的磁场 B。场振幅为 E°，传播方向取决于波矢量 k，动量为 $p=\hbar k$。其中 k 为

$$k=|k|=\frac{2\pi}{\lambda} \tag{3-203}$$

k 的传播方向定义为：从左到右为正，反之为负。电磁波的微粒特性按照光子能量描述：

$$E=hv=\hbar\omega=\frac{hc}{\lambda} \tag{3-204}$$

其色散关系为

$$\omega=C|k| \tag{3-205}$$

说明其能量(频率)取决于光子的波矢量，线性色散关系如图 3-74 所示。同样，自由空间传播的电子也可用 Schrödinger 方程波函数得到其振荡(正弦)平面波，与光子一样用波矢量 k 表示。其密度分布取决于 k 的平方为

$$E=\frac{h^2k^2}{2m} \tag{3-206}$$

式中，m 为电子的质量用于描述电子在金属中的特性(即 Drude 模型)。另一个常用的是电子波函数，其能量取决于电子波矢量如图 3-74 所示。

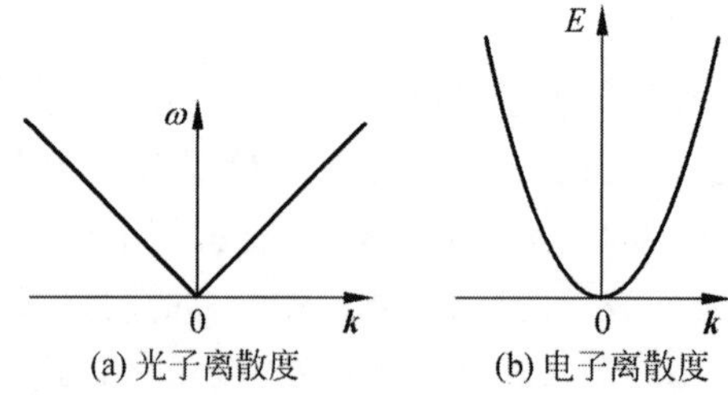

(a) 光子离散度　(b) 电子离散度

图 3-74　光子和电子在自由空间传播中，光子的频率 ω 及电子的能量 E 与波矢量 k 绝对值的平方关系曲线

3.8　光子与电子受限及协同作用

光子和电子的传播中受到反映或散射粒子作用限制了传播轨迹或被高折射率和高表面反射率禁锢。此封闭空间可以作为波导或谐振腔，如图 3-75 所示。光子被封闭在被低折射率 n_2 材料包裹的高折射率 n_1 导光层中，z 为传播方向，平面波传播常数即波矢量 k，可获得此封闭波导的电场 E 为

$$E=\frac{1}{2}f(x,y)a(z)(e^{i\beta z}+e^{-i\beta z}) \tag{3-207}$$

此式代表光纤或矩形、方形二维约束通道，函数 $a(z)$ 代表 z 方向振幅，理论上完全没有损耗。函数 $f(x,y)$ 代表约束平面的电场分布，只在 x 方向上有限制，而 y 分量仍为自由空间传播模式。

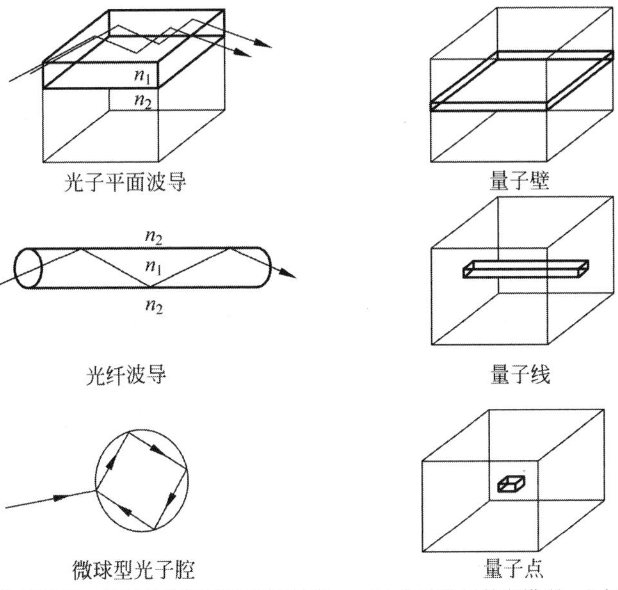

(a) 各种结构光波导，其封闭作用取决于折射率之比n_1/n_2，平面波导的限制只在垂直方向(x)，传播方向为z。在光纤或矩形波导在x和y方向均产生限止，光学微球则在所有维度均受限

(b) 各种电子禁锢模型，包括量子壁、量子线及量子点，在量子器件中得到广泛应用

图 3-75　典型全内反射光波导与电子波导原理示意图

场分布和相应的传播常数受到 Maxwell 方程和边界条件(折射率之比)限制，约束产生的量子数离散集场分布。各种 x 向受限平面 TE 偏振光波导场分布如图 3-76 所示。

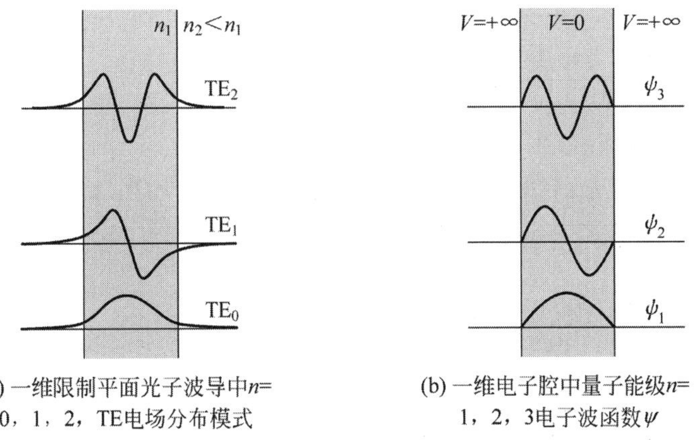

(a) 一维限制平面光子波导中n=0，1，2，TE电场分布模式

(b) 一维电子腔中量子能级n=1，2，3电子波函数ψ

图 3-76　平面偏振波导光场分布

根据经典量子物理原理，电子完全被限制在无限势垒以内。但对有限势垒，波函数变得与光子模式相似(见图 3-76)，类似于光子受限。然而尺度不同，对光子的约束封闭区尺寸为微米量级。对于电子，因为波长短，封闭区尺寸为纳米量级，一维电子禁闭效应模型如图 3-77 所示。电子被限禁闭区长度 l 内势能为零。腔内 Schrödinger 方程求解的条件为

$$\begin{aligned} V(x) &= 0 \\ \psi(x) &= 0 \quad x = 0, x = 1 \end{aligned} \tag{3-208}$$

量子数为 n 的能态 E 为

$$E_n = \frac{n^2h^2}{8ml^2} \quad n = 1,2,\cdots \tag{3-209}$$

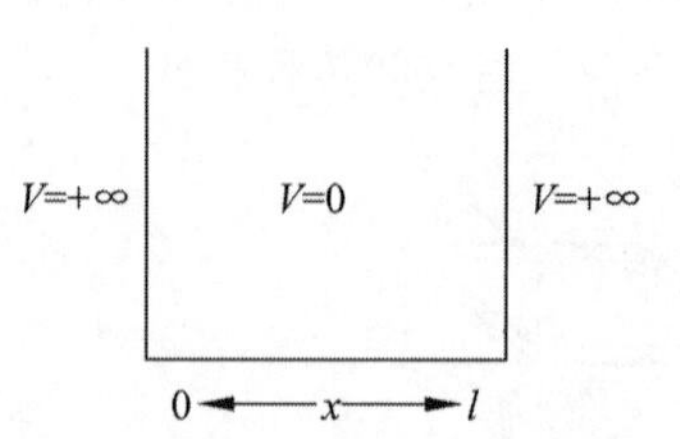

图 3-77 一维腔内受限电子的能量水平

总能量最小值 $E_1 = h^2/8ml^2$。因此，当电子受限时其总能量 E 不可能为零，即使其势能为零。离散能量值 E_1，E_2 等对应于量子数 $n=1,2,3$。

两个连续能级间的差别代表量子化的影响，如果为零，说明自由电子的能量是连续变化的，就没有量子化。两个连续能级 E_n 和 E_{n+1} 之间的间隔 ΔE 为

$$\Delta E = (2n+1)\frac{h^2}{8ml^2} \tag{3-210}$$

此方程表明，当腔长增加时，两个连续能级间的间隔减小 l^2。因此，连续电子能级间距增大，作为共轭电子结构，电子传播距离更长。根据各种量子能级波函数平面波的修正，不同量子态 n 的波函数为

$$\psi_n(x) = \left(\frac{2}{l}\right)^{1/2}\sin\left(\frac{n\pi x}{l}\right) = \frac{1}{2i}\left(\frac{2}{l}\right)^{1/2}(\mathrm{e}^{\mathrm{i}kx} - \mathrm{e}^{-\mathrm{i}kx}) \tag{3-211}$$

式中 $k=n/l$。

图 3-76 中的波函数 ψ_n 即 $n=1,2,3$ 的各种量子态函数。根据光子 $n=0,1,2$ 平面波导模型的场分布之间的相关性和电子的量子态 $n=1,2,3$ 的波函数，可看出一维约束效果非常相似。概率密度 $|\psi_n|^2$ 随腔内位置变化，且对于不同量子数 n 而异。例如，$\psi_n=1$ 的最大概率密度在腔的中心，而平面波的概率很分散。二维矩形腔的模拟，在 x 和 y 方向上距离 l_1 和 l_2 处二维 Schrödinger 方程的解中，能量特征值取决于量子数 n_1 和 n_2：

$$E_{n_1,n_2} = \left(\frac{n_1^2}{l_1^2} + \frac{n_2^2}{l_2^2}\right)\frac{h^2}{8m} \tag{3-212}$$

该效应的波函数为

$$\psi_{n_1,n_2}(x,y) = \frac{2}{(l_1,l_2)^{1/2}}\sin\left(\frac{n_1\pi x}{l_1}\right)\sin\left(\frac{n_2\pi y}{l_2}\right) \tag{3-213}$$

式中，n_1、n_2 为 1、2、3 等能级量子数。

对三维约束也同样，l_1、l_2、l_3 的 3 个量子数 n_1、n_2、n 对应 1、2、3 能级。特征值 E_{n_1,n_2,n_3} 和波函数 ψ_{n_1,n_2,n_3} 可通过式(3-212)和式(3-213)求解。

经典的光子和电子在完全封闭的区域内，光子的传播进程如图 3-78 所示。根据经典物理学原理，一旦势能受限，电子能量 E 一定小于势能 V，电子将完全限制在腔内。

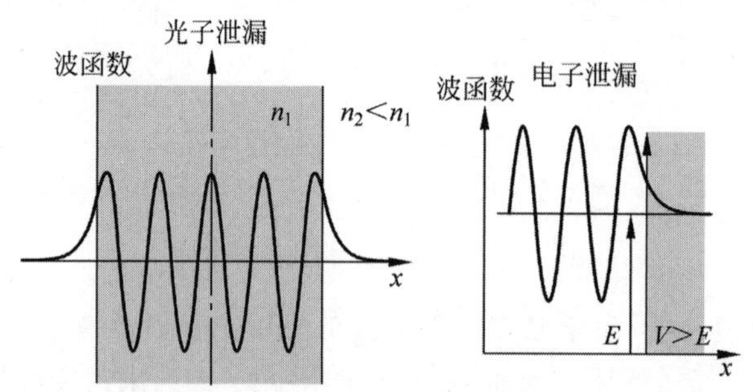

图 3-78 根据经典量子激射原理，光子与电子泄漏过程示意图

图 3-75 中被限制在波导中的光场分布如图 3-78 所示。

说明在一定条件下光子可能泄漏波导(经典禁区)以外的区域，此泄漏产生的电磁场被称为隐失波。波导外的场分布与平面波矢量 k 不同，是实数。在禁区内电场振幅，在低折射率介质中随传播距离 x 做指数衰减为

$$E_x = E_0 \exp(-x/d_p) \tag{3-214}$$

式中，E_0 为波导边界上电场方程；参数 d_p 渗透深度，定义为当电场 E_0 减至 1/e 时的距离。

1. 禁带

根据以上平面波表达式可知，方程式(3-214)代表波矢量的虚部($k=i/d_p$)，即呈指数衰减波的波矢量 k 隐失波。通常，可见光的穿透深度 d_p 为 50～100nm，因此隐失波属于纳米光子学范畴，被广泛地应用于许多微观界面选择性激射传播过程的分析计算。图 3-78 中的波函数代表腔对应的量子数 n，但受限腔外的波函数扩展到 $V>E$ 指数衰减域，光的隐失波相似。

电子通过正常传输带($E>V$)穿透限制壁垒区($V>E$)进入另一传输带($E>V$)如图 3-79(a)所示。同样，光子穿透低折射率限制壁垒的过程如图 3-79(b)所示。其穿透概率 T 为

$$T = a\mathrm{e}^{-2kl} \tag{3-215}$$

式中，a 为 E/V 的函数，$k=(2mE)^{1/2}$。后者即自由电子平面波矢量 k，相当于按指数衰减的隐失波函数。

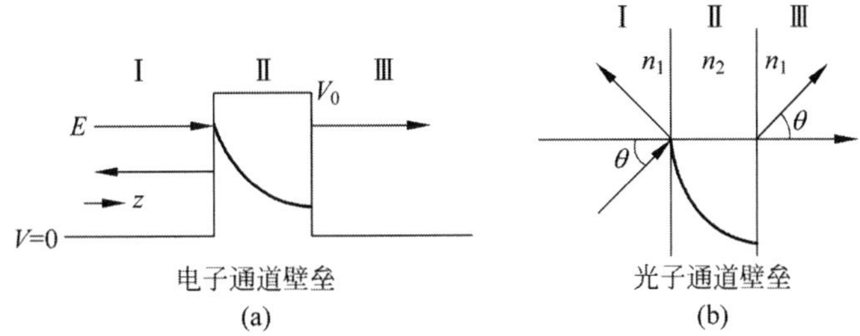

图 3-79 电子与光子在受限通道中穿透势垒制约过程示意图

2. 周期性势垒——能带

光子和电子的传播过程是类似的。例如，电子在周期性原子排列半导体晶体中，电子自由通过原子晶格时，受到原子核强库仑引力的相互作用，如图 3-80 所示。图中的半导体晶体称之为电子晶体，也属于纳米光子学领域。光子晶体是一种有序排列的介电点阵，即介电常数呈周期性变化的三维矩阵。图 3-80 为高度相同的胶体粒子(硅或聚苯乙烯微球)组成的矩阵，间隔 0.5nm 及 200nm，其折射率之比(n_1/n_2)中，n_1 是胶体粒子的折射率，n_2 是它们之间的间隙填充的高折射率材料的折射率。晶格间距在亚纳米量级，所以波长很短的 X 射线电磁波都能产生衍射。其空间衍射的 Bragg 方程为

$$m\lambda = 2nd\sin\theta \tag{3-216}$$

式中，d 为晶格间距；λ 为波长；m 为衍射级；θ 为入射角。

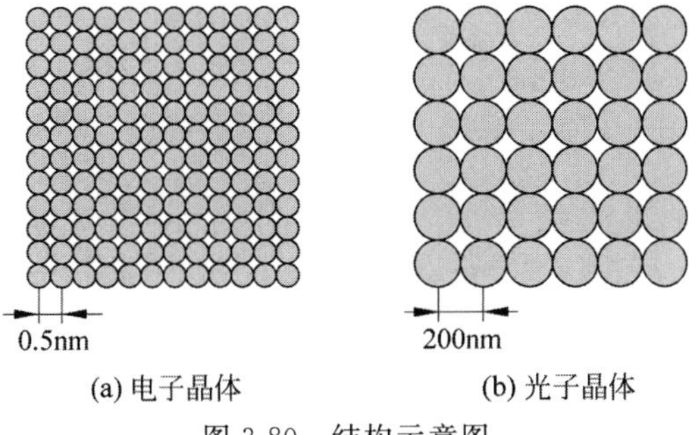

图 3-80 结构示意图

在光子晶体中，光子同样会产生 Bragg 衍射，且仍可用方程式(3-216)计算。因为粒子间距为 200nm，所以用 500nm 波长光子才能形成 Bragg 衍射。

用 Schrödinger 方程求解决定半导体的电子和光学性质的电子能量分布可知，其谐振引起的色散和自由电子周期性势能 V 抛物线分布及能带间隙如图 3-81 所示。此能带间隙 E_g 对半导体的光学及

电学特性具有重要影响。全部电子进入能量较低的价带，能量较高的导带完全为自由电子。因此，当受到热或光激发时电子注入掺杂(n 型)导带，成为可用电场控制的可移动电子。电子激发到导带后，被留在价带被视为正电荷的粒子称为空缺，也可提供传导。导带中能量 E_{CB} 为

$$E_{\mathrm{CB}} = E_{\mathrm{C}}^{0} + \frac{\hbar^2 k^2}{2m_{\mathrm{e}}^{*}} \tag{3-217}$$

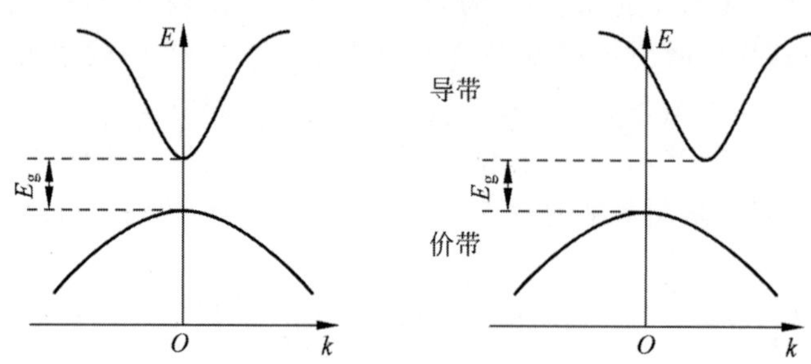

(a) GaAs, InP, CdS半导体能带直接间隙　(b) Si, Ge, GaP 半导体间接能带间隙

图 3-81　半导体晶体中电子势能分布示意图，E_g 为能带间隙

式中，E_{C}^{0} 为导带底部的能量；m_{e}^{*} 为导带中电子有效质量。靠近价带顶部的电子能量为

$$E_{\mathrm{VB}} = E_{\mathrm{V}}^{0} + \frac{\hbar^2 k^2}{2m_{\mathrm{h}}^{*}} \tag{3-218}$$

式中，$E_{\mathrm{V}}^{0}=E_{\mathrm{C}}^{0}-E_{\mathrm{g}}$ 为价带顶部能量，m_{h}^{*} 为价带中空隙有效质量。如果 m_{e}^{*} 及 m_{h}^{*} 与 k 无关，则可利用方程式(3-217)、式(3-218)计算 E 与 k 的关系。图 3-81 中为两个典型的半导体中的电子势能分布：(a)为 k 相同的情况下，价带顶部与导带底部之间的直接间隙，例如 GaAs 二元半导体；(b)为间接间隙材料，价带顶部和导带底部没有相同的波矢量 k，例如单晶硅。由于直接间隙半导体电子在价带和导带之间的跃迁涉及实质性改变取决于 k 的电子动量。这种转换特性对光子的吸收或发射具有十分重要的作用。例如，一个电子从导带进入价带，根据动量守原理，会发射光子。即导带和价带之间的动量差等于所发射光子的动量。因为光子的动量非常小($k\sim0$)，间接间隙半导体，例如硅单晶，就不适合作为光发射器件。相反，直接间隙材料砷化镓则是一种十分有效的光子发射体。所以大部分半导体的结构都被修改，诸如量子阱、量子线和量子点。对于光子晶体，根据光子的特征值方程，可计算通过两种折射率 n_1 和 n_2 介质层交替构成的一维光子晶体的色散。此色散与波矢量 k 相关(即 Bragg 堆栈)，其计算曲线如图 3-82 所示。

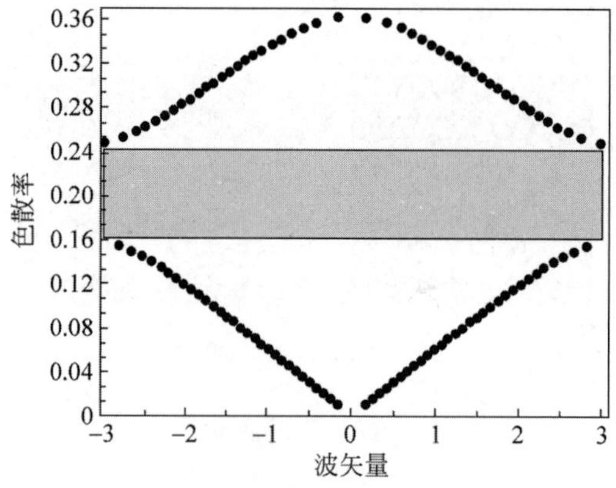

图 3-82　一维光子晶体最低能带间隙色散理论曲线

从图 3-82 可看出，光子通过光子晶体时，在禁带两侧出现两种频率。此现象类似于电子晶体中价带与导带之间能带间隙 E_g 的作用，所以被称为光子能带隙。但在此能带间隙中没有光子存在，所

以在此频率范围内的光子不能通过光子晶体。使用 Bragg 衍射模型也可以看到光子能带隙频率满足 Bragg 衍射条件。因此,在不能传播的光子能带区出现另一种现象,即这些频率的光子被高折射率比(n_1/n_2)引起强散射。换句话说,如果光子频率与光子晶体能带区相符,则这些光子将从晶体表面反射,不进入晶体。如果光子被激射进入光子晶体能带隙区内,则不可能再离开晶体。

3. 光子与电子的协同效应

所谓协同效应是指多个粒子之间的相互作用。通常,协同效应分析均把光子和电子分类描述。因为实验证明电子之间可以直接交互,而光子只能在某些传播介质中产生交互作用。在非线性光学介质中产生的光子相同效应就是典型的例子。在线性介质中,光子作为电磁波传播没有相互作用。如上所述,电磁波的传播对介质的介电常数或折射率反应敏感。线性介质的介电常数及折射率的磁化系数 $\chi^{(1)}$ 成线性关系:

$$\varepsilon = n^2 = 1 + \chi^{(1)} \tag{3-219}$$

磁化系数 $\chi^{(1)}$ 与受光场 E 影响的介质偏振系数 P 成线性相关如下:

$$P = \chi^{(1)} E \tag{3-200}$$

因为 $\chi^{(1)}$ 与两个矢量 P 和 E 都相关,实际上为二阶矢量。在强光子场(例如激光束)中,电场 E 极强,产生的偏振 P 如下:

$$P = \chi^{(1)} E + \chi^{(2)} EE + \chi^{(3)} EEE + \cdots \tag{3-221}$$

强光子场中高阶 E 使光子相互作用产生非线性效应。这种光子间最重要的交互作用是变频,其转换过程如下:

两个频率为 $\chi^{(1)}$ 和 $\chi^{(2)}$ 光子相互作用产生了频率为 2χ 的光子,此过程称为二次谐波(Second Harmonic Generation,SHG)。例如,原来的光子波长为 1.06μm,经变频(1/2)后输出的波长为 532nm。这种现象在非线性光学中称为参量混频或参量产生过程。三光子交互作用,产生三阶非线性光学效应获得新的光子频率为 3χ,此过程称为第三次谐波振荡(Third Harmonic Generation,THG)。同时,吸收两个光子(双光子吸收),并产生一个电子激发。还有另外一种重要的非线性光学交互过程,是取决于光学非线性介质折射率的 Pockel 效应。应用折射率的线性相关电场影响光子的传播,从而获得光电转换或调节功能。例如光学 Kerr 效应,这种三阶非线性光学效应描述介质在电场作用下沿平行和垂直于电场方向的偏振光波的折射率 n'' 和 n 产生不同变化,且其差值 Δn 与输入光场强度成正比。产生光学 Kerr 效应的非线性介质可以是液体、固体、气体或原子蒸气。常见的物理机制包括:在光子作用下不同能级粒子分布发生变化、电子云分布发生变化、光诱导电致伸缩效应和分子取向以及光场引起的分子排列变化。所以,通过控制光密度就可以控制光信号,在光子信息存储及其他处理中有重要用途。

电子之间的协同作用会产生 cooper 效应,在超导介质中形成 cooper 对。由于每个电子都带一个负电荷,相互产生静电排斥,使周围阳离子晶格扭曲(晶格振动)产生所谓的电子声子交互作用,在其周围形成高密度正电荷区域吸引另一个电子。即电子声子作用使两个电子相互吸引,形成所谓 cooper 对,如图 3-83 所示。此电子对的结合能到达多电子伏特,足以使之在极低的临界温度(T_c)以下存在,且没有电阻。另一协同效应是一个电子和一个价带空穴之间的交互作用形成激子,以及两个激子绑定形成双激子。在有机绝缘材料中,电子和空穴很容易紧密地绑定在同一晶格(也可能是一个分子)内。

这种紧密地绑定的电子-空穴对称为 Frenkel 激子。在半导体中,在导带中的电子与价带中的空穴不能单独耦合形成激子,可能出现多电子和空穴(分布在多个网格中)耦合形成的大激子,称为 Wannier 激子。此激子由带负电荷的电子和带正电的空穴组成具有量子特性的中性粒子,类似于氢原子中一个电子和一个质子的相互库仑作用,激子能量可用量化能级表示,其能带(E_g)为

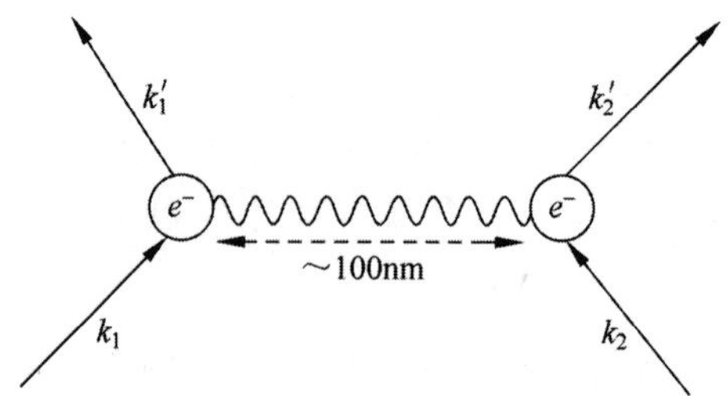

图 3-83　两个电子交互作用形成声子 Cooper 对偶过程示意图

$$E_n(k) = E_g - \frac{R_y}{n^2} + \frac{\hbar^2 k^2}{2m} \tag{3-222}$$

式中 R_y 称为 Rydberg 激子：

$$R_y = \frac{e^2}{2\varepsilon\alpha_B} \tag{3-223}$$

其中，ε 为晶体介电常数；α_B 为激子的 Bohr 半径，或半导体 Bohr 半径，定义为

$$\alpha_B = \frac{\varepsilon\,\hbar^2}{\mu e^2} \tag{3-224}$$

式中，μ 为电子-空穴对的折算质量，定义为

$$\mu^{-1} = m_e^{*-1} + m_h^{*-1} \tag{3-225}$$

此 Bohr 激子半径通常用于表示半导体激子的大小(电子和空穴的距离)，k 为激子波矢量。激子跃迁的最低能量为 $E_1=E_g-R_y$，低于能带隙。Rydberg 能量即激子结合能，通常在 1～100V 范围。若热能到达 $kT<R_y$ 时就会形成激子。如果 $kT>R_y$，则激子产生电离，电子和空穴分离。在高激发密度下，两个激子可以绑定形成双激子，被广泛地应用于 CuCl 半导体制约量子结构，例如量子阱、量子线和量子点的研究。

4. 纳米光学交互作用

电场光子结合被用于纳米量级光诱导交互作用。光场可以轴向和横向都精确地控制在纳米尺度范围，方法如图 3-84 所示。

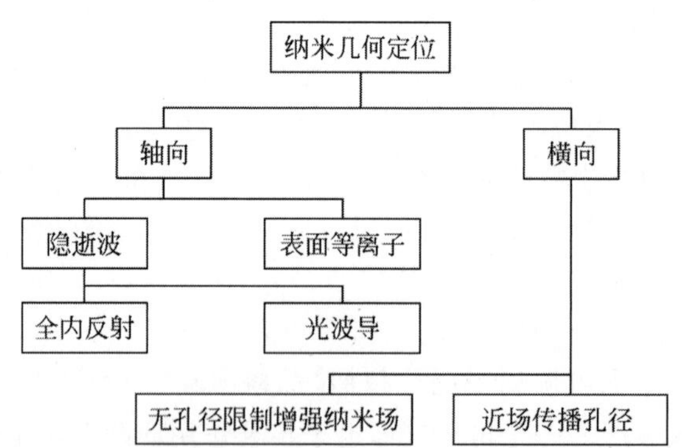

图 3-84　在轴向和横向同时实现纳米尺度精确控制的方法

隐失波来源于光子通道，强度沿轴向随周围介质折射的降低呈指数衰减，最大隐失场延伸距离为 50～100nm。纳米隐失波光学波导耦合方法如图 3-85 所示。光子从一个波导进入另一个波导，可用于波导定向耦合器开关光通信网络，或作为光纤传感器。另一个全内反射隐失波传播过程如图 3-86 所示，全内反射传播的光通过折射率 n_1 棱镜折射入折射率较低的 n_2 环境中。在界面上光线以足够小入射角进入第二介质保证实现全内反射临界角 θ_c 为

$$\theta_c = \arcsin(n_2/n_1) \tag{3-226}$$

当入射角大于 θ_c 时，光线全部反射回的棱镜。玻璃棱镜的折射率 n_1 为 1.52，周边环境折射率 n_2 为 1.33，临界角为 61°。即使如此，仍有部分隐失波穿透棱镜表面，其电场振幅 E_z 随距离 z 成指数 $n_2\exp(-z/d_p)$ 衰减。其传播距离 d_p 为

$$d_p = \lambda/\{4\pi n_1[\sin^2\theta - (n_2/n_1)^2]^{1/2}\} \tag{3-227}$$

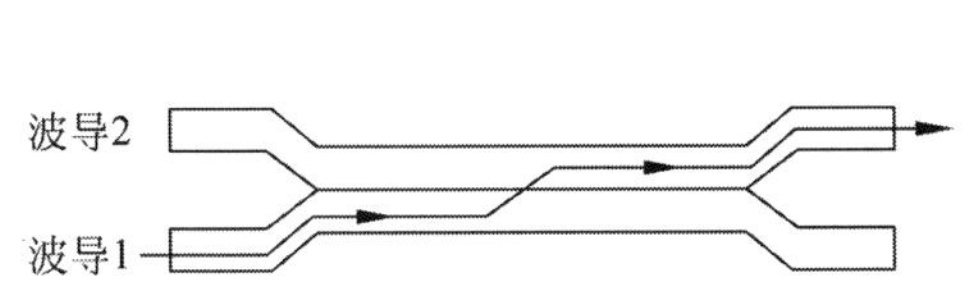

图 3-85 光纤中隐失波耦合波导工作原理示意图

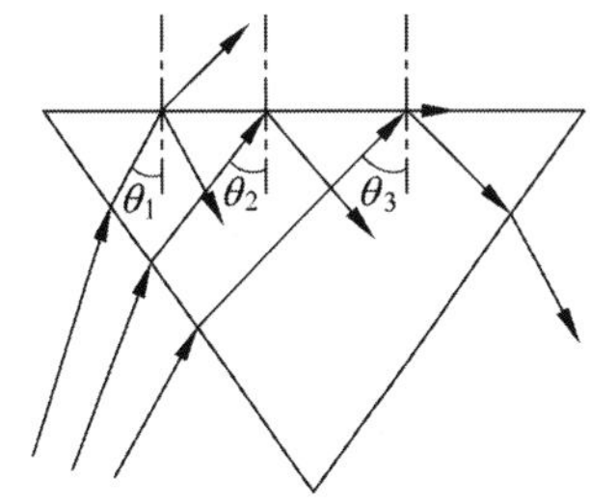

图 3-86 隐失波全内反射原理示意图
$\theta_1 < \theta_c, \theta_2 = \theta_c, \theta_3 > \theta_c$

在近场界面附近表面形成的表面等离子体谐振(Surface Plasmon Resonance，SPR)概念能较好地说明隐失波扩展相互作用，形成金属电介质界面。SPR 代替电磁波沿界面传播生成表面等离子衰减全反射(Attenuated Total Reflection，ATR)。Ag 薄膜厚度 40～50nm，激光束为 p 偏振光，对反射激光束测量得到的反射率曲线如图 3-87 所示。电磁波耦合形成表面等离子体，同时隐失场离开界面延伸传播到金属表面下方 100nm，反射光强(ATR 信号)呈下降趋势。

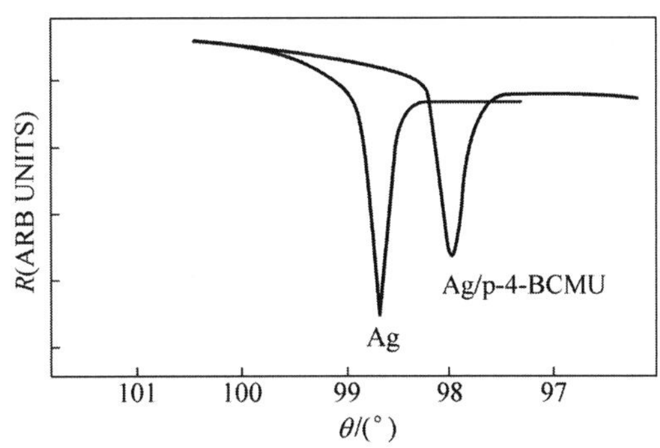

图 3-87 表面等离子体谐振反射率曲线。Ag 为银膜，Ag/p-4-BCMU 为银膜上沉积单层聚乙烯高分子材料(poly-4-BCMU)膜

表面等离子体波矢量 k_{sp} 为

$$k_{sp} = (\omega/c)[(\varepsilon_m\varepsilon_d)/(\varepsilon_m + \varepsilon_d)]^{1/2} \tag{3-228}$$

式中，ω 为光频；ε_m 及 ε_d 分别为金属与聚乙烯材料介电常数。

对于裸露的金属薄膜，ε_d 为空气的介电常数。另一个金属层与介电层组成的双层膜，耦合角发生变化，如图 3-88 所示。在此基础上，利用 Fresnel 反射公式可计算出 3 个重要参数：折射率的实部和虚部和介电层的厚度。并可根据金属和有机覆盖膜的介电常数 ε_m 和 ε_d 计算表面等离子体谐振角 θ：

$$\cot\theta\delta\theta = [2\varepsilon_m\varepsilon_d(\varepsilon_m + \varepsilon_d)]^{-1}(\varepsilon_m^2\delta\varepsilon_d + \varepsilon_d^2\delta\varepsilon_m) \tag{3-229}$$

由于 $|\varepsilon_m| \gg |\varepsilon_d|$，$\theta$ 角的变化对 ε_d 更敏感，通过调整此参数获得所需膜系。另外，SPR 的表面等离子体对介质的高灵敏度增强的隐失波，可更有效地产生非线性光学过程，提高光子密度。

5. 横向纳米受限

如上所示，横向光纳米约束可方便利用近场光学原理获得，目前控制范围为 50～100nm，采用近

场光学显微镜(Near-field Scanning Optical Microscope,NSOM)或锥形光纤均可实现。另外一种类似方法是使用扫描隧道显微镜(Scanning Tunneling Microscopes,STM),以及本节将介绍的纳米电子相互作用过程及其相互影响,如图3-88所示。

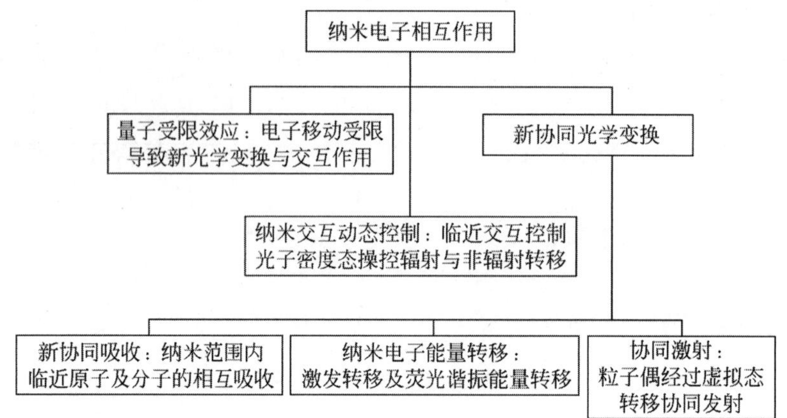

图3-88 纳米电子相互作用受限效应导致的纳米电子相互作用,及其在介质中产生的重要反应。研究内容包括：辐射纳米受限、物质纳米受限及纳米光子过程和纳米电子相互作用

6. 量子受限效应

最常见的纳米电子相互作用的例子是辐射跃迁,发出特定波长。另外,利用纳米晶体晶格的振动提高发射效率,获得新类型的高效光电或电光转换器件,且提出纳米光子学的概念。纳米光子学是纳米技术与光子学融合后产生的一门新兴学科。它为物理、化学、工程应用科学、生物学及医学的发展提供了一种新的技术手段。纳米光学与技术的主要研究内容包括辐射纳米受限、物质纳米受限及纳米光子过程三部分。本节重点讨论光与物质之间纳米尺寸范围内的相互作用。因为,第一,诱导光与物质之间的相互作用是在纳米尺寸范围内,限制光纳米尺寸比光的波长小得多；第二,纳米尺寸的物质限制了光与物质之间的相互作用,又称为纳米材料；第三,纳米光学加工,包括光诱导化学和光致相变。物质的纳米尺度受限使光子纳米结构制造中的实际分辨率得到有效的提高。例如,利用纳米光子学原理制造出具有独特的电子和光子性能的纳米粒子,纳米粒子有机材料,金属纳米粒子电磁场增强,纳米光子晶体等。在此基础上加工各种制造纳米结构用于纳米级传感器及纳米存储器。

各种光学和高阶非线性光学在纳米领域的交互作用,简捷描述了半导体量子阱、量子线、量子点的量子受限效应,不仅对半导体激光器的发展具有重要意义,也解决了纳米存储器的辐射源问题。金属纳米技术中的等离子体能使光子在比波长小通道中传播。根据纳米控制激发动力学描述能量转换过程,实现光子波长的可控转换,成为多频率光子存储的有力工具。在纳米材料及工艺方面,在分子束外延(MBE)和有机化学气相淀积的基础上,利用纳米化学合成方法,在特定纳米材料中构成对光子敏感的特殊米分子结构体系,为量子信息存储器件设计提供了更丰富的选择空间。这些纳米结构包括有机和无机混合结构,三维体系共价键结构,纳米材料覆盖共聚物,超分子结构自组装等介质。此外,光子晶体也推动了量子存储发展。例如,光子晶体对光子的特殊周期性调制功能及非线性光学过程被用于双光子吸收量子存储,不仅改善了分辨率,还使结构小型化成为可能,为量子固体存储及其他类型的高密度数据存储器的工程应用,提供了重要技术基础。

7. 纳米光电子转换作用

在光量子存储过程中相邻的离子、原子或分子物相互作用可产生新的光学吸收谐振或多光子吸收。例如量子受限结构CuC双激子半导体,其光子吸收和发射双激子态的能量低于单独激子。这种差异源于激子的结合能，引发多激发（multiexcition）或多激子凝聚的概念。引申到分子系统提出各种类型的聚合物。如J聚合染料，其首偶极子尾相对排列的结构如图3-89所示。此原理被应用于多波长多阶光子信息存储介质设计。另一种纳米电子相互作用引发光电转换现象证实，电子（或分子）供体的纳米级近距离内存在电子（或分子）受体，形成所谓有机金属。这些有机金属结构具有基于金属配位电荷转移（Metal-to-Ligand Charge Transfer，MLCT）的光子跃迁发射特性，或相反的电荷转移引起的光吸收特性。另外，由有机供体（D）与有机受体（A）分子合成的高分子材料，在激发态会产生电荷转移体 D^+ 和 A^-。这些现象都在清华大学光存储国家工程研究中心得到验证，并被用于多维光存储实验研究。

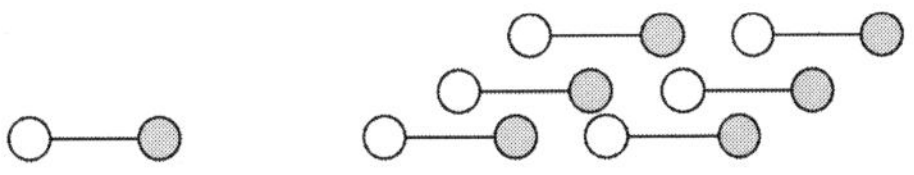

(a) 双激子组成的染料分子　　(b) J聚合染料分子团

图3-89　线性电荷转移染料及J聚合染料分子结构示意图

在这些介质中产生的电荷转移跃迁具有强烈的光至变色效应，即使 D 和 A 分子的吸收光谱不在可见光范围，本身无色并不影响其优秀的光子存储特性。另一物种由电子处于激发态的核素 A（在激发态时标记为 A^*）及电子处于基态的核素 B 组成的聚合物具有良好的光吸收效应：

$$A \xrightarrow{hv} A^*, \quad A^* + B \longrightarrow (AB)^* \tag{3-230}$$

若 A 和 B 相同，此激发态二聚体称为准分子激发态。如果 A，B 不同，产生的异质二聚体称为激发复合体。激发复合体 A 和 B 之间不存在任何电子（电荷）转移，属于中性物质。这些激发态复合体与单体激发态 A^* 相比，光谱特性明显向能量较低的红波长方向移动。此外，这种准分激发复合体对周围的纳米结构非常敏感，此动力学过程被用于生物传感器。

8．纳米电子能量传递

由于光子激射作用引起的化学反应多余，电子能量从离子、原子或分子中心转移到纳米量级的范围内。但仅仅是能量转移，而不是电子转移。因此，此电子激发态中心成为能量供体。J聚合物就属于这种可激发能量。当受激电子返回基态时，产生激子迁移并发出荧光。这种类型分子之间的能量转移，称为荧光共振能量转移（Fluorescence Resonance Energy Transfer，FRET）。这种能量供体和能量受体之间的偶极-偶极相互作用的距离在1～10nm范围。此相距纳米的两个相邻中心，受到电子激励时会发出高能光子如图3-90所示，而且稀土离子产生向上变频效应发射的光子能量远高于个体离子能量。

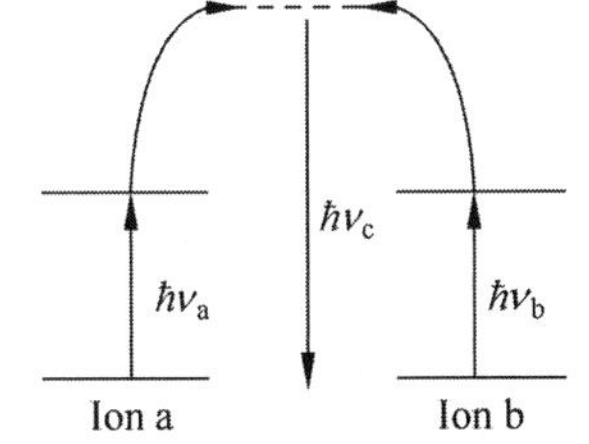

图3-90　离子偶荧光共振能量转移过程示意图

虽然光子和电子同时具有粒子和波动特征。但光子的波长比电子的长，因为波长 $\lambda=\hbar/p$，电子的动量 p 比光子大得多，所以波长相比小。在等效特征值波动方程中，光子和电子传播中的介电常数分别被描述折射率和电阻，其物理过程有明显差异。另外，光子属于矢量场（光偏振），而电子的波函数是标量。光子没有自旋和电荷，而电子拥有自旋电荷。电子和光子在自由空间的传播都是平面波，振幅为常数。但光子的波矢量 k 是矢量，描述传播方向，而电子的波矢量 k 仅代表动量。光子和电子离散约束也不相同。光子的量子场取决于波长衍射，在禁带中的传播即隐失波，强度随穿透深度成指数衰减。而电子离散均按概率分布，在半导体中电子受静电势影响，导带产生分裂，产生能带隙及隧道效应。虽然光子晶体也有类似特征，但光子的隧道效应周期必须与光子波长匹配。所以光子与电子的能量转移过程与协同效应，既有相似之处，也存在很大差异。光子产生的协同效应主要是高场强下的非线性光学效应。通常，纳米粒子的尺寸在1～10nm范围，这种纳米尺度的非线性光学交互作用。大功率高密度的光子，在某些介质中，由于光子与电子的交互作用形成二次谐波(SHG)，使初始波长为 λ_0，频率为 ν_0 光子频率的两个光子能量合并，产生频率(动能)增加一倍的光子，即新产生的光子 $\lambda_1=\hbar/2\nu_0=\hbar\nu_1$。在此过程中，没有光子吸收反应，仅是光子相互作用引起的波长 λ 和频率 ν 的转换。SHG 倍频后的光子频率 $\nu=2\nu_0$，波长为 $\lambda=\lambda_0/2$。倍频后的光子与介质原子中电子产生交互作用，原子中电子能级变化如图 3-91 所示。

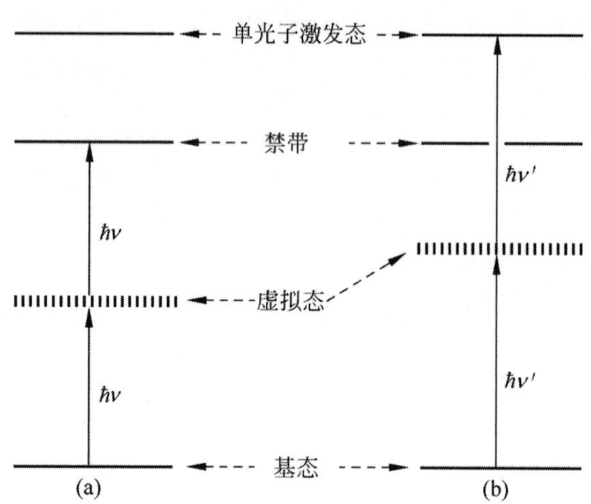

图 3-91　存储实验介质原子中电子受倍频光子激发后，产生双光子效应，实现信息存储的过程示意图。初始波长 $\lambda_0=\hbar\nu_0$ 光子，被 SHG 倍频后成为波长为 $\hbar\nu$ 的光子。介质仅对 $\hbar\nu$(390nm)光子敏感，$\hbar\nu_0$ 光子对介质没有作用

利用这种光子倍频双光子进行三维存储实验系统如图 3-92 所示。写入光源采用波长 780nm 的飞秒高功率激光器，经过用于坐标控制的声光调制器进入具有像差自动补偿和自动调焦功能的光学系统后投射到记录介质中。由于光子与电子的相互作用产生倍频效应，使 780nm 波长的光子倍频为 390nm 波长光子。此记录介质的主要成分为螺吡喃(Spirobenzopyran)，对 390nm 波长敏感。因此产生双光子激发(Two-Photon Excitation，TPE)。当其原子受 390nm 波长光子作用时，原子中的电子从基态经过两次跃迁(见图 3-92 中)转移到相对稳定的激发态。此时已记录信息的原子的吸收光谱发生变化，吸收峰转移到 532nm 波长。所以当处于激发态的原子受 532nm 波长的光子辐射时，则从激发态回到基态，并发出荧光通过透镜 2 读出。这种倍频效应只能发生在光密度大的焦点附近。由于本系统采用三维精密定位工作台，所以可以在介质的三维空间内记录信息。

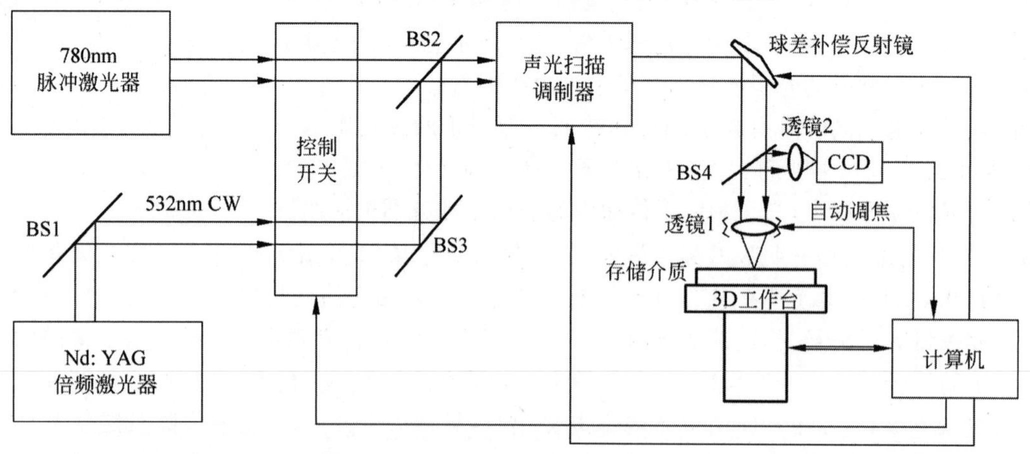

图 3-92　单光子倍频存储实验系统。BS3 为偏振反射镜，BS2 为共轴偏振透-反射镜。Nd：YAG 激光器初始波长为 1064nm，经过自倍频输出波长为 532nm

三阶非线性光学交互作用会产生三次谐波(THG)效应。介质与光相互作用使3光子合并，产生一个3倍频率的光子输出。如果输入波长λ为近红外1.06μm波长，则输出波长约为355nm，属于紫外线。因为多数介质不存在相应的制约，此过程可以发生在任何媒体中。上面介绍的双光子激发(TPE)过程，在3光子倍频中同样存在。介质原子在吸收2倍频(2个光子)或3倍频(3个光子)后达到激发态，如图3-93所示。而且均会在吸收另外一种频率的光子(ν_n)后从激发态回到基态，并发出另外一种频率(能量更高)的光子。但THG过程与TPE及SHG略有不同。在大多数情况下，$\nu_3 < 3\nu$。由于受3阶非线性光子交互作用没有对称性的限制，TPE产生的荧光是一个不连续的过程，不能用于信息存储。此外，某些非线性光学效应对表面分子取向非常敏感，可利用此特性制造表面结构探针或表面纳米级精细结构加工。

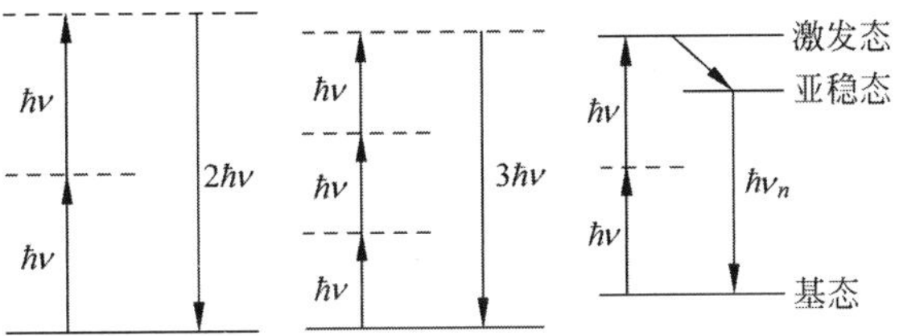

图3-93　光学交互作用所产生的二阶与三阶非线性效应对介质中电子能态的影响对比

利用二阶非线性光学倍频效应产生的波长为390nm光子束，在有机介质膜上加工出的微结构图形截面如图3-94所示。z为深度方向，最小尺寸为90nm。因为此光束为偏振光，如果介质属于各向异性材料，对偏振角敏感，需调整光学系统中的偏振发射镜(参见图3-92)。

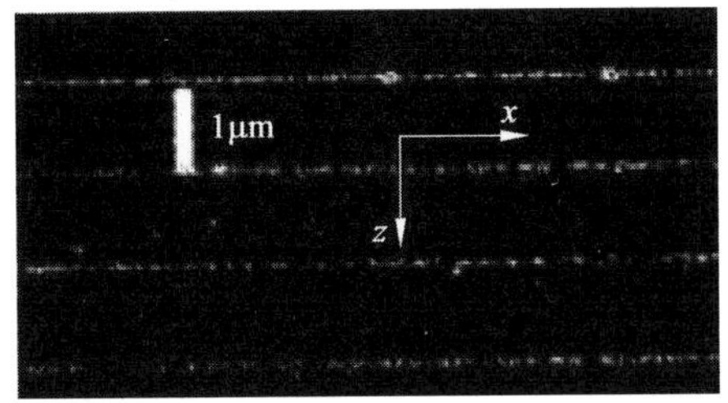

图3-94　二阶非线性光学倍频效应在有机介质膜上加工出的微结构图形

SHG的有效系数$d_{\mathrm{eff}}=224\mathrm{pm/V}$中包含两个张量分量$d_{21}$，$d_{22}$。对于各向异性晶体的研究提供了一个高灵敏度，且分辨率很高的测试工具。对晶体的均匀性、内应力、晶轴方向、偏振特性级晶体的微结构分析很有参考价值。例如，纳米晶体的均匀性体现为观测亮度分布。若纳米晶体不出现亮点或暗点，说明此晶体纳米结构均匀有序。另外是晶体的晶轴方向，通过测量SHG的有效系数d_{eff}，可精确获得表面晶体取向。THG产生的355nm光束(入射波长1064nm)引起的三阶非线性光学的交互作用，取决于绝于非线性有效系数d_{eff}绝对值的平方。说明此参量对介质的三阶非线性响应十分强烈，可用于相关测量。此系数为高阶(4阶)张量(即4个矢量)，且不涉及介质的吸收系数。采用THG荧光效应观察有机纳米晶体(Diethylamino-Nitrostyrene，DEANST)的荧光图像与其他方法观察的图像对比如图3-95所示。图3-95(b)为1.064μm生成的355nm紫外光子THG成像图形。

DEANST晶体生成第3次谐波TPE荧光600nm有一个发射峰。THG的绝对值和虚部(TPE)的3阶非线性光学交互作用与输入光强的平方成正比。通过旋转入射光的偏振方向，可测量晶体的各向异性特征。采用大数值孔径的透镜产生场增强效应的原理如图3-96所示。强辐射的入射偏振光子沿轴线方向诱导产生高密度的表面电荷，形成极强的场增强。此增强有效地使入射波长远离金属的表面等离子体共振在J聚合染料介质中获得20nm的空间分辨率。

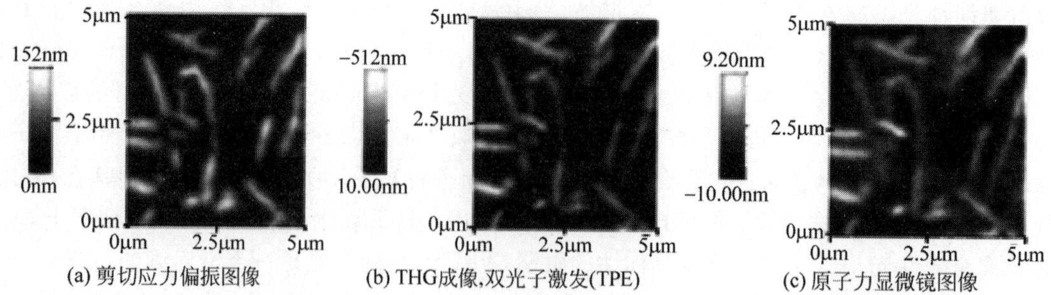

图 3-95 采用三阶谐波(THG)观测有机晶体 DEANST 与其他观察方法成像对比

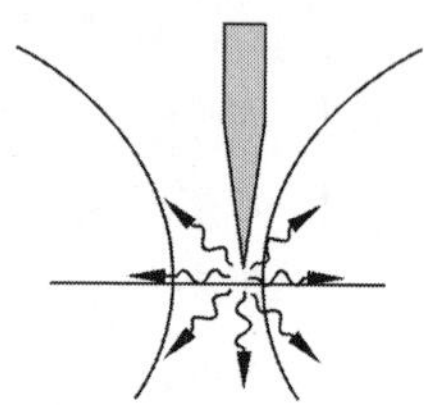

图 3-96 强辐射的入射偏振光束沿光轴产生 SHG 增强示意图。相当于光子探针,具有很高空间分辨率

比较而言,采用直径 10～15nm 单壁碳纳米管作为光子探针的空间分辨率也只不过 25nm(入射光子波长 $\lambda=633$nm)。

参 考 文 献

[1] Riedmatten H, Afzelius M, Staudt M U, et al. A solid-state light matter interface at the single-photon level. Nature, 2008, 456: 773-777.

[2] Sinclair N, Saglamyurek E, George M, et al. Spectroscopic investigations of a Ti: Tm: $LiNbO_3$ waveguide for photon-echo quantum memory. J Lumin, 2010, 130(9): 1586-1593.

[3] Afzelius M, Simon C, de Riedmatten H, et al. Multimode quantum memory based on atomic frequency combs, Phys Rev A, 2009, 79: 052329.

[4] Bonarota M, Ruggiero J, Le Gouët J-L, et al. Efficiency optimization for atomic frequency comb storage. Phys. Rev. A, 2010, 81: 033803.

[5] Tittel, W, Afzelius M, Chaneliere T, et al. Photon-echo quantum memory in solid state systems. Laser & Photon Rev, 2010, 4(2): 244-267.

[6] Thiel C W, Sun Y, Böttger T, et al. Optical decoherence and persistent spectral hole burning in Tm^{3+}: $LiNbO_3$. J Lumin, 2010, 130(9): 1603-1609.

[7] Afzelius M, Usmani I, Amari A, et al. Demonstration of atomic frequency comb memory for light with spin-wave storage. Phys Rev Lett, 2010, 104: 040503.

[8] Henderson C J, Leyva D G, Wilkinson T D. Free space adaptive optical interconnect at 1.25 Gb/s, with beam steering using a ferroelectric liquid-crystal SLM. J Lightwave Tech, 2006, 24(5): 1989-1997.

[9] Fang W, Park H, Jones R, et al. A continuous wave hybrid AlGaInAs-silicon evanescent laser. IEEE Phot Tech Lett, 2006, 18(10): 1143-1145.

[10] Sysak M N, Anthes J O, Liang D, et al. A hybrid silicon sampled grating DBR tunable laser. 2008 5th IEEE International Conference on Group IV Photonics, Cardiff, Wales, 17-19 Sept, 2008: 55-57.

[11] Park H, Fang A W, Cohen O, et al. A hybrid AlGaInAs-silicon evanescent amplifier. IEEE Phot Tech Lett, 2007, 19(4): 230-232.

[12] Van Acoleyen K, Bogaerts W, Jágerská J, et al. Off-chip beam steering with a one-dimensional optical phased array on silicon-on-insulator. Opt Lett, 2009, 34(9): 1477-1479.

[13] Van Acoleyen K, Rogier H, Baets R. Two-dimensional optical phased array antenna on silicon-on-insulator. Opt Express, 2010, 18(13): 13655-13660.

[14] Van Acoleyen K, Bogaerts W, Baets R. Two-dimensional dispersive off-chip beam scanner fabricated on silicon-on-insulator. IEEE Phot Tech Lett, 2011, 23(17): 1270-1272.

[15] Kwong D, Hosseini A, Zhang Y, et al. 1×12 Unequally spaced waveguide array for actively tuned optical phased array on a silicon nanomembrane. Appl Phys Lett, 2011, 99: 051104.

[16] Le Thomas N, Houdré R, Kotlyar M, et al. Exploring light propagating in photonic crystals with Fourier optics. J Opt Soc Am B, 2007, 24(12): 2964-2971.

[17] Lvovsky A I, Sanders B C, Tittel W. Optical quantum memory. Nature Photonics, 2009, 13: 706-714.

[18] Sangouard N, Simon C, de Riedmatten H, et al. Quantum repeaters based on atomic ensembles and linear optics. Rev Mod Phys, 2011, 83: 33-80.

[19] Kimble H J. The quantum Internet. Nature, 2008, 453: 1023-1030.

[20] Aspect A. Talking entanglement. Nature Photonics, 2009, 3: 486-487.

[21] Usmani I, Afzelius M, de Riedmatten H, et al. Mapping multiple photonic qubits into and out of one solid-state atomic ensemble. Nature Comm, 2010, 1: 1-7, 12.

[22] Sohler W, Hu H, Ricken R, et al. Integrated optical devices in lithium niobate. Opt Photon News, 2008, 19(1): 24-31.

[23] Pan J-W, Chen Z-B, Lu C-Y, et al. Multiphoton entanglement and interferometry. Rev Mod Phys, 2012, 84: 777.

[24] Julsgaard B, Sherson J, Cirac J I, et al. Experimental demonstration of quantum memory for light. Nature, 2004, 432: 482-486.

[25] Chanelière T, Matsukevich D N, Jenkins S D, et al. Storage and retrieval of single photons transmitted between remote quantum memories. Nature, 2005, 438: 833-836.

[26] Eisaman M D, André A, Massou F, et al. Electromagnetically induced transparency with tunable single-photon pulses. Nature, 2005, 438: 837-841.

[27] Honda, K, Akamatsu D, Arikawa M, et al. Storage and retrieval of a squeezed vacuum. Phys Rev Lett, 2008, 100: 093601.

[28] Appel J, Figueroa E, Korystov D, et al. Quantum memory for squeezed light. Phys Rev Lett, 2008, 100: 093602.

[29] Hedges M P, Longdell J J, Li Y, et al. Efficient quantum memory for light. Nature, 2010, 465: 1052-1056.

[30] Boozer A D, Boca A, Miller R, et al. Reversible state transfer between light and a single trapped atom. Phys Rev Lett, 2007, 98: 193601.

[31] Chou C W, de Riedmatten H, Felinto D, et al. Measurement-induced entanglement for excitation stored in remote atomic ensembles. Nature, 2005, 438: 828-832.

[32] Matsukevich D N, Chanelière T, Bhattacharya M, et al. Entanglement of a Photon and a Collective Atomic Excitation. Phys Rev Lett, 2005, 95: 040405.

[33] Yuan Z-S, Chen Y-A, Zhao B, et al. Experimental demonstration of a BDCZ quantum repeater node. Nature, 2008, 454: 1098-1101.

[34] Volz J, Weber M, Schlenk D, et al. Observation of Entanglement of a Single Photon with a Trapped Atom. Phys Rev Lett, 2006, 96: 030404.

[35] Wilk T, Webster S C, Kuhn A, et al. Single-atom single-photon quantum interface. Science, 2007, 317: 488-490.

[36] Togan E, Chu Y, Trifonov A S, et al. Quantum entanglement between an optical photon and a solid-state spin qubit. Nature, 2010, 466: 730-735.

[37] Longdell J, Fraval E, Sellars M, et al. Stopped light with storage times greater than one second using electromagnetically induced transparency in a solid. Phys Rev Lett, 2005, 95: 063601.

[38] Altepeter J B, Jeffrey J B, Kwiat P G. Photonic state tomography. Advances in Atomic, Molecular, and Optical Physics, 2005, 52: 105-159.

[39] Plenio M B, Virmani S. An introduction to entanglement measures. Quant Inform Comp, 2007, 7: 1-51.

[40] Clausen C, Usmani I, Bussières F, et al. Quantum storage of photonic entanglement in a crystal. Nature, 2011, 469: 508-511.

[41] Nilsson M, Kröll S. Solid state quantum memory using complete absorption and re-emission of photons by tailored and externally controlled inhomogeneous absorption profiles. Opt Comm, 2005, 247(4-6): 393-403.

[42] Alexander A L, Longdell, J J, Sellars M J, et al. Photon echoes produced by switching electric fields. Phys Rev Lett, 2006, 96: 043602.

[43] Hétet G, Longdell J J, Alexander A L, et al. Electro-optic quantum memory for light using two-level atoms. Phys Rev Lett, 2008, 100: 023601.

Hastings-Simon S R, Staudt M U, Afzelius M, et al. Controlled Stark shifts in Er^{3+}-doped crystalline and amorphous waveguides for quantum state storage. Opt Comm, 2006, 266(2): 716-719.

[44] Batten C, Joshi A, Orcutt J, et al. Building many-core processor-to-DRAM networks with monolithic CMOS silicon photonics. IEEE Micro, 2009, 29(4): 8-21.

[45] Doerr C R, Winzer P J, Chen Y-K, et al. Monolithic polarization and phase diversity coherent receiver in silicon. J Lightwave Technol, 2010, 28(4): 520-525.

[46] Holzwarth C W, Orcutt J S, Li H, et al. Localized substrate removal technique enabling strong-confinement microphotonics in a bulk Si CMOS processes. Proc Conference on Lasers and Electro-Optics/Quantum Electronics and Laser Science (CLEO/QELS 2008), Optical Society of America, 2008: CThKK5.

[47] Orcutt J S, Ram R J. Photonic device layout within the foundry CMOS design environment. IEEE Phot Technol Lett, 2010, 22: 544-546.

[48] Orcutt J S, Khilo A, Popovic M A, et al. Demonstration of an electronic photonic integrated circuit in a commercial scaled bulk CMOS process. Proc Conference on Lasers and Electro-Optics/Quantum Electronics and Laser Science (CLEO/QELS 2008), Optical Society of America, 2008: CTuBB3.

[49] Orcutt J S, Khilo A, Holzwarth C W, et al. Nanophotonic Integration in State-of-the-Art CMOS Foundries. Opt Exp, 2011, 19(3): 2335-2346.

[50] Orcutt J S. Scaled CMOS photonics. Proc Integrated Photonics Research, Silicon and Nanophotonics and Photonics in Switching, Optical Society of America, 2009: PMC4.

[51] Orcutt J S, Tang S D, Kramer S, et al. Low-loss polysilicon waveguides suitable for integration within a high-volume electronics process. Proc Laser Applications to Photonic Applications, Optical Society of America, 2011: CThHH2.

[52] Georgas M, Orcutt J, Ram R J, et al. A monolithically-integrated optical receiver in standard 45-nm SOI. IEEE Journal of Solid-State Circuits, 2012, 47(7): 1693-1702.

[53] Lund A P, Ralph T C. Nondeterministic gates for photonic single-rail quantum logic. Phys Rev A, 2002, 66: 032307.

[54] Berry D W, Lvovsky A I, Sanders B C. Interconvertibility of single-rail optical qubits. Opt Lett, 2006, 31: 107-109.

[55] Gottesman D. Quantum error correction and fault tolerance. Encyc Math Phys, 2006, 4: 196-201.

[56] Lobino M, Korystov D, Kupchak C, et al. Complete characterization of quantum-optical processes. Science, 2008, 322(5901): 563-566.

[57] Lobino M, Kupchak C, Figueroa E, et al. Memory for light as a quantum process. Phys Rev Lett, 2009, 102: 203601.

[58] Hammerer K, Wolf M M, Polzik E S, et al. Quantum benchmark for storage and transmission of coherent states. Phys Rev Lett, 2005, 94: 150503.

[59] Hétet G, Peng A, Johnsson M T, et al. Characterization of electromagneticallyinduced-transparency-based continuous-variable quantum memories. Phys Rev A, 2008, 77: 012323.

[60] Nunn J, Reim K, Lee K C, et al. Multimode Memories in Atomic Ensembles. Phys Rev Lett, 2008,

101：260502.

[61] Raussendorf R，Briegel H J. A one-way quantum computer. Phys Rev Lett，2001，86：5188-5191.

[62] Kok P，Munro W J，Nemoto K，et al. Linear optical quantum computing with photonic qubits. Rev Mod Phys，2007，79：135-174.

[63] Landry O，van Houwelingen J A W，Beveratos A，et al. Quantum teleportation over the Swisscom telecommunication network. J Opt Soc Am B，2007，24：398-403.

[64] Leung P M，Ralph T C. Quantum memory scheme based on optical filters and cavities. Phys Rev A，2006，74：022311.

[65] Tanabe T，Notomi M，Kuramochi E，et al. Trapping and delaying photons for one nanosecond in an ultrasmall high-Q photonic-crystal nanocavity. Nature Phot，2006，1：49-52.

[66] Tanabe T，Notomi M，Taniyama H，et al. Dynamic release of trapped light from an ultrahigh-Q nanocavity via adiabatic frequency tuning. Phys Rev Lett，2009，102：043907.

[67] Burmeister E F，Blumenthal D J，Bowers J E. A comparison of optical buffering technologies. Optical Switching and Networking，2008，5：10-18.

[68] Lukin M D. Colloquium：Trapping and manipulating photon states in atomic ensembles. Rev Mod Phys，2003，75：457-472.

[69] Fleischhauer M，Imamoglu A，Marangos J P. Electromagnetically induced transparency：Optics in coherent media. Rev Mod Phys，2005，77：633-673.

[70] Gorshkov A V，André A，Fleischhauer M，et al. Optimal storage of photon states in optically dense atomic media. Phys Rev Lett，2007，98：123601.

[71] Phillips N B，Novikova I，Gorshkov A V. Optimal light storage in atomic vapor. Phys Rev A，2008，78：023801.

[72] Novikova I，Gorshkov A V，Phillips D F，et al. Optimal Control of Light Pulse Storage and Retrieval. Phys Rev Lett，2007，98：243602.

[73] Novikova I，Phillips N B，Gorshkov A V. Optimal light storage with full pulse-shape control. Phys Rev A，2008，78：021802.

[74] Camacho R M，Vudyasetu P K，Howell J C. Four-wave-mixing stopped light in hot atomic rubidium vapour. Nature Phot，2009，3：103-106.

[75] Goldner Ph，Guillot-Noël O，Beaudoux F，et al. Long coherence lifetime and electromagnetically induced transparency in a highly-spin-concentrated solid. Phys Rev A，2009，79：033809.

[76] Choi K S，Deng H，Laurat J，et al. Mapping photonic entanglement into and out of a quantum memory. Nature，2008，452：67-71.

[77] Akamatsu D，Akiba K，Kozuma M. Electromagnetically induced transparency with squeezed vacuum. Phys Rev Lett，2004，92，203602.

[78] Arikawa M，Honda K，Akamatsu D，et al. M. Quantum memory of a squeezed vacuum for arbitrary frequency sidebands. Phys Rev A，2010，81：021605.

[79] Figueroa E，Vewinger F，Appel J，et al. Decoherence of electromagnetically-induced transparency in atomic vapor. Opt Lett，2006，31：2625-2627.

[80] Hsu M T L，Hétet G，Glöckl O，et al. Quantum study of information delay in electromagnetically induced transparency. Phys Rev Lett，2006，97：183601.

[81] Peng A，Johnsson M，Bowen W P，et al. Squeezing and entanglement delay using slow light. Phys Rev A，2005，71：033809.

[82] Hétet G，Peng A，Johnsson M T，et al. Erratum：Squeezing and entanglement delay using slow light [Phys. Rev. A 71，033809 (2005)]. Phys Rev A，2006，74：059902.

[83] Figueroa E，Lobino M，Korystov D，et al. Propagation of squeezed vacuum under electromagnetically induced transparency. New J Phys，2009，11：013044.

[84] Chou C W，Polyakov S V，Kuzmich A，et al. Single-photon generation from stored excitation in an atomic ensemble. Phys Rev Lett，2004，92：213601.

[85] Lukin M D. Shaping quantum pulses of light via coherent atomic memory. Phys Rev Lett, 2004, 93: 233602.
[86] Polyakov S V, Chou C W, Felinto D, et al. Temporal dynamics of photon pairs generated by an atomic ensemble. Phys Rev Lett, 2004, 93: 263601.
[87] Laurat J, de Riedmatten J, Felinto D, et al. Efficient retrieval of a single excitation stored in an atomic ensemble. Opt Express, 2006, 14: 6912-6918.
[88] Balić V, Braje D A, Kolchin P, et al. Generation of paired photons with controllable waveforms. Phys Rev Lett, 2005, 94: 183601.
[89] Braje D A, Balić V, Goda S, et al. Frequency mixing using electromagnetically induced transparency in cold atoms. Phys Rev Lett, 2004, 93: 183601.
[90] Papp S B, Choi K S, Deng H, et al. Characterization of multipartite entanglement for one photon shared among four optical modes. Science, 2009, 324: 764-768.
[91] Matsukevich D N, Chaneliére T, Jenkins S D, et al. Deterministic single photons via conditional quantum evolution. Phys Rev Lett, 2006, 97: 013601.
[92] de Riedmatten H, Laurat J, Chou C W, et al. Direct measurement of decoherence for entanglement between a photon and stored atomic excitation. Phys Rev Lett, 2006, 97: 113603.
[93] Chen S, Chen Y-A, Strassel T, et al. Deterministic and storable single-photon source based on a quantum memory. Phys Rev Lett, 2006, 97: 173004.
[94] Black A T, Thompson J K, Vuletić, V. On demand superradiant conversion of atomic spin gratings into single photons with high efficiency. Phys Rev Lett, 2005, 95: 133601.
[95] Thompson J K, Simon J, Loh H, et al. A high-brightness source of narrowband, identical-photon pairs. Science, 2006, 313: 74.
[96] Simon J, Tanji H, Thompson J K, et al. Interfacing collective atomic excitations and single photons. Phys Rev Lett, 2007, 98: 183601.
[97] Felinto D, Chou C W, Laurat J, et al. Conditional control of the quantum states of remote atomic memories for quantum networking. Nature Phys, 2006, 2: 844-848.
[98] Chanelière T, Matsukevich D N, Jenkins S D, et al. Quantum interference of electromagnetic fields from remote quantum memories. Phys Rev Lett, 2007, 98: 113602.
[99] Yuan Z-S, Chen Y-A, Chen S, et al. Synchronized independent narrow-band single photons and efficient generation of photonic entanglement. Phys Rev Lett, 2007, 98: 180503.
[100] Matsukevich D N, Kuzmich A. Quantum state transfer between matter and light. Science, 2004, 306: 663-666.
[101] van Enk S, Kimble H J. Comment on "Quantum state transfer between matter and light". Science, 2005, 309: 1187.
[102] Matsukevich D N, Kuzmich A. Response to comment on "Quantum state transfer between matter and light". Science, 2005, 309: 1187.
[103] Chen Y-A, Chen S, Yuan Z-S, et al. Memory-build-in quantum teleportation with photonic and atomic qubits. Nature Phys, 2008, 4: 103-107.
[104] Chen S, Chen Y-A, Zhao B, et al. Demonstration of a stable. Phys Rev Lett, 2007, 99: 180505.
[105] Lan S-Y, Jenkins S D, Chanelière T, et al. Dual-species matter qubit entangled with light. Phys Rev Lett, 2007, 98: 123602.
[106] Matsukevich D N, Chanelière T, Jenkins S D, et al. Entanglement of remote atomic qubits. Phys Rev Lett, 2006, 96, 030405.
[107] Zhao B, Chen Z-B, Chen Y-A, et al. Robust creation of entanglement between remote memory qubits. Phys Rev Lett, 2007, 98: 240502.
[108] Chou C-W, et al. Functional quantum nodes for entanglement distribution over scalable quantum networks. Science, 2007, 316: 1316.
[109] Ruggiero J, Le Gouët J-L, Simon C, et al. Why the two-pulse photon echo is not a good quantum memory protocol. Phys Rev A, 2009, 79: 053851.

[110] Hétet G, Longdell J J, Sellars M J, et al. Multimodal properties and dynamics of gradient echo memory. Phys Rev Lett, 2008, 101: 203601.

[111] Kraus B, Tittel W, Gisin N, et al. Quantum memory for nonstationary light fields based on controlled reversible inhomogeneous broadening. Phys Rev A, 2006, 73: 020302.

[112] Sanguard N, Simon C, Afzelius M, et al. Analysis of a quantum memory for photons based on controlled reversible inhomogeneous broadening. Phys Rev A, 2007, 75: 032327.

[113] Longdell J J, Hétet G, Lam P K, et al. Analytic treatment of controlled reversible inhomogeneous broadening quantum memories for light using two-level atoms. Phys Rev A, 2008, 78: 032337.

[114] Hétet M, Longdell J J, Alexander A L, et al. Electro-optic quantum memory for light using two-level atoms. Phys Rev Lett, 2008, 100: 023601.

[115] Moiseev S A, Arslanov N M. Efficiency and fidelity of photon-echo quantum memory in an atomic system with longitudinal inhomogeneous broadening. Phys Rev A, 2008, 78: 023803.

[116] Hétet G, Hosseini M, Sparkes B M, et al. Photon echoes generated by reversing magnetic field gradients in a rubidium vapor. Opt Lett, 2008, 33: 2323-2325.

[117] Le Gouët, J-L, Berman P R. Raman scheme for adjustable bandwidth quantum memory. Phys Rev A, 2009, 80: 012320.

[118] Hosseini M, Sparkes B M, Hétet G, et al. Coherent optical pulse sequencer for quantum applications. Nature, 2009, 461: 241-245.

[119] Alexander A L, Longdell J J, Sellars M J, et al. Coherent information storage with photon echoes produced by switching electric fields. J Lumin, 2007, 127: 94-97.

[120] Hedges M P, Sellars M J, Lee Y-M, et al. A solid state quantum memory. International Conference on Hole Burning, Single Molecule, and Related Spectroscopies: Science Applications (HBSM 2009), Palm Cove, Australia, 22-27 June 2009.

[121] Lauritzen, B, Minác J, Riedmatten H D, et al. Solid state quantum memory for photons at telecommunication wavelengths. Phys Rev Lett, 2010, 104(8) : 65-85.

[122] Vewinger F, Appel J, Figueroa E, et al. Adiabatic frequency conversion of quantum optical information in atomic vapor. Opt Lett, 2007, 32: 2771-2773.

[123] Campbell G, Ordog A, Lvovsky A I. Multimode electromagnetically-induced transparency on a single atomic line. New J Phys, 2009, 11: 103021.

[124] Staudt M U, Hastings-Simon S R, Afzelius M, et al. Investigations of optical coherence properties in an erbium-doped silicate fiber for quantum state storage. Opt Comm, 2006, 266(2): 720-726.

[125] Appel J, Marzlin K-P, Lvovsky A I. Raman adiabatic transfer of optical states in multilevel atoms. Phys Rev A, 2006, 73: 013804.

[126] Kuzmich A, Polzik E S. Atomic variable protocols and light-atoms quantum interface. Brainstein S, Pati A K, ed. Quantum Information with Continuous Variables, 2003: 231-265.

[127] Hull R, Parisi J, Osgood Jr R M, et al. Spectroscopic properties of rare earths in optical materials. Springer Series in Materials Science, Berlin:, Springer, 2005 Volume 83.

[128] Macfarlane R M. Optical stark spectroscopy of solids. J Lumin, 2007, 125: 156-174.

[129] Zhao B, Chen Y-A, Bao X-H, et al. A millisecond quantum memory for scalable quantum networks. Nature Phys, 2008, 5: 95-99.

[130] Zhao R, Dudin Y O, Jenkins S D, et al. Long-lived quantum memory. Nature Phys, 2008, 5: 100-104.

[131] Schnorrberger U, Thompson J D, Trotzky S, et al. Electromagnetically induced transparency and light storage in an Atomic Mott Insulator. Phys Rev Lett, 2009, 103: 033003.

[132] Fraval E, Sellars M J, Longdell J J. Method of extending hyperfine coherence times in Pr^{3+}: Y_2SiO_5. Phys Rev Lett, 2004, 92: 077601.

[133] Fraval E, Sellars M J, Longdell J J. Dynamic decoherence control of a solid-state nuclear quadrupole qubit. Phys Rev Lett, 2005, 95: 030506.

[134] Sherson J, Julsgaard B, Polzik E S. Deterministic atom-light quantum interface. Advances In Atomic,

Molecular, and Optical Physics, 2007, 54: 81-130.

[135] Muschik C A, Hammerer K, Polzik E S, et al. Efficient quantum memory and entanglement between light and an atomic ensemble using magnetic fields. Phys Rev A, 2006, 73: 062329.

[136] Raymer M G. Quantum state entanglement and readout of collective atomic-ensemble modes and optical wave packets by stimulated Raman scattering. J Mod Opt, 2004, 51(12): 1739-1759.

[137] Wasilewski W, Raymer M G. Pairwise entanglement and readout of atomic-ensemble and optical wave-packet modes in traveling-wave Raman interactions. Phys Rev A, 2006, 73: 063816.

[138] Ursin R, Jennewein T, Aspelmeyer M, et al. Communications: Quantum teleportation across the Danube. Nature, 2004, 430: 849.

[139] Yao W, Liu R-B, Sham L J. Theory of control of the spin-photon interface for quantum networks. Phys Rev Lett, 2005, 95: 030504.

[140] Bracker A S, Stinaff E A, Gammon D, et al. Optical pumping of the electronic and nuclear spin of single charge-tunable quantum dots. Phys Rev Lett, 2005, 94: 047402.

[141] Taylor J M, Marcus C M, Lukin M D. Long-lived memory for mesoscopic quantum bits. Phys Rev Lett, 2003, 90: 206803.

[142] Barrett S, Kok P. Efficient high-fidelity quantum computation using matter qubits and linear optics. Phys Rev A, 2005, 71: 060310(R).

[143] Alexey V. Gorshkov, Axel Andre, et al. Photon storage in Lambda-type optically dense atomic media: II. Free-space model. Phys Rev A, 2007, 76(3): 033805.

[144] Nunn J, Walmsley I A, Raymer M G, et al. Mapping broadband single-photon wave packets into an atomic memory. Phys Rev A, 2007, 75(1): 011401.

[145] Barrett S D, Rohde P P, Stace T M. Scalable quantum computing with atomic ensembles. New J Phys, 2010, 12: 093032.

[146] Nunn J, Reim K, Lee K C, et al. Multimode memories in atomic ensembles. Phys Rev Lett, 2008, 101(26): 260502.

[147] Simon C, de Riedmatten H, Afzelius M, et al. Quantum repeaters with photon pair sources and multimode memories. Phys Rev Lett, 2007, 98(19): 190503.

[148] Staudt M U, Hastings-Simon S R, Nilsson M, et al. Fidelity of an optical memory based on stimulated photon choes. Phys Rev Lett, 2007, 98(11): 113601.

[149] Chanelière T, Ruggiero J, Bonarota M, et al. Efficient light storage in a crystal using an atomic frequency comb. New J Phys, 2010, 12: 023025.

[150] Kozhekin E, Mlmer K, Polzik E. Quantum memory for light. Phys Rev A, 2000, 62(3): 033809.

[151] Surmacz K, Nunn J, Reim K, et al. Efficient spatially resolved multimode quantum memory. Phys Rev A, 2008, 78(3): 033806.

[152] Hemmer P R, Turukhin A V, Shahriar M S, et. al., Raman-excited spin coherences in nitrogen-vacancy color centers in diamond. Opt Lett, 2001, 26(6): 361-363.

[153] Hammerer K, Sorensen A, Polzik E. Quantum interface between light and atomic ensembles. Rev Mod Phys, 2010, 82: 1041.

[154] Herskind P F, Dantan A, Marler J P, et al. Realization of collective strong coupling with ion Coulomb crystals in an optical cavity. Nature Phys, 2009, 5(7): 494-498.

[155] Albert M, Dantan A, Drewsen M. Cavity electromagnetically induced transparency and all-optical switching using ion Coulomb crystals. Nature Photon, 5(10): 633-636, 2011.

[156] Sangouard N, Simon C, Afzelius M, et al. Publisher's Note: Analysis of a quantum memory for photons based on controlled reversible inhomogeneous broadening [Phys. Rev. A 75, 032327 (2007)]. Phys Rev A, 2007, 75: 032327.

[157] Choi K S, Deng H, Laurat J, et al. Mapping photonic entanglement into and out of a quantum memory. Nature, 2008, 452: 67-71.

[158] Akiba K, Kashiwagi K, Arikawa M, et al. Storage and retrieval of nonclassical photon pairs and conditional

single photons generated by the parametric down-conversion process. New J Phys, 2009, 11: 013049.

[159] Cviklinski J, Ortalo J, Laurat J, et al. Reversible Quantum Interface for Tunable Single-Sideband Modulation. Phys Rev Lett, 2008, 101: 133601.

[160] Sangouard N, Simon C, Minác J, et al. Long-distance entanglement distribution with single-photon sources. Phys Rev A, 2007, 76: 050301(R).

[161] Sangouard N, Simon C, Zhao B, et al. Robust and efficient quantum repeaters with atomic ensembles and linear optics. Phys. Rev. A, 2008, 77: 062301.

[162] Böttger T, Thiel C W, Cone R L, et al. Effects of magnetic field orientation on optical decoherence in Er^{3+}: Y_2SiO_5. Phys Rev B, 2009, 79: 115104.

[163] BalditE, Bencheikh K, Monnier P, et al. Ultraslow light propagation in an inhomogeneously broadened rare-earth ion-doped crystal. Phys Rev Lett, 2005, 95: 143601.

[164] Staudt M U, Afzelius M, de Riedmatten H, et al. Interference of multimode photon echoes generated in spatially separated solid-state atomic ensembles. Phys Rev Lett, 2007, 99: 173602.

[165] Lauritzen B, Hastings-Simon S R, de Riedmatten H, et al. State preparation by optical pumping in erbium-doped solids using stimulated emission and spin mixing. Phys Rev A, 2008, 78: 043402.

[166] Hastings-Simon S R, Lauritzen B, Staudt M U, et al. Zeeman-level lifetimes in Er^{3+}: Y_2SiO_5. Phys Rev B, 2008, 78: 085410.

[167] Miller R, Northup T E, Birnbaum K M, et al. Trapped atoms in cavity QED: Coupling quantized light and matter. J Phys B, 2005, 38(9): S551.

[168] Birnbaum K M, Boca A, Miller R, et al. Photon blockade in an optical cavity with one trapped atom. Nature, 2005, 436: 87-90.

[169] Waks E, Vuckovic J. Dipole induced transparency in drop filter cavity-waveguide systems. Phys Rev Lett, 2006, 96: 153601.

[170] Chang D E, Sørensen A S, Hemmer P R, et al. Quantum optics with surface plasmons. Phys Rev Lett, 2006, 97: 053002.

[171] Akimov A V, Mukherjee A, Yu C L, et al. Generation of single optical plasmons in metallic nanowires coupled to quantum dots. Nature, 2007, 450: 402-406.

[172] Atwater H A. The promise of plasmonics. Sci Am, 2007, 296: 56.

[173] Maier S A. Plasmonics: Fundamentals and applications. New York: Springer-Verlag, 2006.

[174] Genet C, Ebbesen T W. Light in tiny holes. Nature, 2007, 445: 39.

[175] Klimov V V, Ducloy M, Letokhov V S. A model of an apertureless scanning microscope with a prolate nanospheriod as a tip and an excited molecule as an object. Chem Phys Lett, 2002, 358: 192.

[176] Smolyaninov I I, Elliott J, Zayats A V, et al. Far-field optical microscopy with a nanometer-scale resolution based on the in-plane image magnification by surface plasmon polaritons. Phys Rev Lett, 2005, 94: 057401.

[177] Zayats A V, Elliott J, Smolyaninov I I, et al. Imaging with short-wavelength surface plasmon polaritons. Appl Phys Lett, 2005, 86: 151114.

[178] Shen J T, Fan S. Coherent photon transport from spontaneous emission in one-dimensional waveguides. Opt Lett, 2005, 30: 2001.

[179] Maier S A, Friedman M D, Barclay P E, et al. Experimental demonstration of fiber-accessible metal nanoparticle plasmon waveguides for planar energy guiding and sensing. Appl Phys Lett, 2005, 86: 071103.

[180] Tamarat Ph, Gaebel T, Rabeau J R, et al. Stark shift control of single optical centers in diamond. Phys Rev Lett, 2006, 97: 083002.

[181] Sherson J F, Krauter H, Olsson R K, et al. Quantum teleportation between light and matter. Nature, 2006, 443: 557-560.

[182] Jin X-M, Yang J, Zhang H, et al. Quantum interface between frequency uncorrelated down-converted entanglement and atomic ensemble quantum memory. arXiv: 1004.4691, 2010.

[183] Sabooni M, Beaudoin F, Walther A, et al. Storage and recall of weak coherent optical pulses with an efficiency of 25%. Phys Rev Lett, 2010, 105: 060501.

[184] Acín A, Gisin N, Masanes L. From Bell's theorem to secure quantum key distribution. Phys Rev Lett, 2006, 97: 120405.

[185] Bussières F, Slater J A, Jin J, et al. Testing nonlocality over 12. 4 km of underground fiber with universal time-bin qubit analyzers. Phys Rev A, 2010, 81: 052106.

[186] Afzelius M, Simon C. Impedance-matched cavity quantum memory. Phys Rev A, 2010, 82: 022310.

[187] Moiseev S A, Andrianov S N, Gubaidullin F F. Efficient multimode quantum memory based on photon echo in an optimal QED cavity. Phys Rev A, 2010, 82: 022311.

[188] Saglamyurek E, Sinclair N, Jin J, et al. Broadband waveguide quantum memory for entangled photons. Nature, 2011, 469: 512-515.

[189] Herrmann G, Portier F, Roche P, et al. Carbon nanotubes as cooper-pair beam splitters. Phys Rev Lett, 2010, 104: 026801.

[190] Mason N. Carbon nanotubes help pairs survive a breakup. Physics, 2010, 3(6): 127-128.

[191] Linnet R B, Leroux I D, Marciante M, et al. Pinning an ion with an intracavity optical lattice. Phys Rev Lett, 2012, 109: 233005.

[192] Enderlein M, Huber T, Schneider C, et al. Single ions trapped in a one-dimensional optical lattice. Phys Rev Lett, 2012, 109: 233004.

[193] Gisin N, Thew R. Quantum communication. Nature Photon, 2007, 1: 165-171.

[194] Politi A, Matthews J C F, O'Brien J L. Shor's quantum factoring algorithm on a photonic chip. Science, 2009, 325: 1221.

[195] Fiurášek J, Cerf N J, Polzik E S. Quantum cloning of a coherent light state into an atomic quantum memory. Phys Rev Lett, 2004, 93: 180501.

[196] Reim K F, Nunn J, Lorenz V O, et al. Towards high-speed optical quantum memories. Nature Photon, 2010, 4: 218-221.

[197] Amari A, Walthera A, Saboonia M, et al. Towards an efficient atomic frequency comb quantum memory. J Lumin, 2010, 130(9): 1579-1585.

[198] Buchler B C, Hosseini M, Hetet G, et al. Precision spectral manipulation of optical pulses using a coherent photon echo memory. Opt Lett, 2010, 35: 1091-1093.

[199] Balabas M V, Jensen K, Wasilewski W, et al. High quality anti-relaxation coating material for alkali atom vapor cells. Opt Express, 2010, 18(6): 5825-5830.

[200] Tidstrom J, Janes P, Andersson L. Delay-bandwidth product of electromagnetically induced transparency media. Phys Rev A, 2007, 75: 053803.

[201] Curty M, Moroder T. Heralded-qubit amplifiers for practical device-independent quantum key distribution. Phys Rev A, 2011, 84: 010304(R).

[202] Raeisi S, Sekatski P, Simon C. Coarse graining makes it hard to see micro-macro entanglement. Phys Rev Lett, 2011, 107: 250401.

[203] Phillips N, Gorshkov A, Novikova I. Slow light propagation and amplification via electromagnetically induced transparency and four-wave mixing in an optically dense atomic vapor. J Mod Opt, 2009, 56: 1916-1925.

[204] He Q, Reid M, Giacobino E, et al. Dynamical oscillator-cavity model for quantum memories. Phys Rev A, 2009, 79: 022310.

[205] Steck D A. Rubidium 87 d line data. Los Alamos, NM: Los Alamos National Laboratory, 2001-09-25, http://steck. us/alkalidata/.

[206] Moiseev S A, Kröll S. Complete reconstruction of the quantum state of a single-photon wave packet absorbed by a Doppler-broadened transition. Phys Rev Lett, 2001, 87: 173601.

[207] Böttger T, Sun Y, Cone R L. Optical decoherence and spectral diffusion at 1. 5 μm in Er^{3+} : Y_2SiO_5 versus magnetic field, temperature, and Er^{3+} concentration. Phys Rev B, 2006, 73: 075101.

[208] Hastings-Simon S R, Afzelius M, Minác J, et al. Spectral hole burning spectroscopy in Nd^{3+} : YVO_4. Phys Rev B, 2008, 77: 125111.

[209] Rippe L, Julsgaard B, Walther A, et al. Experimental quantum-state tomography of a solid-state qubit. Phys

Rev A, 2008, 77: 022307.

[210] de Sèze F, Lavielle V, Lorgeré I, et al. Chirped pulse generation of a narrow absorption line in a Tm^{3+} : YAG crystal. Opt Comm,2003, 223: 321-326.

[211] Yao X-C, Wang T-X, Xu P, et al. Nature Photon, 2012, 6: 225.

[212] Landa H, Drewsen M, Reznik B, et al. New J Phys, 2012, 14: 093023.

[213] Zangenberg K R, Dantan A, Drewsen M. Spatial mode effects in a cavity-EIT based quantum memory with ion Coulomb crystals, 2012, J Phys B, 2012, 45(12): 124011.

[214] Bao X-H, Reingruber A, Dietrich P, et al. Efficient and long-lived quantum memory with cold atoms inside a ring cavity. Nature Phys, 2012, 8: 517-521.

[215] Myerson A H, Szwer D J, Webster S C,et al. High-fidelity readout of trapped-ion qubits. Phys Rev Lett, 2008, 100: 200502.

[216] Clausen C, Sangouard N, Drewsen M. Analysis of a photon number resolving detector based on fluorescence readout of an ion Coulomb crystal quantum memory inside an optical cavity. New J Phys, 2013, 15: 025021.

[217] Saglamyurek E, Sinclair N, Jin J, et al. Conditional detection of pure quantum states of light after storage in a Tm-doped waveguide. Phys Rev Lett, 2012, 108: 083602.

[218] Zhang H, Jin X-M, Yang J, et al. Preparation and storage of frequency-uncorrelated entangled photons from cavity-enhanced spontaneous parametric downconversion. Nature Photon, 2011, 5: 628-632.

[219] Specht H P, Nölleke C, Reiserer A, et al. A single-atom quantum memory. Nature, 2011, 473(7346): 190-193.

[220] England D G, Michelberger P S, Champion T F M, et al. High-fidelity polarization storage in a gigahertz bandwidth quantum memory. J Phys B, 2012, 45(12): 124008.

[221] Patel R B, Bennett A J, Farrer I, et al. Two-photon interference of the emission from electrically tunable remote quantum dots. Nature Photon, 2010, 4(9): 632-635.

[222] Sipahigil A, Goldman M L, Togan E, et al. Quantum interference of single photons from remote nitrogen-vacancy centers in diamond. Phys Rev Lett, 2012, 108: 143601.

[223] Gündocan M, Mazzera M, Ledingham P M, et al. Coherent storage of temporally multimode light using a spin-wave atomic frequency comb memory. New J Phys, 2013, 15: 045012.

[224] Timoney N, Usmani I, Jobez P,et al. Single-photon-level optical storage in a solid-state spin-wave memory. Quant Phys, Physical Review A, 2013, 88(2): 022324.

第4章

量子纠缠存储

对量子纠缠概念的争论历来已久，1935 年 Einstein、Boris Podolsky 和 Nathan Rosen 的论文曾经批判过 Copenhagen 对此现象的量子力学的解释。最初的研究多集中于违反直觉的纠缠态的量子力学本征特性分析。若干年后获得实验验证，量子纠缠被公认为有效的量子力学基本特征之一。研究重点转为量子通信、存储及计算等工程应用。与 Einstein 一样，当初 Schrödinger 对纠缠的概念并不满意，认为它违反了相对论中信息传播速度限制的概念。正如 Einstein 著名的嘲笑：纠缠是鬼怪的超距作用。直到 1964 年 John Stewart Bell 确切地证明了这个假设，合理地解释了与量子理论的冲突。根据他提出的 Bell 不等式，认为相关性纠缠系统的强度服从某一上限，量子力学理论预测违反了这种限制。1972 年 Freedman 和 Clauser 的开创性研究，以及 1982 年 Aspect 的著名实验测试，都显示支持这一观点。而后，麻省理工学院的 David Kaiser 在他的专著中大胆预言这可能是物理学的新进展，将来还可能在远程通信中发挥重要作用。特别是因为量子纠缠可通过多种交互作用产生，测量过程及测量结果都与相互纠缠的量子态密切相关，而且概率相等，检测以后随之消失。也就是说，如果通信双方共同拥有一个纠缠量子，任何一方读取（测量）时，另外一方不仅知道（通过 Bell 不等式），而且可以控制（反关联）。这无疑成了最安全的通信方式。

Pauli 的量子物理系统特征的描述过于理想化。Copenhagen 的解释的确不能完整地描述量子系统。后来 Bell 的电子顺磁共振（Electron Paramagnetic Resonance，EPR）理论，制定了适当的概率约束，使问题简化为分离系统之间统计概率分布的相关性（确定性或随机）分析。按照 EPR 的解释，两个粒子从源的某种量子态携带一定的动量移动，两个粒子的相关性表现在空间位置和动量，对其动量测量不可能两者兼得，因为测量过程可能扰乱了动量之间的相关性。如果粒子的量子态不一致，或属于两个相关的系统源，一定影响单个粒子的相关值位置和动量测量的结果。所以，EPR 认为量子态的描述是不完整的。这也是 Schrödinger 在他文章中多次提出的问题：如果两个量子态粒子存在相关性共轭动力，如位置和动量值满足指定的所有属性的一个经典系统则无限多的动态粒子存在相似的匹配关系，每个函数正共轭对第一个粒子与第二个具有相同函数的正则粒子共轭匹配。Schrödinger 创造了“纠缠”一词描述这种特殊的量子系统之间的联系。他推测即使两个系统相距很远距离，实际上可能是同一态的混合物，可由纠缠态的精确形式确定。遗憾的是纠缠的研究被忽略了 30 年，直到 1964 年 Bell 重新提出扩展 EPR 论证。Bell 的研究成为不断发展量子力学的重要理论基础。后来争论的焦点是确认纠缠可以持续的距离。20 世纪 80 年代，物理学家、计算机科学家和密码学家才开始认识到纠缠态的量子态的非本地相关性是一种新型非经典物理资源，对纠缠的物理资源的价值和内涵进行了更深入的系统研究，包括纠缠测量、纠缠操纵和净化，直至 21 世纪初才普遍接受了对量子纠缠的“喜悦”。

4.1　量子纠缠态

量子纠缠(Quantum Entanglement,QE)是量子力学中的一种现象。根据量子力学原理,两个粒子如光子、电子、分子及其他物理上能分开的稳定微小粒子在一起时都会产生交互作用,使彼此的某些量子力学状态,例如位置、动量、自旋及偏振等出现一定的相关性。即这种彼此耦合的粒子中,任意一个单独被扰动时,将不可避免地影响到另外一个粒子的性质,即使这两个粒子之间可能相隔很长的距离,这种关联现象称为量子纠缠。量子纠缠说明,这两个粒子具有极强的量子关联,且不能用各自量子态的张量积(tensor product)描述。例如一对纠缠态的光子,在未测量时光子既非左旋,也非右旋;既无 x 向偏振,也无 y 向偏振。即无论自旋或投影在测量之前均不存在。根据量子力学原理,存在能量惯性的能量系统,保持一定的能量运动规律。即每个粒子的能量惯性状态始终与环境保持相对的稳定性,且电磁波能量始终存在相互作用。当两粒子同时处于某一状态(处于基态或控制能量编码态)时,其相互作用产生的电磁能量惯性互动的量子纠缠现象。根据量子力学中 Copenhagen 解释,直到测量前,这种量子叠加态是不确定的。只有对其中某量子测量出一定值,例如顺时针旋转时,才会发现另外一个量子是逆时针旋转的,而且测量结果与两个纠缠态量子之间的距离无关。这种现象已被量子力学理论和实验证明,为物理学界所接受。当然还有些问题,例如对纠缠态能保持的距离有多长还有争论。当然,工程应用对单光子的信息容量、检测效率及操作程序都有很高的要求。光量子存储过程及量子态荧光测量技术实验证明,原则上可以实现高效的大型光子计数集成。然而,这种大规模的光量子存储器,由于原子初始状态的不完美及读出荧光谐振都会带来大量的噪声。科学家们研究发现基于离子库仑(Ion Coulomb)晶体的光学谐振腔,可以有效测量光子数量。实验证明,这种低噪声检测方法的效率超过 93%,重复率约 3kHz。实验还证明,纠缠粒子是在移动中测量的,而且参照测量前各自坐标系传播速度至少比光速快几千倍,且测量结果仍然保持相关。

1. 量子纠缠的非定域及隐藏变量

对纠缠的含义产生许多混乱的原因,是不了解其非定域性和隐藏变量的关系。如上所述,纠缠是通过实验验证的自然属性,非定域性和隐变量是影响影纠缠的两个基本机制。直到测量时,如果对象仍不确定,显然问题就来了:如何解释在测量一个不明确的物理目标(例如自旋)时,发现它与另外一个完全没有物理联系的目标发生互动,并突然变得明确;而且这两个目标可能相距甚远,根本不可能有交互所需的时间。对后者的解释是,由于场力(例如万有引力场)的作用。在媒体和大众科学中,往往把量子非定域性描述为纠缠。实际上,量子态存在非本地相关性,并不等于纠缠状态。例如,著名的 Werner 态,就是纠缠态的 P_{sym} 值,总是可以用一个隐藏地址的变量描述。简而言之,纠缠态的两部分必须满足非本地条件,但并不是充分条件。纠缠是一个代数概念,非定域性是量子交互的先决条件。此外,量子隐形传态、超高密度编码及非定域性的定义都是根据实验数据和量子力学原理确定。纠缠通常是由亚原子粒子之间的相互作用直接生成的。这些交互作用有许多种形式,最常见的是自发参量转换产生的偏振态光子纠缠对偶,即物质在外力作用下成为量子态。例如电子在外力作用下转化为质子而仅余中子,或者物质在外力超过特定点时形成的极限状态。其他方法包括使用光纤耦合限制或混合光子,用量子点电子陷阱及 HOM 效应等。在早期 Bell 定理测试中,纠缠粒子是用原子喷流实现的。没有通过直接相互作用产生纠缠量子系统。所谓 HOM 效应,是指玻色粒子干涉引起的不可分辨性量子现象,即采用 1∶1 分束器获得的两个光子不可分辨(检测合格率很低),这在光子和中性原子的演示中已得到证实,反映了量子力学理论的基本特征。在量子物理学中,原子的 HOM 实验通常有两种方法,一种是"向上看",另一种是"向下看"。

纠缠在量子信息理论中应用很广泛。借助于纠缠可实现许多任务,包括量子存储,但最著名的应用是量子纠缠超密编码和量子隐态传输，此外就是量子纠缠计算机、量子纠缠密码学以及量子场论Reeh-Schlieder定理量子纠缠模拟计算等。但无论在什么领域应用，其基础知识、量子力学的数学描述、相关数学模型和基本符号都是相同的。

设量子存在于A和B两个完全没有相互影响的系统中，且具有各自的Hilbert空间H_A和H_B。此Hilbert空间的复合系统的张量积为

$$H_A \otimes H_B \tag{4-1}$$

如果第一个系统为$|\psi\rangle_A$态，第二个系统为$|\psi\rangle_B$态，则合成的系统态为

$$|\psi\rangle_A \otimes |\phi\rangle_B \tag{4-2}$$

此合成的系统态被称为可分离态或乘积态。但并非所有的情况下都是可分离的。固定$\{|i\rangle_A\}$属H_A空间，$\{|j\rangle_B\}$属H_B空间，则$H_A \otimes H_B$的一般表达式为

$$|\psi\rangle_{AB} = \sum_{i,j} c_{ij} |i\rangle_A \otimes |j\rangle_B \tag{4-3}$$

如果$c_{ij} = c_i^A c_j^B$，即$|\psi\rangle_A = \sum_i c_i^A |i\rangle_A$和$|\phi\rangle_B = \sum_j c_j^B |j\rangle_B$，则此态可分离；如果$c_{ij} \neq c_i^A c_j^B$，则此态不可分离，称为纠缠态。

若H_A的两个基本矢量为$\{|0\rangle_A, |1\rangle_A\}$，$H_B$的两个基本矢量为$\{|0\rangle_B, |1\rangle_B\}$，其纠缠态为

$$\frac{1}{\sqrt{2}}(|0\rangle_A \otimes |1\rangle_B - |1\rangle_A \otimes |0\rangle_B) \tag{4-4}$$

如果此合成系统态均不属于系统A或B纯态，也就是说所有态的von Neumann熵为零(因为都是纯态)，而子系统的熵大于零。在这个意义上，该系统处于纠缠态。设A，B为纠缠系统。在A对$\{|0\rangle, |1\rangle\}$测量时，有两种概率相等的可能结果：

A测量为0，系统态对$|0\rangle_A|1\rangle_B$崩溃；A测量为1，系统态对$|1\rangle_A|0\rangle_B$崩溃。

如果是第一种情况，B做任何后续测量，在相同的基础上均返回1；如果是第二种情况(A测量为1)，B的测量将返回0。所以，系统B被A系统测量控制。即使系统A和B空间上是完全分开的。这是违背EPR原理的。由于A的测量是随机的，并不能决定系统的崩溃态，因此不能传输信息给B。如上所述，量子系统态是由Hilbert空间单位矢量确定的。如果是一个大量相同单元组成的系统，其整体状态采用正密度矩阵描述。根据谱定理，此矩阵的一般表达式为

$$\rho = \sum_i w_i |\alpha_i\rangle\langle\alpha_i| \tag{4-5}$$

式中，w_i的总和为1，若在无限空间，一定在迹范数以内，则ρ表示w_i与$|\alpha_i\rangle$成比例的谐振。当混合态为1时，为纯谐振。当小于量子系统态的所有信息时，必须用密度矩阵表示态。根据以上定义，此双向合成系统，混合状态一定是密度矩阵$H_A \otimes H_B$。根据可分离性定义，可引申出混合态的可分离矩阵为

$$\rho = \sum_i p_i \rho_i^A \otimes \rho_i^B \tag{4-6}$$

式中，ρ_i^A、ρ_i^B分别代表A、B子系统态。换句话说，只要其概率分布能覆盖，这些乘积态是可分离的；如果乘积态是不可分离的，就是纠缠。通常，判断混合状态是否纠缠比较困难，因为这种混合态对偶已被证明属于NP-hard难解问题，其可分离性必须符合著名的正面偏置(Positive Partial Transpose，PPT)条件。

为了简化以上密度矩阵运算，可考虑引入降低密度矩阵的概念。例如，上述H_A和H_B空间的A和B系统，其复合系统态为

$$|\psi\rangle \in H_A \otimes H_B \tag{4-7}$$

此系统通常不会是纯态，但可用以下矩阵描述

$$\rho_T = |\psi\rangle\langle\psi| \tag{4-8}$$

此式代表此态的映射算子。A 态矩阵成为系统 B 矩阵 ρ_T 的范迹：

$$\rho_A \overset{\text{def}}{=\!=\!=} \sum_j \langle j \mid_B (\mid \psi\rangle\langle \Psi \mid) \mid j\rangle_B = \mathrm{tr}_B \rho_T \tag{4-9}$$

ρ_A 为 ρ 在子系统 A 中的降低密度矩阵，即低密度矩阵。因此，可通过系统 B 获得 A 的低密度矩阵。例如，纠缠态 $(|0\rangle_A \otimes |1\rangle_B - |1\rangle_A \otimes |0\rangle_B)/\sqrt{2}$ 的低密度矩阵为

$$\rho_A = (1/2)(\mid 0\rangle_A\langle 0 \mid_A + \mid 1\rangle_A\langle 1 \mid_A) \tag{4-10}$$

说明纠缠纯谐振的低密度矩阵为混合谐振。因此，纯乘积态 $|\psi\rangle_A \otimes |\phi\rangle_B$ 的 A 密度矩阵为

$$\rho_A = \mid \psi\rangle_A\langle \psi \mid_A \tag{4-11}$$

通常，纯态对偶的 ρ 为纠缠态。低密度矩阵能准确计算同一基态的不同的自旋链。例如，一维 AKLT 自旋链的基态可分出一个正比于另一个 Hamilton 基态映射的低密度矩阵。此降低密度矩阵也能评估 xy 自旋链，证明在热力学极限内，自旋低密度矩阵谱是一个精确的几何序列。

为了测量量子纠缠，须讨论混合态的熵。在经典信息理论中，Shannon 熵 H 是一个与 $p_1, p_2, \cdots, p_n$ 相关的概率分布，如下式：

$$H(p_1, p_2, \cdots, p_n) = -\sum_i p_i \log_2 p_i \tag{4-12}$$

因为混合态 ρ 为覆盖所以谐振的概率分布，则可定义 von Neumann 熵为

$$S(\rho) = -\mathrm{tr}(\rho \log_2 \rho) \tag{4-13}$$

若用 Borel 函数计算 $\log_2 \rho$，且 ρ 限于特征值为 $\lambda_1, \lambda_2, \cdots, \lambda_n$ 的 Hilbert 空间，则 Shannon 熵的特征值为

$$S(\rho) = -\mathrm{tr}(\rho \log_2 \rho) = -\sum_i \lambda_i \log_2 \lambda_i \tag{4-14}$$

因为 0 概率对熵没有影响，所以有

$$\lim_{p \to 0} p \log_2 p = 0 \tag{4-15}$$

如果 ρ 的谱分辨率 $\rho = \int \lambda \mathrm{d}P_\lambda$，则可计算：

$$\rho \log_2 \rho = \int \lambda \log_2 \lambda \mathrm{d}P_\lambda \tag{4-16}$$

根据统计力学原理，熵越大，系统可能具有更多的不确定性(微观状态数量)。例如，任何纯态的熵为零，因为在纯态没有不确定性系统。例如上面讨论的纠缠态的任何两个子系统的熵为 log2。

2. 纠缠测量

熵提供了一个工具可以量化纠缠。如果整个系统是纯态，一个子系统的熵可以衡量其与其他子系统的纠缠度。若对偶均为纯态，约化态的 von Neumann 熵是唯一的满足各方面要求的纠缠测量值。经典 Shannon 熵的最大值只能呈均匀概率分布 $\left\{\frac{1}{n}, \frac{1}{n}, \cdots, \frac{1}{n}\right\}$。因此，两部分构成的纯态为

$$\rho \in H \otimes H \tag{4-17}$$

即最大熵存在于以下约化态对角矩阵：

$$\begin{bmatrix} \frac{1}{n} & & \\ & \ddots & \\ & & \frac{1}{n} \end{bmatrix} \tag{4-18}$$

对于纯态，简化 von Neumann 熵不是唯一的纠缠值。即按照信息论定义，与统计力学的熵关系密切。比较这两个定义可知，在此情况下，习惯上设 Boltzmann 常量 $k=1$。例如，利用 Borel 函数的微积分属性，可得归一化算子 U 有

$$S(\rho) = S(U\rho U^*) \tag{4-19}$$

实际上，若没有上述熵，von Neumann 熵不可能明确定义。特别是，U 可能是与系统时间相关的算子：

$$U(t) = \exp\left(\frac{-\mathrm{i}Ht}{\hbar}\right) \tag{4-20}$$

式中 H 为系统 Hamilton 函数。此过程的可逆性与它的熵变化有关，即此过程是可逆的。这使量子信息理论和热力学之间产生联系，所以 Renyi 熵也可以用于衡量纠缠。纠缠与其态有相关性，但此相关性并不影响信息传输、电动力学场或其他已知的物理系统之间的空间能量。因此，有人认为纠缠测量值没有严格定义。对 Bell 不等式的测试表示强烈质疑。量子纠缠作为一种物理资源，特殊的非经典相关性可分离量子系统，可以测量、转换和净化。一对纠缠态的量子系统可作为量子信息通道，用于加密通信、计算及存储，具有许多经典量子力学系统不可能到达的特殊功能。

3. 纠缠量子的应用

Schrödinger 发现一个纠缠态可按照一定的概率操控影响遥远的同一态的粒子。实际上，这种遥控距离比 Schrödinger 当年的想象要远得多。这种现象被称为量子隐形传态。经典信息是可以复制或克隆的，量子克隆定理断言不可能克隆未知量子态，只能通过非局域量子可控非门(Controlled, NOT 或 CNOT)复制一个未知的量子位。经过一个物理影响量子变换，将 CNOT 门作为处理传输量子态的装置。为防止克隆或测量未知量子态的可能性是量子信息加密的应用程序的基础。量子信息交换双方可分享同一随机密钥。任何偷听、监控都将被探测到，原则上不可能对量子通信信道进行干扰。1999 年，Kent 提出的量子密码术表明，完全可以保证所有通信信息的安全。

1985 年，David Deutsch 首次提出利用量子纠缠执行经典的计算机是不可能处理传统计算任务的。例如用量子态和量子门存储和处理信息，然后输出到量子寄存器或直接测量或读出。目前还没有证据表明量子算法可以完全解决多项式 NP 问题(非因数分解分解问题)。但如果所需的信息可用 n 个纠缠态量子位描述，可使计算速度按 n 指数级增长。因为该状态空间可用 $2n$ 维度 Hilbert 空间描述，纠缠态可叠加为 $2n$-qubit 态，使纠缠演化的量子比特数线性增长。量子计算中的指数加速是量子系统处理信息的基本特征，即纠缠态量子计算中函数可代表所有函数的参数和相应的线性叠加值。可理解为经典大规模并行计算，所有可能的值均包含在一个函数内。另一种观点是量子逻辑处理方法，强调利用非 Boolean 量子系统的特殊结构特性构建模拟计算机。最具代表性的模拟量子计算电路模型是 Deutsch 算法和量子傅里叶变换，及以此为基础构建的量子信息与计算仿真平台。Deutsch 量子电路成分利用了非 Boolean 量子系统的特性，有效地区分了不确定真值相关参数与相应的函数值，显著提高了运算速度。更新一点是 Giuntini 提出的量子逻辑门，将量子计算逻辑与其他网络资源有效整合；将量子信息计算、处理和量子信息论分析有效结合实现超高速大数据的处理。最后一个更广泛的研究任务是遵照能量和动量守恒原理和无条件安全通信协议。进一步推动整个量子理论，包括量子场理论，有限维空间 C^* 代数理论，广义概率理论及其他超量子理论的不断发展，为量子信息处理与计算带来更深刻的理解和批判。

4. 光子纠缠

一个量子系统每一瞬间具有相应的矢量状态，所以可代表很大的信息量。例如光子的偏振态和关联的矢量。如果对垂直偏振的光子，按照 $|45\rangle$ 偏振矢量状态测量，则有 50%通过，50%不通过。按照概率论的观点，在这种情况下，45°偏振相对于垂直或水平偏振态而言，不拥有明确属性。对于大量光子没有问题，但如果只有一个通过，则测量结果可能出现"0"和"1"。设从光子源 S 发出的两个光子向前后两个相反的方向传播，在某个瞬间，其中一个出现在 A 区，另外一个出现在对称的 B 区，如图 4-1 所示。若在 A 区光子具有垂直偏振态，代表的矢量状态为 $|1, V\rangle$。同样，向左传播的光子处于

水平偏振，其矢量状态为$|2,H\rangle$。整个系统的状态可描述为

$$|\Psi\rangle=|1,V\rangle|2,H\rangle \tag{4-21}$$

此式对应光子 A 为垂直偏振，B 为水平偏振。

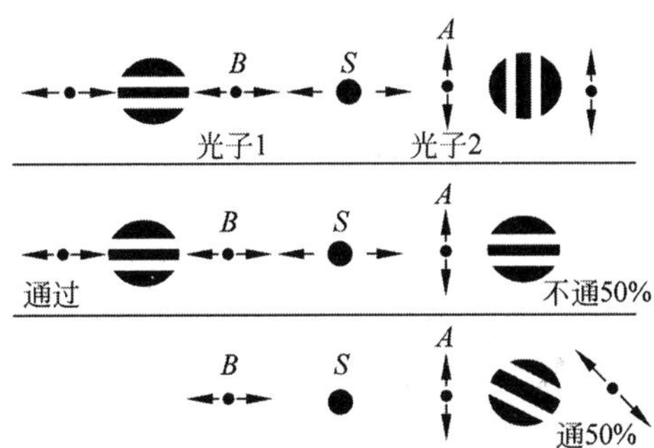

图 4-1 同一光子源 S 发射的两个光子，不同状态下向相反方向传播的情况示意图

此状态取决于光子的属性，并决定其在不同情况下是否能通过，如图 4-1 中第二行中的两个光子都属水平偏振，则右边不可能通过，左边一定会通过。如果右边改为 45°偏振滤光片，则有 50%的光子可能通过。上述$|1,V\rangle$实际上是一种重合态，其表达式为

$$|1,V\rangle=\frac{1}{\sqrt{2}}|1,45\rangle+\frac{1}{\sqrt{2}}|1,135\rangle \tag{4-22}$$

S若以$|\Psi\rangle$代入，可得

$$\begin{aligned}|\Psi\rangle&=|1,V\rangle|2,H\rangle\\&=\frac{1}{\sqrt{2}}|1,45\rangle|2,H\rangle+\frac{1}{\sqrt{2}}|1,135\rangle|2,H\rangle\end{aligned}$$

按此方程，A 区光子在 45°偏振下的测量结果为

$$\begin{aligned}|\Psi\rangle&=|1,V\rangle|2,H\rangle\\&=\frac{1}{\sqrt{2}}|1,45\rangle|2,H\rangle+\frac{1}{\sqrt{2}}|1,135\rangle|2,H\rangle\\&\Rightarrow|1,45\rangle|2,H\rangle\end{aligned} \tag{4-23}$$

若光子具有相同的产生态偏振：

$$|\Theta\rangle=|1,V\rangle|2,V\rangle$$

或

$$|\Lambda\rangle=|1,H\rangle|2,H\rangle \tag{4-24}$$

当系统的态为$|\Theta\rangle$及$|\Lambda\rangle$时，代表系统状态的重叠关系为

$$|\Psi\rangle=\frac{1}{\sqrt{2}}[|\Theta\rangle+|\Lambda\rangle]=\frac{1}{\sqrt{2}}|1,V\rangle|2,V\rangle+\frac{1}{\sqrt{2}}|1,H\rangle|2,H\rangle \tag{4-25}$$

显然，两个光子都没有垂直或水平偏振特性。例如，因为垂直偏振的光子通过概率只有 50%，大约还有 50%的光子不可预测。对 45°、135°偏振态测量，即 45°、135°垂直和水平偏振光子重叠态的表达式为

$$\begin{aligned}|\Psi\rangle=&\frac{1}{\sqrt{2}}\frac{1}{\sqrt{2}}[|1,45\rangle+|1,135\rangle\frac{1}{\sqrt{2}}[|2,45\rangle+|2,135\rangle]+\\&\frac{1}{\sqrt{2}}[|1,45\rangle-|1,135\rangle]\frac{1}{\sqrt{2}}[|2,45\rangle-|2,135\rangle]\\=&\frac{1}{2}(\sqrt{2})[|1,45\rangle|2,45\rangle+|1,45\rangle|2,135\rangle+|1,135\rangle|2,45\rangle+\end{aligned}$$

$$|1,135\rangle|2,135\rangle+|1,45\rangle|2,45\rangle-|1,45\rangle|2,135\rangle-|1,135\rangle|2,45\rangle+|1,135\rangle|2,135\rangle$$

$$=\frac{1}{\sqrt{2}}|1,45\rangle|2,45\rangle+|1,135\rangle|2,135\rangle \tag{4-26}$$

这说明,每一个光子都有 1/2 的概率通过这种测量,其他任意偏振方向平面上的概率为

$$|\Psi\rangle=\frac{1}{\sqrt{2}}|1,n\rangle|2,n\rangle+\frac{1}{\sqrt{2}}|1,n_{\perp}\rangle|2,n_{\perp}\rangle \tag{4-27}$$

证明无论选择什么方向,两态的叠加$|\Psi\rangle$态都是相同的。若第一个光子的偏振方向为 n,与之正交的第二个光子的偏振方向为 $n_{\perp}$,则沿 n 向测量第一个偏振光子 1 结果为

$$|\Psi\rangle=\frac{1}{\sqrt{2}}|1,n\rangle|2,n\rangle+\frac{1}{\sqrt{2}}|1,n_{\perp}\rangle|2,n_{\perp}\rangle\Rightarrow|1,n\rangle|2,n\rangle \tag{4-28}$$

所以在精确获得光子 1 的测量结果前,是不知道光子 2 偏振特性的,这是纠缠。纠缠态的光子可以分离,也可以重新耦合,因为它们具有相同的能级和干涉能量,所以分辨率可以达到波长的 1/4。如果充分利用偏振纠缠态,理论上分辨率可以达到 1/8 波长。

因为无法窃听测量,纠缠态光子的这种特性被有效地用于秘密通信。目前,已经具有大规模生产纠缠光子的半导体器件。也可以采用 β 硼酸钡(Beta Barium Borate,BBB)及磷酸钾(Potassium Titanyl Phosphate,PTP)非线性光学晶体产生纠缠光子。另外,对于量子比特的模糊叠加,理论上这种模糊叠加性允许任意数量的量子集中纠缠实现并行处理,可大规模地提高计算速度。量子比特通常由光子组成,单个光子通过特定类型的晶格即可取得纠缠态量子发送,与量子点半导体相结合直接产生纠缠光子。在 360μm 砷化镓中嵌入 2μm 宽砷化铟,在外加电流作用下,两个电子跳进两个带正电荷的量子点"空穴",并释放一对纠缠态偏振光子,如图 4-2 所示。所以,采用相对简单的技术可以获得可靠的纠缠光子。德国德累斯顿大学和瑞士洛桑联邦理工学院的研究人员,使用同类型的多层半导体结构获得保真度(可靠性)达 82%～100%的量子器件。

图 4-2 发光二极管中量子点产生的纠缠光量子照片

5. 光量子存储

2012 年英国物理学家实现室温下工作的纠缠态光量子固体存储器,用作长距离信息传输中量子中继器,便于量子位(量子比特)信息传播中编码、加密和其他相关处理程序,减少了量子态光子退化、散射的影响,并延长了纠缠距离。这种量子存储器,通过存储并重新发出光子是量子中继器的关键组件。目前还只能在较窄的波长范围内,短时间存储量子比特。展宽光子频率是增加存储容量的重要方向,不同于以往的量子存储,存储后重新发射可控红外激光脉冲光子,转换成原子核自旋"自旋波"

编码，在澳大利亚国立大学完成了单光子吸收频率宽带。光量子存储中的另一问题是背景噪声。此噪声与工作环境温度及可靠性有关，尤其是在室温下使用，可能产生额外的光子形成噪声。纠缠态量子在各种物理系统之间传输处理，特别是纠缠光子和物质系统之间组合成的量子信息系统，例如多路复用量子中继器和远距离量子网络，可靠性问题显得尤为突出。

4.2 不确定原理

不确定性原理是 1927 年由 Heisenberg 提出的。认为量子在同一状态下动量算符与坐标算符不能同时具有本征值。也就是说，同一态量子的动量与坐标不能同时获得确定的测量值。此原理后来得到实验观测结果证实，说明携带信息的量子即使已经实现了经典的存储，也不可能精确测量。多年来对此出现了许多争议，其中以 Bohr 和 Heisenberg 为代表的基于微观粒子的波粒二象性及互补原理学派的理论解释，得到了物理学界的普遍认同。他们认为，要阐明一个粒子（例如一个电子）的位值，就必须正确测量这个粒子的位置才有意义。在观测过程中，观测系统与观测对象的相互作用对测量结果产生的干扰往往不可避免，而且这种情况对于宏观物体（经典理论）通常可以忽略，但对于微观粒子（量子理论）却不能忽略。因为从原子物理到量子力学的基础粒子物理研究对象的几何尺度减小了 6 个数量级，用正则坐标与其正则共轭动量已不能完全描述相关实验现象和参量。探测系统带来的干扰完全可能使测量没有结果。例如量子测量中，观测系统会对量子转移产生干扰，导致微观坐标、动量等共轭物理量不能同时确定。导致不能同时准确测定多个共轭物理性质，简称为"测不准原理"。Heisenberg 提出量化标准差 ΔR（R 为可观测对象）的标准，即如果可测量的粒子有两个参量 R 和 S，其不确定性为

$$\Delta R,\Delta S \geqslant \frac{1}{2}\mid\langle[R,S]\rangle\mid \tag{4-29}$$

根据信息论原理，选用熵量化不确定性标准偏差是可行的。Bialynicki 和 Deutsch 提出的熵与量子偶位置和动量的不确定性关系为

$$H(R)+H(S)\geqslant \log_2\frac{1}{c} \tag{4-30}$$

式中，$H(R)$为测量 R 时概率分布的 Shannon 熵；$H(S)$为测量 S 时概率分布 Shannon 熵；c 为光速，对于非退化测量，与代表 R 和 S 的特征矢量$|\psi_j\rangle$和$|\phi_k\rangle$之间具有如下关系：

$$c=\max_{j,k}\mid\langle\psi_j\mid\phi_k\rangle\mid^2 \tag{4-31}$$

例如，B 准备发射一对纠缠态量子给 A，A 测量 R 和 S 的不确定性如方程式(4-30)所示。用 Shannon 熵代入，可获得取决于量子纠缠态的不确定度量数学关系为

$$H(R\mid B)+H(S\mid B)\geqslant \log_2\frac{1}{c}+H(A\mid B) \tag{4-32}$$

R 测量结果的不确定性存储在量子存储器 B，用 von Neumann 熵 $H(R|B)$表示。$H(A|B)$代表纠缠度。对于最大纠缠态 $H(A|B)=-\log_2 d$，式中 d 为发送给 A 的量子维。因为 $\log_2(1/c)<\log_2 d$，按照方程式(4-32)可知，$H(R|B)+H(S|B)\geqslant 0$。由于测量后的系统熵不可能为负，B 可获得 R，S 正确值。如果不纠缠（即 A 和 B 为乘积态），则 $H(a|B)\geqslant 0$。由于对所有态 $H(R|B)\leqslant H(R)$和 $H(S|B)\leqslant H(S)$，按照方程式(4-30)，$H(R)+H(S)\geqslant\log_2(1/c)+H(A)$。在没有量子存储器时，$B$ 按照方程式(4-32)，$H(R)+H(S)\geqslant\log_2(1/c)+H(A)$。若 A 为纯态，$H(A)=0$，可再次用方程式(4-32)计算；如果为混合态，则 $H(A)>0$ 产生的束缚强于方程式(4-32)计算值。

另外，对发射量子 ρ_{AB}，A 测量为 R 和 S，B 接着进行第二次测量为 R'和 S'。如果再次重复测量，则其概率不能再用熵 $H(R|B)$和 $H(S|B)$。例如，用 Fano 不等式获得 $H(R|B)\leqslant h(p_R)+$

$p_R\log_2(d-1)$，式中 p_R 为概率。且 R 和 R' 结果不相同，h 为二进制熵函数。如果 $H(S|B)$ 足够小，$H(A|B)$ 必为负，则说明 ρ_{AB} 纠缠。也说明多次测量的结果是不同的，技术上证明潜在的测量（窃听）者创建的另外一个量子态 ρ_{ABE}，会分别发给原通信用户 A 和 B。相当于 A，B 测量生成了密钥。最坏情况是偷听者获得全部密钥。即便如此，只要 A，B 保持足够好的相关，在测量中很快就能生成另一个安全密钥。Winter 证明，通信双方每个态可获取的密钥数 K 的下限为 $H(R|E)-H(R|B)$。此外，通过方程式(4-32)可知，$H(R|E)+H(S|B)\geqslant\log_2(1/c)$。证明：

$$K \geqslant \log_2(1/c) - H(R \mid B) - H(S \mid B) \tag{4-33}$$

由于测量不会减少熵，所以 K 为

$$K \geqslant \log_2 \frac{1}{c} - H(R \mid R') - H(S \mid S') \tag{4-34}$$

此结论的普遍意义在于，恢复量子比特共轭对称 $H(R|R')=H(S|S')$ 的假设。通信的安全性主要取决于熵的上限 $H(R|R')$ 和 $H(S|S')$。在纠缠情况下，这些熵直接受限于测量量子数量和交互频率，无须更多的信息状态。即通过统计量估计安全状态。由于不确定性可用量化熵代替，事实证明平滑稳熵可视为 von Neumann 熵的一般式，或解释为其他物理量，如热力学熵。可证明这些以熵为代表的不确定关系原理，能进一步用于量子信息理论。采用 $H(R|B)$ 代表 von Neumann 熵量化评估 ρ_{AB} 态的方程为

$$\sum_j (|\psi_j\rangle\langle\psi_j| \otimes \mathbb{1})\rho_{AB}(|\psi_j\rangle\langle\psi_j| \otimes \mathbb{1}) \tag{4-35}$$

同样可证明，基于平滑熵 $H(S|B)$ 引入微积分代替 von Neumann 熵，可用 $H_{\min}$ 及 $H_{\max}$ 代表最小和最大熵($H_{-\infty}$)：

$$H_{\min}(R \mid B) + H_{-\infty}(SB) \geqslant \log_2 \frac{1}{c} + H_{\min}(AB) \tag{4-36}$$

$H_{-\infty}$ 和 $H_{\min}$ 仅限于算子极值，比用 von Neumann 熵处理方便。必要时，也可用最大最小熵恢复 von Neumann 熵。用最小和最大 ε 表示最初的熵，可获得其间的关系：

$$H_{\min}^{5\sqrt{\varepsilon}}(R \mid B) + H_{\max}^{\varepsilon}(SB) \geqslant \log_2 \frac{1}{c} + H_{\min}^{\varepsilon}(AB) - 2\log_2 \frac{1}{\varepsilon} \tag{4-37}$$

此式适用于任何 $\varepsilon>0$。

为评估 n 阶张量积 $\rho\otimes n\cdot e$ 状态的不同，用渐近能量均分定理，适当限制平滑最小和最大熵倾向 von Neumann 熵，即

$$\lim_{\varepsilon\to 0}\lim_{n\to+\infty}\frac{1}{n}H^{\varepsilon}_{\min/\max}(A^n \mid B^n)_{\rho^{\otimes n}} = H(A \mid B)_{\rho} \tag{4-38}$$

对式(4-37)两边除以 n，取极限可得：

$$H(R \mid B) + H(SB) \geqslant \log_2 \frac{1}{c} + H(AB) \tag{4-39}$$

在上式两边同时减 $H(B)$。通过傅里叶变换便可更清楚地看出不确定性关系。这些关系最初是用 von Neumann 熵表示，不是最小和最大熵的。通过两次变换增强了最小熵的，对于 Ω 态子系统 $A'B'AB$ 组成的系统：

$$H_{\min}(A'B'AB)_{\Omega} - H_{-\infty}(A'AB)_{\Omega} \overset{\text{chain 1}}{\leqslant} H_{\min}(B' \mid A'AB)_{\Omega|\Omega} \tag{4-40}$$

$$\overset{\text{str. sub.}}{\leqslant} H_{\min}(B' \mid AB)_{\Omega|\Omega} \overset{\text{chain 2}}{\leqslant} H_{\min}(B'A \mid B)_{\Omega} - H_{\min}(A \mid B)_{\Omega} \tag{4-41}$$

所以，对 $\Omega_{A'B'AB}$ 可得

$$\Omega_{A'B'AB} := \frac{1}{d^2}\sum_{a,b} |a\rangle\langle a|_{A'} \otimes |b\rangle\langle b|_{B'} \otimes (D_R^a D_S^b \otimes \mathbb{1})\rho_{AB}(D_S^{-b} D_R^{-a} \otimes \mathbb{1}) \tag{4-42}$$

式中，$\{|a\rangle\}$ 和 $\{|b\rangle\}$ 分别与基于 d 维 Hilbert 空间 HA'、HB' 正交。DR 和 DS 为 R 及 S 特征值的相

位算子。因此,可得 $A'(B')$ 还原系统 A 中 $R(S)$ 的特征值。

另外,根据式(4-35)给出的不确定关系,测量 d 维 Hilbert 空间 H_A 中的 $\{|\psi_j\rangle\}$ 及 $\{|\phi_k\rangle\}$(可能不一定互补),可采用以下方程

$$\mathcal{R}: \rho \mapsto \sum_j \langle \psi_j \mid \rho \mid \psi_j \rangle \mid \psi_j \rangle\langle \psi_j \mid \qquad \mathcal{S}: \rho \mapsto \sum_k \langle \phi_k \mid \rho \mid \phi_k \rangle \mid \phi_k \rangle\langle \phi_k \mid \tag{4-43}$$

这些值中的交叠 c 为

$$c := \max_{j,k} \mid \langle \psi_j \mid \phi_k \rangle \mid^2 \tag{4-44}$$

设 H_B 为任意有限维 Hilbert 空间,$H(A|B)$ 为 A 的 von Neumann 熵,则 B 的 von Neumann 熵为

$$H(A \mid B) = H(AB) \otimes H(B) \tag{4-45}$$

式中,ρ 态 H_A: $H(A) = -\mathrm{tr}(\rho\log\rho)$。$H_A \otimes H_B$ 空间与任意密度算子 ρ_{AB} 的关系为

$$H(R \mid B) + H(S \mid B) \geqslant \log_2 \frac{1}{c} + H(A \mid B) \tag{4-46}$$

式中,$H(R|B)$、$H(S|B)$ 及 $H(A|B)$ 分别代表 $(R\otimes I)(\rho_{AB})$、$(S\otimes I)(\rho_{AB})$ 及 ρ_{AB} 态 von Neumann 熵的条件。对 $H_A \otimes H_B \otimes H_E$ 上任意密度算子 ρ_{ABE},有

$$H(R \mid E) + H(S \mid B) \geqslant \log_2 \frac{1}{c} \tag{4-47}$$

根据式(4-47)及式(4-46),可得

$$H(RB) + H(SB) \geqslant \log_2(1/c) + H(AB) + H(B) \tag{4-48}$$

因为 ρ_{ABE} 为纯态,所以有

$$H(RB) = H(RE), \quad H(AB) = H(E) \tag{4-49}$$

且可引申出:

$$H(RE) + H(SB) \geqslant \log_2(1/c) + H(E) + H(B) \tag{4-50}$$

此式与式(4-47)相似,ρ_{ABE} 态取决于条件熵。根据式(4-47)及式(4-46),可看出 ρ_{ABE} 为式(4-47)中净化 ρ_{AB}。

按照上述式(4-46)最大、最小熵的基本定义,为进一步对熵性质及计算进行分析,建立有限维 Hilbert 空间 H 归一化态为

$$\mathcal{U} = (\mathcal{H}) := \{\rho: \rho \geqslant 0, \mathrm{tr}\rho = 1\} \tag{4-51}$$

维 Hilbert 空间 H 亚归一化态为

$$U \leqslant (H) = \{\rho: \rho \geqslant 0, \mathrm{tr}\rho \leqslant 1\} \tag{4-52}$$

根据式(4-52)定义,对 ρ 态 $\in U \leqslant (H_{AB})$ 的最小熵 A 代替 B 的条件为

$$H_{\min}(A \mid B)_\rho = \sup H_{\min}(A \mid B)_{\rho|\sigma} \tag{4-53}$$

式中,上限覆盖全部归一化密度算子 $\rho \in U = (H_B)$,且

$$H_{\min}(A \mid B)_{\rho|\sigma} = -\log_2 \inf\{\lambda: \rho_{AB} \leqslant \lambda \mathbb{1}_A \otimes \sigma_B\} \tag{4-54}$$

如果系统 B 可忽略,$H_{\min}(A|B)_\rho$ 可写成 $H_{\min}(A)_\rho$,则可得

$$H_{\min}(A)_\rho = -\log_2 \| \rho_A \|_{+\infty} \tag{4-55}$$

且对于 $\rho \leqslant \tau$,可得

$$H_{\min}(A \mid B)_\rho \geqslant H_{\min}(A \mid B)_\tau \tag{4-56}$$

同时,对于 $\rho \in U \leqslant (H_A)$,可得

$$H_{\max}(A)_\rho := 2\log_2 \mathrm{tr}\sqrt{\rho} \tag{4-57}$$

另外,对密度算子

$$\rho \leqslant \tau, H_{\max}(A)_\rho \leqslant H_{\max}(A)_\tau \tag{4-58}$$

同样采用维 Hilbert 空间 $H_{-\infty}$ 定义:

$$H_{-\infty}(A)_\rho := -\log_2 \sup\{\lambda : \rho_A \geqslant \lambda \Pi_{\mathrm{supp}(\rho_A)}\} \tag{4-59}$$

式中，$\Pi_{\mathrm{supp}}(\rho_A)$为 ρ_A 映射；$H_{-\infty}(A)_\rho$ 为最小非零特征值 ρ_A 的负对数，其最小、最大熵可用纯态表示，则可得概率 $P(\rho,\sigma)$：

$$P(\rho,\sigma) := \sqrt{1-\bar{F}(\rho,\sigma)^2} \tag{4-60}$$

式中，$F(\rho,\sigma)$代表一般可靠性，其标准值 $\bar{F}(\rho,\sigma)=\|\sqrt{\rho}\sqrt{\sigma}\|_1$ 的表达式为

$$\bar{F}(\rho,\sigma) := \|\sqrt{\rho \oplus (1-\mathrm{tr}\rho)}\sqrt{\sigma \oplus (1-\mathrm{tr}\sigma)}\|_1 \tag{4-61}$$

若净化距离值满足不等式 $P(\rho,\sigma)\leqslant P(\rho,\tau)+P(\tau,\sigma)$，即 $P(\rho,\sigma)$与 ρ,σ 间净化距离对应。可计算密度算子 ρ 周围的简化范围为

$$\mathcal{B}^\varepsilon(\rho) := \{\rho' : \rho' \in \mathcal{U}_\leqslant(\mathcal{H}), P(\rho,\rho') \leqslant \varepsilon\} \tag{4-62}$$

对任意 $\varepsilon\geqslant 0$，ε-的最小、最大熵为

$$H_{\min}^{\varepsilon}(A \mid B)_\rho := \sup_{\rho' \in B^\varepsilon(\rho)} H_{\min}(A \mid B)_{\rho'} \tag{4-63}$$

$$H_{\max}^{\varepsilon}(A)_\rho := \inf_{\rho' \in \mathcal{B}^\varepsilon(\rho)} H_{\max}(A)_{\rho'}$$

与量子熵 $H_{\min}$和 $H_{-\infty}$类似，对于任意 $\rho_{AB}\in U_\leqslant(H_{AB})$，有

$$H_{\min}(R \mid B)_{(\mathcal{R}\otimes\mathcal{I})(\rho)} + H_{-\infty}(SB)_{(\mathcal{S}\otimes\mathcal{I})(\rho)} \geqslant \log_2 \frac{1}{c} + H_{\min}(AB)_\rho \tag{4-64}$$

当 $\rho\in U=(H_{AB})$且 $\varepsilon>0$ 时，有

$$H_{\min}^{5\sqrt{\varepsilon}}(R \mid B)_{(\mathcal{R}\otimes\mathcal{I})(\rho)} + H_{\max}^{\varepsilon}(SB)_{(\mathcal{S}\otimes\mathcal{I})(\rho)} \geqslant \log_2 \frac{1}{c} + H_{\min}^{\varepsilon}(AB)_\rho - 2\log_2 \frac{1}{\varepsilon} \tag{4-65}$$

任意 $\rho\in U=(H_{AB})$及任意 $n\in N$，对 $\rho=\sigma^{\otimes n}$影响不同，若 $R\otimes I$ 和 $S\otimes I$ 被$(R\otimes I)^{\otimes n}$取代$(S\otimes I)^{\otimes n}$，其相应的叠加为

$$c^{(n)} = \max_{j_1,j_2,\cdots,j_n,k_1,k_2,\cdots,k_n} |\langle\psi_{j_1} \mid \phi_{k1}\rangle\langle\psi_{j_2} \mid \phi_{k_2}\rangle\cdots\langle\psi_{j_n} \mid \phi_{k_n}\rangle|^2 = \max_{j,k} |\langle\psi_j^{\otimes n} \mid \phi_k^{\otimes n}\rangle|^2 = c^n \tag{4-66}$$

也可写成

$$\frac{1}{n}H_{\min}^{5\sqrt{\varepsilon}}(R^n \mid B^n)_{((\mathcal{R}\otimes\mathcal{I})(\sigma))^{\otimes n}} + \frac{1}{n}H_{\max}^{\varepsilon}(S^nB^n)_{((\mathcal{S}\otimes\mathcal{I})(\sigma))^{\otimes n}} \geqslant \log_2 \frac{1}{c} + \frac{1}{n}H_{\min}^{\varepsilon}(A^nB^n)_{\sigma\otimes n} - \frac{2}{n}\log_2 \frac{1}{\varepsilon} \tag{4-67}$$

取 $n\to+\infty$及 $\varepsilon\to 0$ 极限，其辅助均分方程式(lemma)为

$$H(R \mid \bar{B}) + H(SB) \geqslant \log_2 \frac{1}{c} + H(AB) \tag{4-68}$$

对于量子熵 $H_{\min}$及 $H_{-\infty}$，

$$D_R = \sum_j e^{\frac{2\pi ij}{d}} \mid \psi_j\rangle\langle\psi_j \mid, \quad D_S = \sum_k e^{\frac{2\pi ik}{d}} \mid \phi_k\rangle\langle\phi_k \mid \tag{4-69}$$

式中，D_R，D_S 为 d 维 Pauli 算子。其中，R 及 S 分别为

$$\mathcal{R}:\rho \mapsto \frac{1}{d}\sum_{a=0}^{d-1} D_R^a \rho D_R^{-a} \quad \mathcal{S}:\rho \mapsto \frac{1}{d}\sum_{b=0}^{d-1} D_S^b \rho D_S^{-b} \tag{4-70}$$

说明最小熵具有高可叠加性：

$$\begin{aligned} H_{\min}(A'B'AB)_\Omega - H_{-\infty}(A'AB)_\Omega &\leqslant H_{\min}(B' \mid A'AB)_{\Omega|\Omega} \\ &\leqslant H_{\min}(B' \mid AB)_{\Omega|\Omega} \\ &\leqslant H_{\min}(B'A \mid B)_\Omega - H_{\min}(A \mid B)_\Omega \end{aligned} \tag{4-71}$$

且密度算符为 $\Omega_{A'B'AB}$：

$$\Omega_{A'B'AB} := \frac{1}{d^2}\sum_{a,b} \mid a\rangle\langle a \mid_{A'} \otimes \mid b\rangle\langle b \mid_{B'} \otimes (D_R^a D_S^b \otimes \mathbb{1})\rho_{AB}(D_S^{-b} D_R^{-a} \otimes \mathbb{1}) \tag{4-72}$$

式中，$\{|a\rangle_{A'}\}_a$ 和 $\{|b\rangle_{B'}\}_b$ 为 d 维 Hilbert 空间 $H_{A'}$、$H_{B'}$ 正交基，其态满足于

$$H_{\min}(A'B'AB)_\Omega = 2\log_2 d + H_{\min}(AB)_\rho \tag{4-73}$$

$$H_{-\infty}(A'AB)_\Omega = \log_2 d + H_{-\infty}(SB)_{(\mathcal{S}\otimes\mathcal{I})(\rho)} \tag{4-74}$$

$$H_{\min}(B'A \mid B)_\Omega \leqslant \log_2 d + H_{\min}(R \mid B)_{(\mathcal{R}\otimes\mathcal{I})(\rho)} \tag{4-75}$$

$$H_{\min}(A \mid B)_\Omega \geqslant \log_2 \frac{1}{c} \tag{4-76}$$

根据式(4-73)～式(4-76)，式(4-72)中 $\Omega_{A'B'AB}$ 可描述为

$$\frac{1}{d^2}\sum_{a,b} |a\rangle\langle a|_{A'} \otimes |b\rangle\langle b|_{B'} \otimes \rho_{AB} \tag{4-77}$$

且最小熵归一化运算中为不变量。从式(4-74)可看出 $\Omega_{A'AB}$ 的关系：

$$\frac{1}{d^2}\sum_a |a\rangle\langle a|_{A'} \otimes \sum_b (S^b \otimes \mathbb{1})\rho_{AB}(S^{-b}\otimes\mathbb{1}) \tag{4-78}$$

而且

$$\frac{1}{d}\sum_b (S^b\otimes\mathbb{1})\rho_{AB}(S^{-b}\otimes\mathbb{1}) = (\mathcal{S}\otimes\mathcal{I})(\rho_{AB}) \tag{4-79}$$

如式(4-75)所示，可得

$$\Omega_{B'AB} = \frac{1}{d^2}\sum_b |b\rangle\langle b|_{B'} \otimes \sum_a (D_R^a D_S^b \otimes\mathbb{1})\rho_{AB}(D_S^{-b}D_R^{-a}\otimes\mathbb{1}) \tag{4-80}$$

为求最小熵值，定义 λ 为 $H_{\min}(B'A|B)_\Omega = -\log_2\lambda$。则可得与密度算子 σ_B 的关系为

$$\lambda\,\mathbb{1}_{B'A}\otimes\sigma_B \geqslant \frac{1}{d^2}\sum_b |b\rangle\langle b|_{B'}\otimes\sum_a (D_R^a D_S^b\otimes\mathbb{1})\rho_{AB}(D_S^{-b}D_R^{-a}\otimes\mathbb{1}) \tag{4-81}$$

对所有 b，

$$\lambda\,\mathbb{1}_A\otimes\sigma_B \geqslant \frac{1}{d^2}\sum_a (D_R^a D_S^b\otimes\mathbb{1})\rho_{AB}(D_S^{-b}D_R^{-a}\otimes\mathbb{1}) \tag{4-82}$$

当 $b=0$ 时，

$$\lambda\,\mathbb{1}_A\otimes\sigma_B \geqslant \frac{1}{d^2}\sum_a (D_R^a\otimes\mathbb{1})\rho_{AB}(D_R^{-a}\otimes\mathbb{1}) = \frac{1}{d}(\mathcal{R}\otimes\mathcal{I})(\rho_{AB}) \tag{4-83}$$

可得

$$2^{-H_{\min}(R|B)_{(\mathcal{R}\otimes\mathcal{I})(\rho)}} \leqslant \lambda d \tag{4-84}$$

根据式(4-75)及式(4-76)，可看出：

$$\Omega_{AB} = \frac{1}{d^2}\sum_{ab}(D_R^a D_S^b\otimes\mathbb{1})\rho_{AB}(D_S^{-b}D_R^{-a}\otimes\mathbb{1}) = [(\mathcal{R}\circ\mathcal{S})\otimes\mathcal{I}](\rho_{AB}) \tag{4-85}$$

及

$$\begin{aligned}
[(\mathcal{R}\circ\mathcal{S})\otimes\mathcal{I}](\rho_{AB}) &= (\mathcal{R}\otimes\mathcal{I})\Big(\sum_k |\phi_k\rangle\langle\phi_k|\otimes \mathrm{tr}_A[(|\phi_k\rangle\langle\phi_k|\otimes\mathbb{1})\rho_{AB}]\Big) \\
&= \sum_{jk} |\langle\phi_k|\psi_j\rangle|^2 |\psi_j\rangle\langle\psi_j|\otimes\mathrm{tr}_A[(|\phi_k\rangle\langle\phi_k|\otimes\mathbb{1})\rho_{AB}] \\
&\leqslant \max_{lm}(|\langle\phi_l|\psi_m\rangle|^2)\sum_{jk}|\psi_j\rangle\langle\psi_j|\otimes\mathrm{tr}_A[(|\phi_k\rangle\langle\phi_k|\otimes\mathbb{1})\rho_{AB}] \\
&= \max_{lm}(|\langle\phi_l|\psi_m\rangle|^2)\,\mathbb{1}_A\otimes\sum_k \mathrm{tr}_A[(|\phi_k\rangle\langle\phi_k|\otimes\mathbb{1})\rho_{AB}] \\
&= \max_{lm}(|\langle\phi_l|\psi_m\rangle|^2)\,\mathbb{1}_A\otimes\rho_B
\end{aligned} \tag{4-86}$$

并可得出以下结论：

$$2^{-H_{\min}(A|B)_{((\mathcal{R}\circ\mathcal{S})\otimes\mathcal{I})(\rho)}} \leqslant \max_{lm} |\langle \phi_l | \psi_m \rangle|^2 = c \tag{4-87}$$

对不确定关系熵 $H_{\min}$ 与 $H_{-\infty}$ 的描述，可采用熵 $H_{\min}^{\varepsilon}$ 及 $H_{\max}^{\varepsilon}$ 表示($\varepsilon>0$)。

设 $\sigma_{AB} \in U \leqslant (H_{AB})$，则 $\sigma_{SB}=(S\otimes I)(\sigma_{AB})$存在正算子：

$$\Pi \leqslant \mathbb{1}, \quad \mathrm{tr}((\mathbb{1}-\Pi^2)\sigma_{SB}) \leqslant 3\varepsilon \tag{4-88}$$

且

$$H_{\max}^{\varepsilon}(SB)_{(\mathcal{S}\otimes\mathcal{I})(\sigma)} \geqslant H_{-\infty}(SB)_{\Pi(\mathcal{S}\otimes\mathcal{I})(\sigma)\Pi} - 2\log_2\frac{1}{\varepsilon} \tag{4-89}$$

若 Π 与 $S\otimes I$ 交换没有任何损失，则可选用任意 σ^{SB} 对角线，因为

$$\Pi(\mathcal{S}\otimes\mathcal{I})(\sigma_{AB})\Pi = (\mathcal{S}\otimes\mathcal{I})(\Pi\sigma_{AB}\Pi) \tag{4-90}$$

且

$$\mathrm{tr}((\mathbb{1}-\Pi^2)\sigma_{AB}) = \mathrm{tr}((\mathcal{S}\otimes\mathcal{I})((\mathbb{1}-\Pi^2)\sigma_{AB})) = \mathrm{tr}((\mathbb{1}-\Pi^2)\sigma_{SB}) \leqslant 3\varepsilon \tag{4-91}$$

采用算符 $\Pi\rho_{AB}\Pi$，可建立

$$H_{\min}(R|B)_{(\mathcal{R}\otimes\mathcal{I})(\Pi\sigma\Pi)} + H_{\mathrm{R}}(SB)_{(\mathcal{S}\otimes\mathcal{I})(\Pi\sigma\Pi)} \geqslant \log_2\frac{1}{c} + H_{\min}(AB)_{\Pi\sigma\Pi} \tag{4-92}$$

因 $\Pi\sigma\Pi\leqslant\sigma$，则有

$$H_{\min}(AB)_{\Pi\sigma\Pi} \geqslant H_{\min}(AB)_{\sigma} \tag{4-93}$$

将式(4-89)及式(4-93)引入式(4-92)，可得

$$H_{\min}(R|B)_{(\mathcal{R}\otimes\mathcal{I})(\Pi\sigma\Pi)} + H_{\max}^{\varepsilon}(SB)_{(\mathcal{S}\otimes\mathcal{I})(\sigma)} \geqslant \log_2\frac{1}{c} + H_{\min}(AB)_{\sigma} - 2\log_2\frac{1}{\varepsilon} \tag{4-94}$$

因为存在正算子 $\bar{\Pi}\leqslant\mathbb{1}$，即 ρ_{AB} 的对角线，所以，

$$\mathrm{tr}[(\mathbb{1}-\bar{\Pi}^2)\rho_{AB}] \leqslant 2\varepsilon \tag{4-95}$$

且

$$H_{\min}(AB)_{\bar{\Pi}\rho\bar{\Pi}} \geqslant H_{\min}^{\varepsilon}(AB)_{\rho} \tag{4-96}$$

则式(4-94)对 $\rho_{AB}=\bar{\Pi}\rho_{AB}\bar{\Pi}$ 的值为

$$H_{\min}(R|B)_{(\mathcal{R}\otimes\mathcal{I})(\Pi\bar{\Pi}\rho\bar{\Pi}\Pi)} + H_{\max}^{\varepsilon}(SB)_{(\mathcal{S}\otimes\mathcal{I})(\bar{\Pi}\rho\bar{\Pi})} \geqslant \log_2\frac{1}{c} + H_{\min}^{\varepsilon}(AB)_{\rho} - 2\log_2\frac{1}{\varepsilon} \tag{4-97}$$

式中，Π 为$(\mathcal{S}\otimes\mathcal{I})(\bar{\Pi}\rho_{AB}\bar{\Pi})$任意特征基集合中的对角线，且满足

$$\mathrm{tr}[(\mathbb{1}-\Pi^2)\bar{\Pi}\rho_{AB}\bar{\Pi}] \leqslant 3\varepsilon \tag{4-98}$$

由于 $\rho_{AB}\geqslant\bar{\Pi}\rho_{AB}\bar{\Pi}$，可用式(4-97)解$(\mathcal{S}\otimes\mathcal{I})(\rho_{AB})$和$(\mathcal{S}\otimes\mathcal{I})(\bar{\Pi}\rho_{AB}\bar{\Pi})$，可得

$$H_{\max}^{\varepsilon}(SB)_{(\mathcal{S}\otimes\mathcal{I})(\rho)} \geqslant H_{\max}^{\varepsilon}(SB)_{(\mathcal{S}\otimes\mathcal{I})(\bar{\Pi}\rho\bar{\Pi})} \tag{4-99}$$

根据式(4-97)，简化

$$H_{\min}(R|B)_{(\mathcal{R}\otimes\mathcal{I})(\Pi\bar{\Pi}\rho\bar{\Pi}\Pi)} + H_{\max}^{\varepsilon}(SB)_{(\mathcal{S}\otimes\mathcal{I})(\rho)} \geqslant \log_2\frac{1}{c} + H_{\min}^{\varepsilon}(AB)_{\rho} - 2\log_2\frac{1}{\varepsilon} \tag{4-100}$$

利用式(4-95)及式(4-98)，可得

$$P(\rho_{AB},\bar{\Pi}\rho_{AB}\bar{\Pi}) \leqslant \sqrt{4\varepsilon}P(\bar{\Pi}\rho_{AB}\bar{\Pi},\Pi\bar{\Pi}\rho_{AB}\bar{\Pi}\Pi) \leqslant \sqrt{6\varepsilon} \tag{4-101}$$

根据三角不等式，可得

$$P(\rho_{AB},\Pi\bar{\Pi}\rho_{AB}\bar{\Pi}\Pi) \leqslant (\sqrt{4}+\sqrt{6})\sqrt{\varepsilon} < 5\sqrt{\varepsilon} \tag{4-102}$$

因而，$(\mathcal{R}\otimes\mathcal{I})(\Pi\bar{\Pi}\rho_{AB}\bar{\Pi}\Pi)$与$(\mathcal{R}\otimes\mathcal{I})(\rho_{AB})$的最大距离为 $5\sqrt{\varepsilon}$。则可得

$$H_{\min}^{5\sqrt{\varepsilon}}(R|B)_{(\mathcal{R}\otimes\mathcal{I})(\rho)} \geqslant H_{\min}(R|B)_{(\mathcal{R}\otimes\mathcal{I})(\Pi\bar{\Pi}\rho\bar{\Pi}\Pi)} \tag{4-103}$$

插入式(4-100)，可得

$$H_{\min}^{5\sqrt{\varepsilon}}(R \mid B)_{(\mathcal{R}\otimes\mathcal{I})(\rho)} + H_{\max}^{\varepsilon}(SB)_{(\mathcal{S}\otimes\mathcal{I})(\rho)} \geqslant \log_2 \frac{1}{c} + H_{\min}^{\varepsilon}(AB)_{\rho} - 2\log_2 \frac{1}{\varepsilon} \tag{4-104}$$

ρ 与 σ 间的净化距离相当于 ρ 和 σ 的最小迹距。由于 ρ 和 σ 间迹距受量子作用不断减小，对任意 $\rho\in U\leqslant(H)$ 及 $\sigma\in U\leqslant(H)$，可得

$$\| \rho-\sigma \|_1 \leqslant 2P(\rho,\sigma) \tag{4-105}$$

所以，在确定映射中净化距离不会增加。对任意 $\rho\in U\leqslant(H)$，$\sigma\in U\leqslant(H)$及任意正算子 $\bar{\Pi}\leqslant\mathbb{1}$，有

$$P(\Pi\rho\Pi,\Pi\sigma\Pi) \leqslant P(\rho,\sigma) \tag{4-106}$$

由于净化距离为正，对任意完全正迹(Trace-Preserving Completely Positive Map，TPCPM)，满足

$$\varepsilon:\rho\mapsto\Pi\rho\Pi \oplus \mathrm{tr}(\sqrt{\mathbb{1}-\Pi^2}\,\rho\,\sqrt{\mathbb{1}-\Pi^2}) \tag{4-107}$$

$$P(\rho,\sigma) \geqslant P(\varepsilon(\rho),\varepsilon(\sigma)) \tag{4-108}$$

及

$$\bar{F}(\rho,\sigma) \leqslant \bar{F}(\varepsilon(\rho),\varepsilon(\sigma)) \tag{4-109}$$

则可建立

$$\begin{aligned}\bar{F}(\rho,\sigma) &\leqslant \bar{F}(\varepsilon(\rho),\varepsilon(\sigma))\\ &= F(\Pi\rho\Pi,\Pi\sigma\Pi) + \sqrt{[\mathrm{tr}\rho-\mathrm{tr}(\Pi^2\rho)][\mathrm{tr}\sigma-\mathrm{tr}(\Pi^2\sigma)]} + \sqrt{(1-\mathrm{tr}\rho)(1-\mathrm{tr}\sigma)}\\ &\leqslant F(\Pi\rho\Pi,\Pi\sigma\Pi) + \sqrt{[1-\mathrm{tr}(\Pi^2\rho)][1-\mathrm{tr}(\Pi^2\sigma)]}\\ &= \bar{F}(\Pi\rho\Pi,\Pi\sigma\Pi)\end{aligned} \tag{4-110}$$

其中，第二个不等式具有以下关系：

$$\sqrt{[\mathrm{tr}\rho-\mathrm{tr}(\Pi^2\rho)][\mathrm{tr}\sigma-\mathrm{tr}(\Pi^2\sigma)]} + \sqrt{(1-\mathrm{tr}\rho)(1-\mathrm{tr}\sigma)} \leqslant \sqrt{[1-\mathrm{tr}(\Pi^2\rho)][1-\mathrm{tr}(\Pi^2\sigma)]} \tag{4-111}$$

并可简化为

$$\mathrm{tr}\rho-\mathrm{tr}(\Pi^2\rho)=r,\quad \mathrm{tr}\sigma-\mathrm{tr}(\Pi^2\sigma)=s,\quad 1-\mathrm{tr}\rho=t,\quad 1-\mathrm{tr}\sigma=u \tag{4-112}$$

且可得

$$\sqrt{rs}+\sqrt{tu} \leqslant \sqrt{(r+t)(s+u)} \tag{4-113}$$

对 r、s、t 及正 u，有

$$\begin{aligned}\sqrt{rs}+\sqrt{tu} \leqslant \sqrt{(r+t)(s+u)} &\Leftrightarrow rs+2\sqrt{rstu}+tu \leqslant (r+t)(s+u)\\ &\Leftrightarrow 4rstu \leqslant (ru+st)^2\\ &\Leftrightarrow 0 \leqslant (ru-st)^2\end{aligned} \tag{4-114}$$

此外，ρ 态之间的净化距的映射 $\Pi\rho\Pi$ 上限超过 $\rho\in U\leqslant(H)$，且对任意正算子 $\bar{\Pi}\leqslant\mathbb{1}$，有

$$P(\rho,\Pi\rho\Pi) \leqslant \frac{1}{\sqrt{\mathrm{tr}\rho}}\sqrt{(\mathrm{tr}\rho)^2-(\mathrm{tr}(\Pi^2\rho))^2} \tag{4-115}$$

因为

$$\| \sqrt{\rho}\,\sqrt{\Pi\rho\Pi} \|_1 = \mathrm{tr}\sqrt{(\sqrt{\rho}\Pi\sqrt{\rho})(\sqrt{\rho}\Pi\sqrt{\rho})} = \mathrm{tr}(\Pi\rho) \tag{4-116}$$

所以，其可靠性为

$$\bar{F}(\rho,\Pi\rho\Pi) = \mathrm{tr}(\Pi\rho) + \sqrt{(1-\mathrm{tr}\rho)[1-\mathrm{tr}(\Pi^2\rho)]} \tag{4-117}$$

可简化为

$$\mathrm{tr}\rho=r,\quad \mathrm{tr}(\Pi\rho)=s,\quad \mathrm{tr}(\Pi^2\rho)=t \tag{4-118}$$

其中，t、s 及 r 之间的关系为

$$0\leqslant t\leqslant s\leqslant r\leqslant 1 \tag{4-119}$$

所以，

$$1-\overline{F}(\rho,\Pi\rho\Pi)^2=r+t-rt-s^2-2s\sqrt{(1-r)(1-t)} \tag{4-120}$$

可得

$$r(1-\overline{F}(\rho,\Pi\rho\Pi)^2)-r^2+t^2\leqslant 0 \tag{4-121}$$

所以，各参量的综合关系为

$$\begin{aligned} r(1-\overline{F}(\rho,\Pi\rho\Pi)^2)-r^2+t^2 &= r[r+t-rt-s^2-2s\sqrt{(1-r)(1-t)}]-r^2+t^2 \\ &\leqslant r[r+t-rt-s^2-2s(1-r)]-r^2+t^2 \\ &= rt-r^2t+t^2-2rs+2r^2s-rs^2 \\ &\leqslant rt-r^2t+t^2-2rs+2r^2s-rt^2 \\ &= (1-r)(t^2+rt-2rs) \\ &\leqslant (1-r)(s^2+rs-2rs) \\ &= (1-r)s(s-r) \\ &\leqslant 0 \end{aligned} \tag{4-122}$$

若 $\rho\in u\leqslant(H)$，$\sigma\in u\leqslant(H)$ 符合特征基集合 r_i 和 s_i，且 $r_{i+1}\leqslant r_i$ 及 $s_{i+1}\leqslant s_i$，则基于 $|i\rangle$ 的 σ 为

$$\sigma=\sum_i s_i\mid i\rangle\langle i\mid \quad \text{且可定义} \quad \tilde{\rho}=\sum_i r_i\mid i\rangle\langle i\mid \tag{4-123}$$

则

$$P(\rho,\sigma)\geqslant P(\tilde{\rho},\sigma) \tag{4-124}$$

根据净化距离 $P(\rho;\sigma)$，可知 $\overline{F}(\rho;\sigma)\leqslant\overline{F}(\tilde{\rho};\sigma)$。且

$$\begin{aligned} \overline{F}(\rho,\sigma)-\sqrt{(1-\mathrm{tr}\rho)(1-\mathrm{tr}\sigma)} &= \|\sqrt{\rho}\sqrt{\sigma}\|_1 \\ &= \max_U \mathrm{Re}\ \mathrm{tr}(U\sqrt{\rho}\sqrt{\sigma}) \\ &\leqslant \max_{U,V} \mathrm{Re}\ \mathrm{tr}(U\sqrt{\rho}V\sqrt{\sigma}) \\ &= \sum_i\sqrt{r_i}\sqrt{s_i}=\overline{F}(\tilde{\rho},\sigma)-\sqrt{(1-\mathrm{tr}\tilde{\rho})(1-\mathrm{tr}\sigma)} \end{aligned} \tag{4-125}$$

式中，第 1 项为一元矩阵最大值，第 2 项、第 3 项代表最小、最大熵特性，可视为广义 von Neumann 熵。对任意 $\sigma\in U=(H)$，有

$$\lim_{\varepsilon\to 0}\lim_{n\to+\infty}\frac{1}{n}H_{\min}^{\varepsilon}(A^n\mid B^n)_{\sigma^{\otimes n}}=H(A\mid B)_\sigma$$

$$\lim_{\varepsilon\to 0}\lim_{n\to+\infty}\frac{1}{n}H_{\max}^{\varepsilon}(A^n)_{\sigma^{\otimes n}}=H(A)_\sigma \tag{4-126}$$

该 von Neumann 熵具有强可叠加性 $H(A|BC)\leqslant H(A|B)$，说明若放弃系统 C 编码，只能增加系统 A 其他态的不确定性。根据不等式 $\rho\in S\leqslant(HABC)$，可叠加最小熵 $H_{\min}$ 为

$$H_{\min}(A\mid BC)_{\rho|\rho}\leqslant H_{\min}(A\mid B)_{\rho|\rho} \tag{4-127}$$

若

$$2^{-H_{\min}(A|BC)_{\rho|\rho}}\mathbb{1}_A\otimes\rho_{BC}-\rho_{ABC}\geqslant 0 \tag{4-128}$$

则

$$2^{-H_{\min}(A|B)_{\rho|\rho}}\leqslant 2^{-H_{\min}(A|BC)_{\rho|\rho}} \tag{4-129}$$

对 von Neumann 熵态 $H(AjBC)=H(ABjC)-H(BjC)$，可归纳为最小、最大熵表达式：

$$H_{\min}(A\mid BC)_{\rho|\rho}\leqslant H_{\min}(AB\mid C)_\rho-H_{\min}(B\mid C)_\rho \tag{4-130}$$

若 $\rho_C\in S\leqslant(HC)$，则最小熵为

$$\begin{aligned}\rho_{ABC} &\leqslant 2^{-H_{\min}(A|BC)_{\rho|\rho}} \mathbb{1}_A \otimes \rho_{BC} \\ &\leqslant 2^{-H_{\min}(A|BC)_{\rho|\rho}} 2^{-H_{\min}(B|C)_{\rho|\sigma}} \mathbb{1}_{AB} \otimes \sigma_C\end{aligned} \tag{4-131}$$

可简化为

$$2^{-H_{\min}(AB|C)_{\rho|\sigma}} \leqslant 2^{-H_{\min}(A|BC)_{\rho|\rho}} 2^{-H_{\min}(B|C)_{\rho|\sigma}} \tag{4-132}$$

即

$$H_{\min}(A \mid BC)_{\rho|\rho} \leqslant H_{\min}(AB \mid C)_{\rho|\sigma} - H_{\min}(B \mid C)_{\rho|\sigma} \tag{4-133}$$

此不等式可根据系统 C 中所有熵条件扩展为

$$\begin{aligned}\rho_{AB} &\leqslant 2^{-H_{\min}(AB)} \mathbb{1}_A \otimes \Pi_{\mathrm{supp}(\rho_B)} \\ &\leqslant 2^{-H_{\min}(AB)} 2^{H_{-\infty}(B)} \mathbb{1}_A \otimes \rho_B\end{aligned} \tag{4-134}$$

因此,可得结论:

$$2^{-H_{\min}(A|B)_{\rho|\rho}} \leqslant 2^{-H_{\min}(AB)} 2^{H_{-\infty}(B)} \tag{4-135}$$

将 $H_{\min}$ 及 HR 转换为 $H_{\min}^{\varepsilon}$ 及 $H_{\max}^{\varepsilon}$,取 $H_{\max}$ 的上限为 $H_{+\infty}$。对任意 $\varepsilon>0$ 和 $\sigma\in S\leqslant(HA)$,存在任意 σ 特征基集合对角线算子 Π,$H_{\max}(A)_{\sigma}$ 为

$$H_{\max}(A)_{\sigma} > H_{-\infty}(A)_{\Pi\sigma\Pi} - 2\log_2 \frac{1}{\varepsilon} \tag{4-136}$$

若采用特征基集合 σ 正交测量方法 M,$H_{\max}^{\varepsilon}(A)_{\sigma}$ 为

$$H_{\max}^{\varepsilon}(A)_{\sigma'} \leqslant H_{\max}^{\varepsilon}(A)_{\mathcal{M}(\sigma')} \tag{4-137}$$

实际实验中 $M(\sigma')\leqslant M(\sigma)=\sigma$,计算完全满足 σ' 及 σ 相同基数对角线。按照定义,ρ 符合 $P(\rho;\sigma)\leqslant\varepsilon$ 及 $H_{\max}(A)_{\rho}=H_{\max}^{\varepsilon}(A)_{\sigma}$ 条件,可认为 ρ 是特征基集合 Γ 的对角线。因此,算子 Γ 也是相同特征基集合的对角线,即 $\rho=\Gamma\sigma\Gamma$。所以,可定义 $\rho'=\Gamma\sigma'\Gamma$,且 $\rho'\geqslant0$ 及 $\mathrm{tr}(\rho')\leqslant\mathrm{tr}(\rho)\leqslant1$。由于 $\rho'\leqslant\rho$,可得

$$H_{\max}(A)_{\rho'} \leqslant H_{\max}(A)_{\rho} = H_{\max}^{\varepsilon}(A)_{\sigma} \tag{4-138}$$

因为 ρ' 和 ρ 均为同样基数的对角线,存在正算子 $\Pi\leqslant1$ 为 σ 特征基集合的对角线,所以 $\sigma'=\Pi\sigma\Pi$,且有

$$\rho' = \Gamma\sigma'\Gamma = \Gamma\Pi\sigma\Pi\Gamma = \Pi\Gamma\sigma\Gamma\Pi = \Pi\rho\Pi \tag{4-139}$$

采用净化距离减少 Π 的影响,可得

$$P(\rho',\sigma') = P(\Pi\rho\Pi,\Pi\sigma\Pi) \leqslant P(\rho,\sigma) \leqslant \varepsilon \tag{4-140}$$

说明 $H_{\max}^{\varepsilon}(A)\sigma'\leqslant H_{\max}(A)\rho'$。对任意 $\varepsilon\geqslant0$ 及任意规范化 $\rho\in S=(HA)$,存在正算子 $\Pi\leqslant1$,也是任意 σ 特征基集合的对角线,包括 $\mathrm{tr}((1=\Pi^2)\sigma)\leqslant2\varepsilon$,以及

$$H_{\min}^{\varepsilon}(A)_{\sigma} \leqslant H_{\min}(A)_{\Pi\sigma\Pi} \tag{4-141}$$

若 $\rho\in B^{\varepsilon}(\sigma)$ 为 $H_{\min}(A)_{\rho}=H_{\min}^{\varepsilon}(A)_{\sigma}$,则 ρ 为 σ 的特征基集合 $|i\rangle$ 的对角线。设 $r_i(s_i)$ 属于 $\rho(\sigma)$ 的特征基集合,则可定义

$$\sigma'_A = \sum_i \min(r_i;s_i) \mid i\rangle\langle i \mid \tag{4-142}$$

因此,可知存在正算子,即 $\Pi\leqslant1$,$\sigma'=\Pi\sigma\Pi$。由于 $\sigma'\leqslant\rho$,可得

$$H_{\min}(A)_{\Pi\sigma\Pi} = H_{\min}(A)_{\sigma'} \geqslant H_{\min}(A)_{\rho} = H_{\min}^{\varepsilon}(A)_{\sigma} \tag{4-143}$$

而且

$$\mathrm{tr}((\mathbb{1}-\Pi^2)\sigma) = \mathrm{tr}(\sigma-\sigma') = \sum_{i:s_i\geqslant r_i}(s_i-r_i) \leqslant \|\sigma-\rho\|_1 \tag{4-144}$$

所以,可确定其域值为 $2P(\sigma,\rho)\leqslant2\varepsilon$。

4.3 旋转量子纠缠

量子纠缠是量子信息论中的重要组成部分，广泛用于许多量子力学的基本测试和工程应用领域，包括量子通信、量子密码学及信息存储。实验还证明，光子与捕获的离子、原子和原子谐振产生纠缠，可用于分布式量子网络结点中的中继存储器。最典型的是量子纠缠、光子偏振、固态量子比特存储及钻石形氮空穴中单电子自旋存储。实验证明，将上述原理结合可构成量子纠缠、固态量子存储器。利用量子光场之间的相互作用，完成可擦重写固态量子比特存储。在长距离量子通信、分布式量子计算及存储中具有重要潜在应用前景。实验显示，固态量子比特纠缠芯片需用纳米尺度工艺制造，与纳米集成加工研究有机结合。目前发展较快的仍是基于氮-空穴中心(Nitrogen-Vacancy Centre，NVC)原理的单光子耦合固态系统，即利用有“缺陷”钻石结构中氮原子和相邻空穴的可控置换现象实现量子存储。实际上，NVC 为带负电的三重态自旋电子，即 2.88GHz 零场亚磁子能级$|m_s=0\rangle$与$|m_s=\pm1\rangle$态($|0\rangle$以及$|\pm1\rangle$之间的稳定可控转移。此外，长时间的相干性、高速微波操控和光学集成制备及检测技术支持，为 NVC 的工程应用开辟了更多的发展空间。特别是利用与临近的核自旋耦合实现量子存储，允许多量子可控存储，有可能突破传统二进制存储编码，成为很有前途的多量子比特存储方案。研究证明，单光子和电子自旋 NVC 之间的量子纠缠态为

$$|\psi\rangle=\frac{1}{\sqrt{2}}(|\sigma_-\rangle|+1\rangle+|\sigma_+\rangle|-1\rangle) \tag{4-145}$$

式中$|\sigma_+\rangle$和$|\sigma_-\rangle$为正交圆偏振单光子态。量子存储的基本原理如图 4-3(a)所示，NVC 为特殊激发态($|A_2\rangle$，其衰变概率取决于被波长 637nm 正交偏振光子激发形成的自旋态($|\pm1\rangle$)的寿命。偏振光子创建的自旋纠缠态如式(4-145)所示。此纠缠态可通过检测 637nm 光子的偏振态，利用传统的光电转换技术就能实现。其中的主要挑战是对此激发态物理性质的认识和对自旋存储与光子之间控制。与孤立的原子和离子相比，此系统具有较复杂的、对环境敏感的激发特性。此非轴晶体的应变特性直接影响激发态的转换和偏振特性。在没有外加电场或磁场时，6 个电子激发态的特性取决于 NVC 的 C3v 对称性和旋轨道和自旋与自旋相的互作用，如图 4-3(a)所示。自旋基态和激发态之间的光学转换被旋转态保留，但可能改变与光子偏振特性直接相关的电子轨道角动量。其中，$|E_x\rangle$及$|E_y\rangle$两个激发态，按照其轨道对称性耦合概率不到 50%。所以，只有$|0\rangle$基态为耦合和提供良好的循环转换条件，可以通过荧光检测读出$|0\rangle$数量。其他 4 个激发纠缠态$|A_2\rangle$的自旋轨道角动量为

$$|A_2\rangle=\frac{1}{\sqrt{2}}(|E_-\rangle|+1\rangle+|E_+\rangle|-1\rangle) \tag{4-146}$$

式中$|E\pm\rangle$为沿 NVC 轴轨道态角动量。同时，基态($|0\rangle$，$|E\pm\rangle$)与角动量零映射的轨道态$|E_0\rangle$相关(为了简化，不考虑波函数的空间部分)。根据总的角动量守恒原理，$|A_2\rangle$态的衰退与基态与$|-1\rangle$转换为偏振辐射$|s_1\rangle$及$|+1\rangle$转换为偏振辐射σ_{-1}的概率相同。因此形成一个局部应变场，$|E_{x,y}\rangle$应变分裂 Δs 削弱了 NVC 的对称性和激发态按照其轨道波函数产生能量转移。相对于中、高应变场，激发态被分成两个混合分支：上分支能量差$|A_2\rangle$与低应变磁场对应，并保留其偏振光特性，其反应过程如图 4-3 所示。

基态$|0\rangle$光子，通过选择性激发到$|A_2\rangle$状态构成 L 型 3 种能级系统。其中 2 个不同的自旋态的正交偏振光子产生旋转纠缠，通过图 4-3(b)所示的光学装置。两束波长 637nm 的激光产生的共振纠缠态光子，通过各种光学转换与调制在 NVC 晶体中实现光子存储。另外一束波长 532nm 激光束通过 1/4 波片(QWP)进入 NVC，使谐振纠缠态光子失谐产生比特偏振态光子。经过偏振分析系统，由雪崩二极管读出。一组激发态和偏振特性的理论分析曲线如图 4-4(a)所示。为保证激发态$|E_y\rangle$光子能很好循环转换和$|A_2\rangle$顺利形成纠缠态，并存储于 NVC，所选用的 NVC 应变分裂相对较小($\Delta s\approx 2\times1.28$GHz)。其激发光谱 r 如图 4-4(b)所示。经过谐振激发产生$|\pm1\rangle\leftrightarrow|A_2\rangle$转换，形成的输出偏振特性如图 4-4(c)所示。

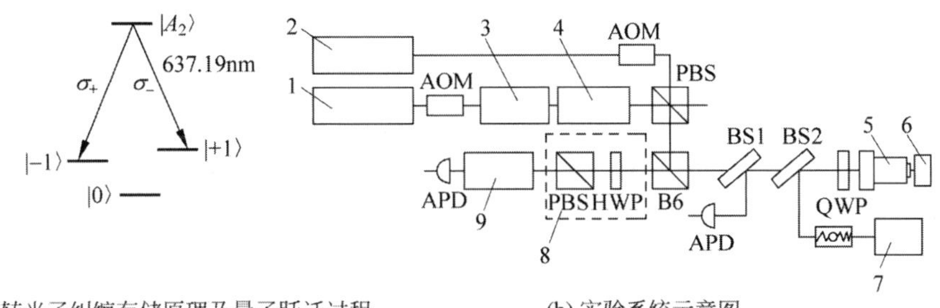

(a) 旋转光子纠缠存储原理及量子跃迁过程　　(b) 实验系统示意图

图 4-3　旋转光子纠缠存储实验系统

1—637.19nm 激光 1；2—637nm 激光 2；3—波导调制器 1；4—波导调制器 2；5—物镜；6—NVC 记录晶体；7—532nm 读出激光；8—偏振分析系统；9—波导调制器 3；AOM—声光调制器；PBS—偏振分光镜；QWP—1/4 波片；HWP—1/2 波片；APD—雪崩二极管偏振探测器

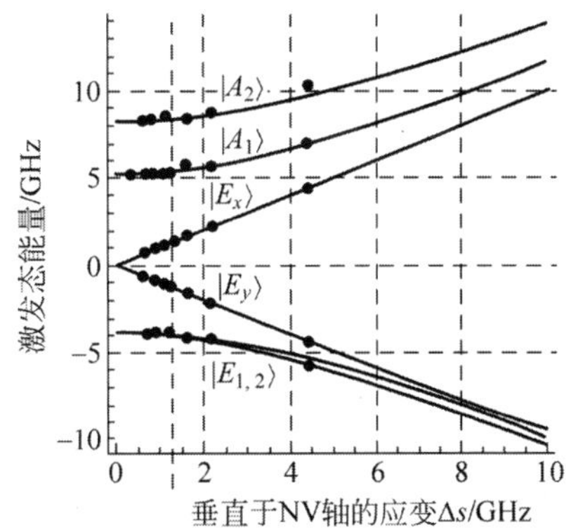

(a) NVC能级应变理论曲线：实线为理论模型，圆点为从7个NVC实测数据

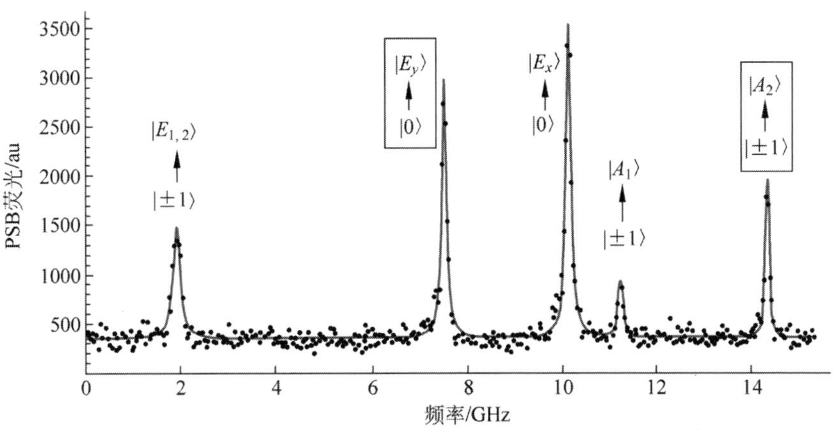

(b) NVC被连续激光辐射激发产生的光谱

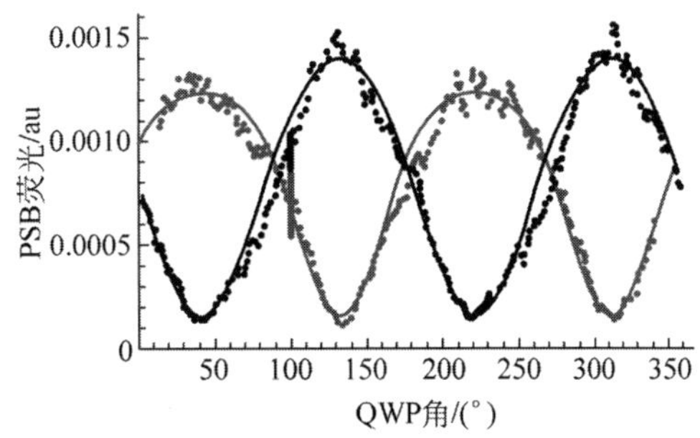

(c) |±1>⟷|A_2>转换吸收偏振特性

图 4-4　NVC 存储实验中物理特性变化的理论分析及实验测试结果对比

旋转光子纠缠存储实验重点是创建纠缠态，图 4-3(b)所示的实验装置采用零声子线(Zero Phonon Line,ZPL)：声子是晶体中晶格谐振激发的准粒子，化学势为零，属于玻色子；声子本身没有物理动量，但携带准动量)窄带相干辐射，只占 NVC 总辐射量的 4%。其余光学辐射发生频移声子旁频带(Phonon Sideband,PSB)，这种伴随声子发射导致自旋光子纠缠恶化。隔离和削弱 ZPL 辐射对保证探测器获得强谐振激发脉冲具有重要意义。NVC 激发的圆偏振的 p 脉冲脉宽仅 2ns，便于检测时与反射离荧光光子隔离。通过光学系统共焦选择、调节和滤波处理，获得透射率适中的 ZPL 辐射，其脉宽控制 20ns 范围，如图 4-5 所示。所检测的光子态，ZPL 光子为$|\sigma_\pm\rangle$，或

$$|H\rangle=\frac{1}{\sqrt{2}}(|\sigma_+\rangle+|\sigma_-\rangle),\quad |V\rangle=\frac{1}{\sqrt{2}}(|\sigma_+\rangle-|\sigma_-\rangle) \tag{4-147}$$

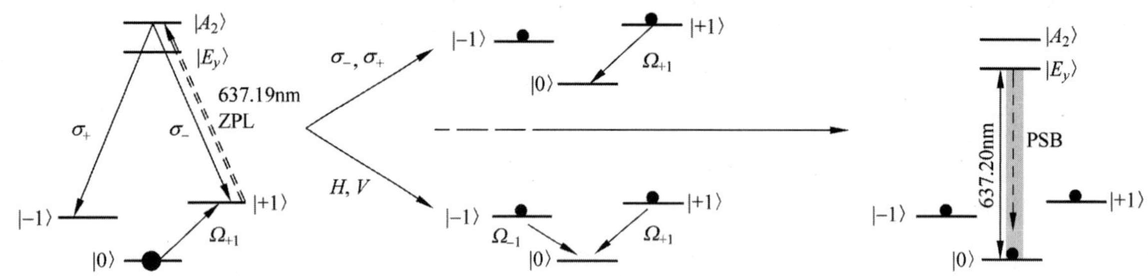

(a) 光子激发跃迁过程：自旋偏振后进入|0⟩态，被p脉冲(V11)转移到|11⟩。NV被637nm p脉冲激发至|A₂⟩，ZPL辐射被吸收

(b) 若s_1和s_2光子被检测，|11⟩或|21⟩中其余光子全部转移到|0⟩。若|H⟩或|V⟩光子被检测，t-2p-t回波序列用于V11及V21，并随p脉冲全部转移到|M⟩至|0⟩

(c) 被测量读出光子回到|0⟩态过程

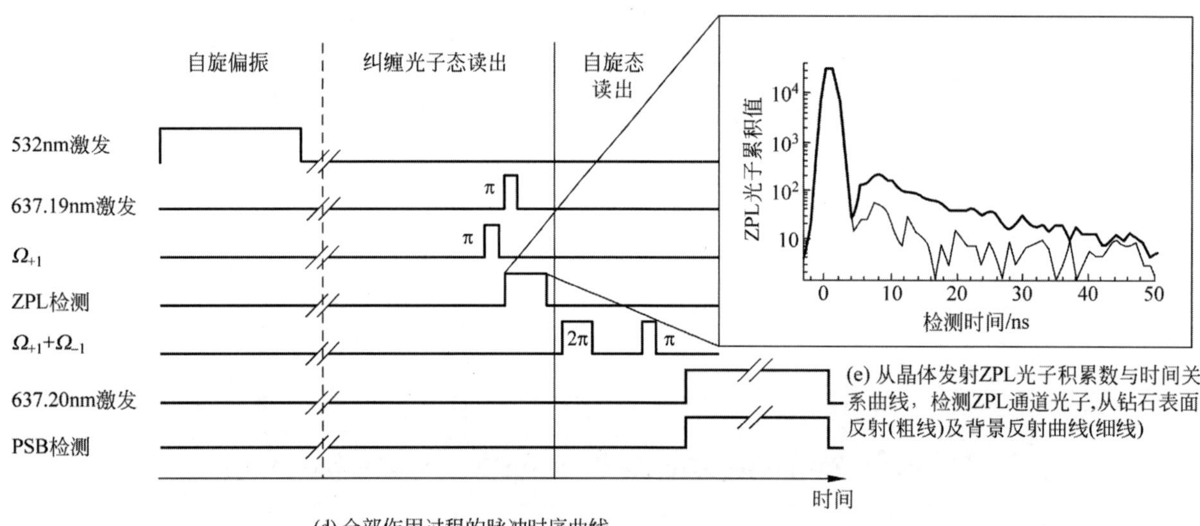

(e) 从晶体发射ZPL光子积累数与时间关系曲线，检测ZPL通道光子，从钻石表面反射(粗线)及背景反射曲线(细线)

(d) 全部作用过程的脉冲时序曲线

图 4-5　光子纠缠产生原理及存储过程

偏振分析阶是信号检测的基础。本实验在光子自旋存储几微秒后从$|\pm1\rangle$态读出，或使用另外光子脉冲$\Omega_{\pm1}$读出。脉冲选择地址在$|0\rangle\leftrightarrow|\pm1\rangle$之间。根据所用磁场，共振频率$\omega\pm\delta\omega$，$\delta\omega=\omega_+-\omega_-=122\text{MHz}$。$|\pm1\rangle$的叠加态为回波序列，用于延长自旋相干时间。$|0\rangle\leftrightarrow|E_y\rangle$转换产生的谐振激发形成荧光。为保证存储效率及读出信号强度，须仔细调整转移$|0\rangle$态光子数。单圆偏振 ZPL$|\pm1\rangle$态光子数如图 4-6(a)所示，从中可看出光子偏振和 NV 自旋态之间的相关性。通过纠缠检测，可以保证 ZPL 光子与所检测的旋转偏振具有严格相关性。在t_d时刻检测的$|H\rangle$或$|V\rangle$线性偏振光子的纠缠态如式(4-145)所示。这些态随时间t的变化如下：

$$|\pm\rangle=\frac{1}{\sqrt{2}}(|+1\rangle\pm|-1\rangle) \tag{4-148}$$

时间 t 的变化范围为

$$|\pm\rangle_t = \frac{1}{\sqrt{2}}(e^{-i\omega_+(t-t_d)}\ |+1\rangle \pm e^{-i\omega_-(t-t_d)}\ |-1\rangle) \tag{4-149}$$

为了读出 $|+1\rangle$ 与 $|-1\rangle$ 态之间相重叠的关系，采用频率为 V_1 及 V_2 谐振光场：

$$|M\rangle = \frac{1}{\sqrt{2}}(e^{-i\omega_+ t}\ |+1\rangle + e^{-i(\omega_- t-(\phi_+-\phi_-))}\ |-1\rangle) \tag{4-150}$$

从图 4-6(b)可看出，初实验初始相 $\Phi_+ - \Phi_-$ 值相同。所以，$j_{M\ae}$态的条件概率为 p

$$p_{M|H,V}(t_d) = \frac{1 \pm \cos\alpha(t_d)}{2} \tag{4-151}$$

其中

$$\alpha(t_d) = (\omega_+ - \omega_-)t_d + (\phi_+ - \phi_-) \tag{4-152}$$

式(4-151)说明这两个条件概率随 p 相差的不同成为光子检测时间 t_d 的函数。所以，在 Zeeman 分裂前，NVC 的旋转态与发射光子的偏振及频率纠缠。此光子纠缠态在时间 t_d 读出 $|V\rangle$ 或 $|H\rangle$ 后衰退，也可用同样的场 $\Omega_{\pm1}$ 擦除。

初始光场相对相位 $\Omega\pm$ 为常数，相位差为 $(\omega_+ - \omega_-)t_d$。因此，产生的振荡条件概率和影响相当于不同相对相位测量结果的叠加。代表旋转光子纠缠态的相干性，平均高于 60%，如图 4-6 所示。ZPL 光子探测时间在实验中没有限制，实验证明对旋转光子相关性影响不大。根据实验结果数据分析，测量产生自旋态 $|M\rangle$ 的 $|V\rangle$ 或 $|H\rangle$ 光子的条件概率 ρMV 和 ρM 与探测时间的函数如图 4-6(c)、(d)所示。自旋光子密度矩阵的对角元素可根据以上数据评估。其概率(可靠性，F)为 $F \geqslant 0.69 \pm 0.06$，优于 0.5。最高概率分布 $F = 0.71$。其中，晶体缺陷使读出和回声光子脉冲的保真度减少 3%，定时抖动的影响占 4%，ZPL 通道中光学辐射发生频移声子噪声可使保真度降低 11%。实际纠缠的成功率仅 $p \approx 10^{-6}$，依靠系统收集和检测才能提高其效率。另外一个重要参数是可控基础距离 L，正比于

$$p^2\ \frac{\gamma T}{1+\gamma\tau} \tag{4-153}$$

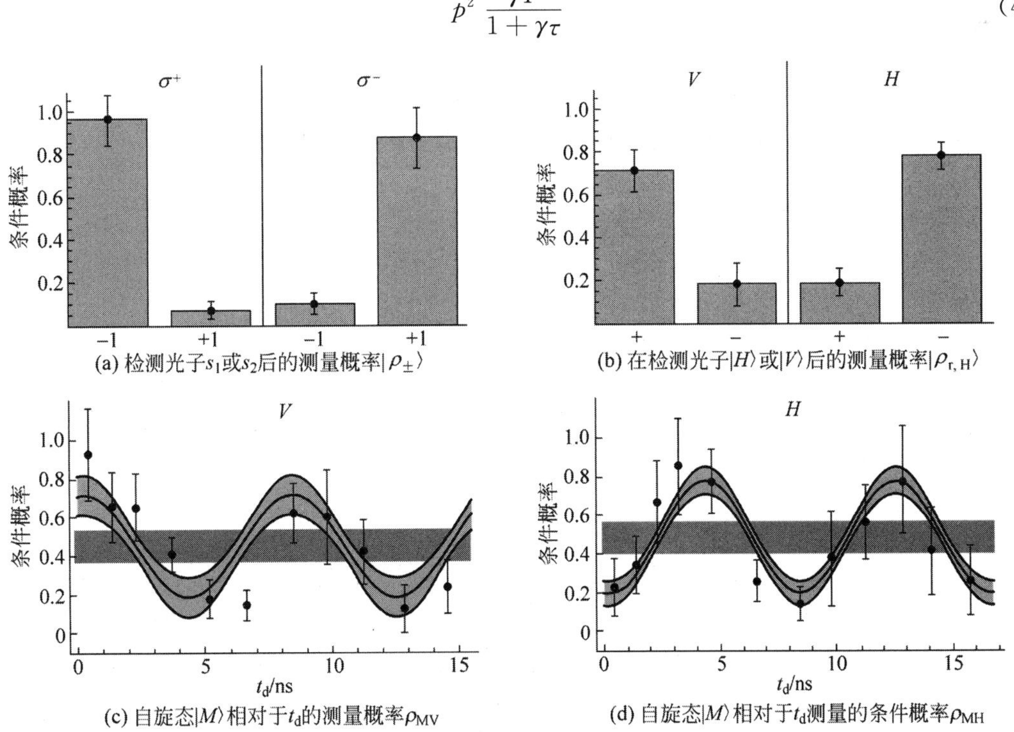

(a) 检测光子 s_1 或 s_2 后的测量概率 $|\rho_\pm\rangle$　(b) 在检测光子 $|H\rangle$ 或 $|V\rangle$ 后的测量概率 $|\rho_{\tau,H}\rangle$

(c) 自旋态 $|M\rangle$ 相对于 t_d 的测量概率 ρ_{MV}　(d) 自旋态 $|M\rangle$ 相对于 t_d 测量的条件概率 ρ_{MH}

图 4-6　条件概率测量分布

实线包络浅灰阴影区域代表振幅，深灰带内可靠性为 68%，深灰带外可靠性 50%，点线表示误差带

式中，$\gamma\approx 2\pi\times 15\text{MHz}$ 为 NVC 的自发衰退率，$\tau=L/c$ 为光子传播时间，T 为存储寿命。如果用于量子中继器，要求自旋存储时间 0.5ms。本实验使用自旋回波技术可以到达几百微秒。通过将电子自旋状态映射到近核，T 还可能扩展到数百毫秒。实现的关键困难是品质因数 p。它与光学腔，ZPL 波导集成和收集效率有关。例如，采用纳米腔光子晶体，若 $\tau<1/\gamma$ 自旋纠缠可达到 1MHz，若 $L\approx$ 100km 则仅几赫，品质因数 p 为

$$p^2\frac{\gamma T}{1+\gamma\tau}\geqslant 1 \tag{4-154}$$

通过控制 NVC 和量子光场间的相互作用，采用各种量子光学技术，例如全光旋转控制、非本地纠缠和纳米光子集成技术，可以提高 p 值。通过测定 NVC$|0\rangle\leftrightarrow|E_\gamma\rangle$跃迁旋转发射，获得准确的与读出相关的校准数据，能使纠缠可靠性增加 11%。与常规旋转测量 NVC 相比，这种方法不太敏感，电离谱不够稳定。旋转光子密度矩阵在$|\sigma\rangle_\pm$，$|\pm1\rangle$中的对角元素与纠缠概率 p 相关：

$$\rho_{\sigma_+-1,\sigma_+-1}=\frac{1}{2}p_{-1|\sigma_+}=\frac{1}{2}(0.96\pm0.12) \tag{4-155}$$

$$\rho_{\sigma_++1,\sigma_++1}=\frac{1}{2}(0.07\pm0.04) \tag{4-156}$$

$$\rho_{\sigma_--1,\sigma_--1}=\frac{1}{2}(0.10\pm0.05) \tag{4-157}$$

$$\rho_{\sigma_-+1,\sigma_-+1}=\frac{1}{2}(0.87\pm0.14) \tag{4-158}$$

为进一步评价$|H\rangle$，$|V\rangle$态光子及$|M\rangle$态条件概率，设 α 粒子为$|+1\rangle=|M\rangle|_{\alpha=0}$，并建立$|H\rangle$，$|V\rangle$，$|\pm1\rangle$上对角矩阵元为

$$\rho_{V_+,V_+}=\frac{1}{2}p_{M|V}(\alpha=0) \tag{4-159}$$

其他概率分别为

$$\rho_{H_+,H_+},\quad \rho_{H_-,H_-},\quad \rho_{V_-,V_-} \tag{4-160}$$

相应的条件概率模型为

$$p_{M|H}=(b_H+a_H\cos\alpha)/2,\quad p_{M|V}=(b_V-a_V\cos\alpha)/2 \tag{4-161}$$

式中，$b_{H,V}$振幅偏移，$a_{H,V}$为振幅值。同样，采用图 4-6(c)、(d)的数据，由于频率受限产生 Zeeman 分裂，其值为

$$\rho_{V_+,V_+}-\rho_{V_-,V_-}=a_V/2=\frac{1}{2}(0.53\pm0.16),\quad \rho_{H_-,H_-}-\rho_{H_+,H_+}=a_H/2=\frac{1}{2}(0.58\pm0.10) \tag{4-162}$$

则纠缠概率的下限为

$$3F\geqslant\frac{1}{2}(\rho_{\sigma_+-1,\sigma_+-1}+\rho_{\sigma_-+1,\sigma_-+1}-2\sqrt{\rho_{\sigma_++1,\sigma_++1}\rho_{\sigma_--1,\sigma_--1}}+\rho_{V_+,V_+}-\rho_{V_-,V_-}+\rho_{H_-,H_-}-\rho_{H_+,H_+}) \tag{4-163}$$

可计算出 $F\geqslant 0.960\pm0.068$，此结果与无约束最大似然分析得到的结果完全一致。与低限为 $F\geqslant 0.70\pm0.07$ 的 Gauss 概率分布相近。

实验证明，提高量子纠缠可靠性的最重要因素是晶体材料特性。目前，效果最显著的是稀土离子掺杂(RE-doped)单晶。采用 50/50 分束器获得的单光子，通过这类晶体就可以创建非定域化单光子纠缠态。纠缠的两个独立原子系统中的量子在稀土离子掺杂单晶中以 64 个独立的光学模式，实现存储效率 69%。在 RE-doped 晶体中，通过自发参量转换(Spontaneous Parametric Down Conversion，SPDC)制成光子源。用两个 RE-doped 晶体构成的 SPDC 纠缠光量子源即可用于量子存储。以下介绍由两个长度 1cm 的掺钕钇硅酸盐($Nd^{3+}:Y_2SiO_5$)晶体组成的谐振量子纠缠实验系统如图 4-7 所

示。存储器 MA 及 MB 采用钕离子掺杂钇硅酸盐晶体(Nd^{3+} : Y_2SiO_5),晶体长度 1cm,相距 1.3cm 低温冷却到 3K 恒温保存。通过光纤开关控制两个 Nd 原子频率梳 4F3/2→4I9/2 转换准备时间 15ms。创建纠缠时间 15ms。连续波 532nm 与 KTP 波导耦合生产双光子对偶的波长 883nm 和自发参量转换形成的波长 1338nm 惰性光子。光子被双色镜(Dichroic Mirror,DM)分频率除掉惰光子,滤波后的信号光子带宽 120MHz 可用于量子存储。使用低噪声超导单光子探测器探测波长 883nm 的信号光子。信号光子通过、偏振分束器(PBS)和 Faraday 旋转器(Faraday Rotator,FR),在 50/50 分光镜(BS)前形成空间模式分别为 A 和 B 之间单光子纠缠。此纠缠被 BS 分光投射到晶体 MA 和 MB 进行存储。按照预设程序存储 33ns 后,光子发射并再次通过 BS 输出到探测器。根据其输出模式 b 确定输出方向,达到探测器 1 或通过旋转偏振 FR 和偏振分光器 PBS 射向探测器 2。

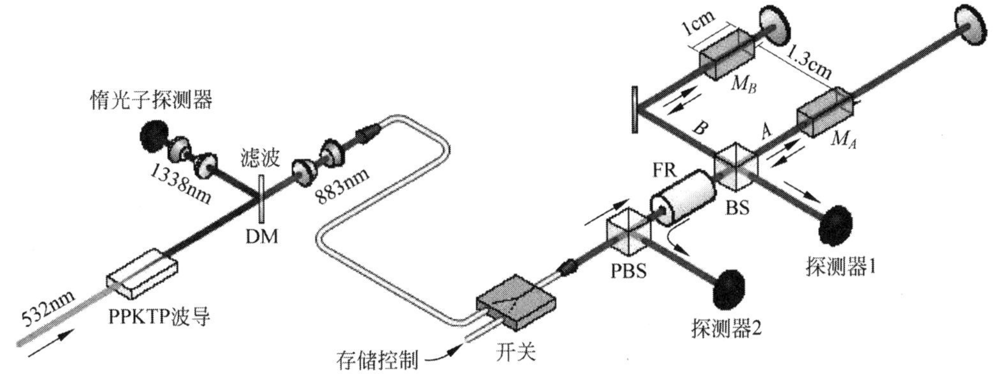

图 4-7 稀土离子掺杂单晶量子纠缠存储实验系统。DM 为双色分光镜(分出波长 1338nm 惰性光子),PBS 为偏振分束器,FR 为法拉第旋转器,MA 和 MB 为稀土离子掺杂单晶,BS 为 50/50 分光镜

采用非线性光波导泵通 SPDC 产生纠缠光子获得的信号波长为 883nm,波长为 1338nm 惰性光子,通过与晶体吸收带宽匹配的滤波产生的相干时间 7ns。空转光子的探测预示一个信号光子的存在。通过平衡分光镜后,理想的单光子纠缠态为

$$\frac{1}{\sqrt{2}}(|1\rangle_A|0\rangle_B+|0\rangle_A|1\rangle_B) \tag{4-164}$$

输出模型 A 和 B 分别属于两个晶体构成的量子存储器 MA 和 MB。在吸收信号光子后产生信号谐振激发而离开原位:

$$\frac{1}{\sqrt{2}}(|W\rangle_A|0\rangle_B+|0\rangle_A|W\rangle_B) \tag{4-165}$$

将吸收信号存储在 MA 或 MB 中。采用基于原子频率梳原理的原子回声技术检测此纠缠信息,整个存储过程 33ns。系统采用双通结构以增加光学深度,使量子存储效率达到 15%以上。

通过单光子探测器,分别检索出模式 A 和 B 纠缠光场存储的信号。检索到的光子态为包括 Fock 态中损耗和噪声的 ρ 密度矩阵,难以避免违背 Bell 不等式和单光子探测噪声。

实际实验中,设通过分析检索纠缠光子的概率为 P_{mn}(m 代表 A 模式中的光子,n 代表 B 模式中的光子,且 $m,n\in\{0,1\}$),则可计算纠缠态从 0 分离为 1 检测场的最高值下限 C 为

$$C\geqslant \max(0,V(p_{01}+p_{10})-2\sqrt{p_{00}p_{11}}) \tag{4-166}$$

式中 V 为 50/50 分光器上 A 与 B 干涉可见度,它直接与 A 和 B 场返回相关强度成正比。为了获得更高的 C 值,必须增大纠缠,使相干性(信号清晰度)V 最大化,光子检测概率 $p_{01}+p_{10}$ 最大化和可分离态 $|0\rangle_A|0\rangle_B$ 和 $|1\rangle_A|1\rangle_B$ 光子检测概率 p_{00} 及光子损耗 p_{11} 最小化。提高清晰度 V,对图 4-7 所示系统可用 Michelson 干涉仪观测调整。然后,阻断模式 A,用探测器 1 和 2 检测模式 B 的 p_{10} 值。同样方法测量模式 A 的 p_{01} 值。p_{00} 代表规范化的总概率,$p_{00}+p_{10}+p_{01}\approx 1$,实际上 $p_{11}\ll p_{10}+p_{01}\ll p_{00}$。在激

光泵浦功率为 16mW，时间窗口 10ns 条件下，使用最大似然算法（Maximum Likelihood Estimation，MLE）得到的 $C^{(\mathrm{MLE})}=6.3(3.8)\times10^{-5}$。利用更保守的（conservative estimation，CE）3 倍概率估算，$3C^{(\mathrm{CE})}=3.9(3.8)\times10^{-5}$。两种估算均显示两个晶体光子间确实存在纠缠。实验连续进行了 166 小时，纠缠现象未观察到明显波动，证明激光泵能量稳定。另外，根据系统双模（A，B）挤压测量，其交叉互相关 $\bar{g}_{s,i}$ 为

$$\bar{g}_{s,i}=1+1/p \tag{4-167}$$

式中 $p\ll1$。为计算 p_{11}，首先测量惰性光子和 A 模（阻断 B 模）的初始互相关 $g_{s,i}^{\mathrm{A}}$ 及惰性光子和 B 模的初始互相关 $g_{s,i}^{\mathrm{B}}$（阻断 A 模）。然后计算其平均值 $\bar{g}_{s,i}$，则可得光子损耗 p_{11}：

$$p_{11}=\frac{4p_{10}p_{01}}{\bar{g}_{s,i}-1} \tag{4-168}$$

在未存储前，信号的 2 阶自相关模型为

$$g_{s,s}^{(2)}(0)=1.81 \tag{4-169}$$

及

$$g_{i,i}^{(2)}(0)=1.86 \tag{4-170}$$

此结果非常接近理想值及两个模压缩态的光子统计数据。泵浦功率为 8MW 时，测量光子存储之前初始态信号的 2 阶自相关函数为 $g_{s,s|i}^{(2)}(0)=0.061$，也证实 $p\ll1$。但这种方法不改变光学系统，调制硬件设置，极大地节省了测量时间。测量结果如图 4-8 所示。

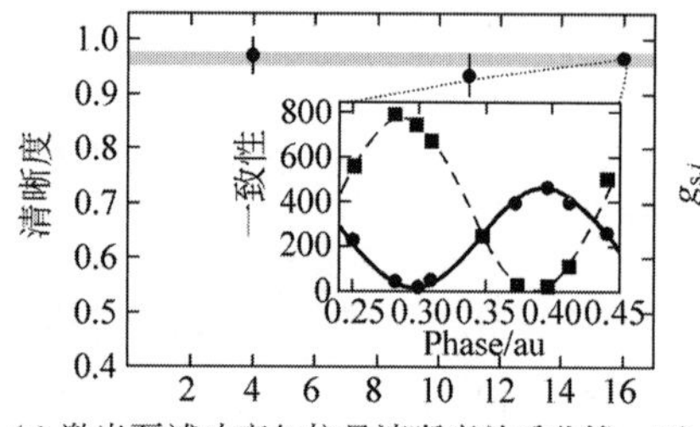

(a) 激光泵浦功率与信号清晰度关系曲线，平均96.5±1:2%(浅色阴影带)。其中插入小图为激光泵浦功率16mW时量探测器1(对A模式)测量曲线(•)及探测器2(对B模式)测量曲线(■)。采样时间均15min，可明显看出振幅差别很大，主要是A、B分光镜不均匀造成的损失，清晰度及不确定性同比例受损

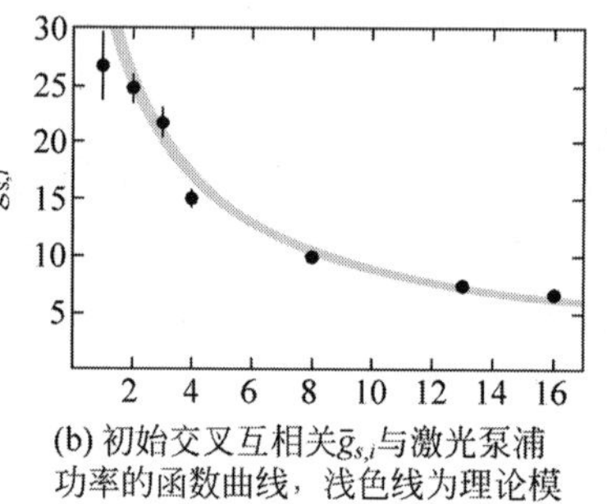

(b) 初始交叉互相关$\bar{g}_{s,i}$与激光泵浦功率的函数曲线，浅色线为理论模型，点为实测数据

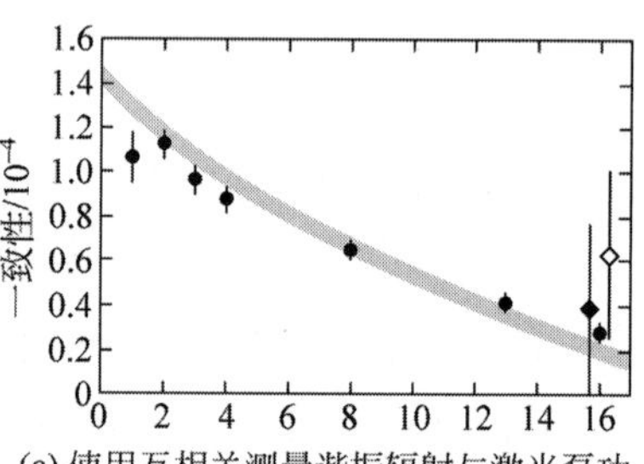

(c) 使用互相关测量谐振辐射与激光泵功率的函数关系曲线，浅色线为采用方程式(4-166)和式(4-168)计算的理论曲线

图 4-8　稀土离子掺杂单晶量子纠缠存储实验参数测试结果

探测器 1 和 2 获得的清晰度也适用于不确定性评价。如图 4-8(a)所示，清晰度与激光泵浦功率关系的平均为 96.5%，表示存储信号均匀性和信噪比都比较完美。图 4-8(b)代表的初始交叉互相关 $\bar{g}_{s,i}$ 值随激光泵浦功率的增加而减小，与预期相同。其理论模型（图 4-8(b)中浅色线）对传输损耗、存储效率、暗计数概率和创造量子对概率的评估均有重要参考价值，被用于系统设计参考。图 4-8(c)显示互相关曲线，由于受光子损耗 p_{11} 的影响也与激光泵浦的功率成反比下降。然而，两个晶体内部的原子集合体之间的纠缠对所使用激光泵浦功率保持稳定。值得注意的是，当多量子对生成概率和总传输信号光子概率很小时，$C\approx\eta(V-2\sqrt{\bar{g}_{s,i}-1})$。当泵浦功率为 8mW 时，$\bar{g}_{s,i}\approx10$，$p_{00}=0.999\,783\,1$ 及 $p_{11}=5.18\times10^{-9}$，因此 $C=0.3\eta$。当 $\eta=p_{10}+p_{01}=2.2\times10^{-4}$ 时，$C=6.6\times10^{-4}\ll0.3$。按照此估算，在光纤中信号光子比率 20%，存储效率 15%，相关传播率 2.4% 和探测器效率 30%。另外，目前使用 $Nd^{3+}:Y_2SiO_5$ 晶体纠缠存储时间（寿命）约 1μs。实验证明，改用镨离子掺杂晶体（$Pr^{3+}:Y_2SiO_5$），自旋波纠缠寿命有明显增加，可使存储寿命增加若干倍。所以，存储介质研究是发展固态量子存储的重要课题，在晶体中掺杂稀土离子是很有潜力的发展方向。中国在此领域的研究相对具有较大优势，为发展固态量子存储提供了必要的基础条件。

单光子纠缠属于简单的纠缠，可使用线性光学元件净化，改善相干性，从而提高存储效率。例如，采用周期性极化(PKTP)晶体集成波导光子源，不仅噪声得到显著抑制，系统集成度和可靠性得到提高，还可提高三重互相关$\bar{g}_{s,i}$的概率p_{11}。采用晶体相位匹配(SPDC)方法产生的纠缠光子双模压榨态为

$$\cosh^{-2} r\sum_{n=0}^{+\infty}\tanh^{2n} r \mid n_i n_s\rangle\langle n_i n_s \mid \tag{4-171}$$

式中，n_i及n_s分别代表惰性及信号光子数，其二阶自相关函数$g^{(2)}(0)$理论上等于2。此光子源发射的$g_{i,i}^{(2)}(\tau)$，$g_{s,s}^{(2)}(\tau)$及$g_{s,s|i}^{(2)}(\tau)$均可通过实验行直接测量，如图4-9所示。其中，$g_{s,s|i}^{(2)}(\tau)$为τ时刻检测到惰性量子时信号光子的自相干涉函数。实验采用50/50分光直接对信号光子或惰性光子进行探测。零延迟的自相干结果为$g_{i,i}^{(2)}(0)=1.86$和$g_{s,s}^{(2)}(0)=1.81$，与理论分析非常接近，即符合式(4-171)计算结果。此外，在泵浦功率为8mW时，信号光子自相关为$g_{s,s|i}^{(2)}(0)=0.061$，说明信号光子性能良好$\tanh^2 r\ll 1$。由于每个检测出的信号光子不一定源于此前存储于介质中创建的光子，因此需考虑存储时序的影响。

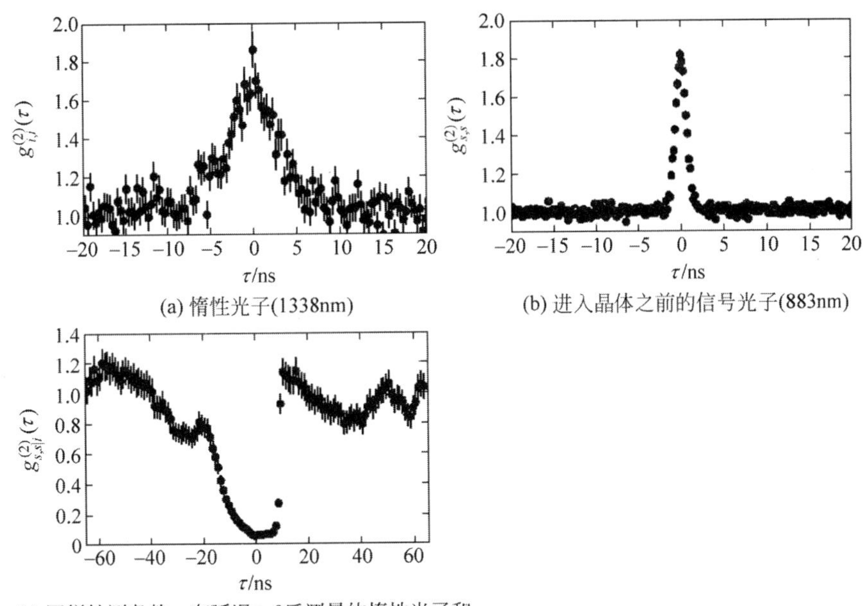

(a) 惰性光子(1338nm)

(b) 进入晶体之前的信号光子(883nm)

(c) 同样检测条件，在延迟τ=0后测量的惰性光子和第一信号光子。在零延迟时(a)和(b)的理论值接近2。几乎为零的最小值在c提供的证据预示的单光子特征信号光子。使用泵浦功率数16mW，12h，8mW累积72h，误差按Poisson光子分布统计

图4-9 采用晶体相位匹配产生的二阶自相关纠缠实际测量结果

在存储过程中，光场按线性进入晶体原子，通过分光器的传播与吸收过程如图4-10所示。此系统不仅可用于不同存储模式的参数分析，还可测量d_s与d_i模式之间二阶互相干函数及进行相干特性分析。

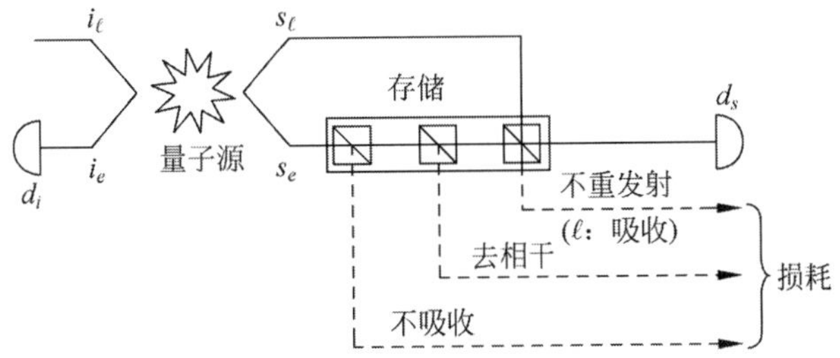

图4-10 采用晶体相位匹配产生的二阶自相关纠缠实验装置模型。所产生的惰性-信号光子对用双模压缩态描述，存储过程分别按照吸收、弃相干及重发射3种处理。存储模式d_s的存储过程通过3个功能不同的晶体实现存储和检索，另外一个产生较晚的光子直接通s_l模式存储

图 4-10 中第 2 个分光镜用于测试存储过程固有的弃相干。第 3 个分光镜用于光子的再发射与第 1 个分光镜结合进入 d_s 存储模式。检测输出的互相干函数为

$$\bar{g}_{s,i}=\frac{\langle d_i^\dagger d_i d_s^\dagger d_s\rangle}{\langle d_i^\dagger d_i\rangle\langle d_s^\dagger d_s\rangle} \tag{4-172}$$

式中，d_i 和 d_s 分别为惰性光子和信号光子模式。3 个分光膜的传播(强度)与存储和检索效率 η_{echo} 都有关，第 3 个分光镜代表原子谐振传播效率 η_{trans}，可用 Heisenberg 图描述：

$$\langle d_s^\dagger d_s\rangle=\langle 0\mid U^\dagger d_s^\dagger U U^\dagger d_s U\mid 0\rangle \tag{4-173}$$

式中，

$$U^\dagger d_s U=\sqrt{\eta_{\text{echo}}}(\cosh r s_e+\sinh r i_e^\dagger)+\sqrt{\eta_{\text{trans}}}(\cosh r s_l+\sinh r i_l^\dagger) \tag{4-174}$$

可得

$$\langle d_s^\dagger d_s\rangle=(\eta_{\text{trans}}+\eta_{\text{echo}})\sinh^2 r \tag{4-175}$$

且

$$U^\dagger d_i U=(\cosh r i_e+\sinh r s_e^\dagger) \tag{4-176}$$

则

$$\langle d_i^\dagger d_i\rangle=\sinh^2 r \tag{4-177}$$

最终可计算出

$$\langle d_i^\dagger d_i d_s^\dagger d_s\rangle=\sinh^2 r(\sinh^2 r(\eta_{\text{trans}}+\eta_{\text{echo}})+\cosh^2 r\eta_{\text{echo}}) \tag{4-178}$$

所以，惰性光子与信号光子之间的交叉相干函数为

$$1+\frac{1}{\tanh^2 r\left(1+\dfrac{\eta_{\text{trans}}}{\eta_{\text{echo}}}\right)} \tag{4-179}$$

也就是增加了 $1+\eta_{\text{trans}}/\eta_{\text{echo}}$，减少了交叉相干以后的存储效率，减少了探测器的附加 Poisson 光子分布噪声，可得

$$g_{s,i}=1+\frac{1}{\tanh^2 r\left(1+\dfrac{\eta_{\text{trans}}}{\eta_{\text{echo}}}\right)+\dfrac{\eta_{\text{dark}}}{p_c}} \tag{4-180}$$

式中，η_{dark} 为通过计算机控制，从存储器中检测窗口内检索暗计数信号光子的概率。对于较小的泵浦功率，创建光子对的概率为

$$\tanh^2 r/\cosh^2 r\approx r^2=\alpha P_{\text{pump}} \tag{4-181}$$

式中，P_{pump} 为连续泵浦光原功率。根据以上模型，实际测量结果如表 4-1 所示。其中，仅根据泵浦功率与晶体的互相干函数(关闭另外一个晶体存储)测量的 $\alpha=2.71(8)\times10^{-3}$ pairs/mW；$\eta_{\text{trans}}/\eta_{\text{echo}}$ 为信号光子传播通过晶体(没有存储)及通过存储和检索测量概率之比；条件概率 p_c 为存储器中信号光

表 4-1　各种泵浦功率条件下实测条件概率 p_{01}，p_{10}，p_{11} 及光子率通过与存储概率 $\eta_{\text{trans}}/\eta_{\text{echo}}$ 之比

泵浦功率/mW	$p_{01}/10^{-4}$	$p_{10}/10^{-4}$	$p_{11}/10^{-9}$	$\eta_{\text{trans}}/\eta_{\text{echo}}$
1	1.04(14)	0.82(12)	1.33(30)	2.84(33)
2	1.193(75)	0.809(63)	1.63(19)	3.03(17)
3	0.952(72)	0.878(70)	1.61(20)	2.59(17)
4	1.105(72)	0.902(66)	2.82(31)	3.35(19)
8	1.185(51)	0.984(50)	5.18(40)	3.13(12)
13	1.247(56)	1.131(52)	8.79(66)	2.86(11)
16	1.146(47)	1.175(48)	9.56(64)	2.748(93)
平均	1.123(30)	0.957(27)	4.41(71)	2.936(69)

子 p_{10}，p_{01} 检测结果的平均值；暗计数概率 $\eta_{\text{dark}}=2\times10^{-6}$，每隔 10ns 检测一次；惰性光子检测使用超导纳米线单光子探测器检测，暗计数速率 20Hz。根据这些参数值，将实测相干量 $\bar{g}_{s,i}$ 与由式(4-180)计算的相干 $g_{s,i}$ 比较，可优化实验系统模型，降低不确定性。

基于上述模型，评估分析三重概率。参考交叉相干 $\bar{g}_{s,i}$ 的测量分析比较，可预测三重概率 p_{11}^{th}：

$$p_{11}^{\text{th}} = 4p_{10}p_{01}\left[\alpha P_{\text{pump}}\left(1+\frac{\eta_{\text{trans}}}{2\eta_{\text{echo}}}\right)+\frac{\eta_{\text{dark}}}{p_{\text{c}}}\right] \tag{4-182}$$

因为 $\bar{g}_{s,i}=1+1/p$，即检测两个模型的挤压态，按照式(4-180)定义，可得

$$p_{11} = \frac{4p_{10}p_{01}}{\bar{g}_{s,i}-1} = 4p_{10}p_{01}\left[\alpha P_{\text{pump}}\left(1+\frac{\eta_{\text{trans}}}{\eta_{\text{echo}}}\right)+\frac{\eta_{\text{dark}}}{p_{\text{c}}}\right] \tag{4-183}$$

可看出，p_{11} 包括 $\eta_{\text{trans}}/\eta_{\text{echo}}$ 比值，但没有 1/2 因子，所以 $p_{11}>p_{11}^{\text{th}}$。由于三重互相关 $\bar{g}_{s,i}$ 的概率 p_{11} 提高，有利于提高存储概率。为了量化评估 p_{11}，基于图 4-7 结构原理设计的测量评估三重互相关概率 $\bar{p}_{11}$ 的实验装置如图 4-11 所示。η_1 和 η_2 分别为探测器 1 和 2 的测量效率。

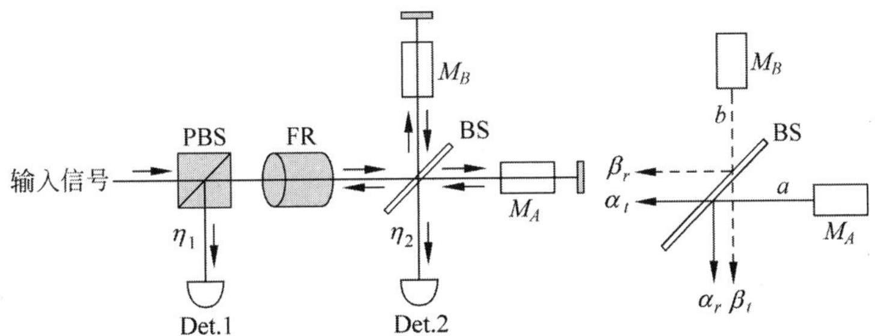

图 4-11 测量评估 $\bar{p}_{11}$ 的实验装置原理图。PBS 为偏振分光镜，FR 为 Faraday 旋转器，BS 为分光镜，M_A 和 M_B 为输出模式分别为 a 和 b 的存储晶体

评估原理基本上也是直接测量互相关值。从存储晶体中再生读出光子的 p_{11} 为完全密度矩阵。如果空间之间的相对相位模式是随机的，则认为相干为零，且可以写成

$$p_{11} = q_{11}\mid 11\rangle\langle 11\mid + q_{20}\mid 20\rangle\langle 20\mid + q_{02}\mid 02\rangle\langle 02\mid \tag{4-184}$$

式中，q_{11} 为从晶体 A 和 B 返回的信号光子 $q_{20}(q_{02})$ 的概率，每个信号分别包含 2 和 0(0 和 2)光子。所以，通过测量 q_{20} 和 q_{02} 可评估 p_{11}。q_{11}，q_{20} 和 q_{02} 分别为

$$\begin{aligned} q_{11} &= \frac{1}{P_H}2RT\eta_{\text{echo}}^{A}\eta_{\text{echo}}^{B}P_2 \\ q_{20} &= \frac{1}{P_H}T^2(\eta_{\text{echo}}^{A})^2P_2 \\ q_{20} &= \frac{1}{P_H}R^2(\eta_{\text{echo}}^{B})^2P_2 \end{aligned} \tag{4-185}$$

式中，P_{H} 为信号光子概率，$\eta_{\text{echo}}^{A}(\eta_{\text{echo}}^{B})$ 为 $A(B)$ 中存储信号光子检索测量概率；P_2 为光子源发射概率；R 和 T 为分光器 BS 的透、反射强度，满足于 $R+T\leqslant 1R$；$T>0$(参见图 4-11)。

根据这些定义，可建立：

$$\begin{aligned} q_{20} &= q_{11}(R/2T) \\ q_{02} &= q_{11}(T/2R) \end{aligned} \tag{4-186}$$

根据能量守恒原理：$\alpha_{\text{r}}^2+\alpha_{\text{t}}^2+\alpha_{\text{l}}^2=1$(对系数 β 情况相同)。其幺正性 $\alpha_{\text{r}}^t+\alpha_{\text{r}}^t=0$。若 $0<\alpha_{\text{t}}^2,\alpha_{\text{r}}^2,\beta_{\text{t}}^2,\beta_{\text{r}}^2\leqslant 1/2$，则 $R=\alpha_{\text{r}}^2$，$T=\beta_{\text{t}}^2$。可计算 $\bar{p}_{11}$：

$$\bar{p}_{11} = (a_{11}q_{11}+a_{20}q_{20}+a_{02}q_{02})\eta_1\eta_2 \tag{4-187}$$

式中，η_1 和 η_2 为探测器 1 和 2 的检测效率，所以可得

$$a_{11}=\beta_r^2\left(\alpha_r-\frac{\beta_t^2}{\alpha_r}\right)^2$$
$$a_{20}=2\alpha_t^2\alpha_r^2$$
$$a_{02}=2\beta_t^2\beta_r^2 \tag{4-188}$$

根据该测量系统分光镜实测参数：$\alpha_t^2=T=0.479$，$\alpha_r^2=0.422$，$\beta_t^2=0.482$ 及 $\beta_r^2=R=0.409$，可计算出 $a_{11}=0.0028$，$a_{20}=0.394$，$a_{02}=0.404$。

基本上可以看出，$a_{20}\approx a_{02}\approx 0.4$，说明只要能从存储晶体中检索出一个光子，就几乎不会呈现三重相干，保证单光子干涉可见度到达 96.5%以上。

下面介绍一下铷原子光子纠缠存储。

光子纠缠存储除了采用晶体材料外，其他介质也可产生光子纠缠实现量子存储器。以下介绍采用单激光束激发单原子构成两种不同模式的 Raman 领域生成的原子-光子纠缠，得到的纠缠存储时间为 20.5μs。与上述系统相比，存储寿命提高了近 10 倍。这种原子-光子纠缠利用轨道角动量(Orbital Angular Momentum，OAM)态扩展形成高维纠缠，基于磁光阱(Magneto-Optical Trap，MOT)中原子谐振，更有效地生成原子与光子量子之间的纠缠。本实验系统如图 4-12 所示。采用冷铷原子(^{87}Rb)云，在温度 100μK 的磁光阱(MOT)中生成可存储信息的介质。由两个超精细基态 $|5S_{1/2},F=2\rangle=|a\rangle$ 及 $|5S_{1/2},F=1\rangle=|b\rangle$ 和激发态 $|5S_{1/2},F=2\rangle=|e\rangle$ 构成的 Λ 型系统。加上 MOT 后，原子被激发到初始态 $|a\rangle$。用脉宽 75ns 光束写照明厚度 240μm 原子云，形成 $|a\rangle\rightarrow|e\rangle$ 转换，实现信号存储。写入光束通过自发 Raman 散射，在写入光束传播方向形成 ±3°光束，形成 L 和 r 原子谐振模型，其光场为

$$|\Psi\rangle_m\sim|0_{AS}0_b\rangle_m+\sqrt{X_m}\,|1_{AS}1_b\rangle_m+O(X_m) \tag{4-189}$$

式中，$X_m\ll 1$ 为 $m(m=L,R)$ 谐振激励概率；$\sqrt{X_m}\,|i_{AS}i_b\rangle_m$ 为反斯托克(Anti-Stokes，AS)原子谐振自旋交叠光场 i。

在 MOT 及写脉冲作用下，产生自发 Raman 散射。全部原子的矢量成为 $k_{atom}=k_W-k_{AS}$。式中 k_{AS} 及 k_W 为 AS 矢量。如果原子态 k_{atom} 在保持存储时间 τ 后，外磁场 MOT 中断，且被读脉冲检索。原子被激发回到 $|a\rangle$ 态，原子 k_{atom} 转移到 Stokes 场。Stokes 场的波矢量变成 $k_{AS}=k_R+k_{atom}$，其中 k_R 表示读光束波矢量。根据动量守恒原理，可得

$$k_S=k_R+k_W-k_{AS} \tag{4-190}$$

如图 4-12 所示，读和写过程的总动量 $k_S\approx -k_{AS}$。光场的交叉相关性 $g_{AS,S}^{(2)}$ 代表 Anti-Stokes 和 Stokes 场量子相关度。两个 Anti-Stokes 场 ASL、ASR 和对应的 Stokes 场 SL、SR 分别由不同的探测器检测(即图 4-12 中 SL/ASL 和 SR/ASR)。其互相关当 $X\ll 1$ 时 $g^{(2)}$，$S\gg 1$，说明这些场之间具有良好的量子关联。但 SL 和 ASR(包括 SR 和 ASL)之间未发现量子关联，即 $g_{AS,S}^{(2)}\sim 1$，说明这两种模式之间的相互作用形成的干扰可以忽略。调整模式 L 和 R，使之等于激发态 $X_L=X_R=X$，则如图 4-12 所示的检偏振器 PBS1 获得的两个 Anti-Stokes 场中的纠缠量子比特为

$$|\Psi\rangle=\frac{1}{\sqrt{2}}(|H\rangle|R\rangle+e^{i\phi_1}|V\rangle|L\rangle) \tag{4-191}$$

式中，$|H\rangle/|V\rangle$ 表示水平(垂直)Anti-Stokes 信号光子的偏振方向；$|H\rangle$ 为水平；$|V\rangle$ 为垂直；L,R 及 Φ_1 分别表示进入 PBS_1 分光镜前的两个自旋激发态和两个 Anti-Stokes 场之间的相位差。从物理意义上分析，原子-光子纠缠态等于自发参量转换产生的最大偏振纠缠态。这种 Anti-Stokes 场与旋转励磁原子自旋之间的纠缠，用脉宽 75ns 读出脉冲实现 $|e\rangle\rightarrow|b\rangle$ 转换，即完成可控时间 τ 存储后，将励磁旋转原子返回 Stokes 场。这种 Anti-Stokes 场和 Stokes 场叠加的最大偏振纠缠态为

$$|\Psi\rangle_{AS,S}=\frac{1}{\sqrt{2}}(|H\rangle_{AS}|H\rangle_S+e^{i(\phi_1+\phi_2)}|V\rangle_{AS}|V\rangle_S) \tag{4-192}$$

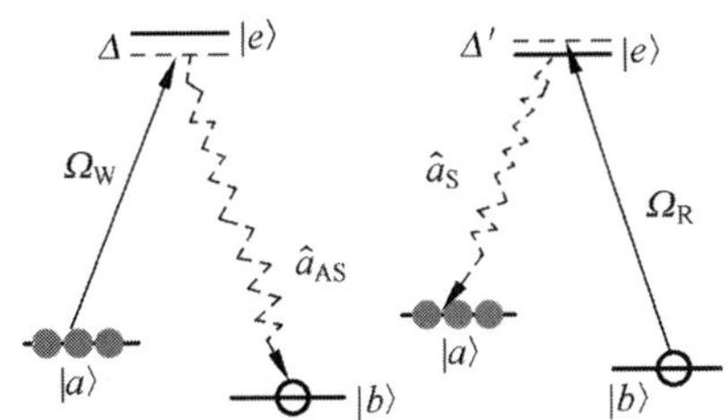

(a) ^{87}Rb冷原子在MOT条件下吸收光子激发至初始态$|a\rangle$。被弱水平偏振写脉冲Ω_W辐射跃变到$|e\rangle$态，实现信息存储。经过一定时间τ，受读Ω_R脉冲作用回到$|a\rangle$态

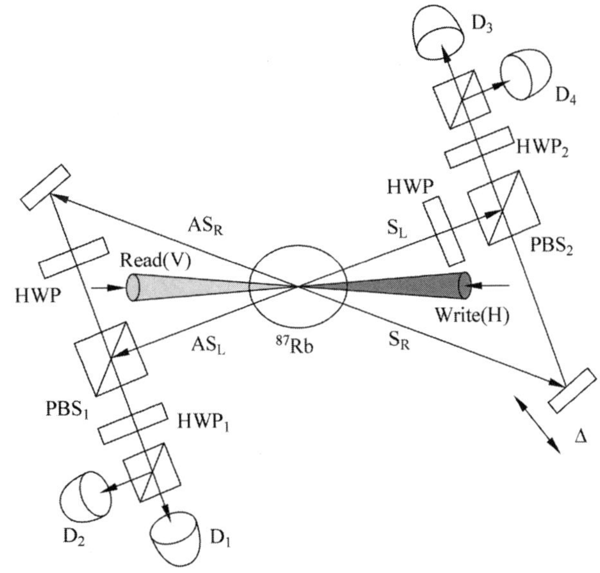

(b) 存储实验系统结构示意图。在写脉冲H(深灰色)作用下，Raman散射产生的反斯托克场ASL和ASR形成与传播方向呈±3°垂直偏振光实现写入，即分别组成空间模型为L和R的原子团。写入信号经PBS_1合成，由探测器D1,D2接收。经过一定纠缠存储时间τ，在读出脉冲V(浅灰色)作用下，返回Stokes场S_L和S_R，通过偏振分光镜PBS_2合成，由探测器D3、D4接收

图 4-12 ^{87}Rb 原子量子纠缠存储原理及实验系统示意图

式中Φ_2代表进入PBS_2合成前两个Stokes场之间的相位差。实验中，总相位$\Phi_1+\Phi_2$，通过内置Mach干涉仪监测非常稳定。测量干涉条纹的可见度V，存储时间$\tau=500\text{ns}$几乎固定不变。此可见度V实际上是Anti-Stokes与Stokes场之间互相关的函数：

$$V=\frac{g_{\mathrm{AS,S}}^{(2)}-1}{g_{\mathrm{AS,S}}^{(2)}+1} \tag{4-193}$$

在理想情况下，此激发率X与其互相关$g_{\mathrm{AS,S}}^{(2)}$的关系为$g_{\mathrm{AS,S}}^{(2)}=1+1/X$。若Anti-Stokes场检测效率为$\eta_{\mathrm{AS}}$，则Anti-Stokes光子的检出率$p_{\mathrm{AS}}=\eta_{\mathrm{AS}}X$。可计算可见度$V$：

$$V=1-(2p_{\mathrm{AS}})/\eta_{\mathrm{AS}} \tag{4-194}$$

可见度V代表系统纠缠度，是存储系统可靠性的主要指标。在本实验中$\eta_{\mathrm{AS}}\sim 8\%$。可见度$V$与AS光子的检出率$p_{\mathrm{AS}}$的关系如图4-13所示。实线为实验数据。当$p_{\mathrm{AS}}\to 0$时，$V\sim 0.95$。主要干扰来自两个AS场ASR场的交叠，探测器的噪声和相位干涉仪的波动违反了CHSH(Clauser-Horne-Shimony-Holt)型Bell不等式。随着储存时间的增加，纠缠逐渐退相干。在存储时间到达$20.5\mu\text{s}$时，互相关降低到$g_{\mathrm{AS,S}}^{(2)}=38\pm 1$，探测效率降至$12.2\pm 0.4\%$。说明原子谐振违反了CHSH型Bell不等式。如果原子谐振能够更稳定地控制在磁光阱中，存储时间可能会延长到超过1ms。

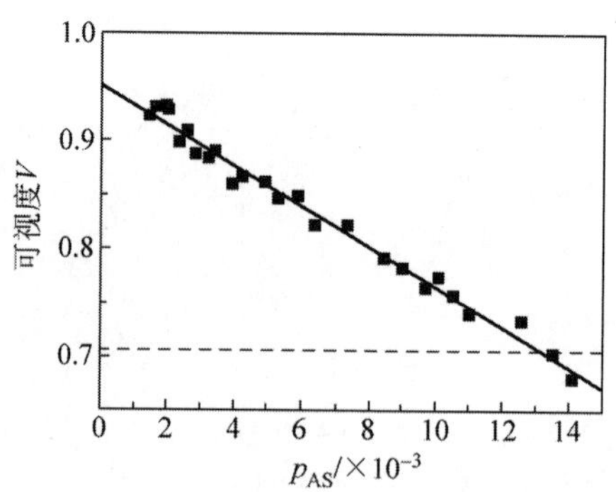

图 4-13　干涉图像可见度 V 与 AS 光子的检出率 p_{AS} 的理论与实验曲线比较。实线为式(4-194)计算值，当 η_{AS} 确定时为直线；虚线为 $1=\sqrt{2}$ 违反 CHSH 型 Bell 不等式的极限；■ 为实验测试结果

4.4　Raman 散射纠缠

理论上，光量子与自旋偏振原子之间的界面基于自旋≥1 的弃 Raman 散射谐振。光子-原子交互光谱理论揭示了与原子谐振空间模型耦合的特定光量子模型，初步展示了如何使用这种交互为量子存储器存储和检索和确定性纠缠协议。以上各节已讨论将这种中光子-原子交互作用产生的纠缠态用于量子存储的方案及其相关实验结果。虽然这些实验系统已经成功地通过了多量子比特相干耦合测试，为任意量子态存储及量子信息传输与处理能力转移的能力展示了光明的前景。但研究证明，这种存储系统的可靠性及寿命都远不能到达实际应用要求。超导量子比特及纳米柔性精密加工技术，无疑已成为克服这些困难，实现大规模量子信息处理器发展的潜在动力。

在理论研究方面，值得一提的是量子信息论中讨论物质与电磁场相互作用量子化的或腔量子电动力学(Cavity Quantum Electro Dynamics，CQED)。专门研究 CQED 系统中，原子具有量子特征，通过或被限制在光学或微波腔内，谐振产生的模型与原子的谱线匹配。为量子存储及量子总线传输奠定了理论基础。例如，Cooper 对 box5 已成功地与超导谐振腔结合实现了超强耦合 QED 电路。此外，此共振腔还被用于稳定量子比特流量、量子比特纠缠和相位谐振谱特性实验。完成超导 Josephson 量子相位比特耦合腔谐振 QED 电路实验及测试。利用耦合双相位量子比特信号腔，实现对相位量子比特的控制，完成量子存储和量子超导系统量子比特总线传输实验。基于 Josephson 相位量子比特基态 $|g\rangle$ 和第一激发态 $|e\rangle$ 编码，在相位差为 δ 的大容量超导 Josephson 结中置放超导回路工作原理如图 4-14(a)所示。这些态类似于简单非线性谐振子，Josephson 效应形成的耦合能 $E_J\cos(\delta)$ 和感应能被储存在超导环中，如图 4-14(a)中 E_J 所示。由于其具有大容量、可寻址能力及独立读出特征，且很容易实现量子能级分离($\hbar\omega\equiv E_e-E_g$)，相位量子比特较容易完成耦合。这些特征为超导量子比特用于量子存储及量子处理器提供了一条新路线。此超导量子比特系统的结构原理如图 4-14(b)所示，A，B 两个量子比特由两个单独的通量偏置线圈电感耦合而成，其中一组(dc)线圈用于静态调整直流磁通偏置，另一组射频线圈(rf)带宽从直流到大约 20GHz，通过移位脉冲快速改变流量偏置。图 4-14(c)为本器件的等效电路，腔的有效感应序数 $L\approx580$pH，电容 $C\approx0.57$pF，两个量子比特间的电感 $L_{A,B}\approx690$nH，E_A，$B_J\approx45$K，C_A，$B_J\approx0.7$pF。每组量子比特直流磁通偏置包括低通和铜粉过滤器，每组射频脉冲线结合成单一微波同轴电缆室温下增益约 40dB。通过独立读出态寻址构成电感耦合直流超导量子干涉器件(Superconducting Quantum Interference Devices，SQUIDs)。波导谐振腔为开放端口波导，最低固有模式($\lambda=2-$mode)波导两端最高电压约 1.5V。用传统光刻技术在 Al/AlO$_x$/Al蓝宝石基片上加工而成，SiN$_x$ 为绝缘层，如图 4-14(b)所示。

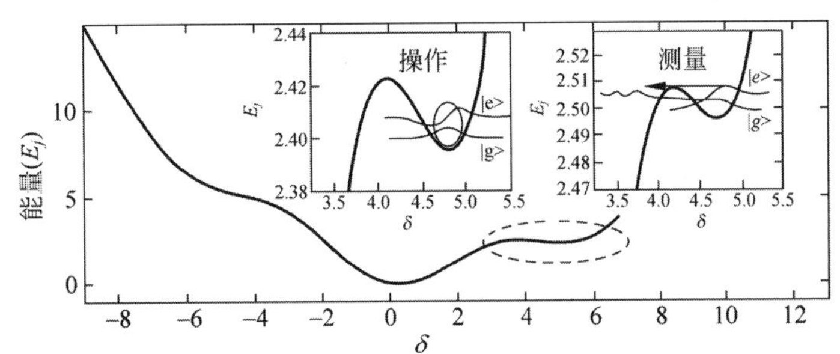

(a) 不同回路中量子比特激发态$|e\rangle$的势能图。采用dc-SQUID，根据量子比特A、B激发态的偏振特性PA、PB读出

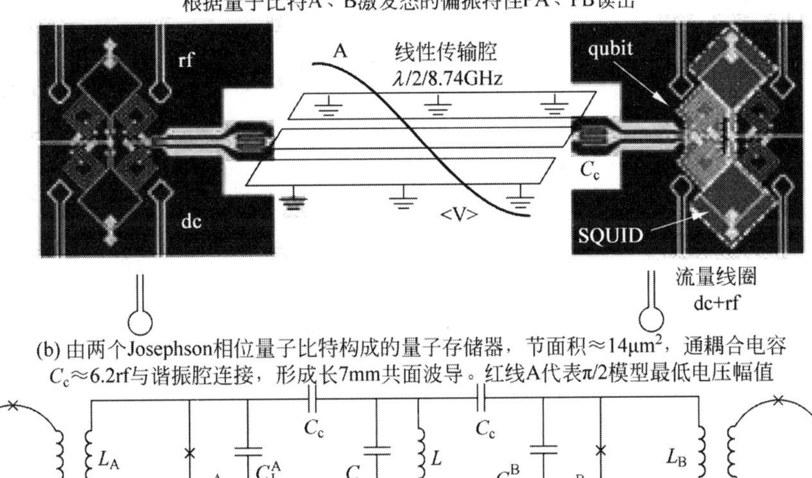

(b) 由两个Josephson相位量子比特构成的量子存储器，节面积≈14μm²，通耦合电容C_c≈6.2rf与谐振腔连接，形成长7mm共面波导。红线A代表π/2模型最低电压幅值

(c) 近π/2谐振元件等效电路示意图

图 4-14

波导旁谐振类似平行谐振电路(见图 6-16(c))。λ=2－mode 简单谐振子的能量模型为

$$\hat{H}_r = \hbar\omega_r\left(\hat{a}^{\dagger}\hat{a} + \frac{1}{2}\right) \tag{4-195}$$

频率为

$$\omega_r/2\pi = 1/2\pi\sqrt{LC} \simeq 8.74\text{GHz} \tag{4-196}$$

式中

$$L = 2Z_0/\pi\omega_r, \quad C = \pi/2\omega_r Z_0 \tag{4-197}$$

元件共面波导的等效阻抗 $Z_0 \approx 50\Omega$。若增加或减少腔中光子数，使量子系统的 Hamilton 单谐振腔耦合在 A，B 量子比特两端，形成量子光学 Hamilton 模型：

$$\hat{H} = \hat{H}_r + \sum_{j=A,B}\hat{H}_j + \sum_{j=A,B}\hbar g_j(\hat{a}^{\dagger}\hat{\sigma}_-^j + \hat{a}\,\hat{\sigma}_+^j) \tag{4-198}$$

式中

$$\hat{H}_j = \frac{1}{2}\hbar\omega_j\hat{\sigma}_+^j\,\hat{\sigma}_-^j \tag{4-199}$$

此单量子比特 Hamilton 模型 $\hat{\sigma}_+^J$ ($\hat{\sigma}_-^J$)J+(J)可创建(或消除)j_{th}量子比特。$\hbar\omega_j$ 被直流振幅和射频通量偏置控制。其相互作用能为

$$2g_{AB} \sim \omega_r(C_c/\sqrt{CC_J^{A,B}}) \tag{4-200}$$

只要 $\pi/g_{A,B}\sim$10ns 设计得足够大，确保量子态转移时间不受其他量子比特或腔释放时间的限制。加

强 QED 电路耦合($g_{A,B}>\gamma_{AB}>k$),使量子衰变率保持在 $\gamma_{A,B}$ 为 5~20MHz,空腔衰变率保持在 $k/2\pi\leqslant$ 1MHz。单量子比特与空腔共振时,失谐为 $\Delta\equiv\omega-\omega_r=0$,个别量子比特($|g\rangle$,$|e\rangle$)和空腔($|0\rangle$,$|1\rangle$)不再与系统耦合,则可获得腔与光量子比特均衡结合的新单元,使对称和反对称矩阵叠加:

$$(|0\rangle|e\rangle\pm|1\rangle|g\rangle)/\sqrt{2} \tag{4-201}$$

并获得新宗能级分裂 $\hbar(\omega\pm g)$,即典型的真空 Rabi 分裂模型。此外,共振腔和单量子比特之间的光子交换谐振最强。在常见的 QED 作用腔中,单原子或量子比特激发失谐 $|e\rangle$,然后迅速进入与空腔谐振 $|0\rangle$。形成初始耦合系统态 $|0\rangle|e\rangle$,产生如下振荡:

$$\cos(gt)|0\rangle|e\rangle-\mathrm{i}\sin(gt)|1\rangle|g\rangle \tag{4-202}$$

则在时间 $t=\pi/2g$ 之后,相互作用能 $\hbar g$ 使量子比特光子 $|e\rangle$ 转换为腔光子 $|1\rangle$。此过程中,持续进行量子比特光子与真空腔之间不断转移的真空 Rabi 振荡。相位量子比的作用类似量子光学系统中原子交互作用,作用时间由原子通过腔的速度控制。此矩形通量偏置可调,脉冲上升时间约 1ns,宽度(交互时间)t。此强耦合电路 QED 这两个基本真空 Rabi 分别对 A,B 量子比特进行校验,如图 4-15(a)所示。若量子比特 B 固定失谐 Δ_B,用快速(~4ns)π 脉冲诱导真空 Rabi 振荡的对比度为 20%。B 量子比特对各种失谐 Δ_B 真空 Rabi 振荡如图 4-15(b)所示,可看出失谐的真空 Rabi 频率按下式递增:

$$\sqrt{4g_B^2+\Delta_B^2} \tag{4-203}$$

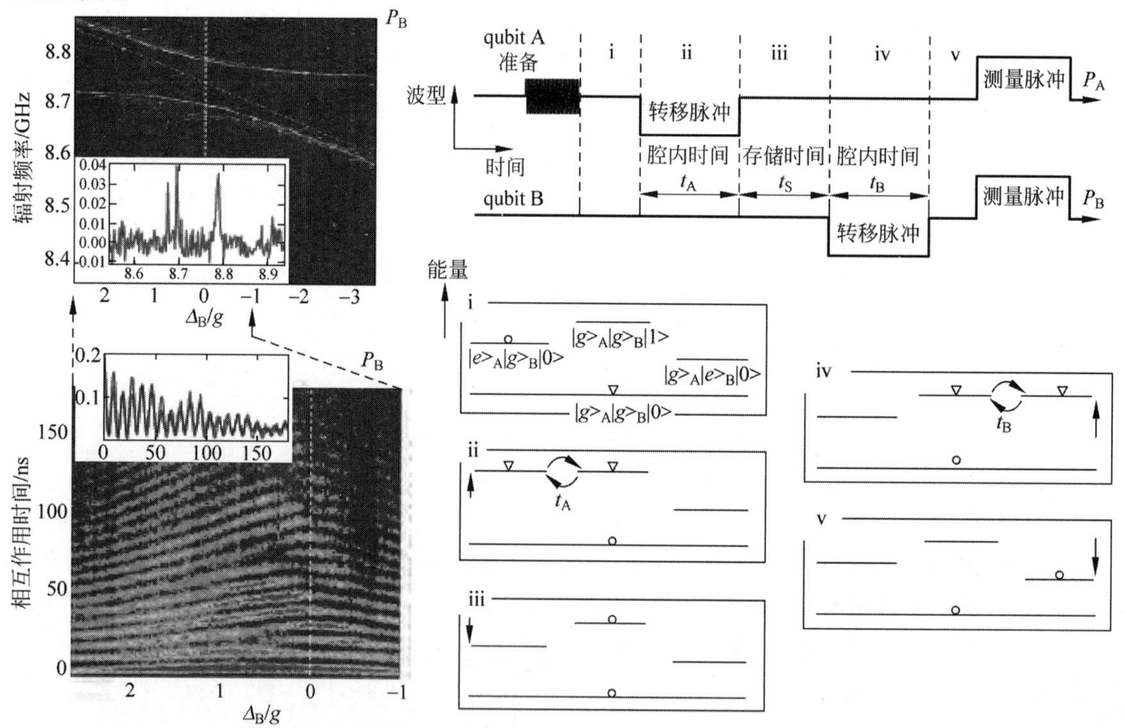

(b) 经过短脉冲π后,量子比特B的真空Rabi振荡。其中插图为Δ_B=0截面。黑底白线为计算结果

(c) 存储过程中,量子比特量子态转换过程及控制脉冲序列,包括每个量子比特有效空腔解耦,移位脉冲及进出共振腔控制时序图

图 4-15 脉冲诱导真空 Rabi 振荡量子存储过程及特性分析

附加能量分裂及空腔共振(见图 4-15(a)右下频谱)导致光谱分裂展宽 $\Delta_B g_B\approx0.5$。数值计算 TLS 结果与实验数基本据吻合,$g_B/\pi\approx86$MHz。少量跳动仍在图 4-15(b)中可见。整个存储过程及

控制脉冲序列变化如图 4-15(c)所示：i)量子 A 比特处于量子叠加准备态 $\alpha|g\rangle A+\beta|e\rangle A$，图中○和▽分别表示所占据的能级。ii)A 转移到共振腔，作用时间 $t_A=\pi/2g$，量子比特态映射为两个光子叠加态 $|0\rangle+|1\rangle$。iii)A 失谐存储于腔内，持续时间 t_S。iv)量子比特 B 转移到谐振，完成相干量子态转移时间 $t_B=\pi/2g$，离开腔回到基态 $|0\rangle$。v)两个量子比特均失谐，完成相干量子态从 A 到 B 的转移。最终，两个量子比特(A,B)之差＜10%，耦合强度 $g_A\approx g_B$，与设计要求基本相符。

图 4-15(c)中描述的电流-电压脉冲序列，采用直流磁偏置实现相量子失谐 $\Delta_{A,B}$腔和量子比特交互控制。转换脉冲速度远大于 $g_A/2\pi$，但低于 $\omega_A/2\pi$(考虑绝热)，以有效保持最初准备量子态直到 $\Delta_A=0$。根据图 4-15(c)控制过程，实际实验图片及数据如图 4-16 所示。

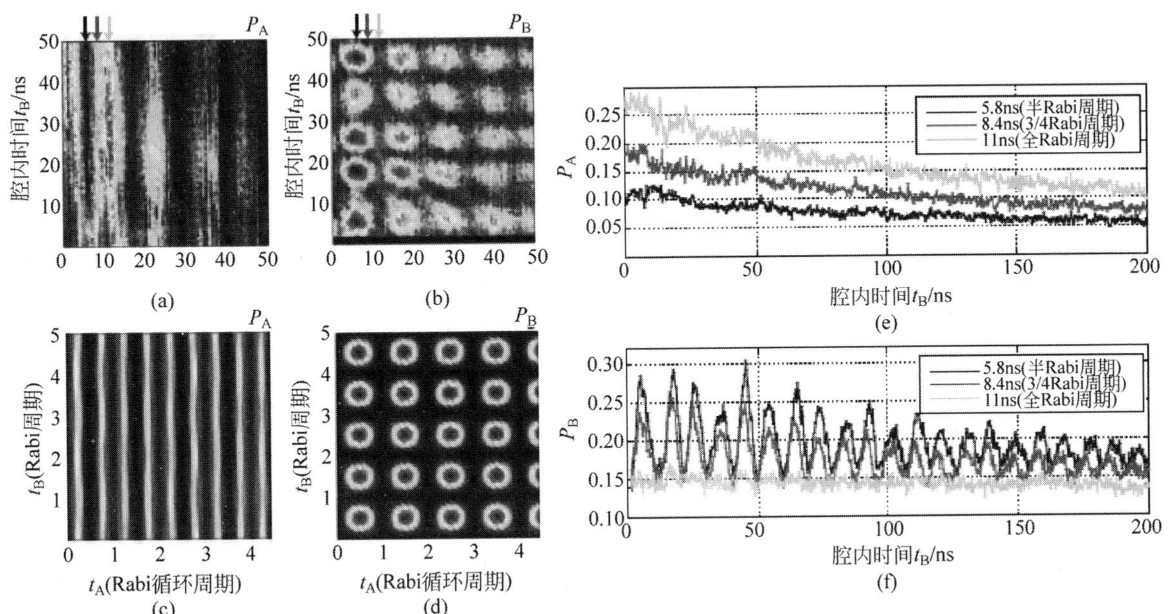

图 4-16 两个量子态通过腔从 A 转移到 B 实验数据。A 从量子激发态 $|e\rangle A$ 首先映射到腔形成单个光子态 $|1\rangle$，再转移量子比特 B。图中(a)、(b)为腔内量子密度 P_A 和 P_B 与腔保持时间 t_A 的函数关系测量数据分布图。(c)、(d)为表理想条件下，没有失谐和可靠性 100%的相应的理论数据分布图。(e)为 P_A 与腔保持时间 t_B 的函数关系测量数据分布曲线。激发态量子率 P_A 与真空 Rabi 周期 t_A 成正比，当 t_A 为 $\pi/2g$～5.8ns 时，P_A 最低。(f)为 P_B 与腔保持时间 t_B 的函数关系测量数据分布曲线，但这时 P_B值与真空 Rabi 周期 t_A 成正比

为了验证状态向任意叠加态转移过程中保持量子相干性，采用 Ramsey 干涉测试，以保留量子态相关相位因子。如图 4-17(a)所示，初始准备的等权叠加态($|g\rangle_A+|e\rangle_A$)量子比特 A，用 $\pi/2$ 脉冲失谐 $\Delta_A\equiv\omega_d-\omega_A$，其中 ω_d 为微波频率。首先，使初始状态映射到两个最低光子数 $|g\rangle$ 和 $|e\rangle$ 的腔叠加态，然后，通过 $|g\rangle_B$ 与 $|e\rangle_B$ 转换获得量子信息 B：

$$(|g\rangle_B+\exp(i\theta)\,|e\rangle_B)/\sqrt{2} \tag{4-204}$$

式中，θ 为转换过程相移。当 B 最终脉冲为 $\pi/2$(即失谐 $\Delta_B=\Delta_A$)时，Ramsey 干涉实验完成。B 态量子数取决于 Δt 时间内总相移，如图 4-17 所示。Ramsey 振荡频率与失谐 Δ_B 成正比。

1. 激射转移量子存储

基于偏振光子脉冲与旋转原子相互作用的量子存储原理如图 4-18 及图 4-19 所示。两个完全右旋圆偏振光脉冲超冷原子产生自旋。主要区别是谐振旋转方向不同(图 4-18 为正向，图 4-19 为反向)。前者谐振用右旋偏振脉冲，非相干散射损失不影响自旋偏振，光子和原子间没有相互作用。但如果在压缩真空态混杂了经典相干脉冲，会使相干散射通道打开。部分弱光量子相干散射变成强经典模式。相干 Raman 相干散射过程中，偏振光量子子系统和原子自旋子系统可有效交换量子态，并

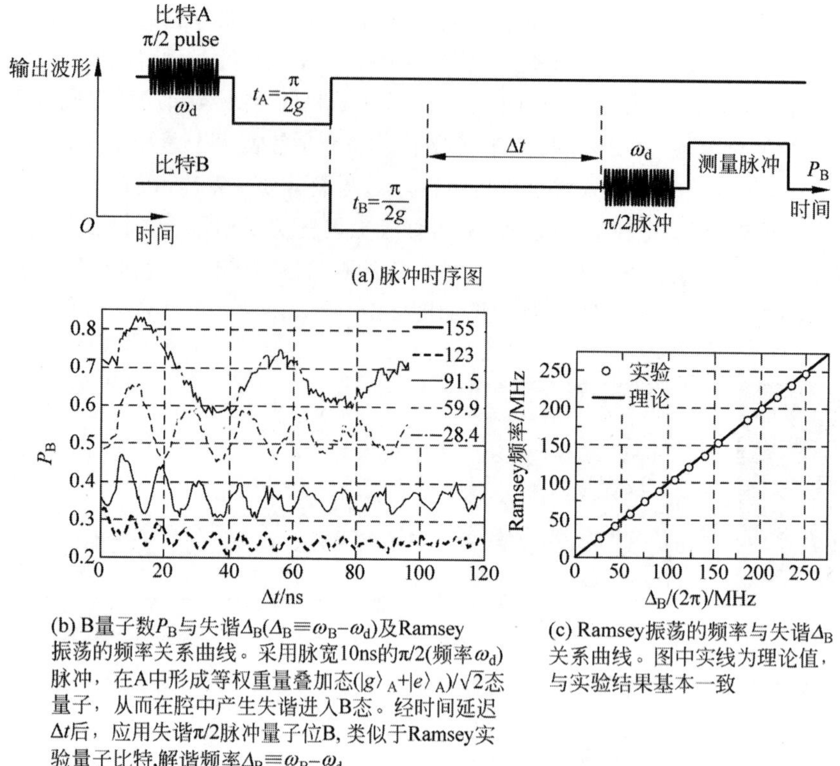

(a) 脉冲时序图

(b) B量子数P_B与失谐$\Delta_B(\Delta_B\equiv\omega_B-\omega_d)$及Ramsey振荡的频率关系曲线。采用脉宽10ns的π/2(频率ω_d)脉冲，在A中形成等权重量叠加态$(|g\rangle_A+|e\rangle_A)/\sqrt{2}$态量子，从而在腔中产生失谐进入B态。经时间延迟Δt后，应用失谐π/2脉冲量子位B，类似于Ramsey实验量子比特，解谐频率$\Delta_B\equiv\omega_B-\omega_d$

(c) Ramsey振荡的频率与失谐Δ_B关系曲线。图中实线为理论值，与实验结果基本一致

图 4-17　采用 π/2 脉冲使 A，B 量子比特产生频差 $\omega_{A,B}$实现 Ramsey 干涉实验，量子通过量子总线传输时量子态的相干转移过程

以驻波形式映射到旋转子系。这种状态可存储较长时间，然后用光脉冲读出。如图 4-18 和图 4-19 所示，在强光脉冲作用下，部分左旋偏振光子产生 Raman 散射。在原子自旋子系统中形成左旋偏振光量子纠缠模式和整齐排列的原子自旋子系统。这种纠缠可用于原子系统遥控的量子中继器。以下介绍此过程的物理特性以及与场相关的原子变量。

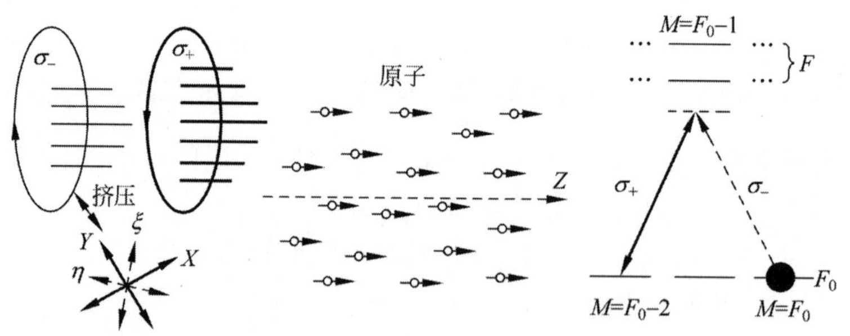

图 4-18　激射转移量子存储原理、激射传输及萃取过程示意图

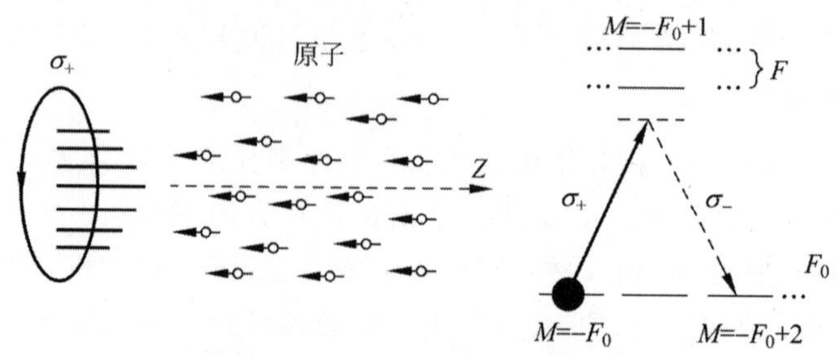

图 4-19　基于光子与原子子系统激射转移量子纠缠存储原理示意图

实际上，光子偏振态是不同的 Stokes 要素变化通量。在空间点 z 和 t 时刻，光子总通量的 Heisenberg 算子为

$$\hat{\Xi}_0(z,t)=\frac{S_0c}{2\pi\hbar\bar{\omega}}\hat{E}^{(-)}(z,t)\hat{E}^{(+)}(z,t) \tag{4-205}$$

式中，$\hat{E}(\pm)(z,t)$代表电子场 Heisenberg 算子正/负频。设向前传播的准单色光穿过 S_0 区域频率为 $\bar{\omega}$。Stokes 的 3 个偏振分量为

$$\hat{\Xi}_1(z,t)=\frac{S_0c}{2\pi\hbar\bar{\omega}}[\hat{E}_\xi^{(-)}(z,t)\hat{E}_\xi^{(+)}(z,t)-\hat{E}_\eta^{(-)}(z,t)\hat{E}_\eta^{(+)}(z,t)]$$

$$\hat{\Xi}_2(z,t)=\frac{S_0c}{2\pi\hbar\bar{\omega}}[\hat{E}_R^{(-)}(z,t)\hat{E}_R^{(+)}(z,t)-\hat{E}_L^{(-)}(z,t)\hat{E}_L^{(+)}(z,t)]$$

$$\hat{\Xi}_3(z,t)=\frac{S_0c}{2\pi\hbar\bar{\omega}}[\hat{E}_x^{(-)}(z,t)\hat{E}_x^{(+)}(z,t)-\hat{E}_y^{(-)}(z,t)\hat{E}_y^{(+)}(z,t)] \tag{4-206}$$

这 3 个分量分别定义为笛卡儿 x/y 系统光子通量的失衡($\hat{\Xi}_3$)，ξ/η 笛卡儿 $\pi/4$ 角旋转($\hat{\Xi}_1$)和 R/L 圆偏振($\hat{\Xi}_2$)，则式(4-206)中 Stokes 变量服从以下变换关系：

$$[\hat{\Xi}_i(z,t),\hat{\Xi}_j(z',t)]=2\mathrm{i}\varepsilon_{ijk}c\delta(z-z')\hat{\Xi}_k(z,t) \tag{4-207}$$

式中，$\varepsilon_{ijk}=\pm1$ 取决于复数 i：$\neq j\neq k$，右边的 δ 函数为描述旋转波交互作用的连续域有限带宽低频振幅。方程式(4-206)描述的图 4-18 和图 4-19 所示的变换关系可以简化为

$$[\hat{\Xi}_3(z,t),\hat{\Xi}_1(z',t)]=2\mathrm{i}c\delta(z-z')\hat{\Xi}_2 \tag{4-208}$$

当右边算符预期值波动不大时，因相关过程中的光子的数恒定：$\bar{\Xi}_2=\bar{\Xi}_0$，Stokes 分量成固定线性变化，其分量$\bar{\Xi}_0$ 为互动积分，且参与此过程的平均光子数 $N_P=\bar{\Xi}_0T$，T 为互动时间。

第 a 原子旋转角动量可以以下方程描述：

$$\hat{T}_{KQ}^{(a)}=\sqrt{\frac{2K+1}{2F_0+1}}\sum_{M',M}C_{F_0^0MKQ}^{F_0^0M'}\mid F_0M'\rangle\langle F_0M\mid^{(a)}$$

$$\mid F_0M'\rangle\langle F_0M\mid^{(a)}=\sum_{KQ}\sqrt{\frac{2K+1}{2F_0+1}}C_{F_0^0MKQ}^{F_0^0M'}\hat{T}_{KQ}^{(a)} \tag{4-209}$$

此式为源于 Zeeman 态$|F_0M\rangle$子空间的原子二元算符的展开式，式中 F_0 为原子的总角动量，M 为其 Zeeman 映射转化成不可约张量运算符。其中，C 磁空间群 C-G(Clebsh-Gordan)系数，K,Q 的变化范围为

$$0\leqslant K\leqslant 2F_0,\quad -K\leqslant Q\leqslant K \tag{4-210}$$

方程式(4-209)中，不可约 Heisenberg 动力学分量具有以下变换关系：

$$[\hat{T}_{KQ}^{(a)}(t),\hat{T}_{K'Q'}^{(b)}(t)]=\delta_{ab}[(2K+1)(2K'+1)]^{1/2}\cdot\sum_{K''}[1-(-1)^{K+K'+K''}]\begin{Bmatrix}K & K' & K''\\ F_0 & F_0 & F_0\end{Bmatrix}\cdot$$

$$(-1)^{2F_0+K''}C_{KQK'Q'}^{K''Q''}\hat{T}_{K''Q''}^{(a)}(t) \tag{4-211}$$

图 4-19 和图 4-20 所示的交互过程只可能有以下两种对齐算子和原子旋转定向分量：

$$\hat{T}_{xy}^{(a)}(t)=\frac{1}{2}[\hat{T}_{2-2}^{(a)}(t)+\hat{T}_{22}^{(a)}(t)]$$

$$\hat{T}_{\xi\eta}^{(a)}(t)=-\frac{1}{2i}[\hat{T}_{2-2}^{(a)}(t)-\hat{T}_{22}^{(a)}(t)] \tag{4-212}$$

$$\hat{F}_z^{(a)}(t)=\frac{1}{\sqrt{3}}[F_0(F_0+1)(2F_0+1)]^{1/2}\hat{T}_{10}^{(a)}(t)$$

式中，$\hat{F}_z^{(a)}(t)$为第 a 原子在 z 轴的角动量映射 Heisenberg 算子，所以式(4-211)可转换为

$$
\begin{aligned}
&[\hat{T}_{xy}^{(a)}(t), \hat{T}_{\xi\eta}^{(b)}(t)] = \delta_{ab} i_{C1}\, \hat{F}_z^{(a)}(t) + \delta_{ab} i_{C3}\, \hat{T}_{30}^{(a)}(t) \\
&[\hat{F}_z^{(a)}(t), \hat{T}_{xy}^{(b)}(t)] = \delta_{ab} 2i\, \hat{T}_{\xi\eta}^{(a)}(t) \\
&[\hat{F}_z^{(a)}(t), \hat{T}_{\xi\eta}^{(b)}(t)] = -\delta_{ab} 2i\, \hat{T}_{xy}^{(a)}(t)
\end{aligned}
\tag{4-213}
$$

其中，序数 c_1、c_3 分别为：

$$
\begin{aligned}
c_1 &= \frac{3}{F_0(F_0+1)(2F_0+1)} \\
c_3 &= \frac{6[(F_0-1)(F_0+2)]^{1/2}}{[7F_0(F_0+1)(2F_0-1)(2F_0+1)(2F_0+3)]^{1/2}}
\end{aligned}
\tag{4-214}
$$

高阶不可约分量 $\hat{T}_{30}$ 对系数 c_3 贡献为原子 $F_0>1$。算子 $\hat{T}_{xy}^{(a)}$ 和 $T_{\xi\eta}^{(a)}$ 为物理意义明确的 x，y 及 ξ 对齐张量，η 为笛卡儿坐标系 Stokes 光子偏振分量。系统中的两个 Zeeman 态耦合 Λ 型激发过程如图 4-19 和图 4-20 所示。

原子耦合动力学 Heisenberg 方程可以通过拉普拉斯变换求解。Laplace 逆变换可参量 $s=-\mathrm{i}\Omega$，$p=\mathrm{i}q$。此逆变换可用相应时空的傅里叶光谱模型表示。此动态波形呈如下相关散布：

$$
\Omega = \frac{A}{q}, \quad A = -2\,\bar{c}_{13}\varepsilon^2 \hat{\Xi}_2\, \bar{\mathcal{F}}_z \tag{4-215}
$$

如图 4-19 所示的量子存储过程中，脉冲激励的光量子具有以下相关性属性：

$$
\begin{aligned}
\frac{1}{2}\langle\{\hat{\Xi}_1(\tau), \hat{\Xi}_1(0)\}_+\rangle &= \left(\delta(\tau) + \xi_1 \frac{1}{2\tau_1}\mathrm{e}^{-\frac{|\tau|}{\tau_1}}\right)\hat{\Xi}_2 \\
\frac{1}{2}\langle\{\hat{\Xi}_3(\tau), \hat{\Xi}_3(0)\}_+\rangle &= \left(\delta(\tau) + \xi_3 \frac{1}{2\tau_3}\mathrm{e}^{-\frac{|\tau|}{\tau_3}}\right)\hat{\Xi}_2
\end{aligned}
\tag{4-216}
$$

式中{…,…}+项为反换向因子，代表腔内阈输出放大相关函数。自由传播光子属性直接与腔振荡压缩状态相关。其中，Ξ_1 因子代表挤压($\xi_1<0$)，Ξ_3 因子代表反挤压($\xi_3>0$)，$(1+\xi_1)(1+\xi_3)=1$。输出量子光谱带宽受以下两个最长相关限制：

$$
\begin{aligned}
\tau_1 &= \left[\frac{\gamma_C}{2} + \kappa_D\right]^{-1} \\
\tau_3 &= \left[\frac{\gamma_C}{2} - \kappa_D\right]^{-1}
\end{aligned}
\tag{4-217}
$$

式中，γ_C 为腔输出端反射镜损耗率，κ_D 为向下转换过程效率。对于高挤压状况 $\tau_3 \gg \tau_1$，光量子脉冲最小持续时间 T 将远超过最长时间 $\tau_3 \equiv \tau_c$，如下式所示：

$$
\begin{aligned}
\hat{T}_{\mathrm{I}}^{\mathrm{out}}(z) &\equiv \cos\kappa_1 z\, \hat{T}_{xy}(z,T) + \sin\kappa_1 z\, \hat{T}_{\xi\eta}(z,t) \\
&= c_{13}\varepsilon\, \bar{\mathcal{F}}_z \int_0^T \mathrm{d}t J_0(2[-A(T-t)z]^{1/2})\hat{\Xi}_1^{\mathrm{in}}(t) + \cdots \\
\hat{T}_{\mathrm{III}}^{\mathrm{out}}(z) &\equiv \cos\kappa_1 z\, \hat{T}_{\xi\eta}(z,T) - \sin\kappa_1 z\, \hat{T}_{xy}(z,T) \\
&= -c_{13}\varepsilon\, \bar{\mathcal{F}}_z \int_0^T \mathrm{d}t J_0(2[-A(T-t)z]^{1/2})\hat{\Xi}_3^{\mathrm{in}}(t) + \cdots
\end{aligned}
\tag{4-218}
$$

此式说明，光量子输入场算子是如何转移到空间相关原子旋转算子的。方程右边的"…"代表原子算子对输入原子态再生的作用，削弱了转换。但由于方程左边的低频空间波动能使右边的输入旋转波动被抑制，此存储方案仍可行。光谱展宽算子 $\hat{T}_{\mathrm{I}}^{\mathrm{out}}(z)$ 和 $\hat{T}_{\mathrm{III}}^{\mathrm{out}}(z)$ 的波动光谱域为

$$
q \lesssim q_c = \left(\frac{|A|\,T}{L}\right)^{1/2} \tag{4-219}
$$

按照式(4-215)的谱散布规律，相当于 $T, L \to +\infty$。式(4-218)表示光谱域 $0<\Omega<\tau_c^{-1}$ 区间内自旋场映射的波动，且与谱域 $+\infty>q>|A|\tau_c$ 内自旋波动相关。可靠的场量子态映射到原子排列子系统，

后者基本上覆盖了光谱域，使输入旋转波受到抑制。所以要保证有效存储，必须满足以下不等式：

$$|A|\tau_c \ll q_c = \left(\frac{|A|T}{L}\right)^{1/2}$$
$$L^{-1} \ll q_c \tag{4-220}$$

输入自旋的波动被抑制后，才能确保空间波动 $\hat{T}_{\mathrm{I}}^{\mathrm{out}}(z)$ 和 $\hat{T}_{\mathrm{III}}^{\mathrm{out}}(z)$ 正确产生输入时序动态波动式(4-216)中的相关光谱。但方程式(4-215)中离散在 $q\to 0$ 附近 $\Omega=\Omega(q)$，因此散射噪声可能在空间频谱零点附近重现。所以，当 $L\to+\infty$ 时完整的旋转驻波模型达到极限，波动频谱信息部分将不可见。

2. 读出信号质量

基于相干 Raman 散射的量子存储，基本原理是将光量子相干散射转换成对齐排列的原子量子态。此转换在式(4-216)所示光子谱分布中最容易完成，但在谐振光子中则难以实现。所以需要很强的 NP≥NA 相干场。在检索读出阶段，相干 Raman 散射的光子从强模式进入量子模式。原子自旋涨落对齐张量转移回到光量子输出模式。为提高存储效率和读出信号质量，需增加散射光子数量，保持原子量大 NA≥N′P。如图 4-20 所示，用归一化真空态方差及与光子频率或原子谐振相关的 Mandel 参数 $1+\xi_i(i=1,3)$ 表示存储过程的缺陷或偏差。光谱偏振分量的方差和发送宽带压缩光子($\tau_c\to 0$)通过存储介质后状态的变化，采用如下两个特殊参数描述：

$$1+\xi_3^{\mathrm{in}} = 10$$
$$1+\xi_1^{\mathrm{in}} = 0.1 \tag{4-221}$$

由于光谱低频域互相关性的抑制被原子与低频率部分光谱相关性增强补偿。整个过程的主导作用趋于 $\tau_c\to 0$。图 4-20 中的数据采用 87Rb 原子 $F_0=1$ 能级 D_1-谱线，所选择的相互作用参数 ATL=−10,40。第一个参数对应于 $F_0=1\to F=1$，谐振的失谐−205MHz，$\kappa_1=0$(无回旋磁性效应)，损耗约10%。第二个参数表示 $F_0=1\to F=1$ 转移实现了数千兆赫失谐，损耗大体相同，如图 4-21 所示。对比分析影响再现输入信号质量的基本因素。

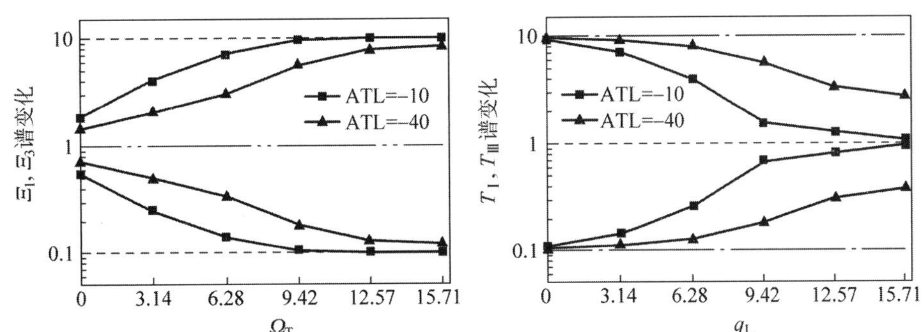

图 4-20 读出过程中光子及原子参量变化曲线。上半部分为 Stokes 原子光谱变化曲线；下半部分为原子排列因子与宽带压缩光子交互作用前后关系曲线。曲线根据不同的相关参数 ATL，分别用不同符号表示：ATL＝10(正方形)；ATL＝−40(三角形)。图中虚线代表光子和旋转原子子系统的原始光谱，点画线代表辅助系统原始光谱

如图 4-21 所示，取 A′T′L＝−2 与 ATL＝−10，ATL＝10。最佳情况是检索相干脉冲光子数量小于存入原子的写入光子数。实际上，检索到的量子数不可能高于存储范围，如果多余存储信号，则一定是噪声。经过改进的检索萃取带宽原子和光子谱如图 4-22 和图 4-23 所示。

以上曲线说明，存储过程中这几个参数的重要性。由于相互作用时间与挤压相关时间之比 $T/\tau_c=10$，有限带宽压缩光积分模型并非最佳存储和检索方式，需对光子和原子谱量子信息编码模型进行优化。有限带宽压缩存储和检索的难度远超过宽带输入，其主要缺陷是低频交换机制不完整。

可靠性是量子存储的基本要求，可简单定义为单模纯输入态，而且可靠性应高于经典存储测量方案。

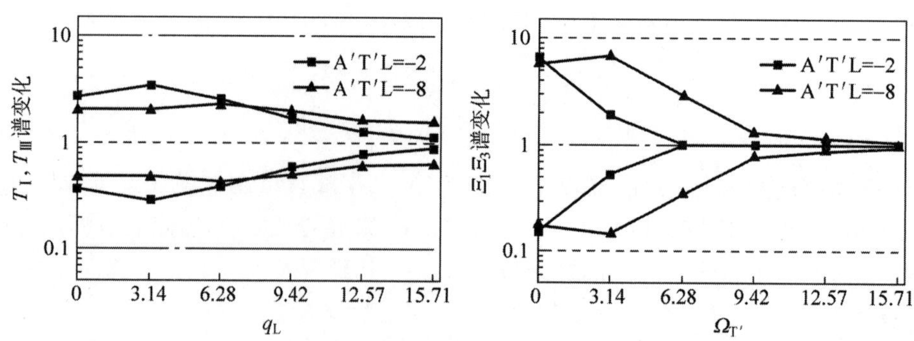

图 4-21 存储在原子中的信号读出状态曲线。上半部分为原子对齐排列分量谱的变化；下半部分为光检索读出Stokes 分量。与图 4-21 对应，相关参数分别为 A′T′L＝－2(正方形)及 A′T′L＝－8(三角形)，虚线代表光子和旋转原子子系统的原始光谱，点画线代表辅助系统原始光谱

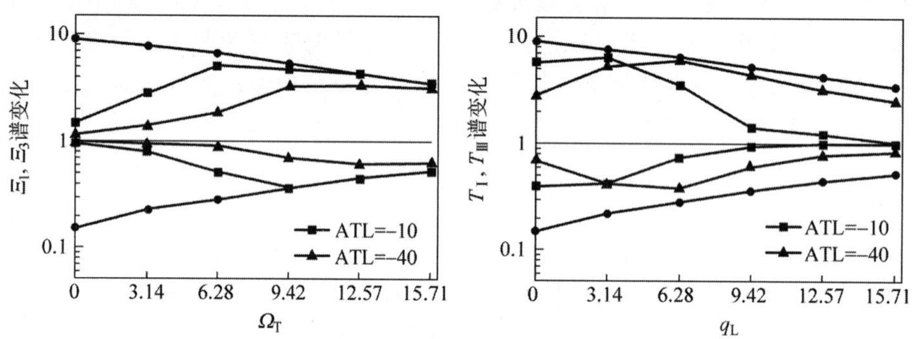

图 4-22 与图 4-20 相同，但采用有限带宽压缩光，互作用时间与挤压相关时间之比为 $T/\tau_c=10$

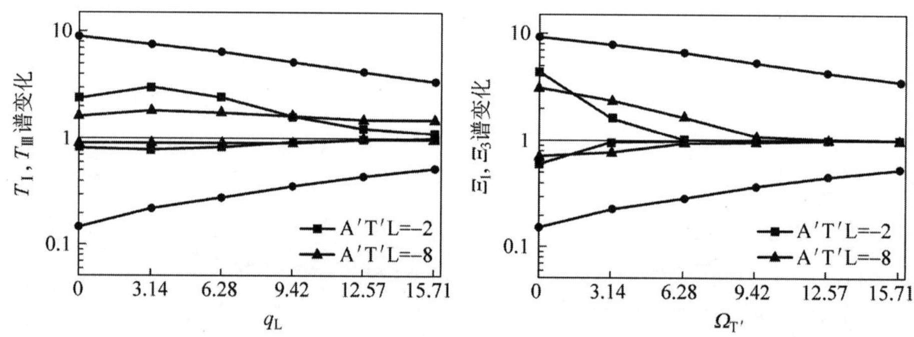

图 4-23 与图 4-21 相同，但采用有限带宽压缩光，采用有限带宽压缩态检索映射到旋转子系统，挤压光子初始谱较低 $T'=T$

3. 光量子与原子纠缠

图 4-19 所示的光子与原子之间的纠缠可写成如下形式：

$$\int_0^T h(t)\hat{\Xi}_1^{\text{out}}(t)\mathrm{d}t - \int_0^L g(z)\ \hat{T}_{\mathrm{I}}^{\text{out}}(z)\mathrm{d}z \to 0$$

$$\int_0^T h(t)\hat{\Xi}_3^{\text{out}}(t)\mathrm{d}t + \int_0^L g(z)\ \hat{T}_{\mathrm{III}}^{\text{out}}(z)\mathrm{d}z \to 0 \tag{4-222}$$

若原子对准旋转波 $\hat{T}_{\mathrm{I}}^{\text{out}}(z)$和 $\hat{T}_{\mathrm{III}}^{\text{out}}(z)$定义为方程式(4-218)的上限，则式(4-222)为光量子场与原子旋转模型纠缠的标准模型。其中的时间模型 $h(t)$及空间模型 $g(z)$如下：

$$h(t)+\int_t^T \mathrm{d}t'\left[\frac{AL}{t'-t}\right]^{1/2} I_1(2[AL(t'-t)]^{1/2})h(t') -$$

$$\bar{c}_{13}\varepsilon\,\overline{\mathcal{F}}_z\int_0^L \mathrm{d}z I_0(2[A(T-t)z]^{1/2})g(z)\rightarrow 0$$

$$g(z)+\int_z^L \mathrm{d}z'\left[\frac{AT}{z'-z}\right]^{1/2} I_1(2[AT(z'-z)]^{1/2})g(z')+$$

$$2\varepsilon\hat{\Xi}_2\int_0^T \mathrm{d}t I_0(2[A(L-z)t]^{1/2})h(t)\rightarrow 0 \tag{4-223}$$

由于以上提及的若干方程中存在非对称积分算子，没有实际可靠解，只能对式(4-223)中的函数 $h(t)$和 $g(z)$取最小绝对值，找到大量原子组成系统 $\varepsilon|\overline{\mathcal{F}}_z|L\gg 1$，光子系统 $\varepsilon\,\overline{\Xi}\,2T\gg 1$ 边界条件。根据 Fredholm 型共性特征求解方程式(4-222)的时空模型，从而获得积分方程式(4-223)的值。

以上模型准确地描述了偏振敏光子的 Stokes 分量和原子谐振对正分量之间的敏感量子信息交互界面特征。可方便和清晰地解释原子和量子场的 Heisenberg 动力学过程。量子纠缠是量子存储的基础，其作用机制是原子与光子场子系统之间的转换。携带量子信息编码的偏振光映射到自旋相关驻波原子排列，散射 Raman 光子与对正原子散射产生强相干，形成了稳定的对纠缠时空相关信息存储模型。

4. Heisenberg 方程

以上各节多次提到波型 Heisenberg 方程。根据各量子的有效 Hamilton 函数相干散射过程中算子之间的变换，可获 $\hat{\Xi}_2$ 及$\overline{\mathcal{F}}_z$ 的近似线性方程。其旋转磁性常数为

$$\kappa_1=\sum_F \bar{\alpha}^{(1)}_{F_0F}(\bar{\omega})\frac{\sqrt{3}\,\overline{\mathcal{F}}_z}{[F_0(F_0+1)(2F_0+1)]^{1/2}} \tag{4-224}$$

式中，$\bar{\alpha}^{(1)}_{F_0F}(\bar{\omega})$为偏振算子 $F_0\rightarrow F$ 变化时无量纲值：

$$\bar{\alpha}^{(1)}_{F_0F}(\bar{\omega})=(-1)^{F+F_0}\frac{1}{\sqrt{2}}\begin{Bmatrix}1 & 1 & 1\\ F_0 & F_0 & F\end{Bmatrix}\cdot \frac{4\pi\bar{\omega}}{S_0c}\frac{|d_{F_0F}|^2}{-\hbar(\bar{\omega}-\omega_{FF_0})} \tag{4-225}$$

d_{F_0F}为简化偶极矩，ω_{FF_0}为转换率，则光子的相移为

$$\Omega_1=\sum_F \bar{\alpha}^{(1)}_{F_0F}(\bar{\omega})\frac{\sqrt{3}\hat{\Xi}_2}{[F_0(F_0+1)(2F_0+1)]^{1/2}} \tag{4-226}$$

此式与旋转磁性常数方程式(4-224)定义相似。因为这两组参数都来自相同 Hamilton 函数的 Faraday 型交互作用，原子对正作用的耦合常数为

$$\varepsilon=\frac{1}{2}\sum_F \bar{\alpha}^{(2)}_{F_0F}(\bar{\omega}) \tag{4-227}$$

式中，$\bar{\alpha}^{(2)}_{F_0F}(\bar{\omega})$为偏振张量无量纲原子对准系数：

$$\bar{\alpha}^{(2)}_{F_0F}(\bar{\omega})=(-1)^{1+F+F_0}\begin{Bmatrix}1 & 1 & 2\\ F_0 & F_0 & F\end{Bmatrix}\cdot \frac{4\pi\bar{\omega}}{S_0c}\frac{|d_{F_0F}|^2}{-\hbar(\bar{\omega}-\omega_{FF_0})} \tag{4-228}$$

所有参数均取决于 $\kappa_1=\kappa_1(\bar{\omega})\Omega_1=\Omega_1(\bar{\omega})$，$\varepsilon=\varepsilon(\bar{\omega})$及实际计算。

另外，以上分析的物理条件只考虑了低频时域量子信息载体，完全忽略了有限尺寸的影响。实际上，量子场子系统空间 Stokes 转换因子为

$$\hat{\Xi}_{\mathrm{I}}(z,t) = \cos\varphi(z,t)\hat{\Xi}_1(z,t) - \sin\varphi(z,t)\hat{\Xi}_3(z,t)$$

$$\hat{\Xi}_{\mathrm{III}}(z,t) = \sin\varphi(z,t)\hat{\Xi}_1(z,t) + \cos\varphi(z,t)\hat{\Xi}_3(z,t) \tag{4-229}$$

原子亚系统对准因子为

$$\hat{\mathcal{T}}_{\mathrm{I}}(z,t) = \cos\varphi(z,t)\ \hat{\mathcal{T}}_{xy}(z,t) + \sin\varphi(z,t)\ \hat{\mathcal{T}}_{\xi\eta}(z,t)$$

$$\hat{\mathcal{T}}_{\mathrm{III}}(z,t) = -\sin\varphi(z,t)\ \hat{\mathcal{T}}_{xy}(z,t) + \cos\varphi(z,t)\ \hat{\mathcal{T}}_{\xi\eta}(z,t) \tag{4-230}$$

式中 $\varphi(z,t)=\kappa_1 z+\bar{\Omega}t$。无损耗时$\bar{\Omega}$可视为 0。设存储介质长度为 $L(\kappa_1 L=2\pi\times$任意正整数),Stokes 变量 $\hat{\Xi}_{\mathrm{I}}(z,t)$,$\hat{\Xi}_{\mathrm{III}}(z,t)$及 $\hat{\Xi}_1(z,t)$,$\hat{\Xi}_3(z,t)$代表从介质的输出。将式(4-229)及式(4-230)正交变换后可得:

$$\frac{\partial}{\partial z}\hat{\Xi}_{\mathrm{I}}(z,t) = -2\varepsilon\hat{\Xi}_2\ \hat{\mathcal{T}}_{\mathrm{I}}(z,t)$$

$$\frac{\partial}{\partial z}\hat{\Xi}_{\mathrm{III}}(z,t) = 2\varepsilon\hat{\Xi}_2\ \hat{\mathcal{T}}_{\mathrm{III}}(z,t)$$

$$\frac{\partial}{\partial t}\ \hat{\mathcal{T}}_{\mathrm{I}}(z,t) = \bar{c}_{13}\varepsilon\ \overline{\mathcal{F}}_z\hat{\Xi}_{\mathrm{I}}(z,t)$$

$$\frac{\partial}{\partial t}\ \hat{\mathcal{T}}_{\mathrm{III}}(z,t) = -\bar{c}_{13}\varepsilon\ \overline{\mathcal{F}}_z\hat{\Xi}_{\mathrm{III}}(z,t) \tag{4-231}$$

则可获得通过 Laplace 变换求解的方法。而 Laplace 时空参量取决于如下光子束 Stokes 原子和原子排列因子:

$$\hat{\Xi}_{\mathrm{i}}(p,s) = \int_0^{+\infty}\int_0^{+\infty}\mathrm{d}z\mathrm{d}t\mathrm{e}^{-pz-st}\hat{\Xi}_{\mathrm{i}}(z,t)$$

$$\hat{\mathcal{T}}_{\mu}(p,s) = \int_0^{+\infty}\int_0^{+\infty}\mathrm{d}z\mathrm{d}t\mathrm{e}^{-pz-st}\ \hat{\mathcal{T}}_{\mu}(z,t) \tag{4-232}$$

将式(4-231)转换为代数方程,则系统的决定性参数为

$$\Delta(p,s) = [sp + 2\,\bar{c}_{13}\varepsilon^2\hat{\Xi}_2\ \overline{\mathcal{F}}_z]^2 \tag{4-233}$$

原子的磁极为

$$s = \frac{A}{p} \tag{4-234}$$

式中,$A=-2\,\bar{c}_{13}\varepsilon_2\hat{\Xi}_2\ \overline{\mathcal{F}}_z$,与光子通过介质后偏振旋转相关联,参见方程式(4-215)。对于 $A<0$,可获得光子束子系统分量解为

$$\hat{\Xi}_{\mathrm{I}}(L,t) = \hat{\Xi}_{\mathrm{I}}^{\mathrm{in}}(t) - \int_0^t\mathrm{d}t'\left(\frac{-AL}{t-t'}\right)^{1/2}J_1(2[-AL(t-t')]^{1/2})\hat{\Xi}_{\mathrm{I}}^{\mathrm{in}}(t') -$$
$$2\varepsilon\hat{\Xi}_2\int_0^L\mathrm{d}zJ_0(2[-A(L-z)t]^{1/2})\ \hat{\mathcal{T}}_{\mathrm{I}}^{\mathrm{in}}(z)$$

$$\hat{\Xi}_{\mathrm{III}}(L,t) = \hat{\Xi}_{\mathrm{III}}^{\mathrm{in}}(t) - \int_0^t\mathrm{d}t'\left(\frac{-AL}{t-t'}\right)^{1/2}J_1(2[-AL(t-t')]^{1/2})\hat{\Xi}_{\mathrm{III}}^{\mathrm{in}}(t') +$$
$$2\varepsilon\hat{\Xi}_2\int_0^L\mathrm{d}zJ_0(2[-A(L-z)t]^{1/2})\ \hat{\mathcal{T}}_{\mathrm{III}}^{\mathrm{in}}(z) \tag{4-235}$$

原子旋转对准子系统分量为

$$\hat{\mathcal{T}}_{\mathrm{I}}(z,T) = \hat{\mathcal{T}}_{\mathrm{I}}^{\mathrm{in}}(z) - \int_0^z\mathrm{d}z'\left(\frac{-AT}{z-z'}\right)^{1/2}J_1(2[-AT(z-z')]^{1/2})\ \hat{\mathcal{T}}_{\mathrm{I}}^{\mathrm{in}}(z') +$$
$$\bar{c}_{13}\varepsilon\ \overline{\mathcal{F}}_z\int_0^T\mathrm{d}tJ_0(2[-A(T-t)z]^{1/2})\hat{\Xi}_{\mathrm{I}}^{\mathrm{in}}(t)$$

$$\hat{\mathcal{T}}_{\mathrm{III}}(z,T)=\hat{\mathcal{T}}_{\mathrm{III}}^{\mathrm{in}}(z)-\int_0^z \mathrm{d}z'\left[\frac{-AT}{z-z'}\right]^{1/2}J_1(2[-AT(z-z')]^{1/2})\,\hat{\mathcal{T}}_{\mathrm{III}}^{\mathrm{in}}(z')-$$
$$\bar{c}_{13}\varepsilon\,\overline{\mathcal{F}}_z\int_0^T \mathrm{d}tJ_0(2[-A(T-t)z]^{1/2})\hat{\Xi}_{\mathrm{III}}^{\mathrm{in}}(t) \tag{4-236}$$

式中，L 为介质长度；T 为交互作用时间。解 Heisenberg 算子对 Stokes 分量 $\hat{\Xi}_i(t)$的积分变换，以及初始 Schrödinger 算子对原子自旋对准分量$\hat{T}_\mu^{\mathrm{in}}(z)$的积分变换。变换内核为圆柱形 0 阶 $J_0(\cdots)$和第一阶 $J_1(\cdots)$Bessel 函数。原子的原始形式和场算子可用式(4-229)和式(4-230)正交变换恢复，推导出以下变换关系：

$$[\hat{\Xi}_{\mathrm{III}}(z,t),\hat{\Xi}_{\mathrm{I}}(z,t')]=2i\delta(t-t')\hat{\Xi}_2$$
$$[\hat{\mathcal{T}}_{\mathrm{III}}(z,t),\hat{\mathcal{T}}_{\mathrm{I}}(z',t)]=-i\bar{c}_{13}\delta(z-z')\,\overline{\mathcal{F}}_z \tag{4-237}$$

式中第一行为 Stokes 分量，δ 函数的参数通常为$t-t'-(z-z')/c$。其解与场和原子变量遵循交叉转换关系：

$$[\hat{\Xi}_i(z,t),\hat{\mathcal{T}}_\mu(z',t')]=-2i\bar{c}_{13}\varepsilon g_{i\mu}\overline{\Xi}_2\,\overline{\mathcal{F}}_z\cdot$$
$$J_0(2[-A(z-z')(t-t')]^{1/2})[\theta(t-t')-\theta(z'-z)] \tag{4-238}$$

式中最大 $g_{i\mu}$ 为

$$g_{i\mu}=\begin{pmatrix}0,1\\1,0\end{pmatrix} \tag{4-239}$$

以上变换表明，原子和光子场变量始终存在交互作用。当 $A>0$ 时，光子亚系统的 Stokes 分量为

$$\hat{\Xi}_{\mathrm{I}}(L,t)=\hat{\Xi}_{\mathrm{I}}^{\mathrm{in}}(t)+\int_0^t \mathrm{d}t'\left[\frac{AL}{t-t'}\right]^{1/2}I_1(2[AL(t-t')]^{1/2})\hat{\Xi}_{\mathrm{I}}^{\mathrm{in}}(t')-$$
$$2\varepsilon\bar{\Xi}_2\int_0^L \mathrm{d}zI_0(2[A(L-z)t]^{1/2})\,\hat{\mathcal{T}}_{\mathrm{I}}^{\mathrm{in}}(z)$$
$$\hat{\Xi}_{\mathrm{III}}(L,t)=\hat{\Xi}_{\mathrm{III}}^{\mathrm{in}}(t)+\int_0^t \mathrm{d}t'\left[\frac{AL}{t-t'}\right]^{1/2}I_1(2[AL(t-t')]^{1/2})\hat{\Xi}_{\mathrm{III}}^{\mathrm{in}}(t')+$$
$$2\varepsilon\hat{\Xi}_2\int_0^L \mathrm{d}zI_0(2[A(L-z)t]^{1/2})\,\hat{\mathcal{T}}_{\mathrm{III}}^{\mathrm{in}}(z) \tag{4-240}$$

原子旋转亚系统对准分量为

$$\hat{\mathcal{T}}_{\mathrm{I}}(z,T)=\hat{\mathcal{T}}_{\mathrm{I}}^{\mathrm{in}}(z)+\int_0^z \mathrm{d}z'\left[\frac{AT}{z-z'}\right]^{1/2}I_1(2[AT(z-z')]^{1/2})\,\hat{\mathcal{T}}_{\mathrm{I}}^{\mathrm{in}}(z')+$$
$$\bar{c}_{13}\varepsilon\,\overline{\mathcal{F}}_z\int_0^T \mathrm{d}tI_0(2[A(T-t)z]^{1/2})\hat{\Xi}_{\mathrm{I}}^{\mathrm{in}}(t)$$
$$\hat{\mathcal{T}}_{\mathrm{III}}(z,T)=\hat{\mathcal{T}}_{\mathrm{III}}^{\mathrm{in}}(z)+\int_0^z \mathrm{d}z'\left[\frac{AT}{z-z'}\right]^{1/2}I_1(2[AT(z-z')]^{1/2})\,\hat{\mathcal{T}}_{\mathrm{III}}^{\mathrm{in}}(z')-$$
$$\bar{c}_{13}\varepsilon\,\overline{\mathcal{F}}_z\int_0^T \mathrm{d}tI_0(2[A(T-t)z]^{1/2})\hat{\Xi}_{\mathrm{III}}^{\mathrm{in}}(t) \tag{4-241}$$

式中，函数 $I_0(\cdots)$及 $I_1(\cdots)$为 0 阶和第一阶修正 Bessel 函数。方程式(4-237)解及交叉型交互关系为

$$[\hat{\Xi}_i(z,t),\hat{\mathcal{T}}_\mu(z,'t')]=-2i\bar{c}_{13}\varepsilon g_{i\mu}\overline{\Xi}_2\,\overline{\mathcal{F}}_z\cdot$$
$$I_0(2[A(z-z')(t-t')]^{1/2})[\theta(t-t')-\theta(z'-z)] \tag{4-242}$$

4.5 单光子纠缠

以上量子纠缠存储已经成功地通过多种实验及理论分析，总体效率优于 17%。本节介绍一种基于电磁感应透明(EIT)可逆映射纠缠态量子存储器，如图 4-24 所示。其原理是原子谐振产生 L_a，R_a

纠缠光子，映射到单一激发态存储模式；然后在 $\Omega_c^{L,R}(t)$ 开关控制下，转换回到 L_{out}，R_{out} 模式实现检索读出，效率接近 45%，实验装置示意如图 4-24 所示。基于 Cs 原子谐振的 Raman 散射单光子源，利用 Cs 原子 $6S_{1/2}$ 能级转移($F=4\leftrightarrow 6P_{3/2}, F'=4$)形成谐振生成脉宽 25ns 单光子。如图 4-24(b)所示，圆偏振单光子脉冲经偏振滤波器 BD_1 生成纠缠光子信号 L_{in}，R_{in} 存储模式：$\sqrt{2}(|0_{Lin}\rangle|1_{Rin}\rangle+e^{i\phi rel}|1_{Lin}\rangle|0_{Rin}\rangle)$。$L_{in}$，$R_{in}$ 映射为单 Cs 原子谐振 L_a，R_a，于冷原子磁光陷阱(Magneto-Optical Trap，MOT)中实现存储如图 4-24(c)所示。谐振 L_a，R_a 在光路中分成 L_{in}，R_{in} 两个纠缠光量子模型，为避免耗散吸收，初始偏振选择 $|F=4, mF=0\rangle$。同步时钟控制单光子源发射、转换及存储过程，存储时间可到达毫秒量级。强控制场 $c(L,R)$ 使 $6S_{1/2}$ 原子产生谐振 $F=3\leftrightarrow 6P_{3/2}$ 及 $F'=4$ 转换，打开 L_a，R_a 中透明窗 $c(0)$，进入存储信号模式。经过一定存储时间后，打开控制场 $\Omega_c^{(L,R)}(t)$，再经过延迟(1.1μs)谐振原子纠缠态转换成光子纠缠模式输出。

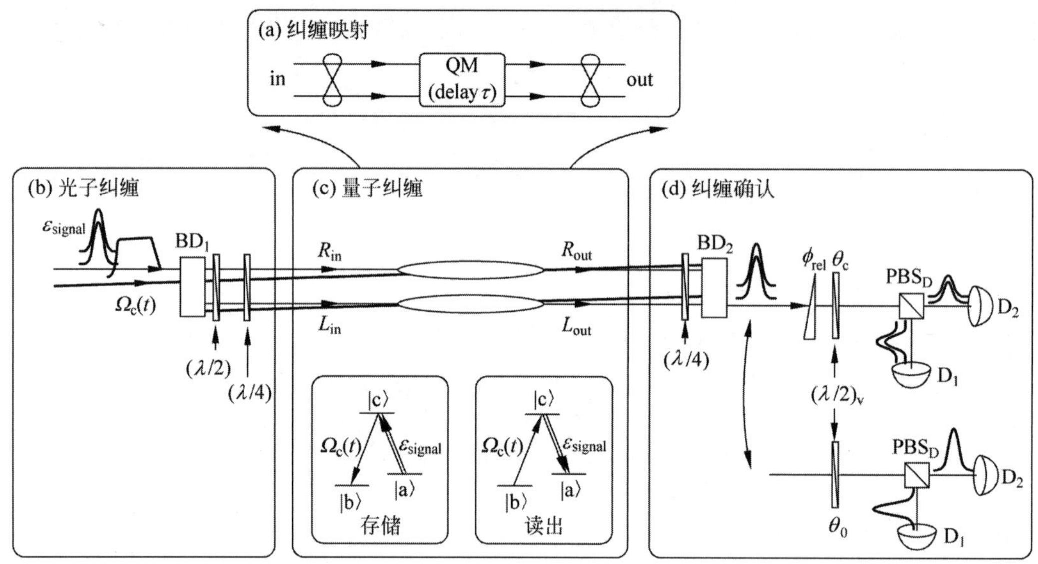

图 4-24 单光子纠缠存储实验系统原理示意图。(a)τ 时刻纠缠态映射光量子存储(QM)。(b)输入光量子被单光子分光器分裂成纠缠模式的正交偏态 L_{in} 和 R_{in}，彼此相距 1mm，通过 $\lambda/2$ 和 $\lambda/4$ 波片，被分为 L_{in}，R_{in}。控制场 $\Omega_c^{(L,R)}(t)$ 被转换为交角 3°圆偏振束。(c)L_{in}，R_{in} 光子纠缠映射到存储介质，通过绝热开关 $\Omega_c^{(L,R)}(t)$ 切换形成 L_a，R_a 谐振。经过一定存储时间，被 $\Omega_c^{(L,R)}(t)$ 开关控制，此原子纠缠态逆映射回光学模式 L_{out}，R_{out}。存储与读出过程。$|a\rangle$，$|b\rangle$ 为 $6S_{1/2}$ 铯原子的超精细基态，能级分别为 $F=4$，$F=3$。$|c\rangle$ 为能级 $F'=4$ 的 6 p3/2 电子激发态。(d)存储光子通过 $\lambda/4$ 波片后被 BD_2 合成为正交偏振光。光束通过波片 $(\lambda/2)_v$ 产生 $\theta_c=22.5°$ 相移后被偏振分光镜，按照相位差 φ_{rel} 分别进入探测器 D_1，D_2，获得检索读出信号 L_{out}，R_{out}

对于一定的光学深度，控制场 $\Omega_c(t)$ 存在最佳 Rabi 频率。在实验中，$\Omega_c(0)$ 取 15 和 24MHz。EIT 过程及 $\Omega_c(t)$ 的实验结果如图 4-25 所示。由于谐振长度较小(≈3mm)，存储过程的损耗较大，存储效率仅为 $\eta_r=17\pm1\%$。实际测量实验对输入纠缠模型 L_{in}，R_{in}，存储谐振模型 L_a，R_a 及输出光学模型均进行了验证，基本上与理论分析相符。按照本方案中每个子空间模型，设各种态之间的光子损耗数量不同，建立低密度矩阵 ρ，获得任意纠缠下限。若光子基数为 $|n_L, m_R\rangle$，$\{n,m\}=\{0,1\}$，则降低密度矩阵 ρ 可写成

$$\rho=\frac{1}{P}\begin{pmatrix} p_{00} & 0 & 0 & 0 \\ 0 & p_{01} & d & 0 \\ 0 & d^{*} & p_{10} & 0 \\ 0 & 0 & 0 & p_{11} \end{pmatrix} \tag{4-243}$$

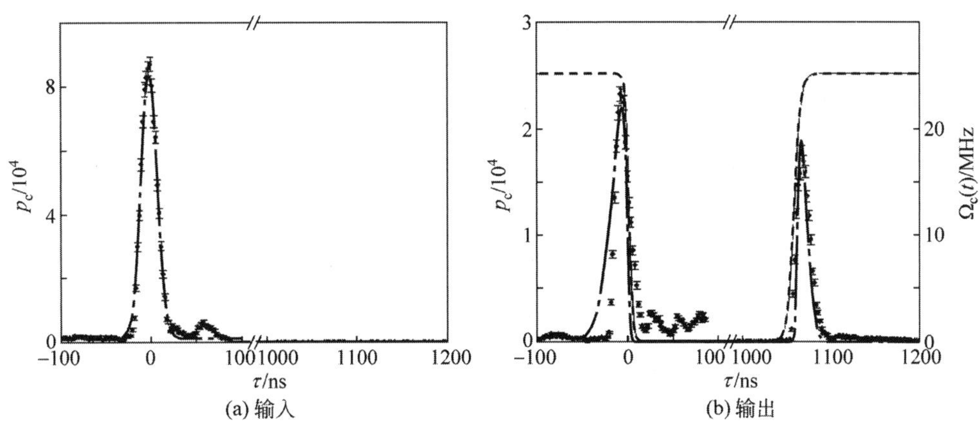

图 4-25　单光子纠缠存储写入和检索读出信号。(a)由原子谐振产生的单光子输入信号场测量概率密度 p_c，点画线为 Gauss 1/e 宽度 28ns；(b)存储和检索出光子测量概率密度 p_c。τ=0ns 表示由于光学深度有限引起的信号场泄漏，τ=1μs 以外为检索到的信号，虚线为控制脉冲 Rabi 频率 $\Omega_c(t)$，点画线为计算值

式中，p_{ij}为模型 L_k 和 j 中光子数 i，$d\simeq V(p_{01}+p_{10})/2$ 为$|1_L0_R\rangle_k$ 与$|0_L1_R\rangle_k$ 之间的相干，$P=p_{00}+p_{01}+p_{10}+p_{11}$，$V$ 为 L_k，R_k，$k\in\{\text{in},\text{out}\}$模型之间干扰的可见度。纠缠度 ρ 可用 $C=(1/P)_{\max}(0,2|d|-\sqrt{2}p_{00}p_{11})$量化确定，此式为 0～1 最大纠缠态的单调函数。$P$ 中各参量可通过重建 L_k，R_k 场获得，如图 4-25(d)所示。ρ 的对角元素值为$(\pi/2)v(0°)$，所以 D_1，D_2 检测值代表 L_k，R_k 场。为确定 ρ 的非对角元素，在 L_k，R_k 中引入波片$(\lambda/2)_v$ 产生相移 θ_c=22.5°形成的干扰如图 4-24(d)所示。根据光子数 D 值，便可获得干涉图形的量化清晰度，从而获得纠缠度。此干涉条纹的量化曲线如图 4-26 所示。

根据 D_1，D_2 检测效率，可判断输入模式 L_{in}，R_{in}的量子态，原子团 L_a，R_a 谐振的密度矩阵 ρ_{in}。从图 4-26 可看出，对于 ρ_{in}，C_{in}=0.10±0.02，说明场 L_{in}，R_{in}确实纠缠。与理论值 C_{in}^{theory}=0.10±0.01 完全符合，证明单个光子质量良好。输入纠缠主要取决于单光子源的特性，所以应尽可能采用最先进的单光子源。从图 4-26 干涉图形的可见度可看出，经过存储和检索信号没有明显的变化(输入 V_{in}=0.93±0.04，输出 V_{out}=0.91±0.03)。根据图 4-27(b)D_1，D_2 测量结果说明，谐振 L_a，R_a 输出的量子态 ρ_{out}相关参数 $C_{out}=(1.9\pm0.4)\times10^{-2}$与理论值 $C_{out}^{theory}=(1.7\pm0.1)\times10^{-2}$完全一致，证明此电磁场及存储介质系统实现了量子可逆映射纠缠态。直接被 D_1，D_2 检测出的$\bar{\rho}_{in}$，$\bar{\rho}_{out}$的对角元素如表 4-2 所示。量子存储从输入到输出模式纠缠传输效率取决于 EIT 过程的效率 η_r。此转换率可根据输入态 ρ_{in}的 C_{in}与输出态 ρ_{out}的 C_{in}之比 λ 计算。对于理想的单光子源 $C_{in}\simeq\alpha V$，α 为单光子纠缠发射效率。同样，对于输出 $C_{out}\simeq\alpha\eta rV$，$V$ 为能见度映射。因此，$\lambda=C_{out}/C_{in}\simeq\eta$。在本实验中 λ=(20±5)%。

表 4-2　在没有损耗情况下，根据直接从 D_1，D_2 检测数据计算对角元素$\bar{p}_{ij}$及密度矩阵 $\bar{\rho}_{in}$，$\bar{\rho}_{out}$相应参数 $\bar{C}_{in}$，$\bar{C}_{out}$值和误差范围

	$\bar{\rho}_{in}$	$\bar{\rho}_{out}$
$\bar{p}_{00}$	0.9800±0.0001	0.996 25±0.000 03
$\bar{p}_{10}$	$(1.043\pm0.008)\times10^{-2}$	$(2.09\pm0.02)\times10^{-3}$
$\bar{p}_{01}$	$(0.957\pm0.008)\times10^{-2}$	$(1.67\pm0.02)\times10^{-3}$
$\bar{p}_{11}$	$(8\pm2)\times10^{-6}$	$(2\pm2)\times10^{-7}$
$\bar{C}$	$(1.28\pm0.09)\times10^{-2}$	$(2.5\pm0.5)\times10^{-3}$

此外，量子界面的性能也取决于存储寿命 τ_m。本实验中，根据各种存储时间观察测量 τ_m=(8±1)μs。主要是受非齐次 Zeeman 展宽和偏置磁场错位的影响。如果能进一步提高磁场定位精度及光学系统的质量，τ_m 值还将有很大的发展空间，进一步提高存储与检索效率。

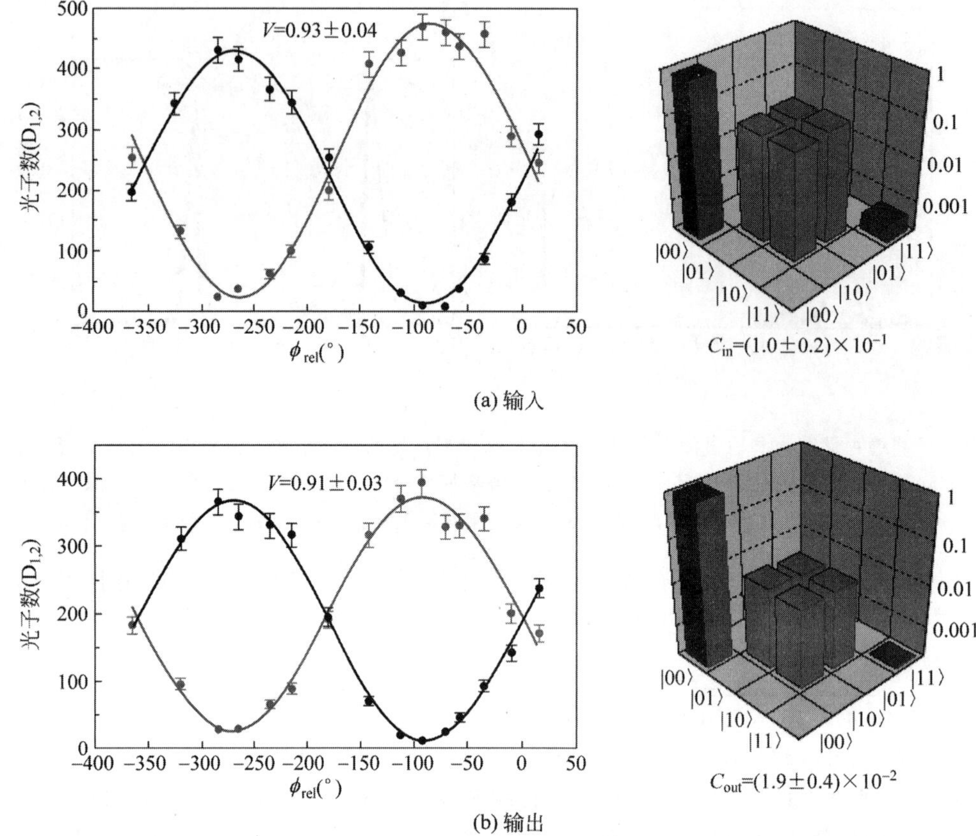

图 4-26　光学纠缠输入模型(a)和(存储)输出模型(b)的相对相差 ϕ_{rel} 干涉条纹与光子统计数关系曲线，即干涉条纹和重建密度矩阵光子模型

此实验的其他主要数据：准备时间 3ms，制冷时间 3ms，存储实验时间 25ms，光泵浦实现 $6S_{1/2}$Cs 原子团谐振时间 800μs，实验重复频率 1.7MHz，时间间隔 3ms。

1. 量子纠缠连续变化态存储

量子纠缠连续变化态存储基于改变挤压态方向实现纠缠态存储。可靠性到达 0.52±0.02。其基本原理是利用光学调制和量子检测技术，以及原子谐振技术。

实验证明，量子纠缠连续变化态存储的特性优于如何传统存储器件。两个光量子$\hat{a}_+$及$\hat{a}_-$纠缠态的置换频率 $\omega_\pm=\omega_0\pm\omega_L$。式中，$\omega_0$ 为光子频率，其 Einstein-Podolsky 纠缠条件为

$$\mathrm{Var}(\hat{X}_+ + \hat{X}_-) + \mathrm{Var}(\hat{P}_+ - \hat{P}_-) < 2 \tag{4-244}$$

式中，积分算子$[\hat{X}_\pm, \hat{P}_\pm]=i$，其真空态 $\mathrm{Var}(\hat{X}_{vac})=\mathrm{Var}(\hat{P}_{vac})=1/2$。$\hat{a}_+$和$\hat{a}_-$的纠缠模型为 $\cos(\omega_L t)$ 的压缩模型：

$$\hat{x}_{Lc} = (\hat{X}_+ + \hat{X}_-)/\sqrt{2}, \quad \hat{p}_{Lc} = (\hat{p}_+ + \hat{p}_-)/\sqrt{2} \tag{4-245}$$

同样，可得相应的 $\sin(\omega_L t)$。在输入之前各种压缩损耗 6dB，两种态的光子总数为

$$|\psi\rangle = 0.8|0\rangle_+|0\rangle_- + 0.48|1\rangle_+|1\rangle_- + 0.29|2\rangle_+|2\rangle_- + 0.18|3\rangle_+|3\rangle_- + \cdots \tag{4-246}$$

这种 Cs 原子双光子存储方案如图 4-27 所示。该系统采用光学参量放大器(Optical Parametric Amplifier，OPA)产生压缩态，两个电光调制器(Electro-Optical Modulators，EOMs)的带宽为 8.3MHz。量子态 Ψ_i，即初始态由两个压缩真空态置换产生：$[\langle x_L\rangle, \langle p_L\rangle]=[0;3.8;7.6]$，且$\hat{x}_L$ 和$\hat{p}_L$ 压缩积分方向也发生变化，其变化值如图 4-27 及表 4-2 所示。

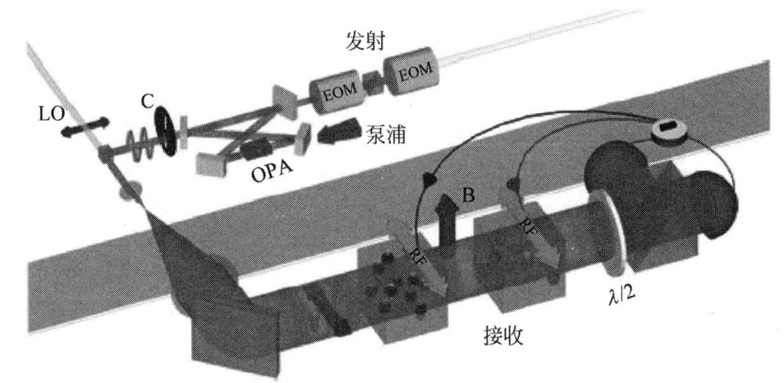

(a) 光学参量放大器(OPA)产生双模纠缠(压缩)光子发射器及接收存储系统示意图。从OPA出射光子被EOMs调制偏振分光镜形成振荡脉冲源(LO)。经望远系统扩束进入存储系统。存储系统由两个自旋偏振Cs原子蒸气石蜡单元和探测器组成。探测器信号经处理后反馈到旋转磁场脉冲控制

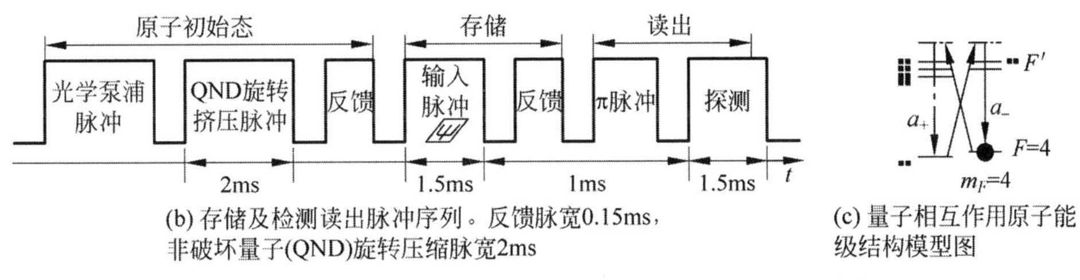

(b) 存储及检测读出脉冲序列。反馈脉宽0.15ms，非破坏量子(QND)旋转压缩脉宽2ms

(c) 量子相互作用原子能级结构模型图

图 4-27　在 Cs 原子中双光子存储实验装置示意图及存储脉冲序列

双光子存储于玻璃基石蜡涂层中的谐振 Cs 原子介质中，基态相干时间约 30ms，$F=4\rightarrow F'=5$，失谐 ω_0，$\Delta=855\text{MHz}$。原子在磁场中产生的 Larmor 旋转频率 $\omega_L=2\pi\cdot 322\text{kHz}$，以保证原子纠缠耦合效率 $\omega_{\pm}=\omega_0\pm\omega_L$。

当两个谐振为光学泵浦 $F=4$，$m_F=4(-4)$态时，旋转分量为 $J_{x1}=\_J_{x2}=J_x$。原子顺利进入存储态 c 和 s，其算符为

$$x_{AC}=(J_{y1}^{rot}-J_{y2}^{rot})/\sqrt{2J_x}\cdot p_{AC}=(J_{z1}^{rot}+J_{z2}^{rot})/\sqrt{2J_x}\cdot x_{As}=-(J_{z1}^{rot}-J_{z2}^{rot})/\sqrt{2J_x}\cdot p_{As}$$
$$=(J_{y1}^{rot}+J_{y2}^{rot})/\sqrt{2J_x} \tag{4-247}$$

上标字符 rot 代表旋转模式，即耦合光子分别属于 c(cosine)或 s(sine)模式。下标字符 1 或 2 分别代表两个存储单元。

在实验条件下，光子与旋转偏振原子的交互作用方程为

$$x'_A=\sqrt{1-\frac{\kappa^2}{Z^2}}x_A+\kappa p_L,\quad p'_A=\sqrt{1-\frac{\kappa^2}{Z^2}}p_A-\frac{\kappa}{Z^2}x_L$$
$$x'_L=\sqrt{1-\frac{\kappa^2}{Z^2}}x_L+\kappa p_A,\quad p'_L=\sqrt{1-\frac{\kappa^2}{Z^2}}p_L-\frac{\kappa}{Z^2}x_A \tag{4-248}$$

式中，耦合常数 k 为光密度及原子密度的函数；$Z^2=6.4$ 为失谐函数。当 $k\rightarrow Z$ 时，说明该单元的存储功能达到饱和。双光子存储过程时序参见图 4-28。最初原子处于旋转挤压态(Spin-Squeezed State，SSS)。具有 $\text{var}(x_A)=0.43(3)$及 $\text{var}(p_A)=1.07(5)$特征的 SSS 按照图 4-28(b)所示时序产生旋转相干形成 c，s 模式，实现存储。频率为 ω_L 的磁场反馈脉冲作用与存储单元后，便可从探测器获得存储输出脉冲信号 x_{L_0}。

表 4-3 中，初始态显示 $\Phi=0$ 与对应的压缩相 x_L。存储态显示原子状态存储后的平均值和方差。真空态方差为 0.5。测量结果反馈到 p'_A获得 g。根据优化 g 及 $k=1$ 可改写方程式(4-237)为

$$x_A^{fin}=\sqrt{1-\frac{1}{Z^2}}x_A+p_L,\quad p_A^{fin}=-x_L \tag{4-249}$$

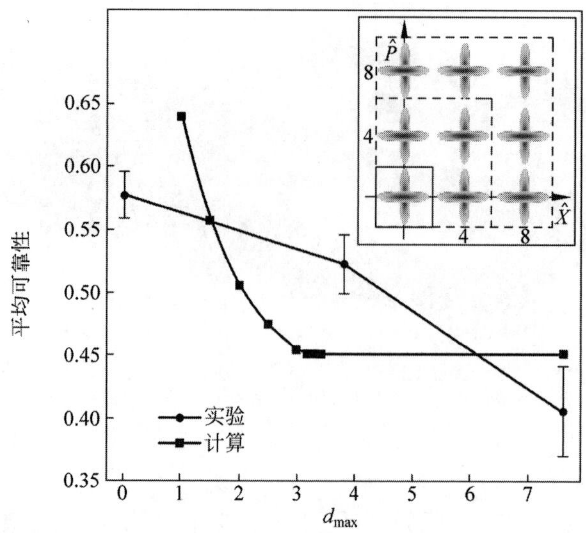

(a) 存储可靠性与原子态d_{max}关系曲线：$d_{max}=1/\sqrt{2}$，圆点为实验值，正方形代表理论值函数值。右上角插图中虚线表示的3个组为d_{max}=0, 3.8, 7.6的可靠性实验测结果

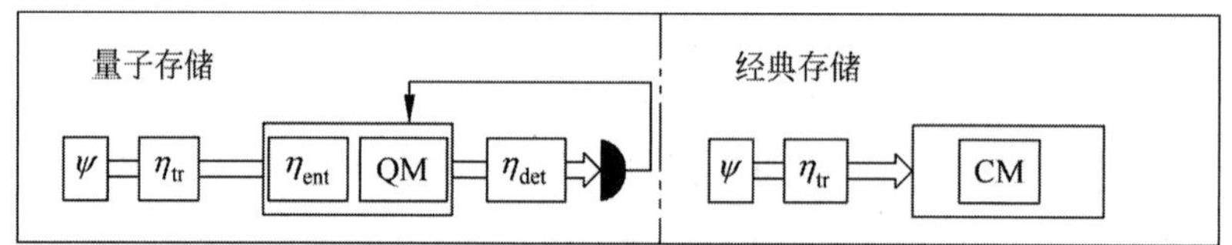

(b) 与可靠性计算有关的(量子存储和经典存储)传播通道对比

图 4-28 双光子存储可靠性及传播通道特性

表 4-3 光子初始态及存储态的基本参数

初始态 ψ_i			存储态				交叠
$\langle x_L \rangle$	$\langle p_L \rangle$	ϕ	$\langle p_A^{fin} \rangle$	$\langle x_A^{fin} \rangle$	var(p_A^{fin})	var(x_A^{fin})	Θ_i
0.0	0.0	0	−0.06	0.25	0.52(2)	1.99(3)	0.62
0.0	3.8		−0.06	3.19			0.60
3.8	0.0		−3.47	−0.42			0.57
3.8	3.8		−3.39	2.89			0.49
0.0	0.0	90	−0.07	0.06	1.95(6)	0.73(1)	0.55
0.0	3.8		−0.06	3.14			0.42
3.8	0.0		−3.22	0.48			0.46
3.8	3.8		−3.21	3.59			0.50
0.0	7.6	0	−0.03	6.30	0.55(2)	2.01(4)	0.49
7.6	0.0		−6.83	−0.46			0.37
3.8	7.6		−3.20	6.07			0.35
7.6	3.8		−6.54	2.80			0.22
7.6	7.6		−6.40	6.03			0.15
0.0	7.6	90	−0.08	6.24	2.12(8)	0.78(3)	0.18
7.6	0.0		−6.37	0.59			0.35
3.8	7.6		−3.13	6.75			0.32
7.6	3.8		−6.38	3.79			0.43
7.6	7.6		−6.36	6.72			0.27

未退相干算符 x_L 完全存储映射为算符 p_A^{fin}。由于 x_A 携带额外噪声，算符 p_L 存储于 x_A^{fin} 时进行修正，平均值 $\langle p_L\rangle=\langle x_A^{fin}\rangle(\langle x_A\rangle=0)$。通过调整 g 和 k 值，可以改善正确输入及存储特征。原子初始状态 x_A 中的有害噪声可以用自旋压缩原子 $\sqrt{1-1/Z^2}=0.92$ 适当抑制。没有反射损失和原子失谐时的可靠性可到 0.95，压缩态 $\Phi=0°$ 和 $\Phi=90°$ 时可靠性平均值为 0.78。实际量子存储特性及传输损耗如图 4-29 所示。纠缠态光子通过发送与接收通道的透射系数为 $\eta_{tr}=0.80$(包括 OPA 输出耦合效率 0.97)，以及输入状态 ρ_{in} 的 $var(x_L\cos(\Phi)-p_L\sin(\Phi))=0.20$ 和 $var(x_L\sin(\Phi)+p_L\cos(\Phi))=1.68$，入口窗反射损失衰减因子 $\eta_{ent}=0.90$。另外，探测效率 $\eta_{det}=0.79$。

存储原子的 x_A^{fin} 及 p_A 实验测量平均值如表 4-3 所示。根据这些参数，可计算存储过程中噪声带来的损失。表中存储态和初始态的重叠积分平均值与图 4-29(a)中插图 $d_{max}=0,3.8,7.6$ 分区对应。若选择噪声作用强度最小化 $k=1$，存储原子态和初始态之间不匹配系数($\sqrt{\eta_{ent}}\cdot\eta_{tr}$)$=0.85$。经典存储传输过通道损耗为 $\eta_{tr}=0.80$。通过分裂一，十模式实现相干存储实验的存储时间为 30ms。如果能减少反射损失，增加初始原子自旋压缩数，此值可望大幅度提高。

2. 提高存储光子生成概率反馈法

基于反馈控制提高单光子源存储效率实验系统结构原理如图 4-29 所示。单光子源通过分光镜 B.S 形成写入场 1L,1R，分别激发(L 和 R)Cs 原子实现 $g\to e$ 转移，通过谐振存储于各自的介质单元。受激 Cs 原子形成光子 $e\to s$ 场 1 并分别进入对应的探测器 D_{1L},D_{1R}，然后进入电子控制系统。若两个探测器均无信号，则系统退回初始态。若其中某一个探测器有输出，系统通过 Mach-Zehnder 强度调节器(Intensity Modulators,IM)关闭相应的写入通道。只有当 D_{1L},D_{1R} 同时产生单光子有输出时，经保偏(polarization-maintaining,PM)光纤耦合传入(b)系统。(b)系统接收 PM 光纤输入耦合信号后，经 IM 与读出脉冲汇合，激发记录原子产生光子场 2L,2R 通过 FBB 分光输入探测器 D_{2a},D_{2b}。图中半波片(λ/2)用于相位修正。实验证明，相对于没有反馈控制系统，同时生成单个光子的概率提高了 28 倍。

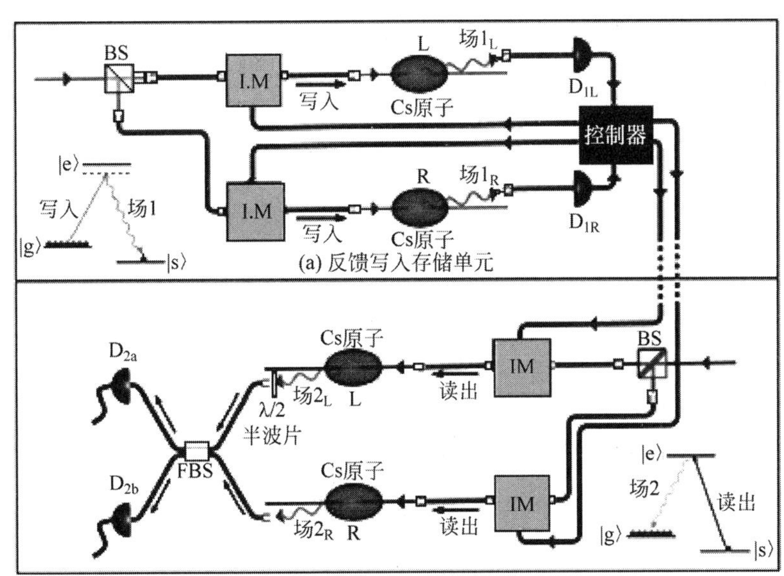

(b) 反馈存储检索读出单元

图 4-29　通过反馈提高单光子源存储效率实验系统示意图

此实验控制系统具有高时间分辨和高效单光子生成测量功能，可根据存储要求产生不同数量原子激发态。系统结合高效光子分束和非经典模相干抑制技术，检测和抑制各输出端口中的干扰。抑制效率优于 77%，双光子束重叠率到达 $\xi\simeq0.90$。如图 4-29 所示，两个存储单元(a)、(b)由独立冷 Cs

原子云真空室组成，所有原子的超精细基态为$|g\rangle$。写入过程中原子能级由初始基态$|g\rangle$(原子 Cs $6S_{1/2}$，$F=4$ 能级)通过谐振自旋转移到存储态$|s\rangle$(6 s1/2，$F=3$)和激发能级$|e\rangle$(6 $P3/2$，$F=4$)。然后用 38ns 弱写脉冲激发 $g\rightarrow$转换。最小概率 $q_1\simeq 0.005\ll 1$，原子谐振自发地放出光子(场 1)，实现 $e\rightarrow s$ 转移进入检测系统。读脉冲 38ns 导致生成第二代光子(场 2)，与场 1 方向相反。场 1 检测概率 $p_1=0.12\%$，场 2 检测条件概率 $p_c\simeq 8.5\%$。场 1 和 2 之间的归一化互相关函数约 $g_{12}\simeq 23$。本系统同一脉冲同时产生两个光子的概率抑制参数 w 符合 Poisson 分布。对于经典场应满足 Schwarz 不等式 $w\geqslant 1$，对于独立相干态为 $w=1$，对于热场 $w=2$。实验证明，参数 w 与互相关函数 g_{12} 有关，对于本系统 $g_{12}=23$ 时 $w\approx 0.17$。图 4-29 中专门设计的控制逻辑电路系统，根据两个原子谐振团发射量子速率进行反馈控制，不仅加速了量子平衡输出概率，而且显著提高了写入、存储和检索读出效率。另外，由于场 1 和场 2 分属两个独立子系统，在场 1 收到读写脉冲信号时，不影响场 2 处理已存储光子的检测。

此专用逻辑控制电路的量化有效性，体现在提高系统同时存储激发态量子的概率 p_{11} 及探测器检索概率 p_{112}。对于初始条件已确定的情况下，以上两个概率与在持续处理时间 Δt_{trial} 内，已准备就绪的谐振光子数 N 的函数关系如图 4-30 所示。实际获得的最大光子数 $N_{\max}=23$，持续时间 $\Delta t_{\text{trial}}=525\text{ns}$，最大持续时间 $\Delta t_{\max}=12\mu\text{s}$。实验中观察到 N_t 增加$\simeq 44$ 时，接近期望值 $F_{11}=2N_{\max}-1=45$ 的 $p_1\ll 1$。需要指出的是，如果系统为两个以上的存储单元，存储效率的增加可能高于线性关系，成指数函数增长。

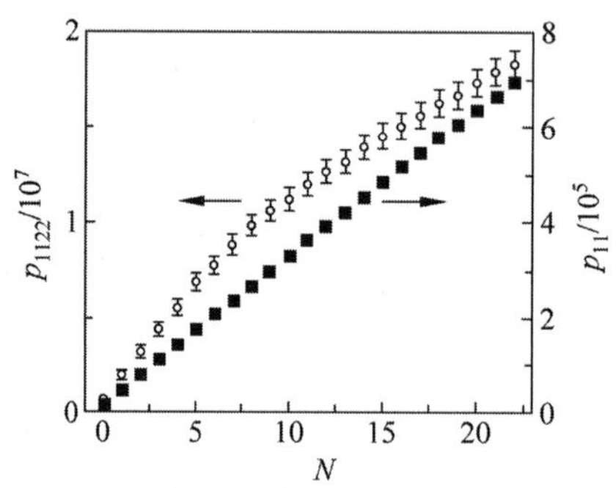

图 4-30 激发态量子概率 p_{11} 和检索概率 p_{1122} 与系统谐振光子数 N 的函数关系曲线。■代表初始准备谐振量子概率 p_{11}，$\bar{\circ}$代表两个正交偏振输出场 2_L，2_R 谐振光量子概率 p_{1122}。其中光子计数噪声产生的误差为 $\pm\sqrt{C}$，C 为计数总量。试验共进行了 6h，存储实验数据总量为 3.36×10^9 量子比特

显然，p_{1122} 的增长与 p_{11} 不相同。采用控制电路后 $F_{1122}=28$，显著提高激发存储的检索效率。图 4-31 为 D_{2a}，D_{2b} 的探测条件概率 p_{22}^c，即与光子场 2_L 及 2_R 的形成时间差 τ_c(引起不可分辨性)的实验关系曲线。在正交偏振的情况下，实心正方点曲线代表平行偏振，空心圆曲线代表垂直偏振。实验采集的检测时间 t_d，精度 2ns。所以获得的检测时差足够准确。量化抑制作用如图 4-31 所示，图中，可视度 $V\equiv(p_\perp-p_\parallel/p_\perp$，$p_{22}^c$ 正交偏振，$p_\perp$ 为垂直偏振和 $p_\parallel$ 为平行偏振。对于理想单光子 $V=1$，信息包完美重叠，$V=0$ 为完全可区分领域。将 $p_\perp$ 和 $p_\parallel$ 与 τ 积分如图 4-31 所示，$V=0.77\pm 0.06$，正交偏振光子测量概率 $p_{22}^c(\tau)$ 符合 Gauss 分布(图 4-31 中虚线)为

$$p_{22}^c(\tau)=p_0\exp\left(-\frac{\tau^2}{T^2}\right) \tag{4-250}$$

式中 $T=(18.4\pm 0.2)\text{ns}$，光子持续时间与信息包相似。对正常传播的光子，垂直偏振 $p_{22}^c(\tau)$ 乘以常数 $f=1-V_{\text{fit}}$，等于平行 $p_{22}^c(\tau)$。如果考虑频率波动 $\Delta\omega$，可得

$$p_{22}^c(\tau)=\left[p_0\exp\left(-\frac{\tau^2}{T^2}\right)\right]\cdot[1-V_{\text{fit}}\cos(\Delta\omega\tau)] \tag{4-251}$$

如图 4-31 中实线所示，$V_{\text{fit}}=0.80\pm 0.02$，$\Delta\omega/2\pi=(4\pm 0.04)\text{MHz}$。

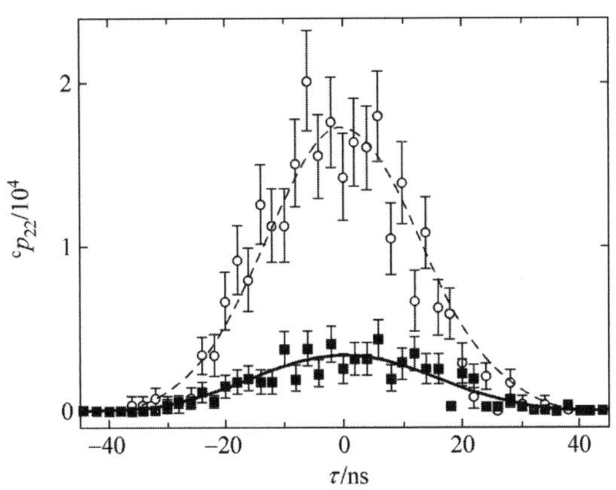

图 4-31 存储于 D_{2a} 和 D_{2b} 的条件概率 p_{22}^{c} 与 D_{2a} 和 D_{2b} 检测时间差 τ 的函数关系曲线 $p_{22}^{c}(\tau)$。图中实心正方点和空心圆分别代表场 2 的两个正交偏振的平行和垂直分量；虚线为正交偏振数据的 Gauss 分布，其半宽 $1/e$ 等于 $T=(18.4\pm0.2)$ns；实线为虚线乘以 $1-V_{\text{fit}}\cos(\Delta\omega\tau)$，$V_{\text{fit}}=0.80$ 和 $\Delta\omega/2\pi=4$MHz 后曲线；误差线为光子计数噪声 $\pm\sqrt{C}$

以上实验数据表明，系统光子变换接近于期望值。可视度较低的主要原因是双光子 2_L，2_R 场谐振对双光子的抑制 $\omega=0.17$，推算重叠场 2 信息包 $\xi\simeq0.90$，$\xi=1$ 完美的模式匹配。重叠不完全匹配可以部分解释为一非零保偏光纤偏振消光比（-14dB）。正交偏振为 0.08 小于平行偏振，实际增加可见度 0.02。

图 4-32 为场 2_L，2_R 约束波包相对于时间 t_d 曲线。这两个信息包很相似，时间宽度 $T_c\simeq13$ns。利用磁光阱形成原子云，待陷阱磁场衰减后，系列读写脉冲激发样品，频率 10MHz 的写脉冲使原子发生 $g\to e$ 转移失谐。写脉冲直径 200μm，峰值功率 $P_{\text{write}}\approx2\mu$W。通过保偏光纤（PM）模式形成直径 50$\mu$m 写入光子束。本实验中写脉冲延迟 300ns，获得存储信号后脉冲延迟 100ns 用于传播。为增加概率，设 p_1 存储谐振激发的概率可获得读激发释放相应的单光子 N，两个谐振励磁的存储概率为

$$
\begin{aligned}
p_{11} &= p_1\{p_1+2[(1-p_1)p_1+(1-p_1)^2p_1+\cdots+(1-p_1)^{N-1}p_1]\} \\
&\approx (2N-1)^2p_1, \quad p_1\ll1
\end{aligned}
\tag{4-252}
$$

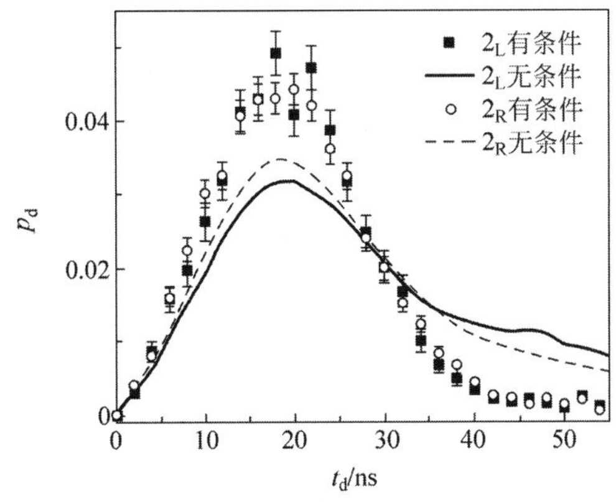

图 4-32 概率密度 p_d 相对于场 2_L 和 2_R 信息包及检测时间 t_d 关系曲线。■及○分别代表场 2_L，2_R 条件信息包；虚线和实线分别代表 L，R 无条件谐振信息包；谐振 L 持续时间 200s；谐振 R 持续时间 300s；全部曲线格式化，包括误差范围

图 4-33 为场 2_L 和 2_R 中检测一个光子的条件概率 p_2^c 和检测两个两光子的概率 p_{22}^c 与光子数 N 的函数关系检测试验曲线。此数据来自图 4-31。场 2_L 和 2_R 为正交偏振光。设两个系统具有相同的 p_c 和衰减时间，则两个系统实际上具有类似 Raman 谱线宽度超精细转换，所以系统的相干时间表达

式为

$$p_{22}^{c}(N)=\frac{p_2^c}{2}e^{-N/N_c}\tag{4-253}$$

$$p_2^c(N)=\frac{p_c+p_c e^{-N/N_c}}{2}-p_{22}^{c}(N)\tag{4-254}$$

以上方程中，p_{22}^c 式基于与激发存储光子数实验，没有考虑双光子组成的另外一个场(2)的影响。p_2^c 式的前一项考虑了检测条件，激发谐振及存储光子数。后面一项为检测场 2 的概率。实验结果如图 4-33 所示。根据拟合可得 $p_c=0.091$，$N_c=18$，对应的相干时间 $\tau_c=N_c\cdot 0.525\mu s=9.5\mu s$。因此可获得图 4-30 中 p_{1122} 的表达式。在理想情况下，相干时间长($N_c\rightarrow+\infty$)，可通过 p_{11} 获得 p_{1122}。则双光子 0 延迟($N/N_c\rightarrow 0$)的条件概率为

$$p_{1122}^{\text{ideal}}\approx\frac{(2N-1)^2 p_1^c p_2^c}{2},\quad p_1\ll 1\tag{4-255}$$

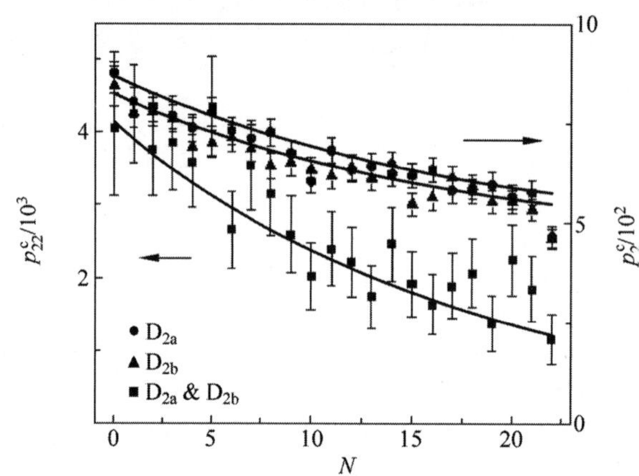

图 4-33 条件概率 p_2^c(圆点)，p_2^c(三角)及场 2 双光子概率 p_{22}^c(方块)与光子数相关曲线。p_{22}^c 参见式(4-252)，p_2^c 参见方程式(4-254)。$p_2^c=p_{22}^c\times 0.95$，即场 2 中 D_{2a} 始终比 D_{2b} 大 5%

此外，根据式(4-252)，可推导 p_{11} 的消相干表达式 $p_{22}^c(N)$：

$$p_{1122}(N)=p_1\{p_1 p_{22}^c(0)+2[(1-p_1)p_1 p_{22}^c(1)+(1-p_1)^2 p_1 p_{22}^c(2)+\cdots+(1-p_1)^{N-1}p_1 p_{22}^c(N-1)]\}\tag{4-256}$$

根据以上计算的理论值与实际实验测试结果对比如图 4-34 所示，表明本系统还存在进一步优化的空间。

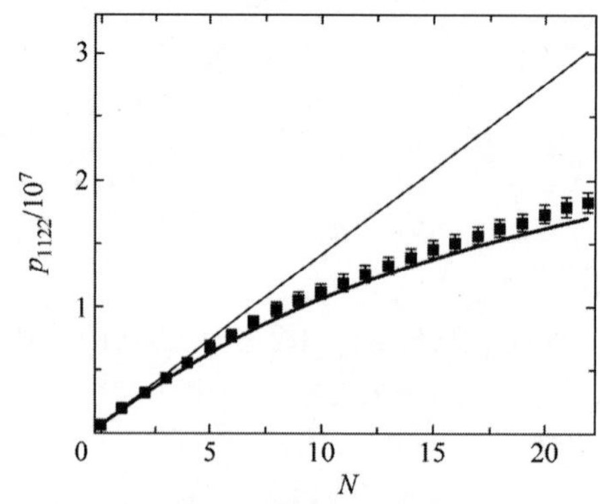

图 4-34 消相干概率 p_{1122} 与 L,R 检测谐振光子数 N 关系曲线。黑方块为正交偏振场 2_L，2_R(参见图 4-30)谐振 p_{1122} 实验检测值，细线曲线为理论值 p_{1122}^{ideal}，参见方程式(4-255)

3. 可见性函数

两个独立的单个光子通过 50/50 分束器(BS)合成输出。如果合成场不完美交叠这些单光子,则在重新分开输出时会损失部分信息,使可见性下降。本节将建立一个简单的模型评估该效应。设在场 1 中准备存储的谐振激发光子初始概率为 P_1,在场 2 中检测概率为 P_2。定义双光子抑制参数 ω 为

$$\omega = \frac{2P_2}{P_1^2} \tag{4-257}$$

即场 2 中 P_2 为

$$P_2 = \frac{\omega P_1^2}{2} \tag{4-258}$$

若从 BS 输出的光子不交叠(例如正交偏振),其垂直偏振光子的概率为

$$p_{\perp} = \frac{P_2}{2} + \frac{P_1^2}{2} = \frac{\omega P_1^2}{4} + \frac{P_1^2}{2} \tag{4-259}$$

BS 输入模式中,正交偏振的两个方向分别具有 50% 的概率。所以,输出光子为水平偏振的概率为

$$p_{\parallel} = \frac{\omega P_1^2}{4} + \frac{\omega P_2^2}{4} \tag{4-260}$$

根据式(4-259)和式(4-260)定义,可见度 V 为

$$V = \frac{p_{\perp} - p_{\parallel}}{p_{\perp}} = \frac{1}{1+\omega} \tag{4-261}$$

设本实验中谐振 $g_{12} \approx 23$,估算 $\omega \approx 0.17$。若两个场的交叠 $\omega = 1.0$,最大可见度 $V_{max} = 0.85$。实际测量的可见度为 0.77,估算交叠率 $\xi = 0.90$。

场 2_L 和 2_R 光子条件概率检测曲线如图 4-35 所示,图中圆圈代表(垂直偏振)场 2_L,黑色方块代表(水平偏振)2_R。固定的重复周期 525ns,相对测试时间延迟 τ。在 D_{2a} 和 D_{2b} 检测试验次序不同时,探测结果相似,如图 4-35(a)、(c)所示。而两个信号同时检测的结果图 4-35(b)的峰值则只有图 4-35(a)、(c)的 1/2,实际测量值为 0.60±0.05。

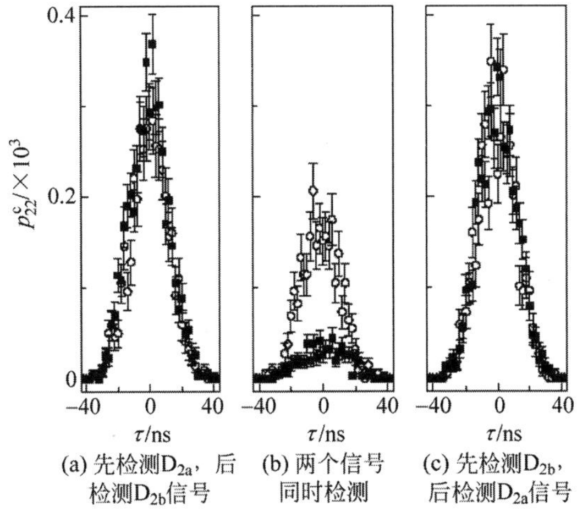

图 4-35 当信号在两个(2_L,2_R)谐振场中的条件检测概率与两场测量时间延迟 τ 之间的函数关系曲线。圆圈代表(垂直偏振)场 2_L,黑色方块代表(水平偏振)2_R

可视度 V(即可探测性)实际上为测量窗口的积分函数。实验证明,当 τ 从 −6~6ns 时可视度为 80±8。探测窗口尺寸取决于驻波偶极子激光光束聚焦中心直径(16μm)和观测物镜数值孔径(N_A = 0.43)。π 偏振激光谐振 $F=1 \leftrightarrow F0=1$ 导致原子转移到 $|F=1, mF=0\rangle$,泵浦效率优于 90%。重复率

2.5～5kHz，总体存储效率约为 63%。其中，腔内光子形成概率为 92%，单光子探测效率 41%，光纤耦合效率 86%，光学元件传播通过率 96%和单光子计数模块的量子效率 50%。用于相互作用的时间不同，这些效率的影响非线性关系，因此效率的计算需再次考虑其作用概率。例如在实验中，发现只有 71%的光子在腔内产生共反应，单实际效率到达 87%。

如果输入脉冲由若干相同的光子组成，差脉冲的最高可靠性为

$$\mathcal{F}_{\mathrm{MP}}(N)=\frac{N+1}{N+2} \tag{4-262}$$

若此脉冲中相干光子数为$\bar{n}$，其 Poisson 分布为

$$p(\bar{n},N)=\frac{\bar{n}^N}{N!}\mathrm{e}^{-\bar{n}} \tag{4-263}$$

其最大平均可靠性则为

$$\mathcal{F}_{\mathrm{coh}}(\bar{n})=\sum_{N\geqslant 1}\mathcal{F}_{\mathrm{MP}}(N)\frac{p(\bar{n},N)}{1-p(\bar{n},0)} \tag{4-264}$$

由此可见，量子存储转换效率 $I_{\mathrm{out}}/I_{\mathrm{in}}$，存储容量（存储光子数 N）与存储可靠性（可视度或可探测性）三者具有密切关系。例如根据经典存储可靠性原理，在经典存储器中一个光子，按照$\bar{n}=1$ 相干态测试，其可靠性为 70.9%。即在同样条件下，通过减少输入与输出光子数比例，或减少存储容量均可提高可靠性，如图 4-36 所示。在极低的存储效率极限时，存储可靠性接近 100%。本实验中，当存储效率为 9.3%时，实测平均输入光量子存储保真度阈值为 80.1%（参见图 4-36 中黑色叉点）。

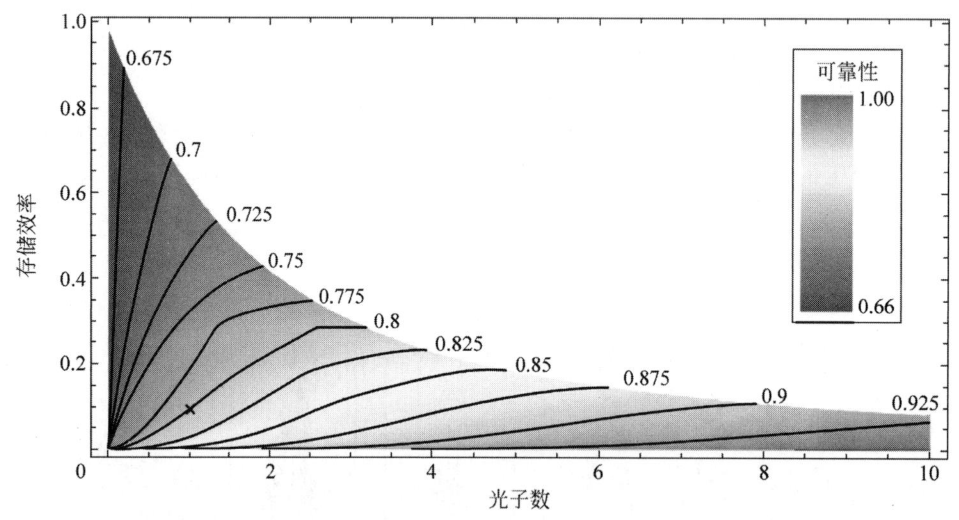

图 4-36 经典存储器域值分布图。随机存储可靠性与存储容量（光子数）、存储效率 $I_{\mathrm{out}}/I_{\mathrm{in}}$ 的相互关系，即牺牲存储容量和存储效率可以获得高可靠性，甚至可到达 100%

4.6 室温下光量子纠缠存储

量子信息存储研究的核心问题是光与物质原子量子态可逆传输转换问题。量子纠缠存储是其中方案之一。量子特征取决于粒子尺寸及能量 $\hbar\omega$，如图 4-37 所示。这些小粒子包括：原子～10^{-8}cm，电子<10^{-16}cm，原子核～10^{-12}cm，质子（中子）～10^{-13}cm 及夸克（通常 3 个夸克组成中子）<10^{-16}cm。量子纠缠就是两个或两个以上粒子之间超距相互作用的量子力学现象。以上已介绍了多种光子与光子之间的纠缠引起原子可逆激发用于信息存储的方案，但基本上都在低温或超低温条件下运行。

本节介绍在常温下运行的光量子纠缠存储实验系统，如图 4-38 所示。6ps 激光脉冲，波长

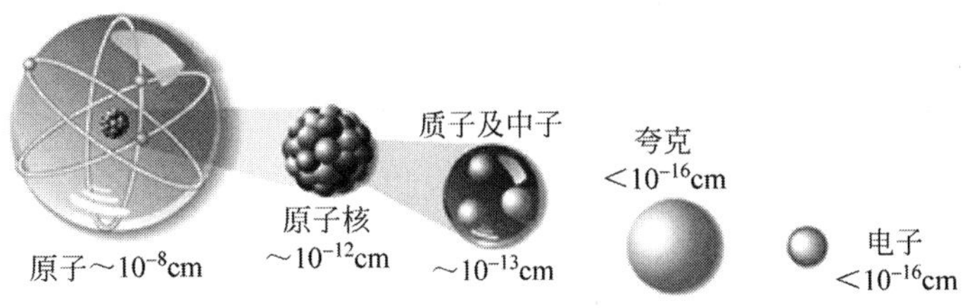

图 4-37 物质中最小粒子特征尺寸比较示意图

1047nm，重复率 80MHz。在周期极性铌酸锂（Periodically Poled Lithium Niobate，PPLN）晶体中产生倍频（Frequency Doubled，FD）效应。形成脉宽 16ps，波长 523nm，平均功率 90mW 脉冲。经过失衡泵浦干涉仪造成相干分裂，形成 1.4ns 宽衍射脉冲后进入第二个 PPLN 晶体，使晶体原子产生自发参量转换（Spontaneous Parametric Down-Conversion，SPDC）。从第二个 PPLN 晶体出射光子被双色分光镜（Dichroic Mirror，DM）分为波长 795nm 和 1532nm 两路纠缠态光子对。其中，795nm 波长被标准具（带宽 6GHz）选频滤波，另外一路用光纤 Bragg 光栅（Fibre Bragg Grating，FBG，带宽 9GHz）滤波。1532nm 光子通过 30m 电信光纤进入量子比特分析系统。波长 795nm 光子进入存储器。量子比特分析器由延迟线路、不平衡干涉仪与单光子探测器组成。检测信号通过时间数字转换器（Time-to-Digital，TDC）连接到计算机。所有干涉仪均有激光锁相稳频率（图中没有显示）。所生成的波长 795nm 连续波存储激光束被声光调制器（AOM）和相位调制器（PM）形成强度和相/频调制（波导置于与晶体的 C3 轴对准，强度 570GHz 磁场中）。系统中可用波片调整光束的偏振方向和波导的横磁（Transverse Magnetic，TM）模式，泵浦光束和 795nm 光子用光学开关控制。整个存储过程中，光泵浦准备阶段 10ms。等待阶段 2.2ms，以确保存储光子不被激发荧光的污染。存储和检索阶段 40ms，此间 795nm 光子连续不断存入波导，存储 7ns 后检索读出。

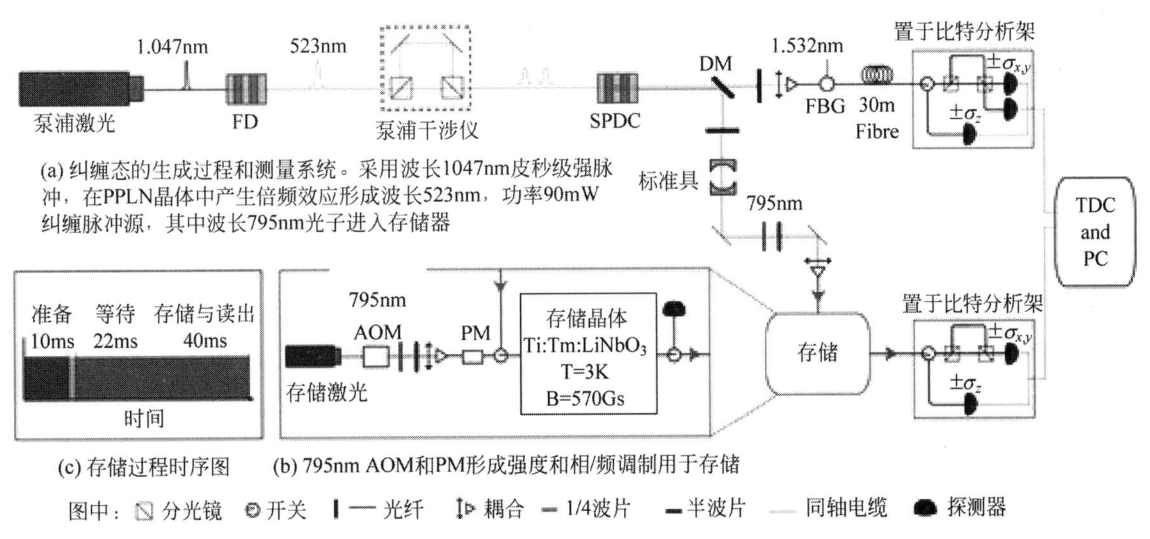

图 4-38 光量子纠缠存储试验装置示意图

可逆量子态存储介质是量子存储研究中的重要组成部分。这种可逆光子间纠缠原子激发谐振固态器，采用掺铥铌酸锂波导与光子回波量子存储方案。光谱范围从 100MHz 增加至 5GHz。通过 Bell 不等式评估其存储特性，比较检测纠缠光子存储前后可逆转换数量表明映射过程完美。例如，采用掺钕钇硅酸盐晶体作为存储介质，实验证明对 883nm 光学相干传输性能良好，实现了 120MHz 带宽高保真传输与测量。利用磁极钾钛磷酸盐（Poled Potassium Titanyl Phosphate，PPTP）晶体产生的波长 532nm 连续纠缠光子源，实现高稳定性低信噪比。单光子存储和检索效率超过 70%，存储时间到达

200ns。这些晶体材料都可用于图 4-39 所示试验装置,开展多种设计方案的实验探索。

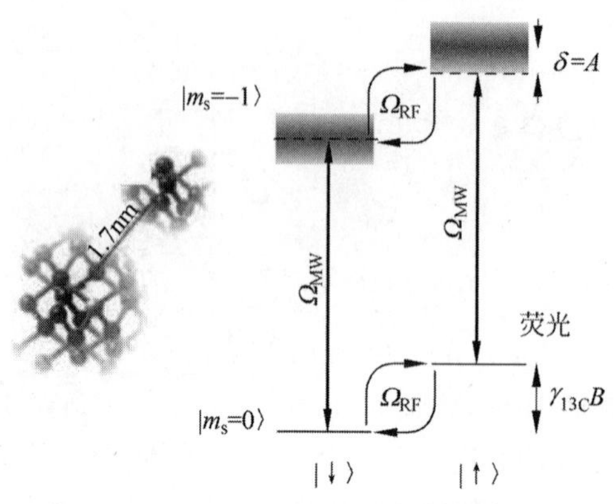

(a) 近^{13}C自旋中心NV原子可看成4能级动力学系统。核自旋亚能级|↑⟩和|↓⟩被Zeeman分裂转换(γ_{13C}B)和Rabi频率Ω_{RF}射频辐射,产生电子跃迁|0⟩→|−1⟩(粗实线箭头所示)

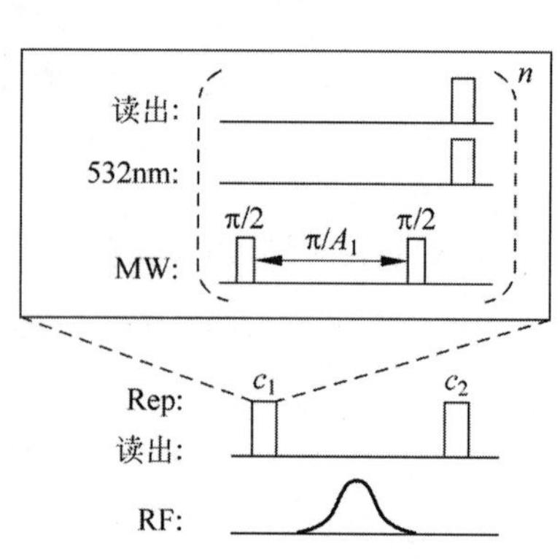

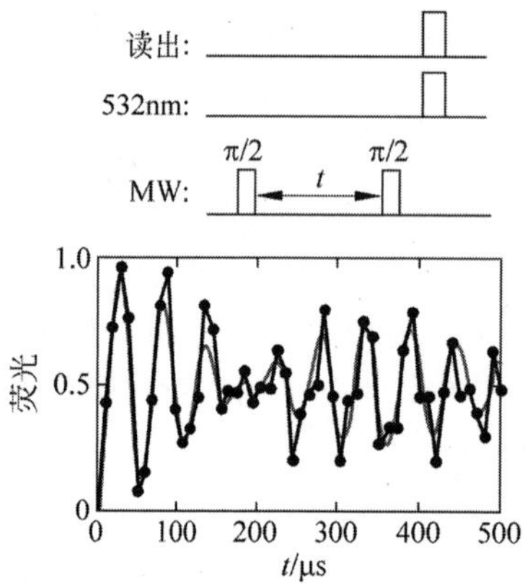

(b) 电子Ramsey发射荧光强度(粗实线上的点)与作用时间t的函数关系曲线及^{13}C核自旋反转概率与诱导射频ω函数关系曲线。由于不同超精细跃迁作用及t_{2e}=(470±100)ms的限制,曲线产生波动(细实线)

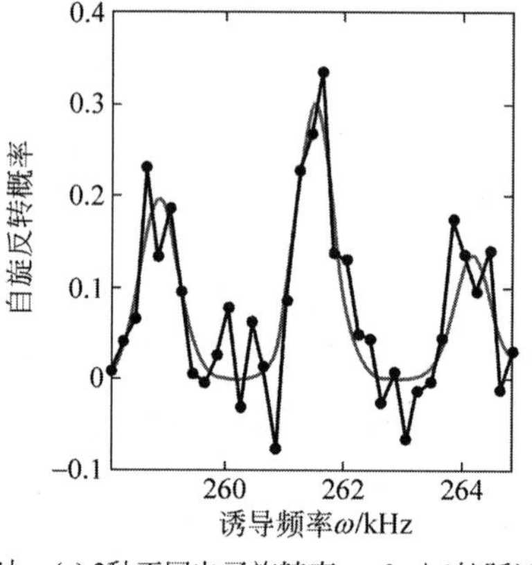

(c) 3种不同电子旋转态m_s=0, ±1核跃迁^{13}C的NMR谱。Gauss射频脉冲序列RF和两个重复读出脉冲c_1和c_2

图 4-39 氮穴钻石晶体存储原理及实验结果

除了以铌酸锂、硅酸盐晶体、磷酸盐晶体及其掺杂材料系列量子纠缠存储介质以外,科学家们还对其他类型的晶体测量进行了广泛的实验研究。例如,美国加州大学圣芭芭拉分校 D. Awschalom 提出,利用碳原子菱形晶体(钻石)中氮原子“杂质”呈深黄色钻石进行量子存储实验。即利用氮原子穴旁边额外的电子移动改变电子自旋,存储量子比特。最佳量子比特存储实验结果表明,核自旋保持相干态时间超过 1ms,效率达到 95%以上,而且可以在室温下工作。此外,美国哈佛大学物理学家 Mikhail Lukin,加拿大卡尔加里大学 Wolfgang Tittel 提出采用闭循环冷却器掺铥晶体,或掺钕等稀土金属晶体进行准常温固体量子存储实验,实验显示最长存时间可达到 20ms。此外,单^{31}P 掺杂可产生电子自旋读出单,也适用于其他超精细耦合结构自然硅晶体,例如 T2n^{28}Si。研究发现,^{31}PNMR(D^+)粒子电检测核自旋量子信息存储,消除了非均匀展宽和谐振影响,获得了稳定的量子比特。高纯度^{28}Si 接近半导光学转换功能,但保留硅器件典型加工设备技术的优点,能够精确地将量子比特原子空间坐标定位达到纳米量级,为将来集成化加工制造提供了重要的基础条件,实现室温下量子信息存储器小型便携基本结构模块化。利用^{13}C 金刚石晶体核自旋氮-空位量子比特存储单元,延长了室温下量子比特存相干时间达到了几分钟。电子和核自旋、相干电子自旋共振(Electron Spin Resonance,ESR)和核磁共振(Nuclear Magnetic Resonance,NMR)实验证明,室温下固态核原子初始

化核自旋在一个条件下存储状态稳定，读出信号具有较高保真度。临近电子自旋和其他核量子位核自旋相干及耗散解耦有可能是室温下实现量子固态存储重要潜在技术方案。基于室温下钻石晶体中独立氮穴(NV)中心核自旋实验，利用化学气相淀积方法制成 99.99% ^{12}C 同位素 NV 钻石样片，NV 间隔仅 1～2nm。通过光学检测发现，其耦合强度及电子自旋相干时间明显大于^{13}C 核自旋。若在钻石样品外部相对于 NV 对称轴，加静态磁场 $B=244.42\pm0.02$Gs，电子自旋态将产生$|0\rangle\rightarrow|-1\rangle$跃迁，如图 4-39(a)所示。NV 中自由电子按照 Ramsey 序列排列和产生 $T_{2e}^{*}=470T\pm100$ms 量级的信号相移，并发出荧光如图 4-39(b)所示。Ramsey 信号特征与^{13}C 核自旋弱耦合对应。其耦合强度源于距离仅 1.7nm 的电子-核之间超精细相互作用。而^{13}C 核自旋反转概率为诱导射频频率 ω 的函数，如图 4-39(c)所示，Gauss 型射频脉宽 1.25ms，概率的 3 个共振峰值位于 $w/(2p)=258.86$，261.52 及 264.18kHz。与 NV 电子自旋对分别应于 $m_s=1,0,-1$，说明计超精细相互作用 $A_{\parallel}=(2p)(2.66\ T\ 0.08)$kHz。

量子存储的另一重要特征为高保真初始化和读出。通过核自旋状态检测重复读出实验结果如图 4-40 所示。偏振化电子自旋态量子被 CnNOTe 逻辑门，根据核自旋电子自旋方向，采用光学偏振检测，通过多次重复测量提高读出可靠性。依靠 Ramsey 序列量子逻辑实现电子自旋，选择时间为 $t=p/A_{\parallel}$。图 4-40(b)为按照荧光跟踪伺服每个道上数据点累计重复读出数据 20000 做出的曲线。能清楚看出自旋^{12}C 和^{13}C 的差异。核自旋平均保留时间约 0.5min，状态保真度>97%。图 4-40(c)中可看出，自旋$|\downarrow\rangle$态及$|\uparrow\rangle$态的分布中心高和两侧低，重叠部分约 2.5%，实际上图 4-41(b)中的分布展开以后也如此。量化核去偏振率时间 T_1 与所使用激光强度的函数如图 4-40(d)所示。在激光功率很低时衰很小 T_1 值很高；当由弱光场作用时，实测 T_1 值降至 1.7，然后随激辐射光功率增加成线性增长。

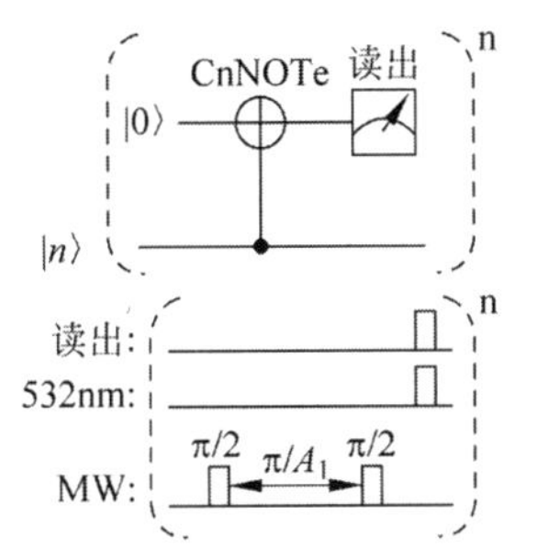

(a) 核自旋$|n\rangle$重复访问读出系统。采用电子自旋Ramsey组成的多CnNOTe控制通道实现偏振读出

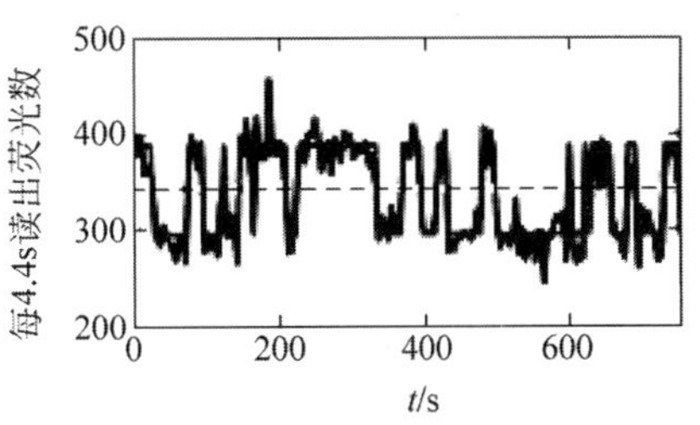

(b) 每4.4s读出的核自旋和相应的量子跳跃荧光数(实线)，虚线代表突发跳变

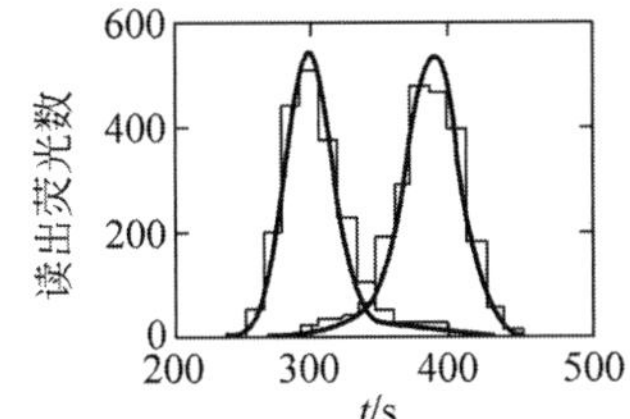

(c) 每4.4s连续两次重复读出，核自旋$|\downarrow\rangle$态(左侧曲线)及$|\uparrow\rangle$态(右侧曲线)数据重叠分布图

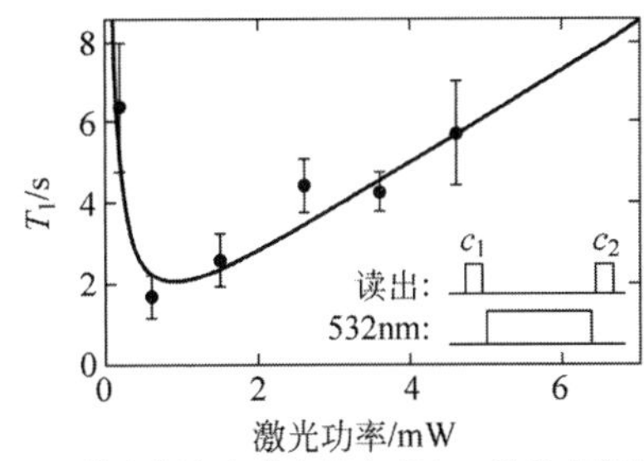

(d) 核自旋取向寿命T_{1n}与532nm激光功率的函数关系曲线(粗实线为理论值，黑圆点为实验测试结果)。右下角插图为数据提取过程序列图。固体粗实线曲线代表了简单模型的理论预测核离轴引发的去极化偶极超精细场

图 4-40 存储量子比特读出过程

量子比特的相干时间对存储寿命及可靠性均有确定性影响。本实验采用 NMR Ramsey 脉冲序列测量量子比特的相干时间。测量时序如图 4-41(d)所示。相干失谐时间 T_2 与采用不同辐射激光功率的实验结果如图 4-41(e)所示，最大值为 1.75s。

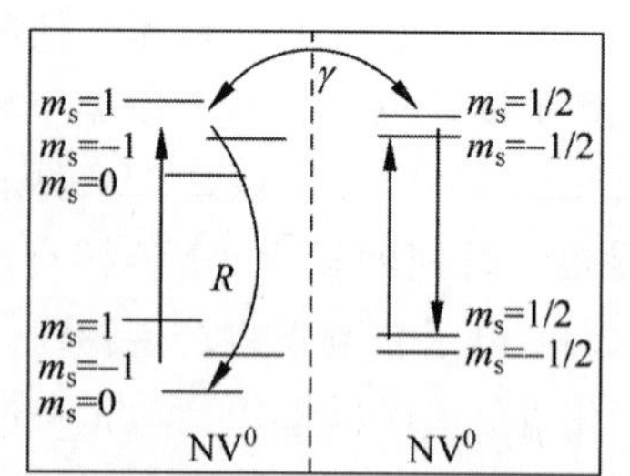

(a) 动态再偏振及离子化。NV电荷态被532nm激光辐射m_s=0激发，旋转电子产生跃迁R过程

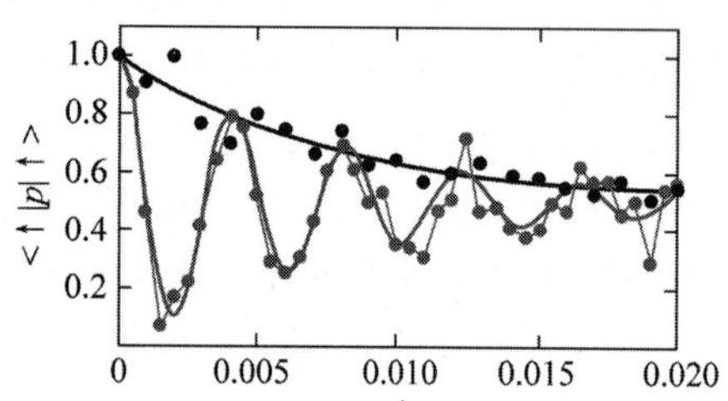

(b) 失相时间T_{2n}^*=(8.2±1.3)ms核Ramsey实验曲线(下方曲线)，及相关的电子旋转偏振T_{1e}=(7.5±0.8)ms失谐曲线

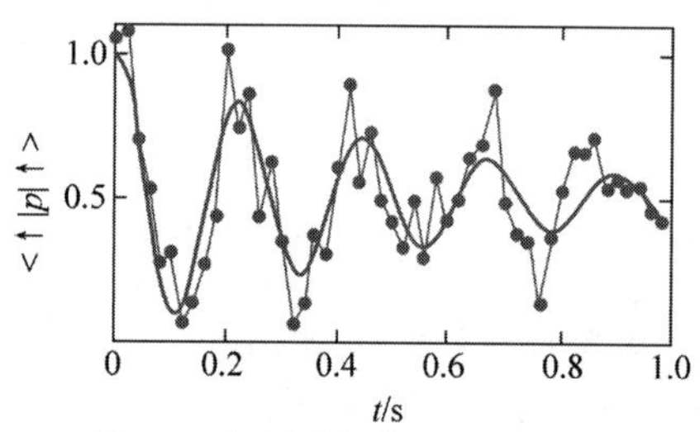

(c) 用532nm激光辐射T_{2n}^*=(0.53±0.14)s获得的核Ramsey实验曲线

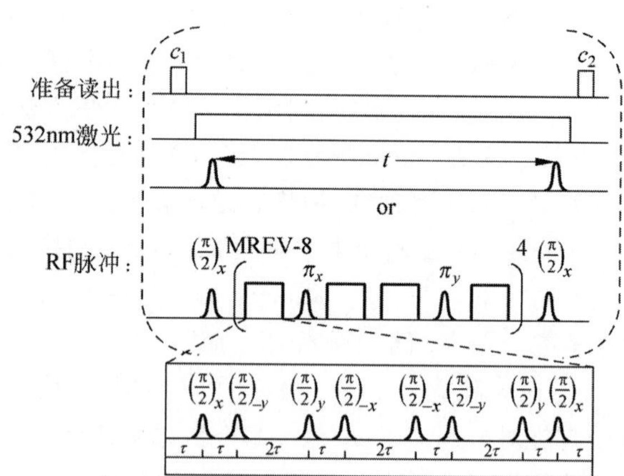

(d) 测量核相干时间实验控制时序图。此实验采用修正(MREV)退耦程序。该程序由16个MREV-8脉冲系列和8个相重聚焦p脉冲混合组成。每组MREV-8脉冲系列能沿4个不同轴系，实现p/2旋转

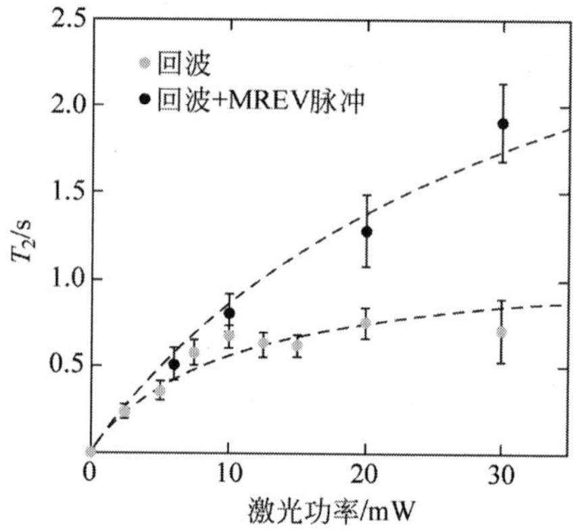

(e) 核相干与照射532nm激光功率之间函数关系曲线。下方虚线为T_{2n}与自旋回波关系曲线。上方虚线为添加MREV脉冲后T_{2n}曲线。图中虚线均为理论模型计算曲线。基本数据与(c)相似

图 4-41 核自旋相干特性测试与理论分析曲线

由于核电子耦合 $A_{\parallel}>1/T_{1e}$，随机单一旋转电子从$|0\rangle$到$|\pm1\rangle$跃迁都足以使核自旋失相。为了延长存储时间，必须进一步研究在存储期间旋转电子(核)耦合失效(下降)，即控制自旋电子自然衰退问题。具体对于 NV 中心存储方案，应尽可能提高 NV 中心磁态($|\pm1\rangle$)在 532nm 激光作用下离子化和弃离子化率 γ。优化激光照射密度及控制脉冲时序，增强核核电子自旋耦合强度，抑制退耦速度，参见图 4-41。相干增强来自偶极-偶极相互作用，利用波长 532nm，功率 10mW 激光照射可获得相干时间 $T_{2n}^*=(0.53\pm0.14)$s，如图 4-41(c)所示。调整激光强度也可以延长 T_2^*，如图 4-41(e)所示。平均偶极-偶极相互作用实验过程～1Hz。经过改进控制射频复合控制脉冲序列(参见图 4-41(d))，两个平均核间偶极-偶极相互作用使磁场漂移得到补偿，相干时间超过 1s(见图 4-41(e))。

测量实验表明，平均可靠性为 $\bar{F}=1/2(1+\langle C\rangle)$与沿 3 个正交方矢量子比特相干特性有关，如图 4-42 所示。即使存储时间为(2.11±0.3)s 时，可靠性仍高于经典算法极限。存储控制在 1s 时，通过大量实验数据获得的三维可靠性分布图形如图 4-42(c)所示，平均可靠性为 87±5%。

通过定量评价绿光照明相干核自旋去偏振和移相的交互环境可知。NV 中心被 532nm 光子电离激发及消电离速度与激光强度成正比。通过增加脉冲峰值核射频转换总概率为 63±5%。强 532nm 照明条件下，NV 中心电离化时间占 30%。由于电子自旋去偏振率比核 Rabi 频率快得多，射频诱导核跃迁被抑制。因为超精细相互作用远小于电子 Zeeman 分裂，激发电子和核自旋之间的相互作用可

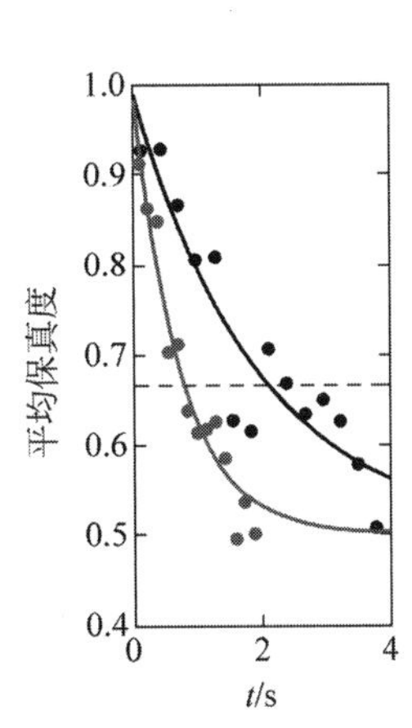

(a) 平均存储可靠性与存储时间关系曲线。其中，细实线为波长532nm功率10mW激光获得的核回声曲线；粗实线为波长532nm功率30mW激光获得MREV退耦合曲线

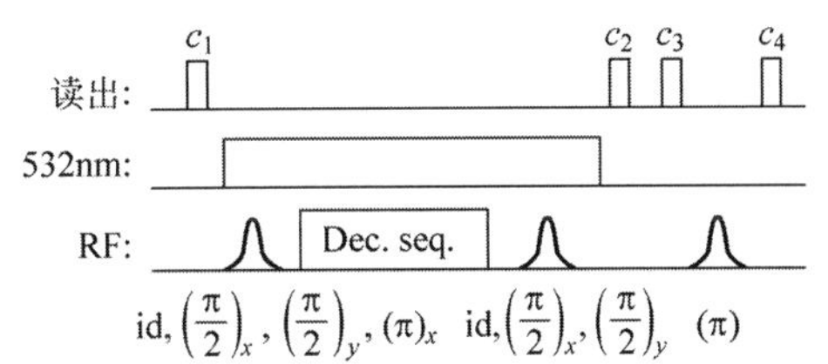

(b) 4个不同核初始态脉冲系列和3个核旋转脉冲系列图

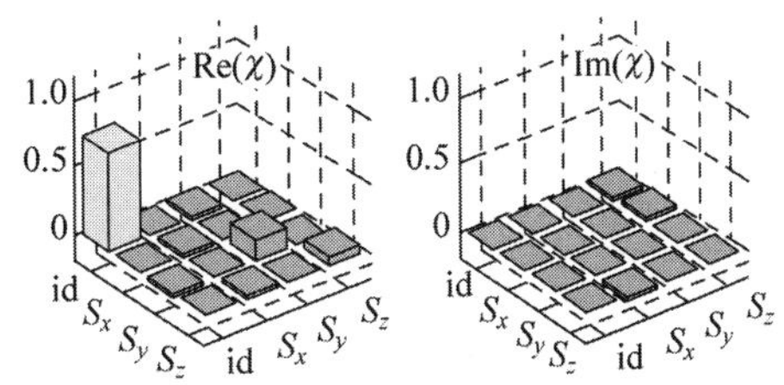

(c) 利用波长532nm，功率30mW激光存储1s平均可靠性三维分布图。深灰色方块代表存储过程可靠性

图 4-42　核自旋存储可靠性分析

以忽略。但由于离轴偶极超精细场 $A_{\perp}$ 的存在，造成核去偏振。其速率为

$$1/T_{1n} \sim \frac{A_{\perp}^{2}}{(\gamma_{13C}B/2)^{2}+\gamma^{2}}\gamma \tag{4-265}$$

虽然以上分析已完全证实图 4-41(d)中所示的核自旋取向寿命之间的关系。但因 T_{1n} 仅限于读出，外部场 $A_{\perp}\rightarrow 0$，增强了读出效率，使可靠性高于 99%。去离子化率 g 必须大于精细作用，失相率取决于偶极子场 $1/T_{2n}^{*}=\Gamma_{opt}+\Gamma_{dd}$，式中 Γ_{dd} 为旋转偶诱导失相率，$\Gamma_{opte}\sim A_{\parallel}^{2}/\gamma$ 为光学诱导失相率。图 4-42(c)中虚线说明，此分析与实验数据完全吻合。采用此去耦系列能有效抑制核失相。说明此退耦过程目前存在的主要缺点——射频失相是可以克服的。此外，该模型表明相干时间的增加几乎与激光强度成线性函数关系，说明此方案还有较大的改进潜力。提高激光功率(光强)可能对存储样品的激度有影响，导致 ESR 增加。但温度控制并不存在技术屏障，完全有可能通过改善相干时间，进一步降低超精细和电子相互作用的影响及减少^{13}C 浓度，可能获得 1h 的存储时间。根据用最优控制理论建立的解耦序列模型分析，以此技术为基础的声子诱导去偏振存储测量方法，有希望将存储寿命延长到 36h。作为一种超级安全信息编码的长寿命量子存储器件，几乎可以实现独特的完全不可伪造的量子防盗信用卡或绝对安全的量子身份证。利用 NV 中心电子自旋态和 NV-C 光量子对偶存储信息的实验研究目前还在持续进行，其可以在常温下工作的优势，有可能首先用于远距离量子通信中量子中继器。

另外一种固定 Yb^{+} 单原子量子纠缠存储原理及实验装置如图 4-43 所示。利用光子和原子之间的纠缠谐振态存储和读取信息。这种单原子量子谐振存储量子比特，具有抗长距离干扰能力，允许使用已有的光子传输通道平台。实验系统的两个固定单原子纠缠量子存储器相隔距离 1m。两个原子系统内部相干电子跃迁保持时间长，可用于量子存储。读出时，通过直接测量携带信息纠缠态单光子的相关性，获得近乎完美的量子比特检测效率。每个单原子构成了独立的量子比特存储单元。如果与可控光子连接，便可构成具有运算功能的门单元，用于其他量子操作程序。

射频离子阱冷离子$^{171}Yb^{+}$ 单模激光冷却至接近激光多普勒极限波长 369.5nm 时原子呈现谐振 $^{2}S_{1/2}\leftrightarrow{}^{2}P_{1/2}$ 调谐，如图 4-44 所示。$^{2}P_{1/2}$ 能级会自发衰变，其裂变为$^{2}D^{3/2}$ 态的概率为 0.5%。当发生衰变时，采用波长 935.2nm 激光激发该离子返回$^{2}S_{1/2}$ 能级，如图 4-44(a)所示。原子比特被脉宽 500ns

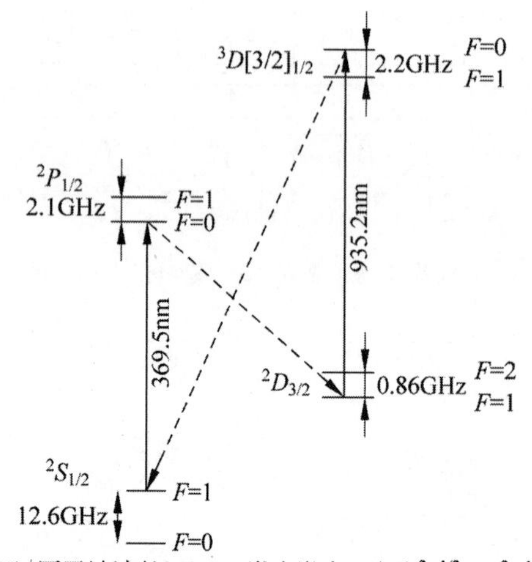

(a) $^{171}Yb^+$原子被波长369.5nm激光激发，产生$^2S^{1/2} \longleftrightarrow {}^2P^{1/2}$跃迁。此激光由脉宽2ps的TiO-蓝宝石激光器倍频而成，采用多普勒冷却形成锁模单光子脉冲。受激$^2P^{1/2}$离子中有0.5%衰退到$^2D^{3/2}$能级。然后，当受到波长935.2nm激光泵浦激发时，又跃迁到$^3D[3/2]_1$/能级2

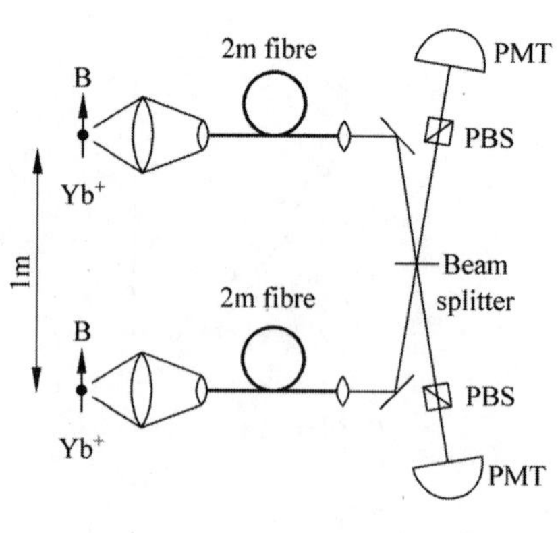

(b) 存储实验系统：两个Yb$^+$离子分别通过相距1m的真空室中焦距f/2透镜聚焦进入单模光纤。每个光子的偏振态方向由各自磁场B取向。光子经过光纤传输其偏振态被匀化。从两束光纤输出光子结果50/50 非偏振分光片分别叠加产生干涉，反差达97%。然后通过偏振分光镜(PBS) 去掉偏振杂光由光子探测计数器(PMTs)检测读出

图 4-43　单原子量子存储实验原理及装置示意图

光脉冲激发，完成$^2S_{1/2}|1,-1\rangle \leftrightarrow {}^2P_{1/2}|1,-1\rangle$偏振转移，被初始化为$|1,0\rangle \leftrightarrow |0,0\rangle$超精细基态。外加的强度为 $B<5.5$Gs 的磁场可控制光子偏振方向和原子量子比特的能级，并存储于超精细能级基态$^2S_{1/2}$。实验过程中$^{171}Yb^+$离子能级的变化过程如图 4-44 所示，采用多普勒冷却光脉冲调制$^2S_{1/2} \leftrightarrow {}^2P_{1/2}$，完成初始化激发和检测离子等各种状态的制备。首先采用脉宽 500ns 光脉冲激发$^2S_{1/2}|1,-1\rangle \leftrightarrow {}^2P_{1/2}\,{}^2S_{1/2} \leftrightarrow {}^2P_{1/2}$谐振，实现离子态$|F,m_F\rangle \leftrightarrow |0,0\rangle$转换准备。其中 F 为总角动量，m_F 为 F 沿量化轴投影，通常转换效率均可超过 99%。然后，采用 TiO-蓝宝石锁模激光器脉宽 2ps 的 σ 偏振倍频激光脉冲，将离子激发至$^2P_{1/2}|1,-1\rangle$态。此激发的态寿命 τ 极短只有 8.1ns。完成以上各种离子激发态准备的总概率 $P_{exc} \approx 0.5$。由于此状态不稳定，可能自发衰变为$^2S_{1/2}|1,1\rangle$态，同时发射 π 偏振光子，或衰变为$|1,0\rangle \equiv |\uparrow\rangle$及$|0,0\rangle \equiv |\downarrow\rangle$态而发射 $\bar{\sigma}$ 偏振光子，如图 4-44(b)所示。离子被脉宽 2ps 的 $\bar{\sigma}$ 偏振脉冲激发后，大多数单光子被激发至$^2S_{1/2}|1,-1\rangle$态，然后被 π 偏振光子激发至$|1,0\rangle \equiv |\uparrow\rangle$态，并发射 s_2偏振光子。π 偏振光子通过偏振滤光后形成纠缠态$(|\uparrow\rangle|V_\uparrow\rangle - |\downarrow>|V_\downarrow\rangle)/\sqrt{2}$。自发辐射 369.5nm 光子被 $f/2.1$ 透镜收集成像沿垂直于量子化轴方向耦合进入单模光纤。采用相同的步骤，完成另外一路离子同时进入探测器 PMT。通过选旋转脉冲调制器使每个原子量子比特处于不同可检测态，然后采用标准离子荧光技术测量所有$^2S_{1/2}|F=1\rangle \leftrightarrow {}^2P_{1/2}|F=0\rangle$谐振转换，完成量子比特信息的存储与读出。

由于 π 偏振方向和 $\bar{\sigma}$ 衰退方向正交，所以 π 偏振光子被偏振分光镜过滤隔离。获得离子和光子之间纠缠态$(|\uparrow\rangle|V_\uparrow\rangle - |\downarrow\rangle|V_\downarrow\rangle)/\sqrt{2}$。其中，$|V_\uparrow\rangle$及$|V_\downarrow\rangle$分别代表两个不同频率的光子量子比特，频差 12.6GHz 取决于基态超精细分裂，负号是角动量 Clebsch-Gordon 系数所致。从每路光纤阱输出经 50/50 非偏振分束器组合重叠产生的干涉图形反差达到 97%以上。输出光子经过偏振器过滤分束器(PBS)发送至光子计数光电倍增管(PMT)。量子效率 $\eta \approx 0.15$。光纤耦合通过效率为 $\zeta \approx 0.2$(包括～0.1dB/m 的光纤衰减)。必须采用单模光纤，以防干扰降低可靠性。在分光器上光子动态模式匹配时间间隔 30ps，光子停留时间 8.1ns，二者重叠的时间仅占 1%。光子量子比特的光谱匹配通过 30mGs 磁场平衡完成。最终光子失频不到光子带宽 $1/(2\mu\tau) \approx 20$MHz 的 0.2%。光子发射的多普勒展宽，两个剩余多普勒冷却离子和噪声的影响低于 1%。每个离子释放光子进入所需模式时，系统

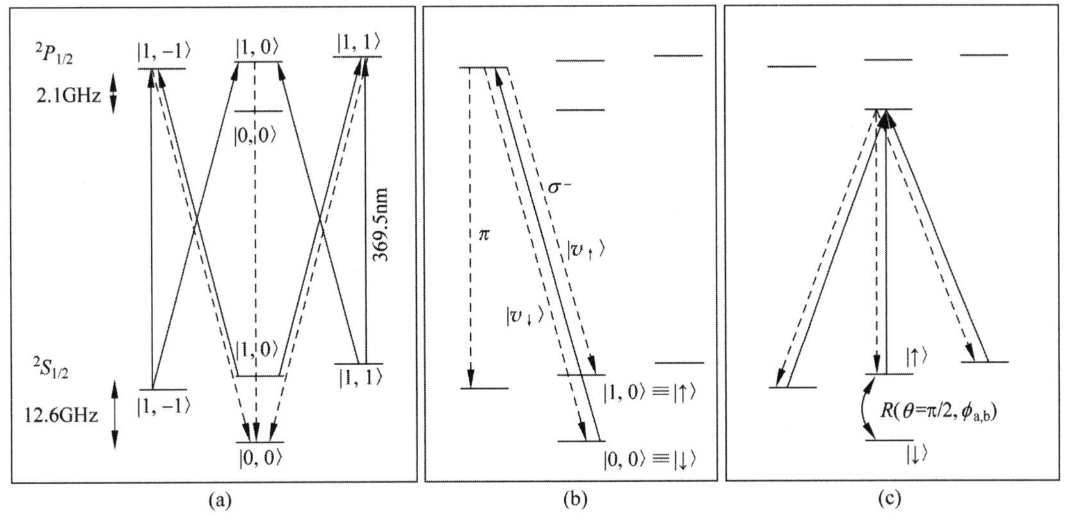

图 4-44 单原子量子存储实验过程中原子(离子)能级的变化

(a) 原子比特受脉宽 500ns 光脉冲激发，完成$^2S_{1/2}\leftrightarrow{}^2P_{1/2}$偏振转移，被初始化为$|F,m_F\rangle\leftrightarrow|0,0\rangle$超精细基态。(b) 离子被脉宽 2ps 的$\sigma$偏振脉冲激发，大多数单光子被激发至$^2S_{1/2}|1,-1\rangle$态，并发射$\pi$偏振光子，或激发至$|1,0\rangle\equiv|\uparrow\rangle$及$|0,0\rangle\equiv|\downarrow\rangle$态，并发射$s_2$偏振光子。$\pi$偏振光子通过偏振滤光后形成纠缠态$(|\uparrow\rangle|V_\uparrow\rangle-|\downarrow\rangle|V_\downarrow\rangle)/\sqrt{2}$。重复此步骤完成另外一路离子同时进入探测器 PMT。通过可选择旋转脉冲使每个原子量子比特处于不同可检测态，然后采用标准离子荧光技术测量所有$^2S_{1/2}|F=1\rangle\leftrightarrow{}^2P_{1/2}|F=0\rangle$谐振转换，完成量子比特的存储与读出

的量子态在 50/50 分束器上光子的相互作用为

$$\frac{1}{2}[(|\uparrow\rangle_a|v_\uparrow\rangle_a-|\downarrow\rangle_a|v_\downarrow\rangle_a)\otimes(|\uparrow\rangle_b|v_\uparrow\rangle_b-|\downarrow\rangle_b|v_\downarrow\rangle_b)]$$
$$=\frac{1}{2}(|\Phi^+\rangle_{\text{atom}}|\Phi^+\rangle_{\text{photon}}+|\Phi^-\rangle_{\text{atom}}|\Phi^-\rangle_{\text{photon}})-|\Psi^+\rangle_{\text{atom}}|\Psi^+\rangle_{\text{photon}}-|\Psi^-\rangle_{\text{atom}}|\Psi^-\rangle_{\text{photon}})$$
(4-266)

式中

$$|\Psi^\pm\rangle_{\text{atom}}=(|\uparrow\rangle_a|\downarrow\rangle_b\pm|\downarrow\rangle_a|\uparrow\rangle_b)/\sqrt{2} \tag{4-267}$$

代表相应光子的最大 Bell 纠缠态。光子模型在 50/50 分束器上完全匹配，光子辐射为非对称态：

$$|\Psi^-\rangle_{\text{photon}}=(|v_\uparrow\rangle_a|v_\downarrow\rangle_b-|v_\downarrow\rangle_a|v_\uparrow\rangle_b)/\sqrt{2} \tag{4-268}$$

根据光子波函数的对称性，分光镜上两个输出端光子同步检测口的理想原子为$|\overline{\Psi}\rangle_{\text{atom}}$，两个具有不同频率的光子同时被两个探测器检测。量子比特使用标准的捕获离子激发荧光技术检测，效率大于 97%。预期离子间纠缠态为$|\overline{\Psi}\rangle_{\text{atom}}$，因此原子波函数应符合偶校验$(|\uparrow\rangle_a|\downarrow\rangle_b$或$|\downarrow_a|\uparrow\rangle_b)$。根据大量实验测试数据获得的统计概率分布及标准误差如图 4-45 所示。p_{ab}代表两个原子量子比特(a 和 b)自旋奇偶校验概率$p_{\uparrow\downarrow}+p_{\downarrow\uparrow}=0.78\pm0.02$。为了测量验证纠缠态，利用续时间～4μs 脉冲使离子产生 Bloch 偏振角$\theta=\pi/2$旋转，测量$|\uparrow\rangle_i\leftrightarrow|\downarrow\rangle_i$转换的频率分裂 12.642 821GHz，如图 4-44(c)所示。两个量子比特过渡频率最好大于 100Hz，并尽可能采用对磁不敏感的量子比特时钟，相对相位变化$\Delta\Phi=\Phi_b-\Phi_a$。Φ_i为离子$i=a,b$相位，100ms 延迟导致的相位差$\Delta\Phi=2\pi$。

原子比特势位波动与$\pi/2$相位旋转的函数关系如图 4-46 所示。其波动直接与$|\downarrow\rangle_a|\uparrow\rangle_b$和$|\uparrow\rangle_a|\downarrow\rangle_b$之间谐振相关。测量计算所得可靠性$F=0.63\pm0.03$，纠缠的下界$\varepsilon\geqslant0.12\pm0.03$。主要误差来自 PMTs 的暗计数，概率大约 20%。其他影响因素包括原子态检测误差(<3%)，50/50 分束

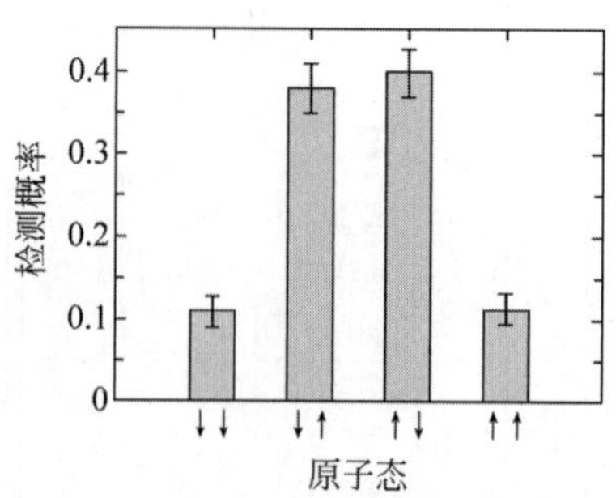

图 4-45 根据 274 次实验检测结果获得的不同原子态出现概率及标准统计误差。测量概率不旋转的基础(没有原子量子位旋转测量之前)条件在重合检测每个 PMT 的光子(光子对少于 16ns 探测时间不同)。测量概率 $p_{\uparrow\downarrow}=0.11\pm0.02$,$p_{\uparrow\downarrow}=0.38\pm0.03$,$p_{\uparrow\downarrow}=0.40\pm0.03$,$p_{\uparrow\downarrow}=0.11\pm0.02$,所以,概率为 $p_{\uparrow\downarrow}+p_{\uparrow\downarrow}=0.78\pm0.02$

器不匹配(3%),光子偏振立体角(1.5%),原子激发态误差(~1%)和原子量子比特旋转缺陷(~1%)。光纤缺陷和磁场波动对测量纠缠的影响很小,<1%。原子(量子)远距离纠缠过程均只能通过概率描述。例如图 4-44(b)中每个离子被单个光子激发脉冲激发概率 $P_{exc}\approx0.5$,369.5nm 光子发射到 $^2D_{3/2}$ 的概率为 $P\approx0.995$。

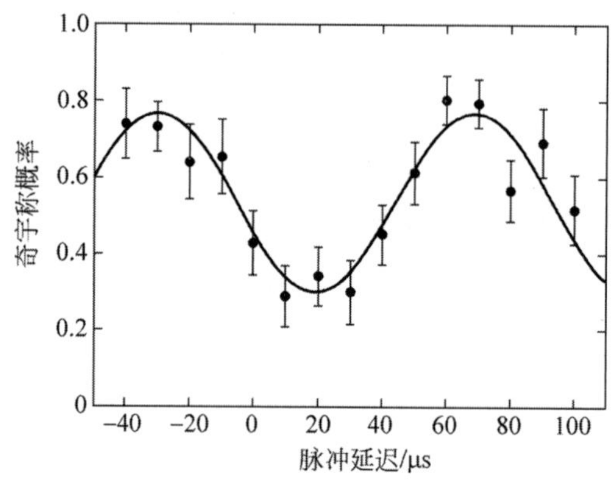

图 4-46 原子量子比特势位与每个离子在 Bloch 球上偏振角相位旋转 $\pi/2$ 的函数关系曲线。解谐辐射脉冲频率为 10kHz,两个离子之间的脉冲相对相位差 $\Delta\Phi=\Phi_b-\Phi_a$,约 100ms。图中数据来自 502 次实验检测,统计概率为 0.47 ± 0.05

从物理上,光子的探测概率取决于聚光立体角 $\Delta\Omega/4\pi\approx0.02$,单模光纤耦合和传输效率 ζ,其他光学元件的传播效率 $T\approx0.8$ 和探测器的量子效率 τ。另外还有两个 50/50 分束器的作用还需乘以 1/4。所以 $|\Psi^-\rangle_{photon}$ 态的成功概率 P 为

$$P=(1/4)[(1/2)\eta\zeta T\rho P_{exc}(\Delta\Omega/4\pi)]^2\approx(0.25)[(0.5)(0.15)(0.2)(0.8)(0.995)(0.5)(0.02)]^2\approx3.6\times10^{-9} \tag{4-269}$$

通过重复率 $R\approx5.5\times10^5$/s 的连续实验,获得约 8.5min 的纠缠。其概率与发射光子数的平方成正比,所以改进单个光子产生模式可以显著提高效率。其中最重要的改进离子光学腔,提高立体角 $\Delta\Omega/4\pi$。这样不仅能增加概率,还将大幅改善纠缠度,减少暗计数。此外,使用超快激光激发离子至 $^2P_{1/2}|1,-1\rangle$301 态,确保每个离子散射最多激发 1 个光子脉冲。超快激光带宽导致最大激励概率 $P_{exc}=50\%$,其余 50%消耗在 $|\uparrow\rangle$ 和 $|\downarrow\rangle$ 相干叠加,不发射光子。一般情况下,检测光子为 $(e^{-i\Delta k\Delta x}|\downarrow\rangle_a|\uparrow\rangle_b-|\uparrow\rangle_a|\downarrow\rangle_b)/\sqrt{2}\,p$,其中 Δk 为两个光子频率波矢量差,Δx 为两个光子在分束器之前的程差。

实验证明，Ti-蓝宝石锁模倍频激光脉冲脉宽 2ps 远短于$^2P_{1/2}$激发态的寿命 8.1ns。接近带宽～250GHz的转换极限，不仅远大于$^2P_{1/2}$线宽，也远大于$^2S_{1/2}$超精细分裂。因此，σ 偏振脉冲谐振将$^2S_{1/2}|0,0\rangle$态激发至$^2P_{1/2}|1-1\rangle$态，$P_{\text{exc}}=50\%$，其余 50%为$|0,0\rangle$和$|1,0\rangle$叠加态。例如，π 偏振脉冲将$^2S_{1/2}|1-1\rangle$态激发至相位纠缠态$^2P_{1/2}|1-1\rangle$时，在分束器上发生干涉之前的量子态为

$$\frac{1}{2}[(\mathrm{e}^{-\mathrm{i}\omega_\uparrow t}|\uparrow\rangle_{\mathrm{a}}\mathrm{e}^{\mathrm{i}k_{v_\uparrow}x_a-\mathrm{i}\omega_{v_\uparrow}t}|v_\uparrow\rangle_{\mathrm{a}}-\mathrm{e}^{-\mathrm{i}\omega_\downarrow t}|\downarrow\rangle_{\mathrm{a}}\mathrm{e}^{\mathrm{i}k_{v_\downarrow}x_a-\mathrm{i}\omega_{v_\downarrow}t}|v_\downarrow\rangle_{\mathrm{a}})\otimes$$
$$(\mathrm{e}^{-\mathrm{i}\omega_{v}\uparrow t}|\uparrow\rangle_{\mathrm{b}}\mathrm{e}^{\mathrm{i}k_{v_\uparrow}x_b-\mathrm{i}\omega_{v_\uparrow}t}|v_\uparrow\rangle_{\mathrm{b}}-\mathrm{e}^{-\mathrm{i}\omega_\downarrow t}|\downarrow\rangle_{\mathrm{b}}\mathrm{e}^{\mathrm{i}k_{v_\downarrow}x_b-\mathrm{i}\omega_{v_\downarrow}t}|v_\downarrow\rangle_{\mathrm{b}})] \tag{4-270}$$

两个原子及光子间的能量差分别为$\hbar(\omega_\uparrow-\omega_\downarrow)$及$\hbar(\omega_{v\uparrow}-\omega_{v\downarrow})$，$x_i$ 为光子从 i^{th}离子至分束器之间的光程。但由于$(\omega_\uparrow+\omega_{v\uparrow})=(\omega_\downarrow+\omega_{v\downarrow})$，此方程可改写为

$$\frac{1}{2}[(\mathrm{e}^{\mathrm{i}k_{v_\uparrow}x_a}|\uparrow\rangle_a|v_\uparrow\rangle_a-\mathrm{e}^{\mathrm{i}k_{v_\downarrow}x_{\mathrm{a}}}|\downarrow\rangle_{\mathrm{a}}|v_\downarrow\rangle_{\mathrm{a}})\otimes(\mathrm{e}^{\mathrm{i}k_{v_\uparrow}x_{\mathrm{b}}}|\uparrow\rangle_{\mathrm{b}}|v_\uparrow\rangle_{\mathrm{b}}-\mathrm{e}^{\mathrm{i}k_{v_\downarrow}x_{\mathrm{b}}}|\downarrow\rangle_{\mathrm{b}}|v_\downarrow\rangle_{\mathrm{b}})] \tag{4-271}$$

两个光子被分束器分开后各自沿不同光路传播，呈非对称态：

$$|\Psi^-\rangle_{\text{photon}}=(|v_\uparrow\rangle_{\mathrm{a}}|v\downarrow\rangle_{\mathrm{b}}-|v_\downarrow\rangle_{\mathrm{a}}|v_\uparrow\rangle_{\mathrm{b}})/\sqrt{2} \tag{4-272}$$

探测器检测到的光子纠缠态为

$$\frac{1}{\sqrt{2}}(-|\uparrow\rangle_{\mathrm{a}}|\downarrow\rangle_{\mathrm{b}}+\mathrm{e}^{-\mathrm{i}\Delta_k\Delta_x}|\downarrow\rangle_{\mathrm{a}}|\uparrow\rangle_{\mathrm{b}}) \tag{4-273}$$

式中，

$$\Delta_k\equiv k_{v_\uparrow}-k_{v_\downarrow},\quad \Delta_x\equiv x_{\mathrm{a}}-x_{\mathrm{b}} \tag{4-274}$$

纠缠态对光路长度及光子波长的大小不敏感。式(4-273)中与相位相关的参量仅对两个原子及量子比特的频率差$(\omega_{v\downarrow}-\omega_{v\uparrow})$敏感：

$$2\pi/\Delta k=c/(\omega_{v_\downarrow}-\omega_{v_\uparrow})=2.4\text{cm} \tag{4-275}$$

光子的纠缠态为

$$|\Psi^-\rangle_{\text{atom}}=(|\uparrow\rangle_{\mathrm{a}}|\downarrow\rangle_{\mathrm{b}}-|\downarrow\rangle_{\mathrm{a}}|\uparrow\rangle_{\mathrm{b}})/\sqrt{2} \tag{4-276}$$

可靠性的理论值为

$$\mathcal{F}=(\rho_{\downarrow\uparrow,\downarrow\uparrow}+\rho_{\uparrow\downarrow,\uparrow\downarrow})/2+|\rho_{\downarrow\uparrow,\uparrow\downarrow}| \tag{4-277}$$

式中，

$$\rho_{\downarrow\uparrow,\downarrow\uparrow}=\rho_{ij,kl},\quad i,j,k,l\in(\uparrow,\downarrow) \tag{4-278}$$

图 4-47 中曲线波动的下限可根据量子比特的相干性($\delta_{\downarrow\downarrow,\uparrow\uparrow}$或$\delta_{\uparrow\downarrow,\uparrow\uparrow}$)计算。对量子纠缠没有什么影响，其密度矩阵式为

$$\begin{array}{c} \\ |\downarrow\rangle_{\mathrm{a}}|\downarrow\rangle_{\mathrm{b}} \\ |\downarrow\rangle_{\mathrm{a}}|\uparrow\rangle_{\mathrm{b}} \\ |\uparrow\rangle_{\mathrm{a}}|\downarrow\rangle_{\mathrm{b}} \\ |\uparrow\rangle_{\mathrm{a}}|\uparrow\rangle_{\mathrm{b}} \end{array}\begin{array}{c} \begin{array}{cccc}|\downarrow\rangle_{\mathrm{a}}|\downarrow\rangle_{\mathrm{b}} & |\downarrow\rangle_{\mathrm{a}}|\uparrow\rangle_{\mathrm{b}} & |\uparrow\rangle_{\mathrm{a}}|\downarrow\rangle_{\mathrm{b}} & |\uparrow\rangle_{\mathrm{a}}|\uparrow\rangle_{\mathrm{b}}\end{array} \\ \begin{pmatrix} 0.11 & 0 & 0 & \rho_{\downarrow\downarrow,\uparrow\uparrow} \\ 0 & 0.38 & 0.235 & 0 \\ 0 & 0.235 & 0.40 & 0 \\ \rho_{\uparrow\uparrow,\downarrow\downarrow} & 0 & 0 & 0.11 \end{pmatrix}\end{array} \tag{4-279}$$

4.7 单原子量子纠缠

任何物理系统，只要能够接收和重建光量子比特，就有可能用于光量子存储。各种能满足以上要求的物质粒子的激发、跃迁、谐振、耦合、偏振与消偏振等物理过程都可实现量子存储。所以，各种光量子与物质之间发生信息交换的新方法应运而生。通过原理实验研究，再逐步解决存储寿命、可

靠性、效率、容量及工程应用等问题。本节介绍一种精密光学谐振腔中收集单调制原子实现量子存储的方法。初步实验得到的可靠性平均为 93%，存储寿命 180μs。其基本原理及存储过程如图 4-47 所示。

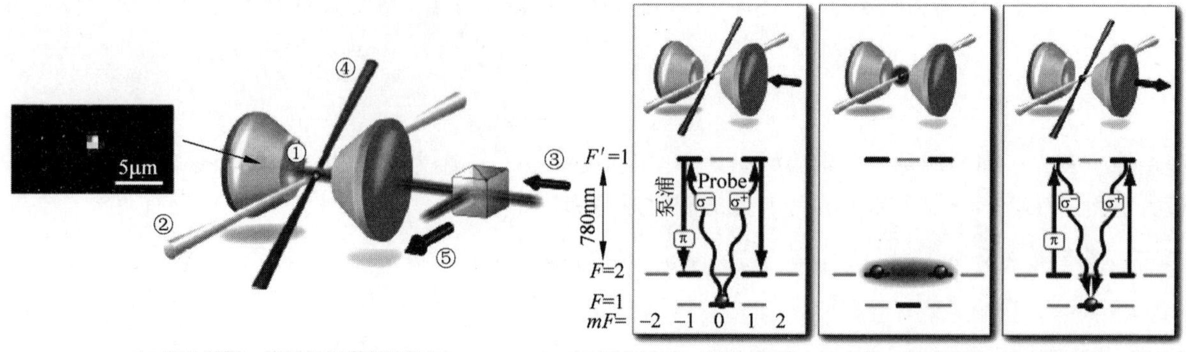

(a) 实验装置：利用远解谐精密光学腔驻波偶极子陷阱中心收集单原子　(b) 写入过程：利用π偏振激光泵使原子自旋偏振激发　(c) 存储：偏振光量子比特叠加到长寿命的基态|F=2；mF=±1⟩原子　(d) 检索读出：已存储的偏振量子比特，被单光子诱导读出

图 4-47　单原子量子存储原理示意图

实验证明，这种激发单原子的方法能有效记录量子信息。本系统采用的是^{87}Rb 原子。硬件的核心部件是图 4-48(a)中精密光学腔。该光子腔由优化设计高效反射镜(透光率 $T<6$ppm)和高耦合输出反射镜(透光率 $T\approx100$ppm)组成。此原子腔耦合常数 g 优于腔场衰变率 γ 和^{87}Rb 原子偏振衰减率。因此该系统的量子耦合腔的量子电动机制为 QED:$(g;k;\gamma)=2\pi(5;2.5;3)$MHz。

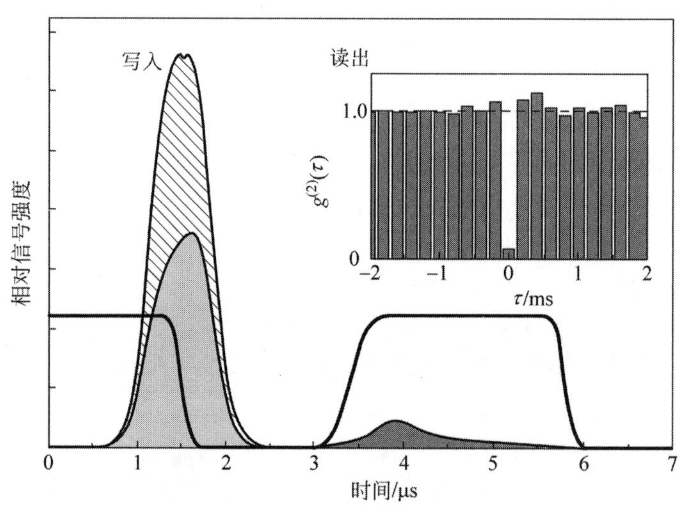

图 4-48　单原子存储器写入、读出过程。输入光子脉冲(阴影区域，最大半宽 0.7μs)作用于微腔时，控制激光(加粗曲线)使绝热温度降至零。部分入射光(浅灰色区域)直接用于存储。经过一定可调整存储时间后，开启控制绝热激光，重新发射光子脉冲(深灰色)，整个效率为 9.3%。插图为检索光子的时间相关实验函数 $g^{(2)}(\tau)$。双光子与单光子出现比例为 0.5%，可解释为暗计数探测器的杂散光

系统将原子激发至$|F=1;mF=0\rangle$态的初始化效率高于 90%。采用弱相干脉冲(平均光子数$\bar{n}<1$)控制腔谐振，和 12MHz D_2 谱线 Stark $F=1\leftrightarrow F'=1$ 转换回波谐振。与输入脉冲同步，控制激光的 Rabi 频率与绝热 Raman 谐振腔温度降至零。谐振腔量子化轴与控制激光轴和 π 偏振面正交，所以被腔调制的原子通过受激 Raman 绝热通道(Stimulated Raman Adiabatic Passage，STIRAP)转移至基态$|F=2;mF=\pm1\rangle|$(参见图 4-47(a))。在相干过程中，输入 $\sigma^{\pm}$ 偏振模式映射为上述 Zeeman 亚态群

之间的相对相位，如图 4-47(b)所示。通过优化光子腔中心，控制激光脉冲宽度和下降沿时间实现信息有效存储。经过一定存储时间，第二个可控激光脉冲使原子比特反转单光子偏振态，实现读出，如图 4-48 所示。其中，小插图为与检索光子的时间相关实验函数 $g^{(2)}(\tau)$。检索到的光子波包可以独立于输入脉冲的形式进行调整，以便适应各种复杂量子网络的需要。非偏振分束器对传入和传出的光子没有影响，光子的偏振状态可以用于各种特征标识和分析。量子存储效率可根据从存储腔检索光子和归一化的输入定义，实际测量结果为 9.3±1%。单独光子读出过效率达到 56%。如果增加原子腔模式或体积，有可能改变单原子的量子存储器相干态和偏振态，构成以下 6 种不同输入偏振的量子存储器：

$$|R\rangle,\ |L\rangle,\ |H,V\rangle=(|R\rangle\pm|L\rangle)/\sqrt{2},\quad |D,A\rangle=(|R\rangle\pm i\,|L\rangle)/\sqrt{2} \tag{4-280}$$

对每种输入状态，可建立 3 向正交输出重建输出光子密度矩阵(式(4-281))，而可靠性取决于理想输入 $|\Psi_i\rangle$：$F=|\Psi_i\rangle\rho|\Psi_i\rangle$态的输出密度矩阵 ρ 的交叠状态。这 6 种输入态可靠性，在存储时间 2μs 时的平均效率为 92.7%。

$$\begin{aligned}&|H\rangle:92.2(4)\%,\quad |V\rangle:92.0(4)\%\\&|D\rangle:91.9(5)\%,\quad |A\rangle:90.9(4)\%\\&|R\rangle:95.1(4)\%,\quad |L\rangle:94.2(4)\%\end{aligned} \tag{4-281}$$

不经过存储，直接从光子腔读出信号的可靠性能达到 99.2%。

量子存储器与经典存储器相比，其信息的获取、测量状态、复制输入状态及安全性均有很大差别。量子存储特有的上下文相关的散发分布量子密钥可以阻止任何攻击。采用相干光测试时，量子保真度增加到 80%，可靠性远高于此阈值。为了分析任意意输入状态存储的可靠性，采用偏振 Poincare 球描述此存储过程中偏振态的变化，根据不同输入态建立的可靠性三维分布如图 4-49 所示。

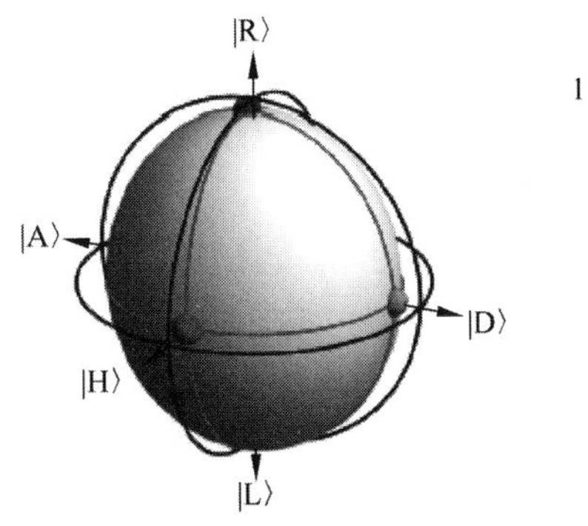

(a) 根据椭圆球相对于偏振Poincare椭球坐标(黑线)的变形分析量子存储过程中偏振态的变化。图中圆点代表存储以后同色输入态偏振轴。例如|D⟩代表垂直偏振向前方向。平均可靠性F=92.7±0.2 %

(b) Poincare椭球代表的各种输入态量子存储过程可靠性的X矩阵分布图，大部分接近于0，最大值0.034

图 4-49　存储时间 2μs 的存储状态及可靠性实验

每一偏振状态都可以表示为一个三维矢量 S。纯态 $|S|=1$，相当于一个 Poincare 球单位。任意输入状态存储过程中的失真则可用 Poincare 球转换的三维矩阵 X 图 4-49(b)直观表示。按照矩阵 X 表示的量子过程，选择输入密度矩阵 ρ_{in} 可计算对应的输出密度矩阵 ρ_{out}：

$$\rho_{out}=\sum_{m,n=0}^{3}X_{mn}\sigma_m\rho_{in}\sigma_n^{\dagger} \tag{4-282}$$

算符 ρ_i 具有 Pauli 矩阵的形式。由于系统依赖输入脉冲偏振效率，可不用正常密度矩阵处理。只保留输入状态，X_{00} 等于 1，所有其他元素均为零，如图 4-50(b)所示。从理想 X 矩阵可看出，主要偏差是非零的 X_{33}，代表 Zeeman 态之间的相移。除了输入态对可靠性有影响外，其他过程对量子存储器可靠性也有影响。例如，输入单光子不可能全部最优光，实验证实，约 1.3%的光子在存储过程中失效。此外，杂散光引起暗计数概率 0.3%。总存储可靠性与存储时间函数曲线如图 4-50 所示。线性偏振输入的可靠性下降明显，存储 82μs 后达到 2/3 经典存储极限。圆偏振的可靠性比线性偏振衰减慢。采用引导磁场 B_{guide} 可使存储时间增加，如图 4-50(b)所示。由于线性偏振是存储为叠加态，可靠性呈正弦振荡，振荡周期 21μs。

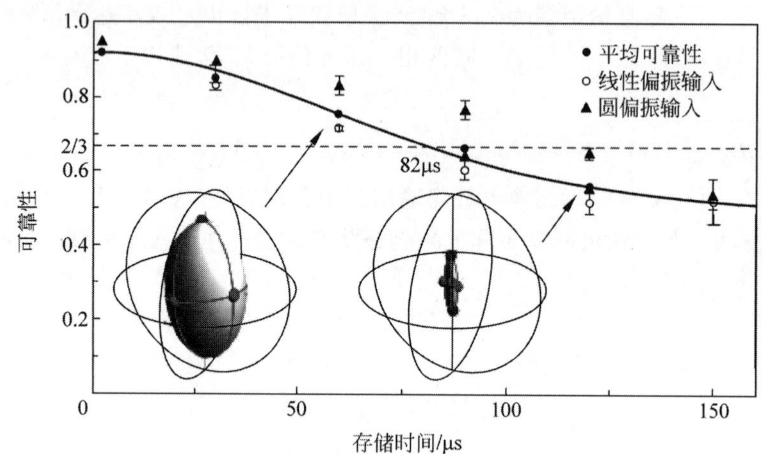

(a) 理想的输入和输出态存储可靠性与时间关系：三角形为圆偏振，圆圈为线性偏振，虚线为2/3经典存储极限。误差棒表示偏振散射。黑点(线)为平均可靠性，存储82μs后降至2/3经典极限。对于检索光子，Poincare球在Stokes空间的演变确定了Zeeman态之间的退相干(代表|R〉和|L〉编码)机制

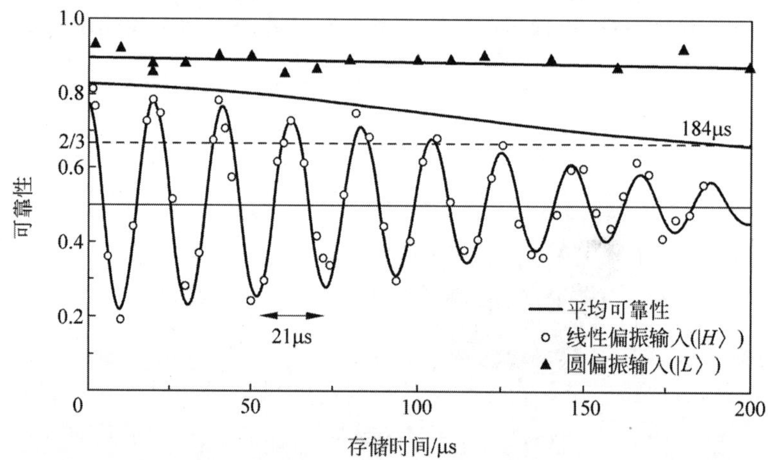

(b) 沿腔轴方向外加常数控制场B_{guide}=34mGs可延长存储时间。由此产生的Larmor进动原子Zeeman相干使线性偏振(只显示|H〉)态检索结果呈现周期21μs的振荡。使稳定的原子相干量子比特和平均存储时间增加2倍以上。可靠性即对|H〉(两倍加权)和|L〉的平均可靠性

图 4-50 存储可靠性与存储时间的函数曲线

显然，延长量子信息存储寿命仍是关键，主延长量子存储和检索时间要取决于量子态的保持能力。虽然连续变量存储时间已到达毫秒量级，但也只可能用于量子中继器实现远距离量子纠缠。研究证明，量子短相干寿命主要由残余磁场所致。本节介绍另外一种采用^{87}Rb 冷原子磁光阱存储方案，如图 4-51 所示。

以上量子存储器实验系统中，冷原子^{87}Rb 磁光陷阱的温度约 100μK；Λ 型结构的两个基态$|g\rangle$及$|s\rangle$同时激发至$|e\rangle$态；强度 3.2Gs 的偏置磁场沿量化轴轴向方向；3 对^{87}Rb 基态原子，即($|1,1\rangle$，$|2,-1\rangle$)，($|1,0\rangle$，$|2,0\rangle$)及($|1,-1\rangle$，$|2,+1\rangle$)且定义为$|i,j\rangle=|5S_{1/2},F=i,m_F=j\rangle$。在毫秒时间

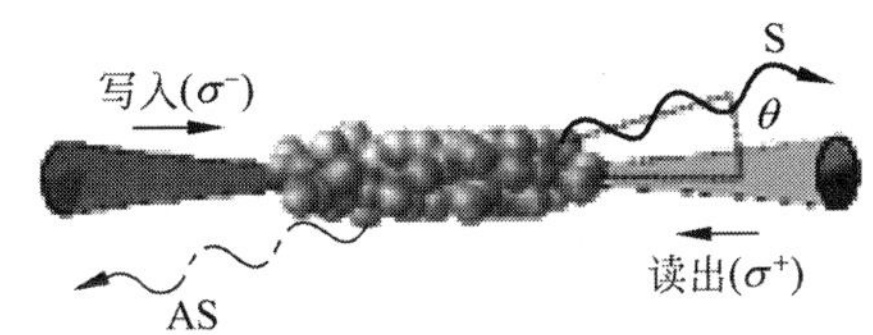

(a) 实验装置：初始钛原子$|g\rangle$被弱σ^-偏振脉冲写入生成自旋波(SW)Stokes光子呈现Raman跃迁$|g\rangle \to |e\rangle \to |s\rangle$。通过一定时间存储后，用强$\sigma$+偏振脉冲诱导，在与写入光子呈$\theta$角方向将此Stokes光子检测读出。完成$|s\rangle \to |e\rangle \to |g\rangle$跃迁，SW光子成为反Stokes光子

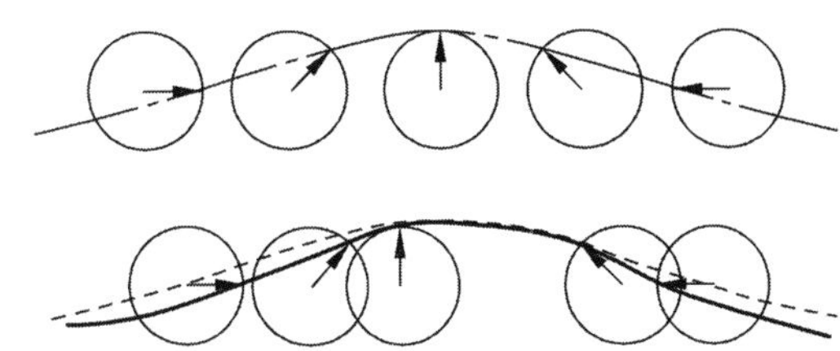

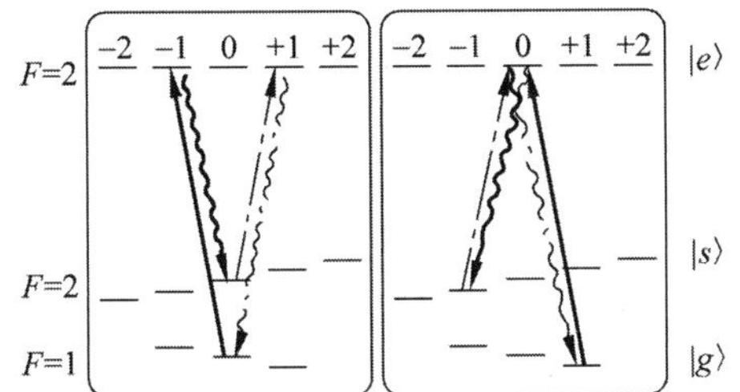

(b) 在弱磁场作用下，^{87}Rb原子的结构发生转换，图左对应实验$|1,0\rangle$, $|2,0\rangle$，图右对应实验$|1,1\rangle$, $|2,-1\rangle$

(c) 用于原子随机运动导致SW失谐。点画线和虚线描述量子存储器中初始SW。原子沿波失方向运动，引起相波动导致SW异动，如实线所示

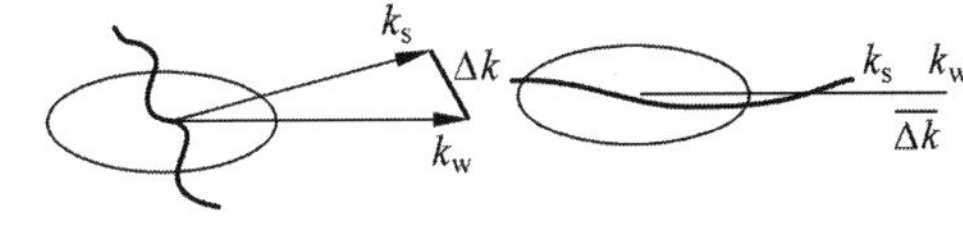

(d) 检索探测：SW波长可通过挑选探测器调整，本实验已采用最大波长

图 4-51　冷^{87}Rb原子磁光阱存储原理示意图

内，可使用其中任何一个作存储。本实验采用$|1,0\rangle$原子激发至$|g_i = |1,0\rangle, |s\rangle = |2,0\rangle\rangle$态。在原子系轴向，采用$\sigma^-$偏振波矢量$k$写脉冲诱导Raman散射。$\sigma^+$偏振波矢量$k_S$ Stokes光子沿角度$\theta = 3°$被探测检索。光子束腰直径约$100\mu m$。根据Stokes光子的检测条件，激发态或SW谐振态应满足：

$$|\psi\rangle = \frac{1}{\sqrt{N}} \sum_j e^{i\Delta k \cdot r_j} |g \cdots s_j \cdots g\rangle \tag{4-283}$$

式中，$\Delta k = k_W - k_S$为SW波矢量；r_j为第j个原子坐标。经过可控延迟δt之后，强σ^+偏振脉冲（与Stokes光子反方向），将谐振激发光子转换成Anti-Stokes光子。由于Anti-Stokes光子和写（读）光子是在空间上是分开的，所以，可根据交叉互相关$g_{S,AS} = p_{S,AS}/(p_S \cdot p_{AS})$，检测Stokes光子（Anti-Stokes光子）的概率$p_S(p_{AS})p_S(p_{AS})$及通道概率p_S, p_{AS}量化计算量子存储器。交叉相关性越强，单光子源及自动纠缠质量越高。评估量子存储器的相干时间，描述存储时间延迟与互相关的函数为

$$g_{S,AS}(\delta t) = 1 + C\gamma(\delta t) \tag{4-284}$$

式中，参数$C\gamma(\delta t)$决定了读出效率。若$g_{S,AS} > 2$表示Stokes光子（Anti-Stokes光子）为非经典互相关。实际实验结果如图4-52所示。主要受限于剩余磁场影响，实验结果低于理论预测。另外是SW原子引起的随机运动造成退相干，即原子的随机运动导致SW随机相位波动，从而引起的退相干。

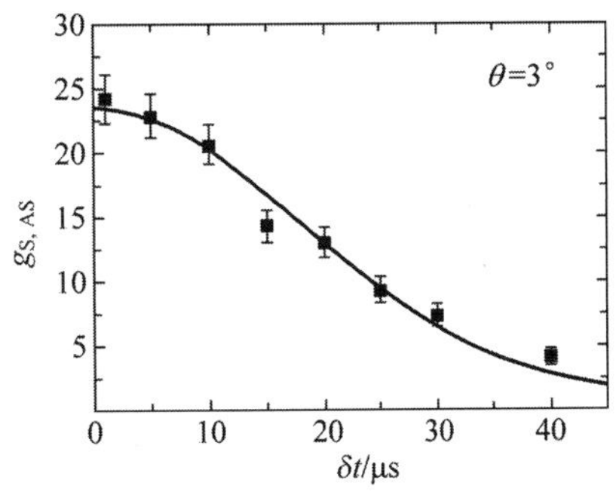

图 4-52　存储量子$|1,0\rangle$, $|2,0\rangle$, $\theta = 3°$互相关$g_{S,AS}$与存储时间δt函数曲线：$g_{S,AS}(\delta t) = 1 + C_{exp}(-\delta t^2/\tau_D^2)$。存储寿命$\tau_D = 25 \pm 1\mu s$，低于理论计算值

根据计算原子穿过 SW 波长 $1/2\pi$ 所需的平均时间可计算失相时间，从而得出存储寿命 $\tau_D \sim \lambda/2\pi v_s$，其中 $v_s=\sqrt{(k_B T/m)}$ 为一维平均速度，$\lambda=2\pi/\Delta k$ 为 SW 的波长。更详细的计算可参照$(\delta t)\sim e^{-\delta t^2/\tau_D^2}$，存储寿命 $\tau_D=1/\Delta k v_s$。在本系统中，θ 角介 k_W 和 k_S，因此

$$\Delta k = |k_W - k_S| \simeq k_W \sin\theta \tag{4-285}$$

若 $\theta=3°$，按照简化算法 $\lambda=15\mu m$，则 $\tau_D=25\mu s$，可得图 4-52 中的互相关函数 $g_{S,AS}(\delta t)$的表达式：

$$g_{S,AS}(\delta t) = 1 + C_{exp}(-\delta t^2/\tau_D^2) \tag{4-286}$$

从而获得理论计算存储寿命 $\tau_D=25\pm1\mu s$。由于原子随机运动及原子之间的碰撞也可能影响 SW 失谐。但实验证明碰撞概率 $\Gamma \sim n v_s \sigma \simeq 1Hz$，原子密度 $n \doteq 10^{10}cm^3$，横波的散射截面 $\sigma=8\pi a^2$，散射长度 $a=6nm$。因此，在毫秒时间范围内，碰撞可以完全忽略。而增加 SW 波长，减少检测角度(参见图 4-51)有利于 SW 失谐。因此，在实验中应尽量减小角度 $\theta=1.5°, 0.6°$以至 $0.2°$。但采用 $\theta=0.2°$时，两偏振光子束空间上分开比较困难，只能采用另一个“时钟状态”$|g\rangle=|1,1\rangle$，$|s\rangle=|2,-1\rangle$准备$|1,1\rangle$原子。此时，Stokes 光子(Anti-Stokes 光子)为 $\sigma^+(\sigma^-)$偏振态，则可用偏振分光棱镜分开。实验结果如图 4-53(a)～(c)所示，对 SW 失谐作用显著，使存储寿命从 $25\mu s$ 增加至 $283\mu s$。减少 θ 角增加 SW 波长对抑制原子随机运动引起失谐十分敏感。θ 角与存储寿命 τ_D 的关系如图 4-53(d)所示。图中实线为 $\tau_D=1/\Delta k v_s$ 的理论曲线，其中 $v_s=0.1m/s$，温度 $T\simeq100\mu K$，与实验拟合结果几乎完全一致。

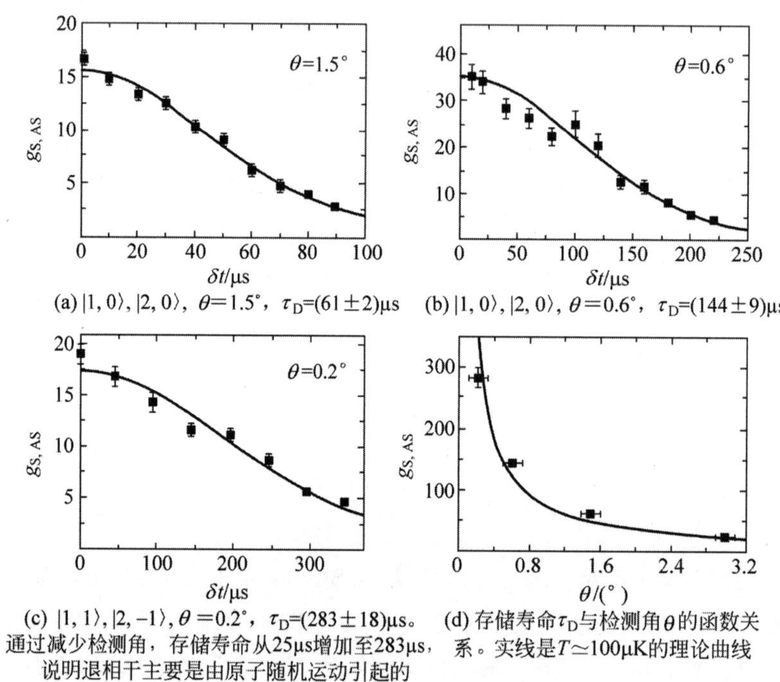

(a) $|1,0\rangle, |2,0\rangle$, $\theta=1.5°$, $\tau_D=(61\pm2)\mu s$

(b) $|1,0\rangle, |2,0\rangle$, $\theta=0.6°$, $\tau_D=(144\pm9)\mu s$

(c) $|1,1\rangle, |2,-1\rangle$, $\theta=0.2°$, $\tau_D=(283\pm18)\mu s$。通过减少检测角，存储寿命从25μs增加至283μs，说明退相干主要是由原子随机运动引起的

(d) 存储寿命τ_D与检测角θ的函数关系。实线是$T\simeq100\mu K$的理论曲线

图 4-53 不同检测角 θ 时，互相关强度与存储时间的函数 $g_{S,AS}(\delta t)=1+C_{exp}(-\delta t^2/\tau_D^2)$理论计算与实验拟合结果比较。$\delta t$ 为存储时间，τ_D 为存储寿命

为了进一步延长储存时间，采用共轴结构($\theta=0°$)，SW 波长 λ 取最大值 $\lambda\simeq4.4cm$，理论计算 $\tau_D\simeq72ms$。在这种情况下，存储寿命可到达几百微秒，热运动影响将占主导地位。在 T 温度下，原子云横截面半径 r_0 扩展至 $r_2(\delta t)=r_0^2+v_r^2\delta t^2$，径向平均速度 $v_r=\sqrt{2k_B T/m}$。可检索效率为

$$\gamma(\delta t) = r_0^2/r^2(\delta t) = 1/\left(1+\frac{v_r^2}{r_0^2}\delta t^2\right) \tag{4-287}$$

因此，当 $\gamma(\tau_L)=1/e$ 时，只有 $1/e$ 的原子保持在相互作用区，寿命 $\tau_L\simeq1.31r_0/vr$。若检测模型的腰部尺寸 $r_0=100\mu m$，温度 $T=100\mu K$，可计算出 $\tau_L=950\mu s$，远低于磁场诱导原子运动失相控制。实验结

果如图 4-54 所示，同样选用|1,1⟩，|2，−1⟩“时钟”，得到的存储寿命为 $\tau_L=(1.0\pm0.1)$ms，读出效率降至 1/e。图 4-54 中理论曲线采用|1,1⟩，|2，−1⟩及方程 $g_{S,AS}(\delta t)=1+C_1+A\delta t^2$ 计算，与采用同样参数实验测试结果基本一致。

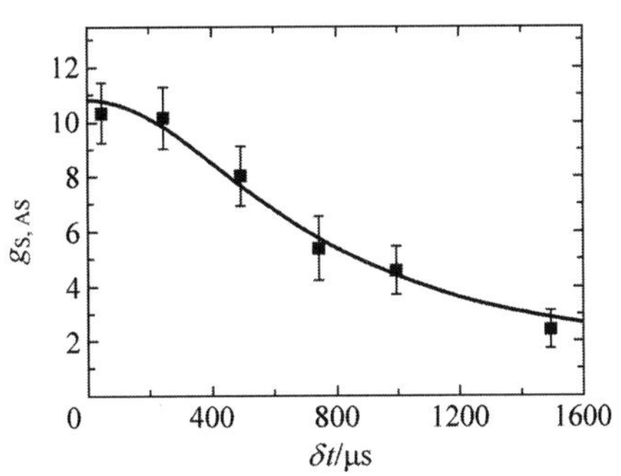

图 4-54　选用|1,1⟩，|2，−1⟩态，检测角 $\theta=0°$，互相关 $g_{S,AS}$与存储时间 δt 理论关系曲线（实线）及实验（方块）拟合曲线

通过变换各种 SW 波长、时钟状态和降低温度，提高系统可靠性。根据目前实验技术，最佳情况下的存储时间可提高 30 倍。如果能进一步改善捕获原子的光学偶极子陷阱，还可以减少退相干的损失，抑制原子随机运动引起的零相变及退相干机制造成的扩散碰撞。总效果可以延长存储寿命几十毫秒。当然，如果采用不同固态系统，增加原子排列密度，提高光学晶格陷阱深度能有效抑制碰撞诱导扩散，避免随机碰撞，则是从根本上改善单光子源，获得高可靠性多量子比特纠缠态的基本技术路线。但此项研究将更大程度上取决于材料科学及纳米科学的发展。量子存储系统的设计与实验研究，很大程度只是从应用的角度，为这两门科学的发展提供改进目标和方向。此外，通过调整 SW 退相干过程控制，改变物理参量测量机制和方法，例如非光学偶极子陷阱结构研究也还存在广阔的发展空间。

对于原子随机运动诱导造成的 SW 失谐，可以进一步分析。设在存储 δt 时间后，第 j 个原子的运动为 $r_j(\delta t)=r_j+v_j\delta t$。其谐振 SW 为

$$|\psi_D\rangle=\frac{1}{\sqrt{N}}\sum_j e^{i\Delta k,r_j(\delta t)}\ |g\cdots s_j\cdots g\rangle \tag{4-288}$$

为简化分析过程，先不考虑磁场的作用，则初始 SW 之间的交叠效应为

$$\gamma(\delta t)\sim|\langle\psi|\psi_D\rangle|^2=\left|\frac{1}{N}\sum_j e^{i\Delta k,v_j\delta t}\right|^2=\left|\int f(v)e^{i\Delta k,v\delta t}dv\right|^2 \tag{4-289}$$

式中 $f(v)$为速度分布。设 $f(v)\sim e^{(-mv^2/2kBT)}$为温度为 T 时 Maxwell-Boltzmam 分布。对速度球积分可得$(\delta t)\approx e^{(-t^2/\tau_D^2)}$，存储寿命 $\tau_D=1/\Delta kv_s$ 为交叉相关函数。对于上述量子存储器的主要特征函数 $g_{S,AS}=p_{S,AS}/(p_S\cdot p_{AS})$，若 $g_{S,AS}\gg1$，单光子原子谐振的自相关为 $\alpha\approx4/(g_{S,AS}-1)$。当用于原子-光子谐振源时，可近似为 $S\approx2\sqrt{2}(g_{S,AS}-1)/(g_{S,AS}+1)$，代表量子存储的质量。

Stokes 与 Anti-Stokes 场之间的相关特征违反 Cauchy-Schwarz 不等式 $g_{S,AS}^2\leqslant g_{S,S}g_{AS,AS}$，其中 $g_{S,S}$和 $g_{AS,AS}$与 Stokes 和 Anti-Stokes 场自相关。在理想情况下，$g_{S,S}=g_{AS,AS}=2$。从而可知，当 $g_S>2$ 时，Stokes 和 Anti-Stokes 场为非经典互相关。在实验中测量量子存储寿命周期时，对互相关衰变性的评估忽视了 Stokes 通道的噪声 p_S：

$$p_S=\chi\eta_S \tag{4-290}$$

$$p_{AS}=\chi\gamma(\delta t)\eta_{AS}+B\eta_{AS} \tag{4-291}$$

$$p_{S,AS}=\chi\gamma(\delta t)\eta_S\eta_{AS}+p_Sp_{AS} \tag{4-292}$$

式中，χ 为激发概率；$\gamma(\delta t)$为时间读出效率；$\eta_S(\eta_{AS})$为 Stokes 和 Anti-Stokes 方向信道效率；B 为 Anti-Stokes 信道背景噪声。因此，互相关函数衰退过程可近似为

$$g_{S,AS}(\delta t)=1+\frac{\gamma(\delta t)}{\chi\gamma(\delta t)+B}\simeq 1+C\gamma(\delta t) \tag{4-293}$$

式中，C 为拟合近似参数。根据过去实验数据取 $p_S\approx 0.003$。因为读写光子背景噪音相对较大，与共轴线交角越小，交叉相关性越低。减小光子束直径、提高密度和滤波器质量可以改善检测信号强度。主要实验参数：光束直径 400μm，光学深度 5，温度 100μK，写脉冲解谐频率 20MHz，读出脉冲解谐频率 6MHz。通常 80%以上的原子，可以同时进入准备状态，被 MOT 收集的^{87}Rb 原子数大于 10^8。此外，光学组件之间的综合耦合效率约为 15%，探测器的量子效率为 10%。

4.8 光子波导延迟纠缠存储

量子存储主要利用不同的光量子态。各种可逆映射光与物质之间的量子态是量子存储的核心。此外，各种量子界面纠缠映射及不同的物理系统之间的可逆纠缠均可以直接用于量子存储，并已获得大量实验验证。但更重要的是，要降低实验系统的复杂性、提高鲁棒性，尽可能通过更换存储介质，优化系统结构才有可能显著延长存储时间与提高存储效率。

本节介绍一种以周期极性铌酸锂(Periodically Poled Lithium Niobate，PPLN)晶体材料为基础的光子纠缠存储实验系统。其结构原理及存储过程如图 4-55 所示，波长 1074nm 光子 6ps 短脉冲泵浦，被 PPLN 晶体倍频成为 523nm 脉冲。倍频脉冲通过非平衡干涉仪分解锁相形成清晰的脉激光冲泵浦源。然后，再次通过另外一个 PPLN 晶体产生自发参量转换(Spontaneous Parametric Down-Conversion，SPDC)，变成波长分别为 795 和 1532nm 的强纠缠态量子比特光子：

$$|\phi^+\rangle=\frac{1}{\sqrt{2}}(|e,e\rangle+|l,l\rangle) \tag{4-294}$$

式中，$\langle e|$及$\langle l|$分别代表上述两种波长相干纠缠模式(或用符号↑，↓表示)。量子比特$\langle i,j|$中，i 代表 795nm 光子创造的瞬态模式，j 代表 1532nm 光子创造的模式。纠缠态双光子经过偏振分光及用来调整光束 TM 模式的波片，分别进入标准具和 30m 长的低损耗波导光纤。其中，从标准具输出的 795nm 光子进入存储单元。该存储单元置于低温恒温器，采用脉冲管式低温冷却器冷却，温度控制在 3K。在沿存储晶体 C3 轴方，外加强度 570Gs 的磁场，如图 4-55(a)所示。泵浦激光脉宽 6ps，波长 1047.328nm，频率 80MHz。通过$\chi(2)$PPLN 晶体非线性倍频(Frequency Doubled，FD)，成为脉宽 16ps，波长 523.664nm，平均功率 90mW 的脉冲。然后，脉冲被非平衡干涉仪分成两个稳定的光程时差 1.4ns 的激光锁相脉冲。当脉冲进入第二个 PPLN 晶体后产生自发参量转换(SPDC)，形成鲜明的 $\lambda_1=795.506$nm 和 $\lambda_2=1532.426$nm 强纠缠态双光子。纠缠光子经双波长分光镜(DM)和滤光器，将波长 λ_1 和 λ_2 光子分开，其中 $\lambda_1=795$nm 光子经标准具滤波、声光调制器、铌酸锂相位调制器(Phase Modulator，PM)和光子开关进入低温恒温箱中的铌酸锂波导存储器，然后进入量子比特分析器。$\lambda_2=1532$nm 光子经 Bragg 光纤光栅与 30m 长通信光纤连接进入量子比特分析器。以上纠缠态量子比特对，分别经量子位分析仪检测处理和模数转换连接计算机进行分析。恒温器的输入和输出端装有光学开关控制光子通断，如图 4-55(b)所示。存储过程控制时序如图 4-55(c)所示。主要包含三个可循环重复的阶段：10ms 光泵浦作准备，等待时间 2.2ms，存储和检索时间 40ms。第三阶段中大部分为存储时间，读出时间仅 7ns。

本系统的另一关键部件是量子比特分析仪由可鉴别光程时差的非平衡干涉仪(或光纤干涉仪)组成，能将输入激光锁相稳定映射 σ_x 及 σ_y 分量，以及通过光纤延迟构成 σ_z 分量。795nm 光子采用硅雪崩(Avalanche Photodiode，ADP)光电二极管单光子探测器检测。1532nm 光子采用 InGaAs-APD 探测 SPDC 效应。其信号处理过程控制系统结构原理如图 4-55(d)所示(795nm 光子检测系统与此相似，从略)。

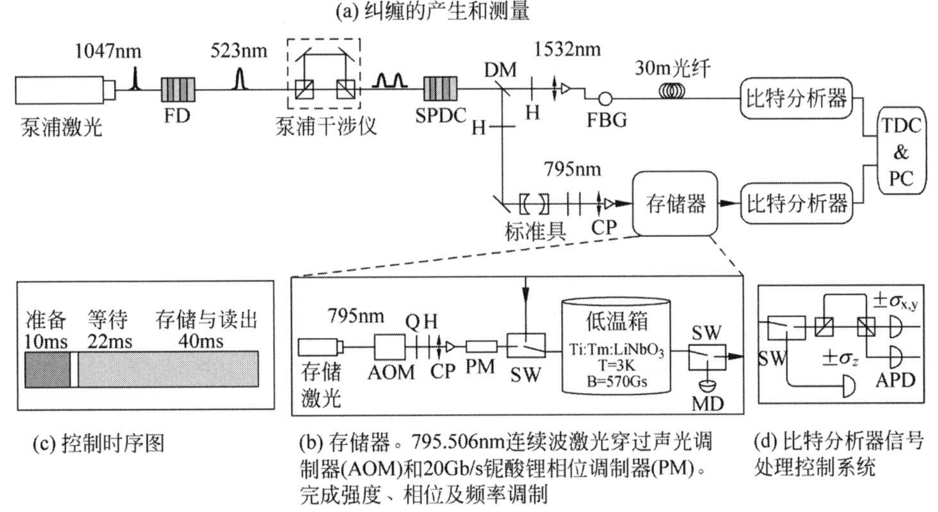

图 4-55　利用 PPLN 晶体为介质光量子存储实验系统示意图

图中，FD 为倍频器，SPDC 为自发参量转换器，DM 为波长分光镜，H 为 1/2 波片，FBG 为 Bragg 光纤光栅，TDC 为时间数字转换器，PC 为计算机，CP 为光纤连接器，AOM 为声光调制器，Q 为 1/4 波片，PM 为相位调制器，SW 为光子开关，MD 为辅助探测器，APD 为光电雪崩二极管

1532nm 光子量子比特分析器由光纤延迟线，单光子 SPD 探测器及非平衡干涉仪或光纤干涉仪组成。可测量光子到达时间仪作为泵干涉仪，通过延迟测量，确定量子比特到达的时序或叠加模式，分别与 σ_z，σ_x 和 σ_y 对应。另外一路 795nm 光子直接输入量子存储器，与 1532nm 光子保持纠缠态，并映射为铥离子群集激发，经调整映射为光子，通过光纤退出存储器。量子比特探测分析仪包括延迟线和 SPD 探测器，或通过干涉仪输出到 SPD 探测器。795nm 光子逆映射到存储介质 Ti∶Tm∶$LiNbO_3$ 光波导上，产生光子回波形成原子频率梳（AFC）存储器。在冷却温度 3K 条件下，形成的系列非齐次展宽等间距吸收峰如图 4-56(c)所示。介质原子吸收单光子后谐振导致 N 个原子形成激发态为

$$|\Psi\rangle = \sum_{i=1}^{N} C_i \mathrm{e}^{\mathrm{i}2\pi\delta_i t}\mathrm{e}^{-\mathrm{i}kz}\ |g_1\cdots e_i\cdots g_N\rangle \tag{4-295}$$

式中，$\langle g_i|$为 i 原子基态；δ_i 为 i 原子频率跃迁失谐；z 为原子沿传播方向的位置。C_i 取决于其共振频率和位置。由于吸收谱线的形状特殊，激发谐振迅速失相，存储时间 $T_s=1/\Delta$，Δ 为梳齿间隔。低温 3K 的 Ti∶Tm∶$LiNbO_3$ 波导构成光子回声量子存储器，敏感波长 795nm。波导结构如图 4-56(a)所示。

除了钛、铥掺杂外，其他稀土离子掺杂铌酸锂波导可以使用。还可能允许延长存储寿命和更高集成度。不同的离子能级结构生成的 AFC 不同。本实验形成的梳宽为 5GHz，齿间距为 143MHz，存储时间为 7ns。受铥能级结构的限制，存储效率约为 10%。检测效率为

$$P(\bar{a},\bar{b}) = \frac{C(\bar{a},\bar{b})}{C(\bar{a},\bar{b}) + C(\bar{a},-\bar{b})} \tag{4-296}$$

设 795nm(1532nm)量子比特进入量子分析器时的 Bloch 球投影为 $\sigma_z\otimes\sigma_z$ 和 $\sigma_z\otimes-\sigma_z$。存储一定时间后检索测量时为 $\sigma_z\otimes\sigma_z$ 和 $\sigma_z\otimes-\sigma_z$（$-\sigma_z\otimes\sigma_z$ 和 $-\sigma_z\otimes-\sigma_z$），均为检测 795 和 1532nm 光子的时间差的函数。检测概率详细计算结果如表 4-4 所示。采用最大似然计算密度矩阵估算存储之前和之后的状态，误差绝对值都在 0.04 以下。根据这些数据，使用最大似然法可重建双光子态密度矩阵 ρ_{in} 和 ρ_{out}。通过比较 ρ_{in}，ρ_{out} 可定量评估存储过程中纠缠保存情况。确认数据纠缠上限为零，非本地域量子关联性上限为 $2\sqrt{2}$，如表 4-5 所示。此表清楚显示 ρ_{in} 和 ρ_{out} 与纠缠态及存储可靠性的关系。实验测量结果与理论期望值没有明显差异。输入输出可靠性 $F=0.95\pm0.03$。以量子物理学观点表明 795nm 光子从初始态到检索读出整个存储过程中纠缠态的转移已基本具备可实用性特征。

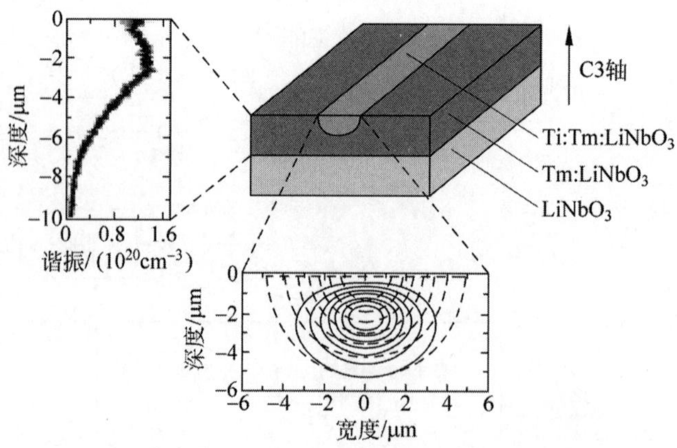

(a) 波导几何结构。左为基于TM模型和波长795nm，在深度方向Tm^{+3}离子浓度分布计算曲线。下方为Iso密度100%, 87.5%, 75%相应的最大强度

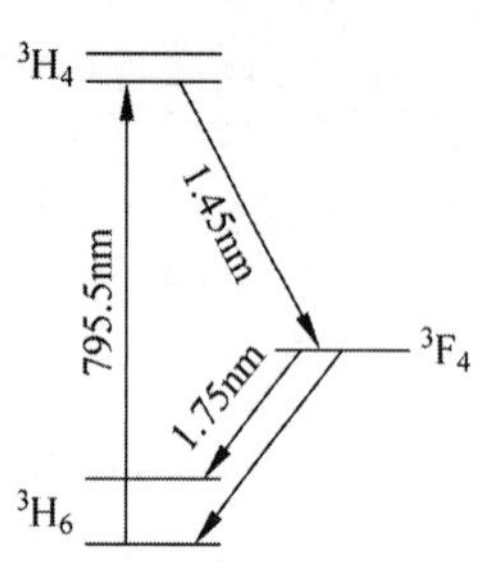

(b) 简化Tm^{+3}离子的能级图。当温度3K时$^3H6\leftrightarrow{}^3H4$转换的光学相干时间为1.6μs。$^3H4$和$^3F4$能级辐射寿命分别为82μs和2.4ms。从$^3H4$能级向$^3F4$能级分裂率为44%。加入570Gs磁场后，基态和激发能级分裂为次磁子能级，寿命超过1s

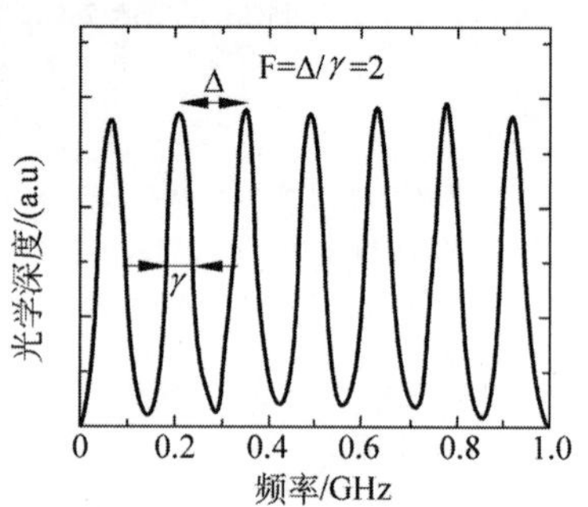

(c) AFC带宽5GHz(图中仅显示1GHz部分)。齿间距Δ～143MHz，存储时间7ns，峰宽γ～75MHz

图 4-56　存储介质结构示意图

表 4-4　波长 795nm 双光子输入(存储)概率 P_{in} 及通过存储以后读出概率 P_{out}

	$\sigma_x\otimes\sigma_x$	$\sigma_x\otimes\sigma_y$	$\sigma_x\otimes\sigma_z$	$\sigma_x\otimes-\sigma_z$	$\sigma_y\otimes\sigma_x$	$\sigma_y\otimes\sigma_y$	$\sigma_y\otimes\sigma_z$	$\sigma_y\otimes-\sigma_z$
P_{in}/(%)	90±2	49±1	49±1	51±1	52±1	10±2	51±1	49±1
P_{out}/(%)	89±6	49±8	48±4	52±4	49±6	14±5	49±4	51±4
	$\sigma_z\otimes\sigma_x$	$\sigma_z\otimes\sigma_y$	$\sigma_z\otimes\sigma_z$	$\sigma_z\otimes-\sigma_z$	$-\sigma_z\otimes\sigma_x$	$-\sigma_z\otimes\sigma_y$	$-\sigma_z\otimes\sigma_z$	$-\sigma_z\otimes-\sigma_z$
P_{in}/(%)	46±1	46±1	94.2±0.1	5.8±0.1	46±1	45±1	76±0.2	93.0±0.2
P_{out}/(%)	51±6	56±6	94±1	6±1	48±5	52±5	6±1	94±1

表 4-5　理想状态 $|\phi+i\rangle$ 下，纯度、归一化纠缠和可靠性、期望值及违反 Bell 不等式测量值与输入 ρ_{in} 和输出 ρ_{out} 密度矩阵之间的关系

输入输出	纯度 /%	归一化纠缠度 /%	可靠性 $\|\phi^+\rangle\langle\phi^+\|$/(%)	输入输出可靠性 /%	期望值 S_{th}	测量值 S
ρ_{in}	75.7±2.4	64.4±4.2	86.2±1.5	95.4±2.9	2.235±0.085	2.379±0.034
ρ_{out}	76.3±5.9	65±11	86.6±3.9		2.2±0.22	2.25±0.06

这些数据说明，量子存储实际上取决于量子态的转换，特别是纠缠性质不同的物理系统之间转移及其概率。主要反映在量子输入矩阵 ρ_{in} 和输出矩阵 ρ_{out} 之间的可靠性，如表 4-5 所示。实验提供的数

据证据表明，这种量子的基本属性并非想象的那样脆弱。此外，大型存储带宽允许增加存储模式和数据量，即在同样的给定存储时间内，超短光脉冲可能获得容量更大的量子信息编码，对量子信息通过网络具有重要意义。

1. 纯态、纠缠态、可靠性与效率

根据输入密度矩阵 ρ，可计算出相应的纯态：

$$P = \mathrm{tr}(\rho_2) \tag{4-297}$$

若同时输入两个量子比特：

$$C(\rho) = \max\{0, \lambda_1 - \lambda_2 - \lambda_3 - \lambda_4\} \tag{4-298}$$

式中，λ_i 为递减矩阵平方根特征值，

$$\rho\sigma_y \otimes \sigma_y \rho^* \sigma_y \otimes \sigma_y \tag{4-299}$$

ρ^* 即为 ρ 的复变函数，其纠缠态为

$$E_F(\rho) = H(0.5 + 0.5\sqrt{1 - C^2(\rho)}) \tag{4-300}$$

式中，$H(x) = -x\log_2 x - (1-x)\log_2(1-x)$。则 Bell 不等参量的最大或然率为

$$S_{\max} = 2\sqrt{1 + C^2} \tag{4-301}$$

因此，ρ 与 σ_e 之间的可靠性关系为

$$F(\rho, \sigma) = (\mathrm{tr}\sqrt{\sqrt{\rho}\,\sigma\sqrt{\rho}})^2 \tag{4-302}$$

AFC(原子频率梳)的周期调制频率为铥吸收谱线^{3}H6↔^{3}H4 的光密度非均匀展宽。由光泵浦原子谐振引起核 Zeeman 能级倾斜所造成。所以，调节 795nm 激光强度或扫描频率获得 5～10GHz 带宽的 AFC 存储器。齿间频率间隔 $T_S = \delta/\alpha$，其中 $\delta = 0.35$MHz 为两个频率差，$\alpha = 50 \times 10^6$MHz/s 为扫描速度。AFC 齿间距离 142.85MHz，转化为存储时间 7ns。高反差 AFC 循环重复 100 次，激光泵浦连续运行 10ms。读出测量时，将泵浦干涉仪稳定在 1532nm。干涉仪相位设为零，以区分吸收的量子比特到达时间的顺序。此外，用 1532nm 量子比特分析仪，测量未存储概率 $+\sigma_x$ 及其映射 5min，测量计算概率 $\rho_{\mathrm{in}}(\sigma_x \otimes \sigma_x)$，$\rho_{\mathrm{out}}(\sigma_x \otimes \sigma_x)$5h，全部数据见表 4-1。

用于存储实验的核心器件是钛铥铌酸锂(Ti∶Tm∶$LiNbO_3$)波导，其基本制作工艺参数是：基片采用面积 12mm×30mm，厚度 0.5mm 的铌酸锂晶片，利用扩散工艺在铌酸锂晶片表面制成厚度 6.5μm，浓度 1.35×10^{20}cm^{-3}的 Tm∶$LiNbO_3$ 层。然后，采用电子束蒸发掺杂工艺在 Tm∶$LiNbO_3$ 表面掺 Ti 形成厚度 40nm 的 Ti∶Tm∶$LiNbO_3$层。最后，利用光刻工艺在 Ti∶Tm∶$LiNbO_3$层上加工成宽度3.0μm 的钛铥铌酸锂 795nm 波长单模波导，如图 4-56(a)所示。

根据对纠缠态的基本要求，设计的效率目标极限值为 0.2%，其他例如酸锂波导耦合的损耗 10% 及光学系统的损耗 50%等有资料可参考，无须计算。主要应该考虑的是 AFC 效率。AFC Gauss 齿形衍射效率为

$$\varepsilon = (d_1/F)^2 e^{-d_1/F} e^{-7/F^2} e^{-d_0} \tag{4-303}$$

式中，F 为 AFC 常数；d_1/F 和 d_0 为正、反可逆与不可逆光学深度。对 AFC 的基本物理要求是：在确定的光泵浦作用下能完成原子基态与亚能级间在磁场中的转移。所以在泵浦激光功率确定的情况下，能调控的因素只有磁场和 AFC 结构。即 AFC 的宽带(密度)和梳的齿形，这些参量主要取决于掺杂晶体材料的特性和波导结构。根据本实验得到的数据分析，梳齿形状与铥原子浓度有关，说明存储介质特性具有确定性的影响。量子存储的另一个指标是存储寿命及可靠性。以上实验得到的结果为：存储寿命 300ns，平均存储可靠性 0.85±0.20 与 AFC 特性有关，大部分铌酸锂晶体在低温时此参数都能得到改善。以上量子纠缠存储实验中，主要利用掺铥铌酸锂波导光子纠缠的可逆转移。然后，采用反 CHSH Bell 不等式测量评价量子纠缠度。量子存储能力的一个重要特性是光与物质之间纠缠的可靠性。理论和实验发现与描述不同的物理系统的基本技术，实验能力在光和原子蒸气、固态

谐振或单原子吸收纠缠光子存储已有报道。固态晶体及现有的信息集成技术易于进一步提高存储时间和集成度。

下面介绍对上述系统进行优化修改的方案，如图 4-57 所示，同样采用 PPLN 晶体倍频为波长，脉宽 16ps，功率 90mW 的 523.66nm 泵浦。然后，经 SPDC 转换获得 795.506 和 1532.426nm 纠缠光子源。其中，795nm 光子通过 Fabry-Perot(FPF)滤波器和量子比特编码干涉仪，进入 Ti:Tm:$LiNbO_3$ 单模波导存储器。冷却到 3K 实现光子回波量子存储。带宽 9GHz 的 1532nm 光子进入 Bragg 光纤光栅(Fiber-Bragg Grating，FBG)获得频率不相关的量子对。每个 795nm 光子穿过腔长 42cm 的非平衡 Mach 干涉仪，产生 1.4ns 延迟。因此，每个光子出现在两个时间叠加模式(存在时间差)，即所谓 time-bin 量子比特态。然后直接进入量子存储器，实现存储后输出到硅光雪崩二极管(Si-Avalanche-Photo-Diode，ADP)单光子探测器。

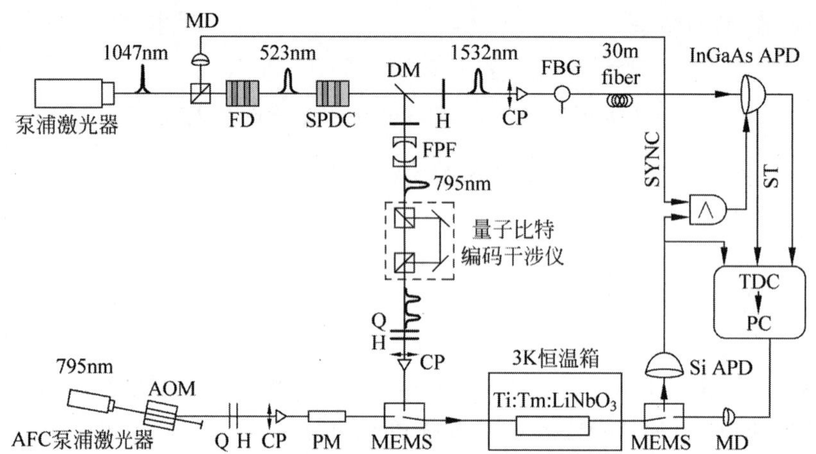

图 4-57 改进 Ti∶Tm∶$LiNbO_3$ 量子波导纠缠存储实验系统结构原理示意图。波片偏振方向沿铌酸锂的 C3 轴方向。Ti∶Tm∶$LiNbO_3$ 波导置于温度 3K 和强度 570G 磁场中，磁场方向与晶体 C3 轴一致。图中，FD 为倍频器，SPDC 为自发参量转换器，DM 为波长分光镜，H 为 1/2 波片，FPF 为 Fabry-Perot 标准具，FBG 为 Bragg 光纤光栅，TDC 为时间数字转换器，PC 为计算机，CP 为光纤连接器，AOM 为声光调制器，Q 为 1/4 波片，PM 为相位调制器，MEMS 为微机电开关，MD 为辅助探测器，APD 为光电雪崩二极管，∧ 为控制门，ST 为启动信号，SYNC 为同步信号

当温度冷却到 3K 时，铥掺杂 PPLN 晶体波导能对波长 523.664nm 纠缠光子编码实现信息存储，在第二个 PPLN 晶体中产生波长 795nm 及 1532nm 光子。795nm 光子通过带宽的 6GHz Fabry-Perot 标准具滤波，1532nm 光子通过带宽 9GHz 的 Bragg 光纤光栅滤波获得频率无关联的光子对。当 795nm 光子通过长度 42cm(形成 1.4ns 延迟)的非平衡干涉仪后，光子呈现的时间差模式可用于存储与读出。1532nm 光子通过 30m 标准光纤进入高频 InGaAs 光电雪崩二极管探测器，但受源于泵浦脉冲的同步信号门的控制，其输出作为时间数字时间转换器的启动信号。因此，795nm 光子为计数信号，1532nm 光子为条件信号，1047nm 光子相当于时钟信号。此方案另外一个修改是 Ti∶Tm∶$LiNbO_3$ 波导 AFC 部分，AFC 和波矢 k 的光子之间相互作用，导致介质中的原子吸收光子生成谐振激发：

$$|\Psi\rangle = \frac{1}{\sqrt{N!}}\sum_{j=1}^{N} c_j \mathrm{e}^{\mathrm{i}2\pi m_j \Delta_v t}\, \mathrm{e}^{-\mathrm{i}kz_j}\ |g_1 \cdots e_j \cdots g_N\rangle \tag{4-304}$$

式中，$|g_j\rangle(|e_j\rangle)$为 j 原子激发基态；$m_j\Delta_v$ 为原子频率转移失谐；z_j 为原子位置；c_j 为原子谐振频率及位置因子。

由于存在不同的原子跃迁频率，激发原子会迅速失相。但在存储时间 $t_{st}=1/\Delta\nu$ 后，特定的吸收谱线谐振恢复。从方程式(4-304)可看出，频率依赖的相位因素为零(mod 2π)，导致再发射的光子回

到原始模式，经过此修改后，几乎 100%的光子有效进入 AFC。采用这种熔融 Ti 掺杂 Tm 酸锂晶体表面 Tm 离子 3H6-3H4 能级转移单模波导，光泵激发 Tm 离子梳波谷形成长寿命的核 Zeeman 能级。利用线性边带锐化技术创建 5GHz 光栅，与 795nm 光子光谱宽度匹配，获得 167MHz 齿间距，对应存储时间 2.2ms。光子泵浦激发原子核谐振实现光子存储，反之，为检索读出，如图 4-58(b)所示。存储及读出过程由微机电开关(MEMS)控制，输出至硅光电雪崩二极管。

量子存储研究的中心目标之一是保持量子比特的完整性。相干叠加态电子自旋转移形成量子比特核自旋存储，然后核自旋的状态回到电子自旋转移过程中，90%的可靠性取决于自旋。另外，与经典存储器相比，量子谐振相关存储的误差修正更具挑战性。因为存储元素可以是单一的，也可能是多元的核自旋加上附近的核自旋。理想的长寿命电子核自旋与现有成熟的检测和数字处理技术有可能解决目前存储寿命短问题。此外，直接测量核自旋核磁共振、高掺杂晶体，新的激发电子和核自旋测量方法也还有进一步提高存储时间和探测电子相干振幅的潜在空间。图 4-58(b)显示的采用电子自旋自由度相干转移作为量子比特写入方案，π 脉冲相当于受控非门，所以两个 π 脉冲则可构成量子交换门(SWAP gate)。电子核倍增谐振(Electron-Nuclear Double Resonance，ENDOR)具有足够的带宽反回相干态电子自旋量子比特读出。只要微波和射频源具有高阶稳定性，系统无须锁相，也不需要预冷处理，但必须考虑非均匀展宽影响，非均匀展宽会导致电子(核)自旋产生附加失谐 $\delta_e(\delta_n)$。对于双量子相干系统，此值为 $\delta_e+\delta_n$。在本实验系统中，π/δ_e 约 $2\mu s$，π/δ_n 约 $100\mu s$，其影响如图 4-59 所示，在 τ_e 时间段可能叠加 δ_e 影响再现电子自旋相干。

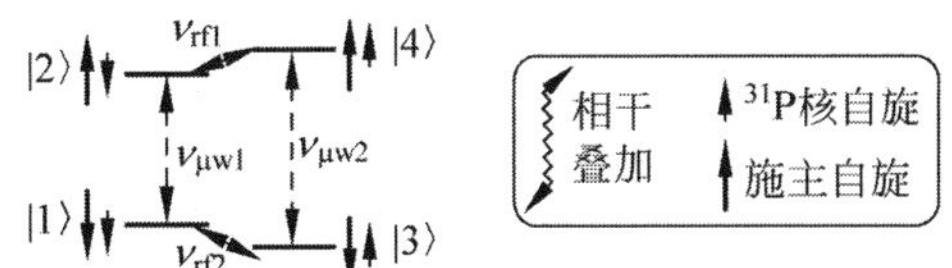

(a) 4能级系统被辐射谐振引起的能级转移。实验中产生的电子自旋逻辑构成用|1⟩和|2⟩代表的量子比特。量子能态转换成存储核自旋态，以|3⟩和|4⟩表示，其中|3⟩态本实验没有采用，可忽略

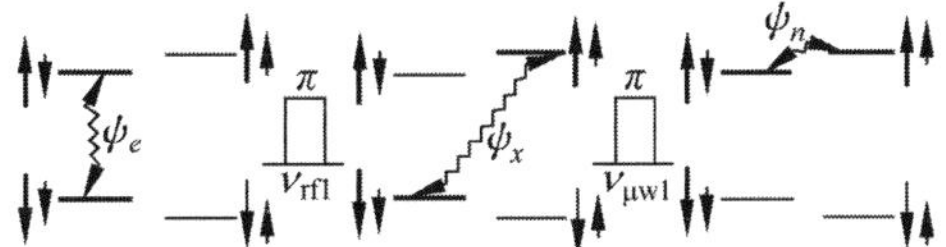

(b) 光子π脉冲和射频脉冲导致电子自旋态|1⟩，|2⟩核自旋量子比特相关转移进行存储。相反核自旋转移为电子实现读出

图 4-58　两个自旋量子逻辑量子比特耦合电子和核自旋转移能级结构图

在 $\delta_e\tau_e$ 时段，π 脉冲实现非均匀电子自旋数据包重新聚焦。第一个 $\pi/2$ 脉冲将生成的量子信息存储核旋转态，另外的 π 脉冲可将其激发回到电子态，实现信息读出。不同初始相 ψ 获得的电子回波信号实部 S_x(灰色)和虚部 S_y(黑色)曲线如图 4-59(b)所示。

由于用传统方法直接测量高掺杂 Si∶P 的 T_{2n}不太可能，本系统采用衰减重现电子相干测量方法。存储时间为 T，在 $2T_{1e}$之后的 T_{2n}覆盖温度范围 9～12K，在低温下额外增加存储时间 65ms。在存储期间，采用重复率 1kHz 退耦序列核自旋发现退相干时间比较长，在温度 5.5K 时上升 1.75s，如图 4-59(b)所示。在优化条件下，T_{2e}只受磁偶极-偶极相互作用。根据样品中不同的施主自旋浓度，该值为 4～6.5ms。所以调整核自由度，有可能大幅度延长 T_{2e}。

大量实验证据证明，量子信息存储于核状态，如图 4-60 所示。电子自旋相干存储于核状态，然后用射频 $\pi/2$ 脉冲将相干转换成核偏振(Ramsey 干涉)测量读出，从图 4-60 下部可看出，不同 ψ 值的磁化核自旋回波脉冲曲线。通过电子核倍增共振(Electron-Nuclear Double Resonance，ENDOR)，电子自旋偏振形成核自旋偏振，然后产生谐振，电子相干态直接转移为核自旋。采用更宽的初始状态

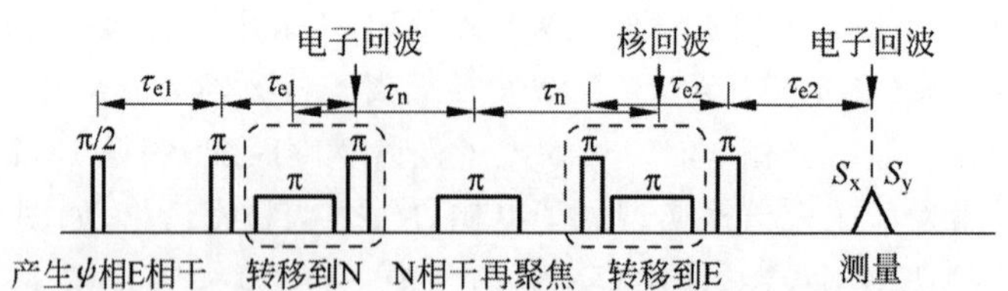

(a) 电子自旋相干存储在核自旋，在温度为7.2K时存储时间为$2\tau_n\approx$50ms。恢复电子自旋回波相当强，从获得信号开始，电子自旋相干时间T_{2e}约5ms。存储寿命取决于核退相干时间T_{2n}，其值可通过τ_n直接测量

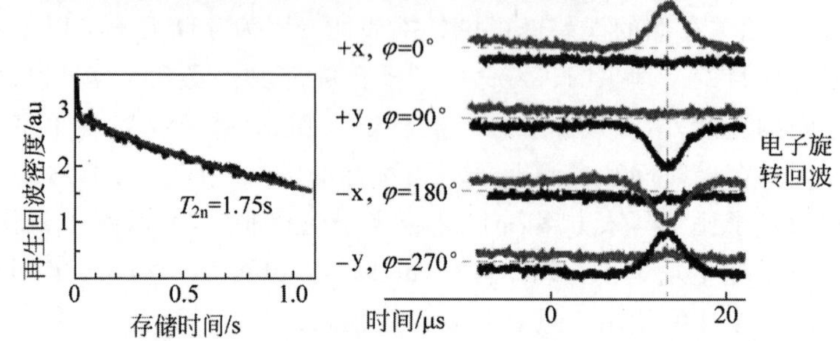

(b) 再生回波强度，在5.5K时存储寿命的函数。核自旋动态解耦顺序(CPMG)T_{2n}超过1s

图 4-59　采用^{31}P 磷掺杂^{28}Si 硅单晶核电子自旋态相干存储原理及过程

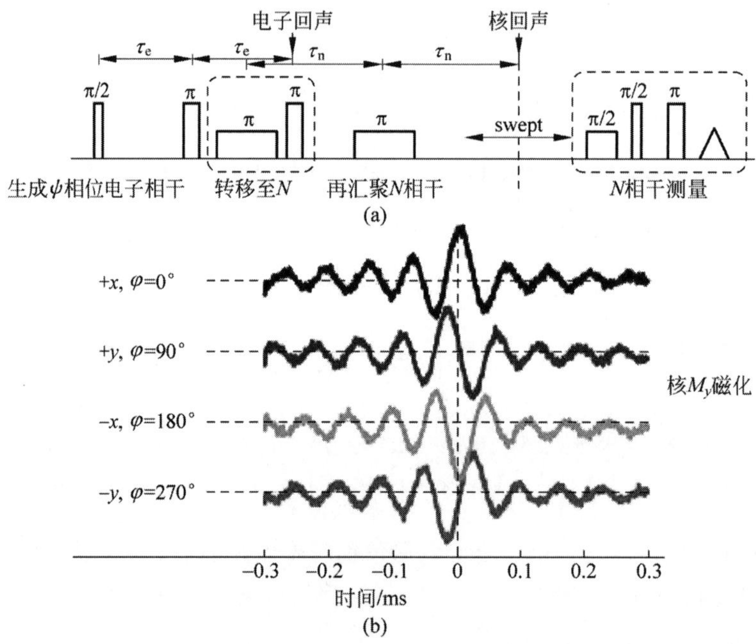

图 4-60　存储过程中的核自旋相干。初始电子叠加态取决于可控激励脉冲初始相 π/2。然后按照图 4-58 所示过程转换为核自旋。核自旋相干可用类似 Ramsey 干涉测量方法读取。射频 π/2 脉冲将核相干转换为核偏振，然后通过电子自旋回波选择性检测核自旋态。核自旋回波相位与原始电子自旋相位互相关叠加，代表电子自旋转移到核自旋的相干特性

$\pm x,\pm y,\pm z$ 进行存储的密度矩阵和实验结果如图 4-61 所示。其可靠性达到 0.90，初始态 ρ_0 纯态与恢复态 ρ_1 的可靠性约为 95%。实验证明，误差主要来自系统及存储介质。通过优化微波脉冲可靠性最高可达 97%。此量子存储系统模型及其分析描述方法具有一定的普遍意义。

存储晶体特性对存储可靠性及效率具有重要意义。例如 Si：P 的电子自旋 S=1/2(g=1.9987)，P 的核自旋 I=1/2，超精细耦合 A=117MHz，其 Hamilton 函数方程为

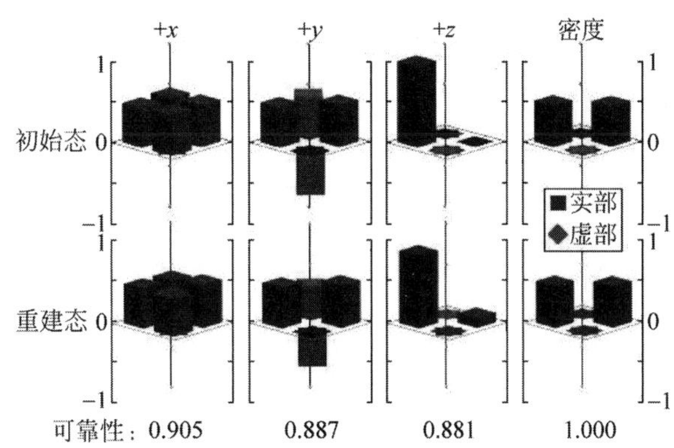

图 4-61 初始态和恢复重建态三维密度矩阵分布。初始纯态电子自旋量子存储于核自旋(第 1 排)，经过存储然后返回电子自旋和测量读出(第 2 排)。图中以 ρ_x，ρ_y 及 $\rho_z\rho_x$ 为基础，通过比较初始和重建密度矩阵可看出量子存储器的可靠性

$$H_0 = \omega_e S_z - \omega_I I_z + A \cdot S \cdot I \tag{4-305}$$

式中，$\omega_e = g\beta B_0/\hbar$，$\omega_I = g_I\beta_n B_0/\hbar$分别代表电子及核 Zeeman 频率，其中 g 和 g_I 为电子和核 g 因子，β 及 β_n 为 Bohr 及核磁子，B_0 为沿 z 轴方向磁场。X 波段 EPR 信号包含核自旋的两个映射 $M_I = \pm 1/2$。本实验取高限 $M_I = 1/2$。存储晶体双轴外延层残余应力展宽至^{31}P ENDOR，残余硅浓度低于 800ppm。为降低对自旋耦合影响，磷浓度降低至 10^{15}cm^{-3}。温度控制使用校准温度传感器，精度优于 0.05K。$\pi/2$ 及 π 脉宽分别为 700 和 1400ns。所以，自旋电子相位为

$$(S, I) = \left[\left(\frac{1}{2}, \frac{1}{2}\right), \left(-\frac{1}{2}, \frac{1}{2}\right), \left(\frac{1}{2}, -\frac{1}{2}\right), \left(-\frac{1}{2}, -\frac{1}{2}\right)\right] \tag{4-306}$$

式中，S 为自旋施主电子；I 为 P 核自旋。若所有脉冲均具有图 4-58 所示选择性和激发转移功能。初始 $\pi/2$ 脉冲相位为 φ_e，射频脉冲相位为 φ_{rf}，其他微波脉冲相位均为 $\mu\omega$。最初的自旋密度矩阵忽视核自旋偏振，与$(\mathbb{1}+\beta S_z)$成正比，其中$\mathbb{1}$为位矩阵，$\beta = -(g\mu_B B_0/kT)$。则密度矩阵可写为

$$\rho_0 = (S_z + \mathbb{1}/2)/2 = \rho_{th} = \begin{pmatrix} 1/2 & 0 & 0 & 0 \\ 0 & 0 & 0 & 0 \\ 0 & 0 & 1/2 & 0 \\ 0 & 0 & 0 & 0 \end{pmatrix} \tag{4-307}$$

经 $\pi/2$ 初始脉冲作用生成相干后，有

$$\rho_1 = \begin{pmatrix} 1/4 & \exp(-\mathrm{i}\varphi_e)/4 & 0 & 0 \\ \exp(\mathrm{i}\varphi_e)/4 & 1/4 & 0 & 0 \\ 0 & 0 & 1/2 & 0 \\ 0 & 0 & 0 & 0 \end{pmatrix} \tag{4-308}$$

再经 π_{RF} 及 π_{mw} 脉冲作用相干转移为核自旋：

$$\rho_2 = \begin{pmatrix} 1/4 & 0 & \exp[\mathrm{i}(\varphi_e - \varphi_{rf} - \varphi_{mw})]/4 & 0 \\ 0 & 1/2 & 0 & 0 \\ \exp[-\mathrm{i}(\varphi_e - \varphi_{rf} - \varphi_{mw})]/4 & 0 & 1/4 & 0 \\ 0 & 0 & 0 & 0 \end{pmatrix} \tag{4-309}$$

此相干特性随时间 T_{2n} 衰变，直至 π_{mw}，π_{rf} 脉冲重新使其返回电子相干：

$$\rho_3 = \rho_1 = \begin{pmatrix} 1/4 & \exp(-\mathrm{i}\varphi_e)/4 & 0 & 0 \\ \exp(\mathrm{i}\varphi_e)/4 & 1/4 & 0 & 0 \\ 0 & 0 & 1/2 & 0 \\ 0 & 0 & 0 & 0 \end{pmatrix} \tag{4-310}$$

存储系统中,电子能量释放可根据系统的热平衡的过程建模计算:

$$\dot{\rho}=-\frac{\gamma}{2}(\rho S^- S^+ + S^- S^+\rho - 2S^+S^-) - \frac{\gamma \mathrm{e}^{-\beta}}{2}(\rho S^+S^- + S^+S^- \rho - 2S^- S^+) - \mathrm{i}[\mathcal{H},\rho] \tag{4-311}$$

式中 γ 为释放率,S^+ 和 S^- 为电子自旋高、低算符($S^{\pm}=S_x\pm \mathrm{i}S_y$),$\beta$ 为 Zeeman 分裂 $k_\beta T$ 中序数,H 为 Hamilton 函数:$H_0=\omega_e S_z-\omega_I I_z+A\cdot S_z\cdot I_z$。若取 H 为 0,$T_{1n}\to+\infty$,方程式(4-300)与 S^+ 和 S^- 相关部分可以忽略。在温度上限情况下,该方程可改写为

$$\dot{\rho}\simeq-\frac{\gamma}{2}\begin{bmatrix}\rho_{1,1}(t)-\rho_{2,2}(t) & \rho_{1,2}(t) & \rho_{1,3}(t)-\mathrm{e}^{-\mathrm{i}At}\rho_{2,4}(t) & \rho_{1,4}(t)\\ \rho_{2,1}(t) & \rho_{2,2}(t)-\rho_{1,1}(t) & \rho_{2,3}(t) & \rho_{2,4}(t)-\mathrm{e}^{\mathrm{i}At}\rho_{1,3}(t)\\ \rho_{3,1}(t)-\mathrm{e}^{\mathrm{i}At}\rho_{4,2}(t) & \rho_{3,2}(t) & \rho_{3,3}(t)-\rho_{4,4}(t) & \rho_{3,4}(t)\\ \rho_{4,1}(t) & \rho_{4,2}(t)-\mathrm{e}^{-\mathrm{i}At}\rho_{3,1}(t) & \rho_{4,3}(t) & \rho_{4,4}(t)-\rho_{3,3}(t)\end{bmatrix} \tag{4-312}$$

电子衰退率 γ 可用以下密度矩阵元描述:

$$\dot{\rho}_{1,1}+\dot{\rho}_{3,3}=-\frac{\gamma}{2}(\rho_{1,1}+\rho_{3,3})+\frac{\gamma}{2}(\rho_{2,2}+\rho_{4,4})=-\frac{\gamma}{2}(\rho_{1,1}+\rho_{3,3})+\frac{\gamma}{2}(1-\rho_{1,1}-\rho_{3,3}) \tag{4-313}$$

若取

$$\rho_e=\rho_{1,1}+\rho_{3,3},\quad \dot{\rho}_e=-\gamma(\rho_e-1/2) \tag{4-314}$$

求解可得

$$\rho_e=\rho_{e,0}\mathrm{e}^{-\gamma t}+1/2 \tag{4-315}$$

因此,电子随 $\mathrm{e}^{-\gamma t}$ 衰退,衰退时间 $T_{1e}=1/\gamma$,核相干 $\rho_{nn}=\rho_{3,1}+\rho_{4,2}$。从方程式(4-314)提取相关参数建立如下耦合方程:

$$\begin{pmatrix}\dot{\rho}_{3,1}\\ \dot{\rho}_{4,2}\end{pmatrix}=-\frac{\gamma}{2}\begin{pmatrix}1 & -\mathrm{e}^{\mathrm{i}At}\\ -\mathrm{e}^{-\mathrm{i}At} & 1\end{pmatrix}\begin{pmatrix}\rho_{3,1}\\ \rho_{4,2}\end{pmatrix} \tag{4-316}$$

在方程 2×2 矩阵中除以时间,可获得与时间相关的伴随线性变换及新变量 $\rho_{3,1}$ 和 $\rho_{4,2}$ 的解:

$$\begin{pmatrix}\rho'_{3,1}\\ \rho'_{4,2}\end{pmatrix}=U\begin{pmatrix}\rho_{3,1}\\ \rho_{4,2}\end{pmatrix}=\begin{pmatrix}\mathrm{e}^{-\mathrm{i}At/2} & 0\\ 0 & -\mathrm{e}^{\mathrm{i}At/2}\end{pmatrix}\begin{pmatrix}\rho_{3,1}\\ \rho_{4,2}\end{pmatrix} \tag{4-317}$$

此微分方程属于简单特征值问题。实验 $A=117\mathrm{MHz}$,范围从 1kHz 至小于 1Hz(为温度函数),因此可取 $A\gg\gamma$。在这种情况下,两个特征值具有同样的实部 $-\gamma/2$,代表核相干衰变率。根据实验实际观察,$T_{2n}=2/\gamma=2T_{1e}$。

从初始态至检索读出 7 种态的回波信号如图 4-62 所示。每个信号与 $\sigma_{x,y,z}$ 测量坐标对应。综合电子自旋回波 $A_{x,y,z}$ 为自旋密度矩阵中 $\sigma_{x,y,z}$ 分量的根。若初始电子自旋状态为纯态,则正常域内初始电子自旋态密度矩阵的根为

$$\rho=\frac{A_x\sigma_x+A_y\sigma_y+A_z\sigma_z}{2\sqrt{A_x^2+A_y^2+A_z^2}}+\mathbb{1}/2 \tag{4-318}$$

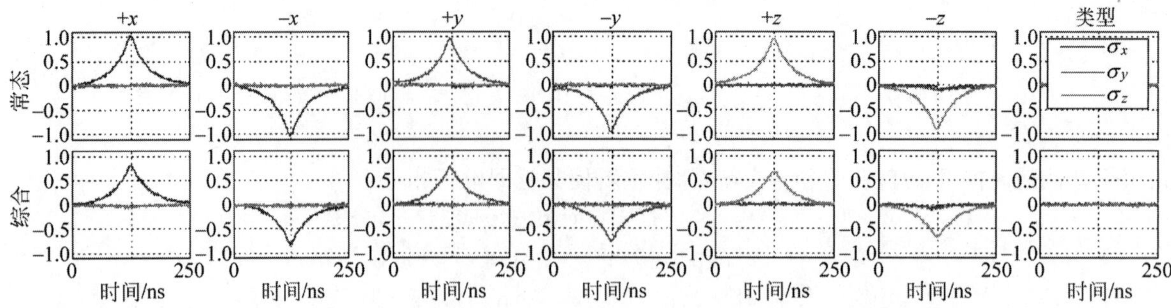

图 4-62 基于 $\sigma_{x,y,z}$ 底线测量存储前、后核自旋的电子自旋态。回波 σ_x 和 σ_y 同时发生,随后产生的 σ_z 已叠加在其中

初始态经过存储后，实际再现电子自旋态及规范化，再现自旋回波的密度矩阵如图4-63所示。两个量子态的公约数即为可靠性：

$$F(\rho_0,\rho_1)=\mathrm{tr}(\sqrt{\sqrt{\rho_1}\rho_0\sqrt{\rho_1}}) \tag{4-319}$$

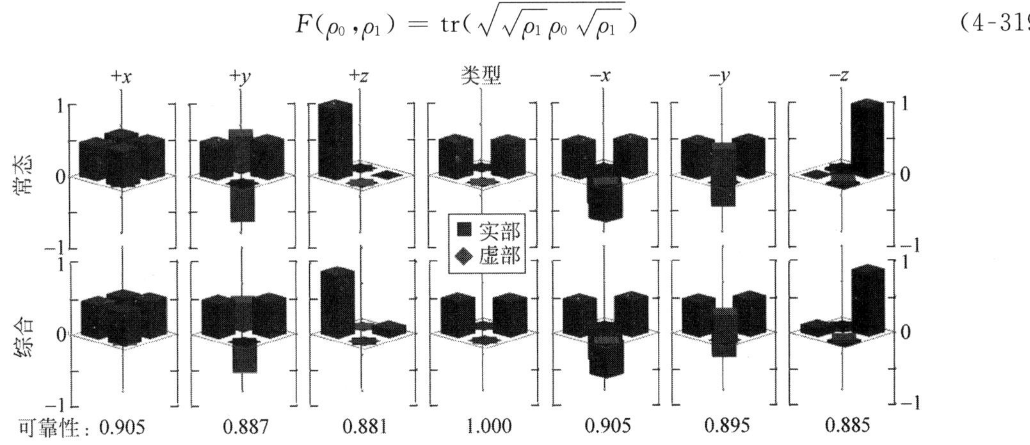

图4-63 经过存储后再现电子自旋态及自旋回波密度矩阵三维分布图

若采用更严格的测量标准，可靠性 $F'=F^2$，对应于纯态和任意密度矩阵交叠（高于其平方根）。因此，初始密度矩阵为 $\rho_0=|\Psi\rangle\langle\Psi|$，可靠性为

$$F'=\langle\psi|\rho_1|\psi\rangle \tag{4-320}$$

4.9 量子纠缠存储容量

研究证明，玻色子量子通道（Bosonic Quantum Channels，BQC）有可能成为解决处理和评估量子通道特征的新途径，但目前仅局限于无记忆功能通道。然而，采用纠缠符号代替传统的乘积符，经典玻色Gauss信道容量可以显著提高信息存储能力。例如，相关热噪声为70%的光子通道的容量，与采用3.8dB纠缠光调制散射噪声方差相等。若采用量子信息理论评估量子通信通道容量，首先需确定多少经典信息可以通过量子信道处理。研究证明，只有少数量子通道能通过玻色子，即连续变化量子通道对玻色子的作用相当于电磁场。有损耗玻色子通道的经典容量已完全解决，虽然解决带噪声玻色子通道容量问题会更棘手一些。实际上，连续变化量子通道中的Gauss分布热噪声源于输入谐振是Gauss态张量积。所以这些研究都局限于无记忆功能的玻色子通道。对于玻色子Gauss信道的容量，最新研究表明，带相关噪声的去偏振通道可以在一定程度上提高纠缠量子比特的经典容量。考虑到热噪声带宽有限，通道存储容量的建模可以认为信道噪声为二维Gauss分布相关系数。研究证明，信道存储容量不可能为零，只要对输入能量有效控制，使用纠缠符号代替乘积符可以显著提高信道容量。至于输入纠缠态与信道存储容量之间的关系，还有待分析。对于玻色子Gauss通道，定义无记忆的玻色子Gauss信道 T 的电磁场作用模型与算符 $a^\dagger$ 相关或等于其分量积分：

$$q=(a+a^\dagger)/\sqrt{2},\quad p=i(a^\dagger-a)/\sqrt{2} \tag{4-321}$$

此式满足 $[q,p]=i$，若信道输入初始态为 ρ，则

$$\rho\leftrightarrow T[\rho]=\int d^2\beta q(\beta)D(\beta)\rho D^\dagger(\beta) \tag{4-322}$$

式中

$$d^2\beta=d\Re(\beta)d\Im(\beta),\quad 且\ D(\beta)=\mathrm{e}^{\beta a^\dagger-\beta^* a} \tag{4-323}$$

此式表示移动算符 $|\alpha\rangle=D(\alpha)|0\rangle$。式中 $|0\rangle$ 代表真空态，$|\alpha\rangle$ 代表 α 相干态。对于Gauss信道，其函数核为方差 N 的二维Gauss分布，即

$$q(\beta)=\frac{1}{\pi N}e^{-\frac{|\beta|^2}{N}} \tag{4-324}$$

式中，N 为外加噪声与分量 q 和 p 的积分，等于信道中增加的热光子数。若信道随机输入了 Gauss 分布相干态，则导致热状态。信道对 Gauss CP 映射的影响可用协方差矩阵表示。若取 Gauss 状态消失的平均值，此协方差矩阵为

$$\gamma=\begin{pmatrix}\langle q^2\rangle & \frac{1}{2}\langle qp+pq\rangle \\ \frac{1}{2}\langle qp+pq\rangle & \langle p^2\rangle\end{pmatrix} \tag{4-325}$$

则 Gauss 信道可写成

$$\gamma\mapsto\gamma+\begin{pmatrix}N & 0\\ 0 & N\end{pmatrix} \tag{4-326}$$

按照量子信道编码原理，量子信道经典容量 T 为

$$C_1(T)=\max\left[S\left(\sum_i p_i T[\rho_i]\right)-\sum_i p_i S(T\mid\rho_i\mid)\right] \tag{4-327}$$

式中

$$S(\rho)=-\operatorname{tr}(\rho\log\rho) \tag{4-328}$$

此式实际上是密度算符 ρ 的 von Neumann 熵，其最大值覆盖整个分布概率 $\{p_i\}$ 及密度算符 $\{\rho_i\}$，并满足于能力约束：

$$\sum_i p_i\operatorname{tr}(\rho_i a^\dagger a)\leqslant\bar{n} \tag{4-329}$$

式中 $\bar{n}$ 为信道最大输入光子数。对于单模玻色子 Gauss 信道，此乃 Gauss 相干态（即若态）的信道容量，通常认为就是 Gauss 态的经典容量。若用 α 积分代替 i 总和，则输入态为 $\rho_\alpha^{\text{in}}=|\alpha\rangle\langle\alpha|$，可得密度矩阵：

$$\rho(\alpha)=\frac{1}{\pi\bar{n}}e^{-\frac{|\alpha|^2}{n}} \tag{4-330}$$

所以，信道的一次经典容量为

$$C_1(T)=S(\bar{\rho})-\int d^2\alpha\rho(\alpha)S(\rho_\alpha^{\text{out}}) \tag{4-331}$$

若定义单独的输入态为

$$\rho_\alpha^{\text{out}}=T[\rho_\alpha^{\text{in}}]=\frac{1}{\pi N}\int d^2\beta e^{-\frac{|\beta-\alpha|^2}{N}}\mid\beta\rangle\langle\beta\mid \tag{4-332}$$

积分函数式为

$$\bar{\rho}=\int d^2\alpha\rho(\alpha)\rho_\alpha^{\text{out}}=\frac{1}{\pi(\bar{n}+N)}\int d^2\beta e^{-\frac{|\beta|^2}{n+N}}\mid\beta\rangle\langle\beta\mid \tag{4-333}$$

为了计算 ρ 态熵及协方差矩阵值，即解方程 $|\gamma-\lambda J|=0$，可得

$$J=\begin{pmatrix}0 & i\\ -i & 0\end{pmatrix} \tag{4-334}$$

可看出，此值总是出于 $\pm\lambda$，所以此时熵为

$$S(\rho)=g\left(\mid\lambda\mid-\frac{1}{2}\right) \tag{4-335}$$

式中

$$g(x)=\begin{cases}(x+1)\log_2(x+1)-x\log_2 x, & x>0\\ 0, & x=0\end{cases} \tag{4-336}$$

此式代表光子数 x 的热态熵。由于输入态 ρ_α^{in} 为以下协方差矩阵表示的相干态：

$$\gamma^{\text{in}} = \frac{1}{2}\begin{pmatrix} 1 & 0 \\ 0 & 1 \end{pmatrix} \tag{4-337}$$

所以，独立输出态 $\rho_{\alpha}^{\text{out}}$ 的协方差矩阵为

$$\gamma^{\text{out}} = \frac{1}{2}\begin{pmatrix} 1+2N & 0 \\ 0 & 1+2N \end{pmatrix} \tag{4-338}$$

$$\bar{\gamma} = \frac{1}{2}\begin{bmatrix} 1+2(\bar{n}+N) & 0 \\ 0 & 1+2(\bar{n}+N) \end{bmatrix} \tag{4-339}$$

信道的一次容量为

$$C_1(T) = g(\bar{n}+N) - g(N) \tag{4-340}$$

对于双模信道，根据无存储信道 T，定义为

$$\rho \mapsto T_{12}[\rho] = \int d^2\beta_1 d^2\beta_2 q(\beta_1,\beta_2) \times D(\beta_1) \otimes D(\beta_2)\rho D^{\dagger}(\beta_1) \otimes D^{\dagger}(\beta_2) \tag{4-341}$$

式中

$$q(\beta_1,\beta_2) = \frac{1}{\pi^2 N^2}\mathrm{e}^{-\frac{|\beta_1|^2+|\beta_2|^2}{N}} \tag{4-342}$$

噪声对两者的影响无关联，两个模的列矢量积分要素为

$$R = [q_1, p_1, q_2, p_2]^{\mathrm{T}} \tag{4-343}$$

双模态 ρ_{12} 的协方差矩阵 γ_{12} 为

$$\gamma_{12} = \mathrm{tr}(R\rho_{12}R^{\mathrm{T}}) - \frac{1}{2}J_1 \oplus J_2 \tag{4-344}$$

式中每个 J_j 按照方程式(4-323)计算。可得双模 Gauss 态的协方差矩阵：

$$\gamma_{12} = \begin{pmatrix} \gamma_1 & \sigma_{12} \\ \sigma_{12}^{\mathrm{T}} & \gamma_2 \end{pmatrix} \tag{4-345}$$

式中 γ_1 为协方差矩阵结合模 1(即 γ_2)的约化密度矩阵算符 $\rho_1 = \mathrm{tr}_2(\rho_{12})$，所以 σ_{12} 表现为两个模的相关或纠缠。对无存储信道，最佳输入态为相干态的简单乘积，其协方差矩阵为

$$\gamma_{12}^{\text{in}} = \gamma_1^{\text{in}} \oplus \gamma_2^{\text{in}} \tag{4-346}$$

式中 γ_1^{in} 和 γ_2^{in} 按照方程式(4-326)计算，其中 $\gamma_{12}^{\text{in}} = 0$。最佳输入调制为 Gauss 分布乘积：

$$p(\alpha_1,\alpha_2) = \frac{1}{\pi^2 \bar{n}^2}\mathrm{e}^{-\frac{|\alpha_1|^2+|\alpha_2|^2}{\bar{n}}} \tag{4-347}$$

所以，此信道的经典容量的附加条件为

$$\frac{1}{2}C_1(T_{12}) = C_1(T) \tag{4-348}$$

对于玻色子 Gauss 存储信道，如果噪声互相关，并封闭于有限带宽，噪声的分布形式为

$$q(\beta_1,\beta_2) = \frac{1}{\pi^2\sqrt{|\gamma_N|}}\mathrm{e}^{-\beta^{\dagger}\gamma_N^{-1}\beta} \tag{4-349}$$

式中

$$\beta = [\Re(\beta_1), \Im(\beta_1), \Re(\beta_2), \Im(\beta_2)]^{\mathrm{T}} \tag{4-350}$$

N 为噪声积分协方差矩阵，且

$$\gamma_N = \begin{pmatrix} N & 0 & -xN & 0 \\ 0 & N & 0 & xN \\ -xN & 0 & N & 0 \\ 0 & xN & 0 & N \end{pmatrix} \tag{4-351}$$

因此，映射 T_{12} 可表示为 $\gamma_{12}\rightarrow\gamma_{12}+\gamma_N$，所以噪声项添加在模式 1 和 2 的积分 p 项，且与变量 N 的 Gauss 函数相关。q 和 p 噪声方差都是相关或反相关的，所以纠缠的有效作用消失在对称的噪声模中。式中 x 为信道存储相关系数，其值 $x=0$ 代表信道无记忆功能，全记忆功能信道 $x=1$。无记忆信道的容量为乘积态，且伴随相关热噪声，所以实际存储容量与输入纠缠程度有关，如图 4-65 所示。如果认为信道属于 EPR 相关态，即 q_1+q_2 和 p_1-p_2 的共同本征态各自的特征值分别为 q^+ 和 p^-，显然噪声对 q^+ 和 p^- 的影响随 x 增加而降低。说明输入纠缠态可减少噪声的影响，增加信道容量。然而，EPR 相关态不受能量守恒约束，本节暂不讨论。采用有限能量的双模真空挤压态取代 EPR 态，其协方差矩阵为

$$\gamma_1^{\text{in}}=\gamma_2^{\text{in}}=\frac{1}{2}\begin{pmatrix}\cosh 2r & 0\\ 0 & \cosh 2r\end{pmatrix} \tag{4-352}$$

$$\sigma_{12}^{\text{in}}=\frac{1}{2}\begin{pmatrix}-\sinh 2r & 0\\ 0 & \sinh 2r\end{pmatrix} \tag{4-353}$$

式中，r 为挤压参数。纯粹的经典正交输入 $p(\alpha_1,\alpha_2)$ 积分之间的相关性，只要 $x>0$ 也有助于增加容量，所以必须检查纠缠态，排除其他干扰。式(4-352)、式(4-353)中光子数特征模型为 $\sinh^2 r$，所以当光子数 $\bar{n}$ 增加，可对应增强纠缠调制直至最大值。值得注意的是，有可能利用纠缠诱导抑制 q^+ 和 p^- 的噪声。为此，取输入态 $\sinh^2 r=\eta\bar{n}$，η 为纠缠度，其最高调制度为 $\eta=1$，即全部能力均用于纠缠。这时信道输出态的协方差矩阵为

$$\gamma_{1,2}^{\text{out}}=\frac{1}{2}\begin{pmatrix}\cosh 2r+2N & 0\\ 0 & \cosh 2r+2N\end{pmatrix} \tag{4-354}$$

$$\sigma_{12}^{\text{out}}=\frac{1}{2}\begin{pmatrix}-\sinh 2r-2xN & 0\\ 0 & \sinh 2r+2xN\end{pmatrix} \tag{4-355}$$

式中，γ_{12} 为各态综合最大值：

$$\bar{\gamma}_{1,2}=\gamma_{1,2}^{\text{out}}+\begin{bmatrix}(1-\eta)\bar{n} & 0\\ 0 & (1-\eta)\bar{n}\end{bmatrix} \tag{4-356}$$

$$\bar{\sigma}_{12}=\sigma_{12}^{\text{out}}+\begin{bmatrix}y(1-\eta)\bar{n} & 0\\ 0 & -y(1-\eta)\bar{n}\end{bmatrix} \tag{4-357}$$

若能量约束饱和，y 为经典输入相干序数，q 为互相关，p 为反互相关，则均对噪声能形成抑制，如图 4-64 所示。

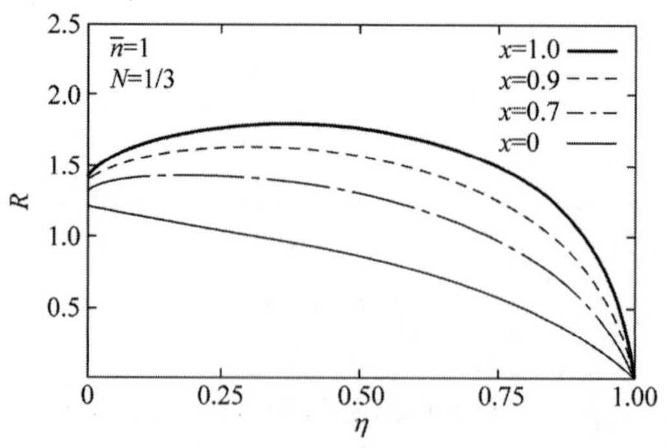

图 4-64　热信道存储相关系数 x 取不同值，且经典相关序数 y 最大化时，信道传输率 R 与输入纠缠态 η 的函数关系曲线。输入平均光子数 $\bar{n}=1$，添加热光子数 $N=1/3$。经典相关系数 y 取最大值

因此，纠缠能增强信道存储容量。为了量化评价这些态的传输率，首先需计算 γ_{12}^{out} 和 γ_{12} 的偶对值 $\bar{\lambda}_{12}^{\text{out}}$ 和 $\bar{\lambda}_{12}$。根据式(4-333)计算的协方差矩阵可得对偶值 $\pm\gamma_{12}$，求解方程：

$$|\gamma_{12}-\lambda_{12}(J_1 \oplus J_2)|=0 \tag{4-358}$$

其二次方程为

$$\lambda_{12}^4-(|\gamma_1|+|\gamma_2|+2|\sigma_{12}|)\lambda_{12}^2+|\gamma_{12}|=0 \tag{4-359}$$

则可计算 $\bar{\lambda}_{12}^{\text{out}}$ 和 $\bar{\lambda}_{12}$ 对偶值为

$$\lambda_{12}^{\text{out}}=\pm\sqrt{u_{\text{out}}^2-v_{\text{out}}^2},\quad \lambda_{12}=\pm\sqrt{\bar{u}^2-\bar{v}^2} \tag{4-360}$$

其中

$$u_{\text{out}}=\frac{1}{2}+\eta\bar{n}+N,\quad v_{\text{out}}=\sqrt{\eta\bar{n}(1+\eta\bar{n})}+xN \tag{4-361}$$

且

$$\bar{u}=\frac{1}{2}+\bar{n}+N,\quad \bar{v}=\sqrt{\eta\bar{n}(1+\eta\bar{n})}+xN-y(1-\eta)\bar{n} \tag{4-362}$$

每个模的传输率为

$$R(y,\eta)=g\left(|\bar{\lambda}_{12}|-\frac{1}{2}\right)-g\left(|\lambda_{12}^{\text{out}}|-\frac{1}{2}\right) \tag{4-363}$$

当 $x>0$ 时，优化信道传输率 R 随纠缠度 η 增加，当 $\eta^*>0$ 时达到最佳值，如图 4-65 所示。为了分析计算信道容量 C，设 R 及 y 和 η_{in} 均最大化，信噪比 $\bar{n}/n$ 固定不变，如图 4-65 所示。除了 $x=0,1$，最佳纠缠度 η^* 的最大值对应某个特定的输入光子数 $\bar{n}$，然后逐渐趋于 0。相应的最佳输入相关系数 y^* 与其他相关参数之间的函数关系如图 4-66 所示。

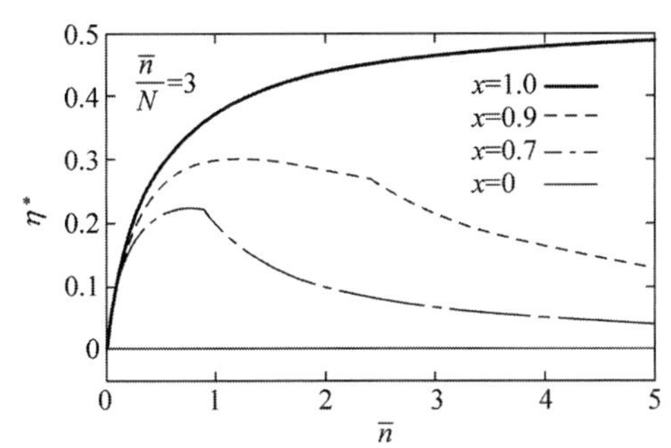

图 4-65　热信道存储相关系数 x 取不同值，最佳输入纠缠度 η^* 与输入光子数 $\bar{n}$ 之间函数关系曲线，信噪比固定 $\bar{n}/N=3$

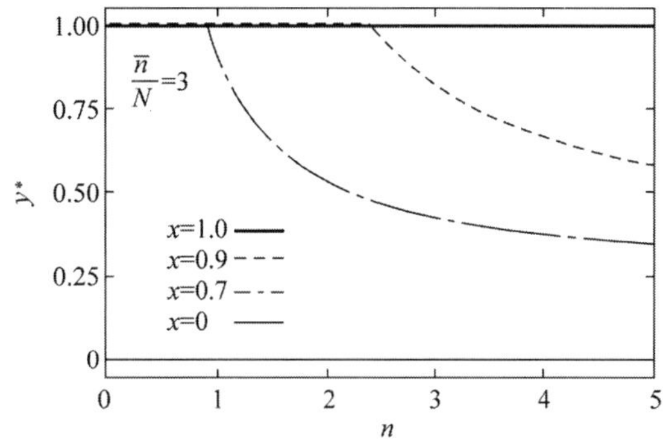

图 4-66　热信道存储相关系数 x 取不同值，最佳输入相关度 y^* 与输入光子数 n 之间函数关系曲线，信噪比固定 $\bar{n}/N=3$

即使是在经典极限下($\bar{n}\to+\infty$)，只要 $x>0$，非零相干输入都能提高 Gauss 信道容量。同时，纠缠态可以提高玻色子信道的经典容量及热噪声条件下的存储功能。纠缠度已最大化的信道，影响其容量的是平均光子数和噪声水平，即输入的能量和模式产生的热光子数。例如，若平均光子数为 1，双模输入压缩 3.8dB，信道的热光子数占 1/3 和相关系数为 70%，则信道容量可提高 10.8%。然而，由于量子纠缠态的量子互相关，可以部分抵消相关噪声影响，因此引导出容量增益 G 的概念。即在纠缠系统中，占主导地位的效应会导致信息传播通道有效容量的净增值超过平均数。纠缠诱导使容量增加形成的容量增益 G 与平均光子数的关系如图 4-67 所示。证明利用光束纠缠与挤压实验可提高容量 10%以上。

此外，在量子力学中存在这样的情况，一个完整的复合系统并不意味着所有子系统都是十分明确肯定的。甚至可能发生子系统的状态完全是待定的。这是最高纠缠态。所以可定义纠缠态 A 为：n 量子系统 $V_1V_2\cdots V_n$ 对应于 HV_1；HV_2；…；HV_n Hilbert 空间。而整个系统 H 的 Hilbert 空间则是

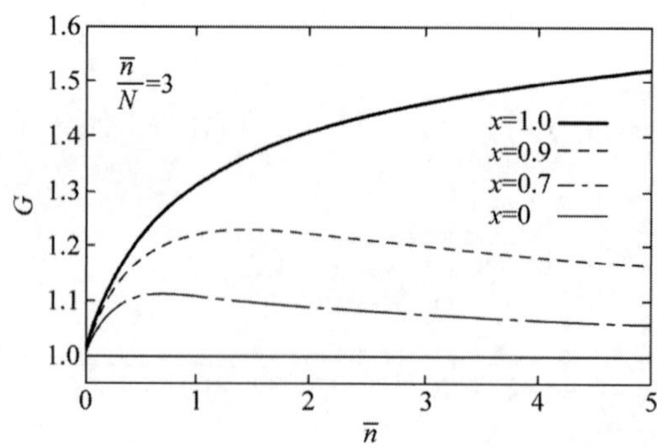

图 4-67 当信噪比固定为$\bar{n}/N=3$时，容量增益 $G=\max_{y,\eta}R(y,\eta)/\max_{y}R(y,0)$与输入光子数$\bar{n}$的函数关系

张量积 $H=HV_1-HV_2-\cdots-HV_n$。所以，由许多子系统组成的系统可描述为

$$|\psi\rangle=\sum_{i_1,i_2,\cdots,i_n}b_{i_1,i_2,\cdots,i_n}|\varphi_{i_1}\rangle\otimes|\varphi_{i_2}\rangle\otimes\cdots\otimes|\varphi_{i_n}\rangle \tag{4-364}$$

式中$|\varphi_{i_j}\rangle$为 HV_j 空间 A_i，但通常$\widetilde{A}_i$ 不是子系统$|\widetilde{A}|_i$，HV_j 的张量积。所以，有

$$|\psi\rangle\neq|\psi_1\rangle\otimes|\psi_2\rangle\otimes\cdots\otimes|\psi_n\rangle\equiv|\psi_1\psi_2\cdots\psi_n\rangle \tag{4-365}$$

根据此原则，纠缠和纠缠态可定义如下：由量子纠缠纯态组成的系统，如果不能写成各个子系统态乘积，则称为纠缠 A。例如，最简单的纠缠态为

$$|\psi\rangle=\frac{|01\rangle-|10\rangle}{\sqrt{2}} \tag{4-366}$$

式中$|0\rangle$和$|1\rangle$为正交态。如果是混合态，情况则比较复杂，通常不是乘积不属纠缠。相反，若子系 n 的混合态 ρ 不能写成乘积态的凸组合，则可称为纠缠：

$$\rho\neq\sum_i a_i\rho_{i_1}\otimes\rho_{i_2}\otimes\cdots\otimes\rho_{i_n} \tag{4-367}$$

对于纯由两部分构成的系统如何确定其纠缠，必须使用 Schmidt 分解。如果系统为多个 Schmidt 纠缠的组合态，很难确定是否纠缠。所以，制定了一系列纠缠标准，分别讨论如下。

1. 正偏置条件

所谓正偏置(Positive Partial Transpose，PPT)，又称为部分变换判断。其基本定义为：由密度算子 ρ 构成的双量子态系统中，ρ 的矩阵元的基础是 $hm_1j^{1/2}jn_i^{\circ}$，且其中 j_i^1 和 $j_i^{\circ}j^1$ 分别为第一和第二子系统的基本矢量，则密度算符 ρ^{T2} 的矩阵元为

$$\langle m\mu|\rho^{T_2}|nv\rangle\equiv\langle mv|\rho|n\mu\rangle \tag{4-368}$$

此式被称为 ρ 的子系统部分转置。虽然部分转置取决于 ρ 的基础 ρ^{T_2} 的独立特征值。所以定义 PPT 条件的标准为

$$\rho_{\text{separable}}\Rightarrow\rho^{T_2}=\sum_i p_i\rho_{i_1}\otimes\rho_{i_2}^{T},\quad \rho^{T_2}\geqslant 0 \tag{4-369}$$

这说明双态 ρ 的纠缠可以很容易通过检测其部分转置 ρ^{T_2} 的特征值判断。只要其中有一个为负，系统就属于纠缠。这可以作为任意维 PPT 判断的充分标准，但并非必要条件。偏置可视为时间反转子系统。如果一个子系统的时间反转会导致整个系统的物理状态，则一定是相关纠缠态。

2. 正映射及纠缠态分析

上述纠缠态的判断 PPT 标准可以从更具有普遍性的定理中推导，即分离性条件与正映射态 A：

$$\rho\in\mathcal{B}(\mathcal{H}_a\otimes\mathcal{H}_b) \tag{4-370}$$

式中 $B(H)$ 为算子空间，也是 Hilbert 空间构成的正映射，即线性伴随矩阵映射。此正映射算符

$B(H_b)\otimes B(H_c)$存在于

$$(\mathbb{1}_a\otimes\varepsilon)\rho\geqslant 0 \tag{4-371}$$

若按照$(\mathbb{1}_a\otimes\varepsilon)$形式对 T 取映射，导入同类项算符 $E\in\mathcal{B}(\mathcal{H}_b\otimes\mathcal{H}_c)$，则可定义其映射：

$$\varepsilon:\mathcal{B}(\mathcal{H}_b)\rightarrow\mathcal{B}(\mathcal{H}_c) \tag{4-372}$$

式中，

$$\varepsilon(\rho)=\mathrm{tr}_B(E\rho^{T_B}) \tag{4-373}$$

按照已有的算子 E 便可建立此纠缠态的正映射：

$$|\Phi^+\rangle=\frac{1}{\sqrt{D}}\sum_{i=1}^{D}|i\rangle_{B'}|i\rangle_B \tag{4-374}$$

式中 $D=\dim HB$，所以可得

$$D(\mathbb{1}_{B'}\otimes\varepsilon)(|\Phi^+\rangle\langle\Phi^+|)=E'' \tag{4-375}$$

根据以上各算子及其映射的特征，可确定完全正映射

$$E\geqslant 0 \tag{4-376}$$

以上介绍的仅是量化衡量纠缠混合态的方法及标准。实际应用中，更多的是通过对渐近纠缠纯态萃取或通过本地操作经典通信(Local Operations and Classical Communication，LOCC)进行测量。

连续变量纠缠特性的分析比有限维系统复杂。连续变量纠缠的类型较多，其中最值得关注的是双纠缠纯态和混合 Gauss 态。典型例子是纯粹双模压缩态及其协方差矩阵方程，可以离散光子数(Fock)为基础写为

$$\sqrt{1-\lambda}\sum_{n=0}^{+\infty}\lambda^{n/2}|n\rangle|n\rangle \tag{4-377}$$

式中 $\lambda=\tan\hbar(r)$。此式说明，双模压缩态的两种模式也存在光子数量子关联。且双模压缩态更逼近最大限度纠缠态。任何由两个纯多模 Gauss 态构成的对应张量积，以及纯双模压缩态 Gauss 酉变换，其纠缠度可以通过部分 von Neumann 熵量化计算。

根据前面提到的二次矩协方差矩阵，可转换成

$$\gamma\rightarrow\Gamma\gamma\Gamma \tag{4-378}$$

双 Gauss 系统的部分变换式为

$$\Gamma_A=\Gamma_A\otimes\mathbb{1}_B \tag{4-379}$$

说明系统 A 的动量变化，而系统 B 不变。所以连续变量的 PPT 标准为

$$\Gamma_A\gamma_{AB}\Gamma_A\ngeqslant i\sigma \tag{4-380}$$

以上为系统 A 和 B 纠缠的充分条件。由于 A 和 B 系统为同一种模的 Gauss 态，其协方差矩阵为 2×2 矩阵。如果两个系统的模式不同，式(4-380)为其纠缠的必要和充分条件。

下面讨论某些双 Gauss 态的特殊情况。负对数双 Gauss 态可用协方差矩阵的 Gauss 密度算符协方差矩阵表示。T_1 的对偶谱为

$$E_N=\sum_{\alpha=1}^{n}F(\tilde{c}_\alpha) \tag{4-381}$$

式中，$\tilde{c}_\alpha\sim c_1,c_2,\cdots,c_n$，$F(c)$为 W 算符 Gauss 符协方差矩阵。为了计算算符的迹范数，此协方差矩阵必须进行标准模式分解或变成对角矩阵。在系统的第一 Hilbert 空间采用模式分解，将纠缠态转换为独立谐振子张量积。通常协方差矩阵的正常模式分解是对算符进行正则线性变换。协方差对角矩阵重构成一组独立谐振子 $c_1,c_2,\cdots,c_n$，称为系统的偶对谱。便可计算出 $c_1,c_2,\cdots,c_n$ 的特征值 $F(c)$：

$$F(c)=\begin{cases}0, & c\geqslant 1\\ -\log_2(c), & c<1\end{cases} \tag{4-382}$$

量子数字存储器的每个单元比经典的光存储具有更大的信息容量。利用非经典态实现信息存储,包括玻色子相干态的非经典量子纠缠。通常用 EPR 相关性表示,即代表两个玻色子的位置和动量的正交算子是相关的。这种双模压缩真空(Two-Mode Squeezed Vacuum,TMSV)态已在量子光学实验室中实现,并用于可读光量子存储。证明非经典的 EPR 相关可广泛用于信息数字存储。这些研究的目标可提高系统性能,增加每个存储单元平均存储数量、数据传输速率和存储容量。

存储器的每个单元可由多种强度,$r_0 r_1 r_2 \cdots r_n$ 编码逻辑位 u 组成,如图 4-68 所示,包括存储单元及发射-读出单元。发射基本参数是光子的数量 N 和模式。测量部分的基本参数是效率及比特错误概率。每个存储单元的检索的平均比特为 $1-H(P_{\text{err}})$/细胞,其中 $H(\cdot)$为 Shannon 熵。根据读出信号强度$\{r_0 r_1 r_2 \cdots r_n\}$编码构成的逻辑位 $u \in \{0\ 1\ 2\ \cdots\ n\}$。相应的误差概率满足

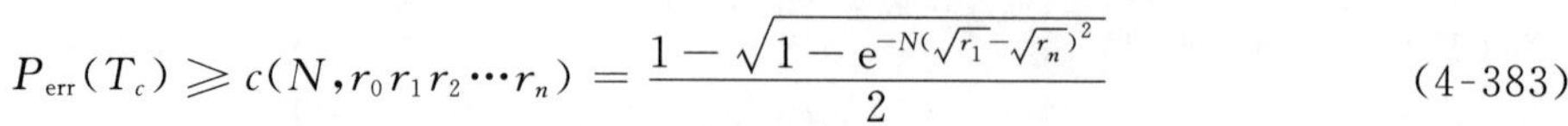

$$P_{\text{err}}(T_c) \geqslant c(N, r_0 r_1 r_2 \cdots r_n) = \frac{1-\sqrt{1-\mathrm{e}^{-N(\sqrt{r_1}-\sqrt{r_n})^2}}}{2} \tag{4-383}$$

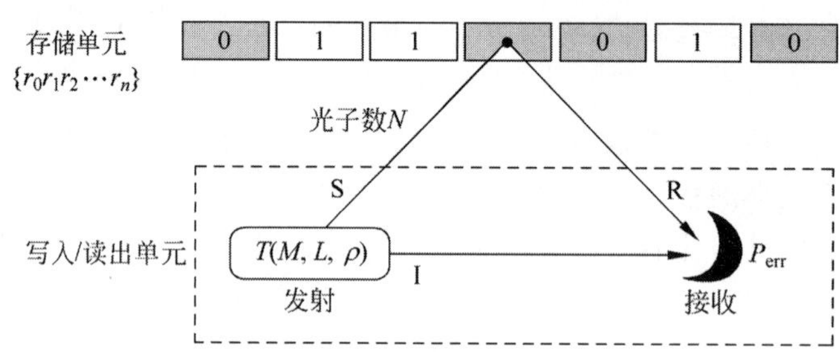

图 4-68 存储系统示意图。存储单元包对不同光子数敏感的存储细胞,构成 $r=r_0 r_1 r_2 \cdots r_n$ 编码。写入/读出单元包括发射和接收两部分。写入部分 T 包括模式、强度、量子态(M,L,ρ)、平均光子数等。对接收部分的主要评价指标是检测概率 P_{err}

参考文献

[1] Allcock J, Brunner N, Pawlowski M, et al. Recovering part of the boundary between quantum and nonquantum correlations from information causality. Phys Rev A, 2009, 80: 040103.

[2] Barnum H, Barrett J, Leifer M, et al. A generalized no-broadcasting theorem. Phys Rev Lett, 2007, 99: 240501.

[3] Barnum H, Dahlsten O, Leifer M, et al. Nonclassicality without entanglement enables bit committment. Barros J, McLauglin S W, ed. Proc IEEE Inform Theo Workshop (ITW'08), Porto, Portugal, May 5-9, 2008, doi: 10.1109/ITW.2008.4578692.

[4] Barrett J. Information processing in generalized probabilistic theories. Phys Rev A, 2007, 75: 032304.

[5] Bub J. Quantum computation from a quantum logical perspective. Quant Inform Comp, 2007, 7: 281-296.

[6] Bub J. Quantum computation: Where does the speed-up come from? Bokulich A, Jaeger G, ed. Philosophy of Quantum Information and Entanglement, Cambridge: Cambridge University Press, 2010: 231-246.

[7] Bub J. Quantum probabilities: An information-theoretic interpretation. Beisbart C, Hartmann S, ed. Probabilities in Physics, Oxford: Oxford University Press, 2010.

[8] Navascues M, Wunderlich H. A glance beyond the quantum model. Proc Roy Soc A, 2010, 466: 881-890.

[9] Pawlowski M, Patarek T, Kaszlikowski D, et al. A new physical principle: Information causality. Nature, 2009, 461: 1101.

[10] Timpson C G. On a supposed conceptual inadequacy of the Shannon information in quantum mechanics. Stud Hist Phil Sci B, 2003, 33: 441-468.

[11] Barnum H, Barrett J, Leifer M, et al. Teleportation in general probabilistic theories. arXiv: 0805.3553, 2008.

[12] Barnum H, Barrett J, Clark L O, et al. Entropy and information causality in general probabilistic theories. New J Phys, 2010, 12: 033024.

[13] Skrzypczyk P, Brunner N, Popescu S. Emergence of quantum correlations from nonlocality swapping. Phys Rev Lett, 2009, 102: 110402.

[14] Bub J. Quantum information and computation. Earman J, Butterfield J, ed. Philosophy of Physics, Amsterdam, The Netherlands: North Holland, 2006: 555-660.

[15] Bub J. Quantum computation and pseudotelepathic games. Phil Sci, 2008, 75: 458-472.

[16] Pawlowski M, Patarek T, Kaszlikowski D, et al. A new physical principle: Information causality. Nature, 2009, 461: 1101.

[17] Pryde G J, O'Brien J L, White A G, et al. Measuring a photonic qubit without destroying it. Phys Rev Lett, 2004, 92: 190402.

[18] Stockton J K, van Handel R, Mabuchi H. Deterministic Dicke-state preparation with continuous measurement and control. Phys Rev A, 2004, 70: 022106.

[19] Blinov B B, Moehring D L, Duan L M, et al. Observation of entanglement between a single trapped atom and a single photon. Nature, 2004, 428: 153-157.

[20] Volz J, Weber M, Schlenk D, et al. Observation of entanglement of a single photon with a trapped atom. Phys Rev Lett, 2006, 96: 030404.

[21] Wilk T, Webster S C, Kuhn A, et al. Single-atom single-photon quantum interface. Science, 2007, 317: 488-490.

[22] Yuan Z-S, Chen Y-A, Zhao B, et al. Experimental demonstration of a BDCZ quantum repeater node. Nature, 2008, 454: 1098-1101.

[23] Matsukevich D, N. Chanelière T, Bhattacharya M, et al. Entanglement of a photon and a collective atomic excitation. Phys Rev Lett, 2005, 95: 040405.

[24] Sherson J F, Krauter H, Olsson R K, et al. Quantum teleportation between light and matter. Nature, 2006, 443: 557-560.

[25] Chou C W, de Riedmatten H, Felinto D, et al. Measurement-induced entanglement for excitation stored in remote atomic ensembles. Nature, 2005, 438: 828-832.

[26] Moehring D L. Maunz P, Olmschenk S, et al. Entanglement of single-atom quantum bits at a distance. Nature, 2007, 449: 68-71.

[27] Kimble H J. The quantum internet. Nature, 2008, 453: 1023-1030.

[28] Childress L, Taylor J M, Sørensen A S, et al. Fault-tolerant quantum communication based on solid-state photon emitters. Phys Rev Lett, 2006, 96: 070504.

[29] Duan L-M, Monroe C. Robust quantum information processing with atoms, photons, and atomic ensembles. Adv Atom Mol Opt Phys, 2008, 55: 419-464.

[30] Neumann P, Mizuochi N, Rempp F, et al. Multipartite entanglement among single spins in diamond. Science, 2008, 320(5881): 1326-1329.

[31] Ansmann M, Wang H, Bialczak R C, et al. Violation of Bell's inequality in Josephson phase qubits. Nature, 2009, 461: 504-506.

[32] DiCarlo L, Chow M, Gambetta J M, et al. Demonstration of two-qubit algorithms with a superconducting quantum processor. Nature, 2009, 460: 240-244.

[33] de Riedmatten H, Afzelius M, Staudt M U, et al. A solid-state light-matter interface at the single-photon level. Nature, 2008, 456: 773-777.

[34] Eisaman M D, Childress L, Andre A, et al. Shaping quantum pulses of light via coherent atomic memory. Phys Rev Lett, 2004, 93: 233602.

[35] Balasubramanian G, Neumann P, Twitchen D, et al. Ultralong spin coherence time in isotopically engineered diamond. Nature Materials, 2009, 8: 383-387.

[36] Fuchs G D, Dobrovitski V V, Toyli D M, et al. Gigahertz dynamics of a strongly driven single quantum spin.

Science, 2009, 326: 1520-1522.

[37] Dutt M V G, Childress L, Jiang L, et al. Quantum register based on individual electronic and nuclear spin qubits in diamond. Science, 2007, 316: 1312-1316.

[38] Tamarat Ph, Manson N B, Harrison J P, et al. Spin-flip and spin-conserving optical transitions of the nitrogen-vacancy centre in diamond. New J Phys, 2008, 10: 045004.

[39] Manson N, Harrison J, Sellars M. Nitrogen-vacancy center in diamond: Model of the electronic structure and associated dynamics. Phys Rev B, 2006, 74: 104303.

[40] Santori C, Tamarat P, Neumann P, et al. Coherent population trapping of single spins in diamond under optical excitation. Phys Rev Lett, 2006, 97, 247401.

[41] Usmani I, Afzelius M, de Riedmatten H, et al. Nature Communications, 2010, 1: 12.

[42] Bonarota M, Le Gouët J-L L, Chanelière T. Highly multimode storage in a crystal. New J Phys, 2011, 13: 013013.

[43] Clausen C, Usmani I, Bussieres F, et al. Quantum storage of photonic entanglement in a crystal. Nature, 2011, 469(7331): 508-511.

[44] Saglamyurek E, Sinclair N, Jin J, et al. Broadband waveguide quantum memory for entangled photons. Nature, 2011, 469(7331): 512-515.

[45] Simon C, de Riedmatten H, Afzelius M, et al. Quantum repeaters with photon pair sources and multimode memories. Phys Rev Lett, 2007, 98: 190503.

[46] Afzelius M, Simon C, de Riedmatten H, et al. Multimode quantum memory based on atomic frequency combs. Phys Rev A, 2009, 79: 052329.

[47] Afzelius M, Usmani I, Amari A, et al. Demonstration of atomic frequency comb memory for light with spin-wave storage. Phys Rev Lett, 2010, 104: 040503.

[48] Sabooni M, Beaudoin F, Walther A, et al. Storage and recall of weak coherent optical pulses with an efficiency of 25%. Phys Rev Lett, 2010, 105: 060501.

[49] Bonarota M, Ruggiero J, Le Gouët J L, et al. Efficiency optimization for atomic frequency comb storage. Phys Rev A, 2010, 81: 033803.

[50] Afzelius M, Simon C. Impedance-matched cavity quantum memory. Phys Rev A, 2010, 82: 022310.

[51] Salart D, Landry O, Sangouard N, et al. Purification of single-photon entanglement. Phys Rev Lett, 2010, 104: 180504.

[52] Sangouard N, Simon C, Minac J, et al. Long-distance entanglement distribution with single-photon sources. Phys Rev A, 2007, 76: 050301(R).

[53] Pomarico E, Sanguinetti B, Gisin N, et al. Waveguide-based OPO source of entangled photon pairs. New J Phys, 2009, 11: 113042.

[54] Duan L M, Monroe C. Colloquium: Quantum networks with trapped ions. Rev Mod Phys, 2010, 82: 1209.

[55] Ladd T D, Jelezko F, Laflamme R, et al. , Quantum computers. Nature, 2010, 464: 45-53.

[56] Kaiser F, Jacques V, Batalov A, et al. Polarization properties of single photons emitted by nitrogenvacancy defect in diamond at low temperature. arXiv. org/abs/0906. 3426, 2009.

[57] Englund D, Faraon A, Fushman I, et al. Controlling cavity reflectivity with a single quantum dot. Nature, 2007, 450: 857-861.

[58] Schietinger S, Schröder T, Benson O. One-by-one coupling of single defect centers in nano-diamonds to high-Q modes of an optical micro-resonator. Nano Lett, 2008, 8: 3911-3915.

[59] Wang C F, Hanson R, Awschalom D D, et al. Fabrication and characterization of two-dimensional photonic crystal microcavities in nanocrystalline diamond. Appl Phys Lett, 2007, 91: 201112.

[60] Fleischhauer M, Imamoglu A, Marangos J P. Electromagnetically induced transparency: Optics in coherent media. Rev Mod Phys, 2005, 77: 633-673.

[61] Julsgaard B, Sherson J, Cirac J I, et al. Experimental demonstration of quantum memory for light. Nature, 2004, 432: 482-486.

[62] Langer C, Ozeri R, Jost J D, et al. Long-lived qubit memory using atomic ions. Phys Rev Lett, 2005,

95: 060502.

[63] Chioresсu I, Nakamura Y, Harmans C J, et al. Coherent quantum dynamics of a superconducting flux qubit. Science, 2003, 299: 1869-1871.

[64] McDermott R, Simmonds R W, Steffen M, et al. Simultaneous state measurement of coupled Josephson phase qubits. Science, 2005, 307(5713): 1299-1302.

[65] Steffen M, Ansmann M, Bialczak R C, et al. Measurement of the entanglement of two superconducting qubits via state tomography. Science, 2006, 313(5792): 1423-1425.

[66] Grajcar M, Izmalkov A, van der Ploeg S H W, et al. Four-qubit device with mixed couplings. Phys Rev Lett, 2006, 96: 047006.

[67] Haroche S, Raimond J-M. Exploring the quantum: Atoms, cavities, and photons. Oxford: Oxford University Press, 2006.

[68] Schleich W P. Elements of quantum information. New York: Wiley-VCH Verlag GmbH, 2007.

[69] Blais A, Huang R-S, Wallraff A, et al. Cavity quantum electrodynamics for superconducting electrical circuits: An architecture for quantum computation. Phys Rev A, 2004, 69: 062320.

[70] Wallraff A, Schuster D I, Blais A, et al. Strong coupling of a single photon to a superconducting qubit using circuit quantum electrodynamics. Nature, 2004, 431: 162-167.

[71] Chiorescu I, Bertet P, Semba K, et al. Coherent dynamics of a flux qubit coupled to a harmonic oscillator. Nature, 2004, 431: 159-162.

[72] Johansson J, Saito S, Nakano H, et al. Vacuum Rabi oscillations in a macroscopic superconducting qubit LC oscillator system. Phys Rev Lett, 2006, 96: 127006.

[73] Koch R H, Keefe G A, Milliken F P, et al. Experimental demonstration of an oscillator stabilized Josephson flux qubit. Phys Rev Lett, 2006, 96: 127001.

[74] Xu H, Strauch F W, Dutta S K, et al. Spectroscopy of three-particle entanglement in a macroscopic superconducting circuit. Phys Rev Lett, 2005, 94: 027003.

[75] Gorshkov A V, André A. Fleischhauer M, et al. Universal approach to optimal photon storage in atomic media. Phys Rev Lett, 2007, 98: 123601.

[76] Gorshkov A V, André A,Lukin M D, et al. Photon storage in Λ-type optically dense atomic media: III. Effects of inhomogeneous broadening. Phys Rev A, 2007, 76: 033806.

[77] Novikova, Gorshkov A V, Phillips D F, et al. Optimal control of light pulse storage and retrieval. Phys Rev Lett, 2007, 98: 243602.

[78] Eisaman M D, André A, Massou F, et al. Electromagnetically induced transparency with tunable single-photon pulses. Nature, 2005, 438: 837-841.

[79] Shapiro M, Blumer P. Principles of the quantum control of molecular processes, Hoboken, NJ: Wiley-VCH, 2003.

[80] Khaneja N, Reiss T, Kehlet C, et al. Optimal control of coupled spin dynamics: design of NMR pulse sequences by gradient ascent algorithms. J Magn Reson, 2005, 172: 296-305.

[81] Nunn J, Walmsley I A, Raymer M G, Mapping broadband single-photon wave packets into an atomic memory. Phys Rev A, 2007, 75: 011401(R).

[82] Staudt M U, Hastings-Simon S R, Nilsson M, et al. Fidelity of an optical memory based on stimulated photon echoes. Phys Rev Lett, 2007, 98: 113601.

[83] Patnaik A K, Kien F L, Hakuta K. Manipulating the retrieval of stored light pulses. Phys Rev A, 2004, 69: 035803.

[84] Kalachev A, Kröll S. Coherent control of collective spontaneous emission in an extended atomic ensemble and quantum storage. Phys Rev A, 2006, 74: 023814.

[85] Appel J, Marzlin K-P, Lvovsky A I. Raman adiabatic transfer of optical states in multilevel atoms. Phys Rev A, 2006, 73: 013804.

[86] Raczyński A, Zaremba J, Zielińska-Kaniasty S. Beam splitting and Hong-Ou-Mandel interference for stored light. Phys Rev A, 2007, 75: 013810.

[87] Chanelière T, Matsukevich D, Jenkins S D, et al. Storage and retrieval of single photons transmitted between remote quantum memories. Nature, 2005, 438: 833-836.

[88] Loudon R. The quantum theory of light. Oxford: Oxford University Press, 2000.

[89] Briegel H J, Dur W, van Enk S J, et al. Quantum networks and multi-particle entanglement. Bouwmeester D, Ekert A, Zeilinger A, ed. The Physics of Quantum Information, Berlin: Springer, 2000: 191-220.

[90] Fleischhauer M, Lukin M D. Dark-state polaritons in electromagnetically induced transparency. Phys Rev Lett, 2000, 84: 5094.

[91] Kraus B, Tittel W, Gisin N, et al. Quantum memory for nonstationary light fields based on controlled reversible inhomogeneous broadening. Phys Rev A, 2006, 73: 020302(R).

[92] Fleischhauer M, Lukin M D. Quantum memory for photons: Dark-state polaritons. Phys Rev A, 2002, 65: 022314.

[93] Choi K S, Deng H, Laurat J, et al. Mapping photonic entanglement into and out of a quantum memory. Nature, 2008, 452: 67-71.

[94] Appel J, Figueroa E, Korystov D, et al. Quantum memory for squeezed light. Phys Rev Lett, 2008, 100: 093602.

[95] Honda K, Akamatsu D, Arikawa M, et al. Storage and retrieval of a squeezed vacuum. Phys Rev Lett, 2008, 100: 093601.

[96] Gorshkov V, Calarco T, Lukin M D, et al. Photon storage in Λ-type optically dense atomic media. IV. Optimal control using gradient ascent. Phys Rev A, 2008, 77: 043806.

[97] Novikova I, Phillips N B, Gorshkov A V. Optimal light storage with full pulse-shape control. Phys Rev A, 2008, 78: 021802(R).

[98] Kang H, Hernandez G, Zhu Y. Resonant four-wave mixing with slow light. Phys. Rev. A, 2004, 70: 061804 (R).

[99] Wong V, Bennink R S, Marino A M, et al. Influence of coherent Raman scattering on coherent population trapping in atomic sodium vapor. Phys Rev A, 2004, 70: 053811.

[100] Harada K, Kanbashi T, Mitsunaga M, et al. Competition between electromagnetically induced transparency and stimulated Raman scattering. Phys Rev A, 2006, 73: 013807.

[101] Agarwal G S, Dey T N, Gauthier D J. Competition between electromagnetically induced transparency and Raman processes. Phys Rev A, 2006, 74: 043805.

[102] Sekiguchi T, Steger M, Saeedi K, et al. Hyperfine structure and nuclear hyperpolarization observed in the bound exciton luminescence of Bi donors in natural Si. Phys Rev Lett, 2010, 104: 137402.

[103] Yang A, Steger M, Sekiguchi T, et al. Homogeneous linewidth of the [31 P bound exciton transition in silicon. [104] Tyryshkin A M, Wang Z-H, Zhang W, et al. Dynamical decoupling in the presence of realistic pulse errors. arXiv: 1011.1903v2, 2010.

[105] Klein M, Xiao Y, Gorshkov A V, et al. Optimizing slow and stored light for multidisciplinary applications. Shahriar S M, Hemmer P R, Lowell J R, ed. Advances in Slow and Fast Light, Proceedings of SPIE 6904, 2008, 69040C1.

[106] Xiao Y, Novikova I, Phillips D F, et al. Diffusion-induced ramsey narrowing. Phys Rev Lett, 2006, 96: 043601.

[107] Neergaard-Nielsen S, Nielsen B M, Takahashi H, et al. High purity bright single photon source, Opt Express, 2007, 15(13): 7940.

[108] Boyer V, McCormick C F, Arimondo E, et al. Ultraslow propagation of matched pulses by four-wave mixing in an atomic vapor. Phys Rev Lett, 2007, 99: 143601.

[109] Hours J, Senellart P, Peter E, et al. Exciton radiative lifetime controlled by the lateral confinement energy in a single quantum dot. Phys Rev B, 2005, 71: 161306(R).

[110] Schneider C, Heindel T, Huggenberger A, et al. Single photon emission from a site-controlled quantum dot-micropillar cavity system. Appl Phys Lett, 2009, 94: 111111.

[111] Cerma R, Sarch D, Paraiso T K, et al. Coherent optical control of the wave function of zero-dimensional

exciton polaritons. Phys Rev B, 2009, 80: 121309(R).

[112] van Loock P, Ladd T D, Sanaka K, et al. Hybrid quantum repeater using bright coherent light. Phys Rev Lett, 2006, 96: 240501.

[113] Ladd T D, van Loock P, Nemoto K, et al. Hybrid quantum repeater based on dispersive CQED interactions between matter qubits and bright coherent light. New J Phys, 2006, 8: 184.

[114] Press D, Götzinger S, Reitzenstein S, et al. Photon antibunching from a single quantum-dot-microcavity system in the strong coupling regime. Phys Rev Lett, 2007, 98: 117402.

[115] Sanaka K, Pawlis A, Ladd T D, et al. Indistinguishable photons from independent semiconductor nanostructures. Phys Rev Lett, 2009, 103: 053601.

[116] Press D, Ladd T D, Zhang B, et al. Complete quantum control of a single quantum dot spin using ultrafast optical pulses. Nature, 2008, 456: 218-221.

[117] Reitzenstein S, Hofmann C, Gorbunov A, et al. AlAs/GaAs micropillar cavities with quality factors exceeding 150.000. Appl Phys Lett, 2007, 90: 251109.

[118] Clark S M, Fu K-M, Ladd T D, et al. Quantum computers based on electron spins controlled by ultrafast off-resonant single optical pulses. Phys Rev Lett, 2007, 99: 040501.

[119] Fu K C, Clark S M, Santori C, et al. Ultrafast control of donor-bound electron spins with single detuned optical pulses. Nature Phys, 2008, 4: 780-784.

[120] Press D, De Greve K, McMahon P L, et al. Ultrafast optical spin echo in a single quantum dot. Nature Photonics, 2010, 4: 367-370.

[121] Spiller T P, Nemoto K, Braunstein S L, et al. Quantum computation by communication. New J Phys, 2006, 8 (2): 30.

[122] van Meter R, Ladd T D, Fowler A G, et al. Distributed quantum computation architecture using semiconductor nanophotonics. Int J Quantum Inf, 2010, 8: 295-323.

[123] De Greve K, Clark S M, Sleiter D, et al. Photon antibunching and magnetospectroscopy of a single fluorine donor in ZnSe. Appl Phys Lett, 2010, 97: 241913.

[124] Fu K-M C, Santori C, Stanley C, et al. Coherent population trapping of electron spins in a high-purity n-type GaAs semiconductor. Phys Rev Lett, 2005, 95: 187405.

[125] Sleiter D, Kim N Y, Nozawa K, et al. Quantum hall charge sensor for single-donor nuclear spin detection in silicon. New J Phys, 2010, 12: 093028.

[126] Fu K-M C, Yeo W, Clark S, et al. Millisecond spin-flip times of donor-bound electrons in GaAs. Phys Rev B, 2006, 74: 121304(R).

[127] Clark S M, Fu K-M C, Zhang Q, et al. Ultrafast optical spin echo for electron spins in semiconductors. Phys Rev Lett, 2009, 102: 247601.

[128] Bluhm H, Foletti S, Neder I, et al. Nat. Phys. 7 109. (2011).

[129] Ladd T D, Maryenko D, Yamamoto Y, et al. Coherence time of decoupled nuclear spins in silicon. Phys Rev B, 2005, 71: 014401.

[130] Childress L, Taylor J M, Sørensen A S, et al. Fault-tolerant quantum repeaters with minimal physical resources and implementations based on single-photon emitters. Phys Rev A, 2005, 72: 052330.

[131] Fattal D, Diamanti E, Inoue K, et al. Quantum teleportation with a quantum dot single photon source. Phys Rev Lett, 2004, 92: 037904.

[132] Specht H P, Nölleke C, Reiserer A, et al. A single-atom quantum memory. Nature, 2011, 473(7346): 190-193.

[133] Hosseini M, Campbell G, Sparkes B M, et al. Unconditional room-temperature quantum memory. Nature Phys, 2011, 7: 794-798.

[134] Sangouard N, Simon C, de Riedmatten H, et al. Quantum repeaters based on atomic ensembles and linear optics. Rev Mod Phys, 2011, 83: 33-80.

[135] Kok P, Munro W J, Nemoto K, et al. Linear optical quantum computing with photonic qubits. Rev Mod Phys, 2007, 79: 135.

[136] Simon J, Tanji H, Ghosh S, et al. Single-photon bus connecting spin-wave quantum memories. Nature Phys, 2007, 3: 765-769.

[137] Laurat J, Choi K S, Deng H, et al. Heralded entanglement between atomic ensembles: preparation, decoherence, and scaling. Phys Rev Lett, 2007, 99: 180504.

[138] Matsukevich D N, Chanelière T, Jenkins S D, et al. Entanglement of remote atomic qubits. Phys Rev Lett, 2006, 96: 030405.

[139] Chou C-W, Laurat J, Deng H, et al. Functional quantum nodes for entanglement distribution over scalable quantum networks. Science, 2007, 316(5829): 1316-1320.

[140] Zhang H, Jin X-M, Yang J, et al. Preparation and storage of frequency-uncorrelated entangled photons from cavity-enhanced spontaneous parametric downconversion. Nature Photonics, 2011, 5: 628-632.

[141] Tittel W, Afzelius M, Chanelière T, et al. Photon-echo quantum memory in solid state systems. Laser Photonics Review, 2010, 4(2): 244-267.

[142] Hedges M P, Longdell J J, Li Y, et al. Efficient quantum memory for light. Nature, 2010, 465(7301): 1052-1056.

[143] Reim K F, Michelberger P, Lee K C, et al. Single-photon-level quantum memory at room temperature. Phys Rev Lett, 2011, 107: 053603.

[144] Olmschenk S, Matsukevich D N, Maunz P, et al. Quantum teleportation between distant matter qubits. Science, 2009, 323(5913): 486-489.

[145] McCamey D R, van Tol J, Morley G W, et al. Electronic spin storage in an electrically readable nuclear spin memory with a lifetime >100 seconds. Science, 2010, 330(6011): 1652-1656.

[146] Simmons S, Brown R M, Riemann H, et al. Entanglement in a solid-state spin ensemble. Nature, 2011, 470: 69-72.

[147] Tyryshkin A M, Tojo S, Morton J J L, et al. Electron spin coherence exceeding seconds in high-purity silicon. Nature Materials, 2012, 11: 143-147.

[148] McCamey D R, van Tol J, Morley G W, et al. Fast nuclear spin hyperpolarization of phosphorus in silicon. Phys Rev Lett, 2009, 102: 027601.

[149] Dreher L, Hoehne F, Stutzmann M, et al. Nuclear spins of ionized phosphorus donors in silicon. Phys Rev Lett, 2012, 108: 027602.

[150] Morello A, Pla J J, Zwanenburg F A, et al. Single-shot readout of an electron spin in silicon. Nature, 2010, 467: 687-691.

[151] Witzel W M, Carroll M S, Morello A, et al. Electron spin decoherence in isotope-enriched silicon. Phys Rev Lett, 2010, 105: 187602.

[152] Steger M, Sekiguchi T, Yang A, et al. Optically-detected NMR of optically-hyperpolarized ^{31}P neutral donors in ^{28}Si. J Appl Phys, 2011, 109(10): 102411.

[153] Legero T, Wilk T, Kuhn A, et al. Characterization of single photons using two-photon interference. Adv Atom Mol Opt Phys, 2006, 53: 253-289.

[154] Madsen M J, Moehring D L, Maunz P, et al. Ultrafast coherent excitation of a trapped ion qubit for fast gates and photon frequency qubits. Phys Rev Lett, 2006, 97: 040505.

[155] Yuen H P, Nair R. Classicalization of nonclassical quantum states in loss and noise: Some no-go theorems. Phys Rev A, 2009, 80: 023816.

[156] Audenaert K M R, Calsamiglia J, Muñoz-Tapia R, et al. Discriminating states: The quantum chern off bound. Phys Rev Lett, 2007, 98: 160501.

[157] Renes J M, Boileau J-C. Conjectured strong complementary information adeo. Phys Rev Lett, 2009, 103: 020402.

[158] König R, Renner R, Schaffner C. The operational meaning of min-and max-entropy. IEEE Trans Inform Theo, 2009, 55(9): 4337-4347.

[159] Tomamichel M, Colbeck R, Renner R. A fully quantum asymptotic equipartition property. IEEE Trans Inform Theo, 2009, 55(9): 5840-5847.

[160] Gühne O, Tóth G. Entanglement detection. Phys Rep, 2009, 747: 1-75.

[161] Pirandola S, Lloyd S. Computable bounds for the discrimination of Gaussian states. Phys Rev A, 2008, 78: 012331.

[162] Christandl M, König R, Renner R. Postselection technique for quantum channels with applications to quantum cryptography. Phys Rev Lett, 2009, 102: 020504.

[163] Renner R, Scarani V. Quantum cryptography with finite resources: Unconditional security bound for discrete-variable protocols with one-way postprocessing. Phys Rev Lett, 2008, 100: 200501.

[164] Chandran N, Fehr S, Gelles R, et al. Position-based quantum cryptography. arXiv: 1005.1750, 2010.

[165] Morton J J L, McCamey D R, Eriksson M A, et al. Embracing the quantum limit in silicon computing. Nature, 2011, 479: 345-353.

[166] Becker P, Pohl H-J, Riemann H, et al. Enrichment of silicon for a better kilogram. Phys Status Solidi A, 2010, 207(1): 49-66.

[167] Neumann P, Beck J, Steiner M, et al. Single-shot readout of a single nuclear spin. Science, 2010, 329: 542-544.

[168] de Lange G, Wang Z H, Ristè D, et al. Universal dynamical decoupling of a single solid-state spin from a spin bath. Science, 2010, 330(6000): 60-63.

[169] Barreiro J T, Müller M, Schindler P, et al. An open-system quantum simulator with trapped ions. Nature, 2011, 470: 486-491.

[170] Krauter H, Muschik C A, Jensen K, et al. Entanglement generated by dissipation and steady state entanglement of two macroscopic objects. Phys Rev Lett, 2011, 107: 080503.

[171] Burrell A H, Szwer D J, Webster S C, et al. Scalable simultaneous multiqubit readout with 99.99% single-shot fidelity. Phys Rev A, 2010, 81: 040302(R).

[172] Jiang L, Hodges J S, Maze J R, et al. Repetitive readout of a single electronic spin via quantum logic with nuclear spin ancillae. Science, 2009, 326(5950): 267-272.

[173] de Riedmatten H, Laurat J, Chou C W, et al. Direct measurement of decoherence for entanglement between a photon and stored atomic excitation. Phys Rev Lett, 2006, 97: 113603.

[174] Sherson J, Julsgaard B, Polzik E S. Deterministic atom-light quantum interface. Adv Atom Mol Opt Phys, 2006, 54: 81-130.

[175] Jenkins S D, Matsukevich D N, Chanelière T, et al. Quantum telecommunication with atomic ensembles. J Opt Soc Am B, 2007, 24(2): 316-323.

[176] Duan L-M, Madsen M J, Moehring D L, et al. Probabilistic quantum gates between remote atoms through interference of optical frequency qubits. Phys Rev A, 2006, 76: 062324.

[177] Beugnon J, Jones M P A, Dingjan J, et al. Quantum interference between two single photons emitted by independently trapped atoms. Nature, 2006, 440: 779-782.

[178] Moehring D L, Madsen M J, Younge K C, et al. Quantum networking with photons and trapped atoms (Invited). J Opt Soc Am B, 2007, 24(2): 300-315.

[179] Olmschenk S, Younge K C, Moehring D L, et al. Manipulation and detection of a trapped Yb^+ hyperfine qubit. Phys Rev A, 2007, 76: 052314.

[180] Maunz P, Moehring D L, Olmschenk S, et al. Quantum interference of photon pairs from two remote trapped atomic ions. Nature Phys, 2007, 3: 538-541.

[181] Waldherr G, Beck J, Steiner M, et al. Dark states of single nitrogen-vacancy centers in diamond unraveled by single shot NMR. Phys Rev Lett, 2011, 106: 157601.

[182] Chen S, Chen Y-A, Strassel T, et al. Deterministic and storable single-photon source based on a quantum memory. Phys Rev Lett, 2006, 97: 173004.

[183] Laurat J, Chou C W, Deng H, et al. Towards experimental entanglement connection with atomic ensembles in the single excitation regime. New J Phys, 2007, 9: 207-220.

[184] Chen Y-A, Chen S, Yuan Z-S, et al. Memory-built-in quantum teleportation with photonic and atomic qubits. Nature Physics, 2008, 4: 103-107.

[185] Acosta V M, Bauch E, Ledbetter M P, et al. Temperature dependence of the nitrogen-vacancy magnetic resonance in diamond. Phys Rev Lett, 2010, 104: 070801.

[186] Toyli D M, Weis C D, Fuchs G D, et al. Chip-scale nanofabrication of single spins and spin arrays in diamond. Nano Lett, 2010, 10: 3168.

[187] Spinicelli P, Dréau A, Rondin L, et al. Engineered arrays of nitrogen-vacancy color centers in diamond based on implantation of CNc molecules through nanoapertures. New J Phys, 2011, 13: 025014.

[188] Yao N Y, Jiang L, Gorshkov A V, et al. Scalable architecture for a room temperature solid-state quantum information processor. Nature Comm, 2012, 3: 800.

[189] Neumann P, Kolesov R, Naydenov B, et al. Scalable quantum register based on coupled electron spins in a room temperature solid. Nature Phys, 2010, 6: 249-253.

[190] Hammerer K, Sørensen A S, Polzik E S. Quantum interface between light and atomic ensembles. Rev Mod Phys, 2010, 82: 1041-1093.

[191] Ralph T C, Lam P K. A bright future for quantum communications. Nature Photon, 2009, 3: 671-673.

[192] Reid M D, Drummond P D, Bowen W P, et al. *Colloquium*: The Einstein-Podolsky-Rosen paradox: From concepts to applications. Rev Mod Phys, 2009, 81: 1727-1751.

[193] Nunn J, Reim K, Lee K C, et al. Multimode memories in atomic ensembles. Phys Rev Lett, 2008, 101: 260502.

[194] Hosseini M, Sparkes B M, Hétet G, et al. Coherent optical pulse sequencer for quantum applications. Nature, 2009, 461(7261): 241-245.

[195] Ourjoumtsev A, Jeong H, Tualle-Brouri R, et al. Generation of optical "Schrödinger cats" from photon number states. Nature, 2007, 448: 784-786.

[196] Takahashi H, Neergaard-Nielsen J S, Takeuchi M, et al. Entanglement distillation from Gaussian input states. Nature Photon, 2010, 4(3): 178-181.

[197] Balabas M V, Karaulanov T, Ledbetter M P, et al. Polarized alkali-metal vapor with minute-long transverse spin-relaxation time. Phys Rev Lett, 2010, 105: 070801.

[198] 杨伯君，王守平. 量子光学基础. 北京：北京邮电大学出版社，1996.

第5章

光量子化学存储

5.1 光化学基础知识

光子物理和光子化学都是研究光子能量形式对材料的影响，即化学物质受光子作用后产生的物理或化学性能变化。1925 年 Heisenberg 创立量子力学模型，1926 年 Schrödinger 提出的量子力学波动方程完成了量子力学矩阵表述，1927 年 Heitle 应用量子力学原理揭示了两个氢原子组成氢分子的化学键本质为量子化学奠定了理论基础。近年来，随着量子力学和计算科学在化学领域的成功应用，量子计算化学理论逐步成熟。21 世纪以来，此领域出现的一系列专著，例如 N. S. Allen 2007 年发表的《光化学》，C. Carraher 2008 年发表的《高分子光化学》，美国哥伦比亚大学 N. Turro 2009 年发表的《分子光化学原理》以及同年中国科学家樊美公等发表的专著《分子光化学与光功能材料》，对光子化学原理进行了系统阐述，是光化学成为体系完整的独立学科的标志。同时，以光子化学原理为基础，在电子激发态原子、分子结构及物理化学性能研究方面的成果，为现代分子光子化学及电子激发态研究提出了许多重要的新概念、新理论和新方法，使光氧化、光合成、光取代、光还原及光异构领域的研究取得了长足进展。特别是分子光化学、超分子光化学、纳米结构光化学的成就，极大地拓展了人类对物质世界的认识深度和广度，为光量子存储研究提供了广阔的可选择技术空间。

本章将对上述与光子化学存储有关的基本原理及工程应用中的有关问题进行重点介绍。特别是材料被光子作用后，由于辐射能量转移作用，导致物质结构变化或其原子中电子能态跃迁引起的物理化学特性变化，包括吸收、转移、运动和发射电磁波谱、电磁能量之间的相互作用导致的化学反应，均可用于信息存储。例如材料 P 吸收光子后会发生聚合反应：$P+\hbar\nu\rightarrow P^*$。同样，在光子作用下，又会重新释放光子：$P^*\rightarrow P+\hbar\nu$。所以在一定条件下，光子被介质材料吸收后，能量转移保存于原子中，并可利用其他光子(或电、磁场)激发而释放出频率相同或频率不同的光子(及其他形式的可测量物理量)，从而实现信息存储。由于检索读出的这些物理参量具有多元、多值特征，可极大地提高数据存储容量和传输率。

1. 光子的吸收及量子产率

光的粒子特征称为光子。每个光量子的能量为$\hbar c/\lambda$，式中$\hbar$为 Plank 常数，c 为真空中的光速，λ 为光子辐射波长。光具有波动和粒子二元属性，使光与材料因子分子相互作用的不同过程如图 5-1 所示。材料吸收光子产生的物理和化学变化，会导致吸收谱改变(变色)，也可能使材料结构发生变化，包括光学性能及其他物理性能(如弹性、强度)，化学性能(如溶解、电离)的变化。这些光物理、光化学效应都有可能用于信息存储。根据光物理光化学反应的 Grotthus-Draper 定律，当只有一个光子被吸收时，光子的物理化学效应可写成 $M+\text{photon}\rightarrow M^*$，式中 M^* 为原子 M 吸收光子能量产生光化学效应后的激发态。

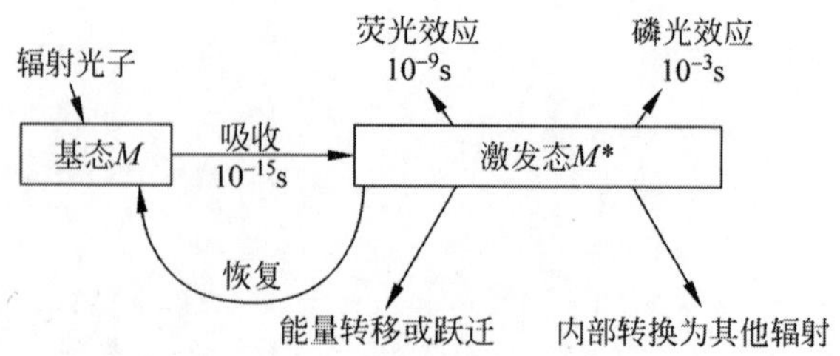

图 5-1　光子与材料因子相互作用的不同过程

原子(分子)吸收光子的能量后变成激发态。所吸收的能量根据物质原子的特征及外部条件,可以转化为辐射、核自旋、电子自旋、电动势、转动及振动(热)等模式。其激发态量化内能 E_{int} 可以近似分解为

$$E_{\text{int}} = E_{\text{el}} + E_{\text{er}} + E_{\text{vib}} + E_{\text{rot}} \tag{5-1}$$

式中,E_{el}、E_{er}、E_{vib} 及 E_{rot} 分别代表电子、辐射、振动及旋转能。根据 Born-Oppenheimer 近似、电子转换比原子运动快得多。激发后,电子转移时间 10～15s,比分子振动时间 (10^{-10}～10^{-12}s)快 1 万倍。因此,振动和旋转运动对电子态的影响可以忽略不计。电子跃迁主要体现为势能变化,空间位置没有改变。大多数情况下,由于输入辐射的能量及其密度不同,只有部分分子(原子)中低能量电子的转换。例如,光谱紫外光子的激发率就比较高。在存储实验中,往往会出现附加能量,使原子(分子)形成耦合谐振(或自旋)。室温下,根据 Boltzmann 分布,大多数分子(原子)处于最低能态(ν)的基态,吸收光谱如图 5-2(b)所示。除了纯粹的电子转移(即 0→0 转移),电子波动峰值强度取决于势能曲线的相对位置和形状。从基态($\nu=0$)到激发态 ($\nu=2$),可能是垂直转移,也可能经过其他能态转移。如果有额外辐射作用,其精细结构、宽带及概率可能不同,转换能级也不同。

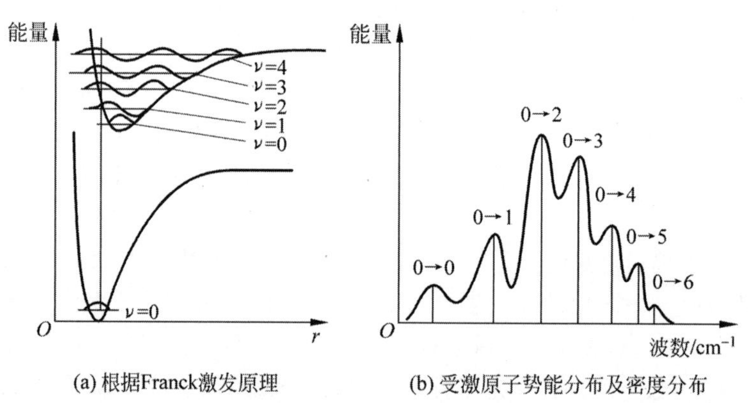

(a) 根据Franck激发原理　　(b) 受激原子势能分布及密度分布

图 5-2　光的波动和粒子属性与材料分子相互作用不同形成的差异

通常,吸收和激发光谱是不同的,但可能重叠,在某种程度上几乎无法分辨,主要取决于物质本身的特性。偶尔励磁能影响吸收光谱,电场能影响基态和激发态的势能及辐射过程。辐射波长(颜色)主要取决于电子能态的转换,使产生的光子能量(频率)有所不同,光子数(强度)也有所不同。衡量光化学作用有效性的主要指标是量子产率 ϕ,ϕ=作用原子(分子)数/消耗光子数。ϕ 是表示电子激发态弛豫过程的基本参数,也代表介质原子化学结构辐射能之差。此外,量子发射率也是衡量激发态原子(分子)辐射概率。对于不同物质,光量子产率差异很大,从几乎无效 (10^{-6})到非常有效(10^{6})。衡量量子产率的标准方程为

$$\phi_{\text{u}} = \left[\frac{(A_{\text{s}} F_{\text{u}} n^2)}{(A_{\text{u}} F_{\text{s}} n_0^2)}\right] \phi_{\text{s}} \tag{5-2}$$

式中，ϕ 为量子产率，A 为对指定激射波长的吸收率，F 为辐射横截面积；下标 u 为未知；s 为标准；n 及 n_0 为溶剂已知和标准折射率。

2. 辐射寿命

光量子存储使用的光子发射源基本上属于低温辐射，包括激光、磷光和荧光等工作温度都不高，基本上为能级之间的转换。激发过程可描述为 $S_1 \rightarrow S_0 + \hbar\nu_{ex}$，吸收过程为 $S_0 + \hbar\nu_{ex} \rightarrow S_1$。式中 S_0 为基态；S_1 为第一激发态，也可能为 $S_2, S_3, \cdots$。辐射时间从秒级至皮秒(10^{-12}s)级，取决于介质原子能级、能量差和轨道的性质。如果涉及两个轨道转移，它们之间可能重叠导致分裂扩大。两个重叠电子空间域的扩散、排斥等相互作用诱导光子吸收或激发，形成受激辐射(发射光子)或非辐射跃迁(不发射光子)。内部能级转移时间一般为 10～12s 量级，与振动(温度)有关。内转换过程往往伴随多样性变化。例如释放热量、磁性与抗磁性等。持续时间可达 10^{-9}s(ns)或更短。此外，由于激发态的变化会形成不同波长吸收和发射光谱，即所谓 Stokes 位移。Stokes 位移的程度取决于激发态原子(分子)基态差异和溶剂特性。另一种非辐射过程可能是发生所谓系统过渡三重态转移，此过程往往与介质中包含的稀有元素、金属或化合物有关。这种增强作用是由于旋轨道耦合系统中，旋角动量与轨道角动量之间的相互作用，以及从一个态转换到另一个态时引起混合自旋和量子增加数所致。这种影响最大可达到几个数量级。三重态内部(非辐射)转换或辐射(磷光)寿命约 10^{-7}s，与所含金属种类有关。从动力学的观点，发光寿命的平均时间可定义为激发态的消失率，并遵循以下级动力学方程

$$[S_1] = [S_1]_o e^{-\Gamma t} \tag{5-3}$$

式中，$[S_1]$为 t 时刻激发态原子(分子)浓度；$[S_1]_o$ 为初始浓度；Γ 为衰变率。各种辐射和非辐射过程均会减少激发态数量。总衰变率为 $\Gamma_{total} = \Gamma_{radiative} + \Gamma_{nonradiative}$，其衰变过程如下式

$$-\frac{d[A^*]}{dt} = (k_r + k_n)[A^*]t = -\frac{t}{\tau} \tag{5-4}$$

式中，$[A^*]$为激发态元素 A 在 t 时刻的浓度；k_r 和 k_n 为辐射和非辐射过程速率常数。A^* 的相对浓度为

$$\ln\frac{[A^*]_t}{[A^*]_{t=0}} = -(k_r + k_n)t = -\frac{t}{\tau} \tag{5-5}$$

因此，$[A^*]$ 的寿命 τ 为

$$\tau = 1/(k_r + k_n) \tag{5-6}$$

所以，全过程的辐射寿命为

$$\tau = \frac{1}{\sum_i k_i} \tag{5-7}$$

式中，k_i 为 A^* 衰变率常数。从式(5-7)可看出，辐射寿命主要取决于衰减速率及激子通过材料激发能的转移速率。如果考虑检索读出过程，受激原子(分子)通过邻近发色团的能量传递，以及存储能量可逆传播过程中热动力学作用或引起的损耗也是重要因素。新创建的发色团，在给定的时间内可以重新发射。不同激发态单位激子之间的交互作用生成准分子，这些准分子态的激子具有新能态，可以激发低聚体或多个单体构成的低聚体产生不同波长和强度的发射。

3. 辐射态交互作用

某些系统在一定条件下，基态原子(分子)间会产生相互作用使吸收光谱发生变化。这些变化是介质浓度及其基态绑定常量的函数。所以通过适当选择这些参数，可以对此反应进行控制。例如，控制准分子的产生及其激发态的光诱导能量，可以通过光诱导电子转移光致激发控制激射的供体或受体的轨道。所谓受体，是指处于低能量激发态的原子(分子)D，接收激射转移能量后形成高能级的激发态 D^*：$D + \hbar\nu \rightarrow D^*$，或 $A + \hbar\nu \rightarrow A^*$。激射转移能量是否有效与波长重叠和与受体间的距离(例如

大于 10nm)有关，否则这种辐射过程效率很低，因为只有一小部分辐射被受体接收。由于偶极的相互作用，只要供体的发射光谱带覆盖受体的吸收谱带，即使没有光子发射过程也可能发生能量转移。因为与供体临近的受体原子(分子)受其影响，形成电偶极子谐振耦合，其能量迁移到受激原子(分子)。只要供体与受体之间的距离能控制在 3～10nm 范围内。此能量转移效率 k_{ET} 可用下式计算

$$k_{ET} = k_D R_F^6 \left(\frac{1}{R}\right)^6 \tag{5-8}$$

式中，k_D 为供体辐射率常数；R_F 为辐射谱宽度；R 为作用半径及供体和受体之间的距离。通常 50% 以上的激发态能量在转移过程中衰变，包括辐射与非辐射能量。其中，非辐射能量传递过程涉及供体与受体之间的电子交换。虽然这种双电子交换没有电荷直接转移，而相当于电子隧道效应完成了能量转移到受体。该转移过程可能是一个电子，也可能是多个电子同时转移能量，相互作用距离很短(0.6～2nm)。其效率常数为

$$k_{ET} = \frac{2\pi}{\hbar} V_0^2 J_D \exp\left(-\frac{2R_{DA}}{L}\right) \tag{5-9}$$

式中，R_{DA} 为供体和受体之间的距离；J_D 为供体和受体之间的光谱重叠；L 为有效 Bohr 电子转移轨道半径；V_0 为供体和受体之间的电子耦合矩。经过模拟计算及能量转移实验证明，Bohr 半径值取 0.5nm 时理论计算与实验较为吻合。这种供体-受体电子转移主要形式为光子诱导电子转移(Photo-induced，PET)，代表最基本的光化学反应模式，也是光子化学存储中最具吸引力的方法。将光能有效转换存储于介质中，是实现光化学故态存储器的基本技术路线。光子诱导电子转移的基本原理，反应过程和物态，如图 5-3 所示。根据 Franck-Condon 电子转移跃迁原理，激发供体和受体构成反应态，乘积态就是供体($D^+ - A^-$)和受体的电荷分离态。光子激发引起电子垂直跃迁到激发态，然后快速平衡。若没有供体激励，电子转移过程高度吸收热量。若受供体激发，电子转移发生在激发态表面和乘积状态交叉点。电子转移过程由下式表示

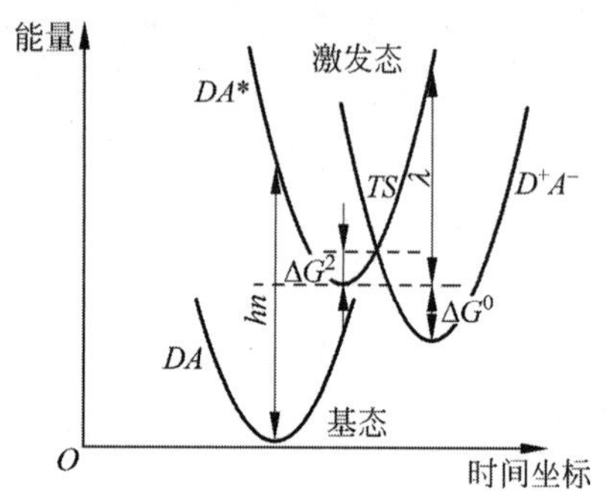

图 5-3　光子诱导电子转移过程示意图。DA 为基态势能，DA^* 为激发态(反应态)，$D^+ - A^-$ 为电荷分离态(乘积态)，TS 为转移态，λ 为总重组能量

$$\Delta G^{\#} = \frac{(\lambda + \Delta G^0)^2}{4\lambda} \tag{5-10}$$

式中，λ 为重组的总能量，$\lambda = \lambda_i + \lambda_S$，$\lambda_i$ 在原子内部，λ_S 来自溶剂。反应自由能 ΔG^0 为反应物 DA^* 和乘积态 D^+A^- 自由能之差。内部重组能反应为键长和键角改变，表现为总谐波势能。根据经典 Marcus 理论，电子转移速率为

$$k_{ET} = \kappa_{ET} \nu_n \exp\left(\frac{-\Delta G^{\#}}{k_B T}\right) \tag{5-11}$$

式中，ν_n 为沿作用坐标有效频率；κ_{ET} 为电子转移因子；P_0 为势能交叉面上转移概率。其相互关系为

$$\kappa_{ET} = \frac{2P_0}{1 + P_0} \tag{5-12}$$

详细电子转移过程如图 5-4 所示。根据 Marcus 理论计算的驱动力和电子转移速率变化曲线如图 5-4(b)所示。在常态区域，自由反应能量 ΔG^0 减少会导致电子传输速率 k_{ET} 增加。在理想(优化)区域(即激活区)，电子转移的驱动力等于重组能量，即 $-\Delta G^0 = \lambda$。如果 ΔG^0 变为负，则出现激活障碍 $\Delta G^{\#}$，导致 k_{ET} 值减小。

在某些介质中，上述光子与材料的相互作用可能导致频率、相位或其他特征的改变，即所谓非线性光学(Nonlinear Optics，NLO)现象。有各种混频过程。例如二阶 NLO 效应产生的二次谐波，可以

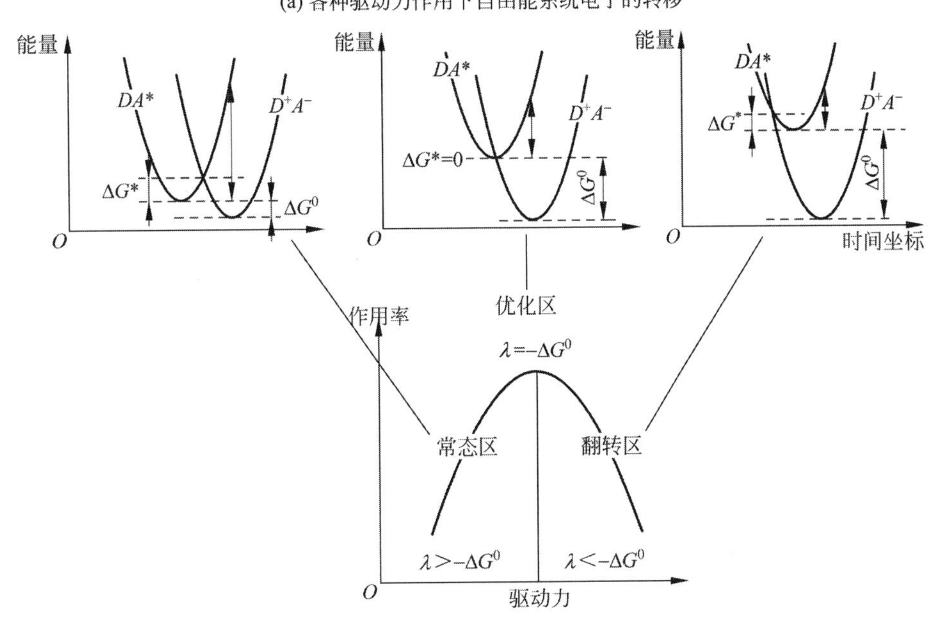

(b) 驱动力$\lambda=-\Delta G^0$和相应的自由能反应速率关系曲线

图 5-4 光子激发导致原子中自由电子转移的详细过程

实现入射光的倍频。这种混频作用可以为正,也可能为负。此外,电光效应可使入射光的频率、振幅变化和偏振态发生变化。NOL 现象在无机、有机化合物及聚合物中均可出现。外加电场或磁场还可能使结构倒置或不对称,从而获得各种特殊的 NOL 效应,用于光子存储的各个环节。研究证明,环境温度对 NOL 效应也有影响,有可能用于温控器件及锁定聚合物结构。三阶 NLO 效应涉及 3 个光子,导致类似二阶 NLO 效应的作用,但三阶 NLO 效应不要求结构必须对称。实验证明,聚合物在 NLO 效应在工程应用中也具有广阔空间,例如非线性透镜、液晶器件、光学开关等。

在 NLO 材料中高分子材料具有特殊地位,例如聚乙烯基光聚合材料(N-vinylcarbazole),可用紫外辐射光子控制其电导。改变聚合物电子受体可以获得将紫外辐射变成各种频率的可见光和近红外辐射。对各种波长光子敏感的高分子聚合物,已在多波长多阶光存储中实际应用。此外,掺杂聚乙炔应用于聚合物半导体器件研究,已成功制造出与硅晶体管、场效应管性能相似的电子器件。此外,有机金属聚合物在 NLO 中也表现出巨大的潜在应用。其发光密度高、化学稳定性好、物理强度高等优点,适用于制造各种光学、光电子和存储器件的衬底材料以及分子导线、光电门、开关和分子电器等。

4. 非凝聚态辐射化学

以上讨论的光子与材料的相互作用,材料分子内部及分子间的相互作用是不能完全自由地改变其形态的,因而在空间形成的各种排列方式是相对稳定的。有效作用波长在可见光及近红外范围,按照物理学理论,这些材料的排列方式均属于凝聚态。由于凝聚态物质对外部作用,包括辐射作用的对抗能力较强,特别是热动力学性能有明显差异,所以,许多光化学反应在凝聚态物质中不可能出现,但对短波辐射较为敏感。本节将主要讨论对紫外辐射敏感的材料特性,即光辐射与非凝聚材料的相互作用。例如,不同直径颗粒的胶状氧化锌材料,吸收紫外辐射产生的漂白效应,能长时间地稳定存储辐射光子。而且改变颗粒直径,便可调整其吸收波长、阈值及吸收系数。氧化锌常被称为光电子化学的半导体材料,用于可逆光电化学器件。光子催化多相界面电子转移氧化锌透明胶体,在高能脉冲辐射作用下会快速分解,应用于光子开关。氧化锌溶于甲醇,并可根据需要稀释形成浓度不同的溶胶。通过调整溶胶中的氧化锌浓度、颗粒直径或正离子数量,可以改变其吸收阈波长。例如,采用平均颗粒尺寸为 2nm 的氧化锌甲醇溶胶的吸收光谱如图 5-5 所示。实验吸收波长峰值为 250～270nm，在 347nm 附近的吸收率仅为百分之几。其他实验条件为：环境温度 20℃，在溶剂甲醇中的浓度 20％。随粒子直径增加，敏感波长向长波方向移动。同样，采用平均颗粒尺寸为 2nm 的 2×10^{-3}MZnO 在甲醇溶剂中形成的胶体，但浓度增加 1 倍时的吸收光谱如图 5-6 所示。

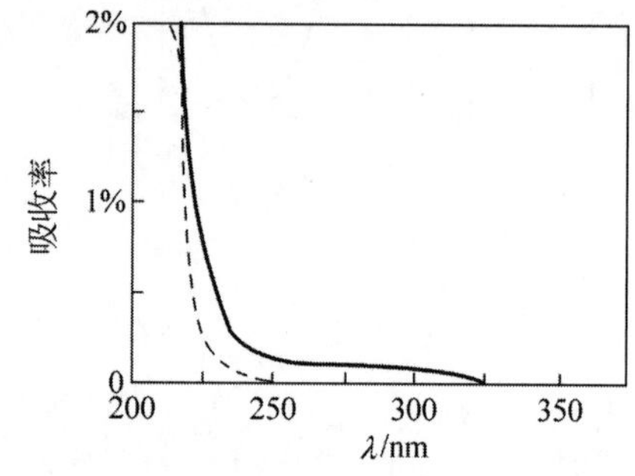

图 5-5 常温条件下采用平均颗粒尺寸 2nm 的氧化锌甲醇溶胶，浓度 20％的吸收光谱曲线：实线为实验测试结果，虚线为理论计算曲线

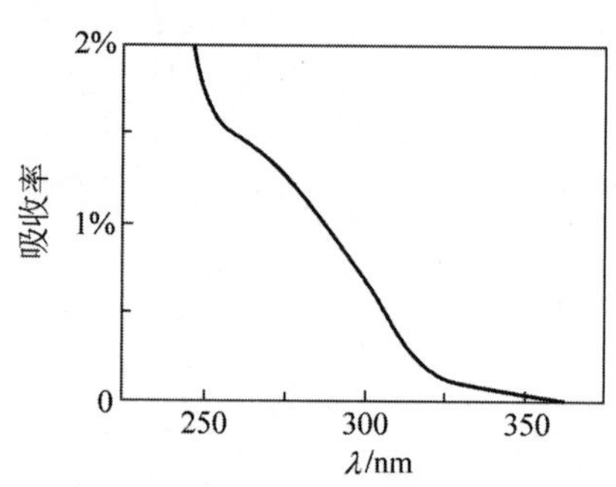

图 5-6 改变溶剂甲醇中 2×10^{-3}MZnO 氧化锌浓度后吸收光谱实验曲线

溶液中氧化锌浓度越高，衰减越快。实验还证明，多余的 ZnZ^{+} 离子可能引起散射，还会延长反应时间。另外，采用透射电子显微镜测量时颗粒尺寸的对照实验可知，如果 ZnO 颗粒尺寸增大，凝聚反应的吸收波长会增加，例如当 ZnO 颗粒平均直径达到 4nm 时，吸收波长接近 372nm，如图 5-7 所示。

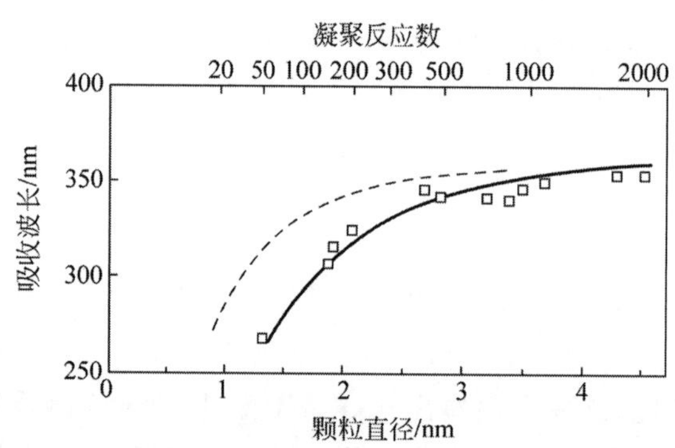

图 5-7 ZnO 颗粒直径与吸收波长和灵敏度(单脉冲凝聚反应颗粒数)关系曲线。实线为实验测试结果，虚线为根据辐射化学理论计算曲线

如果 MZnO 中包含 3XM，吸收谱移向短波，且反应效率下降。如果在溶液中添加 NaOH，产生 $CH_{20}H+OH^{-s}$ $CH_{20-}+H_2O$ 反应，颗粒尺寸不变，仍保持 2nm 的吸收光谱减少至 315nm。采用不同光谱辐射强度(变化脉冲间隔时间从 1ps 至 50ps)。实验证明，2nm 颗粒的灵敏度最差，4nm 的灵敏度最高。胶体颗粒尺寸为 3nm 时在同样的脉冲间隔下，形成的胶体反应粒子数最高。大多数实验中，使用 8 个 1.5ps 已能达到吸收阈值。然而在低于 270nm 波长时，脉冲数需增加至 11 以上。此外，由于 ZnO 不能直接形成胶体，需采用 NaOH 变成吸水的 Zn(OH)－ZnO＋H_2O。加水对锌酸盐变换成 ZnO 具有催化作用。自由基的反应速率常数与 ZnO 颗粒尺寸及溶胶分辨率有关。光子脉冲的形成的氧化激子与 ZnO 粒子携带电子发生的反应过程为：$-CH_2OH+O_2\rightarrow O_2CH_2OH$，$-O_2CH_2OH\rightarrow HO_2+CH_2O$，$HO_2\rightarrow H^{+}+O_2^{-}$。即去掉电子的氧化自由基形成漂白，多余的电子依附在颗粒较小的 ZnO 粒子上，对 ZnO 吸光子的影响不大。另外，光子对大尺寸颗粒的影响较弱。颗粒直径取 3nm 是

制造ZnO胶体的最佳方案。

5. **有机光子化学**

光化学反应的基本条件是辐射光子能量必须与材料基态和激发态的能量差匹配。以氧化锌透明胶体为代表的无机非凝聚态光化学反应的有效波长仅延伸至250～350nm，而许多重要类的有机化合物可获得更短的光化学反应的吸收波长，例如烯烃(190～200nm)、非周期二烯(220～250nm)、环二烯(250～270nm)及饱和酮(270～280nm)等。这些有机化合物分子被光子激发后可能引起以下几种激发态：电子振动使分子进入能量更低的激发态，能量释放到溶剂；由于振动弛豫，自旋导致交叉结构系统形成三重态反转，达到低激发态；光子使激发态分子返回基态而产生辐射，导致发光、荧光、磷光效应，以及能量被转移到其他分子，回到基态、振动消失、停止辐射。这些光子化学反应过程可分为以下几类：

(1) 激发态含能量高。受激基态产生强吸能(热)反应。根据方程 $E=\hbar\nu$ 可计算，若辐射波长为250nm，则吸收能量 45kJ/mol。

(2) 激发态反键轨道被占用，不可能实现激发转移。

(3) 光化学反应出现三能级态。因为热反应通常只限于能级态。光化学反应与热能关系不太大。

同样，光化学反应首先取决于材料特性。有机光化学材料研究具有悠久的历史，相对比较成熟，掌握许多合成适用技术。在有机金属中间体处理，吸收特殊波长敏感光子光化学反应过程控制领域成果丰硕。为研究开发紫外光谱基质合成奠定了良好基础。紫外光敏化合物的分子应该对单一态或三重态电子激射反应均非常敏感，紫外光谱波段消光系数高，没有相干吸收，容易达到最佳反应条件。另外，由于大多数光化学反应都是在溶液中完成的，所以选择合适的溶剂同样至关重要。除了对紫外光敏化合物可溶性好以外(浓度调整范围达到100～1000倍)，还要求对光化学反应光敏光谱透明，消光系数低，性能稳定，工艺性能优良。250nm以下常用的溶剂如表5-1所示。表中，测试溶剂厚度10mm，ε_r 为介电常数，ET为作用波长最大时的能量转移常数，单位为kcal/mol。这些溶剂中，部分对人体健康有害，应严格控制使用环境。

表5-1　紫外敏感光子光化学材料常用溶剂性能参数

溶剂名称	截止波长/nm	ε_r	ET
水	185	78.30	63.1
氰化甲烷	190	35.94	45.6
n-己烷	195	1.88	31.0
乙醇	204	24.5	51.9
甲醇	205	32.66	55.4
环己烷	215	2.02	30.9
1,4-二氧杂环乙烷	230	2.21	36.0
四氢呋喃	245	7.58	37.5
乙荃酸	250	6.17	51.7

材料的光谱吸收性能并不说明激发态分子的活动特征。它可能产生辐射，发光(荧光，磷光)以及非辐射的跃迁。但无论何种反应都以量子产率作为主要评价指标。通常，正确选用溶剂，溶剂分子的吸附反应可以推动量子能量转移过程，从而增加反应灵敏度。当然，还有一些增敏剂(sensitzer)可以帮助提高光化学反应。在常见的无极性溶液中使用的增敏剂和抑制剂(quencher)特性如表5-2所示。

表 5-2 无极性溶液中常用增敏剂和抑制剂特性

名　称	E_T	E_S	ϕ_{ISC}
苯	353	459	0.25
甲苯	346	445	0.53
甲基苯丙胺	310	330	1.00
苯基甲基甲酮	310	324	—
苯甲醛	301	323	1.00
苯甲酮	287	316	1.00
联苯	274	418	0.84
菲	260	346	0.73
苯乙烯	258	415	0.40
萘	253	385	0.75
苯偶酰	223	247	0.92
蒽	178	318	0.71
亚甲基	138	180	0.52

6. 反应控制

以上提及的在溶剂中增敏剂和抑制剂实际上就是对光化学反应的控制。但实际光化学反应过程中，除了人为地添加某些元素控制反应过程外，更常见的还有反应过程中形成的竞争性物质，可以使有效紫外吸收光谱偏移，增加辐射的无效吸收，甚至使光化学反应在转换没有完全完成时停止。因此，有必要研究紫外光化学反应过程的控制，提高反应效率。首先需要考虑的是对无效副反应的控制。无效副反应是最常见的有害作用，主要形成在某些材料原子的副轨道上，有时还可能形成光激发连锁反应，危害性较大。还可以使溶液中主要反应物质的化学计量发生变化，或使敏化、催化剂失效。另外一类严重的副反应是产生气体，包括中性的氧气或其他惰性气体的形成，使介质的物理性能受到严重破坏。因此，必须对辐射激发态(单一态及三重态)在反应过程中产生的自由基进行有效控制，防止进一步导致副反应。对光化学反应控制的正面目标是提高反应的量子产率。量子产率(包括化学反应效率)是描述正常光子化学反应的主要指标(当然还有其他涉及化学转换过程的技术特性及反应效率也很重要)。其中，有效激发原子(分子)数被认为是反应量子产率重要参数。因为量子产率的定义是：在一个特定系统中产生的光化学诱导转换量子数除以所吸收光量子的总数的百分比，所以其范围可以从 0 到 100%，甚至超过 100%。例如，光子激发连锁反应的量子产率可高达 10^5。当然，如果量子产率仅 1%，基本上没有什么意义。在实际实验测试过程中，对输入光子数量很难精确统计计算，往往只能按照反应结果的测量值，间接计算。提高化学反应量子产率的第一步是正确选择光子源。目前，所有可用于光化学反应的光源包括：(1)太阳，波长范围 300～1400nm；(2)低压汞灯(汞蒸气压 10^{-5}atm)，波长 185nm(5%)，254nm(95%)；(3)中压汞灯(汞蒸气压 5atm)，波长 5nm 和 600nm；(4)高压汞柱灯(汞蒸气压 100atm)，波长 360nm～600nm；(5)高压钠灯：600nm；(6)高效发光二极管：650～400nm；(7)紫外发光二极管：400nm；(8)半导体激光器(包括量子点激光器，量子阱激光器及经过倍频激光器处理的激光器)，其有效波长范围 280～1430nm，是光量子存储使用的主要光源，下面将重点介绍。此外，这些光源有的可以直接使用，有的需要采用与波长对应的滤光片或分光器。而基片的材料也需要匹配对应的工作波长。如果对光源偏振态有特殊要求，则需添加相应的偏振片。

存储介质溶剂或固化剂的光谱特性对光致化学反应也有很大影响。例如溶剂酮，其吸收峰值为 300nm(吸收范围 280～330nm)。单重态与三重态之间能量差很小(20～70kJ/mol)，系统交叉率很高。单重态的第一激发寿命为亚纳秒级。而芳香类溶剂，如苯甲酮和苯乙酮，则是最佳的三重态增敏剂。此外，以碳键为主构成的光化学晶体，在辐射作用下可能导致脱羰分裂反应，形成 2-甲基-2-苯基丙二酸甲基酯光学纯化合物。中间经过两次激子组合，使相邻的选择性光量子转换率大于95%。类似的其他光致化学效应，包括如光致异构化、烯烃键环化还原反应、光子诱导甲基环丁烷离子传输及不饱和分子化合成反应等均可有效用于光致化学选择性反应控制。在可控光致化学反应中，值得一提的是紫外线和可见光可逆切换(开关)效应，例如噻吩基乙烯(dithienylethylene)，可完美完成可逆紫外线和可见光切换。噻吩基乙烯的分子结构和反应过程如图5-8所示。

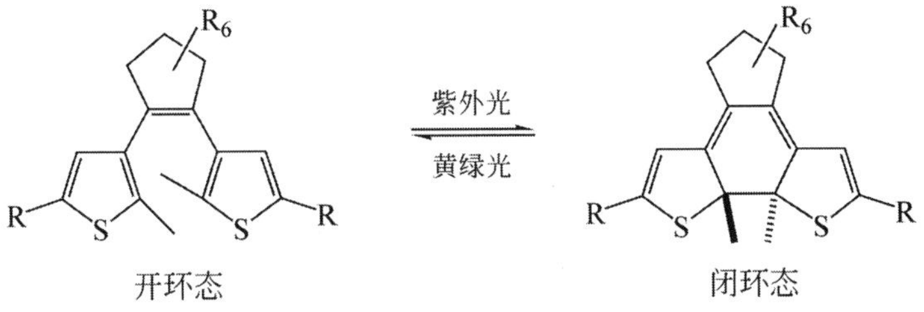

图5-8 dithienylethylene分子结构及其可逆紫外-可见光切换过程。该分子开环时无色透明，闭环时着色

5.2 光量子化学存储机理

1. 光致吸收光谱改变效应

光量子化学存储主要基于许多介质的光致吸收光谱改变反应，即所谓是光致变色效应。光致变色现象最早是在生物体内发现，距今已有一百多年的历史。1876年，Meer首先发现二硝基甲烷的钾盐溶液经光照后能发生颜色变化。1899年，Marckwald发现1,4-二氢-2,3,4,4-四氢萘-1-酮在强光下从无色态变为紫色，取消辐射后又恢复无色的可逆变化，提出光诱导吸收谱可逆色互变原理。1958年，Hirshbery更准确地提出光致变色(photochromism)概念，并建立了成色与光漂白循环可构成化学记忆模型用于光化学信息存储。经过近半个世纪的研究发展，以有机光致变色材料的光致吸收光谱改变反应已成为新一代光信息存储材料。就其本质，这种光致变色反应为存储化合物介质A在一定波长光辐射作用下，形成结构不同的另一化合物B，当化合物B被用另一波长的光辐射作用时又恢复到原来的结构的反应，如图5-9所示。图5-9中，ν_1、ν_2为不同频率的光子频率。由于A和B的吸收光谱完全不同，可根据介质吸收光谱改变的两种稳定状态表示数字“0”和“1”，甚至可根据吸收强度的不同代表更多的数据和信息。

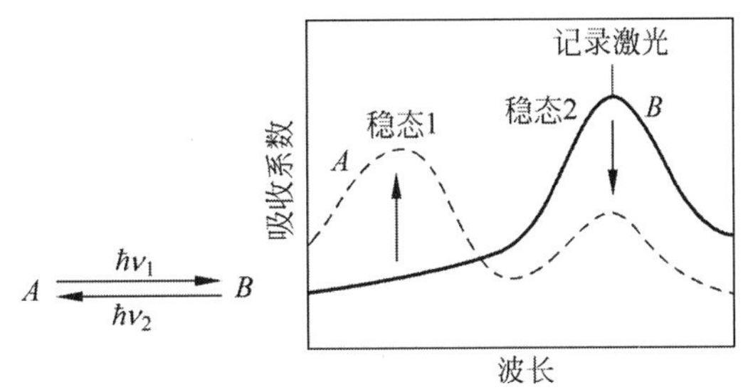

图5-9 光致吸收光谱改变反应记录信息示意图

利用这种光致吸收光谱改变反应材料记录信息时，先用波长λ_1光束照射将存储介质全部由状态A转变到状态B。记录时，用波长λ_2的光束按照一定的编码将信息写入，被λ_2的光照射的介质由状态B转变到状态A。对于二进制编码此信号代表“1”，未被波长λ_2照射的材料仍为状态B，对应于二进制编码的“0”。实际上根据材料的灵敏度可以利用不同的光强写入，便可获得不同吸收率的变化或折射率的变化，存储不同的信号。读出时，利用较弱的波长λ_2光作光源，测量材料对λ_2波长的吸收

率(或透射率)就可获得读出信号(或数据)。实验证明,只要对写入的光强控制具有足够精确度,一般情况下可以获得 8～12 阶稳定信号,实现多阶编码。如果利用材料折射率的变化记录信息,只需精确测出状态 A 和状态 B 的折射率的差值,根据此折射率差及所使用的读出波长计算和控制记录介质的厚度,利用其对读出信号写入光的能量密度和功率,也应随记录介质的厚度进行相应的调整。另外,由相位的影响,相干方法读出,也能获得良好的高阶信号,实现多阶存储。由于不同吸收波长的记录介质灵敏度的差异,所需激光记录功率也不同。例如利用相同功率对吸收峰分别为 405nm/532nm/650nm 的记录材料,在同样条件下进行写入实验的结果如图 5-10 所示。图中上、中、下分别对应 650nm、532nm 及 405nm 波长,可看出灵敏度最高的材料是对 650nm 波长敏感的二芳基乙烯。

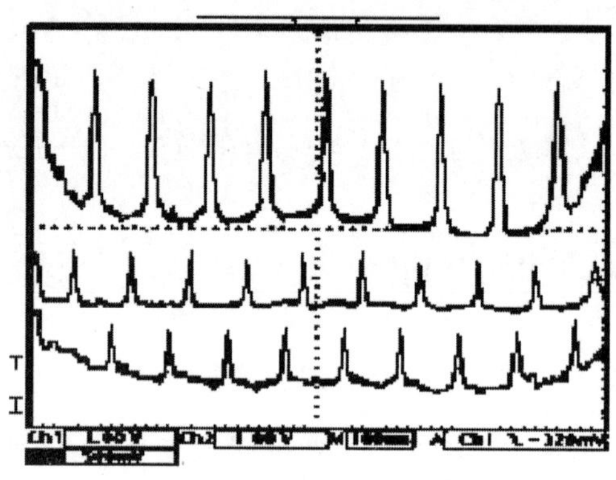

图 5-10　3 种不同波长同时进行存储实验的读出信号波形图

将二芳基乙烯进行多阶存储实验的结果如图 5-11 所示。可以看出,通过控制写入光强,能获得较稳定的 4 阶存储信息。如果将以上 3 种吸收峰的材料混合作为记录介质,便可实现 3 波长多阶存储,实现更大容量的数据存储。实验参数:使用波长 650nm 的,写入功率 5mW、4mW、3mW,读出功率 0.1mW。实验证明,光致变色材料具有良好的多阶存储性能。从实验曲线可以看出,这类介质还具有更高的多阶存储潜力。

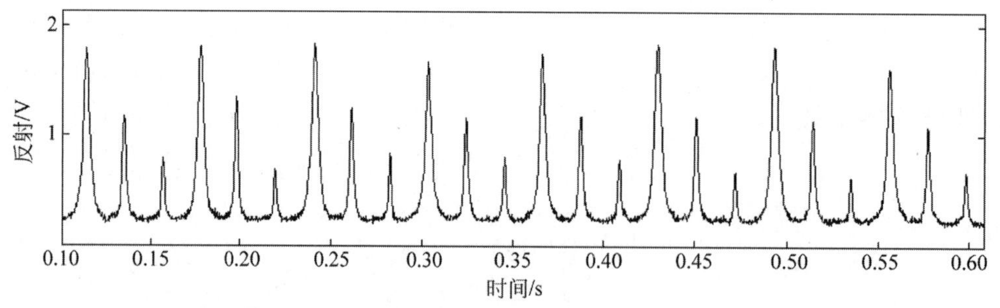

图 5-11　利用 650nm 波长在二芳基乙烯介质上进行多阶存储实验的读出信号波形

2. 双稳态光致化学反应

利用材料的光致改变吸收光谱双稳反应可实现可擦重写信息存储,如图 5-12 所示。图中,G 代表光存储物质基态势能,若受辐射光子能量驱动可使处于 0 态原子跃迁到 1 态,当然也可以从 1 态变为 0 态,但都必须达到活化势垒能 $\Delta E(\Delta E')$,因此,这种光致改变吸收光谱双稳光存储材料都有一定的阈值。$E(E')$ 代表光存储材料处于激发态时其势能面的变化。0 态物质在一种光子($\hbar\nu$)作用下可变为"1"态物质,而"1"态物质在另一种能量的光子($\hbar\nu'$)作用下又可返回到 0 态。通常,物质在激发态的变化所需活化能很小,有时甚至为 0,所以光子型记录材料往往阈值很小,甚至没有阈值。这为非破坏性读出带来很大困难，但也为提高材料的灵敏度奠定了基础。光致变色数字存储属于一种光子型记录技术，即在光子作用下发生化学变化而实现信息存储。反应速度极快，灵敏度高，原理上可达纳秒量级。另外，由于是分子甚至原子尺度上的反应，可以实现极高密度多维存储，在同样的空间尺寸范围内存储大量信息。这种反应与辐射光源的提供的光子辐射场有密切关系，而辐射场又取决于其密度矩阵。

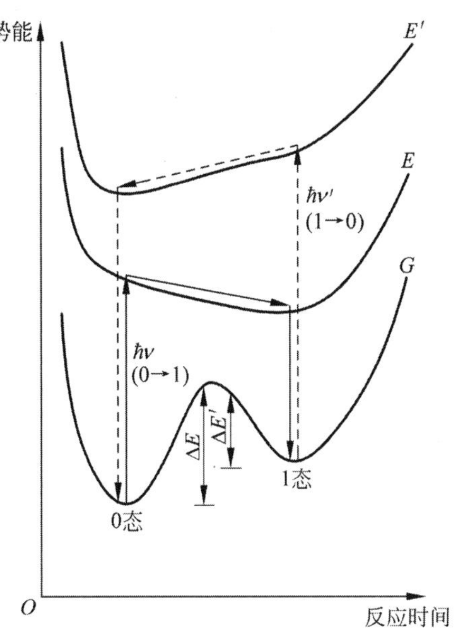

图 5-12　光存储物质的双稳态势能变化特征

3. 密度矩阵方程

光子（辐射场）与原子（分子）系的互作用表现出很多物理、化学现象，除了上述使材料的吸收光谱方式变化外，还包括反转、相干、量子相干布居捕获、电磁诱导透明（EIT）效应等，这些反应都有可能用于信息存储。不同的类型级系统，能级间的跃迁速率，相干失相速率及光学跃迁能级间的弛豫速率是不同的。最有代表性的 Λ 型三能级系统以及由其衍生出的准 Λ 型系统能级在光子辐射场作用下的反应如图 5-13 所示。

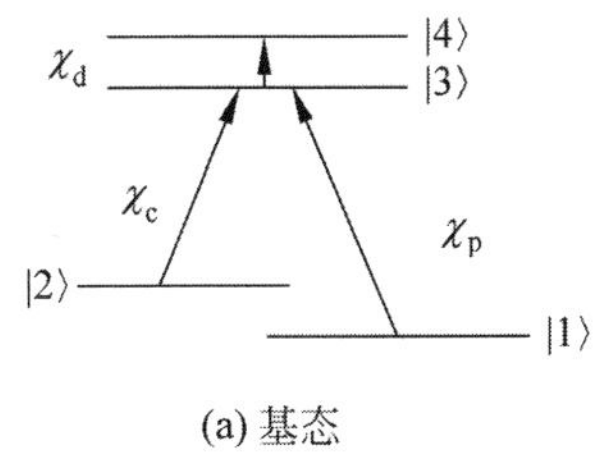

(a) 基态

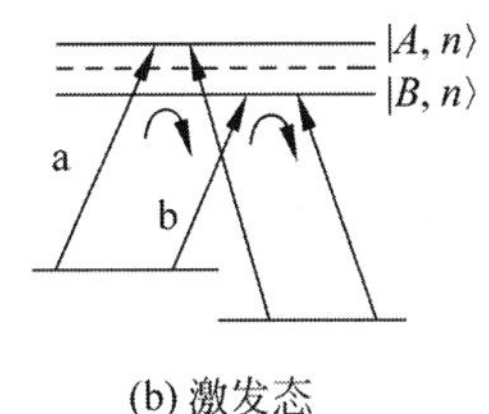

(b) 激发态

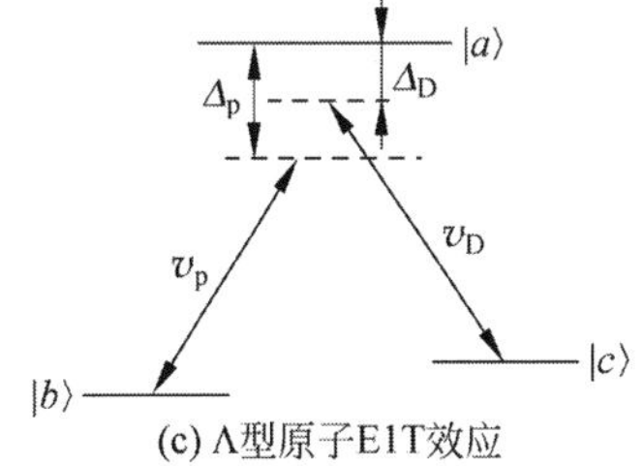

(c) Λ型原子E1T效应

图 5-13　Λ 型三能级系统以及由准 Λ 型系统能级在光子辐射场作用下的反应

如图 5-12(a)所示的能级系统的能量满足 $E_1<E_2<E_3<E_4$，对应本征态为 $|1\rangle$、$|2\rangle$、$|3\rangle$、$|4\rangle$。作用于 $|2\rangle\Leftrightarrow|3\rangle$ 跃迁的耦合场的频率为 ω_c。Rabi 频率为 $\Omega_c=\mu_{32}E_c/\hbar$，作用于 $|3\rangle\Leftrightarrow|4\rangle$ 跃迁驱动场频率为 ω_d；Rabi 频率为 $\Omega_d=\mu_{43}B_d/\hbar$，探测的光波场对应频率为 ω_p；Rabi 频率为 $\Omega_p=\mu_{31}E_p/\hbar$，则导致记录介质材料的光致吸收光谱改变反应、耦合场和探测场与原子系统的相互作用为电偶极跃迁，光量子辐射驱动场与原子系统的相互作用产生的跃迁。系统的密度矩阵方程组如下：

$$
\begin{aligned}
\dot{\rho}_{11} &= \mathrm{i}\chi_p(\rho_{31}-\rho_{13})+\Gamma\rho_{22}+\frac{\gamma}{2}(\rho_{33}+\rho_{44})-\Gamma\rho_{11}\\
\dot{\rho}_{22} &= \mathrm{i}\chi_c(\rho_{32}-\rho_{23})-\Gamma\rho_{22}+\frac{\gamma}{2}(\rho_{33}+\rho_{44})+\Gamma\rho_{11}\\
\dot{\rho}_{33} &= -\mathrm{i}\chi_p(\rho_{31}-\rho_{13})-\mathrm{i}\chi_c(\rho_{32}-\rho_{23})+\mathrm{i}\chi_d(\rho_{43}-\rho_{34})-\gamma\rho_{33}\\
\dot{\rho}_{44} &= -\mathrm{i}\chi_d(\rho_{43}-\rho_{34})-\gamma\rho_{44}\\
\dot{\rho}_{43} &= -d_{43}\rho_{43}+\mathrm{i}\chi_d(\rho_{33}-\rho_{44})-\mathrm{i}\chi_p\rho_{41}-\mathrm{i}\chi_c\rho_{42}\\
\dot{\rho}_{42} &= -d_{42}\rho_{42}+\mathrm{i}(\chi_d\rho_{32}-\rho_1\rho_{43})\\
\dot{\rho}_{41} &= -d_{41}\rho_{41}+\mathrm{i}(\chi_d\rho_{31}-\rho_3\rho_{43})\\
\dot{\rho}_{32} &= -d_{32}\rho_{32}+\mathrm{i}(\chi_p\rho_{12}+\rho_2\rho_{42})+\mathrm{i}\chi_c(\rho_{22}-\rho_{33})\\
\dot{\rho}_{31} &= -d_{31}\rho_{31}+\mathrm{i}(\chi_c\rho_{21}+\rho_2\rho_{41})+\mathrm{i}\chi_p(\rho_{11}-\rho_{33})
\end{aligned}
$$

$$\dot{\rho}_{21} = -d_{21}\rho_{21} + \mathrm{i}(\chi_c\rho_{31} - \rho_3\rho_{23}) \tag{5-13}$$

其中

$$\chi_c = \Omega_c/2,\quad \chi_d = \Omega_d/2, \chi_p = \Omega_p/2 \tag{5-14}$$

复失谐量为

$$d_{43} = -\mathrm{i}\Delta_2 + \gamma_{43},\quad d_{42} = -\mathrm{i}(\Delta_1 + \Delta_2) + \gamma_{42},\quad d_{41} = -\mathrm{i}(\Delta_3 + \Delta_2) + \gamma_{41}$$

$$d_{32} = -\mathrm{i}\Delta_1 + \gamma_{32},\quad d_{31} = -\mathrm{i}\Delta_3 + \gamma_{31},\quad d_{21} = -\mathrm{i}(\Delta_3 - \Delta_1) + \gamma_{211} \tag{5-15}$$

耦合场频率失谐为

$$\Delta_1 = \omega_c - \omega_{32} \tag{5-16}$$

辐射场频率失谐量为

$$\Delta_2 = \omega_d - \omega_{43} \tag{5-17}$$

探测场频率失谐为

$$\Delta_3 = \omega_p - \omega_{31} \tag{5-18}$$

此外，还需满足$|i\rangle \Leftrightarrow |j\rangle$跃迁频率为$\omega_{ij}$，$|i\rangle \Leftrightarrow |j\rangle$跃迁粒子数衰减速率为$\Gamma_{ij}$，$|i\rangle \Leftrightarrow |j\rangle$跃迁相干失相速率为$\gamma_{ij}$。

所以，只要能够精确控制光量子场密度与记录材料原子（分子）能级跃迁条件，在理论上就可以实现分子级记忆，即平面存储密度可达$10^{15}\,\mathrm{b/cm^2}$。对于光量子化学固态存储器，记录介质相对而言不存在分辨率问题。存储密度及容量主要取决于纳米加工工艺技术。

4. 光量子化学存储模型

利用光致改变材料吸收光谱存储信息，根据器件结构类型主要分透射和反射两种方式。但实际上都是测量介质吸收光子辐射后的光谱透射率。为了简化分析模型，采用反射式结构如图5-14所示。设器件的有效吸收面积为S，辐射激光功率为P，反射率为R。则建立存储器获得的计算光子辐射能量密度F方程为

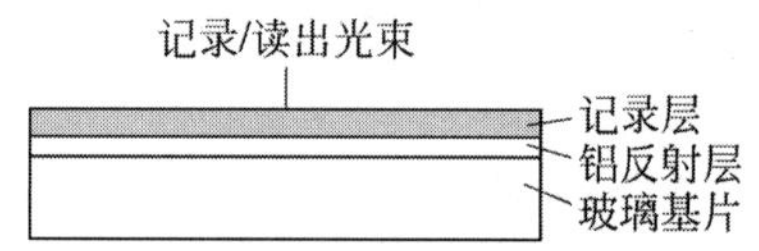

图5-14　反射式光致变色存储器物理模型

$$F = \int P\mathrm{d}t/S \tag{5-19}$$

如果曝光过程中激光功率P恒定，则式(5-19)简化为

$$F = Pt/S \tag{5-20}$$

其中，t为曝光时间。

通常记录点曝光面积由存储单元结构尺寸决定，所以在曝光功率恒定的情况下，此记录模型实际上是曝光过程中器件反射率随时间的变化情况。

根据光化学第一定律：只有被同一系统吸收的光才可能引起化学变化。同时，Lambert定律指出：被透明介质所吸收的入射光的百分比与入射光强无关，且给定介质的每个相邻层所吸收入射光的比例相同。Beer定律指出：被吸收的辐射量与吸收该辐射的分子数成正比，即与有吸收作用的物质的浓度C成正比。将两个定律结合，可建立完整的表达式如下：

$$\frac{\mathrm{d}I}{I} = -\alpha_\nu C\mathrm{d}l,\quad \alpha_\nu > 0 \tag{5-21}$$

式中，$\mathrm{d}l$为器件记录材料层厚度，单位为cm；C为记录介质中有效溶质的浓度，单位为$\mathrm{mol \cdot L^{-1}}$；$I$为入射光强；$\mathrm{d}I$为该吸收层吸收引起的光强变化；$\alpha_\nu$为吸收系数，单位为$10^3\,\mathrm{cm^2 \cdot mol^{-1}}$。由于$C$=摩尔/体积=摩尔/(面积×厚度)，所以$C\mathrm{d}l$=摩尔/器件单元面积。设器件工作在理想条件下：$l=0$时$I=I_0$，$l=l$时$I=I$，根据边界条件对式(5-21)积分可得

$$\ln\frac{I}{I_0} = -\alpha_\nu Cl \tag{5-22}$$

由于吸收系数 α_ν 是辐射频率(波长)的函数,令摩尔消光系数 $\varepsilon=\frac{\alpha_\nu}{2.3}$,单位为 $10^3\text{cm}^2 \cdot \text{mol}^{-1}$,则可得

$$\frac{I}{I_0} = \exp(-2.3\varepsilon Cl) \tag{5-23}$$

如图 5-15 所示,式(5-23)代表在已知入射处光强 I_0 以及记录层中对光有吸收的光致变色化合物的浓度为 C 的情况下,光束穿透该记录层一定深度 l 后的光强 I。

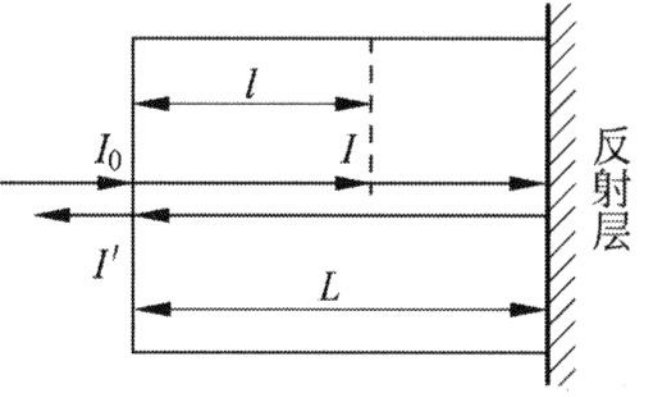

图 5-15 存储器单元记录反应过程示意图

设存储单元反射层全反射,记录层厚 L,则可得

$$\frac{I}{I_0} = \exp(-4.6\varepsilon CL) \tag{5-24}$$

式中,I'代表反射层反射后从记录层出射的光强。设光束在记录层入射处没有反射,可得存储单元的反射率 R 为

$$R = \exp(-4.6\varepsilon CL) \tag{5-25}$$

可得

$$C = \frac{1}{-4.6\varepsilon L}\ln R \tag{5-26}$$

$$\frac{\mathrm{d}C}{\mathrm{d}t} = \frac{1}{-4.6\varepsilon LR} \cdot \frac{\mathrm{d}R}{\mathrm{d}t} \tag{5-27}$$

另外,根据记录层吸收光能的总能量和单个光子的能量,可以计算得 $\mathrm{d}t$ 时间内记录层吸收的光子数 $\mathrm{d}n$ 为

$$\mathrm{d}n = \frac{P\lambda}{\hbar c} \cdot (1-R)\mathrm{d}t \tag{5-28}$$

其中,P 为激光功率,单位是 W,设在曝光过程中保持恒定;λ 为波长,单位是 m;$\hbar=6.626\times10^{-34}\,\text{J}\cdot\text{s}$;光速 $c=3.00\times10^8\,\text{m/s}$。

设材料的量子产率 $\phi=c_\phi C^\tau$,其中 C 为光致变色化合物浓度,c_ϕ 为比例系数,单位是 $(\text{mol/L})^{-\tau}$。根据量子产率 ϕ 的定义可知

$$\phi = \text{经历某过程的分子数} / \text{所吸收的量子数} \tag{5-29}$$

则 $\mathrm{d}t$ 时间内发生反应的光致变色化合物的原子(分子)数 $\mathrm{d}N$ 为

$$\begin{aligned}\mathrm{d}N &= \mathrm{d}n \cdot \phi \\ &= \frac{P\lambda}{\hbar c} \cdot c_\phi C^\tau \cdot (1-R)\mathrm{d}t\end{aligned} \tag{5-30}$$

同时,由浓度变化亦可求得发生反应的分子数 $\mathrm{d}N$ 为

$$\mathrm{d}N = -\mathrm{d}C \cdot LSN_\text{A} \cdot 10^{-3} \tag{5-31}$$

其中,$L(\text{cm})$为记录层厚度;$S(\text{cm}^2)$为光斑面积,阿伏伽德罗常量 $N_\text{A}=6.02\times10^{23}\,\text{mol}^{-1}$。因此,由式(5-30)和式(5-31)可得

$$\frac{\mathrm{d}C}{\mathrm{d}t} = -\frac{P\lambda}{\hbar c} \cdot c_\phi C^\tau \cdot \frac{1}{LSN_\text{A} \cdot 10^{-3}}(1-R) \tag{5-32}$$

由式(5-26)、式(5-27)和式(5-32)可得

$$\begin{aligned}\frac{\mathrm{d}R}{\mathrm{d}t} &= \frac{10^3}{4.6^{\tau-1}L^\tau N_\text{A}\hbar c} \cdot \frac{P\lambda}{S} \cdot \frac{c_\phi}{\varepsilon^{\tau-1}} \cdot (1-R)R\ln^\tau R^{-1} \\ &= \alpha \cdot (1-R)R\ln^\tau R^{-1}\end{aligned} \tag{5-33}$$

其中,$\alpha=\frac{10^3}{4.6^{\tau-1}L^\tau N_\text{A}\hbar c} \cdot \frac{P\lambda}{S} \cdot \frac{c_\phi}{\varepsilon^{\tau-1}}$(单位 s^{-1}),对于某一次恒定功率的曝光是常数。由此可以计算

出某次曝光过程中从初始反射率 R_{ini} 达到某一反射率 R 所需时间 t 的积分表达式为

$$t=\int_{R_{ini}}^{R}\frac{1}{\alpha\cdot(1-R)R\ln^{\tau}R^{-1}}\mathrm{d}R \tag{5-34}$$

可获得曝光过程中任一时刻 t 时的反射率 R。

将式(5-34)用 MathCAD 软件进行数值计算的结果与实测数据的比较如图 5-16 所示。实测使用曝光功率 $P=0.1\mathrm{mW}$,存储单元面积 $S=0.31\mu\mathrm{m}^2$。计算的约束条件初始点与终点均重合,即(1)$t=0$ 时,$R_{ini}=0.375$;(2)$t=192.5\mathrm{s}$ 时,$R_{192.5}=0.728$,并计算出 $\alpha(\tau=0)=7.76\times10^{-3}\mathrm{s}^{-1}$,$\alpha(\tau=1)=1.43\times10^{-2}\mathrm{s}^{-1}$,$\alpha(\tau=2)=2.90\times10^{-2}\mathrm{s}^{-1}$,$\alpha(\tau=3.3)=8.36\times10^{-2}\mathrm{s}^{-1}$,$\alpha(\tau=4)=1.55\times10^{-1}\mathrm{s}^{-1}$。由图 5-16 可以看出,$\tau=3.3$ 时理论计算与实测数据吻合良好,证明上述模型可以准确地描述存储的曝光过程。

根据上述所得模型,可以求得曝光过程中反射率 R 对时间 t 的导数变化(见图 5-17),反映曝光过程中不同阶段曝光灵敏度的变化,如图 5-18 所示。理论计算拓宽了反射率变化的范围,由 0.001 到 0.757,以便对灵敏度的变化有比较全面的了解。对于反映上述实测数据的 $\tau=3.3$ 的情况,在反射率较低的情况下,曝光灵敏度很高,随着记录反应的进行,反射率上升,曝光灵敏度很快下降,转折点约在反射率$R=0.6$,为得到一定反射率的变化,需要相对较大的曝光量。如对于图中所示 $\tau=2$ 的曝光过程,在 $R=0.2$ 时灵敏度最大。这些理论分析对改善光致变色化合物的性能具有重要参考价值,使其性更适合数字信息记录的要求。

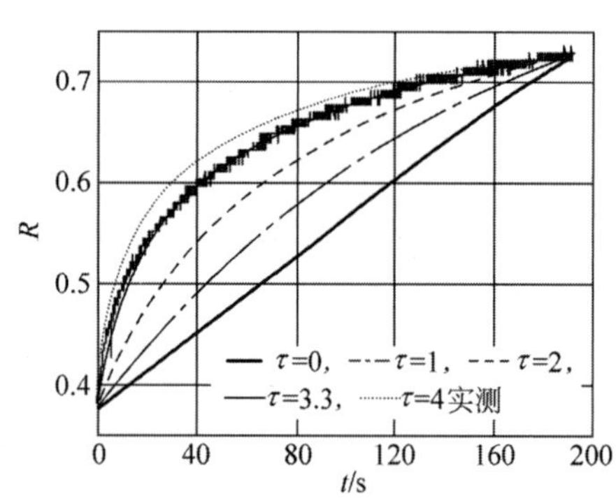

图 5-16 反射率与曝光量关系的理论计算及实测数据曲线对比。测试条件:激光功率 $P=0.1\mathrm{mW}$,器件单元面积 $S=0.31\mu\mathrm{m}^2$,辐射波长 $\lambda=780\mathrm{nm}$

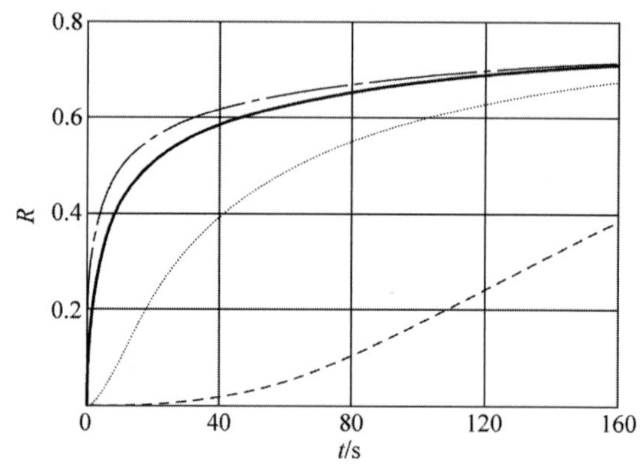

图 5-17 反射率与曝光时间关系曲线

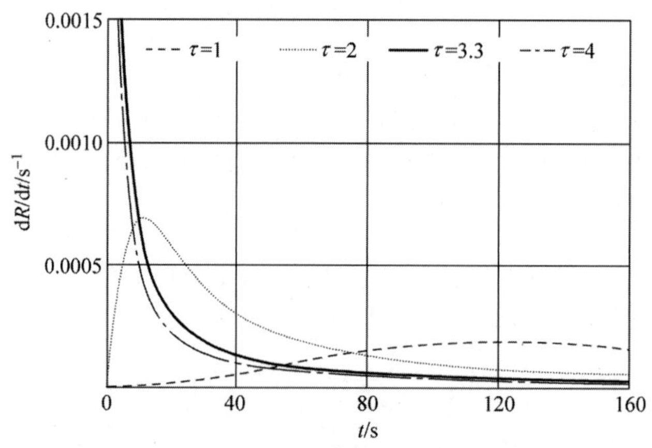

图 5-18 曝光灵敏度($\mathrm{d}R/\mathrm{d}t$)曲线。实验条件:激光功率 $P=0.1\mathrm{mW}$,器件面积 $S=0.31\mu\mathrm{m}^2$

5.3 光化学存储材料及工艺特性

1. 光致变色材料特性

国内外研究光化学存储材料的机构很多，例如复旦大学研究小组采用一种金属 M 和有机物 TCNQ(7,7,8,8 四氰基对醌二甲烷)的络合物(简写为 M-TCNQ)作为记录介质，它在光辐射 $\hbar\nu$ 或电场 E 的作用下，推测发生如下可逆过程

$$[M^{+}\ (\mathrm{TCNQ})^{-}]\overset{\hbar\nu,E}{\underset{\varepsilon}{\Leftrightarrow}} Mx+(\mathrm{TCNQ})_{x}+[M^{+}\ (\mathrm{TCNQ})^{-}]_{n-x}$$

式中，M(TCNQ)为常用的摩尔比为 1∶1 的 M-TCNQ，M 可以是 Li、Na、K、Ag 和 Cu 等。在辐射光强超过某一阈值后，材料吸收系数发生明显变化至极大值。利用另外的光辐射能 ε 辐射则会发生逆向反应复原。中国科学院北京感光化学研究所、北京航空航天大学及清华大学等先后采用俘精酸酐：(1-对甲氧苯基-2-甲基-5-苯基)-3-吡咯-乙叉(异丙叉)-丁二酸酐等高分子材料为基础，研制出多种光化学反应记录介质，例如 7,7a-二氢吲哚衍生物，采用蓝光(波长 405nm)光辐射时可以发生分子内的环合反应，生成稳定的呈色体。呈色体在红光(650nm)波长作用下又返回起始物，以 6-羟基螺苯吡喃为例，用紫外光照射及可见进行可逆光化学反应实验的反应式如图 5-19 所示。

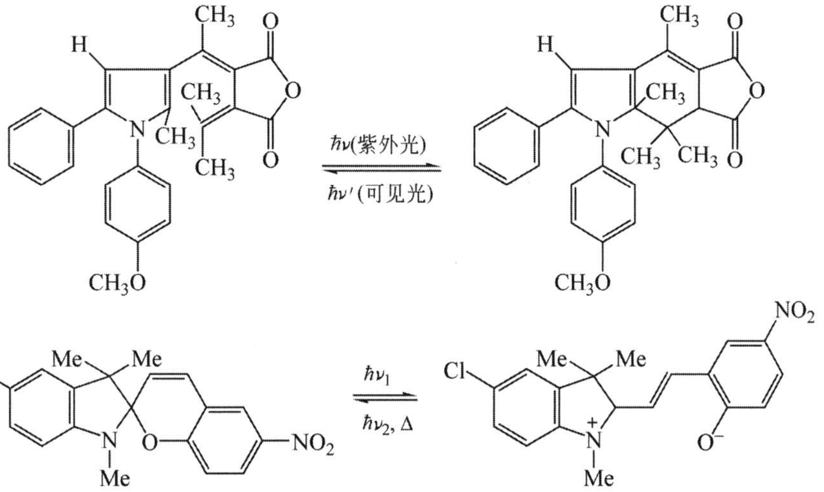

图 5-19 采用紫外光及可见光进行可逆光化学反应实验分子结构的变化

这些材料都可以用于光化学反应存储信息。主要评价指标包括：(1)灵敏度，即光子作用效应的效率；(2)存储寿命，指经过较长时间存储，环节变化或多次读出对记录信息造成的破坏程度；(3)工作波长是否与目前能提供的光子源波长(频率)匹配；(4)热稳定性、耐疲劳等可靠性指标。研究还发现，同一种基础分子结构的合成材料可以组合成多种吸收频率的记录介质。例如螺吡喃，通过改变分子结构获得 5 种吸收带，分子结构及反应过程如图 5-20 所示。这种吸收峰在 450～700nm，而且每种吸收峰宽度都在 50nm 以内，且间隔均匀。采用这种材料制成的 5 层存储单元结构如图 5-21 所示。包括各记录层之间隔离层，总厚度为 1μm。实验采用脉冲式染料激光器，波长分别为 485nm、530nm、580nm、618nm 和 650nm。

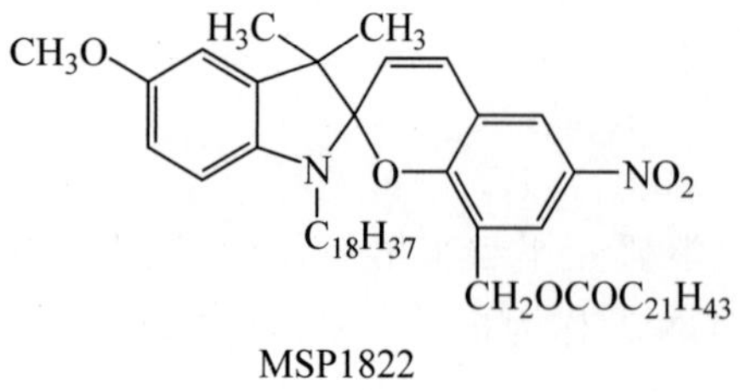

MSP1822

图 5-20　用于多重记录的 5 种螺吡喃的分子式及吸收反应

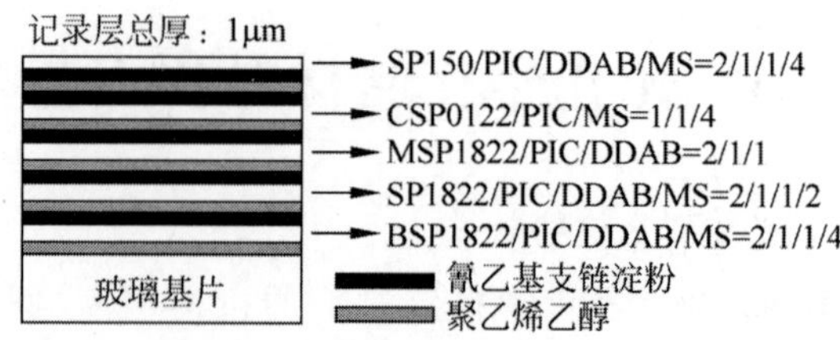

图 5-21　多种波长同时记录的存储单元膜层结构示意图

多重记录单元能成倍提高存储单元容量。例如上述 5 种吸收峰材，如果采用 8 阶方式存储，每个存储单元的容量可达 15b。

除了单波长光量子化学效应可用于存储外，还可利用双光子效应实现固态空间三维存储器。因为这种介质需两个不同波长光子同时作用才能使介质原子(分子)中的电子从一个稳态激发至另一稳态，如图 5-22 所示。

图 5-22　空间三维数字记录光致变色材料的写读能级、吸收谱与荧光谱

图 5-21 中介绍的材料为可逆的写前无色闭环体辐射，写入后转变为呈色开环份氰体。即写入前具有 266nm、355nm 两个吸收峰，对应 S_2、S_1 两个电子能级，可分别用 532nm 及 1064nm 两种光子激发实现“写入”。但如果用两束 532nm 激光，则同一光束内的两个光子也有可能导致激发。为减小这一副作用，采用一束弱 532nm 激光和一束强 1064nm 激光，“读出”时用激光激发写后态发出荧光，具体寻址操作与写入类似，只是写后态的吸收峰在较长的 532nm 附近，所以两束读出光束中至少有一束波长不同于写入，这里采用的是两束 1064nm 激光。由于荧光大部分波长长于写后态吸收峰，故对读出过程影响很小。由于是荧光读出，在未写入点无荧光，是零背景过程，读出灵敏度很高。“擦除”可以采用加热或光照，若加热则整体擦除。实验采用的光源是 1064nm YAG 激光及其二次谐波，如图 5-23 所示。

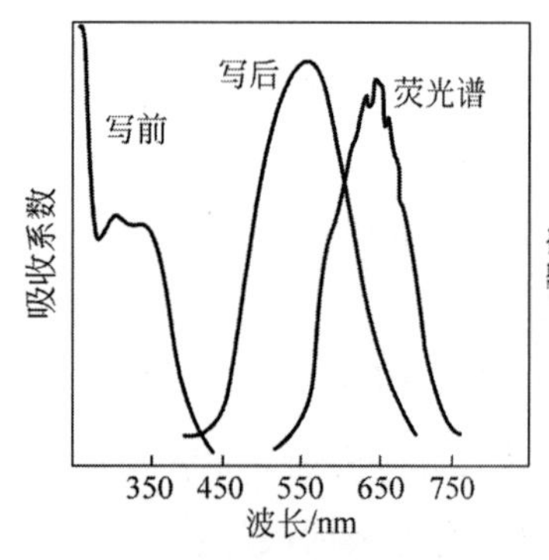

图 5-23　光化学双光子效应

根据此原理，如果采用空间三维数字记录能实现 Tb/cm^3 的体密度，而且通过整页并行写入、读出，数据传输率可以达到 100Gb/s 以上。但现有空间三维数字记录介质的灵敏度、保存寿命及写入读取寻址等方面还有待研究。

为了获得更高的存储密度及容量，在增加存储单元的光化学反应测量的同时，还需控制存储单元的尺寸，即成分利用近代纳米结构加工技术。本书第 8 章将专门介绍纳米器件的加工工艺技术。另外，在存储单元尺寸受各种因素限制不能进一步缩小时，还可采用近场掩模超分辨技术控制记录单元的面积，即在存储单元表面增加一层透明窗，具有一定阈值的光致化学反应材料控制曝光面积。

2. 光致变色记录介质分类

可供光致吸收光谱改变反应存储信息的材料(简称光致变色介质)主要包括无机和有机两类,材料的分子结构及光致变色原理不同。无机变色材料是利用添加在化合物中的金属(主要是过渡周期重金属)离子化合价的变化,以及化合物分解和重新化合实现色变,通常可以分为金属离子变价型和卤化物分解化合型两种。而有机变色材料一般是靠有机化合物键的断裂(包括匀裂和异裂)、键的重组以及异构引起色变。典型的无机材料是碲,此材料具有强吸收或反射多种特定波长激光的特性,但长时间受光照射时,易产生鳞片状龟裂,且制作中厚度及均匀性控制工艺也较复杂,并已不再使用。

(1) 螺吡喃、螺恶嗪类化合物

这类化合物的光致变色是由于无色的螺环化合物(闭环体),在短波长紫外光照射下 C—S 键(或 C—O) 发生裂解而生成开环体,使其在可见区具有强吸收而产生色变。在可见光照射或在避光情况下,开环体可重新还原成闭环体,属于一种可逆反应。螺吡喃具有较好的光致变色特性,开环体最大吸收波长一般小于 600nm,主要缺点是开环有色体的稳定性较差。螺恶嗪的热稳定性和抗疲劳性都较好,其开环体最大吸收波长比螺吡喃长,具有潜在的应用价值。

(2) 俘精酸酐类化合物

这类化合物是利用价键互变异构发生分子内周环反应而色变。其稳定性和抗疲劳性较好,但有色体吸收峰波长与目前的半导体激光器不匹配,需进行调整。这类化合物是利用价键互变异构发生分子内周环反应,因其稳定性和抗疲劳性都较好,在采用其作为存储介质时,研究克服了有色体吸收波长与当前的半导体激光器不匹配的缺点,对其分子结构进行了调整,如图 5-24 所示。

(3) 二芳基乙烯类化合物

二芳基乙烯型化合物属于顺反异构化光致变色化合物,由于变色前后的吸收光谱变化较小,吸收光谱会产生较大的重叠,对多波长存储不利。1988 年,Irie 等设计合成了一些具有特殊结构的顺式二芳杂环基乙烯,实验证明此类化合物不仅具有较好的光致变色性能,而且吸收光谱的重叠也较小,有可能用于光盘存储。研究还表明,这类化合物的热稳定性较好,开环体在 300℃时也不会产生热致变色现象。在进行破坏性试验时,其闭环体在 80℃可稳定存在 6 个月以上,抗疲劳性也很强。这类化合物具有一般通式,也是利用价键互变异构发生分子内的周环反应。典型的二芳基乙烯分子结构及光致变色反应式如图 5-25 所示。

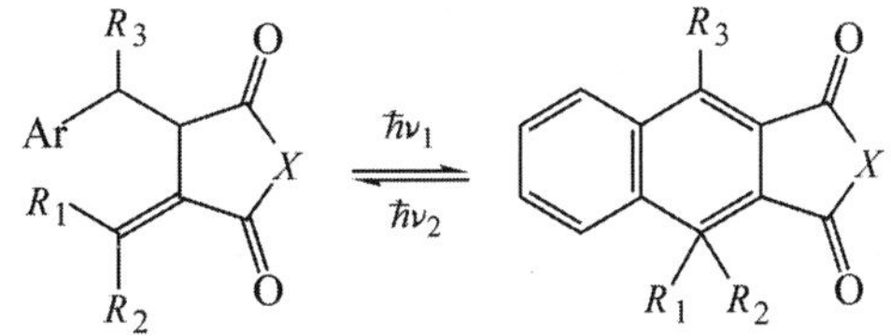

图 5-24　R=H,烃基,金刚烯,降冰片烯,杂环;Ar=芳基;X=O,NR(聚异戊二烯)

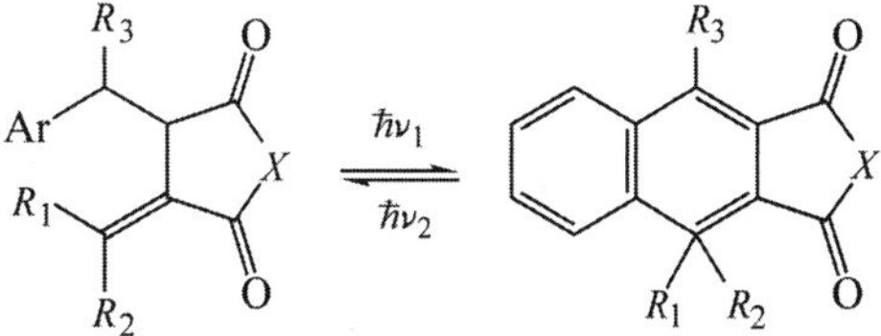

图 5-25　二芳基乙烯分子结构及光致变色反应过程,Ar=芳基,X=O,NR

同时,这类化合物的性能,随取代基的不同会发生很大变化,可以利用此特点调整设计,其吸收峰及反应过程也会发生变化,如图 5-26 所示。

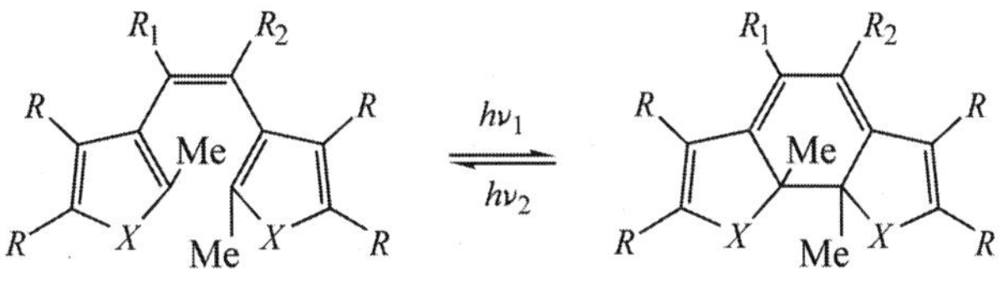

图 5-26　二芳基乙烯分子进行调整后的结构及光致变色反应过程。其中,R=H,烃基,金刚烯,降冰片烯,杂环

这类化合物还可利用价键互变异构，使其发生分子内的周环反应，从而获得应用所需特性。其中，R_1，R_2＝卤素，NO_2、CN、烷基、烷氧基、芳基、芳烷基、氨基、酰基及其组合，Y＝CH，X＝$C(CH_3)_2$为吲哚啉螺吡喃，Y＝CH，X＝S为苯并噻唑螺吡喃，Y＝N，X＝$C(CH_3)_2$为螺恶嗪。R_1，R_2＝H，CN，烷基＝—C(O)OC(O)—，—$(CF_2)_n$—，n为整数，Ar＝芳基。

利用上述各种取代基对这类化合物的结构进行改性实验。经过大量结构调整及实验测量，获得的一种二芳基乙烯材料的分子式及光致变色反应过程如图5-27所示。实验测试对比证明，这种化合物在进行5000次可逆反应后吸光度基本上没有变化，且具有灵敏度高、稳定性好的特点。

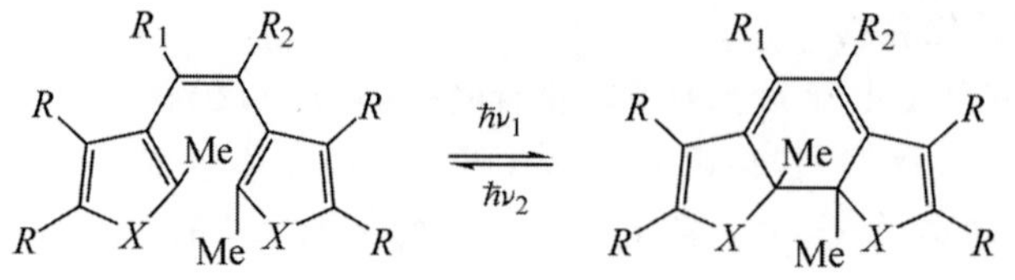

图5-27　结构经过调整的二芳基乙烯分子及光致可逆反应过程

(4) 偶氮化合物

这类化合物也是利用键的顺反异构化反应，若在分子中不同部位引入电子授体和电子接收体，能对材料的吸收波峰进行调整，少数偶氮染料的最大吸收波长可覆盖到700nm。典型的偶氮化合物分子结构及光致变色反应式如图5-28所示。

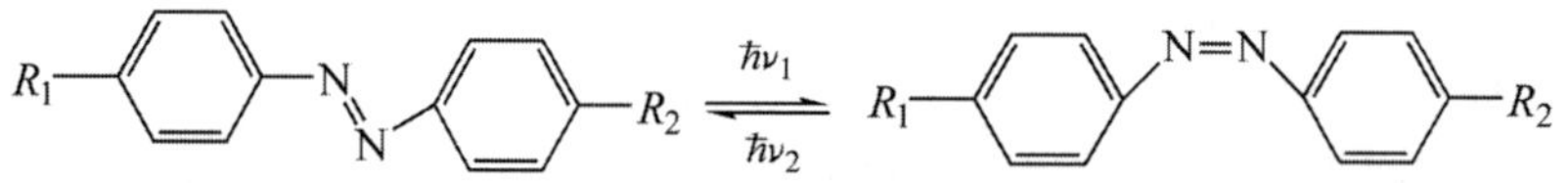

图5-28　典型的偶氮化合物分子结构及光致变色反应过程

一般的偶氮化合物吸收波长较短，变色前后的吸收光谱变化较小，热稳定性也较差。偶氮染料顺式异构体在暗处短时间内会自动恢复为反式异构体，且敏感波峰不能与目前规模生产的激光器相匹配，所以偶氮染料在光存储实验研究中应用得较少。

(5) 其他有机光致变色化合物

可供光致变色存储的材料还有很多，实际上凡具有灵敏度高和良好的抗疲劳性能，能实现反复写、擦或一次写入后性能稳定的材料都可用于光信息存储。最好敏感波长能与工业化生产的半导体激光器匹配，溶解性能良好，便于用旋转涂布法制作记录层。在作为产品使用时还要求材料具有良好的热稳定性，能长期保存。通过对光致变色存储材料进行的系统研究，获得了多种有机光致变色化合物，以及利用无机材料进行分子组装(如MTCNQ与MTNAP、降冰片烯、硫靛蓝等)而成的性能良好的光致变色化合物，具有实际应用前景。

3. 常用介质分子结构参数

清华大学与中国科学院感光研究所合作，采用杂环取代的俘精酸酐衍生物进行光存储实验研究。该光致变色化合物稳定性好，在室温避光下可保存5年；抗疲劳性能也较好，经过1000次以上写入擦除循环实验性能不变。其结构通式如图5-29所示。

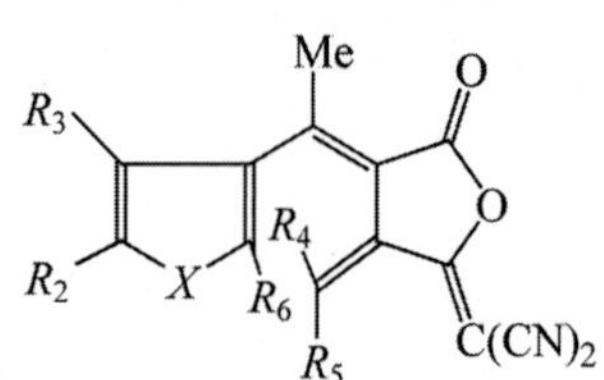

图5-29　俘精酸酐衍生物分子结构通式

图5-29中R_1、R_2、R_3、R_4、R_5、R_6为烷基、芳基、取代的芳基等。R_2和R_3也可连接成苯环，Me为甲基，CN为氰基。X＝S，NR_1，其中S为硫，NR_1为氮烷基或氮芳基。当X为S时，目标化合物为噻吩取代俘精酸酐衍生物；当X为NR_1时，目标化合物为吡咯取代俘精酸酐衍生

物；当 X 为 NR_1，R_2、R_3 连接成苯环时，目标化合物为吲哚取代俘精酸酐衍生物。这类化合物中，吡咯取代的俘精酸酐衍生物，其呈色体的最大吸收波长在丙酮中为 820nm，而吲哚和噻吩取代的俘精酸酐衍生物的最大吸收波长分别为 790nm 和 600nm。表 5-3 给出了取代基对呈色体最大吸收波长偏移的影响。

表 5-3　取代基对杂环取代的俘精酸酐衍生物呈色体最大吸收波长偏移影响参数

取　代　基			λ_{max}/nm	$\Delta\lambda_{max}$/nm
R	X	Y		
CH_3	O	O	507	158
CH_3	O	$C(CN)_2$	665	
Ph	S	O	544	140
Ph	S	$C(CN)_2$	684	
Ph		O	640	180
Ph		$C(CN)_2$	820	

这类化合物的光致变色反应如图 5-30 所示。

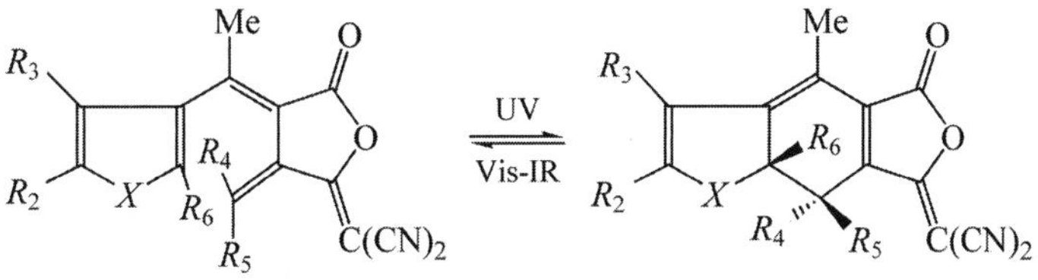

图 5-30　俘精酸酐衍生物分子式及可逆光致化学反应过程

实验中采用波长 250～400nm 的紫外光(UV)，光谱范围为 600～850nm 的近红外光(NIR)。光致变色化合物 A 在紫外光照射下变为化合物 B，B 可吸收红光和近红外光。当 B 受红光和近红外光辐射时，又可返回 A。这种循环过程可以多次往返。实际用于制作样片的吡咯取代的俘精酸酐衍生物在丙酮中光致变色反应时吸收光谱的变化如图 5-31 所示。

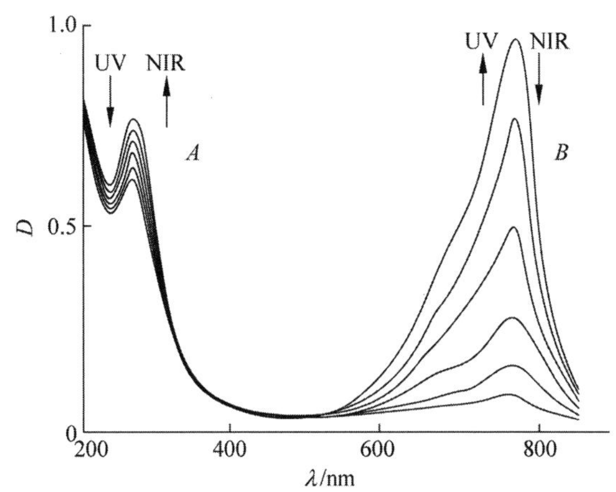

图 5-31　吡咯取代的俘精酸酐衍生物在丙酮中光致变色反应时吸收光谱的变化

图 5-31 所采用的材料浓度为 1.0×10^{-4}mol/L，成色过程由紫外光激发，漂白过程由 600～650nm 波长光激发。图中横坐标为波长 λ，纵坐标为反映吸收能力的光密度 D，即透射比 τ 的倒数。

在制作存储单元膜层中，符合要求的常用有机溶剂参数性能如表 5-4 所示。

表 5-4 有机光致变色记录层制备中常用的溶剂参数性能

名 称	沸点/℃	表面张力/(10^{-5}N·cm^{-1})	黏度/(mPa·s)	PC溶解性
双丙酮醇	168.1	31.0	2.9	不溶
乙基溶纤剂	156.3	31.8	1.03	微溶
环辛烷	125.7	21.76	0.547	不溶
甲苯	110.6	30.92	0.773	不溶
氯仿	61.1	27.14	0.563	微溶
环己酮	155.6	3450	2.2	微溶

实验使用光致变色膜的具体工艺制作方法比较简单，即将适量光致变色化合物溶于含有聚甲基丙烯酸甲酯(PMMA)的环己酮中通过旋涂成膜。例如，将0.5g PMMA溶于10mL环己酮中，取1mL环己酮PMMA溶液加入5mg光致变色化合物均匀混合为旋涂液。

采用以上工艺制作的光致变材料加工的存储单元的反射光谱如图5-32和图5-33所示。从存储单元的结构可知，所谓样片的反射光谱实际上为材料吸收光谱的负值。所以，如果采用目测时会发现，当用紫外光照射时样片从淡黄色变成绿色，而采用波长650nm的光照射已变成绿色的样片时，则立即恢复为淡黄色。

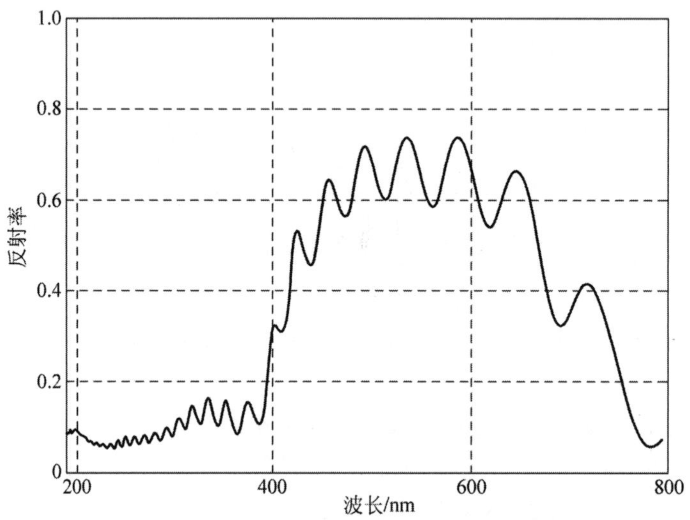

图5-32 对膜厚4.6μm的反射式光致变色样片静态测试的反射光谱曲线

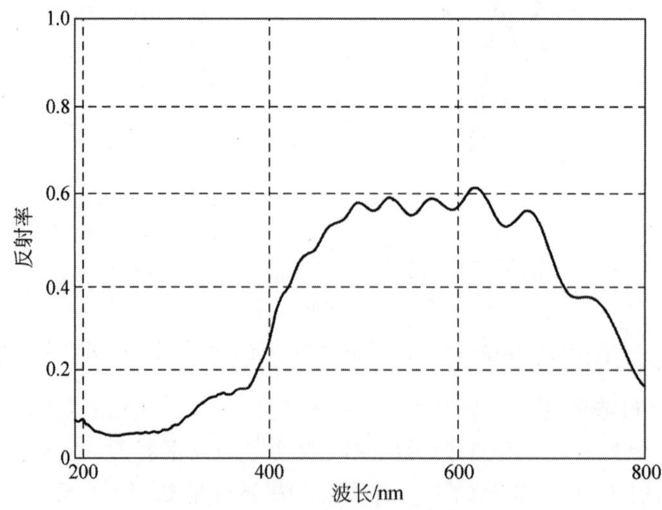

图5-33 与图5-32同样浓度的光致变色材料，采用膜厚为2.0μm时的反射光谱曲线

4. 反射层对存储性能的影响

设反射层的反射率为 R_l 而非全反射，根据式(5-23)，可得

$$\frac{I}{I_L'}=\frac{I_L}{I_0}=\exp(-2.3\varepsilon CL) \tag{5-35}$$

$$I_L'=R_l I_L \tag{5-36}$$

其中，I_L 为光束到达反射层时的光强；I_L' 为反射层反射后的光强。

由式(5-35)和式(5-36)，可得记录样片的反射率 R 为

$$R=\frac{I}{I_0}=R_l\cdot\exp(-4.6\varepsilon CL) \tag{5-37}$$

可得

$$C=\frac{1}{-4.6\varepsilon L}\ln\frac{R}{R_l} \tag{5-38}$$

$$\frac{\mathrm{d}C}{\mathrm{d}t}=\frac{1}{-4.6\varepsilon LR}\cdot\frac{\mathrm{d}R}{\mathrm{d}t} \tag{5-39}$$

另一方面，由记录层吸收光能的总能量和单个光子的能量，可以计算出 $\mathrm{d}t$ 时间内记录层吸收的光子数 $\mathrm{d}n$ 为

$$\mathrm{d}n=\frac{P\lambda}{hc}\cdot[1-R-(1-R_l)\cdot\exp(-2.3\varepsilon CL)]\cdot\mathrm{d}t \tag{5-40}$$

将式(5-37)代入，得

$$\mathrm{d}n=\frac{P\lambda}{hc}\cdot\left(1-\frac{1-R_l}{\sqrt{R_l}}\cdot\sqrt{R}-R\right)\cdot\mathrm{d}t \tag{5-41}$$

假设量子产率 $\phi=c_\phi C^\tau$，C 为光致变色化合物的浓度，c_ϕ 为比例系数，则 $\mathrm{d}t$ 时间内发生反应的光致变色化合物的分子数 $\mathrm{d}N$ 为

$$\mathrm{d}N=\mathrm{d}n\cdot\phi=\frac{P\lambda}{hc}\cdot c_\phi C^\tau\cdot\left(1-\frac{1-R_l}{\sqrt{R_l}}\cdot\sqrt{R}-R\right)\cdot\mathrm{d}t \tag{5-42}$$

由式(5-31)和式(5-42)可得

$$\frac{\mathrm{d}C}{\mathrm{d}t}=-\frac{P\lambda}{hc}\cdot c_\phi C^\tau\cdot\frac{1}{LSN_a\cdot 10^{-3}}\left(1-\frac{1-R_l}{\sqrt{R_l}}\cdot\sqrt{R}-R\right) \tag{5-43}$$

根据式(5-38)、式(5-39)和式(5-43)可得

$$\begin{aligned}\frac{\mathrm{d}R}{\mathrm{d}t}&=\frac{10^3}{4.6^{\tau-1}L^\tau N_a hc}\cdot\frac{P\lambda}{S}\cdot\frac{c_\phi}{\varepsilon^{\tau-1}}\cdot\left(1-\frac{1-R_l}{\sqrt{R_l}}\cdot\sqrt{R}-R\right)R\ln^\tau\frac{R_l}{R}\\&=\alpha\cdot\left(1-\frac{1-R_l}{\sqrt{R_l}}\cdot\sqrt{R}-R\right)R\ln^\tau\frac{R_l}{R}\end{aligned} \tag{5-44}$$

其中

$$\alpha=\frac{10^3}{4.6^{\tau-1}L^\tau N_a hc}\cdot\frac{P\lambda}{S}\cdot\frac{c_\phi}{\varepsilon^{\tau-1}} \tag{5-45}$$

式中 α 单位为 s^{-1}，对于一次恒定功率曝光为常数，与反射层为全反射的情况完全相同。因此，可求得某次曝光过程中从初始反射率 R_{ini} 达到某一反射率 R 所需时间 t 的积分表达式：

$$t=\int_{R_{\mathrm{ini}}}^{R}\frac{1}{\alpha\cdot\left(1-\frac{1-R_l}{\sqrt{R_l}}\cdot\sqrt{R}-R\right)R\ln^\tau\frac{R_l}{R}}\mathrm{d}R \tag{5-46}$$

利用式(5-46)可计算曝光过程中任一时刻 t 的反射率 R。同时还可以看出，当 $R_l=1$ 时即为反射层全反射时的表达式。说明反射层的反射率并不影响材料的曝光特性，只是在一定程度上减小了曝

光灵敏度,降低了样品的反射率极限,如图 5-34 所示。

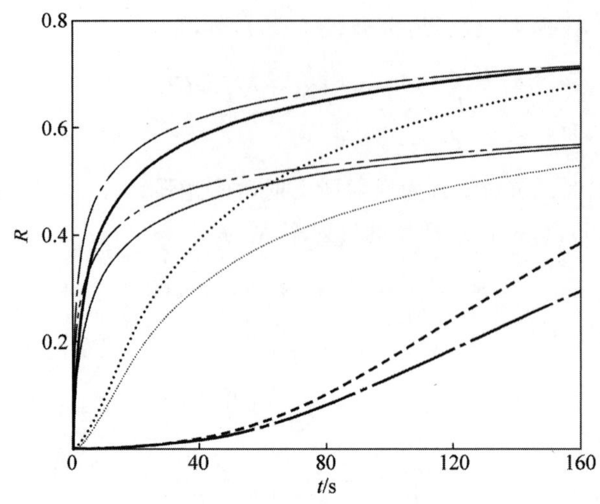

图 5-34　反射率与曝光时间关系曲线

5. 溶剂吸收对曝光过程的影响

溶剂是指记录层中除光致变色化合物以外的所有物质,如添加剂。溶剂的性质应该是稳定的,它对光的吸收不会导致其本身的化学变化,但溶剂吸收光子后可能使其分子处于激发态,并可能通过非化学反应途径失去其能量而转化为热。

本节的分析假设反射层全反射。为分析简便起见,溶剂对光的吸收亦采用 Lambert-Beer 定律式的形式:

$$\frac{\mathrm{d}I}{I}=-(\alpha_v C+\alpha_j C_j)\mathrm{d}l,\quad \alpha_v>0,\alpha_j>0,C_j=\mathrm{const} \tag{5-47}$$

其中,C_j 为溶剂分子的浓度,在曝光过程中保持不变;α_v、α_j 为比例常数,可以推导出

$$R=\exp[-4.6(\varepsilon C+\varepsilon_j C_j)L] \tag{5-48}$$

变换可得

$$C=\frac{1}{-4.6\varepsilon L}\ln R-\frac{\varepsilon_j}{\varepsilon}C_j \tag{5-49}$$

$$\frac{\mathrm{d}C}{\mathrm{d}t}=\frac{1}{-4.6\varepsilon LR}\cdot\frac{\mathrm{d}R}{\mathrm{d}t} \tag{5-50}$$

在记录层吸收的光子中,光致变色化合物的吸收比例为

$$\frac{\varepsilon C}{\varepsilon C+\varepsilon_j C_j}$$

由式(5-50)可得 $\mathrm{d}t$ 时间内发生反应的光致变色化合物的分子数 $\mathrm{d}N$ 为

$$\mathrm{d}N=\frac{P\lambda}{\hbar c}\cdot c_\phi C^\tau\cdot\frac{\varepsilon C}{\varepsilon C+\varepsilon_j C_j}\cdot(1-R)\mathrm{d}t \tag{5-51}$$

由式(5-50)和式(5-51)可得

$$\frac{\mathrm{d}C}{\mathrm{d}t}=-\frac{P\lambda}{\hbar c}\cdot c_\phi\cdot\frac{\varepsilon C^{1+\tau}}{\varepsilon C+\varepsilon_j C_j}\cdot\frac{1}{LSN_a\cdot 10^{-3}}(1-R) \tag{5-52}$$

由式(5-48)、式(5-50)和式(5-52)可得

$$\begin{aligned}\frac{\mathrm{d}R}{\mathrm{d}t}&=\frac{10^3}{4.6^{\tau-1}L^\tau N_a\hbar c}\cdot\frac{P\lambda}{S}\cdot\frac{c_\phi}{\varepsilon^{\tau-1}}\cdot(R-1)R\frac{(-4.6\varepsilon_j C_j L-\ln R)^{1+\tau}}{\ln R}\\&=\alpha(R-1)R\frac{(\ln R_j-\ln R)^{1+\tau}}{\ln R}\end{aligned} \tag{5-53}$$

同样，式中 $\alpha=\frac{10^3}{4.6^{\tau-1}L^{\tau}N_a\hbar c}\cdot\frac{P\lambda}{S}\cdot\frac{c_\phi}{\varepsilon^{\tau-1}}(\mathrm{s}^{-1})$，对于某一次恒定功率的曝光是常数，与不考虑溶剂吸收的情况完全相同；$R_j=\exp(-4.6\varepsilon_j C_j L)$（无量纲）表示仅考虑溶剂吸收而记录层中其他物质均不吸收光的情况下样片的反射率，如图 5-35 所示。

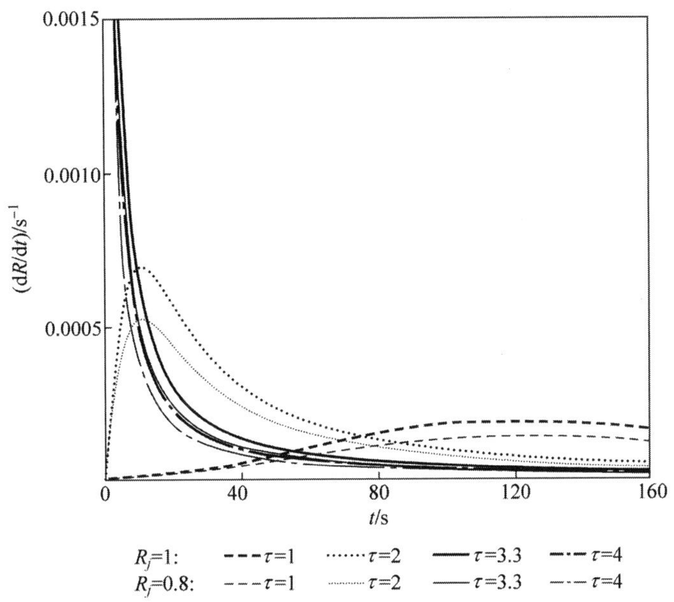

图 5-35 反射层反射率对曝光时间的导数曲线

因此，某次曝光过程中从初始反射率 R_{ini} 达到某一反射率 R 所需时间 t 的积分表达式为

$$t=\int_{R_{\mathrm{ini}}}^{R}\frac{\ln R}{\alpha\cdot(R-1)R(\ln R_j-\ln R)^{1+\tau}}\mathrm{d}R \tag{5-54}$$

即求得了该次曝光过程中任一时刻 t 时的反射率 R。可以看出，当 $R_j=1$ 时，即为不考虑溶剂吸收时的表达式。

图 5-36 为按上述表达式计算，在考虑和不考虑溶剂吸收两种情况下，曝光灵敏度变化情况的比较。可以看出，与反射层反射率的影响类似，溶剂吸收不影响总体曝光特性，只是相对减小了曝光灵敏度，限制了反射率极限。溶剂吸收率对反射率与曝光时间关系的影响实验曲线如图 5-37 所示。

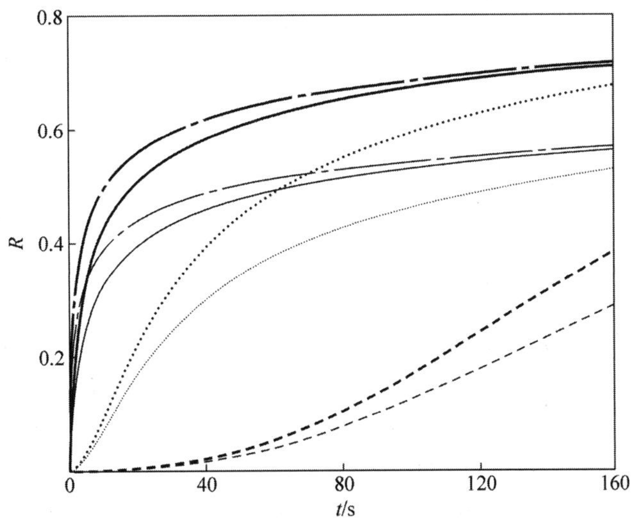

图 5-36 溶剂吸收率对反射率与曝光时间关系的影响实验曲线

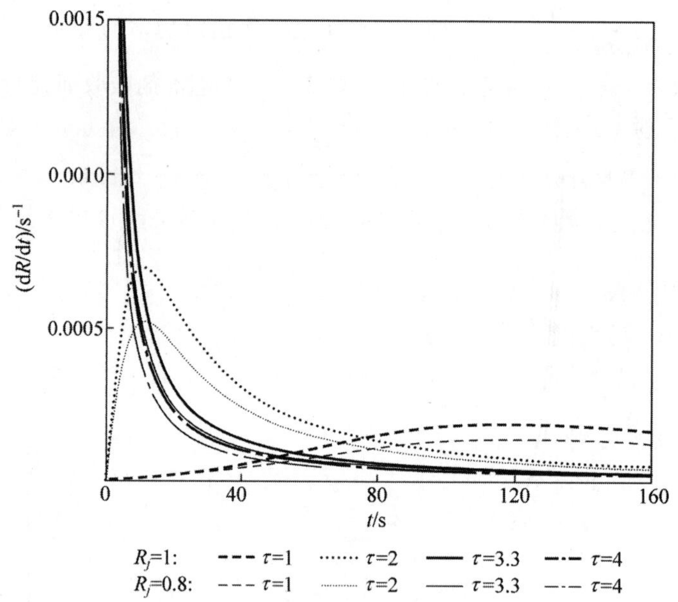

图 5-37 溶剂吸收率对反射率导数与曝光时间关系的影响实验曲线

6. 曝光光强对灵敏度的影响

从图 5-38 所示实验数据可看出曝光光强对曝光灵敏度的影响。由于本实验的曝光面积为定值，所以曝光光强与曝光功率成正比。图中偏上的一条曲线曝光功率为 1mW，时间坐标为 4s/格；偏下方的曲线曝光功率是 0.1mW，时间坐标为 40s/格；即在相同的时间坐标位置上两条曲线的曝光量是相同的，但可看出，曝光光强为 1mW 曲线的曝光灵敏度明显大于 0.1mW 曲线，说明曝光光强的增大使相应的曝光灵敏度提高。

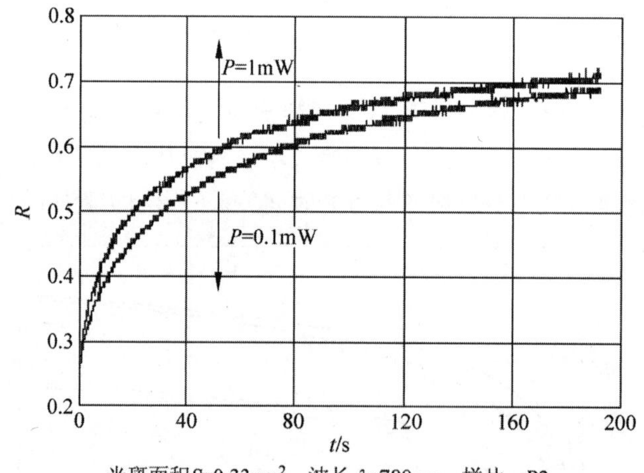

图 5-38 曝光光强对灵敏度的影响实验曲线

灵敏度提高的原因可能是较高的曝光功率在曝光区形成较高的温度，加速光致变色的反应过程。一方面，较高温度使得光致变色分子处于基态的电子较活跃，从而易于吸收光子而被激发，外在表象是摩尔消光系数有所增大；另一方面，较高温度使得光致变色分子的电子热能较大，可能有助于其被激发后向另一稳态的跌落，外在表象为量子产率有所提高。

另外，Nobuyuki Tamaoki 等曾指出，存在于中间体的光致变色反应，在光强较高时反应效率较高的现象。而且通过理论计算指出，中间体寿命决定了出现此现象的光强范围。中间体寿命越短，能观察到这种现象的光强越大，例如中间体寿命为 0.1s 时，能观察到这种现象的光强范围是 20～2000mW·cm^{-2}。中间体寿命每缩短 4 个数量级，能观察到这种现象的光强约提高 3 个数量级。按此结论推断，由于上述实测数据的光强约为 10^8mW·cm^{-2}，实验中光致变色反所应产生的中间体的寿命约为 1ns。因为现有的激光光解设备还无法测出寿命如此短的中间体，不能证实此中间体的存在。只能估计在上述曝光光强对曝光灵敏度影响的实验中，可能有此因素，而不仅是温度效应所致。

曝光光强较小时，曝光灵敏度较低，在某种意义上说，这对非破坏性读出是有利的，因为读出通常都用很小功率。有关非破坏性读出的问题，将在后续章节中详细探讨。

光致变色记录模型的建立，是本章各节以及进一步研究分析光致变色存储机理的基础。不仅对双稳态记录、多值存储、波长偏振多重存储、空间三维存储等光致变色存储有一定指导意义，对光致变色在超分辨率等方面的应用也有参考价值。

5.4　多波长光量子存储

随着光致变色材料合成研究工作不断取得的新进展，材料的吸收峰区域可以选择并控制在相对较窄的范围以内，极大地降低了材料对非敏感区域波长激光的吸收。因此，可以采用不同波长的激光，对相应的感光波长光致变色材料实现同时写入与读出，即多波长并行信息存储，存储介质结构原理如图 5-39 所示。这属于一种多层多波长存储方案，采用吸收峰波长分别为 3 种波长的光致变色材料，分 3 层涂布在实验光盘上，所选材料的吸收谱相对要求较窄，其宽度应小于或接近相邻两记录激光波长之差，即材料的吸收谱之间应不产生交叠。由于每一记录层仅包含一种光致变色材料，因此，每一记录层只对一种记录波长激光敏感，而对其他波长的激光不吸收(为透明)。例如，图 5-39(a)中的记录层 1 只对激光 λ_1 敏感，当该激光对多波长光致变色盘进行写入时，由于其他记录层对该波长的光几乎不吸收，只有吸收波长 λ_1 的记录层材料发生光致变色反应，从而在该记录层上记录了所写入的信息。如果将所有记录波长激光合成为同轴光对多波长光致变色盘进行写入，则在光盘的同一点上，各记录波长激光被相应记录层吸收，致使该点各记录层的材料发生消色反应而记录了多重信息。本实验所选择的记录激光波长为 780nm、650nm、532nm 及 405nm。这 4 种波长的半导体激光器均已有高质量的商业化产品，各种波长间距较均衡，有利于控制读写时的串扰，并降低相应记录材料研究开发的难度。由于各种材料间彼此不发生化学反应，可以采用简单的分层旋涂工艺制备。此外，为简化工艺过程，可选用高效溶剂将 3 种材料按一定比例混合溶解，旋涂为混合记录层，获得与 3 层同样效果的单层记录单元，如图 5-39(b)所示。其基本结构与单波长存储单元类似，分基片、记录层、反射层和保护层 4 部分。不同之处在于，其记录层由分别对多种波长敏感的不同光致变色材料组成，可以是每个记录层包含一种光致变色材料的多波长多层结构(a)，也可以制成多波长单层结构(b)，即所有光致变色材料均匀混合后旋涂形成单一记录层。

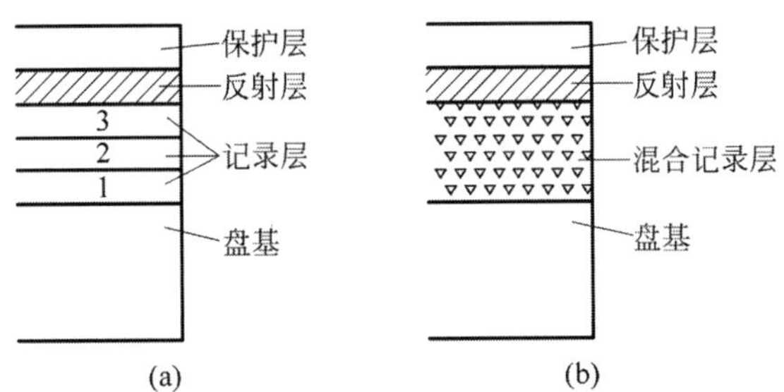

图 5-39　多波长存储介质结构示意图

由于存储单元具有 $I_1 \sim I_n$ 记录层或由 n 种不同的光致变色材料混合组成的记录层，对这些记录层的读写需由相应的 $L_1 \sim L_n$ 种不同波长的激光器和对应的 n 个探测器 $D_1 \sim D_n$ 完成。在数据写入过程中，记录层、光致变色材料、激光器和探测器互相一一对应，即记录层 I_i 由光致变色材料 i 组成，读写由对应的激光器 L_i 和探测器 D_i 完成。激光器 I_i 发出的激光的波长为 λ_i，光致变色材料 I_i 的吸收波长为 λ_i，对波长为 $\lambda_j(j \neq i, j=1,2,\cdots,n)$ 的其他光透明。当波长为 λ_i 的激光聚焦到光盘的 n 个记录层时，只有记录层 I_i 会吸收该激光的能量，其他记录层对该激光完全透明。记录层 I_i 对该激光的吸收作用的强弱，取决于该记录层中光致变色材料 i 的浓度。光致变色材料 i 的浓度越高吸收作用越强，反之浓度越小吸收作用越弱。记录层 I_i 吸收该激光的能量后，材料 i 发生光致变色反应，且发生光致变色反应的分子数，决定于该种波长激光的功率和照射时间。激光功率越大，发生反应的光致变色材料的分子越多；照射的时间越长，发生光致变色的反应越强。读出时，采用 n 种波长的小功率光作为读出光源。多种波长的激光合成后的光束通过消色差物镜聚焦到光盘的 n 个记录层(或 n 种记录介质)时，对波长为 λ_i 的光，只有材料 i 吸收该种波长的光，由于材料 i 写入态和未写入态对 λ_i 的吸收强度不同(写入态很少或不吸收 λ_i)，因此反射的 λ_i 的光强度也就不同，可以得到 m 种幅值，形成波长与写入光强组成的多种状态。合成的读出光束被光盘反射后经物镜成为平行光，平行光经分光系统将不同波长的激光导向相应的探测器，经过测量每种光的反射率变化得到读出信号。若将这些参量用于调制编码则使单元存储容量提高 N 倍($N=n \cdot \ln m$)。

实际上，以光致变色材料为记录介质的存储单元可采用真空溅镀和溶剂旋涂两种方式加工制造。前者镀成的膜系厚度及均匀性比较容易控制，但制造成本高，加工效较率低，通常只用于实验研究。旋涂法是直接将溶在有机溶剂中的光敏介质旋转涂布成膜，旋涂法是目前制备均匀有机薄膜的最好方法。其主要优点是成本低廉，薄膜光洁、均匀，容易控制厚度，制膜速度快，不需要真空环境等。旋涂过程一般是先将成膜材料溶于一种中等挥发性溶剂中，形成有一定黏度的液态(或胶态)旋涂液，然后将过量的旋涂液滴加到靠近基片中心孔的部位。如果需要更均匀的初始条件，可将旋涂液以等间距螺旋形式滴加到整个被涂区域。当基片以合适的转速旋转时，就形成所需厚度的薄膜。溶解在溶剂中记录材料的流动性越好，旋涂的转速越快，成膜的厚度越薄。

溶解在溶剂中记录材料中的浓度越高，盘片的灵敏度越高。旋涂工艺是一个较为复杂的过程，旋涂设备的转速控制、离心力、溶液黏性和溶剂的挥发速度等都会影响参数及均匀性。而且这些因素和物理现象，往往相互作用难以控制。当基片刚开始转动时，由于离心力的作用，溶液很快甩出，厚度逐渐变薄，溶液的黏力也逐渐变大，最终与离心力达到平衡。而溶剂的挥发则一直贯彻始终。常见的符合要求的主要有机溶剂如表 5-5 所示，所选用的溶剂应满足以下条件：

- 对染料和聚合物的溶解性好；
- 挥发性适中，沸点 90～120℃；
- 表面张力尽量小，使配制成的溶液的表面张力小于基片的表面张力；
- 不溶解基片(目前基片采用的是聚碳酸酯)，无毒性。

表 5-5 用于光存储有机材料记录层制备的主要溶剂及其性能

有机溶剂名称	沸点/℃	表面张力/(10^{-5}N·cm^{-1})	黏度/(mPa·s)	PC 溶解性
双丙酮醇	168.1	31.0	2.9	不溶
乙基溶纤剂	156.3	31.8	1.03	微溶
环辛烷	125.7	21.76	0.547	不溶
甲苯	110.6	30.92	0.773	不溶
氯仿	61.1	27.14	0.563	微溶
环己酮	155.6	3450	2.2	微溶

光致变色材料中，二芳基乙烯化合物和俘精酸酐类化合物都具有较好的光致变色性能，比较适用于光存储。在本节所介绍的实验研究中，主要采用二芳基乙烯化合物。实验样片由记录层、反射层和作为基片的特制高平直度玻璃组成。基片采用 1.1mm 的特制的平面度高的玻璃，尺寸为 2.5cm×2.5cm，经过严格清洗后采用真空溅镀法制备全反射层，反射层厚度约为 100nm。记录层采用旋涂法制备，过程如下。

将聚甲基丙烯酸甲酯(PMMA)超声溶解于三氯甲烷中，然后再将光致变色化合物混合到该溶液中，经超声处理使之成为均匀胶液，采用旋涂法在反射层上形成薄膜。涂层厚度取决于溶液的浓度和旋涂的速度。实验采用的 KW-4 型台式匀胶机，最高转速为 6000r/min。将镀有反射层的基片置于匀胶基上，调节转速为 50～80r/min，向基片中心注入光致变色化合物胶液。然后将转速迅速提高至 2000r/min，滴在基片中心的胶液在离心力的作用下被展成薄膜，多余的胶液将从基片边缘甩出，经一段时间后(约 40s)，膜上溶剂全部挥发，按照此工艺获得的膜厚度约为 1μm。也可采用二元混合溶剂，例如按一定比例混合正丁醚主溶剂和 2,6-二甲基庚酮辅溶剂，既能保证较好的挥发性，又能有效防止成膜时的聚集和结晶现象，特别有利于调节胶液适当的黏度，使之有效地填充片基中地预刻槽中，用于带预刻槽的实验盘片。在光致变色多波长存储实验样片的制作中加入 PMMA，主要是防止光致变色化合物产生聚集和结晶，保证所制备的记录薄膜层光滑均匀。

1. 多波长写入和读出实验

将对 532nm/650nm/780nm 激光敏感的俘酞菁、四方酸染料及精酸酐衍生物介质混合涂布的多波长存储试验单元进行写入读出实验。所得结果如图 5-40 及图 5-41 所示。

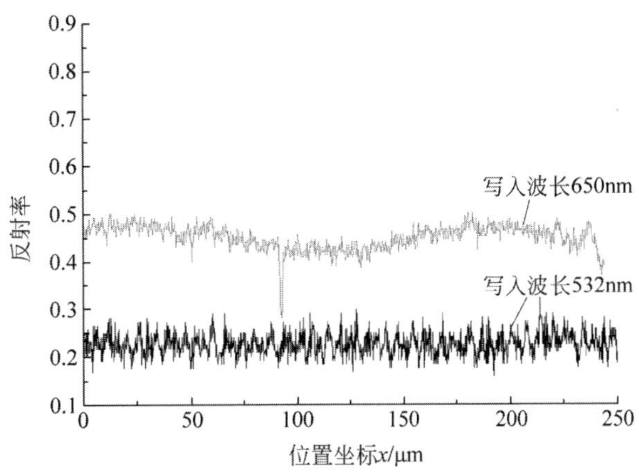

图 5-40 写入信息前样片对 532nm/650nm 波长的实测反射率

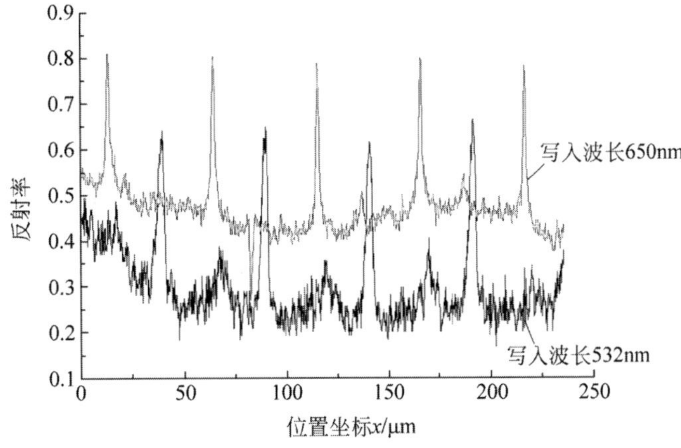

图 5-41 写入信息后样片对 532nm/650nm 波长的反射率

实验参数：使用波长为650nm，532nm，测试功率：0.1mW。

实验介质：多波长敏感俘酞菁、四方酸染料及精酸酐衍生物混合涂层。

由于记录介质对光束的吸收序数不同，又用同一光强进行测试，所以得到不同的反射率。如果希望得到相同的信号，需调整使用光强。将此实验样片用650nm和532nm激光同时进行写入后读出信息如图5-41所示。

实验参数：使用波长650nm，532nm，激光功率：写入5mW，读出0.1mW，实验介质为多波长敏感俘酞菁、四方酸染料及精酸酐衍生物混合涂层。

从实验结果可知，记录信号的幅值可达65%～80%。不同波长之间在强光束写入时相互都有一定影响，即会产生一定的干扰，其幅值约为记录信号幅值的13%～15%。可以看出，此信号幅值与信噪比，已初步达到可用水平。

2. 多波长存储写入模型

研究利用光致变色材料实现多波长多阶信息存储的写入过程，必须解决光与多种记录介质产生光致变色反应的变化过程中，曝光速度、强度、材料灵敏度、吸收率、吸收谱间的串扰等影响因素对光致变色曝光过程的影响，并能进行量化分析。实际上，光致变色的写入过程是一个消色过程，即光致变色存储材料在一定波长入射光的照射下，从闭环态向开环态转化的过程。该转化过程引起光致变色材料的闭环态分子的数量减少，导致记录介质对特定波长光的吸收率的变化，在测量时表现为反射率的变化。研究不同材料受到敏感波长光束曝光后，反射率的变化与曝光入条的量化关系，首先要分析光化学反应对光的吸过程。根据式(5-21)可建立多波长多阶信息存储中入射光的吸收率 $\mathrm{d}I/I$ 与作用的物质参数的模型：

$$\frac{\mathrm{d}I}{I}=-\alpha_v C\mathrm{d}l \tag{5-55}$$

式中，I 为入射光强；C 为溶质的浓度(mol/L)；l 为厚度(cm)；α_v 为吸收系数($10^3\mathrm{cm}^2/\mathrm{mol}$)。$C\mathrm{d}l$ 为 $\mathrm{d}l$ 吸收层单位面积内的溶质剂量，$\mathrm{d}I$ 为该吸收层吸收引起的光强变化。对一定长度的光池，设边界条件为：在入射面上，即 $l=0$ 时入射光强为 I_0，在出射面上，即 $l=1$ 时出射光强为 I，则有

$$\int_{I_0}^{I}\frac{\mathrm{d}I}{I}=-\int_0^l \alpha_v C\mathrm{d}l \tag{5-56}$$

从而

$$\ln\frac{I}{I_0}=-\alpha_v Cl \tag{5-57}$$

式中，α_v 为介质的吸收系数，是辐射频率和波长的函数。

令摩尔消光系数 $\varepsilon=\alpha_v/2.3$，单位为 $10^3\mathrm{cm}^2/\mathrm{mol}$。该参数为一定条件下(温度、浓度和光程长)1mol物质对某一波长光的吸收量。由此可得到Lambert-Beer定律的积分表达式：

$$\frac{I}{I_0}=\mathrm{e}^{-2.3\varepsilon Cl} \tag{5-58}$$

式中，I_0 为初始入射光；I 为光经过光致变色材料后的出射光。该式描述某一波长的平行光束，穿过吸光组分浓度为 C、光程长度为 l 的介质后剩余的光强。$D=\varepsilon Cl$ 被定义为溶液的消光值，也称为光密度。

在多波长光致变色存储的原理实验研究中，为了简化制膜工艺，将多种存储介质均匀混合，溶于PMMA溶剂中，在玻璃基片的铝反射层上用旋涂方法制成一层记录膜。样片结构如图5-42所示。设反射层的反射率为 R_f。为了便于理论分析，在对以上结构的样片进行光致变色多波长存储过程的分析时，可进行简化，如图5-43所示。由于反射层的作用，辐射光将两次通过记录层，在模型中体现为Layer1和Layer3两个等厚记录层，其厚度均为 L，Layer2是一透射率为 R_f 的吸光层，其厚度认为

是无穷小。考虑到记录膜厚度非常小，入射光经反射层反射再次穿过记录层的时间可以忽略，则可认为两次穿越记录层，记录材料浓度未发生变化。I_0 为 Layer1 的入射光强，即样片的入射光强，I_{t1} 为光经记录层 1 后的出射光强，I_{in1} 为 Layer3 的入射光强，I_t 为光经 Layer3 后的出射光强，即样片的反射光强。在写入过程实验中发现，样片被充分写入后，其最终反射率总是小于样片反射层的反射率，这是由于样片制作过程中残留的溶剂、杂质及某些平衡反应和失效材料对光的吸收所造成的。为此，引入最大反射率 R_{max} 概念。R_{max} 定义为当反射层为全反射时，某种波长光对样片进行充分写入后能达到的最终反射率。对一种材料的样片而言，该参数对特定波长是一个常数，但对不同波长的光数值有所不同，具体数值须通过实验确定。显然，影响最大反射率的因素是光致变色记录层对某种波长光的固有透光率。此处设为 T。该参数对固定样片不随光致变色材料浓度变化。由于该参数的存在，实际作用于记录层光致变色材料的光强为 I_0T。

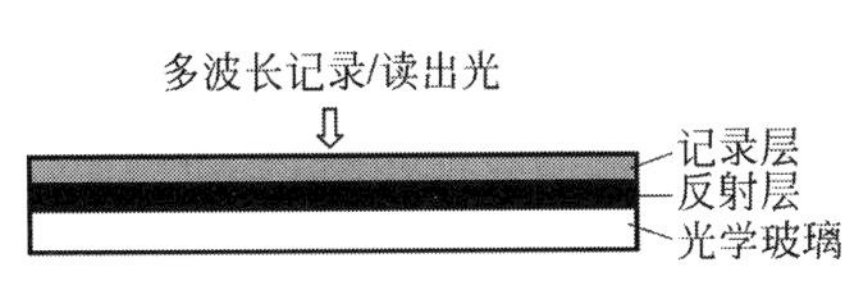

图 5-42　多波长存储实验样片结构

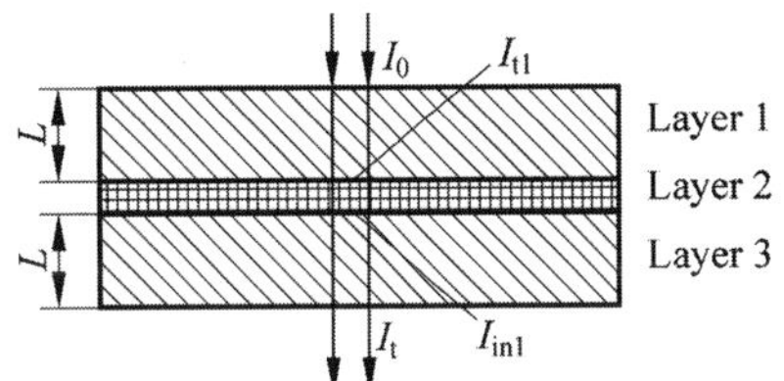

图 5-43　存储单元简化模型

根据式(5-56)，对 Layer1，其出射光强则为

$$I_{t1} = I_0 T e^{-2.3D} \tag{5-59}$$

对于吸光层 Layer2，

$$I_{in1} = I_{t1} R_f \tag{5-60}$$

光经吸光层后，辐射 Layer3，其出射光强为

$$I_t = I_{in1} T e^{-2.3D} \tag{5-61}$$

综合式(3-5)、式(3-6)及式(3-7)，得到光经样片后的反射光强为

$$I_t = I_0 T^2 R_f e^{-4.6D} \tag{5-62}$$

对于研究所使用的样片，最终透射光强与最初入射光强之比 R 为

$$R = \frac{I_t}{I_0} = T^2 R_f e^{-4.6D} \tag{5-63}$$

考虑到 R_{max} 定义，当 $R_f=1$ 且充分写入时，材料的有色态分子浓度为 0，即 $D=0$，从而

$$R_{max} = T^2 \tag{5-64}$$

可得，反射率的表达式为

$$R = \frac{I_t}{I_0} = R_{max} R_f e^{-4.6D} \tag{5-65}$$

对于混合多种光致变色材料的多波长存储，记录层包含多种材料。考虑最复杂的情况，各材料的吸收谱对多波长记录光均有吸收，即多组分对多波长光的每一种都有吸收。在这种有多个组分吸收某一波长的光的化学反应体系中，体系的总透光率应等于各组分单独存在下的透光率的乘积，总光密度等于各组分光密度之和：

$$D_i = \sum_{j=1}^{n} \varepsilon_j(\lambda_i) C_j l \tag{5-66}$$

式中，D_i 为该体系在波长 λ_i 下的总光密度；$\varepsilon_j(\lambda_i)$ 为第 j 种组分在波长为 λ_i 的光辐射下的摩尔消光系数；C_j 为第 j 种材料的浓度；l 为光程，即膜层厚度；n 为波长数。

因此，对研究中采用的多波长存储介质膜，波长 λ_i 的光的反射率 R_i 为

$$R_i = \frac{I_t(\lambda_i)}{I_0(\lambda_i)} = R_{\max}(\lambda_i)R_f e^{D_i} = R_{\max}(\lambda_i)R_f e^{-4.6\sum_{j=1}^{n}\varepsilon_j(\lambda_i)c_j l} \tag{5-67}$$

式中，$I_0(\lambda_i)$、$I_t(\lambda_i)$分别为波长为λ_i光的入射光强和反射光强；$R_{\max}(\lambda_i)$为样片对波长为λ_i光的最大反射率。考虑到反射层的反射和记录层对不同波长光的固有吸收，根据图5-43模型分析，光经过Layer1后被记录层吸收的波长为λ_j的光强为

$$I_{ab}(\lambda_j)_1 = I_0(\lambda_j)\left[1-\left(\frac{R_j}{R_{\max}(\lambda_j)R_f}\right)^{1/2}\sqrt{R_{\max}(\lambda_j)}-(1-\sqrt{R_{\max}(\lambda_j)})\right] \tag{5-68}$$

而光经过Layer1及Layer2后，到达Layer3表面的波长为λ_j的入射光强为

$$I_{\text{in1}}(\lambda_j) = I_0(\lambda_j)\left(\frac{R_j}{R_{\max}(\lambda_j)R_f}\right)^{1/2}\sqrt{R_{\max}(\lambda_j)}R_f \tag{5-69}$$

则穿过Layer3后的被记录层吸收的波长为λ_j的光强为

$$I_{ab}(\lambda_j) = I_0(\lambda_j)\left(\frac{R_j}{R_{\max}(\lambda_j)R_f}\right)^{1/2}\sqrt{R_{\max}(\lambda_j)}R_f\left[\left(1-\left(\frac{R_j}{R_{\max}(\lambda_j)R_f}\right)^{1/2}\sqrt{R_{\max}(\lambda_j)}\right)-(1-\sqrt{R_{\max}(\lambda_j)})\right] \tag{5-70}$$

从而，多波长光对样片写入后，样片吸收的波长为λ_j的光强为

$$I_{ab}(\lambda_j) = I_{ab}(\lambda_j)_1 + I_{ab}(\lambda_j)_3 = I_0(\lambda_j)\left(\sqrt{R_{\max}(\lambda_j)}-\sqrt{\frac{R_j}{R_f}}\right)(1+\sqrt{R_f R_j}) \tag{5-71}$$

大部分光致变色材料的消色反应均可视为一简单的初级光化学反应。在多波长存储中，记录层的材料吸收不同波长的光并发生反应，则每种材料的总反应速率为各波长引起该材料的反应速率的总和：

$$-\frac{dC_i}{dt} = \sum_{j=1}^{n}\left(-\frac{dC_i}{dt}\right)_{\lambda_j} \tag{5-72}$$

而材料i在波长为λ_j的光辐射下的反应速率为

$$\left(-\frac{dC_i}{dt}\right)_{\lambda_j} = \Phi_i(\lambda_j)\frac{\lambda_j}{N\hbar c}K_i(\lambda_j) \tag{5-73}$$

其中，$\Phi_i(\lambda_j)$为材料i在波长为λ_j的光辐照下的量子产率；$K_i(\lambda_j)$为材料i对波长为λ_j的光的体积吸收率；N_A为阿伏伽德罗常量，其数值为$6.023\times1023\text{mol}^{-1}$；$\hbar$为Plank常量，数值为$6.626\times10^{-34}\text{J}\cdot\text{s}$。反应物吸收光经由光化学反应生成产物的效率，可以用生成产物的量子产率表征。量子产率直接反映了光化学反应中光子的有效率，量子产率的定义为

$$\Phi = \frac{\text{生成产物的分子数}}{\text{反应物吸收的光子数}} \tag{5-74}$$

光化学反应中量子产率与反应物及辐射波长有关，对特定反应物和特定辐射波长，量子产率为一常量。将式(3-19)代入式(3-18)，得到总反应速率为

$$-\frac{dC_i}{dt} = \sum_{j=1}^{n}\Phi_i(\lambda_j)\frac{\lambda_j}{Nhc}K_i(\lambda_j) \tag{5-75}$$

体吸收率为单位体积内吸收的光能量，即

$$K = \frac{E}{Stl} = \frac{I}{l} \tag{5-76}$$

式中，E为某种波长光的辐射能量；S为辐射面积，单位为m^2。而材料i对波长λ_j的体吸收率为

$$K_i(\lambda_j) = I_{ab}(\lambda_j)\frac{\varepsilon_i(\lambda_j)C_i}{\sum_{k=1}^{n}\varepsilon_k(\lambda_j)C_k}\cdot\frac{1}{l} \tag{5-77}$$

结合式(5-62)、式(5-75)和式(5-77)，得到描述多波长光致变色存储过程中材料i的浓度随时间变化的函数：

$$-\frac{\mathrm{d}C_i}{\mathrm{d}t}=\sum_{j=1}^{n}\Phi_i(\lambda_j)\frac{\lambda_j}{Nhc}I_0(\lambda_j)\left(\sqrt{R_{\max}(\lambda_j)}-\sqrt{\frac{R_j}{R_f}}\right)(1+\sqrt{R_iR_j})\cdot\frac{\varepsilon_i(\lambda_j)C_i}{\sum_{k=1}^{n}\varepsilon_k(\lambda_j)C_k}\cdot\frac{1}{l}\tag{5-78}$$

由于多波长记录过程中，各波长光反射率由光密度决定，而在摩尔消光系数和记录介质膜厚为定值的情况下，反射率由所有记录材料的浓度所决定。根据存储过程中各记录材料浓度的变化，即可计算出反射率变化。因此，结合式(5-68)和式(5-78)，可完整描述多波长存储的写入过程。

以上模型考虑了最复杂的情况，即每种材料的吸收谱均覆盖所有记录波长。而在实际研究中，对材料提出了吸收谱尽可能窄的要求，最好每种材料的吸收谱只覆盖一种记录波长。在这种情况下，多波长存储的反应模型可进一步简化。若各组分只吸收与其相应波长的光，而对其他光吸收很少或不吸收，即 $\varepsilon_i(\lambda_j)\approx 0(j\neq i)$，则由式(5-67)和式(5-78)可得

$$R_i=R_{\max}(\lambda_i)R_f\mathrm{e}^{-4.6\varepsilon_i(\lambda_i)C_il}\tag{5-79}$$

$$-\frac{\mathrm{d}C_i}{\mathrm{d}t}=\Phi_i(\lambda_i)\frac{\lambda_i}{Nhc}I_0(\lambda_i)\left(\sqrt{R_{\max}(\lambda_i)}-\sqrt{\frac{R_i}{R_f}}\right)(1+\sqrt{R_iR_f})\cdot\frac{1}{l}\tag{5-80}$$

由式(5-78)可得材料 i 的浓度为

$$C_i=-\frac{1}{4.6\varepsilon_il}\ln\frac{R_i}{R_{\max}(\lambda_i)R_f}\tag{5-81}$$

对上式两边同时求导数，则可得

$$\frac{\mathrm{d}C_i}{\mathrm{d}t}=-\frac{1}{4.6\varepsilon_i(\lambda_i)l}\cdot\frac{1}{R_i}\cdot\frac{\mathrm{d}R_i}{\mathrm{d}t}\tag{5-82}$$

对于记录用的激光辐射光斑，可认为是光强均匀的平行光束，即

$$I=\frac{P}{S}\tag{5-83}$$

式中，P 为激光光功率，单位为 W；S 为光辐照面积，单位为 m^2。综合式(5-80)、式(5-82)及式(5-83)，可得透射率和辐射时间的关系为

$$\frac{\mathrm{d}R_i}{\mathrm{d}t}=k_i\left(\sqrt{R_{\max}(\lambda_i)}-\sqrt{\frac{R_i}{R_f}}\right)(1+\sqrt{R_iR_f})R_i\tag{5-84}$$

式中，k_i 称为写入时间常数，对写入过程为一常数，单位是 s^{-1}。该常数表征波长为 λ_i 的光对样片的写入速度，其值为

$$k_i=4.6\varepsilon_i(\lambda_i)\Phi_i(\lambda_i)\frac{\lambda_i}{Nhc}\frac{P_i}{S_i}\tag{5-85}$$

从而可得

$$t=\int_{R_0(i)}^{R_f(i)}\frac{1}{k_i}\cdot\frac{\mathrm{d}R_i}{\left(\sqrt{R_{\max}(\lambda_j)}-\sqrt{\frac{R_i}{R_f}}\right)(1+\sqrt{R_iR_f})R_i}\tag{5-86}$$

式中 $R_0(i)$，$R_f(i)$分别为初始透射率和最终反射率，k_i 在特定膜和辐射条件下为常数。显然，简化模型中各种波长光的反射率独立随时间变化，互相不影响。该简化模型也适合于单波长写入过程的描述。基于光化学反应原理的多波长光致变色存储写入过程建立的上述数学模型，可用于分析光致变色多波长存储过程中串扰的产生机理，实现消减串扰写入策略的优化，将不同波长与灰阶的信号间的串扰控制在小于5%的水平。

3. 多波长多阶存储影响因素及无损读出

多波多阶存储面临的首要问题是不同波长之间存储时的串扰。产生串扰的主要原因是材料在写入过程中吸收谱有交叉。由于对记录介质的特性有许多技术要求，各种材料都做到完全互不交叉几乎是不可能的。但材料的吸收谱是否交叉，以及其交叉程度，是确定材料是否可实际应用的重要因

素。无论材料之间吸收谱的交叉被控制在何量级，都只能通过建立系统的分析计算模型，才可能定量评价材料的交叉干扰对信息储存的影响程度。为此，首先分析材料吸收谱互不交叉或交叉很小时的情况。以具有代表性的1,2-双(2-甲基-5-*n*-丁基-3-噻吩基)全氟环戊烯和1,2-双(2-甲基-5-(4-*n*,*n*-二甲基苯基)-噻吩-3-基)全氟环戊烯两种材料为例，以简化模型。这两种材料的敏感光谱分别为532nm和650nm，将两种材料均匀混合溶于PMMA溶液中旋涂而成的记录层，厚度约200nm。其吸收谱和分子结构分别如图5-44和图5-45所示。在对材料进行测试实验前，须用反射率为99.9%的标准全反射片对各种激光读出信号的功率进行校准，作为读出基准。

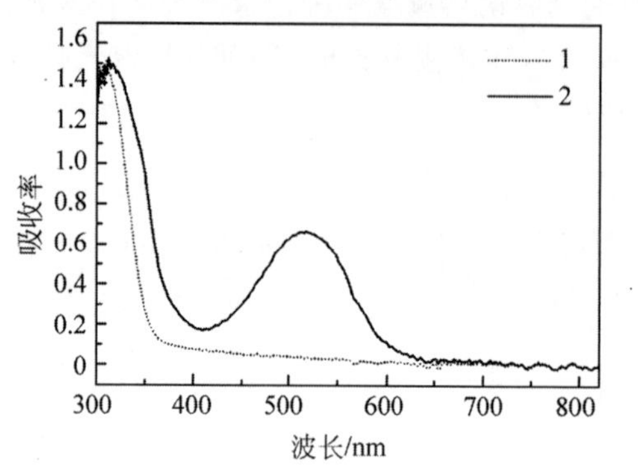

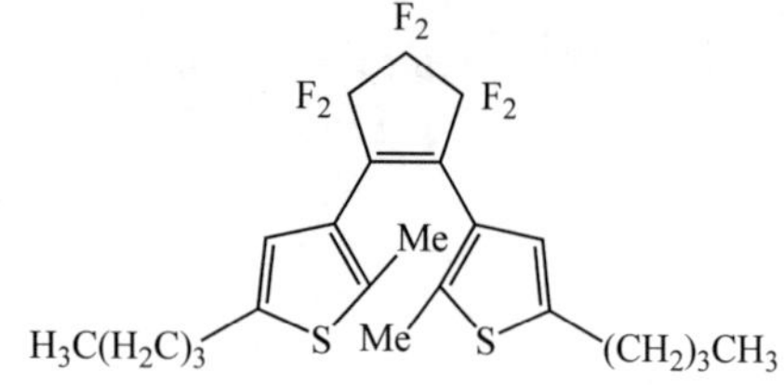

图5-44　存储材料对532nm波长吸收光谱(1—开环态吸收谱；2—闭环态吸收谱)及其分子结构式

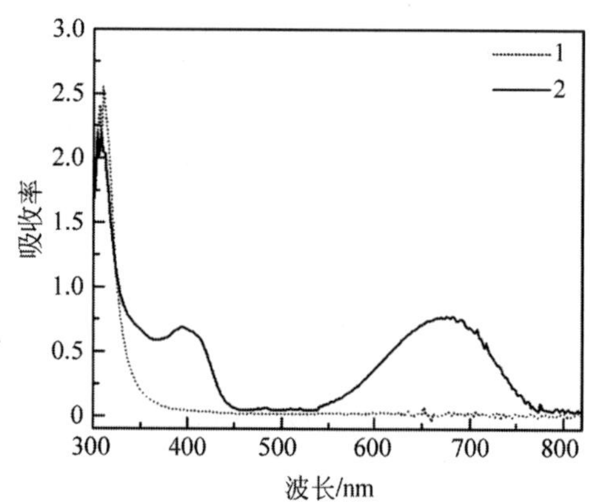

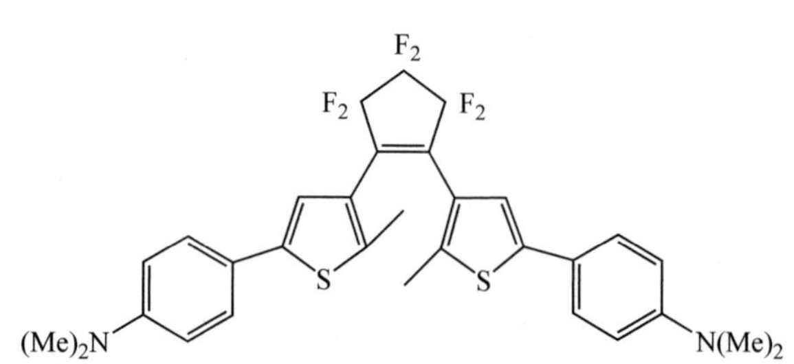

图5-45　材料对650nm光吸收谱及其分子式(1—开环态吸收谱；2—闭环态吸收谱)

另外，光致变色材料的光致变色反应同时与写入激光功率和时间关，取决于二者之乘积。例如用不同功率的650nm激光对1,2-双(2-甲基-5-(4-*n*,*n*-二甲基苯基)-噻吩-3-基)全氟环戊烯介质进行写入实验，使反射率均达到0.8所用的时间，获得的功率-时间曲线如图5-46所示。可看出，采用不同的激光功率和曝光时间组合，都能得到同样的反应。此特性对于有一定光谱交叉干扰的材料，被用于改善或抑制交叉干扰的手段之一。实验还证明，使用不同写入功率使反射率达到0.8，写入时间的乘积(相当于曝光能量)基本保持不变，通过对数据的拟合可知，对此材料达到0.8的曝光能量约为0.06mJ，即Pt=0.06。可看出，对光致变色材料的记录，写入功率提高一倍，达到一定反射率所用的写入时间将减小50%。提高写入功率可成比例地加速写入过程，缩短写入时间。所以对于吸收谱无交叉的材料，由于一种波长的写入不会对其他外波长光的材料产生影响，往往挑选曝光时间最短的功率为写入功率。

对于以上介绍的两种相互间均无吸收谱无交叉的材料，所用激光波长的反射率随时间变化互相独立，可使写入模型简化。实验使用532nm、650nm波长激光同时对样片进行写入，可获得写入后反射率变化的曲线。样片反射层为全反射，即$R_f=1$，对于532nm波长光的初始反射率为$R_{ini1}=0.589$；

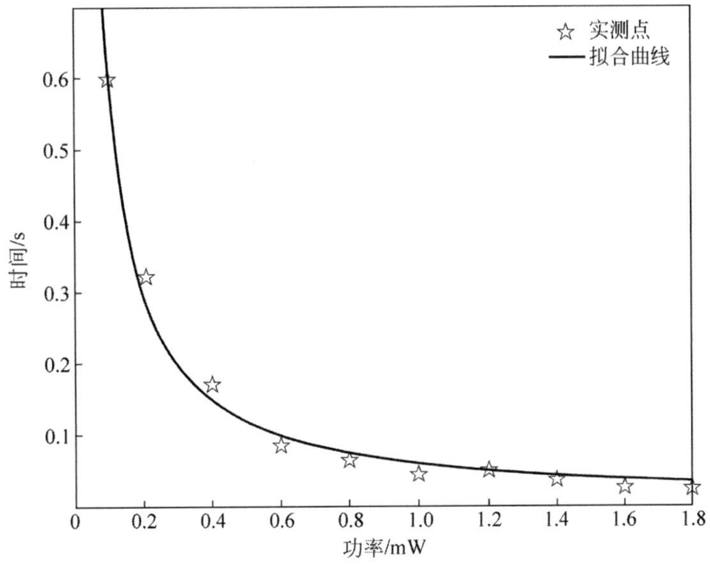

图 5-46 光致变色材料写入功率与写入时间关系

对于 650nm 波长光的初始反射率为 $R_{ini2}=0.38$。经过充分写入后的实验片，对波长 532nm 和 650nm 光的最大反射率分别为 $R_{max1}=0.788$，$R_{max2}=0.86$。根据以上参数及实验数据，利用式(5-85)计算可得出 1,2-双(2-甲基-5-*n*-丁基-3-噻吩基)全氟环戊烯材料的写入时间常数为 $k_1=5.61s^{-1}$。1,2-双(2-甲基-5-(4-*n*,*n*-二甲基苯基)-噻吩-3-基)全氟环戊烯材料的写入时间常数为 $k_2=5.34s^{-1}$。将 532nm 和 650nm 波长光实际写入过程实验曲线及理论计算结果进行比较，分别如图 5-47 和图 5-48 所示。

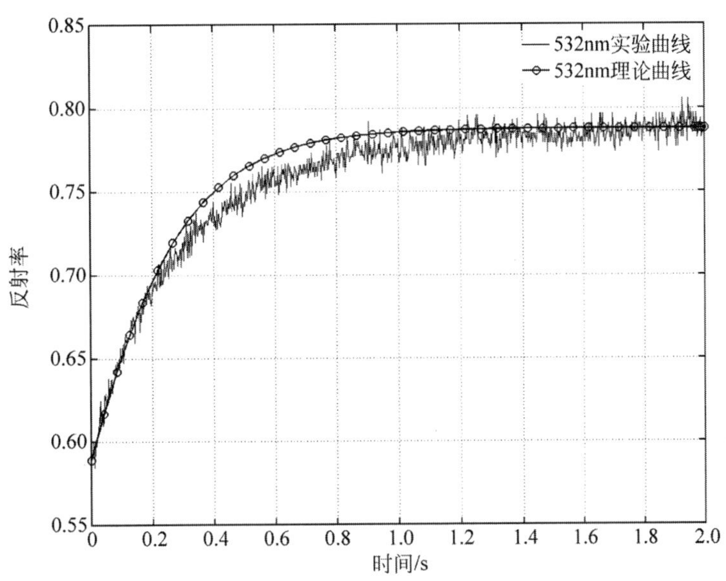

图 5-47 双波长写入 532nm 波长光写入过程理论与实验曲线

实验结果和理论计算表明，该简化模型可以比较准确地描述在多种材料的吸收谱无交叉情况下的多波长写入过程。写入时间常数 k 是表征光致变色存储中写入速度的重要参数。在存储过程中，初始反射率 R_{ini} 和最大反射率 R_{max} 均由样片制备工艺决定，由实验测得。

可供多波长多阶存储的材料的种类很多，是此项技术今后推广应用的一大优势，但多数材料往往

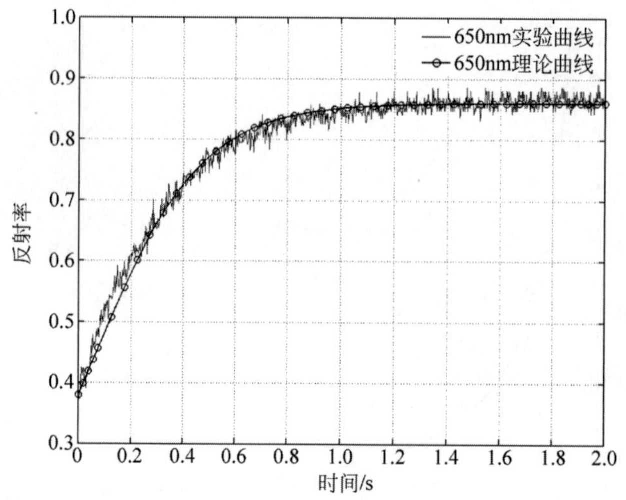

图 5-48　双波长写入 650nm 波长光写入过程的理论与实验曲线

存在一定程度的光谱交叉。从消除波长间干扰的角度，应首先选用不存在吸收光谱交叉的材料。但有时为了兼顾材料的其他特性，例如灵敏度、稳定性及工艺性等，不得不选用某些存在一定交叉干扰的材料。事实证明，只要参数搭配合适，也能得到理想的效果，下面将介绍存在某种交叉的材料及其影响。以下以吸收光谱覆盖较宽的双全氟环戊烯材料为例，如图 5-49 所示。从图 5-49 材料的吸收谱可以看出，其主要收峰的波长为 650nm，但在波长 532nm 处也有吸收。下面采用一种在 650nm 波长处没有吸收的 532nm 材料，构成最有实际代表性的单吸收谱交叉情况进行探讨。

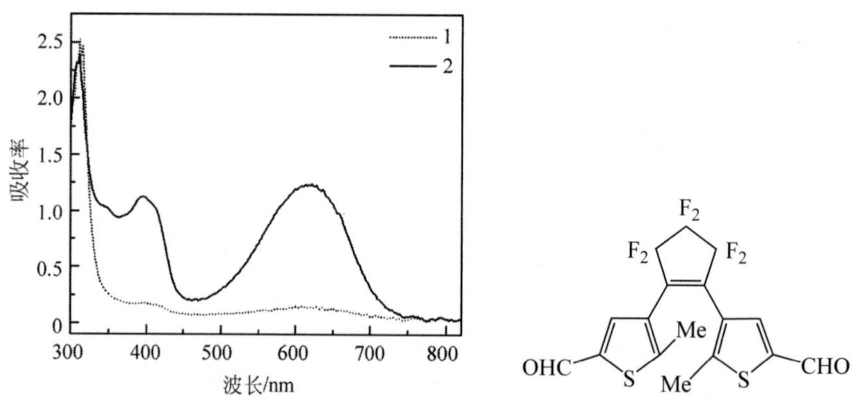

图 5-49　双全氟环戊烯材料吸收谱及其分子式

1—开环态吸收谱；2—闭环态吸收谱

由于这时材料吸收谱有交叉，写入过程不能用简化模型描述，必须使用式(5-68)、式(5-78)所示的光致变色多波长存储模型。设 532nm 材料和 650nm 材料分别为材料 1、2，则材料 1 只吸收波长 $\lambda_1=532\text{nm}$ 的光，而材料 2 则同时吸收波长为 $\lambda_1=532\text{nm}$ 和 $\lambda_2=650\text{nm}$ 的光，由式(5-68)可得样片对波长为 λ_1 的光的反射率为

$$R_1=R_f R_{\max}(\lambda_1)\mathrm{e}^{-4.6\sum_{j=1}^{2}\varepsilon_j(\lambda_1)C_j l}=R_f R_{\max}(\lambda_1)\mathrm{e}^{-4.6l(\varepsilon_1(\lambda_1)C_1+\varepsilon_2(\lambda_1)C_2)} \tag{5-87}$$

由于材料 1 仅吸收 λ_1 光，即材料在 λ_2 波长处的摩尔消光系数近似为 0，则样片对波长为 λ_2 的光的反射率为

$$R_2=R_{\max}(\lambda_2)R_f\mathrm{e}^{-4.6\sum_{j=1}^{2}\varepsilon_j(\lambda_2)C_j l}=R_{\max}(\lambda_2)R_f\mathrm{e}^{-4.6\varepsilon_2(\lambda_2)C_2 l} \tag{5-88}$$

根据式(5-87)，有

$$\varepsilon_1(\lambda_1)C_1+\varepsilon_2(\lambda_1)C_2=-\frac{1}{4.6l}\ln\frac{R_1}{R_{\max}(\lambda_1)R_f} \tag{5-89}$$

$$\varepsilon_1(\lambda_1)\frac{dC_1}{dt}+\varepsilon_2(\lambda_1)\frac{dC_2}{dt}=-\frac{1}{4.6l}\cdot\frac{1}{R_1}\cdot\frac{dR_1}{dt} \tag{5-90}$$

由式(5-88),得

$$C_2=-\frac{1}{4.6\varepsilon_2(\lambda_2)l}\ln\frac{R_2}{R_{\max}(\lambda_2)R_f} \tag{5-91}$$

$$\frac{dC_2}{dt}=-\frac{1}{4.6\varepsilon_2(\lambda_2)l}\cdot\frac{1}{R_2}\cdot\frac{dR_2}{dt} \tag{5-92}$$

综合以上 4 式可得

$$C_1=-\frac{1}{4.6\varepsilon_1(\lambda_1)l}\ln\frac{R_1}{R_fR_{\max}(\lambda_1)}+\frac{\varepsilon_2(\lambda_1)}{\varepsilon_1(\lambda_1)}\frac{1}{4.6\varepsilon_2(\lambda_2)l}\ln\frac{R_2}{R_fR_{\max}(\lambda_2)} \tag{5-93}$$

同理,根据式(5-78),可得材料 1 的浓度变化为

$$-\frac{dC_1}{dt}=\Phi_1(\lambda_1)I_0(\lambda_1)\frac{\lambda_1}{Nhc}\left(\sqrt{R_{\max}(\lambda_1)}-\sqrt{\frac{R_1}{R_f}}\right)(1+\sqrt{R_1R_f})\cdot\frac{\varepsilon_1(\lambda_1)C_1}{\varepsilon_1(\lambda_1)C_1+\varepsilon_2(\lambda_1)C_2}\cdot\frac{1}{l} \tag{5-94}$$

材料 2 的浓度变化为

$$-\frac{dC_2}{dt}=\Phi_2(\lambda_1)I_0(\lambda_1)\frac{\lambda_1}{N\hbar c}\left(\sqrt{R_{\max}(\lambda_1)}-\sqrt{\frac{R_1}{R_f}}\right)(1+\sqrt{R_1R_f})\cdot\frac{\varepsilon_2(\lambda_1)C_2}{\varepsilon_1(\lambda_1)C_1+\varepsilon_2(\lambda_1)C_2}\cdot\frac{1}{l}+\Phi_2(\lambda_2)I_0(\lambda_2)\frac{\lambda_2}{N\hbar c}\left(\sqrt{R_{\max}(\lambda_2)}-\sqrt{\frac{R_2}{R_f}}\right)(1+\sqrt{R_2R_f})\cdot\frac{1}{l} \tag{5-95}$$

综合式(5-89)～式(5-95)及式(5-83),可得样片对波长为 λ_1 的光的反射率 R_1 为

$$\frac{dR_1}{dt}=k_1\left(\sqrt{R_{\max}(\lambda_1)}-\sqrt{\frac{R_1}{R_f}}\right)(1+\sqrt{R_1R_f})\cdot\left(1-\frac{\varepsilon_2(\lambda_1)}{\varepsilon_2(\lambda_2)}\frac{\ln\frac{R_2}{R_fR_{\max}(\lambda_2)}}{\ln\frac{R_1}{R_fR_{\max}(\lambda_1)}}\right)R_1+\frac{\varepsilon_2(\lambda_1)}{\varepsilon_2(\lambda_2)}\left[k_2\left(\sqrt{R_{\max}(\lambda_1)}-\sqrt{\frac{R_1}{R_f}}\right)(1+\sqrt{R_1R_f})\cdot\frac{\ln\frac{R_2}{R_fR_{\max}(\lambda_2)}}{\ln\frac{R_1}{R_fR_{\max}(\lambda_1)}}+k_3\left(\sqrt{R_{\max}(\lambda_2)}-\sqrt{\frac{R_2}{R_f}}\right)(1+\sqrt{R_2R_f})\right]R_1 \tag{5-96}$$

样片对波长为 λ_2 的光的反射率 R_2 为

$$\frac{dR_2}{dt}=\left[k_2\left(\sqrt{R_{\max}(\lambda_1)}-\sqrt{\frac{R_1}{R_f}}\right)(1+\sqrt{R_1R_f})\cdot\frac{\ln\frac{R_2}{R_fR_{\max}(\lambda_2)}}{\ln\frac{R_1}{R_fR_{\max}(\lambda_1)}}+k_3\left(\sqrt{R_{\max}(\lambda_2)}-\sqrt{\frac{R_2}{R_f}}\right)(1+\sqrt{R_2R_f})\right]R_2 \tag{5-97}$$

式中

$$k_1=4.6\varepsilon_1(\lambda_1)\Phi_1(\lambda_1)\frac{\lambda_1}{Nhc}\cdot\frac{P_1}{S_1}$$

$$k_2=4.6\varepsilon_2(\lambda_1)\Phi_2(\lambda_1)\frac{\lambda_1}{Nhc}\cdot\frac{P_1}{S_1}$$

$$k_3=4.6\varepsilon_2(\lambda_2)\Phi_2(\lambda_2)\frac{\lambda_2}{Nhc}\cdot\frac{P_2}{S_2} \tag{5-98}$$

即写入时间常数。可以看出,时间常数在波长和材料均确定的情况下,只与写入功率有关。

为验证上述计算分析的正确性,将吸收谱有交叉的 532nm 和 650nm 材料,分别制作单一材料的实验样片,并对各样片分别进行 532nm 光单独写入实验和 650nm 光单独写入实验。到达膜面的 532nm 和 650nm 光实际写入功率分别为 0.07mW、0.1mW。按照实验数据,利用简化模型计算出各时间常数值,分别为 $k_1=5.61\text{s}^{-1}$,$k_2=1.5\text{s}^{-1}$,$k_3=4.51\text{s}^{-1}$。同时,在同样实验条件下,对两种材料混合样片进行记录实验,测得 532nm 光的初始反射率 $R_{\text{ini1}}=0.2$,对 650nm 光的初始反射率 $R_{\text{ini2}}=0.03$。实验样片的反射层为全反射 $R_f=1$。用 532nm 和 650nm 光同时对混合材料样片写入,得到的写入过程实验曲线如图 5-50 所示。根据实验曲线可得样片经两种光同时充分写入后,对 532nm 的最大反射率 $R_{\max1}=0.8$,对 650nm 光的最大反射率 $R_{\max2}=0.71$。此外,650nm 材料在 532nm 与 650nm 波长处的摩尔消光系数之比 $\varepsilon_2(\lambda_1)/\varepsilon_2(\lambda_2)=0.5$。

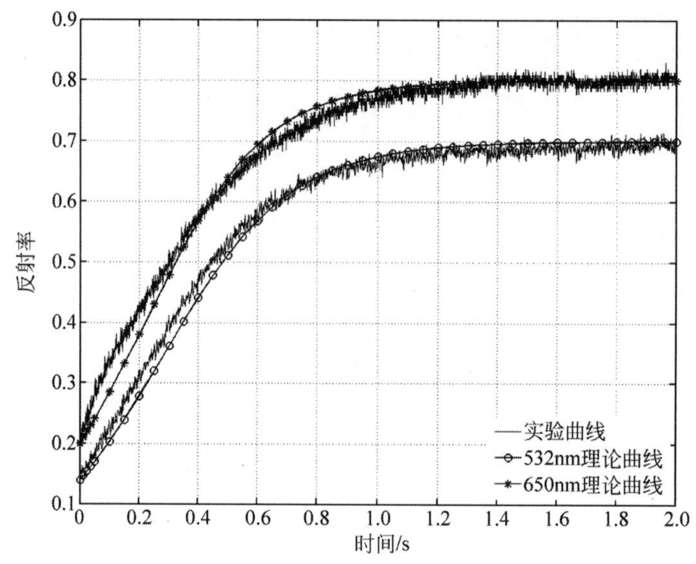

图 5-50　材料吸收谱有交叉时双波长光写入过程

将上述参数代入式(5-96)和式(5-97),可得到两种材料系数谱有交叉时混合材料样片的理论写入曲线。将此理论计算所得的结果,加在图 5-51 中与实验曲线比较,可以看出理论曲线与实验曲线基本吻合,能比较准确地描述多波长光致变色存储中多种材料吸收谱有交叉的情况下的写入过程。可以看出,写入时间常数影响写入过程的速度,而初始反射率、最大反射率及反射层反射率则会影响写入过程的变化趋势。这些变化关系,对今后制定读写策略具有重要意义,下面将分别进行讨论。

4. 初始反射率对写入速度的影响

初始反射率由初始光密度决定,但在成膜以后,记录材料的含量不再保持溶液时的浓度,因此,初始反射率直接受到盘片制作工业过程的影响,当然也可通过调整制备工艺参数对其进行控制。对于使用吸收谱无交叉材料的样片,其初始反射率仅由该材料的浓度而定,因此理论上改变某一种光的初始反射率,并不影响盘片对其他光的初始反射率,可以只分析其中一种材料的写入过程。仍以 650nm 材料为例,在保持其他参数不变的条件下,改变样片对 650nm 光的初始反射率,得到不同初始反射率下反射率变化的理论曲线,如图 5-51 所示。可以看出,随着初始反射率的不断减小,充分写入达到最终反射率所用的时间增大,即写入过程的速度降低。当初始反射率较小时,反射率曲线上升缓慢,非线性效果更为明显。

不同初始反射率情况下的反射率变化率的理论曲线如图 5-52 所示。反射率的变化率反映了写入的灵敏度。写入过程中,写入灵敏度呈非线性变化,在开始阶段,写入灵敏度随时间上升,在某一时

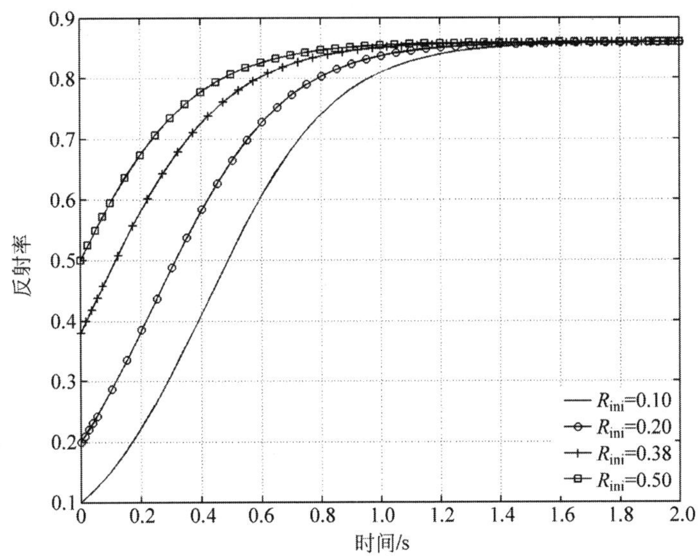

图 5-51　不同初始反射率下的写入过程曲线

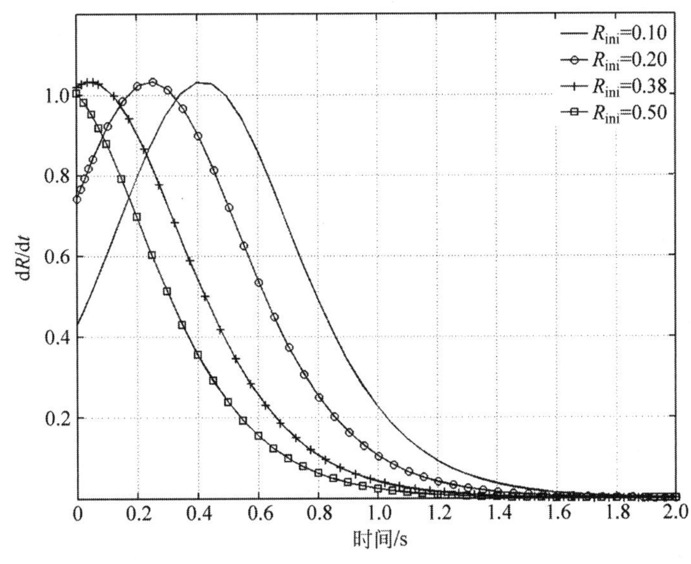

图 5-52　不同初始反射率下写入灵敏度

刻达到最大值，然后逐渐下降，但变化趋缓，最终为 0，达到充分写入。理论计算表明，降低初始反射率，可以有效地将写入灵敏度峰值的出现时间延后，从而在写入开始阶段的写入灵敏度较低，达到固定反射率所需时间增加，有利于提高读出次数及读出信号对比度。当初始反射率比较高时，写入初期的写入灵敏度高，并很快达到峰值，充分写入所需时间减小，有利于提高写入速度。

5. 最大反射率对写入过程的影响

在样片制作过程中，由于杂质的影响及部分失去光致变色性能的有色体分子的存在，即使经过充分写入，存储样片的最终反射率也不能达到空白反射片的反射率。实际最大反射率与材料本身特性和样片制作工艺有关，具体数值只能通过实验测试获得。图 5-53 为最大反射率不同时写入过程理论曲线。可以看到，最大反射率的变化不影响达到充分写入所用的时间，但影响样片充分写入后对该波长光的最终反射率值。

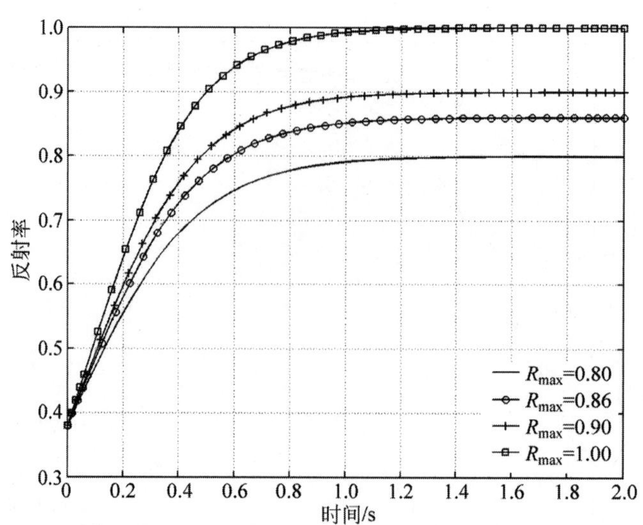

图 5-53　不同最大反射率时的写入曲线

最大反射率不同时，写入的灵敏度理论曲线如图 5-54 所示。从图中可以看出，最大反射率的不同影响写入过程中写入灵敏度。具体表现为最大反射率越大，其写入灵敏度越高，达到特定反射率的时间缩短，对读出的影响减少。当最大反射率提高时，反射率变化率的峰值有后延的趋势。

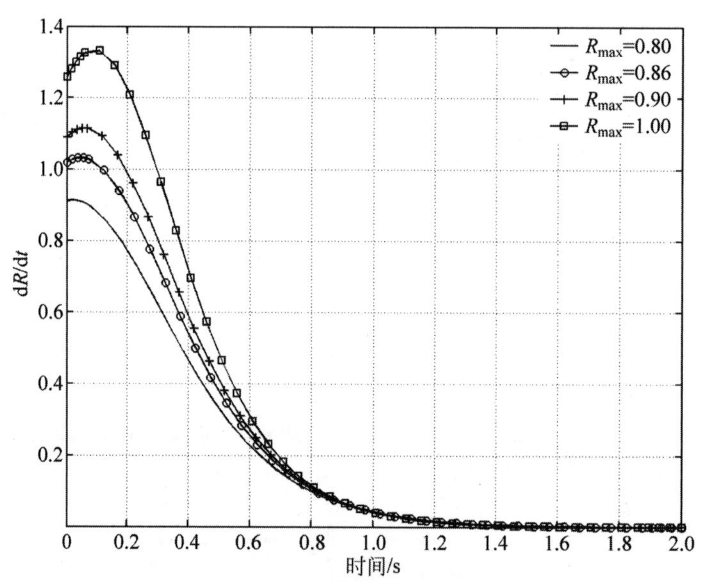

图 5-54　不同最大反射率时的写入灵敏度

改变反射层反射率时的理论写入过程曲线如图 5-55 所示。由图可知，反射率的变化将只影响充分写入后的最终反射率值，对达到充分写入的所需时间没有影响。

不同反射层反射率时的写入灵敏度曲线如图 5-56 所示。可以看出，反射层的反射率的变化同样会影响写入灵敏度。提高反射层的反射率，整个写入过程的写入速度随之提高，从而达到特定反射率的时间缩短，对读出次数的影响较大。

6. 写入时间常数对写入过程的影响

写入时间常数 k 是表征光致变色反应过程的速度，当样片的参数和写入条件一定时，其值为常数。特定波长光的时间常数由材料性能和写入功率决定，在材料一定的情况下，改变写入功率即可改变 k 值。对同一材料，分别以不同的写入时间常数写入时的理论曲线如图 5-57 所示。

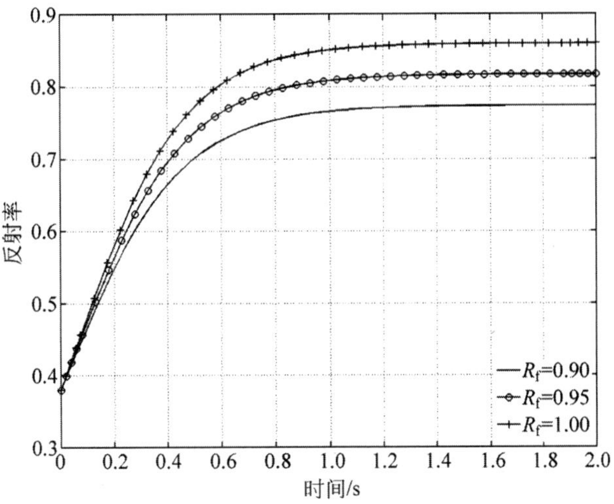

图 5-55 不同反射层反射率时的写入过程

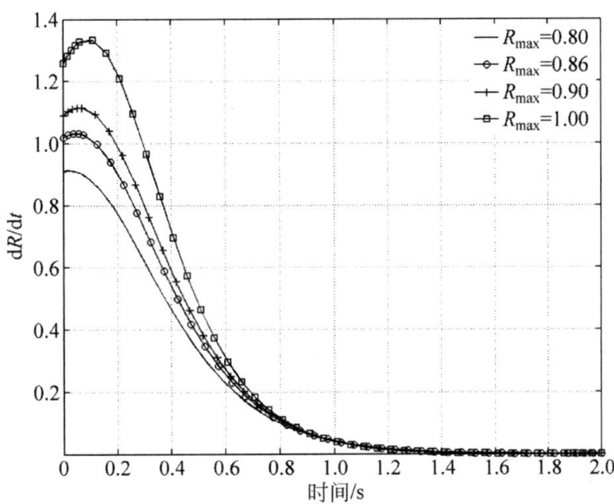

图 5-56 不同反射层反射率时的写入灵敏度

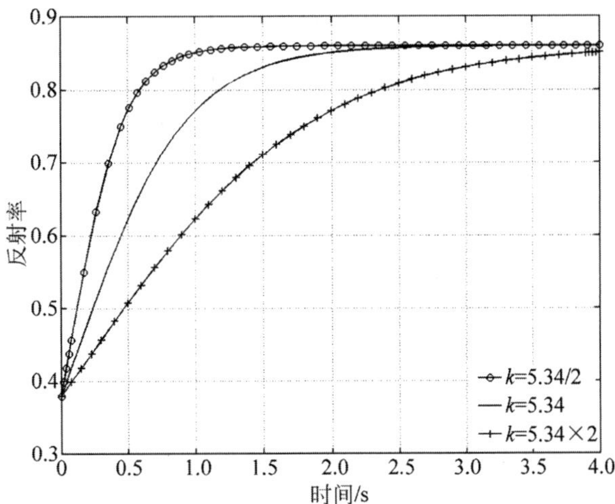

图 5-57 不同写入时间常数下的写入过程

从图 5-57 明显可知，k 的减小将极大地延缓写入过程的完成，即充分写入所需的时间延长。理论分析可知，达到某一反射率所需时间与 k 成反比，即 k 增大 1 倍，写入时间减小 50%。由于材料确定时，k 只与写入功率有关，即写入功率提高，写入时间缩短。反之，写入功率提高，写入 k 增大，则写入时间缩短。若使用该功率作为读出功率，则读出次数减小，相反，使用低功率读出，读出次数增加。这就是利用低功率读出的理论依据。表现在写入灵敏度上，如图 5-58 所示。写入 k 增大，写入灵敏度提高，有利于记录过程。当写入时间 k 很小时，写入灵敏度较低且曲线变化幅度变缓，写入速度大大降低。

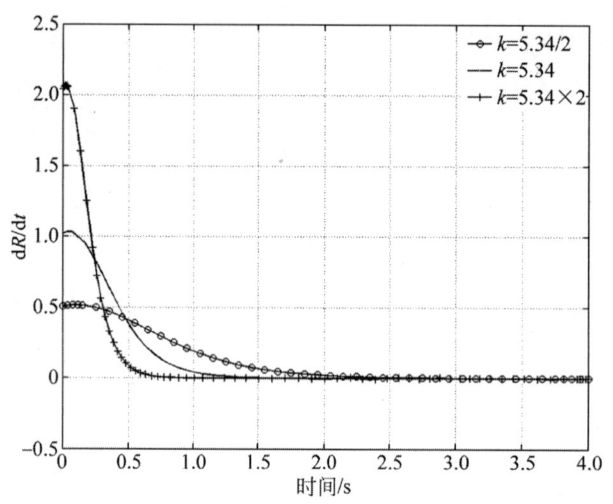

图 5-58 不同写入时间常数下的写入灵敏度

光致变色体分子浓度变化的参数互相制约，情况比较复杂。以材料吸收谱有交叉的实验情况为例，仍采用理论模型式(5-96)及式(5-97)，对影响写入过程的各参数进行分析计算。在材料吸收谱有交叉的情况下，混合材料样片对 532nm 光的反射率的变化同时受 532nm 光和 650nm 光的共同影响，650nm 光的反射率也同样受两种光的共同影响，因此在分析写入过程中，必须分析各参数的变化对两种波长光的写入过程的影响。在材料吸收谱相互间有交叉的情况时的初始反射率，将由两种材料在某一波长处的摩尔消光悉数和浓度共同决定。因此，要改变一种波长的初始反射率而保证另外波长的初始反射率不变，就需要改变样片中材料初始浓度的配比。改变 650nm 材料的初始反射率，则必须改变 532nm 材料的初始浓度，才能保证 532nm 初始反射率不变。保持其他参数不变，仅改变样片对 650nm 光的初始反射率的写入过程理论曲线如图 5-59 所示。可见，当提高 650nm 材料的初始反射率时，650nm 光达到饱和写入所需时间缩短，对 532nm 光的写入过程略有变化，但不明显。当降低 650nm 光的初始反射率，情况正相反。图 5-60 为 650nm 样片初始反射率改变前后的写入灵敏度理论曲线。如图所示，当样片对 650nm 光初始反射率增大为 0.3 时，650nm 的写入灵敏度峰值左移，即在写入开始的 0～0.18s 阶段写入灵敏度比样片对 650nm 光初始反射率为多少时快(<0.2s)，之后灵敏度变化率缓慢，而且较早接近 0，即达到充分写入。532nm 光对样片的写入灵敏度随总体略有提高。当样片对 650nm 光的初始反射率减小为 0.15 后，写入灵敏度情况则相反。样片的前期写入灵敏度越低，达到一定反射率的曝光时间增长，有利于提高非破坏性读出次数，因此，采用较小的初始反射率，有利于提高样片的非破坏性读出次数。改变 532nm 材料的浓度，可改变样片对 532nm 光的初始反射率，并保持样片对 650nm 光初始反射率不变。图 5-61 为样片对 523nm 光的初始反射率改变后的写入过程理论曲线。如图 5-61 所示，样片对 532nm 光初始反射率的变化，影响充分写入需要的时间，但对 650nm 写入过程几乎没有影响。样片对 532nm 光初始反射率越大，532nm 光对样片充分写入所需时间越短。

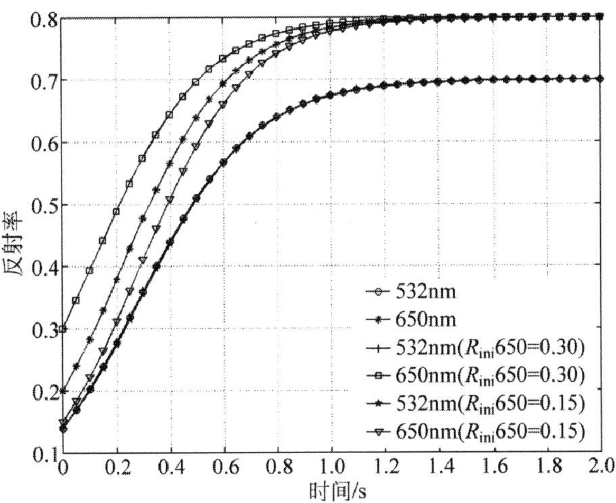

图 5-59 不同 650nm 光初始反射率下的写入过程

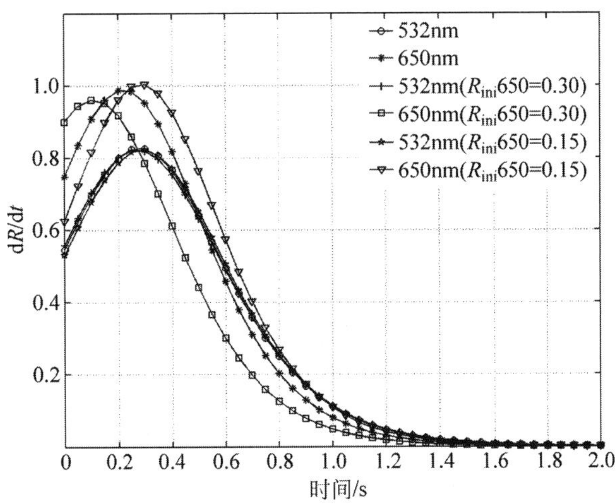

图 5-60 不同 650nm 光初始反射率下的写入灵敏度

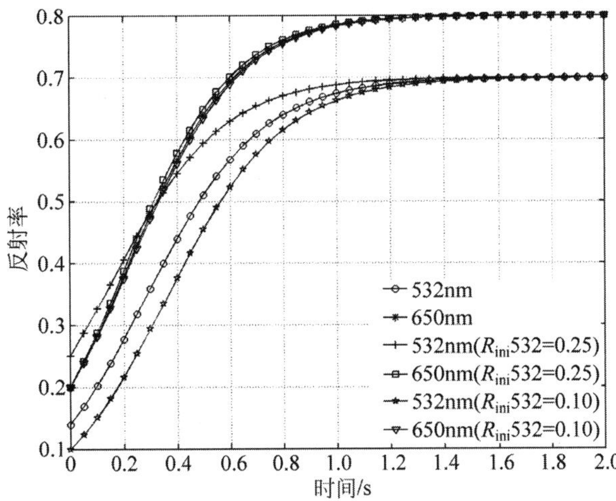

图 5-61 不同 532nm 光初始反射率的写入过程

图 5-62 给出了改变样片对 532nm 光初始反射率后，双波长光对样片的写入灵敏度曲线。此时，样片对 532nm 光初始反射率的变化，改变了 532nm 写入灵敏度随时间变化的过程。初始反射率的提高，使得 532nm 光对样片的写入灵敏度总体下降，但灵敏度峰值则提前。反之，灵敏度峰值向后延。样片对 532nm 光初始反射率增大，650nm 光对样片的写入灵敏度总体下降，灵敏度峰值略有前提。因此，改变样片的初始反射率，会同时影响两个写入过程，但影响程度取决于材料本身的灵敏度。以最大反射率分别为 0.6 和 0.9 为例，此时双波长对样片的写入灵敏度和写入过程的理论曲线，如图 5-62 和图 5-63 所示。从图 5-63 可看出，样片对 532nm 光的最大反射率的变化，改变了充分写入后样片对 532nm 光的最终反射率，但不影响样片对 650nm 光的最终反射率。由于最大反射率决定了样片记录层光致变色材料对入射光能量的吸收，而两种光的反射率同时受记录材料对两种波长光能量吸收度的影响，因此样片对 532nm 光的最大反射率的改变，对 650nm 光的写入过程也略有影响，但并不影响两种光对样片充分写入所用的时间。从图 5-64 可知，提高样片对 532nm 光的最大反射率也会同时影响两波长写入灵敏度。显然，最大反射率越大，532nm 光对样片的写入灵敏度就越高，即达到某一固定的反射率所用时间越短。但 650nm 光对样片的写入灵敏度在写入中期略有提高。同样，改变样片对 650nm 光的最大反射率，双波长对样片的写入过程和灵敏度变化与改变 532nm 光的最大反射率相似。

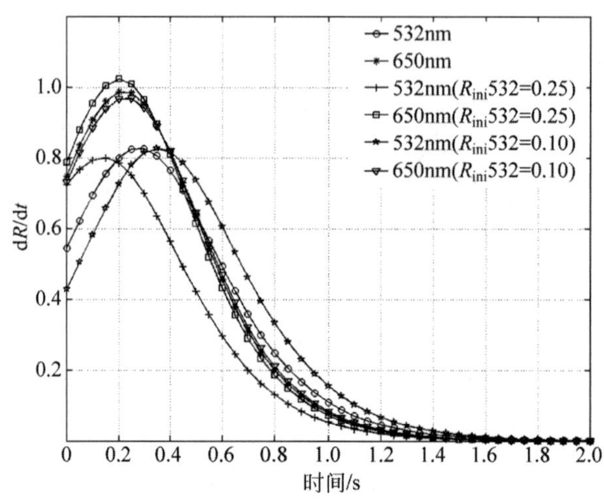

图 5-62 不同 532nm 光初始反射率的写入灵敏度

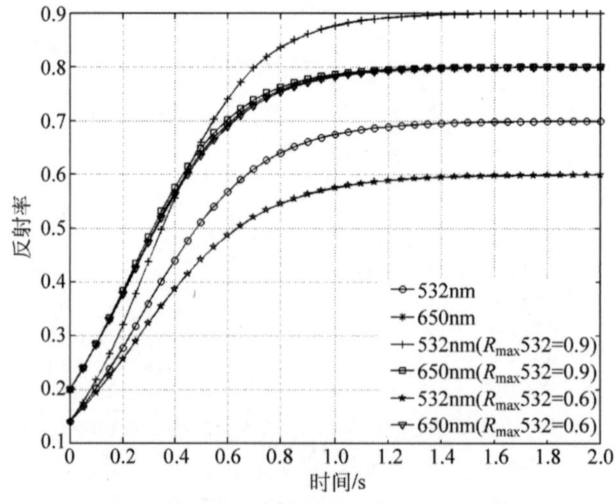

图 5-63 不同光强最大反射率写入过程理论曲线

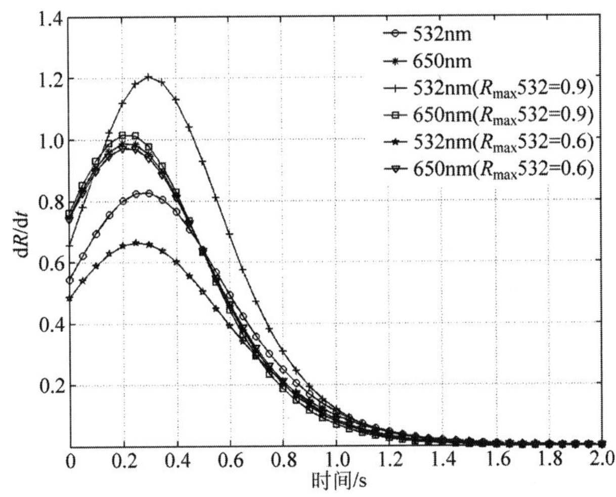

图 5-64 不同光强最大反射率写入灵敏度理论曲线

7. 反射层反射率

改变反射层反射率，理论的存储过程如图 5-65 所示。可见，在材料吸收谱有交叉的时候，反射层反射率的变化不会改变两种波长的充分写入所用时间，但同时改变了充分写入后样片所能达到的最终反射率的数值。图 5-66 为反射层反射率变化后对两种波长写入过程的影响的实验曲线，分别显示反射层的反射率 R_f 为 1，0.9，0.8 时，采用相同的激光写入功率的写入的实验结果。可看出，反射层的反射率对双波长光样片的写入灵敏度有很大影响，反射层反射率越大，写入灵敏度越高。

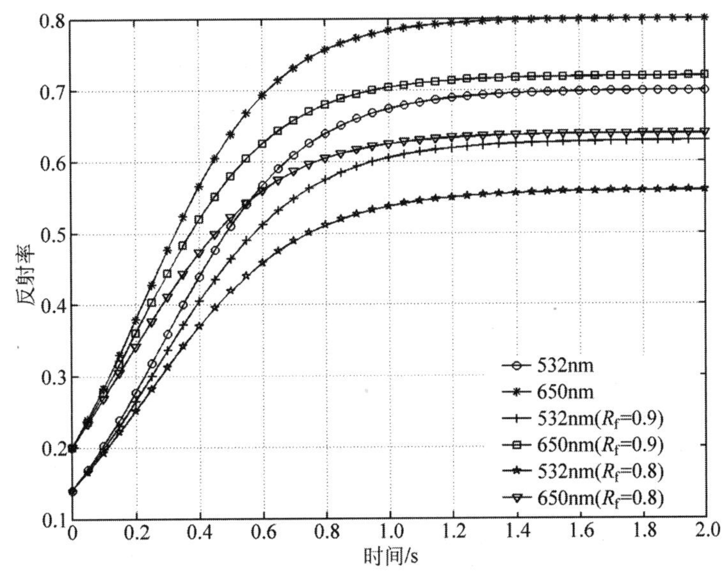

图 5-65 反射层为不同反射率对写入过程的影响

8. 时间常数

在材料的吸收谱有交叉的情况下，根据时间常数的表达式可知，k_1、k_2 在工作波长和材料已确定时呈等比例变化。例如，提高或降低 532nm 激光的功率，将同时改变时间常数 k_1 和 k_2，如图 5-67 所示，为 k_1、k_2 同时增大一倍和减小为原来的 1/2 时的写入过程。理论计算表明，写入时间常数 k_1 和 k_2 的改变，将直接影响两种波长光的反射率随时间变化的过程，这是由于两种材料的吸收谱有交叉时任

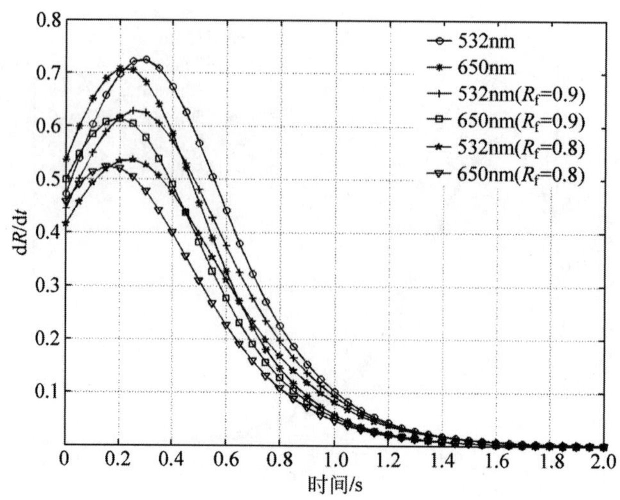

图 5-66　不同反射层反射率对写入灵敏度的影响

何一种波长的反射率均同时受到两种波长写入能量的影响。提高 532nm 光写入功率，写入 k_1 和 k_2 同时增大，将加速两种波长光写入过程的完成，反之，则会降低写入速度。但单独改变 k_1 或 k_2，写入完成时间与时间常数不严格成反比。

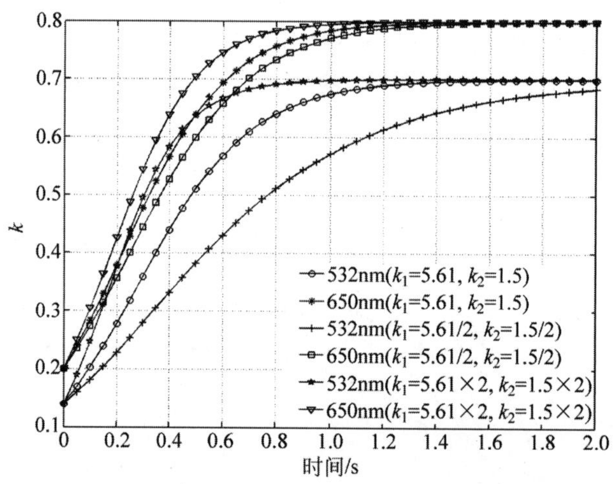

图 5-67　时间常数 k_1，k_2 改变后的写入过程曲线

改变 k_1、k_2 对写入灵敏度也产生影响，写入实验过程如图 5-68 所示。由于时间常数的改变是写入功率改变造成的，因此对 k_1、k_2 的改变，影响较大的是 532nm 光的写入灵敏度。当 k_1、k_2 减小时，532nm 光写入灵敏度大幅降低，灵敏度峰值出现时间推迟，650nm 光的写入灵敏度也下降。而当时间常数增大时，532nm 光写入灵敏度提高，峰值出现时间提前，而 650nm 光的写入灵敏度增大较小。

图 5-69 为改变写入时间常数 k_3 后双波长光写入过程的理论计算结果。可见写入时间常数 k_3 的改变，同样会影响两种波长光的写入过程及其完成时间，但对 650nm 光的写入过程影响程度更大。增大 k_3，将加速写入过程的完成。同理，单独改变 k_3，写入完成时间与时间常数也不严格成反比。

不同写入时间常数 k_3 时的双波长写入灵敏度如图 4-70 所示，可以看出，k_3 的改变对 650nm 光的写入灵敏度影响很大，而对 532nm 光的写入灵敏度影响较小。而且当 k_3 增大时，650nm 光写入灵敏度总体都提高，灵敏度峰值提前出现，即前期写入加快，迅速达到充分写入。532nm 光写入灵敏度也

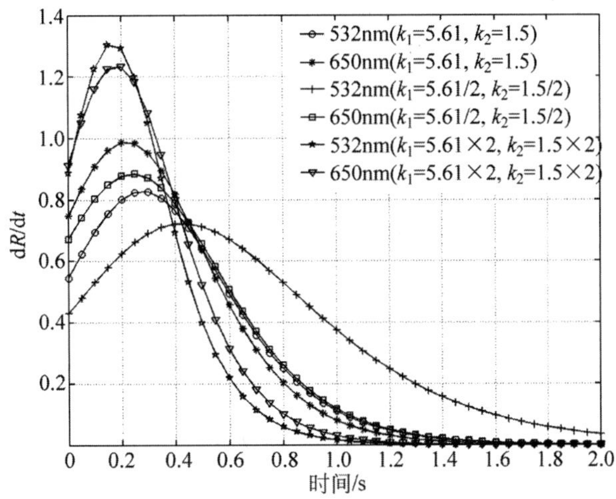

图 5-68 不同时间常数 k_1,k_2 条件下的写入过程 dR/dt 与时间关系曲线

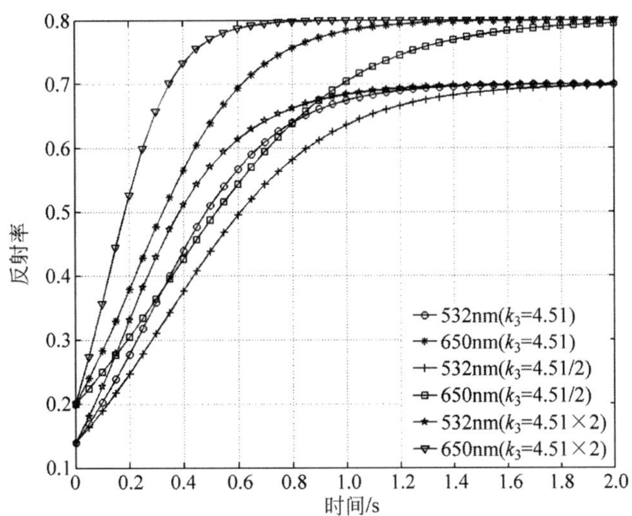

图 5-69 不同时间常数 k_3 下的写入过程关系曲线

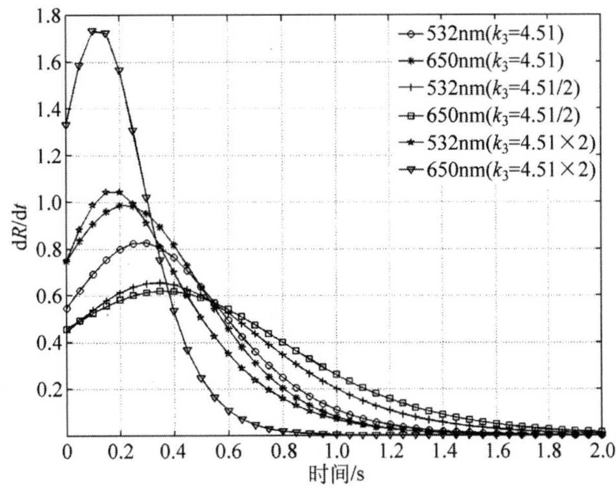

图 5-70 不同时间常数 k_3 下的写入灵敏度

有所提高，灵敏度峰值略有提前，达到充分写入的时间相应缩短。

若保持其他参数不变，等比例改变两种波长光的写入功率，即写入 k_1、k_2 和 k_3 同时等比例改变，所得理论写入过程如图 5-71 所示。从该图可知，若同比例增大 3 个时间常数，由于功率的同步增长不影响两种材料对光能量吸收的分配关系，两种波长分别达到特定反射率的写入时间成同比例缩短。但若单独改变一种光功率，即等比例改变 k_1、k_2 或者等比例改变 k_3，写入时间则不再成等比例变化。

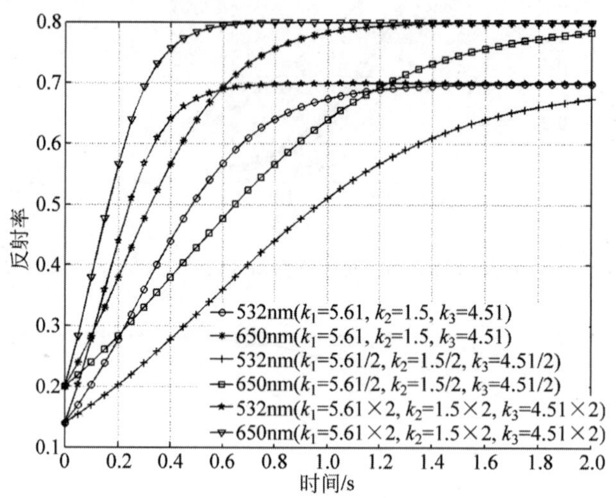

图 5-71　不同时间常数 k_1、k_2、k_3 下的写入过程

不同 k_1，k_2，k_3 下的写入灵敏度的影响如图 5-72 所示。当时间常数增大时，两种波长光的写入灵敏度同时增大，且幅度均很大。对于吸收谱交叉的材料，无论改变哪个写入时间常数，均会对两种波长的写入过程产生影响。减小时间常数，双波长写入过程均变慢，充分写入所需时间增长，写入灵敏度降低。增大时间常数，则双波长写入过程均加快，充分写入时间减小，写入灵敏度提高。因此，为提高写入速度，必须增大时间常数，即提高写入功率。为减小读出时对记录信息的损坏，应将时间常数降到最低，即采用小功率读出。

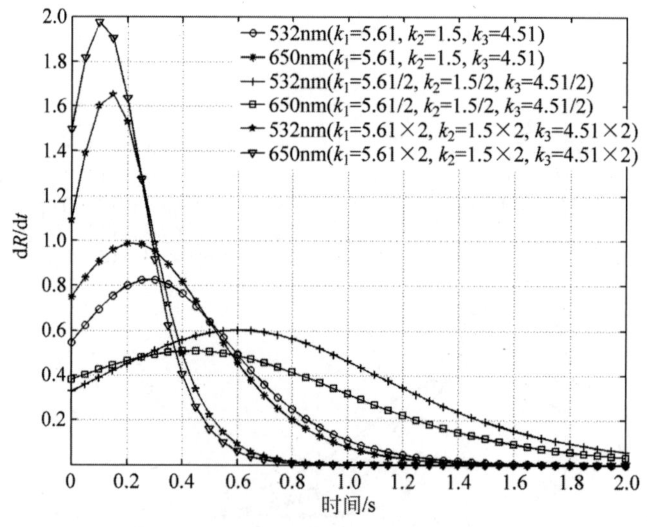

图 5-72　不同时间常数 k_1、k_2、k_3 时的写入灵敏度

9. 交叉干扰

光致变色多波长存储以光致变色原理为基础，采用光致变色材料为存储介质，利用不同记录状态下结构不同的分子对光的吸收不同进行读出。如果记录介质的吸收光谱存在交叉，记录信号就有可能产生串扰。通过对多波长光致变色存储的写入过程进行系统的实验研究，对材料吸收谱进行交叉的写入过程分析，建立可量化描述光致变色多波长存储写入过程的数学模型，是解决消除光致变色多波长存储中串扰所必需的理论基础研究。

光致变色多波长存储串扰的产生是由于多种记录材料吸收谱交叉引起的。在多波长存储中，需要每种波长对应的记录材料的吸收谱尽可能窄，即每一种记录材料只吸收一种波长的光。实际上，很多有机光致变色材料的吸收谱都比较宽，但由于这些材料的其他特性十分优越，也有可能被采用。另外，当采用的波长种类很多时，波长间距较小，寻找完全符合多波长存储要求的光致变色记录材料也比较困难。一般情况下，总有部分材料覆盖两个或两个以上的写读光波长，使串扰问题难以避免。这种串扰的产生严重影响多波长读出信号的分辨，串扰大时将造成信息误读。典型的具有双波长覆盖的记录实验如图 5-73 所示，实验的写入参数见表 5-6。在此实验中，等间距写入 6 个点，其中，1、4 两点记录信息为 11，为两种波长激光同时写入；2、5 两点记录信息为 10，为 532nm 波长激光单独写入；3、6 两点记录信息为 01，为 650nm 激光单独写入。然后 532nm、650nm 光同时读出，读出功率分别为 0.07mW、0.1mW，读出速度为 0.1mm/s。从实验结果可以看到，在只用 532nm 激光写入处，即图中 2、5 点 532nm 读出反射率的尖峰处，650nm 的读出反射率同样出现了尖峰，且其反射率接近 650nm 激光单独写入的反射率。说明在 532nm 激光充分写入过程中，650nm 和 532nm 材料的有色体分子均吸收了 532nm 光并发生了光致变色消色反应，两种材料在这两个记录点处均被写入。由于在 532nm 激光写入点 2、5 处，650nm 材料也被写入，因此在该点对 650nm 激光几乎无吸收，从而读出高反射率。由此可见，由于材料的吸收谱有交叉，使得 532nm 激光充分写入后，造成 650nm 材料记录信息，

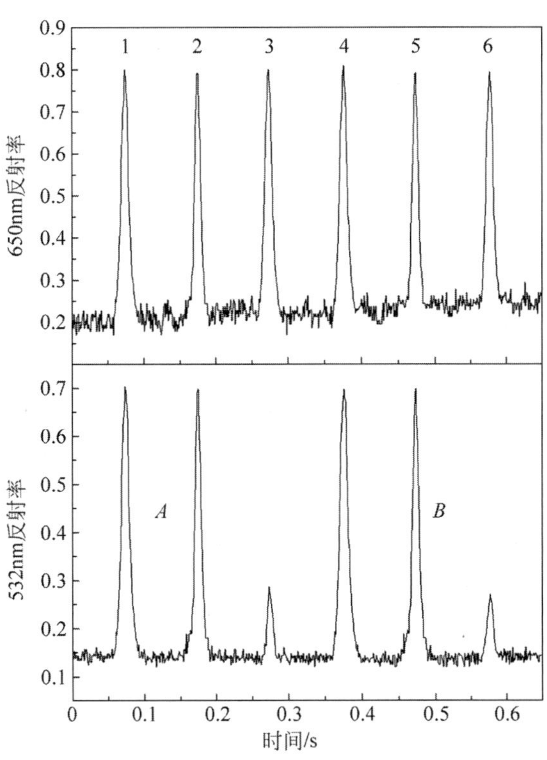

图 5-73 双波长充分写入后读出信号

表 5-6 实验采用的写入参数

写入点	写入功率/mW		写入时间/s	
	532nm	650nm	532nm	650nm
1,4	0.07	0.1	2	2
2,5	0.07	0	5	0
3,6	0	0.1	0	4

引发了严重的写入串扰。同样，在只用 650nm 光的记录点位置上，即图中 3、6 点处，也出现 532nm 光的读出信号，但峰值不是很高，比单独采用 532nm 写入的信号小得多，对 532nm 光记录信息的影响很小。在两种材料均为未写入态时，532nm 激光的反射率由两种材料的光密度之和决定，但由于 650nm 激光的写入，使得 650nm 记录材料的成色体分子浓度变化并趋于 0，而 532nm 材料由于不吸收 650nm 激光而保持其成色体分子浓度几乎不变，样片在该点对 532nm 光的吸收弱于在两种材料均未写入时对 532nm 的吸收。因此，对 532nm 激光的反射率增大，读出信号表现为反射率不大的小尖峰。

从以上双波长读出信号读出实验还可以看出，650nm 读出信号的 6 个点处的反射率均为 0.8 左右，基本无差别。若从读出反射率信号的幅度判断记录在 650nm 材料上的信息，6 个点均被 650nm 激光写入，均存储了数字“1”。但实际上，2、5 两点处 650nm 激光未写入，即存储储的数字应为“0”，产生了不可容忍的错误。显然材料是影响光致变色多波长存储中产生串扰的基本因素，为了从根本上解决此问题必须研究开发找光吸收交叉小的材料。另外，在存储材料吸收谱存在一定交叉时，根据串扰变化趋势，选择合适的写入策略，也可以在一定程度上抑制串扰，降低其影响，使读出信号可以正确反映记录的信息。若要进一步评估这种串扰的影响，需进行量化分析计算，具体过程如下：

仍以上述两种波长存储实验为例，按照写入实验的安排，记录在每一点存储的数据只能是 00,01,10,11 中的一种，对某一点的记录信息，反映在读出时的信号有以下 4 种可能：

- $R_{(00)}$，两种波长激光均未写入的反射率，对应记录数据 00。
- $R_{(10)}$，两种波长激光中仅有波长为 λ_1 的激光写入后的反射率，对应记录数据 10。
- $R_{(01)}$，两种波长激光中仅有波长为 λ_2 的激光写入后的反射率，对应记录数据 01。
- $R_{(11)}$，两种波长激光同时写入后的反射率，对应记录数据为 11。

因此，两种波长在任一点的读出反射率 R 可用下式表示：

$$R_1 = R_{1(00)} + [R_{1(10)} - R_{1(00)}]S_1(t) + [R_{1(01)} - R_{1(00)}](S_2(t) - S_1(t))S_2(t) + [R_{1(11)} - R_{1(10)}]S_1(t)S_2(t) \tag{5-99}$$

$$R_2 = R_{2(00)} + [R_{2(10)} - R_{2(00)}](S_1(t) - S_2(t))S_1(t) + [R_{2(01)} - R_{2(00)}]S_2(t) + [R_{2(11)} - R_{2(01)}]S_1(t)S_2(t) \tag{5-100}$$

其中，$S_1(t)$为波长为 λ_1 的激光写脉冲函数，即 λ_1 的写入信息；$S_2(t)$为波长为 λ_2 的激光写脉冲函数，即 λ_2 的写入信息。某一记录点经过一种波长光单独写入一定时间后，定义该点处的读出反射率为该波长光的有效反射率，作为该波长光记录信息“1”的反射率。对于波长 λ_1 的读出信号，若读出反射率大于或接近 $R_{1(10)}$，则波长 λ_1 光在该点记录了“1”，反之在该点记录数字“0”。从式(5-99)和式(5-100)可看出，对波长 λ_1 光，读出反射率 R_1 由式(5-99)确定，R_1 中凡含有 $S_2(t)$的项都会产生串扰。根据记录不同的信息，串扰可分为串扰“1”和串扰“0”两类。所谓串扰“1”，是指记录点经 λ_1 光及其他波长光共同参与写入后对读出信号引入的串扰。此时该点 λ_1 光的读出反射率将大于等于有效反射率，定义该点的串扰就是读出反射率与有效反射率之差。所谓串扰“0”，是记录点经不包括 λ_1 波长的其他波长光写入后引入的串扰。此时该点读出的信号全部都是其他波长光对 λ_1 读出信号引入的串扰，定义读出反射率与初始反射率之差为串扰值。当两种波长光同时写入时，双波长光对记录点的读出信号均产生串扰“1”，以波长为 λ_1 的读出信号为例，其串扰“1”可用 $R_{1(11)} - R_{1(01)}$ 表示。若 λ_2 波长激光对样片单独写入，则波长为 λ_1 对记录点的读出信号产生“0”串扰，串扰的大小可用 $R_{1(01)}-R_{1(00)}$ 表示。显然两种串扰的性质和影响是不同的，串扰对于信号“1”的读出影响不大，而对串扰“0”则要求尽可能小。所以在选择写入策略时，对两类串扰的分析有所不同。

双波长存储中，波长为 λ_1 的光的读出信号中串扰的表达式分别为：

- 当仅有 λ_2 的激光写入时，引入的串扰“0”为 $R_{1(01)}-R_{1(00)}$；
- 当两种波长激光同时写入时，引入的串扰“1”为 $R_{1(11)}-R_{1(10)}$。

对波长为 λ_2 的光的读出信号，串扰分别为：

- 当仅有 λ_1 的激光写入时，引入的串扰“0”为 $R_{2(10)}-R_{2(00)}$；
- 当两种波长激光同时写入时，引入的串扰“1”为 $R_{2(11)}-R_{2(01)}$。

采用 3 种材料进行多波长存储时情况更为复杂，对材料性能尤其是对吸收谱的要求更高，需要记录材料的吸收谱尽可能窄。以新合成的 1,2-双(2-甲基-5-*n*-丁基-3-噻吩基)全氟环戊烯、1,2-双(2-甲基-5-(4-*n*,*n*-二甲基)苯基-噻吩-3-基)全氟环戊烯和[1-(2-甲基-3-(2-(1,3-二硫苯并噻吩基)),2-(2-甲基-5-(4-(2,2-二氰基乙烯基苯基))))噻吩-3-基]全氟环戊烯 3 种材料实验为例，3 种材料的吸收峰分别为 532nm，650nm，780nm。其中，532nm 和 650nm 前两种材料的吸收谱和分子式在上一节中已介绍，780nm 材料的分子式和吸收光谱如图 5-74 所示。这些材料的性能良好，3 种材料间吸收谱相对较窄，基本上不吸收其他波长的激光，一般不会产生串扰。利用上述 3 种材料和制成的 3 波长存储实验样片，实现了同一位置 3 种波长光同时记录和读出。3 波长激光以表 5-7 所示的写入光强参数(表中功率均为焦面实际功率)对 3 波长存储实验样片，在同一信道上同步充分写入所获得的读出信号如图 5-74 所示。

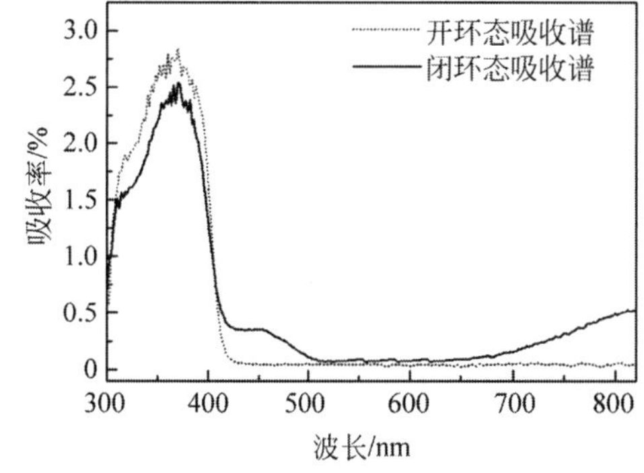

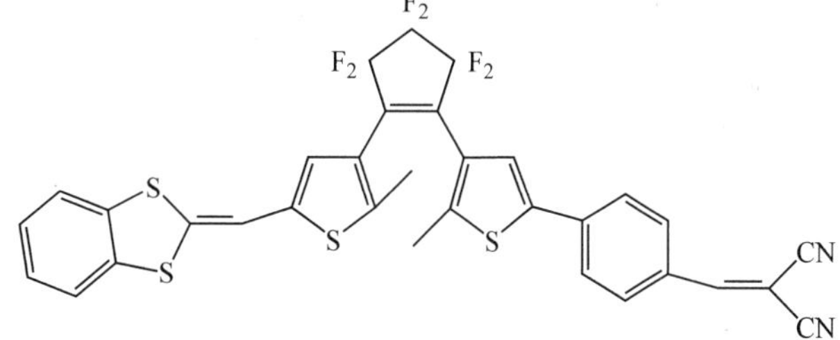

图 5-74 780nm 材料吸收谱及分子结构式

表 5-7 3 波长混合记录介质写入与读出实验参数

项 目	780nm	650nm	532nm
写入功率/mW	2.00	2.50	2.20
写入时间/s	0.05	0.05	0.05
读出功率/mW	0.10	0.10	0.07
扫描速度/(m/s)	0.10	0.10	0.10

从图 5-75 可以看出，在采用 3 波长光同时读出时，各写入点处同时出现强反射率尖峰信号，表明在此信道上 3 种光致变色记录材料的有色态分子基本转化完毕，不再吸收各种波长的激光，实验样片对 3 种波长的反射率达到最大值，对应数字存储中的“1”。在实验片的同一位置，3 波长均对信息“1”实现了记录与读出，即在同一点记录了 3b 信息。图中低反射率处为未记录态，对应数字存储中的“0”。图中信号有一定波动，根据测试比对证实为实验用样片的初始反射率及记录层涂布不均匀所造成。

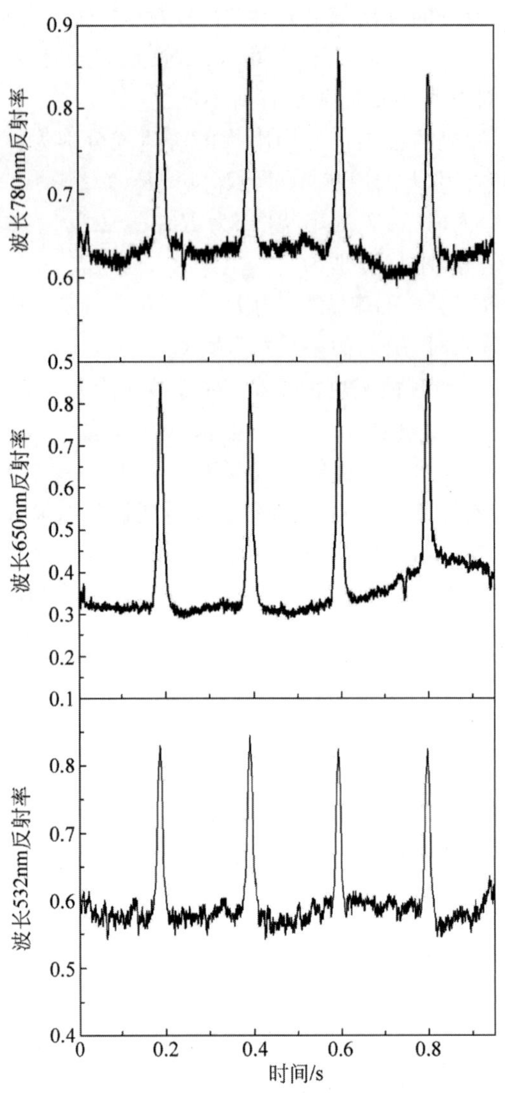

图 5-75　3 波长同步写入后的读出反射率

根据光化学 Lambert-Beer 定律建立的计算模型，每种波长光的读出反射率为

$$R_i = R_f R_{\max}(\lambda_i) e^{-4.6\sum_{j=1}^{3}\varepsilon_j(\lambda_i)C_j l} \tag{5-101}$$

式中，$\varepsilon_j(\lambda_i)$为在波长 λ_i 下材料 j 的摩尔消光系数；C_j 为材料 j 的浓度；l 为光程；R_f 为反射层的反射率；$R_{\max}(\lambda_i)$为样片对波长为 λ_i 的光的最大反射率。由于 3 种材料混合于同一层中，其光程应该是相同的。

从式(5-98)可知，样片对某种波长光的初始反射率，由所有材料成色体分子浓度及其在该波长处的摩尔消光系数决定。但由于使用的材料吸收谱互相几乎无交叉，在以上实验中某一波长的初始反射率只由一种材料浓度及摩尔消光系数决定。

为进一步分析各种材料之间的串扰及对信号质量的影响，在相同条件下，用另外一种写入方式进行实验。调制 3 种激光器功率，在实验样片上沿同一信道并行记录，写入参数参见表 5-7，但在每一点只用一种波长激光写入，使 3 种波长激光在各点交错写入。得到的读信号如图 5-76 所示，可以看出，不仅 3 种材料每个记录点均能准确读出，在每个 532nm 激光记录的位置上，以 650nm 和 780nm 激光进行扫描读出时，未产生尖峰信号。证实 532nm 激光的写入并未使 650nm 和 780nm 材料发生消色反应从而引入串扰。同样也证实，650nm 和 780nm 激光的写入也未对其他波长的读出信号引入串扰。所以，只要记录材料的吸收光谱不存在交叉，在任何两种材料混合或 3 种材料同时混合使用都不产生串扰。图 5-76 中信号产生的波动，是由于记录膜时各处有色态材料浓度不均匀所引起的，说明光盘记录层材料物理参数的高度均匀性，是光致变色多波长光存储中十分重要的技术指标。而样片的这种发色的均匀性，受到材料混合浓度的均匀性、溶剂均匀性、旋涂工艺及材料本身的稳定性等诸多因素的影响，也是本项目研究中必须解决的问题。

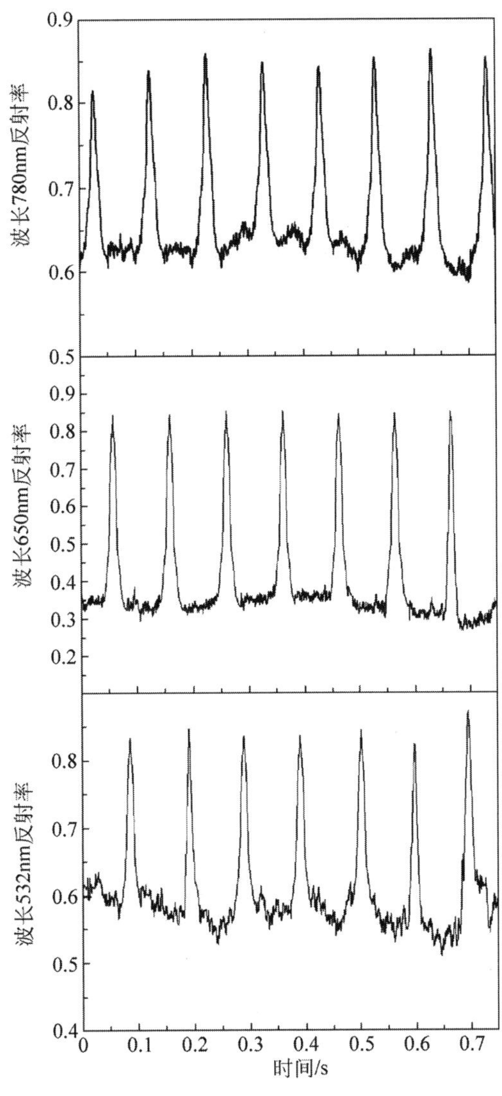

图 5-76　3 种波长交错写入后的读出反射率

10. 无损读出

光致变色化合物的反应通常是可逆的，光致变色材料用于光存储时，一般采用有色态分子作为原始记录状态，用着色方法进行初始化，用消色反应光进行写入，以极弱的写入光进行读出。在光写入后，有色态分子经消色变成无色态分子，使记录点对此光不再吸收，透射率增强。当各波段敏感的介质分子全部都消色时，透射率达到最高值。由于采用弱写入光进行读出，在对非写入区进行反复的扫描时，未写入区的分子也会发生一定的消色反应，使写入点和未写入点的读出反射率对比度逐渐减小。经过反复多次读出后，有可能使所有未写入区的有色态分子全部发生消色反应而生成无色态分子，造成记录信息的破坏。有些材料的消色反应对光强有一定的阈值，弱光反应不灵敏，这一现象不显著。但实验证明，多数光致变色材料对激光功率不存在反应阈值，即使较微弱的激光照射，也会产生一定比例的光致变色分子发生反应，造成对原先写入信息的破坏。这里讨论的无损读出的意义，就是探索解决读出光对记录信息不造成任何破坏，实现无损读出问题。研究无损读出主要有以下两种方案，一种是采用其他波长激光读出，即这种读出光在被光致变色化合物吸收后不会使化合物发生光致变色反应，从而实现无损读出；另一种是采用具有门控反应特性的光致变色化合物作为介质。所谓门控反应是指在没有外部触发，例如光、电、磁、热或化学因素的激发时，光致变色反应在任何波长的光照下都不会发生。此外，能实现非破坏性读出方法，还有零量子产率波长读出、温度阈值控制双波长读出、超低功率读出等方案。本节将介绍一种采用电锁的无损读出方法，属于只有特定外来激发(电场)时才会发生光致变色反应的原理。日本 Fumio Matsui 等提出的零量子产率波长读出方法，在吲哚类俘精酸酐光致变色存储实验中，利用改变读出波长控制消色反应的量子产率实现非破坏性读出。在采用吲哚类俘精酸酐不敏感的 780nm 激光读出时，消色量子产率几乎为零，但仍有足够大的吸收用于检测。因此能在不破坏记录信息的情况下，读出次数没有限制。这一方法的缺点是，读出激光波长 780nm 是写入、擦除激光波长以外的第 3 种波长，增加了读写设备的复杂性。如果系统采用多波长存储，此方法几乎无法采用。另外一种温度阈值法无损读出最早由 Fumio Tatazono 等提出。这种方法利用记录介质的写入过程具有高于室温的温度阈值 T_c 的特点，以高功率 λ_1 激光实现写入，读出时采用较低功率的另一种波长(用于擦除的 λ_2)激光同时照射，取 λ_2 的反射激光为探测读出信号。被写过的位置对 λ_2 有较强吸收，没有被写入的地方对 λ_2 没有吸收，由此获得记录信息且对记录信息不会产生破坏。只有当温度高于写入阈值 T_c 时才能使介质被 λ_2 擦除，温度低于写入阈值 T_c 时，也不会被 λ_1 写入。该研究小组实验采用的记录介质是二芳基乙烯类光致变色化合物，阈值温度约 85℃。用 458nm 的 Ar^+ 激光(功率 1.6mW，脉宽 10μs)写入(使开环形式变为闭环形式)，以大功率 633nm 的 He-Ne 激光擦除。读出时使用 0.5mW 的 633nm 激光，通过探测 633nm 激光的反射率获得读出信号。据报道，此法实现了 10^6 次以上的非破坏性读出。这种材料如果只用 633nm 激光在常温下记录时，读出次数不高于 10^4。此方法的缺点是，用于此反应过程属于热效应，丧失了光致变色存储是光子效应所具有的高灵敏度和高速度特性。另外，此温度阈值并不算太高，容易因环境温度造成读出对记录信息的误擦除。超低功率无损读出实验在清华大学开展得比较早，并积累了较多的数据资料，是目前采用的主要方法。在国外，日本 Tsuyoshi Tsujioka 等也在开展此方案的实验研究。这种方法虽然每一次读出都可能使一部分记录介质的分子还原成写入前状态，但其数量因读出功率很低而非常有限，可以在读出一定次数以后仍保持所要求的信噪比。通过若干理论分析计算和大量实验证明，在读出激光功率为 10nW 量级时，有效读出次数仍能达到 10^6。这种方法最大的优点是存储系统结构比较简单实施方便，存在的最大困难是由于读出功率极低，信号微弱，信噪比很小，对信号处理系统要求很高，需特殊设计。除了以上几种无损读出方案外，利用荧光发光性质读出、分子内锁定性质读出、中红外激光读出等无损读出方法都在研究探索中。

根据清华大学已具备的研究条件，考虑到电锁无损读出方案在实施方面比较容易实现，重点对电锁无损读出光致变色多波长存储的方案进行实验研究，本节将介绍这种无损读出原理及实验研究的结果。电锁无损读出原理是指利用光致变色分子的电致变色性质，通过外加正电压可将已写入的数据锁定，锁定后的记录介质在读取信息时不会被破坏，从而实现安全重复读出。施加负电压后，可以将被锁定的数据开锁，重新实现写入。这种方法理论上可做到单分子水平上的 3 态光存储，读写次数将无限制。例如具有电锁性质的二芳基乙烯分子，在溶液中能够可逆地在 3 种态(态 a，态 b 和态 c)之间相互转换，并且这 3 种态都是稳定态，而吸收光谱却都不相同。3 种态之间的转换关系如下：

$$\underset{(\text{待擦})}{\text{态 } a} \underset{\hbar\nu_2\ \text{写}}{\overset{\hbar\nu_1\ \text{擦}}{\rightleftarrows}} \underset{(\text{待写或擦})}{\text{态 } b} \underset{-V\ \text{开锁}}{\overset{+V\ \text{锁定}}{\rightleftarrows}} \underset{(\hbar\nu_2\ \text{或}\ \hbar\nu_3\ \text{读})}{\text{态 } c}$$

此材料的3态分子结构和态-态转换过程及原理如图5-77所示。无色开环化合物态的溶液 a 在紫外光(313～365nm)的照射下迅速变成深蓝色，并产生592nm和342nm的吸收带，对应生成闭环酚式 b。闭环态的蓝色溶液在大于510nm的可见光照射下，颜色消失，又返回开环态 a。态 a 和态 b 的紫外至可见光谱如图5-78所示。为了加入电场，本实验在乙腈溶液中加了电解质。并在该溶液中加透明平板电极，电极之间所加的电压为1.5V。将态 a 用紫外光照射转变为态 b 后，其最大吸收峰移至588nm和362nm，液体呈深蓝色。对态 b 的溶液加上1.5V的电压1min后，溶液由蓝色变为紫色的态 c，其最大吸收变为548nm和380nm，吸收强度均有所增加，如图5-79所示。紫色的态 c 溶液经长时间在波长大于540nm的强光下曝光实验证明，状态十分稳定，吸收光谱基本不再改变。说明此光致变色化合物在经过电压加锁后生成的态 c，具有采用波长大于510nm的激光进行无损读出的可能。

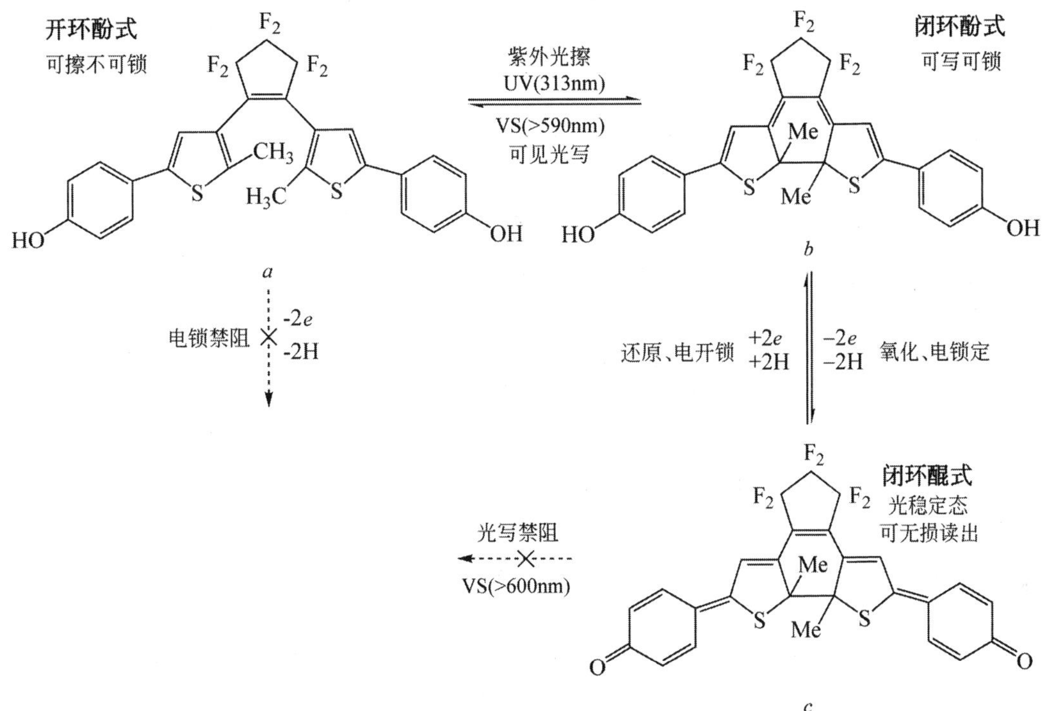

图5-77　电锁介质3态分子结构与状态的转换

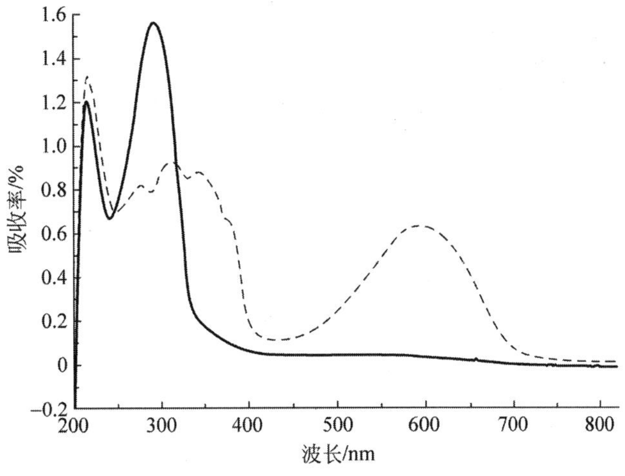

图5-78　乙腈，3×10^{-5}M态 a(实线)和态 b(虚线)的吸收谱

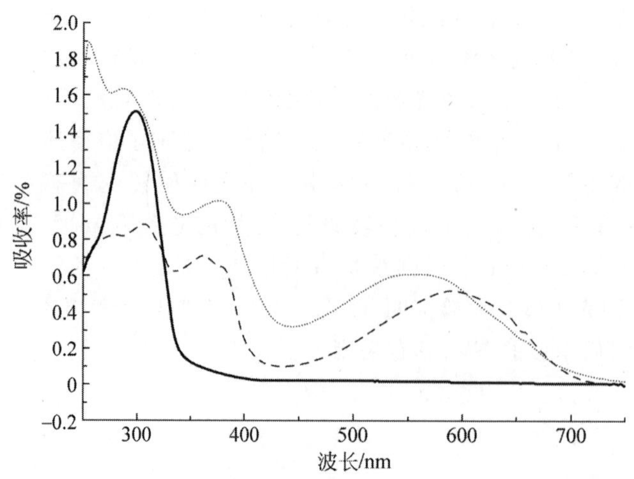

图 5-79 乙腈 3×10^{-5}M,在电解质 NBu_4Br,0.1M 中的 3 种态(态 a 为实线,态 b 为虚线,态 c 为点画线)的吸收谱

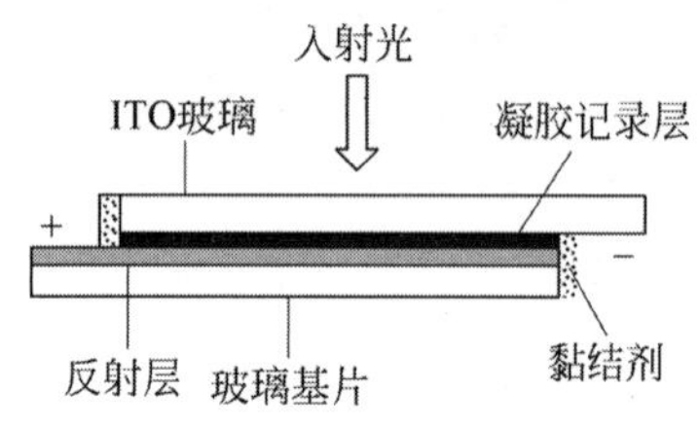

图 5-80 反射式电锁存储单元结构

在溶液中进行的实验只是验证了电锁原理及材料具备无损读出的可能性,真正用于记录层中,必须对该材料在薄膜形态下的电锁性能进行深入研究。为此,将电锁光致变色化合物制成反射式存储实验样片,便于在光致变色存储实验系统上进行写入实验。这种反射式电锁原理无损读出存储实验样片结构如图 5-80 所示,采用镀有铝反射膜的特制玻璃基片代替 ITO 导电玻璃作为基片,在铝反射层上均匀旋涂含有二芳基乙烯的凝胶作为记录膜,将 ITO 导电玻璃用黏结剂密封压紧在记录层上作为保护层。反射层作为导电面之一,需要电锁时,分别在 ITO 玻璃和反射层上通过电极施加电压。样片需先经过紫外光发色,然后以 532nm 激光作为写入光,写入有效功率为 0.1mW。用示波器记录其加电场时的写入过程,反射率变化如图 5-81 所示。从该图可看出,在未电锁前,记录样片与其他光致变色记录样片的反应相同,即在 532nm 激光的作用下发生光致变色写入反应,对 532nm 激光的吸收不断减小,最终趋于饱和,写入点的反射率从初始的 0.4 变化至最终的约 0.9。作为对比实验,对样片加锁定电压 3.2V,时间为 3min,可明显看出样片由深蓝变为紫色,证明已产生电锁现象。对通过电锁后的样片,仍用相同功率波长为 532nm 的激光对样片上另一区域进行写入实验,则写入过程中反射率的变化过程如图 5-82 所示。从图 5-82 还可看出,样片经过电锁后进行写入实验时,没有出现反射率随写入时间变化的现象,说明电锁已将态 a 分子转化为光写禁阻的态 c 分子,不可能再发生光致变色反应,即实现了完全无损读出。此外,未写入点的反射率为 0.41,说明态 c 分子虽然光致反应不敏感,但仍吸收 532nm 光,使电锁后的未写入点的反射率远低于电锁前写入点的最终反射率。但是无论在透射样片还是反射样片中,施加反电压均不能使电锁材料由态 c 转化为态 b,即电锁后无法解锁,信息不能被擦除重新写入,只能用于一次性写入光存储。

实验证明,具有电锁特性的化合物制成记录介质可以完全实现无损读出。在记录前用紫外光对介质进行发色,使记录层中所有光致变色化合物的态 a 分子转变为吸收 532nm 和 650nm 激光的态 b 分子。写入时使用 532nm 激光,使写入点的分子由态 b 转化为态 a,当所有信息记录完毕后,对介质施加 3.2V 电压,使写入区的所有分子由态 b 转化为态 c,而写入点分子全部为态 a,不发生转化,使写入信息锁定。信息的读出仍采用 532nm 激光,由于态 c 在 532nm 处仍有很强的吸收,而态 a 对 532nm 没有吸收,因此对写入点和未写入点对 532nm 激光的反射率不同,信息可被读出。而写入点的分子为态 a,在 532nm 激光的照射时不会发生光致变色反应,未写入点的分子为态 c,该态下的分子虽对 532nm 有很强的吸收,但并不发生光致变色反应,因此,即使经过 532nm 激光的多次读出,写入

点态 a 分子浓度和未写入点态 c 分子浓度均不会发生变化，即读出的“0”、“1”信号的对比度不改变，从而准确实现无损读出。由于在薄膜中，态 c 分子无法获得 H 原子，从而无法返回态 b，已电锁的记录介质无法解锁进行信息记录。所以，采用这种电锁材料作为无损读出介质，只能实现一次性写记录。在实际生产盘片的过程中就应完成盘片发色，完成信息记录后通过电锁固定形成只读光盘。具有电锁性质的光致变色化合物的吸收谱覆盖较宽，比较容易实现与工业化半导体激光器波长的匹配，可挑选出其中吸收谱较窄的光致变色化合物用于多波长存储。

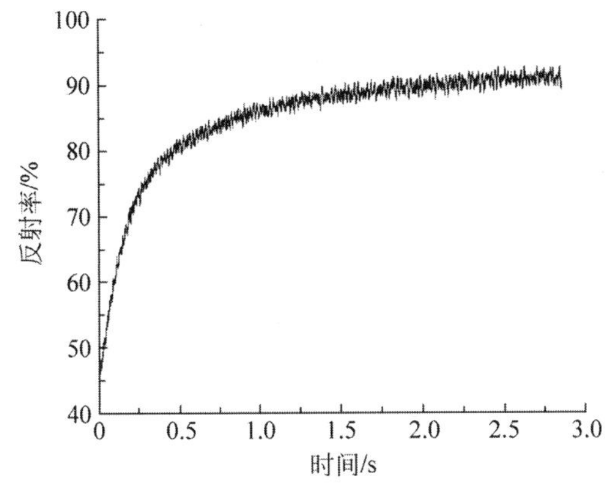

图 5-81　记录介质电锁前的写入实验

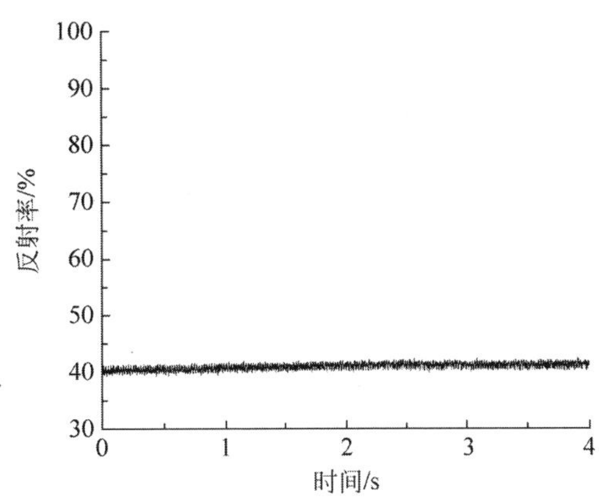

图 5-82　电锁后的写入过程

5.5 光子双稳态存储

某些介质对双波长双光子($\hbar\nu+\hbar\nu'$)吸收原理最容易与多波长多阶存储技术结合实现大容量单元三维光学固态存储。光子双稳态存储，又称双光子存储，有两种类型：一种是单光子倍频产生的双光子存储，另外一种是不同波长(不同频率：$\hbar\nu+\hbar\nu'$)光子共同作用产生的双光子存储。因为后者更容易实现读写控制，所以清华大学光存储国家工程研究中心从 21 世纪初开始开展这种双光量子固态存储器的实验研究。

下面介绍不同频率双光子固态存储器的结构原理。

不同波长(不同频率：$\hbar\nu+\hbar\nu'$)固态双光子存储器结构原理如图 5-83 所示。图中只有这两种频率的激光器同时作用时才能写入，单独使用波长 λ_1 激光可以读出，而单独采用波长 λ_2 激光进行擦除。当用波长 λ_1 激光读出时，存储单元材料发出荧光，所以需采用荧光探测器检测。存储器利用二元光学开关控制阵列光波导与存储单元相连。由于这种存储单元的功耗很小，没有散热问题。同时光波导之间不存在交叉干扰，因此在原理上对光存储器的层数没有限制。根据目前的工艺技术水平计算，每立方厘米体积容量可达到约 600GB，且随着纳米技术和光电集成工艺处理的发展，还将有很大的发展空间。

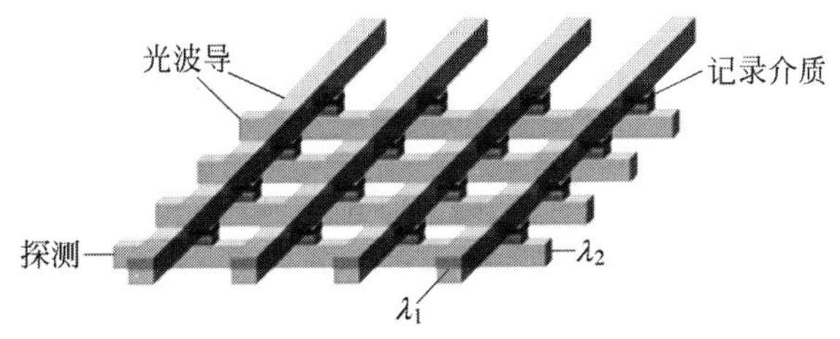

图 5-83　不同波长双光子固态存储器结构原理示意图

实验表明，可用于已有的半导体激光器波长范围 400～1100nm 内的光致变色记录的有机材料很多。这些材料在 400～1100nm 波段能找到最敏感的光致改变吸收光谱的介质。利用这种材料加工的固态存储单元，具有双光子吸收三重激发态特征。加工方法可以根据器件的面积和存储记录膜层的厚度，分别采用单分子自组装、溅射、真空及溶解在指定溶剂中通过旋涂工艺制作。本实验因为面积很小，采用蒸镀加工比较方便。如果采用旋涂方法，需事先测定溶液及其发膜的吸收光谱。光波导的加工方法同样很多，本实验样品采用传统的集成电路工艺加工而成。其他控制元件的设计及工艺，可参考本书第 7 章。其结构尺寸及技术指标，需根据所选配套激光器、探测器、调制器及切换开关的结构尺寸确定。通过改变存储单元中记录介质的成分、分子结构及存储单元的尺度，可以获得各种敏感波长，不同光致变吸收波长的激发态性。因此，在前面已介绍的吸收峰分别为 405nm、532nm、650nm 和 780nm 的基础上，新增加了对波长 930nm 敏感的俘精酸酐有机光致变色介质。其分子结构及反应过程如图 5-84 所示。

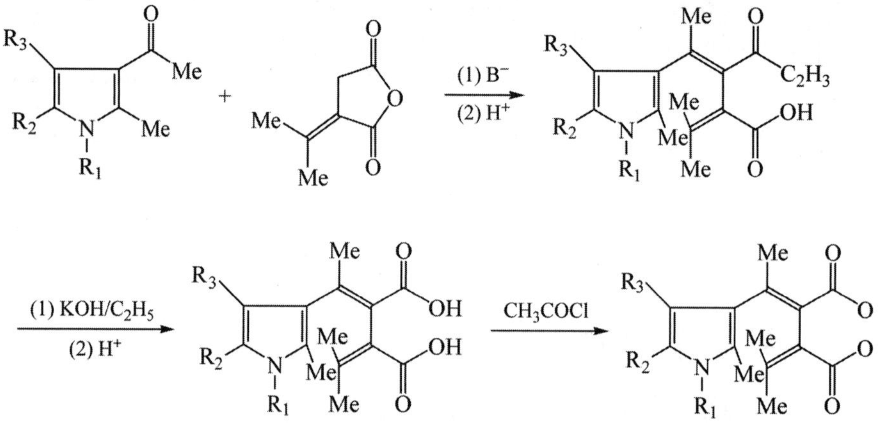

图 5-84 近红外波长 930nm 敏感的新型有机光致变色材料俘精酸酐分子结构

将图 5-84 中 5 种介质按一定比例(根据其灵敏度)混合而成的记录介质的吸收光谱特性如图 5-85 所示。

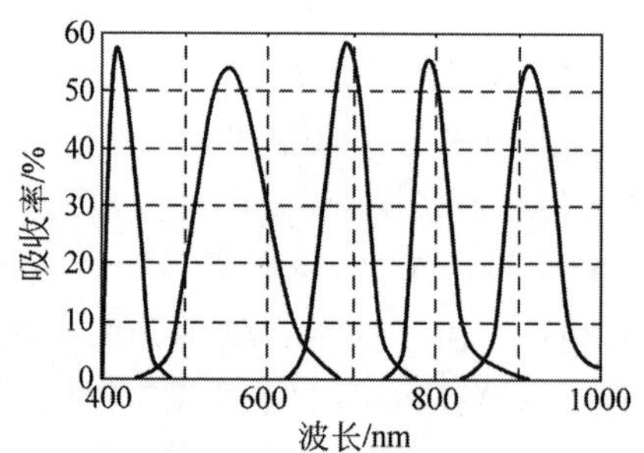

图 5-85 灵敏度覆盖 400～1000nm 波长的 5 种光致变吸收波长的混合介质光谱特性曲线

以 InGaN、AlGaInP 及 GaAlAs 半导体材料为基础加工的发射波长分别为 405nm、525nm、650nm、790nm 及 930nm 的单模激光器作为记录光源。加上用于擦除的 390nm 波长激光器，共 6 种波长激光器。由于这些激光器尺寸和点源控制系统各异，均通过波导连接通过平面波导矩形光腔耦合传导入存储器单元。这种多波长记录存储实验记录单元结构如图 5-86 所示。在实验基片上将 6 种半导体激光器组成的混合光源波导阵列，通过矩形平面波导与存储实验单元直接耦合。存储单元也是由平面波导组成，上表真空镀厚 40nm，面积为 300nm×300nm 的银膜作为存储单元输入孔径。上面涂布多波长存储介质层，后面是已探测器耦合的波导，如图 5-86(a)所示。

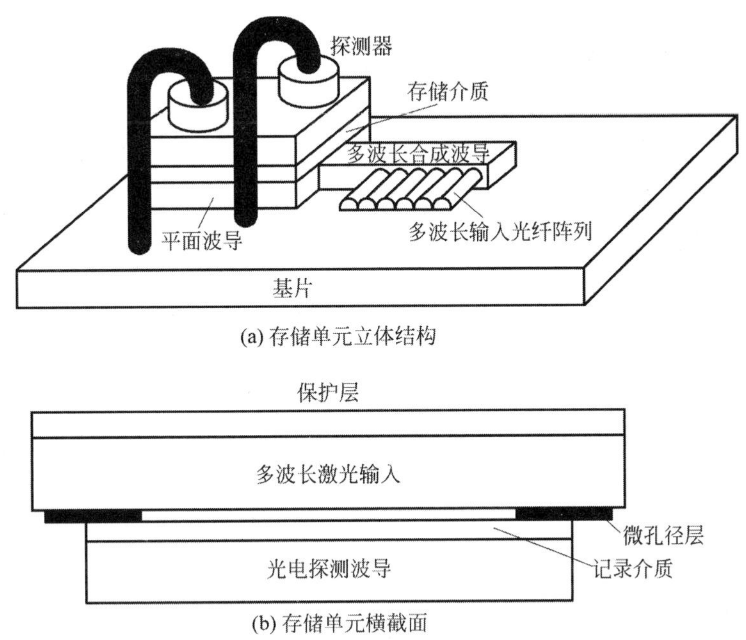

(a) 存储单元立体结构

(b) 存储单元横截面

图 5-86 5 种波长光致变吸收峰固态存储单元结构示意图

此多波长存储实验芯片的探测为两种灵敏度能覆盖 400～1100nm 的雪崩光电二极管(APD)组成。由于受材料及工艺的限制，各种波长记录材料的写入脉宽不同，但读出脉宽均为 0.1μs。实验读出信号如图 5-87 所示。可看出读出信号幅值波动约 15%～20%，交叉干扰<10%，基本上能达到实用要求。由于实验工艺条件所限，实验芯片功耗较大，若采用专用设备制造改善读写信号质量还有较大潜力。

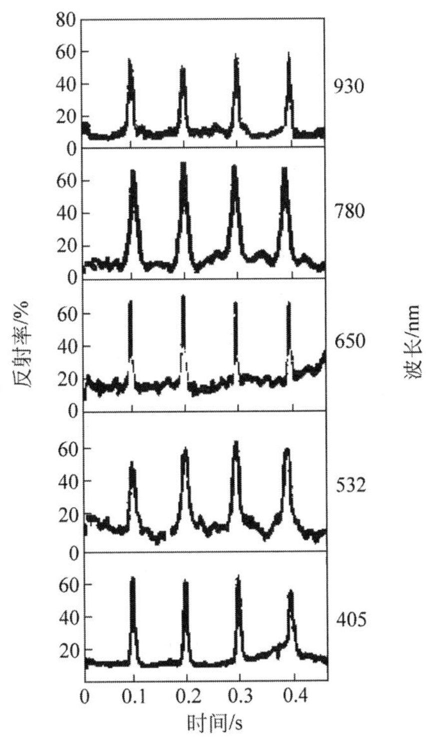

图 5-87 有效存储面积 300nm×300nm 的 5 波长光化学存储单元读出信号

5.6 非线性偏振调制多维存储

利用某些介质对光子偏振敏感(例如菌紫质 BR),且具有光量子效率高、稳定性好、光致各向异性等优点,记录不同相位模式信息也可以获得很高的记录密度和数据传输率。携带光信息的正交偏振分量之间的相位延迟对偏振敏感的介质中使用单束记录。这种技术的优点是振动的鲁棒性和简单的光学系统。此外,这种技术可以被视为偏振全息,在有一定厚度的记录介质中,利用 Bragg 效应选择性,以三维双折射图案的形式,将光学信息记录在对偏振敏感的介质上。因此,它具有良好的移位选择性,并可通过交叉重叠复用方式提高信息存储密度。同时,还可以采用相位调制模式,或多波长偏振存储方法实现多值多重记录,进一步提高记录密度,即多值相位调制数据编码。这种多值偏振光学存储系统的光学原理如图 5-88 所示。图中,HWP 为 1/2 波片,QWP 为 1/4 波片,SR 为空间光延迟调制器(spatial retarder)。利用此空间光延迟器获得由 p 及 s 两偏振分量组成的相位延迟分布 Φ,且这两个正交偏振分量的相位,均可用空间光延迟器进行独立调制记录于介质中。被相位延迟调制的两束正交偏振分量信号及参考分量之间的相位差关系如图 5-88(b)所示。

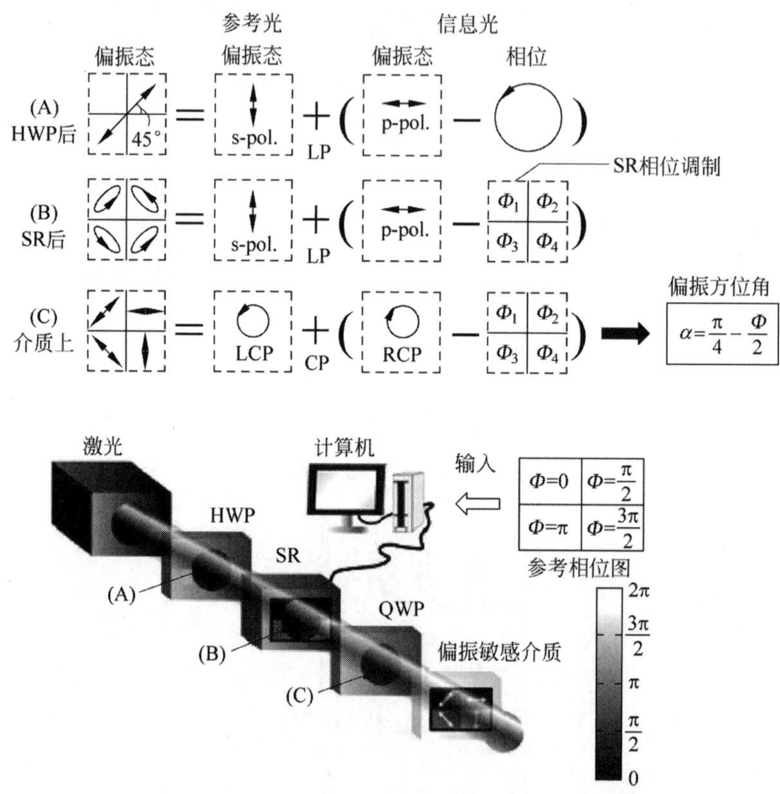

图 5-88 多值偏振光全息存储原理及光学系统示意图

被调制相干的偏振光束诱导各向异性记录介质产生双折射和二色性效应。由于光学各向异性轴线的偏转与偏振方角相对应,因此延迟相位正确记录了偏振方位。即图 5-88(b)中的延迟相位差调制信号被两正交偏振分量信号代替。如果偏振光以 45°角照射空间延迟器,则偏振分布呈椭圆形如下:

$$U_1 = T_{SR}\begin{bmatrix}\exp(\mathrm{i}\Phi/2) & 2 \\ 0 & \exp(-\mathrm{i}\Phi/2)\end{bmatrix}\frac{1}{\sqrt{2}}\begin{bmatrix}1\\1\end{bmatrix} = \frac{T_{SR}}{\sqrt{2}}\begin{bmatrix}\cos(\pi/4) & -\sin(\pi/4) \\ \sin(\pi/4) & \cos(\pi/4)\end{bmatrix}\begin{bmatrix}\cos(-\Phi/2)\\ \mathrm{i}\sin(-\Phi/2)\end{bmatrix} \tag{5-102}$$

式中，T_{SR}为空间延迟器的各向同性振幅透射率。偏振态椭圆具有$+45°$或$-45°$角，椭圆角为$-\Phi/2$。方位角偏振敏感介质不仅能记录入射光偏振方位及偏振椭圆度，而且能识别椭圆偏振的方位角。为了提高精确度，在光学系统中增加了一片1/4波片，偏振态变为

$$U_2 = Q(\pi/4)U_1 = A_2\begin{bmatrix}\cos(\Phi/2-\pi/4) & \sin(\Phi/2-\pi/4)\\ -\sin(\Phi/2-\pi/4) & \cos(\Phi/2-\pi/4)\end{bmatrix}\begin{bmatrix}1\\0\end{bmatrix} \tag{5-103}$$

式中，$Q(\pi/4)$及A_2为45°置放的1/4波片的Jones矩阵。因此，偏振状态变为线性极化分布方位为$-\Phi/2+\pi/4$。当此偏振分布成像于偏振敏感介质中时，光学信息被完整记录，Jones矢量被转换成圆偏振如下：

$$U_2' = \frac{1}{\sqrt{2}}\begin{bmatrix}1 & -\mathrm{i}\\ \mathrm{i} & 1\end{bmatrix}U_2 = \frac{A_2'}{\sqrt{2}}\begin{bmatrix}\exp[\mathrm{i}(\Phi-\pi/2)]\\ 1\end{bmatrix} \tag{5-104}$$

式中，矩阵上、下部分分别为左右圆分量。A_2'为各向同性复振幅的空间分布。左右圆偏振分量可看成是偏振全息的信号束和参考光束。圆形矢量复振幅可改写为

$$U_3 = \frac{A_3'}{\sqrt{2}}\begin{bmatrix}A'\exp(\mathrm{i}\Phi')\\ 1\end{bmatrix} \tag{5-105}$$

式中，A_3'，A'及为各向同性振幅分布，振幅参对考分量和相位差信号和参考分量比。在介质中形成的振幅透射率张量为

$$H = T_H R(-\Phi'/2)MR(\Phi'/2) \tag{5-106}$$

$$M = \begin{bmatrix}\exp(\mathrm{i}\Delta\phi/2) & 0\\ 0 & \exp(-\mathrm{i}\Delta\phi/2)\end{bmatrix} \tag{5-107}$$

$$R(\varphi) = \begin{bmatrix}\cos\varphi & \sin\varphi\\ -\sin\varphi & \cos\varphi\end{bmatrix} \tag{5-108}$$

式中，T_H及$\Delta\Phi$为各向同性振幅透射率和介质的延迟诱导。光诱导延迟取决于记录光束的强度和偏振态，各向同性振幅和振幅比及偏振分量。在用圆偏振光读出重建时的复振幅矢量为

$$U_4 = H\frac{1}{\sqrt{2}}\begin{bmatrix}1\\ -\mathrm{i}\end{bmatrix} = \frac{1}{\sqrt{2}}\left\{\cos(\Delta\phi/2)\begin{bmatrix}1\\ -\mathrm{i}\end{bmatrix} + \mathrm{i}\sin(\Delta\phi/2)\exp(\mathrm{i}\Phi')\begin{bmatrix}1\\ \mathrm{i}\end{bmatrix}\right\} \tag{5-109}$$

从式(5-107)可看出，记录的延迟模式包括在方程的第二项中，$\sin(\Delta\Phi/2)$说明记录信号分量与强度成正比，记录信号被完整重构。记录介质是为对偏振敏感的菲醌掺杂聚甲基丙烯酸甲酯(Phenanthrene Quinone Doped Poly-Methylmethacrylate，PQ-PMMA)，厚度约1mm。输入及重建图像如图5-89所示。图(a)、(b)、(c)为四值相模式液晶空间光调制器的原始图像，(d)、(e)、(f)为加入存储始数据的编码图像，(g)、(h)、(i)为重构四值相位延迟图形。空间光调制器的像素数为320×320。4值分别为0，$\pi/2$，$\pi/2$，$3/2\pi$。记录光功率为$2.05\mathrm{W/cm^2}$，曝光时间为33ms。

利用上述相位调制信号的解码特性，建立的八进制相位调制信号的信噪比达到7.2dB。分别以相位0，$\pi/2$，π及$3\pi/2$组成的00，01，10，11的4组二位字长组成的部分响应似然(Partial Response Most-Likely，PRML)。解码如图5-90所示，解码器的电路结构如图5-91所示。

这种多维调制码使用多个调制符号，映射两个维度符号。其中位编码由一系列正交奇偶校验组成，代表多维数组中尺度码，错误概率微乎其微。本系统采用迭代编解码方案，为确保解码器输出的任何错误不输入到下一个编码解码器，每个信息点均使用正交奇偶校验为迭代编码。多维乘积码中，可选择控制码字长度，以保证任意比特错误概率基本一致。乘积码是多维码中最常用的形式。长度为p的乘积码，并使用线性分组。设块长为$n_1, n_2, \cdots, n_p$，信息长度为$k_1, k_2, \cdots, k_p$的分组码C_1，$C_2, \cdots, C_p$，构成代码$\{C_i\}$。此二维乘积码C可采用矩形阵列说明如图5-92所示。图中每列C_1代表C_2中的一行码字，n_i表示代码词块长度C_i，k_i表示码字的数量。即C_i表示(n_i, k_i)代码块，如图5-92

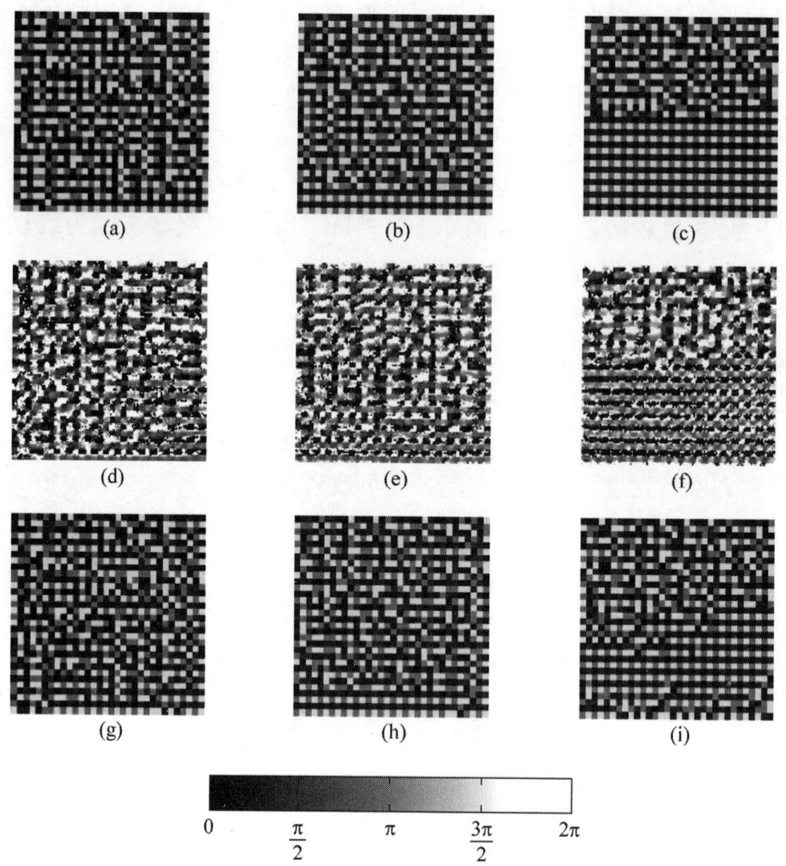

图 5-89 利用光子偏振敏感非线性效应存储实验输入及读出图形

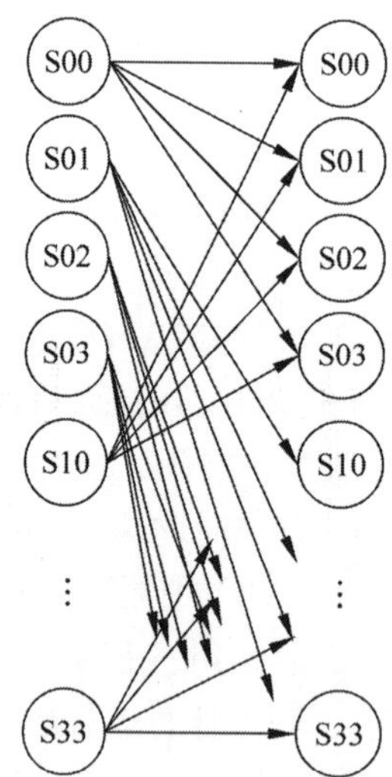

图 5-90 基于相位 $0,\pi/2,\pi,3\pi/2$ 组成的 00，01，10，11 的 4 元 PRLM 解码器

所示。

这属于分组循环码。设 v 为 C 码字的循环代码，即任何 v 的循环移位也是码字 C。类似结构的两个以上码的乘积也是循环码。此外，生成该乘积码的多项式可以采用简单的多项式函数发生器，即 $g_i(X)$ 为第 i 子码的多项式：

$$g(X) = \mathrm{GCD}\{g_1(X^{bn_2})g_2(X^{an_1}), X^{n_1n_2} - 1\} \tag{5-110}$$

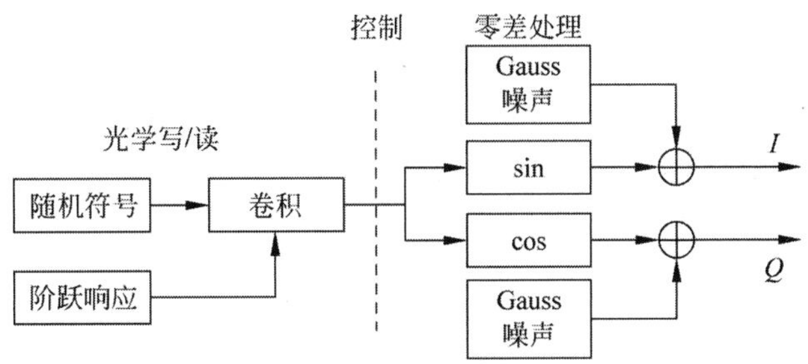

(a) 测试信号处理过程

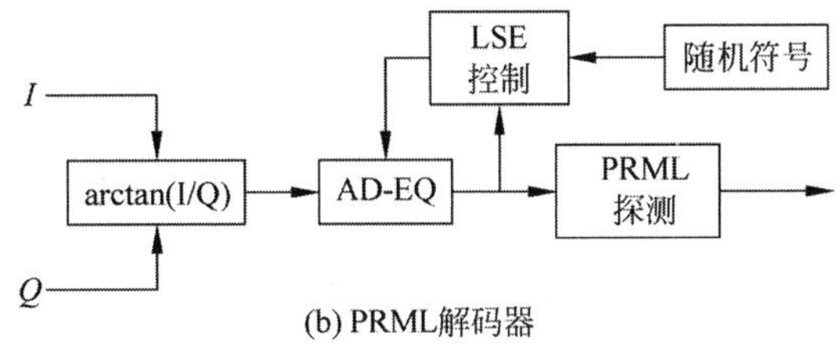

(b) PRML解码器

图 5-91 多值偏振读出信号处理系统

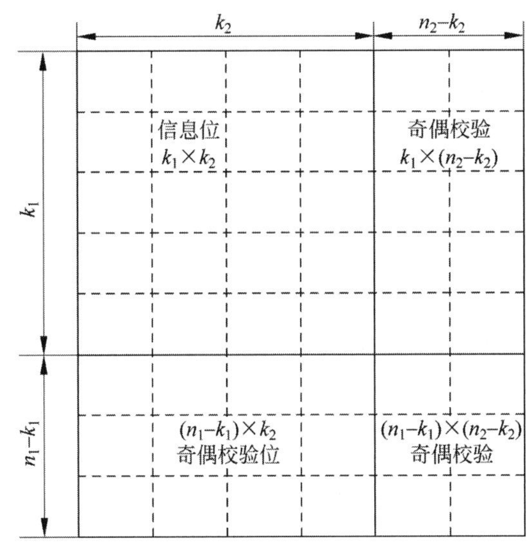

图 5-92 二维乘积码结构示意图

式中，GCD(y,z)为 y,z 的最大公因子，a 及 b 为满足 $1+bn_2\equiv 1(n_1n_2)$的整数。例如 $5\times 3, a=2, b=2$，将满足$(2)(5)+(2)(3)\equiv 1$，根据循环乘积码，此绝对值为15。其中相邻码之间被任一行的 $n_1=10$ 分开。设 $d_1,d_2,\cdots,d_p$ 分别代表子码 $C_1,C_2,\cdots,C_p$ 的最小距离。其中，最小距离 d 的乘积码 C 是 $d=d_1d_2\cdots d_p$ 的最小距离乘积。为适应多数译码算法及随机纠错能力，以保证正确率达到最大值，取

$$t=\left\lfloor\frac{d-1}{2}\right\rfloor=\left\lfloor\frac{\left(\prod_{i=1}^{p}d_i\right)-1}{2}\right\rfloor \tag{5-111}$$

此控制代码能够纠正超过突发错误 t。此循环乘积码特别适用于突发错误校正，其可靠性取决于突发误差长度 B_P。对于二维循环乘积码，长度 B_P 满足以下条件：

$$B_P\geqslant n_1t_2+B_1 \tag{5-112}$$

且

$$B_P \geqslant n_2 t_1 + B_2 \tag{5-113}$$

其中值得关注的是 p 乘积单奇偶校验(Single Parity-Check,SPC)编码,即 SPC 乘积码。单奇偶校验码$(k+1,k)$中每 k 位输入奇偶校验位中添加校验位,使所有码字中的偶数奇偶校验码为循环码多项式$g(X)=X+1$。设 C_i 为单奇偶校验码长度 n_i,$1\leqslant i\leqslant p$,$n=n_1 n_2 \cdots n_p$。$C_i(1\leqslant i\leqslant p)$码的 p 维乘积 C,块长为 n,每位参与精确 p 校验,奇偶校验矩阵可使每个列中具有精确的 p,称为规则低密度奇偶校验矩阵。设 5×3 乘积代码为 SPC,v_{ij} 为矩阵的列(i,j)号,必须满足行奇偶校验方程:

$$\sum_{j=0}^{2} v_{ij} = 0 \quad i = 0,1,2,3,4 \tag{5-114}$$

且列奇偶校验方程为

$$\sum_{i=0}^{4} v_{ij} = 0 \quad j = 0,1,2 \tag{5-115}$$

若码字 v 为二维乘积码结构,则奇偶校验矩阵 H 为

$$H = \begin{bmatrix} 1 & 0 & 0 & 0 & 0 & 1 & 0 & 0 & 0 & 0 & 1 & 0 & 0 & 0 & 0 \\ 0 & 1 & 0 & 0 & 0 & 0 & 1 & 0 & 0 & 0 & 0 & 1 & 0 & 0 & 0 \\ 0 & 0 & 1 & 0 & 0 & 0 & 0 & 1 & 0 & 0 & 0 & 0 & 1 & 0 & 0 \\ 0 & 0 & 0 & 1 & 0 & 0 & 0 & 0 & 1 & 0 & 0 & 0 & 0 & 1 & 0 \\ 0 & 0 & 0 & 0 & 1 & 0 & 0 & 0 & 0 & 1 & 0 & 0 & 0 & 0 & 1 \\ 1 & 0 & 0 & 1 & 0 & 0 & 1 & 0 & 0 & 1 & 0 & 0 & 1 & 0 & 0 \\ 0 & 1 & 0 & 0 & 1 & 0 & 0 & 1 & 0 & 0 & 1 & 0 & 0 & 1 & 0 \\ 0 & 0 & 1 & 0 & 0 & 1 & 0 & 0 & 1 & 0 & 0 & 1 & 0 & 0 & 1 \end{bmatrix} \tag{5-116}$$

此低密度奇偶校验矩阵可用于解码器。SPC 码为循环码,如果 $n_1,n_2,\cdots,n_p$ 为相对素数,则乘积码循环。对于 n_1 与 n_2 互质二维码所生成的多项式为

$$g(X) = \mathrm{LCM}\{X_1^n + 1, X_2^n + 1\} = \frac{(X^{n_1}+1)(X^{n_2}+1)}{X+1} \tag{5-117}$$

式中 LCM(y,z)为 y,z 的最小公倍数。例如对 5×3,SPC 乘积码可用下式计算:

$$g(X) = \frac{(X^5+1)(X^3+1)}{X+1} = X^7 + X^6 + X^5 + X^2 + X + 1 \tag{5-118}$$

此代码不仅用于循环码,可能是代码是相同倒数,如果每个码字都倒读,对于 5×3 码的倒数 $g(X)$为

$$X^7 g(X^{-1}) = 1 + X + X^2 + X^5 + X^6 + X^7 = g(X) \tag{5-119}$$

另外,循环码校验多项式可使用奇偶校验多项式 $h(X)=(X^{n+1})/g(X)$。但用 $h(x)$形成的奇偶校验矩阵通常不是低密度矩阵。这些代码的突发纠错主要考虑代码可纠正的最大错误突发长度。二维 $N_1\times N_2$ 乘积码中 N_1 和 N_2 互质,若 π_i 为 n_2 的最小因子 b_i:

$$b_i = \left(\frac{\pi_i - 1}{\pi_i}\right) n_i \tag{5-120}$$

则可校正突发误码长度为 $B_p=\min\{b_1,b_2,b(n_1+n_2+2)/3\}$。所以,对于 5×3 乘积 SPC 码,其突发纠错能力为

$$B_p = \min\left\{\frac{5-1}{5}\times 5, \frac{3-1}{3}\times 3, \left\lfloor \frac{3+5+2}{3} \right\rfloor\right\} = \min\{4,2,3\} = 2 \tag{5-121}$$

这种二维乘积产品 SPC 码可以纠正固有突发错误长度为$\{n_1,n_2\}-1$。二维循环乘积 SPC 码用于单个突发错误检测也不存在问题。任何突发长度为 $n-k$ 码都可以检测到(n,k)循环码。因此,任何突发长度为 n_1+n_2-1 码都能获得 $n_1\times n_2$ 循环乘积码检码 SPC。对同时检测突发 B_p 错误的长度等于$\{n_1,n_2\}$最大值。

循环 SPC 乘积码结构并不复杂,可以使用各种硬判决和软判决译码算法解码,包括错误校正译码算法,突发错误校正及双突发纠错译码算法。SPC 乘积码解码迭代过程中,可采用优化最大概率解码器对每个维度的每个子集的解码算法进行优化。首先利用二进制线性分组码的极大似然译码算法,引入软判决译码的上下文,即码字 $v=(v_0,v_1,v_2,\cdots,v_{n-1})$,此代码的奇偶校验矩阵可写成

$$H=\begin{bmatrix}1&0&1&1&1&0&0\\0&1&0&1&1&1&0\\0&0&1&0&1&1&1\end{bmatrix}\tag{5-122}$$

则奇偶校验方程涉及的第一个代码符号 v_0 为

$$\begin{aligned}v_0+v_2+v_3+v_4&=0\\v_0+v_1+v_2+v_5&=0\\v_0+v_3+v_5+v_6&=0\\v_0+v_1+v_4+v_6&=0\end{aligned}\tag{5-123}$$

式中所有和均为模数 2。这些方程线性相关,第 1 个符号 v_0 可用其他 6 个符号以下面 3 种方式写成:

$$\begin{aligned}v_0&=v_2+v_3+v_4\\v_0&=v_1+v_2+v_5\\v_0&=v_3+v_5+v_6\end{aligned}\tag{5-124}$$

这 3 个方程为 v_0 提供了 3 种符号代数码。而奇偶校验矩阵 H 生成的是对偶码,因此,可使用双代码字定义。若码字 v 使用二进制相移键控(Binary Phase-Shift Keying,BPSK)传输。解调器输出符号为矢量 $x=(x_0,x_1,x_2,\cdots,x_{n-1})$。其中 x_i 代表二进制符号的噪声,解调器的输出为 $y=(y_0,y_1,y_2,\cdots,y_{n-1})$。$V_i$ 为随机变量代表第 i 个码字,$V=(V_0,V_1,V_2,\cdots,V_{n-1})$。码字 V 为无记忆信道中的 BPSK 传输,X 为无噪声解调器的输出组成的矢量。为方便起见,当 $V_i=1$,取 $X_i=+1$。则 X_i 对 Y_i 的对数似然率(Log-Likelihood Ratio,LLR)为

$$L(X_i)=\log\frac{P(X_i=+1)}{P(X_i=-1)}\tag{5-125}$$

式中采用基 e 对数,称为先验对数似然率。有噪声存在时,解调器的输出为 $Y=(Y_0,Y_1,Y_2,\cdots,Y_{n-1})$。对于 Y_i,上式可改写为

$$\begin{aligned}L(X_i\mid y_i)&=\log\frac{P(X_i=+1\mid Y_i=y_i)}{P(X_i=-1\mid Y_i=y_i)}=\log\frac{P(Y_i=y_i\mid X_i=+1)}{P(Y_i=y_i\mid X_i=-1)}+\log\frac{P(X_i=+1)}{P(X_i=-1)}\\&=L(y_i\mid X_i)+L(X_i)\end{aligned}\tag{5-126}$$

基于 $P(X_i=+1|Y=y)$ 和 $P(X_i=-1|Y=y)$ 的 X_i 最大后验概率(maximum a posteriori,MAP)译码等于对数似然率为

$$L(X_i\mid Y=y)=\log\frac{P(X_i=+1\mid Y=y)}{P(X_i=-1\mid Y=y)}\tag{5-127}$$

一般情况下,LLRs 不仅取决于 Y_i,还与 Y 其他 X_i 符号有关。因此,需考虑 X_i 对 LLR 的贡献。所以,采用⊕加法运算符,X_j 和 X_k 与 X_i 的关系为

$$X_i=X_j\oplus X_k\tag{5-128}$$

因此,$X_j\oplus X_k$的对数似然率为

$$P(X_j=+1)=\frac{e^{L(X_j)}}{1+e^{L(X_j)}}\tag{5-129}$$

代入展开可得

$$P(X_j\oplus X_k=+1)=P(X_j=+1)P(X_k=+1)+[1-P(X_j=+1)][1-P(X_k=+1)]\tag{5-130}$$

也可写为

$$P(X_j \oplus X_k = +1) = \frac{1 + e^{L(X_j)} e^{L(X_k)}}{(1 + e^{L(X_j)})(1 + e^{L(X_k)})} \tag{5-131}$$

同样，采用 $P(X_j \oplus X_k = -1) = 1 - P(X_j \oplus X_k = +1)$，可得 $X_j \oplus X_k$ 的对数似然率为

$$L(X_j \oplus X_k) = \log \frac{1 + e^{L(X_j)} e^{L(X_k)}}{e^{L(X_j)} + e^{L(X_k)}} \tag{5-132}$$

即

$$L(X_j \oplus X_k) = \log \frac{[e^{L(X_j)} + 1][e^{L(X_k)} + 1] + [e^{L(X_j)} - 1][e^{L(X_k)} - 1]}{[e^{L(X_j)} + 1][e^{L(X_k)} + 1] - [e^{L(X_j)} - 1][e^{L(X_k)} - 1]} \tag{5-133}$$

采用 $\tanh(x/2) = (ex - 1)/(ex + 1)$，则方程可简化为

$$L(X_j \oplus X_k) = \ln \frac{1 + \tanh(L(X_i)/2)\tanh(L(X_k)/2)}{1 - \tanh(L(X_i)/2)\tanh(L(X_k)/2)} = 2\tanh[\tanh(L(X_j)/2)\tanh(L(X_k)/2)] \tag{5-134}$$

如果 X_i 为 $X_{j1} \oplus X_{j2} \oplus \cdots \oplus X_{jJ}$，则对数似然率可改写为

$$L(X_j \oplus X_k) = 2\tanh\left[\prod_{k=1}^{J} \tanh(L(X_{jk})/2)\right] \tag{5-135}$$

对于高信噪比，可采用下式近似计算：

$$L(X_j \oplus X_k) = \left[\prod_{k=1}^{j} \operatorname{sgn}(L(X_{jk}))\right] \cdot \min_{k=1,2,\cdots,J} |L(X_{jk})| \tag{5-136}$$

若需进一步提高多维奇偶校验码(Multidimensional Parity-Check Codes，MDPC)的可靠性及编码效率。在 M 维乘积 SPC 码的基础上，针对 $M>2$ 的奇偶校验位，减少冗余，限制块的大小和数量，形成矩形奇偶校验码(Rectangular Parity-Check Code，RPCC)。设 N 为块长度(输入码字的比特数)，$N=DM$，每个 MDPC 代码的系统码字由 DM 信息位和校验位 MD 组成。这种 $M=3$ 的奇偶校验系统如图 5-93 所示。

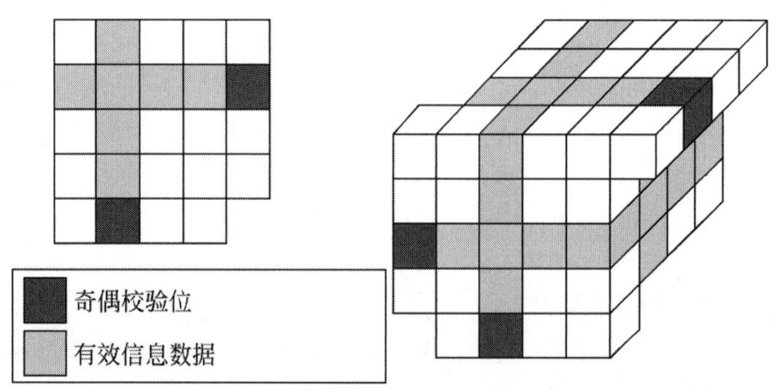

图 5-93　$M=3$ 维奇偶校验码结构示意图
黑块为奇偶校验码，灰块为校验码中携带的有效信息

设 $i_1, i_2, \cdots, i_m$ 代表数据块，m 为索引指数。对 M 维 D 面数据位设置，应满足 M-D 的奇偶校验位：

$$p_{m,j} = \sum_{i_1} \sum_{i_2} \cdots \sum_{i_{m-1}} \sum_{i_{m+1}} \cdots \sum_{i_M} u_{i_1, i_2, \cdots, i_{m-1}, j, i_{m+1}, \cdots, i_M} \tag{5-137}$$

若 $m=1,2,\cdots,M$，$j=1,2,\cdots,D$。每一 D 单元范围加模 2。由于 MDPC 乘积码的奇偶校验位 MD 的编码率为 $DM/(DM+MD)$，或等于$(1+MD_1-M)-1$。显然，D 越大，编码效率越高，但 M 随 M-DPC 编码率增加而减小。

分析计算多维奇偶校验码对突发误码的纠错能力可采用简单的迭代译码算法，并根据信道突发 Gauss 白噪声对迭代解码算稍加修改，以便处理 SPC 乘积码在奇偶校验位中穿插的多维奇偶校验码。采用迭代译码增加的冗余量最小，对多维奇偶校验码可能突发的错误校正非常有效。例如，对 60 000 块组成的三维奇偶校验码的比特错误率低于 10^{-5}，且只增加 0.2%的冗余，仿真结果如表 5-8 所示。

通常，所有代码采用10次迭代，但经过5次迭代后收敛曲线如图5-94所示。证明达到的最大可能的编码增益比例最高的是3DPC码，可获最大似然MDPC的代码译码比特错误概率(ML)的上限为

$$P_b \leqslant \sum_{i=1}^{A^M} \frac{i}{A^M} \sum_{d=i}^{(M+1)i} W_{i,d} Q\left(\sqrt{\frac{2dE_b/N_0}{1+(M/A^{M-1})}}\right) \tag{5-138}$$

式中，$W_{i,d}$为信息码i及编码d比重。通过迭代译码仿真，其比特错误概率BER非常接近方程式(5)的计算结果。

表5-8 AWGN信道的MDPC的代码性能仿真实验数据

码	块长	码率	误码率为10^{-5}的E_b/E_0	误码率为10^{-5}的编码增益	容量E_b/E_0
32^2	1024	0.9412	6.3dB	3.3dB(55.0%)	3.7dB
10^3	1000	0.9709	6.75dB	2.85dB(63.1%)	4.75dB
4^5	1024	0.9808	7.25dB	2.35dB(63.8%)	5.3dB
100^2	10 000	0.9804	6.75dB	2.85dB(70.8%)	5.25dB
21^3	9261	0.9932	7.3dB	2.3dB(80.4%)	6.35dB
10^4	10 000	0.9960	7.75dB	1.85dB(80.4%)	6.8dB
245^2	60 025	0.9919	7.2dB	2.4dB(79.4%)	6.2dB
39^3	59 319	0.9980	7.9dB	1.7dB(89.1%)	7.4dB
9^5	59 049	0.9992	8.6dB	1.0dB(88.1%)	8.05dB

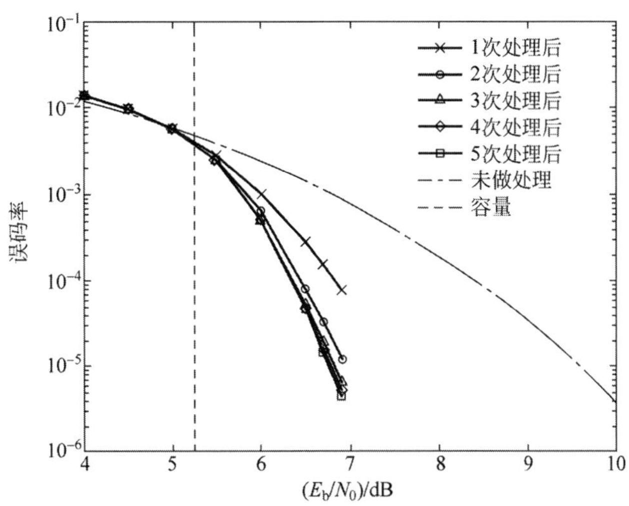

图5-94 多维码在白噪声信道中的不同迭代译码过程收敛性比较

以上分析表明，迭代解码器的性能接近于ML解码器。同时，迭代译码具有良好的编码增益，如表5-9所示。

表5-9 突发信道的MDPC的代码仿真性能

码	块长	码率	误码率为10^{-5}的E_b/E_0	误码率为10^{-5}的编码增益	容量E_b/E_0
100^2	10 000	0.9804	13.7dB	4.15dB(29.5%)	8.4dB
21^3	9261	0.9932	14.8dB	3.05dB(52.5%)	12.0dB
10^4	10 000	0.9960	15.5dB	2.35dB(57.5%)	13.1dB
245^2	60 025	0.9919	14.1dB	3.75dB(55.0%)	11.5dB
39^3	59 319	0.9980	15.45dB	2.4dB(75.0%)	14.2dB
9^5	59 049	0.9992	16.6dB	1.25dB(75.9%)	15.4dB

在多维，特别是高维编码输入的信道中有时会产生突发噪声，使系统进入状态 B。通常是唯一的噪声信道，在 B 状态时会出现突发噪声。但其功率谱密度模型明显高于 Gauss 态，比较容易验证，这种隐藏的交织噪声的对数似然率(Log-Likelihood Ratio，LLR) $L(y_i \mid X_i)$的表达式为

$$L(y_i \mid X_i) = 4R_c \frac{E_b}{N_0}\frac{x}{B} + \log \frac{\exp\left(-\frac{B-1}{B}R_c \frac{E_b}{N_0}(y_i-1)^2\right)+\frac{\pi_b}{\pi_n}}{\exp\left(-\frac{B-1}{B}R_c \frac{E_b}{N_0}(y_i+1)^2\right)+\frac{\pi_b}{\pi_n}} \tag{5-139}$$

通过 $10^4 \sim 6\times10^4$ 位数据仿真计算结果列表明，译码比特错误纠正概率 $P_B=0.99$，数据块误码率 $P_n=0.9995$，信道增益 $B=10\text{dB}$，包括存在长时间的噪声及突发噪声。大小相等的 MDPC 的代码块随机交织器应用，10 次迭代后其收敛性与 AWGN 信道类似，基本上可达到误码率为 10^{-5}。虽然 MDPC 的代码突发信道 AWGN 信道不完全有效，但它确实提供了非常显著的编码增益和较平稳分布状态，并可以获得完美的信道状态译码的误码率约束上限：

$$P_b \leqslant \sum_{i=1}^{A^M} \frac{i}{A^M} \sum_{d=i}^{(M+1)i} W_{i,d} \sum_{k=0}^{d} \binom{d}{k} \pi_b^k \pi_n^{d-k} Q\left(\sqrt{\frac{2E_b/N_0}{1+(M/A^{M-1})} \cdot \frac{d-k+(k/\sqrt{B})}{\sqrt{d}}}\right) \tag{5-140}$$

根据式(5-140)，结合各种边界条件计算出的比特错误概率 P_b。同时，通过迭代译码仿真，从图中可看出迭代解码器接近 MAP 解码器，随机交织器码字长相同，对不完美的交织近似合并在联合值中。但因为交织器增加一定的交织码字和修改接收机解码系统。实际上，交织深度越大，离散度越大，抗突发差错能力也就越强，交织编码处理时间越长会使冗余数据增大。实验证明，级联多维奇偶校验码具相当大的交织处理功能，类似于涡轮码(Turbo Codes，TC)。错误层具有很低的信息权重，比较容易纠正，所以可将前面介绍的多维奇偶校验码外码与 Turbo 内码结合，利用 MDPC 代码简捷高效的优点及 Turbo 码的卷积特性组成随机交织器并行级联码，并通过在两个软入/软出(SISO)译码器之间进行多次迭代实现伪随机译码。此外，MDPC 代码本身就具有纠正突发错误的优点，将自动对发生在 Turbo 译码器输出中的错误纠正如图 5-95 所示。Turbo 码运用本身和串联在多维奇偶校验码率的 1/3 Turbo 码组合成标准代码。使用实验结果表明，级联多维奇偶校验 Turbo 码可以显著减少码字本身的错误率，如图 5-96 所示。利用这种随机交织技术，能获得比单独使用级联多维奇偶校验或 Turbo 码更优越的性能。

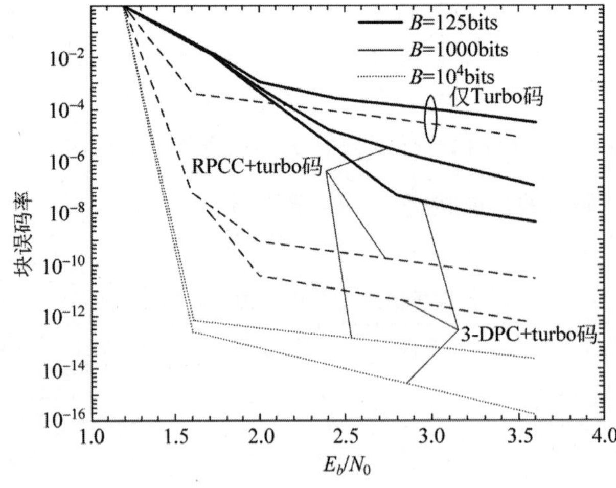

图 5-95　具有内速率 1/3 Turbo 码的级联外多维奇偶校验码性能界限

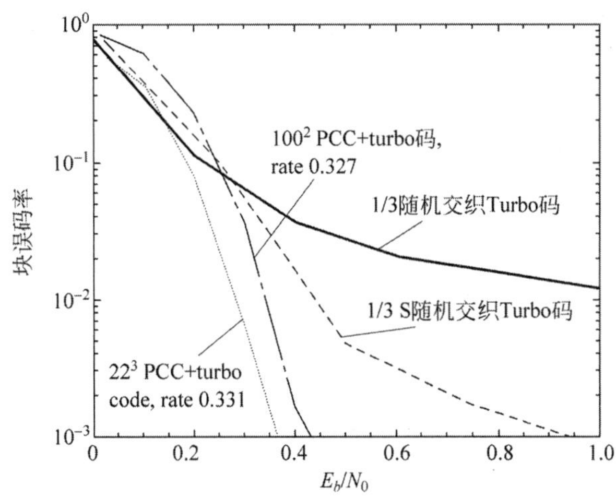

图 5-96　MDPC＋Turbo 码和不同 Turbo 码块长度的误码率

5.7　固态光化学存储器主体结构

由于固态光子化学存储器的基本结构由平面衬底上的各种集成光学元件组成，除了存储单元、控制单元、调制单元、辐射器、探测器、能量转换等核心单元外，还包括分光、耦合、聚焦、隔离、偏振、波导、移相、滤波等结构元件。随集成光学材料和制造技术的快速发展，目前已基本上能覆盖光子化学存储器加工制造的要求。反之，这些核心功能模块及其制造技术也可用于其他领域，例如通信、显示及光计算等集成光学器件的加工制造。本节简要介绍集成光子技术的基本特点、典型集成光子器件工艺，特别是传统光学系统中没有的特殊功能器件及主要的相关工艺技术。

集成光学是设计制造集成光学元件的基础，也是光学领域中新兴的一个重要分支。早在 20 世纪 70 年代就已有科学家提出以半导体集成电路技术为基础的高效、紧凑型光学器件与系统的设想，在实验室条件下完成了若干重要单元实验研究，使后来的光通信技术的发展受益匪浅。当然，光纤通信与相关技术的发展也推动了集成光学的发展，并带动了一大批新学科，例如光电技术、光电子学、量子电子学、波导光学的出现与成长，相对于古典光学中的透镜、反射镜、滤光器等构成了一个新“家族”。不仅如此，这个新家族的成员中还包括古典光学系统中没有的复杂器件，使其功能远超过传统光学系统。特别是在光子与物质交互作用部分，是传统光学系统不具备的。光化学存储器就是十分典型的代表。由于这些系统往往同时涉及光子、电子、原子、分子等因素，呈现明显的学科交叉。这些新领域包括光电技术、光子物理学、光子化学、量子光学、声光技术、量子电子学和非线性光学等。同时，相关半导体器件，如发光二极管、半导体激光器和探测器等也被纳入集成光学系统，广泛用于光通信、光计算、光加工、光学传感及光存储。所以，集成光学或集成光子学可以认为是光学与微电子集成技术的新结晶。这两大学科的结合及交互作用如图 5-97 所示。

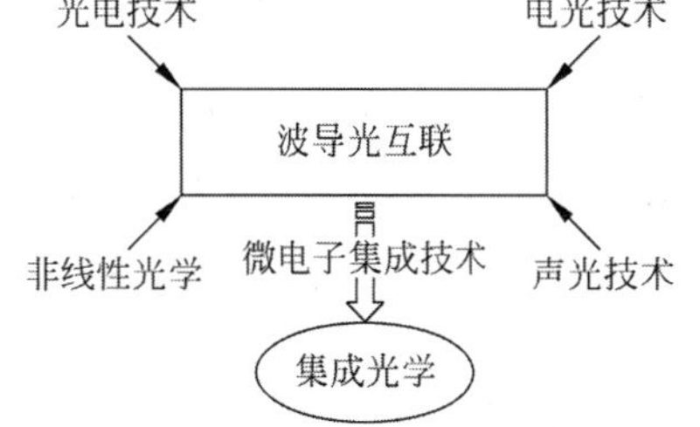

图 5-97　集成光学的学科结构及支撑技术

图 5-97 所示集成光学学科构成和相关技术支撑基本上是依据 Miller 提出的建议。多年的实践证明，此项技术已成为现代光学仪器的发展方向。几乎所有器件都可以此技术为依托，通过光互联将各种小型化(微型化)光学元器件整合在一起，构成各种特殊光学功能的器件或系统，实现与

集成电路相似的高生产效率、低成本、低功耗及高可靠性的固体器件。各种光学元件通过波导互联集成为类似集成电子电路的是光学系统的微(小)型化微米级光学芯片或系统。由于学芯片也是在平面基片上集成制造各种功能的在光学结构,同样可以通过平面光刻工艺进行生产。虽然所用材料与微电子集成电路有所不同,但基本光刻工艺与拥有 40 年历史半导体集成电路制造设备与技术完全适用,同样应采用掩模、抗蚀剂、光刻工艺将图形结构转移器件上。从 20 世纪 80 年代初开始,集成光学器件随光纤通信技术的推广使用逐步进入市场,如今基于集成光学的光子和光电器件不仅增长迅速,而且在此领域显然占统治地位。某些器件,例如光学集成传感器几乎渗透整个信息处理技术领域。集成光子学的发展也经历了其他相关技术发展的过程。由于加工制造设备的快速进化,以平面基片二维器件为基础的三维波导互联已获成功运行。光纤通信得到多路波分复用(Wavelength Division Multiplexing,WDM)集成光学器件的支持,使数据传输率成指数增长,而成本则同比例下降。如今光纤传输率达到了 10Tb/s,远超过同轴电缆,成为宽带互联网传输和管理大数据的骨干设备。集成光学器件在光盘存储领域被用于光学头制造,使生产成本大幅度下降,而灵敏度、可靠性则极大提高。目前,光学集成芯片基片材料主要采用铌酸锂晶体(>30%)、磷化铟(>20%)和砷化镓(>20%),其他材料如单晶硅、多晶硅高分子聚合物等加起来的使用比重不到 20%。由于光学集成器件及光通信所用材料都是不导电的电介质,对工作波长范围高度透明。透明窗口包括全部可见光和近红外电磁波谱,频率范围 150~800THz,是电子传输使用频率的 10^6 倍。以平面光波为基础的微型集成光子器件及组件均微米尺度,制作技术要求与常见半导体微电子加工技术和设备基本兼容。以光学集成电路中光波导为例,当波导周围被折射率较低的介质包围时,相当于成为光子阱,光线不可能逃离,全部有效传播。在光学集成器件(集成光子芯片)中的光子波导基本结构的几何形状如图 5-98 所示。例如图中平面波导(a),只要波导层的折射率高于上、下层介质的折射率,由于介质的全内反射,光线被限制在两个平面之间的高折射率膜内,只能在此平面内传播。同样,如果波导被加工成嵌入平面基片上的矩形结构,如图 5-98(b)所示,只要所嵌入的介质折射率大于基片即可。因为上方无论是空气或真空,折射率都为 1,一定低于传播介质。这种类型的波导是平面衬底集成光子器件最常用的选择,被称为集成光学平面光波“电路”。图 5-98(c)显示光纤波导,即圆柱形波导。中心为光纤,外包低折射率材料称为覆盖层(或保护层)。

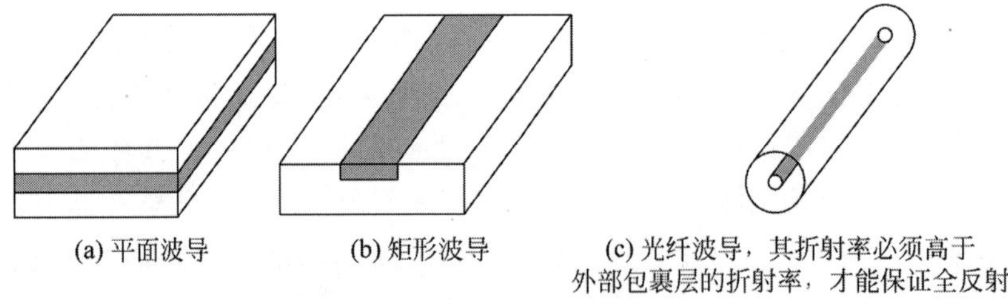

图 5-98　各种光波导结构示意图

单模通道波导是集成光学系统中的关键元件。实际集成光学系统(器件)中对波导结构形状的要求比上述结构复杂许多。更重要的是集成光学系统的尺寸越来越小,目前实际使用的波导的宽度和深度已进入微米量级。由于波导的特征尺寸接近于传输波长,光子的电磁波传播特性、传播方向控制及与其他器件的匹配等问题都必须考虑,因此已形成了一门独立学科——波导光学,专门研究探索这些问题。集成光学技术非常适合于固态光子化学存储器及其他类型的固态光量子存储器的基本要求及其结构设计。

1. 耦合性能优良

集成光学系统通过波导互联,不仅形状与结构灵活,易于实现高密度集成,而且主要用单模传播,容易与各种声光、热光或磁光效应调制器件结合，实现对光辐射通量、相位、线性、偏振、调谐等重要参量的调控，成为集成光学系设计的基础条件。

2. 工作电压低

集成光学器件基于电光效应控制，波导宽度窄，控制电极间距很小，因此极大地降低了工作电压。例如，在传统光学系统中高达几千伏的控制电压，若在集成光学器件中实现同样的控制，则仅需几伏特。

3. 响应速度快

同样因为集成光学器件控制电极尺寸很小，相应的电容一定很小，所以集成光学器件的开关速度和调制带宽都比较容易达到很高。例如，采用铌酸锂、聚合物或磷化铟制成的调制器，很容易达到100Gb/s以上的调制频率。

4. 声光转换效率高

由于表面声波（Surface Acoustic Wave，SAW）的场分布仅距基片表面几个波长（$<10\mu m$），所以SAW与光波导交叠极强，产生高效声光效应。基于此原理，能够制造出各种性能优秀的集成光学声光调制器。

5. 功率密度大

与传统的光学光束相比，由于单模光纤波导横截面积小，光密度非常高，因此特别有助于与辐射强度相关的器件性能的改善。例如，对非线性效应变频器，以及光量子放大器和激光器都十分有利，是集成光学技术最重要的特色之一。

6. 结构紧凑且质量轻

由于集成光学器件在几平方毫米的基片面积上集成了各种不同的光子组件，使光子芯片的结构非常紧凑，当然重量也很轻，同时带来高可靠性及低生产成本的优点。

7. 制造工艺技术成熟

集成光学器件采用的基片材料及制造工艺设备差异都很大。最广泛使用的薄膜工艺是扩散技术（如钛铌酸锂扩散工艺）和化学气相沉积技术（如硅基片化学蒸气沉积）。横向尺度制造工艺主要采用微米量级光刻技术，包括照相制版、精缩光刻等工艺技术，可将各种材料转移（扩散）到基片上。

根据结构的不同，光学集成器件结构大体上可分两种方式，即串行集成或并行集成。所谓在串行集成，就是不同光学芯片元件连续互联。例如激光器、驱动器、调制器及其驱动、探测器和接收放大元件，依次集成。相反，并行集成则是根据需要将若干同类元件并行加工在同一基片上，例如多路复用器和放大器。若将这两种结构结合，则可构成包含光纤交叉连接和叠加辅助模块组成的混合集成器件。这类包括串行或并行的集成可以将所有光源、控制、探测和电子处理器合并集成在单一砷化镓基片上。如果某些元件无法加工在同样的基片上时，可通过光纤互联实现混合集成。由于这种集成芯片涉及光-电输入与输出，最困难的工艺可能是封装。特别是集成光学器件附加的波导光纤连接，对准精度要求在$0.1\mu m$以上，而且对耦合表面的光洁度要求严格，否则将直接降低耦合效率。虽然如上所述，集成光学器件的加工设备可以采用半导体集成电路的成熟技术，但也存在一些重要的区别。首先，在集成电子电路中可以采用直角转弯，因此，集成电路在电子产品通常为正方形。而光波导如果采用直角转弯，则将产生严重损耗，所以应该尽量减少弯曲光路。另外，由于电子传输存在空间相互作用，在结构上需进行相应的调整和处理。但光子芯片没有这种相关作用，即使电子信号交叉也没有影响。所以，集成光学芯片往往设计为细长的几何形状。用于集成光学芯片的主要材料及结构性能差异，所需的特定工艺过程及相关设备如表5-10所示。

表 5-10 固态光存储集成芯片采用的主要基片材料、制造工艺及特性

基　　片	材料特性	波导技术	优　　点	主要功能
复合材料玻璃	低性价比	离子交换	工艺简单损耗低	正放大器件
SiO_xN_y ∶ SiO_2 ∶ Si $TiO_2/SiO_2/Si$	适应性广	热氧化，CVD，FHD ECR	适应于各种工艺	正放大，光开关 AWG
铌酸锂	具有电光，声光，非线性，双折射特性	质子交换，金属扩散	容易控制，各向异性	开关，调制，耦合 WDM DWDM
InP，GaAs	光辐射源，探测器，电光转换	外延，MBE，LPE， CVD，MOCVD	高集成度	调制器，放大器，激光器，AWG
高分子材料	电光，热光，非线性	旋涂	适应性好，特性参数宽	生物及化学传感器，电光开关，调制器

注：CVD——化学气相淀积；FHD——火焰水解淀积；ECR——电子加速谐振；MBE——分子束外延；LPE——液相外延；MOCVD——金属—有机物化学蒸气喷镀；AWG——排列波导光栅；WDM——波分复用；DWDM——密集波分复用。

表 5-10 所示离子交换制造波导法采用碱离子交换玻璃（通常用 Na^+ 离子），例如 K^+、Ag^+、Cs^+ 或 TI^+ 等单价阳离子基片材料作基片。根据玻璃和盐的类型，将带掩模的玻璃衬底浸没在温度 200～500℃包含这些离子的熔融盐中。按照掩模确定的结构，通过离子交换制成波导，然后去掉掩模。由于离子交换使玻璃成分和折射发生变化，通常制成的波导折射率增加 0.01～0.1。由于玻璃是非晶材料，对光子的传播没有方向性，因此主要用于制造无源放大器等器件。最广泛用于集成光学器件制造的材料是铌酸锂，其特有的声光、电光和压电效应是集成光学器件必不可少的核心元件。铌酸锂具有极高的非线性光学系数，可用于制造开关、定向耦合器、相位调制器、二次谐波发生器及多路耦合连接器件等。此外，铌酸锂材料具有极高的光电转换高效和频率特性，制成的波导损耗非常低，加工工艺非常成熟，是集成光学电路制造中最基础的基片。此外，二氧化硅/硅基光子波导也有悠久传统加工工艺，技术成熟、价格低廉，光学质量也较好。高折射率波导芯通常采用化学气相沉积法（Chemical Vapour Deposition Method，CVD）或火焰水解淀积法（Flame Hydrolysisdeposition，FHD）制造。这类氮氧化物 SiO_xN_y 的折射率为 1.45～2.1，可通过淀积的二氧化硅、氮化硅化合物的浓度进行控制。二氧化硅缓冲层的折射率为 1.45，低于波导芯的折射率。硅材料作为基片的最大优点是可以在同一平台完成集成电子器件，例如探测器的制造。新一代半导体材料，主要是 GaAs 和 InP 作为集成光子学的衬底基片的优势更为明显，非常适合于这种混合集成器件制造的平台，可将包括激光器、探测器在内的各种光电子元件大规模集成为性能完整的集成光子器件或系统。生产高效能的半导体光放大器、排列波导光栅及超高速度调节器等。在集成光子技术中，聚合物占有特殊的地位。因为聚合物具有非常突出的物理特性，如光电、压电和光学非线性效应，性能甚至超过铌酸锂晶体，例如热-光序数超过二氧化硅数十倍。目前在聚合物的合成旋涂布薄膜工艺及浸渍沉积涂层技术方面也已取得长足进展。由于聚合物制造工艺具有极大的灵活性，比较容易实现与其他不同基质，例如玻璃、二氧化硅甚至与磷化铟的兼容。目前生产的聚会材料透明度很高，物理、化学、机械和热稳定性良好，容易加工，非常适合于以记录光子与许多特殊介质产生物理或化学反应为基础的光量子存储器。这些集成光电子器件中元件，就其功能与传统的光学元件基本相同，但其工作原理与结构与传统光学组件则完全不同。传统光学器件的工作原理基于认为光是平面电波，而集成光学器件则主要基于电磁波传播原理，因为器件的尺寸通常在微米范围以内，已接近光的波长，所以其结构原理与传统光学元件有很大差异。在光化学存储器中主要的集成光子存储器件及常用的基本模块如下。

1. 激光器

光化学存储主要采用的量子点（QD）激光器具有体积小、功耗低、频带宽、发射峰集中、阈值电流低、温度稳定性好以及容易集成化制造等优点，是量子存储器的首选光源。QD 激光器可以用多种方

法实现，通常采用外延增长法制造。采用外延增长法增长三维量子点（纳米岛）是在衬底与外延层之间通过应变形成 InAs 晶格三维岛。这些自组装量子点尺寸小于 $10nm^3$，所以精确控制其尺寸(体积)和密度很难。例如，采用微晶玻璃或聚合物制造的 QD，由纳米粒子熔融玻璃聚合物粒子凝结成的量子点、尺寸是无法精确控制的，所以只能采用电子束光刻，可非常精确地控制位置 QD 和尺寸，是目前大量制造量子点激光器基本技术，但成本较高。由于量子点需要在室温下运行，要求 $k_{\mathrm{Troom}}=25\mathrm{meV}$，电子/空穴在三维空间分布必须尽可能均匀。QD 激光器结构原理如图 5-99 所示，它由尺寸形状相同的三维高能带隙材料阵列组成。在 AlGaA 晶片通过 n 型掺杂和 p 型掺杂，利用高能带隙材料形成载流子及光波导，其辐射能 $E_{n,m,p}$ 为所有离散能之和：

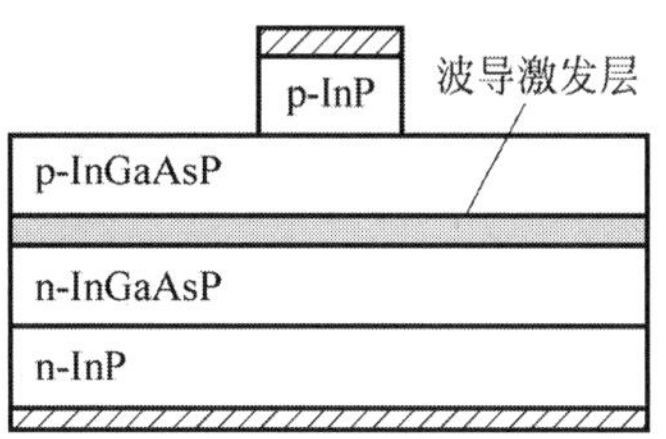

图 5-99　量子点激光器结构

$$E_{n,m,p}=\frac{\pi^2\hbar^2}{2m^*}\left(\frac{n^2}{L_x^2}+\frac{m^2}{L_y^2}+\frac{p^2}{L_z^2}\right)\tag{5-141}$$

式中：$\hbar$为 Plank 常数；m^* 为载流子能隙；L_x,L_y,L_z分别为三维量子点坐标；n,m,p 分别为与 x,y,z 三维坐标对应的量子点尺寸。

另外一种重要光子源就是量子阱(QW)激光器。QW 激光器结构与量子点激光器类似，唯一不同的是量子点激光器的活性介质被量子阱取代。在 QD 或 QW 激光器的激射层之间嵌入折射率较小波导层。发射光波长由 QD 的能量水平，而不是量子点材料的带隙能。因此，发射波长可以通过改变 QD 的平均尺寸在一定范围内调整。由于 QD 的带隙材料低于周围介质的带隙，以确保载流子密闭与光波导完全分离。QD 激光器的增益与阈值除了材料本身的能态外，主要取决于谐振腔反射镜的反射率及阈值电流密度。QD 辐射场基本上为 Gauss 分布，光谱宽度的分布略大于 Lorentz 分布。所以增益函数同样为 Gauss 分布，QD 辐射场的能量分布主要取决于 QD 体积、密度及均匀性。系统同质密度越大，增益函数值越高。为了提高 QD 谐振增益饱和上限，可以通过 QD 激射层、每层 QD 数量及降低反射镜损耗(20 层介质反射镜效率可达到 99%)实现。随纳米加工技术的发展，自组装半导体 QD 激光器的制造已成现实，可获得非常低的阈值电流，低带宽和良好的温度稳定性的 QD 激光器。此外，光子注入半导体激光器研究已取得突破。基于光注入反应速率模型和实验研究，光注入量子冲击增益已成功用于 QD 激光标准速率平衡模型，有效实现光注入管理，反馈稳态控制及激光辐射频率调制响应。

光强的损失和线性增益系数，线宽增强因子选择常数，增益系数诱与导发射系数成正比。其次量子点激光内量子点的密度，波导吸收率，腔镜透射系数及光子注入活跃区的尺寸都直接影响激光器射率。

通常，QD 激光器的典型尺寸为 $400\mu m\times5\mu m\times5\mu m$，内部量子效率 $\eta_i=85\%$，腔的反射率为 95%，增益为 $9.8\times10^{-15}cm^2$，阈值电流为 $400\mu m\times5\mu m$，工作温度范围 5～95℃，偏置电流 125mA，调制带宽 24.5GHz。未来的超快全光网络带宽可能达到 50THz，存储器的带宽至少应该达到 5THz。

2. 互联元件

集成光子存储器件中各元件之间的传播均采用波导。光波导的深度或宽度都为微米量级，即通过单模直线波导、弯曲波导和光分配器，将各种功能的光学元件集成组合为所需的完整器件。由于还要在同一平面衬底上添加其他相关元件，要求波导互联的尺寸小，且耦合效率高。最常用的光互联元件结构如图 5-100 所示。

任何互联波导度加工在基片上如图 5-100(a)所示，两端与相关元件相连，但可根据需要设计成各种结构。最简单的是直接连通道波导，如图 5-100(b)所示。但也可通过控制结构和尺寸作为空间滤波器。为了连接非同轴集成元件，需采用弯曲波导，或偏移波导，见图 5-100(c)。如果需要将输入光子平均分配输出成两路，可采用 1×2 功率分配器如图 5-100(d)、(e)、(f)所示。最简单的结构是 Y 型分束，如图 5-100(e)所示，容易设计和制造公差相对不敏感。但两个分支的曲率半径必须精细估算，

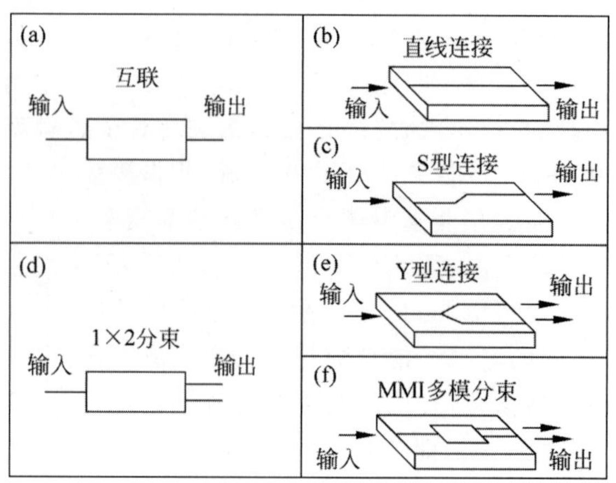

图 5-100　集成光子器件中常用的直接互联元件结构原理示意图

以减少损耗。如果采用直线分支结构，通常角度只能几度。如果功率分配器是多模干涉辐射(MMI)，则可采用图 5-100(f)结构。长度比 Y 型结构短，允差较宽。但只能用于指定波长，输出完全对称，功率分配均为 50%。当然，也可以设计为 N 输出波导，构成 $1\times N$ 分配器。

3. 反射元件

反射元件一般均可添加在波导中。这种波导型反射元件的结构外形如图 5-101(a)所示。最简单的方法是在波导的另外一端制成金属全反射镜，如图 5-101(b)。若仅需要反射某一特定的波长，可采用有选择性的介质反射镜，或在波导中加一个光栅，如图 5-101(c)所示。因为光栅是固有波长选择性元件，光栅的周期必须根据所需工作波长计算。光栅的反射系数取决于光栅的长度和折射率调制深度。此外，光栅波长选择性，也可用于 Bragg 滤波器，以及用于波导聚焦、偏转、耦合、分离及反馈等多种功能器件。

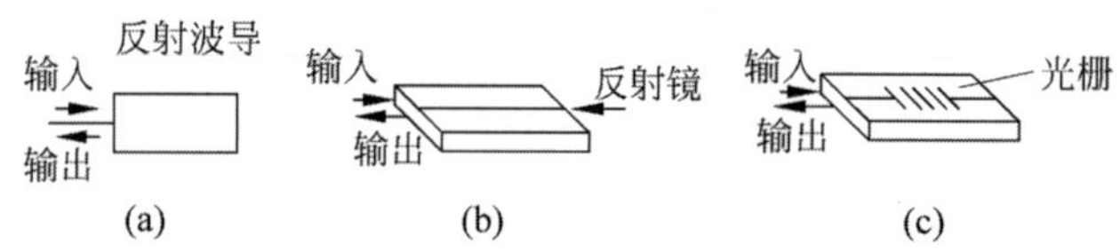

图 5-101　波导型反射元件的结构原理示意图

4. 定向耦合元件

定向耦合器的结构如图 5-102(a)所示。该元件具有两个输入端和两个输出端，且两个波导间隔十分靠近，如图 5-102(b)所示。根据波导传播耦合原理，两个相邻波导之间产生的倏逝波相互交叠，耦合强度可以达到 0～1，主要取决于两个波导的间距和耦合器的长度。

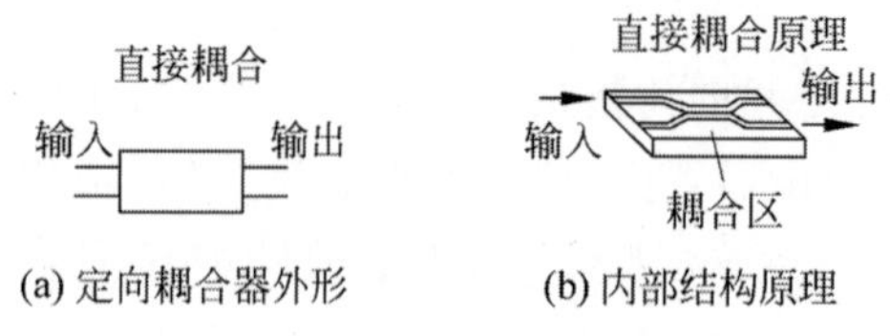

图 5-102　定向耦合器结构原理示意图

5. 偏振元件

光化学存储器中使用的偏振元件有许多种，例如起偏振器、偏振分光器及偏振转换器等元件。起偏振器是最常用的重要元件，如图 5-103(a)所示。光波导偏振器具有良好的偏振特征，从输入的圆偏振光中获得 TE 或 TM 偏振光。波导偏振器的制作很简单，只需在波导上表面沉积金属薄膜即可，如

图 5-103(b)所示。由于光线沿波导传播时，垂直于衬底平面的电磁场(TM 光)与金属表面形成等离子谐振耦合而强烈衰减，从而只输出 TE 模式偏振光。由于 TE 模式偏振光也面临一定的衰减，挑选金属的性质以及金属薄膜长度时必须精心计算，才能获得更高的偏振率和保持足够高的功率。另外一种波导偏振器是采用质子交换法处理过的铌酸锂波导，可根据需要设计特殊的偏振模式。

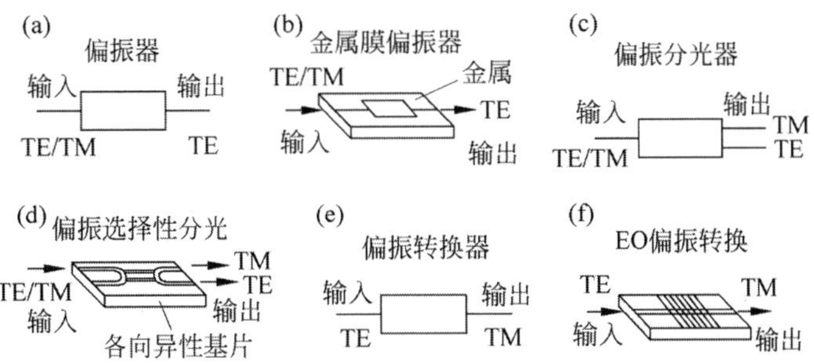

图 5-103　集成光电子器件中波导偏振器结构原理示意图

偏振分束器的结构如图 5-103(c)所示，这是基于铌酸锂衬底的集成光学元件。利用铌酸锂对光传播的平行偏振模式 TM 和垂直偏振模式 TE 的选择性双折射分光特性，将 TE/TM 模式的输入光束分为独立的 TE 和 TM 模式，从两个单独的波导端口输出，如图 5-103(d)所示。如果需要将 TE/TM 两种偏振模式相互转换，可采用偏振模式相互转换元件如图 5-103(e)所示。在一般情况下，TE 和 TM 模式是正交的，相互不能转换。但若通过具有电光系数为非零对角元素矩阵的电光基质，例如使用铌酸锂作为基片。由于铌酸锂晶体具有双折射效应，对 TE 和 TM 模式有效折射率(传播速度)不同图。如果与下面的相位调制元件结合，则构成 TE/TM 偏振转换器，如图 5-103(f)所示。

6. 相位调制元件

光化学存储器的集成光学系统中的相位调制元件如图 5-104(a)所示。其基本原理是利用折射率能随对外部控制场(例如电、声、热场等)敏感的材料制成波导。通过对外部场的调制，实现对入射光束输出相位的调制。最常见的相位调制器是基于电光(Electro-Optic，EO)效应的相位调制器，具体结构如图 5-104(b)所示。其原理是在铌酸锂波导两侧设置电极，通过外加电场改变铌酸锂波导的折射率，从而使穿越电场的光线产生相应的相移。调制幅度与效率取决于外加电极的几何形状和控制电压。对于高频调制，可能需要采用行波或反相电极控制结构。

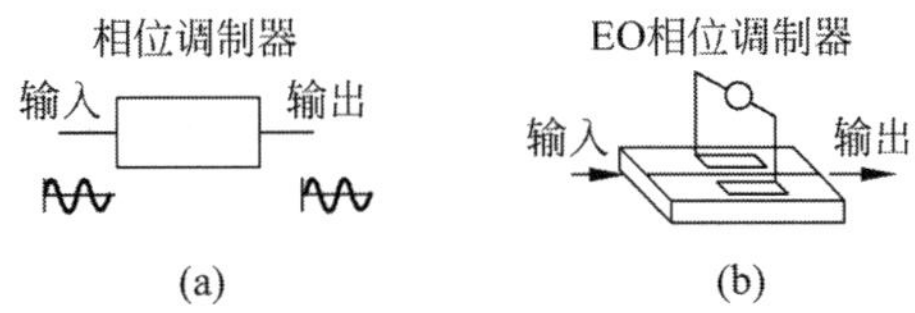

图 5-104　固态光化学存储集成光学相位调制元件结构原理示意图

7. 光强调制元件

对光束的强度调制是光学芯片的最重要功能之一，典型的高频光强调制器结构如图 5-105(a)所示。最简单的方法是利用集成在电光调制衬底上的 Mach-Zehnder 干涉仪(Mach-Zehnder Interferometer，MZI)，如图 5-105(b)所示。MZI 输入端为单模波导，然后分裂为 Y 型对称平行分支波导。经过一段距离后，两平行分支波导再次通过对称反向 Y 型波导合成为直波导。若在两个完全对称的平行波导部分利用外加电场，使通过光束产生 180°的相移，则在光束重新合成时，由于干涉效应使输出光强为零。在设计中，必须对所选择的光电效应材料性能，分支波导几何形状、长度及调制电压进行精确计算，以保证获得总相移为 180°。

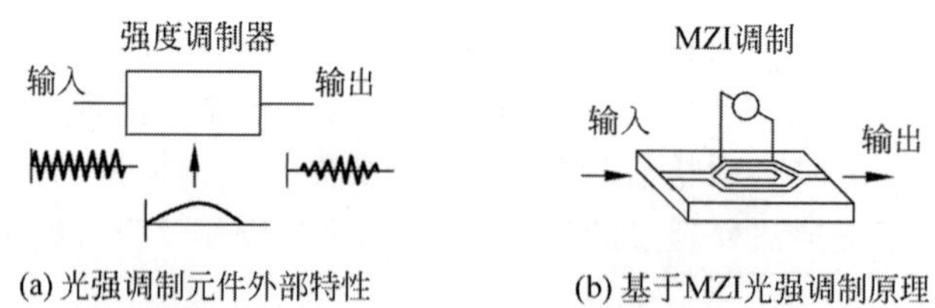

(a) 光强调制元件外部特性　　(b) 基于MZI光强调制原理

图 5-105　典型的高频光强调制器的结构原理

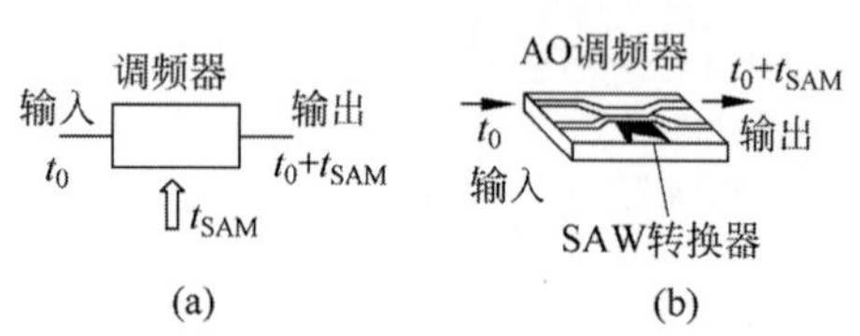

(a)　(b)

图 5-106　光化学存储器集成光学频率转换元件结构原理

8. 移频元件

光化学存储器中集成频率转换元件如图 5-106(a)所示。主要利用表面声光效应。由压电换能器组成的声表面波(Acoustic Surface Wave,SAW)发生器,在基片中创建了一个声光 Bragg 光栅,输入光束与 Bragg 光栅交互作用。由于多普勒衍射效应,产生与声波频率频对应的频移如图 5-106(b)所示。

根据以上结构原理设计的集成光学元件,按其特征可分为功能元件、非线性元件、有源和无源元件几类。其中无源元件结构比较简单,凡是成品均具有固定的输入输出特性。例如波导反射器、定向耦合器、各种偏振器和偏振分束器等。功能性集成光学元件是指应用外部场(例如电气、磁、声或热)控制的集成光子元件,例如上述的相位调制器、光强调制器、变频器和电光 TE/TM 转换器等均属于这一类。这里所称的有源元件,最典型的就是谐振放大器和光学放大振荡器。由于这些元件在波导中使用了许多稀土类活性杂质,获得光放大或振动增强,起到光学或电子泵浦的作用,例如集成光放大器和集成激光有源设备。此外,利用某些材料的非线性效应和光参量振荡功能,通过非线性光学过程产生两倍频、三倍频效应。由于这些非线性过程的效率与光强,甚至与光强平方成正比,这对于横截面很小的光子集成波导传播光束十分有利。

5.8　辅助元件

固态光化学存储器中除了上述基础集成光学元件外,根据器件的物理结构及用途,还需要增加若干辅助元件。主要包括如下。

1. 阵列波导光栅

阵列波导光栅(Arrayed Waveguide Grating,AWG)属于多功能的集成光子元件,简称阵列波导光栅或光栅型并行波导,可实现多路密集独立信号的传输与控制,是光子固态存储器中最重要的元件之一。无外接控制信号时,可以当作无源连接元件,通过单光纤耦合同时输入、输出若干不同波长、不同强度、不同偏振态和不同频率的信号。更重要的是,由于 AWG 采用固态平面基片及柔性光纤混合组成,不仅可以在平面波导上添加各种功能控制单元,例如分光、耦合、反射、滤波、起偏、开关、调制、相移、频移等几乎光子存储器中所需的功能,同时光栅型 AWG 波导包括光纤元件,可以实现多路密集柔性并行传输。利用弯曲波导 AWG 实现多层三维立体光量子存储器层间互联,极大地简化了存储单元与激光器和探测器之间的连接方式,并提高集成密度。一种典型多波长密集光栅阵列并行波导结构如图 5-107 所示。

此外,这种光纤耦合单元之间的 AWG 弯曲波导具有不同长度,因此每个弯曲波导的相移不同。通过精确调整每个弯曲波导的尺度,可获得精确的相移,用于各波长信号的时序分离。

2. 声光可调偏振滤波转换器

集成声光可调谐偏振滤波器转换器结构也典型的集成光子功能器件之一。通过压电产生声表面

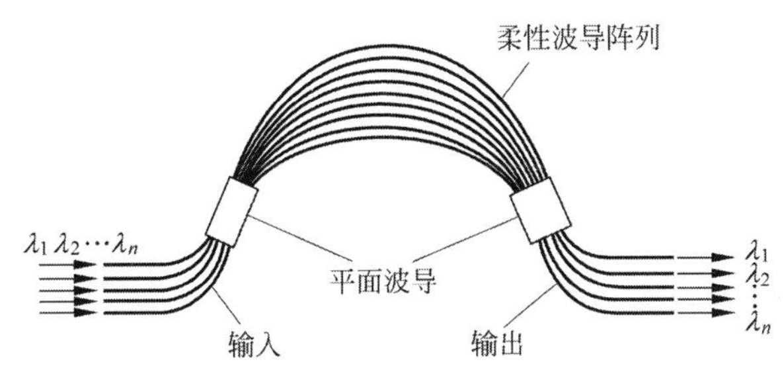

图 5-107 用于多波长多阶信号传输的柔性密集弯曲阵列光互联 AWG 波导结构示意图

波换能器与光波导相互作用，实现对多波长输入光束声光调谐滤波（Acousto-Optic Tuneable Filter，AOTF），如图 5-108 所示，所以本器件必须配备表面声波（SAW）声光调制功能器件。相互垂直（TE/TM）圆偏振多波长输入光束通过波导被第一个偏振分束器（Polarisation Beam Splitter，PBS）分为 TE、TM 两分支。两分支光束通过用射频信号产生的表面声波波导时，受到表面声波波导引起的折射率周期性调制作用。SAW 周期性的折射率交换导致 TE-TM 或 TM-TE 转换选定波长光束衰退。此衰退波长对应于垂直入射光所用的射频频率。通过第二个 PBS 将需隔离的衰退波长 λ_3 从入射光束中分离。如果同时利用多种射频信号，可消除多种频率的波长。几个衬底材料兼容集成光子技术也适用于结合光学活性的稀土离子，使制备有源集成光器件成为可能。例如基于铒镱离子掺杂的集成光放大器，基本上由一个直波导与稀土离子结合组成纯波导定向耦合器，输入泵浦激光纯入射波导，通过耦合器传输其能量到掺杂直波导，再通过铒镱离子多次辐射、无辐射和能量转移，输入的弱信号沿着直波导传播放大，如图 5-109 所示。

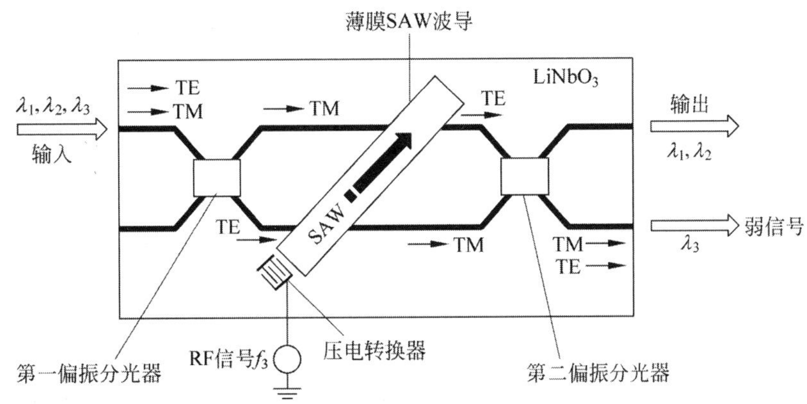

图 5-108 集成声光可调谐偏振滤波器转换器结构示意图

声光可调偏振滤波转换器利用光波导与射频压电产生的声表面波换能器之间相互作用，实现从任何波长的择输入中挑选所需波长。由于此器件必须采用外部射频控制，应该属于集成光子功能器件。

3. 集成光学放大器

集成光学放大器为典型的有源集成光学元件。该元件采用多种对材料光学活性有影响的稀土离子作为衬底。基于稀土元素（例如铒、镱等）离子材料的集成光子放大器如图 5-109 所示。此集成光放大器的主体结构是掺稀土离子的直波导，在其附近为纯波导定向耦合器。向纯波导输入一定功率的光泵浦，通过有效耦合将泵浦能量传输给掺杂直波导。泵浦光子的辐射与非辐射能量通过铒镱离子传递转移至输入信号使之强度加大。

以上辐射传播转换过程完全遵循电磁波理论。所以波导结构尺寸与波长的选择均基于光的电磁理论为基础。

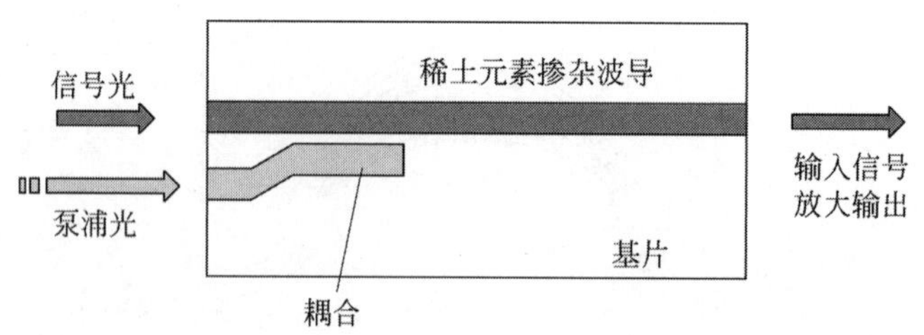

图 5-109 基于稀土掺杂的集成光学放大器有源集成光子芯片-光子放大器

4. 集成光学参量振荡器

集成光学参量振荡器(Optical Parametric Oscillator,OPO)是光量子存储中包括缺少的基础元件。铌酸锂晶体的光学非线性系数非常适合于作为这种元件的衬底材料。典型的光学参量振荡器如图 5-110 所示。如果在波导两端放一对电介质反射镜,就可以形成普通的参量振荡器;如果不采用反射镜,用沿着波导方向周期不定的集成光栅取代,则可构成转换效率更高的、具有波长选择性的集成光学参量振荡器。采用铁电晶体作为可调谐非线性多用途变频器,在多波长多阶光量子存储中作为辐射源,当然也可用作传感器和过程监控。这种非线性集成光子元件基于铁电效应材料的二阶非线性特征,形成不同周期转换的铁电畴。图 5-110 中光学集成光学参量振荡器的直线波采用 z 向切割铌酸锂作为衬底。铌酸锂晶体的取向与垂直于波导的周期铁电场结构对光学参量振荡特性具有重要影响。

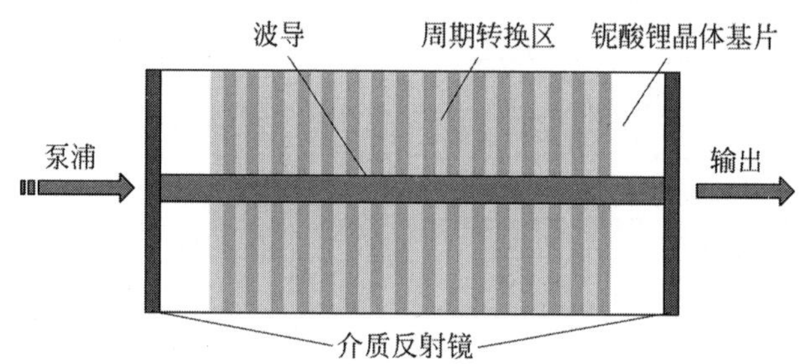

图 5-110 基于铌酸锂晶体光学非线性系数衬底的集成光学参量振荡器结构原理示意图。图中显示两种方案,一种是利用传统的反射腔结构;另外一种是采用非周期波导结构。后者的效率更高,结构更紧凑

5. 集成光相控阵列

光相控阵列(Optical Phased Array,OPA)是光量子存储器中的核心元件之一。本节介绍最常用的基于硅纳米膜的光学相控阵列(OPA),在单晶硅上采用常规 CMOS 工艺制造。采用波长 $\lambda=1.55\mu m$ 光源,通过硅片基上横向电致偏振实现超过 10°偏转波束方向控制。利用高均匀性低损耗 1~12 多模干涉(MMI)光束分离器实现光学相控阵列输入。不等间隔的波导阵列允许大角度波束达到半波长间隔,从而避免相邻波导之间的光学耦合并且减小阵列辐射的旁瓣值。同时,每个阵列元件的相位可通过 MMI 补偿,保证输出相位分布均匀。光相控阵列能获得精确稳定、随机存取导向和可编程控制,没有昂贵而复杂的机械系统,但转向速度较低(~10m/s)且转向角有限(<10°)。

OPA 可以使用波导阵列实现。在 GaAs 基片上采用相控波导阵列的光束转向系统可获得约 6°的最大转向角。在硅片上制造的热光控制 OPA 能达到 2.3°转向角。为避免均匀阵列的大角度波束控制元件间间隔过小造成的相邻波导之间的光学耦合,可选择非均匀阵列设计,如图 5-111(a)所示。正确选择每个阵列单元间隔,使得其远场光栅瓣与其他两个相邻子阵列单元不发生重叠。图 5-111(b)为使用线性相位均匀阵列元件间间隔的最大允许转向角相邻 OPA 波束控制效果。该元件氧化物层和硅层厚度分别为 3μm 和 230nm。在远场区域中,硅内部的波束转向角通过相移实现,该相移与阵列的每个波导距离成比例。转向和非转向波束的理论远场模式如图 5-111(c)所示。OPA 器件结构

如图 5-112 所示。利用 12 多模干涉(MMI)分束器将输入光束均匀分配成 12 个波导。每个波导宽 6μm 和长度 55μm。输入和输出接入波导的宽度为 2μm。若采用热光相移器,接入波导的宽度需逐渐减小 0.5μm。此阵列中包含 12 个独立寻址的热光相位调制器,以提供波束控制。微加热器宽度为 800nm,长度为 50μm。沉积在硅波导顶部的 1μm 厚的 SiO_2 层中。另外,还附加了无源弯曲移相器,以补偿二次 MMI 分束器输出时相位分布的不均匀性。

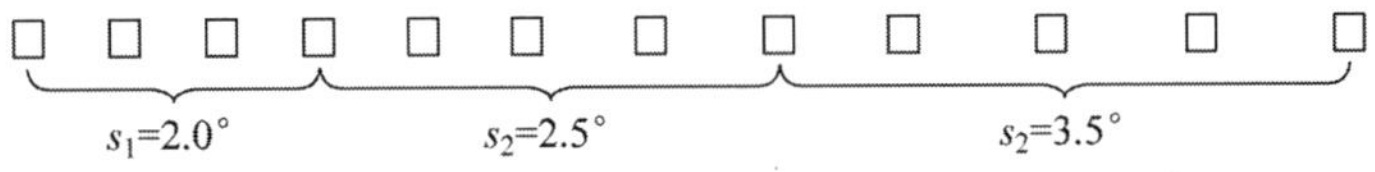

(a) 具有3个子阵列的12个元件的非均匀光相控阵列结构示意图

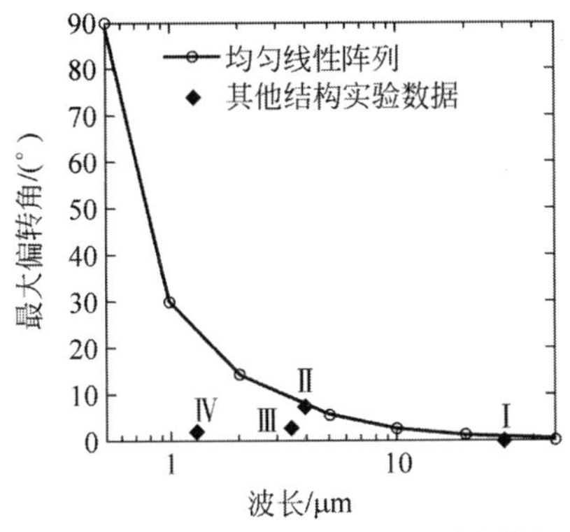

(b) 使用线性相位均匀阵列元件最大转向角(转向第一侧瓣偏角)与非线性阵列不同波束转向角(测量点Ⅰ~Ⅳ)比较

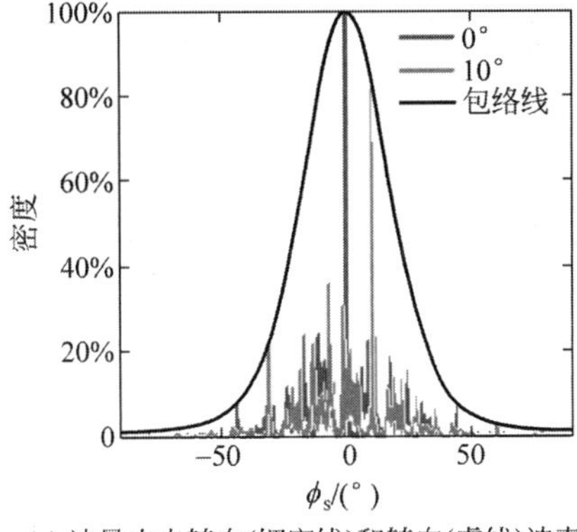

(c) 波导内未转向(细实线)和转向(虚线)波束的理论远场模式。包络线为嵌入SiO_2中的单个500nm宽和230nm厚硅波导的远场分布曲线

图 5-111 光相位阵列结构及其特性

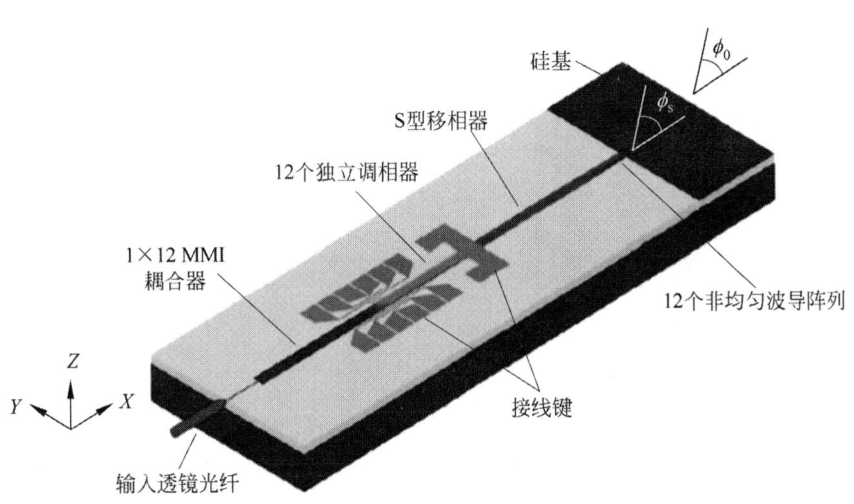

图 5-112 硅基波导光学移相控制阵列结构示意图

微加热器的 SEM 横截面结构如图 5-113(a)所示。相位调制主要在波导中完成。空隙由在特定沉积条件下在波导上的 PECVD 氧化物膜的受热膨胀引起的。虽然此现象对于金属电介质(IMD)或层间电介质(ILD)的电子性能不利,但它减少了横向热传递,更有效地实现了波导加热,效果如图 5-113(b)所示,与设计计算模拟热分布完全吻合。

为了实现 OPA 中 12 个波导均能独立正确地完成热光移相。设计制造的 Mach-Zehnder 热调制器采用的调制功率 $P_w=12.4$mW,调制相位角与调制功率的关系如图 5-113 所示。线性相移阵列在二氧化硅边缘处测量的波束转向角与控制热功率的关系曲线如图 5-113(c)所示。设计最大偏转角为

2.5°。未调制及已调制的偏转图片如图 5-114(a)和(b)所示，可清晰看出，调制后的光束偏转达到 2.5°。图 5-114(d)为通过独立控制的电极实现相移波束转向的关系曲线。为了保证可独立控制的移相器准确的相位重置，并尽可能减少加热器的功耗。每个信道的最大功率限制小于 $P_{2\pi}=24.8\text{mW}$。

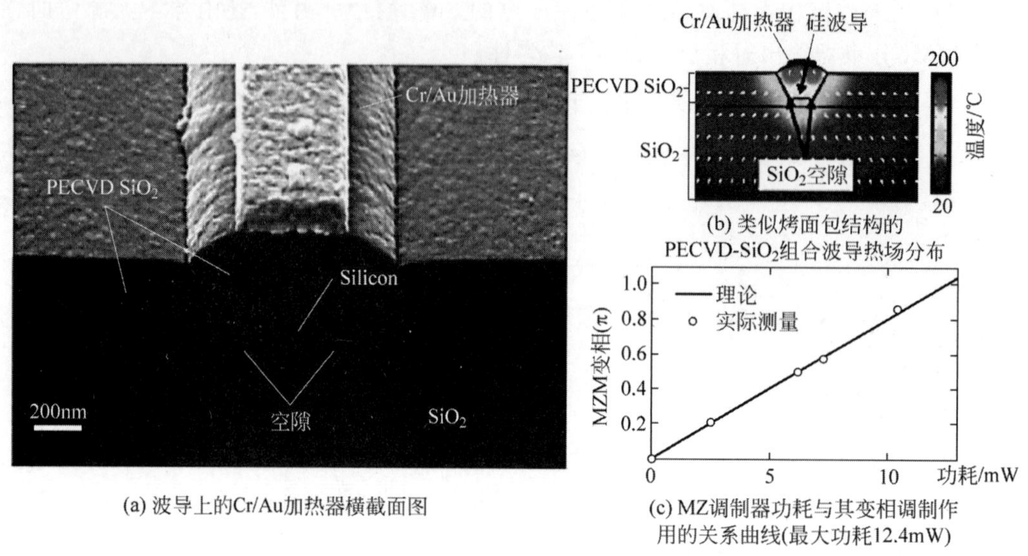

(a) 波导上的Cr/Au加热器横截面图

(b) 类似烤面包结构的PECVD-SiO₂组合波导热场分布

(c) MZ调制器功耗与其变相调制作用的关系曲线(最大功耗12.4mW)

图 5-113 用 PECVD 法制造的带空隙氧化物组成的波导

由于热场作用引起的波导内温度梯度使从 SiO_2 耦合出射的光束在空气中角度改变，如图 5-114 所示。其值可利用 Snell 定律计算，有效折射率 n_{eff} 达到 2.9。实验证明，在自由空间中的最大偏转角超过 30°。此光束转向调制器是在单晶硅上采用 CMOS 兼容工艺制造，放宽了对大角度光束转向的严格的波导间隔要求。采用独立控制的薄膜金属加热器，可有效实现热光相位调制。

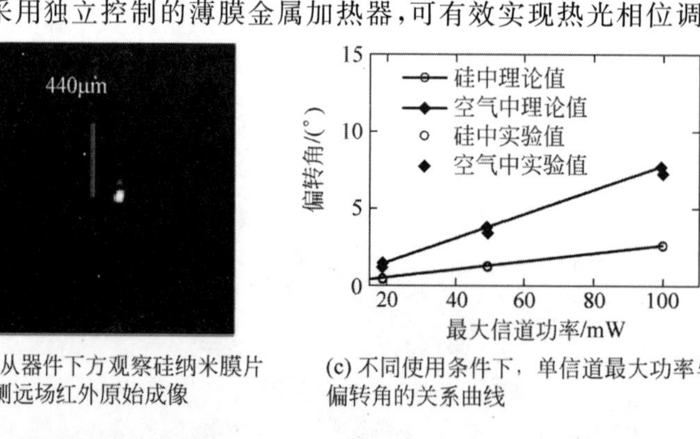

(a) 从器件下方观察硅纳米膜片外侧远场红外原始成像

(c) 不同使用条件下，单信道最大功率与偏转角的关系曲线

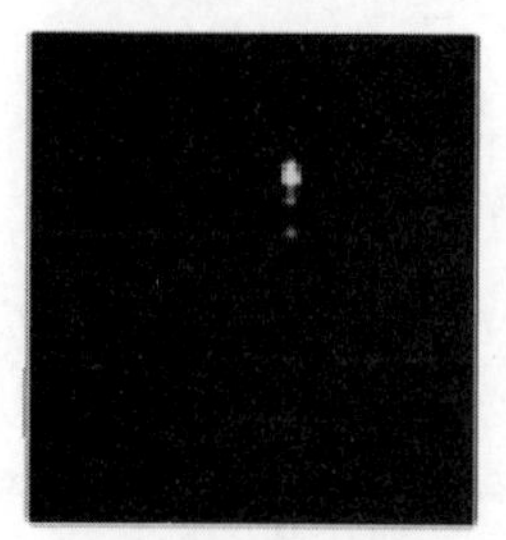

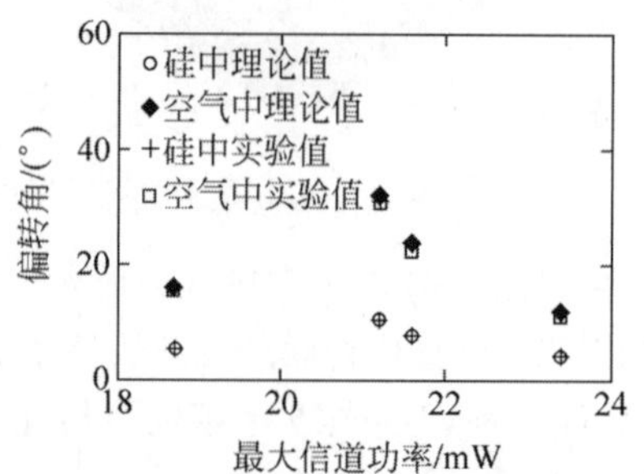

(b) 硅中控制功率达到最高值时的同一位置的远场红外成像，光束发生了2.5°偏转

(d) 使用不同信道功率时硅纳米膜光学相控阵列自由空间中的偏角理论与实验对比。实际最大值可超过30°

图 5-114 波导内热场作用的温度梯度导致 SiO_2 耦合光束偏转角度的变化

6. 导模谐振器

在光量子存储中纳米技术应用的最重要方面是存储介质及载体元件的小型化。同时，对稳定性和可靠性具有严格要求。例如三维超高密度光量子存储，其中嵌入高反射率纳米尺度的半导体晶片反射镜，不仅要求具有特定的反射功能，还需与信道编码匹配。通常需采用无掩模阵列光刻，相位锁定电子束光刻及聚焦离子束光刻工艺完成。若记录单元尺寸小到 100nm，三维光量子存储体容量可提高 3 个数量级；如果减小到 10nm，则容量可提高 6 个数量级。另外，若采用具有图像放大功能晶体，还可以起到类似于光学系统高数值孔径及近场光学的效果。在两个相互垂直的准直光束双光束数据处理系统方案基础上，根据其特征函数曲线图，可以优化入射波长以及入射角获得最佳数字数据存储与读出过程。

导模谐振(Guided-Mode Resonance，GMR)是基于谐振效应的双极化特性确定量子存储器设计和实验的重要技术，在窄带通滤波器($\Delta\lambda$～亚纳米)、宽带带通滤波器、可调谐滤波调制器和开关，垂直腔激光器的反射镜、波分复用、2D 和 3D 周期性偏振反射/透射元件、窄带或宽带反射器、窄带或宽带偏振器、激光谐振选频、非 Brewster 偏振元件、波片偏振控制、波前聚焦反射成形元件、纳米等离子体及单向吸收和反射器等中都可能用到。原理上，使用偏振和模态分解模型，可计算信号处理数据系统每个信道中的相关参数。同时实验也证明，GMR 技术在 50nm 带宽上组成的半波延迟器的实际使用结果显示，表面等离子体共振和泄漏模式共振可以在相同的装置中实现，且与理论模拟完全一致。光子薄膜结构与 2D 和 3D 空间调制技术结合，可获得更高的有效折射率。这种结构也称为波导传感器，利用零级以外所有子波周期纳米衍射图案产生强共振效应，引导或泄漏切换波导模式。在光子捕获、存储、释放和检测元件设计中经常采用此概念。导模谐振工作原理如图 5-115 所示。当垂直入射波通过图 5-115(a)所示 GRM 器件时，若消逝衍射波与二阶光栅相位匹配，则形成耦合到泄漏波导模式。正入射光产生的反向传播泄漏在光栅中形成驻波，即导模式谐振。波导光栅相互作用产生的反射如图 5-115(b)所示。GRM 器件二阶光栅第二阻带中给定的渐逝衍射级可激发多个泄漏模式，例如图 5-115(b)中就出现了两种增强 TE 模式阻带。每个阻带产生如图 5-115(b)所示谐振。在轮廓对称的光栅中这些泄漏模式的辐射场的边缘处有可能为同相或异相。在零相位差处辐射被增强，而在 π 相位差处辐射则被抑制。在这种情况下，如果泄漏模式的复传播常数 $\beta=\beta_R+j\beta_I$，则在边缘处 $\beta_I=0$，表示在此边缘处不可能有泄漏。对于不对称光栅轮廓，则在每个边缘处均存在谐振。

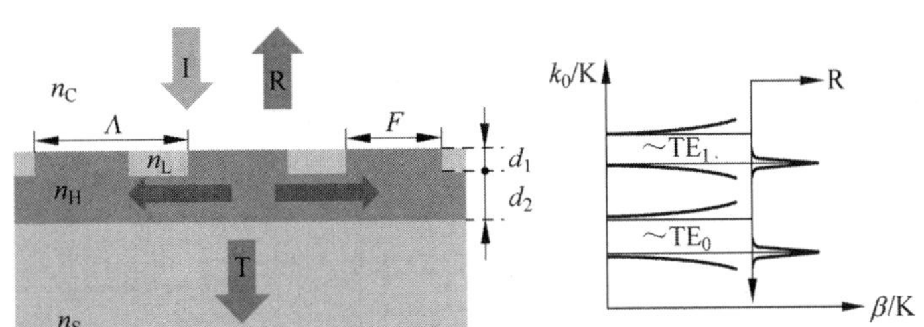

(a) 垂直入射亚波长引导模式谐振元件结构示意图，I，R和T分别表示波长为λ的入射波、反射率和透射率；d_1和d_2为膜厚度，n_L、n_H、n_S分别为3种不同材料的折射率；Λ和F分别代表两种周期结构因子。当在消逝衍射级和波导模式的相位匹配时，发生反射谐振

(b) GMR器件在边缘出现谐振时产生的第二阻带色散示意图，图中TE为垂直于入射平面的电场矢量，TM为偏振态垂直于入射平面的磁场矢量，$K=2\pi/\Lambda$，$k_0=2\pi/\lambda$，β为对称光栅轮廓泄漏模式的传播常数

图 5-115 导模谐振的形成及主要参量的变化

GMR元件的谐振特性如图5-116和图5-117所示。图5-116(a)和(b)为TE和TM偏振输入光的零阶反射率 R_0 和透射率 T_0 以及相应的相位响应。根据其折射率，在 HfO_2 或 TiO_2 或类似介质中可以制造相对较窄的 $R_0=1$ 波峰，且可实现波导光栅相关最小值微调。辅助场的相位变化可计算，透射光的相移为 π，反射光相移接近 2π。图5-117(a)和(b)为采用高折射率介质(通常为Si)类似计算的结果。谐振被展宽，成为具有高反射率和低透射率的滤波器。

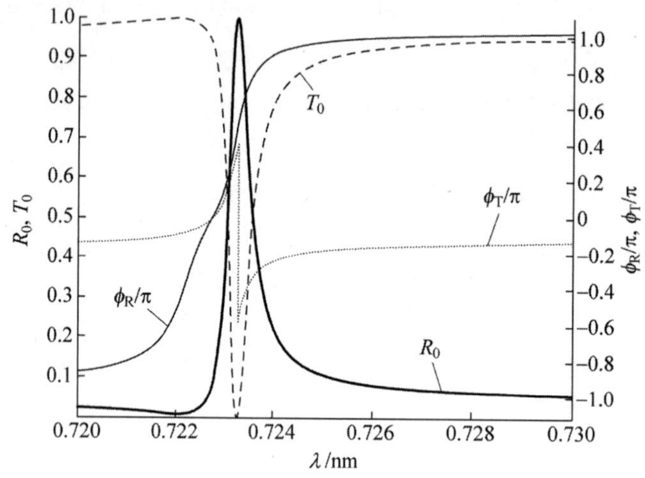

(a) 光栅折射率n_H=2.0，n_L=1.0，用TE偏振光照射，λ=450nm，d_1=405nm，d_2=0，F=0.8

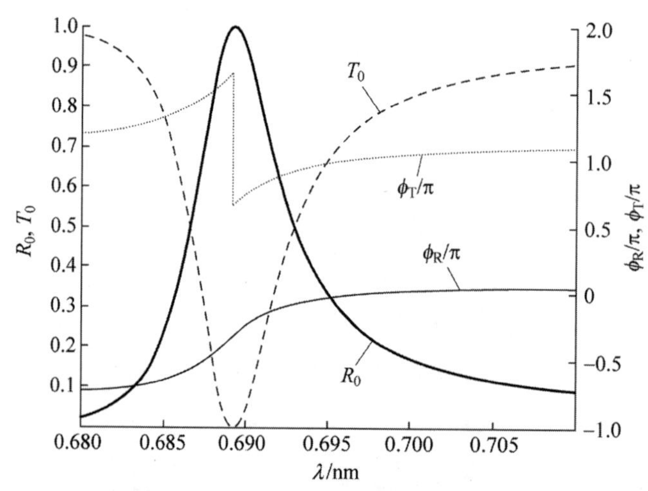

(b) TM偏振光照射，光栅折射率n_H=2.0，n_L=1.0，λ= 450nm，d_1=175nm，d_2=0，F=0.8

图5-116 垂直入射光照射单层GMR($n_L=1.0, n_S=1.5$)滤波器的反射率、透射率振幅及对应的相谱曲线

图5-118(a)为反射率对折射率对比度的计算评估。可以看出，随着对比度增加，反射率变宽和变平。图5-118(b)中相位达到 2π，超过光谱范围。图5-118(c)为对数标度透射率，具有最高调制的情况，涉及3个谐振泄漏模式。相应的传输曲线如图5-118(d)所示。

为了减少薄膜偏振器层数及适应垂直入射条件，可采用周期性亚波长电介质薄膜组合。GMR器件具有周期性结构，当照明波与泄漏波导模式相位匹配时会产生尖锐光谱。对于小折射率调制，谐振线宽窄，线宽可以通过增加调制和诱导多个相互作用的谐振泄漏模式加宽，如图5-117和图5-118所示。所得到的宽带宽响应已获理论和实验验证。利用电子束光刻制造的硅基GMR偏振器，在中心

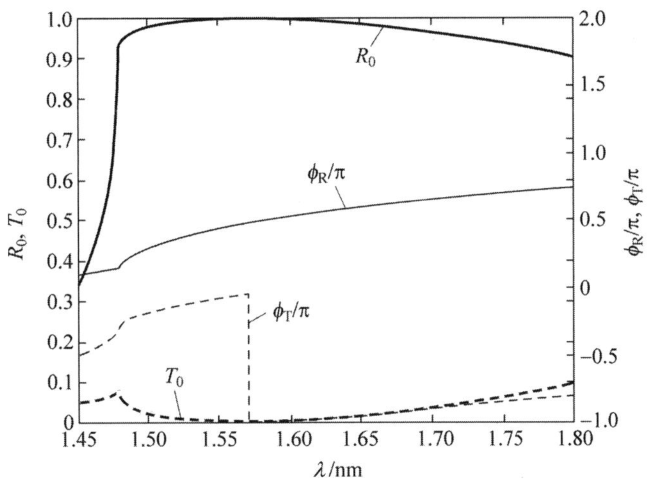

(a) 光栅折射率n_H=3.48，n_L=1.0，用TE偏振光照射，λ=986nm，d_1=228nm，d_2=0，F=0.33

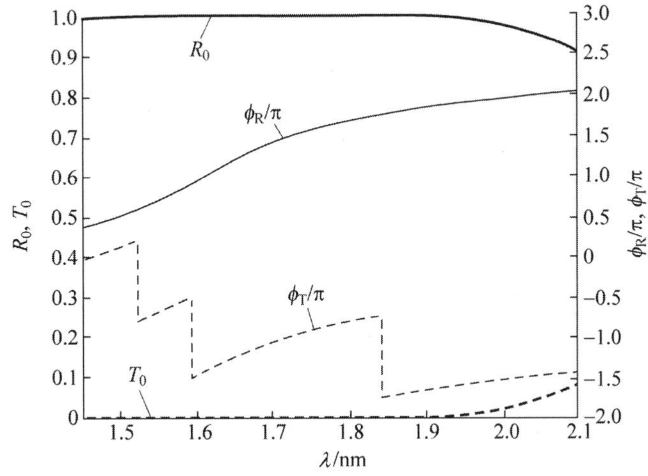

(b) 用TM偏振光照射，光栅折射率n_H=3.48，n_L=1.0，λ=766nm，d_1=490nm，d_2=0，F=0.726

图 5-117 垂直入射光照射单层 GMR($n_L=1.0$，$n_S=1.5$)滤波器，改变其他参数时的反射率、透射率振幅及对应的相谱曲线

波长 510nm 处的消光比达到 97%。图 5-119 为 GMR 偏振器设计及其计算的 TE 和 TM 偏振的透射光谱。该设计仅具有单个硅层和最小特征为 264nm 的两部分光栅轮廓。偏振器对于 TM 偏振具有高透射率，对于 1550nm 波长带中的 TE 偏振具有低透射率。在波长 1550nm 处具有 200nm 带宽和理论消光比 10^4。

GMR 偏振器制造使用玻璃基片溅射沉积 239nm 厚的非晶硅(a-Si)层。在 a-Si 层上旋涂约 300nm 厚的光致抗蚀剂。用全息干涉法将周期 $\Lambda=976$nm 的光栅图形刻录在光致抗蚀剂层上，然后利用反应离子蚀刻系统 SF_6/CHF_3 气体混合物蚀刻 a-Si 层。用氧气除去光刻胶残留层后，得到单层波导光栅结构的 GMR 偏振器，其扫描电子显微镜图像如图 5-120 所示。GMR 偏振器的各主要构参数，包括光栅周期，填充因子和光栅层的深度都可通过这些图像检测确认。为了测量偏振器的光谱响应，采用连续光白光源从法线入射($\theta_{in}=0°$)通过准直透镜照射偏振器。透射光束的 TE 和 TM 光谱可使用光谱分析仪以 0.2nm 步长进行测量。

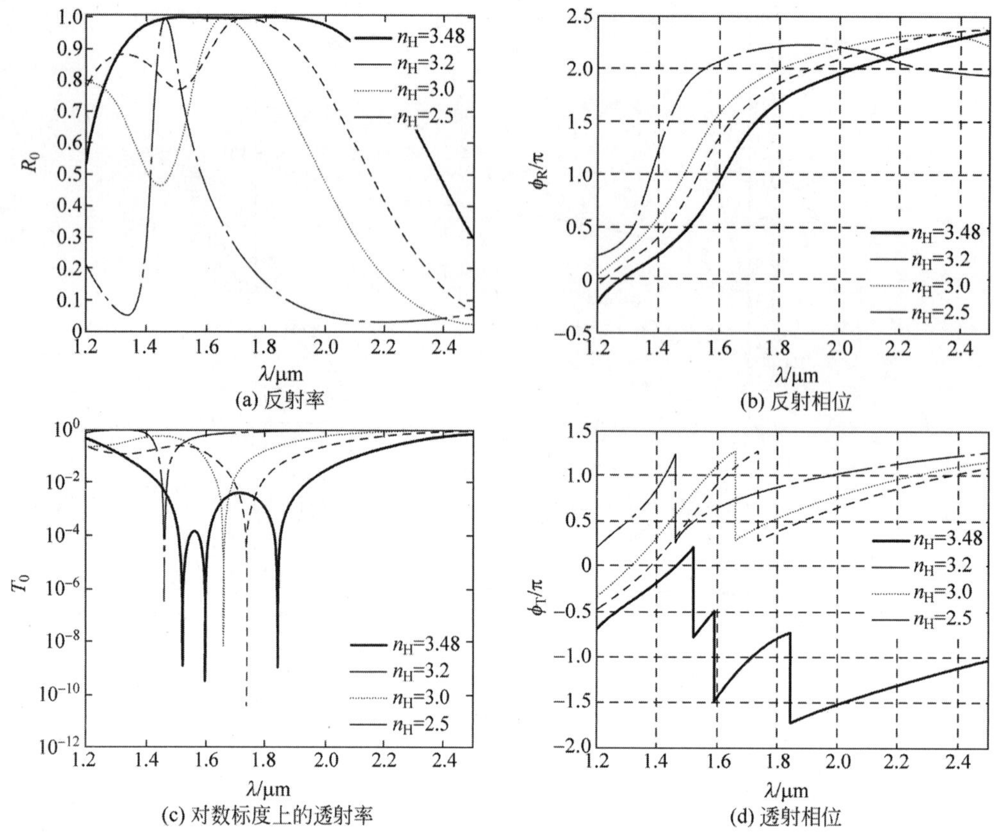

图 5-118 宽带 GMR 反射器(与图 5-117 中的(b)相同)的光谱响应与折射率对比度的关系曲线。光栅层的平均折射率(n_{avg})保持恒定,并且在每种情况下根据所需的 n_H 和 n_{avg} 计算 n_L

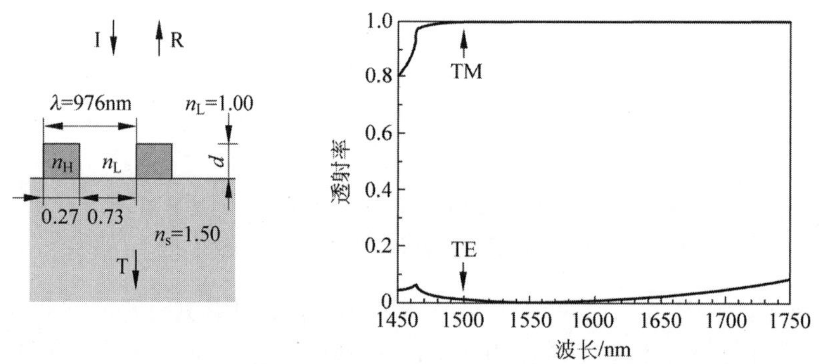

图 5-119 GMR 偏振器结构,主要设计参数及 TE 和 TM 偏振的光谱响应特性的理论计算曲线。主要参数如下:厚度 $d=239$nm;折射率 $n_H=3.48$,$n_L=1.00$,$n_c=1.00$,$n_s=1.50$;入射角 $\theta_{in}=0°$(垂直入射)

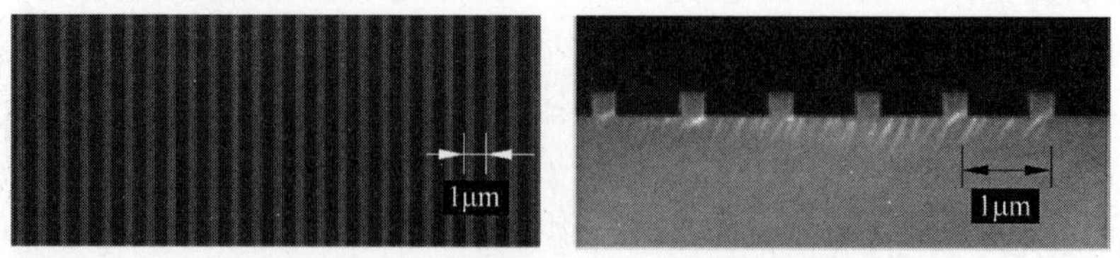

图 5-120 GMR 偏振器的扫描电镜高倍放大图像

图 5-121 为 GMR 偏振器的 TE 和 TM 偏振理论和实验透射光谱曲线。其工作波长为 486～690nm，TM 偏振的透光率 $T_{TM}>96\%$，TE 偏振的透光率 $T_{TE}<4\%$，消光比为 670。

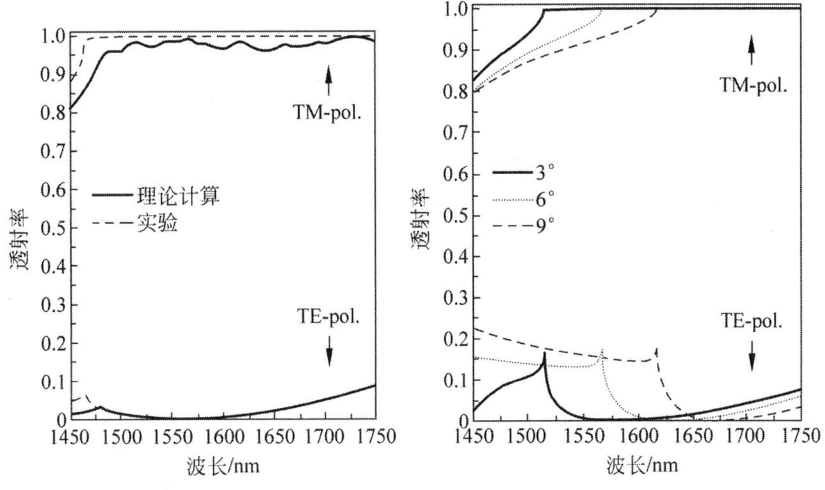

(a) 透射率与入射波长关系曲线　　(b) 不同入射角的透射率光谱特性实际测试曲线

图 5-121 GMR 偏振器理论和实验 TE 和 TM 偏振透射率曲线

此偏振器具有 TM 通带及 TE 块模式特征。图 5-122 为入射角变化时对光谱的响应计算结果。理论计算表明，谐振波长偏移及带宽随着入射角的增加而减小。所以，可以通过改变入射角移动工作波长。即带宽随入射角增加而减小，当入射角为 9°时，带宽为 120nm。证明该偏振器可以在正入射或小入射角下使用。

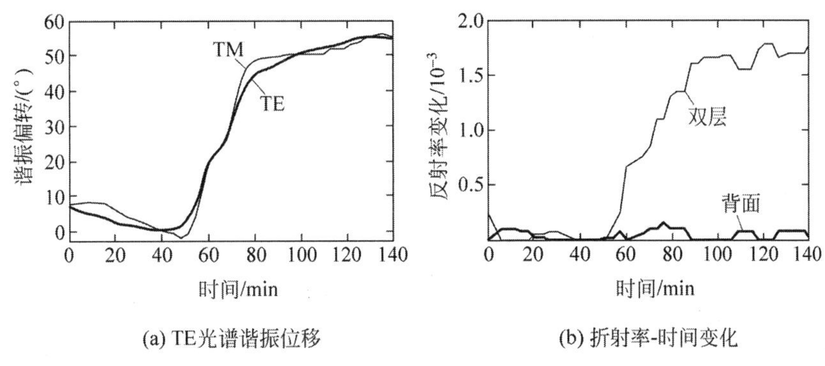

(a) TE光谱谐振位移　　(b) 折射率-时间变化

图 5-122 GMR 偏振器 TE 和 TM 偏振的光谱响应特性实验曲线

图 5-123 为半波片模型结构和相关的反射率和相位响应曲线。此设计入射和衬底介质为空气(折射率 $n_{inc}=1.0$)和二氧化硅(折射率 $n_{sub}=1.48$)。硅(Si)折射率为 $n_H=3.48$。采用同时具有 TE 和 TM 偏振态光照射($\theta=0$)，且为垂直于入射平面的电(磁)场矢量。PSO 设计的延迟器为三级结构，如图 5-123(a)所示，周期、厚度和填充因子(Λ, d_i, F)参数根据 PSO 算法优化。顶层为硅/空气光栅，底层为二氧化硅/硅光栅，中间为均匀(非周期性)层。周期和填充因子分别为 $\Lambda=786.8$nm 和 $F=0.2665$，厚度 $d_1=525.3$nm，$d_2=624.6$nm。该缓冲器的带宽，上界面处的零级反射率 $R_{0TE}=R_{0TM}\sim1.0$，顶层界面的相位差 $|\phi_{TE}-\phi_{TM}|\sim\pi$，超过 50nm，如图 5-123(b)所示。

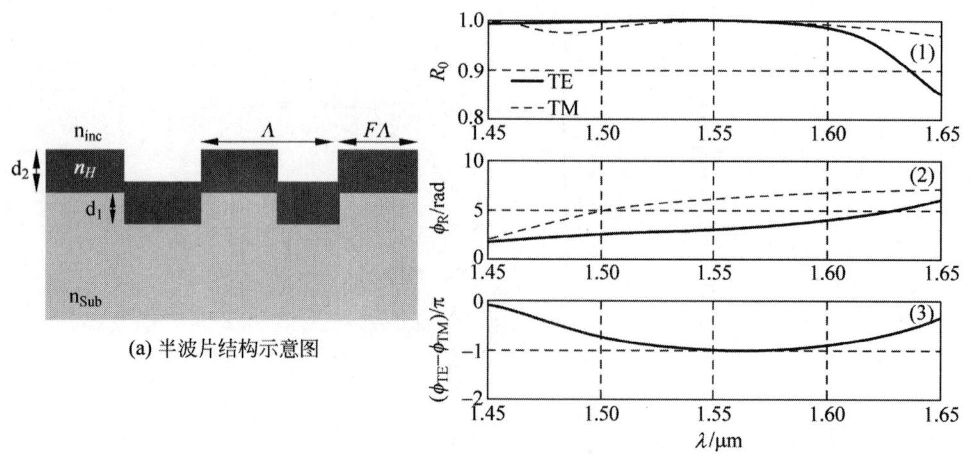

(b) 半波片对TE(实线)及TM(虚线)偏振光的光谱特性实验曲线：(1)反射率R_0(上)，(2)谱相位ϕ_R，(3)相位差$\phi_{TE}-\phi_{TM}$

图 5-123 半波片模型结构和相关的反射率和相位响应曲线

其他参数为：$\Lambda=786.8\text{nm}$，$F=0.2665$，$d_1=525.3\text{nm}$ 及 $d_2=624.6\text{nm}$，折射率分别为：$n_H=3.48$，$n_{sub}=1.48$ 及 $n_{inc}=1.0$。

5.9 二元光存储

利用以上介绍的采用光化学反应原理，除了可直接制成固态光量子存储单元外，还可以利用其对入射光束的可逆选通器特性，双波长光致发光特性及光开关特性制成二元光开关。基于这种开关可以设计组合出各种逻辑门及存储器。

1. 可逆光致选通

在日常生活中使用的光致变色眼镜，当暴露在某特定波长的光(一般是紫外光)时，镜片会变为深黑色；而当取消此光源照射后，便恢复原有的透光率而变得清晰透明。光致变色镜片本身由玻璃或聚碳酸酯等光学塑料制成，其变色效果是由于在镜片内由添加某些对指定波长的光线(例如为了防止紫外线对人眼的伤害)，添加了对紫外线敏感的材料。例如，在玻璃镜片中加入了微晶体结构的卤化银(一般是氯化银)，在塑胶镜片中使用有机光致变色材料(例如嗪或萘并吡喃)。这些镜片在普通强度的可见光中是完全透明的，当被强光特别是紫外光照射时就会立即发生化学反应而变成深黑色。由于这种反应是可逆的，所以当强光源取消后镜片又恢复原来的透明度，这种镜片相当于对某些射线具有光致开关功能。

随着材料科学及纳米光电子集成技术的快速发展，目前已有多种具有光开关功能的材料及单分子材料已进入功能实验阶段。即利用分子工程技术，改变分子结构中化学键使之对控制场(光、电或磁)敏感，实现分子内部键的稳定可控切换，从而获得对某种波长辐射吸收或透明的特征，构成光开关功能。典型的通过外场控制单分子内部化学键获得开关功能的分子结构如图 5-124 所示。图中所示的单分子逻辑开关切换过程为：当注入电压脉冲时，两个氢原子变换位置，原来位于分子中央氢原子被换到较远的键上，中心形成一个空洞。虽然空洞外部的分子结构没有改变，但对光能产生明显的非线性效应。利用这种效应改变光传播方向或吸收率，便可获得对一定波长(频率)辐射的选通功能。

21 世纪初，清华大学光存储国家工程研究中心与中国科学院化学研究所合作，开发利用$(4n+2)\pi$电子体系在光作用下容易发生闭环和开环异构化反应研制成分子膜光开关。利用这类光致变色材料

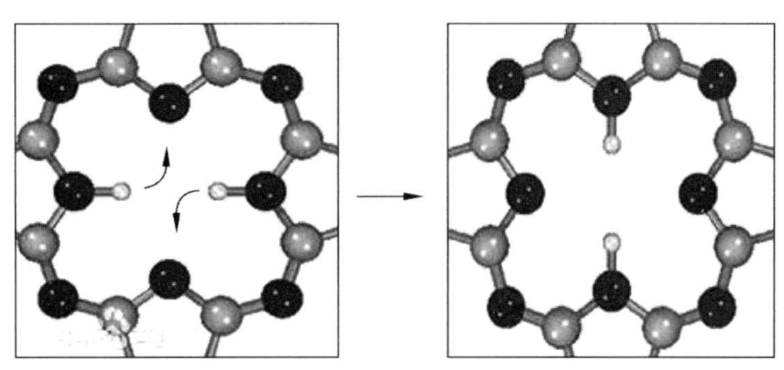

图 5-124 通过外部场控制改变分子化学键的切换改变分子光学特性示意图

开环体和闭环体吸收一定光谱(例如波长 310nm 紫外光)的光子后，透明的开环体变成对某些波长吸收的闭环体，如图 5-125 所示。同时，这种呈色膜在一定波长光作用下又可还原为透明(无色)，且此开环体-闭环反应是可逆的，同样具有开关特性。美国 IBM 公司在 2001 年发布采用纳米管制成三极管之后，2013 年采用扫描隧道显微镜完成了单分子开关研究，并认为基于这种分子开关技术可以制造存储器及微型处理器。此外，利用二芳烯分子、石墨烯电极也可以制成可逆单分子光电开关。通过理论模拟及分子工程设计，对二芳烯分子结构进行改造。一般情况下，开关的发色团都是可控的，所以引入控制激发能量转移或光诱导的电子转移有可能打开或终止色团/猝灭相互作用。利用荧光共振能量转移，可以提高单分子光开关能量转换效率。双色实验证明，双苯基乙炔基蒽发色团连接到二芳基乙烯衍生物分子上时，可打开和关闭波长分别为 488nm 和 325nm 的近紫外光，通过紫外光能量转移激活淬灭单元，改变激发光强度控制。使用可逆荧光信号分子为开关，或直接以光子开关可为存储单元记录光数据。如果每个存储单元中每个分子的荧光强度稳定可控，单分子开关组合的数字链便可有效记录信息。但通常单分子荧光强度的变化取决于淬火态系统之间交叉随机事件，或频谱扩散波导发色团的环境条件，所以高度再生开关功能很难实现。据报道绿色荧光蛋白(Green Fluorescent Protein，GFP)和某些衍生物构成全光发色团，可以在单分子水平稳定可逆切换不同荧光和荧光状态。这些天然的光敏载色体(发色团)的结构特征，可能对精密光化学合成和从活细胞中蛋白质中提取单分子开关介质有参考意义。基于同样原理的研究工作还包括单分子荧光实验，例如采用碳菁染料分子转移异化物理现象，处于关闭状态附加非荧光的中间体，在吸收可见光范围内的波长产生的漂白反应。采用 633nm 激发光漂白后，可以利用 300～532nm 范围的辐射恢复形成单分子光子开关，对于光数字存储具有实用意义。除碳菁染料以外，巯乙胺、寡核苷酸等也具有类似特性，作为光驱动开关的备用研究材料。最有代表性的具有开关特性的材料是基于二噻吩乙烯＋螺二芴连接合成的一种新型无定形光致变色分子，如图 5-126 所示。此材料具有很高的玻璃化温度(达到 117.5℃)，光稳定性优良，且光致变色量子产率很高，非常适合于制作单分子可逆光开关。其闭环体吸收光谱在紫外光区(219～407nm)，对可见光谱区(400～800nm)完全透明，透射率可达到 93%，可用于可见光波段的“开”状态。当使用波长 405nm、曝光强度 $14kW/cm^2$ 激光照射 5ms 时，二噻吩乙烯＋螺二芴分子将变成闭环状态，产生对波段 510～680nm 强吸收，例如对 650nm 波长的吸收率可达到 87%。对于此波段的可见光而言，相当于“关”状态。但二噻吩乙烯＋螺二芴分子在大量吸收可见光后会逐步“褪色”回到透明状态。虽然所需时间比较长(例如在光强 $3kW/cm^2$、波长 650nm 照射时，至少需要 110s 才能产生明显变化)，但如果要求保持严格关闭状态，紫外光不能关闭。反之如果需要立即切换为“开”(透明)状态，需要用波长 650nm、光强大于 $15kW/cm^2$ 激光照射(时间 1～2ms)。为了测量这种材料的 Kerr 非线性特性，将测材料样品移激光束焦点进行 z 扫描测量(z-scan measurements)，结果如图 5-126(b)所示。

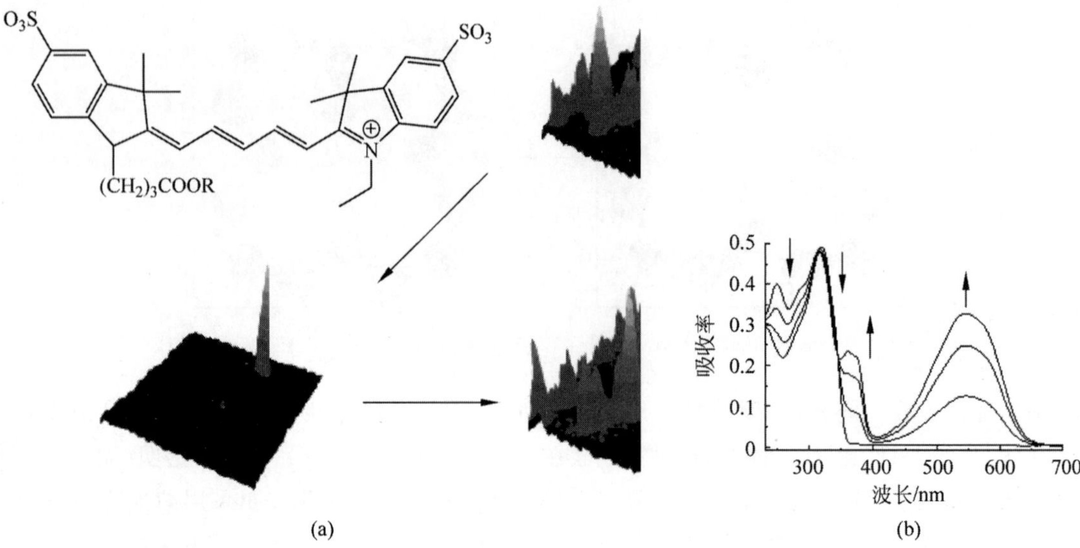

图 5-125 碳菁染料分子结构及其可逆的光开关特性(a)，光致变色材料随紫外光照射吸收光谱变化曲线(b)

(a) 采用紫外光照射时材料分子从开环结构变成闭环，采用可见光照射时又返回开环状态

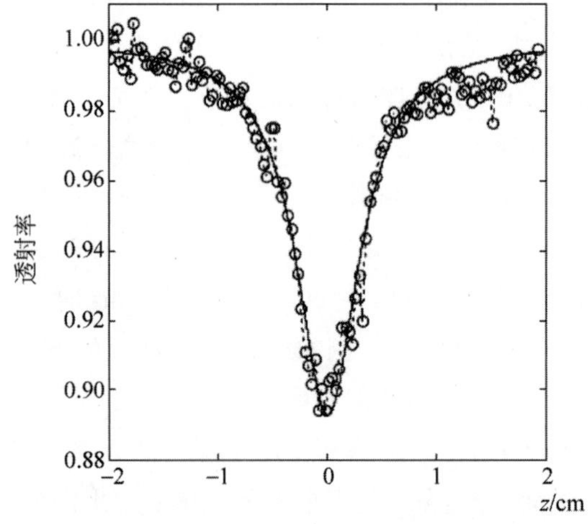

(b) 对此光致变色材料处于闭环状态时进行z扫描测量实验的曲线

图 5-126 光致变色二噻吩乙烯＋螺二芴分子结构及其非线性特性

将此材料制成单分子膜及微腔开关与量子点激光器、波导混合集成的光致实验开关的具体结构参见5.4节。

2. 双波长光致发光

目前首先被采用的材料是单晶硅(c-Si),因为这种基材不仅可加工存储单元,还可以制作各种辅助控制光电器件。更重要的是其工艺与传统的氧与半导体(CMOS)技术兼容,比较容易制作和工业化生产。硅光学材料可通过掺杂控制获得各种具有特殊硅纳米晶体的光学性质用于光量子发射、存储及信号探测。例如利用掺铒(Er)提高硅发射光子特性,产生不同波长光谱的自由电子激光。利用升华生长分子束外延(Sublimation Molecular Beam Epitaxy,SMBE)制成c-Si:Er具有读、写及擦除功能的硅光-点结构存储单元。突破只能依靠自由电子激光器发射光子的概念,直接利用电致发光(Electro Luminescence,EL)。采用这种辐射源制成的硅光子存储器及驱动电路,结构大为简化。例如采用波长1.5μm光电存储器如图5-127所示。在时间$t=0$时激光发出的短脉冲提供的带-带激发使捕捉中心完全填充,实现信号写入(写操作),Er原子发射波长$\lambda=1.54\mu m$的脉冲寿命约1ms。经过数十毫秒时间延迟后,自由电子激光释放发射一个中红外脉冲辐射,从而恢复存储的信息(实现读操作)。Er原子释放一个PL信号。这种光电集成器件除了具有记忆功能外,还包括光电转换器可直接与目前光纤通信(1.5μm波长)系统耦合,完全有可能成为以CMOS平台为基础的光电存储器。目前c-Si基微电子技术发展很快,工艺上也多次突破光学分辨率的限制,现在已达到8nm水平,完全足以实现大规模光电存储器的要求。另外,最新研究还发现Ⅲ-Ⅴ的化合物同样具有良好的光学性能,其加工技术更为先进,有可能成c-Si硅基平台的竞争对象。使光电存储器的制造增加了更多的选择余地。当然采用此项技术加工生产储存、调制、混合、分离和耦合器件的工艺尚待开发。但部分实验研究,例如室温发光光泵浦Raman激光器已开发成功,调制频率高达10GHz。多数研究集中在电子俘获或结构转换中心的载流子俘获,这种方法具有非常高的读/写数据传输速率。通过陷阱电离写入信息,使介质原子产生对光或电敏感的特性,从而利用光致效应读出光学信息,例如三维光折变晶体全息存储也是类似的原理和方法。目前,c-Si基存储潜只能在非常低的温度条件(T为50～120K)下进行基础实验研究如图5-127所示情况,只能工作在中红外波段,两个发射脉冲的时间间隔$\Delta T\leqslant 100ms$。此记忆效应发生于光生载流子临时存储在陷阱中所致。当用中红外激光照射时,释放光子进行读出Er^{3+}的激发脉冲。

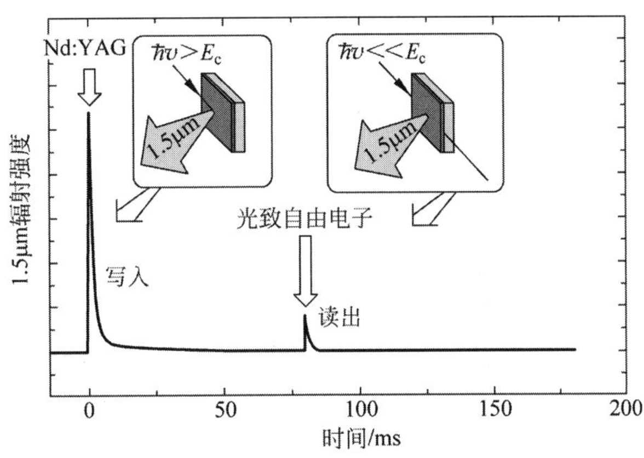

图5-127　利用c-Si:Er材料在较低的温度下(<50K),对光辐射形成具有记忆功能的双波长光致发光效应,从而实现信息存储的原理实验示意图

这种固态光电存储器的工作原理如图5-128所示。由n^+-Si/n-Si/n-Si:Er/n-Si/p^+-Si多层膜序构成的电致发光存储元件,以载流子浓度为$p\approx10^{17}cm^{-3}$型的P型Si(100)为基片,采用SMBE技术在衬底上外延厚度1μm的自由载流子浓度为$n\approx2\times10^{15}cm^{-3}$的n型Si,其次是70nm厚掺铒活性层,

然后外延厚度 10μm 的另一层 n 型硅，最后为 $n\approx6\times10^{18}cm^{-3}$ 的 n^+ 层。活性层中 ER 浓度[Er]≈$10^{18}cm^{-3}$。相当于二极管的几何结构，掺铒有源层位于空间电荷区内。从图 5-128 可以看出，此结构在较低温下具有强烈的与铒相关的 $\lambda\approx1.5\mu$m 光致发光(PL)和 EL 正向偏置特性。在反向偏压下，室温下能观察到强光致发光。发射谱是典型的富氧硅基 Er^{3+} 离子，其在 $T=77$K 时电流电压特性如图 5-128 右上插图所示，且反向偏压雪崩式击穿电压 U_B 为$-18\sim-20$V。

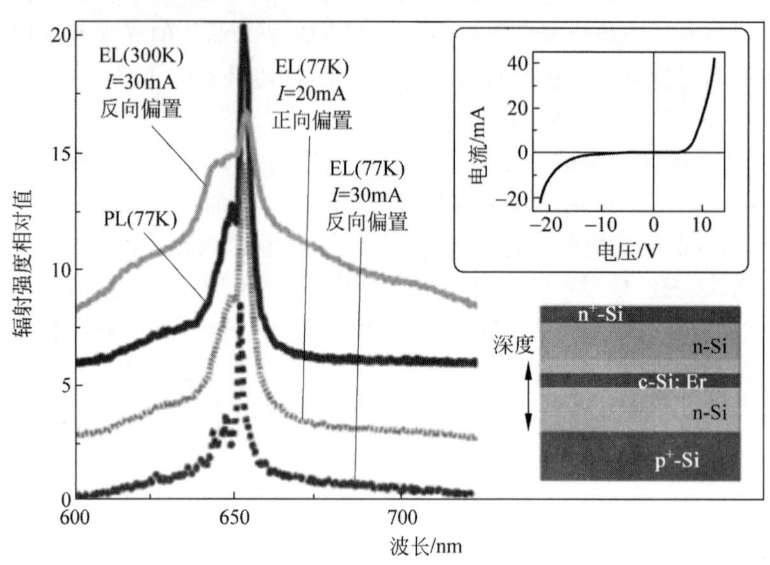

图 5-128 氧化硅中 Er^{3+} 离子 4I13/2→4I15/2 跃迁产生的光子和电致发光光谱曲线，带宽～1.5μm。右下角为二极管的横断面结构，可以看出掺铒有源层包含在耗尽区(阴影)之间。右上角插为工作电压/电流关系曲线

研究表明，此结构在 EL 正向偏置条件下可实现长时间存储，即采用偏置脉冲额外发射"储存"Er^{3+} 离子，然后用反向电偏置脉冲诱导读出，如图 5-129 左所示。从此图中可看出，在 EL 响应范围($\lambda\approx1.5\mu$m)，利用正向和反向偏置脉冲 $U_B=\pm10$V 可以实现信息写/读和写/擦除，但是要注意低于$-U_B=10$V 的反向偏置电压可能造成击穿。此外，除了写入的初始脉冲所储存的 EL 幅度以外，均受反向偏置阈值的影响，并通过控制反向偏压脉冲实现读出及擦除如图 5-129(b)所示。根据微观机制观察 EL 的记忆效应，在正向偏压脉冲期间，材料原子的俘获中心被载流子体填冲。对应于写入过程，可能同时引起二次发射电子空穴重组。

在负偏压下，陷阱中载流子被释放到带隙中。如果电场高于阈值(例如 $U_B=10$V)，载流子具有足够的能量激发 Er^{3+} 离子，实现读出。若反向偏置电压较低(例如 $U_B=-4$V)，虽然同样可去除捕获的载流子，但没有足够能量造成激发，这种情况对应于擦除，如图 5-130 所示。在存储过程中，载流子的作用最重要。由于被电子碰撞激发的 Er^{3+} 离子的能量比孔穴高出 3 个数量级，并填充在材料的陷阱中。在存储过程中，高电子注入速率引起电子-空穴重建，特定的 Er 相关中心导致 Er^{3+} 离子激发(初始发射脉冲)。负偏压脉冲释放的被捕获载流子进入带隙，只要振幅足够大，载流子就有足够的能量影响 Er 的激发。

EL 脉冲储存器存在两个主要问题，一是由于信号的热稳定性比较差，存储寿命比较短，只有 100ms～0.5s；二是工作温度比较低，最高只能达到 120K。主要是因为在温度上升时导致捕获陷阱中的 Er 离子激励效率下降。实验研究结果表明，在硅中除了掺铒外，添加其他元素改进材料结构，有可能改善存储器的特性。对于工作温度问题与存储寿命有直接关系，根据大量实验数据可知，随环境温度的升高，寿命随之缩短。所以，器件的参数优化设计，需根据使用条件及要求综合考虑，全面平衡。

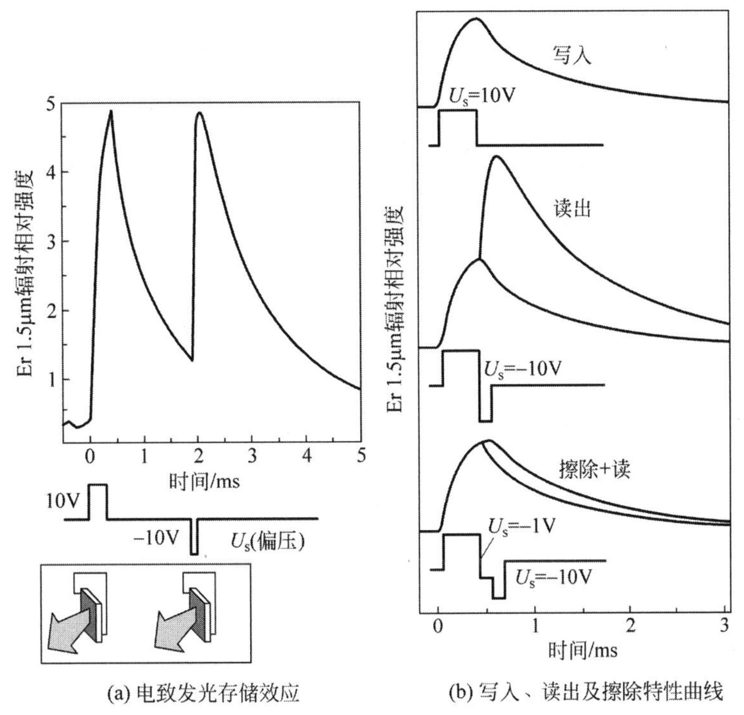

(a) 电致发光存储效应　　(b) 写入、读出及擦除特性曲线

图 5-129　温度 $T=77$K 条件下 p-i-n 节呈现的 EL 存储效应：信息利用正向偏置脉冲写入，然后采用足够大负振幅偏差脉冲进行读出，幅值超过阈值的负偏压脉冲可擦除正偏压写入的信息

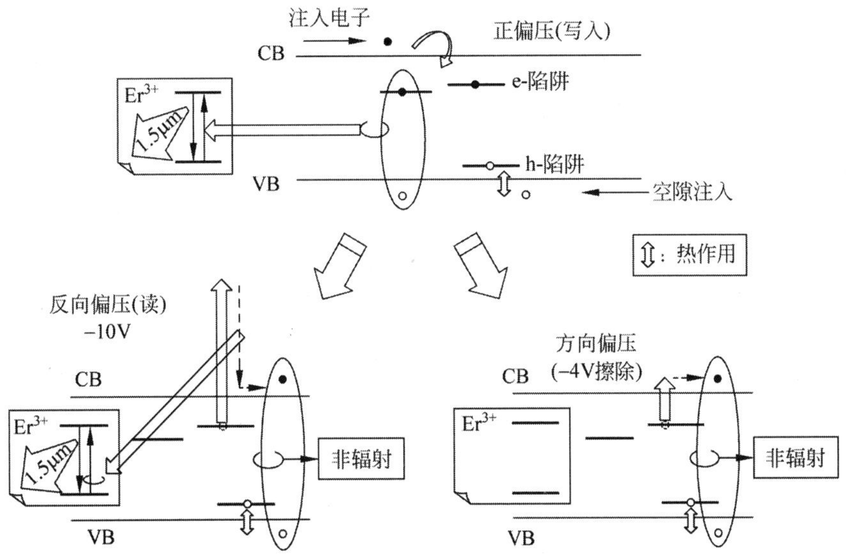

图 5-130　光致发光(EL)存储效应微观作用机理图解。正偏压脉冲注入的电子和空穴均进入耗尽区

这种光电混合存储器的大规模阵列集成结构如图 5-131 所示。由有源层(线)交叉组成的网格保证每个存储元素都可以单独寻址。若线宽采用 100nm 模式，平面存储密度可以达到 $1GB/cm^2$ 以上。如果采用垂直堆叠三维结构，体积存储密度可以达到 $0.1TB/cm^3$。基本上可以全部采用 CMOS 工艺技术制造。但其更重要的优点不仅是容量大，而且功耗低，不存在散热问题。与全息存储器相比，它不需要昂贵而庞大的激光系统，更具有实用性。

这种集成存储器的实验样品应采用 1.5μm 玻璃光纤波导互联，硅光电转换器直接混合集成在芯

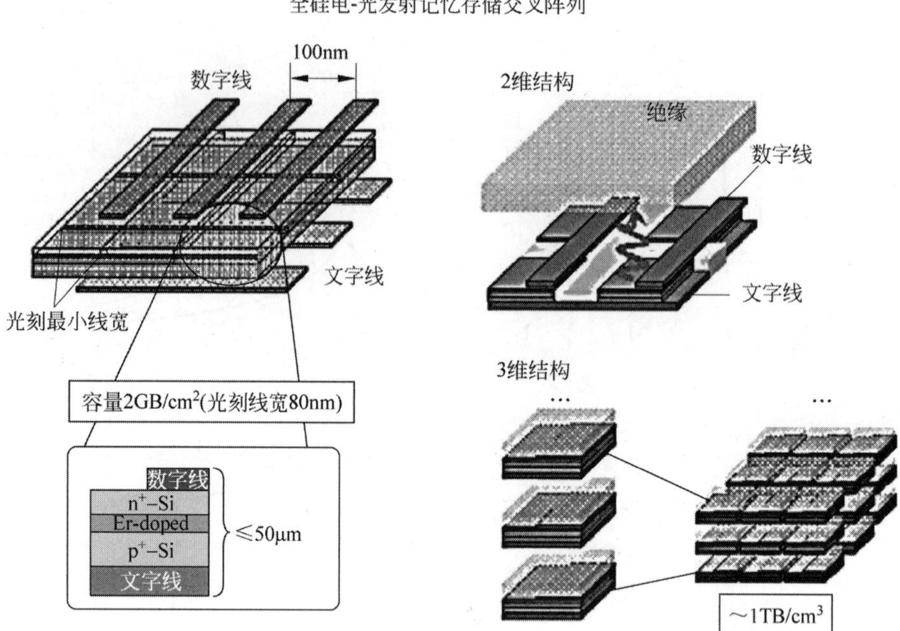

(a) 单层平面结构　　(b) 3维立体结构

图 5-131　基于光致发射全硅光子交叉记忆阵列固态存储器件结构示意图

片周围。实验证明，可与普通光纤通信系统直接相连，也可以通过电隔离系统连接。此结构可供前面介绍的光化学存储器参考，当然也适用于基于自旋光量子、偏振相干及电子自旋偏振等原理的固态存储器。

3．非共振 Faraday 效应

在双能级原子谐振光辐射过程中，当原子转换产生的失谐 Δ 大于原子线宽时，易感性的实部与 Δ 成反比，而虚部呈 Δ^{-2} 变化。非谐振波会因此不激发但可能有明显相移。原子的量子相也会受影响，光与原子之间的这种相互作用体现在光学偏振和集体原子角动量之间的非破坏性相互作用可用量子光学存储器。若有一信号波，具有沿 y 轴宏观线性偏振特性，即 Stokes 参数 $S_1=1$，当在量子信息被存储在微观 Stokes 参数 S_2 和 S_3 的波形编码，Stokes 参数 S_2 被定义为相对于 y 轴的偏振角，而 S_3 是光子的集体自旋比例。沿场 z 方向通过非共振原子气体可实现信息存储。气体中的原子已被光泵浦激发，并具有沿 x 轴方向角动量 J 及沿 z 轴和 y 轴的分量。由于互补效应，原子的 z 向角动量分量首先引起的 Faraday 旋转，从而改变了 S_2，引起光子的自旋 S_3 形成原子角动量分量 J_y。因此，一些量子信息被光子传递到原子，反之亦然，从而完成信息存储。然后，通过测量原子系综脉冲的偏振特性确定 S_2。最后沿读出 y 轴方向施加一个反馈磁场，其大小由原子数确定。由于磁场对 z 向原子角动量分量也有影响，因此 S_2 被映射到 J_z 方向，所以这两部分光子偏振均转移为原子的角动量。实验证明，携带此相干态能量的光子可存储 4ms。实际上，所有量子存储器均是通过光子的相互作用形成的原子相干实现存储的。因此，所有方法都存在相干光子失谐限制存储时间的问题。同时，只要信息存储于基态和光激发态之间的相干，存储时间还将受吸收线宽的限制。包括 Raman 型存储：EIT、DLCZ 和 Raman 回波量子存储，蒸气原子存储都存在类似问题。为了减小这种影响，采用惰性缓冲气体，石蜡涂墙或超冷原子减小来自于磁场退相干作用。此外，利用 4 光场共线几何光晶格，降低由于原子运动引起的退相干，EIT 存储在每一个原子的晶格中填充绝缘体，使存储时间达到毫秒水平。上面介绍的量子 Stokes 参数 S2 和 S3 光映射到 y、z 方向的角动量分量 J_y 和 J_z 也是导致失谐的重要因素，因此无机械运动和高均匀性磁场导可获得 238ms 存储寿命。在晶体中掺杂也是提高相干寿命的重要方法之一。例如，随机 Zeeman Pr^{3+} 离子掺杂 Y_2SiO_5 晶体中镨离子转移机制产生的钇原子核脉动磁场，显著提高了磁场的均匀性，使动态消相干时间增加到 30s。

4. 全光开关

上述光电存储器件需要特殊光子器件配套控制，均为光子集成器件。2007 年，欧洲许多国家就联合设立了光子集成光电子技术研究项目。2010 年，建成了基于 InP 硅基片的通用光电子集成技术平台，工作波长从紫外、可见光到红外范围。除了用于光通信、存储、显示研制外，还可用于包括各种可控辐射源、光放大、调制、探测及其他集成度高的相位调制、开关、分频率等无源器件的集成。基于 InP 的集成技术在 2015 年实现可调谐 DBR 光栅存储和热光移相器互联、快速切换矩阵、生物探测传感器、光纤 Bragg 光栅解调器及分子光开关等集成配套器件的研制。以下简要介绍大部分光电子存储中必需的典型集成器件的结构原理及特性。

可用于信息存储的全光开关结构原理如图 5-132 所示。所谓全光开关，就是没有光电转换，直接切换光子信号，具有速度高、结构简单的优点。全光开关基于 Fabry-Perot 激光二极管(Fabry-Perot Laser Diode，FP-LD)的工作原理和功能，也是全光开关的基本构件。利用 FP-LD 的注入，锁定增益调制控制输入光信号的通或断。通过 Q 控制 FP-LD1 和 FP-LD2 的增益确定输入信号 λ_{in} 从其某一个输出。此开关不影响输入波长，即输出波长与输入波长完全相同，而且传输信息的数据结构也不变。此 1×2 开关利用触发器(Flip-Flop)电路控制，控制时序如图 5-133 所示。从 1×2 开关控制电路的输出和输入时序图中可看出，当控制脉冲 S 发出脉冲信号，触发器两端分别输出 Q^+ 和 Q^-，Q^+ 代表 0，Q^- 代表 1。非此即彼，所以总有一端为 Q^-(=0)，为低控制增益。此时 λ_{in} 在 FP-LD 产生强谐振输出，此通道表现为 ON，如图 5-133(b)所示。而触发器的另外一端输出为 Q(=1)高值，在 FP-LD 中产生强 Q^-/Q 谐振，使 λ_{in} 在 FP-LD 被抑制，没有输出，形成 OFF 状态，即关闭，如图 5-133(c)所示。但即使设置脉冲回到"0"，触发器仍保持原来的状态，除非有复位脉冲 R 激活。当采用复位脉冲激活时，触发器状态改变，即变成 Q^+(=0)和 Q^-(=1)，使两个 FP-LD 状态对换，重新回到第一种开关状态，如图 5-133(d)所示。因此，输入信息可以切换到开关 FP-LD1 或开关 FP-LD2 完全取决于触发器的输出状态。

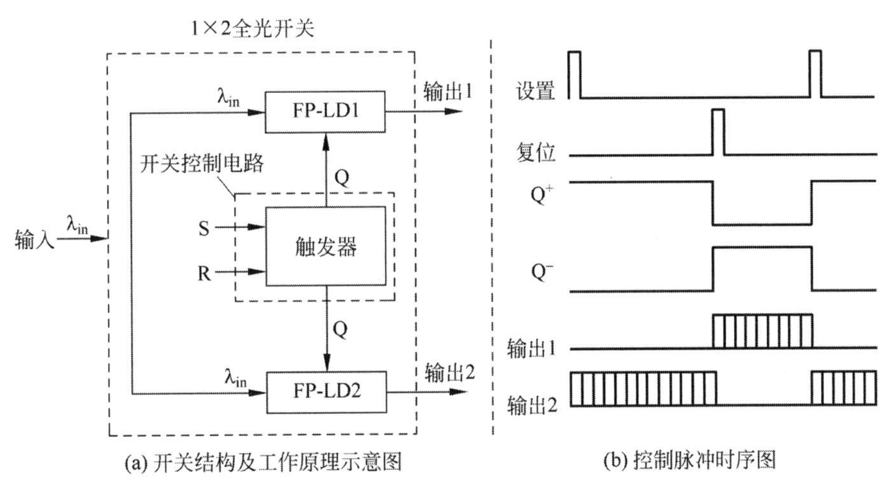

(a) 开关结构及工作原理示意图　(b) 控制脉冲时序图

图 5-132　采用 InP 硅基片工艺制造的 1×2 全光开关，无效损耗低于 0.6dB，品质因子大于 10^4

从图 5-133 所示的光开关切换过程中可看出，FP-LD 实际上是具有开关功能的可控激光器。根据图 5-132 所示的开关电路工作原理，两个 FP-LD 激光器的输出，即其能否对 λ_{in} 产生谐振输出，完全取决于给出的控制信号 λ_Q 或 λ_{Q^-}。FP-LD 自身的功率谱如图 5-133(a)所示。如果没有其他的光注入 FP-LD，只有当输入信号光谱注入，且频率在 FP-LD 的频谱范围内，则 FP-LD 相当于一个窄带光

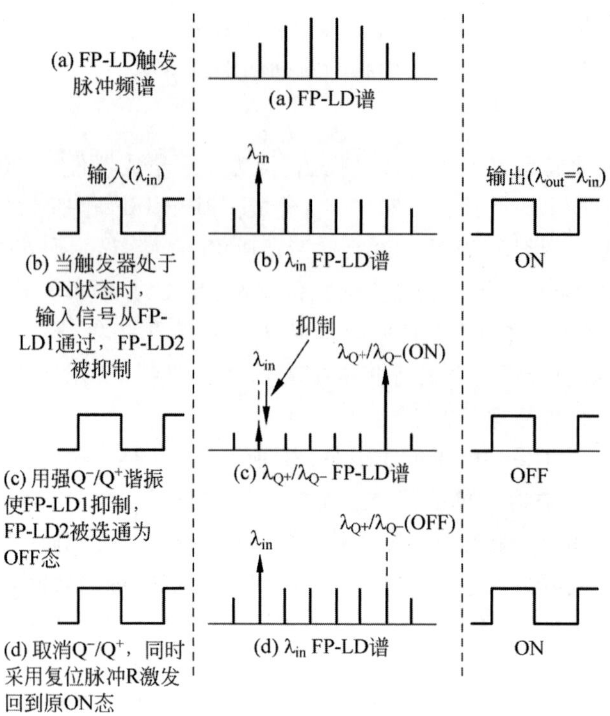

图 5-133　全光开关工作原理及输入信息切换过程示意图

滤波器。可接收这个输入信号，同时在输出端具有相同波长的信号输出，如图 5-133(b)所示。当控制电路发出控制光信号($Q^+=\lambda_{Q^+}$ 或 $Q^-=\lambda_{Q^-}$)从注入 FP-LD 时产生功率失谐，使输入信息(λ_{in})受到抑制不能到达输出端口，开关呈断开状态如图 5-133(c)所示。当控制电路输出的控制光信号(λ_{Q^+} 或 λ_{Q^-})发生切换，且同时采用重置信号 R 驱动使光开关回到第一状态，如图 5-133(d)所示。所以，输入信息(λ_{in})能否允许通过 FP-LD 开关达到输出端口，主要取决于触发器控制信号(λ_{Q^+} 或 λ_{Q^-})，即 FP-LD 的泵信号。控制触发器的具体电路结构原理如图 5-134 所示。

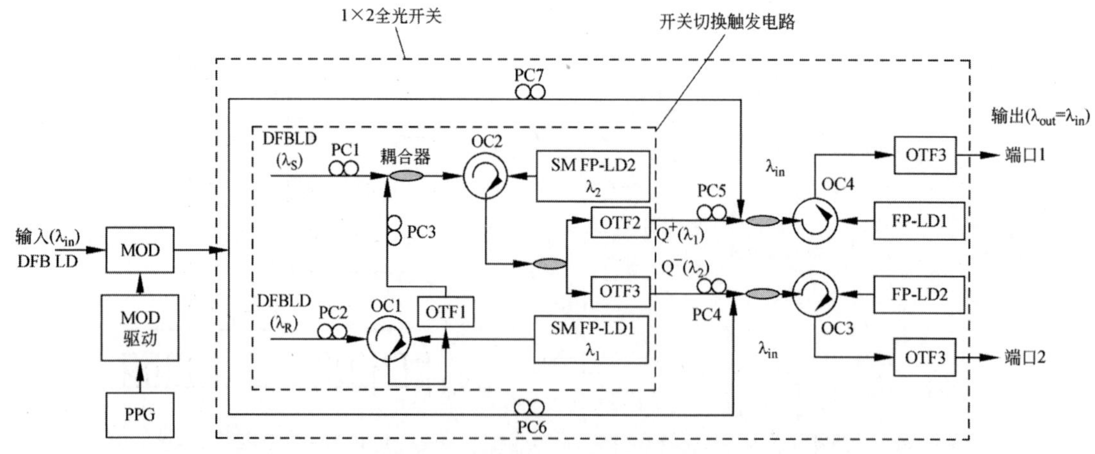

图 5-134　全光 1×2 开关装置结构原理图。图中 FP-LD 为 Fabry-Perot 激光二极管，PC 为偏振控制器，OTF 为光学可调谐滤波器，OC 为光子循环器，MOD 为光调制器，PPG 为脉冲产生器，DFB-LD 为分布式反馈激光器

以上 1×2 全光开关实际电路如图 5-134 所示。以 FP-LD1 和 FP-LD2 构成双开关的两翼。无论是 FP-LD1 和 FP-LD2，其多模式激光特性和名义激光模式为 1550nm。控制信号由控制电路产生，用于触发电路的 FP 激光器单模(Single Mode，SM) FP-LDs 激光器。此单模 FP-LD 具有注入锁定特

性，类似于外部光注入多模 FP-LD。控制电路产生两补码输出到 Q_1 和 Q_2 开关，控制两翼开关是否让输入信号通过 FP-LD1 或 FP-LD2。输入信号同时到达两翼 FP-LD1 和 FP-LD2。触发器控制电路运行在设定状态或复位状态时，输入信息只能从某一个输出。控制电路输出 $Q(\lambda_1)$ 通过偏振控制器(Polarization Controller，PC)PC5 和光子循环器(Optical Circulator，OC)OC4，连接到开关 FP-LD1。控制信号 $Q(\lambda_2)$ 通过 PC4 和 OC3 连接到开关 FP-LD2。输入信号通过 PC7 与 FP-LD1 相连，但因 Q 值为 1，FP-LD1 将被抑制，输入信息不可能达到输出端口 P_1。当 Q＝0 时，同一波长的输入信号及信息可通过光学可调谐滤波器(Optical Tunable Filter，OTF)OTF3 传输到端口 1，此时输入信号可认为是采样探头，$Q(\lambda_1)$ 为泵浦信号。当泵浦 $Q(\lambda_1)$ 的功率大于探头信号(λ_{in})时，FP-LD1 失谐，端口 1 被开关关闭。FP-LD2 的输入信息也是被同样方式控制，通过 OTF3 连接到输出端口 2。实验证明，此系统在一定谱域内切换功能稳定，FP-LD 的失谐小于 0.02nm。$Q(\lambda_1)$ 锁定 FP-LD1 的功率和波长失谐分别为 3.5dB 和 0.08nm。$Q(\lambda_2)$ 锁定 FP-LD2 的功率和波长失谐分别为－4.35dB 和 0.04nm。

1×2 全光开的处于不同设置的状态分别为 $S=1$，$S=0$，且触发器的设置状态分别为 $Q=1$，$Q=0$ 时，输入信号在开关 1(FP-LD1)被抑制。端口 1 的输出光频率谱如图 5-135(a)和(b)所示。而在同一时刻，进入开关 2(FP-LD2)的输入信号没有被抑制，端口 2 的输出频谱如图 5-135(c)和(d)所示。因此，在此设置状态时，输入信息在开关 1 被关闭(OFF)，只有端口 2 可以接收输入信号，即处于开(ON)

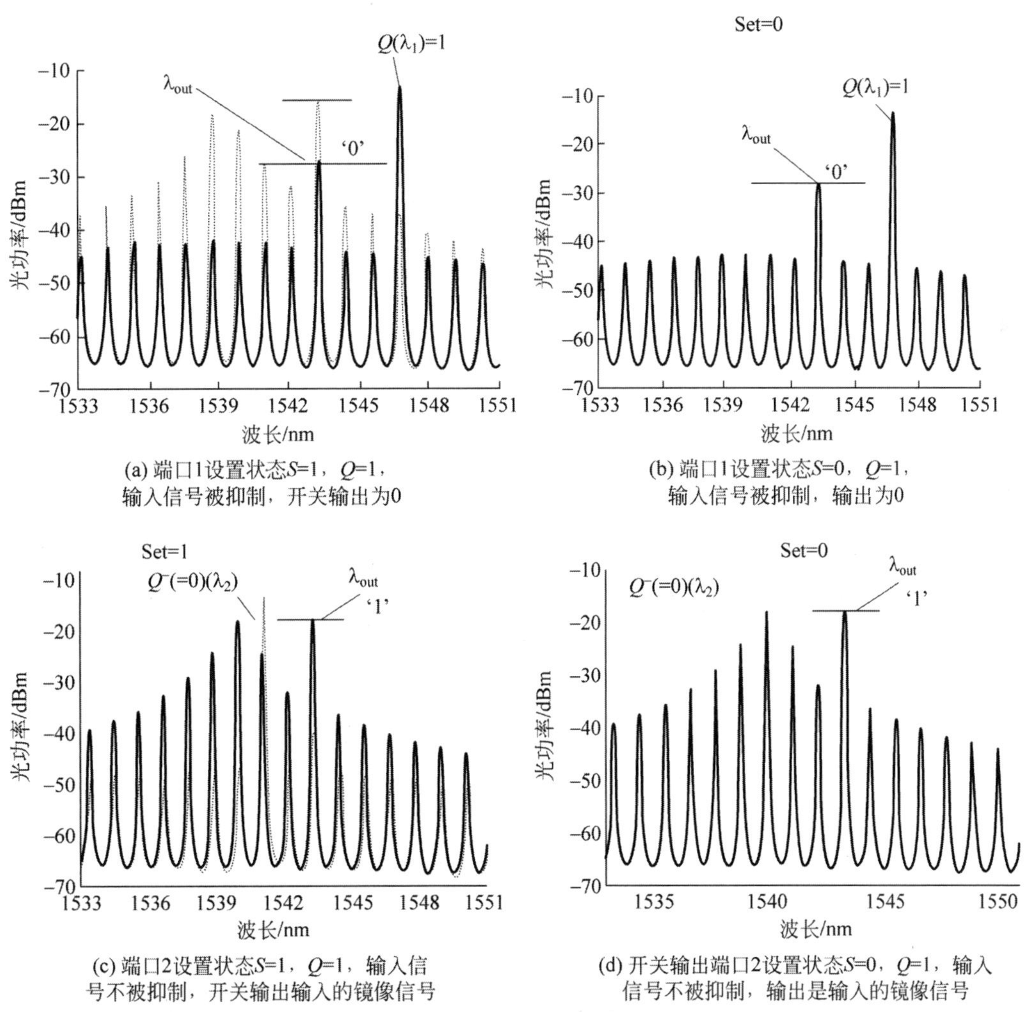

(a) 端口1设置状态S=1，Q=1，输入信号被抑制，开关输出为0

(b) 端口1设置状态S=0，Q=1，输入信号被抑制，输出为0

(c) 端口2设置状态S=1，Q=1，输入信号不被抑制，开关输出输入的镜像信号

(d) 开关输出端口2设置状态S=0，Q=1，输入信号不被抑制，输出是输入的镜像信号

图 5-135　开关处于不同状态的输出频谱

状态。在复位状态($Q=0$,$Q=1$)时,输入信号开关1(FP-LD1)没有被抑制,而输入信号在开关2(FP-LD2)被抑制。因此在复位状态下,输入信息可以通过接收端口1,而开关2被关闭。在此设定状态下,开关1中的输入信号被抑制到低电平,表明输入波长将携带的所有数字信息在输出端口1中,同时由于Q的补码值相同,输入端口接收的数字信息可被接收,由端口2输出。同样,在复位状态时,开关2的输入信号被抑制到一个较低的水平,因此由输入波长携带的数字信息可以由端口1接收输出。图5-135所示的输出光谱证明,全光1×2开关电路工作原理正确,使用的测试光谱分析仪测定分辨率为0.1nm。

如果开关处于复位状态$S=1$,$S=0$,触发器的输出端口1的光谱如图5-136(a)和(b)所示。同时,输出端口2的光谱如图5-136(c)和(d)所示。在复位状态$Q=0$,$Q=1$时,输入信号在开关FP-LD1处没有被抑制,而被开关FP-LD2抑制。因此在复位状态时,输入信息可以在接收端口1输出,即开关1为开状态,开关2为关闭状态。说明在此设定状态下,开关1中的输入的波长将携带任何数字信息端口1输出。

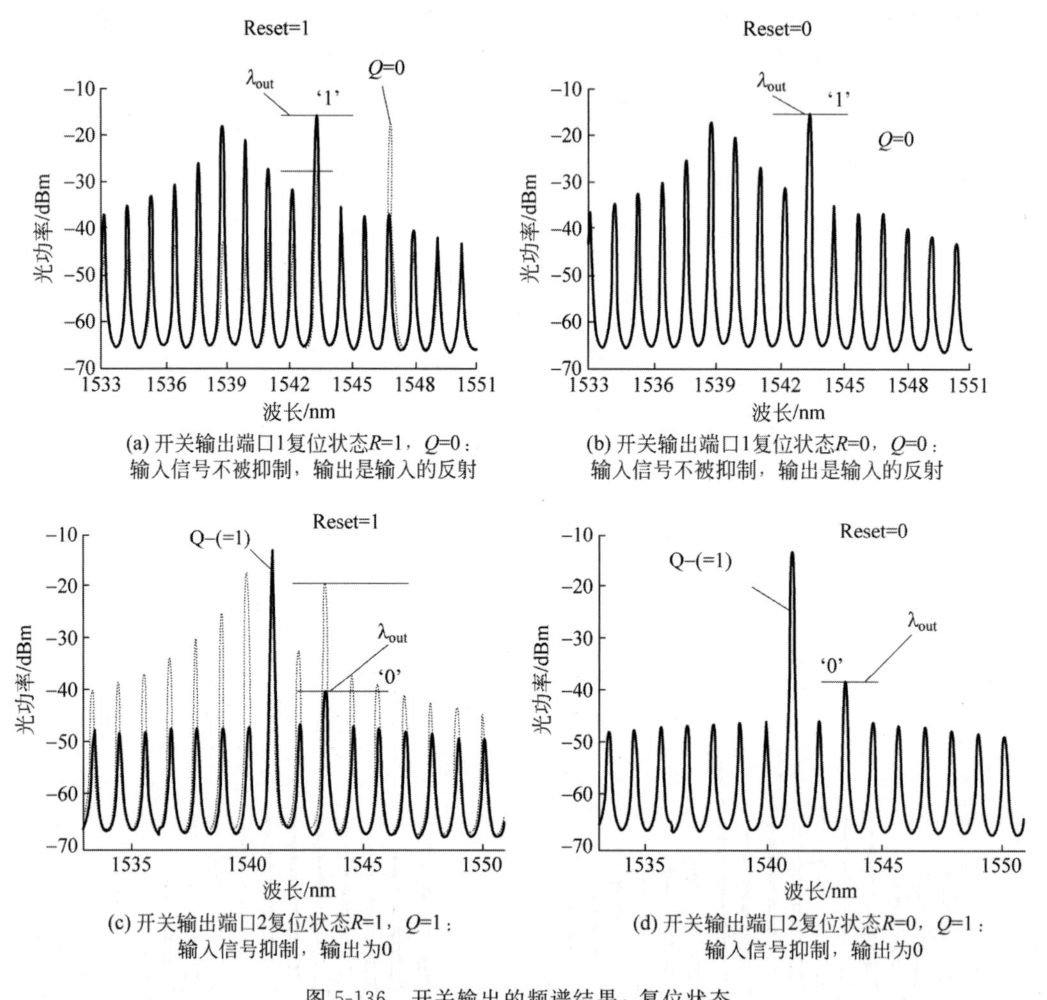

(a) 开关输出端口1复位状态$R=1$,$Q=0$:输入信号不被抑制,输出是输入的反射
(b) 开关输出端口1复位状态$R=0$,$Q=0$:输入信号不被抑制,输出是输入的反射
(c) 开关输出端口2复位状态$R=1$,$Q=1$:输入信号抑制,输出为0
(d) 开关输出端口2复位状态$R=0$,$Q=1$:输入信号抑制,输出为0

图5-136 开关输出的频谱结果:复位状态

为进一步分析1×2开关设置复位状态数据交换的功能及其可靠性,采用伪随机比特序列(Pseudorandom Bit Sequence,PRBS)调制输入光λ_{in}同时注入开关的两个通道,然后用示波器测量两个端口的输出。开关1的设置状态为$S=1$,$Q=1$及$S=0$,$Q=1$,即开关1处于OFF状态,测量输出端口1的信号如图5-137(a)所示。在同一时刻($S=1$,$Q=0$; $S=0$,$Q=0$),开关2作为输入状态,接收到的数据序列输出端口的信号如图5-137(b)所示。对于复位状态($R=1$,$Q=0$; $R=0$,$Q=0$),开关1

作为状态和输入数据序列中接收到的输出端口如图 5-137(c)所示。在同一时刻(设置为 $R=1,Q=0$；$R=0,Q=0$)，开关 2 处于 OFF 状态，输出端口 2 的输出信号如图 5-137(d)所示。此开关的输出信号的消光比为 13.2dB，网眼图如图 5-137(e)所示。

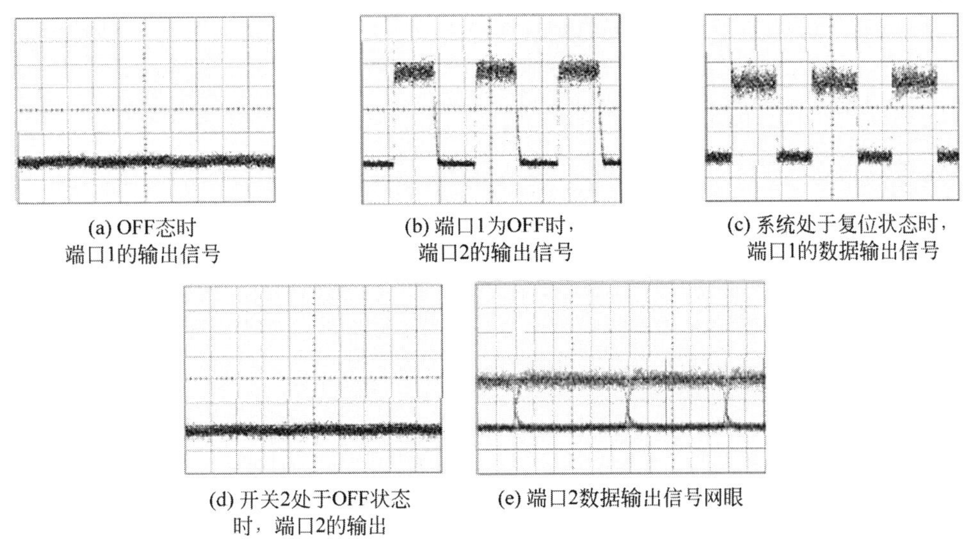

(a) OFF态时端口1的输出信号

(b) 端口1为OFF时，端口2的输出信号

(c) 系统处于复位状态时，端口1的数据输出信号

(d) 开关2处于OFF状态时，端口2的输出

(e) 端口2数据输出信号网眼

图 5-137 采用示波器测量 1×2 全光开关各种工作状态下的输出信号

这种 1×2 全光开关部件数量少，关键部件例如 FP-LD 结构简单，而且输出一旦开始，控制信号是否存在都能保持其开关状态稳定工作。另外，1×2 开关的输入和输出均为同一波长，便于系统耦合输出，并完全保留了输入数据格式，特别适合于光量子数字信息存储器作为外围控制电路。

参考文献

[1] Chen Z H，Ma Z H，Nikoufar I，et al. Sharp continuity bounds for entropy and conditional entropy，Physics，Mechanics & Astronomy，Vol. 60 No. 2，2017.

[2] Krizhevsky A，Hinton G E. Using very deep auto encoders for content-based image retrieval，Processing of ESANN. 2011.

[3] Zhang J，Shan S，Kan M，et al. Coarse-to-fine auto-encoder networks for real-time face alignment，Processing of European Conference on Computer Vision：Springer International Publishing：1-16，2014.

[4] Hinton G E. A Practical Guide to Training restricted Boltzmann machines Momentum，9(1)：599-619，2012.

[5] Van Essen D C，Ugurbil K，Auerbach E，et al. The Human Connectome Project：A data acquisition perspective. Neuro Image，62：2222-2231，2012.

[6] Scheibner H J，Bogler C，Gleich T，et al. Internal and external attention and the default mode network. Neuro Image，148：381-389，2017.

[7] Xie X，Bratec S M，Schmid G，et al. How do make better，Social cognitive emotion regulation and the default mode network. Neuro Image，134：270-280，2016.

[8] Havlík M. Missing piece of the puzzle in the science of consciousness：Resting state and endogenous correlates of consciousness. Consci Cogn，49：70-85，2017.

[9] Zhong X，Pu W，Yao S. Functional alterations of fronto limbic circuit and default mode network systems in first-episode，drug-naïve patients with major depressive disorder：A meta-analysis of resting-state f MRI data. J Affect Disor，206：280-286，2016.

[10] Khayat P S,Pooresmaeili A,Roelfsema P R. Time course of attentional modulation in the frontal eye field during curve tracing. J. Neurophysiol,101: 1813-1822,2009.

[11] Shen Z,Lin S. Foundation of Physiological Psychology. 3rd ed. Beijing: Peking University Press,4-11,2014.

[12] Shastri B J,Nahmias M A,Tait A N,et al. Graphene excitable laser for photonic spike processing. in IEEE Photonics Conf. (IPC),Sep. 2013.

[13] Wilde M. Quantum information theory. Cambridge,UK: Cambridge University Press,2013.

[14] MacLean E L. Unraveling the evolution of uniquely human cognition. Processing Natl Acad Sci USA,113: 6348-6354,2016.

[15] Misic B,Betzel R F,Nematzadeh A,et al. Cooperative and competitive spreading dynamics on the human connectome. Neuron,86: 1518-1529,2015.

[16] Ramirez S,Liu X,Lin P-A,et al. Creating a false memory in the hippocampus. Science,341: 387-392 e,2013 Jankowsky E J,Harris M E. Mapping specificity landscapes of RNA-protein interactions by high throughput sequencing. Methods,118-119: 111-118,2017.

[17] Dempsey W P,Georgieva L,Helbling P M,et al,Single-cell labeling by confined primed conversion. Nat Methods,12: 645-648,2015.

[18] Mohr M A,Pantazis P. Single neuron morphology in vivo with confined primed conversion. Methods Cell Biol,133: 125-138,2016.

[19] Redondo R L,Kim J,Arons A L,et al. Bidirectional switch of the valence associated with a hippocampal contextual memory engram. Nature,513(7518): 426-430,2014.

[20] Prezioso M,Merrikh-Bayat F,Hoskins B D,et al. Training and operation of an integrated neuromorphic network based on metal-oxide memristors. Nature,7550(521): 61-64,2015.

[21] Markram H,Muller E,Ramaswamy S,et al. Reconstruction and simulation of neocortical micro circuitry. Cell,163(2): 456-492,2015.

[22] Merolla P A,Arthur J V,Alvarez-Icaza R,et al. A million spiking-neuron integrated circuit with a scalable communication network and interface. Science,345(6197): 668-673,2014.

[23] Liu Z,Li X,Zhang J T,et al. Autism-like behaviors and germline transmission in transgenic monkeys overexpressing Me CP2. Nature,530(7588): 98-102,2016.

[24] Cyranoski D. Monkey kingdom. Nature,532(7599): 300-302,2016.

[25] Chang L,Fang Q,Zhang S,et al. Mirror-induced self-directed behaviors in rhesus monkeys after visual-somatosensory training. Current Biology,25(2): 212-217,2015.

[26] Wang Q,Zhang J X,Song S,et al. Attentional neural network: feature selection using cognitive feedback//Advances in Neural Information Processing Systems 27. United States: Curran Associates,Inc.: 2033-2041,2014.

[27] Cao C S,Liu X M,Yang Y,et al. Look and think twice: capturing top-down visual attention with feedback convolutional neural networks//Proceedings of the 2015 IEEE International Conference on Computer Vision United States: IEEE Press: 2956-2964,2015.

[28] Tsodyks M,Wu S. Short-term synaptic plasticity. Scholarpedia,8(10): 3153,2013.

[29] Sukhbaatar S,Weston J,Fergus R,et al. End-to-end memory,Cambrige press,2011.

[30] Le Cun Y,Bengio Y,Hinton G. Deep learning. Nature,521(7553): 436-444,2015.

[31] Zeng D J,Liu K,Lai S W,et al. Relation classification via convolutional deep neural network//Proceedings of the 25th International Conference on Computational Linguistics. United States: Association for Computational Linguistics: 2335-2344,2014.

[32] Xu J M,Wang P,Tian G H,et al. Convolutional neural networks for text hashing//Proceedings of the 4th International Joint Conference on Artificial Intelligence. United States: AAAI Press: 1369-1375,2015.

[33] Reasoning,Attention,Memory (RAM) NIPS Workshop 05-10,2016.

[34] Chaudhuri R,Fiete I. Computational principles of memory. Nature neuroscience,19(3): 394-403,2016.

[35] Cho K,Van Merriënboer B,Gulcehre C,et al. Learning phrase representations using RNN encoder-decoder for statistical machine translation. ar Xiv preprint: 1406. 1078,2014.

[36] Hochreiter S,Schmidhuber J. Long short-term memory. Neural computation,9(8): 1735-1780. 32 Vinyals O, Le Q. A neural conversational model. ar Xiv preprint: ar Xiv: 1506.05869,2015.

[37] Bahdanau D,Cho K,Bengio Y. Neural machine translation by jointly learning to align and translate. ar Xiv preprint: ar Xiv: 1409.0473,2014.

[38] Shang L F,Lu Z D,Li H. Neural responding machine for short-text conversation. ar Xiv preprint: ar Xiv: 1503.02364,2015.

[39] Ziegenhain C,Vieth B,Parekh S,et al. Comparative analysis of single-cell RNA sequencing methods. Mol Cell, 65: 631-643,2017.

[40] Gisin N, Ribordy G, Tittel W, et al. Quantum cryptography. Rev Mod Phys, 2002, 74: 145-195.

[41] Mermin N D. Quantum computer science: An introduction, Cambridge: Cambridge University Press, 2007: Chap 3.

[42] Povinelli M, Bryant R, Johnson S, et al. Design of a nano-electromechanical, high-index-contrast guided-wave optical switch for single-mode operation at 1.55m. IEEE Photo Techn Lett,2003, 15(9): 1207-1209.

[43] Schibli T R, Kim J, Kuzucu O, et al. Attosecond active synchronization of passively mode-locked lasers by balanced cross correlation. Opt Lett,2003, 28(11): 947-949.

[44] Bienstman P, Assefa S, Johnson S J, et al. Taper structures for coupling into photonic crystal slab waveguides. J Opt Soc Am B, 2003, 20(9): 1817-1821.

[45] Tandon S N, Gopinath J T, Erchak A A, et al. Large-area oxidation of AlAs layers for dielectric stacks and thick buried oxides. J Elec Mat, 2004, 33(7): 774-779.

[46] Tandon S N, Gopinath J T, Schibli T R, et al. Saturable absorbers with large area broadband Bragg reflectors for femtosecond pulse generation. Lasers Elec-Opt, 2003, CLEO '03: CWM5.

[47] Schibli T R, Kim J -W, Matos L, et al. 300-attosecond active synchronization of passively modelockedlasers using balanced cross-correlation. Lasers Elec-Opt, 2003, CLEO '03: JTuC4.

[48] Assefa S, Bienstman P, Rakich P, et al. Coupling into photonic crystal slab waveguides. Lasers Elec-Opt, 2003, CLEO'03: JWB1.

[49] Rakich P, Fan S, Erchak A A, et al. Efficient coupling of radiation into guided slab resonances through two-dimensional photonic crystal. Lasers Elec-Opt, 2003, CLEO'03: JWC1.

[50] Tandon S N, Gopinath J T, Shen H M, et al. Broadband saturable Bragg reflectors from the infrared to visible using oxidized AlAs. Lasers Elec-Opt, 2004, CLEO'04: CThV5.

[51] Sickler J W, Gopinath J T, Tandon S N, et al. Femtosecond laser using broadband erbium-doped bismuth oxide gain fiber. Lasers Elec-Opt, 2004, CLEO'04: CThK6.

[52] Assefa S, Rakich P, Bienstman P, et al. Wave guiding in photonic crystals consisting of dielectric pillars near 1550nm. Lasers Elec-Opt, 2004, CLEO'04: CWG1.

[53] Assefa S, Petrich G S, Kolodziejski L A, et al. Fabrication of photonic crystal waveguides composed of a square lattice of dielectric rods. J Vac Sci Techn B, 2004, 22: 3363.

[54] Sotobayashi H, Gopinath J T, Koontz E M, et al. Wavelength tunable passively modelocked bismuth oxide-based erbium-doped fiber laser. Optics Comm, 2004, 237(4-6): 399-403.

[55] Forrest S R, Gokhale M R, Studenkov P V, et al. Integrated photonics using asymmetric twin-waveguide structures. Proc 2000 International Conference on Indium Phosphide and Related Materials, 2000. Conference. Williamsburg, VA, USA, 14-18 May, 2000: 13-16.

[56] Studenkov P V, Gokhale M R, Forrest S R. Efficient coupling in integrated twin-waveguide lasers using waveguide tapers. IEEE Photon Techn Lett, 1999, 11(9): 1096-1098.

[57] Zhang Z, Nakagawa T, Torizuka K, et al. Gold-reflector-based semiconductor saturable absorber mirror for femtosecond mode-locked Cr4+: YAG lasers. Appl Phys B, 2000, 70(S1): S59-S62.

[58] Haiml M, Gallmann L, Keller U. GaAs absorber layer growth for broadband AlGaAs/fluorideSESAMs. J Cry Growth, 2001, 172: 227-228.

[59] Sickler J W, Gopinath J T, Tandon S N, et al. Femtosecond laser using broadband erbium-doped bismuth oxide gain fiber. Proc Conference on Lasers and Electro-Optics, 2004, CLEO'04: CThK6.

[60] Knill E, Laflamme R, Milburn G J. A scheme for efficient quantum computation with linear optics. Nature, 2001, 409: 46-52.
[61] Lund A P, Ralph T C. Nondeterministic gates for photonic single-rail quantum logic. Phys Rev A, 2002, 66: 032307.
[62] Berry D W, Lvovsky A I, Sanders B C. Interconvertibility of single-rail optical qubits. Opt Lett, 2006, 31: 107-109.
[63] Marcikic I, de Riedmatten H, Tittel W, et al. Time-bin entangled qubits for quantum communication created by femtosecond pulses. Phys Rev A, 2002, 66: 062308.
[64] Gottesman D. Quantum error correction and fault-tolerance. Franoise J -P, Naber G L, Tsun T S, ed. Encyclopedia of Mathematical Physics, Oxford: Elsevier, 2006: 196-201.
[65] Shor P W. Scheme for reducing decoherence in quantum computer memory. Phys Rev A, 1995, 52: R2493-R2496.
[66] Lobino M, Korystov D, Kupchak C, et al. Complete characterization of quantum-optical processes. Science, 2008, 322(5901): 563-566.
[67] Lobino M, Kupchak C, Figueroa E, et al. Memory for light as a quantum process. Phys Rev Lett, 2009, 102: 203601.
[68] Hammerer K, Polzik E S, Cirac J I. Teleportation and spin squeez in utilizing multimode entanglement of light with atoms. Phys Rev A, 2005, 72: 052313.
[69] Afzelius M, Simon C, de Riedmatten H, et al. Multimode quantum memory based on atomic frequency combs. Phys Rev A, 2009, 79: 052329.
[70] Nunn J, Reim K, Lee K C, et al. Multimode memories in atomic ensembles. Phys Rev Lett, 2008, 101: 260502.
[71] Raussendorf R, Briegel H J. A one-way quantum computer. Phys Rev Lett, 2001, 86: 5188-5191.
[72] Kok P, Munro W J, Nemoto K, et al. Linear optical quantum computing with photonic qubits. Rev Mod Phys, 2007, 79: 135-174.
[73] Briegel H -J, Dur W, Cirac J I, et al. Quantum repeaters: The role of imperfect local operations in quantum communication. Phys Rev Lett, 1998, 81: 5932-5935.
[74] Sangouard N, Simon C, de Riedmatten H, et al. Quantum repeaters based on atomic ensembles and linear optics. Rev Mod Phys, 2011, 83: 33.
[75] Appel J, Windpassinger P J, Oblak D, et al. Mesoscopic atomic entanglement for precision measurements beyond the standard quantum limit. PNAS,2009, 106(27): 10960-10965.
[76] Hong C K, Mandel L. Experimental realization of a localized one-photonstate. Phys Rev Lett, 1986, 56: 58-60.
[77] Grangier P, Roger G, Aspect A. Experimental evidence for a photon anticorrelation effect on a beam splitter: A new light on single-photon interferences. Europhys Lett, 1986, 1: 173-179.
[78] Landry O, van Houwelingen J A W, Beveratos A, et al. Quantum teleportation over the Swisscom telecommunication network. J Opt Soc Am B, 2007, 24: 398-403.
[79] Pittman T B, Jacobs B C, Franson J D. Single Photons on pseudo-demand from stored parametric down-conversion. Phys Rev A, 2002, 66: 042303.
[80] Pittman T B, Franson J D. Cyclical quantum memory for photonic qubits. Phys Rev A, 2002, 66: 062302.
[81] Leung P M, Ralph T C. Quantum memory scheme based on optical fibres and cavities. Phys Rev A, 2006, 74: 022311.
[82] Matre X, Hagley E, Nogues G, et al. Quantum memory with a single photon in a cavity. Phys Rev Lett, 1997, 79: 769-772.
[83] Tanabe T, Notomi M, Kuramochi E, et al. Trapping and delaying photons for one nanosecond in an ultrasmall high-Q photonic crystalnanocavity. Nature Photon, 2007, 1: 49-52.
[84] Tanabe T, Notomi M, Taniyama H, et al. Dynamic release of trapped light from an ultrahigh-Q nanocavity via adiabatic frequency tuning. Phys Rev Lett, 2009, 102: 043907.
[85] Javan A, Kocharovskaya O, Lee H, et al. Narrowing of electromagnetically induced transparency resonance in a

Doppler-broadened medium. Phys Rev A, 2002, 66: 013805.

[86] Kasapi A, Jain M, Yin G Y, et al. Electromagnetically induced transparency: Propagation dynamics. Phys Rev Lett, 1995, 74: 2447-2450.

[87] Fleischhauer M, Lukin M D. Quantum memory for photons: Dark-state polaritons. Phys Rev A, 2002, 65: 022314.

[88] Budker D, Kimball D F, Rochester S M, et al. Nonlinear magneto-optics and reduced group velocity of light in atomic vapor with slow ground state relaxation. Phys Rev Lett, 1999, 83: 1767-1770.

[89] Hau L V, Harris S E, Dutton Z, et al. Light speed reduction to 17 metres per second in an ultracold atomic gas. Nature, 1999, 397: 594-598.

[90] Fleischhauer M, Lukin M D. Dark-state polaritons in electromagnetically induced transparency. Phys Rev Lett, 2000, 84: 5094-5097.

[91] Lukin M D. Colloquium: Trapping and manipulating photon states in atomic ensembles. Rev Mod Phys, 2003, 75: 457-472.

[92] Fleischhauer M, Imamoglu A, Marangos J P. Electromagnetically induced transparency: Optics in coherent media. Rev Mod Phys, 2005, 77: 633-673.

[93] Phillips D F, Fleischhauer A, Mair A, et al. Storage of light in atomic vapor. Phys Rev Lett, 2001, 86: 783-786.

[94] Liu C, Dutton Z, Behroozi C H, et al. Observation of coherent optical information storage in an atomic medium using halted light pulses. Nature, 2001, 409: 490-493.

[95] Gorshkov A V, Andre A, Fleischhauer M, et al. Universal approach to optimal photon storage in atomic media. Phys Rev Lett, 2007, 98: 123601.

[96] Phillips N B, Gorshkov A V, Novikova I. Optimal light storage in atomicvapor. Phys Rev A, 2008, 78: 023801.

[97] Novikova I, Gorshkov A V, Phillips D F, et al. Optimal control of light pulse storage and retrieval. Phys Rev Lett, 2007, 98: 243602.

[98] Novikova I, Phillips N B, Gorshkov A V. Optimal light storage with fullpulse-shape control. Phys Rev A, 2008, 78: 021802(R).

[99] Camacho R M, Vudyasetu P K, Howell J C. Four-wave-mixing stop pedlight in hot atomic rubidium vapour. Nature Photon, 2009, 3: 103-106.

[100] Ichimura K, Yamamoto K, Gemma N. Evidence for electromagnetically induced transparency in a solid medium. Phys Rev A, 1998, 58: 4116-4120.

[101] Turukhin A V, Sudarshanam V S, Shahriar M S, et al. Observation of ultraslow and stored light pulses in a solid. Phys Rev Lett, 2001, 88: 023602.

[102] Longdell J J, Fraval E, Sellars M J, et al. Stopped light with storage times greater than one second using electromagnetically induced transparency in a solid. Phys Rev Lett, 2005, 95: 063601.

[103] Goldner Ph, Guillot-Nol O, Beaudoux F, et al. Long coherence lifetime and electromagnetically induced transparency in a highly-spin-concentrated solid. Phys. Rev. A, 2009, 79: 033809.

[104] Chanelière T, Matsukevich D N, Jenkins S D, et al. Storage and retrieval of single photons transmitted between remote quantum memories. Nature, 2005, 438: 833-836 ().

[105] Eisaman M D, André A, Massou F, et al. Electromagnetically induced transparency with tunable single-photon pulses. Nature, 2005, 438: 837-841.

[106] Choi K S, Deng H, Laurat J, et al. Mapping photonicentanglement into and out of a quantum memory. Nature, 2008, 452: 67-71.

[107] Akamatsu D, Akiba K, Kozuma M. Electromagnetically induced transparency with squeezed vacuum. Phys Rev Lett, 2004, 92: 203602.

[108] Honda K, Akamatsu D, Arikawa M, et al. Storage and retrieval of a squeezed vacuum. Phys Rev Lett, 2008, 100: 093601.

[109] Arikawa M, Honda K, Akamatsu D, et al. Quantum memory of a squeezed vacuum for arbitrary frequency

sidebands. Phys Rev A, 2010, 81: 021605.

[110] Appel J, Figueroa E, Korystov D, et al. Quantum memory for squeezed light. Phys Rev Lett, 2008, 100: 093602.

[111] Figueroa E, Vewinger F, Appel J, et al. Decoherence of electromagnetically induced transparency in atomic vapor. Opt Lett, 2006, 31: 2625-2627.

[112] Hsu M T L, Hétet G, Glckl O, et al. Quantum study of information delay in electromagnetically induced transparency. Phys Rev Lett, 2006, 97: 183601.

[113] Peng A, Johnsson M, Bowen W P, et al. Squeezing and entanglement delay using slow light. Phys Rev A, 2005, 71: 033809.

[114] Hétet G, Peng A, Johnsson M T, et al. Erratum: Squeezing and entanglement delay using slow light [Phys. Rev. A 71, 033809 (2005)]. Phys Rev A, 2006, 74: 059902.

[115] Hétet G, Peng A, Johnsson M T, et al. Characterization of electromagnetically-induced-transparency-based continuous-variable quantum memories. Phys Rev A, 2008, 77: 012323.

[116] Figueroa E, Lobino M, Korystov D, et al. Propagation of squeezed vacuum under electromagnetically induced transparency. New J Phys, 2009, 11: 013044.

[117] Duan L -M, Lukin M D, Cirac J I, et al. Long-distance quantum communication with atomic ensembles and linear optics. Nature, 2001, 414: 413-418.

[118] Chen Y -A, Chen S, Z -S Yuan, et al. Memory-build-in quantum teleportation with photonic and atomic qubits. Nature Phys, 2008, 4: 103-107.

[119] Moiseev S A, Tittel W. Optical quantum memory with generalized time-reversible atom-light interaction. New J Phys, 13: 063035.

[120] Hahn E L. Spin echoes. Phys Rev, 1950, 80(4): 580-594.

[121] Elyutin S O, Zakharov S M, Manykin E A. Theory of formation of photon echo pulses. Sov Phys JETP, 1979, 49: 421-431.

[122] Mossberg T W. Time-domain frequency-selective optical data storage. Opt Lett, 1982, 7: 77-79.

[123] Carlson N W, Rothberg L J, Yodh A G, et al. Storage and time reversal of light pulses using photon echoes. Opt Lett, 1983, 8: 483-485.

[124] Ruggiero J, Le Gouet J -L, Simon C, et al. Why the two-pulse photon echo is not a good quantum memory protocol. Phys Rev A, 2009, 79: 053851.

[125] Tittel W, Afzelius M, Chaneliére T, et al. Photon-echo quantum memory in solid state systems. Laser Photon Rev, 2009, 4(2): 244-267.

[126] Hétet G, Longdell J J, Sellars M J, et al. Multimodal properties and dynamics of gradient echo quantum memory. Phys Rev Lett, 2008, 101: 203601.

[127] Moiseev S A, Kroll S. Complete reconstruction of the quantum state of a single-photon wave packet absorbed by a Doppler-broadened transition. Phys Rev Lett, 2001, 87: 173601.

[128] Moiseev S A, Tarasov V F, Ham B S. Quantum memory photon echolike techniques in solids. J Opt B, 2003, 5: S497-S502.

[129] Nilsson M, Kroll S. Solid state quantum memory using complete absorption and re-emission of photons by tailored and externally controlled inhomogeneous absorption profiles. Opt Comm,2005, 247: 93-403.

[130] Alexander A L, Longdell J J, Sellars M J, et al. Photon echo esproduced by switching electric fields. Phys Rev Lett, 2006, 96: 043602.

[131] Kraus B, Tittel W, Gisin N, et al. Quantum memory for nonstationary light fields based on controlled reversible inhomogeneous broadening. Phys. Rev. A, 2006, 73: 020302(R).

[132] Moiseev S A, Noskov M I. The possibilities of the quantum memory realization for short pulses of light in the photon echo technique. Laser Phys Lett, 2004, 1: 303-310.

[133] Sangouard N, Simon C, Afzelius M, et al. Analysis of a quantum memory for photons based on controlled reversible inhomogeneous broadening. Phys Rev A, 2007, 75: 032327.

[134] Longdell J J, Hétet G, Lam P K, et al. Analytic treatment of controlled reversible inhomogeneous broadening

quantum memories for light using two-level atoms. Phys Rev A, 2008, 78: 032337.

[135] Hétet G, Longdell J J, Alexander A L, et al. Electro-optic quantum memory for light using two-level atoms. Phys Rev Lett, 2008, 100: 023601.

[136] Moiseev S A, Arslanov N M. Efficiency and fidelity of photon-echo quantum memory in an atomic system with longitudinal inhomogeneous broadening. Phys Rev A, 2008, 78: 023803.

[137] Hétet G, Hosseini M, Sparkes B M, et al. Photon echoes generated by reversing magnetic field gradients in a rubidium vapor. Opt Lett, 2008, 33(20): 2323-2325.

[138] Le Gouet J -L, Berman P R. Raman scheme for adjustable-band width quantum memory. Phys Rev A, 2009, 80: 012320.

[139] Hosseini M, Sparkes B M, Hétet G, et al. Coherent optical pulse sequencer for quantum applications. Nature, 2009, 461: 241-245.

[140] Alexander A L, Longdell J J, Sellars M J, et al. Coherent information storage with photon echoes produced by switching electric fields. J Lumin, 2007, 127: 94-97.

[141] Lauritzen B, Miná J, de Riedmatten H, et al. Telecommunication-wavelength solid-state memory at the single photon level. Phys Rev Lett, 2010, 104: 080502.

[142] Appel J, Marzlin K -P, Lvovsky A I. Raman adiabatic transfer of optical states in multilevel atoms. Phys Rev A, 2006, 73: 013804.

[143] Vewinger F, Appel J, Figueroa E, et al. Adiabatic frequency conversion of quantum optical information in atomic vapor. Opt Lett, 2007, 32: 2771-2773.

[144] Campbell G, Ordog A, Lvovsky A I. Multimode electromagnetically induced transparency on a single atomic line. New J Phys, 2009, 11: 103021.

[145] Staudt M U, Hastings-Simon S R, Afzelius M, et al. Investigations of optical coherence properties in anerbium-doped silicate fiber for quantum state storage. Opt Comm,2006, 266(2): 720-726.

[146] de Riedmatten H, Afzelius M, Staudt M U, et al. A solid state light-matter interface at the single-photon level. Nature, 2008, 456: 773-777.

[147] Hesselink W H, Wiersma D A. Picosecond photon echoes stimulated from an accumulated grating. Phys Rev Lett, 1979, 43: 1991-1994.

[148] Rebane A, Kaarli R, Saari P, et al. Photo chemical time-domain holography of weak picosecond pulses. Opt Comm,1983, 47: 173-176.

[149] Mitsunaga M, Yano R, Uesugi N. Spectrally programmed stimulated photon echo. Opt Lett, 1991, 16: 264-266.

[150] Afzelius M, Usmani I, Amari A, et al. Demonstration of atomic frequency comb memory for light with spin-wave storage. Phys Rev Lett, 2010, 104: 040503.

[151] Chanelière T, Ruggiero J, Bonarota M, et al. Efficient light storage in a crystal using an atomic frequency comb. New J Phys, 2010, 12(2): 023025.

[152] Kuzmich A, Polzik E S. Quantum information with continuous variables. Braunstein S L, Pati A K, ed. The Netherlands: Kluwer, 2003: 231-265.

[153] Muschik C A, Hammerer K, Polzik E S, et al. Efficient quantum memory and entanglement between light and an atomic ensemble using magnetic fields. Phys Rev A, 2006, 73: 062329.

[154] Hammerer K, Srensen A S, Polzik E S. Quantum interface between light and atomic ensembles. Rev Mod Phys, 2010, 82: 1041.

[155] Julsgaard B, Sherson J, Cirac J I, et al. Experimental demonstration of quantum memory for light. Nature, 2004, 432: 482-486.

[156] Julsgaard B, Kozhekin A, Polzik E S. Experimental long-lived entanglement of two macroscopic objects. Nature, 2001, 413: 400-403.

[157] Kitagawa M, Ueda M. Squeezed spin states. Phys Rev A, 1993, 47: 5138-5143.

[158] Kuzmich A, Bigelow N P, Mandel L. Atomic quantum non-demolition measurements and squeezing. Europhys Lett, 1998, 42: 481-486.

[159] MacFarlane R M, Shelby R M. Homogeneous line broadening of optical transitions of ions and molecules in glasses. J Lumin, 1987, 36(4-5): 179-207.

[160] MacFarlane R M. High-resolution laser spectroscopy of rare-earth dopedinsulators: A personal perspective. J Lumin, 2002, 100: 1-20.

[161] Sun Y, Thiel C W, Cone R L, et al. Recent progress in developing new rare earth materials for hole burning and coherent transient applications. J Lumin, 2002, 98: 281-287.

[162] Liu G, Jacquier B. Spectroscopic properties of rare earths in optical materials. Springer-Verlag Berlin Heidelberg, 2005.

[163] MacFarlane R M. Optical stark spectroscopy of solids. J Lumin, 2007, 125: 156-174.

[164] Zhao B, Chen Y -A, Bao X -H, et al. A millisecond quantum memory for scalable quantum networks. Nature Phys, 2008, 5: 95-99.

[165] Zhao R, Dudin Y O, Jenkins S D, et al. Long-lived quantum memory. Nature Phys, 2008, 5: 100-104.

[166] Schnorrberger U, Thompson J D, Trotzky S, et al. Electromagnetically induced transparency and light storage in an atomic Mott insulator. Phys Rev Lett, 2009, 103: 033003.

[167] Fraval E, Sellars M J, Longdell J J. Method of extending hyperfine coherence times in Pr3+: Y2SiO5. Phys Rev Lett, 2004, 92: 077601.

[168] Fraval E, Sellars M J, Longdell J J. Dynamic decoherence control of a solid-state nuclear-quadrupole qubit. Phys Rev Lett, 2005, 95: 030506.

[169] Valeur B. Molecular fluorescence: Principles and applications, Weinheim: Wiley-VCH Verlag GmbH, 2002.

[170] Michl J, Bonacic-Koutechy V. Electronic aspects of organic photochemistry, New York: Wiley Interscience, 1990.

[171] Carraher C. Polymer chemistry. 7th ed. New York: Taylor & Francis, 2008.

[172] Lakowicz J R. Topics in fluorescence spectroscopy: vol. 1, Techniques, New York: Kluwer Academic/Plenum Publishers, 1999.

[173] Lakowicz J R. Principles of fluorescence spectroscopy, New York: Springer, 2006.

[174] Mistra A, Kumar P, Kamalasanan M N, et al. White organic LEDs and their recent advancements. Semicond Sci Techn,2006, 21(7): R35.

[175] Faure S, Stern C, Guilard R, et al. Role of the spacer in the singlet-singlet energy transfer Mechanism (Frster vs Dexter) in Cofacial bisporphyrins. J Am Chem Soc, 2004, 126(4): 1253-1261.

[176] Miller J R, Beitz J, Huddleston R. Effect of free energy on rates of electron transfer between molecules. J Am Chem Soc, 1984, 106(18): 5057-5068.

[177] Carraher C. Introduction to polymer chemistry. New York: Taylor & Francis, 2007.

[178] Ekins-Daukes N J, Guenette M. Photovoltaic device operation at low temperature. The 2006 IEEE 4th World Conference on Photovoltaic Energy Conversion, Waikoloa, HI, USA, 7-12 May 2006, doi: 10.1109/WCPEC. 2006.279385.

[179] Smestad G P. Optoelectronics of solar cells. Washington, DC: SPIE Press, 2002.

[180] Blankenship R E. Molecular mechanisms of photosynthesis. Oxford: Blackwell Science, 2002.

[181] Heathcote P, Jones M R, Fyfe P K. Type I photosynthetic reaction centres: Structure and function. Phil Trans Roy Soc Lond B, 2003, 358(1429): 231-243.

[182] Harvey P D, Stern C, Gros C P, et al. Comments on the through-space singlet energy transfers and energy migration (exciton) in the light harvesting systems. J Inorg Biochem, 2008, 102(3): 395-405.

[183] Iida K, Inagaki J, Shinohara K, et al. Near-IR absorption and fluorescence spectra and AFM observation of the light-harvesting 1 complex on a mica substrate refolded from the subunit light-harvesting 1 complexes of photosynthetic bacteria Rhodospirillum rubrum. Langmuir, 2005, 21(7): 3069-3075.

[184] Gust D, Moore T, Moore A L. Mimicking photosynthetic solar energy transduction. Acc Chem Res, 2001, 34(9): 40-48.

[185] Hu X, Ritz T, Damjanovi A, et al. Photosynthetic apparatus of purple bacteria. Q Rev Biophys, 2002, 35(1): 1-62.

[186] Horton R, Moran L, Schrimqeour G, et al. Principles of biochemistry. Upper Saddle River, NJ: Pearson Prentice Hall, 2006.

[187] Blankenship R E, Madigan M, Bauer C E. Anoxygenic Photosynthetic Bacteria. Dordrecht: Kluwer Academic Publishers, 2004.

[188] Mozer A J, Wada Y, Jiang K, et al. Efficient dye sensitized solar cells based on a 2-thiophen-2-yl-vinyl-conjugated ruthenium photosensitizer and a conjugated polymer hole conductor. Appl Phys Lett, 2006, 89: 043509.

[189] Man K Y K, Wong H L, Chan W, et al. Use of a ruthenium-containing conjugated polymer as a photosensitizer in photovoltaic devices fabricated by a layer-by-layer deposition process. Langmuir, 2006, 22(7): 3368-3375.

[190] Krebs F C, Biancardo M. Dye sensitized photovoltaic cells: Attaching conjugated polymers to zwitterionic ruthenium dyes. Solar Energy Mat Solar Cells, 2006, 90(2): 142-165 (2006).

[191] Abd-El-Aziz A S, Carraher C E, Pittman C U, et al. Macromolecules containing metal and metal-like elements: Nanoscale interactions of metal-containing polymers: Volume 7 Nanoscale interactions of metal-containing polymers. Hoboken: John Wiley & Sons, Inc, 2005.

[192] Abd-El-Aziz A S, Carraher C E, Pittman C U, et al. Macromolecules containing metal and metal-like elements: Volume 5 Metal-coordination polymers. Hoboken: John Wiley & Sons, Inc, 2005.

[193] C. Carraher, A. Taylor-Murphy, Polym. Mater. Sci. Eng., 76, 409 (1997) and 86, 291 (2002).

[194] Carson C G, Gerhardt R A, Tannenbaum R. Chemical stability and characterization of rhodium-diisocyanide coordination polymers. J Phys Chem B, 2007, 111: 14114-14120.

[195] C. Carraher, Q. Zhang, Polym. Mater. Sci. Eng., 71, 505 (1997) and 73, 398 (1995).

[196] Carraher C E, Zhang Q. The use of ruthenium-containing polythiols for solar energy conversion. Pittman C U, Carraher C E, Zeldin M, ed. Metal-Containing Polymeric Materials, New York: Plenum, 1996.

[197] Guo F, Kim Y -G, Reynolds J R, et al. Platinum-acetylide polymer based solar cells: Involvement of the triplet state for energy conversion. Chem Comm, 2006, 17: 1887-1889.

[198] Wong W, Wang X, He Z, et al. Metallated conjugated polymers as a new avenue towards high-efficiency polymer solar cells. Nature Mater, 2007, 6: 521-527.

[199] Bérubé J -F, Gagnon K, Fortin D, et al. Solution and Solid-State Properties of Luminescent MM Bond-Containing Coordination/Organometallic Polymers Using the RNC-M2(dppm)2-CNR Building Blocks (M = Pd, Pt; R = Aryl, Alkyl). Inorg Chem, 2006, 45: 2812-2823.

[200] Clément S, Guyard L, Knorr M, et al. Ethynyl[2. 2]paracyclophanes and 4-isocyano[2. 2]paracyclophane as ligands in organometallic chemistry. J Organomet Chem, 2007, 692(4): 839-850.

[201] Evrard D, Clément S, Lucas D, et al. Chemistry and electrochemistry of the heterodinuclear complex ClPd(dppm)2PtCl: A MM' bond providing site selectivity. Inorg Chem, 2006, 45: 1305-1315.

[202] Wong W -Y, Poon S -Y. Synthesis, characterization and photoluminescence of dimeric and polymeric metallaynes of group 10-12 metals containing conjugation-breaking diphenylmethane unit. J Inorg Organom Polym Mat, 2008, 18(1): 155-162.

[203] Holten D, Bocian D F, Lindsey J S. Probing electronic communication in covalently linked multiporphyrin arrays. A guide to the rational design of molecular photonic devices. Acc Chem Res, 2002, 35: 57-69.

[204] James S L. Metal-organic frameworks. Chem Soc Rev, 32(5): 276-288.

[205] Tanase T. Recent development of linearly ordered multinuclear transition-metal complexes. Bull Chem Soc Jpn, 2002, 75(7): 1407-1422.

[206] Harvey P D. Recent advances in free and metalated multiporphyrin assemblies and arrays; A photophysical behavior and energy transfer perspective. Kadish K M, Smith K M, Guilard R, ed. The Porphyrin Handbook: Volume 18 Multiporphyrins, Multiphthalocyanines and Arrays. San Diego, CA: Academic Press, 2003: 63-250.

[207] Peng X, Aratani N, Takagi A, et al. A dodecameric porphyrin wheel. J Am Chem Soc, 2004, 126(14): 4468-4469.

[208] Takahashi R, Kobuke Y. Hexameric macroring of gable-porphyrins as a light-harvesting antenna mimic. J Am Chem Soc, 2003, 125(9): 2372-2373.

[209] Kim D, Osuka A. Directly linked porphyrin arrays with tunable excitonic interactions. Acc Chem Res, 2004, 37(10): 735-745.

[210] Harvey P D, Stern C, Gros C P, et al. The photophysics and photochemistry of cofacial free base and metallated bisporphyrins held together by covalent. Coord Chem Rev, 2007, 251(3-4): 401-428.

[211] Bolze F, Gros C P, Drouin M, et al. Fine tuning of the photophysical properties of cofacial diporphyrins via the use of different spacers. J Organomet Chem, 2002, 643-644: 89-97.

[212] Faure S, Stern C, Espinosa E, et al. Triplet-triplet energy transfer controlled by the donor-acceptor distance in rigidly held palladium-containing cofacial bisporphyrins. Chem Eur J, 2005, 11: 3469-3481.

[213] Kyrchenko A, Albinsson B. Triplet-triplet energy transfer controlled by conformer-dependent electronic coupling for long-range triplet energy transfer in donor-bridge-acceptor porphyrin dimers. Chem Phys Lett, 2002, 366: 291-299.

[214] Pettersson K, Kyrchenko A, Rnnow E, et al. Singlet energy transfer in porphyrin-based donor-bridge-acceptor systems: interaction between bridge length and bridge energy. J Phys Chem A, 2006, 110(1): 310-318.

[215] Poulin J, Stern C, Guilard R, et al. Photophysical properties of a rhodium tetraphenylporphyrin-tin corrole dyad. The first example of a through metal-metal bond energy transfer. Photochem Photobiol, 2006, 82: 171-176.

[216] Kils K, Kajanus J, Mrtensso J, et al. Mediated electronic coupling: Singlet energy transfer in porphyrin dimers enhanced by the bridging chromophore. J Phys Chem B, 1999, 103(34): 7329-7339.

[217] Andréasson J, Kajanus J, Mrtensson J, et al. Triplet energy transfer in porphyrin dimers: Comparison between π-and σ-chromophore bridged systems. J Am Chem Soc, 2000, 122(40): 9844-9845.

[218] Andréasson J, Kyrychenki A, Mrtensson J, et al. Temperature and viscosity dependence of the triplet energy transfer process in porphyrin dimers. Photochem Photobiol Sci, 2002, 1(2): 111-119.

[219] Kirstaedter N, Ledentsov N N, Grundmann M, et al. Low threshold, large To injection laser emission from (InGa)As quantum dots. Electron Lett, 1994, 30(17): 1416-1417.

[220] Shchukin V A, Ledentsov N N, Kop'ev P S, et al. Spontaneous ordering of arrays of coherent strained islands. Phys Rev Lett, 1995, 75: 2968.

[221] Shchukin V A, Bimberg D, Malyshkin V G, et al. Vertical correlations and anticorrelations in multisheet arrays of two-dimensional islands. Phys Rev B, 1998, 57: 12262.

[222] Ledentsov N N. Self-organized quantum wires and dots: New opportunities for device applications. Prog Cryst Growth Charact, 1997, 35: 289-305.

[223] Heinrichsdorff F, Mao M -H, Kirstaedter N, et al. Room-temperature continuous-wave lasing from stacked InAs/GaAs quantum dots grown by metalorganic chemical vapor deposition. Appl Phys Lett, 1997, 71: 22.

[224] Kirstaedter N, Schmidt O G, Ledentsov N N, et al. Gain and differential gain of single layer InAs/GaAs quantum dot injection lasers. Appl Phys Lett, 1996, 69: 1226.

[225] Maximov M V, Shernyakov Yu M, Tsatsul'nikov A F, et al. High-power continuous-wave operation of a InGaAs/AlGaAs quantum dot laser. J Appl Phys, 1998, 83: 5561.

[226] Ustinov V M, Kovsh A R, Zhukov A E, et al. Low-threshold quantum-dot injection heterolaser emitting at 1. 84 μm. Tech Phys Lett, 1998, 24(1): 22-23.

[227] Asryan L V, Suris R A. Charge neutrality violation in quantum dot lasers. IEEE J Select Topics Quant Electron, 1997, 3(2): 148-157.

[228] Grundmann M, Bimberg D. Gain and threshold of quantum dot lasers: Theory and comparison to experiments. Japan J Appl Phys, 1997, 36(6B): 4181.

[229] Moritz A, Wirth R, Hangleiter A, et al. Optical gain and lasing in self-assembled InP/GaInP quantum dots. Appl Phys Lett, 1996, 69: 212.

[230] Huffaker D L, Baklenov O, Graham L A, et al. Quantum dot vertical-cavity surface-emitting laser with a dielectric aperture. Appl Phys Lett, 1997, 70(2): 2356.

[231] Lott J A, Ledentsov N N, Ustinov V M, et al. Vertical cavity lasers based on vertically coupled quantum dots. Electron Lett, 1997, 33(13): 1150.

[232] L. E. Vorob. ev, D. A. Firsov, V. A. Shalygin, V. N. Tulupenko, Yu. M. Shernyakov, N. N. Ledentsov, V. M. Ustinov, Zh. I. Alferov. JETP Lett., 67, 275 (1998).

[233] Ledentsov N N, Krestnikov I L, Maximov M V, et al. Ground state exciton lasing in CdSe submonolayers inserted in a ZnSe matrix. Appl Phys Lett, 1996, 69(10): 1343.

[234] Ledentsov N N, Bimberg D, Ustinov V M, et al. Interconnection between gain spectrum and cavity mode in a quantum-dot vertical-cavity laser. Semicond Sci Techn, 1999, 14(1): 99-102.

[235] Krestnikov I L, Kop'ev P S, Alferov Zh I, et al. Vertical coupling of quantum islands in the CdSe/ZnSe submonolayer superlattices. Proceedings of the 6th International Symposium on Nanostructures: Physics and Technology, St Petersburg, Russia, June 22-26, 1998.

[236] Kalosha V P, Slepyan G Ya, Maksimenko S A, et al. Effective-medium approach for active medium quantum dot laser. Gershoni D, ed. The Physics of Semiconductors: Proceedings of the 24th International Conference on the Physics of Semiconductors (ICPS24), Singapore: World Scientific Publishing Co, 1999.

[237] Bimberg D, Grundmann M, Ledentsov N N. Quantum dot heterostructures, Chichester: John Wiley & Sons, Inc, 1998.

[238] Alferov Zh I. The history and future of semiconductor heterostructures from the point of view of a Russian scientist. Physica Scripta, Volume 1996, T68: 32-45.

[239] Eliseev P G, Li H, Liu G T, et al. Ground-state emission and gain in ultralow-threshold InAs-InGaAs quantum-dot lasers. IEEE J Select Top Quant Elec, 2001, 7(2): 135-142.

[240] Newell T C, Bossert D J, Stintz A, et al. Gain and linewidth enhancement factor in InAs quantum-dot laser diodes. IEEE Photon Techn Lett, 1999, 11(12): 1527-1529.

[241] Saito H, Nishi K, Kamei A, et al. Low chirp observed in directly modulated quantum dot lasers. IEEE Photon Tech Lett, 2000, 12(10): 1298-1300.

[242] Matthews D R, Summers H D, Smowton P M, et al. Experimental investigation of the effect of wetting-layer states on the gain-current characteristic of quantum-dot lasers. Appl Phys Lett, 2002, 81: 4904.

[243] Bhattacharya P, Ghosh S, Pradhan S, et al. Carrier dynamics and high-speed modulation properties of tunnel injection InGaAs-GaAs quantum-dot lasers. IEEE J Quant Elec, 2003, 39(8): 952-962.

[244] Deppe D G, Huang H, Shchekin O B. Modulation characteristics of quantum-dot lasers: the influence of p-type doping and the electronic density of states on obtaining high speed. IEEE J Quant Elec, 2002, 38(12): 1587-1593.

[245] Shchekin O B, Ahn J, Deppe D G. High temperature performance of self-organised quantum dot laser with stacked p-doped active region. Electron Lett, 2002, 38(14): 712-713.

[246] Asryan L V, Luryi S. Tunneling-injection quantum-dot laser: Ultrahigh temperature stability. IEEE J Quantum Electron, 2001, 37(7): 905-910.

[247] Ghosh S, Pradhan S, Bhattacharya P. Dynamic characteristics of high-speed In0. 4Ga0. 6As/GaAs self-organized quantum dot lasers at room temperature. Appl Phys Lett, 2002, 81: 3055.

[248] Fathpour S, Mi Z, Bhattacharya P, et al. The role of Auger recombination in the temperature-dependent output characteristics (T0=∞) of p-doped 1. 3m quantum dot lasers. Appl Phys Lett, 2004, 85: 5164.

[249] Fathpour S, Mi Z, Chakrabarti S, et al. Characteristics of high-performance 1. 0m and 1. 3m quantum dot lasers: Impact of p-doping and tunnel injection. 62nd Device Research Conference Digest, Notre Dame, IN, June 2004, 62: 156-160.

[250] Urayama J, Norris T B, Jiang H, et al. Temperature-dependent carrier dynamics in self-assembled InGaAs quantum dots. Appl Phys Lett, 2002, 80: 2162.

[251] Deppe D G, Huffaker D L. Quantum dimensionality, entropy, and the modulation response of quantum dot lasers. Appl Phys Lett, 2000, 77: 3325

[252] Zhang X, Gutierrez-Aitken A, Klotzkin D, et al. 0. 98-μm multiple-quantum-well tunneling injection laser with 98-GHz intrinsic modulation bandwidth. IEEE J Select Top Quant Elec, 1997, 3(2): 309-314.

[253] Bhattacharya P, Ghosh S. Tunnel injection In0.4Ga0.6As/GaAs quantum dot lasers with 15 GHz modulation bandwidth at room temperature. Appl Phys Lett, 2002, 80: 3482.

[254] Gionannini M 2004 Proc. SPIE Int. Soc. Opt. Eng. 5452 526

[255] Kim K, Urayama J, Norris T B, et al. Gain dynamics and ultrafast spectral hole burning in In(Ga)As self-organized quantum dots. Appl Phys Lett, 2002, 81: 670.

[256] Kochman B, Stiff-Roberts A D, Chakrabarti S, et al. Absorption, carrier lifetime, and gain in InAs-GaAs quantum-dot infrared photodetectors. IEEE J Quant Elec, 2003, 39(3): 459-467.

[257] Ghosh S, Bhattacharya P, Stoner E, et al. Temperature-dependent measurement of Auger recombination in self-organized In0.4Ga0.6As/GaAs quantum dots. Appl Phys Lett, 2001, 79: 722.

[258] Marko I P, Andreev A D, Adams A R, et al. The role of Auger recombination in inas 1.3-/mu m quantum-dot lasers investigated using high hydrostatic pressure. IEEE J Select Top Quant Elect, 2003, 9(5): 1300.

[259] Fathpour S, Bhattacharya P, Pradhan S, et al. Linewidth enhancement factor and near-field pattern in tunnel injection In0.4Ga0.6As self-assembled quantum dot lasers. Elec Lett, 2003, 39: 1443-1444.

[260] Liu G, Jin X, Chuang S L. Novel techniques for measurement of linewidth enhancement factors of strained QW lasers using injection locking. IEEE Photon Tech Lett, 2001, 13: 430-432.

[261] Markus A, Chen J X, Gauthier-Lafaye O, et al. Impact of intraband relaxation on the performance of a quantum-dot laser. IEEE J Select Top Quant Elec,2003, 9(5): 1308-1314.

[262] Huyet G, O'Brien D, Hegarty S P, et al. Quantum dot semiconductor lasers with optical feedback. Phys Status Solidi a, 2004, 201(2): 345-352.

[263] Otto C, Lüdge K, Schll E. Modeling quantum dot lasers with optical feedback: Sensitivity of bifurcation scenarios. Phys Status Solidi b, 2010, 247(4): 829-845.

[264] Pausch J, Otto C, Tylaite E, et al. Optically injected quantum dot lasers: impact of nonlinear carrier lifetimes on frequency-locking dynamics. New J Phys, 2012, 14: 053018.

[265] Wieczorek S, Krauskopf B, Simpson T, et al. The dynamical complexity of optically injected semiconductor lasers. Phys Rep, 2005, 416: 1.

[266] Goulding D, Hegarty S P, Rasskazov O, et al. Excitability in a quantum dot semiconductor laser with optical injection. Phys Rev Lett, 2007, 98: 153903.

[267] Kelleher B, Goulding D, Hegarty S P, et al. Excitable phase slips in an injection-locked single-mode quantum-dot laser. Opt Lett, 2009, 34(4): 440-442.

[268] Erneux T, Viktorov E A, Kelleher B, et al. Optically injected quantumdot lasers. Opt Lett, 2010, 35: 070937.

[269] Olejniczak L, Panajotov K, Thienpont H, et al. Self-pulsations and excitability in optically injected quantum-dot lasers: Impact of the excited states and spontaneous emission noise. Phys Rev A, 2010, 82: 023807.

[270] Su H, Zhang L, Gray A L, et al. Gain compression coefficient and above-threshold linewidth enhancement factor in InAs/GaAs quantum dot DFB lasers. Proc SPIE, 2005, 5722: 72.

[271] Naderi N A, Pochet M, Grillot F, Terry N B, Kovanis V and Lester L F Modeling the injection-locked behavior of a quantum dash semiconductor laser. IEEE J Select Top Quant Elec, 2009, 15: 563.

[272] Grillot F, Naderi N A, Pochet M, et al. Variation of the feedback sensitivity in a 1.55μm InAs/InP quantum-dash Fabry-Perot semiconductor laser. Appl Phys Lett, 2008, 93: 191108.

[273] Grillot F, Dagens B, Provost J G, et al. Gain compression and above-threshold linewidth enhancement factor in 1.3μm InAs/GaAs quantum-dot lasers. IEEE J Quant Elec, 2008, 44: 946.

[274] Lüdge K, Schll E. Quantum-dot lasers-Desynchronized nonlinear dynamics of electrons and holes. IEEE J Quant Elec, 2009, 45: 1396.

[275] Lüdge K, Aust R, Fiol G, et al. Large signal response of semiconductor quantum-dot lasers. IEEE J Quant Elec, 2010, 46: 1755.

[276] Pochet M, Naderi N A, Terry N, et al. Dynamic behavior of an injection-locked quantum-dash Fabry-Perot laser at zero-detuning. Opt Express, 2009, 17: 20623.

[277] Lüdge K and Schll E. Nonlinear dynamics of doped semiconductor quantum dot lasers. Eur Phys J D, 2010,

58：167.

[278] Majer N，Lüdge K，Schll E. Maxwell-Bloch approach to four-wave mixing in quantum dot semiconductor optical amplifiers. 11th International Conference on Numerical Simulation of Optoelectronic Devices（NUSOD），Rome，Italy，5-8 Sept. 2011：153-154.

[279] Flunkert V，Schll E. Suppressing noise-induced intensity pulsations in semiconductor lasers by means of time-delayed feedback. Phys Rev E，2007，76：066202.

[280] Majer N，Lüdge K，Schll E. Cascading enables ultrafast gain recovery dynamics of quantum dot semiconductor optical amplifiers. Phys Rev B，2010，82：235301.

[281] Wieczorek S，Krauskopf B，Lenstra D. Multipulse excitability in a semiconductor laser with optical injection. Phys Rev Lett，2002，88：063901.

[282] Hizanidis J，Aust R，Schll E. Delay-induced multistability near a global bifurcation. Int J Bifur Chaos，2008，18：1759.

[283] Thévenin J，Romanelli M，Vallet M，Brunel M and Erneux T Resonance assisted synchronization of coupled oscillators：Frequency locking without phase locking. Phys Rev Lett，2011，107：104101

[284] Pausch J，Otto C，Tylaite E，et al. Optically injected quantum dot lasers：Impact of nonlinear carrier lifetimes on frequency-locking dynamics. New J Phys，2012，14：053018.

[285] Wieczorek S，Chow W W，Chrostowski L，et al. Improved semiconductor-laserdynamics from induced population pulsation. IEEE J Quant Elec，2006，42：552.

[286] Dhooge A，Govaerts W，Kuznetsov Yu A. Matcont：A matlab package for numerical bifurcation analysis of ODEs. ACM TOMS，2003，29(2)：141-164.

[287] Lüdge K，Schll E，Viktorov E A，et al. Analytic approach to modulation properties of quantum dot lasers. J Appl Phys，2011，109：103112，

[288] Jin X，Chuang S L. Bandwidth enhancement of Fabry-Perot quantum-well lasers by injection-locking. Solid-State Elec，2006，50：1141.

[289] Lau E K，Wong L J，Wu M C. Enhanced modulation characteristics of optical injection-locked lasers：A tutorial. IEEE J Sel Top Quan Elec，2009，15：618.

[290] Wegert M，Majer N，Lüdge K，et al. Nonlinear gain dynamics of quantum dot optical ampliers. Semicond Sci Tech，2011，26：014008.

[291] Majer N，Dommers-Vlkel S，Gomis-Bresco J，et al. Impact of carrier-carrier scattering and carrier heating on pulse train dynamics of quantum dot semiconductor optical amplifiers. Appl Phys Lett，2011，99：131102.

[292] Chow W W，Koch S W. Semiconductor-laser fundamentals：Physics of the gain materials，New York：Springer，1999.

[293] New Journal of Physics 14 ，2012.

[294] Powell M A，Donnell A O. What integrated optics is really used for. Optics and Photonics News，1997，8(9)：23-29.

[295] Smit M K. New focusing and dispersive planar component based on an optical phased array. Elec Lett，1988，24：385-386.

[296] Vreeburg C G M，Uitterdijk T，Oei Y S，et al. First InP-basedreconfigurable integrated add-drop multiplexer. IEEE Photon Tech Lett，1997，9(2)：188-190.

[297] Herben C G P，Leijtens X J M，Leys M R，et al. Extremely compact WDM cross connect on InP. Proc 5th Ann Symp IEEE/LEOS Benelux Chapter，Delft，The Netherlands，Oct 30，2000：17-20.

[298] Barbarin Y，Leijtens X J M，Bente E A J M，et al. Extremely small AWG demultiplexer fabricated on InP by using a double-etch Process. IEEE Photon Tech Lett，2004，16：2478-2480.

[299] Hill M T，Dorren H J S，de Vries T J，et al. A fast low power optical memory based on coupled micro-ring lasers. Nature，2004，432：206-209.

[300] Binsma J J M，van Geemert M，Broeke R G，et al. MOVPE waveguide regrowth in InGaAsP/InP with extremely low butt-joint loss. Proc 2001 Annual Symposium IEEE/LEOS Benelux Chapter，Brussels，Belgium，December 3，2001：245-248.

[301] den Besten J H, Caprioli D, van Dijk R, et al. Integration of MZI-modulators and AWG-based multiwavelength lasers in InP. Proc 2004 Annual Symposium IEEE/LEOS Benelux Chapter, Gent, Belgium, December 2-3, 2004: 95-98.

[302] Gong Q, Ntzel R, van Veldhoven P J, et al. Wavelength tuning of InAs quantum dots grown on InP (100) by chemical-beam epitaxy. Appl Phys Lett, 2004, 84: 275-277.

[303] Prokhorov A M, Kuz'minov Yu S, Khachaturyan O A. Ferroelectric thin-film waveguides in integrated optics and optoelectronics. Cambridge: Cambridge International Science Publishing, 1996.

[304] Kawachi M. Silica Waveguides on silicon and their application to integrated-optic omponents. Opt Quan Elec, 1990, 22: 391-416.

[305] Volterra H, Zimmerman M. Indium phosphide benefits high-performance transmission. WDM Solutions, 2000, 2(10): 47-49.

[306] Wakao K, Soda H, Kotaki Y. Semiconductor optical active devices for photonics networks. FUJITSU Sci Tech J, 1999, 35: 100-106.

[307] Gasman L. New materials renew life for integrated optics. WDM Solutions, 2001, 3(11): 17-20.

[308] Najafi S I. Artech house optoelectronics library: Introduction to glass integrated optics. Boston: Artech House, 1992.

[309] Wong W H, Liu K K, Chan K S, et al. Polymer devices for photonic applications. J Crystal Growth, 2006, 288(1): 100-104.

[310] Cai P -F, Sun C -Z, Xiong B, et al. 40 Gb/s AlGaInAs Electroabsorption Modulated Laser Module Based on Identical Epitaxial Layer Scheme. Jpn J Appl Phys, 2007, 46(2): 25-28.

[311] Ma X, Chen P, Li D, et al. Electrically pumped ZnO film ultraviolet random lasers on silicon substrate. Appl Phys Lett, 2007, 91: 251109.

[312] Chen X, Li C, Tsang H K, et al. Fabrication-tolerant waveguide chirped grating coupler for coupling to a perfectly vertical optical fiber. IEEE Photon Tech Lett, 2008, 20(23): 1914-1916.

[313] Wang M, Xie M, Ferraioli L, et al. Light emission properties and mechanism of low-temperature prepared amorphous SiNX films. I. Room-temperature band tail states photoluminescence. J Appl Phys, 2008, 104: 083504.

[314] D. Dai, He S. Highly sensitive sensor based on an Ultra-High-Q Mach-Zehnder interferometer-coupled microring. J Opt Soc Am B, 2009, 26(3): 511-516.

[315] Dai D, He S. A silicon-based hybrid plasmonic waveguide with a metal cap for a nano-scale light confinement. Opt Express, 2009, 17(19): 16646-16653.

[316] Zhu N H, Zhang H G, Man J W, et al. Microwave generation in an electro-absorption modulator integrated with a DFB laser subject to optical injection. Opt Express, 2009, 17(24): 22114-22123.

[317] Chiang K S. Development of optical polymer waveguide devices. Proc SPIE 7605, Optoelectronic Integrated Circuits XII, 2010: 760507.

[318] Chen X, Li C, Fung C K Y, et al. Apodized waveguide grating couplers for efficient coupling to optical fibers. IEEE Photon Tech Lett, 2010, 22(15): 1156-1158.

[319] Dai D, Fu X, Shi Y, et al. Experimental demonstration of an ultracompact Si-nanowire-based reflective arrayed-waveguide grating (de) multiplexer with photonic crystal reflectors. Opt Lett, 2010, 35 (15): 2594-2596.

[320] Dai D, He S. Low-loss hybrid plasmonic waveguide with double low-index nano-slots. Opt Express, 2010, 18 (17): 17958-17966.

[321] Hong T, Ran G -Z, Chen T, et al. A selective-area metal bonding InGaAsP-Si laser. IEEE Photon Tech Lett, 2010, 22(15): 1141-1143.

[322] Sun C, Xiong B, Xu J, et al. 40 Gb/s AlGaInAs electroabsorption modulated laser module with novel packaging design. Proc the 22nd IEEE International Semiconductor Laser Conference, Kyoto, Japan, 26-30 Sept, 2010.

[323] Wang L, Zhao X, Lou C, et al. 40 Gbits/s all-optical clock recovery for degraded signals using an amplified

feedback laser. Appl Opt, 2010, 49(34): 6577-6581.

[324] Wang S -J, Lin J -D, Huang Y -Z, et al. AlGaInAs/InP microcylinder lasers connected with an output waveguide. IEEE Photon Tech Lett, 2010, 22(18): 1349-1351.

[325] Xiao Y -F, Zou C -L, Li B -B, et al. High-Q Exterior whispering-gallery modes in a metal-coated microresonator. Phys Rev Lett, 2010, 105: 153902.

[326] Zhou Z, Wu H, Feng J, et al. Silicon nanophotonic devices based on resonance enhancement. J Nanophoton, 2010, 4(1): 041001.

[327] Zhang Y X, Zhao L J, Niu B, et al. 5Gb/s optical logic AND operations by using monolithically integrated photodiode and electroabsorption modulator. Proc SPIE, 2010, 7717: 77171B-1.

[328] Chen X, Tsang H K. Polarization-independent grating couplers for silicon-on-insulator nanophotonic waveguides. Opt Lett, 2011, 36(6): 796-798.

[329] Feng S, Lei T, Chen H, et al. Silicon photonics: From a microresonator perspective. Lasers Photon Rev, 2011, 6(2): 145-177.

[330] Hu F, Yi H, Zhou Z. Band-pass plasmonic slot filter with band selection and spectrally splitting capabilities. Opt Express, 2011, 19(6): 4848-4855.

[331] Jin L, Li M, He J -J, et al. Optical waveguide double-ring sensor using intensity interrogation with low-cost broadband source. Opt Lett, 2011, 36(7): 1128-1130.

[332] Su S, Cheng B, Xue C, et al. GeSn p-i-n photodetector for all telecommunication bands detection. Opt Express, 2011, 19(7): 6400-6405.

[333] Wang X J, Wang B, Wang L, et al. Extraordinary infrared photoluminescence efficiency of Er0. 1Yb1. 9SiO5 Films on SiO2/Si Substrates. Appl Phys Lett, 2011, 98: 071903.

[334] Zhou L, Ye T, Chen J, et al. Coherent interference induced transparency in self-coupled optical waveguide-based resonators. Opt Lett. 2011, 36(1): 13-15.

[335] Zhou L, Ye T, Chen J, et al. Waveguide self-coupling based reconfigurable resonance structure for optical filtering and delay. Opt Express, 2011, 19(9): 8032-8044.

[336] Chan V W S, Hall K L, Modiano E, et al. Architectures and technologies for high-speed optical data networks. J Lightwave Tech, 1998, 16(12): 2146-2168.

[337] Ganguly B, Chan V W S. A scheduled approach to optical flow switching in the ONRAMP optical access network testbed. Optical Fiber Communication Conference and Exhibit (OFC 2002), Anaheim, CA, USA, 17-22 March 2002.

[338] Yoo M, Jeong M, Qiao C. A high speed protocol for bursty traffic in optical networks. SPIE All-Optical Communication Systems, 1997, 3230: 79-90.

[339] Qiao C, Yoo M. Optical burst switching OBS-A new paradigm for an optical internet. J High Speed Netw, 1999, 8(1): 69-84.

[340] Verma S, Chaskar H, Ravikanth R. Optical burst switching: A viable solution for terabit IP backbone. IEEE Network, 2000, 14(6): 48-53.

[341] Battestilli T, Perros H. An introduction to optical burst switching. IEEE Opt Comm, 2003, 41(8): S10-S15.

[342] Widjaja I. Performance analysis of burst admission-control protocols. IEE Proc: Communications, 1995, 142 (1): 7-14.

[343] Turner J. Terabit burst switching. J High Speed Netw, 1999, 8: 3-16.

[344] Vokkarane V M, Jue J P, Sitaraman S. Burst segmentation: An approach for reducing packet loss in optical burst switched networks. Proc IEEE Intern Conf Comm,2002, 5: 2673-2677.

[345] Chen Y, Wu H, Xu D, et al. Performance analysis of optical burst switched node with deflection routing. Proc IEEE Intern Conf Comm (ICC '03), 2004, 2: 1355-1359.

[346] Weichenberg G, Chan V W S, Médard M. On the capacity of optical networks: A framework for comparing different transport architectures. IEEE J Select Areas Comm, 2007, 25(6): 84-101.

[347] Weichenberg G, Chan V W S, Médard M. Cost-efficient optical network architectures. European Conference on Optical Communications, Cannes, France, France, 24-28 Sept 2006.

[348] Sengupta S, Kumar V, Saha D. Switched optical backbone for cost effective scalable core IP networks. IEEE Comm Mag, 2003, 41(6): 60-70.

[349] Baldine I, Cassada M, Bragg A, et al. Just-in-time optical burst switching implementation in the ATDnet all-optical networking testbed. Proc IEEE Global Telecomm Conf (GLOBECOM'03), 2003: 2777-2781.

[350] Baldine I, Rouskas G N, Perros H G, et al. JumpStart: A just-in-time signaling architecture for WDM burst-switched networks. IEEE Comm Mag, 2002, 40(2): 82-89.

[351] Blumenthal D, Ikegami T, Prucnal P R, et al. Special issue on photonic packet switching technologies, techniques, and systems. Journal of Lightwave Technology, 1999, 17(12): .

[352] Blumenthal D J. Photonic packet switching and optical label swapping. Opt Netw Mag, 2001, 2(6): 54-65.

[353] Blumenthal D J, Bowers J E, Rau L, et al. Optical signal processing for optical packet switching networks. IEEE Comm Mag, 2003, 41(2): 23-29.

[354] Callegati F. Optical buffers for variable length packets. IEEE Comm Lett, 2000, 4(9): 292-294.

[355] Callegati F, Corazza G, Raffaelli C. Exploitation of DWDM for optical packet switching with quality of service guarantees. IEEE J Select Areas Comm, 2002, 20(1): 190-201.

[356] Chlamtac I, Fumagalli A, Kazovsky L G, et al. CORD: contention resolution by delay lines. IEEE J Select Areas Comm, 1996, 14(5): 1014-1029.

[357] Chu P B, Lee S -S, Park S. MEMS: The path to large optical crossconnects. IEEE Comm Mag, 2002, 40(3): 80-87.

[358] Danielsen S L, Joergensen C, Mikkelsen B, et al. Analysis of a WDM packet switch with improved performance under Bursty traffic conditions due to tunable wavelength converters. J Lightw Tech, 1998, 16(5): 729-735.

[359] Danielsen S L, Joergensen C, Mikkelsen B, et al. Optical packet switched network layer without optical buffers. IEEE Photon Tech Lett, 1998, 10(6): 896-898.

[360] Dorren H J S, Hill M T, Liu Y, et al. Optical packet switching and buffering by using all-optical signal processing methods. J Lightw Tech, 2003, 21(1): 2-12.

[361] El-Bawab T, Shin J -D. Optical packet switching in core networks: Between vision and reality. IEEE Comm Mag, 2002, 40(9): 60-65.

[362] Elmirghani J M H, Mouftah H T. All-optical wavelength conversion: Technologies and applications on DWDM networks. IEEE Comm Mag, 2000, 38(3): 86-92.

[363] Eramo V, Listanti M. Transparent optical packet switching: The European ACTS KEOPS project approach. J Light Tech, 2000, 16(12): 2117-2134.

[364] Hunter D K, Chia M C, Andonovic I. Buffering in optical packet switches. J Lightw Tech, 1998, 16(12): 2081-2094.

[365] Doany F E, Schow C L, Kash J A, et al. Terabus: A 160-Gb/s bidirectional board-level optical data bus. The 20th Annual Meeting of the IEEE Lasers & Electro-Optics Society, Lake Buena Vista, FL, USA, 21-25 Oct 2007.

[366] Patel C S, Tsang C K, Schuster C, et al. Silicon carrier with deep through-vias, fine pitch wiring and through cavity for parallel optical transceiver. Proc 55th Electronic Components and Technology Conference, Lake Buena Vista, FL, USA, 31 May-3 June 2005: 1318-1324.

[367] Andry P S, Tsang C, Sprogis E, et al. A CMOS-compatible process for fabricating electrical through-vias in silicon. Proc 56th Electronic Components and Technology Conference, San Diego, CA, USA, 30 May-2 June 2006: 831-837.

[368] Tsang C K, Andry P S, E J Sprogis, et al. CMOS-compatible silicon through-vias for 3D process integration. MRS Online Proceedings Library Archive, 2006, 970: 0970-Y01-01. 2008 Electronic Components and Technology Conference?

[369] Hunter D K, Cornwell W D, Gilfedder T H, et al. SLOB: A switch with large optical buffers for packet switching. J Lightw Tech, 1998, 16(10): 1725-1736.

[370] Hunter D K, Nizam M H M, Chia M C, et al. WASPNET: A wavelength switched packet network. IEEE

Comm Mag, 1999, 37(3): 120-129.

[371] O'Mahony M J, Simeonidou D, Hunter D K, et al. The application of optical packet switching in future communication networks. IEEE Comm Mag, 2001, 39(3): 128-135.

[372] O'Mahony M J, Guild K M, Hunter D K, et al. An optical packet switched network (WASPNET)-Concept and realisation. Opt Netw J, 2001, 2(6): 46-54.

[373] Papadimitriou G I, Papazoglou C, Pomportsis A S. Optical burst switching (OBS)-A new paradigm for an optical Internet. J High Speed Netw, 2003, 8(1): 69-84.

[374] Ramamurthy B, Mukherjee B. Network and system concepts for optical packet switching. IEEE Comm Mag, 1998, 35(4): 96-102.

[375] Tancevski L, Ge A, Castaon G, et al. A new scheduling algorithm for asynchronous variable length IP traffic. Proceedings of Optical Fiber Communication (OFC'99) Conference, San Diego CA, USA, February 1999.

[376] Tancevski L, Yegananarayanan S, Castagon G, et al. Optical routing of asynchronous variable length packets. IEEE J Select Areas Comm, 2000, 18(10): 2084-2093.

[377] Yang Q, Bergman K, Hughes G D, et al. WDM packet routing for high-capacity data networks. J Lightw Tech, 2001, 19(10): 1420-1426.

[378] Yao S, Dixit S, Mukherjee B. Advances in photonic packet switching: An overview. IEEE Comm Mag, 2000, 38(2): 84-94.

[379] Yao S, Mukherjee B, Yoo S J B, et al. A unified study of contention-resolution schemes in optical packet-switched networks. IEEE J Lightw Tech, 2003, 21(3): 672-683.

[380] Yao S, Yoo S J B, Mukherjee B, et al. All-optical packet switching for metropolitan area networks: Opportunities and challenges. IEEE Comm Mag, 2001, 39(3): 142-148.

[381] Hoffman M, Kopka P, Voges E. Thermooptical digital switch arrays in silica on silicon with defined zero voltage state. IEEE J Lightw Tech, 1998, 16(3): 395-400.

[382] Wang G, Andersen D G, Kaminsky M, et al. c-Through: part-time optics in data centers. Proc ACM SIGCOMM 2010 Conference on Applications, Technologies, Architectures, and Protocols for Computer Communications, New Delhi, India, August 30-September 3, 2010: 327-338.

[383] Farrington N, Porter G, Radhakrishnan S, et al. Helios: A hybrid electrical/optical switch architecture for modular data centers. Proc ACM SIGCOMM 2010 Conference on Applications, Technologies, Architectures, and Protocols for Computer Communications, New Delhi, India, August 30-September 3, 2010: 339-350.

[384] Biberman A, Lira H L R, Padmaraju K, et al. Broadband CMOS-compatible silicon photonic electro-optic switch for photonic networks-on-chip. Proc Conference on Lasers and Electro-Optics (CLEO) and Quantum Electronics and Laser Science Conference (QELS), San Jose, CA, USA, 16-21 May 2010.

[385] Shaw M J, Guo J, Vawter G A, et al. Fabrication techniques for low-loss silicon nitride waveguides. Proc SPIE, 2005, 5720: 109-118.

[386] Preston K, Manipatruni S, Gondarenko A, et al. Deposited silicon high-speed integrated electro-optic modulator. Opt Express, 2009, 17(7): 5118-5124.

[387] Chen L, Lipson M. Ultra-low capacitance and high speed germanium photodetectors on silicon. Opt Express, 2009, 17(10): 7901-7906.

[388] A good discussion of blue laser developments appears in "Blue-Laser CD Technology" by R. Gunshot and A. Nurmikko in Scientific American, 48-51 July 1996.

[389] McCormick F B, Cokgor I, Esener S C, et al. Two-photon absorption-based 3-D optical memories. Proc SPIE, 1996, 2604: 23-32.

[390] Babbitt W R. Persistent spectral hole-burning memories and processors. Workshop on Data Encoding for Page-oriented Optical Memories (DEPOM'96), Phoenix, AZ, USA, 27-28 March 1996.

[391] MacDonald K F, Soares B F, Bashevoy M V, et al. Controlling light with light via structural transformations in metallic nanoparticles. IEEE J Select Top Quant Elec,2006, 12: 371.

[392] Pochon S, MacDonald K F, Knize R J, et al. Phase coexistence in gallium nanoparticles controlled by electron excitation. Phys Rev Lett, 2004, 92(14): 145702.

[393] Soares B F, MacDonald K F, Fedotov V A, et al. Light-induced structural transformations in a single gallium nanoparticulate. Nano Lett, 2005, 5: 2104-2107.

[394] Berry R S, Smirnov B M. Phase stability of solid clusters. J Chem Phys, 2000, 113(2): 728-737.

[395] Shirinyan A S, Wautelet M. Phase separation in nanoparticles. Nanotechnology, 2004, 15: 1720-1731.

[396] Wautelet M. Phase stability of electronically excited Si nanoparticles. J Phys: Cond Matter, 2004, 16: L163-L166.

[397] MacDonald K F, Fedotov V A, Pochon S, et al. Optical control of gallium nanoparticle growth. Appl Phys Lett, 2002, 84: 1643.

[398] Michel J, Assali L V C, Morse M T, et al. Erbium insilicon. Semicond Semimet, 1998, 7: 111-156.

[399] Coffa S, Franzò G, Priolo F. Light emission from Er-doped Si: Materials, properties, mechanisms and device performance. Mater Res Soc Bull, 1998, 23: 25-32.

[400] Fauchet P M. Light emission from silicon quantum dots. Mater Today, 2005, 8: 26-33.

[401] Ng W L, Lourenco M A, Gwilliam R M, et al. An efficient room-temperature silicon-based light emitting diode. Nature, 2001, 410: 192-194.

[402] Green M A, Zhao J, Wang A, et al. Efficient silicon light-emitting diodes. Nature, 2001, 412: 805-808.

[403] Pavesi L, Dal Negro L, Mazzoleni C, et al. Opticalgain in silicon nanocrystals. Nature, 2000, 408: 440-444.

[404] Tiwari S, Rana F, Hanafi H, et al. A silicon nanocrystal based memory. Appl Phys Lett, 1995, 68: 1377-1379.

[405] Walters R J, Bourianoff G I, Atwater H A. Field-effect electroluminescencein silicon nanocrystals. Nature Mater, 2005, 4: 143-146.

[406] Forcales M, Gregorkiewicz T, Zavada J M. Silicon-based all-optical memory elements for 1. 54m photonics. Solid State Elec, 2003, 47: 165-168.

[407] Forcales M, Gregorkiewicz T, Bradley I V, et al. After gloweffect in photo luminescence of Si: Er. Phys Rev B, 2003, 65: 195208.

[408] Andreev B, Chalkov V, Gusev O, et al. Realization of photo-and electroluminescent Si: Er structures by the method of sublimation molecular beam epitaxy. Nanotechnology, 2002, 13: 97-102.

[409] Rong H, Liu A, Jones R, et al. An all-silicon Raman laser. Nature, 2005, 433: 292-294.

[410] Boyraz O, Jalali B. Demonstration of a silicon Raman laser. Opt Express, 2004, 12: 5269-5273.

[411] Rong H, Jones R, Liu A, et al. A continuous-wave Raman silicon laser. Nature, 2005, 433: 725-728.

[412] Liu A, Jones R, Liao L, et al. A high-speed optical modulator based on a metal-oxide-semiconductor capacitor. Nature, 2004, 427: 615-618.

[413] Almeida V R, Barrios C A, Panepucci R R, et al. All-opticalcontrol of light on a silicon chip. Nature, 2004, 431: 1081-1084.

[414] Joshkin V A, Roberts J C, McIntosh F G, et al. Optical memory effect in GaN epitaxial films. Appl Phys Lett, 1997, 71: 234-236.

[415] Markman M, Neufeld E, Sticht A, et al. Excitation efficiency of electrons and holes in forward and reverse biased epitaxially grown Er-doped Si diodes. Appl Phys Lett, 2001, 78: 210-212.

[416] Smit M K, Leijtens X, Bente E, et al. Generic foundry model for InP-based photonics. IET Optoelectron, 2011, 5(5): 187-194.

[417] Smit M K, Leijtens X, Bente E, et al. A generic foundry model for InP-based photonic ICs. Optical Fiber Communication Conference 2012 (OFC 2012), OSA Technical Digest, 2012: OM3E. 3

[418] van der Tol J, Zhang R, Pello J, et al. Photonic integration in indium-phosphide membranes on silicon. IET Optoelectron, 2011, 5(5): 218-225.

[419] Gittins D I, Bethell D, Schiffrin D J, et al. A nanometre-scale electronic switch consisting of a metal cluster and redox-addressable groups. Nature, 2000, 408: 67-69.

[420] Moresco F, Meyer G, Rieder K -H, et al. Conformational changes of single molecules induced by scanning tunneling microscopy manipulation: A route to molecular switching. Phys Rev Lett, 2001, 86: 672.

[421] Liang Y C, Dvornikov A S, Rentzepis P M. Nonvolatile read-out molecular memory. PNAS, 2003, 100(14):

8109.

[422] Irie M, Fukaminato T, Sasaki T, et al. Organic chemistry: A digital fluorescent molecular photoswitch. Nature, 2002, 420: 759-760.

[423] Hugel T, Holland N B, Cattani A, et al. Single-molecule optomechanical cycle. Science, 2002, 296(5570): 1103-1106.

[424] Jung G, Wiehler J, Steipe B, et al. Single-molecule microscopy of the green fluorescent protein using simultaneous two-color excitation. ChemPhysChem, 2001, 2(6): 392-396.

[425] Chirico, G, Cannone F, Diaspro A, et al. Multiphoton switching dynamics of single green fluorescent proteins. Phys Rev E, 2004, 70: 030901(R).

[426] Chudakov D M, Verkhusha V V, Staroverov D B, et al. Photoswitchable cyan fluorescent protein for protein tracking. Nature Biotech, 2004, 22(11): 1435-1439.

[427] Fukaminato T, Sasaki T, Kawai T, et al. Digital photoswitching of fluorescence based on the photochromism of diarylethene derivatives at a single-molecule level. J Am Chem Soc, 2004, 126(45): 14843-14849.

[428] Widengren J, Schwille P. Characterization of Photoinduced Isomerization and Back-Isomerization of the Cyanine Dye Cy5 by fluorescence correlation spectroscopy. J Phys Chem A, 2000, 104(27): 6416-6428.

[429] Tinnefeld P, Herten D P, Sauer M. Photophysical dynamics of single molecules studied by spectrally-resolved fluorescence lifetime imaging microscopy (SFLIM). J Phys Chem A, 2001, 105(34): 7989-8003.

[430] Tinnefeld P, Buschmann V, Weston K D, et al. Direct observation of collective blinking and energy transfer in a bichromophoric system. J Phys Chem A, 2003, 107(3): 323-433.

[431] Ha T, Xu J. Photodestruction intermediates probed by an adjacent reporter molecule. Phys Rev Lett, 2003, 90: 223002.

[432] Zhuang X, Bartley L E, Babcock H P, et al. A single-molecule study of RNA catalysis and folding. Science, 2000, 288(5473): 2048-2051.

[433] Kim H D, Nienhaus G U, Ha T, et al. Mg2 +-dependent conformational change of RNA studied by fluorescence correlation and FRET on immobilized single molecules. PNAS, 2002, 99(7): 4284-4289.

[434] Zhuang X, Kim H, Pereira M J B, et al. Correlating structural dynamics and function in single ribozyme molecules. Science, 2002, 296(5572): 1473-1476.

[435] Ha T, Rasnik I, Cheng W, et al. Initiation and re-initiation of DNA unwinding by the Escherichia coli Rep helicase. Nature, 2002, 419(6907): 638-641.

[436] Tan E, Wilson T J, Nahas M K, et al. A four-way junction accelerates hairpin ribozyme folding via a discrete intermediate. PNAS, 2003, 100(16): 9308-9313.

[437] Blanchard S C, Kim H D, Gonzalez R L, Jr, et al. tRNA dynamics on the ribosome during translation. PNAS, 2004, 101(35): 12893-12898.

[438] Blanchard S C, Gonzalez R L, Jr, Kim H D, et al. tRNA selection and kinetic proofreading in translation. Nature Struct Mol Biol, 2004, 11: 1008-1014.

[439] Piestert O, Barsch H, Buschmann V, et al. Single-molecule sensitive DNA hairpin system based on intramolecular electron transfer. Nano Lett, 2003, 3(7): 979-982.

[440] Heilemann M, Tinnefeld P, Mosteiro G S, et al. Multistep energy transfer in single molecular photonic wires. J Am Chem Soc, 2004, 126(21): 6514-6515.

[441] Kapanidis A N, Lee N K, Laurence T A, et al. Fluorescence-aided molecule sorting: Analysis of structure and interactions by alternating-laser excitation of single molecules. PNAS, 2004, 101(24): 8936-8941.

第6章 光量子类脑存储

6.1 智能存储研究发展现状

随着存储信息量的不断增长，容量和速度已不是存储的唯一指标，存储内容的智能化处理越来越重要。所以对具有海量存储容量的光量子存储器，必须考虑其智能化处理问题。光量子智能存储，有些文献称为类脑光子处理器(Brain-Inspired Photonic Processor，BIPHOPROC)已提到日程。称为类脑光子处理器也许更为合理，因为人类的大脑就是具有高度认知处理信息的存储系统，所以类脑存储研究属于人工智能和神经学科范畴。基于20世纪80年代加州理工学院Carver Andress Mead教授提出的神经形态概念，21世纪初斯坦福大学Leon Chua教授完成了具有一定逻辑功能的忆阻器。美国HP、IBM等公司紧随其后完成了忆阻器模拟神经突触及记忆等学习法则研究。以IBM为代表的类脑启发式计算、量子计算和硅光子学类脑智能计算的智慧化神经形态芯片的研究，由欧盟各国合作组成跨国类脑集成电路研究均以CMOS纳米集成技术为基础设计研制了高速数据交换系统。所完成的集成波分复用硅光子芯片光传输和数据处理系统，传输速率达到500Gb/s。通过光互联和基于垂直腔面发射激光器(VCSEL)应用于规模不断扩大的光学互联大数据中心，以支持各种媒体、视频流、云存储和遍及全球的各种传感器数据收集与处理。同时，类脑疾病分析诊断，智能机器人架构启发性记忆模式识别认知记忆，类脑细胞蛋白记忆功能神经形态芯片，三维晶自组装存储芯片，硅基合成分子自动组装纳米光电混合集成电路研究方面均获得重要进展。类科学的研究，正朝着融合生命科学、信息科学、材料科学、物理、化学及制造科学综合性研究的方面发展。集以上各学科成果之大成，集中世界上相关的最高级实验设备条件，开展了类脑组织结构分析、类脑组织器官细胞结构仿真、生长因子和复杂空间结构、生长、迁移、分化等生命活动过程的基础研究。在类脑器件研究方面，纳米有机化合物自组装、纳米级CMOS电路加工，NEMS传感技术，三维多元复合材料纳米结构加工方面均取得重大进展。目前正集中于单分子膜黏附、有机半导体纳米器件光刻等基础工艺试验及构建类脑组织器官的自组装研究。国内基于传统微电子技术的类脑功能应用系统的研究也取得许多成就，2017年11月北京中科寒武纪科技有限公司完成人工智能芯片，清华大学计算机系智能技术与系统国家重点实验和类脑计算研究中心，基于统计推断启发式搜索建立了拓扑空间规划类脑算法模型，完成“天机序列”类脑芯片的研制。清华大学微电子所研制的以忆阻器为核心的忆阻单元，材料科学系的石墨烯及纳米碳管通过优化制造工艺和材料结构，也有可能用于高性能忆阻结构材料。此外，中国科学院、复旦大学、浙江大学等也先后开展了以纳米存储器件为基础的各种新型神经形态芯片，探索新型器件突触的信息表达机制、存储与处理融合机制、算法硬件实现、在线学习功能实现及可扩展芯片架构设计等科学问题的探索研究。在研究类脑计算工程应用的同时，生命科学多个领域，包括体外构建复杂组织或器官，脑细胞活动新陈代谢功能、诱导分化、生理活性功能和组织器官再生的研究也获得同步开展。为进一步深入探讨纳米量子器件物理、非线性光电子学、纳米材料、工艺、加工测试理论和技术装备，例如软 x 射线光刻、纳米探针加工、电化学诱导分子组装、电子束、粒子束、光子束探针及光刻，原子力显微镜、隧道扫描显微镜、近场扫描显微镜、x 射线光谱仪、电子束能谱仪、x 射线质谱仪，透反射电子显微镜以及纳米压印，图形生成等各种纳米级加工测试，结构分析，成分分析设备数十种的研究国家也投入巨大的资金和人力，设置了多项综合性，能同步带动多学科相互促进的跨学科、跨行业甚至跨国界的重大科研项目。

类脑光子存储器及类脑神经系统结构紧凑、低功耗且具有人工神经元启发计算和实时学习功能。一种新的神经元类脑光子存储技术，基于高速纳米非线性谐振腔及谐振隧穿二极管探测器(Resonant Tunneling Diode Photodetector，RTD-PD)，采用激光二极管光源设计研制的神经腔光子芯片，已能够模拟真实的神经元和突触的生物物理学动态模型。为了测试神经谐振器光子存储容量，发送序列随机信息及触发光电脉冲响应，信号通过延迟响应用光纤环再注射回 RTD-PD。这种生物神经元结构及模拟神经元设计的光量子时间延迟脉冲响应再生反馈记忆系统如图 6-1 所示。根据这种耦合形式设计的自动反馈生物神经元，具有光子时间延迟神经形态系统可写存储重塑功能，速度比典型的神经元反应快，并可通过宽度光纤互联形成类脑高速光通信神经网络系统。

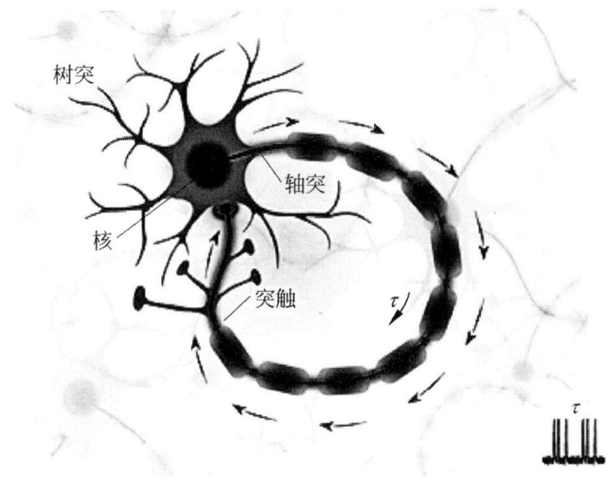

(a) 真实生物神经元和突触结构

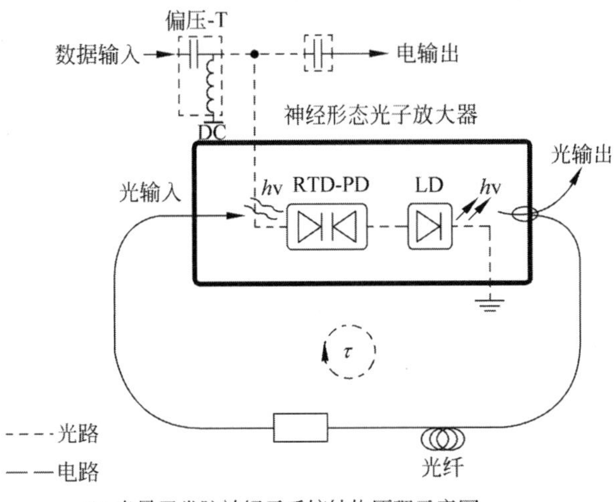

(b) 光量子类脑神经元系统结构原理示意图

图 6-1　类脑神经元

基于神经元激发的光子存储器可用于类似大脑的启发式信息存储与处理。例如，在光纤中传输相干光子数据包信息条码图形。可模拟神经元激发记忆，创建和删除这些信息，保证了额外存储的鲁棒性和操作的灵活性，具有类似神经兴奋反应模式，兴奋性类脑信息处理等重要概念。大脑的支配神经与心肌细胞节律，神经元之间的连接和传输均有联系。在脑科学中解释为生物化学系统的复杂反应波。这些新发现是类脑研究的概念性突破，为传统数据处理及通信领域研究提供了一条全新的技术路线。利用非线性光子延迟原理建立的机器学习系统模型如图 6-2 所示。由激光光源发射连续激光束，直接输入采用铌酸锂材料制成的 Mach-Zehnder 单电极调制器($LiNbO_3$-MZM)。调制后的光束进入用长约 4km 的光纤延迟后，由光电探测器变成电信号。电信号经滤波放大后分为两路，一部分作为输出，另外一路与输入信号汇合叠加输入 Mach-Zehnder 调制器。Mach-Zehnder 单调制器具有很高的灵敏度，可受低电压驱动。系统结构非常简单，适用于物理神经启发式模拟计算机。并且可实现并行低耗数字处理集成，用于水库计算信号处理。实验结果表明，这种机器学习原理适用于梯度下降反向传播和神经启发记忆，通过时间模型系统的优化输入编码系统，使记忆时间显著延长。

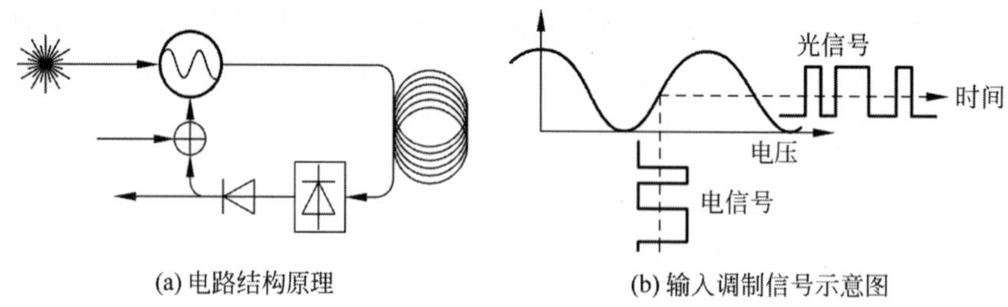

图 6-2 利用光子延迟实现机器学习

完全采用光子学原理设计的类脑计算存储系统的工作原理和激光脉冲“尖峰”模拟脑功能动态处理系统如图 6-3 所示。采用这种光子新材料和器件光学信息处理方法取代了传统的二元逻辑计算。激光系统提供了丰富的动力学特征，例如高分辨的动态激发“尖峰”神经元，高效脉冲调制模拟和鲁棒性和可扩展性数字处理功能。实验表明，石墨烯耦合激光系统提供了统一的低级别尖峰光处理模式，远优于传统激光动力学调制处理功能。另外，此平台还同时具有逻辑电平恢复和输入输出隔离功能，非常适合于级联光学信息处理。在完成低级别的尖峰处理任务的同时，实现了更高层的处理：时间模式检测和稳定的随机性记忆。在这些属性背景下，光纤激光器系统增添了石墨烯的更多优点，如高吸收和快速载流子弛豫，显著提高速度和信号非常规激光加工效率。石墨烯的研究成果为集成激光微细加工平台显著扩大了兼容性，其基本结构原理如图 6-3 所示。谐振腔由化学合成的石墨烯 SA(GSA)夹在两光纤连接处构成，光纤适配器和 75cm 长的高掺铒光纤(EDF)作为增益介质。泵浦激光通过 SA 和 EDF，波分复用器(WDM)获得 980nm，980/1550nm 光束，其中隔离(isolator，ISO)确保了单向传播。偏振控制器(PC)保持光束稳定的偏振态，提高输出脉冲可靠性。光耦合器端口提供了 20%的 1560nm 激光输出。通过诱导扰动增益，1480nm 激发脉冲使系统实现 1480/1550nm 波分复用。

根据生物神经元绘制的等效生物结构模型如图 6-4(a)所示。由一树状突触收集和汇总来自其他神经元的输入，被体细胞(soma)集中，超过一定阈值后通过突触丘(axon hillock)从突触通道输出。相当于一个带时间延迟的低通滤波器，突触将动作电位信号或尖峰集中到细胞中心，当集成信号超过阈值时(突破小丘)，通过突触彼此连接，再通过这些间隙传输化学信号。轴突、树突和突触在尖峰信号的加权和延迟中起着重要作用。目前标准数字电子计算机在处理动态超高速数据分析计算时性能已达极限。为了应对这些挑战，提出基于海量计算(Reservoir Computing，RC)原理的光子类脑计算处理系统，具有标准光电通信带宽的高效计算能力。根据生物神经元结构原理，综合应用量子物理、计算机科学与工程及人工神经网络等学科，设计研制的类脑计算单元如图 6-4(b)所示。实验证明系

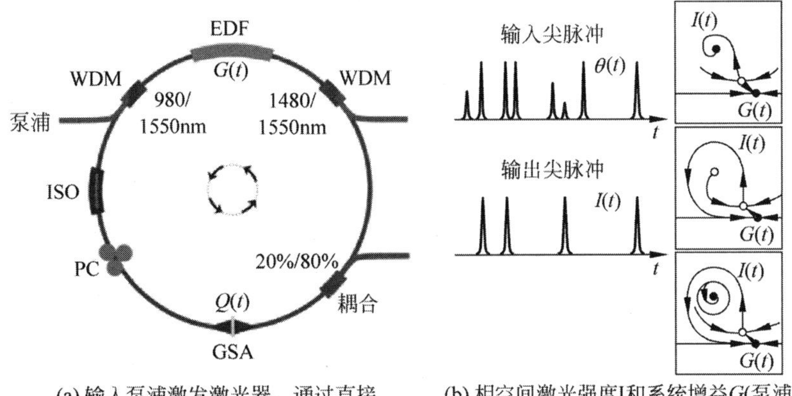

(a) 输入泵浦激发激光器，通过直接调制构成了任意波形的脉冲发生器

(b) 相空间激光强度I和系统增益G(泵浦功率，腔长，吸收)随时间变化的关系曲线

图 6-3 可激发石墨烯光纤激光器结构原理示意图

统已初步具备语音识别和时间序列预测功能。

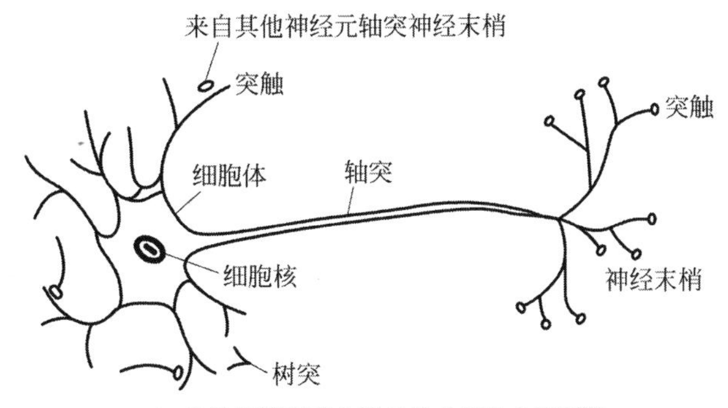

(a) 生物神经元结构及各组成部分功能模型

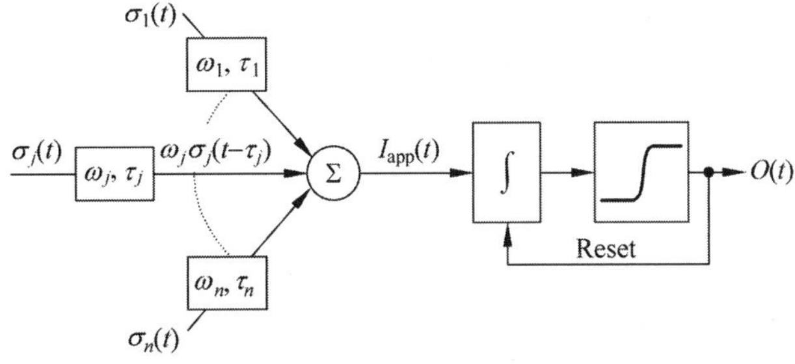

(b) 模拟神经元组织设计的等效电路模型：$\sigma_n(t)$为各突触输入，ω_n, τ_n为膜电位，I_{app}代表整个神经元内部存储状态(电压差变量)，$O(t)$为输出

图 6-4 神经元基本生物结构及其等效物理模型示意图

这种以氮化硅材料为基础制造的神经细胞模块，根据其理论模型的计算功能，可按照神经细胞处理信号的阶段细分为若干神经细胞模块或多个子模块，包括线性或非线性的时间集成(积分)模块，激发电压生成模块及激发电压频率或激发阈值适配模块，如图 6-2(b)所示。这些功能的子模块可使用不同的电路设计和形式实现。根据所设计的神经元电路功能和所使用的模块，以及它们的结合或组合方式，利用氮化硅晶片集成电路工艺均可加工出集成度不等的神经元功能模块。类脑计算系统设计研究人员，可根据这些单模块电路的线性阈值特性，设计组合所需要的复杂的多模块电路。例如，大脑闭合回路的递归神经网络，具有学习功能和模拟大脑处理信息能力，并可从时间和空间范围内输入的信息资源中学习，解决相关的某些新问题。这种采用递归神经电路处理实时输入计算系统，又称

为液体状态机(Liquid State Machine,LSM),可在一定程度上解决或减少训练过程,自动实现前后相关信息的分析计算。类似的方法还有回声状态网络(Echo State Network,ESN),高维系统瞬态综合学习最优化决策处理等。回声状态网络和液体状态机,即所谓水库计算机(Reservoir Computer,RC)。其中的存储处理系统由三个部分组成:输入层、存储层和输出层。储层计算工作包括对输入信息的处理,通过网络与存储层单元连接。所有输入水库中的神经元之间的映射权重是随机的,根据优化结果确定。水库、神经或神经网络结点之间的连接是固定的,并保持固定的耦合拓扑结构。由于输入信号经常具有随机性,存储层的结点往往保持在某一瞬态,使得每个输入不受以前输入内容的影响,以保持系统的逻辑分析能力,根据信息内容、时间、权重及上下文的关系完成训练/学习过程。通过线性回归的线性分类器调整在水库中信息资源权重,可显著简化培训/学习程序。整个系统的计算性能与输入信号的非线性映射、水库中存储状态必须具有足够高的维数,才能正确调整读出与权重一致的结果。

此外,基于传统集成电路技术的类脑计算研究也取得了重要进展。例如 IBM 和惠普公司联合开发成功的模拟神经突触核心微电子类脑处理芯片,采用忆阻器件及密集交叉阵列神经网络结构。虽然受电子线路带宽,密集交叉互联产生干扰的制约,但可以直接采用传统电子计算机技术,并获得丰富的软件支持有利于用于工程实践。根据人脑结构原理,设计开发一种高效可扩展性和灵活的非 von Neumann 计算机架构。利用当代硅技术,集成了神经核 41 亿可编程脉冲神经元和突触的网络互连 2 亿 5600 万配置芯片,内置 54 亿三极管的芯片。处理器芯片以平面两维阵列结构组装,芯片之间的通信接口,无缝地扩展架构芯片尺寸不限。该体系结构非常适合于复杂的神经网络应用,例如用于多目标检测与分类,每秒 30 帧 400 像素×240 像素视频输入,芯片功耗 63mW,如图 6-5 所示。此方案基于目前半导体集成电路技术,采用不同于 von Neumann 体系结构的类脑平行分布式体系结构的类脑存储器,如图 6-5 所示。以 IBM 的新型高时钟频率处理器 AMD 及奔腾双核 Intel 2 处理器为基础,组成类脑计算神经元如图 6-5(a)所示。每个处理器可模拟若干神经元,神经元之间的通信可控,当存储器与处理器之间的分离导致数据传输处理受阻时,可更新神经元的状态和检索突触态。通过模拟神经网络和处理器之间的通信,调动其他处理单元同时在若干处理器中共同完成处理。将这些神经元处理单元通过数据交换网络组成的类脑计算系统整体结构如图 6-5(b)所示。多个处理器密集集成在具有并行和通信能力的分布式模块中,每个单元均包含容量足够大的存储器,形成具有计算、通信和处理功能的可操控网络。

此前还出现多种基于可编程数字混合芯片(FPGA)的智能化存储系统。但这类器件存在的重大缺陷是半导体器件本身的问题,即难以实现神经网络互联、不可能直接与宽带光信道耦合,以及存储密度较低和功耗大问题。相反,光量子存储恰恰具备这些优势,是可能成为类脑存储处理器的基本原因。从长远观点考虑,光子处理器有可能率先用于类脑计算系统。

另外,光计算可并行进行,即可以多路同时计算,结果互不干扰。这使得光路可以在空间中交叉却互不影响。而电子及集成电路技术,难以做到一点。同时,光量子技术还有功耗低、信道密度高、容错性好之类的优点,且同样可通过纳米光量子储集为类脑计算提供各种具有类脑处理功能的基础元件,以及其他量子计算机所需的各种重要组成部件。从长远观点,光量子计算更容易与量子通信结合制成全光量子线性网络。所以,研究开发类脑光子处理器是合理的和必要的。目前无论是脑科学或计算机科学的研究人员都在考虑利用光量子技术及器件于大脑器官模拟和具有自主学习能力光量子系统。从文献报道中可知,某些仿生计算机系统的部分硬件已采用光子器件,例如在欧盟 FET 项目中已开始执行的类脑光子处理器(BIPHOPROC)研究,完成世界上第一台光子 RC 计算机的研制。BIPHOPROC 基于光量子和计算机科学的高度融合。目标是研发完整的全光子 RC 系统其创新点还不仅在于针对 RC 计算概念,更引人注目的是,采用光子非线性动态结点(Network of Dynamical Nodes)神经网络,实现与光子水库(Photonic Reservoir,PR)之间采用分复用实现超宽带信息交换。

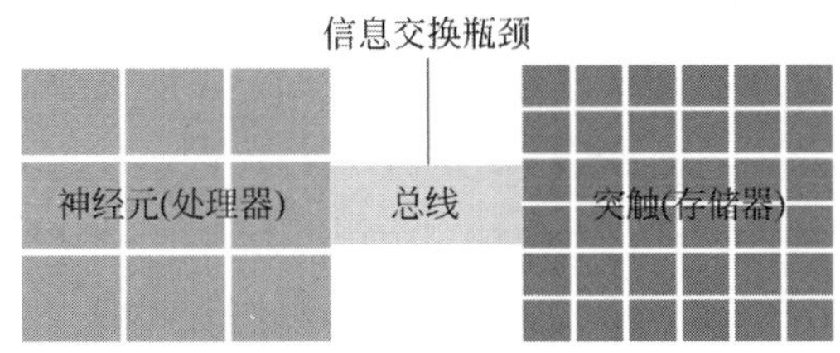

(a) 具有协议内存的模拟神经元信息存储处理器单元组织结构示意图。当受von Neumann结构中外存器和处理器间的分离瓶颈导致数据交换受阻时，可更新神经元的状态和检索突触态，并通过可控通信实现协同处理

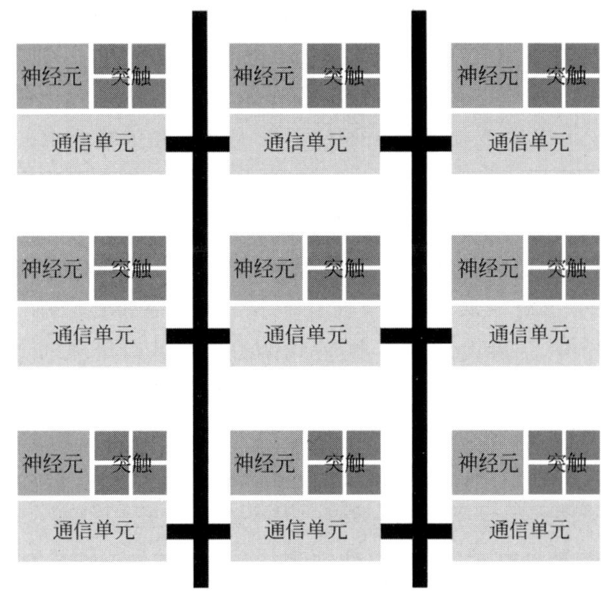

(b) 通过处理器之间的可控网络通信，模拟大脑神经元间的通信计算处理功能的系统结构示意图。通过高度可控互联网络紧密集成的并行通信数据交换功能，调动分布式模块中的内存及计算处理模块同时处理在单一处理器中不能完成的处理事件，实现类脑计算

图 6-5　基于传统微电子技术的模拟类脑计算通信存储器处理系统

要求存储器所谓存储的信息编码必须包含信息来源、目标和地址等相关资源。这是对计算机系统结构原理、硬件及软件的全面更新。智能化信息存储不仅光量子计算中的重要组成部分，智能光量子存储器可能是智能化信息处理实施方案之一。虽然这并不排斥光量子存储器在其他信息系统中的使用价值，但研究重点仍然在类脑计算中的应用。本章将针对此目标，分节介绍智能光量子存储器结构原理及各主要单元技术，主要涉及以下方面的问题。

1. 光量子理论

光量子理论是研究光量子存储器的理论依据。根据量子理论，光被认为不仅是一种电磁波还可以作为"粒子流"的光子，真空中的传播光速为 c。根据量子力学粒子的波函数理论在有限域传播的描述，每个粒子都有一定能量的量子等于 $\hbar f$，其中 $\hbar$ 是普朗克常数，f 为光频率。每个单一光子所拥有的能量正好对应于原子跃迁发射能量。物质吸收光子发射的光子则正好是反向过程。爱因斯坦的自发辐射的解释也预测了受激发射的存在，根据此原理发明了激光器。然而，微波激射器(激光)目前是依赖于产生粒子数反转统计学的量子光学基本概念，光子应该用量子电动力学中的场算符描述。最常遇到的光场态是相干态，可用来近似描述单频激光器的激光阈值以上的输出，具有 Poisson 光子统计概率。通过一定的非线性相互作用，相干态可以转化为压缩相干态，通过压缩算符具有超或亚 Poisson 光子统计数。其他重要的量子方面与不同光束之间的光子的统计相关性有关。例如，自发参量转换可以产生所谓的双光束，其中每一个光束的光子也是另一光束中的光子。原子是离散能量光谱量子力学振荡器的能量本征态，光的吸收与发射驱动之间可以转换。对于固态物质，可采用固态物理学中电子能带模型描述，是光可以用固态器件检测的理论依据。

2. 相匹配量子存储

相位匹配控制(Phase Matching Control，PMC)量子存储器的基本原理是一个单光子波包被映射在控制场中的自旋光栅，形成与信号场的 Raman 匹配，通过控制场波矢的时间连续改变实现检索读出。这样的映射和检索发生于相位匹配条件，不需要控制场振幅的变化，也不需要介质的非均匀展宽。根据 PMC 原理设计的量子存储器，可利用角度扫描控制场及其频率特性完成存储过程。PMC 量子存储器还可采用 PMC 的梯度回波存储器(Gradient Echo Memory，GEM)实现，对介质的要求不太严格。例如采用氮空位(NV)和硅空位(Silicon Vacancies，SiV)钻石稀土掺杂晶体均可实现 PMC 量子存储。PMC 量子存储还可以用于扩展单光子量子加密发送和传输距离。但 PMC 量子存储受环境影响，擦除量子状态保持的信息。例如，原子核的自旋存储主要取决于所用的掺杂材料，即规则晶体结构的部分原子被外来原子取代，例如硅酸钇晶体掺铕同位素原子。铕原子核自旋可以直接用于光子操作，从而简化了处理程序。研究表明，它的核自旋比较稳定，导致自旋态失效的主要原因是环境对钇原子的影响。铕的电子也有自旋特征，变化比较快，通过施加强磁场“冻结”铕原子的电子自旋，稳定了原子核周围的磁环境，获得长自旋寿命，使铕的自旋翻转概率降到 9×10^{-5}/s。经典和量子信息的传输，通过一个内存振幅阻尼通道。这种量子信道建模为阻尼谐振子、信息载体-量子比特通道之间的相互作用和谐振。研究证明，这个内存通道是易失的，所以通过量子编码定理可以保持其容量，分析这两种使用通道的熵值对存储器的影响，提高信道容量。此类光量子存储器可采用自组装量子点，利用自组装单量子点器件获得量子比特存储在核空穴中，此空穴由两个分离的量子点的激励电子-空穴映射到相应的核谐振复合电子自旋态，即使在不完善的实验条件下也可以实现高存储保真度。此外，实验结果表明，通过计算的振幅阻尼信道的量子容量与时间相关的马尔可夫噪声方法可增加存储可靠性，显著提高量子信息传输速度，优化存储器中信道上量子信息量的极限及信道数量。

3. 新型非易失存储

目前正在研究中的非易失性光量子存储方案很多，比较有代表性的如单钙-40 离子光子偏振态量子存储器。这种储单光子偏振态的单离子存储方案，采用$^{40}Ca^{+}$离子波长 854nm 光子制备的初始状态的离子，通过吸收过程产生的量子纠缠态实现短时间动态存储。这种存储器腔中光子可以并行存储，用于记忆空间多模光场，映射较长寿命的连贯性信号量子态。如果在谐振原子中掺杂，存储介质被嵌入横向模式光学腔中，相当于增加介质的有效光学厚度，可降低由于非平稳信号场耦合对存储效率的影响。另外，使用近似阻抗匹配方法，通过控制光场的耦合参数，增加时间阈光场参数耦合，从而控制局部场在耦合发射镜上的干扰，减小提高写入和读出衍射对存储器的分辨率的影响。在这些非易失性光量子存储方案中，也包括第 1 章中介绍的基于金刚石 NV 中心集成量子态存储。此项研究证实，这种独立的光量子存储结构，比较容易被未来量子计算系统采纳。同时还可通过宏观调整改变存储器介质中谐振金刚石 NV 中心的存储单元，增强对介观结构量子网络的协调作用。在诸多的非易失性光量子存储方案中，还包括传统的基于量子点的场效应晶体管存储。这种硅基电子非易失性存储器技术研究，开始于 20 世纪 90 年代，用于微结构加工面临的物理尺度的限制。其中，铁电场效晶体管(FeFET)，即闪存可能是较有前途的电荷存储器，已广泛应用于各种消费电子产品。基于 NAND 闪存的大容量固态存储器已成为笔记本计算机，台式机甚至数据中心的主要存储设备。但闪存存储器的集成也正在接近极限，提出了许多新类型改进方案，包括磁随机存储器(MRAM)、自旋转移力矩随机存取存储器(STT-RAM)、铁电随机存取存储器(FeRAM)、相变存储器(PCM)、电阻随机存取存储器(RRAM)、静态随机存取存储器(SRAM)、动态随机存取存储器密度(DRAM)等。值得期待的是三维量子点存储技术。三维量子点是空间三维结构均受限的纳米半导体，由于限制了导带电子、价带空穴或激子的运动，使导带电子和价带穴三维空间方向运动均受束缚。而这种限制可通过外部电极、晶体内部掺杂进行改变和调整。利用这些物理特征，可以在不同半导体材料间的界面例如核壳纳米系统、半导体纳米晶体表面或结合部，产生不同的金属氧化物半导体场效应。构建结构不同的、体积小、功耗低的三维半导体量子点晶体管存储器，即量子点非易失性存储器（QDNVM）。基于各种原理的新型光量子存储包括以下方案。

（1）I类相位匹配周期偏振 KTP 晶体原子窄带光量子存储

光量子存储器之间传输量子态是实现远程量子通信的关键，也是非线性光学量子计算的基本要素。在光量子网络中，光子与原子系统之间的有效耦合是实现它们之间的信息传递的先决条件，需要光子应有与原子的自然带宽可比的带宽。对于 KTP 晶体光量子存储也同样，首先需获得窄带光子，同时还需控制环境对量子存储器存储和检索量子信息过程的影响。实验证明，利用窄带光子脉冲和采用对磁不敏感的过渡原子铷掺杂在量子存介质的一维光子晶格中，可使离子原子相干时间从几纳秒提高到 6ms。

（2）单光子多模量子存储

基于铯冷原子电磁诱导透明（EIT）与单光子相互作用集合光存储属于多模量子空间存储。铷冷原子系中就存在电磁诱导透明慢光现象。单光子多模存储实验显示，单光子信号脉冲调制（OAM）方式控制的字段为同一基模。写入过程将信息保存在寄存模型中，检索时被单光子激发从原子中回读光信息。为实现量子信号稳定存储并能映射到冷原子系综谐振超精细相干态，利用电磁诱导透明效应在铷原子系综中延长相干时间，压缩与频率相关的群速度色散在脉冲传输过程中引起脉冲展宽以及透射引起脉冲变窄。实验证明，压缩存储真空态并用压缩光读取的信息比一般经典光存储达到的保真度高，单光子脉冲调制也可显著增强存储空间相位稳定性和提高检索效率。

（3）V 型三能级原子偏振量子比特光量子存储器

V 型三能级原子控制的非均匀展宽可逆光学量子存储方案的理论研究表明，存储和检索一个弱光脉冲与系统的两个光跃迁相互作用是可能的。该方案实现单光子偏振量子比特任意偏振态量子存储，无须两个空间分离的二级原子媒体，从而可通过外部塞曼分裂移动调制克服三能级的局限性和效率不衡，原子能级间相对相位变化的影响及杂散电磁场形成的相位噪声。将驱动、控制器及探测器交直流信号分离，减低退相干效应。通过校准吸收光频，根据不同跃迁长度频率调整线圈结构，采用二维线圈组成四级距磁场。沿准二能级吸收系综施加一线性磁场梯度实现非均匀展宽，使携带信息的光子经过此系综时被完全吸收。当沿着介质长轴的磁场反转后，沿轴向的频率失谐量也会在空间分布上发生反转。频率失谐量反转导致光子回波产生并恢复所存储的光信息。

（4）分子偏振晶体光量子存储

分子偏振自旋态的集体激发是一种很有潜力的高保真量子存储原理和方法。根据理论计算，量子存储器的寿命主要受存储介质分子集合比特传输到微波腔时产生的消相干和操作门的影响。保持集体激发自旋极性分子的自旋态是实现高保真度量子存储的基本条件。为了避免或减小分子受热效应产生的碰撞，只需将存储介质分子分布在能满足俘获条件的一维或二维偶极晶体中即可显著克服热噪声的影响。分子偏振自旋存储的另外一个重要优点是除了可利用偏振编码、时间多模编码和频率编码提高存储容量外，此存储方法也可以融合三能级梯度回波存储方案的优点。通过系综展宽信号吸收重新确定相干位相，利用梯度回波存储多个频率信号，且保持信号的相位和幅度的稳定性。如果进一步对系统优化，例如提高系综光学厚度和消除漩涡电流及其他杂散磁场提高存寿命和效率。利用腔辅助复兴回声，增加有效光学厚度和带宽，克服光子回波量子存储器的缺点实现效率更高的量子存储。

4. 光子神经信号处理及计算

与传统计算机中的 von Neumann 处理器完全不同，人的大脑是一个非常有效的计算处理系统，其特性主要归功于生物神经系统的独特结构。首先是单个神经元的细胞动力学作用。在细胞水平上神经元信息编码发射的穗尖峰(spike)具有模拟和数字性能。穗尖峰不存在噪声和积累模拟计算固有的问题，是生物启发处理信息的惊人能力。其他物理信号在神经元水平的处理功能，包括混合模拟数字信号，交织、记忆和处理协同定位，无监督统计学习，分布式信息描述以及其他非常规突发信号的综合处理能力来自神经科学、生物物理和生物化学的关键特性，还可以包括非生物特性，可能会导致计算科学领域许多重大的未开发的研究课题。目前已有许多微电子平台试图模仿神经元样结构，但大多数仅是模拟其外在功能，而不是真正生物信号处理及生物启发计算。虽然实现了快速和高度互联微电子神经网络带宽连接，但仍然受到原理性限制。光量子平台有可能提供一种替代传统微电子技术的高速度、高带宽、低串扰交叉超快速高密度互联信息方案。此外，光子器件的抗干扰、耦合效率和超高频特性是其他技术难以达到的。整合现代量子信息技术、纳米结构加工技术和生物光子学，建立具有自适应控制、学习、运动控制、感官处理、认知加工、自主机器人和宽带超快速互联，精确和可靠地认知计算系统是完全可能的。

本章根据神经元结构与光量子存储硬件的物理特征提出一个有可能用于模拟神经形态算法的光量子存储器件的框架性结构，然后分别对其中可能采用的光量子存储技术单元进行详细介绍，同时提供迄今为止光量子存储技术已取得的研究成果，以及实验或数字光计算、光学模拟的相关资料。对研制光量子类脑存储可能遇到的问题进行分析，尽可能地对神经科学、PS 处理、开关能力、线性和非线性光学器性能逐一比较，吸收近年来国内外在采用传统集成电路技术基础上开展类脑计算研究的成功经验，包括硬件架构，光信号转换，混合模拟数字处理，尖峰神经元设计及各种列基本操作(延迟、加权、空间积分、时间积分和阈值控制等)进行计算实验比对。对某些重要常数，例如延迟、相干、积分时间常数、失相、耦合常数等均提供具体数据及图表。但限于篇幅，对有关生物学、神经元模型、动物神经系统数学模型等神经科学复杂的理论分析和计算从简，仅引用其结论。对读者可能比较关注的某些问题，例如硬件效率/鲁棒性等重要处理元素、实用信号处理方法、光子实验平台、超快光纤互联、光纤神经网络控制和系统结构原理，本节均详细介绍。但许多具体方法和参数，特别是涉及光量子存储器本身结构原理和实验参量结果，已在本书的其他章节中介绍，此处不再重复。

6.2 类脑存储模式

前面已经介绍人脑存储具有许多重要特点，不仅具有单位体积小、存储容量大、反应速度快及能耗低等一般信息存储器件必需的共同技术指标外，还具有某些一般信息存储系统不具备的特殊功能。其最重要的特点是存储单元之间密集的交叉互联和具有对存储内容的分析处理功能，即对存储数据的高度智能化管理、运算及创新功能。所以类脑存储模式在保证高密度、大容量的前提下，还必须具备高速密集网络通信交换的功能。近 10 年来，此领域均有大量研究成果，根据这些研究方案的物理化学特征，大致可分为以下几种类型。

1. 类脑忆阻存储

21 世纪初随类脑计算研究的发展，国内外都开展了基于相变介质的类脑忆阻存储器，并以此为核心建立了类似人脑神经突触的随机存储器研究。这种大容量的可编程忆阻器(memristors)，基本上是利用传统 CMOS(互补金属氧化物半导体)工艺及最先进的 NEMS(纳米机电)技术设计加工出类脑结构的三维单片集成电路芯片，并通过神经网络实现了类似人脑部分功能的实验模拟。其主体结构如图 6-6 所示。

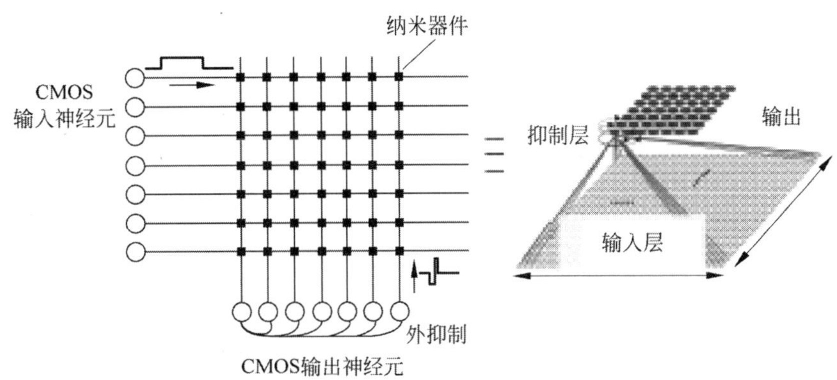

图 6-6 基于 CMOS 及纳米工艺制造的三维神经网络类脑芯片

图中，横线为金属丝输入层，垂直金属丝为输出层，两组金属丝结点处即忆阻器

以平面 CMOS 半导体三极管为基础的控制芯片层及以忆阻器为基础的记忆芯片组成的三维类脑存储器如图 6-7 所示。

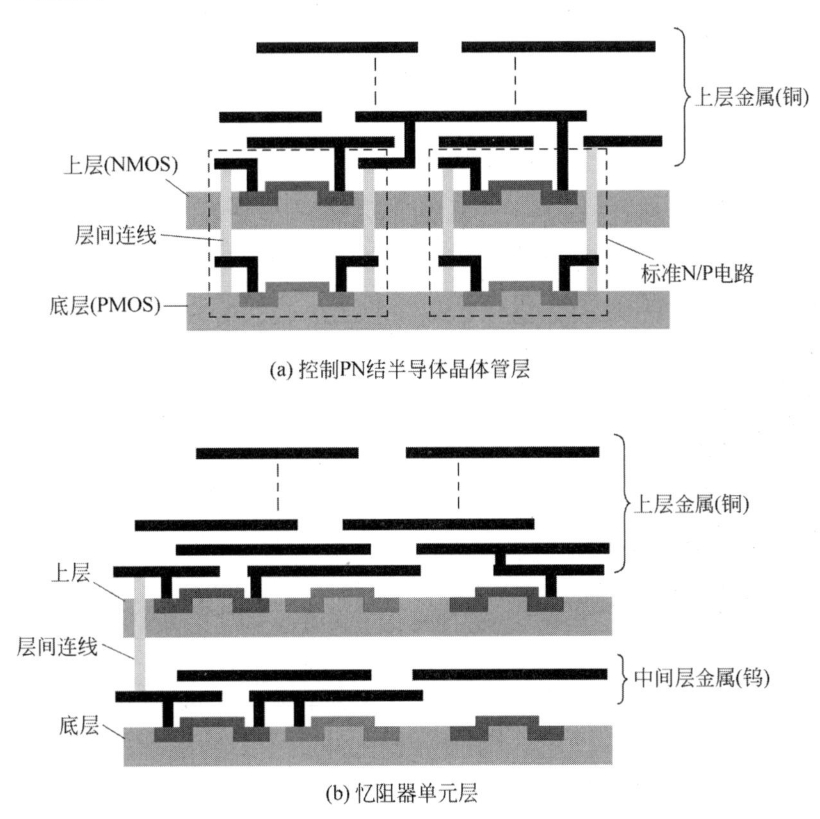

图 6-7 三维集成类脑存储芯片断面结构原理图

以上述三维神经网络类脑芯片为基础的脉冲编码调制(PCM)器件组成了类脑神经突触(synapse)单元。IBM 公司在 2016 年物理设计国际研讨会及计算机械协会(ACM)举办的讨论会上宣布，他们制造的新一代芯片包含 100 万个神经元的超低功耗可编程神经突触(neurosynaptic)芯片的结构和性能如图 6-8 所示。因为忆阻器基于相变存储介质，从原理上分析可以实现多阶(多电平)存储与编码。在提高存储容量的同时，便于与新型非二进制计算处理器配合协调。

用于计算机的量子存储是未来信息存储和处理量子计算系统的动态内存。利用原子或原子核辐射产生的量子比特，存储处理器数据。与外部环境隔离，不依靠传统的二进制计算，采用多种量子态编码。所以量子计算机计算速度比传统计算机增长更快，超越传统计算机。玻色子取样证明比普通

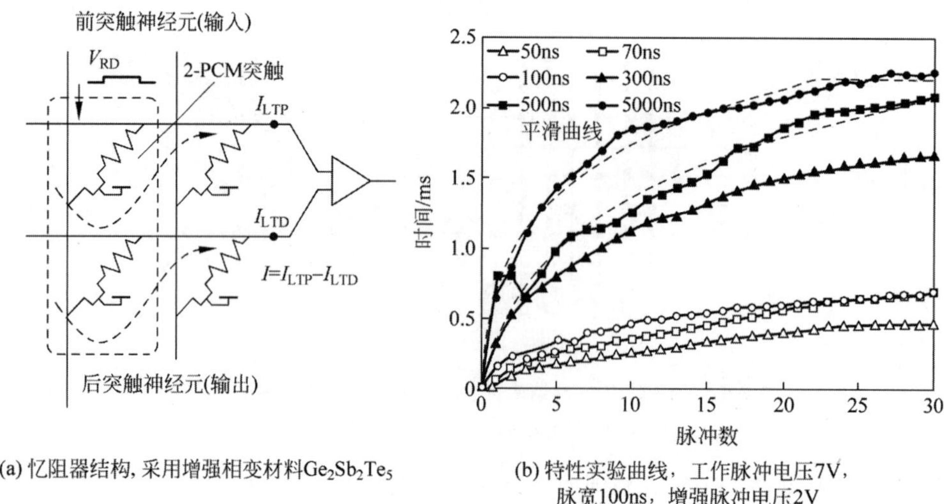

(a) 忆阻器结构，采用增强相变材料$Ge_2Sb_2Te_5$

(b) 特性实验曲线，工作脉冲电压7V，脉宽100ns，增强脉冲电压2V

图 6-8 可编程神经突触芯片的结构和性能

计算速度快，证明量子计算机能完成经典计算机不能做的事。

2. 芯片光互联网络类脑计算系统

现代计算系统使用电子通过晶体管执行数字逻辑，目前处理器的速度已达很高速度。如果用于模拟类脑计算，主要屏障是互联数据交换已接近极限。光纤可以远距离传输大量数据，但与计算机连接时光子必须转换成电子，使传输率大幅度下降。如果采用全光学计算机的光子代替电子执行数字逻辑处理，则可直接与光纤传输耦合。一旦这种光子集成电路实用化，光学计算系统将有可能实现真正的类脑计算。同时，随着云计算和服务器的迅速扩张，需要光纤数据直接与服务器连接。所以，无论是采用何种机理设计的类脑存储器，都必须能用于与光纤通信接口相连。Intel 公司研制的直接安装到芯片光纤电缆如图 6-9 所示。在同样的芯片上，数据传输率可达到 25Gb/s，比 USB 快 20 倍。主要的对称微环谐振器探头能耗 20pJ/脉冲 40ps。另外一种光子逻辑门是采用离子交换方式组成逻辑门。这种逻辑门构造于分子水平上，利用特定化合物的光致发光和吸收特性控制光子信号，所以只能存在于溶液中用于实验。逻辑门采用纳米 TiO_2 基薄膜与特定的化合物吸附在表面。当化合物被输入光子信号激发时，该化合物将表现出强烈的金属-配体电荷转移，导致强发光，如图 6-10 所示。图中 6-10(a)为 TiO_2 纳米膜记录 Cu^{2+} 离子的发射光谱，电解质为溶解在乙腈溶液的 0.1 M $LiClO_4$；(b)为相应的或非门(NOR)真值表，其中 $V_{APP}=0$ 表示 V_{app} V_{fb}，$V_{app}=1$ 表示 $V_{app}<V_{fb}$ 和$[Cu^{2+}]=1$ 表示增加 Cu^{2+}。虽然这个门还不是完全光子，但可以证明，电子化学开关功能可以在分子水平上完成，同时不排斥利用半导体作为衬底，用于一种可扩展分子级光电子器件-光子逻辑门的解决方案。

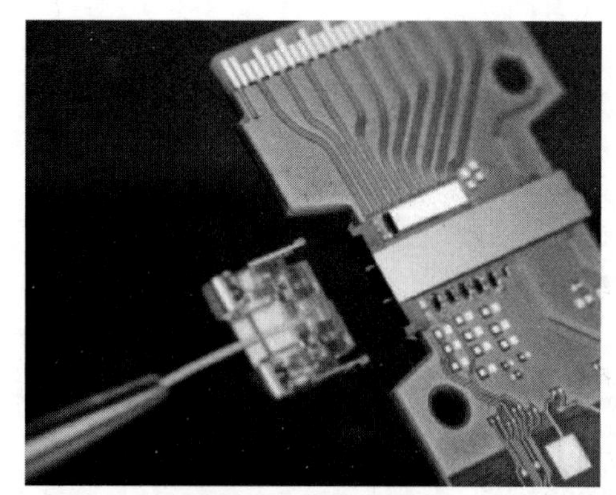

图 6-9 Intel 公司研制的混合集成硅激光器可直接与光纤网络互联

3. 硅基发光二极管隔离放大

美国麻省理工学院研制的基于硅光二极管光子隔离放大器，长度 290μm，工作波长 1550nm，隔离放大增益高达 19dB，可用于单向硅波导集成光学电路。显著减少了元件数量，但提高了转换信息的可靠性和光电转换效率，并容易实现大规模集成。这种有源发光二极管硅由两个直径为 10μm 的硅

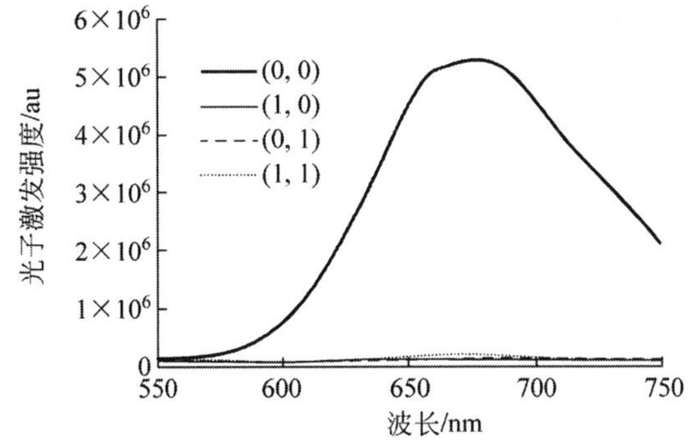

(a) 分子级TiO_2纳米膜受激产生的Cu^{2+}离子发射光谱

Input 1 (V_{app})	Input 2 ($[Cu^{2+}]$)	Output (MLCT Emission)
0	0	1
1	0	0
0	1	0
1	1	0

(b) 光子激射效应构成的或非门(NOR)真值表

图 6-10　基于离子交换原理的分子级光子逻辑门特性

环组成，如图 6-11 所示。由于光子的相互作用，当光从一个环进入时可以通过系统，而从另一个环进入的光被阻挡衰减，不能通过。正反向的传输比为 28dB，所以经过此二极管时，信息只能向一个方向发送，实现隔离放大处理。这种硅制成的无源光二极管的加工方法与传统电子集成电路制造工艺兼容，采用互补金属氧化物半导体加工，结构尺寸非常紧凑。

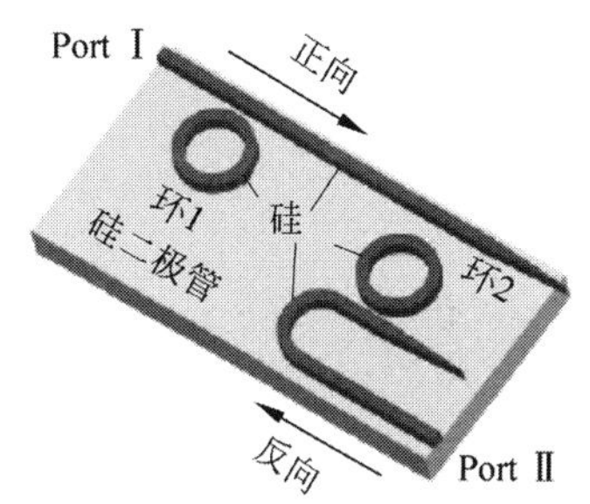

图 6-11　有源发光二极管硅结构原理示意图

在此基础上设计的具有信号控制和光放大功能的光子三极管，可实现类似于半导体晶体管对信号电压的控制和放大。该器件主要由聚合物材料包覆的带径 0.2μm 孔的金膜组成。当光束辐射到金膜上时产生的等离子体，小孔周围表面被电子气包围。输入光的波长和强度变化都会影响等离子体的作用，从而实现对通过膜的光信号控制，相当于一个纯光学晶体管。此光学晶体管具有许多用途，例如有可能与上述光子二极管配合，设计纯光学电子芯片，并通过光的互联构成光子神经网络数字计算机；其传输速度和带宽远超过传统的电子计算机，非常适合于神经网络处理，在这种神经网络中，通过结点集合处理流中的所有数据，而不是使用单一处理器处理，实现类脑计算；此外，电信设备已经广泛采用密集波分复用，光逻辑门可以直接处理这种信号，同步进行计算处理。另外，这种技术也可用于设计制造寄存器用于其他信号处理器件。

台式计算机闲置状态的 CPU 耗电可达 80W，工作状态时达到 120～250W。如果加上大屏幕则高达 150W，这意味着 CPU 每年消耗约 350kW·h。采用光子数据处理人工神经网络计算模型，其中每个结点处于随时间变化的迭代更新状态，在处理计算自身的非线性函数时，与相连处理器处于加权状态。大规模相互作用的非线性光学元件组成的任意网络，将使网络的循环形式简化。即每个结点与其他结点的数据交换可在“聪明的”智能化非线性器件组成的 n 个结点的网络循环，所以有可能模拟人脑的语音识别和记忆功能。在人工神经网络中的每个结点，计算其输入非线性函数总和为实值矩阵，方便代表输入输出态的权重。所有网络结点的强度值，通过光纤神经网络环路矩阵矢量乘法器(Matrix-Vector Multiplier，MVM)，且将其矢量通过光纤回路反馈结点进行状态相加。光学非线性计算结点的非线性函数低通滤波器保持环状网络的连通。如果需要，可增加光放大器向其他系统传输转移。光学电子计算技术除了模拟人脑计算功能外，还可以用于其他学科的探索计算。例如，用于分析诱导修饰 DNA 程序对细胞的作用，通过大规模光子互联网络解释神经系统功能，或预测目前许多物理系统还不可能用计算或实验证明的事件。当然，对计算机科学是一个强大的驱动。对于光学逻辑门或光学晶体管及其电路结构的研究方案很多，本书介绍的可寻址光量子存储器就是其中之一。光学并行处理可能使现有预处理和后处理的软件(包括矩阵和矢量乘积)被光电矩阵矢量乘积处理取代，进一步通过光纤和自由空间光学通信构建的超级神经网络使并行输入连接数几乎不受限制。

4. 全光可编程逻辑门阵列

全光可编程逻辑阵列(All-Optical Programmable Logic Array，AOPLA)基于标准逻辑单元(Canonical Logic Unit，CLU)。此单元由两输入和三输入半导体增益调制光放大器组成，消光比分别为15dB和11dB，包括4个重要的逻辑功能：乘法器、多路复用器、解复用器和解码器，被称为标准逻辑单元的可编程逻辑阵列(Canonical Logic Unit-Based Programmable Logic Array，CLU-PLA)，可执行不同的逻辑功能。随着光电子纳米加工技术的进步，目前已可利用光子技术构建各种基本逻辑门，包括NOT、XOR、XNOR、NAND、AND、OR、XOR、XNOR、NAND和NOR，并用于不同的非线性效应及全光网络和计算实验研究。其中，可编程逻辑阵列最具竞争力。此外，此器件还包括全光微环谐振器、可编程布尔逻辑单元、逻辑信号控制开关、光分路器、交叉相位调制器、非线性偏振调制器、算术和逻辑单元的频率编码器等子器件，可根据系统需要配置。利用此器件建立的一种简单的标准逻辑单元如图6-12所示。任何组合逻辑函数都可以映射到一个三级集群阵列，信号可通过(Sums-of Product，SOP)或(Product-of Sums，POS)输入电路作为输入数据的预处理。首先进行SOP型CLU-PLA编程处理，第二阶段计算对应的最大值，然后进入逻辑阵列。

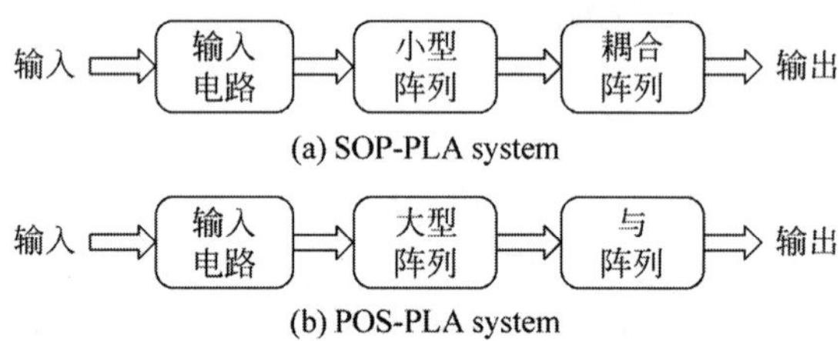

图6-12 典型的全光可编程逻辑门阵列结构

标准逻辑单元CLU的基本工作原理如图6-13所示。图6-13(a)为预处理过程，A、B、C分别代表透射光谱波长差分相移控制(DPSK)信号，经过独立的波分复用器(WDM)有选择地连接到不同的数据流。图6-13(b)当A和B同时注入SOA，通过交叉增益调制(XGM)获得的平均值及最大值。三输入端如图6-13(c)所示，可实现$A+B+C=(A+B)+(A+B)\times C=(A+B)+ABCA$等运算。

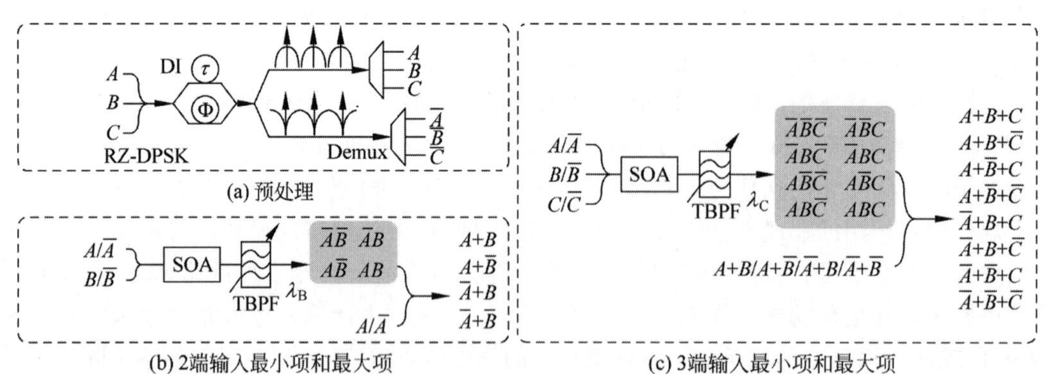

图6-13 CLU标准逻辑单元生成原理

全光标准逻辑单元结构原理如图6-14所示。采用波长1559nm连续激光器作为光源，调制频率为Gb/s量级。通过重新配置，相同的结构就可以执行不同的逻辑功能。

例如用二位乘法器，完成两位二进制数据A_1A_0和B_1B_0二进制乘法，其中下标“1”表示高有效位(MSB)，“0”表示低有效位(LSB)。其乘法器表达式为

$$C_3 = A_1A_0\overline{B_1}B_0 \tag{6-1}$$

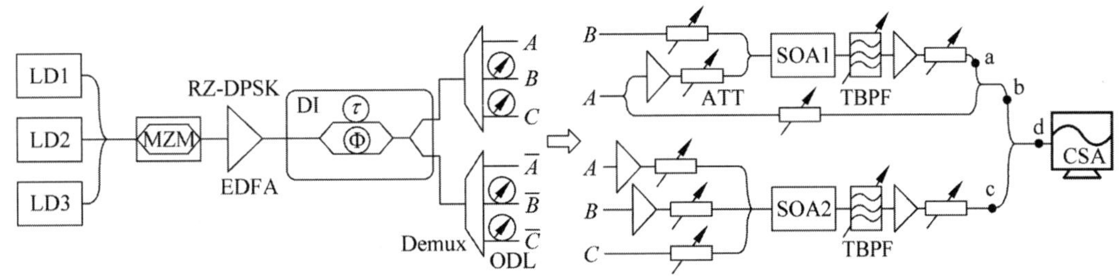

图 6-14 全光标准逻辑单元结构原理

$$C_2 = A_1 \overline{A_0} B_1 + A_1 A_0 B_1 \overline{B_0} \tag{6-2}$$

$$C_1 = \overline{A_1} A_0 B_1 + A_0 B_1 \overline{B_0} + A_1 \overline{A_0} B_0 + A_1 A_0 \overline{B_1} B_0 \tag{6-3}$$

$$C_0 = A_0 B_0 \tag{6-4}$$

其中,$C_3C_2C_1C_0$ 为 A_1A_0 与 B_1B_0 之积。此二位乘法器电路图如图 6-15 所示。

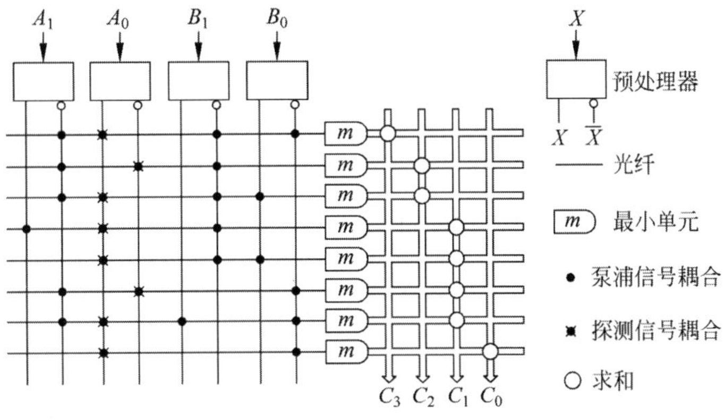

图 6-15 光学二进制乘法器电路原理

图 6-15 所示的乘法器单元是全光可编程逻辑阵列(CLU-PLA)的通用性逻辑架构件,通过各种组合可构成其他功能器件。例如 16 对 1 的多路复用器,如图 6-16 所示,以及从 1 对 16 的解复用器,如图 6-17 所示。即 16 个输入数据线($D_{15} \sim D_0$)中任何一个输入信号都可以通过(A,B,C,D)切换连接到被指定的单一输出线(Y),其运算方程如式(6-5)所示。式(6-6)和图 6-17 为执行逆操作的 1～16 位的解复用器的数学表达式和框架结构示意图。它需将从一个输入线输入的数据转换到 16 个输出线($Y_{15} \sim Y_0$)中的某一个,此输出由 4 位(A,B,C,D)选择编码确定。

$$\begin{aligned} Y &= D_{15}ABCD + D_{14}ABC\overline{D} + \cdots + D_0\,\overline{ABC}\overline{D} \\ &= \overline{(\overline{D_{15}} + \overline{A} + \overline{B} + \overline{C})} \times D + \overline{(\overline{D_{14}} + \overline{A} + \overline{B} + \overline{C})} \times \overline{D} + \cdots + \overline{(\overline{D_0} + A + B + C)} \times \overline{D} \end{aligned} \tag{6-5}$$

$$Y_{15} = Data \cdot ABCD = \overline{(\overline{Data} + \overline{A} + \overline{B} + \overline{C})} \cdot D \tag{6-6}$$

基于同样的原理和方法,CLU-PLA 还可做其他逻辑函数的处理,包括二进制、十进制及其他任何方式进位数字的运算。

5. 可控量子存储与计算

类脑信息处理中存储具有重要地位。当然,其功能不仅限于记录信息。量子存储器有可能与附近结点之间进行多次沟通,更重要的是还可以知道这些信息是否被加载。在两个存储量子比特实现 Bell 态测量,或引发光量子比特达到可控释放,且与现有的光纤带宽网络兼容。此外,目前已有很多成功技术用于量子信息处理器。例如前面已经介绍过的原子系综、原子光子系统极化、金刚石的 NV 中心,以及各种在纤维和晶体中的稀土离子,都可以存储单一模式或单量子态的信息。而稀土系统提

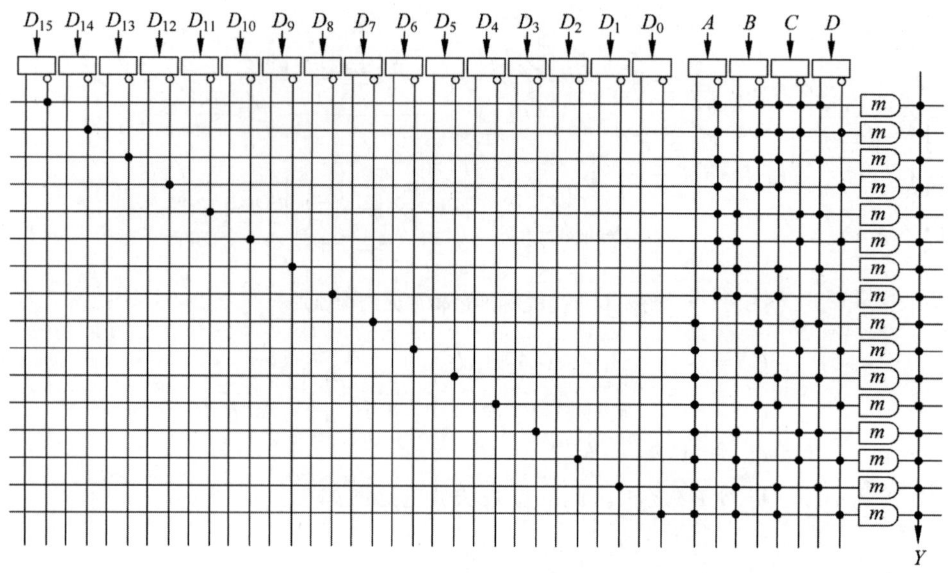

图 6-16 利用全光可编程逻辑阵列组成的 16 对 1 多路复用器(符号说明参见图 6-15)

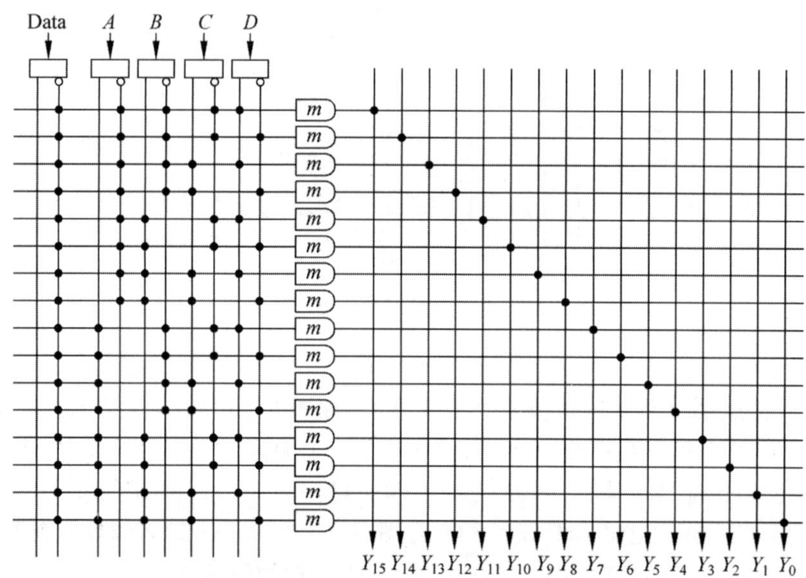

图 6-17 利用全光可编程逻辑阵列组成的 1 对 16 多路解复用器(图中符号说明见图 6-15)

供了多种模式,用于多量子态存储。虽然这些技术目前均不成熟,但根据量子通信领域发展的经验,可以预测,在最近几年,或者十几年内,这些问题都会得到解决。

基于凝聚态物理和量子复杂性理论。量子基态结构表现出的边界纠缠、基态约化密度矩阵限制研究已经取得很大进展,表明纠缠熵 ρ_S 在简化一维系统中与常数 n 无关。系统中粒子数为指数 $\ln d/\varepsilon$ 的函数,其中 d 为粒子的尺寸,ε 为其间隙。说明一维 Hamilton 量基态可近似为复杂的 NP 类,从而表明这种纠缠态具有独立随机活动特性:一维 Hamilton 函数 H 映射 H^l 的边界为 $d^{O(\sqrt{l})}$。设 H' 为 Hamilton 量粒子子集 S 的高能谱,则 H 的基态总能量 t 为 $2^{-\Omega(t-|\rho_S|)}$。其中,$|\rho_S|$ 为 S 和 $\bar{S}$ 之间的边界值。从而导致强近似基态映射(Approximate Ground State Projector, AGSP),保证 $O((\ln d/\varepsilon)^3)$ 不变,成为算子 k 中的 j,i 态:

$$\frac{1}{\| K^j \mid \psi\rangle \|} K^j \mid \psi\rangle \tag{6-7}$$

此值接近基态，且 $K^j|\psi\rangle$ 的附加噪声很小，算子 K 的属性近似于基态映射(AGSP)：

$$-K \mid \Omega\rangle = \mid \Omega\rangle \tag{6-8}$$

如果$|\Omega^{\perp}\rangle$与$|\Omega\rangle_{ji}$垂直，则 $K|\Omega^{\perp}\rangle$也与$|\Omega\rangle$垂直，且$\| K|\Omega^{\perp}\rangle \|^2 \leqslant \Delta$。对任意态 $|\Omega^{\perp}\rangle$，$K|\Omega^{\perp}\rangle$的 SR 为$|\Omega^{\perp}\rangle$的 D 倍，参数 Δ 和 D 可通过基态与纠缠之间交换得到。如果存在(D,Δ)-AGSP，基态的熵的边界条件为

$$S \leqslant \mathcal{O}(1) \cdot \ln D \tag{6-9}$$

则可定义一维 Hamilton 函数 H 的总能量为

$$H^{(t)} = \left(\sum_{i<1} H_i\right)^{\leqslant t} + H_1 + H_2 + \cdots + H_s + \left(\sum_{i>s} H_i\right)^{\leqslant t} \tag{6-10}$$

式中，$s+1$ 序列为周围粒子的单独作用，Hamilton 函数 H 的标准边界条件变为 $u=s+2t$ 对 n 粒子的作用：

$$H = H^{(t)} = H_L + H_1 + H_2 + \cdots + H_s + H_R \tag{6-11}$$

式中每个 H_i 为标准的边界 1 和粒子 $m+i, m+i+1$，H_L 对粒子 $1,2,\cdots,m$，H_R 在 $m+s+1+\cdots+n$ 的作用。基态 $H(t)$仍是原来 Hamilton 量，谱间隙为 T，但不受原来条件的限制。AGSP 可近似为与 l 相关的多项式 $C'(x)$：

$$C_\ell(0) = 1, \quad |C_\ell(x)| \leqslant \mathrm{e}^{-\sqrt{\varepsilon}\frac{\ell}{\sqrt{u}}} \quad \varepsilon \leqslant x \leqslant u \tag{6-12}$$

对于 AGSP，$K=C_l(H)$则可得

$$\Delta = \mathrm{e}^{-\sqrt{\varepsilon}\frac{\ell}{\sqrt{u}}} \tag{6-13}$$

若每个被纠缠的随机 SR 扩张边界为 $d^{l/s+s}$。因$(s+2)^l$太大，引入以变量 Z_i 为基础的表达式：

$$P(Z) = (H_L Z_0 + H_1 Z_1 + H_2 Z_2 + \cdots + H_R Z_{s+1})^{\ell} = \sum_{a_0+a_1+a_2+\cdots+a_{s+1}=\ell} f_{a_0,a_1,a_2,\cdots,a_{s+1}} Z_0^{a_0} Z_1^{a_1} \cdots Z_{s+1}^{a_{s+1}} \tag{6-14}$$

其中，$P(Z)=(A+H_iZ_i+B)^l$，A 和 B 可以互换，并限制 Z_i 不得大于 l/s。边界条件变成

$$2\frac{\ell}{s} \leftrightarrow \ell + 2\frac{\ell}{s} \tag{6-15}$$

所以，SR 按下式增长：

$$\begin{pmatrix} \ell + 2\dfrac{\ell}{s} \\ 2\dfrac{\ell}{s} \end{pmatrix} d^{\ell/s} d^s \tag{6-16}$$

对所有 Z，多项式的对每个 $f_{a_0,a_1,a_2,\cdots,a_{s+1}}$ 的 SR 插值参数为

$$H^{\ell} = \sum_{a_0+a_1+a_2+\cdots+a_{s+1}=\ell} f_{a_0,a_1,a_2,\cdots,a_{s+1}} \tag{6-17}$$

因此，对于 K，取

$$D = d^{\bar{O}(\ell/s+s)} \tag{6-18}$$

这时，AGSP 采用

$$\ell = O(s^2), \quad s = \bar{O}(\ln^2(d)/\varepsilon) \tag{6-19}$$

因此，根据受限 Hamilton 量建立的纠缠熵约束条件为

$$\bar{O}(\ln^3(d)/\varepsilon) \tag{6-20}$$

以上分析仅仅说明纠缠量子受控于边界条件，但还没有说明量子可以被看作计算模型。基于邻近相互作用费米子与相互作用可区分粒子，有可能用于执行通用计算。为通用计算提供了具有多体系统计算能力的全编码体相互作用体系，可以有效模拟多粒子通用量子计算机。根据多粒子在一个顶点为 $V(G)$，边集为 $E(G)$的空间 G 的相互作用，Hilbert 空间 G 的可区分粒子 m 对应的状态为

$|i\rangle\cdots|m\rangle|$，其中 $i\omega\in V(G)$ 为 ω 粒子的位置。在连续时间内，在 G 中的多粒子量子 m 的运动取决于时间独立的 Hamilton 函数：

$$H_G^{(m)}=\sum_{w=1}^{m}\sum_{(i,j)\in E(G)}(|i\rangle\langle j|_w+|j\rangle\langle i|_w)+\sum_{i,j\in V(G)}\mathcal{U}_{ij}(\hat{n}_i,\hat{n}_j) \tag{6-21}$$

式中 w 代表粒子(量子)的位置特征。$U_{ij}(\hat{n}_i;\hat{n}_j)$ 为算符 $\hat{n}_i$ 和 $\hat{n}_j$ 的函数，分别代表 i 和 j 位置的粒子数：

$$\hat{n}_i=\sum_{w=1}^{m}|i\rangle\langle i|_w \tag{6-22}$$

在式(6-21)中第 1 项代表相邻粒子之间允许的移动，第 2 项代表粒子间的相互作用，包括现场相互作用与近邻相互作用：

$$\mathcal{U}_{ij}(\hat{n}_i,\hat{n}_j)=(U/2)\delta_{i,j}\hat{n}_i(\hat{n}_i-1) \tag{6-23}$$

式中 U 为相互作用强度常数。

以上分析说明，多粒子量子在未加权的非平面模型内可以在一定条件下运动，并可设计成具有动态开关功能的量子电路 C，如图 6-18 所示。同时，可用于代表一个量子比特。如果将其组合成 $(n+1)$ 量子电路 C，利用若干双量子比特门电路 C'，便可形成 $C_\theta=\mathrm{diag}(1,1,1,\mathrm{e}^{\mathrm{i}\theta})$ 逻辑电路，用于量子比特计算。其中，θ 取决于粒子数。这种量子比特编码包括粒子波包动量 k，$n+1$ 中的每个量子比特具有双轨道，控制其运行路径和编码。$|0\rangle$ 和 $|1\rangle$ 态为编码计算的基本依据。量子计算波包 n 具有相同的动量 $k=-\pi/4$，但可用不同的动量 $k=\pi/2$ 编码。

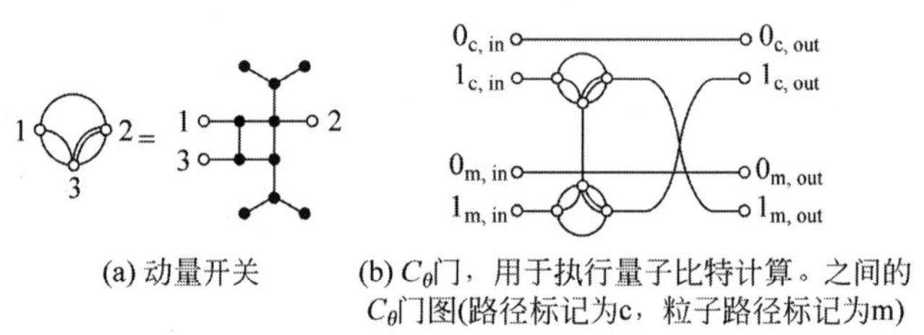

图 6-18 可控运动量子粒子用于逻辑门电路原理

利用 5 个 C_θ 门和 6 个单量子比特门组成的逻辑电路示意图如图 6-19 所示。通过不同的结构设计，原理上可实现任意功能的逻辑控制和动态量子比特存储。

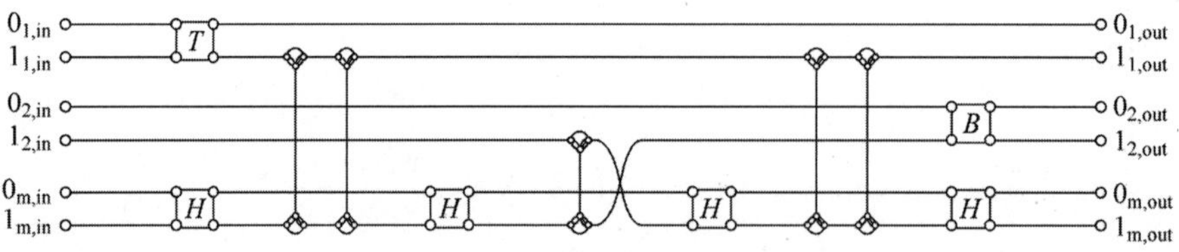

图 6-19 由 5 个 C_θ 门和 6 个单量子比特门组成的逻辑电路示意图

6. 双折射纠缠光子对

理论和实验研究证明双折射光纤可形成多种自发 4 波混频(Spontaneous Four Wave Mixing, SFWM)模式。例如，当泵浦光注入光纤后形成两类自发 SFWM 过程，如图 6-20 所示。在标量散射过程中，两个泵光子转换为沿相同的光纤偏振轴方向生成偏振信号和惰光子。而在矢量的散射过程中，两个泵光子生成与光纤的偏振轴不同的偏振信号和惰光子。如果矢量散射过程被抑制，两个标量散射过程会产生独立的关联光子对，且沿光纤的两个偏振轴(分别用 H 和 V 表示)偏振。若相关的光子对沿 H 和 V 的偏振具有相同的速率且满足时间和空间叠加，形成最大偏振纠缠态为

$$\frac{1}{\sqrt{2}}(|HH\rangle+\mathrm{e}^{\varphi}|VV\rangle)$$

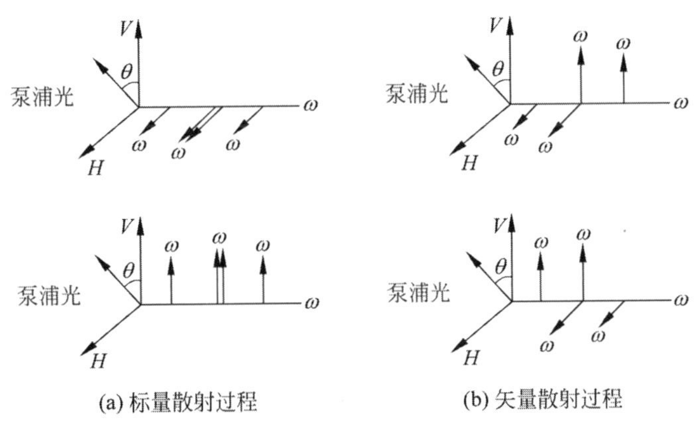

图 6-20 光纤中产生两个自发 4 波混频示意图

目前，有两种方案可用于抑制矢量散射过程。一种是利用双折射光纤组的双折射影响矢量散射过程的相位匹配条件。由于 T 矢量散射过程产生的光子对与标量散射过程产生的波长不同，光学滤波可以很好地抑制矢量散射过程。例如，使用高非线性微结构光纤(High Nonlinear Microstructure Fiber，HN-MSF)的双折射，另一种利用偏振保持光纤(Polarization Maintaining Fiber，PMF)的偏振走离效应提高系统性能的方法如图 6-21 所示。沿两个光纤偏振轴获得最大偏振纠缠态。

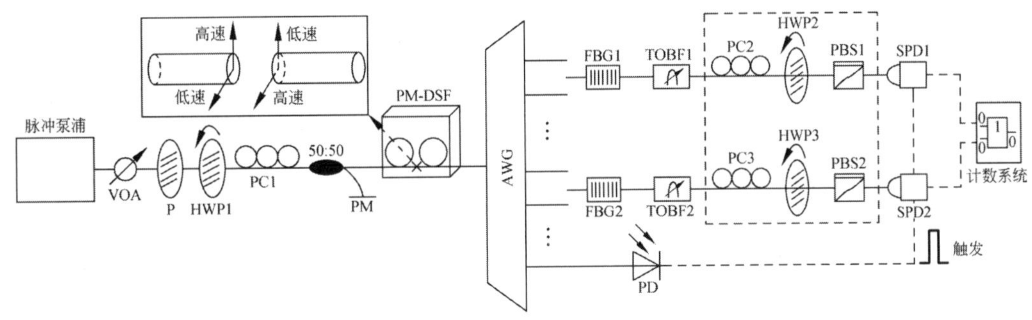

图 6-21 保持光纤中产生最大偏振纠缠光子对的原理示意图

对以上实验系统产生的光子对的纠缠特性测量结果证明，不同角度测量的偏振光子数几乎不变。利用互补金属氧化物半导体技术加工的 SFWM 硅波导长度仅 1.6mm，如图 6-22 所示。其峰值 15.6THz 远离泵的频率，频带宽度 100GHz，可获得 1.5μm 相关的光子对。

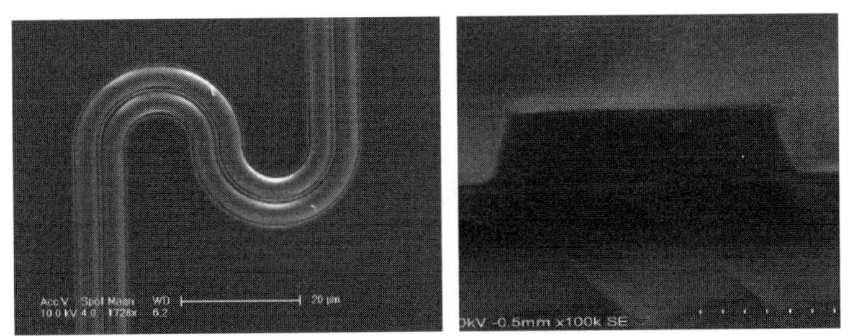

图 6-22 SFWM 硅波导电子显微镜照片

利用此器件产生的相关光子对实验测试结果如图 6-23 所示。图 6-23(a)为在不同泵水平下，信号光子数 N_s 和惰光子数 N_i 单光子计数率。统计表明每个脉冲泵浦光子数 N_s，$N_i = aNp_2$。探测器 SPD1，SPD2 的暗计数已扣除。光子计数率随着泵浦功率增加的平方增长。图 6-23(b)为符合计数率和偶然符合计数率惰光子计数率比值，可以看出，在室温下此比值约为 0.23×10^{-3}/pulse。

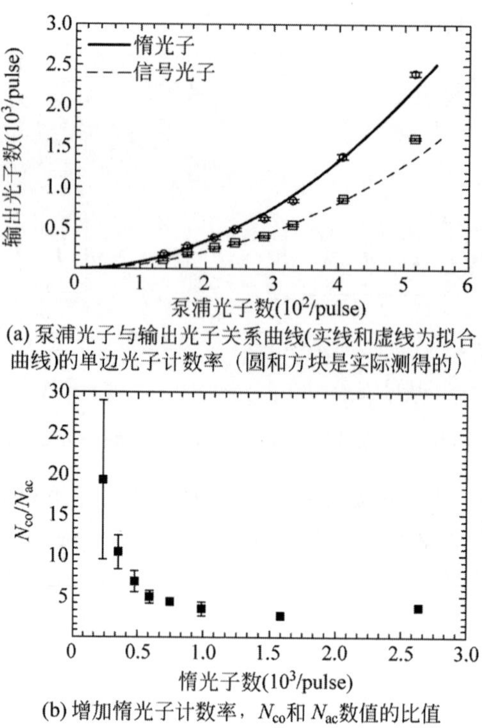

(a) 泵浦光子与输出光子关系曲线(实线和虚线为拟合曲线)的单边光子计数率（圆和方块是实际测得的）

(b) 增加惰光子计数率，N_{co}和N_{ac}数值的比值

图 6-23　FWNM 硅波导中产生的光子对的性能曲线

6.3　量子逻辑、信号冻结与再生

量子逻辑门是构建量子存储以至量子计算机的核心器件,也是著名的 Deutsch-Jozsa 量子算法中的核心技术。量子计算机之所以具有经典计算机不可比拟的信息处理能力,就是采用了光子控制逻辑。经典计算机中的基本逻辑是采用与门和非门组成经典计算的通用逻辑门。但量子计算机实现逻辑的幺正演化无论如何复杂,都可采用通用逻辑门组实现。而量子计算机的量子编码必须遵循量子力学规律,即演化过程一定是幺正的。因此量子计算的通用逻辑门也必须是幺正的。量子计算的通用逻辑门按量子位数不同,可分为一位门、二位门和多位门。这种可实现量子逻辑计算机的逻辑门由二维 Hilbert 空间物理量子位组成,可定义为$|0\rangle=(1,0)^T$,$|1\rangle=(0,1)^T$,其中 T 为 Hilbert 空间上的幺正变换 2×2 单位矩阵,则可获得 3 个 Pauli 基本逻辑算符:

$$X \equiv \sigma_x \equiv \begin{pmatrix} 0 & 1 \\ 1 & 0 \end{pmatrix},\quad Y \equiv \sigma_y \equiv \begin{pmatrix} 0 & -\mathrm{i} \\ \mathrm{i} & 0 \end{pmatrix},\quad Z \equiv \sigma_z \equiv \begin{pmatrix} 1 & 0 \\ 0 & -1 \end{pmatrix} \tag{6-24}$$

这 3 个算符中 X 具有 $X|0(1)\rangle=|1(0)\rangle$功能,所以被称为量子非门(NOT),算符 Z 使$|0\rangle$和$|1\rangle$构成相对相位差 π 被称为相位门。物理上实际一位门比较容易,可直接采用经典的光与原子的相互作用来实现。对于偏振态的光子可用 1/2 波片和 1/4 波片实现。采用两个或多个量子位的非线性作用可构成二位门或多位门,例如控制相位门(Controlled Phase Gate,CPG)和可控非门(Controlled-NOT,CNOT)。CPG 和 CNOT 是最重要的二位门,CNOT 的代表性量子位计算矩阵表达式为

$$\text{CNOT} = \begin{pmatrix} 1 & 0 & 0 & 0 \\ 0 & 1 & 0 & 0 \\ 0 & 0 & 0 & 1 \\ 0 & 0 & 1 & 0 \end{pmatrix} \tag{6-25}$$

在光量子存储、计算和光量子网络中，光控非门记为

$$U_{\mathrm{p,a}}^{\mathrm{CNOT}}=|H\rangle\langle H|\otimes I+|V\rangle\langle V|\otimes\sigma_x \tag{6-26}$$

式中，I 为算符单位；σ_x 为 Pauli 算符；$|H(V)\rangle$ 为光子的水平(或竖直)偏振态。以第 1 章中介绍的典型 3 能级原子系统为例(参见第 1 章图 1-1 及图 1-12)。最高的为激发态 $|e\rangle$，最低的两个电子能级为基态 $|0\rangle$ 和 $|1\rangle$，中间能级为 $|f\rangle$ 态。当光子脉冲经过偏振分束器 PBS 后，竖直偏振分量 V 被反射镜 M 反射，水平偏振分量 H 进入腔内与腔内原子相互作用形成增强谐振。在 Rabi 频率为 Ω 的光子作用下，两个基态与激发态 $|e\rangle$ 间分别形成双光子共振。两个基态 $|0\rangle$ 和 $|1\rangle$ 分别和中间态 $|f\rangle$ 形成谐量为 Δ 的非共振耦合。在中间态与激发态 $|f\rangle\leftrightarrow|e\rangle$ 之间产生失谐量为 $-\Delta$ 的跃迁耦合偏振 H，耦合强度为 g。H 偏振腔模被入射光子分量共振激发，在腔内形成偏振模场，使原子的两个基态 $|0\rangle$ 和 $|1\rangle$ 和激发态 $|e>$ 产生双光子谐振。若 $g\gg\Omega$，保证电磁感应透明条件，则原子处于基态不变。而对于垂直偏振单光子脉冲，经偏振分束器 PBS 不进入腔，不能与原子跃迁 $|f\rangle\leftrightarrow|e\rangle$ 产生耦合作用，即 $g=0$。从而破坏了 $|0(1)\rangle\leftrightarrow|e\rangle$ 间双光子共振条件。$|0\rangle$ 和 $|1\rangle$ 在 Ramam 激光作用下通过中间态 $|f\rangle$ 形成双光子过程。当 Ramam 激光为 π 脉冲时构成 $|0\rangle$，$|1\rangle$ 翻转。当入射光(I)子为 H 偏振时，系统腔内 Hamilton 量为

$$H=-\Delta|f\rangle\langle f|+\frac{\Omega}{2}(|f\rangle\langle 0|+|f\rangle\langle 1|)+g|e\rangle\langle f|a_{\mathrm{H}}+\mathrm{H.c.} \tag{6-27}$$

式中，a_{H} 为腔模 $H(V)$ 的湮灭算符；H. c. 为 Hermite 共轭。因存在经典激发项，不便直接采用 Hamilton 解析处理。通常在失谐情况下，$\Delta\gg\Omega,g$，对中间态 $|f\rangle$ 在系统演化过程中作用可以不考虑。原子的缀饰态可写成为 $|\pm\rangle=(|0\rangle\pm|1\rangle)/\sqrt{2}$，则有效 Hamilton 量为

$$H_{\mathrm{eff}}=\frac{\Omega^2}{2\Delta}|+\rangle\langle+|+\frac{g^2}{\Delta}|e\rangle\langle e|+\frac{\Omega g}{\sqrt{2}\Delta}(|e\rangle\langle+|a_{\mathrm{H}}+\mathrm{H.c.}) \tag{6-28}$$

因为 $|H\rangle|e\rangle$ 不在子空间，腔场中 H 偏振光子数为零。所以有效 Hermite 量为暗态：

$$|D_1\rangle\propto|H\rangle|-\rangle,\quad|D_2\rangle\propto\sqrt{2}g|H\rangle|+\rangle-\Omega|0_{\mathrm{H}}\rangle|e\rangle \tag{6-29}$$

遵照量子绝热定理，当系统初始态为 $|H\rangle|0\rangle$ 将会沿着暗态 $(|D_1\rangle+|D_2\rangle)/\sqrt{2}$ 演化。原子处于 $|0\rangle$ 态对光子没有吸收，即处于电磁感应透明状态。当初态为 $|H\rangle|1\rangle$ 时，系统呈暗态 $(|D_2\rangle-|D_1\rangle)/\sqrt{2}$，从而保持在 $|H\rangle|1\rangle$。所以当入射单光子脉冲为 V 偏振。由于 V 偏振光子没有进入腔中不会被激发，$g=0$，破坏了 $|0(1)\rangle\leftrightarrow|e\rangle$ 之间的双光子谐振条件，在激光作用下，$|0\rangle$ 和 $|1\rangle$ 通过中间态 $|f\rangle$ 形成双光子谐振。若失谐条件达到 $\Delta\gg\Omega$，则对应的有效 Hermite 量为

$$H'_{\mathrm{eff}}=\frac{\Omega^2}{4\Delta}(|0\rangle\langle 0|+|1\rangle\langle 1|+|0\rangle\langle 1|+\mathrm{H.c.}) \tag{6-30}$$

经过 $T=2\Delta\pi/\Omega^2$ 时间演化，原子态完成 $|0\rangle\leftrightarrow|1\rangle$ 翻转。两个基态之间的这一物理过程的保真度随 Δ/Ω 比值而变。只要参数选择合理，其保真度可达到 99% 以上。由于存在耗散及受腔外环境发生耦合的影响导可能致单光子脉冲在通过腔壁时产生相位偏差。另外，系统的动力学过程，求解输入输出关系涉及非线性项，可以用态投影算符对上述方程进行傅里叶变换，使腔模的输出场和输入场通过标准的输入输出关系计算可得到操作 $\kappa_T\gg1$，单光子频率带宽达到 $\delta\omega\propto1/T$。$|e\rangle$ 线宽 $|\omega|\ll(\kappa,\gamma_e)$。当入射单光子脉冲 H 偏振态 $\Delta\gg g\gg\Omega$ 时，腔内原子因电磁感应透明不吸收光子，能级跃停止，保持原来状态不变。若偏振单光子脉冲经腔-原子系统后获得的动力学相位随各参数变化，出射单光子脉冲获得 π 相位，在出入过程中状态改变也会影响逻辑门的保真度。如果设体系初态为 $|H\rangle|0\rangle$，理想的输出态保真度甚至可以达到 100%。当其他参数一定时，相干耦合率 g 小于腔耗散速率 κ 时，作用在光子上的单量子位旋转为 Hadamard 门。单光子水平和垂直偏振态可直接描述量子位，用于量子通信隐形态、分布式量子计算与存储。而且对光子态的单量子位操作很容易利用传统波片进行控制。在两个光子之间实现两量子位门比较困难，因为单光子脉冲间耦合强度太小，很难在单光子水平上实现任

何有意义高效门操作。为增强光子之间的非线性相互作用，利用非线性晶体或 QED 腔增强单光子脉冲之间的非线性相互作用。让单光子脉冲进入腔后再次反射出来对腔内原子进行 Hadamard 门操作，可在一定程度上降低难度获得光子控制非门。如果能清除多余相干位项，光子-原子间控制非门操作，被囚禁在腔中的中性原子作为固定的量子位，具有较长的相干保持时间，可实现远距离结点间进行量子操作，即可获得非局域原子-原子之间的逻辑门。根据任意量子位 Hilbert 二维子空间幺正变换，理论上都可通过幺正变换实现单量子控制非门操作。只要腔耗散速率足够大，满足绝热条件，QED 中光子诱发电磁感应透明也可实现光子-原子控制非门。此方案不仅对原子自发辐射不敏感，而且在坏腔极限下也能正常工作，且速度快、保真度高、易扩展。借助于光子特性，在非局域原子之间以及在不同单光子脉冲之间也可实现量子逻辑门，为分布式量子计算组，实现光子之间非线性相互作用提供了另一途径。基于随机量子系统状态的收敛控制反馈控制稳定研究不断取得进展，如果初始状态限制在状态空间某个局部，则达到局部稳定。只要初始状态为状态空间的任意一状态，则平衡点全部稳定。根据理论分析，只要测量算符为非正则厄米矩阵，特征值相等，则任意本征态和混合态能达到全局稳定。当目标态为本征态时，需要满足目标态为混合态，系统为封闭状态平衡点满足对角矩阵，量子系统处于收敛状态，就能实现有效控制。如果只有本征态时系统平衡，所有均满足系统的平衡点，则不存在任何状态在任意控制下均是系统的平衡点。量子系统状态的收敛控制，往往不存在任意控制的平衡。特殊本征态的收敛控制通过设计控制律，可使系统状态从任意初态收敛到选定的目标态，并建立随机量子系统数学模型。有限维量子滤波器的状态可以用密度矩阵描述，状态的演化遵循如非线性随机微分方程，其中，复数集为共轭转置，表示状态空间。在经典概率空间中一维维纳过程代表样本空间，样本空间的幂集为空子集且是一个代数，代表概率是无穷小维纳增量。随机变量的期望值输出由 Hamilton 量和控制 Hamilton 量的 Hermite 矩阵表示。代表测量算符确定系统与测量装置之间作用。控制输入代表实数集，在量子化学和实现量子系统从初始态到期望目标态的转移非常重要。正确设计控制律，可使随机量子系统状态稳定地从任意初始态收敛到目标态。量子系统状态的收敛控制的平衡点可能不止一个，所以即使在控制作用下，由于系统的自由演化，系统状态会收敛到若干平衡点中任意一个状态。因此，在设计控制节律时应该选择正确的控制律，才能使系统状态收敛到期望目标态，而不是随机收敛到若干平衡点中的某一个。通常随机量子系统只包含有限平衡点，如果系统测量算符为正则，则只需设计控制律使系统状态收敛到有限平衡点中的某一个即可。因实际应用情况比较复杂，随机量子系统往往不要求测量算符正则，所以对控制律设计的要求更高。控制律设计主要按照 Lyapunov 定理计算目标态概率是否稳定，以确定系统状态是否能收敛到目标态。根据 Lyapunov 定理，可建立相应的函数用于控制律设计，从而目标态是概率稳定的。为了使目标态全局稳定，可设计一个常量控制方程，使系统状态在常量控制作用下可在有限时间内进入，将控制律和常量控制合成为开关。为满足 Lyapunov 函数要求，选择参数在控制律设计和分析中有重要影响。实践证明，通过选择合理的设计参数可以大量减少不变集中状态个数，简化不变集中状态形式和限制参数，则不变集中的状态收敛域中，只包含所需的目标态。另外，根据 Russell 不变集定理，对于任意初态在控制律的作用下系统状态依概率收敛于不变集。根据不变集的定义，不变集中的状态包含在系统平衡点中。因此，一定是本征态或具有相同形式的目标态。根据 Lyapunov 定理和 Russell 不变集定理，控制律可使系统状态从任意初态收敛到目标态。如果最后经过边界进入则状态会收敛到目标态。只要满足 Lyapunov 函数中的条件，遵循演化方程函数对时间的一阶导数，在控制律的作用下就会收敛到最大不变集中。例如选择 Lyapunov 函数为

$$v(|\rho_s\rangle\rangle)=\frac{1}{2}\langle\langle\rho_s-\rho_{sf}|P|\rho_s-\rho_{sf}\rangle\rangle \tag{6-31}$$

式中，$|\rho_s\rangle\rangle$ 为演化态；$|\rho_{sf}\rangle\rangle$ 为目标态；P 为正定对称且满足 $PL_0-L_0^{+}P=0$。$V(|\rho_s\rangle\rangle)$ 与时间的一阶导数为

$$\dot{V}(|\rho_s\rangle\rangle) = \sum_{k=1}^{m} f_k(t)\,\mathfrak{I}(\langle\langle\rho_s - \rho_{sf} \mid PL_k \mid \rho_s\rangle\rangle)$$
$$= \sum_{k=1}^{m} \frac{1}{r_k}[\mathfrak{I}(\langle\langle\rho_s - \rho_{sf} \mid PL_k \mid \rho_s\rangle\rangle)]^2 \leqslant 0 \tag{6-32}$$

根据控制律,可将被控系统状态由非对角元素不为零的混合态密度矩阵转变为非对角元素为零的混合态密度矩阵,将控制量子系统的状态由任意纯态转移到期望的混合态。由于期望的混合态是密度矩阵的非对角元素为零的混合态,系统能够持续稳定在本征态上。本征态 $S'(0)=(1,0,0)$转移到密度矩阵非对角元素是不为零的混合态 $S_f=(0.7,0,0)$。若辅助系统的初始状态为 $P(0)=(0.7,0,0)$,终态为 $P_f=(0,0,1)$,则复合系统 T 的终态为 $\rho_T^f=\rho_S^f\otimes\rho_P^f$。若系统 S 及 P 的本征频率均为 1,即 $\omega_S=\omega_P=1$。则被控系统的 Hamilton 量 $H_S=\omega_s\sigma_z^S=\mathrm{diag}(1,-1)$,辅助系统的 Hamilton 量 $H_S=\omega_s\sigma_z^S=\mathrm{diag}(1,-1)$,$T$ 的 Hamilton 量为 $H_0=\sigma_z^S\otimes I+I\otimes\sigma_z^P=\mathrm{diag}(2,0,0,-2)$,$S$ 和 P 的相互作用的 Hamilton 量为 $H_I=\sigma_x^S\otimes\sigma_x^P$,说明逻辑控制完全稳定。

量子逻辑具有多维数混沌系统的非线性特征,由低维混沌系统产生的用于量化有序和无序特征。相关维数可用用于提取量子信号中包含的其他非线性信息。采用指数初始误差平均法评价系统的混沌性和周期性,量子轨道的平均发散量及分型布朗噪声相关特性可用量化无穷小初始误差平均指数增长率描述。这种方法常被用于区分系统的混沌性和周期性分析量子不同状态信号的复杂度,评估系统的相似性及分型布朗噪声相关特性,用来分析时间序列中是否存在其他不确定因素。随着信息熵理论发展,熵值已成为近年来非线性动力学中最常使用的特征量,量子信号具有非平稳性和非线性特点被广泛地用于光量子逻辑信号的分析研究。目前,常用的熵算法包括近似熵、样本熵、模糊熵、排列熵及方差熵等。近似熵主要用来衡量时间序列复杂度和评价信号中变化平稳性。近似熵对于检测偶然的变化,且通过时间序列长度和相似系数比较的相似度进行估算。所以,时间序列越不规则,近似熵值越大;反之,时间序列的近似熵值较小。在光量子存储及计算中,特别是多阶存储使用近似熵来区分不同状态,分析数据时间序列随信号增长或下降引起的变异,从而可确定量子存储信号时间序列的复杂度和规则性。与近似熵类似,样本熵可用来检测时间序列本身的相似性。此外排列熵、方差熵及模糊熵侧重于对量子信号的突变检测、分析与处理。因为突变点具有局部性,通常表现为突变中心点局部奇对称,或突变中心偶对称。量子信号的突变往往反映量子谐振态的变化,可能是量子系统自身状态变化,也可能是外部环境引起干扰、震荡和映射变形等。因此,对量子信号突变检测是对估算量子分布很重要。突变检测方法有傅里叶变换、短时傅里叶变换、奇异值分解、小波分析及 Hilbert 变换等。短时傅里叶变换、小波分析、Hilbert 变换适合于时频域内对信号处理,而奇异值分解只用于时域内信号处理。这些算法各有优缺点,傅里叶变换能在全局上提供量子信号整体的特异性描述,但不能指示局部对整体特异性的贡献,无法确定突变变化发生的具体时刻。短时傅里叶变换在给定的时间间隔和频率间隔内效果较明显,但对所有的频率都使用单一的窗函数,分辨率保持不变,因此,一旦窗口函数选定,则窗口的形状和大小保持不变,对短时高频信息不能细化到任意小局域部,敏感反映量子信号的突变。由于量子频率能量微弱,容易被噪声所覆盖很难有效检测出异常变化。小波分析能满足不同频率要求,具有较好的自适应性,适合于对突变信号或具有孤立奇异性信号处理,但利用小波变换检测信号突变点过程中,小波变换系数的选择、小波函数、噪声都会对计算结果有影响。奇异值分解可直接针对时间序列提取突变信息进行方法,但易受噪声及奇异值的影响,在量子态分析中有一定局限性。时域分析方法通过采集到量子信号波形,根据其电位值及频率直接从时域提取特征分析。物理意义较明确,可用于直接提取波形特征,实现周期幅度分析、方差分析、直方图分析、相关分析、峰值检测及波形参数分析、相干平均、波形识别等光量子信号处理中出现的大部分情况。频域分析,包括量子功率谱分析和相干分析,将幅度随时间变化的量子谐振变换功率随频率变化谱进行直接观察。时频分析法从时域角度研究分析量子信号,常用的时频分解方法为小波变换、短时傅里叶变换和 Hilbert 变换。对量子信号非平稳性以及非线性的特征进行测量时，非线性量子力学的相关维数、Lyapunov 指数、信息熵可提取量子态信号所蕴含的多种信息，能较好地解决量子信号微弱、噪声大和具有非平稳性和随机性问题。模糊熵是近年来才开始采用的对样本熵方法的一种改进。采用一个指数函数将算法中的相似性度量公式模糊化，采用模糊熵衡量时间序列复杂性。方差熵是对样本熵算法的另一种改进，通过比较时间序列中相邻值衡量其复杂性和规则性。与近似熵、样本熵和模糊熵相比较，排列熵是从另一个角度测量时间序列随机的变化。时间序列变化越复杂，则排列熵值越大。该方法利用粗粒度法将时间序列分段，对每段时间窗取平均值，重构各个尺度序列提取时间序列样本熵。这对分析时间序列在时间尺度上的特性研究有重要意义，尤其对量子信息的时域相关性特征分析，证明多尺度熵法能够提取到更多信息。尺度熵在用于多维重构序列，时间尺度较大，长度较短的时间序列提取样本熵时准确度较低。因此，对多尺度熵算法进行了改进。2013 年提出改进的多尺度熵(Modified Multiscale Entropy)，在划分时间序列使用粒度更细，无重叠时间窗，用滑动时间窗，以结合每个时间窗的平均值重构各个尺度上时间序列，提取时间序列不同尺度上的样本熵值。将时间序列重构后与原时间序列长度基本一致，尤其在时间序列长度很长时效果显著。2015 年通过计算粗粒度方法所划分时间窗的平均值重构不同尺度，用方差代替平均值重构各尺度的时间序列，在多维、多时间坐标中可较好地诠释量子序列复杂性特征值，分析计算量子门在多个尺度上重构的时间序列。其中，使用均匀划分的时间窗来重构时间序列可增加时间计算的精度，若将该方法与多维计算结合，可提高量子逻辑门的准确性及可靠性。将非均匀分段计算引入多尺度熵中，使用非均匀时间窗替代传统方法中的均匀时间窗，降低了时间复杂度和提高准确性。量子逻辑中数据和精分数据集经预处理、多尺度化、序列重构、熵计算、校验等步骤验证可保证量子逻辑门的有效性分析的可靠性。

但在实际量子逻辑控制过程中，受外部环境影响，特别是温度条件的影响，上述基于量子的相干态的各种逻辑门一旦量子相干失谐，所有的逻辑将失效，甚至数据也随之消失。所以提出“量子冻结”和信号再生的概念。

1. 量子冻结

量子态受环境噪声影响很容易失谐而被破坏。特别是量子纠缠存储，一般存储寿命仅为毫秒量级。预计未来大量实验及详细的数学分析证明可以在物理上实现量子冻结。即在特定条件下利用 Block 球重新定相隧道，不仅能防止退相干还可能逆转已退相干态，使被冻结量子再生。目前，所有的量子系统均不可避免地会与环境相互作用导致退相干。经过多年努力，发现采用“冻结”方法可以控制退相干，为抵抗退相干提供了保护机制。对环境最敏感的量子纠缠态，实际上只是量子关联的一种特殊类型。纠缠可以认为是处于一个纯态的两个系统之间的量子关联。量子纠缠只代表量子关联中的一部分，因为并非所有状态都是纯态。当两个系统处在干扰环境中时，会变成混合态，即一部分为纠缠态另一部分为非纠缠态。系统之间的量子关联不一定都是纠缠态，而是表现为一种更普遍失谐量子关联形式。这种量子关联形式比量子纠缠态的抗干扰性强。不会遇到干扰就突然消失，所以有可能把冻结作为抗干扰稳固方法。理论上，处于“冻结”状态量子可以完全不受干扰影响而长期保存。所以，信息存储系统应该包括数据管理、存储和冻结 3 个部分，如图 6-24 所示。

根据量子容错的概率可知，每对操作序列常数阈值可确定其错误率，实验也证明实现错误率可低于阈值。冷冻过程相当于增加噪声数据中的熵，或通过制冷将熵引入带噪声的量子比特。为了解决这个问题，使用的附属物量子比特必须是已冷冻的，否则不可能从其他数据吸收额外熵。

在相干量子比特中，相互作用能量分布状态为

$$
\begin{aligned}
\mathcal{I}(A:B) &= s(\rho_A) + s(\rho_B) - s(\rho_{AB}) \\
\mathcal{J}(A:B) &= S(\rho_B) - S(\rho_B \mid \rho_A)
\end{aligned}
\tag{6-33}
$$

其中，

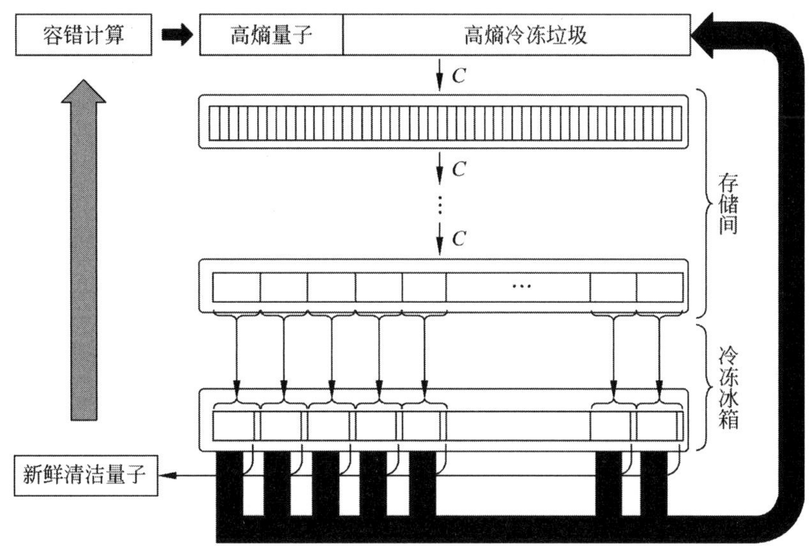

图 6-24 具有高可靠性智能管理量子存储系统结构原理示意图

$$S(\rho)=-\mathrm{tr}[\rho\log_2\rho] \tag{6-34}$$

von Neumann 量子外部条件熵为

$$S(\rho_B\mid\rho_A)=\sum_k p_k S(\rho_{AB}^k) \tag{6-35}$$

相干之后的结果为

$$Q_A(\rho_{AB})=\min_{\{\Pi_k^A\}}\left\{S(\rho_A)-S(\rho_{AB})+\sum_k p_k S(\rho_{AB}^k)\right\} \tag{6-36}$$

若进入有噪声通道，产生去相干时 ρ_{AB} 演变为

$$\rho_{AB}(\gamma)=\sum_{\mu,\nu=0}^{1}E_{\mu,\nu}\rho_{AB}(0)E_{\mu,\nu}^{\dagger},\quad E_{\mu,\nu}=E_\mu\otimes E_\nu \tag{6-37}$$

式中，γ 为去相干系数，$0\leqslant\gamma\leqslant1$。

对于更复杂的环境，例如考虑增加了切换开关，其量子态变为

$$\rho_{AB}=\frac{1}{4}\left[I_A\otimes I_B+\sum_{\alpha=x,y,z}c_{\alpha\alpha}\sigma_A^\alpha\otimes\sigma_B^\alpha+\sum_{\alpha=x,y,z}c_\alpha^A\sigma_A^\alpha\otimes I_B+\sum_{\beta=x,y,z}c_\beta^B I_A\otimes\sigma_B^\beta\right] \tag{6-38}$$

其中

$$\begin{aligned}|c_{\alpha\alpha}|&=|\langle\sigma_A^\alpha\otimes\sigma_B^\alpha\rangle|\leqslant1\\|c_\alpha^A|&=|\langle\sigma_A^\alpha\otimes I_B\rangle|\leqslant1\\|c_\beta^B|&=|\langle I_A\otimes\sigma_B^\beta\rangle|\leqslant1\end{aligned} \tag{6-39}$$

其 Bell 对角线态为

$$\tilde{\rho}_{AB}=\frac{1}{4}\left[I_A\otimes I_B+\sum_{\alpha=x,y,z}c_{\alpha\alpha}\sigma_A^\alpha\otimes\sigma_B^\alpha+(c_x^A\sigma_A^x\otimes I_B+c_x^B I_A\otimes\sigma_B^x)\right] \tag{6-40}$$

式中，c_x^A，c_x^B 分别代表 γ 的两个比特的不同环境的作用。

按照 Bell 对角线态计算，此两个量子比特冷冻后的初始态最小值为

$$\Pi_k^A=U\mid k\rangle\langle k\mid U^{\dagger},\quad U=\begin{pmatrix}\cos\dfrac{\theta}{2} & \sin\dfrac{\theta}{2}\mathrm{e}^{\mathrm{i}\phi}\\ -\sin\dfrac{\theta}{2}\mathrm{e}^{-\mathrm{i}\phi} & \cos\dfrac{\theta}{2}\end{pmatrix} \tag{6-41}$$

式中，$|k\rangle=|0\rangle,|1\rangle$，$\theta(0\leqslant\theta\leqslant\pi)$，$\phi(0\leqslant\phi<2\pi)$。

按照式(6-41)计算,精度可达到99%,即$\{\Pi_k^A\}\to\{\sigma_A^x,\sigma_A^y,\sigma_A^z\}$。如果考虑其他对角线$\{\Pi_k^A\}\to\{\sigma_A^x,\sigma_A^y,\sigma_A^z\}$,则精度可达到100%。

冷冻量子的相关性可达到:

$$\tilde{\rho}_{AB}=\frac{1}{4}\Big[I_A\otimes I_B+\sum_{\alpha=x,y,z}c_{\alpha\alpha}\sigma_A^\alpha\otimes\sigma_B^\alpha+(c_z^A\sigma_A^z\otimes I_B+c_z^B I_A\otimes\sigma_B^3)\Big] \tag{6-42}$$

此外,冷冻起始Bell对角线为

$$c_{yy}/c_{xx}=-c_{zz} \tag{6-43}$$

校正对角线为

$$|c_{\alpha\alpha}|=|\langle\sigma_A^\alpha\otimes\sigma_B^\alpha\rangle|\leqslant 1 \tag{6-44}$$

维持冷冻的条件为

$$\begin{gathered}(c_{yy}/c_{zz})=-(c_x^A/c_x^B)=-c_{xx},\quad |c_{xx}|<1\\(c_{zz})^2+(c_x^B)^2\leqslant 1\\F(\sqrt{(c_{zz})^2+(c_x^B)^2})\leqslant F(c_{xx})+F(c_x^B)-F(c_x^A)\end{gathered} \tag{6-45}$$

式中,$F(y)=2(H((1+y)/2)-1)$,$H(\alpha)=-\alpha\log_2\alpha-(1-\alpha)\log_2(1-\alpha)$。

脱离冷冻条件为

$$c_{yy}/c_{xx}=-c_{zz} \tag{6-46}$$

开始冷冻(Bell对角线)与完成冷冻后的量子修正序数与去相干系数γ的关系如图6-25所示。

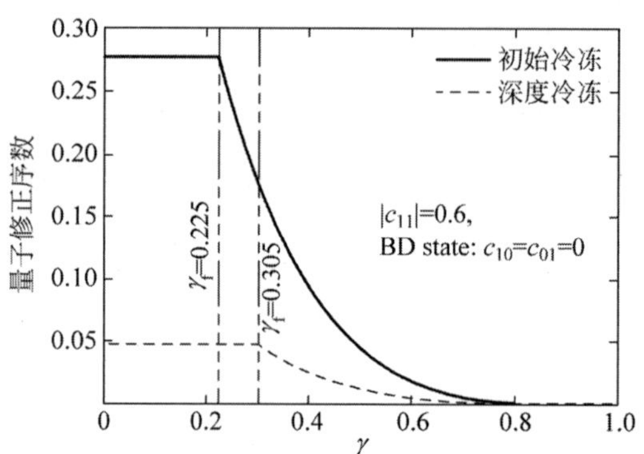

图6-25 去相干系数γ与量子修正序数关系曲线

冻结后量子的测量条件必须满足:

$$\begin{gathered}(c_{yy}/c_{zz})=-(c_x^A/c_x^B)=-c_{xx},\quad |c_{xx}|<1\\(c_{zz})^2+(c_x^B)^2\leqslant 1\\F(\sqrt{(c_{zz})^2+(c_x^B)^2})\leqslant F(c_{xx})+F(c_x^B)\end{gathered} \tag{6-47}$$

说明经过冻结的量子必须按照以上条件处理才能正确再生。混合状态量子经过冷冻后,噪声被最大限度地抑制。实验证明,通过先加热去除噪声后的快速冷冻方法,可以极大地降低阈值误差的影响。

2. 全光信号再生

经过冷冻的量子采用半导体光放大器(Semiconductor Optical Amplifier,SOA)处理放大。利用交叉增益压缩(Cross Gain Compression,CGC)效应,能使包含各种波长的噪声信号有效地再生,增益放大速率为80Gb/s。并可利用半导体光放大器中的自相位调制(Self Phase Modulation,SPM)滤波功能完成包括2R和3R信号的再生。所以,半导体光放大器是信号再生的关键元件,如果将它与Mach-Zehnder干涉仪结合使用,可同时完成放大和滤波。

用于全光信号再生的实验系统,采用交叉增益压缩,使偏振半导体光学放大器能同时完成各种不同波长和强度反演信号相互作用,实现单一或多波长转换全光 2R 信号再生。即使开始时只有一个波长 λ_1 输入信号,然后将另外一个波长 λ_2 的信号注入半导体光放大器,实现饱和增益放大。在提高信号质量的同时,获得全光整形输出,如图 6-26 所示。根据图中几个关键结点上的信号网眼图,就能清楚说明此实验装置的工作原理和对 RZ 信号的处理再生过程。本实验系统的 NRZ/RZ 输入信号的波长 $\lambda_1=1555$nm,通过铌酸锂 Mach-Zehnder 调制,将连续发射激光器调制成频率为 40Gb/s 的输入信号。噪声加载使用掺铒光纤放大器(Erbium Doped Fiber Amplifier,EDFA)。经掺铒光纤放大器加载噪声形成频率 40Gb/s 的 2R 信号,如图 6-26(a)所示。输入信号的平均功率为 13dBm,其中一部分送到信号交叉增益逆变放大器。经放大及逆变,获得光波长 $\lambda_2=1565$nm,功率 3dBm 的反演信号,然后通过可调谐带通滤波器获得格式化输入信号及对应于输入脉冲信号的逆 RZ 信号,如图 6-26(b)所示。该滤波器带宽 0.7nm,增益 3dB。为了提高不同光谱信号和反相信号的消光比,再生器中增加一条与信号同步的波长转换的光延迟线。将以上这两个信号同时送入 SOA2,SOA2 中的信号如图 6-26(c)所示。系统中的 SOA1 和 SOA2 都是无偏振(PDG 小于 1dB)多量子阱小信号增益放大器件,其饱和输出功率为 30dBm,驱动电流 300mA,转换时间 25ps。SOA2 的总输入功率约为 5dBm,对应的增益压缩为 25dB,经选频滤波后的输出信号如图 6-26(d)所示。

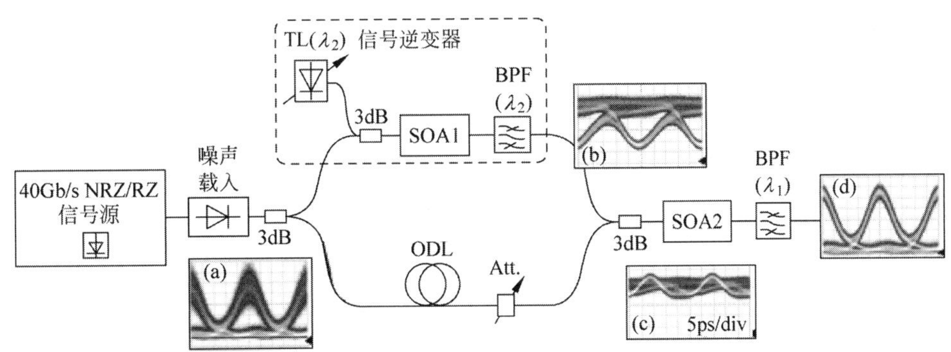

图 6-26 全光信号再生实验装置原理及主要结点信号波形示意图
图中,NRZ/RZ 为 Mach-Zehnder 调制转换器,SOA 为增益放大器,
BPF 为带通滤波器,ODL 为光纤延迟器,Att 为振幅调节器

以上系统中采用的基于 Mach-Zehnder 干涉仪的锐截调制器,由于其性能优越且容易采用平面纳米集成工艺制造,在光量子存储特别是光子纠缠存储中被广泛应用。典型的 Mach-Zehnder 干涉仪的结构原理如图 6-27 所示。

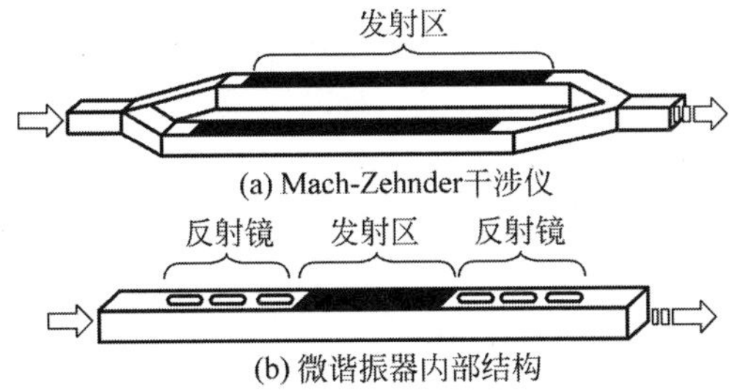

图 6-27 基于 Mach-Zehnder 干涉仪的调制器结构原理示意图

经过前置放大,阈值可调功率恒定的二极管光衰减器及带通滤波器选择获得的频率为 40GHz 的信号 λ_1,以及经过交叉增益放大带通滤波整形重塑的输出信号的 λ_2 在误码率测试仪上的波形如图 6-28 所示。

实验证明,此过程已达到增益饱和,即功率限制均衡器的振幅上限。其强度取决于增益压缩与输入功率，效果类似于高通滤波器，截止频率与增益放大器的增益恢复时间成反比。系统中，增益放大器的增益恢复时间的截止频率为 1/25ps=40GHz，其强度主要取决于增益放大器增益峰值和两个相互作用的信号波长的关系，有效地降低了信号中的噪声。信号 λ_1 的输入输出传递函数测试结果如图 6-29 所示。

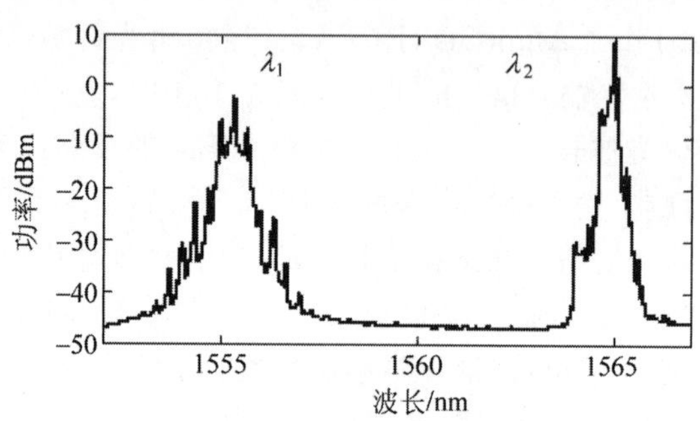

图 6-28 经过再生的全光输入信号 λ_1 和 λ_2 的反演实验信号波形对比

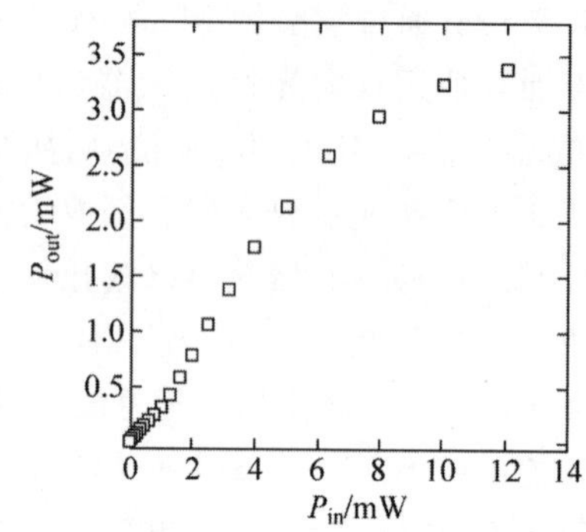

图 6-29 通过静态交叉增益压缩处理得到的输入输出传递函数关系曲线

为了进一步提高信号再生系统的质量，采用集成柱形量子点光学放大器(Columnar Quantum Dot Semiconductor Optical Amplifiers，CQD-SOA)取代上述系统中的增益放大器。这种基于自相位调制(Self Phase Modulation，SPM)的交叉增益调制放大器，再生信号转换速率可达到 160Gb/s，且其结构更简单。柱形量子点光学放大器的增益恢复成指数增长，实现 100%饱和增益只需 30ps，10ps 内的增益恢复可达 85%。经过修改的信号再生处理系统的结构原理及柱型量子点光学放大器的工作原理如图 6-30 所示。由于该系统的增益响应足够快，噪声信号强度变化不会导致波形失真。另外，通过自相位调制滤波展宽，可使输出的 ps 光脉冲获得到再生放大。实验证明，红移部分的频谱信号清晰，滤波效果良好，没有光谱位移。

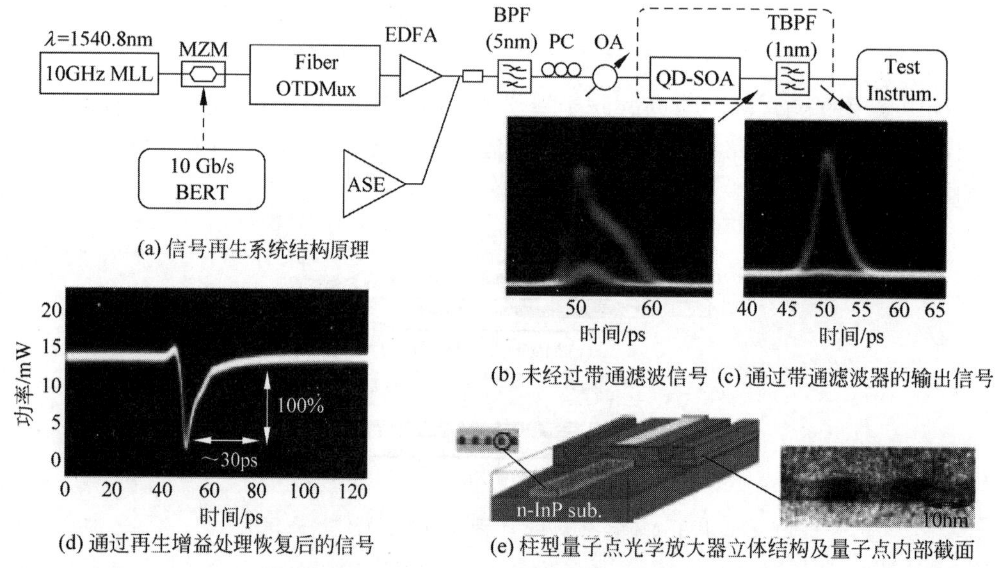

图 6-30 信号再生处理系统及柱型量子点光学放大器结构原理

图 6-30(a)所示的实验系统采用锁模半导体激光器，工作频率 10GHz，能产生脉宽 3ps 脉冲。随机比特调制强度(Pseudo Random Bit Sequence，PRBS)可达到 $2^{31}-1$。采用光时分复用(Optical Time Division Multiplexer，OTDMux)可获得 20Gb/s 和 40Gb/s 信号，随机比特调制强度为 2^7-1。

系统同样采用负载放大自发辐射（Amplified Spontaneous Emission，ASE）通过铒掺杂光纤放大器载入噪声，再通过带宽为5nm的光滤波器去除带外噪音，偏振化和功率控制后输入柱型量子点光学放大器。柱型量子点光学放大器结构如图6-30(b)所示，其长度为6.15mm，波导宽带2μm，反射涂层22层，量子点密度$9\times10^{10}cm^{-2}$，点高度25nm，总有源区厚度为350nm。该器件采用横向磁模式增益，散热良好、工作温度稳定，有效增益37dB，饱和输出功率19dBm，可调谐滤波器的输出带宽1nm。利用65GHz采样示波器和光谱分析仪获得的最终输出信号如图6-30(c)所示。

为了进一步提高柱型量子点光学放大器的消光比、增益响应和再生数据更新速度对偏置电流进行调整，使功率放大范围增加20dB，平均再生放大增益提高17.5dB，如图6-31(a)所示。通过调整优化滤波器的波长，输入与输出功率转换因子提高2.5dB。再生数字速率达到80Gb/s，输出增益提高10dB。实际测量的输入和输出功率转换函数曲线如图6-31(b)所示。

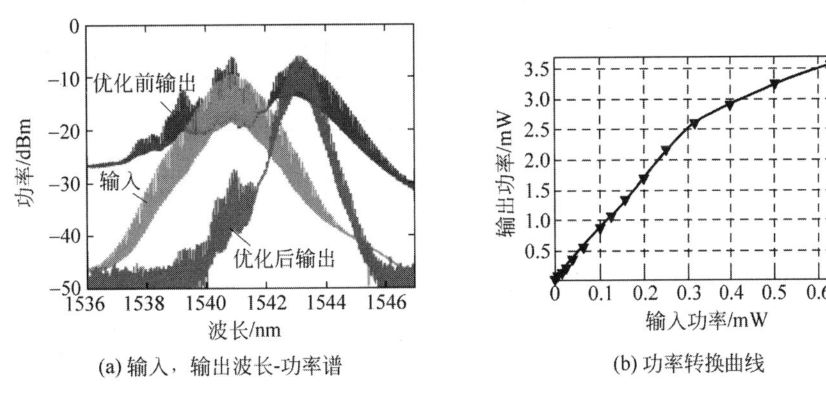

图6-31　经过改进信号处理系统实验结果

6.4　神经网络存储

神经网络记忆与存储是受近代生物科学启发而产生的新概念，为计算机人工智能从观测、数据处理、学习和记忆研究展示了一条崭新的技术路线，也成为图像识别、语音识别和自然语言处理以及神经网络深度学习记忆研究中深受广泛关注的研究方向。生物科学研究证实，动物与外界环境的实时精确度互动和记忆都是通过神经纤维传播实现的。最新的研究表明，动物神经纤维传播信息是通过神经髓鞘轴突的作用产生的高度集聚电势控制钠离子通道传播到神经中枢的。动物中枢神经系统结点的钠离子通道的聚集机制，及其群集作用直接影响和控制信号的传导过程如图6-32所示。

以上述神经髓鞘轴突与外来触发信息作用的反应过程为基础，构成神经系统对各种外来出发信息的认知、记忆及学习。这个领域涉及的问题十分广泛，本节主要讨论神经系统对信息记忆形成的过程。根据神经髓鞘轴突控制传播信息的原理，建立的生物神经系统对外来信号的记忆模型，如图6-33所示。

从上述生物神经系统信息记忆模型可看出，该系统的关键是类神经元(neuron)电路，即所谓神经形态芯片(neuromorphic chip)。目前，模拟神经形态芯片的方案很多，下面介绍较成熟的基于量子退火原理的量子类脑神经形态芯片。这种芯片基于量子退火数字计算模型收敛条件的理论研究，利用绝热量子系统的量子相位和跃迁特性建立实验模型，通过横向电场导致量子态之间的隧道效应能够在凝聚态系统准确地实现逻辑控制。实验证明，量子退火构成的量子力学叠加的所有状态具有同等权重，横向磁场隧道电流使绝热量子离开基态进入高能态：

$$H_{\text{Ising}}=\sum_j h_j\sigma_j^z+\sum_{(i,j)\subset E}I_{ij}\sigma_i^z\sigma_j^z,h_f\neq0,J_{ij}=\pm1 \tag{6-48}$$

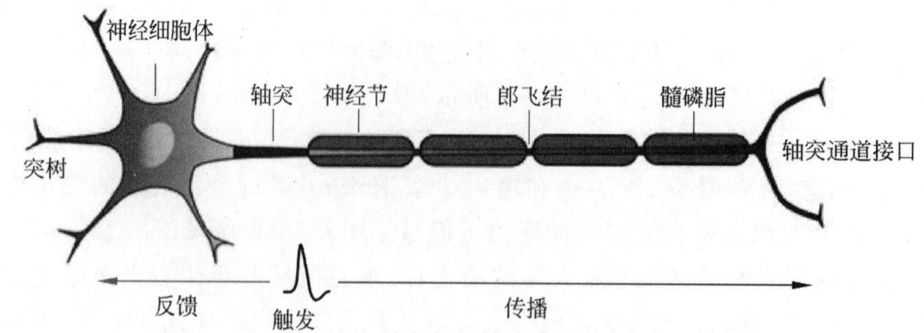

(a) 有髓神经元结构和触发信号的产生和传播形式和内部组织结构

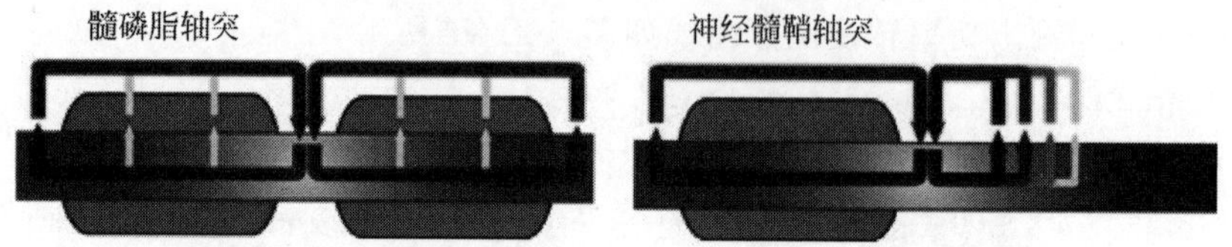

(b) 在髓磷脂神经纤维中，被郎飞(ranvier)结再生的作用电势形成膜电流(如图中深色箭头)，导致脱髓鞘改变，作用电势消失

图 6-32　神经髓鞘轴突控制传播信息原理及过程

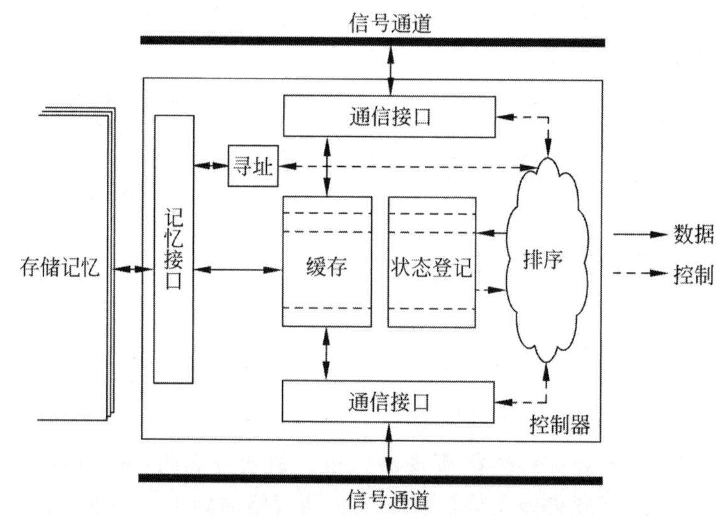

图 6-33　生物神经系统对外来信号的记忆模型

且在绝热磁场调制作用下转换为

$$H(t) = A(t)\sum_{j}\sigma_j^x + B(t)H_{\text{Ising}}, t \in [0, t_f] \tag{6-49}$$

根据量子退火势能函数建立的逻辑门如图 6-34 所示。

与门

"A"	"B"	"C"
1	1	1
1	0	0
0	1	0
0	0	0

A B C

(a) 全光与门

或门

A B C

"A"	"B"	"C"
1	1	0
1	0	1
0	1	1
0	0	0

(b) 全光或门

图 6-34　基于绝热量子退火构成的响应速度能达到纳秒和皮秒量级的量子逻辑门电路原理示意图

在全光逻辑门电路图基础上设计研制的 1024 位量子比绝热特超导逻辑元件芯片如图 6-35 所示。

图 6-35 神经芯片外形结构照片

此量子芯片不存在量子纠缠存储处理芯片中量子态失谐(退相干)造成的失误,其计算处理逻辑过程如图 6-36 所示。

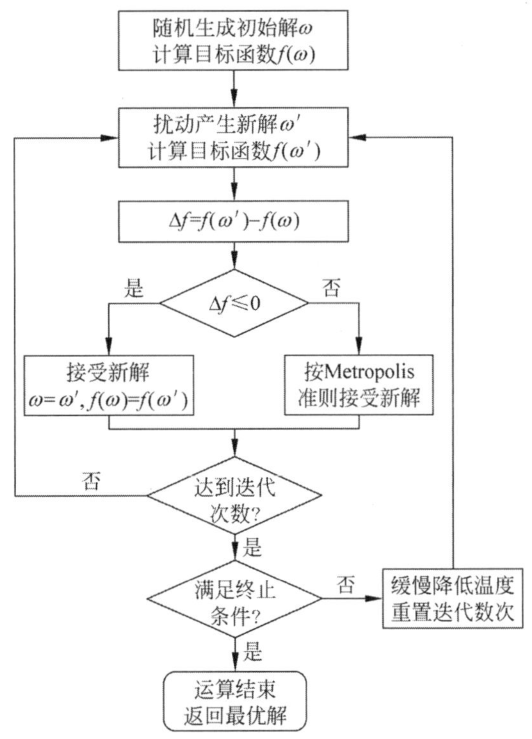

图 6-36 绝热量子退火量子迭代计算逻辑电路原理

这种芯片主要特点是网络中的每一个神经元都能与相邻层的每一个神经元连接,如图 6-37 所示。因此,可直接处理字长 50b 编码,充分利用反向源序列编码器,缩短从解码器到编码器的路径,有助于实现网络智能化记忆;允许解码器利用不同部分的输出生成解码;基于所有输入状态的选择性加权组合,定义每个输入状态的权重,所以能同时产生下一个目标输入状态,形成新的权重矩阵递归神经网络;只要提供足够的网络单元,即可以计算任何一个传统的计算机可以计算的问题。另外,不同于传统的网络模型,这种权重矩阵也可能被视为程序,可从已处理的数据中学习和分类,预测 Markov 模型和其他序列处理方法的有效概率。实验证明,可提高处理速度 27.7%,改善神经网络学习方式,降低深卷积网络神经网络中的不稳定梯度。

如图 6-37 所示的 3 层神经元互联通道到达 42875(35×35×35),可直接一次处理 200×200 像素的图形,精度优于 98%。根据目前的工艺水平,可以在每一层基板上安装 28×28 个神经形态芯片,如图 6-38 所示。

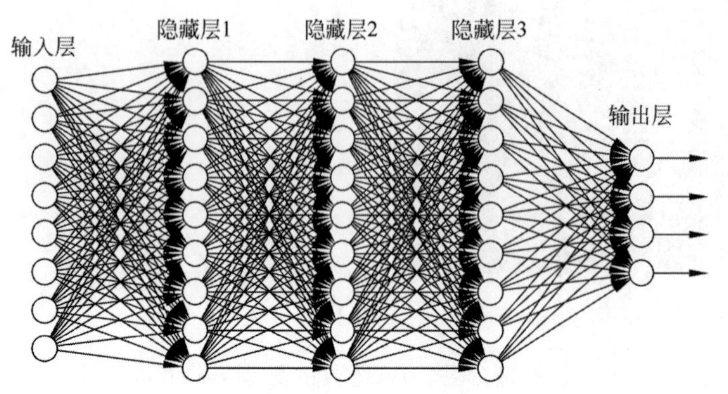

图 6-37 相邻层间的神经元互联结构示意图

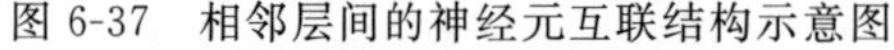

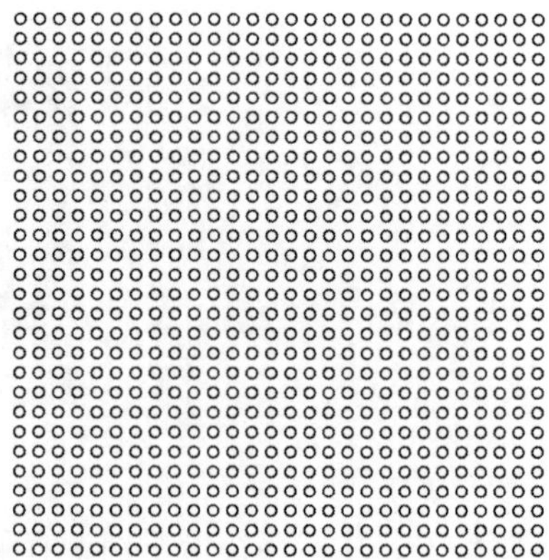

图 6-38 28×28 阵列输入神经元芯片示意图

由于目前的工艺还不可能实现这种阵列密度的与图 6-38 相似的多层神经元互联，但可能对局部单元实现多层互联。例如在某一个特定的区域连接 5×5 阵列的神经元，并且将此局部多层互联与隐藏层上的隐藏神经元互联，如图 6-39 所示。

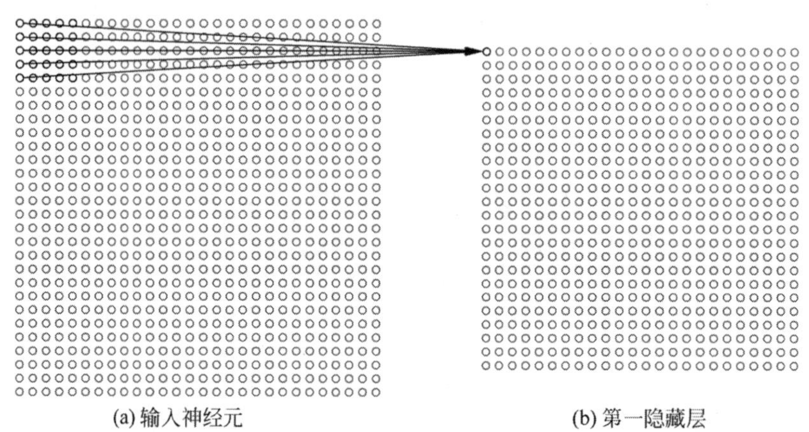

(a) 输入神经元　　(b) 第一隐藏层

图 6-39 通过局部阵列与隐藏层上的隐藏神经元互联实现大面积神经多层互联及交叉互联结构示意图

这种 5×5 局部阵列的位置和数量分布可根据处理功能的需要设计。以 28×28 阵列为例，最多可以插入 5 个子阵列，即每层上有 25×5＝125 个神经元可以多层互联。一般来说，125 个神经元基本上可将隐藏层中所有神经元包含的具有精确定义的特征数据转发到其他神经元。当然，这增加了系统的冗余和数据交换的时间。为此，提出根据调用的权重定义，将隐藏层的特征映射具有共享权重的输入层，即所谓特征映射共享偏置。共享权重偏置通常被定义为一个处理内核过滤器。其主要优点是极大地减少了卷积中涉及的参数数量。只需要对上述 25×5＝125 个神经元共享权重，加上一个单一的共享偏置，就可以提供处理所需要的 2626 个参数。相比全连接一层(需要 28×28＝784 输入神经元)减少 6 倍以上。如果按照对所有完全连接的卷积层计算，将减少占用神经元的数量为原来的 1/40 以下。当然，因为实际计算模式有很大差异，不能简单地按照卷积层连接的模型参数计算。例如，可不直接由卷积层计算，而是通过层输出到相当于缓存的隐藏神经元，又称为简明特征映射。根据所处理问题的内容及信息占用量分层处理计算，如图 6-40 所示。将神经元阵列设计为 28×28，24×24，12×12 等不同规模，每个阵列单元可以按照上一层处理的结果，按照其特征转移到相关子阵列处理，或另外建立一个独立的处理神经元阵列。这种处理系统将处理的数据信息安装其特征和使用相关信息自动分类存入相关的处理阵列，大大提高了处理系统的智能化水平。更重要的是，这种多级存储处理结构具有一定的“学习”功能。而且这种功能还可以通过处理系统运行积累，自动调整或扩展对应的规模和级别。

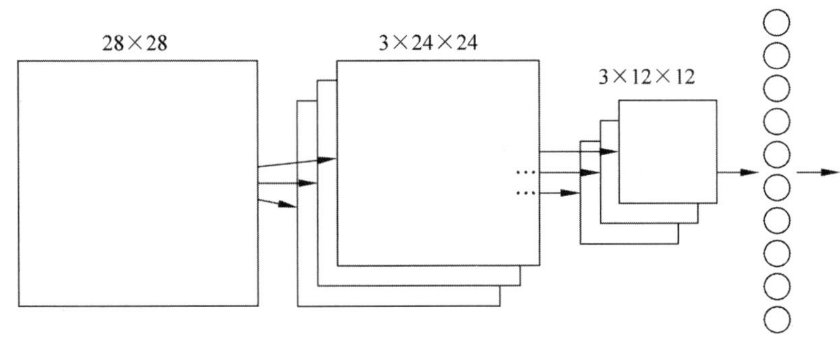

图 6-40 多层多级神经元阵列互联信息存储处理系统结构示意图

图 6-40 所示的多级神经元阵列网络存储处理系统，卷积层实际使用中可能涉及不止一个特征映射。所以，某些系统采用了多个特征映射子阵列，或将几个子阵列合并卷积。必要时，根据实际使用数据的积累，可将最大的网络群按照其特征给定其访问权重，保证在使用过程中能快速获得信息，并有助于自动减少低级别信息占用的资源数量。实验证明，28×28 神经元阵列及 5×5 局域多层互联系统，每个卷积层最多可使用 33 个 5×5 局域特征映射。所以，实际参与处理的神经元可达 825 个，还不包括隐特征神经元。网络的最后一层连接是完全连通层，将所有输出神经元连接到 1010 个输出结点，可以很容易与其他系统互联。最有意义的实验是，利用这种系统训练网络的权重和偏差的分类功能，将训练获得的网络使用随机梯度下降率，通过反向传播修改信息输入的传播通道及过程，优化最大缓冲池层容量，建立"思维"数据资料库作为图书馆管理卷积网络。这种智能化矩阵库，通过自动计算分析所有相关映射，可实现根据检索特征直接进入细节，实验得到的最佳分类准确率为 97.8%。因此可以认为此系统具有某种机器学习功能，并有可能进一步实现更复杂的网络应用培训，自动编辑网络教程。

为了进一步提高系统的学习功能，将从最后一层的输出信号激活交叉熵函数和对数似然函数，反馈到网络输入端插入的一个卷积层，使整个网络形成闭环连接如图 6-41 所示。

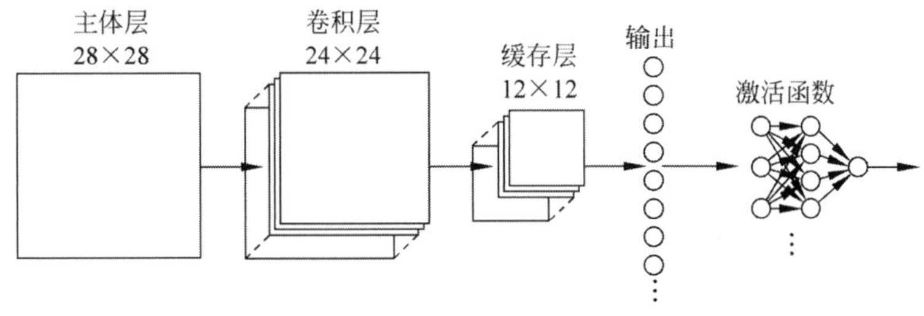

图 6-41 具有深度学习功能的多级神经元阵列互联信息存储处理系统结构示意图

在这种具有深度学习功能的体系结构中，通过卷积对汇集存储输入信息的处理可以获得更抽象的简化数据，不仅大大压缩了占用空间，而且使网络的训练水平得到质的改变。使处理过程从比较简单的以概率为基础的学习过程，逐步提高到以比较抽象的逻辑分析过程。实验结果证明，这样处理方法显著改善了系统的检索质量，使系统检索的错误率降低了 1/3。实验还显示，神经元网络系统的结构布局对处理速度及错误率都有影响，例如输出包含 40 个 5×5 独立的特征映射矩阵卷积池的效果明显优于 20 个 12×12 矩阵的处理水平。因为独立的卷积池中存储信息的内容被简化，权重显著降低，但覆盖更广的同量数据信息。另外，神经元阵列层的数量及布局对网络的学习功能也有影响。特别是对存储处理对象种类比较复杂，输入数据的相关性或表达方式差别很大的信息，例如包含大量彩色图像、数学模型或不同的文字信息的处理。在这种情况下，最好的方式是将数据量较大的彩色图像先进行特征提取。此外，还可将不同语言文字的信息规范化为同一种语言文字或者专用特殊代码，相当于机器专用数学符号，将大大提高神经网络存储处理系统的效率及功能。实际上，将这些由机器处理好的结果翻译成任何语言文字输出都不存在技术屏障。

为此，将上述多级神经元阵列网络存储处理系统的结构进一步改进，如图 6-42 所示。将此系统在结构和算法上进行如下改进：输入信息首先由受处理反馈信号控制的分类预处理器进行分类，并根据其类型输入第一级缓存池。信息在第一级缓存池中进行加权处理后输入第二级缓存池。输入信息在第二级缓存池中根据信息权重进行相关处理排队，然后再输入自适应选择处理阵列。自适应选择处理阵列的功能也有所改变，在原有的量子迭代计算为基础的处理逻辑中增加了更容易激活的双曲正切函数模型，以便在专用处理阵列的基础上实现跨度较大的关联处理。另外，在多层自适应选择处理阵列中插入密度为 784 个神经元阵列全连接卷积运算处理，即层梯度学习神经元阵列子网。所以，此处理器具有理解线性校正功能。此阵列中还增加了一定数量的备用阵列，以便调整或增加其处理功能。

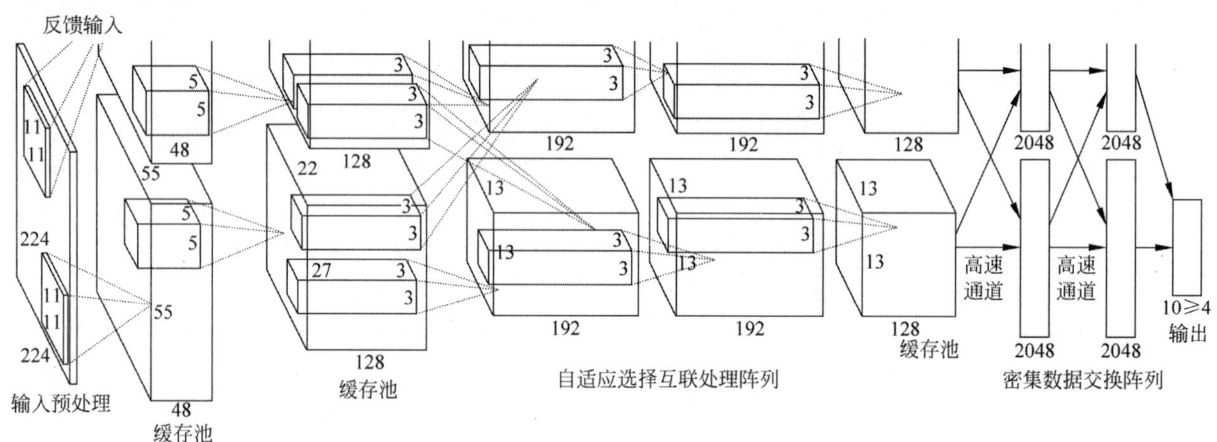

图 6-42 自适应多级神经元阵列网络存储处理系统结构示意图

这种组合多层神经元阵列网络存储处理系统采用卷积运算极大地减少了处理参数和拟合总量。部分采用修正的线性单元代替神经元加速了处理过程。最重要的是系统中添加了几十个隐藏备用层，使分类存储处理的分类精度显著提高。精确分类不仅提高了处理精度，而且使处理速度空前提高。主要是因为经过卷积处理分类的信息直接存入该处理器，经过不断的运行，随其存储资源的不断增加，该处理器的速度及精度将同步提高，变得越来越"聪明"，越接近于人脑功能。比较困难的是系统初始化权值、阈值和校正线性函数系数的选择，任何细微差别都可能导致严重的后果。所以初始化权值和阈值，变量权重的选择是未来深入研究具有启发式神经元(即可自动修改神经元)的重要课题。其中包括，找出网络中哪些变量可以用于学习；采用哪些数学变量和符号能够快速使具有独立特征的大块信息符号化；使用何种数学工具实现反向传播运算等。实验研究还证明，提高神经元阵列网络存储处理系统的速度及可靠性，不是简单的扩大规模。系统的结构设计还具有极大的改进空间，例如在没有完整的设计理论和充分的实验参数借鉴的情况下，在实验系统中添加部分"冗余"单元作为备份，也是一种明智的选择；利用各种网络架构，重新定义网络符号，建立相应的对数似然函数、梯度函数以及相应的参数，适当增加"内存"容量，都是值得研究发展的方向。

2015 年以来，类脑计算领域的许多著名研究团队，例如斯坦福大学和谷歌公司的研究人员，对分级神经网络处理系统研究提出了若干新思路。例如，使用一个有限子集数据训练和测试卷积神经网络的准确性，采用 7 层隐层神经元的深度卷积实现了 84.7%的分类处理精度；采用 224×224 输入层神经元代替 1024×1024 分辨率的彩色图像建立的深度卷积图像识别的神经网络，对 120 万个图像进行识别处理的错误率为 6.8%，最佳情况下(图像质量较好)可达 1.7%。研究还证明，应用深度卷积神经网络也能提高字符识别和语音识别精度。由于对人脑神经网络了解有限，即使通过训练的网络也不能识别许多图像，目前集中在数字分类、反向传播卷积、递归神经网络(RNNs)、转移学习、强化学习等许多领域。其中递归神经网络使用简化输入自动选择神经元处理层，允许网络中的元素保持动态组合的方向值得重视。采用这种方法可以部分解决广泛化与精确度的矛盾。神经元的激活部分取决于其使用频率，即与先前输入形成相关。这种时变特性的神经网络，实际上是递归神经网络最突出的优点，其可靠性与使用时间及处理数据量成正比，比较接近于人脑自然识别处理规律。递归神经网络使用的方式也比较接近于思维算法，需要输入的描述字符相对比较简单，类似"理解"模式识别。其他用于前馈网的方法，甚至比前馈网络更深的短期记忆单元，可能比较容易获得良好的训练结果。所谓深度"理解"神经网络模型，比较像类似人脑对图像的识别过程，既能认识区别图像的形状又能记忆其中的重点特征，应该属于深层学习模式。此外，使用神经网络强化学习，准确地理解所指内容，在大量科学数据中找到隐藏其中的"未知"创新。建立多层次的抽象处理存储，提高机器学习学习概念层次，形成新良性循环深度学习，无疑是今后智能化网络存储的发展方向。建立一种通用的人工智能深层学习系统，不断提高线性校正函数验证准确率并非遥远的未来。若干世界著名研究团队提供的实验数据证明，使用扩展训练数据训练实验，图像识别精度可达到99.3%，分类准确率达到99.65%。

对于多维交叉数据通道，类脑存储与传统存储器最大的差别之一就是存储之间必须具有高效互联数据通道。光量子存储器采用的基础元件，包括光量子、光电混合传输、光子晶体和光纤波导等器件完全有可能实现这一要求。首先是采用激光和光纤取代电子数据传输通道，不仅可大幅度提高数据传输速率，还可能实现超级小型化。其最突出的优点是不同波长光子在相同媒体中相互交叉传播不存在任何干扰或串扰。实验研究证明，实现上述要求所需要的全光开关、量子点激光器、光子晶体光纤和光学组件是可以实现的，可靠性也不存在问题。由于光量子多信道并行传输不存在干扰，光子信道传输具有特殊的低损耗、大带宽和多路复用能力。光学材料紧凑，重量轻，制造成本低。同时光量子存储单元可以达到原子(分子)量级，存储物理参量多元化，采用多维编码成为未来类脑存储的最佳选择方案。此外，光学并行数据处理比电子更容易和便捷，目前普遍认为未来的光学计算系统的计算速度有可能超过当前最快的电子系统 10^7 倍。这种多维交叉数据通道中采用的配套硬件，例如全光开关、逻辑门及发射、调制、探测器件的灵敏度都在皮秒(10^{-12}s)至飞秒(10^{-15}s)范围。例如聚乙炔全光逻辑门在实验室条件下的开关速度高于1ns。传播速度也大大高于电子，通过光学集成实现光存储和光互联，建成完整的多维交叉互联光量子类脑存储器是完全可能的。当然这种存储系统涉及的技术面比较广，是典型的跨学科系统，包括光学、材料科学、化学、物理学、计算机科学及纳米工程技术。同时也是未来光学计算机所必须解决的技术问题。

光量子存储器与上述各种相关配套元件及交叉传播系统之间没有十分严格的界限。例如逻辑开关也可以用于存储器，而有源存储器也可以用于计算、控制、通信和信号处理。全光学RAM可以直接保存光子，也可用于激光通信中的中继器、光处理器和全息驱动器。由于都以光作为信息载体，很容易实现数据互联互通，获得更高的带宽，并可采用同样的总线系统和多维并行传输处理。目前，并行传输处理有两种形式，一种是目前计算机普遍使用的通过总线系统发送传输数，若需要并行数据传输能力只能增加总线数量。光学数据传输处理可以采用高带宽传输，即在一个数据路径中，可以包含多组数据同时并行传输。使用不同的波长、偏振态和量子态等，都可以用于高维并行传输，所以具有极大的使用发展空间。而存在的最主要的问题和干扰是对相干光的干涉性破坏，即所谓失相或退相干现象。另外，若要充分利用光量子高并行性和优越的光速传输，必须对目前数据通道、架构和管理软件重新设计。保证相互交叉不受干扰，充分发挥光子在空间互不干扰的特点，建立和布局具有特殊优越性的三维并行性交互系统。

6.5 相位调制随机存储

超快脉冲的相干特性可用于信息存储以及光开关、光逻辑门、光互联甚至光学计算机。弱脉冲触发介质中的原子，导致介质周期性的折射率调制，使入射光产生非线性相移。通过控制脉冲的发射条件，可控制非线性相移的大小、频率和反射光谱。利用介质原子的这些光学性质构建光学元件，如量子开关或逻辑门均可用于信息存储。目前已成功应用的材料是铷(^{87}Rb)介质，其Λ型三能级结构原子提供了额外的一个自由度，在触发脉冲作用下产生的非线性效应，即所谓电磁诱导透明效应(Electromagnetically Induced Transparency, EIT)可用于存储信息或构建偏振相位门。这种元素原子内部结构确定了它的特殊光学性质，可以通过外部电磁场的电磁感应对输入光学信号实现存储和检索。而且通过改变入射光的频率，可以方便地处理光束的相对相位移，得到不同参数的特征值。例如原子在较强的Rabi场Ω_c及另外两个较弱的Rabi场Ω_p和Ω_t作用下，原子中的电子在平行于z轴的方向出现$|0\rangle$，$|1\rangle$，$|2\rangle$，$|3\rangle$ 4种状态，如图6-43所示。其中，$|2\rangle$为基态，$|0\rangle$为激发态，频率为ω_2。各参量之间存在如下关系：

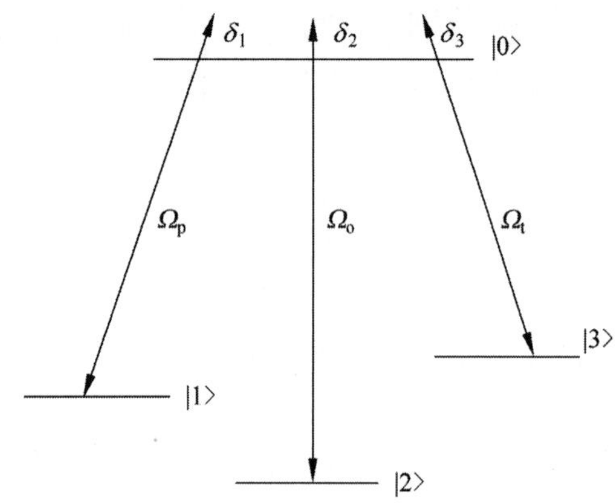

图6-43 Λ型四能级原子结构示意图

$$\Omega_c(z) = \Omega_c^+ e^{ik_2 z} + \Omega_c^- e^{-ik_2 z} \tag{6-50}$$

式中$k_2 = 2\pi/\omega_2$代表频率场的波数，场强取决于介质的光学特性。若$\Omega_c^- \neq 0$，引起介质的晶格周期为ω_2。

在图6-43所示的能态中，$|0\rangle$为激发态。$|1\rangle$与$|3\rangle$相互耦合，并存在如下谐振：

$$\delta_j = E_j + \hbar\omega_j - E_0, \quad j = 1,2,3 \tag{6-51}$$

式中，E_j为能态，ω_j为第j场的频率。例如，^{87}Rb原子的$S_{1/2}$和$P_{3/2}$态。因此，可建立旋转波Bloch近似方程如下：

$$\left.\begin{aligned}
i\dot{\sigma}_{00} &= \Omega_p\sigma_{10} + \Omega_c\sigma_{20} + \Omega_t\sigma_{30} - \Omega_p^*\sigma_{01} - \Omega_c^*\sigma_{02} - \Omega_t^*\sigma_{03} - i(\gamma_{11}+\gamma_{22}+\gamma_{33})\sigma_{00}\\
i\dot{\sigma}_{11} &= \Omega_p^*\sigma_{01} - \Omega_p\sigma_{10} + i\gamma_{11}\sigma_{00} - i\gamma_{12}\sigma_{11} + i\gamma_{13}\sigma_{33}\\
i\dot{\sigma}_{22} &= \Omega_c^*\sigma_{02} - \Omega_c\sigma_{20} + i\gamma_{22}\sigma_{00} + i\gamma_{12}\sigma_{11} + i\gamma_{23}\sigma_{33}\\
i\dot{\sigma}_{33} &= \Omega_t^*\sigma_{03} - \Omega_t\sigma_{30} + i\gamma_{33}\sigma_{00} - i(\gamma_{12}+\gamma_{23})\sigma_{33}\\
i\dot{\sigma}_{10} &= \Delta_{10}^*\sigma_{10} - \Omega_p^*(\sigma_{11}-\sigma_{00}) - \Omega_c^*\sigma_{12} - \Omega_t^*\sigma_{13}\\
i\dot{\sigma}_{20} &= \Delta_{20}^*\sigma_{20} - \Omega_c^*(\sigma_{22}-\sigma_{00}) - \Omega_p^*\sigma_{21} - \Omega_t^*\sigma_{23}\\
i\dot{\sigma}_{30} &= \Delta_{30}^*\sigma_{30} - \Omega_t^*(\sigma_{33}-\sigma_{00}) - \Omega_c^*\sigma_{32} - \Omega_p^*\sigma_{31}\\
i\dot{\sigma}_{12} &= \Delta_{12}^*\sigma_{12} + \Omega_p^*\sigma_{02} - \Omega_c\sigma_{10}\\
i\dot{\sigma}_{13} &= \Delta_{13}^*\sigma_{13} + \Omega_p^*\sigma_{03} - \Omega_t\sigma_{10}\\
i\dot{\sigma}_{23} &= \Delta_{23}^*\sigma_{23} + \Omega_c^*\sigma_{03} - \Omega_t\sigma_{20}
\end{aligned}\right\} \tag{6-52}$$

式中σ_{ij}为慢变化，所以有

$$\Delta_{j0} = \delta_j + i\gamma_{j0}, \quad \Delta_{jk} = \delta_j - \delta_k + i\gamma_{jk}, \quad \gamma_{jk} = \gamma_{kj}, \quad j,k = 1,2,3, m = 0,1,2,3 \tag{6-53}$$

因此，上述模型中对应的自发辐射为

$$\gamma_{j0} = \frac{1}{2}(\gamma_{11} + \gamma_{22} + \gamma_{33}) \tag{6-54}$$

由于介质原子间的碰撞产生的弱信号γ_{jk}，将导致场退相干：

$$\chi_p = -\lim_{t\to+\infty} \frac{N\,|\,d_{01}\,|^2}{\hbar\,\varepsilon_0} \frac{\sigma_{01}}{\Omega_p} \tag{6-55}$$

式中 N 为每单位体积中的原子数。时间限制(相干寿命)可从 Block 方程组中查到。触发敏感性为 $\{p,1\}\leftrightarrow\{t,3\}$。$\sigma_{jj}$ 值可以从式(6-53)中获得。能态跃迁的触发灵敏度为一组对角矩阵密度矩阵,且可根据式(6-52)推导。如果忽略高阶项,原子中电子跃迁的触发敏感性(触发信号强度)可用以下 Taylor 级数表示:

$$\chi_{\mathrm{p}} = \chi_{\mathrm{p}}^{(3)} + \chi_{\mathrm{pp}}^{(3)} \mid \Omega_{\mathrm{p}} \mid^2 + \chi_{\mathrm{pt}}^{(3)} \mid \Omega_{\mathrm{t}} \mid^2 \tag{6-56}$$

此式的第一项为线性磁化率,第二和第三项分别代表自 Kerr 效应和交叉 Kerr 效应,而且介质磁化率与输入光束的强度成正比。影响最大的是交叉 Kerr 项,是交叉相位调制的主要来源。根据式(6-56),可获得精确计算介质周期性的空间的光学性质,其中每个 Taylor 分量均可以扩展为傅里叶级数:

$$\chi_{\mathrm{p}} = \sum_{n=-\infty}^{+\infty} [\chi_{\mathrm{p},2n}^{(3)} + \chi_{\mathrm{pp},2n}^{(3)} \mid \Omega_{\mathrm{p}} \mid^2 + \chi_{\mathrm{pt},2n}^{(3)} \mid \Omega_{\mathrm{t}} \mid^2] \mathrm{e}^{2\mathrm{i}nk_2 z} \tag{6-57}$$

基于以上介质灵敏度傅里叶分量表达式积分计算的介质灵敏度分量曲线如图 6-44 所示。

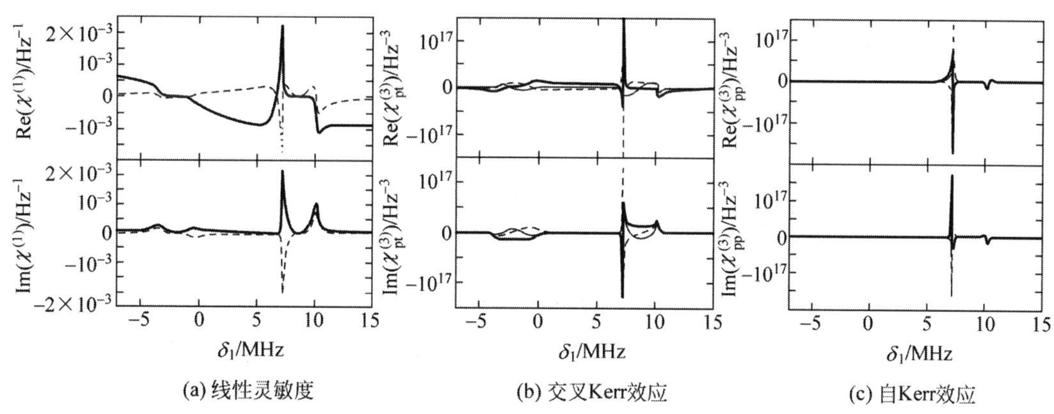

图 6-44　介质的磁化率灵敏度傅里叶分量 χ_{2n} 曲线

图中实线 $n=0$,虚线 $n=1$

在两个模型中,频率 $\omega_{1,3}$ 的振幅为

$$\Omega_{\mathrm{p,t}}(z,t) = \Omega_{\mathrm{p,t}}^{+}(z,t)\mathrm{e}^{\mathrm{i}k_2 z} + \Omega_{\mathrm{p,t}}^{-}(z,t)\mathrm{e}^{-\mathrm{i}k_2 z} \tag{6-58}$$

根据 Maxwell 波动方程随时间慢变化的包络近似,傅里叶变换后,失谐方程为

$$\left(\mathrm{i}\frac{\partial}{\partial z} + \frac{\delta_1}{c} - \frac{\Delta\omega_1}{c}\right)\Omega_{\mathrm{p}}^{+} = -\frac{\omega_1}{2c}(X\Omega_{\mathrm{p}}^{+} + Y\Omega_{\mathrm{p}}^{-})$$

$$\left(-\mathrm{i}\frac{\partial}{\partial z} + \frac{\delta_1}{c} - \frac{\Delta\omega_1}{c}\right)\Omega_{\mathrm{p}}^{-} = -\frac{\omega_1}{2c}(X\Omega_{\mathrm{p}}^{-} + Z\Omega_{\mathrm{p}}^{+}) \tag{6-59}$$

其中

$$\Omega_{\mathrm{p,t}}^{\pm} = \Omega_{\mathrm{p,t}}^{\pm}(z,\delta_1)$$

$$X = \chi_{\mathrm{p},0}^{(3)} + \chi_{\mathrm{pp},0}^{(3)} \mathcal{S}_{\mathrm{p}}^2 + \chi_{\mathrm{pt},0}^{(3)} \mathcal{S}_{\mathrm{t}}^2 + 2\chi_{\mathrm{pp},2}^{(3)} \mathcal{R}(\Omega_{\mathrm{p}}^{+}\Omega_{\mathrm{p}}^{-*}) + 2\chi_{\mathrm{pt},2}^{(3)} \mathcal{R}(\Omega_{\mathrm{t}}^{+}\Omega_{\mathrm{t}}^{-*})$$

$$Y = \chi_{\mathrm{p},2}^{(3)} + \chi_{\mathrm{pp},2}^{(3)} \mathcal{S}_{\mathrm{p}}^2 + \chi_{\mathrm{pt},2}^{(3)} \mathcal{S}_{\mathrm{t}}^2 + \chi_{\mathrm{pp},0}^{(3)}\Omega_{\mathrm{p}}^{+}\Omega_{\mathrm{p}}^{-*} + \chi_{\mathrm{pp},4}^{(3)}\Omega_{\mathrm{p}}^{-}\Omega_{\mathrm{p}}^{+*} + \chi_{\mathrm{pt},0}^{(3)}\Omega_{\mathrm{t}}^{+}\Omega_{\mathrm{t}}^{-*} + \chi_{\mathrm{pp},4}^{(3)}\Omega_{\mathrm{t}}^{-}\Omega_{\mathrm{t}}^{+*}$$

$$Z = \chi_{\mathrm{p},2}^{(3)} + \chi_{\mathrm{pp},2}^{(3)} \mathcal{S}_{\mathrm{p}}^2 + \chi_{\mathrm{pt},2}^{(3)} \mathcal{S}_{\mathrm{t}}^2 + \chi_{\mathrm{pp},0}^{(3)}\Omega_{\mathrm{p}}^{+*}\Omega_{\mathrm{p}}^{-} + \chi_{\mathrm{pp},4}^{(3)}\Omega_{\mathrm{p}}^{-*}\Omega_{\mathrm{p}}^{+} + \chi_{\mathrm{pt},0}^{(3)}\Omega_{\mathrm{t}}^{+*}\Omega_{\mathrm{t}}^{-} + \chi_{\mathrm{pp},4}^{(3)}\Omega_{\mathrm{t}}^{-*}\Omega_{\mathrm{t}}^{+} \tag{6-60}$$

式中

$$\mathcal{S}_{\mathrm{p}}^2 = \mid \Omega_{\mathrm{p}}^{+} \mid^2 + \mid \Omega_{\mathrm{p}}^{-} \mid^2 \tag{6-61}$$

根据方程式(6-59),可看出振荡下降值 $\Delta\omega_1 = \omega_2 - \omega_1$。产生 $\{p,1\}\leftrightarrow\{t,3\}$ 变换的传播方程式(6-59)求解的边界条件为

$$\Omega_{\mathrm{p,t}}^{+}(z=0,\delta_{1,3}) = \Omega_{0\mathrm{p,t}}$$

$$\Omega_{\mathrm{p,t}}^{-}(z=L,\delta_{1,3}) = 0 \tag{6-62}$$

式中，$\Omega_{0p,t}$为输入脉冲振幅，L 为样本长度。按照上述条件触发传播距离为 z。利用方程式(6-59)迭代求解，可计算反射光衍射谱为

$$T_{p,t}(\delta_{1,3}) = \left|\frac{\Omega^{+}_{p,t}(L,\delta_{1,3})}{\Omega_{0p,t}}\right|^2$$

$$R_{p,t}(\delta_{1,3}) = \left|\frac{\Omega^{-}_{p,t}(0,\delta_{1,3})}{\Omega_{0p,t}}\right|^2 \tag{6-63}$$

这两个分量的相位为

$$\varphi^{+}_{p,t}(\delta_{1,3}) = \arg(\Omega^{+}_{p,t}(L,\delta_{1,3}))$$

$$\varphi^{-}_{p,t}(\delta_{1,3}) = \arg(\Omega^{-}_{p,t}(0,\delta_{1,3})) \tag{6-64}$$

按照以上理论计分析，以 Λ 型三能级结构的^{87}Rb 冷原子样品为例，对应的基本参数为：$\Omega_c^+=4\text{MHz}$，$\Omega_c^-=2\text{MHz}$，$\Omega_{0p}=\Omega_{0t}=0.67\text{MHz}$，$\gamma_{10,20,30}=0.67\text{MHz}$，$\gamma_{12,32,13}=6.67^{-10}\text{MHz}$，$\gamma_{11,22,33}=0.44\text{MHz}$，$\delta_2=6.67\text{MHz}$，$\delta_3=1.002\times6.67\text{MHz}$，$L=1.06\text{mm}$，$d_{10,30}=8\times10^{-30}\text{cm}$，$N=1.3\times10^{13}\text{cm}^{-3}$。其传播场的相移如图 6-45 所示。因为在形成准驻波情况下，准结点的控制场很强，所以交叉相位调制不明显。

如图 6-45 所示的介质中传播场的相移，与探测场失谐透明窗理论计算函数(参见图 6-49)对应。包括产生触发或没有触发两种情况，其差异取决于交叉相位调制。由此可以看出，虽然交叉 Kerr 相移会同时影响包括透射和反射两个光束分量，但对于某特定失谐 Kerr 效应可能形成弱透明场及较强的反射场，或强透明场及较弱的反射场。同时还可发现，在某探测区域探测频率的相位是相对稳定的，不会立即改变。辐射场强度对交叉相位调制的影响如图 6-46 所示，辐射场太强时效果不佳，但当两组信号成比例时，效果基本相同，但如果只改变一组，例如 Ω_c^+，则透射会增加且反射系数下降。

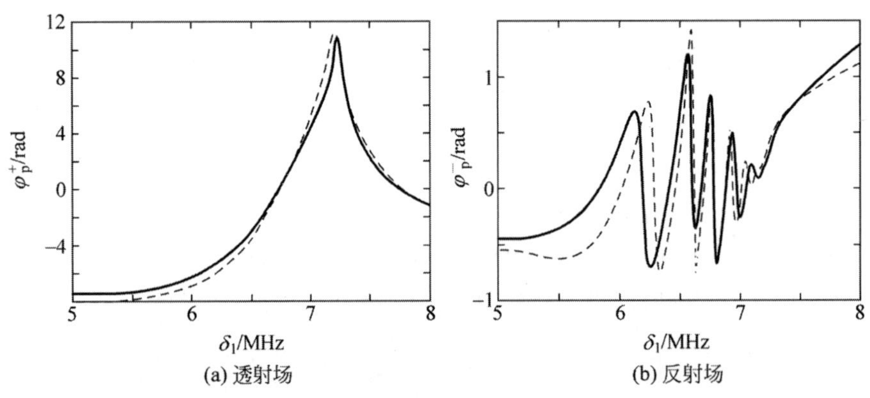

图 6-45 辐射在 Λ 型三能级^{87}Rb 介质中传播场的相移

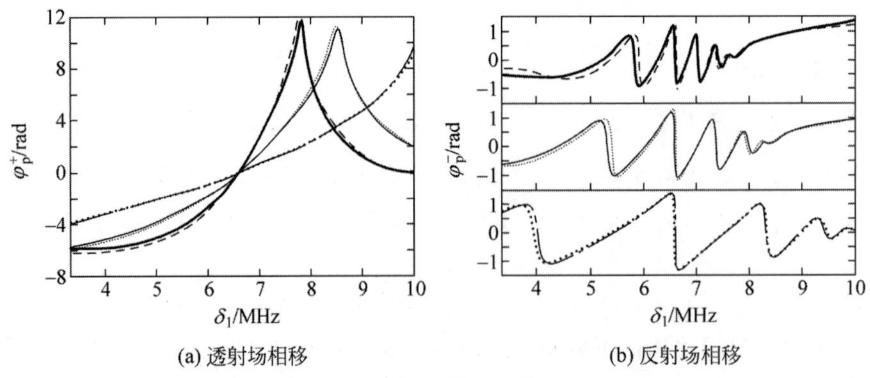

图 6-46 场强对交叉相位调制的影响

图中实验场强分以下 3 种情况：(a) $\Omega_c^+=6\text{MHz}$，$\Omega_c^-=3\text{MHz}$，实线为触发，虚线为没有触发；(b) $\Omega_c^+=8\text{MHz}$，$\Omega_c^-=4\text{MHz}$，短虚线为触发，虚线为没有触发；另外一组曲线参见图 6-48：$\Omega_c^+=4\text{MHz}$，$\Omega_c^-=2\text{MHz}$

下面讨论原子间的碰撞对交叉 Kerr 相移的影响。如图 6-47 所示，交叉 Kerr 相移主要受弛豫率 γ_{12}，γ_{13}，γ_{23} 的影响。因为样品中的原子处于极低温条件下，一般来说，碰撞率的增加会降低交叉 Kerr 相移效应，然而可能有某些振荡区周围的共振频率，例如 $\delta_1=5.4\text{MHz}$，所形成的特殊弛豫具有特殊价值。在一定振荡范围内，弛豫率振荡次数的增加会导致吸收增大，导致引起透射系数和反射系数降低。所以，可能存在某些豫振荡频率，可用于控制交叉 Kerr 相移及透射系数和反射系数。

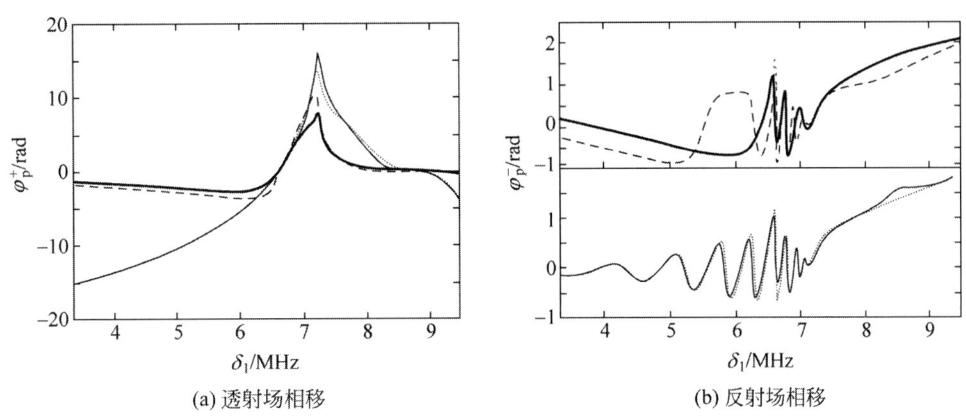

(a) 透射场相移　(b) 反射场相移

图 6-47　原子间碰撞对交叉相位调制产生的影响

其作用与原子弛豫率有关：(a) $\gamma_{12,23,13}=10^{-4}\text{MHz}$，实线为触发，虚线为无触发；(b) $\gamma_{12,23,13}=6.67\times10^{-3}\text{MHz}$，短虚线为触发，虚线为没有触发，参见图 6-48：$\gamma_{12,23,13}=6.67\times10^{-4}\text{MHz}$

此外，样品长度 L 的作用（或等价原子密度）对交叉相位调制及透射率和反射率的影响分别如图 6-48 及图 6-49 所示。由于长的样品产生强吸收（如图 6-48 所示），因此交叉 Kerr 效应与长度 L 不成正比。所以，通过调整样品长度可以微量增加或减少透射场和反射场的相移，同时还可以平衡样品的透过率及反射率。

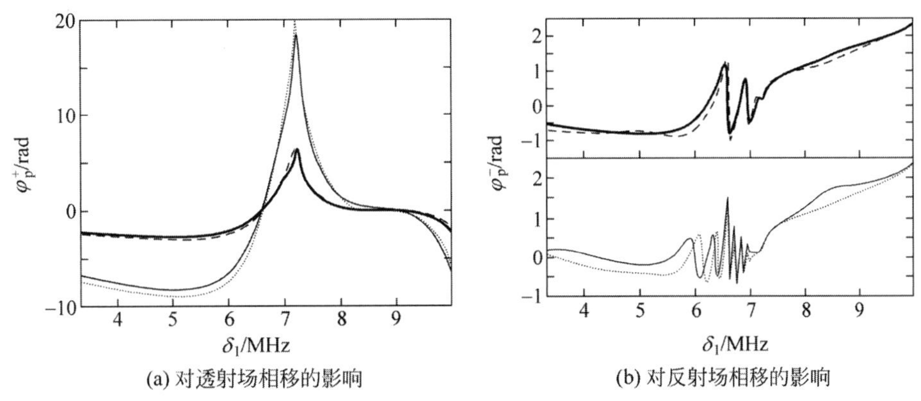

(a) 对透射场相移的影响　(b) 对反射场相移的影响

图 6-48　样品长度对交叉相位调制的影响

样本长度值：(a) $L=0.53\text{mm}$，实线为触发，虚线为无触发；(b) $L=2.12\text{mm}$，实线为触发，虚线为无触发；另外一个尺寸的曲线参见图 6-48：$L=1.06\text{mm}$

利用 Λ 型三能级结构的原子实现相位调制随机信息存储中的最后一个问题是触发（写入及读出）对交叉相位调制的影响，如图 6-50 及图 6-51 所示。

通过对 Λ 型三能级结构的原子实现相位调制随机信息存储机理详细分析及计算机模拟，获得系统各基本参数与功能，包括控制场度、原子间碰撞率、样品厚度及场失谐。根据以上分析模拟计算，利用介质中交叉相位调制可控制机理设计的双光束（触发和探测）光量子相位调制随机存储实验系统如图 6-52 所示。该系统的结构及参数具有较大的灵活性，除了可用于铷元素交叉相位调制存储实验外，还可用于其他介质光量子相干存储实验，例如比较便宜的钠元素。

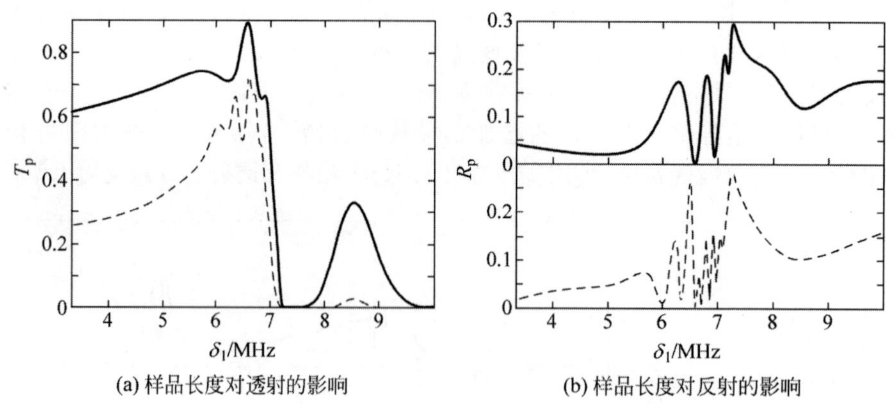

(a) 样品长度对透射的影响　(b) 样品长度对反射的影响

图 6-49　样品尺寸对透射率和反射率的影响

样品长度：实线 $L=0.53$mm，虚线 $L=2.12$mm

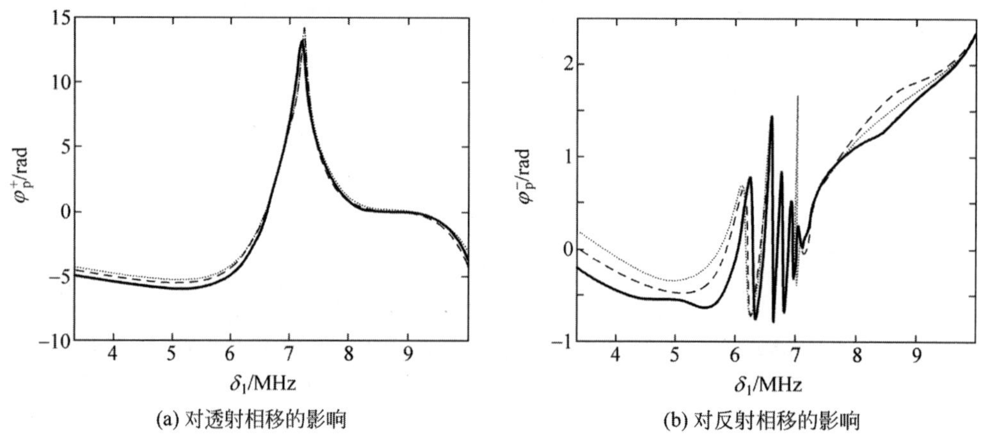

(a) 对透射相移的影响　(b) 对反射相移的影响

图 6-50　触发对交叉相位调制的影响

实线为没有触发，虚线为 $\delta_3=6.67$MHz 触发，点线为 $\delta_3=6.60$MHz 触发

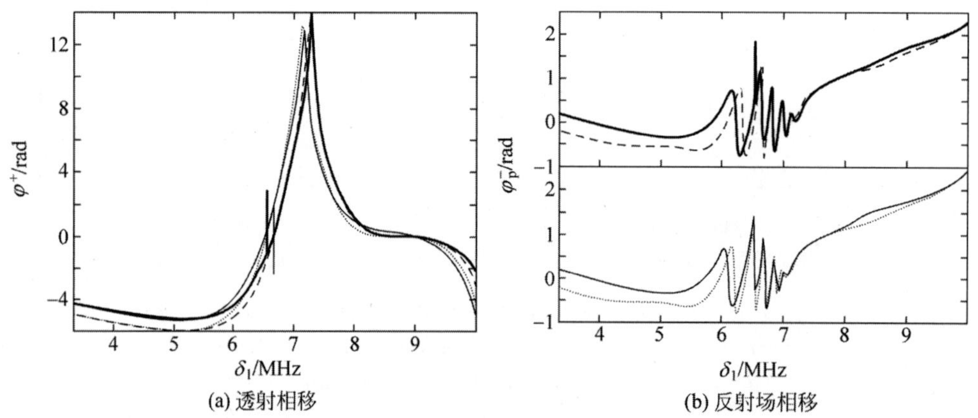

(a) 透射相移　(b) 反射场相移

图 6-51　触发对交叉相位调制的影响

(a) 实线为 $\delta_2=6.74$ 触发；虚线为没有触发；(b) 短虚线为 $\delta_2=6.60$MHz 触发，虚线为没有触发

按照介质原子能级关系(参见图 6-50)，$|3\rangle$耦合波散射虚部 a_{12}($|1\rangle$和$|3\rangle$原子之间碰撞的损失)在不同触发电磁场 B 中的理论计算曲线如图 6-53(a)所示。当 B 接近于零时，为了实验验证上述计算结论，利用探测脉冲输入后缓慢停止的方法，测量不同的 Gs 作用时的衰减时间 τ 作为对照，如图 5-53(b)所示。即在不同触发光脉冲作用下，$|1\rangle$态电子转移到$|3\rangle$态时偏置场的对应值。可以看

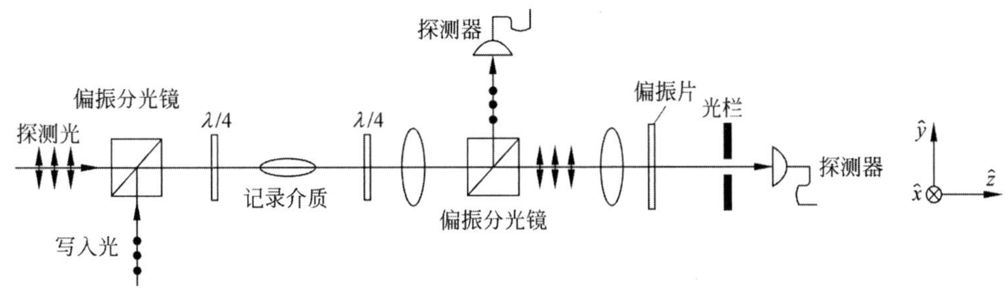

图 6-52　光量子相位调制随机存储实验系统结构原理示意图

出，最长衰减时间为 540ms，发生在 $B=132.4$Gs，与理论预测完全吻合。单独对 $B=132.4$Gs 条件下的 |3⟩原子数与衰减时间的关系进行测试获得的曲线如图 6-53(b)中插头所示。实验结果表明，最长衰减时间为(540±92)ms，最佳偏置电磁场为(132.4±0.1)Gs。这些实验参数有助于改进控制条件提高存储寿命。

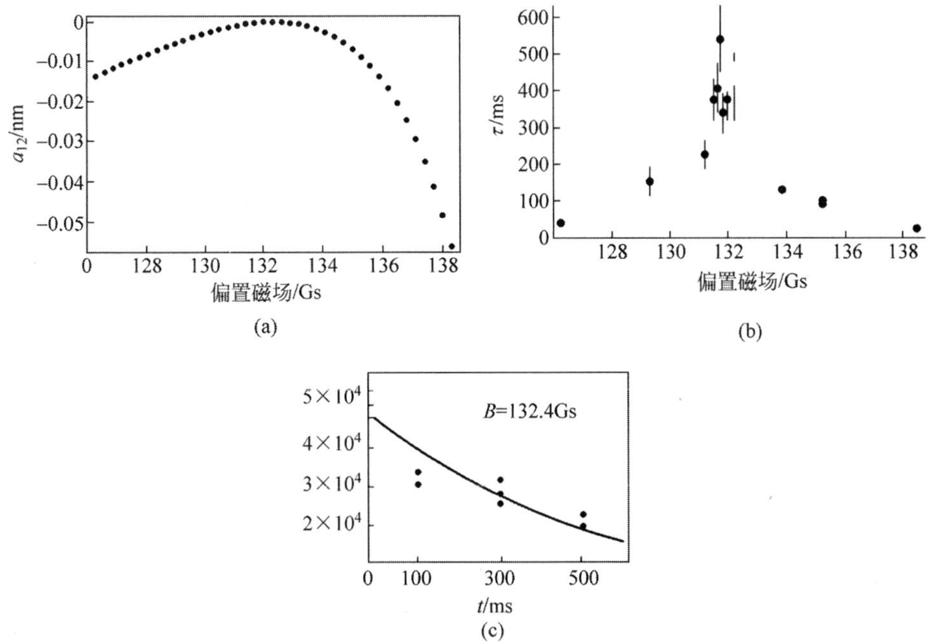

图 6-53　不同触发电磁场 B 中的特性曲线

(a) 偏置电磁场虚部 a_{12}作用模拟计算曲线；(b) 衰减时间与偏置场强度关系实验测量曲线。其中的小插图为 $B=132.4$Gs 时；(c) 原子数与存储时间的函数关系曲线，即衰减时间为 540ms 的指数函数

采用偏置电磁场强 $B=132.4$Gs，在 z 方向注入脉宽 3μs，峰值 Rabi 频率为 4MHz 的探测脉冲，通过没有记录介质的实验系统时获得的主要实验系统参数如图 6-54(a)所示，相对输入光强可达到 95%。在低温条件下，采用钠原子作为记录介质，耦合峰 Rabi 频率为 8MHz，探测脉冲通脉宽为 1～50ms 通过直径为 10μm 的针孔光栏，在不同实验条件下的成像如图 6-54(b)～(f)所示。

根据以上计算及实验数据对实验系统及参数进行优化。偏置磁场仍取 $B=132.36$Gs，耦合峰 Rabi 频率仍为 8MHz，写入脉宽 3μs，但将针孔光栏直径扩大为 20μm 进行信号写入读出实验。经过不同的存储时间后测量，由探针光脉冲再生的读出脉冲信号如图 6-55 所示。比较这些输出信号可看出，存储时间在 200～500ms 的范围内再生信号质量较好。

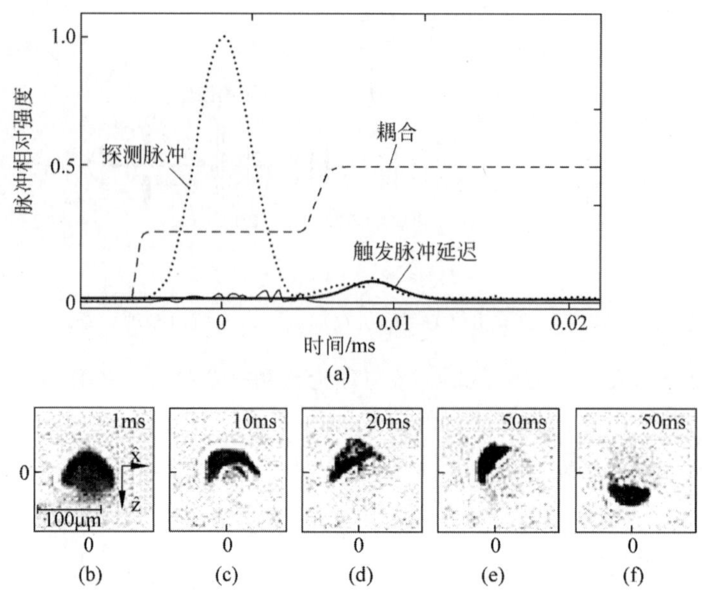

图 6-54 (a)采用脉宽为 10ms 的探测光脉冲,通过没有存储介质的实验系统获得的输出脉冲、耦合脉冲及延迟脉冲曲线。(b)~(e)为探测光脉冲脉宽分别为 1ms,10ms,20ms 和 50ms,直径为 10μm 的针孔光栏获得的衍射图像,(f)为探测光脉冲脉宽仍为 50ms,但将相位延迟 $\pi/4$ 获得的记录图像

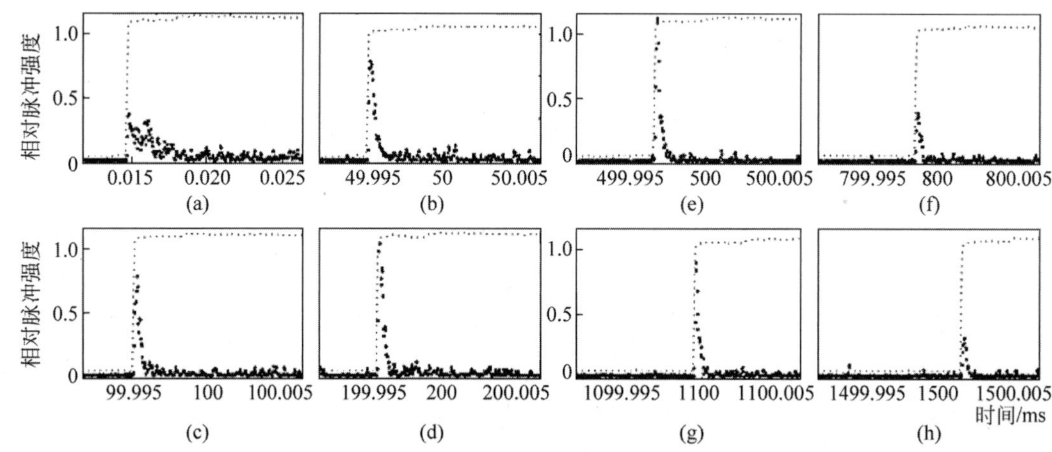

图 6-55 在经过存储时间分别为(a)10μs,(b)50ms,(c)100ms,(d)200ms,(e)500ms,(f)800ms,(g)1.1s,(h)1.5s 后再生的读出光脉冲信号相对强度曲线。图中虚线代表 Rabi 峰值频率为 12MHz 的耦合光强

6.6 幂迭代矩阵矢量光计算

人脑存储(记忆)信息与传统计算机最大的差别是对所存储信息的使用和处理方式。研究评价人脑的记忆(存储)功能主要不在于存储容量,而是重点考查其所存储信息的质量和使用价值,特别是基于所存储信息的创新和探索发现功能。所以,研究光量子存储离不开对所存储信息的处理,而光量子存储的机理恰恰为实现此目标提供了许多机会。前面已经介绍的许多光量子信号处理系统,包括各种智能光输入输出、信号增强、增益反馈控制、图像文字处理和压缩、异步传输、数字及模拟计算。过去 20 年中,数字光学处理器、光神经网络、高精度模拟光处理器的研究均已取得实质性的进展,由于光子不带电荷,不产生电子互动高频干扰,所以传输中信息没有扭曲,通道中信号不会相互影响,也不

会因为环路而引起噪声。另外，光学材料具有优越的存储密度可克服各种技术屏障限制，实现存储与处理复合系统。目前已有若干具有类似功能的光存储计算处理器，例如连续波图像处理器(模拟光计算和模式识别)，快速模式识别和矩阵矢量代数器等，部分实现了信息存储和算法融合的处理架构。然而，由于计算对象的复杂性，物理数学模型均不成熟，加上三维器件集成模型及制造工艺方面的困难，待解决的问题还很多。例如，矩阵乘法、排序和字符串匹配、并行算法、光学 VLSI 模型、系统体积与结构复杂性之间的矛盾等都尚待研究。美国麻省理工学院的科学家曾经提出以计算符号替换传统二进制模型，并证明了其执行逻辑运算的普遍性意义。其中最著名的非标准光学矩阵矢量乘法串行计算，解决了若干不确定多项式计算问题，显著提高了资源应用指数，本节主要介绍矩阵矢量乘法连续空间计算(CSM)模型。这种连续空间计算模型基于模拟傅里叶光学模式识别和矩阵代数处理架构，存储计算离散时间固定尺寸的任意空间分辨率二维图像。

根据矩阵矢量乘法连续空间计算原理，可定义处理目标(图像)为复数函数：

$$f \mid 0,1\rangle \times \mid 0,1\rangle \to C \tag{6-65}$$

式中，$|0,1\rangle$ 为半开单位区间，若图像为复数集，则有

$$N^{+} = \{1,2,\cdots\}, \quad N = N^{+} \cup \{0\} \tag{6-66}$$

对于给定的矢量乘法连续空间计算系统 M，N 则是地址为 M 的编码图像集。对于给定的 M，其地址编码函数为

$$E: N \to N \tag{6-67}$$

式中，E 为 $N \times N$ 矩阵图像的图灵机判定。按照以上定义编制的矩阵矢量乘法连续空间计算模型可将图像压缩到一个单元，如图 6-56 所示。

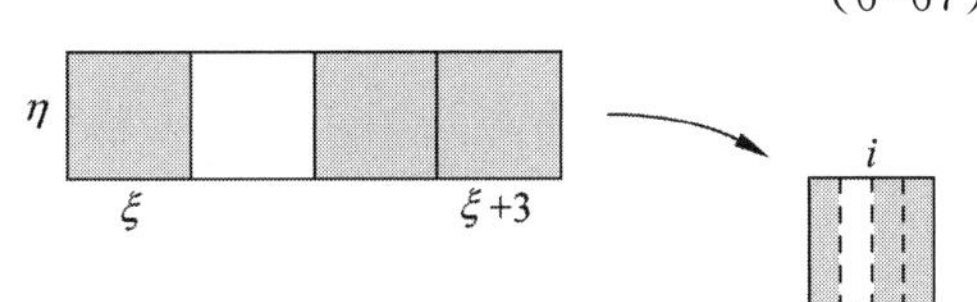

图 6-56 将 4 幅图像 $\eta[\xi,\cdots,\xi+3]$ 复制转换成单个图像 $i[\xi,\xi+3,\eta,\eta]$

如何将这些图像数字化有许多方法，本节重点在于处理逻辑和方法。为简便起见，仍采用二进制符号表示图像，如图 6-57 所示。根据此规则，单一图形分别为 1 和 0 时如图 6-57(a)和(b)所示。这些图像各处都为恒定值"1"或"0"，占用空间均为"1"。同理，对于行或列图像均采用 1011 表示，如图 6-57(c)，占用空间 4。矩阵图像 3×4 占用空间 12，如图 6-57(e)所示。对于非等间距图像仍按所占用单元空间数表示，即所需存储空间是一样的。例如，解在 $O(\ln N)$ 时间和 $O(N3)$ 空间(像素数)的 $N\times N$ 矩阵，其他矢量乘法连续空间计算参数不变。图 6-57 所示的 $N\times N$ 二进制矩阵所代表的图像，按照如矢量乘法连续空间计算方法，N 矩阵的幂为 2，时间为 $O(\ln N)$，空间为 $O(N3)$，网格为 $O(1)$，振幅 1 和相位均为 1。然后，根据同样方法逐点平行完成单元计算，按照行列排序生成完整矩阵图像 $A1$。对于比较复杂的图形可能需要多次迭代，依次完成 $A2$，$A3$，…图像的处理。

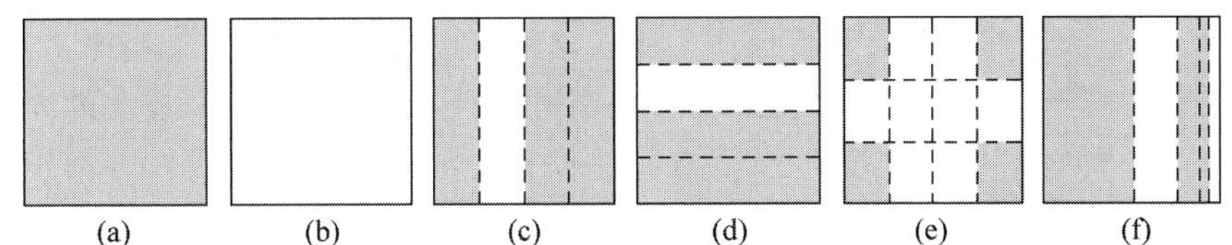

图 6-57 图像二进制数字表示方法。阴影区域表示值 1，白色区域表示值 0

(a)图像为 1，(b)图像为 0，(c)和(d)行(或列)图像数字表示均为 1011，(e)3×4 矩阵图像，(f)二进制非均匀分布图像仍采用 1101 表示

对于转置图像 An，元素 $A1$ 为第 1 行，$A2$ 为 2 排，时间为 $O(\ln N)$，网格为 $O(1)$，空间为 $O(N2)$。若 $A'=A$，$i=n$，可对图像进行分割，左图像为 A'，右图像为 $A'R$。逐点相乘或重叠两倍的行数，产生的图像中有一半列数组成后半部分的元素的行，完成总的 n 次迭代。另外，也可以通过逐点乘法计算

$A1$ 和 $A2$ 在 $O(1)$时刻的(10)i 行的转置 $A3$，垂直分割图像，然后执行加法创造 $A4$，$A5$ 图像。对于列图像 $A2$ 的处理过程大致相同。即第 N 个元素的 $A2$ 为第 1 行，第二 N 元素 $A2$ 为 2 排，时间 $O(\ln N)$，网格为 $O(1)$空间为 $O(N2)$。

根据以上总体框架分析处理现实图像时，无论多复杂的图像都可以表示为以下矩阵矢量积 P：

$$P = Tl \tag{6-68}$$

式中，T 为图像传输矩阵；l 为照明条件。若照明矢量具有 m 元素，照片有 n 个像素，则 T 可用 $n\times m$ 矩阵表示。

由于 l 不可能完全规范化，所存储和分析的矩阵不可能完整。为此提出指数迭代数值算法，用于具有不同特征值矢量矩阵的数值计算。幂迭代使用的序列 $l, Tl, T^2l, \cdots$ 收敛于包含任何初始矢量 lT 的主特征矢量。此算法生成序列固定数量的迭代矩阵矢量如表 6-1 所示。

表 6-1 中左边为光学幂迭代矩阵失量参数，右边为包括照明在内的光学实现方法。若迭代矩阵为方形，表示照明矢量与获光子相等。分析计算一个未知的传输矩阵 T，使用标准的数值方法只有一次修改。处理过程中，首先计算 T 与矢量 l 的乘积，充分反应图像形成的物理参量及其实际作用功能。如图 6-58 所示，图像的形成与照明条件关系最大。

表 6-1　光学幂迭代算法

	计算参数	光学系统参数
In	矩阵 T，相互作用系数 K	相互作用系数 K
Out	特征矢量 T	特征矢量 T
1	l_1 = 随机矢量	正矢量 l_1
2	$k=1\sim K$	照明矢量 l_k
3	$p_k = Tl_k$	捕获及存储光子 p_k
4	$l_{k+1} = p_k / \Vert p_k \Vert_2$	$l_{k+1} = p_k / \Vert p_k \Vert_2$
5	返回 l_{k+1}	返回 l_{k+1}

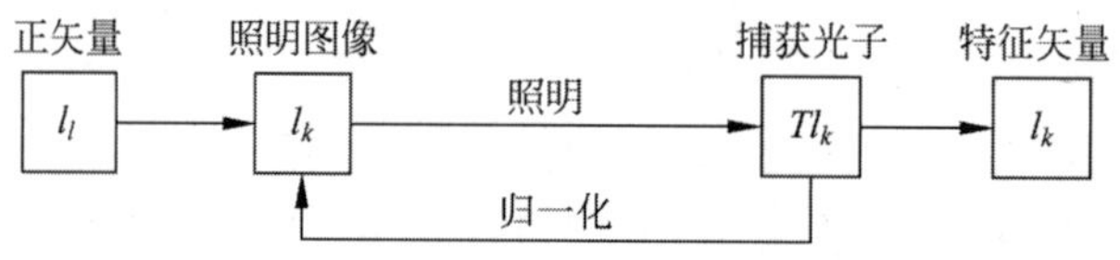

图 6-58　图像形成过程与幂迭代的关系

如图 6-58 所示，开始在恒光强矢量 l_1 照明条件下获得恒定光强照片，然后将这张照片作为下一个照明矢量 l_2。以此类推，经过 50 张照片后，如果照明矢量变化不大，则说明 T 可以作为很好的近似主要特征矢量。处理过程中，开始时照片较少，数值计算收敛速度较快，其光学实现需要捕获。从数值角度考虑，幂迭代不能全面反应有效特征矢量。它仅代表主要特征矢量，每次迭代误差约 $2|\lambda_2|/|\lambda_1|$，其中 λ_1, λ_2 为相邻的前两个特征值。所以这种算法的收敛速度可能越来越慢，不可能做到一致收敛。对于包括若干光学子空间大型线性方程组的迭代求解，可采用更强大的光相关性大型稀疏矩阵分析计算。设大型稀疏矩阵为 T，由子空间迭代算法求解构成大型线性方程组。各子空间的幂迭代 T，l 矢量矩阵为

$$\begin{matrix} l_1 & l_2 & l_3 & \cdots & l_{k+1} \\ & \Updownarrow & \Updownarrow & & \Updownarrow \\ & Tl_1 & T^2l_1 & \cdots & T^kl_1 \end{matrix} \tag{6-69}$$

子空间的初始矢量为 l_1，经过 k 次迭代构成第 k 个子空间矢量 T^kl_1。这种方法的主要特点是不需要直接访问 T 的元素，只需进行矢量连乘，并可实现快速矢量转置运算，转换为一般光学矩阵矢量积。与上述幂迭代运算不同，T 已包含各矢量之积，可用一般矢量表示，l 为两个非负矢量之差：

$$l = l^{p} - l^{n} \tag{6-70}$$

$$Tl = (Tl^{p}) - (Tl^{n}) \tag{6-71}$$

即完成 Tl^n 和 Tl^p 两组计算后相减便可获得 l 积。

在实际运算中，可能出现对称与非对称传输矩阵。而子空间光学矩阵矢量积运算收敛与矩阵的对称有关，比较适合于对称传输矩阵运算。为确保 T 的对称，首先需将图像设置为同轴，然后采用 Helmholtz 置换，保证所有矩阵都成为

$$T^{*} = T^{t}T \tag{6-72}$$

式中，矢量 T^* 包含 T 及其倒置矢量积：

$$T^{*}l = T^{t}(Tl) \tag{6-73}$$

为了提高运算速度，通常采用多个光学系统并行处理。但由于处理系统的光学特性，例如线性分辨率，容错能力的差异对矩阵特征存在一定影响。为此，将幂迭代运算简化为 3 个步骤，如表 6-2 所示。

表 6-2 中所示的矢量转换已逼近全分辨率传输矩阵，达到如表 6-1 中所示的幂迭代。经 K 次迭代计算，有足够的精度估算前 K 个特征矢量或矩阵奇异矢量。不同的幂迭代特征矢量直接生成一序列的正交矢量：$l_1, l_2, \cdots, l_K$。随着 k 的增大，矩阵计算误差收敛近似直接访问初始元素。一组对称和非对称的 T 和 T_t 矩阵经过以上 3 个步骤幂迭代的结果如表 6-3 所示。因为矢量转换中可能包含负值，对两组矢量矩阵需进行乘积运算的负成分，采用不同传输程序区别处理，如图 6-59 所示。

表 6-2 对任意两个不同子空间的归一化处理方法步骤

计算次序	目标数据	步骤 1	步骤 2	步骤 3
幂估算	T 估算	l_1＝正矢量	$l_{k+1}=p_k/\parallel p_k\parallel_2$	返回 l_{k+1}
矢量转换	计算阶 rank-K 逼近 T	l_1＝非零矢量	$l_{k+1}=\mathrm{ortbo}(l_1,\cdots,l_k,p_k)$ $l_{k+1}=l_{k+1}/\parallel l_{k+1}\parallel_2$	返回$[p_1 p_2\cdots p_k][l_1 l_2\cdots l_k]^1$
残余量	获得 $p=l_1$	l_1＝目标矢量	$l_{k+1}=\mathrm{ortbo}(l_1,\cdots,l_k,p_k)$ $l_{k+1}=l_{k+1}/\parallel l_{k+1}\parallel_2$	返回$[l_1 l_2\cdots l_k][p_1 p_2\cdots p_k]^+ p$

注：表中括号()中指示正交的子空间载体参数序列。[ ]$^+$ 中指示矩阵及逆矩阵。

表 6-3 对称和非对称传输矩阵经过以上 3 个步骤幂迭代处理的结果比较

	对称 T	非对称 T
In	互作用 K	互作用 K
Out	K 阶，T 近似	K 阶，T 近似
1	非零矢量 l_1	非零矢量 l_1
2	$k=1$ to K	$k=1$ to K
3	l_k^p 和 l_k^n 照明 捕获光子 p_k^p 和 p_k^n $p_k=p_k^p-p_k^n$	l_k^p 和 l_k^n 左照明 右捕获光子 d_k^p 和 d_k^n $d_k=d_k^p-d_k^n$，$s_k=s_k^p-s_k^n$ r_k^p 和 r_k^n 右照明，左捕获光子 s_k^p 和 s_k^n $r_k=d_k/\parallel d_k\parallel_2$
4	$l_{k+1}=\mathrm{ortho}(l_1,l_2,\cdots,l_k,p_k)$ $l_{k+1}=l_{k+1}/\parallel l_{k+1}\parallel_2$	$l_{k+1}=\mathrm{ortho}(l_1,l_2,\cdots,l_k,s_k)$ $l_{k+1}=l_{k+1}/\parallel l_{k+1}\parallel_2$
5	返回$[p_1 p_2\cdots p_K][l_1 l_2\cdots l_K]^t$	返回$[d_1 d_2\cdots d_K][d_1 d_2\cdots d_K]^t$

注：表中括号()中指示正交的子空间载体参数序列，[ ]$^+$ 中指示矩阵及逆矩阵。

图 6-59 中，分量有正负。从左输入的非零矢量 l_1 可能包含两种分量，系统将其中需要进行乘积运算的分量分类处理。如果同类负分量为偶数可视为正，而奇数部分则保持负特征直接输出。

以上计算主要适用于密集低秩矩阵。对于一般自然照明矢量获得的图像都可以采用这种方法处理。对于已通过其他光学计算处理包括高阶矩阵、小波变换、非线性光学调制、奇异矢量、同轴行和列子集重建的图像，从数值分析上，对矩阵收敛性影响不大。

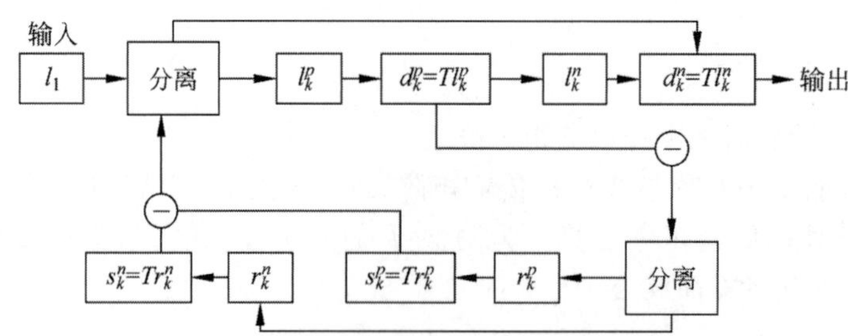

图 6-59　为消除矢量矩阵中正、负成分乘积运算对传输矩阵对称性的影响，采用的修正处理程序示意图

根据大量计算于实验对照分析，对光学计算影响较大的是照明矢量 l。各种因素的作用，在数学上可以用最小二乘法表示：

$$l=\arg\min_{x}\|[p_1,p_2,\cdots,p_K][l_1,l_2,\cdots,l_K]^t x-p\|_2 \tag{6-74}$$

解 l 的以上方程包括 p_K 和 l_K 迭代计算。本质上是以 K 为秩的 T 近似计算 l，适用于任何矩阵(低秩、高秩、密集、稀疏等)，并迅速收敛为任意非奇异对称矩阵。对应的物理系统可能是光学直接成像或反转图像，一次处理或多次输入照片。但对于有特殊要求的高分辨率采集图像，需将式(6-54)中的 p 采用下式的替换：

$$p=[d_1^h d_2^h\cdots d_K^h][l_1 l_2\cdots l_K]^t l \tag{6-75}$$

式中 d_K^h 代表第 K 个迭代处理的图像，然后根据方程式(6-73)重建。

6.7　极性分子存储及可编程处理

冷极性分子特有的耦合谐振具有较长的稳定寿命，因此有可能用于量子存储器和固态量子处理器。这种谐振自旋态量子比特存储属于高 Q 耦合线性腔微波 Raman 过程。研究表明，实现强耦合量子比特陷阱表面的距离仅几微米，可作为光子总线传输的分子量子存储器，也可以用于双比特光量子门。目前，在各种物理系统中实现量子信息存储处理均取得了显著进步，特别是基于囚禁原子和离子的量子光学系统，空腔量子电动力学(Cavity Quantum Electrodynamics，CQED)，Cooper 偶(Cooper Pair Boxes，CPB)和量子点设计的量子光学与兼容的固态量子比特的实验装置。将带状线腔与冷极性分子云结合，可构建固态量子处理器和相干时间较长的量子存储器。分子的集合与分子云之间的强耦合形成电子振动基态激发极性分子的偶极矩，从而使带状线腔的谐振频率完成匹配。例如非单一极性分子集合谐振，可显著增强相干耦合 $g\sqrt{N}$(N 为分子数，g 为单分子真空 Rabi 频率)。这种分子系统构成的腔量子电动力学系统强耦合作用，可实现固态分子量子比特的存储与读出。此外，原子系综存储技术也已证明，分子系统量子比特可以转换为瞬态存储光量子比特，为介观量子电路与光量存储提供了天然的接口。例如，超导腔中两个分子谐振耦合形成的 Cooper 偶空腔量子电动力学系统，由于分子态比较稳定，获得了寿命较长的光量子比特存储，如图 6-60 所示。

能实现自旋量子比特$|0\rangle$，$|1\rangle$形态的元素较多，例如氮(N)分子云可构成$|0\rangle_m\equiv|0_1 0_2\cdots 0_N\rangle$微波腔耦合对称特性激发，形成对称谐振态$|1\rangle_m\equiv 1/\sqrt{N}\sum_i|0_1 1_i\cdots 0_N\rangle\equiv m^{\dagger}|0\rangle_m$。而弱激励 N 算子 m 近似谐振子转换为$[m,m^{\dagger}]\approx 1$，谐振激发则形成谐波振荡器状态：$|0\rangle_m$，$|1_{im}\equiv m^{\dagger}|0_{im}$。最低的两个态谐振量子比特，被耦合到超导腔和库珀偶中，该耦合系统的量子电动力学过程如图 6-52(a)所示。此过程可用 Hamilton 方程 $H_{sys}=H_C+H_M+H_{CM}$ 描述，其中 Hamilton 腔量子电动力学系统的 H_C，可视为 Hamilton 自旋分子集合的 H_M激励，而且耦合分子进入了 HCM 腔。因此，Hamilton 空腔量子电动力学方程可写成

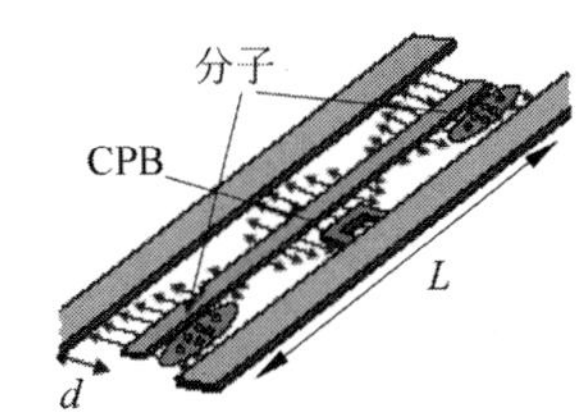

(a) 极性分子谐振和Cooper偶通过线性腔量子场耦合原理示意图

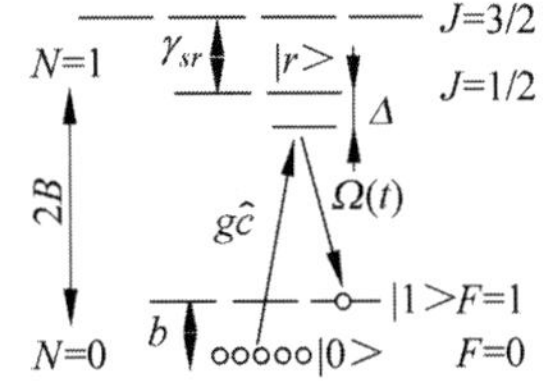

(b) $^2\Sigma_{1/2}$基态分子旋转激发光谱与$H=H_R+H_{SR}$ Hamilton激发态。非零核自旋$\vec{I}(I=1/2)$超精细相互作用导致的额外分裂($b\sim2\pi\times100$MHz)进入本征态$\vec{F}=\vec{J}+\vec{I}$(激发态超精细分裂没有显示)；N=0的两个量子比特态，$|0\rangle$, $|1\rangle$ 为单光子与外部微波场$\Omega(t)$耦合Raman过程而成

图 6-60 由超导腔中两个分子谐振耦合形成的 Cooper 耦合腔构成的量子存储

$$H_C = -\delta_c(t)\mid e\rangle\langle e\mid + g_c(\mid e\rangle\langle g\mid \hat{c} + \mid g\rangle\langle e\mid \hat{c}^{\dagger}) \tag{6-76}$$

式中，$|g\rangle$和$|e\rangle$为 Cooper 偶的基态，以及首次激发本真态。这时 Cooper 偶的饱和退化点代表一个量子比特，且从腔频率 ω_c 失谐 $\omega_{cq}(t)$：$\delta_c(t)=\omega_c-\omega_{cq}(t)$。算子 ω_c 为微波光子频率，ω_{cq} 为真空 Rabi 频率。设 Hamilton 内部激励分子集合为 $i=1,2$ 形式，则集合态耦腔的模型可写为

$$H_M + H_{CM} = -\sum_i \delta_m^{(i)}(t) m_i^{\dagger} m_i + \sum_i g_m^{(i)}(t) m_i^{\dagger}\hat{c} + \mathrm{hc} \tag{6-77}$$

式中 H_M 和 H_{CM} 为 Hamilton H_{sys}的基本结构。集合激发腔代表耦合谐振子与二能级系统相互作用的 Cooper 偶系统可控系数。系统的基本要素包括：(1)电荷、腔和系综量子比特之间的交换；(2)通过电荷量子比特形成单旋转分子量子比特；(3)两个量子比特集合通过腔体谐振模式形成纠缠量子，其中电荷量子比特具有非线性效应。所以，Cooper 偶可以作为纠缠单光子源，即所生成的电荷量子比特的叠加状态，通过适当的控制序列可以被交换到腔，并最终存储在分子集合中为

$$(\alpha\mid g\rangle + \beta\mid e\rangle)\mid 0\rangle\mid 0\rangle_m \to \mid g\rangle(\alpha\mid 0\rangle_c + \beta\mid 1\rangle_c)\mid 0\rangle_m \to \mid g\rangle\mid 0\rangle_c(\alpha\mid 0\rangle_m + \beta\mid 1\rangle_m) \tag{6-78}$$

以上反应是可逆的，但忽略了各种退相干。在实际的强耦合量子电动力学实验系统中，真空 Rabi g_c 为 $2\pi\times50$MHz。电荷量子比特退相干率 $T\approx2\pi\times0.5$MHz，光子损失率 $\kappa/2\pi$ 为 1～0.01MHz，是电荷量子比特退相干的主要来源。温度 1mK 分子 N 为 $10^4\sim10^6$，被限制在长度 10μm 的带状腔内，形成很强的腔耦合，耦合谐振频率为 $g_m/2\pi$ 为 1～10MHz。与预期的几百赫的分子存储退相干速率相比相差甚远。例如，碱土金属 CaF 旋转分子基态$^2\Sigma_{1/2}$光谱，及其外层单电子谱如图 6-52(b)所示。代表旋转本征态的光谱可用刚性旋转 Hamilton 常数：

$$H_R = B \sim N^2 \tag{6-79}$$

式中 $B\approx2\pi\times10$GHz，N 为原子核的角动量。未形成对偶的自旋耦合分子旋转常数为

$$H_{SR} = \gamma_{sr} \sim SN \tag{6-80}$$

式中，$\gamma_{sr}\approx2\pi\times40$MHz，$S$ 为旋转电子($S=1/2$)。耦合本征态可用$|N,S,J,MJ|$及 $J=N+S$ 的$|N,S,J$ 表示。从图 6-60(b)还可看出，自旋分裂也会形成旋转激发态。此外，由于超精细相互作用导致分裂的基态 $N=0$，CaF 分子核自旋 $I=1/2$，$F=0$ 和 1 态的耦合 $J=1/2$。

如上所述，$|0\rangle$，$|1\rangle$为一对基态自旋量子比特，其存储寿命取决于自由旋转度和避免不利的碰撞 $N=1\to N=0$，保证$|0\rangle$，$|1\rangle$的 Raman 耦合效率不变。腔模和偏振耦合旋转基态到激发态的电偶极跃迁矩阵元为 μ。两个微波驱动场的有效耦合 Hamilton 常数为

$$\Omega_{eff}(t)/2\mid 0\rangle\langle 1\mid + \mathrm{hc} \tag{6-81}$$

对于旋转单分子自旋量子比特为

$$\Omega_{eff} = \Omega_1\Omega_2/2\Delta \tag{6-82}$$

式中，$\Omega_{1,2}$为 Rabi 频率，Δ 为激发态$|r\rangle$的失谐($\Delta\geqslant\Omega_{1,2}$)。按照相似处理，耦合腔的参数为

$$G_{eff}(t)\mid 1\rangle\langle 0\mid c + \mathrm{hc} \tag{6-83}$$

其中 $G=\mu_{\varepsilon_c}$ 为真空 Rabi 频率。式中，

$$\varepsilon_c \approx \sqrt{\frac{\hbar\,\omega_c}{2\pi\varepsilon_0 d^2 L}} \tag{6-84}$$

式中，ε_c 为腔长 L 中每光子电极距离为 d 的电场，典型值为 $g/2\pi\sim10\text{kHz}$，$d\approx10\mu\text{m}$。d 为分子云腔的重要参数，直接影响耦合强度和稳定性。其中，最重要的是腔谐振算子耦合效率：

$$g_m(t)=\sqrt{N}g_{\text{eff}}(t) \tag{6-85}$$

对于波长 $\lambda_c\approx1.5\mu\text{m}$，陷阱体积 $V\leqslant d\times d\times\lambda_c/10$，包含分子数 $N=10^4\cdots10^6$，分子密度 $n\approx10^{12}\text{cm}^{-3}$，其耦合强度可达到 $g_m/2\pi\sim10\text{MH}$。参数 $\delta(i)m(t)$ 为 Raman 失谐，若采用局部磁场或电场可独立控制。例如，Hamilton H_M+H_{CM} 的互换腔集合态绝热谐振 δ_m 存储读/写操作时密度算符为

$$\rho_c\otimes|0\rangle\langle0|\longleftrightarrow|0\rangle\langle0|\otimes\rho_m \tag{6-86}$$

式中，ρ_c 为微波腔场密度；ρ_m 为存储在相同集合的激发态。Cooper 偶提供的 Hamilton 非线性特征，使第一集合比特所有的单量子比特交换为电荷量子比特，与单量子比特结合形成两个纠缠储量子比特。此协议用 Cooper 偶体非线性相移形成系统初态为

$$|\psi\rangle_{t=0}=|\psi\rangle_m|0\rangle_c|g\rangle \tag{6-87}$$

其中，电荷量子比特远大于共振腔失谐 $|\delta_c(0)|\gg g_c$，任意态谐振量子比特 $|\psi\rangle_m$ 被分为 $|\varepsilon_1\varepsilon_2\rangle_m$，$\varepsilon_i=0,1$。类比单量子比特变换，部分 $|\psi\rangle_m$ 态分子转移到谐振腔，其平衡条件为

$$g_m^{(1)}=g_m^{(2)},\quad \delta_m^{(1)}(t)=\delta_m^{(2)}(t) \tag{6-88}$$

根据此方程，很容易获得作用于 $|00\rangle_m$ 谐振态的对称与反对称算子：

$$ms/a=(m_1\pm m_2)/\sqrt{2} \tag{6-89}$$

则实现 Raman 失谐绝热扫描的过程为

$$m_s^{\dagger}|00\rangle_m|0\rangle_c\rightarrow|00\rangle_m|1\rangle_c,\quad (m_s^{\dagger})^2|00\rangle_m|0\rangle_c\rightarrow\sqrt{2}|00\rangle_m|2\rangle_c \tag{6-90}$$

其中，态的变化不受影响仍为

$$|00\rangle_m|0\rangle_c,\quad m_a^{\dagger}|00\rangle_m|0\rangle_c,\quad (m_a^{\dagger})^2|00\rangle_m|0\rangle_c \tag{6-91}$$

另外，电荷量子比特绝热谐振接近共振时间 T，$|\delta_c(T/2)|\leqslant g_c$。此脉冲非真空状态的非线性动力学相为

$$|n\rangle_c\rightarrow e^{i\phi n}|n\rangle_c,\quad \phi_n=-\int_0^T dt'(\delta_c(t')+\sqrt{\delta_c^2(t')+n4g_c^2})/2 \tag{6-92}$$

脉冲形式 $\delta_c(t)$ 及长度 T 按照 $\varphi_1\approx\pi/2$ 和 $\varphi_2=2\pi n$ 确定。如图 6-53 所示，为保证写入后腔回到谐振态，即 $|20\rangle_m$ 和 $|02\rangle_m$ 态，对应于 $\sqrt{\text{SWAP}}$ 谐振量子比特：

$$|00\rangle_m\rightarrow|00\rangle_m,\ |10\rangle_m\rightarrow e^{i\pi}/4(|10\rangle_m+i|01\rangle_m)/\sqrt{2}$$

$$|01\rangle_m\rightarrow e^{i\pi}/4(i|10\rangle_m+|01\rangle_m)/\sqrt{2},\ |11\rangle_m\rightarrow|11\rangle_m \tag{6-93}$$

基于耗散方程数值模拟这些序列门表明，其保真度上限为 $(g_cT_2)^{-1}$，即 Cooper 偶的退相干时间接近谐振时间，参见图 6-61。由于谐振碰撞造成量子比特退相干失相，受分子热运动影响的腔耦合分子 $g_{\text{eff}}(x)$ 决定了该分子量子退相干时间，即存储时间，腔量子比特为

$$\rho_c(t=0)=|\psi\rangle_c\langle\psi|,\quad |\psi\rangle_c=\alpha|0\rangle_c+\beta|1\rangle_c \tag{6-94}$$

分子存储器所有分子初始化状态 $|0\rangle$ 的写入时间为 t，保存时间为 τ。由于分子碰撞，在 $t=\tau$ 后量子比特返回腔模式，从而密度矩阵减小为 $\rho_c(\tau)\rho$，可靠性 $F_{\min}=\langle\psi|\rho_c(\tau)|\psi\rangle_c$，即具有确定保真度的衰减时间(存储器消相干时间)。

以上分析讨论的所有参量中，最受重视的是热量子碰撞退相干。根据量子动力学理论，图 6-61 所示的热分子云最低旋转态的量子比特存储超精细态，旋转基态分子被磁陷阱捕获。在磁陷阱中两个分子产生如下相互作用：

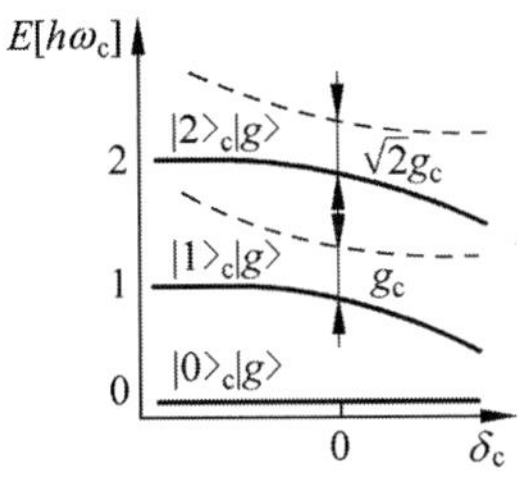

(a) 绝热能量水平$|n_i\rangle|g_i\rangle$态为电荷量子比特的失谐δ_c的函数

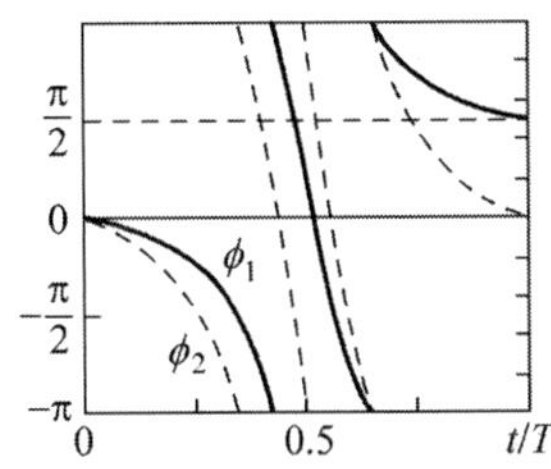

(b) 脉冲$\delta_c(t)=-\delta_0(2t/T-1)2-\delta_1$, $\delta_0/g_c=30$, $\delta_1/g_c=0.44$及$T=44.79/g_c$的动态相φ_1(实线)和φ_2(虚线)，相同的脉冲$\delta_c(t)$门序列的可靠性，所有初始态$|\psi\rangle_m$平均值

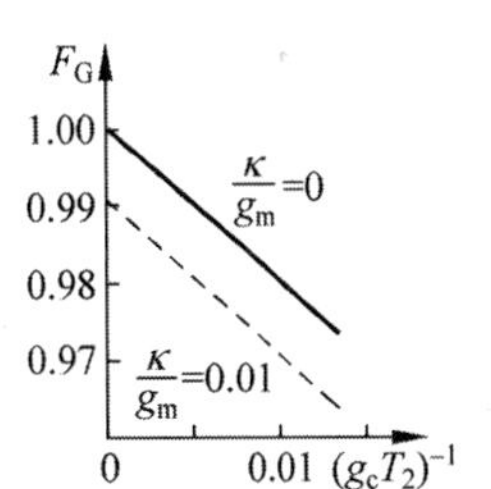

(c) 电荷量子比特退相干速率T_2^{-1}，腔的损耗率κ

图 6-61 Copper 偶的退相干时间

$$V(r)=-C_6/r^6,\quad C_6=(\mu^2/4\pi/\varepsilon_0)^2/6B \tag{6-95}$$

有效作用范围为

$$R^*=\sqrt[4]{mC_6/\hbar^2} \tag{6-96}$$

式中波散射长度为R^*，例如典型的散射长度的碱金属原子 CaCl(其中有两个磁陷阱超精细态)$R^*\approx 780ab$，散射温度$T^*\approx 1\mu\text{K}$。此热能低于大角动量离心势垒，导致热碰撞率为

$$\gamma_{\text{col}}=8\pi\,\bar{a}^2 n\,\bar{v}=2\pi\times150\,\text{Hz} \tag{6-97}$$

式中，$n=10^{12}\,\text{cm}^{-3}$，$\bar{v}$为相对热速度。若温度$T\leqslant T^*$，温度传递率$\gamma_{\text{Col}}\leqslant 2\pi\times700\,\text{Hz}$，$T=1\text{mK}$。

电陷阱诱导偶极矩μ_{ind}使热运动产生渐近作用$\bar{v}(r)\sim\mu_{\text{ind}}^2/r^3$。虽然这种变化属于温度低扩散($T\approx1\text{mK}$)，但仍存在一定的弱偏振分子散射($\mu_{\text{ind}}<1D$)。按照量子动力学理论计算，量子比特因碰撞引起的退相干时间为

$$(\rho_c)10(\tau)=\exp(-\gamma_{10}\tau/2)(\rho_c)_{10}(0) \tag{6-98}$$

自旋碰撞对$|0\rangle$和$|1\rangle$态退相的贡献为

$$\gamma_{10}=\frac{2\hbar^3 n}{m^2}\int\prod_{i=1}^{4}\mathrm{d}^3k_i\delta(\Delta E(K))\delta(K)P(k_1)P(k_2)\cdot$$
$$(|f_{00}^e(K)-f_{01}^e(K)|^2+|f_{00}^{in}(K)|^2+|f_{01}^{in}(K)|^2) \tag{6-99}$$

此值主要取决于f_{00}^e和f_{01}^e之差，$|00\rangle$和$(|10\rangle+|01\rangle)/\sqrt{2}$的热散射平均幅值分布为$P(\tilde{k})$。散射过程的平均时间为

$$K=(k_3,k_4\leftarrow k_1,k_2) \tag{6-100}$$

按照δ函数碰撞能量的动量守恒分析，散射也有可能来自f_{00}^{in}及f_{00}^{in}非弹性碰撞和分子外$|01\rangle$，$|10\rangle|$子空间。虽然精确计算分子碰撞散射振幅目前还有困难，但可以简化估算。例如，散射长度为a_{00}，a_{01}的S波散射，可以简化为

$$\gamma_{10}=8\pi(a_{00}-a_{01})^2 n\,\bar{v} \tag{6-101}$$

如果散射长度主要受自旋交换电势影响，散射的特征将取决于单一的$t(a_S)$和三重散射长度(a_T)。所以，纯自旋量子比特的退相干速率计算可简化为

$$\{|0\rangle+|1\rangle\}\equiv\{|S=1/2,m_s=\pm1/2\rangle\} \tag{6-102}$$

可看出$a_{00}=a_{01}=a_T$，即主要由非零磁偶极子和自旋耦合产生的，比预计小得多。根据以上的推理，超精细相互作用形成的量子比特$|0\rangle=|F=I+1/2,MF=F\rangle$和$|1\rangle=|F'=I-1/2,MF=F'\rangle|$不会受自旋态的影响提前退相干消失。最坏情况下，退相干速率等于单个分子碰撞率$\gamma_{10}\approx\gamma_{\text{col}}\gamma$。单分子空腔耦合的空间变量$g_{\text{eff}}(x)$，分子经过读/写操作再分配的结果，耦合非均匀性引起的腔模函数变化对电极距离影响为

$$g(x) \approx g(1-\alpha x/d) \tag{6-103}$$

式中，α 为常数，取决于

$$\Delta(x) = \Delta - m\delta\omega^2 x^2/(2\hbar) \tag{6-104}$$

其中，

$$\delta\omega^2 = \omega_t^2 - \omega_r^2 \tag{6-105}$$

根据量子比特态(ω_t)和激发态$|r\rangle$ (ω_r)的电位的差异可得

$$\Delta_* \simeq \sqrt[3]{3g^2 N(k_b T\delta\omega^2)^2/\kappa\omega_t^4 \hbar^2} \tag{6-106}$$

对全部耦合作用的总误差为

$$\varepsilon \approx \alpha^2(k_b T/m\omega_t^2 d^2) + (k_b T\delta\omega^2\kappa/\hbar g^2 N\omega_t^2)^{2/3} \tag{6-107}$$

而且

$$g\sqrt{N} \sim 2\pi\times 10\text{MHz},\quad \kappa \sim 2\pi\times 10\text{kHz},\quad T = 1\text{mK} \tag{6-108}$$

根据以上简化计算，系统的可靠性 $F>0.99$，陷阱频率 $\omega_t \sim 2\pi\times 50\text{kHz}$。按照低温优化的腔/陷阱设计，$|r_i(\delta\omega^2 \sim 0.1\omega^2 t)$，$\alpha$，$\delta\omega^2 \to 0$，显著减少了错误率。分析证明，冷极性分子量子存储器的强耦合带状腔具有寿命长、碰撞退相干作用弱的优点，有希望用于长寿命的量子固态存储器或量子处理器。

上述冷极性分子量子门还可以用于可编程处理器。这种处理器具有三大优势：可计算、编程性和并行性逻辑处理，并可以随意修改函数的线性和非线性特征用于模型计算、仿真、加密和测试。此外，还可以通过集成构建高效大规模的并行处理器。这种处理器实际上是一种光电混合并行计算机。利用光量子的三态处理信息，即垂直和水平偏振态，以及光的亮/暗状态。在实际系统中采用液晶显示器和偏光镜构成光学编码器，将自然光引入作为第三态，实现三值矩阵逻辑运算。设 S 由 0，1 和 2 组成，即形成{0，1，2}码。因此，基于集合 S 可完成 19683 种二元三值逻辑运算。为了提高索引效率，这些逻辑运算分配包括小数的标签数，如表 6-4 所示，此二元三值真值码表中从 a_0 到 a_8 共有 9 个值。

表 6-4　二元三值码表

ψ_n	0	1	2
0	a_0	a_1	a_2
1	a_3	a_4	a_5
2	a_6	a_7	a_8

定义 m 为所有逻辑运算的集合，n 为指数为 n 的三值逻辑运算。为便于讨论，将三值序列转化为十进制数：

$$k = \sum_{i=0}^{8} a_i 3^i \tag{6-109}$$

设 A，B 为 $m\times n$ 二维矩阵 $a(i,j)$，$b(i,j)$，元素为 $a(i,j)$，$b(i,j)$，{0，1，2}，$i2\{0,1,2,\cdots,m-1\}$，$j2\{0,1,2,\cdots,n-1\}$，则 A，B 矩阵之间的三值逻辑算符为

$$A \ominus B = \begin{pmatrix} a_{(0,0)}\psi_{(0,0)}b_{(0,0)} & a_{(0,1)}\psi_{(0,1)}b_{(0,1)} & \cdots & a_{(0,n)}\psi_{(0,n)}b_{(0,n)} \\ a_{(1,0)}\psi_{(1,0)}b_{(1,0)} & a_{(1,1)}\psi_{(1,1)}b_{(1,1)} & \cdots & a_{(1,n)}\psi_{(1,n)}b_{(1,n)} \\ \vdots & \vdots & \ddots & \vdots \\ a_{(m,0)}\psi_{(m,0)}b_{(m,0)} & a_{(m,1)}\psi_{(m,1)}b_{(m,1)} & \cdots & a_{(m,n)}\psi_{(m,n)}b_{(m,n)} \end{pmatrix} \tag{6-110}$$

式中，$\psi_{(0,0)}$，$\psi_{(0,1)}$，…，$\psi_{(m,n)} \in M\psi$，都是 A 和 B 两矩阵的相同或不同三值逻辑算符，说明可以在一个时间周期内并行完成处理。

虽然三态处理参数均在一个平面矩阵中，但状态可能有很大差异。无论状态如何复杂，都可以用

时间 $t \sim t+1$ 的函数描述。设变换函数时间(i,j)为

$$f_{(i,j)}(s_{p1}, s_{p2}, \cdots, s_{p_n N} \mid) \tag{6-111}$$

则在此时间序列内三值逻辑运算序列模型为

$$(\psi_{(i,j)1}, \psi_{(i,j)2}, \cdots, \psi_{(i,j)n-1}), \quad n = \mid N \mid, \psi_{(i,j)1}, \cdots, \psi_{(i,j)n-1} \in M \tag{6-112}$$

当所有元素由一种状态转变为另一种状态时，若 n 相同，但 $f(i,j)$不同。可以理解为 $f(i,j)$的参数相同，三值逻辑算子序列$(\psi_{(i,j)_1}, \psi_{(i,j)_2}, \cdots, \psi_{(i,j)_{n-1}})$不同。若 n 为变量，算子的状态可通过其邻近算子的状态确定，如表 6-5 所示。

表 6-5　相邻算子标签表

⋮	9	10	11	12
23	8	1	2	13
22	7	0	3	14
21	6	5	4	15
20	19	18	17	16

按照表 6-4，先设置 n，例如 0，按照 $n(s_0, s_3, s_7)$关系决定算子的下一个状态。在实际应用中，某些待处理的算子可能超出相邻状态。为此，可以采用相邻状态或边界以外的单元。整个 $m \times n$ 矩阵函数 f 中每个单元都有唯一的标识 $f_{(i,j)}$，组成如下序列：

$$i \in \{0,1,2,\cdots,m-1\}, \quad j \in \{0,1,2,\cdots,n-1\} \tag{6-113}$$

形成三值逻辑运算序列$(\psi_{(i,j)1}, \psi_{(i,j)2}, \cdots, \psi_{(i,j)n-1})$如下：

$$s_{(i,j)}^{t+1} = s_{p_0}^t \psi_{(i,j)_1}^t s_{p_3}^t \psi_{(i,j)_2}^t s_{p_7}^t \tag{6-114}$$

即 $\psi_{(i,j)1}^t$代表 $t+1$ 时刻算子(i,j)，$\psi_{(i,j)2}^t$为其右边相邻算子，$\psi_{(i,j)3}^t$为其左边的算子。$(s_{p0}^t, s_{p3}^t, s_{p7}^t)$为 n 状态：

$$s \in S, \quad \psi_{(i,j)_1}^t, \psi_{(i,j)_2}^t \in M \tag{6-115}$$

为简化运算过程，将三值逻辑运算序列划分为 Θ 算符序列$(\Theta_1, \Theta_2, \cdots, \Theta_{n-1})$，$n=|N|$。每个 Θ 元素为一个三值逻辑运算矩阵。例如，4×4 阵列(s_0, s_3, s_7)可转换为(Θ_1, Θ_2)。因此，可很容易获得包含(Θ_1, Θ_2)的算符 $W_{(i,j)}$。例如，$W_{(0,0)}$代表$(\psi_{17139}, \psi_{15693})$。矩阵 Θ 逻辑运算操作包括如下序列：

$$A_1 \Theta_1 A_2 \Theta_2 \cdots A_{n-1} \Theta_{n-1} A_n \tag{6-116}$$

式中 $n=N$，$(\Theta_1, \Theta_2, \cdots, \Theta n-1)$，和 $A_1, A_2, \cdots, A_n$。通过错位叠加法可获得如下十进制代码形式：

$$N = (s_0, s_5, s_7)$$

$$\Theta_1 = \begin{pmatrix} 17139 & 9328 & 19540 & 15693 \\ 10578 & 17347 & 12985 & 18781 \\ 18063 & 10786 & 12241 & 18123 \\ 15792 & 10057 & 11503 & 19599 \end{pmatrix}$$

$$\Theta_2 = \begin{pmatrix} 15693 & 19540 & 9328 & 17139 \\ 12985 & 17347 & 10578 & 18781 \\ 10786 & 18063 & 18123 & 12241 \\ 15492 & 19599 & 11503 & 10057 \end{pmatrix} \tag{6-117}$$

错位叠加运算过程如图 6-62 所示。这种算法可快速完成并行变换计算，同时实现每个矩阵态算子 $a_{(i,j)}$第 i 行与第 j 列的变换存储。可模拟某些生物神经细胞的运算过程。

错位叠加运算的结果与边界选择处理相关。例如，如图 6-62 所示的矩阵转化，首先是矩阵 A 经过换行运算变为矩阵 B，然后计算矩阵 $A-B$ 获得矩阵 C，矩阵 C 是与矩阵 A 每个右邻细胞计算的结果。通过三值逻辑运算的矩阵元素 Θ 如方程式(6-117)所示。依次可进行下一个周期运算获得矩阵

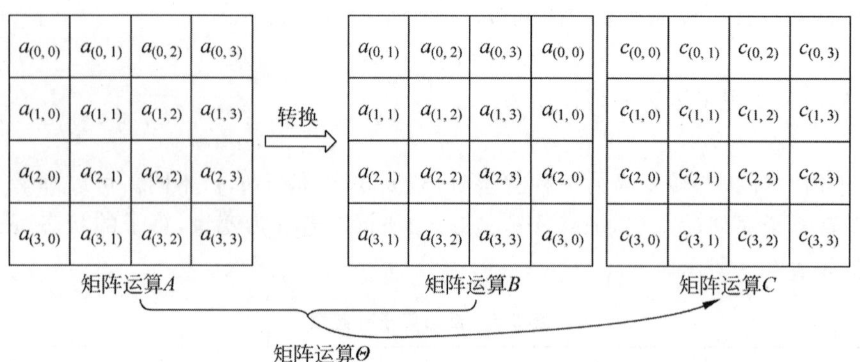

图 6-62 错位叠加运算过程

D,然后再进行 $C\Theta D$ 运算。三值逻辑运算矩阵代码也可事先确定,如方程式(6-117)中的 Θ_2。但错位结果一定是每个单元矩阵的右邻细胞或左邻细胞之一。根据此规则,也可以实现多个步骤的同时操作。例如先试计算(L_d,S,N,f),然后改变(N,$W_{(i,j)}$)再次进行操作。因此,三值光计算(TOC)可以根据需要编程。除了数据可并行性可编程,其处理时间顺序也可用于复杂的相关运算。因为很容易处理,所以并不会增加计算系统的复杂性,其物理模型如图 6-63 所示。

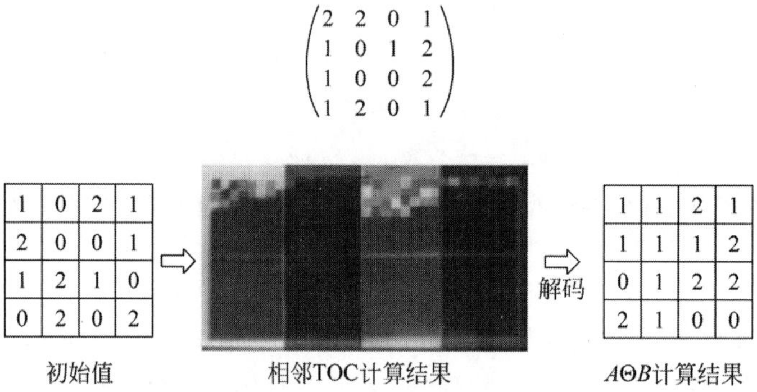

$$\begin{pmatrix} 2 & 2 & 0 & 1 \\ 1 & 0 & 1 & 2 \\ 1 & 0 & 0 & 2 \\ 1 & 2 & 0 & 1 \end{pmatrix}$$

初始值

1	0	2	1
2	0	0	1
1	2	1	0
0	2	0	2

相邻TOC计算结果

解码

$A\Theta B$计算结果

1	1	2	1
1	1	1	2
0	1	2	2
2	1	0	0

图 6-63 TOC 处理 $A-B$ 矩阵模型示意图

上述原理也可用于光学矢量矩阵乘法器(OVMM)。这种光计算系统主要是通过修改编码符号实现的。同样,基于 3 位数字:1,0,1 实现多进位加法和其他算术运算,并通过 3 个逻辑步骤获得 4 个逻辑操作结果,如图 6-64 所示。

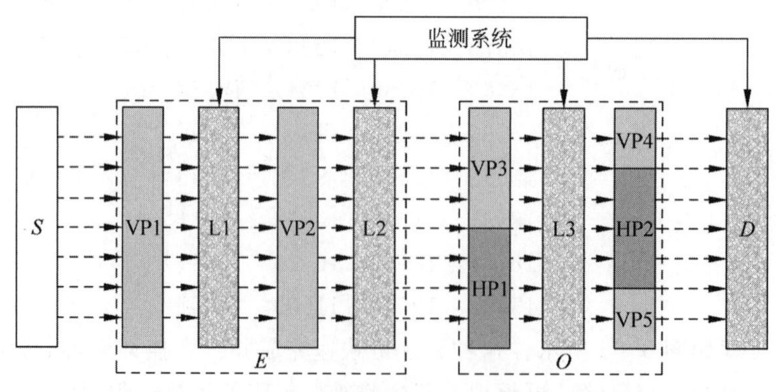

图 6-64 TOC 矢量矩阵乘法器结构原理示意图

三值光计算矢量矩阵乘法器由极性分子谐振门和一组偏振片(VP1,VP2,VP3,VP4,VP5),组成如图 6-64 所示。按照功能分为 4 部分:激光器光、编码器、处理器和解码器。光学逻辑门前面已经详

细介绍,下面主要讨论处理器部分。光学矢量矩阵处理器的数字模型如下:

$$x=\sum_{i}x_i 2^i,\quad x_i\in\{\bar{1},0,1\} \tag{6-118}$$

此模型仅限于整数计算,主要编码形式为 $(4)_{10}=(\bar{1}00)_2$ 或 MSD=$(1\bar{1}00)$MSD=$(1\bar{1}\bar{1}00)$MSD及$(-4)_{10}=(\bar{1}100)$MSD=$(\bar{1}1100)$MSD。属于冗余系统,便于无进位加法和四逻辑运算,简化为 T,W,T'和W'变换,如表 6-6 所示。

表 6-6 光学矢量矩阵处理器逻辑运算过程

T	$\bar{1}$	0	1	W	$\bar{1}$	0	1	T'	$\bar{1}$	0	1	W'	$\bar{1}$	0	1
$\bar{1}$	$\bar{1}$	$\bar{1}$	0	$\bar{1}$	0	1	0	$\bar{1}$	$\bar{1}$	0	0	$\bar{1}$	0	$\bar{1}$	0
0	$\bar{1}$	0	1	0	1	0	$\bar{1}$	0	0	0	0	0	$\bar{1}$	0	1
1	0	1	1	1	0	$\bar{1}$	0	1	0	0	1	1	0	1	0

表 6-6 中数字部分:$x=1$,$y=0\ 10\cdots100\ 0000$。逻辑运算部分 T 和 W 为并行处理:$T=101\ 0\ 10\phi$,$W=\phi0\ 00\ 110$。逻辑运算得到的结果:$T'=000\ 00100\phi$;$W'=\phi1\ 100\ 0\ 0$。在 T 和 W 基础上进行逻辑运算,得到 x 和 y 的最终和 $s=01\ 00000\ 0$。实现 4 个转换时没有进位加法,3 个独立操作都在数据长度范围内。逻辑运算单元的 4 种配置均由无进位加法硬件实现。如果需要进行乘法运算,设 $a=a_{n-1}\cdots a_2a_1a_0$ 和 $b=b_{n-1}\cdots b_2b_1b_0$,则其乘积 P 由下式确定:

$$p=ab=\sum_{i=0}^{n-1}p_i 2^i=\sum_{i=0}^{n-1}ab_i 2^i \tag{6-119}$$

显然,如果 b_i 为 0,p_i 也为 0;如果 b_i 为 1,则 p_i 为 a;如果 b_i 为$\bar{1}$,则 p_i 为$-a$ A。所以 $p_i(i=0,1,2,\cdots,n-1)$可立即同时完成 a_i 和 b_i 平行转化。此转变包括标注 M 三值的逻辑运算。乘法中可添加 $ab_i2^i(i=0,1,2,\cdots,n-1)$全部数列。因此,三值逻辑乘法硬件可以并行实现所有处理功能。例如 $a=(14)_{10}=(1110)_{\text{MSD}}$,$b=(9)_{10}=(101\ \bar{1})$MSD,处理运算方程为

$$\begin{aligned}p=ab&=\sum_{i}p_i 2^i=\sum_{i}ab_i 2^i=(1110)_{\text{MSD}}\times(101\bar{1})_{\text{MSD}}\\&=(1110)_{\text{MSD}}\times\bar{1}+(1110)_{\text{MSD}}\times1\phi+(1110)_{\text{MSD}}\times0\phi\phi+(1110)_{\text{MSD}}\times1\phi\phi\phi\\&=\overline{111}0+1110\phi+0\phi\phi+1110\phi\phi\phi\end{aligned} \tag{6-120}$$

也可简化为

$$\begin{aligned}p=ab&=\sum_{i}p_i 2^i=\sum_{i}ab_i 2^i\\&=(p_0\times2^0+p_1\times2^1)+(p_2\times2^2+p_3\times2^3)\\&=(\overline{111}0+1110\phi)+(0\phi\phi+1110\phi\phi\phi)\end{aligned} \tag{6-121}$$

然后,由三值逻辑乘法完成。因为数据量大,将数据$(p_i2^i+p_1\times12^{i+1})$分散在两个光学处理器中完成。如果是 α 行 β 列的矢量矩阵,其乘积 ψ 也一定是矢量:

$$\psi=\alpha\beta=(\psi_1,\psi_2,\cdots,\psi_N)=\left(\sum_{i=1}^{N}\alpha_i\beta_{i1},\sum_{i=1}^{N}\alpha_i\beta_{i2},\cdots,\sum_{i=1}^{N}\alpha_i\beta_{iN}\right) \tag{6-122}$$

要完成式(6-122)所示的 $\alpha_i\beta_{ij}(i,j=1,2,\cdots,N)$ 矢量矩阵乘法需对矢量矩阵处理器进行改造,如图 6-65 所示。图中的 $\psi_{j,k}^{i}$为 i 次 $k(k=1,2,\cdots,N)$序列的第 j 部分总和,q 为该计算部分的最高阶,等于 $\log_2 N-1$,大于 $\log_2 N$。图 6-65 中的虚线框为数据缓存器,当计算总数超过量矩阵乘法处理器在该步骤运算数据长度时,作为进行下一步运算的缓存。因此,在同一运算步骤中,所有部分均可以并行计算。生物学家最新研究表面,生物脑神经处理系统也具有类似功能,即脑神经细胞在分析处理信

息时，首先启动临近的细胞。而且处理的信息越复杂，启动的神经细胞数量越多。

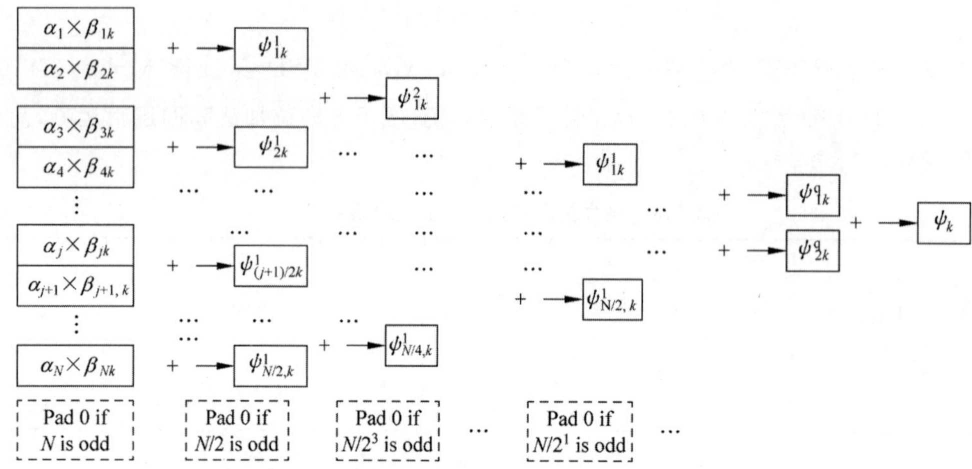

图 6-65 光学矢量矩阵乘法器处理矢量矩阵乘积过程示意图。$\psi^i_{j,k}$ 为独立运算处理单元，整个乘积计算过程包含的处理矩阵单元为 $\alpha_i\beta_{ij}$ $(i,j=1,2,\cdots,N)$

6.8 分子色团光存储与计算

研究发现，蒽醌类染料能对不同的光激发能量进行转移，而且可以通过对其化学结构的调整进行控制，用于纳米尺度的光存储与计算的基本部件。

因为光没有交叉干扰，代表光信号的光子能量在发色团之间转移和交换，可在半径 2～3nm 范围内迅速完成光量子的发射或吸收。蒽醌类染料发色团中的氮-氧原子分离变换，及其所对应的数字电路开关功能如图 6-66 所示。可看出，完全有条件以这类材料对光子的这些特殊反应为基础，实现光信息的存储及处理。

例如，蒽醌甙分子具有非荧光快速能量转移到苝酰亚胺单元，并保留其能量实现激发。另外，双酰亚胺生色团通过能量转移释放强荧光。蒽醌类染料合成单元中，发色团的电子和生色团的空间位阻作用造成氮原子分离，及其造成的光量子特性变化如图 6-67 所示。发色团的紫外吸收光谱大于 450nm，量子产率超过 87%，如图 6-67 所示。

从图 6-67 中对比可看出，蒽醌染料 3a 和 3b 的性能较好，吸收光谱非常相似，量子产率最高。实验证明，能量可以在分子水平上引导转移，且具有可控开关功能。为制造纳米尺寸光量子存储器件提供了先决条件，可用于制造皮米维度光量子器件。根据这个概念，利用这些材料特有的许多光量子物理特性，构成各种逻辑门(AND、OR、NOT、XOR)，进而用于建造皮米尺度光量子存储处理单元，然后使用这些逻辑门实现布尔运算。

另外，还可利用这类高分子材料分子的排列组合受光场控制，从而产生特定能量(波长)的辐射或更改传输方向的特性，用于光子模拟计算，即光处理器。例如，用光束的相位差就可以获得标准的正弦函数调制信号：

$$I_A = I_0(1+\cos\Delta\phi)$$
$$I_B = I_0(1-\cos\Delta\phi) \tag{6-123}$$

式中，$\Delta\phi=2\pi\Delta L/\lambda$，$\Delta L$ 即两束相干光之间的光程差。所以，改变两光束间的相位 π 的正整数都能获得“0”或“1”输出，而且很容易将其组成二进制元素的矩阵：

$$\begin{bmatrix}0 & 1\\0 & 0\end{bmatrix}\equiv \text{AND},\quad \begin{bmatrix}1 & 1\\0 & 1\end{bmatrix}\equiv \text{OR} \tag{6-124}$$

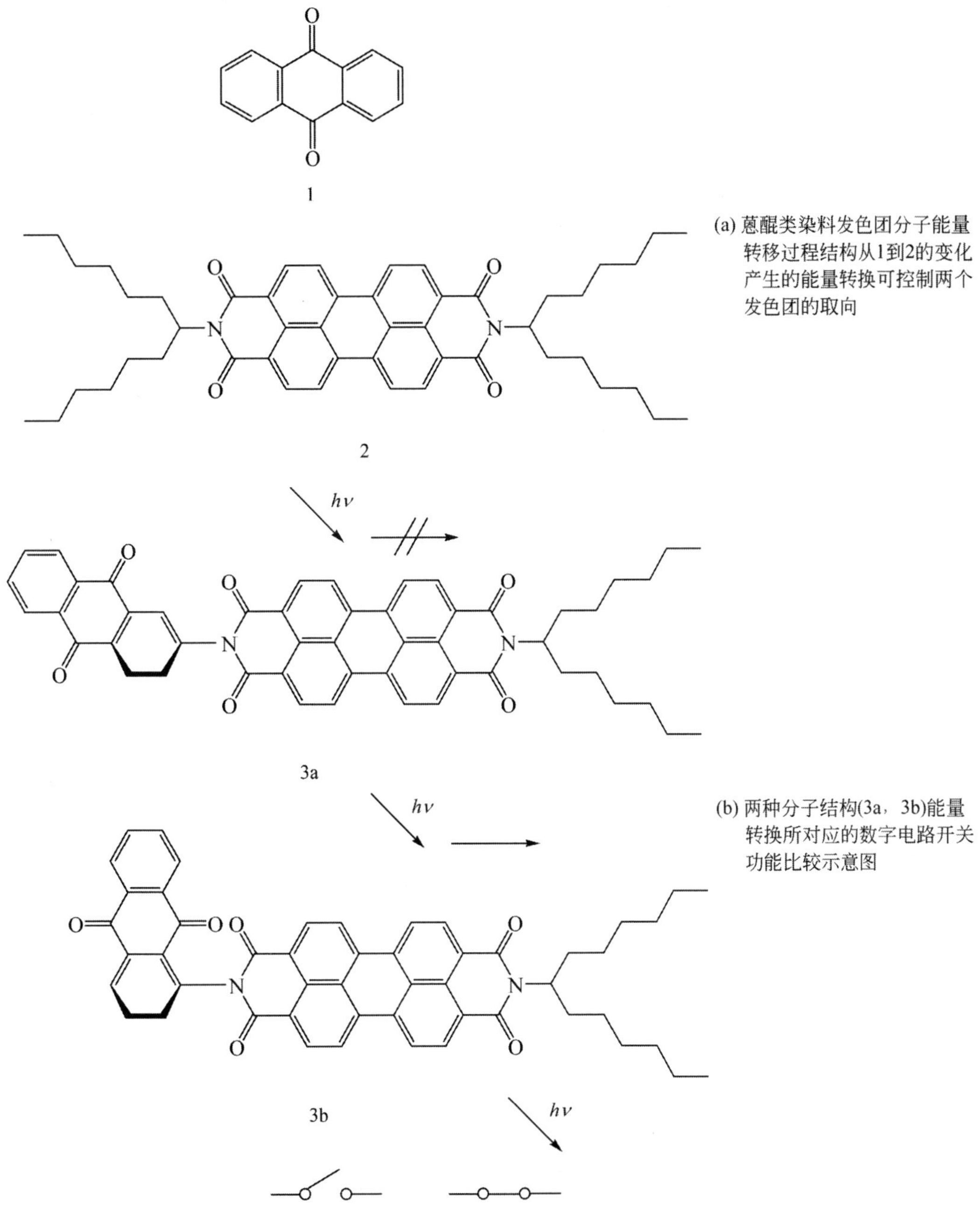

1

(a) 蒽醌类染料发色团分子能量转移过程结构从1到2的变化产生的能量转换可控制两个发色团的取向

2

3a

(b) 两种分子结构(3a，3b)能量转换所对应的数字电路开关功能比较示意图

3b

图 6-66 蒽醌类染料发色团分子结构及其对应的功能

如果采用光的干涉或衍射技术创建光逻辑门，则可获得数学意义更复杂的相干光束强度分布函数：

$$I(\theta) = I_0(\mathrm{sinc}^2\beta)\left(\frac{\sin N\alpha}{\sin\alpha}\right)^2 \tag{6-125}$$

如果将这些函数转化为矩阵符号，就可以将这些光学效应转变为可供信息处理的数学模型，组成各种功能的光子芯片；然后通过光互联，使不同信号处理器之间的数据高效传输；最终实现存储数据容量和传输速度同步增长的超宽带光计算。光子芯片之间的互联主要采用矩形波导，多个信道或信息的信号可以通过一个单一的波导层发送。这种光学矩形波导传输模式为

$$m = \frac{2d}{\lambda}\sqrt{(n^2-1)} \tag{6-126}$$

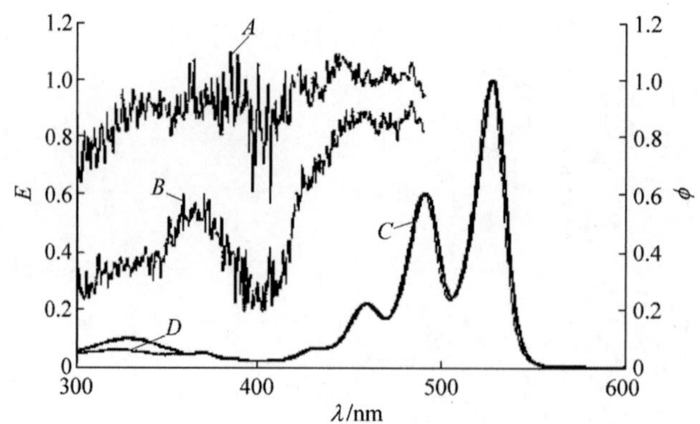

图 6-67 各种蒽醌类染料的紫外-可见吸收光谱 E 及荧光量子产率 ϕ 曲线对比

A—蒽醌染料(3b)激发荧光波长及对应的量子产率。B—蒽醌染料(3a)激发荧光波长及对应的量子产率。C—溶解在三氯甲烷(氯仿)中的蒽醌染料(3b)的吸收光谱。D 蒽醌类染料(2)的荧光量子产率和荧光量子产率。这些材料的分子结构见图 6-66

从式(6-126)可看出,当使用的波长 λ 减小及波导厚度 d 增加,波导模数目将随之增加。如果光在波导中的传播方向与波导平行,信号输出发散角主要取决于波长与波导的相对长度。所以能够根据输出清晰地分辨出另一端的信号。另外,波导还可用于调整相位差或实现信号脉冲的时间延迟,甚至用于滤波和热辐射的热隔离。只要参数选择合理,完全不影响芯片总体设计,是光量子芯片中的重要辅助结构元件。

光信息处理中应用最多的另一种元件是平面二维傅里叶变换。将 2D 图像很方便地转换为 30 种甚至更多的电磁波或声波信号,用于相干光学信息处理及计算。例如,二维平面图形信号 $U(x,y)$ 经过双重傅里叶变换和傅里叶滤波 $M(k_x,k_y)$,即可完成特定的处理图像 $V(x',y')$:

$$V(x',y') = \mathcal{F}^{-1}[M(k_x,k_y) * \mathcal{F}\{U(x,y)\}] \tag{6-127}$$

式中,符号 F 代表傅里叶变换,$*$ 表示卷积运算。通常采用单一波长的相干光,但也能采用宽带源。对傅里叶变换处理精度影响最大的是检测器的空间分辨率及其灵敏度。此外,光栅机械延迟扫描,智能控制空间调制,光学采样锁相以及 THz 成像技术都能有效提高信号处理质量。目标通过准直太赫波形成衍射场 $U(x,y)$,然后通过傅里叶变换光束与参考光束,通过非线性光子晶体和特定的滤光片传播探到高分辨率检测器接收处理。$\sum t(\xi,\eta)$ 傅里叶变换形成空间频率矢量$(kx,ky)=(k\xi/f,k\eta/f)$,其中 f 为变换物镜焦距,$k=\omega/c$ 为入射波的波数,$M(\xi,\eta)$为傅里叶滤波器。

整个空间频率带宽为 $\delta k=\delta\omega/c(\xi/f,\eta/f)$。检测器接收处理的太赫波谱场 $V(\omega)$ 为

$$V(\omega) = C(\omega)\int_{\Sigma_t} \mathrm{d}\xi\mathrm{d}\eta\int_{\Sigma_o} \mathrm{d}x\mathrm{d}y \cdot [M(\xi,\eta)U(x,y)\mathrm{e}^{-\mathrm{i}k(x\xi+y\eta)/f}] \tag{6-128}$$

式中,$C(\omega)=S(\omega)\ (\omega/2\mathrm{i}\pi f)^2$ 和 $S(\omega)$为入射太赫波谱场分布。如果傅里叶滤波器仅为小孔径光栏,距离为 d,发散角为 θ,则式(6-128) 成为 Dirac 三角函数方程:

$$V(\omega;\ \theta) = C(\omega)\int_{\Sigma_o} \mathrm{d}x\mathrm{d}yU(x,y)\mathrm{e}^{-\mathrm{i}kd/f(x\cos\theta+y\sin\theta)} \tag{6-129}$$

在 θ 方向的分布为

$$\widetilde{S}(u,\theta) = \int_{\Sigma_o} \mathrm{d}x\mathrm{d}yU(x,y)\delta\left(x\cos\theta + y\sin\theta - \frac{fu}{d}\right) \tag{6-130}$$

若小孔径光栏直径 $a=5\mathrm{mm}$,式(6-129)根据 Fraunhofer 衍射校正,$U'(x,y)$积分可写为

$$U'(x,y) = \pi a^2 U(x,y)\,\frac{2J_1(ka\rho/f)}{ka\rho/f} \tag{6-131}$$

其中，$\rho=\sqrt{x^2+y^2}$；J_1 为第一类一阶 Bessel 函数。重建图像视场为 $\rho_{max}=2.215f_c/a\omega_{max}$，与 ω 成反比。

如果采用光学非线性材料取代小孔径光栏，即采用三维滤波替代平面二维滤波，可极大地改善太赫脉冲相干计算处理的带宽和波形转换精度。其基本结构原理如图 6-64 所示。实验常规用非线性材料特性及主要性能参数如表 6-7 所示。研究证明，这种模拟计算在现代生命科学、材料科学及流体力学等领域的研究中，用于某些复杂反应过程及图形计算处理，具有十分重要的意义。

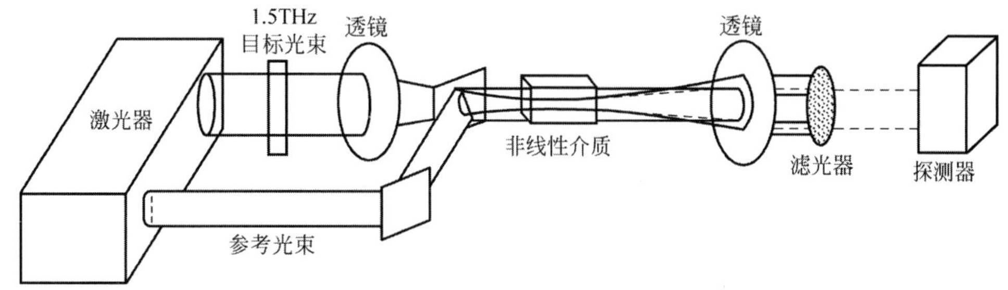

图 6-68　THz 脉冲非线性傅里叶变换光学处理实验系统原理图

如图 6-68 所示，在太赫脉冲相干计算处理系统中，最关键的器件是非线性差频介质材料。这种用于太赫脉冲波的非线性介质材料，首先必须具备尽可能高的二阶非线性系数，尽可能低的太赫波段吸收系数。此外，为保证一定的使用寿命，需要具有较高的损伤阈值。在系统设计中，非线性晶体的相位匹配波段应符合所利用的激光源波长。目前，差频太赫处理实验中采用的非线性材料主要有两大类，即无机晶体和有机晶体材料与非晶材料。根据近年相关研究文献资料报道，生物力学信号处理实验中常用的相位匹配非线性介质及主要实验参数如表 6-7 所示。

表 6-7　常规非线性介质特性及主要实验参数

	介质材料名称				
	HMQ-TMS	HMQ-T	OH1	DAST	ZnTe
甲醇中的最大吸收波长/nm	439	439	424	475	—
微观一阶超极化率/10^{-30} esu	185	169	93	194	—
微观光学非线性/10^{-30} esu	185	155	63	161	—
电光系数	—	—	$r_{33}=75$pm/V at 785nm	$r_{11}=77$pm/V at 800nm	$r_{41}=4$pm/V at 680nm
40℃时溶解度(g/100g 甲醇)	2.24	0.78	3.74	3.73	—
大尺寸生长	容易	非常困难	容易	容易	—
厚度控制	容易	非常困难	非常困难	非常困难	—
水解	无	无	无	有	—
截止波长/nm	<595	<595	<640	<680	—
峰值 THz 电场/(kV·cm^{-1})($P_{pump}=158$mW，晶体厚度3mm)	57	—	31	—	21
高频范围(幅值>1.0)/THz(对于 HMQ-T 晶体，$P_{pump}=38$mW，晶体厚度 1mm，其余晶体条件同上)	6.0	3.4	5.3	—	3.8
在 1.1THz 附近的吸收	弱	强	弱	强	弱

在光学、生物力学、流体力学中广泛使用的描述光传播、玻色-爱因斯坦凝聚和超流体等物理现象的非线性 Schrödinger 方程，可以转化为各种流体力学方程，用于激光动力学、涡动力学、生物力学的

研究。

描述三维光学非线性 Schrödinger 方程为

$$\frac{\partial A}{\partial z}=\frac{\mathrm{j}}{2k_0}\nabla_{\perp}^2 A-\frac{\mathrm{j}\beta_2}{2}\frac{\partial^2 A}{\partial t^2}+\mathrm{j}k_0\Delta n(r_{\perp},t,|A|^2)A \tag{6-132}$$

式中，$A=|A(z,x,y,t)|\exp[\mathrm{j}\psi(z,x,y,t)]$为综合包络线；$k_0=2\pi/\lambda_0$ 为载波数；$\nabla_{\perp}^2$ 为横向 Laplace 变换；β_2 为群速度色散系数；t 为群速延迟时间。$\ddot{A}_n$ 为折射率的变化，代表光学非线性介质的空间折射率分布、诱导非线性自相位调制和交叉相位调制。由于 Kerr 非线性效应 $\ddot{A}_n|\mathrm{Kerr}=n^2|A|^2$，群速度色散异常或 $\beta_2<0$，第三维色散衍射的相应的空间坐标可定义为 $\tau\equiv t/\sqrt{-\beta_2 k_0}$。

以上 Madelung-Schrödinger 方程可转换为

$$i\equiv|A|^2 \tag{6-133}$$

$$\kappa\equiv\nabla'\psi=\left(\hat{r}_{\perp}\nabla_{\perp}+\hat{\tau}\frac{\partial}{\partial\tau}\right)\psi \tag{6-134}$$

式中 i 为密度，κ 为波矢量。两方程之积为

$$\frac{\partial i}{\partial z}+\frac{1}{k_0}\nabla'\cdot(\mathrm{i}\kappa)=0 \tag{6-135}$$

$$\frac{\partial\kappa}{\partial z}+\frac{1}{k_0}\nabla'\left(\frac{1}{2}\kappa^2\right)=\nabla'(\kappa_0\Delta n)+\frac{1}{k_0}\nabla'\left(\frac{1}{2\sqrt{i}}\nabla'^2\sqrt{i}\right) \tag{6-136}$$

式(6-135)相当于流体力学中的连续性方程，其中 z 为时间，I 为流体光密度，k 为速度。式(6-136)类似作用压力 $\ddot{A}_n$ 的无涡量 Euler 方程式($\nabla\times V=0$)。由于此非线性应散焦($n_2<0$)使流体压力得到校正，所以式(6-136)中最后一项在经典流体动力学中被称为量子压力。将式(6-135)、式(6-136)中光学系统强度 I，特征长度 W 和局部特征波数 k 按照以下参数重新整理：

$$\zeta\equiv\frac{K}{Wk_0}z \tag{6-137}$$

$$\nabla\equiv W\nabla' \tag{6-138}$$

$$\rho\equiv\frac{i}{I} \tag{6-139}$$

$$v\equiv\frac{\kappa}{K} \tag{6-140}$$

$$a\equiv\frac{1}{k_0\sqrt{-n_2 I}} \tag{6-141}$$

$$\mathcal{M}\equiv Ka \tag{6-142}$$

$$\mathcal{H}\equiv\frac{a}{W} \tag{6-143}$$

式中，a 为再生长度，代表边界上强度挤压部分的长度；M_i 为流体中的 Mach 数；H 为归一化再生长度，归一化运动方程为

$$\frac{\partial\rho}{\partial\zeta}+\nabla\cdot(\rho v)=0 \tag{6-144}$$

$$\frac{\partial v}{\partial\zeta}+\nabla\left(\frac{1}{2}v^2\right)=-\frac{1}{\mathcal{M}^2}\nabla\left(\rho-\frac{\mathcal{H}^2}{2\sqrt{\rho}}\nabla^2\sqrt{\rho}\right) \tag{6-145}$$

实验证明，量子压力概念及测试方法对超流体研究具有重要贡献。流体的 Kerr 压力可简化为

$$\mathcal{H}\ll 1 \tag{6-146}$$

$$W\gg a \tag{6-147}$$

并可得无黏性流体运动的 Euler 方程：

$$\frac{\partial v}{\partial \zeta}+\nabla\left(\frac{1}{2}v^2\right)=-\frac{1}{\mathcal{M}^2}\nabla\rho \tag{6-148}$$

由于压缩流体的密度与压力有关，若处于等温理想气体环境，压力$\propto(1/\rho)\nabla\rho=\nabla\ln\rho$，对应于流体动力学的 Mach 数 Ma 为

$$Ma = Ka \ll 1 \tag{6-149}$$

因此证明量子压力 Kerr 非线性一阶近似简化式是正确的。

此外，以上 Madelung 变换非线性无光学涡量模型式(6-107)也可推广用于湍流：

$$\omega \equiv \nabla\times \boldsymbol{v} \tag{6-150}$$

式中 ω 为存在光学涡量的量化模型。超流体中包括涡量形式的色散效应的三维光脉冲，为光学和经典流体力学直接建立了对应关系。因此，量化涡线分布涡度可以通过闭路径积分 $\boldsymbol{v}$ 评价：

$$\omega\cdot\hat{n}=\lim_{\sigma\to 0}\frac{1}{\sigma}\oint\boldsymbol{v}\cdot \mathrm{d}l \tag{6-151}$$

$$=\lim_{\sigma\to 0}\frac{1}{\sigma}\oint\nabla\psi\cdot \mathrm{d}l \tag{6-152}$$

式中，$\hat{n}$为 ω 方向的单位矢量；σ 为涡量附近的面积和积分路径。路径积分积累相位，按每个封闭循环为 2π 倍数计算。非零环流只存在于光学涡量附近，因此如果路径积分不在涡旋附近，则涡度为零。其数学形式为

$$\omega(r)=\sum_j\omega_j(r) \tag{6-153}$$

$$=\sum_j\Gamma_j\int \mathrm{d}r_j\delta(r-r_j) \tag{6-154}$$

式中，Γ_j 为环流涡矢量；$\delta(r-r_j)$为三维 δ 函数：

$$r=(x\hat{x}+y\hat{y}+\tau\hat{\tau})/W \tag{6-155}$$

其归一化的位置矢量为

$$r_j=[x_j(\xi,\zeta)\,\hat{x}+y_j(\xi,\zeta)\,\hat{y}+\tau_j(\xi,\zeta)\,\hat{\tau}]/W \tag{6-156}$$

说明参数 ξ 涡线位置和积分在涡流中心强度为零，式(6-145)可改写为

$$\frac{\partial v}{\partial \zeta}+\nabla\left(\frac{1}{2}v^2\right)+\omega\times\boldsymbol{v}=-\frac{1}{Ma^2}\nabla\rho \tag{6-157}$$

式中，$\omega\times\boldsymbol{v}$ 项是当 $\Gamma_j=2\pi$ 自然生成的，可认为是涡动力学或湍流剪切力学计算的边界。在 Ma 较低的情况下，与波湍流纹度 h 和宽度 w 之比成正比：

$$Ma\sim\frac{w}{h}\ll\mathcal{M}\ll 1 \tag{6-158}$$

所以，当 $h\ll w$ 时，该流体可视为不可压缩。

6.9　单光子存储

单光量子信息存储对于智能存储研究具有特殊的重要意义，其中的核心技术问题是单光子的发射与探测。实现单光子发射与探测有许多原理和实验研究方案，本节介绍基于 Bell 不等式非局部特性检测单光子源线性光学量子发生，及库仑晶体光学腔高效光子数探测存储实验技术。光量子探测效率大于 83%，纠缠门检测效率大于 90%。实验系统的基本结构原理如图 6-69 所示。

此系统需要在低温下工作，温度控制在 100mK，采用$^{40}Ca^+$离子库仑晶体光学腔高效光子数探测器。在此条件下，将谐振原子转换为单光子转换成多荧光光子后较容易检测，如图 6-69 所示。脉冲光子通过电磁诱导透明(EIT)实现原子系综相干光存储。然后，采用离子阱探测共振荧光。其中为

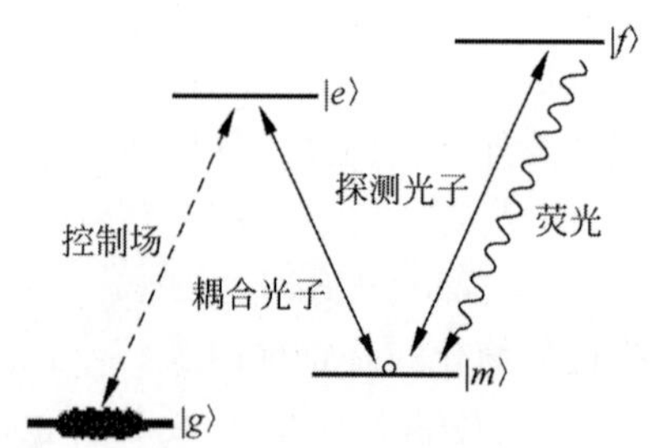

图 6-69 冷原子中单光子存储与探测原理示意图。原子中的基态$|g\rangle$为准备状态。然后在探测场作用下光子耦合激光结合从亚稳态转化为激发态$|m\rangle$。最后，在探测光子作用下$|m\rangle\sim|f\rangle$跳变发射荧光

$|g\rangle$基态，受光场作用产生谐振转移$|g\rangle\leftrightarrow|e\rangle$相干映射激发到强耦合亚稳态$|m\rangle$。最后，检测激光与$|m\rangle$态作用$|m\rangle\leftrightarrow|f\rangle$发射荧光，通过测量荧光光子数分读出存储信号，如图 6-70 所示。

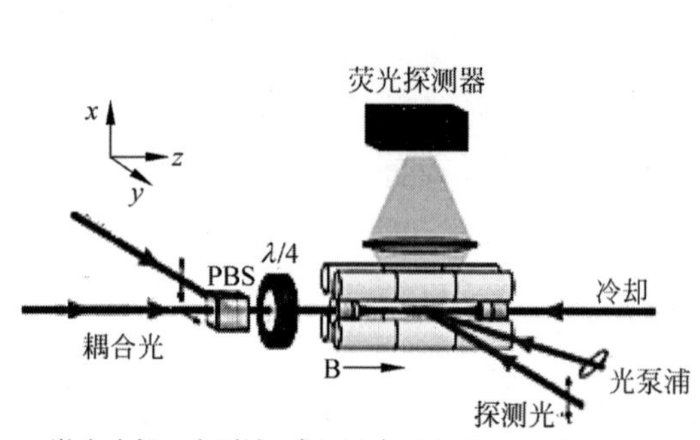

(a) 激光冷却、光泵浦、探测和耦合场均沿腔轴以避免引起多普勒偏移。附加激光作为第二光泵浦激发荧光，经大的数值孔径透镜聚焦输入检测器

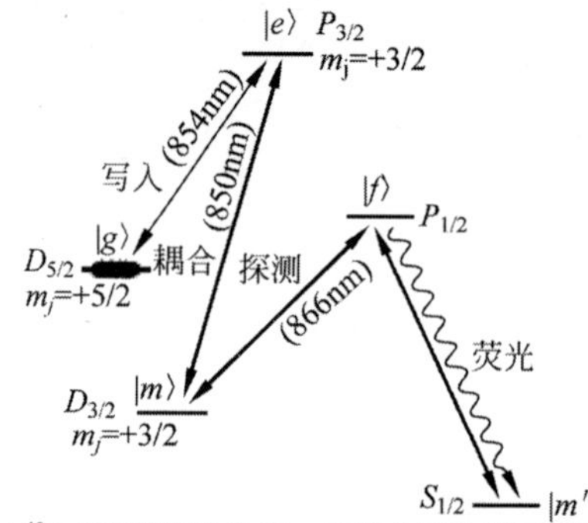

(b) $^{40}Ca^+$量子能级分布。首先全清空保证光泵达到最高效率。碱金属原子的|g>和|m>属于超精细$S_{1/2}$基态，在超精细分裂时产生几太赫分离。|f>由部分$P_{3/2}$形成0～10MHz线宽。检测过程避免从|g>的激发，希望概率控制在10^{-6}以下

图 6-70 基于光学腔中$^{40}Ca^+$离子库仑晶体光子检测器工作原理示意图

在光和热辅助足作用下产生够数量的荧光子汇聚到$^{40}Ca^+$离子库仑晶体光学腔高效光子数探测器。高精细度离子库仑与光学腔场相互作用形成寿命为 1.15s 的离子亚稳态 $D_{5/2}$，$D_{3/2}$，$P_{3/2}$和 $P_{1/2}$ 分别代表$|g\rangle$、$|m\rangle$、$|e\rangle$及$|f\rangle$态，如图 6-71 所示。因为 $P_{1/2}(|f\rangle)$离子态会自发衰变为 $S_{1/2}(|m_0\rangle)$，需要另加泵浦激发$|f\rangle\leftrightarrow|m_0\rangle m$ 转换产生荧光。实验测试证明，$D_{3/2}$态具有很高的转换效率(>90%)。

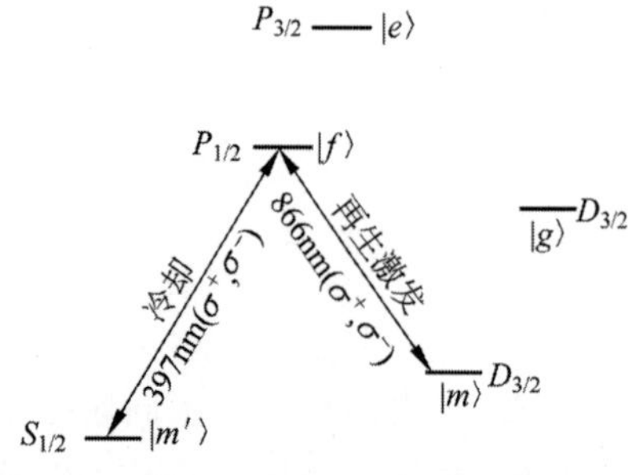

(a) 在397nm光子驱动下，离子态产生$S_{1/2}\leftrightarrow P_{1/2}$跃迁。另外，受866nm作用形成$D_{3/2}\leftrightarrow P_{1/2}P_{1/2}$跃迁

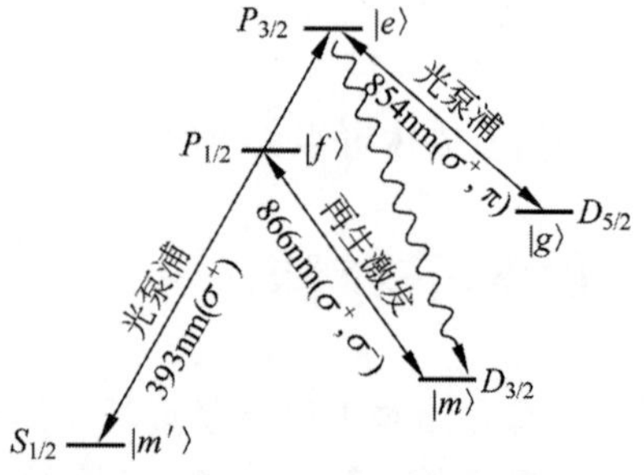

(b) 在两个光泵浦作用下，$D_{5/2}$能级的m_j=+5/2Zeeman亚能态完成$S_{1/2}\leftrightarrow P_{3/2}$(393nm)和$D_{5/2}\leftrightarrow P_{3/2}$(854nm)跃迁

图 6-71 40Ca^+离子库仑晶体光子检测器初始化能级及其相关转换过程示意图

初始化是制备冷库仑晶体与离子处于$|g\rangle=D_{5/2}$态。量子化 Gauss 磁场和激光冷却光束沿腔轴传播，在 397nm 光子作用下完成 $S_{1/2}\leftrightarrow P_{1/2}$共振跃迁，并分别形成左、右旋偏振光如图 6-71 所示。落

在 $D_{3/2}$ 态的原子被 866nm 激光冷却形成与腔轴线正交的偏振光。一旦离子足够冷时，866nm 激光器自动关闭。另外两个激光器泵激 $D_{5/2}$ 能级的 $mJ=+5/2$ Zeeman 亚能态，驱动 $S_{1/2}$ 跃迁到 $P_{3/2}$，以及 $D_{5/2}\leftrightarrow P_{3/2}$ 谐振转换，其传播方向和偏振方向同时这样选定。原子的自发从 $P_{3/2}$ 向 $D_{3/2}$ 衰变，重新进入激光冷却处理。冷却泵浦典型持续时间为 25μs。高效激光器泵激对探测场中的光子数的高保真及正确测量光子数非常重要。所以，至少应保证 $D_{3/2}$ 态的转换效率达到 97%以上。

电磁诱导透明光量子存储最常用的是铷原子蒸气实现原子系综相干光存储，在 Raman 绝热条件下检测效率可以达到 93%以上。存储持续时间基本上由探测脉冲的持续时决定，以上实验可达到 500ns～1μs。

可以通过收集荧光测量得到准确的 $D_{3/2}$ 态离子数。如图 6-68(a)所示，发荧光离子的能量来自 $S_{1/2}\leftrightarrow P_{1/2}$ 跃迁，即荧光的数量与接受的循环离子数成正比。这个数字等于初始态写入脉冲的光子数。但由于 $D_{5/2}$ 态寿命有限(≈1.15s)，有可能在 $D_{5/2}$ 离子进入荧光循环前自发衰变为 $S_{1/2}$。按照 Poisson 统计估算，设所得光学跃迁均为饱态，每个离子占用 $P_{1/2}$ 的 1/4 时间，则自发衰变为 $S_{1/2}$ 的速率为 20.7MHz。设整个检测系统的收集效率为 τ_D，则光子检测率 $R=\text{PS}2\tau_D/16\text{p}$。本实验系统的探测器的透镜直径 4cm，工作距 7cm，$\tau_D=0.4$。根据这些参数，可计算出 $R=260$kHz。经过 t 时刻，按 Poisson 分布收集到的光子总数为 $\mu\text{in}(t)=N\text{in}Rt$。若 t' 时间内，离子 $D_{5/2}$ 平均衰变数为 $N(1-e-t'/\tau D)$，则经过 t 时刻能收集到的荧光光子平均数为

$$\mu_{\text{decay}}(t)=\int_0^t N(1-\mathrm{e}^{-t'/\tau_D})R\mathrm{d}t'=NR\tau_D[(\mathrm{e}^{-t/\tau_D}-1)+t/\tau_D] \tag{6-159}$$

$$\mu_{\text{in}}(t)=N_{\text{in}}Rt \tag{6-160}$$

所以，在经过 t 时刻以后，荧光光子平均数 N_{fl} 的检测概率为

$$p_{N_{\text{fl}}}(t)=\sum_{n=0}^{N_{\text{fl}}}\text{Po}[n;\mu_{\text{in}}(t)]\text{Po}[N_{\text{fl}}-n;\mu_{\text{decay}}(t)]=\text{Po}[N_{\text{fl}};\mu_{\text{in}}(t)+\mu_{\text{decay}}(t)] \tag{6-161}$$

式中，$\text{Po}[n;\mu]$为 Poisson 分布 μ 的平均值。因此，包含自发衰减离子转移的荧光光子数略高值，但不改变分布曲线形状，如图 6-72(a)所示。收集荧光子所需的时间及概率取决于所输入光子数 N_{in}，参见图 6-72(a)。总的误差概率低于 10%，3 个光子 $t\approx130\mu$s，10 个光子 $t\approx430\mu$s。

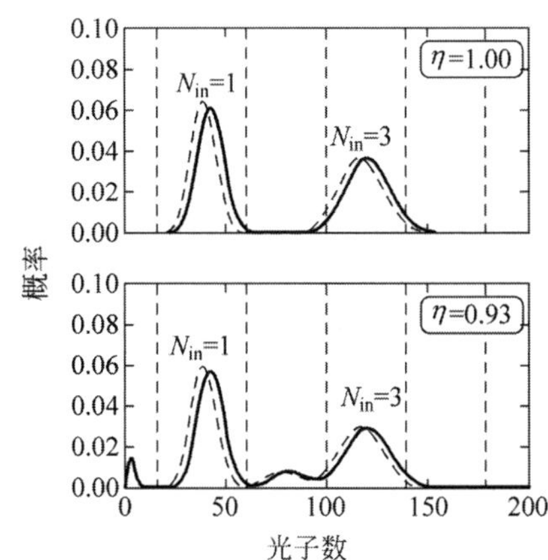

(a) 输入光子数N_{in}=1，3，收集时间为150μs光子数与收集概率的关系曲线。上图为理想转换效率时的收集时间输入光子荧光光子数分布。虚线代表没有$D_{5/2}$离子自发衰变。垂直虚线表示光子数估计的阈值。下图为转换效率η=0.93，导致光子数可能低于N_{in}

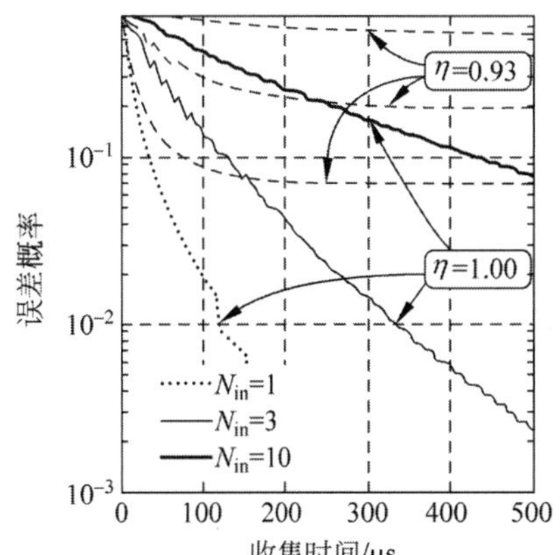

(b) 不同光子数N_{in}=1, 3和10的概率及其误差。错误概率与收集时间有关，但有下限

图 6-72　输入光子数的检测误差概率

根据以上分析计算可看出，在 $\eta<1$ 的情况下，转移到 $|m\rangle$ 离子数服从二项式分布，即不是所有的光子都转化为谐振激发。事实上，所有输入光子转换概率为 $\eta^{N_{in}}$，概率误差最低限为 $p_{err}^{min}=1-\eta^{N_{in}}$。但此下限并非对任何光子数探测器都有效。只适合于 $N_{in}=1$，$t\approx180\mu s$ 以及 $N_{in}=3$，$t\approx250\mu s$ 等参数。上述高精细光学腔 $40Ca^+$ 离子库仑晶体系统，具有较大的库仑晶体空间和控制离子反结点驻波光场，检测效率 η 优于 98%。实验证明，只要光子数远低于光学腔中离子数，就可以精确区分光子数。

另外一种单光子量子存储原理是采用两原子系综之间产生的单谐振自旋激发（磁振子）存储信息，将磁振子转换为线性偏振光子读出。属于非破坏性的量子存储和再生，其中最核心的问题同样是单光子检测。此外，这种光子的损失在很大程度上取决于光子态的“纯度”，所以对光量子源要求也很高。由于单量子存储中输入只有一个光子，通过自发拉曼过程造成磁振子实现存储，其偏振态为

$$|\psi\rangle=\cos\theta|R\rangle+e^{j\phi}\sin\theta|L\rangle \tag{6-162}$$

上式代表分别属于原子系综 A、B 的 $|R\rangle$ 和 $|L\rangle$ 态，在任意角度 θ,ϕ 时右(左)圆偏振态之和，如图 6-73(b)所示。当两个偏振态光子进入 Raman 谐振腔产生的偏振态映射，静磁场诱导透明和写入、读出过程如图 6-73(c)所示。原子系综集合 A 和 B 的初始态为 $|g_\pm\rangle\equiv|F=3,mF=\pm3\rangle$，其自发 Raman 跃迁分别为 $\sigma^\pm-\pi$ 和 $\pi-\sigma^\pm$ A。发射光子预示输入偏振态映射为磁振子，形成磁振子叠加信号态写入：

$$|\psi\rangle\to|\psi\rangle=\cos\theta|1\rangle_A|0\rangle_B+e^{j\phi}\sin\theta|0\rangle_A|1\rangle_B \tag{6-163}$$

式中在 $|n\rangle_k$ 为磁振子 $k(k=A,B)$ 都集合 n。然后，存储态可根据需求，根据磁振子的耦合谐振强度，以单光子的形式检索读出，具有高可靠性。按照理论计算预测，单光子的存储与读出概率为 $h=\alpha\eta q\approx10^{-6}$，其中介质的吸收率 $\alpha=0.01$，单原子谐振发射概率 $\eta=10^{-3}$，光子探测效率 $q=0.1$。然而，实验证明，实际的单磁振子存储及单光子读出的保真度及检索效率比以上计算值高很多。按照亚 Poisson 态统计 $g_2=0.24$。另外，检测出的单光子仍保持其偏振态，可通过分析其偏振角和对称性获得更多的信息，用于类脑存储等新信息技术研究。

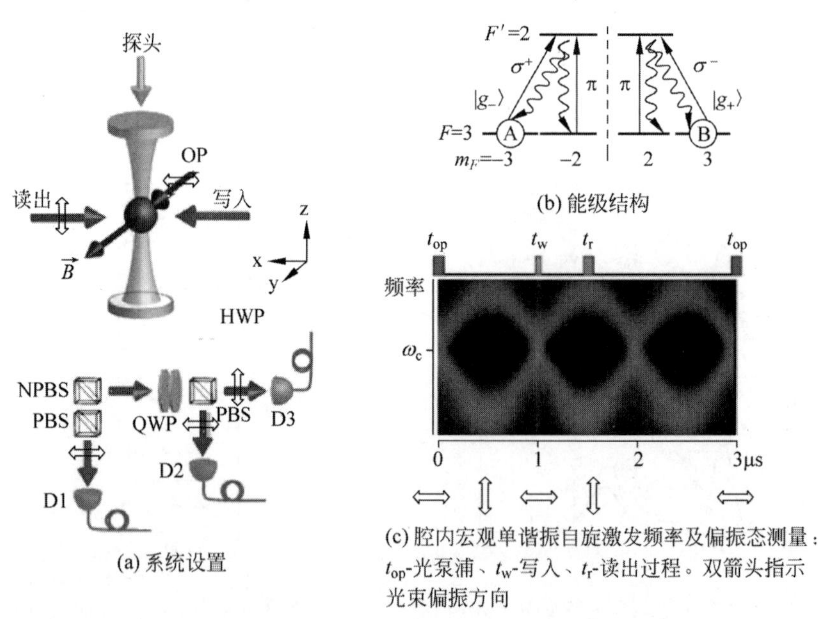

图 6-73　单光子谐振自旋激发存储实验系统原理示意图

OP—光泵浦，PBS—偏振分束器、NPBS—非偏振分束器、QWP—1/4 波片、HWP—半波片。运算为光抽运光束。D1，D2，D3—单光子计数检测及偏振态分析模块

图 6-73 所示的单光子存储与读出实验系统，诱导磁场约为 1.4Gs，自旋周期 $\tau_L=2\mu s$，如图 6-73(a)和(c)所示。均匀的空间磁场保持原子相干不受磁振子动量的影响，保持读出过程的相位匹配。铯原子从磁光阱进入光学谐振腔的波长 $\lambda_t=1064nm$，光学一维光晶格重叠模式为 $f=140$。A 和 B 集合共

有约 8000 个原子，温度为 30μK。超精细磁子能级为$|g\pm\rangle\equiv|S_{1/2},F=3,mF=\pm3\rangle$，写入光泵时间为 $t_{op}=0$。用于 $6S_{1/2},F=3\rightarrow6P_{3/2},F'=2$ 转换的短脉冲为 100ns$\ll\tau_L$。A,B 集合形成两个方向相反的宏观自旋，如图 6-73 中(a)的 xz 面，周期为 τ_L，见图 6-73 中(c)，泵浦周期为 $\tau_{op}=3\tau_L/2=3\mu$s。经过谐振转换，降低了原子自旋和光泵浦之间的平衡。由于态$|g_\pm\rangle$没有耦合到偏振光 $F=3\rightarrow F'=2$ 转换形成的 π 偏振，导致分裂腔共振消失，子能级$|g_\pm\rangle$分裂正弦变化超过 99%。

光子存储和读出过程如图 6-73 中(c)所示。写入与读脉冲序列间隔为 τ_{op}，约 30ms，冷却脉冲 $F=3\rightarrow F'=250$ns。此时，集合 A 和 B 只能吸收$|g_+\rangle$和$|g_-\rangle$光子，如图 6-73(b)所示。但在 A 和 B 集合中从 $\tau_\pm-\pi$ 转换而来的 π 偏振光子相等，其谐振具有相同的概率。因此，不可能出现任何差异，并且增强了读出光 $\pi-\sigma_\pm$ Raman 散射的单光子偏振态。所以集合 A,B 中的$|\cos\theta|^2$，$|\sin\theta|^2$ 形成的子磁子相位 ϕ，使读出再生单光子的偏振态具有不同的可复制光学特征，如图 6-74 所示。按照其偏振态量化绘制的读出光子偏振密度矩阵如图 6-74(a)所示。图中的输出单光子偏振态可分为$(|L\rangle\pm|R\rangle)(H-V)/\sqrt{2}$，$|L\rangle$，$|R\rangle(L-R)$，$(|L\rangle\pm i\ |R\rangle)\ (S-T)/\sqrt{2}$三类。再生单光子偏振保真度 F 根据其不同角度 θ 分为 10 种，如图 6-75 所示。

再生单光子偏振保真度 F 可用下式计算：

$$F=\rho_{\text{meas}}\ |\ \psi\rangle\langle\psi\ | \tag{6-164}$$

式中 $|\psi\rangle$ 为光子输入态如方程式(6-162)所示。

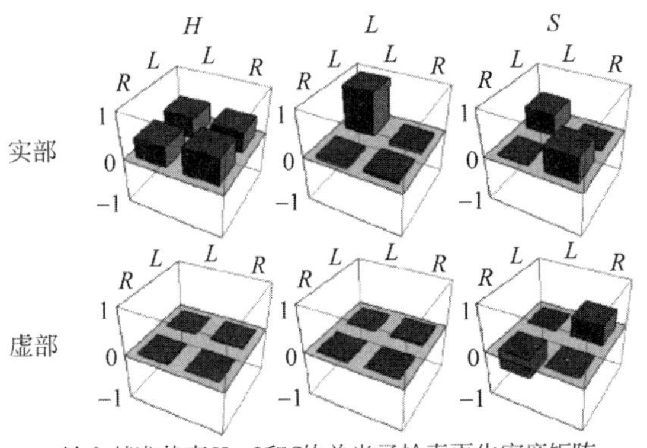

(a) 输入基准状态H，L和S的单光子检索再生密度矩阵

基态	H	V	L	R	S	T
p_{out}	0.85(4)	0.86(4)	0.90(4)	0.96(2)	0.85(5)	0.85(4)
F_{meas}	0.92(2)	0.92(2)	0.94(2)	0.98(1)	0.90(2)	0.92(2)

(b) 检索再生单光子的偏振度p_{out}及其保真度F

图 6-74　再生单光子偏振态的可复制光学特性

从图 6-75 可看出，再生单光子偏振保真度 F 与方位角 θ 并没有很规则的统一依赖性。但通过并分单独验证，其具有同样的保真度。对于 6 个基准状态中的任何值，保真度 F 测量值都十分接近独立存储的经典极限，如图 6-74(b)所示。图 6-75 中所示的保真度相对于图 6-74(b)波动较大，是因为存储时间不同。图 6-74(b)中的数据是在存储 1 小时以内测量的结果。而图 6-75 是存储 24 小时以后的测量值，是由于受磁场漂移的影响所致。图 6-71(b)给出的保真度比较正确，其中系统的误差主要来源是读过程中(时间约 100ns)产生的角度偏移(约 0.3rad)。此外，实验用读泵浦不纯，其中携带了部分 $\sigma^\pm$ 原子自旋分量，即图 6-70(b)中的 $\sigma^\pm$ 成分导致原子$|g_\pm\rangle$在腔中谐振恶化存储偏振态，也影响检索单光子的质量。这种影响的最大值大约为 0.17，基本上与实测值一致。针对这些问题改进后的实验系，此值被减低到 0.02(存储时间为 3μs)。

延长存储寿命又是另外一个问题，不是本节讨论重点。这主要与磁子多普勒相干和偏振自旋退

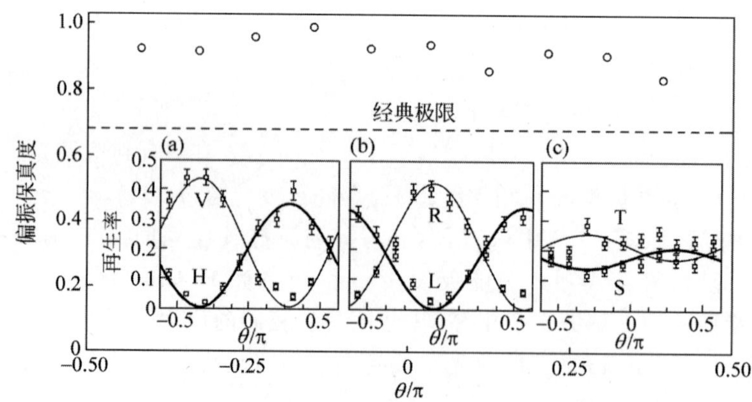

图 6-75 存储光子的偏振保真度及其在输出场的映射值。此值为方程式(6-136)中 $\phi=0$ 时 θ 的函数。(a)～(c)为 3 个相互正交基 *H-V*，*L-R* 和 *S-T* 输出场映射测量结果

相干有关。首先要改进存储介质的结构,例如改变一维光子晶格动量转移的幅度与方向,增加入射光子的吸收概率以及输入光子纯度和稳定的环境温度。

参 考 文 献

[1] Wang J J,Ma Y Q,Chen S T,et al. Fragmentation knowledge processing and networked artificial intelligence. Scientia Sinica,47(2): 171-192,2017.

[2] Merrikh-Bayat F, Merrikh-Bayat F, Shouraki S B. The neuro-fuzzy computing system with the capacity of implementation on a memristor crossbar and optimization-free hardware training. IEEE Transactions on Fuzzy Systems, 22(5): 1272-1287, 2014.

[3] Zhang W X,Ma L,Wang X D. Enforcement learning for event-triggered multi-agent systems. CAAI Transactions on Intelligent Systems,12(1): 82-87,2017.

[4] Lecun Y, Boser B, Denker J S, et al. Backpropagation applied to handwritten zip code recognition Neural Computation, 1(4): 541-551,2014.

[5] Yang J, Yu K, Gong Y, et al. Linear spatial pyramid matching using sparse coding for image classification 794-1801,2009.

[6] European Union. Human Brain Project. http://www. humanbrainproject. eu/. [2016-05-06].

[7] MEXT. Brain Mapping by Integrated Neuro-technologies for Disease Studies. [2016-05-02]. in Neural Information Processing Systems 28 NIPS 2015.

[8] Collobert R, Weston J, Karlen M, et al. Natural Language Processing from Scratch Journal of Machine Learning Research, 12(1): 2493-2537, 2011.

[9] Mikolov T, eoras A, Kombrink S, et al. Empirical evaluation and combination of advanced language modeling techniques Proc of Conference of the International Speech Communication Association: 605-608,2011.

[10] Schwenk H, Rousseau A, Attik M. Large, pruned or continuous space language models on a GPU for statistical machine translation Will We Ever Really Replace the N-Gram Model on the Future of Language Modeling for Hlt. Association for Computational Linguistic: 11-19 s,2012.

[11] Socher R, Huval B, Manning C D, et al. Semantic compositionality through recursive matrix-vector spaces, Processing of Joint Conference on Empirical Methods in Natural Language Processing and Computational Natural Language Learning: 1201-1211,2012.

[12] Han S. The Social Cultural Brain: Cultural Neuroscience Approach to Human Nature. Oxford, UK: Oxford University Press, 2017.

[13] Le Q V,Mikolov T. Distributed Representations of Sentences and Documents, 4: II-1188,2014.

[14] Chen Y. Convolutional Neural Network for Sentence Classification,2015.

[15] Le Q V, Ngiam J, Coates A, et al. On optimization methods for deep learning Processing of International Conference on Machine Learning: 265-272,2011.

[16] Zou W Y, Ng A Y, Yu K. Unsupervised learning of visual invariance with temporal coherence, Processing of Workshop on Deep Learning and Unsupervised Feature Learning, 3. 2011.

[17] Rifai S,Vincent P, Muller X, et al. Contractive auto encoders: Explicit invariance during feature extraction, Processing of the 28th International Conference on Machine Learning: 833-840. 2011.

[18] Courville A, Bergstra J, Bengio Y. A spike and slab restricted Boltzmann machine, Processing of the 14th International Conference on Artificial Intelligence and Statistics: 233-241,2011.

[19] Wang J J,Ma Y Q,Chen S T,et al. Fragmentation knowledge processing and networked artificial intelligence, Scientia Sinica,47(2): 171-192,2017.

[20] Okano H, Sasaki E, Yamamori T, et al. Brain/minds: A Japanese national brain project for marmoset neuroscience. Neuron, 92: 582-590, 2016.

[21] Poo M M, Du J L, Ip N Y, et al. China brain project: Basic neuroscience, brain diseases, and brain-inspired computing. Neuron, 92: 591-596, 2016.

[22] Betzel R F, Bassett D S. Multi-scale brain networks. Neuro Image, Comparative connectomics. Trends Cogn Sci, 20: 345-361, 2016.

[23] Abu-Akel A, Baron-Cohen S. Neuroanatomical and neurochemical bases of theory of mind. Neuropsychol, 49: 2971-2984, 2011Rao R P N, Stocco A, Bryan M, et al. A direct brain-to-brain interface in humans. PLo S ONE, 9(11): e111332, 2014.

[24] Merolla P A, Arthur J V, Alvarez-Icaza R, et al. A million spiking-neuron integrated circuit with a scalable communication network and interface. Science, 345(6197): 668-673,2014.

[25] Mnih V, Kavukcuoglu K, Silver D. Human-level control through deep reinforcement learning. Nature, 518 (7540): 529-533, 2015.

[26] Silver D, Huang A, Maddison C J, et al. Mastering the game of Go with deep neural networks and tree search. Nature,529(7587): 484-489, 2016.

[27] Julsgaard B, Sherson J, Cirac I, et al. Experimental demonstration of quantum memory for light. Nature, 2004, 432: 482.

[28] Kimble H J. The quantum internet. Nature, 2008, 453: 1023-1030.

[29] Xu D. Multi-dimensional Optical Storage. Springer Singapore, 2016.

[30] Marr B, Degnan B, Hasler P, et al. Scaling energy per operation via an asynchronous pipeline. IEEE Trans Very Large Scale Integr (VLSI) Sys, 2013, 21(1): 147-151.

[31] Shastri B J, Nahmias M A, Tait A N, et al. Spike processing with a graphene excitable laser. Sci Rep, 2016, 6: 19126.

[32] Tait A N, Nahmias M A, Shastri B J, et al. Broadcast and weight: An integrated network for scalable photonic spike processing. J Lightw Tech, 2014, 32: 3427-3439.

[33] Nahmias M A, Shastri B J, Tait A N, et al. A leaky integrate-and-fire laser neuron for ultrafast cognitive computing. IEEE J Sel Top Quan Elec, 2013, 19: 1-12.

[34] Selmi F, Braive R, Beaudoin G, et al. Relative refractory period in an excitable semiconductor laser. Phys Rev Lett, 2014, 112: 183902.

[35] Romeira B, Avó R, Figueiredo J M L, et al. Regenerative memory in time-delayed neuromorphic photonic resonators. Sci Rep, 2016, 6: 19510.

[36] Meier F, Zhakharchenya B P. Optical Orientation. Agranovich V M, Maradudin A A, ed. Modern Problems in Condensed Matter Sciences, volume 8, Amsterdam: North-Holland Physics Publishing, 1984.

[37] Imamolu A, Knill E, Tian L, et al. Optical pumping of quantum-dot nuclear spins. Phys Rev Lett, 2003, 91: 017402.

[38] Taylor J M, Marcus C M, Lukin M D. Long-lived memory for mesoscopic quantum bits. Phys Rev Lett, 2003,

90: 206803.

[39] Taylor J M, Imamolu A, Lukin M D. Controlling a mesoscopic spin environment by quantum bit manipulation. Phys Rev Lett, 2003, 91: 246802.

[40] Haug H, Koch S W. Quantum Theory of the Optical and Electronic Properties of Semiconductors. 4th ed. Singapore: World Scientific, 2004.

[41] Harrison P. Quantum wells, wires and dots. Hoboken, NJ: John Wiley & Sons Inc, 2005.

[42] Winger M. Towards spin-ip Raman scattering in self-assembled quantum dots. ETH Zürich, 2005.

[43] Shields A J. Semiconductor quantum light sources. Nature Photonics, 2007, 1: 215.

[44] Biolatti E, D'Amico I, Zanardi P, et al. Electro-optical properties of semiconductor quantum dots: Application to quantum information processing. Phys Rev B, 2002, 65: 075306.

[45] Stoneham A. Theory of defects in solids. Oxford: Oxford University Press, 2001.

[46] Schliemann J, Khaetskii A, Loss D. Electron spin dynamics in quantum dots and related nanostructures due to hyperfine interaction with nuclei. J Phys: Cond Mat, 2003, 15(50): R1809.

[47] Bracker A S, Stina E A, Gammon D, et al. Optical pumping of electronic and nuclear spin in single charge-tunable quantum dots. Phys Rev Lett, 2005, 94: 047402.

[48] Lai C W, Maletinsky P, Badolato A, et al. Knight field enabled nuclear spin polarization in single quantum dots. Phys Rev Lett, 2006, 96: 167403.

[49] Akimov I A, Feng D H, Henneberger F. Electron spin dynamics in a self-assembled semiconductor quantum dot: The limit of low magnetic fields. Phys Rev Lett, 2006, 97: 056602.

[50] Jundt G, Robledo L, Hgele A, et al. Observation of dressed excitonic states in a single quantum dot. Phys Rev Lett, 2007, 100(17): 177401.

[51] Christ H, Cirac J I, Giedke G. Quantum description of nuclear spin cooling in a quantum dot. Phys Rev B, 2007, 75: 155324.

[52] Christ H, Cirac J I, Giedke G. Nuclear spin polarization in quantum dots--The homogeneous limit. Solid State Sci, 2009, 11(5): 965-969.

[53] Maletinsky P, Badolato A, Imamolu A. Dynamics of quantum dot nuclear spin polarization controlled by a single electron. Phys Rev Lett, 2007, 99: 056804.

[54] Song Z, Zhang P, Shi T, et al. Effective boson-spin model for nuclei-ensemble-based universal quantum memory. Phys Rev B, 2005, 71: 205314.

[55] Hammerer K, Wolf M, Polzik E, et al. Quantum benchmark for storage and transmission of coherent states. Phys Rev Lett, 2005, 94: 150503.

[56] Braunstein S L, van Loock P. Quantum information with continuous variables. Rev Mod Phys, 2005, 77: 513.

[57] Nielsen M A, Chuang I L. Quantum computation and quantum information. Cambridge: Cambridge University Press, 2000.

[58] Grosshans F, Grangier P. Quantum cloning and teleportation criteria for continuous quantum variables. Phys Rev A, 2001, 64: R010301.

[59] Hennessy K, Badolato A, Winger M, et al. Quantum nature of a strongly coupled single quantum dot-cavity system. Nature, 2007, 445: 896.

[60] Woldeyohannes M, John S. Coherent control of spontaneous emission near a photonic band edge. J Opt B: Quan Semiclass Opt, 2003, 5: R43.

[61] Birnbaum K M, Boca A, Miller R, et al. Photon blockade in an optical cavity with one trapped atom. Nature, 2005, 436: 87.

[62] Vidal G, Werner R F. A computable measure of entanglement. Phys Rev A, 2002,65: 032314.

[63] Takahashi Y, Hagino H, Tanaka Y, et al. High-Q nanocavity with a 2-ns photon lifetime. Opt Express, 2007, 15: 17206.

[64] Hurtado A, Javaloyes J. Controllable spiking patterns in long-wavelength vertical cavity surface emitting lasers for neuromorphic photonics systems. Appl Phys Lett, 2015, 107: 241103.

[65] Krauskopf B, Schneider K, Sieber J, et al. Excitability and self-pulsations near homoclinic bifurcations in

semiconductor laser systems. Opt Comm, 2003, 215(46): 367-379.
[66] Tucker R S. The role of optics in computing. Nature Photon, 2010, 4: 405.
[67] Miller D A B. Are optical transistors the logical next step Nature Photon, 2010, 4: 3-5.
[68] Tait A N, de Lima T F, Nahmias M A, et al. Continuous calibration of microring weights for analog optical networks. IEEE Photon Tech Lett, 2016, 28(8): 887-890.
[69] Tait A N, de Lima T F, Nahmias M A, et al. Multi-channel control for microring weight banks. Opt Express, 2016, 24(8): 8895-8906.
[70] Tait A N, Wu A X, de Lima T F, et al. Microring weight banks. IEEE J Sel Top Quan Elec, 2016, 22(6): 5900214.
[71] Nahmias M A, Tait A N, Shastri B J, et al. Excitable laser processing network node in hybrid silicon: Analysis and simulation. Opt Express, 2015, 23(20): 26800-26813.
[72] Prucnal P R, Shastri B J. Neuromorphic photonics. Boca Raton, FL: CRC Press, 2017.
[73] Imamolu A, Awschalom D D, Burkard G, et al. Quantum information processing using quantum dot spins and cavity QED. Phys Rev Lett, 1999, 83: 4204.
[74] Shi Y. Perturbative formulation and nonadiabatic corrections in adiabatic quantum-computing schemes. Phys Rev A, 2004, 69: 024301.
[75] Mandel L, Wolf E. Optical coherence and quantum optics. Cambridge: Cambridge University Press, 1995.
[76] Kretschmann D, Werner R F. Tema con variation: Quantum channel capacity. New Journal of Physics, 2004, 6: 26.
[77] Kraus B, Cirac J I. Discrete entanglement distribution with squeezed light. Phys Rev Lett, 2004, 92: 013602.
[78] Braunstein S L, Kimble H J. Teleportation of continuous quantum variables. Phys Rev Lett, 1998, 80: 869.
[79] Duan L M, Giedke G, Cirac J I, et al. Inseparability criterion for continuous variable systems. Phys Rev Lett, 2000, 84: 2722.
[80] Haruna L F, de Oliveira M C, Rigolin G. Minimal set of local measurements and classical communication for two-mode Gaussian state entanglement quantification. Phys Rev Lett, 2007, 98: 150501.
[81] Bruss D, Leuchs G. editors Lectures on Quantum Information, Wiley-VCH,2006.
[82] Peres A. Separability criterion for density matrices. Phys Rev Lett, 1996, 77: 1413.
[83] Hayden P M, Horodecki M, Terhal B M. The asymptotic cost of preparing a quantum state. J Phys A: Math Gen, 2001, 34(35): 6891-6898.
[84] Wootters W K. Entanglement of formation and concurrence. J Quant Inf Comp, 2001, 1: 27.
[85] PlenioM B. Logarithmic negativity: A full entanglement monotone that is not convex. Phys Rev Lett, 2005, 95: 090503.
[86] Giedke G, Eisert J, Cirac J I, et al. Entanglement transformations of pure Gaussian states. J Quant Inf Comp, 2003, 3(3): 211.
[87] Werner R F, Wolf M M. Bound entangled Gaussian states. Phys Rev Lett, 2001, 86: 3658.
[88] Bierhoff Th, Wallrabenstein A, Himmler A, et al. An approach to model wave propagation in highly multimode optical waveguides with rough surfaces. Proc 10th Intern Symp Theo Elec Eng (ISTET'99), Magdeburg, Germany, Sept 1999: 515-520.
[89] Bockstaele R, Coosemans T, Sys C, et al. Realization and characterization of 8×8 resonant cavity LED arrays mounted onto CMOS drivers for POF-based interchip interconnections. IEEE J Sel Top Quan Elec, 1999, 5(2): 224-235.
[90] Griese E, Krabe D, Strake E. Electrical-optical printed circuit boards: Technology-design-modeling. // Grabinski H ed. Interconnects in VLSI Design, Boston, MA: Kluwer Academic Publishers, 2000: 221-236.
[91] Kicherer M, Mederer F, Jger R, et al. Data transmission at 3 Gb/s over intraboard polymer waveguides with GaAs VCSELs. Proc 26th Europ Conf Opt Commun (ECOC'00), Munich, Germany, 2000: 289-290.
[92] Lehmacher S, Neyer A. Integration of polymer optical waveguides into printed circuit boards. Electron Lett, 2000, 36(12): 1052-1053.
[93] Marcuse D. Theory of dielectric optical waveguides. New York: Academic, 1972.

[94] Moisel J, Guttmann J, Huber H -P, et al. Optical backplanes utilizing multimode polymer waveguides. Lessard R A, Galstian T, ed. Optics in Computing 2000, Bellingham, WA: International Society for Optical Engineering, 2000, 4089: 72-79.

[95] Wittmann B, Johnck M, Neyer A, et al. POF-based interconnects for intracomputer applications. IEEE J Sel Top Quan Elec, 1999, 5: 1243-1248.

[96] Rong H, Jones R, Liu A, et al. A continuous-wave Raman silicon laser. Nature, 2005, 433: 725-728..

[97] Fauchet P M. Light emission from Si quantum dots. Mater Today, 2005, 8(1): 26-31.

[98] Pavesi L. Routes toward silicon-based laser. Mater Today, 2005, 8(1): 18-25.

[99] McNab S J, Moll N, Vlasov Yu A. Ultra-low loss photonic integrated circuit with membrane-type photonic crystal waveguides. Opt Express, 2003, 11(22): 2927-2939.

[100] Liu R J, Liao L, Samara-Rubio D, et al. A high-speed silicon optical modulator based on a metal-oxide-semiconductor capacitor. Nature, 2004, 427(6975): 615-618.

[101] Xu Q F, Schmidt B, Pradhan S, et al. Micrometre-scale silicon electro-optic modulator. Nature, 2005, 435 (7040): 325-327.

[102] Reshotko M R, Kencke D L, Block B. High-speed CMOS compatible photodetectors for optical interconnects. Proc SPIE, 2004, 5564: 146-155.

[103] Koester S J, Schaub J D, Dehlinger G, et al. High-efficiency, Ge-on-SOI lateral PIN photodiodes with 29 GHz bandwidth. Proc Dev Res Conf: Conference Digest, Notre Dame, IN: DRC, 2004: 175-176.

[104] Kobrinsky M J, Block B A, Zheng J -F, et al. On-chip optical interconnects. Intel Tech J, 2004, 8(2): 129-141.

[105] Chen G, Chen H, Haurylau M, et al. Predictions of CMOS compatible on-chip optical interconnect. Proc ACM/IEEE Int Works Sys Level Interconn Pred, San Francisco, CA, 2005: 13-20.

[106] Nelson N, Briggs G, Haurylau M, et al. Alleviating thermal constraints while maintaining performance via silicon-based on-chip optical interconnects. Proc Works Uni Chips Sys, Austin, TX, 2005: 45-52.

[107] Ismail Y I, Friedman E G. Effects of inductance on the propagation delay and repeater insertion in VLSI circuits. IEEE Trans Very Large Scale (VLSI) Integr Syst, 2000, 8(2): 195-206.

[108] Ruan J, Fauchet P M, Dal Negro L, et al. Stimulated emission in nanocrystalline silicon superlattices. Appl Phys Lett, 2003, 83(26): 5479-5481.

[109] Boyraz O, Jalali B. Demonstration of a silicon Raman laser. Opt Express, 2004, 12(21): 5269-5273.

[110] Eldada L, Shacklette L W. Advances in polymer integrated optics. IEEE J Sel Top Quan Elec, 2000, 6(1): 54-68.

[111] Averine S V, Chan Y C, Lam Y L. Geometry optimization of interdigitated Schottky-barrier metal-semiconductor-metal photodiode structures. Solid-State Electron, 2001, 45(3): 441-446.

[112] Weiss S M, Molinari M, Fauchet P M. Temperature stability for silicon-based photonic band-gap structures. Appl Phys Lett, 2003, 83(10): 1980-1982.

[113] Benner F, Ignatowski M, Kash J A, et al. Exploitation of optical interconnects in future server architectures. J Res Develop, 2005, 49(4/5): 755-775.

[114] Schares L, Kash J A, Doany F E. Terabit/second-class card-level optical interconnect technologies. IEEE J Sel Top Quan Elec, 2006, 12: 1032-1044,.

[115] Meindl J D. BInterconnect opportunities for gigascale integration. IEEE Micro, 2003, 23: 28-35.

[116] Haurylau M, Chen C Q, Chen H, et al. On-chip optical interconnect roadmap: Challenges and critical directions. IEEE J Sel Top Quan Elec, 2007, 12(6): 1699-1705.

[117] Miller D A B. Rationale and challenges for optical interconnects to electronic chips. Proc IEEE, 2000, 88: 728-749.

[118] Beausoleil R G, Kuekes P J, Snider G S, et al. Nanoelectronic and nanophotonic interconnect. Proc IEEE, 2008, 96: 230-247.

[119] Shacham A, Bergman K, Carloni L P. Photonic networks-on-chip for future generations of chip multiprocessors. IEEE Trans Comp, 2008, 57: 1246-1260.

[120] Miller D A B. Optical interconnects to silicon. IEEE J Sel Top Quan Elec, 2000, 6: 1312-1317.

[121] Poulton J, Palmer R, Fuller A M, et al. A 14-mW 6.25-Gb/s transceiver in 90-nm CMOS. IEEE J Solid-State Circuits, 2007, 42: 2745-2757.

[122] Balamurugan G, Kennedy J, Banerjee G, et al. A scalable 5-15 Gbps, 14-75 mW low-power I/O transceiver in 65 nm CMOS. IEEE J Solid State Circuits, 2008, 43: 1010-1019.

[123] Kim B, Stojanovic V. Equalized interconnects for on-chip networks: Modeling and optimization framework. Proc IEEE/ACM Int Conf Computer-Aided Des, 2007: 552-559.

[124] Kim B, Stojanovic V. Characterization of equalized and repeated interconnects for NoC applications. IEEE Des Test Comput, 2008, 25(5): 430-439.

[125] Cho H, Kapur P, Saraswat K C. Power comparison between high-speed electrical and optical interconnects for interchip communication. J Lightw Tech, 2004, 22(9): 2021-2033.

[126] Koo K -H, Cho H, Kapur P, et al. Performance comparisons between carbon nanotubes, optical, and cu for future high-performance on-chip interconnect applications. IEEE Trans Elec Dev, 2007, 54: 3206-3215.

[127] Cho H, Koo K -H, Kapur P, et al. Performance comparisons between Cu/low-κ, carbon-nanotube, and optics for future on-chip interconnects. IEEE Elec Dev Lett, 2008, 29: 122-124.

[128] Collet J H, Caignet F, Sellaye F, et al. Performance constraints for onchip optical interconnects. IEEE J Sel Top Quan Elec, 2003, 9: 425-432.

[129] Huang D, Sze T, Landing A, et al. Optical interconnects: Out of the box forever IEEE J Sel Top Quan Elec, 2003, 9: 614-623.

[130] Svensson C. Electrical interconnects revitalized. IEEE Trans Very Large Scale (VLSI) Sys, 2002, 10: 777-788.

[131] Miller D A B, Bhatnagar A, Palermo S, et al. Opportunities for optics in integrated circuits applications. Proc IEEE (ISSCC) , 2003: 400-409.

[132] Urata R, Nathawad L Y, Takahashi R, et al. Photonic A/D conversion using low-temperature-grown GaAs MSM switches integrated with Si-CMOS. J Lightw Tech, 2003, 21: 3104-3115.

[133] Keeler G A, Nelson B E, Agarwal D, et al. The benefits of ultrashort optical pulses in optically-interconnected systems. IEEE J Sel Top Quan Elec, 2003, 9: 477-485.

[134] Agarwal D, Keeler G A, Debaes C, et al. Latency reduction in optical interconnects using short optical pulses. IEEE J Sel Top Quan Elec, 2003, 9: 410-418.

[135] Keeler G A, Nelson B E, Agarwal D, et al. Skew and jitter removal using short optical pulses for optical interconnection. IEEE Photon Tech Lett, 2000, 12: 714-716.

[136] Nelson B E, Keeler G A, Agarwal D, et al. Wavelength division multiplexed optical interconnect using short pulses. IEEE J Sel Top Quan Elec, 2003, 9: 486-491.

[137] Fauchet P M, Shen J H. Issue on silicon photonics. IEEE J Sel Top Quan Elec, 2006, 12(6): part2.

[138] Reed G T, Knights A P. Silicon photonics: An introduction. Chichester, UK: Wiley, 2004.

[139] Pavesi L, Lockwood D J. Silicon photonics. Berlin, Germany: Springer-Verlag, 2004.

[140] Magen N, Kolodny A, Weiser U, et al. Interconnect-power dissipation in a microprocessor. Proc 2004 Intern Works Sys Level Interconn Pred (SLIP'04), New York, NY: ACM, 2004: 7-13.

[141] Barroso L A. The price of performance. ACM Queue, 2005, 3(7): 48-53.

[142] US Environmental Protection Agency ENERGY STAR Program. Report to Congress on server and data center energy efficiency, Public Law 109-431, Aug 2, 2007.

[143] Barroso L A, Hlzle U. The case of energy-proportional computing. IEEE Comp, 2007, 40(12): 33-37.

[144] Energy Information Administration. Statistics on renewable and alternative fuels, 2007.

[145] Palermo S, Emami-Neyestanak A, Horowitz M. A 90 nm CMOS 16 Gb/s transceiver for optical interconnects. IEEE J Solid-State Circuits, 2008, 43: 1235-1246.

[146] Hatamkhani H, Lambrecht F, Stojanovic V, et al. Power-centric design of high-speed I/Os. Proc 43rd ACM/IEEE Des Autom Conf 2006, 2006: 867-872.

[147] Wong K -L J, Rylyakov A, Yang C -K K. A 5-mW 6-Gb/s quarter-rate sampling receiver with a 2-tap DFE

using soft decisions. IEEE J Solid-State Circuits, 2007, 42: 881-888.

[148] Emami-Neyestanak A, Varzaghani A, Bulzacchelli J F, et al. A 6.0-mW 10.0-Gb/s receiver with switched-capacitor summation DFE. IEEE J Solid-State Circuits, 2007, 42: 889-896.

[149] Drost R J, Hopkins R D, Ho R, et al. Proximity communication. IEEE J Solid-State Circuits, 2004, 39: 1529-1535.

[150] Davis W R, Wilson J, Mick S, et al. Demystifying 3D ICs: The pros and cons of going vertical. IEEE Des Test Comp, 2005, 22: 498-510.

[151] Fazzi A, Canegallo R, Ciccarelli L, et al. 3-D capacitive interconnections with mono-and bi-directional capabilities. IEEE J Solid-State Circuits, 2008, 43: 275-284.

[152] Vangal S R, Howard J, Ruhl G, et al. An 80-tile sub-100 W teraFLOPS processor in 65 nm CMOS. IEEE J Solid-State Circuits, 2008, 43: 29-41.

[153] Krishnamoorthy A V, Ho R, O'Krafka B, et al. Potentials of Group IV photonics interconnects for "red-shift" computing applications. Group 2007 4th IEEE Intern Conf IV Photon, Tokyo, Japan, Sept 19-21, 2007: PLE2.1.

[154] Dunigan T H, , Vetter Jr J S, White III J B, et al. Performance evaluation of the Cray X1 distributed shared-memory architecture. IEEE Micro, 2005, 25: 30-40.

[155] Drost R, Forrest C, Guenin B, et al. Challenges in building a flat-bandwidth memory hierarchy for a large-scale computer with proximity communication. Proc IEEE 13th Symp High Perform Interconn, 2005: 13-22.

[156] Bell G, Gray J, Szalay A. Petascale computational systems. Computer, 2006, 39(1): 110-112.

[157] Gray J, Shenoy P. Rules of thumb in data engineering. Proc Int Conf Data Eng (ICDE'00), 2000.

[158] Peh L -S, Dally W J, Owens J D, et al. Research challenges for on-chip interconnection networks. IEEE Micro, 2007, 27(5): 96-108.

[159] Gnauck H, Tkach R W, Chraplyvy A R, et al. High-capacity optical transmission systems. J Lightw Tech, 2008, 26: 1032-1045.

[160] Gnauck H, Charlet G, Tran P, et al. 25.6-Tb/s WDM transmission of polarization-multiplexed RZ-DQPSK signals. J Lightw Tech, 2008, 26: 79-84.

[161] Bogaerts W, Dumon P, Van Thourhout D, et al. Compact wavelength-selective functions in silicon-on-insulator photonics wires. IEEE J Sel Top Quan Elec, 2006, 12: 1394-1401.

[162] Janz S, Cheben P, Dalacu D, et al. Microphotonic elements for integration on the silicon-oninsulator waveguide platform. IEEE J Sel Top Quan Elec, 2006, 12: 1402-1415.

[163] Takahashi H, Oda K, Toba H, et al. Transmission characteristics of arrayed waveguide N/spl times/N wavelength multiplexer. J Lightw Tech, 1995, 13: 447-455.

[164] Jia K, Yang J, Hao Y, et al. Turning-mirror-integrated arrayed-waveguide gratings on silicon-on-insulator. IEEE J Sel Top Quan Elec, 2006, 12: 1329-1334.

[165] Zheng S, Chen H, Poon A W. Microring-resonator cross-connect filters in silicon nitride: Rib waveguide dimensions dependence. IEEE J Sel Top Quan Elec, 2006, 12: 1380-1387.

[166] Lee B G, Small B A, Xu Q, et al. Characterization of a 4×4 Gb/s parallel electronic bus to WDM optical link silicon photonic translator. IEEE Photon Tech Lett, 2007, 19(7): 456-458.

[167] Horst F, Green W M J, Offrein B J, et al. Echelle grating WDM (de-)multiplexers in SOI technology, based on a design with two stigmatic points. Proc SPIE, 2008, 6996: 69960R.

[168] Brouckaert J, Bogaerts W, Sevaraja S, et al. Planar concave grating demultiplexer with high reflective bragg reflector facets. IEEE Photon Tech Lett, 2008, 20: 309-311.

[169] Kosaka H, Kawashima T, Tomita A, et al. Photonic crystals for micro lightwave circuits using wavelength-dependent angular beam steering. Appl Phys Lett, 1999, 74(10): 1370.

[170] Miller D A B. Device requirements for optical interconnects to silicon chips. Proc IEEE, 2009, 97(7): 1166-1185.

[171] Momeni B, Adibi A. Preconditioned superprism-based photonic crystal demultiplexers: Analysis and design. Appl Opt, 2006, 45: 8466-8476.

[172] Wu L J, Mazilu M, Karle T, et al. Superprism phenomena in planar photonic crystals. IEEE J Quan Elec, 2002, 38: 915-918.

[173] Baba T, Nakamura M. Photonic crystal light deflection devices using the superprism effect. IEEE J Quan Elec, 2002, 38: 909-914.

[174] Nelson B E, Gerken M, Miller D A B, et al. Use of a dielectric stack as a one dimensional photonic crystal for wavelength demultiplexing by beam shifting. Opt Lett, 2000, 25: 1502-1504.

[175] Gerken M, Miller D A B. Multilayer thin-film structures with high spatial dispersion. Appl Opt, 2003, 42: 1330-1345.

[176] Gerken M, Miller D A B. Wavelength demultiplexer using the spatial dispersion of multilayer thin-film structures. IEEE Photon Tech Lett, 2003, 15: 1097-1099.

[177] Gerken M, Miller D A B. Multilayer thin-film stacks with steplike spatial beam shifting. J Lightw Tech, 2004, 22: 612-618.

[178] Gerken M, Miller D A B. Limits to the performance of dispersive thin-film stacks. Appl Opt, 2005, 44(18): 3349-3357.

[179] Gerken M, Miller D A B. The relationship between the superprism effect in one-dimensional photonic crystals and spatial dispersion in non-periodic thin-film stacks. Opt Lett, 2005, 30(18): 2475-2477.

[180] Miller A B. Fundamental limit for optical components. J Opt Soc Amer B, 2007, 24: A1-A18.

[181] Miller A B. Fundamental limit to linear one-dimensional slow light structures. Phys Rev Lett, 2007, 99: 203903.

[182] Gunn C. CMOS photonics for high-speed interconnects. IEEE Micro, 2006, 26: 58-66.

[183] Van Thourhout D, Roelkens G, Baets R, et al. Coupling mechanisms for a heterogeneous silicon nanowire platform. Semicond Sci Tech, 2008, 23: 064004.

[184] Almeida V R, Panepucci R R, Lipson M. Nanotaper for compact mode conversion. Opt Lett, 2003, 28: 1302-1304.

[185] Zheng X, Cunningham J E, Shubin I, et al. Optical proximity communication using reflective mirrors. Opt Express, 2008, 16: 15052-15058.

[186] Vivien L, Le Roux X, Laval S, et al. Design, realization, and characterization of 3-D taper for fiber/micro-waveguide coupling. IEEE J Sel Top Quant Elec, 2006, 12: 1354-1358.

[187] Masanovic G, Reed G, Headley W et al. A high efficiency input/output coupler for small silicon photonic devices. Opt Express, 2005, 13(19): 7374-7379.

[188] Mashanovich Z, Milosevic M, Matavulj P, et al. Silicon photonic waveguides for different wavelength regions. Semicond Sci Tech, 2008, 23: 064002.

[189] Bogaerts W, Baets R, Dumon P, et al. Nanophotonic waveguides in silicon-on-insulator fabricated with CMOS technology. J Lightw Tech, 2005, 23: 401-412.

[190] Sparacin D K, Spector S J, Kimerling L C. Silicon waveguide sidewall smoothing by wet chemical oxidation. J Lightw Tech, 2005, 23: 2455-2461.

[191] Yamada H, Chu T, Ishida S, et al. Si photonic wire waveguide devices. IEEE J Sel Top Quan Elec, 2006, 12(6): 1371-1379.

[192] Cassan E, Laval S, Lardenois S, et al. On-chip optical interconnects with compact and low-loss light distribution in silicon-on-insulator rib waveguides. IEEE J Sel Top Quan Elec, 2003, 9: 460-464.

[193] McCormick F B, Cloonan T J, Tooley F A P, et al. Six-stage digital free-space optical switching network using symmetric self-electro-optic-effect devices. Appl Opt, 1993, 32: 5153-5171.

[194] Barbieri R, Benabes P, Bierhoff T. Design and construction of the high-speed optoelectronic memory system demonstrator. Appl Opt, 2008, 47: 3500-3512.

[195] Venditti M B, Laprise E, Faucher J, et al. Design and test of an optoelectronic-VLSI chip with 540-element receiver-transmitter arrays using differential optical signaling. IEEE J Sel Top Quan Elec, 2003, 9: 361-379.

[196] Plant D V, Kirk A G. Optical interconnects at the chip and board level: Challenges and solutions. Proc IEEE, 2000, 88: 806-818.

[197] Haney M W, Christensen M P, Milojkovic P. Description and evaluation of the fast-net smart pixel-based optical interconnection prototype. Proc IEEE, 2000, 88: 819-828.

[198] Miller D A B, Chemla D S, Damen T C, et al. Electric field dependence of optical absorption near the bandgap of quantum well structures. Phys Rev, 1985, B32: 1043-1060.

[199] Christensen M P, Milojkovic P, McFadden M J, et al. Multiscale optical design for global chip-to-chip optical interconnections and misalignment tolerant packaging. IEEE J Sel Top Quan Elec, 2003, 9: 548-556.

[200] Jarczynski M, Seiler T, Jahns J. Integrated three-dimensional optical multilayer using free-space optics. Appl Opt, 2006, 45: 6335-6341.

[201] Debaes C, Vervaeke M, Baukens V, et al. Low-cost microoptical modules for MCM level optical interconnections. IEEE J Sel Top Quan Elec, 2003, 9: 518-530.

[202] Zia R, Selker M D, Catrysse P B, et al. Geometries and materials for subwavelength surface Plasmon modes. J Opt Soc Amer A, 2004, 21(12): 2442-2446.

[203] Zia R, Schuller J A, Brongersma M A. Near-field characterization of guided polariton propagation and cutoff in surface plasmon waveguides. Phys Rev B, 2006, 74: 165415.

[204] Feng N -N, Brongersma M L, Dal Negro L. Metal-dielectric slotwaveguide structures for the propagation of surface plasmon polaritons at 1.55μm. IEEE J Quan Elec, 2007, 43(6): 479-485.

[205] Dionne A, Sweatlock L A, Atwater H A, et al. Plasmon slot waveguides: Towards chip-scale propagation with subwavelength-scale localization. Phys Rev B, 2006, 73: 035407.

[206] Veronis G, Fan S H. Modes of subwavelength plasmonic slot waveguides. J Lightw Tech, 2007, 25: 2511-2521.

[207] Ly-Gagnon D -S, Kocabas S E, Miller D A B. Characteristic impedance model for plasmonic metal slot waveguides. IEEE J Sel Top Quant Elec, 2008, 14(6): 1473-1478.

[208] Miller D A B. Device requirements for optical interconnects to silicon chips. Proc IEEE, 2009, 97(7): 1166-1185.

[209] Kocabas S E, Veronis G, Miller D A B, et al. Transmission line and equivalent circuit models for plasmonic waveguide components. IEEE J Sel Top Quant Elec, 2008, 14: 1462-1472.

[210] Tucker R S. Energy consumption in digital optical ICs with plasmon waveguide interconnects. IEEE Photon Tech Lett, 2007, 19: 2036-2038.

[211] Zhao W, Cao Y. New generation of predictive technology model for sub-45 nm early design exploration. IEEE Trans Elec Dev, 2006, 53: 2816-2823.

[212] Cao Y, Sato T, Sylvester D, et al. New paradigm of predictive MOSFET and interconnect modeling for early circuit design. Proc IEEE CICC, 2000: 201-204.

[213] Okyay K, Pethe A J, Kuzum D, et al. SiGe optoelectronic metal-oxide semiconductor field-effect transistor. Opt Lett, 2007, 32: 2022-2024.

[214] Okyay K, Kuzum D, Latif S, et al. Silicon germanium CMOS optoelectronic switching device: Bringing light to latch. IEEE Trans Elec Dev, 2007, 54: 3252-3259.

[215] Sahni S, Luo X, Liu J, et al. Junction field-effecttransistor-based germanium photodetector on silicon-on-insulator. Opt Lett, 2008, 33: 1138-1140.

[216] Ahn D, Hong C, Liu J, et al. High performance, waveguide integrated Ge photodetectors. Opt Express, 2007, 15: 3916-3921.

[217] Huang Z, Kong N, Guo X, et al. 21-GHz-bandwidth germanium-on-silicon photodiode using thin SiGe buffer layers. IEEE J Sel Top Quant Elec, 2006, 12: 1450-1454.

[218] Nemecek A, Zach G, Swoboda R, et al. Integrated BiCMOS p-i-n photodetectors with high bandwidth and high responsivity. IEEE J Sel Top Quant Elec, 2006, 12(6): 1469-1475.

[219] Koester S J, Schaub J D, Dehlinger G, et al. Germanium-on-SOI infrared detectors for integrated photonic applications. IEEE J Sel Top Quant Elec, 2006, 12: 1489-1502.

[220] Colace L, Balbi M, Masini G, et al. Ge on Si p-i-n photodiodes operating at 10 Gb/s. Appl Phys Lett, 2006, 88: 101111.

[221] Fidaner O, Okyay A K, Roth J E, et al. Ge-SiGe quantum-well waveguide photodetectors on silicon for the near-infrared. IEEE Photon Tech Lett, 2007, 19(20): 1631-1633.

[222] Kang Y, Zadka M, Litski S, et al. Epitaxially-grown Ge/Si avalanche photodiodes for 1.3μm light detection. Opt Express, 2008, 16: 9365-9371.

[223] Chen L, Dong P, Lipson M. High performance germanium photodetectors integrated on submicron silicon waveguides by low temperature wafer bonding. Opt Express, 2008, 16: 11513-11518.

[224] Ishi T, Fujikata J, Makita K, et al. Si nano-photodiode with a surface plasmon antenna. Jpn J Appl Phys, 2005, 44(12): L364-L366.

[225] Tang L, Miller D A B, Okyay A K, et al. C-shaped nanoapertureenhanced germanium photodetector. Opt Lett, 2006, 31: 1519-1521.

[226] Tang L, Kocabas S E, Latif S, et al. Nanometre-scale germanium photodetector enhanced by a near-infrared dipole antenna. Nature Photon, 2008, 2: 226-229.

[227] Tang L, Latif S, Miller D A B. Plasmonic device in silicon CMOS. Elec Lett, 2009, 45(13): 706-708.

[228] Chang Y -C, Coldren L A. Optimization of VCSEL structure for high-speed operation. Proc IEEE 21st ISLC, 2008: 159-160.

[229] Englund D, Altug H, Ellis B, et al. Ultrafast photonic crystal lasers. Laser Photon Rev, 2008, 2: 264-274.

[230] van Eisden J, Yakimov M, Tokranov V, et al. Optically decoupled loss modulation in a Duo-Cavity VCSEL. IEEE Photon Tech Lett, 2008, 20: 42-44.

[231] Chuang C, Moewe M, Chase C, et al. Critical diameter for III-V nanowires grown on lattice-mismatchedsubstrates. Appl Phys Lett, 2007, 90: 043115.

[232] Fang W, Park H, Cohen O, et al. Electrically pumped hybrid AlGaInAs-silicon evanescent laser. Opt Express, 2006, 14: 9203-9210.

[233] Fang W, Koch B R, Gan K, et al. Aracetrack mode-locked silicon evanescent laser. Opt Express, 2008, 16: 1393-1398.

[234] Cloutier S G, Kossyrev P A, Xu J. Optical gain & stimulated emission in periodic nanopatterned crystalline silicon. Nature Mater, 2005, 4: 887.

[235] Liu J, Sun X, Pan D, et al. Tensile-strained, n-type Ge as a gain medium for monolithic laser integration on Si. Opt Express, 2007, 15: 11272-11277.

[236] Delfyett P J, Gee S, Choi M -T, et al. Optical frequency combs from semiconductor lasers and applications in ultrawideband signal processing and communications. J Lightw Tech, 2006, 24: 2701-2719.

[237] Weiner J S, Miller D A B, Chemla D S. Quadratic electro-optic effect due to the quantum-confined stark effect in quantum wells. Appl Phys Lett, 1987, 50: 842-844.

[238] Liu A, Liao L, Rubin D, et al. Recent development in a high-speed silicon optical modulator based on reverse-biased pn diode in a silicon waveguide. Semicond Sci Tech, 2008, 23(6): 064001.

[239] Soref R A, Bennett B R. Electrooptical effects in silicon. IEEE J Quant Elec, 1987, QE-23(1): 123-129.

[240] Green W M, Rooks M J, Sekaric L, et al. Ultra-compact, low RF power, 10 Gb/s silicon Mach-Zehnder modulator. Opt Express, 2007, 15: 17106-17113.

[241] Gu L, Jiang W, Chen X, et al. Physical mechanism of p-i-n-diode-based photonic crystal silicon electrooptic modulators for gigahertz operation. IEEE J Sel Top Quant Elec, 2008, 14(4): 1132-1139.

[242] Xu Q, Manipatruni S, Schmidt B, et al. 12.5 Gbit/s carrier-injection-based silicon micro-ring silicon modulators. Opt Express, 2007, 15: 430-436.

[243] Xu Q, Fattal D, Beausoleil R G. Silicon microring resonators with 1.5-μm radius. Opt Express, 2008, 16: 4309-4315.

[244] Lipson M. Compact electro-optic modulators on a silicon chip. IEEE J Sel Top Quant Elec, 2006, 12(6): 1520-1526.

[245] Li Y, Zhang L, Song M, et al. Coupled-ring-resonator-based silicon modulator for enhanced performance. Opt Express, 2008, 16: 13342-13348.

[246] Luo Y, Xiong B, Wang J, et al. 40 GHz AlGaInAs multiple-quantum-well integrated electroabsorption

modulator/distributed feedback laser based on identical epitaxial layer scheme. Jpn J Appl Phys, 2006, 45 (pt2): L1071-L1073.

[247] Chacinski M, Westergren U, Willen B, et al. Electroabsorption modulators suitable for 100 Gb/s ethernet. IEEE Elec Dev Lett, 2008, 29: 1014-1016.

[248] Kodama S, Yoshimatsu T, Ito H. 500 Gbit/s optical gate monolithically integrating photodiode and electroabsorption modulator. Elec Lett, 2004, 40: 555-556.

[249] Helman N C, Roth J E, Bour D P, et al. Misalignment-tolerant surface-normal low-voltage modulator for optical interconnects. IEEE J Select Top Quant Elec, 2005, 11(2): 338-342.

[250] Roth J E, Fidaner O, Schaevitz R K, et al. Optical modulator on silicon employing germanium quantum wells. Opt Express, 2007, 15: 5851-5859.

[251] Roth J E, Fidaner O, Edwards E H, et al. C-band side-entry Ge quantum-well electroabsorption modulator on SOI operating at 1 V swing. Elec Lett, 2008, 44: 49-50.

[252] Kuo Y, Chen H, Bowers J E. High speed hybrid silicon evanescent electroabsorption modulator. Opt Express, 2008, 16: 9936-9941.

[253] Kuo Y -H, Lee Y -K, Ge Y, et al. Strong quantum-confined Stark effect in germanium quantum-well structures on silicon. Nature, 2005, 437: 1334-1336.

[254] Kuo Y -H, Lee Y K, Ge Y, et al. Quantum-confined stark effect in Ge/SiGe quantum wells on Si for optical modulators. IEEE J Sel Top Quant Elec, 2006, 12: 1503-1513.

[255] Schaevitz R K, Roth J E, Ren S, et al. Material properties in Si-Ge/Ge quantum wells. IEEE J Sel Top Quant Elec, 2008, 14: 1082-1089.

[256] Liu J, Beals M, Pomerene A, et al. Waveguide-integrated, ultralow-energy GeSi electro-absorption modulators. Nature Photon, 2008, 2: 433-437.

[257] Meindl J D, Davis J A, Zarkesh-Ha P, et al. Interconnect opportunities for gigascale integration. IBM Res Dev, 2002, 46: 245-263.

[258] Lee K K, Lim D R, Kimerling L C. Fabrication of ultralow-loss Si/SiO2 waveguides by roughness reduction. Opt Lett, 2001, 26: 1888-1890.

[259] Vlasov Y A, McNab S J. Losses in single-mode silicon-on-insulator strip waveguides and bends. Opt Express, 2004, 12: 1622-1631.

[260] Gunn C. CMOS photonicsTM-SOI learns a new trick. 2005 IEEE Intern SOI Conf Proc, New York: Institute of Electrical and Electronics Engineers, 2005: 7-13.

[261] Dosunmu O I. Cannon D D, Emsley M K, et al. High-speed resonant cavity enhanced Ge photodetectors on reflecting Si substrates for 1550-nm operation. IEEE Photon Tech Lett, 2005, 17(1): 175-177.

[262] Sadagopan T, Choi S J, Djordjev K, et al. Carrier-induced refractive index changes in InP-based circular microresonators for low-voltage high-speed modulation. IEEE Photon Tech Lett, 2005, 17: 414-416.

[263] Sadagopan T, Choi S J, Dapkus P D, et al. Optical modulators based on depletion width. IEEE Photon Tech Lett, 2005, 17: 567-569.

[264] Rabiei P, Steier W H, Zhang C, et al. Polymer micro-ring filters and modulators. J Lightw Tech, 2002, 20: 1968-1975.

[265] Pleros N, Bintjas C, Kalyvas M, et al. Multiwavelength and power equalized SOA laser sources. IEEE Photon Tech Lett, 2002, 14: 693-695.

[266] Ong T -K, Yin M, Yu Z, et al. High performance quantum well intermixed superluminescent diodes. Meas Sci Tech, 2004, 15: 1591-1595.

[267] Kippenberg J, Spillane S M, Vahala K J. Modal coupling in traveling-wave resonators. Opt Lett, 2002, 27: 1669-1671.

[268] Borselli M, Johnson T J, Painter O. Beyond the Rayleigh scattering limit in high-Q silicon microdisks: Theory and experiment. Opt Express, 2005, 13: 1515-1530.

[269] Xu Q, Almeida V, Lipson M. Micrometer-scale all-optical wavelength converter on silicon. Opt Lett, 2005, 30: 2733-2735.

[270] Notomi M, Mitsugi S. Wavelength conversion via dynamic refractive index tuning of a cavity. Phys Rev A, 2006, 73: 051803.

[271] Preble F, Xu Q, Schmidt B S, et al. Ultrafast all-optical modulation on a silicon chip. Opt Lett, 2005, 30: 2891-2893.

[272] Goossen K W, Walker J A, D'Asaro L A, et al. GaAs MQW modulators integrated with silicon CMOS. IEEE Photon Tech Lett, 1995, 7: 360-362.

[273] Yang C -K K, Stojanovic V, Modjtahedi S, et al. A serial-link transceiver based on 8-Gsamples/s A/D and D/A converters in 0.25-μm CMOS. IEEE J Solid State Circuits, 2001, 36: 1684-1692.

[274] Debaes C, Vervaeke M, Baukens V, et al. Multi-channel free-space intra-chip optical interconnections: Combining plastic micro-optical modules and VCSEL based OE-FPGA. Proc SPIE, 2002, 4652: 177-185.

[275] Debaes C, Agarwal D, Bhatnagar A, et al. High-impedance high-frequency silicon detector response for precise receiverless optical clock injection. Proc SPIE, 2002, 4654: 78-88.

[276] Debaes C, Bhatnagar A, Agarwal D, et al. Receiver-less optical clock injection for clock distribution networks. IEEE J Sel Top Quant Elec, 2003, 9(2): 400-409.

[277] Keeler A, Agarwal D, Debaes C, et al. Optical pump-probe measurements of the latency of silicon CMOS optical interconnects. IEEE Photon Tech Lett, 2002, 14: 1214-1216.

[278] 10 Gigabit Ethernet Technology Overview White Paper, 10 Gigabit Ethernet Alliance, Newport Beach, CA, 2001.

[279] Chang-Hasnain C J, Harbison J P, Zah C E, et al. Multiple wavelength tunable surface-emitting laser arrays. IEEE J Quant Elec, 1991, 27: 1368-1376.

[280] Nelson B E, Keeler G A, Agarwal D, et al. Wavelength division multiplexed optical interconnects using short pulses. IEEE J Sel Top Quant Elec, 2003, 9(2): 486-491.

[281] Hopkins J -M, Valentine G J, Agate B, et al. Highly compact and efficient femtosecond Cr: LiSAF lasers. IEEE J Quant Elec, 2002, 38: 360-368.

[282] Gill M, Lowrey T, Park J. Ovonic unified memory: A high-performance nonvolatile memory technology for stand alone memory and embedded applications. Proc 2002 IEEE Intern Solid-State Cir Conf (ISSCC), 2002: 7335783.

[283] Ha Y H, Yi J H, Horii H, et al. An edge contact type cell for phase change RAM featuring very low power consumption. 2003 Symp VLSI Tech, Digest of Technical Papers, 2003: 7853534.

[284] Horii H, Yi J H, Park J H, et al. A novel cell technology using N-doped GeSbTe films for phase change RAM. 2003 Symp VLSI Tech, Digest of Technical Papers, 2003: 7853535.

[285] Iovu M S, Colomeico E P, Benea V G, et al. Optical properties of phase change memory Ge1Sb2Te4 glasses. J Opt Adv Mater, 2011, 13: 1483-1486.

[286] Velea A. Tellurium based phase change materials. J Opt Adv Mater, 2009, 11(12): 1983-1987.

[287] Popescu M A. Structural modeling of ovonic materials. J Ovonic Res, 2006, 2(4): 45-52.

[288] Ganjoo A, Golovchak R. Computer program PARAV for calculating optical constants of thin films and bulk materials: Case study of amorphous semiconductors. J Opt Adv Mater, 2008, 10(6): 1328-1332.

[289] Park J -W, Eom S H, Lee H, et al. Optical properties of pseudobinary GeTe, Ge2Sb2Te5, GeSb2Te4, GeSb4Te7, and Sb2Te3 from ellipsometry and density functional theory. Phys Rev B, 2009, 80: 115209-115223.

[290] Ruan Y, Jarvis R A, Rode A V, et al. Wavelength dispersion of Verdet constants in chalcogenide glasses for magneto-optical waveguide devices. Opt Commun, 2005, 252: 39-45.

[291] Krauss T F. Slow light in photonic crystal waveguides. J Phys D: Appl Phys, 2007, 40: 2666-2670.

[292] Baba T. Slow light in photonic crystals. Nature Photon, 2008, 2: 465-473.

[293] Petrov A Y, Eich M. Zero dispersion at small group velocities in photonic crystal waveguides. Appl Phys Lett, 2004, 85: 4866-4868.

[294] Frandsen L H, Lavrinenko A V, Fage-Pedersen J, et al. Photonic crystal waveguides with semi-slow light and tailored dispersion properties. Opt Express, 2006, 14: 9444-9450.

[295] O'Faolain L, Schulz S A, Beggs D M, et al. Loss engineered slow light waveguides. J Opt, 2010, 12: 104004-1-10.

[296] Li J, O'Faolain L, Schulz S A, et al. Low loss propagation in slow light photonic crystal waveguides at group indices up to 60. Photon Nanostru -Fund Appl, 2012, 10: 589-593.

[297] Monat C, de Sterke M, Eggleton B J. Slow light enhanced nonlinear optics in periodic structures. J Opt, 2010, 12: 104003-1-17.

[298] Koos C, Vorreau P, Vallaitis T, et al. All-optical high-speed signal processing with silicon-organic hybrid slot waveguides. Nature Photon, 2009, 3: 216-219.

[299] Trita A, Lacava C, Minzioni P, et al. Ultra-high four wave mixing efficiency in slot waveguides with silicon nanocrystals. Appl Phys Lett, 2011, 99: 191105-1-3.

[300] Wülbern J -H, Prorok S, Hampe J, et al. 40 GHz electro-optic modulation in hybrid silicon-organic slotted photonic crystal waveguides. Opt Lett, 2010, 35: 2753-2755.

[301] Di Falco A, O'Faolain L, Krauss T F. Photonic crystal slotted slab waveguides. Photon Nanostruc: Fund Appl, 2008, 6: 38-41.

[302] Wang X, Lin C -Y, Chakravarty S, et al. Effective in-device r33 of 735 pm/V on electro-optic polymer infiltrated silicon photonic crystal slot waveguides. Opt Lett, 2011, 36: 882-884.

[303] Caer C, Le Roux X, Do V K, et al. Dispersion engineering of wide slot photonic crystal waveguides by Bragg-like corrugation of the slot. IEEE Photon Tech Lett, 2011, 23: 1298-1300.

[304] Marris-Morini D, Vivien L, Rasigade G, et al. Recent progress in high speed silicon-based optical modulators. Proc IEEE, 2009, 97(7): 1199-1215.

[305] Rouvière M, Halbwax M, Cercus J L, et al. Integration of germanium waveguide photodetectors for intra-chip optical interconnects. Opt Engin, 2005, 44(7): 075402.

[306] Maire G, Vivien L, Sattler G, et al. High efficiency silicon nitride surface grating couplers. Opt Express, 2008, 16(1): 328-333.

[307] Marris D, Vivien L, Pascal D, et al. Ultralow loss successive divisions using silicon-on-insulator waveguides. Appl Phys Lett, 2005, 87: 211102.

[308] Marris D, Cassan E, Vivien L. Response time analysis of SiGe/Si modulation-doped multiple quantum well structures for optical modulation. J Appl Phys, 2004, 96: 6109-6112.

[309] Caer C, Le Roux X, Marris-Morini D, et al. Slow light in slot photonic crystal waveguides by dispersion engineering. Proc SPIE, 2012, 8425: 842504.

[310] Caer C, Le Roux X, Cassan E. Enhanced localization of light in slow wave slot photonic crystal waveguides. Opt Lett, 2012, 37(17): 3660-3662.

[311] Johnson S G, Joannopoulos J D. Block-iterative frequency-domain methods for Maxwell's equations in a planewave basis. Opt Express, 2001, 8(3): 173-190.

[312] Wang Z, Zhu N, Tang Y, et al. Ultracompact low-loss coupler between strip and slot waveguides. Opt Lett, 2009, 34: 1498-1500.

[313] Hugonin J -P, Lalanne P, White T P, et al. Coupling into slow-mode photonic crystal waveguides. Opt Lett, 2007, 32: 2638-2640.

[314] Jones S W. Exponential trends in the integrated circuit industry. IC Knowledge, March 29, 2004.

[315] Kim K, Lee J. A new investigation of data retention time in truly nanoscaled DRAMs. IEEE Elec Dev Lett, 2009, 30(8): 846-848.

[316] Kim K. Future memory technology: Challenges and opportunities. International Symposium on VLSI Technology, Systems and Applications (VLSI-TSA 2008), Hsinchu, Taiwan, 21-23 April 2008.

[317] Kim K. From the future Si technology perspective: Challenges and opportunities. 2010 IEEE Intern Elec Dev Meeting (IEDM), Technical Digest, San Francisco, CA, USA, 6-8 Dec 2010.

[318] Lee J, Ha D, Kim K, et al. Novel cell transistor using retracted Si3N4-liner STI for the improvement of data retention time in gigabit density DRAM and beyond. IEEE Trans Elec Dev, 2001, 48(6): 1152-1158.

[319] Prall K, Parat K. 25nm 64Gb MLC NAND technology and scaling challenges. 2010 Intern Elec Dev Meeting

(IEDM), Technical Digest, 2010: 102-105.
[320] Hwang J W, Seo J, Lee Y, et al. A middle-1X nm NAND flash memory cell (M1X-NAND) with highly manufacturable integration technologies. Proc 57th IEEE Intern Elec Device Meeting (IEDM11), Technical Digest, 2011: 199-202.
[321] Merali Z. Quantum physics: What is really real Nature, 2015, 521: 278-280.
[322] Eisert J, Cramer M, Plenio M B. Colloquium: Area laws for the entanglement entropy. Rev Mod Phys, 2010, 82: 277306.
[323] Hastings M B. An area law for one-dimensional quantum systems. J Stat Mech: Theo Exp, 2007, 2007 (8): P08024.
[324] Aharonov D, Arad I, Vazirani U, et al. The detectability lemma and its applicationsto quantum hamiltonian complexity. New J Phys, 2011, 13(11): 113043.
[325] Aharonov D, Arad I, Landau Z, et al. The detectability lemma and quantum gap amplification. Proc 41st Ann ACM Symp Theory of Comp (STOC '09), 2009: 417-426.
[326] Aharonov D, Arad I, Landau Z, et al. The 1d area law and the complexity of quantum states: A combinatorial approach. 2011 IEEE 52st Ann Symp Found Comp Sci, 2011: 324-333.
[327] Arad I, Landau Z, Vazirani U. Improved one-dimensional area law for frustration-free systems. Phys Rev B, 2012, 85: 195145.
[328] Rogers D J. Broadband quantum cryptography. Morgan & Claypool Publishers, 2010.
[329] Brainis E. Four-photon scattering in birefringent fibers. Phys Rev A, 2009, 79: 023840.
[330] Zhang W, Zhou Q, Cheng J, et al. Impact of fiber birefringence on correlated photon pair generation in highly nonlinear microstructure fibers. Eur Phys J D, 2010, 59(2): 309-316.
[331] Zhou Q, Zhang W, Cheng J, et al. Noise performance comparison of 1.5μm correlated photon pair generation in different fibers. Opt Express, 2010, 18(16): 17114-17123.
[332] Zhou Q, Zhang W, Cheng J, et al. Properties of optical fiberbased synchronous heralded single photon sources at 1.5μm. Phys Lett A, 2011, 375(24): 2274-2277.
[333] Wang P -X, Zhou Q, Zhang W, et al. High-quality fiber-based heralded single-photon source at 1.5μm. Chin Phys Lett, 2012, 29(5): 054215.
[334] Zhou Q, Zhang W, Cheng J -R, et al. Polarization-entangled Bell states generation based on birefringence in high nonlinear microstructure fiber at 1.5μm. Opt Lett, 2009, 34(18): 2706-2708.
[335] Zhou Q, Zhang W, Wang P, et al. Polarization entanglement generation at 1.5μm based on walk-off effect due to fiber birefringence. Opt Lett, 2012, 37(10): 1679.
[336] Cheng J R, Zhang W, Zhou Q, et al. Correlated photon pair generation in silicon wire waveguides at 1.5μm. Chin Phys Lett, 2010, 27(12): 124209..
[337] Aaronson S, Arkhipov A. The computational complexity of linear optics. Proc 43rd ACM Symp Theo Comp, 2011: 333-342.
[338] Aharonov D, Ta-Shma A. Adiabatic quantum state generation and statistical zero knowledge. Proc 35th ACM Symp Theo Comp, 2003: 20-29.
[339] Ambainis A. Quantum walk algorithm for element distinctness. SIAM J Comp, 2007, 37(1): 210-239.
[340] Bromberg Y, Lahini Y, Morandotti R, et al. Quantum and classical correlations in waveguide lattices. Phys Rev Lett, 2009, 102: 253904.
[341] Childs A M. Universal computation by quantum walk. Phys Rev Lett, 2009, 102(18): 180501.
[342] Childs A M, Cleve R, Deotto E, et al. Exponential algorithmic speedup by quantum walk. Proc 35th ACM Symp Theo Comp, 2003: 59-68.
[343] Farhi E, Goldstone J, Gutmann S. A quantum algorithm for the Hamiltonian NAND tree. Theo Comp, 2008, 4(1): 169-190.
[344] Farhi E, Gutmann S. Quantum computation and decision trees. Phys Rev A, 1998, 58(2): 915-928.
[345] Owens J O, Broome M A, Biggerstaff D N, et al. Two-photon quantum walks in an elliptical direct-write waveguide array. New J Phys, 2011, 13(7): 075003.

[346] Peruzzo A, Lobino M, Matthews J C F, et al. Quantum walks of correlated particles. Science, 2010, 329 (5998): 1500-1503.

[347] Sansoni L, Sciarrino F, Vallone G, et al. Two-particle bosonic-fermionic quantum walk via integrated photonics. Phys Rev Lett, 2012, 108: 010502.

[348] Terhal B M, DiVincenzo D P. Classical simulation of noninteracting-fermion quantum circuits. Phys Rev A, 2002, 65: 032325.

[349] Akiyama T, Arakawa Y. Quantum-dot semiconductor optical amplifiers. Proc IEEE, 2007, 95 (9): 1757-1766.

[350] Akiyama T. Wavelength conversion based on ultrafast (<3 ps) cross-gain modulation in quantum-dot optical amplifiers. Proc ECOC 2002, Copenhagen, Denmark, 2002.

[351] Zilkie A J. Carrier dynamics of quantum-dot, quantum-dash, and quantum-well semiconductor optical amplifiers operating at 1.55μm. IEEE J Quant Elec, 2007, 43(11): 982-991.

[352] Vallaitis T, Koos C, Bonk R, et al. Slow and fast dynamics of gain and phase in a quantum dot semiconductor optical amplifier. Opt Express, 2008, 16(1): 170-178.

[353] AW E T, Wang H, Thompson M, et al. Uncooled 2x2 quantum dot semiconductor optical amplifier based switch. 2008 Conference on Lasers and Electro-Optics/Quantum Electronics and Laser Science Conference, 2008, 1-9: 440-441.

[354] Han H, Zhang M, Ye P, et al. Parameter design and performance analysis of a ultrafast all-optical XOR gate based on quantum dot semiconductor optical amplifiers in nonlinear Mach-Zehnder interferometer. Opt Commun, 2008, 281: 5140-5145.

[355] Bimberg D, Meuer C, Laemmlin M, et al. Quantum dot semiconductor optical amplifiers for wavelength conversion using cross-gain modulation. Proc 10th Ann Intern Conf Transp Opt Netw (ICTON 2008), 2008, 2: 141-144.

[356] Qasaimeh O. Novel closed-form model for multiple-state quantum-dot semiconductor optical amplifiers. IEEE J Quant Elec, 2008, 44(7): 652-657.

[357] Moreno P, Rossetti M, Deveaud-Plédran B, et al. Modeling of gain and phase dynamics in quantum dot amplifier. Opt Quant Elec, 2008, 40(2-4): 217-226.

[358] Ezra Y B, Haridim M, Lembrikov B I, et al. Proposal for all-optical generation of ultra-wideband impulse radio signals in Mach-Zehnder interferometer with quantum-dot optical amplifier. IEEE Photon Tech Lett, 2008, 20 (7): 484-486.

[359] Giller R. Gain and phase recovery of optically excited semiconductor optical amplifiers. IEEE Photon Tech Lett, 2006, 18(9): 1061-1063.

[360] Zhang W, Zhou Q, Huang Y, et al. Quantum light sources based on third-order nonlinear waveguides. Proc SPIE: Quantum and Nonlinear Optics II, 2012, 8554: 85540E-7.

[361] Aliferis P, Gottesman D, Preskill J. Quantum accuracy threshold for concatenated distance-3 codes. Quant Inform Comp, 2006, 6(2): 97-165.

[362] King C, Ruskai M B. Minimal entropy of states emerging from noisy quantum channels. IEEE Trans Inform Theo, 2001, 47(1): 192-209.

[363] Wang L, Renner R. One-shot classical-quantum capacity and hypothesis testing. Phys Rev Lett, 2012, 108: 200501.

[364] Datta N, Hsieh M -H. One-shot entanglement-assisted quantum and classical communication. IEEE Trans Inform Theo, 2013, 59(3): 1929-1939.

[365] Datta N, Mosonyi M, Hsieh M -H, et al. Strong converse capacities of quantum channels for classical information. To appear in IEEE Trans. Inf. Th, 2011.

[366] Polyanskiy Y, Poor H V, Verdú S. Channel coding rate in the finite blocklength regime. IEEE Trans Inform Theo, 2010, 56(5): 2307-2359.

[367] Polyanskiy Y. Saddle point in the minimax converse for channel coding. IEEE Trans Inform Theo, 2013, 59 (5): 2576-2595.

[368] Bennett C H, Shor P W, Smolin J A, et al. Entanglement-assisted capacity of a quantum channel and the reverse Shannon theorem. IEEE Trans Inform Theo, 2002, 48(10): 2637-2655.

[369] Matthews W. A linear program for the finite block length converse of Polyanskiy-Poor-Verdú via nonsignalling codes. IEEE Trans Inform Theo, 2012, 58(12): 7036-7044.

[370] Zeng S, Zhang Y, Li B, et al. Ultrasmall optical logic gates based on Silicon periodic dielectric waveguides. Photon Nanostruct, 2010, 8: 32-37.

[371] Joannopoulos J D, Johnson S G, Winn J N, et al. Photonic crystals--Molding the flow of light. Princeton, NJ: Princeton University Press, Princeton and Oxford, 2008: 21-22.

[372] Joannopoulos J D, Johnson S G, Winn J N, et al. Photonic crystals--Molding the flow of light. Princeton, NJ: Princeton University Press, Princeton and Oxford, 2008: 215-217.

[373] Jovanovic D, Gajic R, Djokic D, et al. Waveguiding effect in GaAs 2D hexagonal photonic crystal tiling. Proc Symp A Eur Mat Res, 2009, 116: 55-57.

[374] Kubota H, Kawanishi S, Koyanagi S, et al. Absolutely single polarization photonic crystal fibre. IEEE Photon Tech Lett, 2004, 16(1): 182-184.

[375] Kabilan A P, Christina X S, Caroline P E. Design of optical logic gates using photonic crystal. AH-ICI, 2009: 1-4.

[376] Modotto D, Conforti M, Locatelli A, et al. Imaging Properties of multimode photonic crystal waveguides and waveguide arrays. J Lightw Tech, 2007, 25(1): 402-409.

[377] Kim H J, Park I, O B H, et al. Self-imaging phenomena in multi-mode photonic crystal line-defect waveguides: Application to wavelength de-multiplexing. Opt Express, 2004, 12(23): 5625-5633.

[378] Oskooi A F, Roundy D, Ibanescu M, et al. MEEP: A flexible free software package for electromagnetic simulations by the FDTD method. Comp Phys Commun, 2010, 181: 687-702.

[379] Talli G, Townsend P D. Hybrid DWDM-TDM long reach PON for next generation optical access. J Lightw Tech, 2006, 24: 2827-2834.

[380] Feldman R D, Harstead E E, Jiang S, et al. An evaluation of architectures incorporating wavelength division multiplexing for broad-band fiber access. J Lightw Tech, 1998, 16: 1546-1559.

[381] Yeh C H, Chow C W, Wang C H, et al. A self-protected colorless WDMPON with 2.5 Gb/s upstream signal based on RSOA. Opt Express, 2008, 16: 12296-12301.

[382] Sun X, Chan C K, Chen L K. A survivable WDM-PON architecture with centralized alternate-path protection switching for traffic restoration. IEEE Photon Tech Lett, 2006, 18: 631-633.

[383] Chan T J, Chan C K, Chen L K, et al. A self-protected architecture for wavelength division multiplexed passive optical networks. IEEE Photon Tech Lett, 2003, 15: 1660-1662.

[384] Marius I, Ionut P. An electronic voting system based on blind signature protocol. Comp Sci Master Res, 2011, 1: 67-72.

[385] Ibrahim S, Kamat M, Salleh M, et al. Secure E-voting with blind signature. Proc 4th Nat Conf Telecomm Tech, 2003: 193-197.

[386] Jafari S, Karimpour J, Bagheri N. A new secure and practical electronic voting protocol without revealing voters identity. Intern J Comp Sci Eng, 2011, 3(6): 2191-2199.

[387] Kumar S, Walia E. Analysis of electronic voting system in various countries. Intern J Comp Sci Eng, 2011, 3(5): 1825-1830.

[388] Boykin P O, Roychowdhury V. Optimal encryption of quantum bits. Phys Rev A, 2003, 67: 042317.

[389] Wang T Y, Wen Q Y. Fair quantum blind signatures. Chin Phys B, 2010, 19(6): 060307.

[390] Chen K, Lo H. Conference key agreement and quantum sharing of classical secrets with noisy GHZ states. Proc 2005 IEEE Intern Symp Inform Theo, 2005: 1607-1611.

[391] Deng F G, Li X H, Zhou H Y, et al. Improving the security of multiparty quantum secret sharing against trojan horse attack. Phys Rev A, 2005, 72: 044302.

[392] Gisin N, Ribordy G, Tittel W, et al. Quantum cryptography. Rev Mod Phys, 2002, 74: 145-195.

[393] Christandl M, Wehner S. Quantum anonymous transmissions. B Roy Ed. Advances in Cryptology--

ASIACRYPT 2005，Berlin，Heidelberg：Springer，2005：217-235.

[394] Zhou R R，Yang L. Quantum election scheme based on anonymous quantum key distribution. Chin Phys B，2012，21(8)：080301.

[395] Vaccaro J A，Spring J，Chefles A. Quantum protocols for anonymous voting and surveying. Phys Rev A，2007，75：012333.

[396] Dolev S，Pitowsky I，Tamir B. A quantum secret ballot. arXiv：quant-ph/0602087，2006.

[397] Hillery M，Ziman M，Buek V，et al. Towards quantum-based privacy and voting. Phys Lett A，2006，349(1-4)：75-81.

[398] Bonanome M，Buek V，Hillery M，et al. Toward protocols for quantum-ensured privacy and secure voting. Phys Rev A，2011，84：022331.

[399] Horoshko D，Kilin S. Quantum anonymous voting with anonymity check. Phys Lett A，2011，375(8)：1172-1175.

[400] Li Y，Zeng G H. Multi-object quantum traveling ballot scheme. Chin Opt Lett，2009，7(2)：152-155.

[401] Okamoto T，Suzuki K，Tokunaga Y. Quantum voting scheme based on conjugate coding. NTT Tech Rev，2008.

[402] Yang L，Wu L -A，Liu S -H. On the eavesdropping problem of the extended BB84 QKD protocol. Acta Phys Sin，2002，51(5)：961-965.

[403] Abdeldayem H，Frazier D O，Paley M S. An all-optical picoseconds switch in polydiacetylene. Appl Phys Lett，2003，82：1120.

[404] Almeida V R，Barrios C A，Panepucci R R，et al. All-optical switching on a silicon chip. Opt Letters，2004，29(24)：2867-2869.

[405] Iizuka N，Kaneko K，Suzuki N. Sub-picosecond all-optical gate utilizing GaN intersubband transition. Opt Express，2005，13(10)：3835-3840.

[406] Kehayas E，Tsiokos D，Vrysokinos K，et al. All-optical half adder using two cascaded UNI gates. The 16th Annual Meeting of the IEEE (LEOS 2003)，Lasers and Electro-Optics Society，2003：8095819.

[407] Kim S H，Kim J H，Choi J W，et al. All-optical half adder using single mechanism of XGM in semiconductor optical amplifiers. Proc SPIE：Semiconductor Lasers and Applications II，2005，5628：94-101.

[408] Amosov G，Holevo A，Werner R. On some additivity problems in quantum information theory. arXiv：math-ph/0003002v2，2000.

[409] Christandl M，Schuch N，Winter A. Entanglement of the antisymmetric state. Commun Math Phys，2012，311(2)：397-422.

[410] Christandl M，Schuch N，Winter A. Highly entangled states with almost no secrecy. Phys Rev Lett，2010，104：240405.

[411] Collins B，Sniady P. Integration with respect to the Haar measure on unitary，orthogonal and symplectic group. Comm Math Phys，2006，264：773-795.

[412] Harrow A，Montanaro A. An effecient test for product states，with applications to quantum Merlin-Arthur games. Proc 51st Ann Symp Foundations of Computer Science，2010：633-642.

[413] Hastings M B. Superadditivity of communication capacity using entangled inputs. Nature Phys，2009，5：255.

[414] Hayden P. The maximal p-norm multiplicativity conjecture is false. arXiv：0707.3291，2007.

[415] Hayden P，Winter A. Counterexamples to the maximal p-norm multiplicativity conjecture for all p>1. Comm Math Phys，2008，284(1)：263-280.

[416] Kobayashi H，Matsumoto K，Yamakami T. Quantum Merlin-Arthur proof systems：Are multiple Merlins more helpful to Arthur. Proc ISAAC'03，2003：189-198.

[417] Shor P W. Equivalence of additivity questions in quantum information theory. Comm Math Phys，2004，246(3)：453-472.

[418] Werner R，Holevo A. Counterexample to an additivity conjecture for output purity of quantum channels. arXiv：quant-ph/0203003，2002.

[419] Winter A. The maximum output p-norm of quantum channels is not multiplicative for any p>2. arXiv：0707.

0402, 2007.

[420] Degeratu V, Degeratu, chiopu P. General logical gate with optical devices. Proc 8th World Multiconf Sys, Cybern Inform (SCI 2004), 2004, VI: 45.

[421] Degeratu V, Degeratu, chiopu P. Advantages and disadvantages of two different photonic logical circuits based on double-slit interferometer. Proc SPIE: Advanced Topics in Optoelectronics, Microelectronics, and Nanotechnologies V, 2010, 7821: 782118.

[422] Caulfield H J, Dolev S. Why future supercomputing requires optics. Nature Photon, 2010, 4(5): 261-263.

[423] Xu Q F, Soref R. Reconfigurable optical directed-logic circuits using microresonator-based optical switches. Opt Express, 2011, 19(614): 5244-5259.

[424] Chattopadhyay T. Optical programmable Boolean logic unit. Appl Opt, 2011, 50(32): 6049-6056.

[425] Chattopadhyay T, Roy J N. Design of SOA-MZI based all-optical programmable logic device (PLD). Opt Commun, 2010, 283(12): 2506-2517.

[426] Garai S K. A novel all-optical frequency-encoded method to develop arithmetic and logic unit (ALU) using semiconductor optical amplifiers. J Lightw Tech, 2011, 29(23): 3506-3514.

[427] Chen X, Yu Y, Zhang X. All-optical logic minterms for three input demodulated differential phase-shift keying signals at 40 Gb/s. IEEE Photon Tech Lett, 2011, 23(2): 118-120.

[428] Holdworth B, Woods C. Digital logic design. 4th ed, Elsevier Science, 2002: 43-44.

[429] Wang J, Sun Q J, Sun Q Z, et al. PPLN-based flexible optical logic and gate. IEEE Photon Tech Lett, 2008, 20(3): 211-213.

[430] Wang Y, Zhang X, Dong J, et al. Simultaneous demonstration on all-optical digital encoder and comparator at 40 Gb/s with semiconductor optical amplifiers. Opt Express, 2007, 15(23): 15080-15085.

[431] Dong J J, Zhang X L, Fu S N, et al. Ultrafast all-optical signal processing based on single semiconductor optical amplifier and optical filtering. IEEE J Sel Top Quant Elec, 2008, 14(3): 770-778.

[432] Strasser T A, Wagener J L. Programmable filtering devices in next generation ROADM networks. Proc Opt Fiber Commun Conf Exp (OFC/NFOEC), OFC/NFOEC Technical Digest, 2012.

[433] Degeratu V, Degeratu, chiopu P. Combinational logical circuits into ternary logic. Proc SPIE, 2009, 7297: 72971A.

[434] Degeratu V, Degeratu, chiopu P. General logical gate with optical devices. Proc 10th Intern Conf Inform Sys Ana Syn (ISAS 2004) and InternConf Cyb Inform Tech, Sys Appl (CITSA 2004), 2004.

[435] Blumenthal D J, Bowers J E, Rau L, et al. Optical signal processing for optical packet switching networks. IEEE Commun Mag, 2003, 41(2): S23-S29.

[436] Berrettini G, Simi A, Malacarne A, et al. Ultrafast integrable and reconfigurable XNOR, AND, NOR, and NOT photonic logic gate. Photon Tech Lett, 2006, 18(8): 917-919.

[437] Sun H, Wang Q, Dong H, et al. All-optical logic xor gate at 80 Gb/s using SOA-MZI-DI. IEEE J Quant Elec, 2006, 42(8): 747-751.

[438] Fujisawa T, Koshiba M. All-optical logic gates based on nonlinear slot-waveguide couplers. JOSA B, 2006, 23(4): 684-691.

[439] Velanas P, Bogris A, Syvridis D. Operation properties of a reconfigurable photonic logic gate based on cross phase modulation in highly nonlinear fibers. Opt Fiber Tech, 2009, 15(1): 65-73.

[440] Sun K, Qiu J, Rochette M, et al. All-optical logic gates (XOR, AND, and OR) based on cross phase modulation in a highly nonlinear fiber. Proc 35th Eur Conf Opt Comm, 2009: 3.3.7.

[441] Yu C, Christen L, Luo T, et al. All-optical XOR gate using polarization rotation in single highly nonlinear fiber. IEEE Photon Tech Lett, 2005, 17(6): 1232-1234.

[442] Hill M T, Srivatsa A, Calabretta N, et al. 1×2 optical packet switch using all-optical header processing. IEE Elec Lett, 2001, 37(12): 774-775.

[443] Ju H, Zhang S, Lenstra D, et al. SOA-based all-optical switch with subpicosecond full recovery. Opt Express, 2005, 13(3): 942-947.

[444] Wai P K A, Chan L Y, Lui L F K, et al. 1×N all-optical packet switch at 10 Gb/s. Proc Conf Lasers and

Electro-Optics/International Quantum Electronics Conference and Photonic Applications Systems Technologies, Technical Digest (CD), Optical Society of America, 2004: CTuFF2.

[445] Lui L F K, Chan L Y, Wai P K A, et al. An all-optical on/off switch using a multi-wavelength mutual injection-locked Fabry-Perot laser diode. Proc Sixth Chin Optoelec Symp, IEEE, 2003: 154-157.

[446] Chan L Y, Wai P K A, Lui L F K, et al. Demonstration of an all-optical switch by use of a multiwavelength mutual injection-locked laser diode. Opt Lett, 2003, 28(10): 837-839.

[447] Rakib Uddin M, Cho J S, Won Y H. All-optical multicasting NOT and NOR logic gates using gain modulation in an FP-LD. IEICE Elec Express, 2009, 6(2): 104-110.

[448] Lee Y L, Yu B -A, Eom T J, et al. All-optical AND and NAND gates based on cascaded second-order nonlinear processes in a Ti-diffused periodically poled LiNbO3 waveguide. Opt Express, 2006, 14(7): 2776-2782.

[449] Parameswaran K R, Fujimura M, Chou M H, et al. Low-power all-optical gate based on sum-frequency mixing in APE waveguides in PPLN. IEEE Photon Tech Lett, 2000, 12: 6.

[450] Zhang S, Robicheaux F, Saffman M. Magic-wavelength optical traps for Rydberg atoms. Phys Rev A, 2011, 84: 043408.

[451] Streed E W, Norton B G, Jechow A, et al. Imaging of trapped ions with a microfabricated optic for quantum information processing. Phys Rev Lett, 2011, 106: 010502.

[452] Brady G R, Ellis A R, Moehring D L, et al. Integration of fluorescence collection optics with a microfabricated surface electrode ion trap. Appl Phys B, 2011, 103: 801-808.

[453] Brady G R, Ellis A R, Moehring D L, et al. Integration of Fluorescence Collection Optics with a Microfabricated Surface Electrode Ion Trap," arXiv, 1008.2977v2, [physics.ins-det],(2010).

[454] Stubkjaer K E. Semiconductor optical amplifier-based all-optical gates for high-speed optical processing. IEEE J Sel Top Quant Elec, 2000, 6: 6.

[455] Zhao C, Zhang X, Liu H, et al. Tunable all-optical NOR gate at 10 Gb/s based on SOA fiber ring laser. Opt Express, 2005, 13(8): 2793-2798.

[456] Freemantle M. Photonic crystals assembled on chip. Chemical and Engineering News, 2001, 79(47): 31.

[457] Boffi P, Piccinin D, Ubaldi M C. Infrared holography for optical communications techniques. Materials and Devices, Springer opics in Applied Physics: Vol 86, 2002.

[458] Goulet A, Naruse M, Ishikawa M. Simple integration technique to realize parallel optical interconnects: implementation of a pluggable two-dimensional optical data link. Appl Opt, 2002, 41: 5538.

[459] Mahapatra T, Mishra S. Oracle parallel processing. Sebastopol, CA: O'Reilly & Associates, Inc, 2000.

[460] van Enk S J, McKeever J, Kimble H J, et al. Cooling of a single atom in an optical trap inside a resonator. Phys Rev A, 2001, 64: 013407.

[461] Sirringhaus H, Tessler N, Friend R H. Integrated optoelectronic devices based on conjugated polymers. Science, 1988, 280: 1741.

[462] Amano T, Kato H. Real world dynamic appearance enhancement with procam feedback. Proc 5th ACM/IEEE International Workshop on Projector camera systems, New York, NY: ACM, 2008: Art 5.

[463] Bai J, Chandraker M, Ng T -T, et al. A dual theory of inverse and forward light transport. Daniilidis K, Maragos P, Paragios N, ed. Computer Vision-ECCV 2010, Springer-Verlag Berlin Heidelberg, 2010, 6312: 294-307.

[464] Basri R, Jacobs D W. Lambertian reflectance and linear subspaces. IEEE Trans Patt Anal Mach Intel, 2003, 25(2): 218-233.

[465] Debevec P, Hawkins T, Tchou C, et al. Acquiring the reflectance field of a human face. Proc. 27th Annual Conference on Computer Graphics and Interactive Techniques (SIGGRAPH'00), ACM Press/Addison-Wesley Publishing Co, 2000: 145-156.

[466] Fuchs M, Blanz V, Lensch H P A, et al. Adaptive sampling of reflectance fields. ACM Trans Graph, 2007, 26(2): Art 10.

[467] Garg G, Talvala E -V, Levoy M, et al. Symmetric photography: Exploiting data-sparseness in reflectance

fields. Proc 17th Eurog Conf Rend Tech (EGSR'06), 2006: 251-262.
[468] Grossberg M, Peri H, Nayar S, et al. Making one object look like another: Controlling appearance using a projector-camera system. Proc CVPR, 2004: 452-459.
[469] Leith E. The evolution of information optics. IEEE J Sel Top Quant Elec, 2000, 6(6): 1297-1304.
[470] Liesen J, Tich P. Convergence analysis of Krylov subspace methods. GAMM Mitteilungen, 2005, 27(2): 153-173.
[471] Mahajan D, Shlizerma N I, Ramamoorthi R, et al. A theory of locally low dimensional light transport. Proc SIGGRAPH, 2005, 2: 153-173.
[472] Ng R, Ramamoorthi R, Hanrahan P. All-frequency shadows using non-linear wavelet lighting approximation. ACM Trans Graph: Proc ACM SIGGRAPH, 2003, 22(3): 376-381.
[473] Ng T -T, Pahwa R S, Bai J, et al. Radiometric compensation using stratified inverses. Proc 2009 IEEE 12th Intern Conf Comp Vision (ICCV'09), 2009: 11367850.
[474] Peers P, Dutré P. Wavelet environment matting. Proc 14th Eurog Works Rend (EGRW '03), 2003: 157-166.
[475] Peers P, Dutré P. Inferring reflectance functions from wavelet noise. Proc 16th Eurog Conf Rend Tech (EGSR'05), 2005: 173-182.
[476] Peers P, Mahajan D, Lamond B, et al. Compressive light transport sensing. ACM Trans Graph, 2009, 28 (1): Art 3.
[477] Salvi J, Pages J, Batlle J. Pattern codification strategies in structured light systems. Patt Rec, 2004, 37(4): 827-849.
[478] Schechner Y, Nayar S, Belhumeur P. Multiplexing for optimal lighting. IEEE Trans Patt Anal Mach Intel, 2007, 29(8): 1339-1354.
[479] Seitz S, Matsushita Y, Kutulakos K. A theory of inverse light transport. Proc ICCV, 2005: 1440-1447.
[480] Sen P, Darabi S. Compressive dual photography. Computer Graphics Forum, 2009, 28(2): 609-618.
[481] Sen P, Chen B, Garg G, et al. Dual photography. ACM Trans Graph: Proc ACM SIGGRAPH 2005, 2005, 24(3): 745-755.
[482] Simon H D, Zha H. Low-rank matrix approximation using the lanczos bidiagonalization process with applications. SIAM J Sci Comput, 2000, 21(6): 2257-2274.
[483] Simoncini V, Szyld D B. Theory of inexact Krylov subspace methods and applications to scientific computing. SIAM J Sci Comp, 2003, 25(2): 454-477.
[484] Wang O, Fuchs M, Fuchs C, et al. A context-aware light source. Proc 2010 IEEE Intern Conf Comp Photog (ICCP), 2010: 11553749.
[485] Wetzstein G, Bimber O. Radiometric compensation through inverse light transport. Proc 15th Pacific Conf Comp Graph Appl (PG'07), 2007: 391-399.
[486] Zhang L, Nayar S. Projection defocus analysis for scene capture and image display. ACM Trans Graphics: Proc ACM SIGGRAPH, 2006, 25(3): 907-915.
[487] Jin Y, He H C, Lü Y T . Ternary optical computer principle. Sci China: Ser F, 2003, 46(2): 145-150.
[488] Jin Y, Shen Y F, Peng J, et al. Principles and construction of MSD adder in ternary optical computer. Sci China: Ser F, 2010, 53(11): 2159-2168.
[489] Jin Y, He H, Lu Y. Ternary optical computer architecture. Phys Scripta, 2005, T118: 98-101.
[490] Jin Y, He H, Ai L. Lane of parallel through carry in ternary optical adder. Sci China: Ser F, 2005, 48(1): 107-116.
[491] Bao J, Jin Y, Cai C. An experiment for ternary optical computer hundred-bit encoder. Comp Tech Devel, 2007, 17(2): 19-22.
[492] Huang W, Jin Y, Ai L. Design and Implementation of the 100-bit coder for ternary optical computers. Comp Eng Sci, 2006, 28(4): 139-142.
[493] Jin Y. Management strategy of data bits in ternary optical computer. J Shanghai Univ: Natural Sci Ed, 2007, 13(5): 519-523.
[494] Yan J, Jin Y, Zuo K. Decrease-radix design principle for carrying/ borrowing free multi-valued and application

in ternary optical computer. Sci China: Ser F, 2008, 51(10): 1415-1426.

[495] Gruber M, Jahns J, Sinzinger S. Planar-integrated optical vector-matrix multiplier. Appl Opt, 2000, 39: 5367-5373.

[496] Li M, He H -C, Jin Y. A new method for optical vector-matrix multiplier. Proc Intern Conf Elec Comp Tech (ICECT'09), 2009: 191-194.

[497] Cherri K, Alam M S. Algorithms for optoelectronic implementation of modified signed-digit division, square-root, logarithmic, and exponential functions. Appl Opt, 2001, 40: 1236-1243.

[498] Li G Q, Qian F, Ruan H, et al. Compact parallel optical modified-signed-digit arithmetic-logic array processor with electron-trapping device. Appl Opt, 1999, 38: 5039-5045.

[499] Yan J Y, Jin Y, Zuo K Z. Decrease-radix design principle for carrying/borrowing free multi-valued and application in ternary optical computer. Sci China: Ser F, 2008, 51(10): 1415-1426.

[500] Raczyński A, Zaremba J, Zielińska-Kaniasty S. Beam splitting and Hong-Ou-Mandel interference for stored light. Phys Rev A, 2007, 75: 013810.

[501] Wu J -H, Raczyński A, Zaremba J, et al. Tunable photonic metamaterials. J Mod Opt, 2009, 56(6): 768-783.

[502] Raczyński A, Zaremba J, Zielińska-Kaniasty S, et al. Reflectivity comb in coherently dressed three-level media. J Mod Opt, 2009, 56(21): 2348-2356.

[503] Sowik K, Raczyński A, Zaremba J, et al. Cross-Kerr nonlinearities in an optically dressed periodic medium. Phys Scr, 2011, T143: 014022.

[504] Haist T, Osten W. An optical solution for the traveling salesman problem. Opt Express, 2007, 15: 10473-10482.

[505] Haist T, Osten W. An optical solution for the traveling salesman problem: Erratum. Opt Express, 2007, 15: 12627.

[506] Oltean M. A light-based device for solving the hamiltonian path problem. Lecture Notes in Computer Science, 2006, 4135: 217-227.

[507] Oltean M. Solving the hamiltonian path problem with a light-based computer. Natural Computing, 2008, 7: 57-70.

[508] Oltean M, Muntean O. Solving the subset-sum problem with a light-based device. Natural Computing, 2007, 10.1007/s11047-007-9059-3.

[509] Engels B, Kamphans T. Randolphs robot game is np-hard! Elec Notes Disc Math, 2006, 25: 49-53.

[510] Jacques V, Wu E, Grosshans F, et al. Experimental realization of wheeler's delayed-choice gedanken experiment. Science, 2007, 315: 966-968.

[511] Cormen T, Leiserson C, Rivest R, et al. Introduction to algorithms. Cambridge, MA: MIT Press, 2001.

[512] Diez S, Ludwig R, Schmidt C, et al. 160 Gb/s optical sampling by gain-transparent four-wave mixing in a semiconductor optical amplifier. IEEE Photon Tech Lett, 1999, 11(11): 1402-1404.

[513] Fercher W D, Hitzenberger C, Lasser T. Optical coherence tomography --Principles and applications. Rep Prog Phys, 2003, 66: 239-303.

[514] Argawal D, Keeler G A, Debaes C, et al. Latency reduction in optical interconnects using short optical pulses. IEEE J Sel Top Quant Elec, 2003, 9(2): 410-418.

[515] Feldman M, Vaidyanathan R, El-Amawy A. High speed, high capacity bused interconnects using optical slab waveguides. Rolim J, Mueller F, Zomaya A Y, et al, ed. IPPS 1999: Parallel and Distributed Processing. Lecture Notes in Computer Science, Berlin, Heidelberg: Springer, 1999, 1586: 924-937.

[516] Louri A, Kodi A K. SYMNET: An optical interconnection network for scalable high-performance symmetric multiprocessors. Appl Opt, 2003, 42(17): 3407-3417.

[517] Mittleman D M, Gupta M, Neelamani R, et al. Recent advances in terahertz imaging. Appl Phys B, 1999, 68(6): 1085-1094.

[518] Reiten M T, Grischkowsky D, Cheville R A, Properties of surface waves determined via bistatic terahertz impulse ranging. Appl Phys Lett, 2001, 78(8): 1146.

[519] Wang S, Ferguson B, Abbott D, et al. T-ray imaging and tomography. J Biol Phys, 2003, 29(2-3): 247-256.
[520] Chan W L, Charan K, Takhar D, et al. A single-pixel terahertz imaging system based on compressed sensing. Appl Phys Lett, 2008, 93(12): 121105.
[521] Pradarutti B, Müller R, Freese W, et al. Terahertz line detection by a microlens array coupled photoconductive antenna array. Opt Express, 2008, 16(22): 18443-18450.
[522] Xu J, Zhang X -C. Terahertz wave reciprocal imaging. Appl Phys Lett, 2006, 88(10): 151107.
[523] Donoho D L. Compressed sensing. IEEE Trans Inform Theo, 2006, 52: 1289-1306.
[524] Yasui T, Saneyoshi E, Araki T. Asynchronous optical sampling terahertz time-domain spectroscopy for ultrahigh spectral resolution and rapid data acquisition. Appl Phys Lett, 2005, 87: 061101.
[525] Yee D -S, Kim Y, Ahn J. Fourier-transform terahertz spectroscopy using terahertz frequency Comb. Proc Conf Lasers Electro-Optics/Intern Quant Elec Conf, 2009: JWA17.
[526] Ersoy O K. Diffraction, Fourier optics and imaging, Wiley-Interscience, 2006.
[527] Dreyhaupt A, Winnerl S, Dekorsy T, et al. High-intensity terahertz radiation from a microstructured large-area photoconductor. Appl Phys Lett, 2005, 86(12): 121114.
[528] Jin K H, Kim Y C, Yee D -S, et al. Compressed sensing pulse-echo mode terahertz reflectance tomography. Opt Lett, 2009, 34(24): 3863-3865.
[529] Olenewa J, Ciampa M. Wireless# guide to wireless communications. 2nd ed. Course Technology PTR, 2006.
[530] Ipatov V P. Spread spectrum and CDMA: Principles and applications. 1st ed. Wiley, 2005.
[531] Woods D, Naughton T J. Optical computing. Appl Math Comp: Special Issue on Physics and Computation, 2009, 215(4): 1417-1430.
[532] Ambs P. Optical computing: A 60-year adventure. Adv Opt Tech, 2010, 2010: 372652,
[533] Ibrahim T A, Amarnath K, Kuo L C, et al. Photonic logic NOR gate based on two symmetric microring resonators. Opt Lett, 2004, 29(23): 2779-2781.
[534] Biancardo M, Bignozzi C, Doyle H, et al. A potential and ion switched molecular photonic logic gate. ChemComm, 2005(31): 3918-3920.
[535] Brown B. MIT touts optical computing breakthrough: Advance at MIT could enable creation of photonic chips using standard silicon. Network World, 2011-11-23, https://www. networkworld. com/article/2183481/computers/mit-touts-optical-computing-breakthrough. html.
[536] Fan L, Wang J, Varghese L T, et al. An all-silicon passive optical diode. Science, 2012, 335(6067): 447-450.
[537] Woods D, Naughton T J. Optical computing: Photonic neural networks. Nature Physics, 2012, 8: 257-259.
[538] Buhrman H, Christandl M, Hayden P, et al. Possibility, impossibility, and cheat sensitivity of quantum-bit string commitment. Phys Rev A, 2008, 78: 022316.
[539] Peng C -Z, Yang T, Bao X -H, et al. Experimental free-space distribution of entangled photon pairs over 13 km: Towards satellite-based global quantum communication. Phys Rev Lett, 2005, 94: 150501.
[540] Acin A, Gisin N, Masanes Ll. From Bell's theorem to secure quantum key distribution. Phys Rev Lett, 2006, 97: 120405.
[541] Aspelmeyer M, Jennewein T, Pfennigbauer M, et al. Long-distance quantum communication with entangled photons using satellites. IEEE J Sel Top Quant Elec, 2005, 9(6): 1541-1551.
[542] Inamori H, Lütkenhaus N, Mayers D. Unconditional security of practical quantum key distribution. Eur Phys J D, 2007, 41: 599.
[543] Elliott C, Colvin A, Pearson D, et al. Current status of the DARPA quantum network. arXiv: quant-ph/0503058, 2005.
[544] Stucki D, Brunner N, Gisin N, et al. Fast and simple one-way quantum key distribution. Appl Phys Lett, 2005, 87: 194108.
[545] Takesue H, Diamanti E, Honjo T, et al. Differential phase shift quantum key distribution experiment over 105 km fibre. New J Phys, 2005, 7: 232.
[546] Thew R T, Tanzilli S, Krainer L, et al. Low jitter up-conversion detectors for telecom wavelength GHz QKD.

New J Phys, 2006, 8: 32.

[547] Pellegrini S, Warburton R E, Tan L J J, et al. Design and performance of an InGaAs-InP single-photon avalanche diode detector. IEEE J Quant Elec, 2006, 42(4): 397-403.

[548] Wang X -B. Beating the photon-number-splitting attack in practical quantum cryptography. Phys Rev Lett, 2005, 94: 230503.

[549] Lo H -K, Ma X, Chen K. Decoy state quantum key distribution. Phys Rev Lett, 2005, 94: 230504.

[550] Harrington J W, Ettinger J M, Hugues R J, et al. Enhancing practical security of quantum key distribution with a few decoy states. quant-ph/0503002, Los Alamos report LA-UR-05-1156, 2005.

[551] Kraus B, Gisin N, Renner R. Lower and upper bounds on the secret key rate for Quantum Key Distribution protocols using one-way classical communication. Phys Rev Lett, 2005, 95: 080501.

[552] Makarov V, Anisimov A, Skaar J. Effects of detector efficiency mismatch on security of quantum cryptosystems. Phys Rev A, 2006, 74: 022313.

[553] Gisin N, Fasel S, Kraus B, et al. Trojan-horse attacks on quantum-keydistribution systems. Phys Rev A, 2006, 73: 022320.

[554] Gisin N, Iblisdir S. Quantum relative states. Eur Phys J D, 2006, 39: 321.

[555] Diamanti E, Takesue H, Langrock C, et al. 100 km differential phase shift quantum key distribution experiment with low jitter up-conversion detectors. Opt Express, 2006, 14(26): 13073-13082.

[556] Schuck C, Huber G, Kurtsiefer C, et al. Complete deterministic linear optics Bell state analysis. Phys Rev Lett, 2006, 96: 190501.

[557] Van Houwelingen J, Brunner N, Beveratos B, et al. Quantum teleportation with a three-Bell-state analyzer. Phys Rev Lett, 2006, 96: 130502.

[558] Collins D, Gisin N, de Riedmatten H. Quantum relays for long distance quantum cryptography. J Mod Opt, 2005, 52: 735-753.

[559] Chou C W, de Riedmatten H, Felinto D, et al., Measurement-induced entanglement for excitation stored in remote atomic ensembles. Nature, 2005, 438: 828-832.

[560] Chanelière T, Matsukevich D N, Jenkins S D, et al. Storage and retrieval of single photons transmitted between remote quantum memories. Nature, 2005, 438: 833-836.

[561] Eisaman M D, André A, Massou F, et al. Electromagnetically induced transparency with tunable single-photon pulses. Nature, 2005, 438: 837-841.

[562] Volz J, Weber M, Schlenk D, et al. Observation of entanglement of a single photon with a trapped atom. Phys Rev Lett, 2006, 96: 030404.

[563] Tamarat Ph, Gaebel T, Rabeau J R, et al., Stark shift control of single optical centers in diamond. Phys Rev Lett, 2006, 97: 083002.

[564] Kraus B, Tittel W, Gisin N, et al. Quantum memory for nonstationary light fields based on controlled reversible inhomogeneous broadening. Phys Rev A, 2006, 73: 020302(R).

[565] Alexander A L, Longdell J J, Sellars M J, et al. Photon echoes produced by switching electric fields. Phys Rev Lett, 2006, 96: 043602.

[566] Leibfried D, Knill E, Seidelin S, et al. Creation of a six-atom 'Schrödinger cat' state. Nature, 2005, 438: 639-642.

[567] Häffner H, Hänsel W, Roos C F, et al. Scalable multiparticle entanglement of trapped ions. Nature, 2005, 438: 643-646.

[568] Petta J R, Johnson A C, Taylor J M, et al. Coherent manipulation of coupled electron spins in semiconductor quantum dots. Science, 2005, 309(5744): 2180-2184.

[569] Koppens F H L, Folk J A, Elzerman J M, et al. Control and detection of singlet-triplet mixing in a random nuclear field. Science, 2005, 309(5739): 1346-1350.

[570] Shaked N T, Messika S, Dolev S, et al. Optical solution for bounded NP-complete problems. Appl Opt, 2007, 46(5): 711-724.

[571] Shaked N T, Simon G, Tabib T, et al. Optical processor for solving the traveling salesman problem (TSP).

Proc SPIE: Optical Information Systems IV, 2006, 6311: 63110G.

[572] Shaked N T, Tabib T, Simon G, et al. Optical binary matrix synthesis for solving bounded NP-complete combinatorical problems. Opt Eng, 2007, 46(10): 108201-1-108201-11.

[573] Sosík P, Rodríguez-Patón A. Membrane computing and complexity theory: A characterization of PSPACE. J Comp Sys Sci, 2007, 73(1): 137-152.

[574] Woods D, Naughton T J. Parallel and sequential optical computing. Dolev S, Haist T, Oltean M, ed. OSC: Intern Works Opt SuperComputing: Optical SuperComputing, 2008. Springer Lecture Notes in Computer Science, Berlin: Springer-Verlag, 2008, 5172: chap6, 70-86.

[575] Barros S, Guan S, Alukaidey T. An MPP reconfigurable architecture using free-space optical interconnects and Petri net configuring. J Sys Arch: Special Double Issue on Massively Parallel Computing Systems, 2003, 43 (6&7): 391-402.

[576] Goswami D. Optical computing. Resonance, 2003, 8(7): 8-21.

[577] Guan T S, Barros S P V, Alukaidev T. Parallel processor communications through free-space optics. Proc IEEE Region 10's Ninth Annual International Conference on Frontiers of Computer Technology (TENCON '94), 1994: 4847762.

[578] Matsukevich D N, Kuzmich A. Quantum state transfer between matter and light. Science, 2004, 306(5696): 663-666.

[579] Chen S, Chen Y -A, Zhao B, et al. Demonstration of a stable atom-photon entanglement source for quantum repeaters. Phys Rev Lett, 2007, 99: 180505.

[580] Kiselev A A, Kim K W, Yablonovitch E. Designing a heterostructure for the quantum receiver. Appl Phys Lett, 2002, 80: 2857.

[581] Boozer A D, Boca A, Miller R, et al. Reversible state transfer between light and a single trapped atom. Phys Rev Lett, 2007, 98: 193601.

[582] Choi K S, Deng H, Laurat J, et al. Mapping photonic entanglement into and out of a quantum memory. Nature, 2008 , 452: 67-71.

[583] Chen Y -A, Chen S, Yuan Z -S, et al. Memory-built-in quantum teleportation with photonic and atomic qubits. Nature Phys, 2008, 4: 103.

[584] Duan L -M, Lukin M D, Cirac J I, et al. Long-distance quantum communication with atomic ensembles and linear optics. Nature, 2001, 414: 413-418.

[585] Jiang L, Taylor J M, Lukin M D. Fast and robust approach to long-distance quantum communication with atomic ensembles. Phys Rev A, 2007, 76: 012301.

[586] Chen Z -B, Zhao B, Chen Y -A, et al. Fault-tolerant quantum repeater with atomic ensembles and linear optics. Phys Rev A, 2007, 76: 022329.

[587] Knill E, Laflamme R, Milburn G J. A scheme for efficient quantum computation with linear optics. Nature, 2001, 409(6816): 46-52.

[588] Brassard G, Lütkenhaus N, Mor T, et al. Limitations on practical quantum cryptography. Phys Rev Lett, 2000, 85: 1330.

[589] Matsukevich D N, Chanelière T, Bhattacharya M, et al. Entanglement of a photon and a collective atomic excitation. Phys Rev Lett, 2005, 95: 040405.

[590] de Riedmatten H, Laurat J, Chou C W, et al. Direct measurement of decoherence for entanglement between a photon and stored atomic excitation. Phys Rev Lett, 2006, 97: 113603.

[591] Honda K, Akamatsu D, Arikawa M, et al. Storage and retrieval of a squeezed vacuum. Phys Rev Lett, 2008, 100: 093601.

[592] Appel J, Figueroa E, Korystov D, et al. Quantum memory for squeezed light. Phys Rev Lett, 2008, 100: 093602.

[593] Simon J, Tanji H, Ghosh S, et al. Single-photon bus connecting spin-wave quantum memories. Nature Phys, 2007, 3(11): 765-769.

[594] Chou C W, de Riedmatten H, Felinto D, et al. Measurement-induced entanglement for excitation stored in

remote atomic ensembles. Nature,2005, 438: 828-832 .

[595] Thompson J K, Simon J, Loh H, et al. A high-brightness source of narrowband, identical-photon pairs. Science, 2006, 313: 74-77.

[596] Simon J, Tanji H, Thompson J K, et al. Interfacing collective atomic excitations and single photons. Phys Rev Lett, 2007, 98, 183601.

[597] Matsukevich D N, Chanelière T, Jenkins S D, et al. Observation of dark state polariton collapses and revivals. Phys Rev Lett, 2006, 96: 033601.

[598] Black A T, Thompson J K, Vuletić V. On-demand superradiant conversion of atomic spin gratings into single photons with high efficiency. Phys Rev Lett, 2005, 95: 133601.

[599] Zhao B, Chen Y -A, Bao X -H, et al. A millisecond quantum memory for scalable quantum networks. Nature Phys, 2009, 5: 95-99.

[600] Zhao R, Dudin Y O, Jenkins S D, et al. Long-lived quantum memory. Nature Phys, 2009, 5: 100-104.

[601] Abid M, Huepe C, Metens S, et al. Gross-Pitaevskii dynamics of Bose-Einstein condensates and superfluid turbulence. Fluid Dyn Res, 2003, 33(5-6): 509.

[602] Granick S, Zhu Y, Lee H. Slippery questions about complex fluids flowing past solids. Nature Mat, 2003, 2: 221-227.

[603] Witlicki E H, Johnsen C, Hansen S W, et al. Molecular logic gates using surface-enhanced Raman-scattered light. J Am Chem Soc, 2011, 133(19): 7288-7291.

[604] Hacker B, Welte S, Rempe G, et al. A photon-photon quantum gate based on a single atom in an optical resonator. Nature Quant Phys, 2016, 536: 193-196.

[605] Sun Q -C, Mao Y -L, Chen S -J. Quantum teleportation with independent sources and prior entanglement distribution over a network. Nature Photon,2016, 10: 671-675.

第7章 光子器件集成

7.1 微米光机电混合集成

光量子存储器是包含许多通用性核心器件，包括光量子源、分光单元、调制元件、耦合单元、探测器及信号处理组件等，基于多种类型结构，包括光、机、电，还包括化学、生物等不同功能材料综合组成的复杂系统。实际上，光量子集成器件应该属于所谓微光机电系统(MOMES)，与传统集成电路有很大的差别。所以，微光机电系统集成是量子存储器件的基础。它将经典的光学镜头、反射镜、滤波器以及若干更复杂的器件，如激光器、半导体探测器，光调制器和各种基于光量子效应的存储单元，通过特殊的结构件组合而成的纳米尺度光子学器件。由于纳米尺度对光产生的新效应，又促成了纳米光子学的发展。因此，微光机电集成技术在工程或理论方面对光学技术都有重要贡献，本书单独用一章讨论纳米光量子集成技术。如果大规模纳米光量子集成芯片研制成功，完全有可能通过光互联获得类脑功能的信息处理系统，最终发展为真正类似人脑功能的纳米光子集成计算机。目前的工艺水平还集中在纳米级硅光子电路的研究开发，逐步使完整的光学系统能集成在单片半导体材料上。单片纳米光子集成最大的优势是结构紧凑、功能齐全、测试简单、易与光通信耦合、可靠性好和功耗最低，有可能成为类脑存储器的最佳方案。各种不同光子集成技术及其功能、优缺点对比如表7-1所示。

表7-1 各种纳米光子集成技术的功能、优缺点及集成度对比

功能	纳米光子集成类型		
	模块集成	混合集成	单片整体集成
工艺特征	将分离元件集成为标准模块	将不同种类的分离元件(光学及电子)集成为独立器件	将各种功能器件全部集成于单一整体芯片
电子及光量子器件功能	++++	+++	根据需要配置
光学材料利用	++++	+++	++
光学功能	++++	++++	++++
与电子器件连接	+	++	+++
光互联	+	+	++++
光纤耦合	+	++	++++
综合测试	+	++	++++
整体封装	+	+++	++++
尺寸/密集度	+	+++	++++
可靠性	+	++	++++
功耗/安全性	+	++	++++

目前，开发高性能计算系统基本采用多处理器通过多总线并行处理。不断增加中央处理芯片数量及增加芯片上内核数，使整个系统内部的数据交换很快接近于 EB 水平。巨大的数据流穿梭于系统、芯片及内核之间，只有光通信可以满足如此高性能计算系统的带宽需求，并已在大数据中心中使用。连接数据中心的同轴电缆已被光纤取代。根据其发展趋势，光互联最终将直接与主板甚至芯片通信。三维硅纳米光子芯片具有通过光学 IO 上网功能，是未来三维集成芯片结构中的最佳选择。具有数以百计的独立的处理器和内核与数据存储层键合，提供快速访问本地缓存。数据栈的顶部是光子层，由成千上万个不同功能的光学器件(调制器、探测器、开关等)及模拟电路(放大器、驱动器、锁存器等)组成。光子层的关键作用不仅是提供点对点宽带光纤连接，而且可保证不同内核与芯片之间的交叉通信。其中最重要的器件就是纳米光子开关阵列。将微透镜阵列与硅基上 SiO_2 平面光波电路技术结合极大地提高了数据传输效率。采用更高折射率的材料和减小透镜的曲率可进一步减少模块内部损耗，实现密集波分复用。目前，微透镜阵列、平面光波、硅基 SiO_2 波导、高速光开关技术已趋成熟，大型单片光子集成电路的设计与制造工艺设备也已取得重要进展。许多比较复杂的、离散的单功能光学组件，例如显示 OEO 转换器、激光器、波长调制器、衰减器、波分复用器、解复用器等的设计与集成加工的实验研究均在同步进行之中。例如，一种典型的 DWDM 光子集成电路光系统如图 7-1 所示，每个 OEO 转换都几乎涉及一半以上的光电和光学元件；一个完整的 40 种波长 WDM 终端结点将包含 120 个以上的单元和 300 多个光纤接头。这种光子集成电路，可将所有光学功能器件集中使用统一的传输系统集成到一个单一的芯片上。与传统的微电子产品相似，光子集成电路同样具有成本低、占用空间小，低功耗和可靠性高的综合优势，且避免了使用费用高昂的众多频繁转换结构器件。此外，光子集成电路比分离元件制造的组件，在制造、包装、测试和生产效率方面均具有明显的优势。

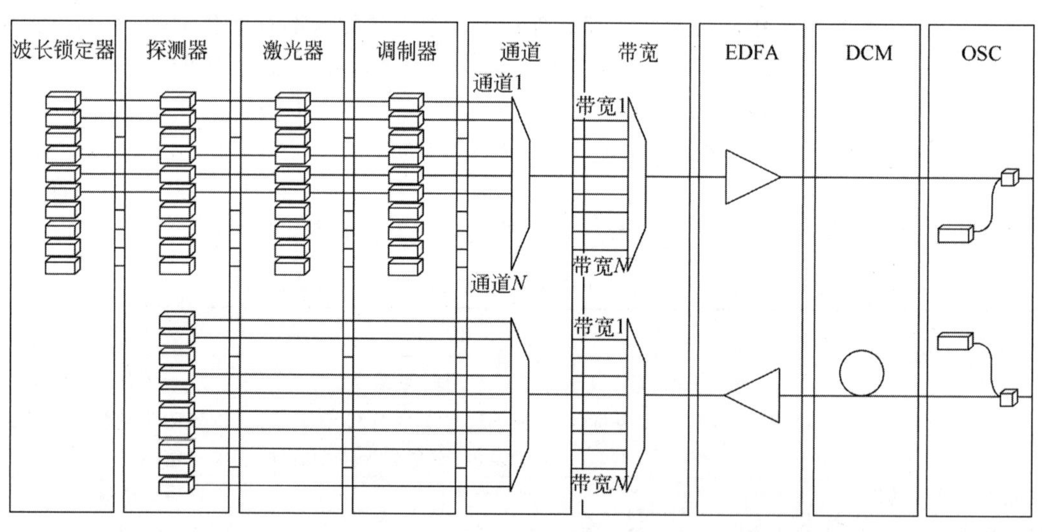

图 7-1　典型的 DWDM 光子集成电路(PIC)结构

完整的光子集成器件包括激光器、调制器、探测器、衰减器、多路复用器/解复用器和光放大器等元件。将几十个或更多不同光学元件集成到单一的器件上。其中微型光学透镜阵列最引人关注。自动化的光学微透镜阵列制备(MLA)已较成熟，在光纤通信和光互联中已得到实际应用。密集波分复用网络中，透镜阵列多路光束聚焦需求快速增长。例如，三维光纤阵列连接及三维光学微机电开关系统是多路复用器/解复用器、滤波器、衰减器、收发器、交换机中三维化光导结构中传输损耗最低的器件。为了解决三维集成器件互联，光束需同时在平行面和垂直于光束的传播方向传播。通过三维微透镜阵列器件，光信号可直接连接到输入和输出光纤阵列。输入 MLA 准直光通过平板波导传输距离可达 100mm，与输入和输出有源元件相连。有源元件可操作基于电光、热光、声光或其他工作原理的功能器件，实现对光束的传播方向、波长、振幅、相位、频率、偏振甚至纠缠态的控制。目前的研究工作集中在单、双镜头及双曲面微透镜的设计和工艺，不同参数及应用条件对光学基片的性能的影响。单、双镜头的结构设计需与衬底材料界面光学性能匹配。通常，采用的是 SiO_2 材料基片，在表面的凹隙中填充不同折射率的聚合物材料，构成各种 SiO_2/聚合物界面，也可加工成双凸型及非球面型或容易曲面型结构，达到高质量的光学性能。主要困难不在设计及计算机模拟，而是加工设备及配套工艺。

1. 集成制造工艺因素

光子集成元件的波导主要是利用蚀刻工艺制造而成。波导的横向尺寸，刻蚀深度及波导弯曲度对波导性能都会产生严重影响。但如果工艺正确，即使很小的弯曲半径（$<10\mu m$）也可以实现低损耗互联。这对光子集成元件尺寸具有重要意义。蚀刻 MMI 耦合器和深刻蚀阵列光波导（AWG）是光子集成电路的关键部件。实际上，深度尺寸大的形貌及精度控制是刻蚀设备中的关键问题。与微电子集成技术或信息和通信技术领域发展面临的情况基本相似，即所谓集成度大约每 18 个月翻一番的 Moore 定律，基本因素都取决于微尺寸结构的加工制造工艺水平。这说明，由于微电子集成加工工艺技术的发展，才出现历史上前所未有的发展速度。可以说，没有微加工技术的持续发展，就没有现代集成电路和光子集成元件。基于磷化铟的光量子集成技术几乎可以继承所有微电子工业使用的设备和工艺，但也同样面临与微电子集成技术发展中存在的相同问题，即设备发展进步的周期和制造成本。为了方便与集成电路类比，也将每平方厘米上的光量子器件数定为计算集成度的标准，集成光量子器件的 Moore 定律发展规律如图 7-2 所示。以 1988 年美国提出集成光子器件的概念（AWG）为起点，第二代是 1997 年发明的 InP 基光学多路复用器（Optical Add-Drop Multiplexer，OADM），第三代的集成器件代表是美国在 $0.2cm^2$ 面积上集成 4 个 Mach-Zehnder 开关。第四代为每平方厘米 25 个组件。目前采用的是已能实现高密度的光交叉互联（Optical Cross-Connect，OXC），一个器件包含 4 个 AWG 和 4 个 Mach-Zehnder 开关，占用面积 $5mm^2$，即每平方厘米包含 100 个组件的集成密度。成功地进一步减少 AWG 尺寸，已接近传统的极限蚀刻深度，使器件尺寸减小到 $250\times350\mu m^2$。最新一代光量子代表器件为触发器，包括 8 个微腔环型激光器，面积 $10\times20\mu m^2$，即每平方厘米集成度超过 10^4 个组件，基本上与 Moore 定律相符，略超过微电子，如图 7-2 所示。

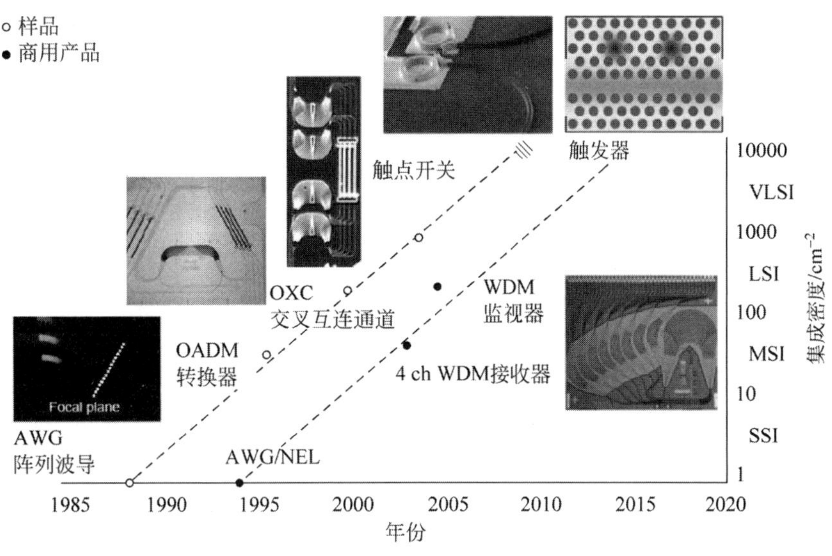

图 7-2 微光量子集成技术发展的 Moore 定律

2. 漏模式谐振纳米等离子器件

表面等离子体(Surface-Plasmon Polariton,SPP)可用于多种纳米级光学器件。根据 Maxwell 方程描述,SPP 存在于金属/电介质介电界面上。由于 nSPP 的波矢量与平坦金属/电介质界面上的入射波矢量不匹配,所以采用面内相位(动量)匹配方法使其激励。在金属表面上加工亚波长电介质衍射光栅构成 SPP 耦合元件,即直接放置在金属基板上的周期性元用作波导。光栅的厚度是影响该波导系统模态的关键参数,通过最佳选光栅参数,便可同时实现使 SPP 激发和泄漏模式功能。

SPP 和 GMR 类型的谐振光子器件均由沉积在硅衬底上的薄金层组成,使用紫外干涉光刻在该层上建立的光致抗蚀剂衍射光栅横截面如图 7-3(b)所示。结构原理如图 7-3(a)所示。实验的 TM 偏振光谱如图 7-3(c)所示,在 $\lambda=801.1$nm 处为 SPP 谐振,在 $\lambda=664.1$nm 处为 GMR,内部磁场分布及离子体和模态特性如图 7-3(d)所示。此器件设计制造工艺研究可作为泄漏模式谐振光子学技术平台,包括主要加工设备性能的理论和实验参数。导引模式谐振元件还可用于滤波和单窄带谐振器件,支持复杂的相互作用的波导模式集成,及振幅、相位、频谱、电介质、半导体和金属材料的应用方面设计参考。

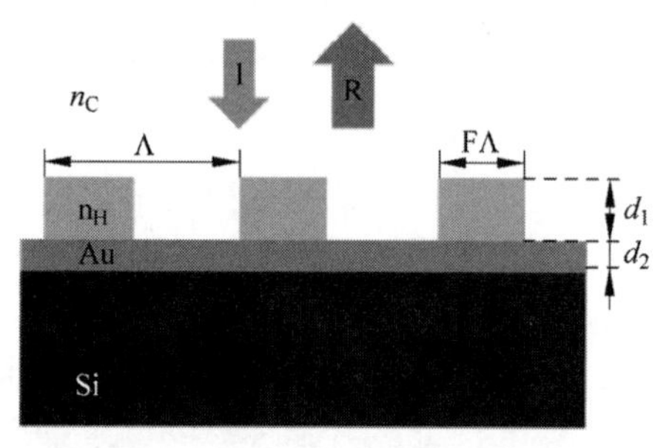

(a) GMR-SPP混合元件结构：Λ=625nm，d_1=560nm，n_2=120nm，F=0.4; n_C=1.0，n_H=1.6，且满足Au和Si的光谱计算复合色散折射率

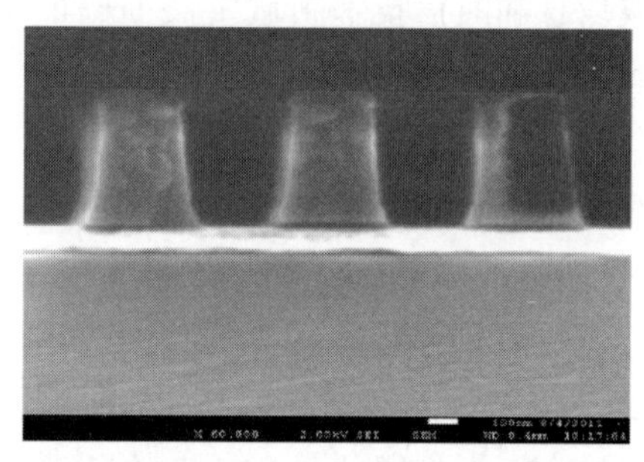

(b) GMR-SPP混合元件横截面的扫描电镜照片

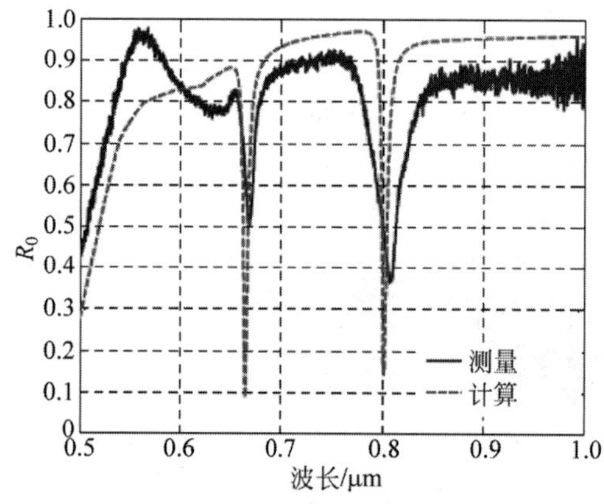

(c) 根据TM偏振法向入射计算(虚线)及实验测试(实线)的反射光谱元素归一化反射率曲线

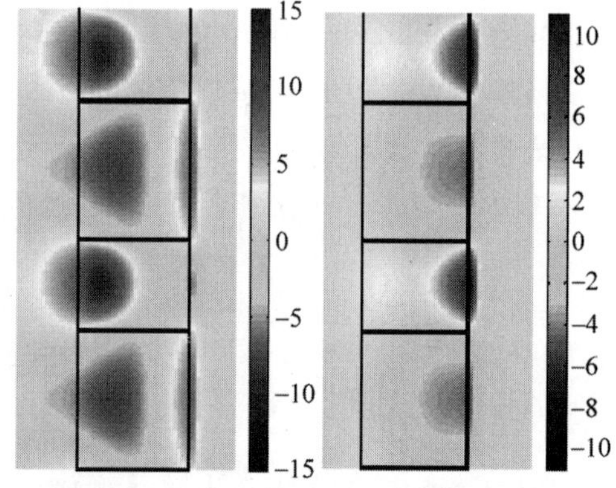

(d) λ=664.1nm(左)和λ=801.1nm(右)的总磁场分布

图 7-3 表面等离子体纳米光子学器件结构特性

3. 微透镜阵列

一种以硅为衬底的平面硅微透镜阵列(MLA)结构如图 7-4 所示,不同形貌微透镜示意图见图 7-5,透镜设计参数如表 7-2 所示。基本工艺可采用压印或传统的集成电路光刻工艺制造。掩模制造可以采用激光阵列直写或激光三维成型(参见本书第 8 章)。

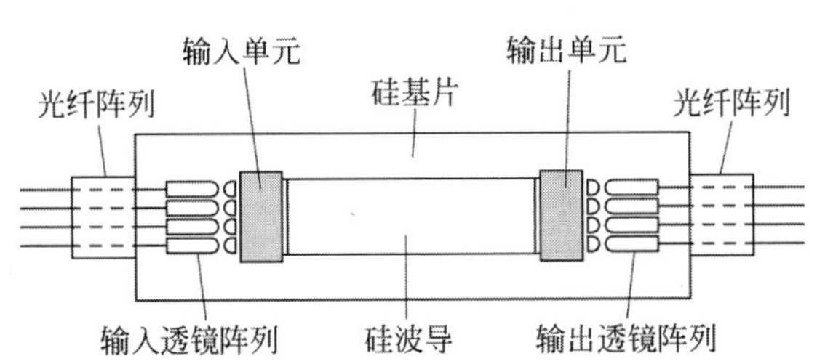

图 7-4　以硅为衬底的光束方向控制有源元件及平板波导构成的无阻塞任意交叉连接光开关，平面硅微透镜阵列结构示意图

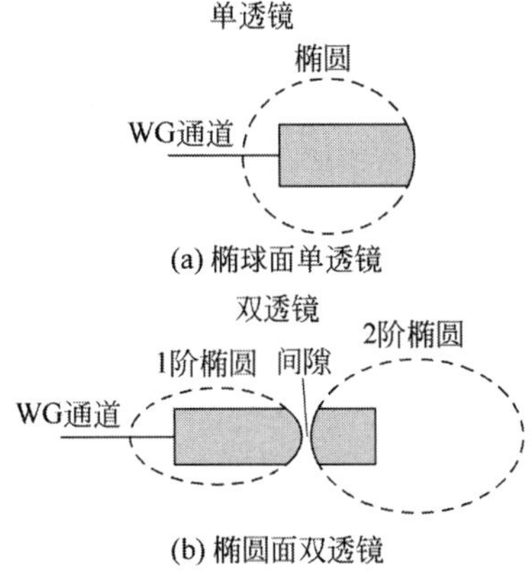

图 7-5　不同形貌微透镜示意图，透镜具体参数见表 7-2

表 7-2　非球面微透镜主要设计参数(单位：μm)

透镜类型	椭球面长轴	椭球面短轴	长度	焦距
单透镜	1148	833	800	1938
双透镜(1 组)	944	469	2000	1760
双透镜(2 组)	2143	1066	450	4002

基于二氧化硅波导的微透镜阵列模块结构如图 7-6(a)(双透镜)和图 7-6(b)(单透镜)所示。采用 6 英寸和 8 英寸硅片制造。主要结构为 3 层，即由硅晶片、下层膜、元件芯和上覆层构成。硅衬底晶片经高温氧化为熔融二氧化硅层，在二氧化硅薄膜上通过化学气相沉积聚苯胺形成阵列透镜元件核，然后加工上覆盖层。透镜核与熔覆层的折射率差 $dn=0.78\ \%$。波导部分采用反应离子刻蚀加工。输入波导长度约 2mm，而输出信道波导的长度取决于测试要求。采用反应离子刻蚀(RIE)技术加工，控制硅层的蚀刻深度及双透镜和单透镜平板波导。然后在 180℃下涂布非晶氟碳聚合物树脂。利用抛光轮使透镜表面粗糙度小于 10nm。图 7-7 为透镜阵列的 SEM 图像放大照片。

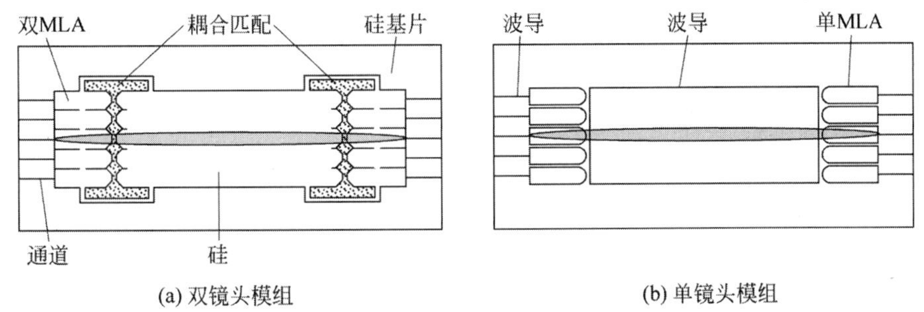

图 7-6　以硅为衬底的两种类型的光学透镜平面集成模块结构示意图

双透镜镜头及与其折射率相匹配的间隙填充流体(Index-Matching Fluid，IMF)的垂直横截面图形，双透镜的光模耦合效率与间隙尺寸的函数关系曲线如图 7-8 所示，放大结构如图 7-9 所示。

根据透镜的曲率和 x 轴上光强度分布，镜头间隙的损失可以通过沿垂直于基片及光束传播方向截面的积分计算。光波阵面进入透镜区域之前的功率为

$$P_i=\int_A \frac{1}{2}\varepsilon(x,y)E(x,y)^2\mathrm{d}x\mathrm{d}y \tag{7-1}$$

式中，$\varepsilon(x,y)$为电解序数；$E(x,y)$为电场强度。由于材料性能相同，式(7-1)可改写为

(a) 单透镜

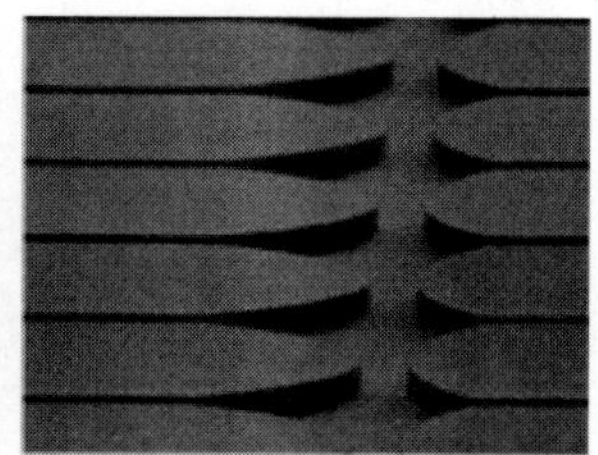

(b) 双透镜

图 7-7 微透镜阵列扫描电镜放大照片

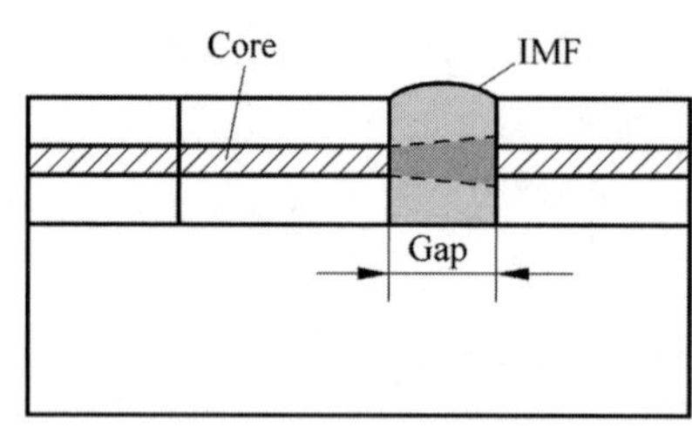

(a) 双透镜与镜头间隙折射率相匹配的填充流体(IMF)的垂直横截面图

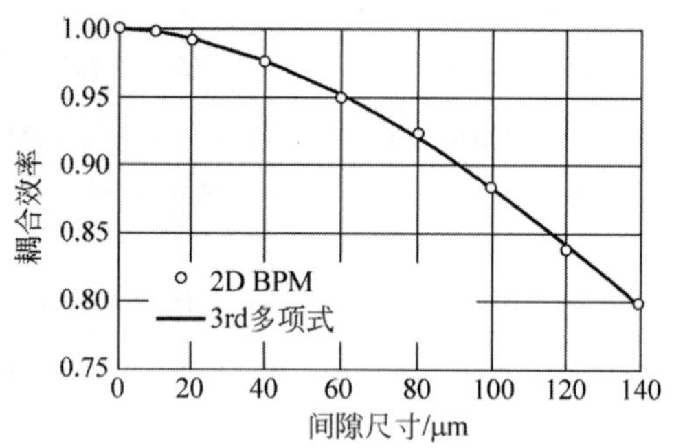

(b) 双透镜的光模耦合效率与间隙尺寸的函数关系曲线

图 7-8 双透镜的光模耦合效率与间隙尺寸的关系

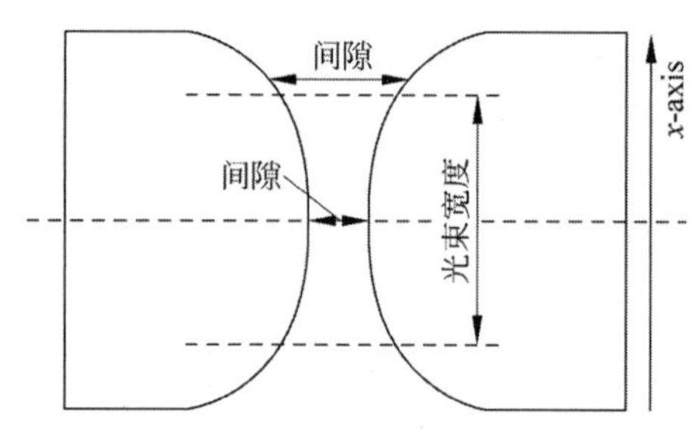

图 7-9 双耦合透镜结构示意图

$$P_i = \frac{1}{2}\varepsilon W_y \int_{\text{width}} E(x)^2 \mathrm{d}x$$

$$W_y = \int_{-h/2}^{h/2} \exp(-ay)^2 \mathrm{d}y \tag{7-2}$$

此处的 Gauss 系数取决于层结构及图 7-9 中沿 x 方向的波束宽度。所以，通过透镜后的光功率可以表示为

$$P_o = \frac{1}{2}\varepsilon W_y \int_{\text{width}} E(x)^2 \eta(g) \mathrm{d}x \tag{7-3}$$

式中 $\eta(g)$为图 7-8(b)所示耦合效率，并可用间隙尺寸多项式 $g(x)$表示。镜头间隙损失如下所示：

$$\begin{aligned}\text{Loss[dB]} &= -10\ln\frac{P_o}{P_i} \\ &= 10\ln\int_{\text{width}} E(x)^2 \eta(g)\mathrm{d}x - 10\ln\int_{\text{width}} E(x)^2 \mathrm{d}x\end{aligned} \tag{7-4}$$

在图 7-6 所示的光集成模块中，输入光束被 MLA 准直扩束在波导中传播，并被另外一组 MLA 聚集输出到信道波导。在两组 MLA 透镜之间传播光束的平板波导可能达到 110mm 或更长。为了最大限度地减少系统的总损耗，需根据光束的传输特性及功能系统设计损耗最低的二维光学系统。5 组不同曲率结构参数的单、双透镜的光束传输剖面宽度及透镜间距关系曲线如图 7-10 所示。图中单椭球面透镜的短轴和双透镜单元中的第二椭球面透镜的短轴变化(从 1# ～5#)增量为 5mm，透镜其他参数见表 7-2。从图 7-10(a)可以看出，单透镜曲率变化强烈地影响传播曲线。其中，第 3 组镜头的曲线最为对称，最小光束宽度约 250mm，最大约 370mm；第 1 组和第 2 组透镜的曲线表现出较强的交叉，光束宽度分别增加到约 550 和 450mm；其他几组单透，输出光束宽度变化均约为 200mm。图 7-10(b)中的 5 组透镜变化比较接近，说明透镜曲率变化对系统的有效光束宽度影响较小。当然，此透镜组中仅改变了第 2 个透镜的曲率。

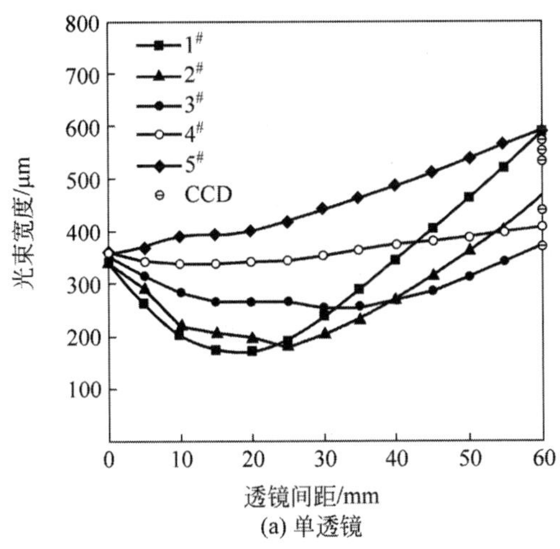

(a) 单透镜

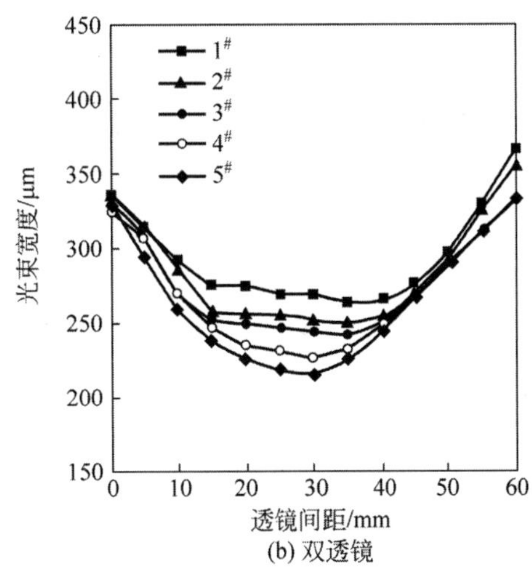

(b) 双透镜

图 7-10　5 种不同曲率阵列透镜组合的光束传输剖面宽度及透镜间隔

为了验证以上计算分析的正确性，以图 7-10 中的 3、4、5 组结构设计的透镜系统为例，对光束传输剖面宽度及透镜间隔关系进行实测与理论计算对比，如图 7-11 所示。理论和测量之间良好的一致性表明，二维透镜阵列设计方法是合理的，具有足够高的精度，可用于微透镜阵列的平面光学系统建模。分别对单、双镜头模块测量结果表明，其最低损失分别为 2.1dB 和 3.5dB。双透镜和单透镜组，每增加 50mm 间距所造成的损失分别为 0.55dB 和 0.8dB。此外，镜片的材料、熔融二氧化硅波导及覆盖层的折射率差对透镜阵列的光能传输效率也有影响。二氧化硅的折射率通常固定在 1.444，核心层折射率为 1.4513～1.4593，所以对单透镜系统影响不大。但对于双透镜系统，透镜之间需填充折射率相近的树脂，其实际测量的折射率为 1.336，且对温度的影响敏感，所以对系统的传输能量损耗较大。

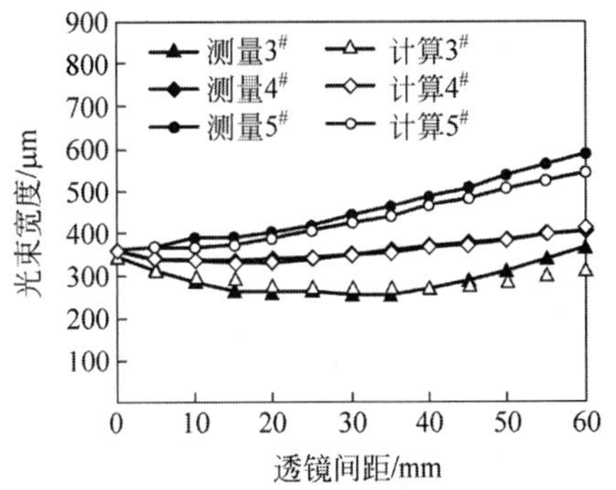

图 7-11　对图 7-10(a)中的 3、4、5 组透镜结构的光束传播宽度的理论计算与实际实验系统的测试结果对比

4. 典型光子集成工艺

虽然光子集成与微电子集成有很多共同之处，但具体器件结构与微电子完全不同，光量子集成元件，包括耦合器、滤波器、多路复用器、激光器、探测器、开关、调制器等其结构原理、操作控制和材料都有很大差别。最有代表性的是：(1)无源波导结构，主要包括各种低损耗的互联子器件，例如微型耦合器、滤波器、多路复用器及偏振模式转换器等。(2)用于操控光信号相位的元件，例如很容易波导集成的高速电折射调制器(Fast Electro-Refractive Modulator，FERM)，用于快速光开关和相位/振幅调制。(3)光信号放大元件，例如半导体光放大器(Semiconductor Optical Amplifier，SOA)，广泛用于线性和非线性光信号处理，如用于 WDM 光源，飞秒脉冲激光器和超快光开关如图 7-12 所示。整合这 3 种基本组件，基本上可以实现光子芯片的大部分功能。所以本节以 MO-CVD 集成，外延再生 SOA 工艺和无源器件的设计加工工艺为例，介绍如下。

5. 尺寸压缩

光量子集成元件设计加工的核心技术是尽量减小尺寸，尽可能与实际应用的波导尺度一致，减小波导宽度，缩小弯曲半径，提高 MMI 耦合器和 AWG 集成密度，减少传播损耗。特别是多层波导阵列

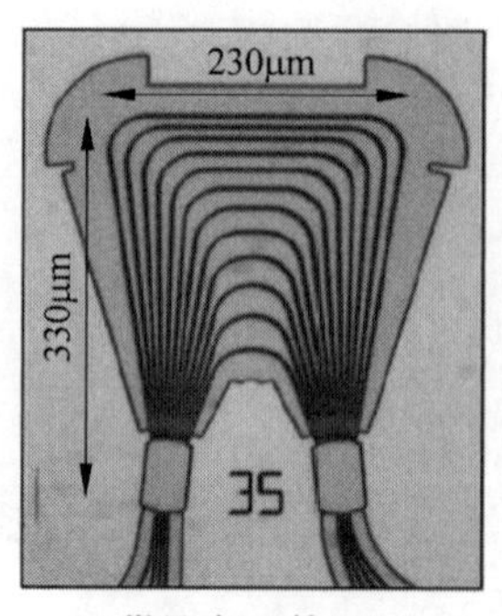

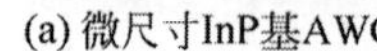
(a) 微尺寸InP基AWG

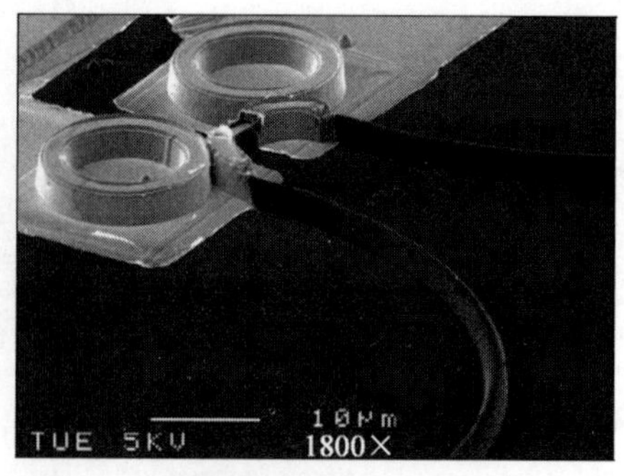

(b) 微电-光子集成元件

图 7-12 典型光量子集成元件

之间的光刻分辨率有限，导致连接边界粗糙或低折射率部分闭合不全引起光子传输的不连续甚至突然关闭。其中，短弯波导部位折射率的对比度要求严格控制，保证每个结点损失小于 0.1dB，深、浅蚀刻区之间的过渡平滑。包括伺服电路在内，目前技术已经能够实现整个 AWG 的尺寸低于0.1mm²，接近基于 InP 型波导技术的限制。若需进一步减小器件尺寸，可采用光子线和光子晶体技术。这些技术可以突破上述原理极限，即单缺陷微腔为波长 1/2(200nm)的对光子器件尺寸的限制。

6. 电-光和光-光谐振增强

随着工艺技术进步，减小器件尺寸对电-光或光-光调制器的意义最大。因为这些器件比较复杂，在系统中使用量也比较大。例如光学放大器或光电折射调制器，系统中可能成百上千，用于各种波长所需的 π 相移和光开关操作。例如图 7-12(b)所示的微环型双稳态谐振增强触发器。在顺时针(Clock Wise，CW)或逆时针(Counter-Clock Wise，CCW)两个方向通过耦合波导组成多元级联器件。如果腔尺寸能降低到微米或亚微米量级，响应时间可优于 1ps。另外，也可以考虑采用无源谐振腔微谐振器结构。使用注入锁定激光器只需要很低的光功率就可以从一个模式切换到另一个模式。但双稳态运行需要强光场，特别是弱非线性 Kerr 效应的功率电平超过有源触发器两个以上量级。高光功率信号可能引起腔的感应发热，但连续泵浦腔温度的提高可使冷却效率更高，发热问题并不太重要。当然，在大规模集成中主要应用有源器件。

微激光器的一个重要特征是可改成低功率的数字式光功能器件。利用输入光的共振增强(注入锁定)进行驱动。因此，耦合微腔激光器是理想的数字光子集成电路的发展方向。如果成功，将实现更多的数字式处理功能类，达到与微电子技术相似的结果，而且还将大幅减少元件数量，放宽对集成度的要求。因为可以通过发射直接进行数字控制，减少了触发器和互联波导，降低了集成技术的复杂性和元件的数量，扩大了其应用范围。目前，按照此原理设计的触发器直径约几微米，开关速度能达到皮秒范围，能耗低于飞焦(fJ)，最终尺寸主要取决于光子晶体。另一个重要问题是微腔有源材料的电性能，为了实现高集成密集，必须保持足够低的阈值电流。将光子晶体微腔光子约束与量子阱、量子点技术结合，完全有可能将光子相互作用用于信号处理与计算。而且有可能实现多个波长的并行处理。在相同的增益介质中，允许多波长同时独立运行，进一步与多波长宽带传输相结合，最终实现超高速信息传输与处理。例如目前已广泛使用波分复用器，代表了光量子信号平行传输处理开始。随着光刻技术和刻蚀工艺的进步，小存储深蚀刻技术为高集成度器件制造创造了基本条件。完全有可能模仿 VLSI 发展的经验，不断提高集成度和器件结构的复杂程度。另外，由于光子晶体、非线性光学器件等技术的日益成熟，发展速度可能更快。深刻蚀技术也是提高电和光-光作用的关键，通过这些从根本上影响小共振增强。Moore 定律将为实现这一目标提供动力，预计在最近 10 年内，纳米制造尺度有可能突破 10nm，将为新一代大规模集成光量子器件奠定基础。例如在本书第 8 章将介绍的分子束延生长，特别是利用多气态源外延生长异质结构工艺将为复杂结构(材料)的制备创造良好条件,可完全满足光子和光电子器件所特需的稀氮化物基薄膜,砷-锑磷基结构薄膜的外延生长加工的需要。如果采用Ⅲ-Ⅴ气源分子束外延,还可加工光量子集成中不可缺少的隧道结 GaAs 器件,实现二维光子带隙光子晶体结构的制造,用于微尺寸的超短脉冲激光器、探测器及电光开关的制造。这种隧道节耦合激光器具有多种激活能带,所以其辐射波长可以调整和控制,是实现宽度多波长存储的基本支撑元件。在 GaAs 衬底上加工量子点可实现超低激光阈值电流,获得窄发射光谱,是实现多波长存储,避免交叉干扰的基本条件。实验证明,对发射波长精确度的控制可以达到 20nm 左右。此外,将 GaAs 隧道结材料引入铟研究证明,这种方法可以提高隧道电流,从而提高激光辐射的量子效率。同样,铟掺杂也可以采用分子束外延工艺处理。

光量子器件纳米制造工艺对其他功能元件和逻辑器件的制造也非常重要。例如以半导体光放大器(Semiconductor Optical Amplifiers,SOAs),光逻辑单元(Optical Logic Unit,OLU),嵌入式在 Mach-Zehnder 干涉仪及其组合子系统及有源器件和无源波导加工,都需要各种结构的材料外与纳米级光刻和腐蚀工艺配合。在双波导(Twin Waveguide,TG),强耦合波导垂直堆,非对称双波导(Asymmetric Twin Waveguide,ATG)结构中许多参数需要优化,以减少波导耦合的损失。较低的波导折射率,控制横向维度、长度和起始宽度可以改变和提高光学效率,如图 7-13 所示。从图中可以看出,在 425μm 范围内双波导结构与总传输效率的关系。显然,可采用优化稀释波导结构调节波导和传输特性。

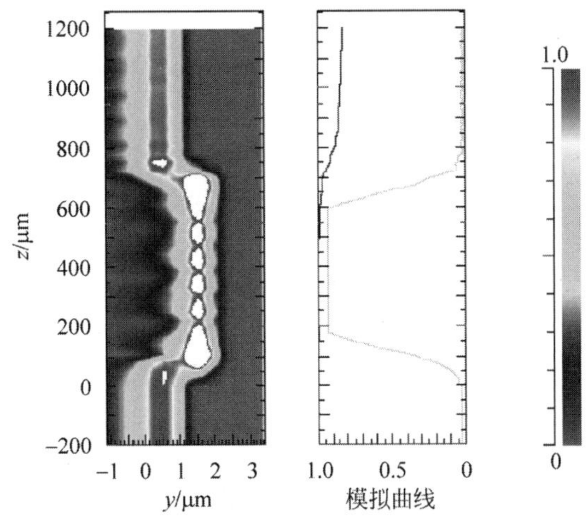

图 7-13 双波导结构中的光传输效率与波导结构的关系

此外,利用光子集成电路技术将光量子存储器件的各元件通过小型化集成为完整的存储器。这种光子集成电路光车除了量子化学存储主单元外,还包括光放大器、光脉冲发生器、偏振分束器和移相器和探测器等子部件。所有这些元器件将都通过波导连接集成。其中,波导设计比较困难,主要用于波导的空间弯曲半径有限制。除了要控制由于弯曲半径直接影响波导传输效率外,还需要占较少的空间,寻求低损耗波导弯曲与最小空间尺寸的集成模型。例如,以(In,Ga)(As,P)材料系统为基础的光子集成电路。(In,Ga)(As,P) 在 InP 衬底上,利用气源分子束外延生长异质结。为尽量减少材料和耦合损耗,可采用有效折射率较低的稀释波导(Diluted Waveguide,DW),如图 7-14 所示。由4 种材料组合($In_{0.56}/Ga_{0.44}/As_{0.95}/P_{0.07}$)构成折射率 $n=3.294$,与折射率 $n=3.17$ 的 InP 层构成波导,如图 7-14(a),其横截面能量分布如图 7-14(b)所示。

其加工过程包括在 InP 衬底上,通过气源分子束外延生长上异质结构。然后利用化学气相淀积加工 SiO_2 硬掩模层,通过光刻和反应离子蚀刻加工形成的稀释弯曲结构波导组的扫描电子显微镜放大照片,如图 7-15 所示。

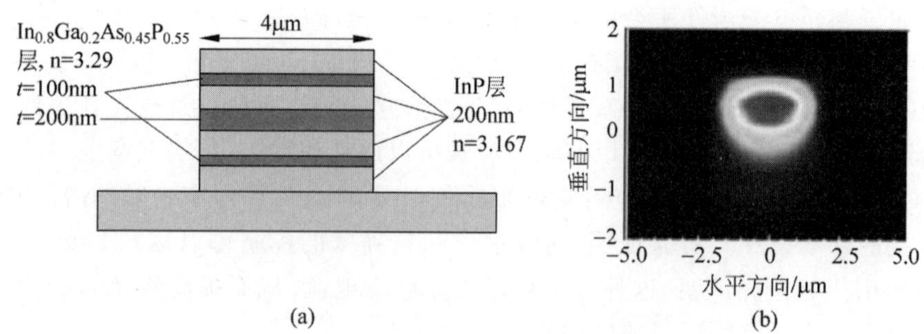

图 7-14 稀释波导结构原理及能量分布模型

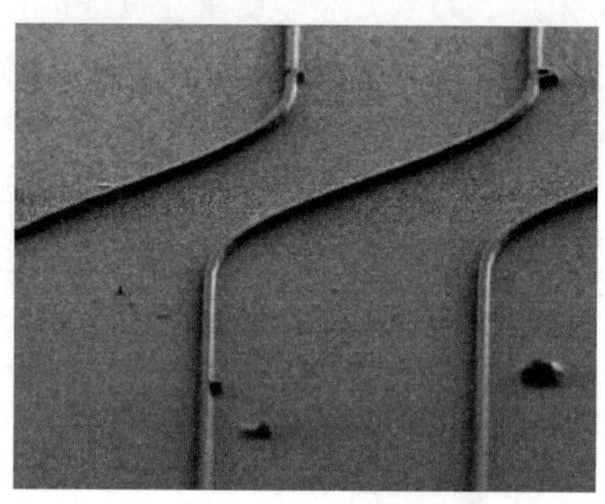

图 7-15 采用厚 146nm 的 SiO_2 掩模在 InP 衬底上蚀刻而成的弯曲的 InGaAsP 波导组。外延层的刻蚀深度为 1.56μm

如上所述，大规模光子集成电路需要若干弯曲导向的各种光子互联，而且往往对波导的曲率半径有严格要求。传统波导由于受高折射率波导层和低折射率外围折射率的限制，不可能实现任意曲率的导引，造成光子集成电路设计困难。这种器件很容易受到弯曲半径带来的光损失。光子晶体(Photonic Crystal，PC)由不同高、低折射率材料周期性排列而成，有可能成为解决这个问题的潜在方案，理论上可以做到 90°，近乎完美的转向传输。以不同折射率排列的圆柱状阵列二维光子晶体为例，沿光子波导传播方向，在光子晶体中掺入能造成一定光子带隙(Photonic Band Gap，PBG)的材料，构成特殊传播方向的波导，如图 7-16 所示。这些周期性介电柱周围的缺陷形成的光子带隙，使某频率范围的光不能传播。因此，被约束在带隙中的光子能量只能沿缺陷模式引导光的方向传播，甚至能实现低光学损耗 90°弯曲。

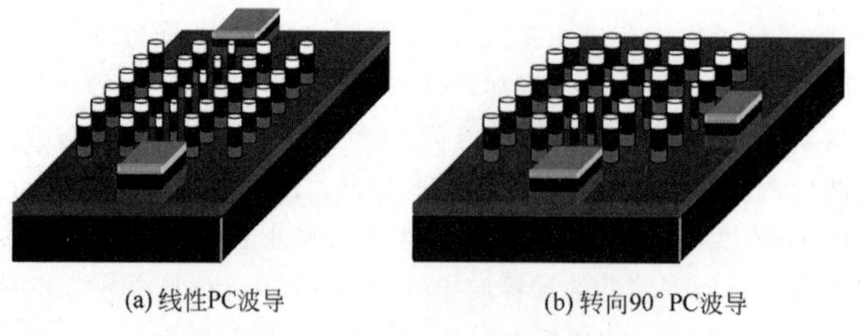

图 7-16 将光子晶体用于直角波导原理示意图

然而，由于光子晶体波导之间的耦合效率目前还比较低，这种波导还未实际使用。传统的波导光场向前传播没有散射成分，而在光子晶体波导场存在各种方向的散射。此外，传统的光波导，光被限制在包围低折射率材料的高折射率材料中，不能向外扩散。但在光子晶体波导中，光子实际上是在低折射率材料周围环绕的光子晶体反射镜之间传播。因此提出 3 种不同机构的光子晶体波导方案设计，如图 7-17 所示。图 7-17(a)为 Fabry Perot 反射光子晶体区方案，光子只能沿其长度方向传输或振荡。第二种方案是在输入和输出端加入锥形介电波导，如图 7-17(b)所示，这时 Fabry Perot 的反射率可能稍微降低。在第三种设计中，输入波导进入高折射率带隙引导的强耦合腔波。根据二维模拟实验表明，这种耦合方案的效率几乎接近 100%。

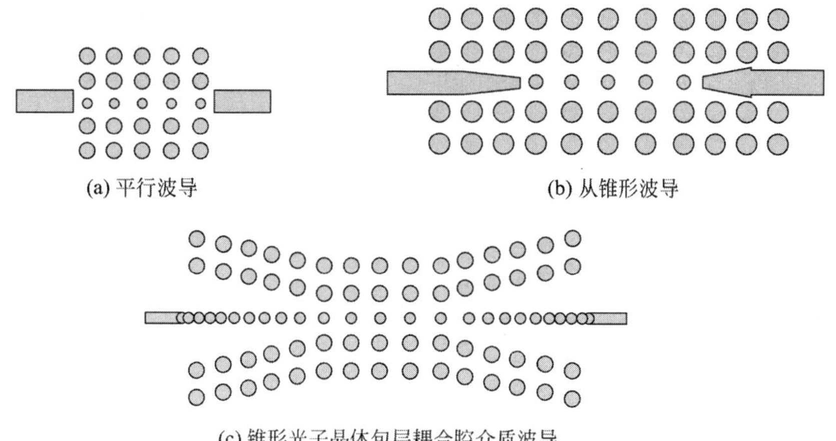

图 7-17　光子晶体波导耦合示意图

在光量子器件中大量采用光子晶体波导作为光子发射、光纤传输和光电探测元件之间输入输出的耦合器。带隙为 1448～1482nm 的双列柱型及四列柱型电介质光子晶体，传输特性测量曲线如图 7-18 所示。另外两种采用双阶耦合方案的光子晶体波导传输特性与波长的关系如图 7-19 所示。从这些测量结果中都可以看出带隙对光子晶体波导性能的影响。经过改进的其他各种结构及可弯曲类型的光子晶体波导如图 7-20 所示。

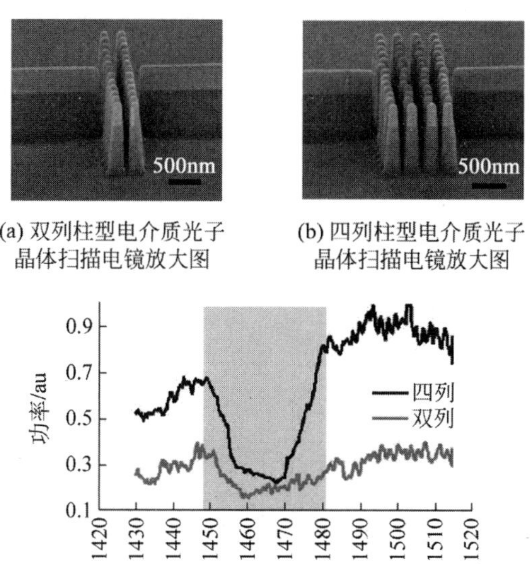

图 7-18　双列柱及四列柱电介质光子晶体的结构及特性

由于，AlAs/GaAs 或 AlAs/AlGaAs 材料的低指数比，饱和吸收反射只能获得有限带宽。因此，这种反射镜不适合应用于宽带，如超短脉冲激光。为了提高反射镜的带宽，采用半导体吸收剂，通过

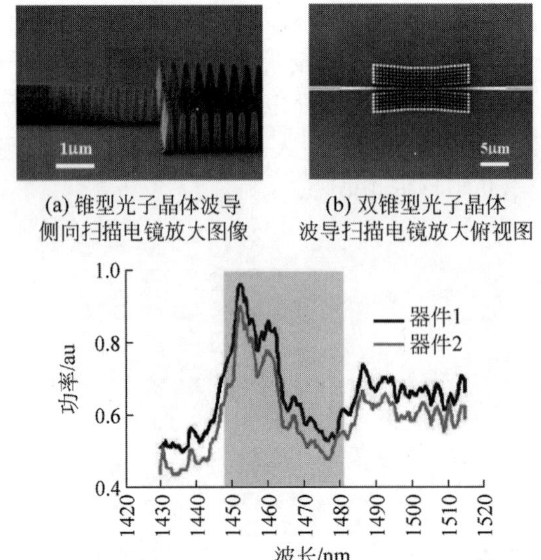

(a) 锥型光子晶体波导侧向扫描电镜放大图像

(b) 双锥型光子晶体波导扫描电镜放大俯视图

(c) 制作在同一芯片上的这两种光子晶体波导传输特性测量结果

图 7-19 不同结构的光子晶体波导性能比较

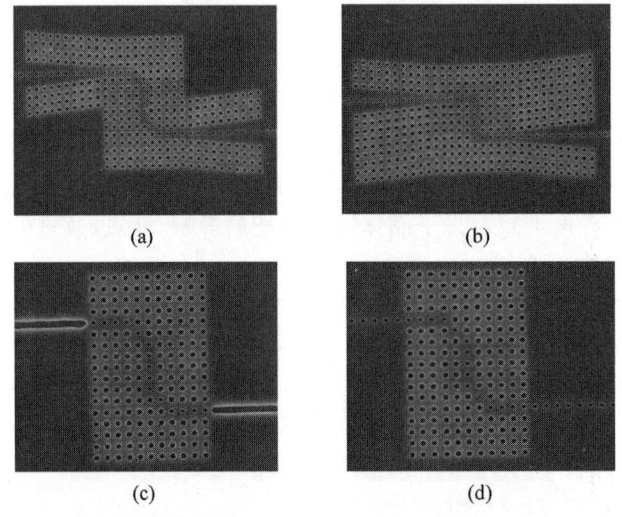

(a) (b) (c) (d)

图 7-20 在 PMMA 上采用电子束曝光显影后获得的结构及可弯曲光子晶体波导扫描电子显微镜放大照片

后处理后转移到宽带的金属反射镜上。例如,宽带饱和 Bragg 反射器(Saturable Bragg Reflector, SBR),外延生长的 AlGaAs/CaF_2 反射镜和 GaAs 吸收体使用于钛蓝宝石激光器的实验证明效果优良。此外,一种使用蒸气氧化转换 AlAs 制成的 Al_xO_y 低折射指数层(折射系数 $n\sim1.6$)单片集成 Bragg 反射镜,也被用于激光器的波长选择吸收和作为高折射率层。采用 InGaA 吸收 AlGaAs/Al_xO_y 的反射镜已用于包括 Cr: F 在内的大范围宽带红外激光器。通过改变吸收层的厚度调整饱和吸收及损耗,利用 AlAs 氧化物对 InGaAs 分层吸收效应,改变氧化前后温度分布结构,制成适用于包括可见光波长在内的 SBR 与 InGaAlP 高折射率层和 GaAs 吸收器。利用这种宽带反射率 SBRs 氧化技术,制成的从可见光到红外激光器频谱如图 7-21 所示。

SBR 膜是在 GaAs 基片上使用气体源分子束外延生长而成。然后利用光刻和湿法蚀刻制成 SBR 结构,并在温度为 400～435℃的管式炉中氧化。在氧化过程中采用傅里叶变换红外光谱仪(Fourier-Transform Infrared, FTIR)进行测量控制,最后用微光度计和扫描电子显微镜进行检验。其氧化层厚度用高分辨率的 X 射线衍射仪测定。

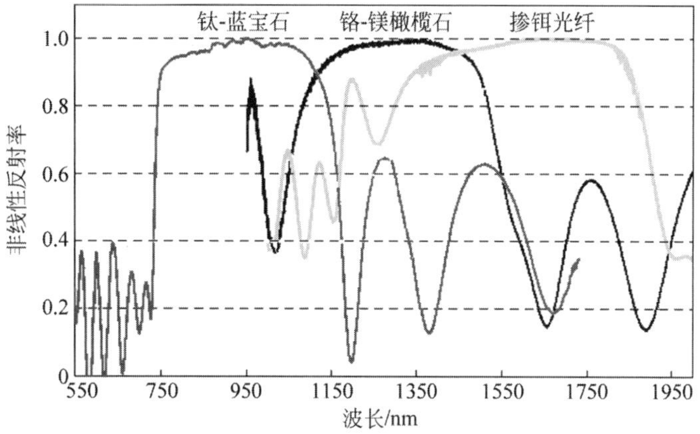

图 7-21　利用宽带饱和 Bragg 反射器 SBR 结构制作而成的，波长分别为 294nm，466nm 和 563nm 的钛-蓝宝石、铬-镁橄榄石和掺铒光纤（EDF）3 种不同激光系统的反射率均＞99％

上述器件所用的宽带饱和 Bragg 反射器（SBR）的相干显微镜放大照片及横切面结构如图 7-22 所示。该设计的中心波长为 950nm，SBR 直径为 500μm，且已被完全氧化。图 7-22（b）为具有 GaAs 熔覆层 SBR 的截面，InGaAs 量子阱 80nm 与 7 组 $Al_{0.3}Ga_{0.7}As/Al_xO_y$ 镜栈。该图说明氧化温度和时间对 SBR 的吸收和反射层性能，以及氧化稳定性有很大影响。较低的外延生长温度有助于提高吸收剂的稳定性。交替 SBR 结构设计有利于降低外延生长温度及其他工艺特性。此项技术可加工宽带 SBRs，且用于制作包括可见光波段在内的激光器。采用带隙为 536nm，折射系数为 3.1 的 $In_{0.5}Ga_{0.15}Al_{0.35}P$ 及晶格匹配的 GaAs 制成的反射镜可作为 800nm 以下的宽带反射器，用于蓝宝石，Cr∶LiSAF，Cr∶LiCAF 及 Cr∶LiSGaF 激光器。这种结构的 SBRs 俯视图和横截面如图 7-23 所示。

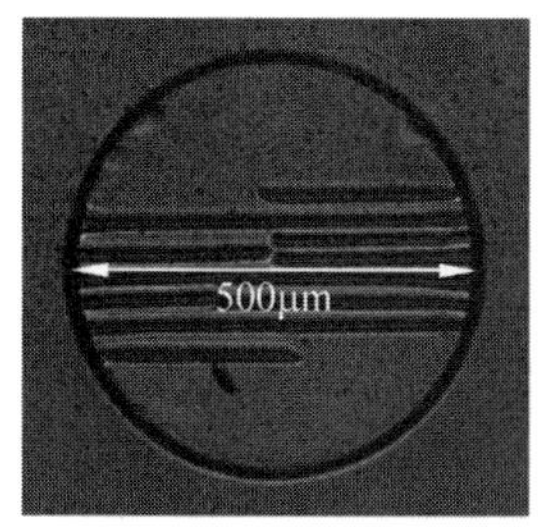

(a) 经过420℃，3.5h氧化后的SBR显微干涉图像

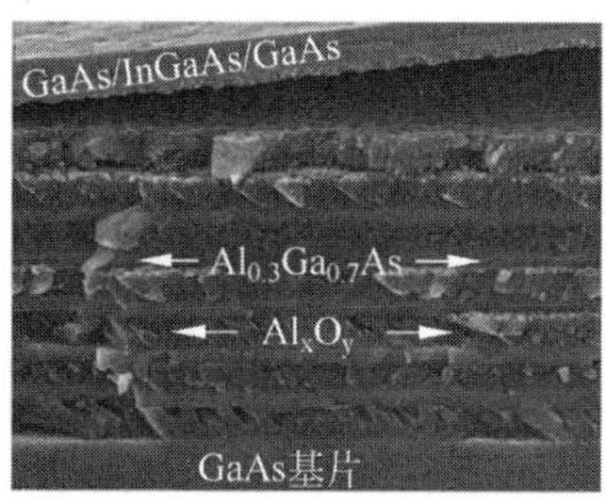

(b) SBR吸收层横截面扫描电镜图像：52nm-GaAs/80nm-InGaAs/52nm-GaAs 及 $Al_xO_y/Al_{0.3}Ga_{0.7}As$ 镜栈(～124nm)

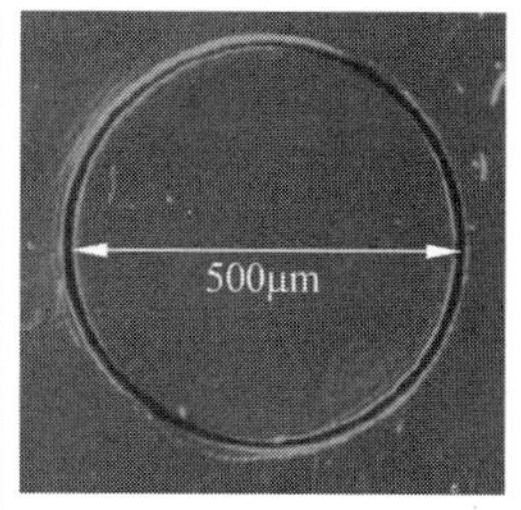

(c) 被充分氧化(410°C, 4.5h)的SBR显微干涉图像

图 7-22　SBR 的横截面结构

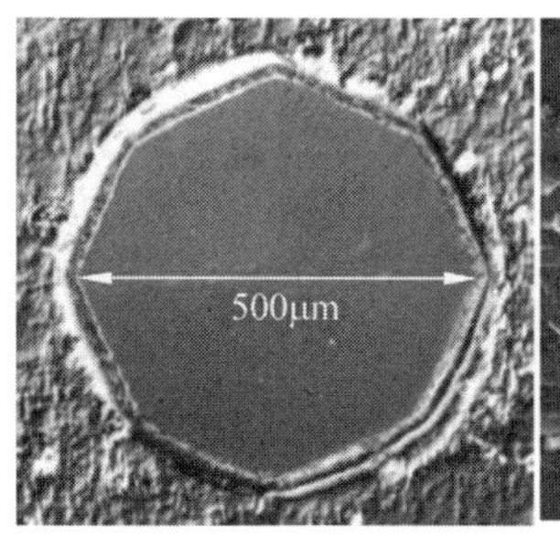

(a) 经过410℃，4.5h 氧化后的SBR显微干涉图像

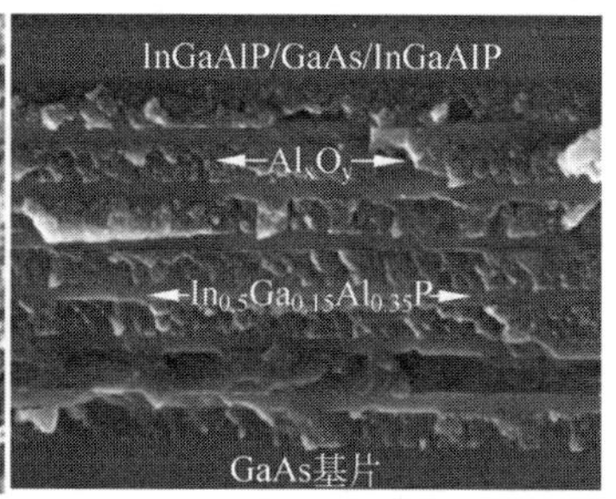

(b) SBR吸收层横截面扫描电镜图像：60nm-$In_{0.5}Ga_{0.15}Al_{0.35}P$，10nm-GaAs，60nm-$In_{0.5}Ga_{0.15}Al_{0.35}P$吸收层及$In_{0.5}Ga_{0.15}Al_{0.35}P/Al_xO_y$镜栈-65nm

图 7-23　用于蓝宝石激光器的 SBR 的外观及内截面结构

集成光学光子晶体技术还可用于制造超棱镜，即具有超级折射和分光散射特性的棱镜。可获得宽带广角“超级分散棱镜效应”，也可以用于单一波长大角度超折射。超棱镜效应即波分复用（WDM）的增强设备和光学元件。该器件由高折射率材料，如硅或砷化镓圆柱形孔组成的二维正方形晶格光子晶体，外形结构及主要技术参数如图 7-24 所示。该器件为六角形的光子晶体（PC），中间为正方形。输入角约±2°，输出可放大为±30°。

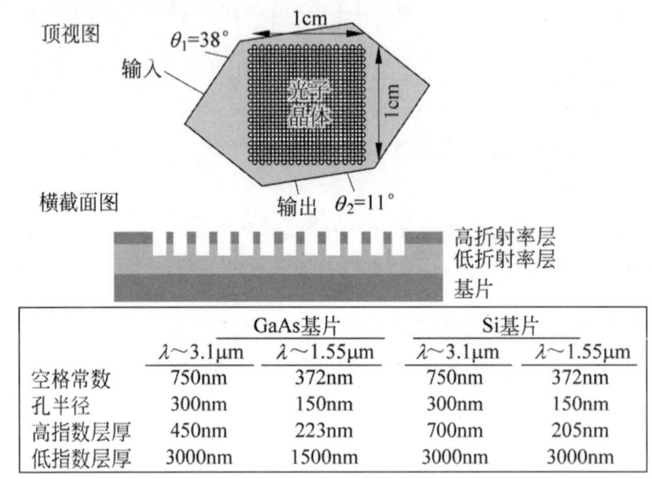

	GaAs基片		Si基片	
	λ~3.1μm	λ~1.55μm	λ~3.1μm	λ~1.55μm
空格常数	750nm	372nm	750nm	372nm
孔半径	300nm	150nm	300nm	150nm
高指数层厚	450nm	223nm	700nm	205nm
低指数层厚	3000nm	1500nm	3000nm	3000nm

图 7-24　超棱镜结构原理示意图及主要技术参数

光子晶体的特征尺寸可以根据使用的波长进行缩放，如图 7-24 所示。例如对应于波长 3.1μm 和 1.55μm 的 PBG 孔晶格常数为 750nm 和 372nm，孔半径为 300nm 和 150nm。器件总厚度（不包括基板）约为 3.5μm。其中 Al_xO_y 为 3μm，GaAs 为 460nm。器件采用光刻而成，光子晶体的孔阵列采用激光干涉光刻成形。每次光刻后，通过反应离子刻蚀（RIE）获得最终图案，整套工艺过程中的横截面结构如图 7-25 所示。蚀刻深度均为 900nm。

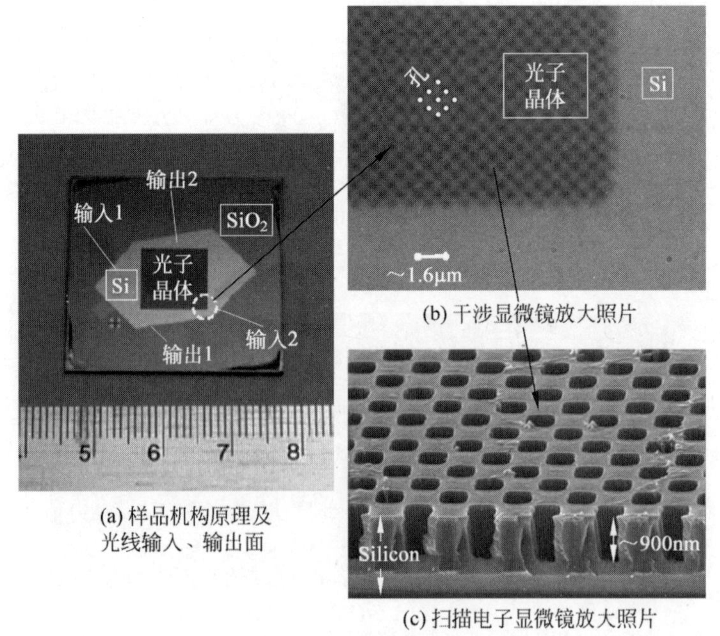

图 7-25　光子晶体构成的超棱镜

纳米光学集成技术也用于其他微光学器件制造。特别是基于Ⅲ-Ⅴ族材料，加工各种纳米尺度的纳米光机电(Nano Electro Mechanical，NEM)器件。利用高折射指数反差倏逝波耦合波导制成长度在100nm以下的光开关，响应时间可达微秒级。这种平面的微机电器件还可采用成熟的硅工艺设计和制造。其工作原理和操作过程如图7-26所示。图中(a)为未施加电压前的初始状态，波导之间存在一定距离。此初始距离大于相邻波导进行横向耦合的最低值，所以两波导之间没有耦合传播。若对波导施加一定直流电，可使波导相互靠近，如图(b)～(d)所示，从而降低了两波导的距离，产生横向耦合，如图7-26(d)所示。图中波导长度30μm，直径为1μm，距离为300μm。

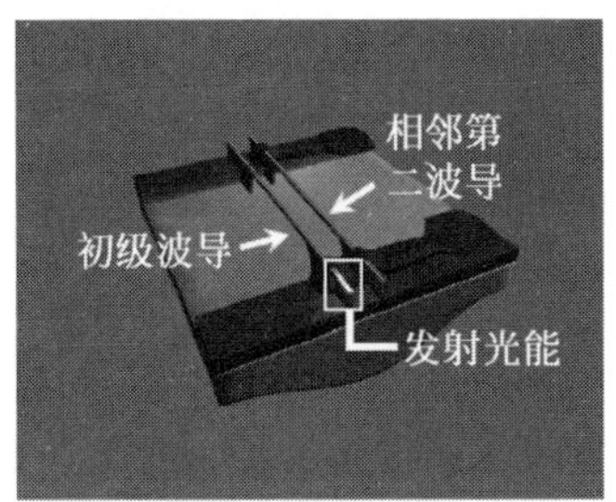

(a) 初级波导激发进程

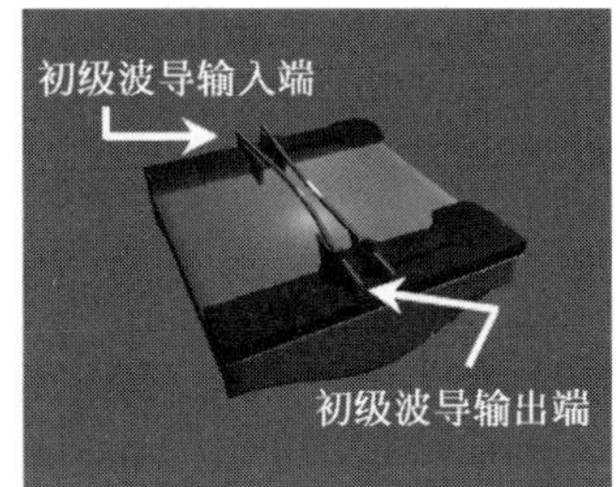

(b) 静电偏转及侧面光耦合

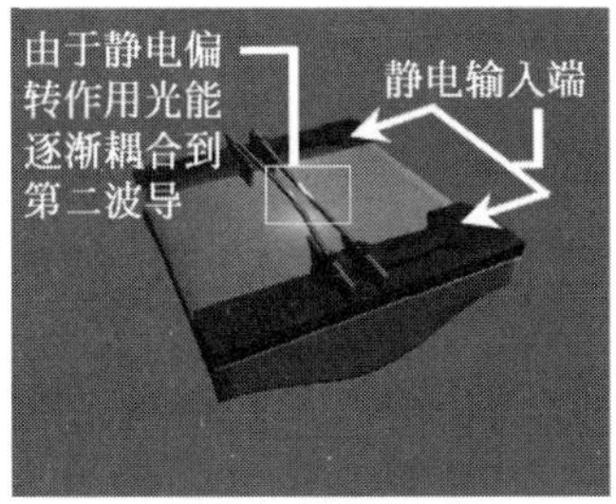

(c) 继续完成侧面光耦合

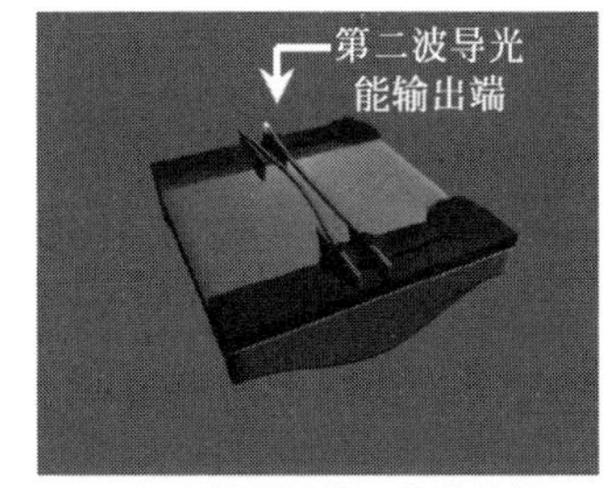

(d) 光能通过第二波导传播

图7-26　ONEM光耦合开关结构原理及工作过程示意图

根据同样原理设计的聚合物波导器件可用于光衰减器、光交织器、光交叉连接开关、分光器、垂直耦合偏振分光器和开关，以及液晶长周期波导Bragg光栅器件和光波导放大器等。以光栅耦合器为例，其结构原理如图7-27(a)所示。光纤以一定角度输入光波，经过纳米光栅衍射耦合进入光子波导。纳米衍射光栅结构的扫描电镜图像如图7-27(b)所示。中间为横截面，右为光栅耦合器表面。硅波导宽度500nm，总耦合损失1.2dB。此外，基于硅芯片利用同样工艺制造的微谐振器如图7-28所示。图(a)为绝缘体上加工的硅微开关扫描电镜放大照片，(b)为SiN微环谐振开关矩阵光学显微镜放大照片。图7-28下部为微盘谐振腔耦合光波导。

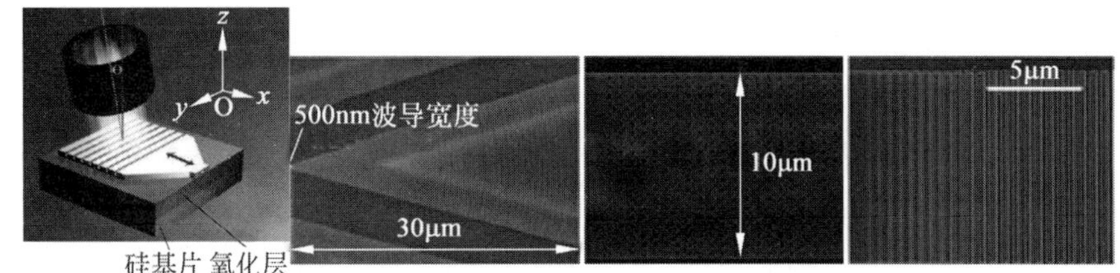

(a) 结构原理示意图，硅基片折射率为3.47，氧化层折射率为1.5　　(b) 实物扫描电子显微镜放大照片，波导宽度500nm

图7-27　聚合物光栅耦合器典型结构

密集波分复用(Dense Wavelength Division Multiplexing，DWDM)和光交换不仅在光通信中被广泛采用，在光存储中也具有重要用途。目前，每条光纤波分复用已经达到160个以上波长，每根光缆可获得150 000信道。但在光网络周围传输的大量信息则需要通过结点交换，约每隔600km就需要

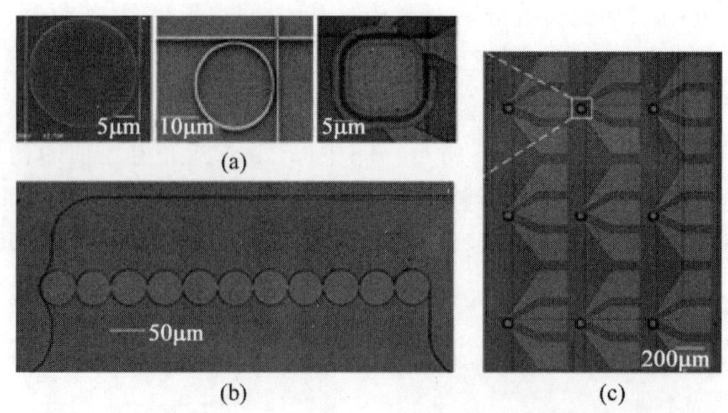

(a) (b) (c)

图 7-28 基于硅芯片集成制造工艺加工的微型谐振器

通过光电转换放大。所以，需要大量光开关、半导体放大器及微机电系统(MEMS)微动反射镜。

7. 光子集成电路

大规模光子集成电路(Photonic Integrated Circuit，PIC)主要采用磷化铟材料，以简化光学系统设计，尺寸和功耗也同步减小，提高了可靠性，并且大幅度降低了光电器件的成本，特别是在光通信及光网络中应用成效显著。磷化铟基光子集成电路使电子信息领域发生了革命性变革，是集成电路发展中重大的技术创新，且已经演变成为一大产业。与集成电路技术的发展过程相似，单片集成使越来越多的单功能元件集成到单一的器件上，将促进无数新设备诞生。类似于集成电路发展中的 Moore 定律，每 18 个月增加一倍的晶体管密度，将导致每晶体管的成本显著降低。大规模光子集成电路也将使诸如密集波分复用、光放大器、故障检测和保护器等重要器件的生产成本大规模降低、性能显著，为光量子存储器件发展奠定了良好基础。例如，高增益前向纠错(Forward Error Correction，FEC)、电子色散补偿(Electronic Dispersion Compensation，EDC)和光调制器件的生产成本已降至几十美元。

光子集成电路不仅将诸如激光器、调制器、探测器、衰减器光学组件和光放大器等几十种或更多不同的光学元件集成到单一基片上，还可将电子与光子器件混合集成为非常复杂的组件。这种混合的 PIC，多个单功能的光学器件与相关的电子集成电路间相互连接组成电子-光子耦合集成的光子器件。内部封装及光学元件的对准公差仅为数十纳米。封装材料必须考虑不同的光学、机械和电子元件热特性的差异。例如，具有不同的膨胀系数和导热系数可能导致器件损坏或性能失调，需采用相应的温度控制或冷却器。因此，单片集成整合多种器件及功能的光子集成也可能被错误地应用。也许分散封装加互联的好处优于单片集成。

在光电子集成电路中，所有光子耦合器件原则上都可以集成在单一基片上。例如 300 针 10Gb/s 转发器多源协议(Multi-Source Agreement，MSA)模块。光电子集成电路基板的材料主要使用磷化铟(InP)、砷化镓(GaAs)、铌酸锂(Lithium Niobate，$LiNbO_3$)、硅(Si)和硅基二氧化硅。其中，铌酸锂和磷化铟为大型单片光子集成电路的实现提供了最理想的材料平台，特别是磷化铟可集成有源和无源光学功能器件，包括激光、检测、复用等核心器件，可将许多不同的功能集成到单一的物质平台，从而提供了最多的功能组合和最低的制造成本。此外，硅和硅基二氧化硅是理想的被动光学器件，如阵列波导光栅(Arrayed Waveguide Grating，AWG)、光开关(Optical Switch，OS)及 VOA 的加工材料理想平台。而且，硅光子集成电路还可以采用标准 CMOS 工艺，实现光学和电子器件一体化。但这类材料用于高性能有源光电功能器件，例如激光、调制和检测则比较困难，所以主要限于制作集成无源器件。目前，只有磷化铟可能同时制造有源和无源光器件，支持光子的产生、放大、调制和检测，可将所有关键光电功能器件集成在一个衬底上，并最大限度地提高光纤传输系统的潜力。若干无源被动光学功能器件，如波长复用、解复用、光学衰减器、开关、偏振和色散补偿器件均可在 InP 基片上制作，真正成为完整的“片上系统”，并可降低至少 50%的总成本，也节约了磷化铟的消耗，使系统的可靠性、功能、增益、尺寸和功耗得到全面改善。如果器件数量继续大幅度增加，还可以利用光纤耦合解决集成电路中用导线无法克服的干扰问题，这就是光量子集成的另外一个重要优点。因此，光子集成可通过光互联减少单片的集成度，适当降低器件的尺寸精度和复杂度，通过光纤耦合实现整体功能，并最大限度地优化系统结构及工艺性能，特别适合于新器件的研究开发和实验加工。当然，光纤耦合可能对可靠性有影响，最好的方法是实现耦合器件的模块化和标准化，这样不仅可以提高器件本身的抗机械冲击、振动、温度变化和使用寿命，而且可以极大地提高更换和维修效率，以保证系统整体的可靠性。

最后是测试问题，与大规模集成电路一样，光量子集成器件的测试也是十分重要的技术环节。例如在加工晶圆片上直接测试器件的功能，进行现场测试和筛选。相比之下，光量子集成器件的测试更为困难。许多光学元件例如激光器、调制器和探测器的性能测试都比较复杂，测试设备及相关技术难度远高于集成电路制造。因此，不得不分开单独安装测试，这不仅造成制造生产效率低下，也增加了制造时间周期和成本。所以，大规模光子集成必须重视高度集成光学器件制造工艺设备的研究开发，才能彻底突破各种技术屏障，最终实现大规模商业化生产。此外，在器件的结构原理方面也还有一定的潜力，例如有源与无源(主动/主动)器件，电子与光学器件之间的隔离、分布及辅助元件设计都还存在很大的研究发展空间。从长远观点看，光量子集成的最终目标是实现“全光”系统。因此，在结构原理、材料平台、工艺测试技术与专业设备方面都需要同步配套发展。就目前的工艺水平，单片 PIC 在 $1cm^2$ 基片上集成数以百计的 DFB 激光器、调制器、开关、WDM 复用器的技术已成熟。这些进展有可能为光量子集成技术的发展带来类似集成电路发展过程中的 Moore 定律。用单片 InP 光子集成结合各种复用技术可能大规模地提高光子集成的能力、存储容量及处理功能。

此外，还有许多方法可增强光子的相互作用，例如表面等离子体增强。表面等离子体是在金属膜表面形成的金属纳米结构域，激发光耦合到金属膜形成特定角度的振荡波。增强金属-电介质界面上纳米尺度距离内光子与原子的相互作用。这种光量子近场增强效应可显著提高弱光的金属原子的相互作用，产生非线性近场双光子激发，其荧光图像如图 7-29 所示。具体实验装置如图 7-30 所示，在 Kretschmann 棱镜表面镀一层纳米结构银膜，探测光从右方向按全内反射角射入棱镜底面，从棱镜左面输出至探测器。

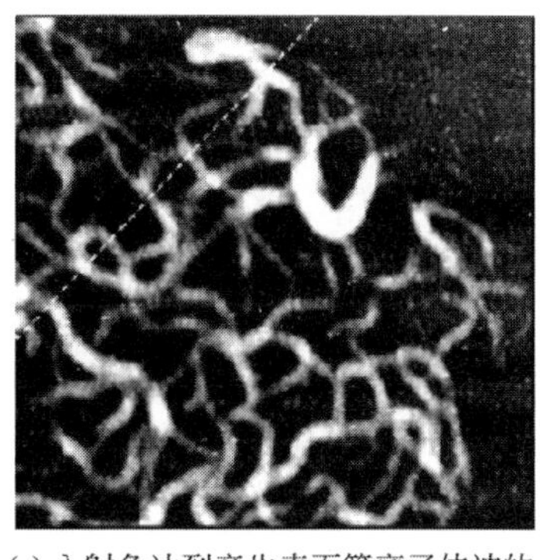

(a) 入射角达到产生表面等离子体波的临界角时形成的近场双光子激发图像

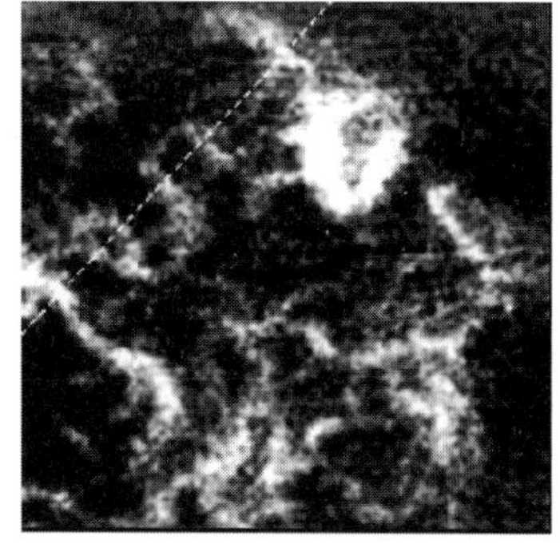

(b) 表面等离子体波消失以后的图像

图 7-29　调整相对于棱镜和金属膜的入射光角度，观察 PIC 染料在玻璃基板上形成的 PV 膜，在同一位置获得的图像对比

如图 7-29 中(a)所示，调整入射光相对于棱镜和金属膜的入射时，在某一个特定角度时的光与银膜耦合产生表面等离子体波。在表面附近获得高强度和高分辨率。因此，可以在较低的光照强度下得到近场纳米图像，并可用于纳米结构光刻。当入射角度改变、表面等离子体的相互作用消失，图像

立即变得模糊，如图 7-29(b)所示。

图 7-30 所示实验系统获得的表面等离子体增强近场效应的角度为 42.5°，该部位的磁场强度增强了 120 倍，如图 7-31(a)所示。图 7-31(b)曲线显示在完全耦合时反射光达到最小值，此时表面等离子体耦合的角度为 42.5°。图中虚线是根据棱镜-金属膜-空气结构的 Fresnel 方程计算结果，实线为实际测量值。

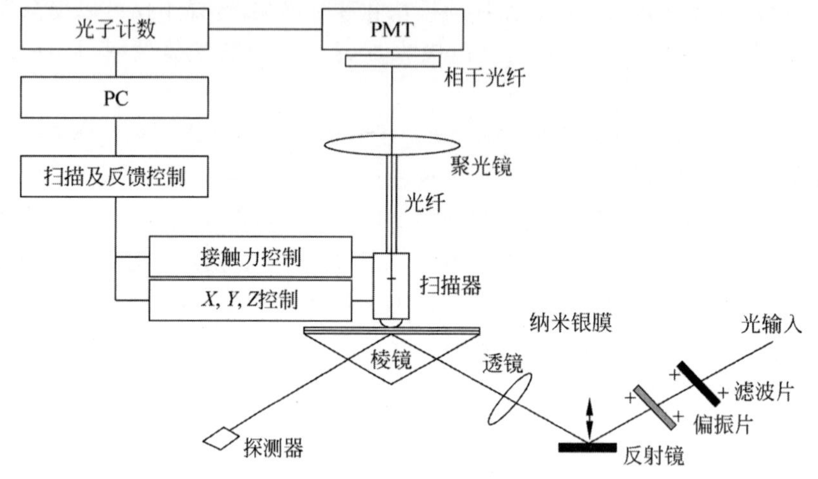

图 7-30 用于表面等离子增强效应实验的光子扫描隧道显微镜光学系统结构示意图

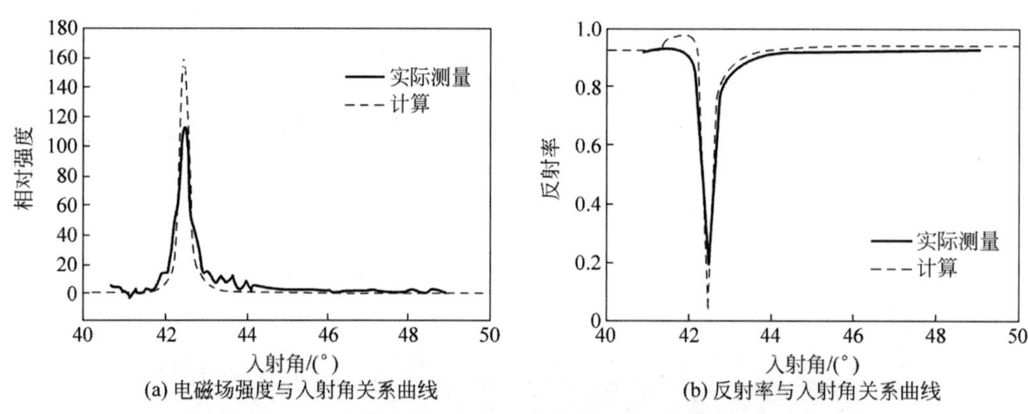

图 7-31 近场表面等离子体增强效应入射光的入射角变化与电磁场和反射率的关系曲线

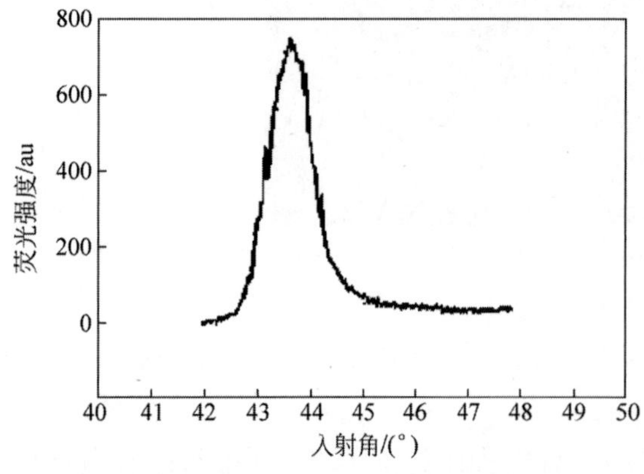

图 7-32 表面等离子增强双光子激发辐射效应与入射光入射角关系曲线

图 7-32 为表面等离子体共振增强双光子激发(Two-Photon Excitation，TPE)的荧光辐射强度与入射光入射角的关系实验测试曲线，包含双光子染料 PRL 的有机材料(分子结构如图 7-33 所示)，在银膜表面涂布成纳米膜(膜层结构如图 7-34 所示)。因为有机膜吸收光双光子的激发态会产生激发发射，调整光入射角达到表面耦合等离子体波响应最大值时，TPE 双光子激发辐射可增强两个以上数量级。

采用图 7-30 实验系统进行表面等离子体激元增强产生的线性和非线性光学过程实验。图像的清晰度或感光灵敏度均显著增加，如图 7-34 所示。

图(a)为普通激光扫描图像,(b)为使用表面等离子体激元耦合角增强的双光子荧光图像。由于双光子激发产生光耦合的表面等离子体波,在棱镜表面的纳米有机膜上形成双光子荧光辐射,通过近场采集方式获得清晰荧光成像。

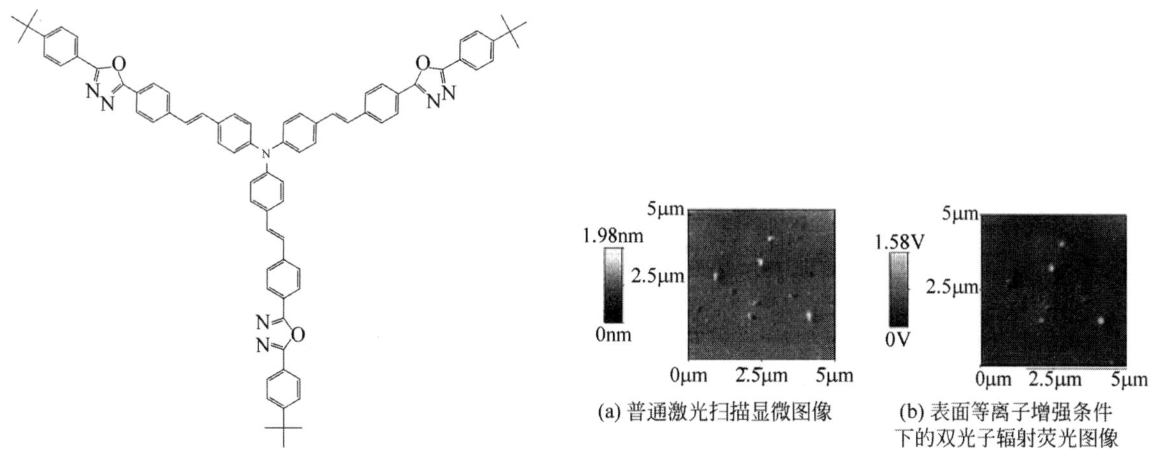

图 7-33 具有双光子激发功能的有机染料分子结构

(a) 普通激光扫描显微图像 (b) 表面等离子增强条件下的双光子辐射荧光图像

图 7-34 近场表面等离子增强实验图像比较

7.2 微光学开关阵列

基于集成光学技术的微光机电系统(MOMES)也是光量子存储常用核心元件。例如二维或三维微反射镜阵列,可以将输入光信号偏转输出到指定的光波导或探测器。微镜可设计成各种结构及所需的偏转角如图 7-35 所示。

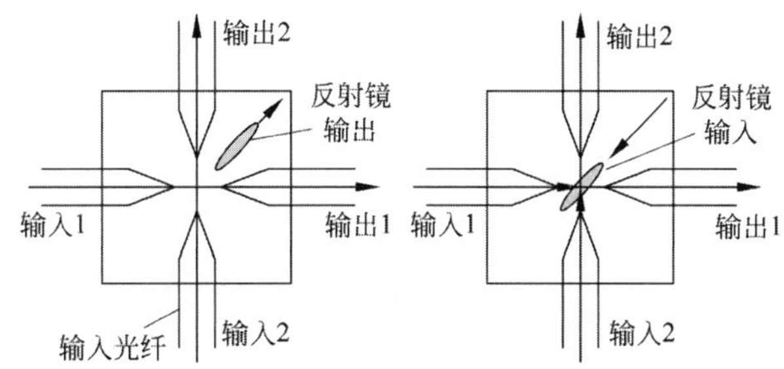

图 7-35 MEMS 光开关

这种 45°摆动 MEMS 反射镜构建的基本模块,具有良好的可扩展开关特性。例如 32×32 的二维单级结构就可实现规模达 256 的控制端口。此外,利用有机材料分子取向的偏振状态可控原理构成的液晶开关(Liquid-Crystal Switch)也具有同样功能,如图 7-36 所示。

这种液晶开关具有波长选择性,可自动选择波长进行切换。这对于多波长光存储非常有用,可以免去滤波系统,直接处理指定的单波长信号,不需要电子处理。这种技术提供了良好的可扩展性,同样可设计为 32×32 和 16×32 系统,达到规模达 512 个端口。

另外一种聚合物液晶光开关结构如图 7-37 所示。此元件由透明的聚合物层和折射率相同的液晶材料交替组成,可以通过施加驱动电压改变液晶层折射率形成一个 Bragg 光栅。在没有外加电压时,原件是透明的,输入光束可直接通过;当施加驱动电压时,液晶层的折射率发生变化,使输入光束发生偏转。

利用类似原理还可制成全息光电开关,其结构原理如图 7-38 所示,即通过控制两组液晶板的折射率改变输入全息光束的传播方向。当两束全息光交叉时产生全息图像,例如单波长或一组波长的 WDM

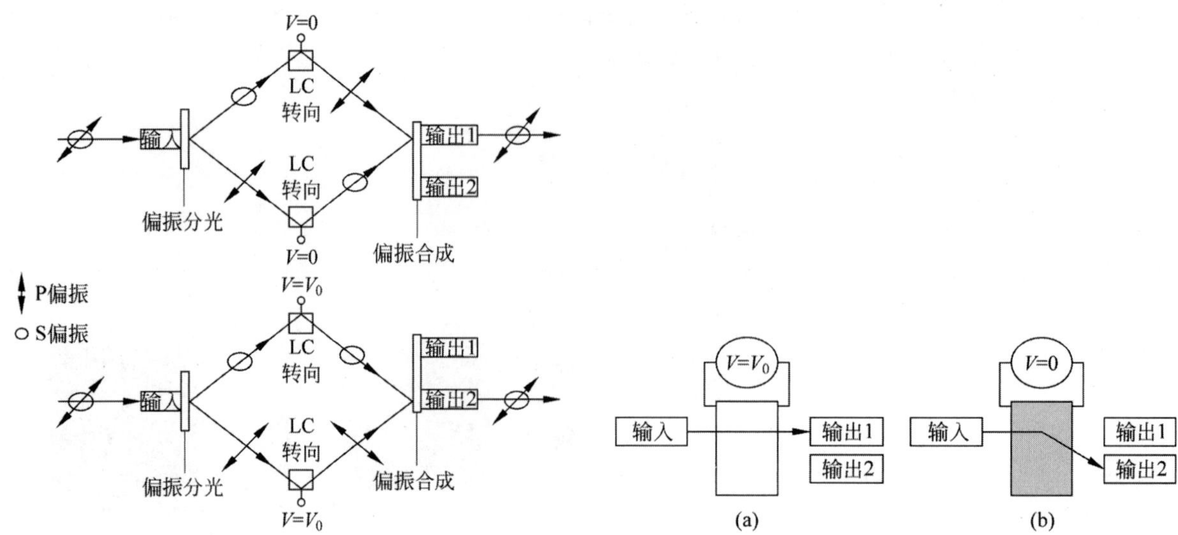

图 7-36 液晶偏振光开关阵列工作原理示意图　　　图 7-37 1×2 聚合物液晶光开关

信号,如图 7-38(a)所示;当两束全息光分别传输时,则没有全息输出,处于关状态,如图 7-38(b)所示。

此外,利用热光效应引起的电介质材料折射率变化也可以制成微开关元件。基于热光开关原理的数字光开关如图 7-39 所示。此开关必须与 Mach-Zehnder 干涉仪联合使用。首先利用耦合器将输入信号光分成两束,然后穿过结构不同,长度相同的波导臂(见图 7-39 中输入 1 和输入 2)。其中一个臂可以通过加热改变其折射率,即通过改变该臂的光程产生一定的相位差,实现对输出干涉信号强度的控制。而且只要对加热电极进行数字化控制,输出信号将出现同步数字光开关特性。这种光学器件可以利用传统 IC 工艺集成在硅基片上。它的主要缺点是能耗较大、速度较低。

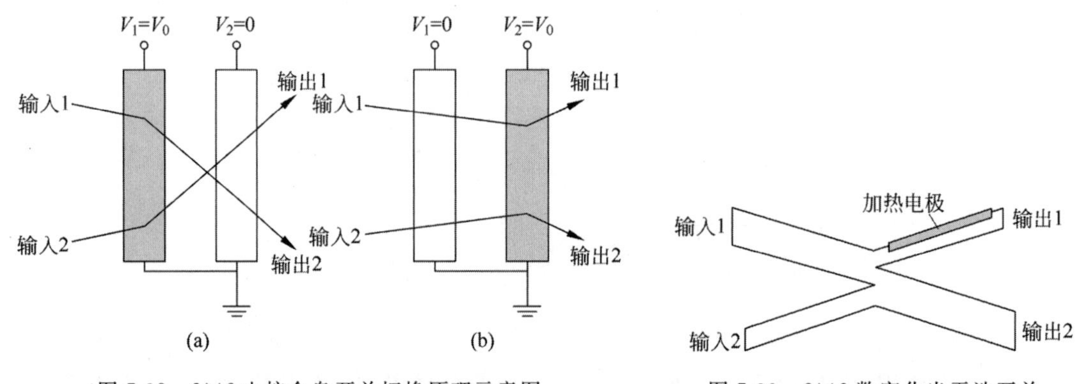

图 7-38 2×2 电控全息开关切换原理示意图　　　图 7-39 2×2 数字化光干涉开关

此外,光开关还可作为光网络结点分组与交换,甚至作为控制或逻辑元件,特别是波长选择开关。

在智能存储器中,需要大量交叉互联和成千上万的输出输入端口。这种光域中的交叉连接可以实现光数据流之间的交换以实现数据交叉连接(Digital Cross Connect,DXC)。特别是多波长存储及通信都需要光电混合数据交叉连接,如图 7-40 所示。

这种光学交叉连接(Optical Cross Connect,OXC)在光量子存储及通信波分复用(Wavelength Division Multiplexing, WDM)中具有广泛用途。例如用于 Mach-Zehnder 波导光栅路由器(Waveguide-Grating Router, WGR)和 Mach-Zehnder 曾德尔调制器(Mach-Zehnder Modulator, MZM)。Mach-Zehnder WGR 不需要昂贵的光学-电气-光(OEO)转换,光学交叉互联(OXC)全部采用自由空间光开关器件、光学固态器件和机电镜器件组成。Mach-Zehnder 波导光栅路由器具有不同波长的若干输入输出端口，并通过 Mach-Zehnder 干涉仪完成自由空间光交换，如图 7-41 所示，所以也称为波长路由器。

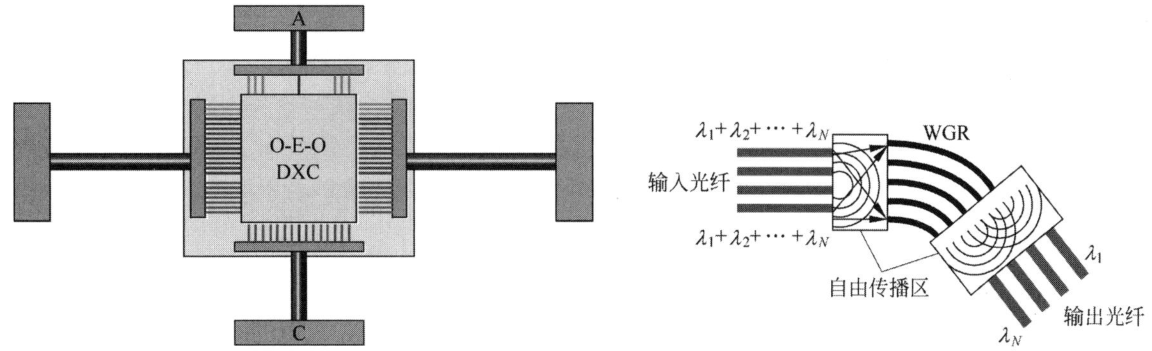

图 7-40　全光 $N\times N$ 多通道光电混合数据交叉连接示意图　　图 7-41　Mach-Zehnder WGR 结构原理示意图

Mach-Zehnder 调制器(Mach-Zehnder Modulator，MZM)将输入光分成两路相等的信号，分别进入两个由电光性材料制成的调制器光支路。这两个光支路的折射率随外部施加电信号电压而变化。被光支路的折射率变化导致的输入信号相位变化，当两个支路信号在输出端合成时，合成的光信号将是强度被偏置电压调制的信号，包括开关功能调制，即只应用光强度的两种状态。MZM 器件是一种典型的 MEMS 系统，可以采用硅基片光刻工艺制造，典型尺寸约 11mm×0.5mm，自由空间光开关也可以采用其他原理实现。例如，应用于空间连通光纤矩阵辐射光束和接收或探测器的交叉互联。而且这些设备可以在控制信号传播的路径上，应用各种可以改变光学特性的器件，进行偏振、传播常数、吸收或折射率的调制及改变光的传播方向。所以，利用 MEMS 集成及纳米光学集成工艺，可加工各种结构紧凑、功能复杂的可控集成光学元件。例如，利用反射光和 MEMS 技术加工的不同种类的反射镜阵列，如图 7-42 及图 7-43 所示。每个反射镜与微机械电致驱动器连接，可以独立倾斜或移动，使入射光束被反射到所需方向及位置上。因此，一个反射镜阵列可以直接将多个光输入信号发射到不同空间位置的接收端上。而且利用 MEMS 技术加工，这些反射镜开关很容易制成阵列结构，用于大规模空间光互联，如图 7-44 所示。

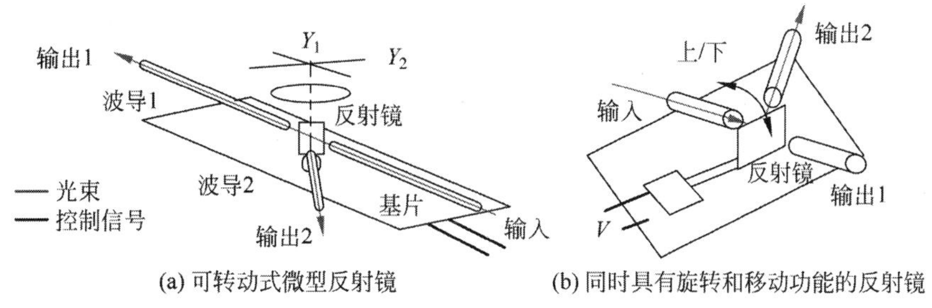

图 7-42　微型旋转反射镜开关阵列

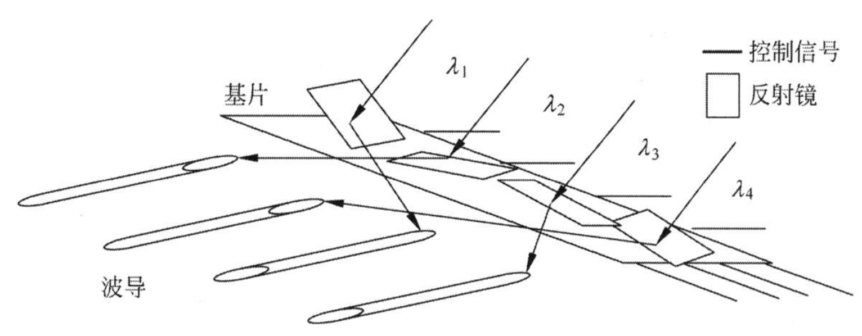

图 7-43　4 反射镜开关阵列示意图

(a) 单MEMS全光反射镜开关

(b) 256×256 MEMS全光反射镜开关阵列

图 7-44 全光反射镜

这类全光开关不受带宽限制，不存在空间干扰，开关速度已达到微秒以内，且易于集成化生产。利用这种全光反射镜开关阵列可实现光分组交换，使系列异质光学信号（不同协议格式、波长、比特率或调制方式），无须过渡处理直接耦合。

利用上述全光反射镜开关组成的光学数据包开关（Optical Packet Switching，OPS）结构如图 7-45 所示。该体系结构由一组复用器、输入接口、光学辅助缓冲交换器（即光纤延迟线）和波长转换器组成内核，周边包括外放接口和开关控制单元。数据包通过输入光纤经多路分解，不同波长分别输入相应的接口。控制单元对输入接口、光分组和转发同时并行处理。由开关控制单元确定合适的输出端口和数据包的波长构成 OPS 网络。所有数据包的大小可以相同，也可以不同，由接口结点及本地时钟控制对齐。

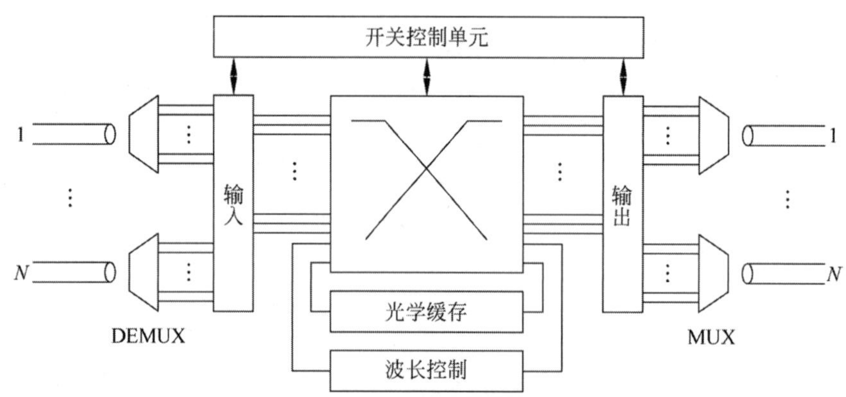

图 7-45 利用全光反射镜开关组成的光学数据包结点开关结构示意图

当来自不同输入端口、不同波长的数据包必须同时切换到同一个输出端口时可能产生竞争，所以系统中具有光纤延迟线，另外利用开关控制单元也可以获得明显的延迟。在复杂情况下，有可能数据被遗漏或被丢弃，这些数据可以暂时存入缓冲区。光分组交换实际上具有一定的运算处理功能，这为智能化光量子存储器研究留下重要的拓展空间，包括端口数的可扩展性、低串扰协同操作及信号从输入到输出端口传输路径上的调制都有可能用于存储数据的处理。此外，各种基于光机、热光、电光或声光技术的器件以及半导体光放大器（Semiconductor Optical Amplifier，SOA）、铌酸锂晶体非线性元件都可能集成于本系统中。所以，以全光开关为基础的空间互联系统可以作为智能化固态存储器的基础器件。

但是，全光反射镜开关组件在实际应用中还需解决许多相关问题。例如波长转换，即对给定的输入波长转换为其他波长输出光信号的能力。因为光量子存储容量与带宽成正比，过多的波长对于探测、传输及处理都是不必要的。特别是在高度动态的环境中，通过波长转换不仅可以解决竞争问题，还可以极大地提高光网络中的资源利用率。为此，在系统中可采用若干交叉增益调制（Cross-Gain

Modulation,XGM)器、交叉相位调制(Cross-Phase Modulation,XPM)器、混频器、缓存器及光纤延迟线(Fiber Delay Line,FDL)。

格式化与数据以串行方式连续传输,通过光缓存、波长转换及检测,完成数据结构交换后送到FDL,将数据包中多种波长转换为同一波长。变换器可以是固定的或可调的,可放置在输入或分组输出位置。开关的每个端口有专用转换器,以减小连接线路长度和不增加额外硬件,提高网络拓扑结构的密度,允许探测线路具有更多的灵活性。

一般情况下,开关矩阵可分为单级与多级开关两种。单级开关通常只有较少的输入输出端口和较低的缓存能力,但所需的光学元件数量少,比较容易控制。而大容量存储器需要更多的输入端口数和缓存,必须使用多级开关阵列,且输入输出路径、连接空间与波长可以选择。所以,阵列波导光栅(Arrayed Waveguide Grating,AWG)为首选结构,且从输入到输出端口按照最优距离静态排列。系统通常采用基于WDM的无源星型耦合器,它需要较少的光学元件(尤其是SOA),占用空间小,开关具有选择性。通过选择开关可以按照一定的逻辑,大跨度地选择确定输入输出端口。因此,可以充分发挥光学神经网络的优势,对所存储的数据进行处理,直接实现存储与数据处理计算结合。

对于前馈与后反馈缓冲器,在光量子存储系统中为了保证开关精确选择切换,往往需在开关前增加反馈缓冲器。即信息包通过反馈缓冲器的特别延迟处理后再切换到输出端口。而且,暂存在缓冲器中的数据包还可以由控制系统根据其重要性、大小及相关性进行分类和排队,实现部分类脑存储功能。对某些重要数据包,从缓冲中直接进入优先级,对于多次出现的数据包或数据可压缩为简单代码。所以,反馈缓冲器对光信息包的作用不是简单的缓冲,对存储器的特性及结构都有很大影响。另外,根据其使用要求可分为单级和多级前馈,如图7-46所示。图中,N为输入端口数,W为波长数,

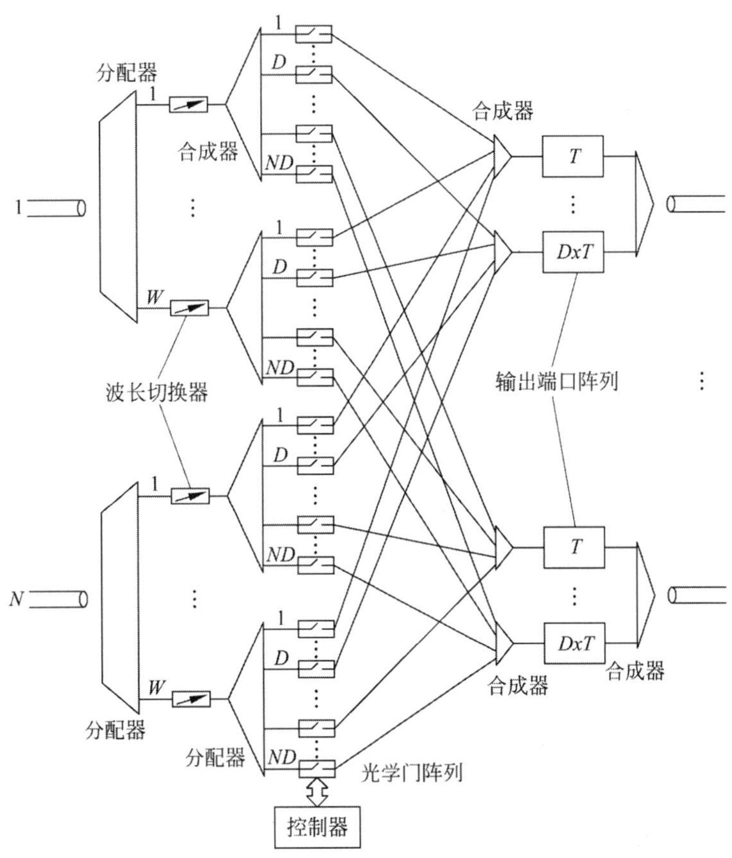

图7-46 利用多波长反馈缓冲器实现选择性反馈延迟全光学开关系统结构原理示意图

ND 由反馈缓冲器缓存及全光开关矩阵构成，DxT 为输出端口。此系统为单级端口交换结构，输入波长数等于 D 的队列输出结构。每个输入的光信号，首先被分解为 W 波长，每个波长的光信息包分组交换后输入该波长的处理器分析处理后进入缓冲-开关区，全光开关再根据控制信号进行选择性输出。空间交换系统由分束器、光开关、分离器、延迟(缓存)及分配器组成。每个信息包根据波长数分成数量相同的光信号，送到输出端口。这种单级反馈缓冲器系统，可以通过并联构成空间矩阵结构实现更复杂的信息存储与处理。

这种可控选择性光开关阵列可根据系统的功能和规模进行调整和组合。首先是不同输入的组合，根据波长的带宽和对反馈深度的不同要求，采用无源星型耦合器和分布式反馈结构如图 7-47 所示。此系统适用于多路多波长复用存储光学数据包的组合交换处理。输入信号 N 经过无源耦合器分类，按照波长分组输入缓存。经过处理器识别分类重新组合进入星形耦合器和分布式反馈开关阵列。光开关选择控制器指定的延迟数据包进行级联交换处理，将其中所选择的数据包合并传输到输出端口，通过另一套光开关接到输出端口。本系统的主要特点是可以对多组复用波长数相同的光学信号进行分类合并交换，且经过选择处理的所有数据包仍可再次合成多波长信号接入最终输出端口。在图 7-47 所示的单向多波长级联反馈交换系统中，由于交换数据包数据量较大，处理时间相对较长，需要较大缓存。此系统也可用于每个输入端只有一种波长的情况，此时光学信号无须通过波长切换分离，直接输入级联反馈处理层。对数据包的大小，原则上没有限制，但若数据量过大，可能导致反馈缓存性能下降，影响处理精确度。

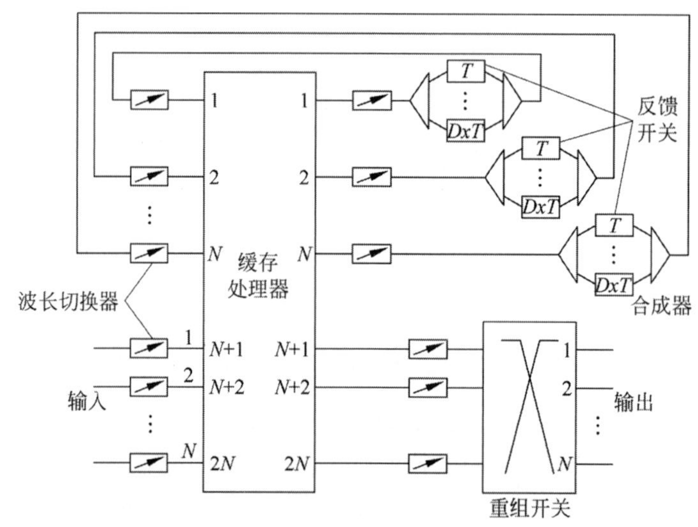

图 7-47 具有大容量缓存多波长存储信号选择反馈开关系统结构原理示意图

FF-FBB 缓存及全光开关矩阵还可以用于其他功能的数据处理交换，如图 7-48 所示。其基本结构仍主要包括三部分：输入分解、多级缓存交换和输出部分。图中主要显示多级缓存数据交换部分。波长 W 信息包经过波长分解后输入，所以系统中没有波长转换器。在缓冲区中实现交叉处理，k 为反馈权重指数，指数 $i=1,2,\cdots,k$。对于给定的 k 具有相应的延迟序列：$0, D_{k-i}T, 2D_{k-i}T, \cdots, (D-1)D_{k-i}T$，其中 T 为反馈选择开关。

多波长数据流，通过以上分组处理相当于数学中的卷积过程，其精确度主要取决于延迟开关的数量和反馈处理的次数(强度)。为了减少系统中开关数量及对缓存的压力，可采用循环处理的模式，但将牺牲处理速度及效率。实验证明，这种波长分组选择交换除了方法，对某些数据，例如常规通信和金融数据处理比较适合。实际上，全光学空间交换开关不仅可用于多波长光量子数据存储，随光纤网络传播速度的发展，此技术有可能成为密集波分复用中信息交换的器件。不仅如此，光波长分组交换

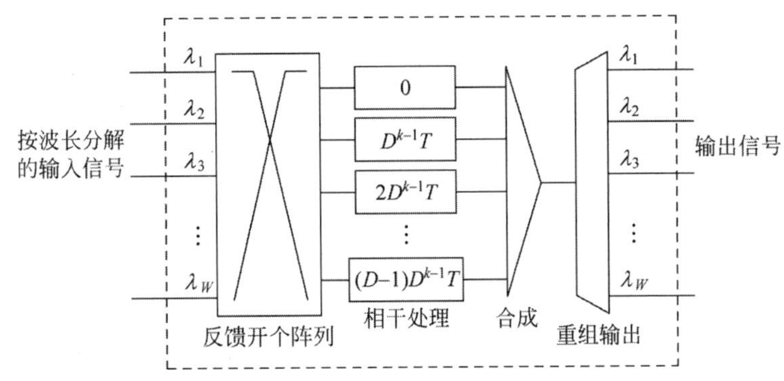

图 7-48 多波长数据包多级选择开关反馈交换处理系统结构原理示意图。
W 为波长数，D 为数据包数，k 为权重指数，T 为反馈选择开关

的方法还可能取代部分电子开关的功能，可能彻底改变传统光纤网络的面貌。

7.3 光存储器平行异步连接

在光量子固态存储器中，其基本结构至少包括波导输入层、记录层、开关选择交换层及波导输出层，各层之间必须通过光学波导进行互联。随着高性能计算系统和数据中心平行处理速度的不断提升，也提出了宽带高效自适应互联网技术的新需求。这些高速互联网必须具有低能耗、结构紧凑、自适应性，特别是能与光学开关及光学数据技术、带宽密集波长分复用技术相结合。基于高性能硅光子技术的开关结构具有的高度可扩展性和高效率，非常适合于多波长光学平行异步连接，是光学数据密集交换与重构，成为超宽带中心网络的核心。这种方法将成为光存储器、光通信及光计算最理想的柔性全光互联核心支撑技术。同时，这种新型多层互联可采用沉积硅材料及传统集成电路工艺制作，结构紧凑。这种三维光互联结构原理如图 7-49 所示。一种典型的光互联光子开关矩阵模块结构及主

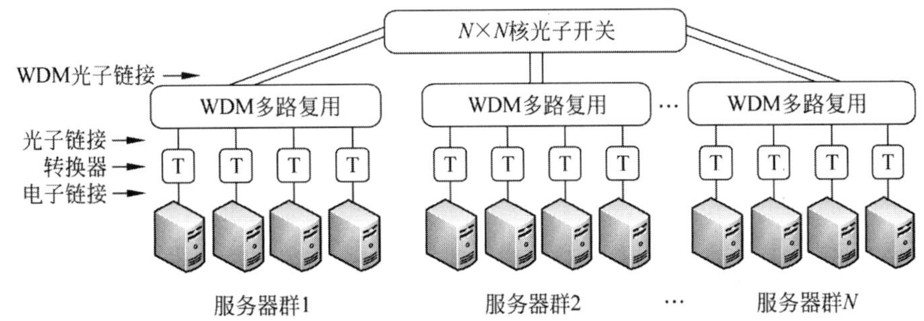

(a) 基于硅光子集成技术的光子开关阵列控制WND多路复用存储系统

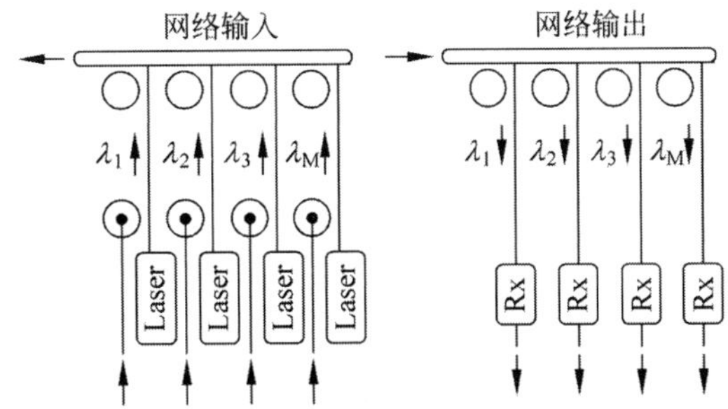

(b) 多波长高速数据交换服务器网络输入和输出控制系统

图 7-49 基于密集带宽光纤数据传输及集群式服务器组成的三维光网络多波长光量子存储系统结构原理示意图

要参数如图 7-50 所示。这种光子器件，包括输入、输出端口连接均可以使用 CMOS 工艺制造，包括光波导、调制器、滤波器、光电探测器和上述选择性开关等高性能硅光子器件都可以在相同的工艺条件下完成。随着纳米光学集成技术的发展，这些器件的速度、功能及可靠性还将大幅度提升。所以，只有通过三维集成光学平行异步连接，才能有效完成这些器件的相互连接，最终实现集群光子网络服务器结构。

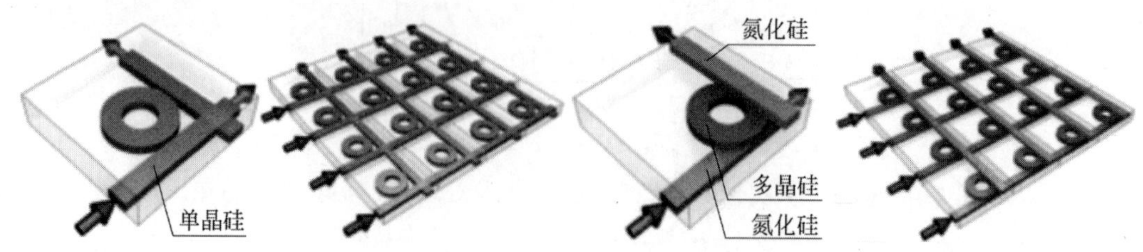

(a) 单层单晶硅光子集成开关阵列　　(b) 3D多晶硅光子集成开关矩阵

图 7-50　光子开关矩阵模块结构原理示意图

图 7-50 中所示的两种结构光量子开关阵列主要技术参数及性能如表 7-3 所示。

表 7-3　不同规模光量子开关阵列结构尺寸和损耗

阵列规模	微谐振腔数	最大传播距离/cm	接口数	损耗/(dB/cm)		
				参数	单层	多层
16×16	256	0.24	30	波导	0.5	0.1
64×64	4096	0.96	126	最大注入	20.6	30.2
256×256	65 536	3.84	510	耦合	0.5	0.5
$N\times N$	N^2	$2NL$	$2N-2$	开关	0.7	0.7

由于这种硅光子器件的制作不仅与 CMOS 工艺平台兼容，而且易于实验研究和商业化生产。更重要的是硅晶体的电学和光学综合特性最佳，主要缺点是某些器件，例如各种波长激光器与探测器不能完全在硅基片上实现。加工 CMOS 晶体管的常用材料是多晶硅，是良好的导光材料，传播损耗较大，只能在传播的距离很小时采用。而 CMOS 制造工艺中常用的氮化硅，光传输损耗极低，是理想的光波导材料，且可以化学气相沉积制造。实验研究表明，硅基电光开关速度可以到达皮秒量级，每波长信道光学数据传输速率可以到达 100Gb/s 甚至更高。驱动电压为 1.3V_{PP}时的消光比为 12dB。基于以上技术制造的单层二维 1×2 开关矩阵，以及采用氮化硅制造的三维开关阵列层，包括波导均基于硅晶体及其相应的损耗，如图 7-50 所示。3 层 1×2 光开关的微谐振环在具有电活性的多晶硅层上，上下层均为光传播损耗低的氮化硅作为波导。这两种电光开关性能及实际损耗数据如图 7-51 所示。对这两种电光开关采用不同的光学增益时，其主要结构参数之间的理论关系曲线如图 7-52 所示。

采用各种关键物理参数，包括不同微环半径和耦合参数进行优化设计获得的 1×2 全光学开关矩阵，通过实际实验分析测试结果证明，1×2 逻辑开关的两输出端口处的插入损耗与微环谐振器半径有关，如图 7-52 所示。从该图可看出，采用 3 种不同增益时，由于并行波长可用带宽总数受限于自由光谱范围(Free Spectral Range，FSR)的影响，带宽差异很大。例如，调制器的微环谐振器的半径大于 59nm 时，大面积开关阵列(例如 256×256)的波长信道数量将显著下降。工艺实验证明利用与 CMOS 工艺兼容的三维集成沉积硅材料集成的开关阵列最大带宽可达到 51.2Tb/s(平均每个波长信道 20Gb/s)，具有较高的效率和灵活性。这种全光流开关 (Optical Flow Switching，OFS) 切换，非常适合于光量子存储。利用光交换可直接将所存储的光信息资源高效组合处理，无须复杂的光-电及电-光转换，并为将来进一步实现与光通信、光计算直接耦合奠定基础。基于上述系统的 OFS 实验证明，

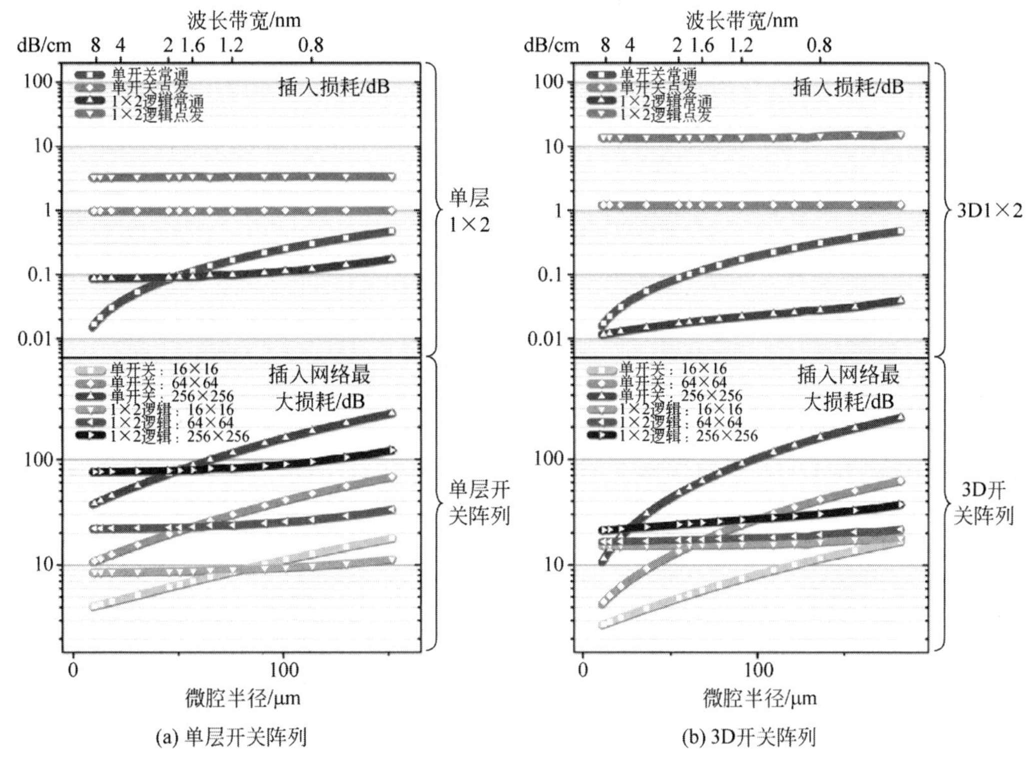

(a) 单层开关阵列 (b) 3D开关阵列

图 7-51 各种类型 1×2 逻辑集成开关阵列的插入损耗

图中上半部表示不同微环谐振器半径的最大插入损耗。下半部为各种类型集成开关矩阵损耗

用于端到端切换平均时间为 2ms(主要取决于数据包大小)。如果对延迟处理过程进一步优化,还有可能大幅度压缩开关处理时间。另外,目前这种用户通过与调度处理器分配各自控制平台的方式还存在很大的改进空间。在真实的使用环境中,这一过程往往由系统主处理器解决,并不占用存储器的时间。存储器的用户管理时间支出越少,OFS 的波长信道利用率越高,更能发挥光量子存储器的优势,有可能改成存储器之间全光互联交换系统,进一步提高数据交换处理效率,如图 7-53 所示。

同时,这种大容量存储组合系统还可以采取主动访问交换的方法,减少各组件之间的搜索占用网络的时间。即组合为一个内部循环网,如图 7-54 所示,各存储结点具有独立的总线与用户连接,而结点之间采用全光网无源光器件连接。

由于这种大容量存储组合系统网络本身就是一个环形网络,具有各种主动光学和电气元件,此光路很容易重构。即可以根据系统特点和用户需求添加其他功能的有源器件,例如调谐滤波、光放大等器件,为集团用户提供高效服务。还可以为特殊用户群与网络之间建立专用的带宽通道。最终用户直接通过光纤共享所选择的资源,从而可极大地缩短用户检索过程,甚至可主动提交资源的智能化服务。对这种存储网络的资源分配物理拓扑分析证明,此物理模型的潜力并未充分发挥。全光环的自反馈信息尚未被应用,拓扑结构中的公共传输、资源分配和用户数量控制等方面都存在巨大的改进空间。初步实验证明,这种大容量集成存储网络,在存取结点为 20,平均传输率为 2.5Gb/s 时,可同时支持的用户数量,理论上可到达 1500 个。严格的限制主要取决于智能化的程度。此外,光增益对用户数量也有重要影响,当然与系统中各种硬件性能关系重大,有待于深入研究。在某些专用应用中,例如大型专业数据库文件,专业会议文件用户的实验表明效率比较高,占空比小于 3%,充分证明超大容量信息存储系统的使用效率与前端智能化处理具有十分密切的关系。此外,系统可支持用户数量也与网络硬件结构有关,若光纤传输效率高,机构合理支持的用户数量便可增加(如图 7-55 所示)。例如,采用性能优越的单模掺铒光纤段插入掺杂光纤,且工作长度足够提供对更多用户服务。

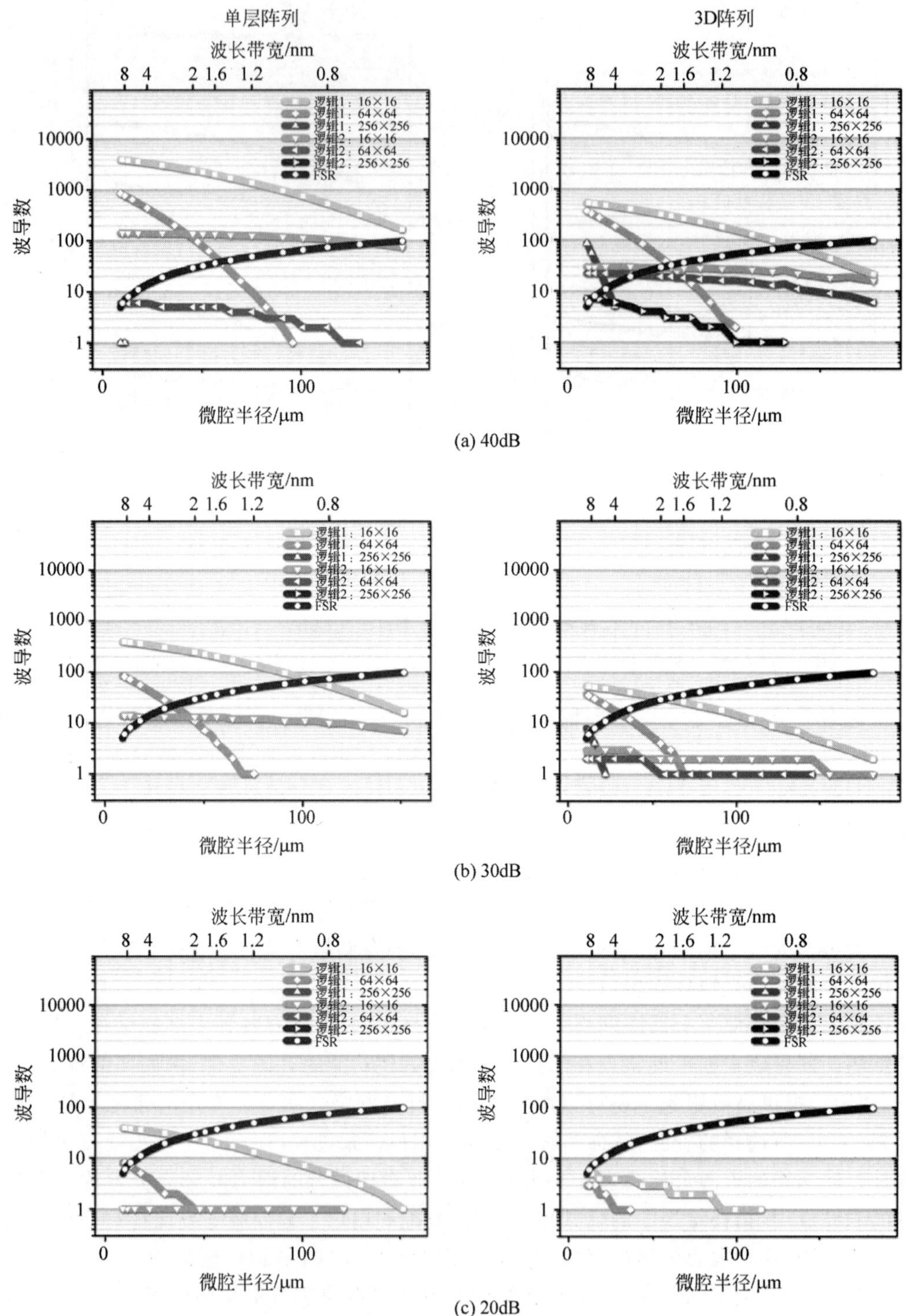

图 7-52 对 3 种不同光学增益(40,30,20dB),各种单层(上)及三维(下)开关阵列的不同波长信道数、微谐振器半径尺寸、光通信负载能力等参数关系曲线

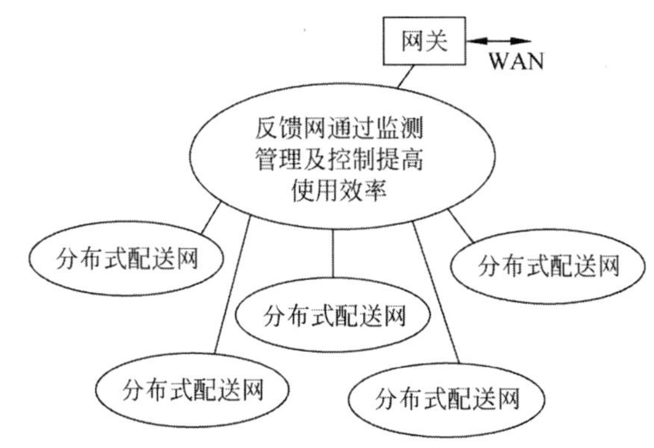

图 7-53 大容量光量子模块之间全光数据交换网络结构示意图

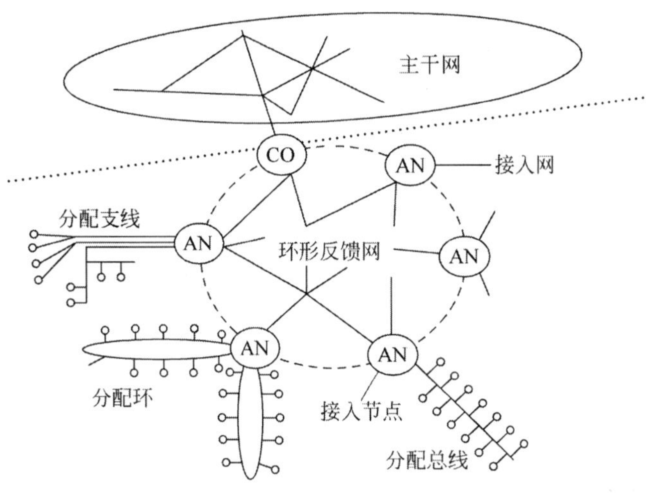

图 7-54 多存储模块组合大容量光量子存储系统全光数据交换网络的物理结构示意图

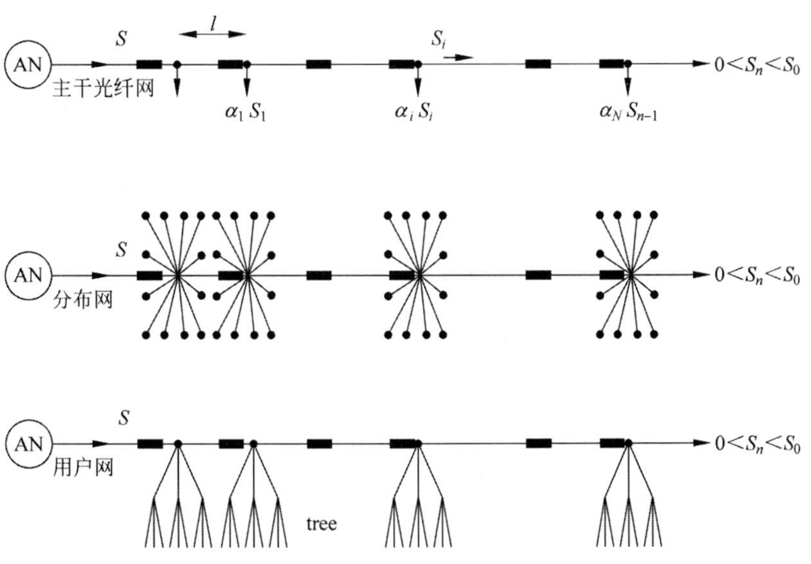

图 7-55 有源增强扩展多用户分级网络结构原理示意图

从图 7-55 所示体系由若干光程泵浦驱动的掺铒光纤放大器网络系统结构可看出，各支线可根据用户数量及分布建立分支子网络。采用掺铒光纤放大器接入结点和尽可能缩短光纤长度，抑制自发辐射(Amplified Spontaneous Emission，ASE)噪声，信号质量显著提高。但当用户数量很大，例如超过 10 000 时，模拟实验证明仍会产生堵塞现象。若要实现更多用户高效运行，特别是满足大数据量适时供应(例如连续视频图像)，系统还需做重大改进。其中最主要的措施是允许用户根据需要切换连接，有效共享各种波长并行信道，增加设置连接的灵活性，动态分配特定波长的用户组，使访问这些波长的支网能够通过反馈控制转换开关进入指定用户组，而无须通过各级子网多次转换。实际上，各子系统中 MEMS 光学开关阵列都存在大量富裕，而且有平面波导互联。为此，需要在系统中增加相应的逻辑控制，如图 7-56 所示。

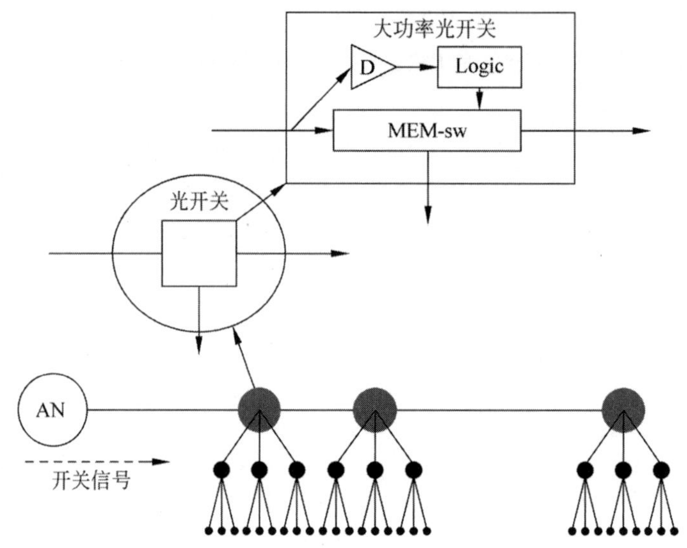

图 7-56　多用户全光存储远程选择交换网结构原理示意图

但要实现这种高层数据交换主网结构设计也需要进行修改，如图 7-57 所示。所有突发性光学数据流(OFS)均可以通过分布网交换传送到供给网，且通过具有记忆功能的控制开关与分发子网连接，如图 7-57(a)所示。当光学数据流进入子网(WAN)后，通过具有可编程 ADMS 控制的光学选择转换开关(OXC) 接入端到端结点，如图 7-57(b)所示。所以，每个接入结点都包括 3 种硬件实体分别履行 3 项职能，但都需纳入处理器单元，通过统一的媒体访问(Media Access Control，MAC)协议再通过支线网络分配给用户。在此混合网络体系结构中，用户可以通过 IP 分组服务或根据光学数据流坐标直接获取光学数据流信息。此外，用户还可以从网络资源信息中心查询相关信息请求处理器模块重新配置光学数据流。

由于海量光量子存储器中的光学数据流的数据结构和传输协议是规范统一的传输方式，没有必要对传输层协议和流量进行控制。但为了便于检查光学数据流在重组交换过程中可能产生的错误，可以采用低密度奇偶校验码(Low Density Parity Check Codes，LDPCC)作为一种补充。如果检测到错误，只需将文件代码反馈到处理器，请求重发该文件即可。如果在光学开关部分出现故障，将导致选择交换错误甚至完全中断数据交换。由于这些故障产生的原因不同，处理的方法也将完全不同。对于硬件故障，例如开关完全损坏停止工作比较容易诊断处理。因为在光学开关阵列中有监控传感器及备用开关，一般情况下可以自行恢复。最复杂的情况是光学开关阵列中个别开关的偶发错误造成的数据切换错误。由于这种故障具有随机性，数据本身没有出现错误，所以采用一般的纠错方法处理没有意义，往往只有用户才能发现，但为时已晚。本系统在设计中专门考虑了这个问题，目前采取的主要方法是对光学数据包添加标签。但因为用户并不知道标签与数据内容的对应关系，这种方法只能用于系统的检测和调试。最根本的解决方法就是本书第 6 章中提出的智能化管理。根据有限的

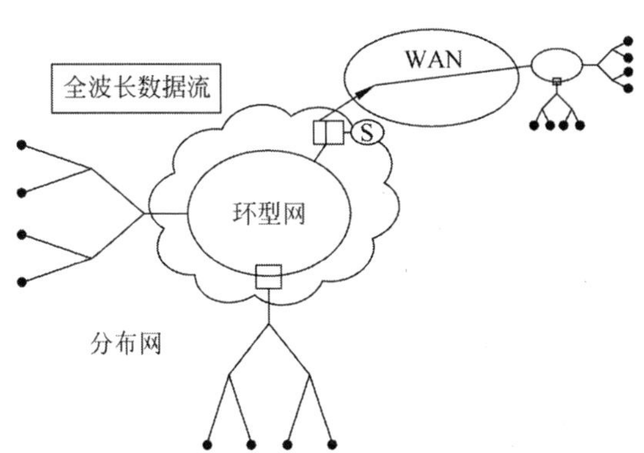

(a) 光学数据流跨层互联交换网及记忆控制逻辑

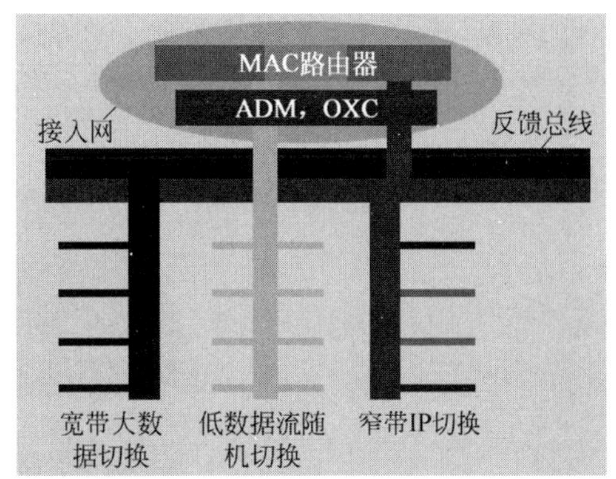

(b) 多节点互联选择转换开关结构

图 7-57　跨网互联结构原理示意图

实验数据，信息交换过程中开关出现的重大故障，多数情况会突发信道竞争性堵塞。目前的主要处理方法是立即放弃，中断数据交换。当然最根本的解决方法是提高集成光学器件的质量及可靠性。实验研究还证明，增加结点缓存可提高光学数据流交换的流量及效率。例如，光学数据流在 n 个结点上进行双向环型交换，在每个信道平均传输能力均匀的情况下，只要结点的缓存容量能够满足要求，通过最短路径的传输速度可以提高 $n/2$ 倍。如果存在两条最短路径，则应该对通过各个环节的负荷进行优化。为此，在系统的关键结点装上流量开关，即使不能完全解决流量均衡问题，也能为系统拓扑结构设计积累统计数据，为更复杂网络的传输分析提供依据。数据交换网络结构、功能、用户的数量和每个用户的平均数据速率是相互制约的。为满足用户的要求，首先是具备高数据传输速率，同时可考虑根据用户数量及需求的不同加权。但这些功能都必须建立在智能化管理的基础上，此处暂不讨论。本系统实际采用的是利用规模较大的缓存。增加缓存可以消除系统堵塞问题，但会造成数据供应延迟。通过实际实验测试获得的大光学数据流延迟—数据利用率—堵塞概率之间的关系如图 7-58 所示。

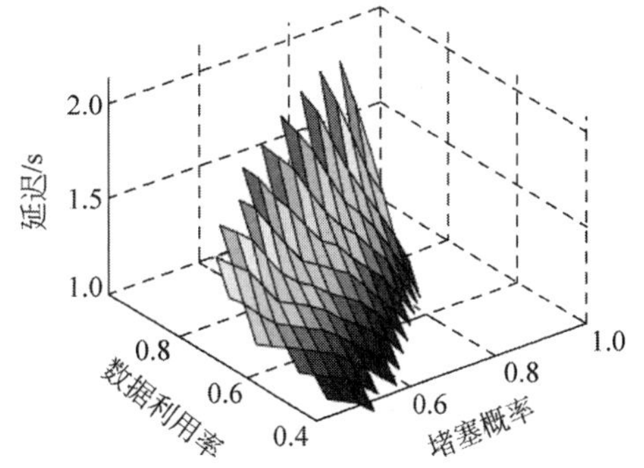

图 7-58　利用缓存协调大光学数据流供应时造成的延迟与数据利用率和堵塞概率之间的关系曲线

7.4　光存储芯片基板互联

大容量光量子存储器除了上述芯片之间，以及存储芯片与光学开关之间的互联外，还需要解决芯片基板之间的互联。本节以 24 个发射接收通道的并行光学收发基板模块设计为例，介绍光量子存储器基板互联的设计与制作方法。这种方法基于单晶硅材料作为载体，利用光电集成制造工艺实现高密度光量子存储器基板间互联，主要包括收发 48 组硅基波导、光电二极管和一对 24 个端口的接收器和激光驱动 CMOS 集成电路。此外，还包括直径 150μm 光波导和相应的光电二极管阵列与基板上硅波导耦合。当然，上述透镜阵列作为光波导切换的核心元件也将集成到光学输入输出通道中。完整的基板互联还应包括通过光学耦合与标准光纤通信接口的直接耦合连接。此基板级互联上的 24 个多模光纤通道的传输率为 15GB/开关，平均功耗 11mW/(Gb・s^{-1})。这种基于高速、低功耗和高密度并行光传输模块与聚合物光波导最终均全部集成到印刷电路板上。实验测试证明大规模集成光电二极管阵列与单芯片 CMOS 光电集成平行光电收发器通过聚合物波导，双向链接传输速率可达到

160Gb/s。基板与对外交换的光学数据总线块，采用工业标准 850nm 波长的多模光纤，自由连接距离约 1m。这些光电收发器的工作波长均为 850nm，基于硅材料光电集成电路工艺制造，基本结构原理如图 7-59 所示。

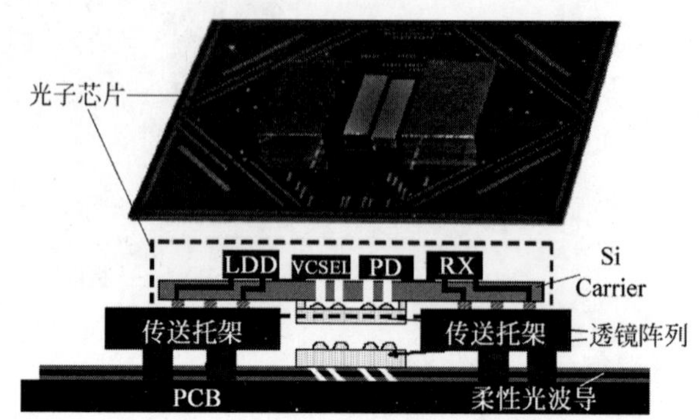

图 7-59 集成光量子存储器基板互联机构系统原理示意图

图 7-59 所示的具有标准光纤通信收发器的大规模集成存储器基板互联系统，采用有机复合材料波导作为载体可直接与表面安装存储芯片和集成波导的多元器件电路板连接，并可以通过波长为 850nm 的标准多模光纤与外部通信系统连接。系统中的关键元件——硅托架(silicon carrier)采用三层布线，底层为电源布线，中间层为接地平面，最上面一层为高速信号传输结点及光电二极管阵列，如图 7-60 所示。此外，硅托架载体上还具有光-电连接通孔。硅托架载体上表面结构如图 7-60(a)所示。

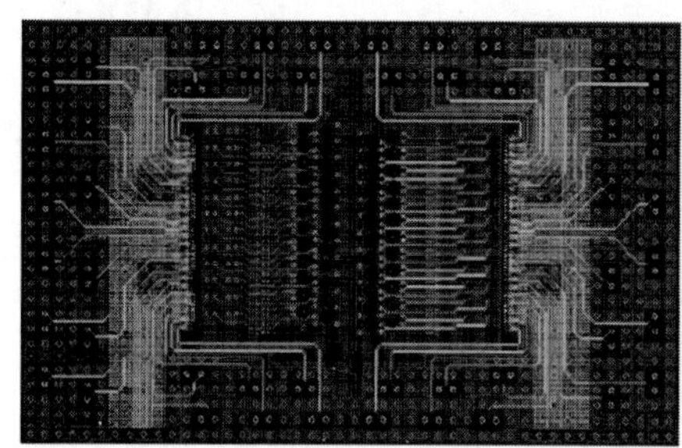

(a) 硅托架上表面

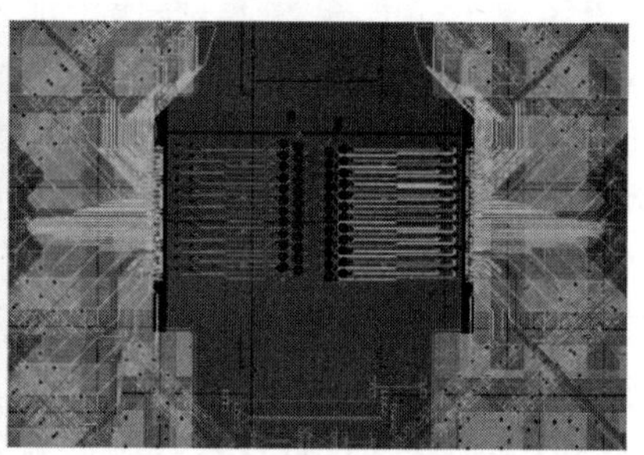

(b) 硅托架背面结构

图 7-60 硅托架结构设计示意图

硅托架载体面积 11.5mm×15.1mm，厚 175μm，面上 CMOS 芯片光电阵列的内部互联电路宽 0.2mm 厚 0.1mm。与光透镜阵列连接部分尺寸为 10.4mm×6.3mm，厚 200μm，通孔直径 150μm。硅托架载体的制造工艺比较复杂，其典型的工艺流程如图 7-61 所示。首先，利用深反应离子蚀刻(Deep Reactive Ion Etch，DRIE)在硅基片上，孔的首次加工深度约为 150μm。然后，经过两次交替的气体蚀刻和钝化处理获得符合最终尺寸要求，且孔的侧壁被抛光，达到一定的光洁度。利用加热方法在硅表面形成 SiO_2 层，既可以保证孔的绝缘性又可以作为波导基础材料及后续刻蚀工序的保护层。采用化学气相沉积(Chemically Vapor-Deposited，CVD)和电镀各种金属例如钨、铜、金膜，通过光刻加工连线及上下的环形金属孔。最后，利用研磨方法去掉底面多余厚度，获得最终硅托架。

在硅托架上下两面都需要金属化布线，容易产生残留接缝缺陷，特别是在介电层中镶嵌铜工艺非常重要。此外，在标准 CMOS 工艺过程中多次采用等离子体增强化学气相沉积(PECVD)氧化物和氮化物，然后通过光刻和蚀刻完成各种金属布线。最终完成的硅托架横截面的扫描电子显微镜(ESM)放大图像如图 7-62 所示。

在多次光刻过程中，使用不同厚度的抗蚀剂，包括在电镀厚度为 0.5～1.5μm 的 NiAu 金属膜上加工直径为 25μm 的插孔，总厚度应控制在 150～200μm 范围以内。插孔的实际深度还可由晶片的

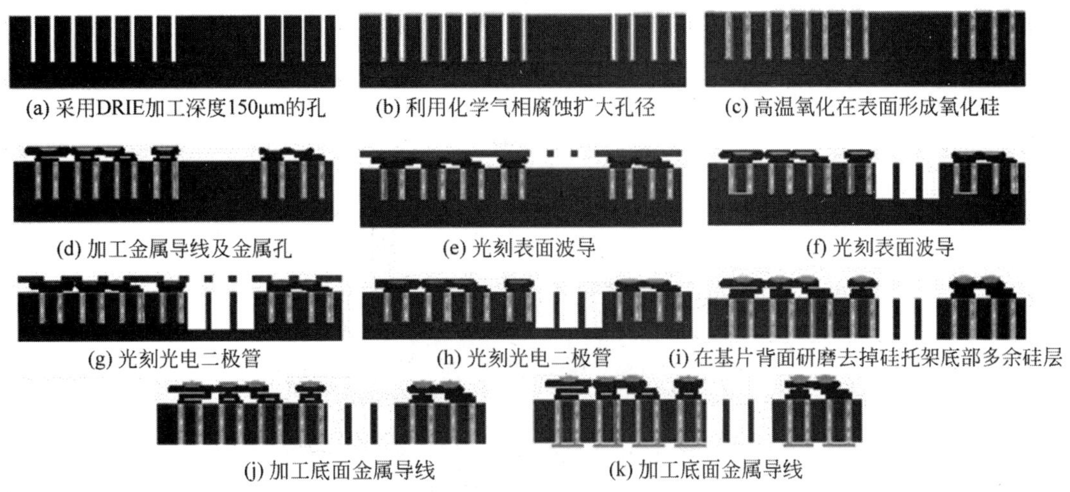

图 7-61　典型硅托架加工工艺流程中横截面机构的变化

图 7-62　已完成加工全部工艺流程的硅托架横截面及表面布线的 SEM 放大照片

减薄研磨和抛光工序控制。同时没有腐蚀通的盲孔，经减薄抛光，光孔被完全打通，呈透明圆点如图 7-63 所示。硅托架的背面同样采用化学气相沉积钨及绝缘氧化物。硅托架载体四周为 24 阵列分布的激光二极管、驱动器芯片及接收器的插口。

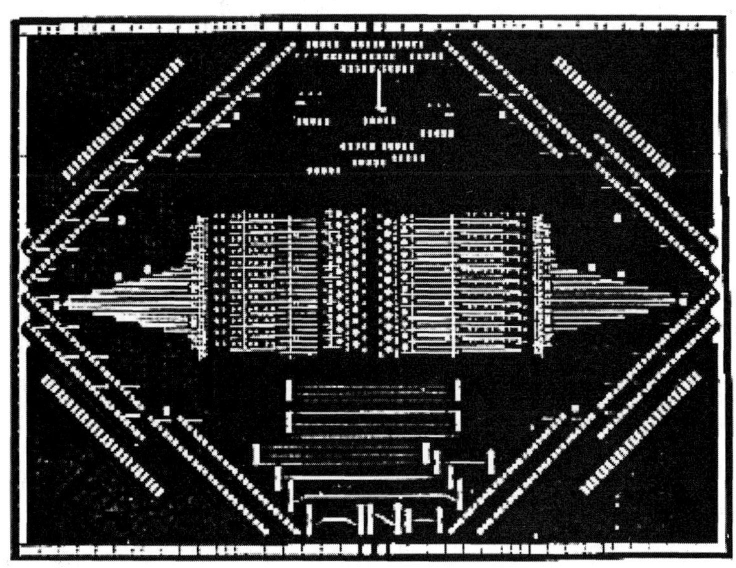

图 7-63　经过图 7-61 所示工艺流程后完成的硅载体托架光学放大图像

由 4×12 单元构成的阵列的实际尺寸为 0.9mm×3.5mm。采用砷化镓作为基板,可加工成光电二极管或激光器。单元尺寸为 250μm×350μm,孔直径为 8.5μm,有源区直径为 35μm,第二种类型的有源区直径为 45μm。每个通道 2×12 阵列,由元器件及合成树脂组成相距 62.5μm 的两行线性阵列。其他光子芯片采用 0.13μm CMOS 工艺制备,尺寸为 2.4mm×3.9mm。加上 CMOS IC 器件组合成二维 4×12 个通道。输入(输出)的连接电阻为 100Ω,长 50μm。芯片与金镀层焊盘的焊接采用 AuSn 焊料(80%Au+20%Sn),厚度约 4μm,如图 7-64 所示。

图 7-64 硅载体托架上 24 光电器互联件组合阵列光学放大照片

这 4 个组件的硅载体组装后,整个光子芯片的接收转换器之间用厚度 50μm 多模平面波导互联。对成品,首先需采用探针阵列测试。各结点的工作电压分别为:电源电压 2.8V,放大器 2.5V,偏置电压 1.8V,总功耗包括接收和发射为 3.3W。为了测试安全,在测试电路中额外增加 13%串联电阻。使用 20GHz 带宽光纤探针对 24 个结点示波器取样获得的网眼图,如图 7-65 所示。

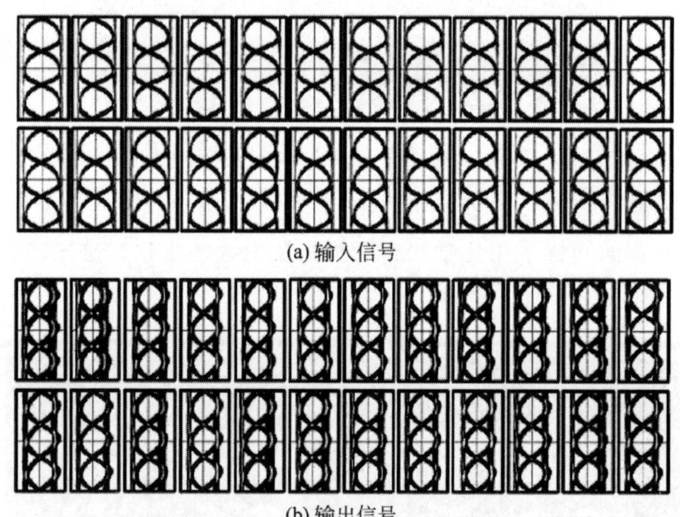

(a) 输入信号

(b) 输出信号

图 7-65 对 24 个传输通道阵列采用模拟信号实际测量,在示波器显示的网眼图实验工作频率 7.5~19.5Gb/s

除了对该组件输出端电信号进行测试外,还需对整个组件的光学性能进行测试。采用单端测量数据速率 7.5~15Gb/s 测试模式对所有通道的测试结果如图 7-66 所示。从图(a)可看出,24 个信道平均光输出增益功率 P_{avg} 为 2.5dBm,波动范围 0.6dBm,消光比(ER)5.3~6.1dB;图(b)为灵敏度是绘制的平均输出增益功率 P_{avg},并在比特错误率(Bit Error Ratio,BER)为 10^{-12},数据率为 10Gb/s 和 12.5Gb/s 时所有通道的平均输出增益功率 P_{avg} 分别在−12.6~−13.1dBm 和−9.8~−10.6dBm 之间。

在集成光量子存储器基板互联系统中,还包括准直透镜阵列用于基板之间高效光耦合光互联,如图 7-59 所示,属于双透镜耦合结构。由于这种光子芯片间的耦合是通过透镜阵列使光束成为平行光,

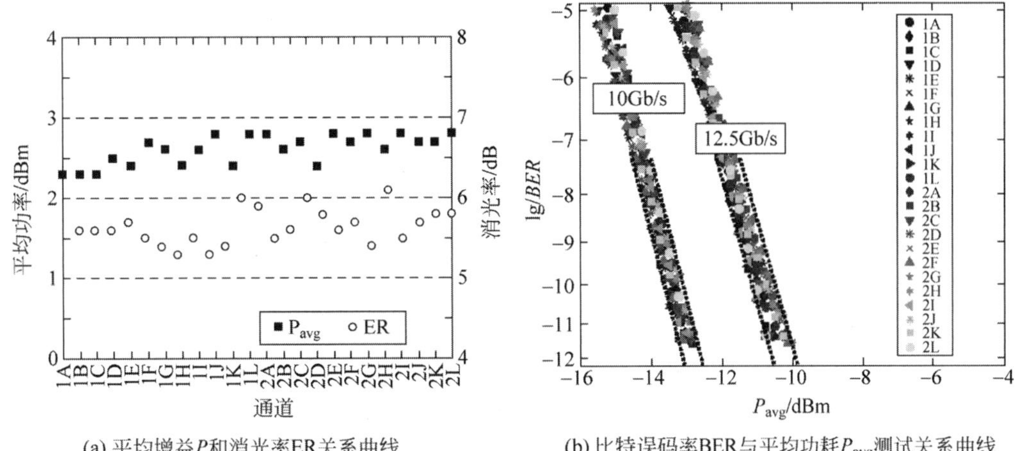

(a) 平均增益P和消光率ER关系曲线　　(b) 比特误码率BER与平均功耗P_{avg}测试关系曲线

图 7-66　采用频率为 10Gb/s 和 12.5Gb/s 的测量信号对 24 个接收通道的光子学特性测量结果

可放宽基板之间的对准公差，便于多层叠加装配。透镜阵列的布局每行 12 个，直径 250μm，间距 62.5μm，行距 350μm，呈阶梯状分布如图 7-67 所示。

实际上，需要与硅托架上透镜阵列耦合的透镜阵列不止一组，可以根据硅托架的移动位置与其他芯片组合耦合，甚至可以单独与一组 12 个通道透镜阵列耦合，如图 7-64 所示。这就是利用透镜阵列耦合比直接采用光纤耦合的优越性，但对硅托架厚度及加工、装配精度都有相应的要求。为此，在基板与硅托架之间有光电定位传感器，对准精度为 5μm。采用频率为 12.5Gb/s 的模拟信号对耦合透镜阵列进行传输性能测试实验，获得的示波器监测信号如图 7-68 所示，最大耦合损耗为 1.5dB。实际测量实验证明，这种移动式双透镜耦合系统不仅具有灵活性，还具有较高的耦合效率。

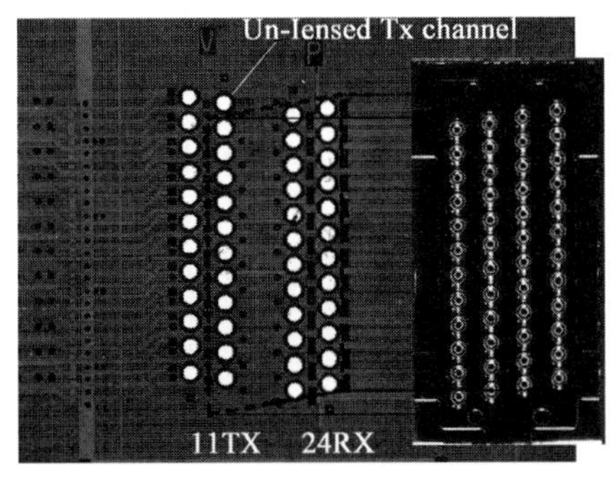

图 7-67　准直透镜阵列与硅托架装配工艺示意图。图左为带通孔阵列的硅托架，右为待安装的透镜阵列

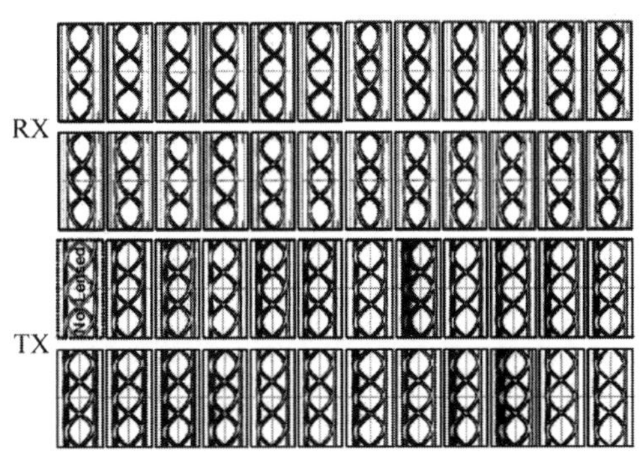

图 7-68　采用频率为 12.5Gb/s 的模拟信号对利用可移动透镜阵列进行耦合的光子芯片之间的光学特性试验获得的网眼图

从图 7-68 可以看出，测试信号的质量基本上与没有耦合前的原始接收信道特性相同(参见图 7-65)。单通道实验数据速率为 12.5Gb/s，所以 24 个信道的双向传输率可到达 300Gb/s，总功耗为 3.3W，平均 11mW/(Gb・s^{-1})，充分显示了双透镜光学耦合系统的优越性。除了可将光学信号直接输入存储芯片外，还可将多波长存储光学信号放大转换成波长为 850nm 的光信号，通过光纤与外部网络高速连接。由于所有组件和光存储芯片都安装在基板上，通过携带透镜阵列及并行收发光子芯片的硅托架移动选择传输交换，形成光电阵列和低功耗 CMOS 集成电路集成的高速数据转换平台。此样片的基板总面积为 200mm×200mm，由有机材料制成。由于结构不标准，光存储芯片目前只占基板面积的 40%。如果进一步使各集成系统完成标准模块化设计，完全有可能将光存储芯片密度提高到 80%以

上。这样不仅提高存储密度和容量，更重要的是可缩短硅托架移动耦合的时间，提高光学芯片间选择交换数据的效率。集成设计的透镜阵列光子芯片处理器的功能，也还存在很大的发展空间。此实验基板上没有集成处理器，切换过程由外接计算机控制，与存储信息没有内在联系。如果将专用处理芯片同时集成在基板上，将海量光量子存储器与处理器结合，组成可对存储内容进行管理控制的智能化存储系统，对存储芯片也需采用新原理设计。其主要特点是除了关注其空间分辨率外，还根据超快过程动力学原理采用光量子存储过程的空间分辨率，即使用一个可以激发的纳米探头收集另外一个纳米域的光学响应时间分辨率。采用高空间分辨率的近场光学原理进行时间分辨率探测实验系统如图 7-69 所示。利用这种双光束动态检测同一纳米域光交互作用过程时间分辨时，首先将光子活性染料 PRL 纳米晶体材料用四氢呋喃(THF)溶解后快速蒸发沉积在基片上。这些纳米晶体具有可饱和吸收特性，即处于高强度饱和吸收态时，基态和激发态的光密度几乎相同。因此，当两种激射光束通过此样品时没有任何吸收，只有当两种光束入射存在时间差时，透光率才会发生变化。根据此原理设计的实验装置光学系统结构(参见图 7-69)，以 Nd：YVO_4 激光二极管作为泵浦的钛宝石锁模激光器发射的脉宽 100fs，波长 800nm 的光束被分为两个部分。一部分利用非线性晶体(BBO)倍频率转换为波长 400nm 光束，与另一个部分经过可控延迟器的 800nm 波长光束汇合。合成后的双光子束辐射源，同时从工作台下方以远场模式入射样品，样品上方为锥型光纤近场光学探头用于收集透过样品的 400nm 光束。PRL 纳米晶体在 400nm 处呈现出强吸收，且转换为对 800nm 波长的强双光子吸收。因此，800nm 光源可用于探测样品发生光学跃迁后的双光子吸收特性。400nm 光束作为较弱的探针光通过样品在不同的时间延迟时探测样品的饱和恢复。如果饱和漂白存在，400nm 的光不可能被光子激发吸收而透过样品。因此，通过改变 400nm 脉冲相对于 800nm 脉冲的延迟，就可以探测饱和恢复的动态特性及相应的激发态寿命。

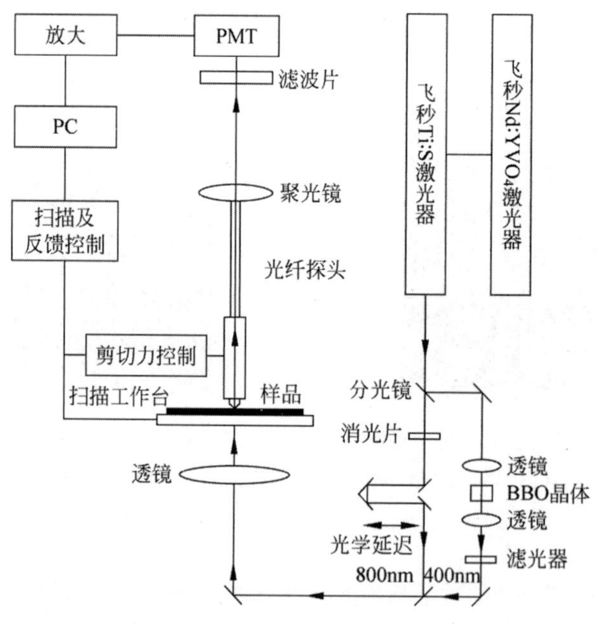

图 7-69 有机纳米结构光量子吸收动力学特性的飞秒时间分辨率近场光谱扫描实验系统结构原理示意图

通过纳米尺度逐点扫描探测可获得样品的纳米饱和恢复动力学特性。代表此饱和特性的近场透射图像如图 7-70 所示。其中，图(a)是样品的原始形貌图像；(b)、(c)是泵浦与探针之间的时间延迟为 360fs 时的透射图像。(d)为时间延迟为 200fs 和无延迟时的纳米畴透射图像。由于两光束之间时间延迟不同，纳米畴发生的饱和吸收程度不同，影响 400nm 激光束的透光率，所以图 7-70 中图片的反差和清晰度各异。可明显看出，在零延时纳米粒子饱和导致漂白达到最大值。由于此时纳米畴图像

(吸收)非常微弱，饱和状态下样品上纳米畴与周围的透明介质之间的反差很小。当泵浦光束与探测光束之间增加时间延迟时，这些饱和的纳米畴开始恢复并吸收探测光束。因此，它们显得比周围的介质似乎更暗，图像的反差也更好。所以，利用这种方法可测量介质吸收光子的时间分辨率。根据对图 7-70 中各图像的分析可得出以下结论：在延迟时间较长(360fs)时，样品上的 PRL 纳米晶体对 400nm 的探针脉冲具有强吸收，所以图像较暗，反差增强。正是因为瞬态透射成像的反差为光束相对时间延迟的函数，可用于确定激发态寿命(可用饱和恢复时间表示)。

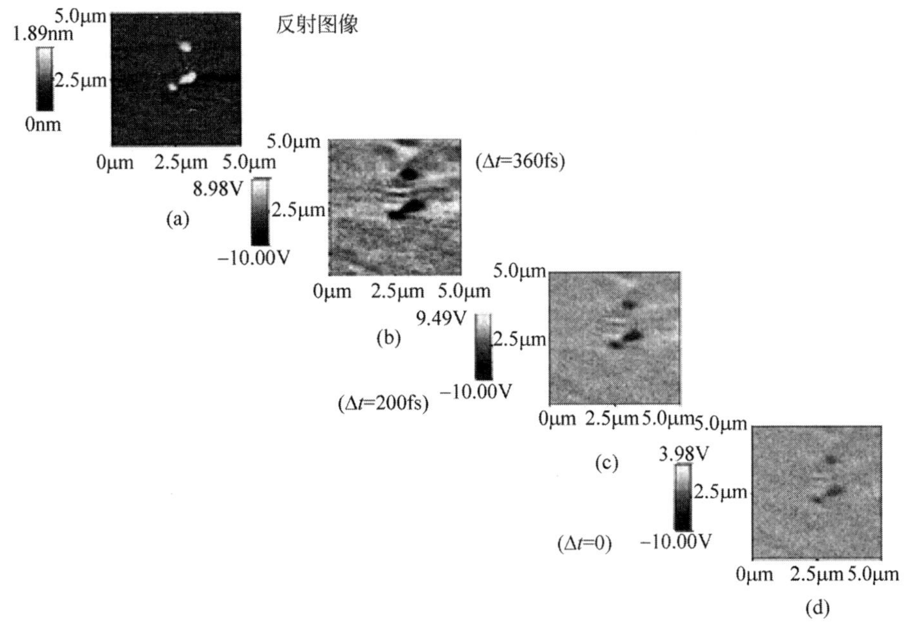

图 7-70　当泵浦激光(波长 800nm 的双光子激射)与近场扫描探头(波长 400nm 的单光子激射)之间的时间延迟 Δt 不同时获得的纳米畴的透视图像

此外，实验证明探针与样品之间的距离对光束密度也有影响。采用 3 种不同的探针与样品之间的距离 d 时，探针脉冲的瞬态透射率与延迟时间关系实验曲线如图 7-71 所示。从这些曲线可以看出，近场探针测量纳米结构的检测信号强度分布，随 d 值的增加而变缓，且与激发态的弛豫时间 τ 有关。根据实验获得的关系曲线如图 7-72 所示，并获得经验表达式如下：

$$\tau = \tau_0 \frac{Ad^4}{B + Cd + Dd^4} \tag{7-5}$$

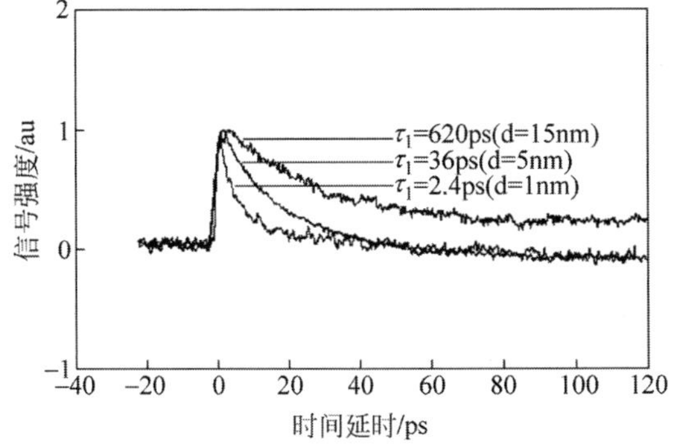

图 7-71　PRL 染料纳米结构瞬态透射率与探针和样品表面不同距离时与脉冲间延迟时间的函数曲线

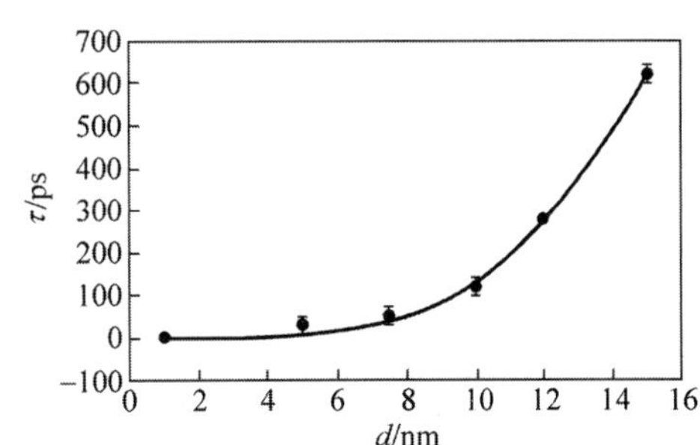

图7-72　激发态弛豫时间 τ 与偶极子-金属表面相互作用距离 d 之间关系模型拟合曲线

此式主要根据自偶极-金属表面相互作用效应，其中 $A=D=3.88\times10^{-15}/\text{nm}^4$，$B=7.11\times10^{-10}$ 及 $C=-2.35\times10^{-11}/\text{nm}$。$\tau_0$ 为与金属表面的距离无限大时的激发态衰减时间，对于 PRL 样品，实测 $\tau_0=1.75\text{ns}$。激发态衰减时间 τ 与探针到样品表面距离 dz 之间的关系如图 7-72 所示。以上这两个函数都与被激发分子和金属表面之间的距离有关。式(7-5)表明，偶极子越靠近金属表面，衰减速率就越快。如式(7-5)所示，当 d 达到无限大时，τ 成为独立函数 τ_0，与近场光学作用无关。

纳米扫描光学显微镜(NSOM)明显优于传统光学显微镜的衍射极限制约。本实验采用的金属纳米颗粒场增强，又称为无孔径近场光学显微镜。仍然可采用理论或模拟方法获得电磁场近场分布，这在其他专著中已有介绍，本书不再详述。本系统采用镀金属铝锥形光纤孔，直径<60nm。本系统仅用于收集从样品中产生的光信号，被称为收集型 NSOM。当然，也可采用基于收集倏逝波原理的 NSOM。此外，采用隧道效应光纤探针，即光子扫描隧道显微镜(PSTM)也被证明均适用于研究单量子点的纳米尺寸及光谱特性。近场光学显微镜还可用于研究纳米晶和纳米级领域的非线性光学过程(如二倍频、三倍频和双光子激发发射)。若利用表面等离子谐振增强，还可获得≤25nm 的分辨率。

此外，某些有机材料存在类似半导体隙带自由电子，例如离域 π 电子共轭结构有机量子受限材料。这种由 π 链类有机化合物也称为共轭键聚合物。这些共轭分子包含交替的单一或多能带。根据聚合物分子轨道理论，原子间的共价键是由原子之间轨道重叠形成的轴向波函数，形成原子间的能带。此附加的能带(S)涉及双重或三重原子键(如碳)，由定向 p 型原子轨道重叠而成。此能带为 π 能带，与能带有关的电子称为 π 电子。遍布整个共轭结构的 π 电子物理特性，类似于半导体中的自由电子如图 7-73 所示。例如，丁二烯三烯的共轭结构，就属于这种 π 能带有机键聚合系列结构。其基本单体为乙烯，通过多重复单元的化学键链接可以获得大尺寸聚合物(见图 7-73)。由于这些聚合物单元长度仅为纳米，所以这种纳米级有机物被称为纳聚物(Nanomers)。例如，以碳链长度为共轭长度构成一种可扩展的电介质。这种电介质中包含若干 π 电子，且具有共轭(介电)效应，其共轭长度取决于单个和多键碳原子链如下：

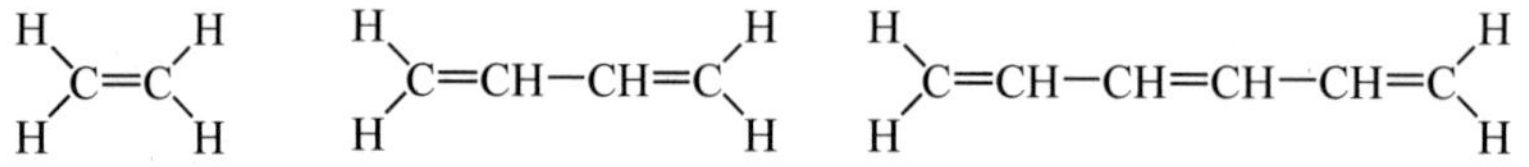

$H_2C{=}CH_2$ Ethene　　$H_2C{=}CH{-}CH{=}CH_2$ Butadiene　　$H_2C{=}CH{-}CH{=}CH{-}CH{=}CH_2$ Hexatriene

图 7-73　具有 π 电子的线性键聚合物分子典型结构

共轭的增加导致 π 电子能量降低(非定域能)。而随 π 轨道电子能级下降，连续两个之间的能隙减小。这种效应导致辐射红移(向能量较低的波长)。因为共轭长度的增加，吸收带对应的两个能级间的电子跃迁释放的能量减少。例如乙烯，两个 p 原子轨道(Atomic Orbital，AO)两个碳原子重叠成一个 π 能级和一个 π^* 键分子轨道。这对 π 电子处于低能量分子轨道。丁二烯和三烯与此类似。通常，在 N 个混合碳原子的 N2p 轨道产生共轭结构 $N\pi$ 轨道。π 轨道之间的间距随 N 的增加而减小。所以当 N 极大时，连续 π 能级很小，形成紧密排列的 π 能带。由紧密排列的键 π 能带被能量最低的电子占据成谐振。因此，有机 π 能带与无机半导体中的价带十分相似。由紧密排列键 π^* 组成的能级失缺的基态结构类似上半导体中的导带。在这种有机结构中的带间跃迁(价带与导带)即 $\pi\rightarrow\pi^*$ 转移，则类似于半导体的带隙。π 电子从所占的最高分子轨道(Highest Occupied Molecular Orbital，HOMO)转移至尚未占据的最低分子轨道(Lowest Unoccupied Molecular Orbital，LUMO)的 π^* 带的过程，完全与无机半导体材料中导带与价带之间的电子跃迁相似。所以，纳聚物成为光量子存储研究中关注的研究热点之一。因为纳聚物属于高分子材料，不仅可以利用各种方法合成，调整和改变其光学性能方便。更重要的是纳聚物具有良好的纳米工艺特性。可直接采用纳米压印成型、分子自组装及纳米三维打印实现各种复杂结构的加工制造。包括量子阱、量子线及量子点，是十分理想的光量子器件集成基础材料。当然一旦有机纳聚物成功应用，对微电子、光通信及其他光电器件的发展都是极大的贡献。一种典型的纳米有机聚合物-对苯撑乙烯(Poly-Paraphenylene Vinylene，PPV)的分子结构如图 7-74 所示。

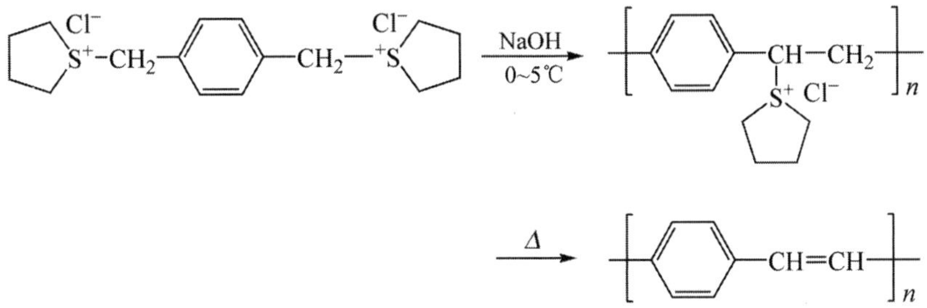

图 7-74 由锍前体纳聚物组成的聚对苯撑乙烯分子结构

具有纳米量子光学特征的共轭聚合物-聚二乙炔还最有可能用于量子点共轭结构。聚二乙炔具有系列单、双和级能带，并可用紫外固化体形成，或 X 射线诱导热聚合，其单体分子结构如图 7-75 所示。不同粒径聚合物纳米粒子的吸收光谱图如图 7-76 所示。吸收波长随纳米颗粒的尺寸变化，聚二炔纳米晶的光学性质与其尺度的依赖性高于无机半导体量子点。利用真空沉积法可产生多层叠层共轭结构，形成有源阱层。另外，可采用 Langmuir-Blodgett(LB)技术，在液面上形成单层膜后转移。有源层可以通过单层膜的连续传输得到所需厚度。LB 工艺目前已广泛用于单层和多层膜的聚二乙炔沉积。实践证明，无机半导体量子受限通过操纵其带隙改变其光子学性质的方法，同样可以利用有机聚合物，在一维、二维甚至三维度实现量子受限纳米尺度的量子阱、量子线和量子点。

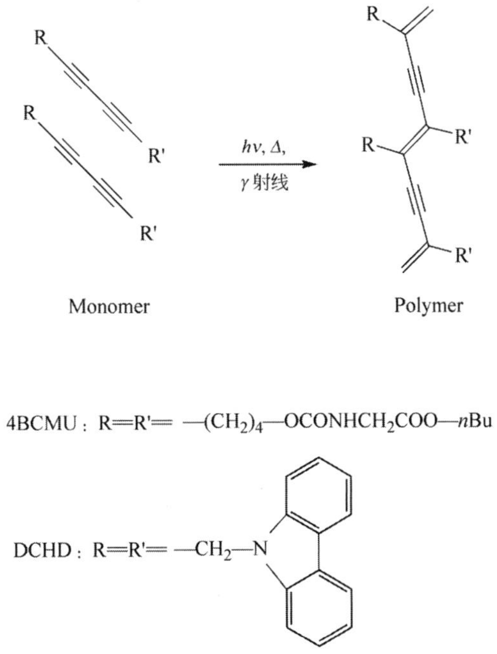

图 7-75 光、热或辐射诱导二乙炔单体聚合分子结构图

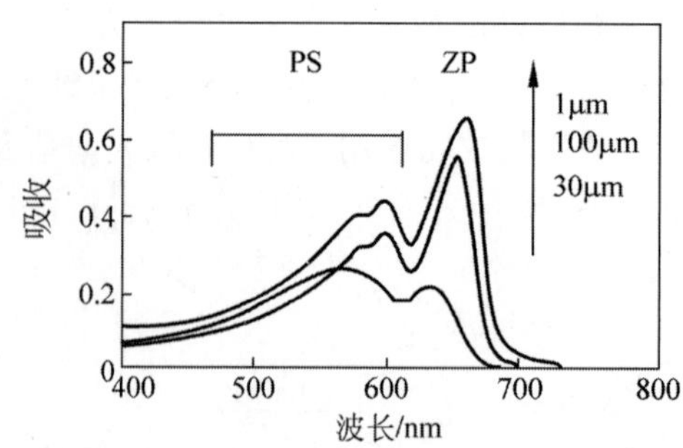

图 7-76　不同尺寸(30nm,100nm,1μm)的聚二乙炔(polydiacetylenes)纳米晶体的吸收光谱曲线。ZP 为零光子带,PS 为光子边带

7.5　纳米金属表面等离子元件

金属纳米结构应用的一个主要领域为表面等离子体。金属纳米结构光学性质变化不是来自电子和空穴量子的限制。相反,金属纳米结构的光学效应主要受电动力学的影响。纳米级的金属-电介质界面,根据其尺寸和结构不同,会导致相当大的光学性质的变化。例如,一种新型的共振-等离子体激元或表面等离子体共振,在金属纳米结构和周围的电介质之间的界面上形成增强电磁场。这种增强的字段可用于金属-介质界面的相互作用,形成敏感的光传感及局域纳米光学成像。后者的作用相当于近场成像,可以获得纳米尺度图形。表面等离子体激元的另外一个应用是使用紧密排列的金属纳米粒子阵列约束和控制横截面小于光波长的波导,即纳米尺度光子开关。此外,利用光辐射在金属界面激发产生电子的谐振,形成的表面等离子体金属纳米结构场,能产生类似半导体纳米粒子的量子受限效应的光谱调制作用。通过与电磁场的相互作用产生的表面等离子体波,导致电子的相干振荡形成的由金属纳米粒子光吸收。此现象可用表面等离子激元描述。金属介质界面等离子体激发可用克雷斯曼几何表面等离子波矢量 k_{SP} 描述。这种在金属纳米粒子局域表面形成的等离子体称为等离激元。这些局部的等离子纳米颗粒对光有特定的吸收带,可用于光子局域场增强共振,导致各种光诱导线性和非线性光学效应。这些光学效应都被控制在纳米尺度范围,且结构简单,是场增强、光子耦合和传播通过控制的重要技术。由于其纳米尺寸的横截面比任何光波导尺寸小得多,可获得纳米尺度的辐射场。此外,金属纳米粒子本身的光学特性还具有以下特点:由于金属纳米粒子比光波长小得多,表面等离子体最大吸收峰的波长取决于纳米晶体的尺寸和形状,以及在颗粒周围的介质环境。例如直径小于 25nm 的金颗粒,其表面等离子体共振峰变化很小。然而,当其直径大于 25nm 时,表面等离子体激元的峰值明显红移,如图 7-77 所示。若将金制成直径 20nm 的圆柱形纳米金棒,其吸收光谱

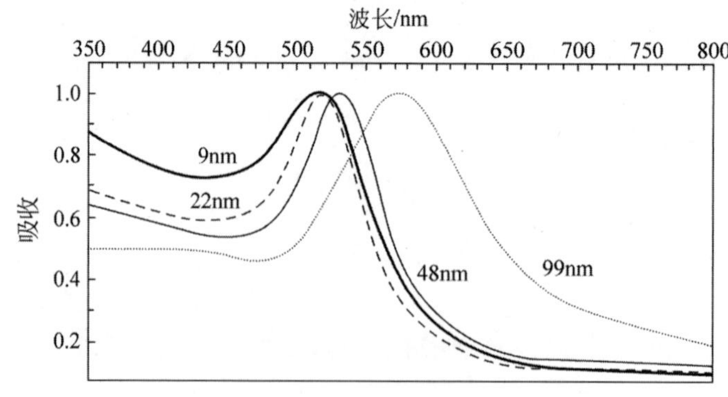

图 7-77　不同纳米尺寸的金颗粒的吸收光谱特性

被离子体带分为两部分，如图 7-78 所示。沿纵向(长度方向)振荡的自由电子形成的吸收峰明显红移，而沿横向形成的吸收峰基本上与同样尺寸的金颗粒相同，说明颗粒形状会对光学特性产生较大的影响。

此外，纳米金属的导电性能和周围绝缘体对光学性能也有影响。例如，当晶粒尺寸减小到纳米级时，导带的宽度明显小于热能 kT(k 为 Boltzmann 常数，T 为 Kelvin 温度)。由于这些离散元素的存在，将影响从紫外到红外整个可见光谱范围的吸收。

纳米金属颗粒光学特性，除了其尺寸、形状和结构的影响外，颗粒内部的物理反应也有影响。例如光的电磁场作用，会引起振荡偶极子沿电场方向驱动电子到纳米粒子表面，如图 7-79 所示。这种由于偶极子置换传导电子的振荡(等离子体振荡)引起的纳米颗粒消光系数 k_{ex} 为

$$k_{ex} = \frac{18\pi NV\varepsilon_h^{3/2}}{\lambda} \frac{\varepsilon_2}{[\varepsilon_2 + 2\varepsilon_h]^2 + \varepsilon_2^2} \tag{7-6}$$

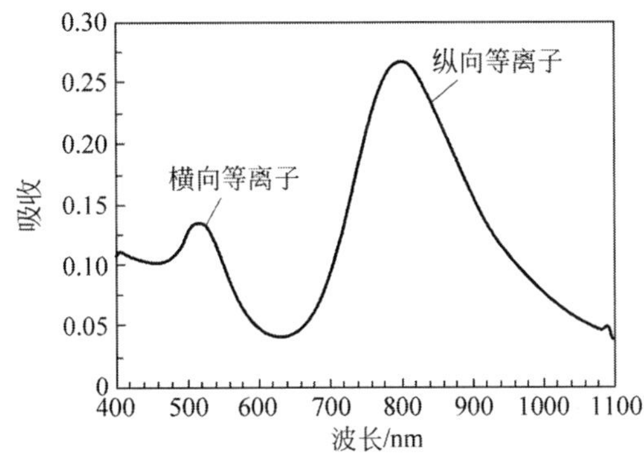

图 7-78　纳米金棒的吸收光谱

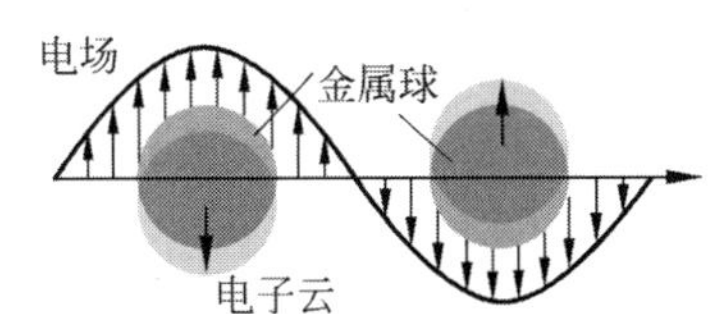

图 7-79　金属纳米球中等离子振荡波形

式中，λ 为光波长；ε 为频率。ε_h 为周围介质介电常数，ε_1 及 ε_2 分别为该金属介电常数 ε_m 的实部和虚部，即 $\varepsilon_m = \varepsilon_1 + i\varepsilon_2$。如果 ε_2 小于 ε 的共振条件成立，相应的最大吸收产生出现在 $\varepsilon_1 = -2\varepsilon_h\varepsilon_1$。因此，表面等离子体谐振吸收光频 ε 的谐振条件 $\varepsilon_1 = -2\varepsilon_h$ 得到满足。表面等离子体共振尺寸依赖于金属介电常数 ε_m，被称为内部尺寸效应。如果采用金，其介电常数的贡献有两种：一是内部电子产生带间跃迁(从内部轨道到导带)，另一个是自由传导电子。描述自由传导电子的 Drude 模型：

$$\varepsilon_D(\omega) = 1 - \frac{\omega_p^2}{\omega^2 + i\gamma\omega} \tag{7-7}$$

式中，ω_p 为大块金属的等离子频率；γ 为与等离子体共振带宽有关的阻尼常数，其寿命与电子散射的各种过程有关。在大块金属中，$\tilde{a}$的主要贡献为电子-电子和电子-光子散射，但纳米颗粒金属主要是颗粒边界(表面)的电子散射。此散射产生的阻尼 γ 与粒子半径 r 成正比。γ 与粒子尺寸的关系取决于 $\varepsilon_D(\omega)$，ε 为金属电解质常数，即符合表面等离子体共振条件。大尺寸纳米颗粒(＞25nm 金颗粒)，高阶传导电子电荷云畸变很重要，如图 8-80 所示。尺寸较大粒子的这种效应被称为外尺寸效应，会引起等离子体共振条件的明显变化。其表面等离子体共振吸收峰的位置和形状也取决于金颗粒周围介质的介电常数 ε_h，共振条件为 $\varepsilon_1 = -2\varepsilon_h$。因此，$\varepsilon_h$ 的增加将导致等离子体带的强度和宽度增加，以及由此产生的等离子体带最大红移。这种由于周围介质高介电常数形成的增强等离子体吸收效应称为浸没光谱。对于不同形状的非球形金属纳米粒子，例如锥体纳米粒子、椭球粒子，若介电常数为 ε_m，嵌入介质的介电常数为 ε_h，颗粒体积分为 f，则颗粒介电张量 ε_t 为

$$\varepsilon_t = \varepsilon_h + f \frac{\varepsilon_h(\varepsilon_h - \varepsilon_m)}{\Gamma_t\varepsilon_m + (1 - \Gamma_i)\varepsilon_h} \tag{7-8}$$

式中，Γ_i 为颗粒三维形貌常数，设数值范围为(0,1)，其和为 $\Gamma_1 + \Gamma_2 + \Gamma_3 = 1$，例如对于圆球，$\Gamma_i = 1/3$。

谐振频谱位置 $\varepsilon_m = -(1-\Gamma_i)\varepsilon_h/\Gamma_i$。根据颗粒形状的不同,按波导几何计算此值的变化可能达到数百纳米。

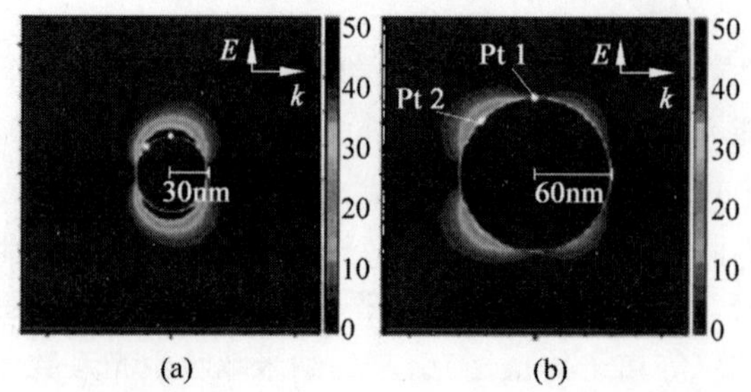

图 7-80 围绕尺寸 25nm 金颗粒的高阶电荷云分布图

另一类值得关注的金属纳米粒子是由两种材料构成的带壳的纳米粒子。因为核和外壳的材料不同,所以又被称为异质结构纳米颗粒。若壳材料是金属,例如核为 AuS 壳为金,其表面等离子体谐振的变化就很大。例如,直径为 30nm 的异质结构纳米颗粒,表面等离子体谐振吸收频率的偏移超过 500nm。通常,异质结构纳米颗粒核采用电介质,半径约 40nm,金属壳厚度约 10nm。

若核的介电常数为 ε_c,壳的介电常数为 ε_s,嵌入的宿主介电函数为 ε_h,则球形异质结构纳米颗粒的介电函数为

$$\varepsilon = \varepsilon_h + f\frac{\varepsilon_h[(\varepsilon_s-\varepsilon_h)(\varepsilon_c+2\varepsilon_s)+\delta(\varepsilon_c-\varepsilon_s)(\varepsilon_h+2\varepsilon_s)]}{[(\varepsilon_s+2\varepsilon_h)(\varepsilon_c+2\varepsilon_s)+2\delta(\varepsilon_c-\varepsilon_s)(\varepsilon_s-\varepsilon_h)]} \tag{7-9}$$

式中,δ 为核与整个颗粒体积之比。第二项提出的局域场增强指数 γ 为

$$\gamma = \frac{[(\varepsilon_s-\varepsilon_h)(\varepsilon_c+2\varepsilon_s)+\delta(\varepsilon_c-\varepsilon_s)(\varepsilon_h+2\varepsilon_s)]}{[(\varepsilon_s+2\varepsilon_h)(\varepsilon_c+2\varepsilon_s)+2\delta(\varepsilon_c-\varepsilon_s)(\varepsilon_s-\varepsilon_h)]} \tag{7-10}$$

异质结构纳米颗粒等离子体共振频率和吸收光谱均可通过介电函数、散射增强变化描述。只要金属壳厚度减小,即使介电芯的尺寸不变,谐振频率也会偏移(向长波方向),如图 7-81 所示。这些曲线是根据直径 60nm 的硅核,外包不同厚度金壳(5～20nm)的等离子体计算出的谐振光谱吸收率。可以看出,改变金属壳厚度产生的吸收谱可覆盖很宽的光谱范围,甚至可以达到远红外。

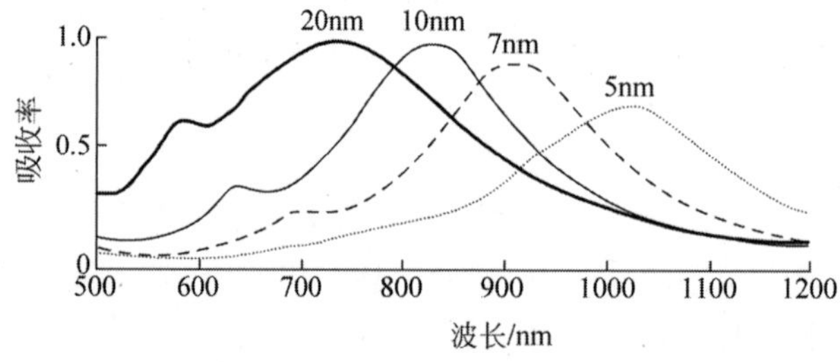

图 7-81 直径 60nm 硅核,外包厚度 5～20nm 金壳的等离子体谐振光谱吸收率理论计算值曲线

如果核/壳尺寸比例保持不变,增加这种异质结构纳米颗粒的绝对尺寸。因为尺寸较小颗粒受偶极子的限制(类似于金属纳米颗粒)主要影响光吸收,随颗粒尺寸增大,散射吸收不断增大。如果颗粒尺寸增加超出偶极限制,在粒子的消光光谱中出现多极谐振。利用化学改性制备异质结构颗粒纳米金壳的过程如图 7-82 所示。这种方法产生的最小的金属厚度为 3nm。

在异质结构颗粒纳米金属薄膜表面的等离子激元激发形成强电磁场(倏逝波),形成的表面增强 Raman 光谱(Surface-Enhanced Raman Spectroscopy,SERS)的分辨率可达到单分子量级。所以,这种金属纳米结构场增强效应被用于孔径近场显微镜。金属纳米粒子表现出不同的偶极子形成的多极等离激元谐振还与异质结构颗粒的大小和形状有关。详细的分析可利用离散偶极子近似(Discrete

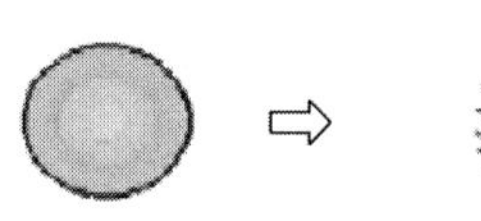
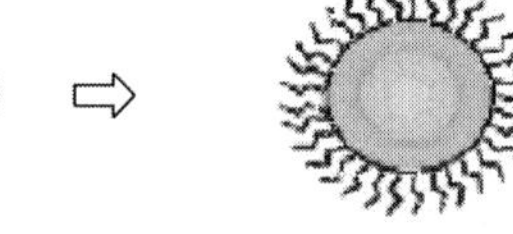
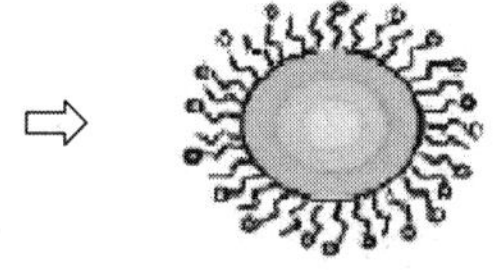
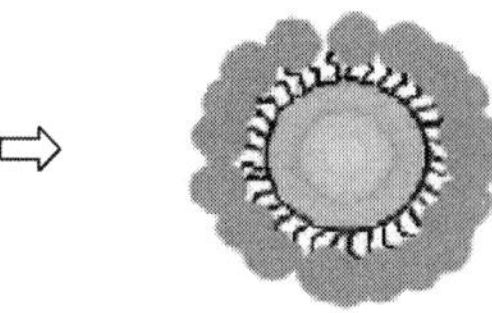

(a) 直径60nm SiO_2核

(b) SiO_2颗粒表面被化学改性形成胺基团

(c) 胶体悬浮液中直径1～2nm的小金颗粒被吸收到氨基膜表面

(d) 利用氯金酸($HAuCl_4$)处理，析出金颗粒在SiO_2表面形成金膜

图 7-82　硅核/金壳纳米粒子加工过程示意图

Dipole Approximation，DDA）域场增强法计算。

根据 DDA 计算，半径小于 20nm 银壳颗粒的最大电场增强在 410nm 波长附近的等离子体谐振增强 200 倍。随着粒子尺寸的增加，场增强减少。例如，采用球体半径为 90nm 的银壳颗粒，等离子体谐振波长为 700nm，场增强 25 倍。研究证明，SERS 增强的水平与球形颗粒之间的距离有关。例如，直径 36nm 二聚体核银壳颗粒间隔为 2nm 时，在波长 430nm 处的谐振具有偏振特性，场增强为 3500 倍。偶极和四极谐振最大电场增强在波长 520nm 处，增幅可达到 1000 倍。场增强功能远大于孤立的 Ag 纳米球形颗粒。此外，颗粒形状对场增强也有影响。对非球形颗粒，例如三角棱形颗粒，场增强远高于可比尺寸的球形颗粒。

上述金属纳米结构场增强的光学效应，在纳米光学中最重要的应用是亚波长孔径（Subwavelength Aperture，SA）技术。因为在金属膜上采用周期阵列等离子体结构的 SA，衍射大幅度下降，可获得非常高的光传输率。因为光通过光学厚的 SA 金属膜时，表面等离子体波矢量 k_{sp} 明显大于光在真空或空气中传播时波矢量。另一种纳米场增强结构是利用金属薄膜上的周期性波纹（光栅）。由于光栅矢量提供的额外的波矢量与光和表面等离子体的波矢量匹配，从而提高耦合效率。在厚度 200nm 银膜上利用聚焦离子束（FIB）加工的 150nm 表面等离子孔径模型，选择性波长入射光传输效率提高了 1000 倍。如图 7-82 所示的表面等离子颗粒组成的亚波长孔径形成的离子增强传输使光的发散角被有效控制，减少了散射，从而显著提高了光的透射率。

此外，金属表面等离子增强效应还有一个重要用途是作为光子芯片互联的高效等离子波导。由于传统的光波导采用光在其边界上折射率的不同引起的全反射实现的，所以存在两个缺点，第一是有波长选择性，即光约束的最小值为 $\lambda/2n$，λ 为光波长，n 为波导的有效折射率；第二是不能通过 90°角。为克服此限制，可采用周期性阵列金属纳米结构的等离子体波导，嵌入在电介质中，通过近场耦合引导和控制光传输。这种等离子体波导可用金属纳米颗粒阵列、纳米棒或纳米线在光波导中形成等离子体谐振区。

等离子体波导的工作原理如图 7-83 所示。当金或银颗粒小于 50nm 时，等离子体激发在纳米粒子中耦合，占主导地位的偶极子场从单一的金属纳米颗粒等离子体振荡诱导紧密相邻的粒子产生同样的等离子体振荡。这种等离子体振荡形成的相干矢量 k 沿纳米粒子阵列传播如图 7-83 所示。光从锥形光纤近场显微镜尖端输入，产生局部激发等离子体振荡。光波转换成电磁能，以等离子谐振的形式沿金属纳米粒子阵列传输，引导电磁能量激发染料分子沿波导形成荧光纳米球。荧光被远场收集如图 7-83 所示。这些能量可以连续在截面只有 $\lambda/20$ 的亚波长波导中传输。计算证明，75～50nm 的银纳米球的中心距，光能量传播速度可以达到光速的 10%。表面等离激元模式内部阻尼产

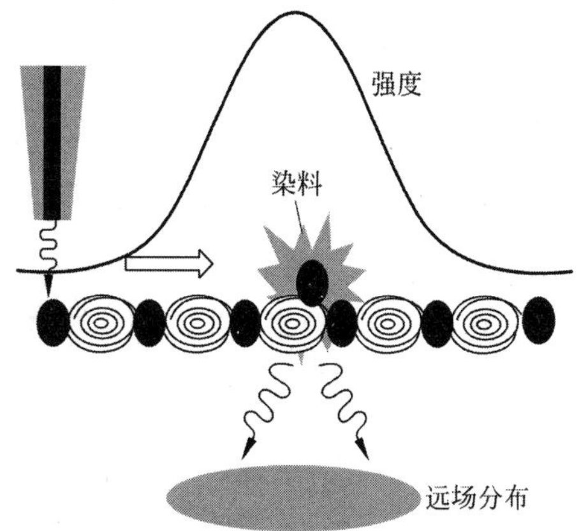

图 7-83　采用荧光激射染料形成的等离子波导结构示意图

生的热引起的传输损耗约 6dB/m。但对于纳米集成光学器件,传输距离不可能超过 0.5m,这些因素均可忽略不计。

除了上述表面增强 Raman 光谱(SERS)。最重要的纳米结构的应用是:周围的金属纳米结构表面上的局部场增强产生渐逝波,构成无孔径场显微镜和光谱学的基础。根据这种局域场增强理论,提出一种新的纳米加工方法——纳米打印或称为纳米光刻。这是因为局域场增强形成的线性和非线性光学跃迁。最典型的应用就是双光子激射三维微细加工(即根据双光子三维存储原理建立的双光子三维打印)。为了实现纳米双光子三维打印,可采用金属纳米结构场增强形成的构成纳米无孔近场显微镜技术,在局域场效应作用下实现纳米三维打印。当然,此技术也可直接用于光学双稳态开关或存储。实验证明,CdS 核镀银纳米粒子可获得高效倏逝波激发,然后利用倏逝波激发的荧光分子实现附近金属纳米结构表面原子的光学跃迁。除了由于光量子存储,在传感与显示领域也有广阔的应用空间。

金属表面等离子增强效应还可用于光子芯片的辐射衰减控制元件,即利用等离子体具有控制辐射衰变特征加工辐射衰减元件。利用不同大小和形状的颗粒实现对荧光的增强或猝灭控制辐射强度。因为荧光在不同几何形状纳米结构的金属表面上会产生各向异性发射。金属纳米结构产生的荧光团相互作用会产生局域场增强。荧光局域增强产生于金属-偶极的相互作用。这种相互作用在荧光分子与金属表面之间形成一个额外通道,从而造成非辐射衰减。实验发现,发射荧光基团距离金属表面 5nm 时经常熄灭。实验证明,纳米结构之间的相互作用可以增加荧光辐射衰变率。按照辐射跃迁的微观理论,此辐射取决于单位时间能量子力学传输概率 W_{ij},因此根据 Fermi 黄金规则可得

$$W_{ij} = \frac{2\pi}{h} \mid \mu_{ij} \mid^2 \rho(v_{ij}) \tag{7-11}$$

式中,μ_{ij} 为连接初始态 i 和终态 j 的偶极矩跃迁;$\rho(v_{ij})$ 为对应于初始和最终状态之间能隙频率为 v_{ij} 的光子密度。此密度 ρ 可使荧光在距离金属表面纳米距离时大幅增加。此相互作用时,荧光基团与金属表面没有直接接触,属于量子电动力学中的微腔效应。即在距离金属表面纳米范围内,光子相互作用域光子密度大幅度提高。所有这些作用均可用量子产率 Y、量子场 Q_m 和量子寿命 τ_m 描述,所以靠近金属表面的荧光团的电动力学特征为

$$Y = \mid L(\omega_{em}) \mid^2 Q_m \tag{7-12}$$

$$Q_m = \frac{(\Gamma + \Gamma_m)}{(\Gamma + \Gamma_m + k_{nr})} \tag{7-13}$$

式中

$$\tau_m = (\Gamma + \Gamma_m + k_{nr})^{-1} \tag{7-14}$$

式(7-11)中,$L(\omega_{em})$为发射频率 ω_{em},Γ_m 为辐射跃迁与金属表面相互作用引起的局域场增强,Γ 为金属辐射率。$\Gamma_m + \Gamma$ 为式(7-13)描述的量子力学转换概率形成的总辐射率。增强 Γ_m,可根据式(7-13)中增强光子密度 $\rho(v_{ij})$而定。k_{nr}代表非辐射衰变率,包括由于金属-偶极相互作用的表观量子产率 Y,说明局域场增强效应(金属粒子附近的反应场强度)可能大于 1。但真正的量子产率不能超过 1。如果局域场 $L(\omega_{em})$显著增强或者 Γ_m 明显大于 k_{nr},量子产率可能出现净增加,但由于相反限制,影响寿命 τ_m。所以当量子产率净增加到一定值时,产生金属诱导激射突然终止(淬火),金属表面上的金属纳米粒子,无论是量子产率和寿命均同时减小。金属纳米离子颗粒对辐射衰造成的衰变理论计算值可达 1000 倍。

实验还证明,这些影响与荧光相对于金属表面偶极子位置有关。在距离小于 5nm 时,k_{nr}大幅度增加,出现金属感应淬火。然而,当距离为 5~20nm 时,由于场增强或辐射率增加,荧光可实现增强。表面增强 Raman 散射是在低分子浓度下获得 Raman 光谱辐射的重要技术。

纳米结构的表面等离子体结构,如纳米粒子、纳米棒、纳米薄膜、纳米金属岛,与光相互作用,产生

共振，形成等离子或表面等离子体，在特定波长范围内产生各种吸收峰。等离子体激元带与其尺寸和形状密切相关。光学性质不受量子限制，但受电子和介电效应影响。这种影响涉及纳米介电环境控制激发动力学。虽然所用材料，如绝缘材料的电子态可能没有量子限制效应，但其纳米结构仍能表现出重要的激发动力学作用特征。纳米结构与周围介质、光子模式与激发电子的相互作用均与介电激发态动力学有关。例如，稀土离子纳米结构中光子与周围晶格的相互作用产生的激发态被纳米颗粒产生的特定发射增强控制，纳米 Er^{3+} 离子可以形成光放大。通过纳米结构控制，对光放大能力的寿命的影响更为显著。另外，例如连续发射激光产生的波长 974nm 辐射，可用含稀土离子的纳米结构和纳米颗粒转换为红、绿或蓝色。最重要的转换类型是泵浦阈值功率引发的光子雪崩，也称为量子剪裁。所以，纳米结构的控制可以通过合理选择纳米转换激发或利用纳米结构类型操纵激发动力学。例如分子的电子波函数也与局部范围内的离子（或分子）轨道性质及电子跃迁相关，形成电子 $\pi\rightarrow\pi^*$ 转移。即从最高占据分子轨道（Highest Occupied-Molecular Orbital，HOMO）π 向最低未占据分子轨道（Lowest Unoccupied Molecular Orbital，LUMO）π^* 转移。在存在稀土离子的情况下，最重要的转变是 $f\rightarrow f$ 和 $f\rightarrow d$。f 和 d 为稀土离子的轨道，包含离子能级、多种电子电平和自旋轨道的相互作用，用符号 $L2S+1J$ 表示。其中，L 为总轨道角动量，S 为总自旋，J 数值为整体角动量。激发相互作用使近邻分子产生受激电子态，纳米域相互作用对这种局域电子态的控制起了关键作用，称为激发动力学局域场的相互作用。当掺杂物质处于基态或激发态时，电子波函数与杂质（分子或离子）电子的相互作用不同。因此，杂质及其激发态与基态的激发能 E_{gf} 取决于纳米结构的环境，存在于分子间相互作用的潜在变化 ΔV 为

$$\Delta V = V_{ff} - V_{gg} \tag{7-15}$$

因此，能隙可通过改变纳米域进行操纵。最明显的例子是晶体场效应（或配体场效应）过渡金属和稀土离子的对称性（数量和近邻主机中心几何结构）周围的杂质中心导致 d 轨道分裂，从而形成不同能量水平，对激发动力学将产生深远影响。例如，Pr^{3+} 离子的晶体场作用的强度，决定强吸收 $4f\rightarrow 4f5d$ 跃迁高于还是低于 S_0 级（来自 $\Delta f\rightarrow\Delta f$ 转移），这对确定激发态动力学有重要的影响。

根据纳米结构激发态动力学原理和实验证明，稀土纳米颗粒对光子辐射过程有重要影响。所以纳米稀土离子显示出多种量子效应可用于光量子存储、光放大、激光、传感及光化学。大多数稀土离子为 3＋氧化态（有效电荷为＋3）。所以，能量最低的电子跃迁为 $4f\rightarrow 4f$ 涉及内在 f 原子轨道，电子相互作用及自旋轨道耦合转换都变得很窄，容易形成多离子激发能级，从而表现出多辐射通道。例如在一定控制条件下，2＋氧化态可以产生某些稀土离子如 Eu 和 Sm，额外电子占据 $5d$ 轨道形成 $5d\rightarrow 4f$ 跃迁。这种跃迁是偶极子的 10^6 倍，远大于 3 价离子 $f\rightarrow f$ 跃迁。然而，影响光学性能的稀土离子可以利用周围的纳米结构进行控制。例如，局部相互作用动力学控制，从特殊激射能级的发射效率竞争导致的非辐射衰变，由于声子晶格振动耦合度确定的周边介电效应等。无辐射衰变概率通常被激发多声子能量与周围介质转换率确定。而转换成激发能量的声子数较大，非辐射过程的效率较低。因此，减少非辐射率可以提高发射效率，是最为理想的稀土离子掺入控制方法。氧化铝掺杂铕和铽的纳米颗粒的发光效率高于未掺杂的纳米球。使用含 ZrO_2 Y_2O_3 和稀土离子的介质，制成纳米 SiO_2 或玻璃纤维或纳米晶体，可产生稳定的 2＋氧化态稀土离子。例如铕离子形成的 3＋氧化态。因此，通过纳米结构的设计可以提高这些激发过程和效率。纳米结构控制也可以用于产生量子切割不同离子之间的能量传递。采用掺杂纳米结构的量子剪裁双光子转换效率高达 200％。

发射带的宽窄，电子-声子的耦合强度，取决于声子谱的变化，及晶体场强的变化，或产生新发射峰移，均属于电子的量子限制效应。含 Eu^{2+} 离子的硫化锌纳米颗粒 Eu^{2+} 的 $4d\rightarrow 4f$ 跃迁发射带，4.2nm，3.2nm 和 2.6nm 的纳米颗粒吸收峰分别在 670nm，580nm 和 520nm。通过纳米结构的控制加强制成的掺铒光纤放大器（Erbium-Doped Fiber Amplifiers，EDFA）就是非常成功的应用实例。

纳米控制的另一个应用领域是高效变频。稀土或过渡金属掺杂介质出现一个非常突出的特性，

即对不同光子的吸收具有显著差异的上转换过程。产生上转换的中稀土离子可以分为两大类，如图 7-84 所示。通过纳米结构控制，减少了无辐射弛豫力(损耗数)，将离子对之间距离控制在纳米级区域，提高了电子相互作用，形成离子-电子电多极或交换形式，即对离子-离子间隔的强烈依赖。利用此优势的转换过程可制成低功耗连续波激光器及锁模钛蓝宝石飞秒激光器。此外，包含稀土离子的纳米颗粒及纳米电泳，涂布玻璃或塑料介质上可用于成像或显示。相同浓度 Er^{3+} 离子在钛酸钡中产生的上跃迁发光强度和效率比在 TiO_2 中高很多。因为钙钛氧化物基体具有低频转换光学(Transverse Optical，TO)模式，较低的声子能量减少了多声子无辐射的概率，所以降低了非辐射衰减大能隙，导致发射效率增加。

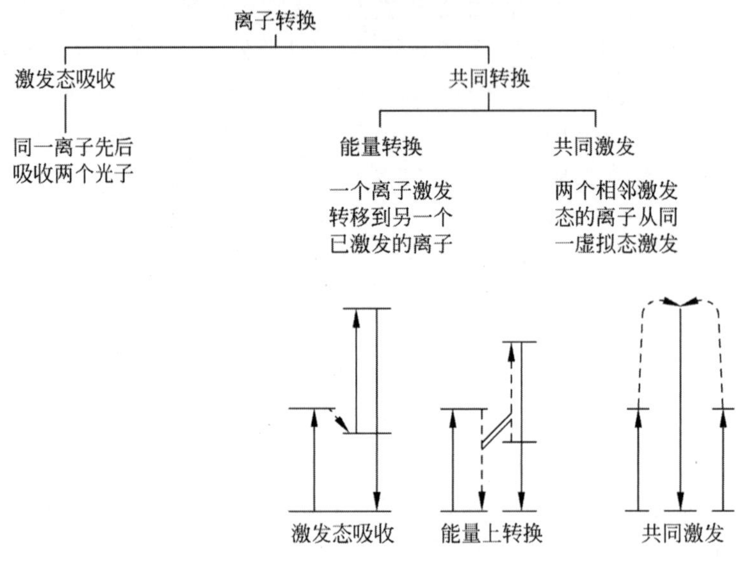

图 7-84　离子上转换过程和分类示意图

3 种尺寸为 25～35nm 含稀土离子(Y_2O_3)对的稀土纳米颗粒，上转换发射的光谱如图 7-85 所示，基本上覆盖了可见光从蓝色到红色谱线。其中，红、绿色发射属于双光子过程，蓝色发射为三光子过程。由于纳米粒子很小(≤35nm)，上转换效率很高，不会产生任何散射，是比较理想的多波长光子存储的变频辐射源。更重要的是，这种可在电荷输送介质产生的电致发光分散的纳米粒子，不但具有无机发光特性，且存在于结构十分灵活的塑料物理形态，可设计制造成各种形状的精细发光元件，是研制类脑光量子存储器件不可多得的材料。

在上转换过程中还需要高于某阈值的激励功率。低于这个阈值时，上转换很小，载体基本上为无色透明的。当高于该阈值时，泵浦光被强烈吸收，辐射荧光强度超出若干数量级，形成光子雪崩现象，如图 7-86 所示。能级中出现一个交叉释放点，在此过程中，泵浦光不具有充足的能量直接进入能级 2 的基态吸收(Ground-State Absorption，GSA)，如图 7-86(a)中的虚线。然而，一旦出现强激发态吸收(Excited-State Absorption，ESA)从能级 2 转换到能级 3 的泵浦波长，如果某种亚稳态(中级)能级 2 形成群发，很容易吸收泵浦光子转换到能级 3。最初，受光子激发从能级 1 转移到光子边带图 7-86(a)中的虚线，形成密集的能级 2，出现强烈的激发态吸收达到能级 3。在一些离子，3 级就能产生转换发射。一些激发离子传输部分能量从 3 级到离子的非辐射能量转移，称为交叉弛豫(Cross-Relaxation，CR)，如图 7-86(b)中的虚线所示。在交叉弛豫过程中，离子不断从能级 2 进入能级 3，进一步引发交叉和更多的 ESA，最终导致荧光雪崩过。形成光子雪崩条件可概括为：激发能量不与任何基态产生强吸收谐振激发。稀土离子浓度足够高，保证离子-离子相互作用能产生有效的 CR。光子雪崩过程具有一定阈值条件，可以很容易区别于其他转换过程。

光子雪崩上转换过程中产生的上转换高于阈值的励磁功率。低于这个阈值时，只产生媒介透明

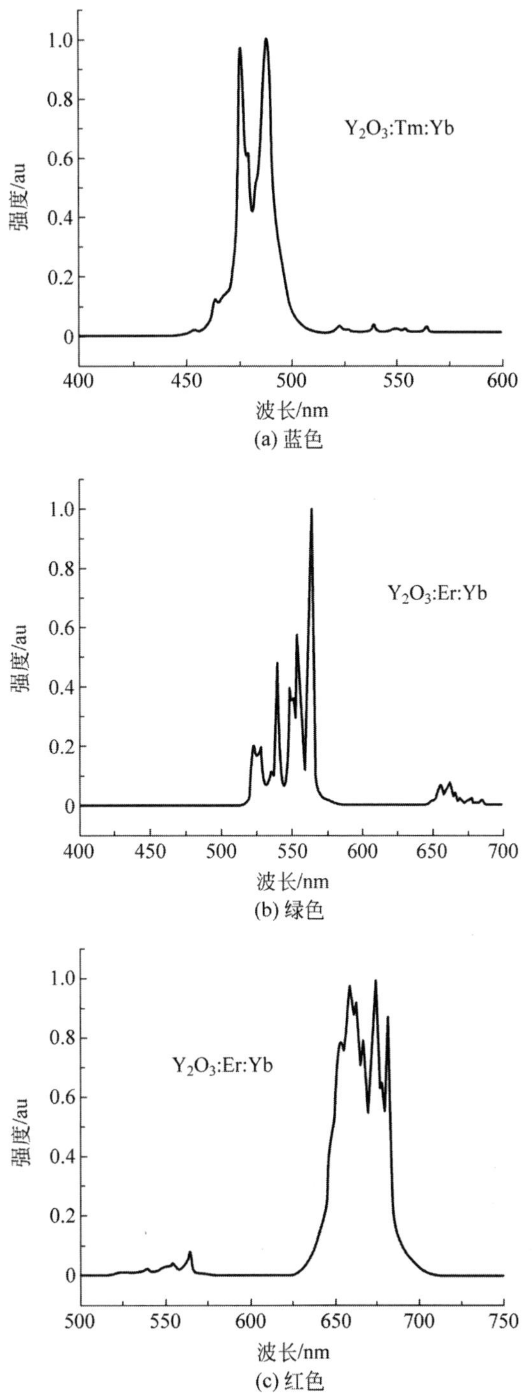

图 7-85 25～35nm 含稀土离子(Y_2O_3)对稀土纳米颗粒上转换发射光谱

的少量上转换荧光(稀土离子红外光)。高于阈值,泵浦光被强烈吸收,荧光强度增加若干数量级,形成光子雪崩如图 7-86 所示,包括交叉释放。在这一过程中,虽然泵浦光没有充足的能量直接进入 2 级基态吸收(GSA)。但是,有强烈的激发态吸收(ESA)形成从 2 级到 3 级的泵浦波长。因此,只要亚稳态 2 光子不断被填充,就很容易吸收泵光子跃迁到 3 级。即使不存在量子受限效应的纳米材料,也可以通过对微观结构的控制操纵其激发态动力学过程。即正确选择纳米粒子的离子(分子)间的相互作用和声子相互作用模式,可控制晶格振动。利用稀土纳米粒子与光子耦合,可提高发射效率,以及获

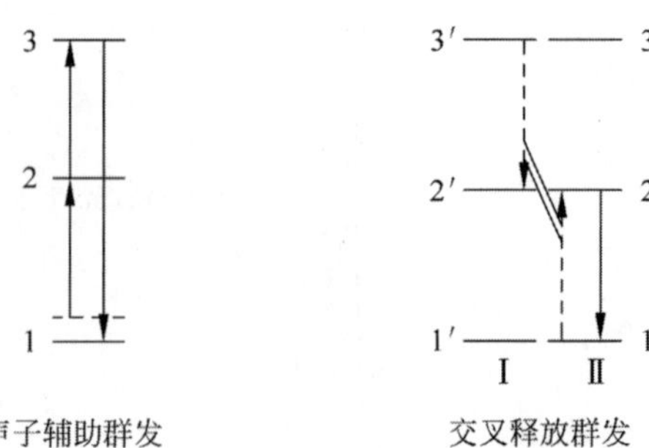

图 7-86　上转换产生的中间能级群发跃迁形成光子雪崩的机理

得新的发射类型。稀土离子具有多个光学跃迁轨道，可产生若干重要的光发射，而纳米结构能显著提高这种光子放大作用。光子的相互作用决定了非辐射衰减从激发电子能级转换到更低能级的过程，多余的能量转化为多光子。多光子弛豫取决于光子态分布、离子晶格结构、光子振动振幅和电子-光子的耦合强度。这些过程主要取决于离子的纳米尺度。在交叉弛豫过程中，离子转移的激发与另一部分离子有很强的依赖性，对纳米结构的距离敏感。电子-光子的这些重要相互作用形成许多重要的电子跃迁：光子耦合产生的电子激发辐射波即控制辐射器件常用的相移电子激发；激发态的无辐射弛豫过程能实现辐射耗尽；通过改变晶格结构可有效调控光子谱(光子能态分布)。而光子谱还具有一个非常重要的物理特征，即在低频光子波长范围内，传播波长两倍于纳米颗粒直径。纳米操纵有两个优点：首先，群初始态 1 通过光子相互作用优化电子-光子耦合控制光子密度。第二，可通过纳米结构控制优化离子-离子相互作用有效产生交叉弛豫。另外，通过优化纳米结构可产生具有不同的光谱特性的稳定 2+氧化态稀土离子。低截止频率声子的非辐射释放显著减少，使发射更为有效，截止频率较高。稀土离子的多转换过程，激发产生上转换可获得较大的可见光谱范围发射。改变核壳类型及采用多层纳米结构可动态控制激发态提高其发光效率和减少非辐射损耗。激发态的动力学可以被操纵在纳米粒子的离子间的明智的选择(间)的相互作用与声子的作用(周围的晶格)晶格振动。以稀土纳米粒子为例，离子间的耦合和改变与光子耦合的模式均可提高特定辐射性能。稀土离子能促进电子在不同轨道之间的跃迁获得重要的光发射，例如 Er3 可获得波长 1.55μm 的光学放大发射。光子的相互作用决定的非辐射衰减从激发电平到更低的能级。低频间隙光子谱模型的多光子弛豫往往由单一的光子模式引起，并具有最高频率。在交叉弛豫过程中，离子通过离子-离子相互作用将其激发能量的一部分传递给另一个离子。因此纳米尺度结构中的离子相互作用对距离有很强的依赖性。

实现光子雪崩的要求可概括为：激发能量不与任何基态吸收共振激发态吸收很强，稀土离子浓度足够高的离子-离子相互作用产生有效的交叉弛豫填充中间状态。光子雪崩过程可以很容易区别于其他上转换过程，通过一个阈值条件上面讨论的观察。光子雪崩的典型例子是由 Pr^{3+} 离子或其主体 $LaCl_3$($LaBr_3$)提供的光子。当泵浦功率超过一定临界强度时，从 3P1 和 3P0 产生强 Pr^{3+} 转换荧光形成雪崩。此外，实验研究证明 Nd^{3+}、Er^{3+}、Tm^{3+} 及 OS^{4+} 离子都可用于光子雪崩。2 级群发产生的机制有两种，第一种为声子辅助群发转换，如图 7-86(a)中声子态(虚线)。或通过另一个光子从比较容易吸收的激发态 3′形成转换辐射。离子通过非辐射将能量从 3′级转移 2 级如图 7-86(b) 中的虚线所示，称为交叉弛豫。

与上转换过程相反，还存在一种向下转换的过程，即高能光子(如真空紫外)吸收介质中低能量光子(如可见光)的过程，例如无汞荧光灯和等离子体显示器利用真空紫外辐射转换成可见光。此过程又被称为量子切割，实验证明稀土系荧光粉的量子效率高达 90%。利用氙气放电产生波长 λ_{UV} = 147nm 的真空紫外辐射作为激发辐射源。若希望获得的可见光波长为 λ_{vis}，则能量转换效率主要取决于波长之比 $\lambda_{UV}/\lambda_{vis}$。由于吸收紫外光子后可能产生两个可见光子因此，理论上此量子效率最高可达

200%。能产生这种量子作用的材料称为量子切割器，产生下转换的原理和机制能级图如图 7-87 所示。图中实直线代表辐射跃迁(光子的吸收或发射)过程。高能量(V_{UV})激发光子产生离子Ⅰ从能级1跃迁到高能激发态能级3，其中出现两种类型的离子Ⅰ和Ⅱ。图 7-87(a)为离子Ⅰ吸收量子形成高能级的激发态单离子。这激发能量的量子切割所产生的光子在可见光范围内，连续发射来自于3(2)和2(1)，如图 7-87(b)和图 7-87(c)交叉弛豫以虚线所示。如前所述，无辐射过程中的能量部分由离子Ⅰ离子Ⅱ交叉弛豫的作用。由图 7-87(b)所示的交叉弛豫量子切割离子Ⅰ和Ⅱ分别进入激发态2和2′，激发离子Ⅱ发射可见光范围的光子返回基态。剩余的Ⅰ激发态离子2转换到另一个相邻的离子Ⅱ，并发出可见光子。图 7-87(d)中的离子从Ⅰ转移到离子Ⅱ，可见区域中的一个光子由离子Ⅰ发射，另一个来自离子Ⅱ。

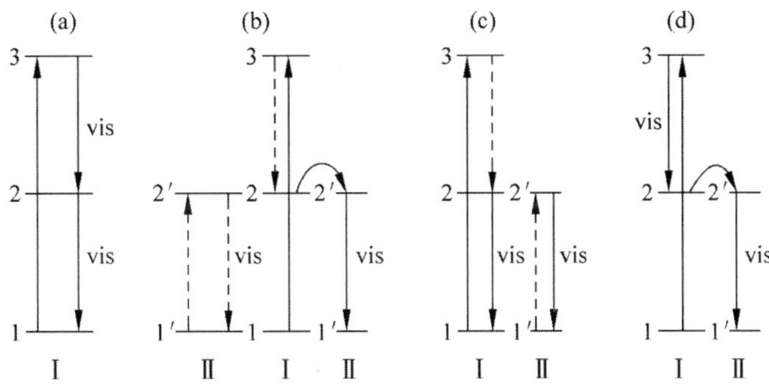

图 7-87 稀土离子产生下转换过程中量子能级的变化

图 7-87(c)中，量子切割由离子Ⅰ转换到离子Ⅱ形成交叉弛豫，离开Ⅰ在状态Ⅱ的激发离子Ⅱ进入状态2′，然后发射可见光子。图 7-87(d)中Ⅰ发出的可见光子从3级转移到Ⅱ，能量转移到2级的离子Ⅱ产生另外一个可见光子。利用纳米结构控制可通过离子周围的晶体场控制能级结构(相对顺序或能级间距)，如图 7-87(a)所示，被称为光子级联发射。稀土离子 Pr^{3+} 表现出这类过程，具有较低的光子频率和光子态密度可减少非辐射多声子弛豫。此外，氟化物，铝酸盐和最大光子频率～500cm^{-1}的硼酸盐，以及许多最大光子频率＞1000cm^{-1}氧化物如氧化硅均可使用。例如，由 Pr^{3+} 光子级联发射，吸收真空紫外光子(～185nm)形成 $4f$-$5d$ 激发跃迁，实现光子级联发射排放两个离子：Pr^{3+} 离子$^1S_0 \rightarrow {}^1Ti_6$(～400nm)和$^3P_0 \rightarrow {}^3H_4$(～490nm)。

7.6 单光子源

光量子源及信道是光存储芯片的重要组成元件。本节主要介绍基于3阶非线性波导的量子光源及基于自发四波混频(Spontaneous Four Wave Mixing，SFWM)的高质量光传输。基于这种光纤产生的单光子源(Single Photon Source，SPS)的效率可达到80%。另外，自发四波混频产生的矢量散射效应有助于生成偏振纠缠光子对及实现偏振保持光纤(Polarization Maintaining Fiber，PMF)传输。同时，此项技术还可用于制造低噪声相干光子对波导，组成适合于光量子存储使用的3阶非线性偏振波导单光子源。特别是相关/纠缠光子与2阶非线性晶体产生的自发参量转换(Spontaneous Parametric Down-Conversion，SPDC)在光量子存储中具有重要实用意义。这种3阶非线性介质及自发四波混频(SFWM)产生的相关/纠缠单光子对，可直接用于光量子纠缠存储。实验证明，当光脉冲输入3阶非线性波导时，同时产生了不同频率的两个光子。频率较低的光子被命名为信号光子，另一个称为惰光子，这两个光子的频率具有 $2\omega_p=\omega_s+\omega_i$ 的关系，如图 7-88 所示。说明自发四波混频过程完全满足能量守恒，并符合相位匹配条。因此，3阶非线性波导介质产生的自发四波混频，可以用来代替非线性晶体产生相干单光子对。此原理为光量子存储提供了一种实用化的相干单光子源，基本过程如图 7-88 所示。根据此原理设计的、基于 3 阶非线性保偏光纤波导产生和传输相干光子对的实验装置如图 7-89 所示。图中采用中心波长 1550nm、脉冲宽度 10ps 的泵浦光脉冲为光源，经过偏振分光处理输入位移光纤(Dispersion Shifted Fiber，DSF) 产生了自发四波混频(SFWM)。由于泵浦光源的波长接近光纤的零色散位移波长，所生成的信号和惰光子也在 1550nm 波段。然后，将其中 5%输入延迟光纤，另外 95%通过光纤 Bragg 光栅(FBG)、阵列波导光栅(Arrayed Waveguide Grating，AWG)和可调光带通滤波器(Tunable Optical Band-Pass Filter，TOBF)，分别由两个单光子探测器(Single Photon Detector，SPD) SPD1 和 SPD2 接收放大输入计算处理系统，如图 7-89 所示。

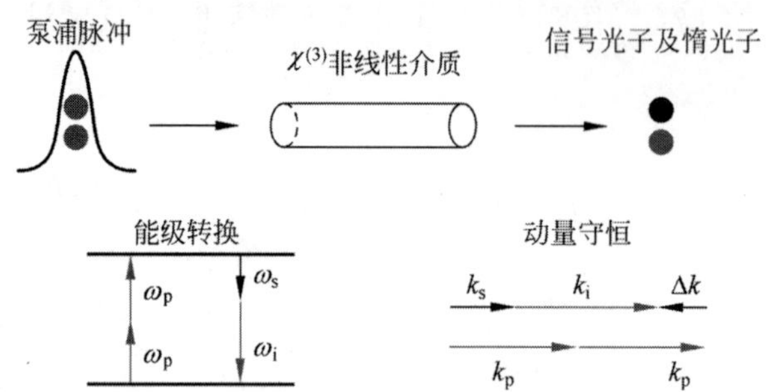

图 7-88 在 3 阶非线性光波导中产生相干光子对过程及自发 4 波混频原理示意图

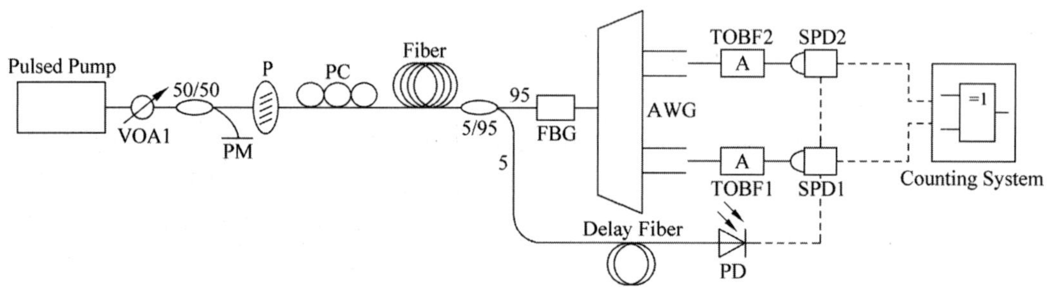

图 7-89 在保偏振光纤中产生相干光子对的实验装置

根据计算机按照不同检测波长统计出的实验结果，绘制的完全符合光子数与偶然符合光子数比值分布如图 7-90 所示。可以看出，在波长 1555.15nm 时的符合比例计数达 4.24，其他信号波长的比率均为 1 左右。说明信号光子的波长是固定的，且满足泵浦波长，固定惰波长的自发四波混频能量守恒关系。另一方面，此实验结果还说明在 3 阶非线性保偏光纤中所生成的信号和惰光子具有较高的效率。

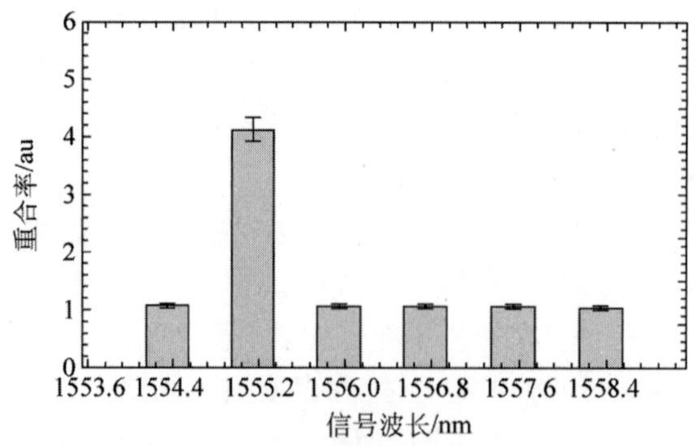

图 7-90 根据不同波长信号探测产生于 3 阶非线性保偏光纤中的相关光子数的重合和意外重合统计数比值

基于 3 阶非线性保偏光纤可产生高质量的相关光子的原理构成的单光子源(Heralded Single Photon Source，HSPS)，光子对中的信号光子可以作为检测其他光子(例如惰光子)的触发信号。实际测量 3 阶非线性保偏光纤产生的单光数重合率如图 7-90 所示。

图 7-91(a)为单光子的制备效率,即触发时至少产生一个单光子的概率。图 7-91(b)为单光子的 $g^2(0)$,即产生多光子的概率。从这些统计数字可以看出,无论是单光子制备效率或 $g^2(0)$均随单光子数比例线性上升,说明具有较高的触发率。实验证明,在同样 $g^2(0)$值时能达到或高于 80%。

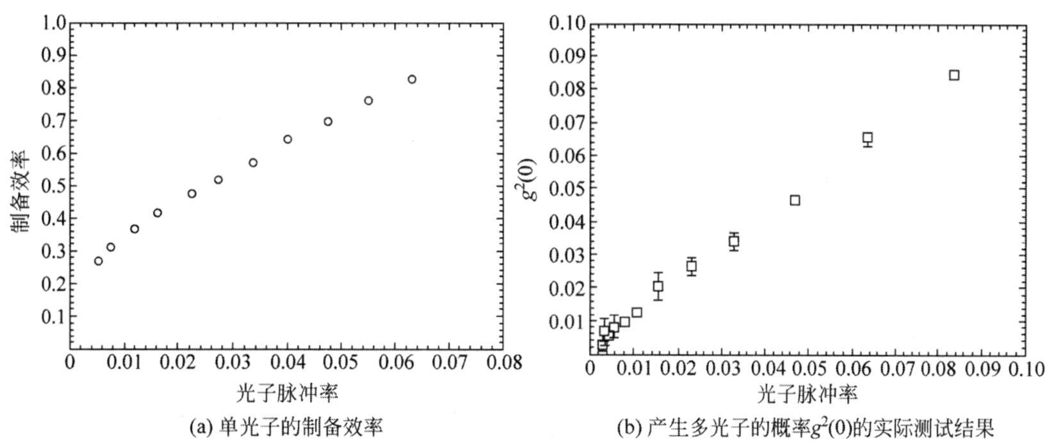

(a) 单光子的制备效率

(b) 产生多光子的概率$g^2(0)$的实际测试结果

图 7-91 基于 3 阶非线性光纤产生的单光子源(HSPS)的特性试验曲线

在数据处理中,为了实现更高速度的并行计算,要充分发挥 64 位计算机系统的处理带宽。在一个数据路径中可同时并行传输不同波长和偏振态的几组数据,但要特别注意可能产生的干扰。因为任何干扰都会破坏光的相干性及相位,导致被测光子失谐。必须保证数据并行处理通路相互不产生交叉干扰,所以应该充分发挥光学技术优势,即光学并行传输没有干扰的优越性。采用小型化光学元件构建全光三维叠加和交叉传输网,不仅不会由于交叉干扰导致数据丢失,还可极大地提高数据传输率。另外,在实验室条件下采用空中传输交换也可以实现传输信息而不需要导线。

为了提高计算机的并行度处理速度与效率,可对计算体系结构做一定的调整。例如对基于传统 von Neumann 架构的处理顺序进行改进,提高其并行计算性能,以同时执行多个指令流或数据流。例如将单指令多数据流(SIMD)结构改为多指令多数据流(MIMD)结构的矢量处理器,能够在不同的数据集中执行相同的指令,减少计算机操作中的冗余。因此,多个处理器独立异步工作的 MIMD 设计是世界上大多数最快的超级计算机的基础。未来的光学计算机也可能采用多数据和指令流系统,虽然目前光学计算机只是原型,大规模光学计算机和工艺仍处于初期阶段,并不能反映光学计算的全部能力。

7.7 特殊功能衍射光学元件

阵列衍射光学元件(Diffractive Optical Element,DOE)是光量子存储器中的重要结构单元。除了广泛用于光束的聚焦、发散、变向、分光等光能空间分布调整控制环节外,还根据存储器结构原理的不同,需要若干特殊功能的纳米尺度的阵列衍射光学元件。

1. 阵列衍射光学陷阱

在光量子存储器中,对于单个初始化光量子捕获及控制可采用衍射光学陷阱(DOP)。虽然,前面介绍的透镜阵列经修改设计也具有类似功能用于光子及离子捕获,但传统结构的透镜占用的空间比较大,很难集成在光量子固态存储器中。例如,根据所存储的光量子的频率及偏振态特殊设计的阵列衍射捕获透镜阵列,每个单元能对输入的光量子构成微陷阱,厚度仅几微米,如图 7-92 所示。为了确保每个微陷阱只能捕获一个光量子,衍射光学元件的数值孔径需根据所存储光量子物理参数精确设计和制造。微光离子陷阱根据使用要求而异，所以在结构设计之前首先应对光学陷阱阵列的工作环境初始条件明确定义。根据所要求的光量子收集效率，确定光学陷阱阵列的基本参数及轮廓结构模型。同时，需考虑未来超高速采集与单片集成的工艺参数，设计与制作的细节制定最终结构方案。根据这种同轴远场传播微光学阵列阱的基本转换模式，由于阵列组件的前焦平面分别为比较规范的输入场，通常只需对横向结构参数进行修改。经过其转换的后焦平面上的场分布与接受处理单元的物理参量关系比较密切，往往需要采用相干或非相干叠加法详细分析计算其相位和振幅。然后根据所设计的阵列衍射光学元件图形结构及精度要求确定材料及加工工艺。基本上是采用化学气相沉积膜系材料，通过光刻蚀刻工艺制造图案。按照远场传播原理，其分辨率 γ 主要取决于光学微衍射透镜陷阱系统的直径 d，工作波长 λ 和焦距 f。根据远场光学衍射原理和目前的纳米加工技术水平，衍射环最多可以做到 8 级。即可实际加工生产的平面衍射微捕获透镜的数值孔径范围为 0.025～0.86(1～8 级)。根据系统中结构和使用技术参数的要求不同，可选择不同的结构系数。通过对冷铯原子存储荧光信号的收集实验，证明 4 级平面衍射微捕获透镜共振光学陷阱已能有效捕获中性原子的量子比特。量子位的消相干率较低，基本上能保证量子存储芯片阵列发射单光量子的接收概率。

由于阵列衍射光学透镜陷阱主要用于平行光束系统中，所以一般采用 F 数描述其光学特性(数值孔径)，即采用 F=透镜焦距/有效口径的比值代表元件的有效获取光能的基本指标参数。由于阵列衍射光学透镜陷阱的使用环境，对微透镜的光功率、焦距与体积结构有严格限制，而且还需考虑多数情况下系统中可能要添加相位调整波片或其光学集成元件。在光量子存储中制作这些单片集成的光学衍射透镜陷阱阵列最常用的波长为 780nm 及 852nm，当然也可根据实际需要采用其他波长制备，如图 7-92 所示。透镜的衍射环可分为 8 级，中心为 1 级，对应的 F 数为 $F/1$，孔径角为 45°。最大的衍射环第 8 级的 F 数为 F/0.025，相应的孔径角略低于半球约 172°。这种衍射光学透镜陷阱可在量子相干时间内能完整收集被测量原子发射的 4π 信号光子。一般实验装置中，采用的单衍射透镜陷阱阵列为 2 级($F/0.8$)或 4 级($F/0.6$)，这种光学集成微衍射透镜陷阱结构比较容易设计制造，使用也最为普遍。为了增加锥形汇聚光束在焦面中心环(光轴与焦面交点)的强度，且中心部分形成光强为零的黑洞。在衍射透镜的设计模型中，尽量使所有方向上的空间光束在焦平面中心位置形成能量相同，但相位差 π。即在光瞳位置采用 π 相移器，改变焦面上光相干分部，如图 7-93 所示。即在瞳孔面上半径为 b 的中心区之外，半径为 a 的边缘带以内采用半波片形成相移 π。当这两部分光束叠加时，因为边缘带部分具有 π 相移，使叠加后的光场分布发生改变如图 7-93(c)所示，形成环状分布。环形相移区域的通光面积与中心部分大体相当，使轴上点光场强度接近于零。且在任何其他平面上都不能满足此条件，不会产生此影响。

图 7-92　纳米尺度的阵列衍射透镜光学放大照片

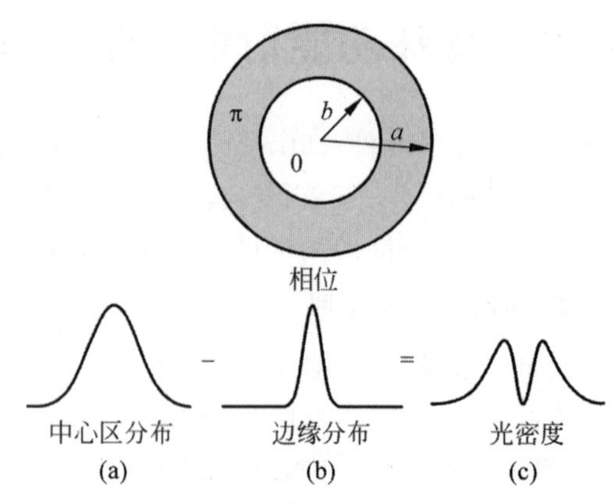

图 7-93　在瞳面上通过 π 弧度相移改变微衍射透镜的光密度分布原理

在照明及其他影响输入光场振幅已知的情况下，根据衍射光学原理很容易建立图 7-93 所示的衍射场分布模型。图中光场周围空间的明亮区域尺寸主要取决于衍射限的光斑尺寸，而中央暗区的大小将受相移区域面积的影响。为计算确定所需的相关直径，可按照傅里叶光学原理建立上述衍射元件的传递函数聚焦光束的二次相位项方程如下：

$$t(x,y)=\left[2\mathrm{circ}\left(\frac{\sqrt{x^2+y^2}}{b}\right)-\mathrm{circ}\left(\frac{\sqrt{x^2+y^2}}{a}\right)\right]\exp\left[\frac{-\mathrm{i}\pi}{\lambda f}(x^2+y^2)\right] \tag{7-16}$$

式中，(x,y)为瞳面上横向坐标；f 为透镜焦距；a 和 b 的定义如图 7-93 所示，且

$$\mathrm{circ}(r)=\begin{cases}1, & r<1\\ \frac{1}{2}, & r=1\\ 0, & 其他\end{cases} \tag{7-17}$$

式(7-16)表示图 7-93 中半径 b 以内的振幅为 1，在半径 b 以外和半径 a 以内为 -1(相移为 π)，其余为 0。利用 Fresnel 衍射积分可得从瞳孔平面传播到焦平面上的光能分布为

$$U(u,v)=\frac{\mathrm{e}^{\mathrm{i}kz}}{\mathrm{i}\lambda z}\exp\left[\mathrm{i}\frac{\pi}{\lambda z}(u^2+v^2)\right]\iint_{-\infty}^{+\infty}t(x,y)\exp\left[\mathrm{i}\frac{\pi}{\lambda z}(x^2+y^2)\right]\exp\left[-\mathrm{i}\frac{2\pi}{\lambda z}(xu+yv)\right]\mathrm{d}x\mathrm{d}y \tag{7-18}$$

式中，(u,v)焦面上横坐标 $z=f$。若将透镜积分中二次项忽略，则上式可简化为

$$U(u,v)=\frac{\mathrm{e}^{\mathrm{i}kf}}{\mathrm{i}\lambda f}\exp\left[\mathrm{i}\frac{\pi}{\lambda f}(u^2+v^2)\right]\cdot$$
$$\iint_{-\infty}^{+\infty}\left[2\mathrm{circ}\left(\frac{\sqrt{x^2+y^2}}{b}\right)-\mathrm{circ}\left(\frac{\sqrt{x^2+y^2}}{a}\right)\right]\exp\left[-\mathrm{i}\frac{2\pi}{\lambda f}(xu+yv)\right]\mathrm{d}x\mathrm{d}y \tag{7-19}$$

求傅里叶变换，可得

$$U(u,v)=\frac{\pi\mathrm{e}^{\mathrm{i}kf}}{\mathrm{i}\lambda f}\exp\left[\mathrm{i}\frac{\pi}{\lambda f}(u^2+v^2)\right]\left[2b^2\mathrm{linc}\left(\frac{b}{\lambda f}\sqrt{u^2+v^2}\right)-a^2\mathrm{linc}\left(\frac{a}{\lambda f}\sqrt{u^2+v^2}\right)\right] \tag{7-20}$$

其中

$$\mathrm{linc}(\rho)=\frac{J_1(2\pi\rho)}{\pi\rho} \tag{7-21}$$

且 $J_n(\rho)$ 为 1 类 Bessel 函数。所以，积分 $I(uv)=|U(uv)|^2$ 为

$$I(u,v)=\left(\frac{\pi}{\lambda f}\right)^2\left[4b^4\mathrm{linc}^2\left(\frac{b}{\lambda f}\sqrt{u^2+v^2}\right)-4a^2b^2\mathrm{linc}\left(\frac{b}{\lambda f}\sqrt{u^2+v^2}\right)\mathrm{linc}\left(\frac{a}{\lambda f}\sqrt{u^2+v^2}\right)+\right.$$
$$\left.a^4\mathrm{linc}^2\left(\frac{a}{\lambda f}\sqrt{u^2+v^2}\right)\right] \tag{7-22}$$

为了证明轴上 $I(0,0)=0$，可根据

$$4b^4-4a^2b^2+a^4=0 \tag{7-23}$$

由于 $\mathrm{linc}(0)=1$，求解可得

$$b=\frac{\sqrt{2}}{2}a=0.707a \tag{7-24}$$

说明，中心圆与相移环的面积相等时，轴中心光分布一定为零。根据式(7-22)描述的陷阱光强分布如图 7-94 所示。可看出，图中轴上点光分布为零，即焦平面上中心部没有光强分布。为进一步证实这个问题，利用傅里叶变换及 Fresnel 衍射公式，再次分析计算距离焦平面 Δ 距离的两个平面上的光能分布：

$$U_{\Delta z}(u,v)=FT^{-1}[FT[U(u,v)]\exp\{\Delta z[k-\pi\lambda^2(f_x^2+f_y^2)]\}] \tag{7-25}$$

式中，$FT[\ ]$为傅里叶变换，(f_x, f_y)为空间频率坐标。

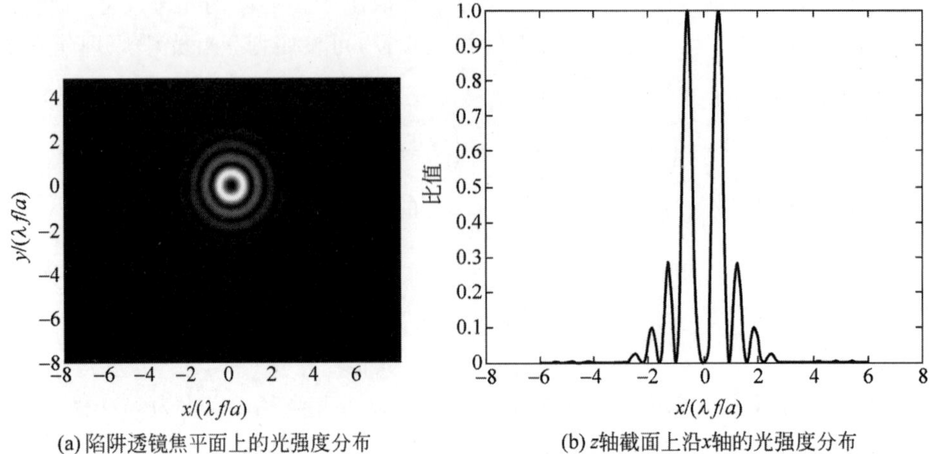

(a) 陷阱透镜焦平面上的光强度分布 (b) z轴截面上沿x轴的光强度分布

图 7-94 陷井光强分布

从图 7-94 可以看出，光沿 z 方向传播的强度分布，在焦面上所有强度均为最大值，亮环的峰值位于

$$\sqrt{u^2+v^2} \cong \frac{0.5625\lambda f}{a} \tag{7-26}$$

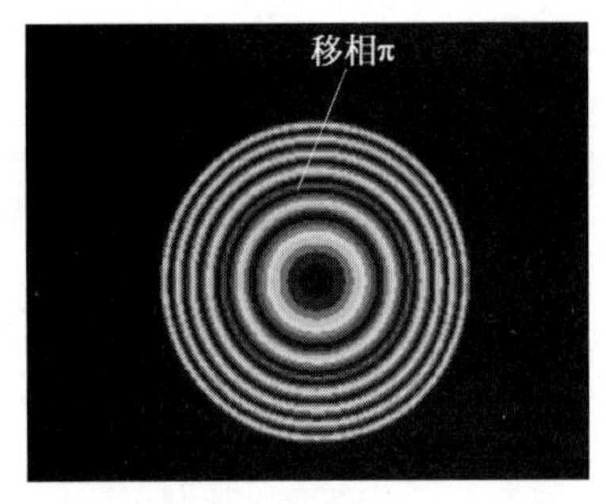

图 7-95 半径 b 边缘部分添加 π 移相的 8 级二元聚焦衍射透镜陷阱

此值与 Rayleigh 判断结果 $0.61f\lambda/a$ 非常接近，其差异主要是由式(7-25)计算出的峰值位置较靠近光环的内侧。

采用上述使用 π 相移原理和技术，还可以制造 8 级衍射捕获透镜元件阵列，获得不同尺度的锥形捕获光束。为此，需要在衍射透镜环的半径 b 环边缘部分移相，使中心 4 级与外部 4 级分离，构成不连续 8 级衍射陷阱，如图 7-95 所示。

某些光量子存储器的每一个单元上具有两个接收器，需要分光聚焦，同样也可以利用 π 相位调制原理制作双焦点二元衍射透镜。即在二元衍射透镜中插入二元 π 相位光栅，使同一镜头产生两个相同的陷阱，如图 7-96 所示。

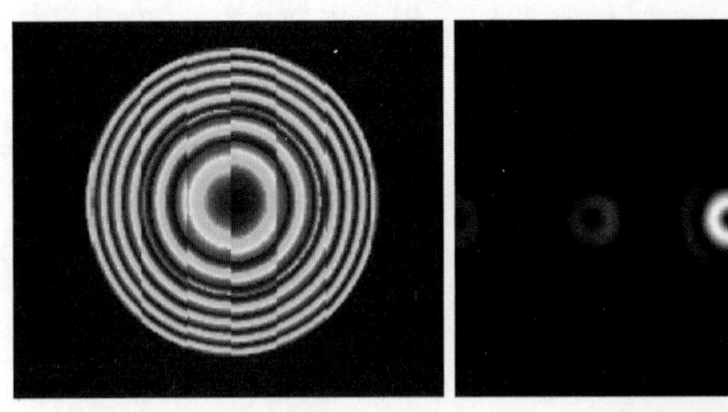

(a) 分离器光栅形成的双光子衍射透镜陷阱 (b) 由这种添加分裂光栅的平面衍射聚焦透镜生成的双光子陷阱

图 7-96 具有两种衍射结构合成的双光子陷阱

但值得注意的是，在双强衍射斑两侧形成的序列低强度旁瓣，如果对系统有影响可以采用其他方法隔离或过滤。

此分束光栅周期 Λ 为

$$\Lambda = \frac{\lambda}{\sin[\arctan(s/f)]} \tag{7-27}$$

在上述二元衍射透镜中加入此周期光栅，可将聚焦光束分裂为相距 $10\mu m$ 两个汇聚完全相同锥形陷阱。

8 级衍射微光阱还根据使用需要设计为两种波长结构。例如中央部分采用 780nm 波长设计，四周相同的焦点位置上采用 852nm 波长设计为同轴和相同功能的超快速收集光学器。此 8 级衍射光学收集器件中一个为 $F/1$，孔径角为 45°。另外一个孔径为 $F/0.025$，孔径角略低于半球约为 172°。此器件可在量子相干时间内实现荧光及离子的 4π 收集俘获，即此光学收集器为能够收集测量荧光和离子的光离子阱。

光量子存储器中还可能采用光逻辑门、光开关、光互联和光计算器件。由于材料的限制，这些光学芯片还未能达到足够小，足够便宜。

2. 可控垂直腔激光发射器

可控垂直腔激光发射器的工作原理与普通激光器基本一致，其主要差异在于这种半导体激光二极管发出的激光束垂直于制造晶片表面，以满足某些光量子存储器结构，例如作为存储数据的输入口的需要，如图 7-97 所示。即将原基片上的水平腔半导体激光器转换为垂直腔激光器，其输出端可以根据需要向下或向上。另外，可改变垂直谐振腔物理参数，作为多波长存储中的选频器使用。

另外，根据同样的结构原理，设计成能实现与激光垂直分束器，如图 7-98 所示。因为大部分半导体激光器受材料和工艺条件的限制，谐振腔轴只能加工成与基片平行的结构。而多波长光量子存储中使用的激光器波长跨度较大，所以采用垂直分束器可以显著压缩空间，实现三维集成。

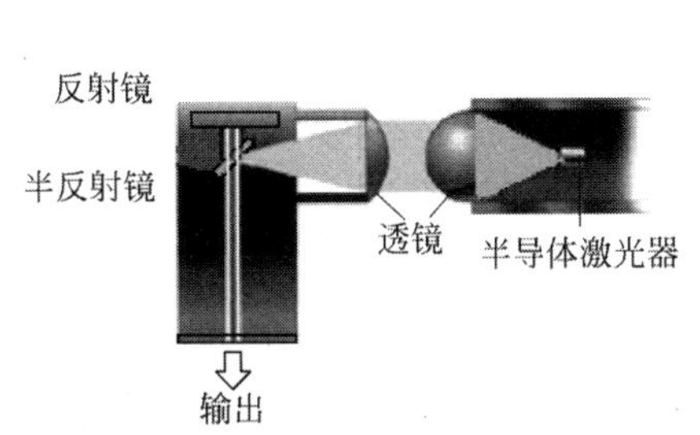

图 7-97 垂直腔半导体激光器结构原理示意图

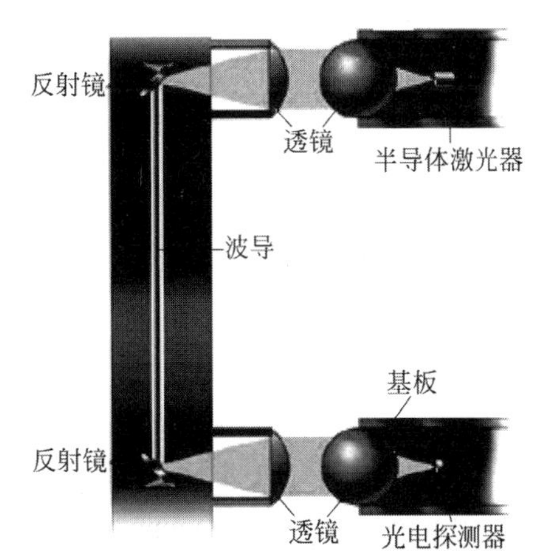

图 7-98 将水平腔半导体激光器改为垂直分光互联的结构原理示意图。通过此垂直波导分光可以实现电路板层间输出信号读取，也可以用于层间存储信号输入。如果将下端的反射镜改为半透-半反射，还可用于多层分束

此外，利用上述垂直分光原理可设计具有一定智能并行光学互联和处理器件。发射光源除了半导体激光器外，还可以采用场效应晶体管控制的发光二极管，组成多功能集成电子电路和光电子器件，用于不同波长光-光、光-电或电-光之间的信号转换。由于电子电路具有可编程性，易于实现不同光学存储原理与介质之间存储信号的高速交换。特别是非线性材料在光存储中作为调节光相互作用的介质，需要高效率的非线性转换。许多有机材料特有的高度非线性和分子设计的灵活性，使之成为最有前途的一类非线性光学聚合物。但往往其工作波长和频率都非常特殊，所以在光量子存储系统中广泛使用各种波长、能量及时间响应的光源。例如，采用上述分光结构组成的双光束逻辑与非门，

如图 7-99 所示。

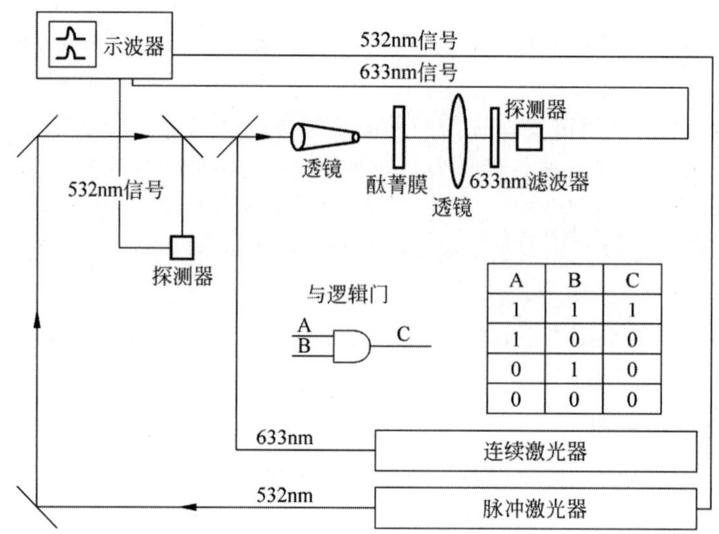

A	B	C
1	1	1
1	0	0
0	1	0
0	0	0

图 7-99 采用 532nm 波长纳秒脉冲 Nd：YAG 激光及 633nm 波长连续激光器通过酞菁薄膜组成的光学与逻辑门开关原理

此光学与非门基本原理是利用光路中的酞菁薄膜。当 532nm 波长的 Nd：YAG 皮秒激光脉冲与波长 633nm 的连续激光同时通过酞菁薄膜时，由于酞菁薄膜受 532nm 波长光脉冲作用，对 633nm 波长的连续激光产生调制作用。输出信号经滤波和透镜聚焦输出到带窄缝的探测器，所以在监测示波器上可以看出，被 532nm 光脉冲调制的 633nm 波长信号与 Nd：YAG 脉冲激光信号形成的与非门作用。即只有这两种波长激光同时输出到示波器上时才能获得"1"，其他情况下均为"0"输出。因此，此逻辑门除了可用作开关外，也可以组合为一位存储单元，且具有一定的数据处理功能。

7.8 光子晶体器件

1. 光子晶体光栅

利用在光子晶体中创造各种掺杂或缺陷，改变微腔波导结构，可以构建各种光子晶体器件。例如，通过掺杂在光子晶体中形成的不同的杂质球，卷在胶体晶体中的缺陷或采用传统的光刻技术制成的反蛋白石结构均可组成平面光学衍射元件。此外，采用双光子或三光子聚合自组装制成的高分辨率的三维胶体晶体及光子晶体波导结构可加工成各种等间距或非线性光栅。利用这种双光子聚合得到的二维光子晶体光栅内部结构如图 7-100 所示。图(a)为采用直径 120nm 聚苯乙烯粒子垂直沉积技术制成的胶体组装体光子晶体；图(b)为利用光子晶体分束效应，在聚苯乙烯胶体光子晶体内部形成的光子晶体光栅结构。

此外，采用 100fs 脉冲锁模钛蓝宝石飞秒激光也可在光子晶体中实现双光子聚合。聚合后，将未聚合部分的感光材料被甲醇溶解清除即可形成光栅。这种单光子或双光子荧光效应可用于胶体光子晶体改性，使其晶体结构与缺陷尺寸相关的光栅结构，如图 7-101 所示。采用经过改进的垂直沉积法和 LB 技术，均可加工二维缺陷自组装胶体晶体。在采用垂直沉积技术加工多层胶体晶体时，首先利用 LB 技术将不同尺寸的纳米微球制成单层晶体，再通过垂直沉积形成异构多层胶体晶。利用 LB 沉积形成的平面微腔层引起的微观局部诱导作用，使缺陷插入禁带隙。这种价带和导带之间的局域能量分布取决于缺陷层的厚度。所以，利用 LB 技术制备的纳米微球尺寸可根据要求控制。这种相互依赖关系如图 7-101 所示。

(a) 波长600nm双光子效应
形成的光子晶体光栅结构图像

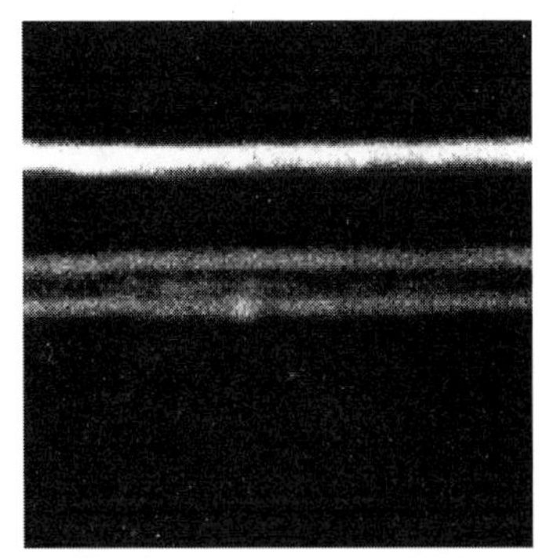

(b) 采用三光子聚合效应在
分束区内产生光栅结构图像

图 7-100 在三维聚苯乙烯光子晶体内利用人为制造缺陷形成的光栅结构

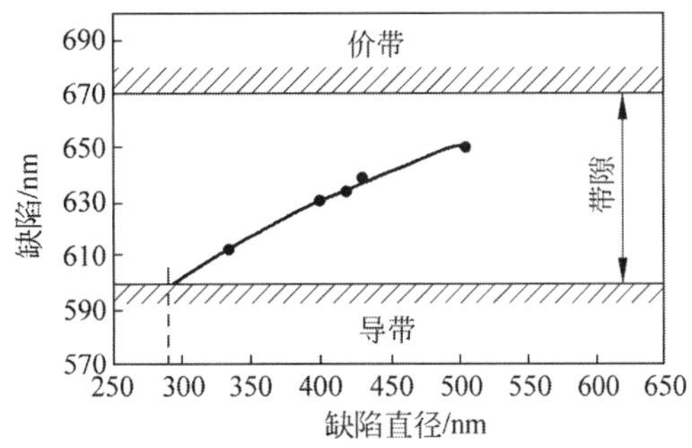

图 7-101 缺陷层厚度对光子带隙的影响。y 轴为波长，代表能量；胶体晶体纳米球尺寸为 295nm 时导带衍射波长为 600nm，导带能量明显低于价带

2. 光子晶体频率转换器

对非线性光子晶体的另外一种标准应用是对光辐射的非线性光学频率转换，特别适用于产生各次谐波。从图 7-101 还可以看出，在能量轴上导带能量高于价带，说明可利用光子晶体产生的三谐波(Third Harmonic Generation，THG)效应可以转换光子频率。光子晶体的这种第三谐波效应在光量子存储中非常有用。例如，可将红外激光或近红外激光通过相干处理，输出波长可缩短为所需要的可见光或近紫外光。如果由于材料的折射系数达不到要求，所产生的 3 阶光学效应不够强，不可能一步形成有效的第三次谐波，则可采用级联方式，提高三次谐波转换效率，形成所需波长。当然，最好是使用三维光子晶体中的第三次谐波增强效应，直接一步产生所需的第三谐波。此项技术的关键是泵浦信号波长与光子晶体的相位匹配。因为第三谐波产生在异常色散区，介质的折射率随着光频率的增加而减小。由于光子晶体的周期性结构，反常色散可产生强第三谐波。例如用聚苯乙烯微球制备的胶体，可获得较强的第三谐波光束。198nm 直径的纳米球体可获得蓝色辐射(晶体呈蓝色)，228nm 直径微球体可获得绿色辐射(晶体呈红色)，如图 7-102 所示，强 THG 出现在反常色散高能量带边缘附近，图中虚线代表相位匹配。

3. 光子晶体光纤

光子晶体的概念出现于 1987 年，由于其电子带隙具有许多类似周期性光学介质结构特征，所以被称为光子晶体。光子晶体光纤(Photonic Crystal Fiber，PCF)属于一种特殊的光子晶体，也是光子晶体的重要应用领域之一。光子晶体光纤，实际上是由沿着其长度方向上若干的微小空气通道组成的单一介质光纤。这些由熔融拉伸形成的周期性管状结构光纤由若干周期性孔隙形成波导，所以光

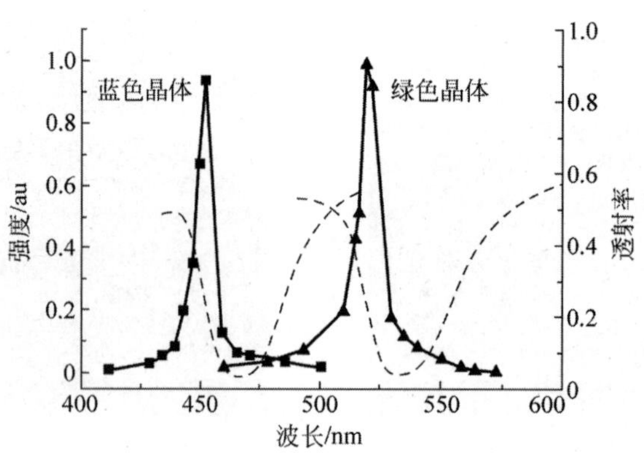

图 7-102 三次谐波信号强度与泵浦波长的函数关系曲线。正方形曲线代表蓝色晶体，三角形曲线代表绿色晶体；虚线为光子晶体带隙附近的线性透射率

子晶体光纤也被称为多孔光纤。光子晶体光纤的制造工艺比较复杂，包括精确预制管材和棒材，其形状和分布决定了光子晶体光纤的最终结构。经预处理和精心拉伸延长，同时保持内孔对材料黏性力和压力平衡才能获得结构均匀的光子晶体光纤。光子晶体光纤与利用介质折射率差异全反射原理构成的普通光纤完全不同。它是利用玻璃纤维中气孔的周期阵列二维结构产生的双折射效应，引导光子沿光子晶体光纤周期性缺陷结构方向传播。由于光子晶体光纤是利用光子带隙对光传输的约束和限制原理而成，所以光子晶体光纤可以加工为空芯光纤，又被称为微结构光纤。在其横截面上形成不同排列形式的气孔，如图 7-103 所示。这些气孔的尺度与光波波长大致在同一量级且贯穿器件的整个长度，光波可被限制在光纤芯区内传播。因此，光子晶体光纤可以实现在很宽的带宽范围的单模传输，且可通过改变包层气孔的排列方式控制传播模式。如果采用不对称排列的气孔，还可能产生强双折射效应及所需要的偏振器效应。例如，采用二氧化硅为基础的周期性微结构空气孔组成的光子晶体光纤，也可做成为两种不同的结构。第一种为实心光纤，即光纤中心部分具有高折射率芯，外围被二维光子晶体包层所包围。这种光纤具有类似于常规光纤的性质，也是利用内部全反射（TIR）形成波导。只不过与传统的折射率光纤传导相比，这种光子晶体包层与芯层的有效折射率差更大，所以具有更高的全反射率。它实际上完全不依赖于光子带隙（ PBG ）效应，所以被称为全内反射光子晶体光纤（TIR-PCFs）。TIR-PCFs 的制造方法与传统光纤相似，加工工艺相对简单，目前已商业化大规模生产。与 TIR-PCFs 截然不同的另一种光纤，完全依靠光子晶体包层的光子带隙效应将光束控制在芯层内，即所谓光子带隙传导光纤（PBG-PCFs），属于一种空心（空气）光子晶体光纤，如图 7-103(b)所示。其物理性能的最大差异表现在可将光束控制在比包层折射率低的芯层内引导传播。当然，这种真正的 PBG-PCFs 的结构比较复杂，制造工艺比较复杂，目前还没有大规模生产。这种光子晶体光纤具有超带宽单模传播特性，且传播效率超过传统光纤 3 个数量级。

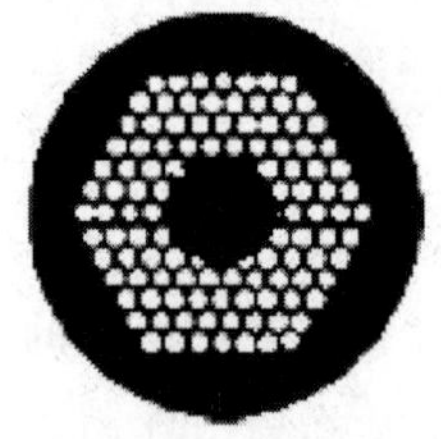
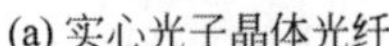
(a) 实心光子晶体光纤

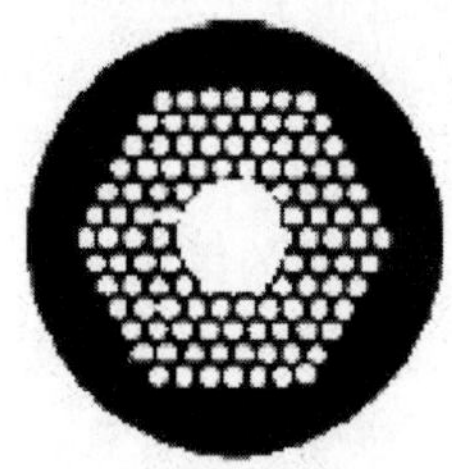
(b) 空心光子晶体光纤

图 7-103 光子晶体光纤横截面结构示意图

与传统光纤不同，实心光子晶体光纤由于光子晶体光纤介质存在光子带隙，与周围介质形成的高折射率差异产生高效全内反射。由于空心光子晶体光纤的核心是空气，空气与周围存在带隙的光子晶体光纤表面之间由于光子带隙作用形成高效的表面反射。所以，这两种光子晶体光纤可完全满足制造各种超低损耗和色散的单波长或宽带多波长信号的优质波导。实验证明，其综合传播效率高于传统光纤若干数量级。

光子晶体光纤的另一个重要优点是可以获得大数值孔径。传统的石英光纤的数值孔径一般为 0.12～0.22μm。采用目前技术能达到的最佳包层和纤芯的材料的折射率比，数值孔径也只能做到 0.48μm，而且还不可能达到很高功率。而光子晶体光纤的数值孔径可以达到 0.6～0.8μm。芯径为 50，80，100μm，覆盖包层直径为 80～210μm 的超高数值孔径，大功传输率 TIR-PCFs 目前已实现商业化生产，如图 7-104 所示。

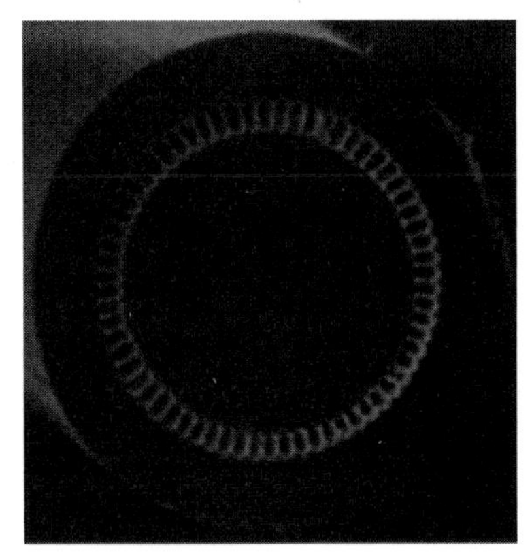

图 7-104　超高数值孔径（NA=0.6～0.8），大功传输率 TIR-PCFs 横截面光学放大照片

这种超大数值孔径全内反射光子晶体光纤（TIR-PCFs）不仅数值孔径大，而且损耗低（<5～8dB/（K·m））。高掺硼全内反射光子晶体光纤具有高精度保偏特性，损耗更低（<4dB/（K·m））。单模传播波段达 350～1750nm，芯径 9μm 包层直径为 125μm。光子晶体光纤的单模传输波长范围对光量子存储已能完全覆盖，目前存在的主要缺点是不能实现大角度的弯曲。

4. 光子晶体直角波导

光子晶体波导是光量子存储中的重要传播工具。无论光源、存储单元、光电探测器及其他元部件之间，采用光子晶体波导均为最佳选择。但在光量子存储器件中，由于结构的特殊需求，必须解决直角换向问题，所以光子晶体具有可利用掺杂缺陷控制和改变光传播方向的特征，被用于制造光子晶体直角波导。如前所述，有缺陷光子晶体通道中，当光子通过缺损区时缺陷可以用来对光的传播方向进行限制和引导，所以可通过控制具有一定缺陷的通道实现光线大弯曲度传播而不存在任何损失，其基本原理如图 7-105 所示。即采用一种不在波长范围的三维光子晶体，沿所需要的光传播方向改变其微缺陷结构，使之能对所指定波长有效传输。实验证明，根据此原理设计制作的锐角波导，不仅可以将光束弯曲 90°，而且可以达到更大的急弯。

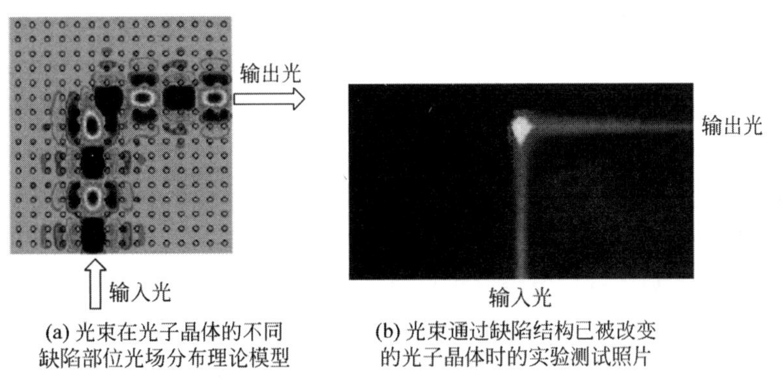

(a) 光束在光子晶体的不同缺陷部位光场分布理论模型　(b) 光束通过缺陷结构已被改变的光子晶体时的实验测试照片

图 7-105　改变光子晶体缺陷结构特性对光传播方向的影响

5. 光子晶体传感器

光子晶体是不同介电常数、折射率有序周期性排列的纳米结构。当其周期与符合 Bragg 衍射条件的光波长范围匹配时，就会对在此波长范围内的光束传播产生各种影响，导致光场部分出现相应的变化。通过检测这些光学性能的变化，即可获与影响因素对应的参数传感器。此外，对光子晶体折射率的变化，带隙结构变化以及光子晶体的能带结构的变化都可以用于设计制造光子晶体传感器。例如，特殊结构的光子晶体还可用作化学传感器。利用直径为 100nm 的高饱和电荷聚苯乙烯光子晶体阵列组成的面心立方结构，球与球之间的静电相互作用导致其对某些金属离子的可逆选择性吸收。

此反应导致光子晶体阵列球体之间的分离，从而改变其光学衍射特性的变化。当这些金属离子转移以后，它又回复到初始状态。例如，采用聚苯乙烯胶体球光子晶体对金属离子 Pb^{2+} 和 Ba^{2+} 敏感，亚甲基双丙烯酰胺胶体球光子晶体对金属离子 K^{+} 敏感。此外，丙烯酰胺聚合物胶体球光子晶体还对 P 或 S 偏振光敏感。用于检测分析此现象的实验装置如图 7-106 所示。

当气体或液体中的金属离子接触聚合物胶体球光子晶体膜时，改变了界面上聚合物胶体球光子晶体的排列，形成衍射率不同的金属-电介质堆叠结构。当入射光照射到该界面时，对一定波长的反射光的反射率(振幅)及偏振特性产生影响如图 7-107 所示。所以，通过检测出射光(参见图 7-106)的振幅或偏振特性，便可获得被检测介质中金属离子的性能及浓度。

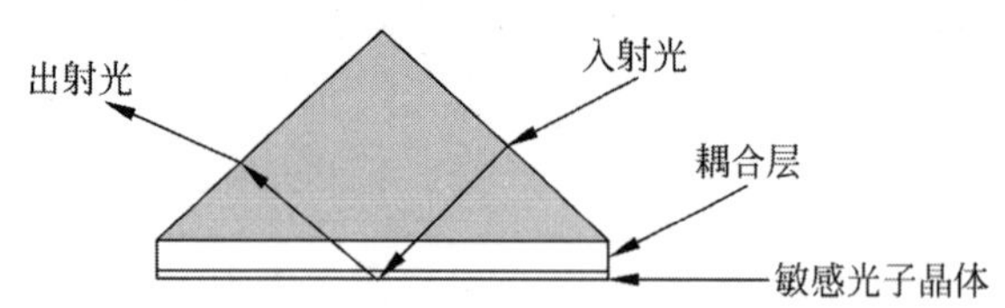

图 7-106 基于丙烯酰胺聚合物胶体球光子晶体全内反射偏振传感器结构原理示意图

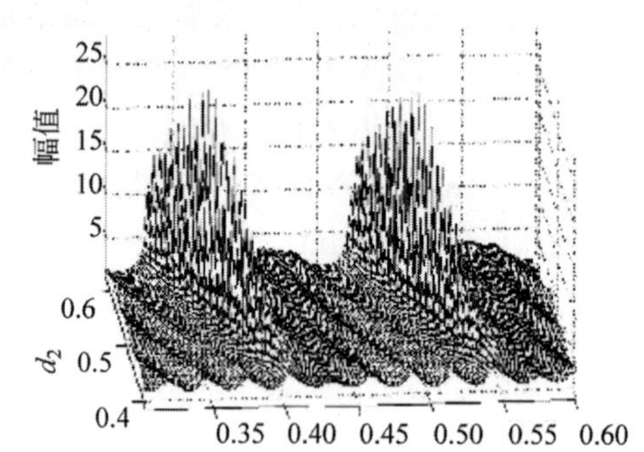

图 7-107 在聚合物胶体球光子晶体膜与被检测介质接触面上胶体球光子晶体排列产生的变化及对反射光幅值的影响

6. 光子晶体行波管

行波管可通过连续调制电子速度实现信号放大。即行波管中电子通过慢波电路与微波场发生相互作用，连续不断地把动能转移到微波信号场，从而获得高倍率放大。首先，待放大的微波信号经输入能量耦合器进入慢波电路，并沿慢波电路传导。电子在通过微波场的行进过程中产生能量交换调制，使微波信号得到放大。由于没有谐振腔选频，对带宽几乎没有限制，所以带宽也非常大，是通信领域中用于功率放大的核心器件。从行波管的这种工作原理可看出，电子穿过的慢波结构的耦合腔作用时间越长，行波管的功率增益越高。所以，采用光子晶体取代行波管慢波结构中的金属屏蔽筒，使工作模式处于光子晶体的禁带，而使竞争模式处于光子晶体的导带。利用光子晶体制成的慢波耦合器滤，消除了部分竞争模式，从而可获得性能稳定的大功率行波管，如图 7-108 所示。研究证明，二维光子晶体对电磁波还具有良好的选择通过特性及耦合阻抗特性。所以，可利用光子晶体对慢波通道内电磁波的选通特性，将待放大的微波信号通过对光子晶体加载输入能量耦合器使微波信号得到放大。放大后的微波信号经输出能量耦合器送至负载。在选定的工作模式下，慢波电路特性主要取决于光子晶体色散特性及耦合阻抗特性。色散特性代表在慢波电路中传播的微波场的相速随频率变化的关系，用于宽频带行波管的慢波电路，频带宽度内相速随频率的变化应尽量小，即色散较弱，以保证整个频带宽度内电子与微波场相速同步。耦合阻抗代表电子注与微波场相互作用强弱的重要参量。耦合阻抗的量值越大，微波场与电子注的耦合越强，电子注与微波场之间的能量交换越充分。另外，二维光子晶体能量耦合器还具有散热性能好、结构简单、易于加工和微型化等优点，在信息科学领域，包括信息存储中都可能被推广应用。

光子晶体对输入光束表现出的不规则传播，有效折射率与光子频率的变化，异常的群速度色散，以及可利用不同缺陷(位错、空穴)分布构建各种维度的微米-纳米腔，实现自发辐射增强和光子循环等特性。除了以上所列举的光子晶体器件外，还可以制备其他不同维度的各种光子晶体器件，包括多功能相位匹配谐波非线性光学器件和复杂的光学电路等。

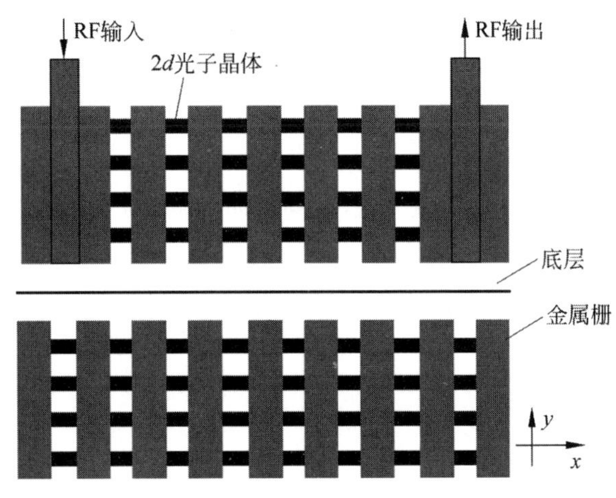

图 7-108　光子晶体慢波耦合器结构原理

7.9　纳米器件

在光量子存储器件及系统中需使用各种纳米器件。纳米器件的类型多，工作波长覆盖宽，结构性能、尺度、加工工艺发展空间及选择余地大。特别是纳米复合材料具有非常优越的光学性能量，纳米纤维、薄膜及各种结构的纳米原件特有的光子/电子功能，被广泛使用于光存储。这些功能还可以独立优化，包括折射率、偏振、波长及相位等重要光学参数都可以根据需要设计优化。首先是因为纳米材料的品种多，特别是光学纳米复合材料研究取得了长足的发展。目前，在纳米复合材料中添加纳米尺度的随机介质，通过对构成的纳米范畴的选择，根据不同夹杂物的尺寸改变材料散射及特定光相互作用功能的增强，为纳米光学材料设计提供了广阔的前景。通过控制与光相互作用，获得特定的光子响应功能。例如，采用纳米复合材料制成的多相可调谐滤波器、随机激光发射器、三阶非线性波长转换器及非线性光学相位门等。纳米材料结构控制研究提供的多相纳米复合材料设计中，每个纳米颗粒范畴可以执行特定的光子或光电功能，不同的组合可产生新特征功能。例如混合纳米复合光折变材料研究获得的聚合物量子点，由于产生的载流子和光子的共同作用产生特殊光折变效应，为纳米光学器件的开发展示了一个非常活跃的领域。这些纳米工程材料为原来不容易观察到的光量子与介质的相互作用反应增强，使之有可能用于信息的存储与处理。例如具有负折射指数的纳米材料，就为光量子存储研究提供了一条新的研究技术路线。

1. 纳米波导

纳米波导是光集成中使用越来越规范的元件。随新型纳米光波导材料研究的不断进步，现有的许多材料都可以用于制造光波导。例如最简单的凝胶工艺制作的纳米波导，可使用各种添加剂改变其光学特性。这种工艺完全采用化学反应技术，无须高温处理就能使金属氧化物和非金属氧化物变成非晶玻璃材料。例如，将硅醇盐或钛醇盐溶于烷氧基前驱体溶液中，利用含酸或碱催化剂的水反应及缩聚反应便可形成三维网状 SiO_2 和 TiO_2 纯无机凝胶材料。利用此材料可直接加工光波导，以及重量各为 50% 的 SiO_2/TiO_2 凝胶平面波导。实验测试证明，这种波导对 633nm 波长的传播损耗小于 0.5dB/cm。常用平面波导的厚度为 0.18μm，这些材料非常适合制造厚度 0.2μm 以下光学质量优良的超薄波导。另外，这类聚合物膜可以采用旋涂工艺及压印技术制造，非常容易图案化和大规模生产，加工成各种结构复杂的波导。当用作有源波导时，还可通过适当选择光电活性高的分子(例如染料)提高其光学特性，减小光学损耗或提高折射率。研究发现，用有机烷氧基硅烷和四烷氧基硅烷生产的有机硅酸盐平板波导，对 633nm 波长的传输损耗低于 0.15dB/cm。凝胶处理液相均匀，不会出现相分离，所以聚合物的热稳定性好。而且材料的折射率及传输损耗可以通过调整其中 SiO_2 和 TiO_2 的浓度比例改变。折射率和光传播损耗成分配比的关系如表 7-4 所示。改变 TiO_2 的浓度时，材料折射率产生变化的测量结果如图 7-109 所示。可以看出，材料折射率的变化与 TiO_2 的浓度成正比，在折射率为 1.39～1.65 范围的最高传输损耗为 0.62dB/cm。

表 7-4 不同比例的 SiO_2/TiO_2 复合波导在 633nm 波长的折射率和传播损耗值比较

TiO_2/wt%	SiO_2/wt%	传播损耗/(dB·cm^{-1})	折射率
0	50	0.20	1.49
10	40	0.20	1.52
20	30	0.43	1.55
30	20	0.45	1.58
40	10	0.62	1.62
50	0	0.52	1.65

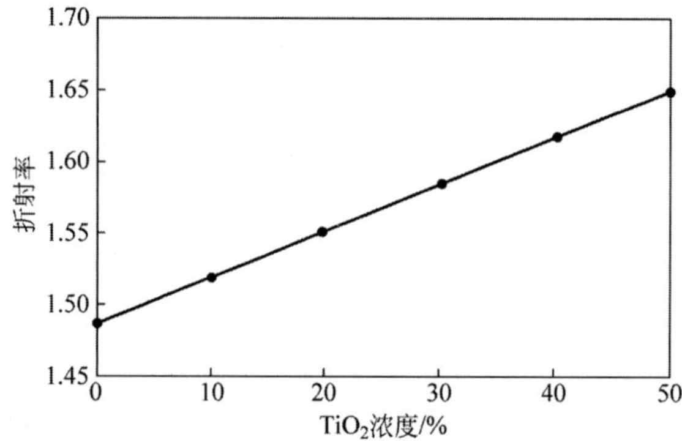

图 7-109 SiO_2/TiO_2 复合材料的折射率与 TiO_2 浓度的关系曲线

2. 纳米波导激光器

如上所述，介质中的纳米颗粒会引起光散射，通常这种散射造成的损耗是有害的。然而，在一定条件下，可将介质中的这种随机散射在常规的反射镜谐振腔中变为光学反馈形成激光辐射，例如实验证明，可以在有机烷氧基硅烷和四烷氧基硅烷凝胶质中添加高氯酸盐罗丹明(rhodamine)染料和 TiO_2 颗粒。为了防止相互粘连，在 TiO_2 颗粒外包覆一层 Al_2O_3，平均粒径为 250nm。由于悬挂包的纳米粒子的高折射率形成强散射中心，相互激发产生激射，其中的有机染料特有的高增益进一步增强了 TiO_2 颗粒产生的散射随机激发辐射，形成光激射效应。实验显示，随聚合物中 TiO_2 粒子密度的增加，激射阈值减小。不同类型的阈值的激射光谱及带宽也发生变化(光学腔长度作相应调整)。采用各种稀土金属掺杂介质球作为散射纳米粒子产生的强散射，可获得多种波长输出，起到发射连续波激光的作用。采用电动泵浦或光泵浦(波长 633nm)都能形成受激发射。如果需要更短的波长，可在有机/无机混合胶体中掺入 ZnO 半导体纳米粒子，但必须将 ZnO 半导体纳米粒子分散在聚合物基体，例如 PMMA、聚二甲基硅氧烷(PDMS)、环氧树脂或聚苯乙烯(PS)中。例如，采用 ZnO/PDMS 混合介质可由于制备 248nm 波长的激射器。带宽可压缩至 15～16nm，在低泵浦强度时，带宽可达到 4nm。

3. 局域场增强

纳米复合材料提供的辐射场再分配和选择性增强特性，在光量子存储中也具有重要作用。为了深入对纳米复合材料理论与实验的研究，建立分析影响纳米复合材料的线性和非线性光学性质的理论模型，有效揭示纳米复合材料的宏观光学性质。根据纳米复合材料的纳米域有效介电常数 ε_i 和晶核介电常数 ε_h 建立简化模型。设域尺寸大于原子间距，所以介电常数 ε_i 也适用于纳米域。因此，域的尺寸显著小于光波长。所以，有效介电常数的概念可用来描述纳米复合材料的平均宏观性质。

可用于分析随机纳米复合材料宏观特性的拓扑学方法有两种：(1)描述球形纳米颗粒及其随机分散概率的 Maxwell Garnett 几何；(2)描述纳米复合材料中包含纳米颗粒填充率的 Bruggeman 几何。按照这两种概念描述的纳米复合材料的微观结构如图 7-110 所示。显然，Maxwell Garnett 几何学模型更为接近金属氧化物胶体中微观域的描述。基于 ε_i 和 ε_h 常数建立的 Maxwell Garnett 拓扑方程如下：

$$\frac{\varepsilon_{\mathrm{eff}}-\varepsilon_{\mathrm{h}}}{\varepsilon_{\mathrm{eff}}+2\varepsilon_{\mathrm{h}}}=f_i\left(\frac{\varepsilon_{\mathrm{i}}-\varepsilon_{\mathrm{h}}}{\varepsilon_{\mathrm{i}}+2\varepsilon_{\mathrm{h}}}\right) \tag{7-28}$$

式中，f_i 为填充物的体积。在 Maxwell Garnett 拓扑方程中，f_i 明显小于主体部分 f_h，Bruggeman 拓扑没有此限制。所以，根据方程式(7-28)可以认为 $\varepsilon_h \approx \varepsilon_{eff}$，介质由以下两个成分 1 和 2 组成：

$$0=f_1\frac{\varepsilon_1-\varepsilon_{\mathrm{eff}}}{\varepsilon_1+2\varepsilon_{\mathrm{eff}}}+f_2\frac{\varepsilon_2-\varepsilon_{\mathrm{eff}}}{\varepsilon_2+2\varepsilon_{\mathrm{eff}}} \tag{7-29}$$

式中，ε_1 和 ε_2 为填充组分 f_1 和 f_2 的介电常数。静电场受有效介电常数的影响，在靠近纳米球表面附近强度增加，如果 $\varepsilon_i > \varepsilon_h$，电场线分布如图 7-111 所示，说明对纳米复合材料的非线性光学性质产生重要影响。即纳米复合材料的折射率分布将取决于此电场强度的变化。所以，对于 3 阶非线性光学材料，$\varepsilon_i \gg \varepsilon_h$，有效介电常数对非小型场的影响更加显著。

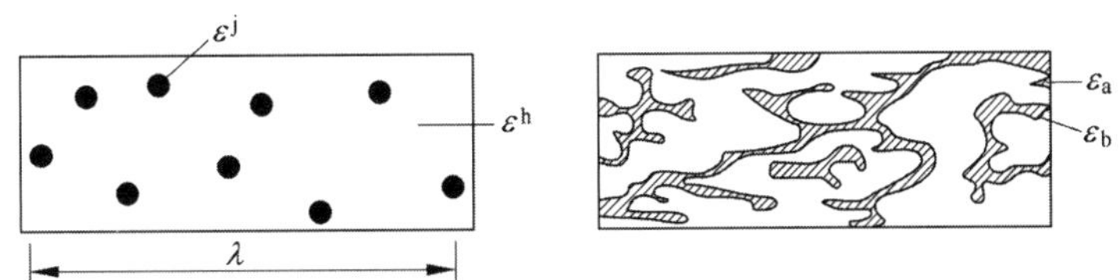

图 7-110 采用 Maxwell Garnett 和 Bruggeman 几何学两种拓扑学原理描述纳米复合材料结构比较

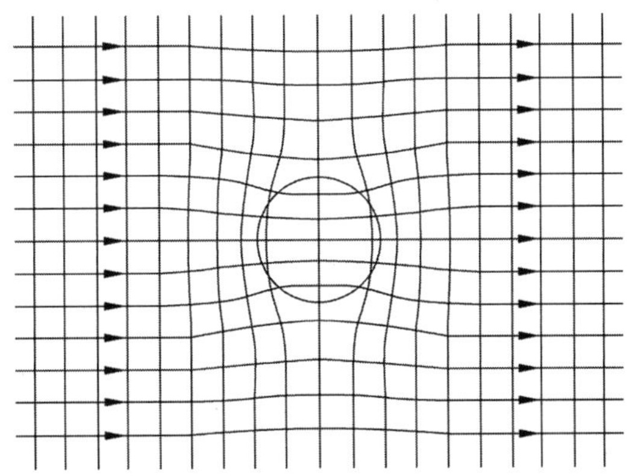

图 7-111 球形夹杂物附近宿主区局部静电场的浓度

层状纳米复合材料具有不同于一维光子晶体的特征。如果纳米复合材料层厚度小于输入光波长，光子对介质导带和价带结构的影响也可以采用上述有效介电常数模型描述。

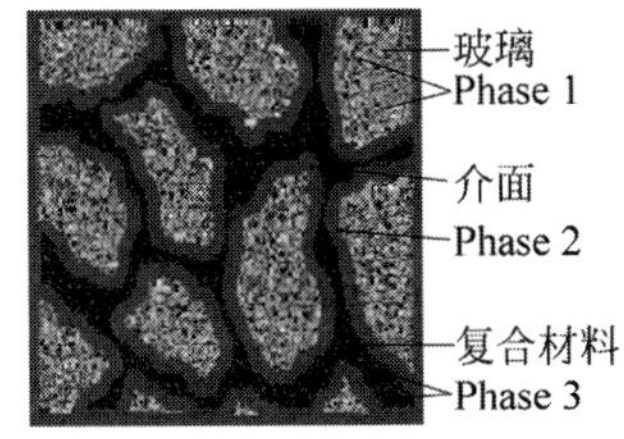

图 7-112 多相纳米复合溶胶凝胶玻璃滤波器结构

4. 多相纳米滤波

在纳米复合材料中掺入多种元素时呈现一种多相结构，如图 7-112 所示。经过微观结构分析可知，这种纳米复合材料中包含多种晶相和非晶相单元。而且同质晶相结构中，还出现结构不同的单晶、球晶、纤维状晶、树枝状晶及链片晶体。实验证明，通过控制纳米复合材料组分和工艺参数可以获得不同的结构形态及大小。通过控制温度特殊处理的纳米尺度高分子链纤维和球状玻璃体薄膜可用作散射波片。凝胶按照一定结构排布形成的树枝状晶及多孔玻璃尺寸可控制在5nm以下，远小于光波长，可用于制造各种波片、薄膜和纤维。

5. 激射转换

纳米复合材料展示的可控激发动力学特征还可实现其他功能。例如将阴离子染料沉积在填充孔纳米复合材料的表面形成薄膜，能增强一定波长激光。包括罗丹明单体离子型染料与甲基丙烯酸甲酯或聚甲基丙烯酸盐，均可构成染料激光增益放大，放大光强与波长的关系曲线如图7-113所示。从图7-113(a)液相观察，罗丹明单体离子型染料对绿光敏感，激射调谐宽度约18nm；甲基丙烯酸甲酯对红光敏感，激射调谐带宽约40nm。而复合材料的敏感区域也在红光，带宽也仅约50nm。而在采用固态染料(复合玻璃)时，其敏感范围可覆盖红-绿光，带宽达到70nm(550～620nm)，如图7-113(b)所示，具有明显的非谐振非线性光学特征。

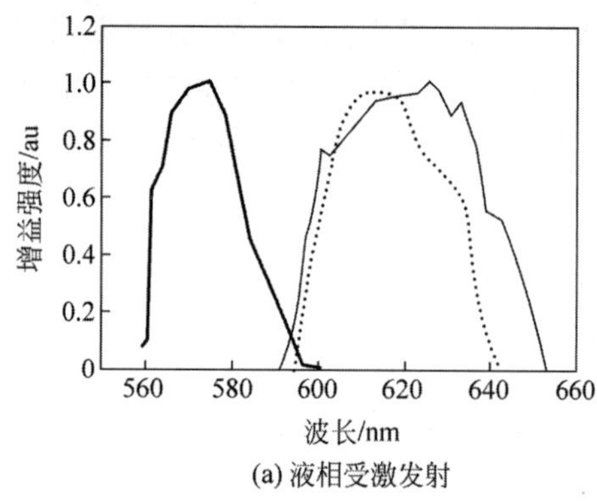

(a) 液相受激发射

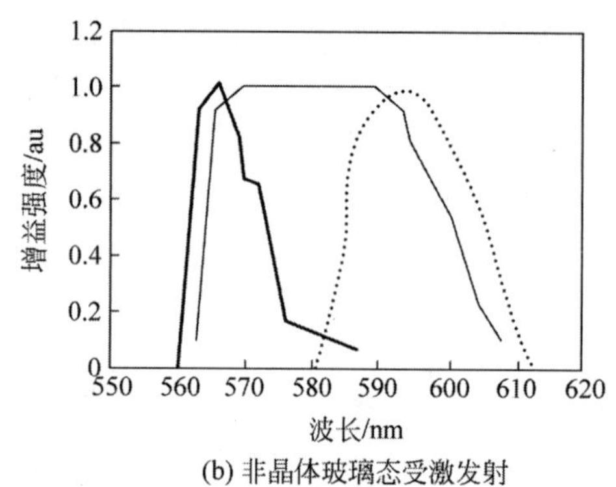

(b) 非晶体玻璃态受激发射

图7-113 纳米复合材料单体及其组合体的光增益与波长的关系曲线

光激发增益放大还可能产生聚合物链 π-π^* 能隙的大电子-空穴对，即产生非常有价值的聚合物光电导特性。聚合物光电导具有高光量子发射效率的电致发光。实验证实，这种电致发光可以发生在溶液、薄膜或固体中。许多无机纳米聚合物材料也具有优良的光电导质量，例如 SiO_2 复合凝胶聚合物光电导微米级厚度薄膜就具有良好的非线性光学性能。采用半导体聚合物-玻璃复合体制备的PPV-SiO_2 复合材料，聚合物之间的相分离仅几纳米，折射率 $n=1.48$。由于该聚合物在体相-链间耦合降低了光学损耗，最大限度地减少两聚合物分子间链的相互作用，增强光吸收转换效率，如图7-114所示。

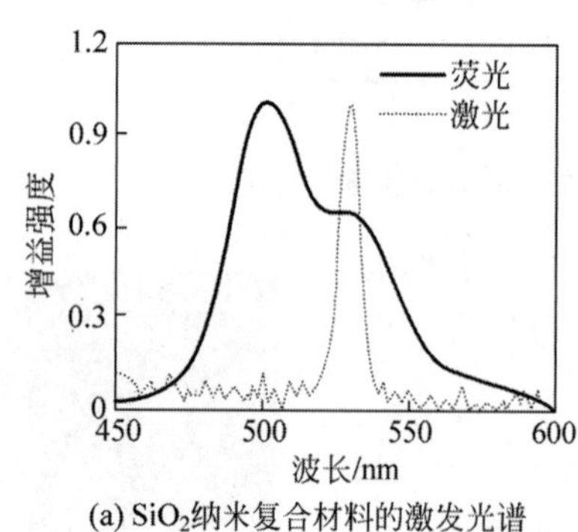

(a) SiO_2纳米复合材料的激发光谱

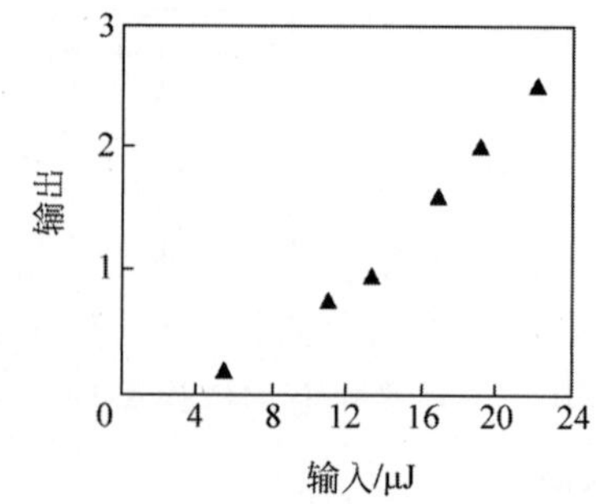

(b) SiO_2纳米复合功能材料输出光能量与脉冲泵浦激光能量转换关系曲线

图7-114 降低耦合损耗使光吸收及转换效率明显增强

在图7-114(a)中，虚线为激发泵浦激光光谱曲线，比较窄；实线为激发光谱，是比虚线宽了很多的荧光谱曲线。

6. 光折变光栅

如上所述，纳米复合材料中空间电荷场的分布变化会导致折射率变化。这是一种 3 阶非线性光学效应(由于空间粒子移动产生 3 阶非线性极化率变化)，因为光折变的结果，将导致其他光-电或电-光特性变化，如图 7-115 所示。

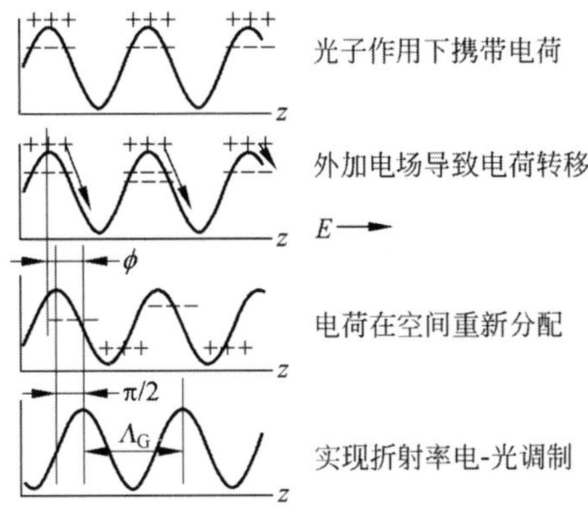

图 7-115 纳米复合材料受光子作用导致电荷分布变化形成 Λ_G 光折变空间光栅过程示意图

利用纳米复合材料制造光折变光栅的基本方法为两交叉相干光束的全息成像。当相干激光束在光折变纳米复合材料中形成具有周期性光栅模式的光强分布的全息成像时，在材料中产生与这种光强正弦强度分布相对应的载流子。这些带正电荷的有更多载流子在电场作用下移动到干涉条纹较暗的区域，如图 7-115 所示。转移的电荷被纳米复合材料中的掺杂构成的陷阱，吸收后在内部形成同样周期性分布的空间电场，如图 7-116 所示。周期性空间电荷的电场诱导，通过线性电光效应使材料的分子重新取向，最终在材料中构形成对应的光折变效应周期性光栅结构。除了光折变效应以外，光致变色、热折变等效应也能用于制造折射率调制或双折射效应的光栅，在光存储、光放大及动态图像处理中具有重要作用。

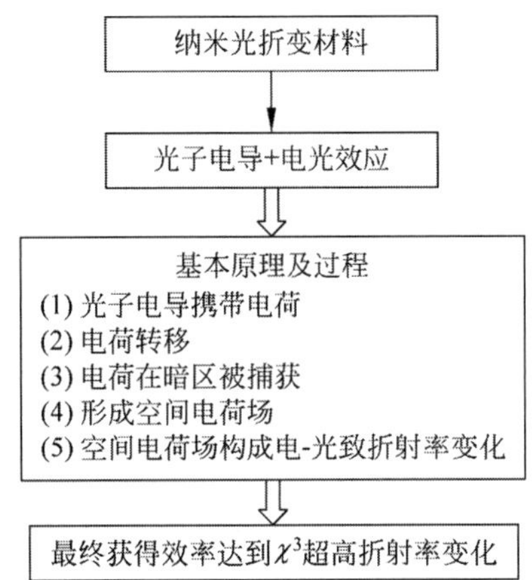

图 7-116 在纳米复合材料中形成光折变光栅的过程

这种光折变光栅除了能对入射光束的相位进行调制、耦合及转移以外，还可用于对入射光束中的光学噪声、偏振态进行分离，甚至可将部分能量转移到指定波长。它还具有滤波放大功能。

7. 可控选择性吸收

纳米复合材料中的空穴传输聚合物矩阵还具有许多其他用途。例如，用于宽带(光谱范围从蓝色到红外)选择性光敏吸收，即光电荷增强生成效应。不仅利用量子点作为光敏剂实现对光波长的选择吸收，且通过对量子点及其组成的能隙调整，控制其光选择吸收率。利用量子点产生的电荷载流子产生的有效光子，实现光学能转换及可调谐光学响应。在纳米复合材料 PVK 中掺杂 C60、CdS 量子空穴形成的光敏性掺杂聚合物矩阵的性能与空间电荷场强度的关系如图 7-117 所示。

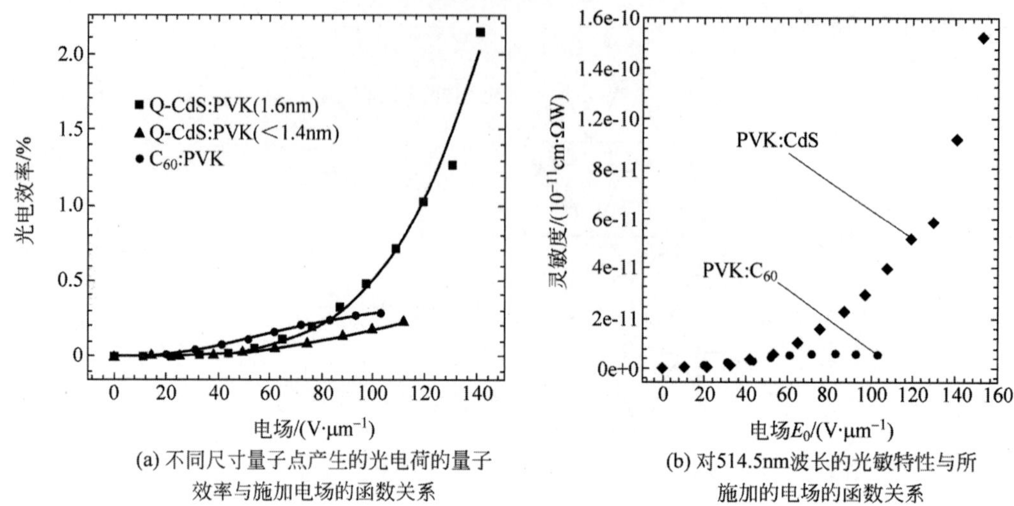

(a) 不同尺寸量子点产生的光电荷的量子效率与施加电场的函数关系

(b) 对514.5nm波长的光敏特性与所施加的电场的函数关系

图 7-117 有机纳米聚合材料中无机量子点产生的增强光电荷特性曲线

图 7-117(a)中，CdS 量子点(图中标记为 Q-CdS)有两种不同的尺寸。尺寸 1.6nm 的 Q-CdS 具有强烈吸收波长 514.5nm 的带隙；尺寸小于 1.4nm 的 Q-CdS 带隙转移更高能带，在 514.5nm 处的吸收明显减小。另外，纳米复合材料包含尺寸 1.6nm 的 Q-CdS 量子点的光子产生效率也高于^{60}C，而且在外加电场强度增加时更为明显，如图 7-117(b)所示。

实验测试证明，空穴载流子迁移率与 CdS 量子点的浓度有关，且随量子点的掺杂浓度而增加，如图 7-118 所示。

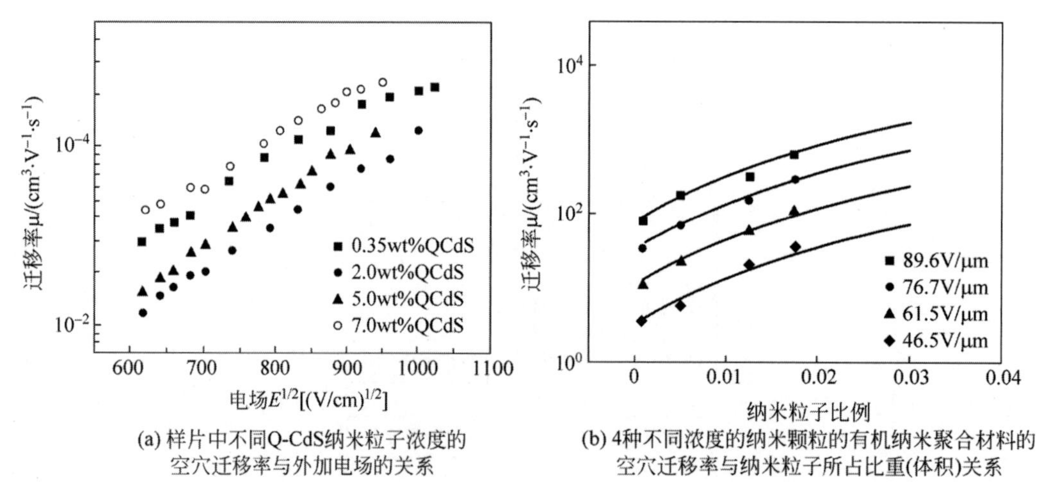

(a) 样片中不同Q-CdS纳米粒子浓度的空穴迁移率与外加电场的关系

(b) 4种不同浓度的纳米颗粒的有机纳米聚合材料的空穴迁移率与纳米粒子所占比重(体积)关系

图 7-118 有机纳米复合材料中无机量子点的载流子增强迁移率特性实验曲线

从图 7-118 可以看出，当 Q-CdS 纳米粒子浓度增加 1 倍时，磁场诱导的光载流子漂移迁移率增加 4 倍，如图 7-118(a)所示。按照体积比例计算，当 Q-CdS 纳米粒子比例增加 1 倍时，磁场诱导的光载流子漂移迁移率增加接近一个数量级，如图 7-118(b)所示。

8. 纳米量子点光放大

纳米复合材料还可以制造量子点半导体光放大器(Quantum-Dot Semiconductor Optical Amplifier,

QD-SOA)。这种纳米量子点光放大器在光量子存储中具有很大的应用潜力,可当作低阈值高速光开关,实现高速、高增益、非线性和动态控制,增益恢复时间可达到几皮秒。理论上,还可以应用于光开关、逻辑门及波长转换。为方便计算和仿真,将其模型设定为一个三态系统,即基态(GS)、激发态(ES)和润湿层(WL)状态,并针对这3个参量分别建立模型如下:

$$\frac{\partial f}{\partial t}=\left[\frac{(1-f)h}{\tau_{10}}-\frac{f(1-h)}{\tau_{01}}\right]-\frac{f^2}{\tau_{0R}}-\frac{v_g g_{GS}(\hbar w)(2f-1)S}{N_Q} \tag{7-30}$$

$$\frac{\partial h}{\partial t}=\left[\frac{(1-h)w}{\tau_{21}}-\frac{h(1-w)}{\tau_{12}}\right]-\left[\frac{(1-f)h}{\tau_{10}}-\frac{f(1-h)}{\tau_{01}}\right]-\frac{h^2}{\tau_{1R}}-\frac{v_g g_{ES}(\hbar w)(2h-1)S}{N_Q} \tag{7-31}$$

$$\frac{\partial w}{\partial t}=\frac{J}{\tau_{0R}}-\left(\frac{(1-h)w}{\tau_{21}}-\frac{h(1-w)}{\tau_{12}}\right)-\frac{w}{\tau_{wR}} \tag{7-32}$$

式中,f和h分别为GS和ES的占有率;w为在带边的润湿层(WL)的占有率;$g_{GS}(\hbar w)$和$g_{ES}(\hbar w)$为光子能量$\hbar w$的模态增益;f和hv_g为VG的群速;QN为点体积密度;S为光子密度;τ_{10}为从ES到GS的时间;τ_{01}为从GS到ES的逃逸时间;τ_{21}为从WL到ES的弛豫时间;τ_{12}为从ES到WL的逃逸时间;τ_{0R}、τ_{1R}和τ_{wR}分别为GS、ES和WL自发辐射的寿命;J为归一化的注入电流密度。根据以上定义,可建立增益表达式为

$$g(\hbar\omega)=g_{GS}(\hbar\omega)(2f-1)+g_{ES}(\hbar\omega)(2h-1) \tag{7-33}$$

式中,只考虑增益是由GS和ES引起的,忽略了WL的影响。由于增益和相位是异步的,且增益恢复时间比相位恢复时间短得多,相变化与材料折射率的变化有关,可建立相位表达式为

$$\eta(\omega)=\eta_0+\frac{\lambda(\hbar\omega-\hbar\omega_{GS})}{4\pi\gamma_{2GS}}g_{GS}(2f-1)+\frac{\lambda(\hbar\omega-\hbar\omega_{ES})}{4\pi\gamma_{2ES}}g_{GS}(2h-1) \tag{7-34}$$

式中,η_0为润湿层的折射率;ω为探头频率;ω_{GS}和ω_{ES}分别为ω跃迁光子频率基态和激发态的跃迁;γ_{2GS}和γ_{2ES}分别为在GS和ES转换时的非均匀线宽。例如,在对称的Mach-Zehnder干涉仪中就采用此结构实现全光开关,实现高输出消光比,如图7-119所示。

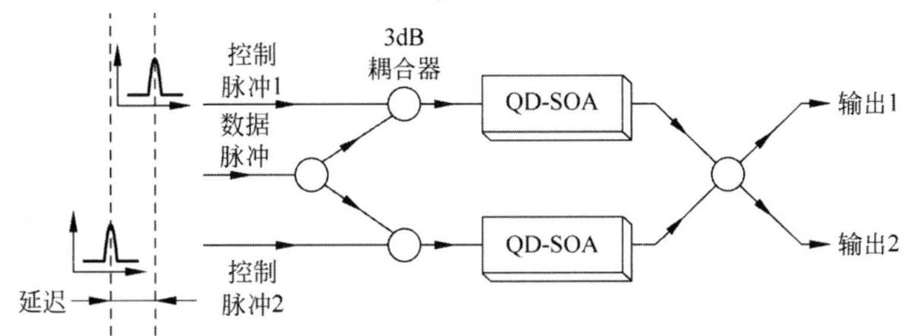

图7-119 量子点半导体光放大器(QD-SOA)在Mach-Zehnder干涉仪中的应用

由于在Mach-Zehnder干涉仪中上下臂的控制时间不同,要求光开关按下式运行:

$$W(t)=0.25\{G_1(t)+G_2(t)\pm 2\sqrt{G_1(t)G_2(t)}\cdot\cos(\Delta\varphi(t))\} \tag{7-35}$$

式中,$W(t)$为Mach-Zehnder干涉仪光学开关输出端口,所以可直接使用此模型计算Mach-Zehnder干涉仪的增益输出相位。$G_1(t)$和$G_2(t)$为量子点光放大器控制脉冲增益,$\Delta\varphi(t)$为控制脉冲之间的相位差。由于增益和相位是异步的,不能使用传统相位变化表达式计算,但可采用$\Delta\varphi(t)=\varphi_1(t)-\varphi_2(t)$计算。其中$\varphi_1(t)$和$\varphi_2(t)$为每个臂的相位,如方程式(7-101)所示。Mach-Zehnder干涉仪是量子纠缠存储中重要部件,控制开关的增益和速度直接影响存储精确度及可靠性。在实际实验中最常用的设计参数及仿真计算结果如表7-5所示。采用的量子点光放大器光开关与传统的光开关的增益曲线对比如图7-120所示,开关速度的对比如图7-121所示。

表 7-5　光量子存储中使用的 Mach-Zehnder 干涉仪设计参数模拟计算值

参　数	符　号	数　值	单　位
量子点光放大器(QD-SOA)长度	L	0.3	cm
输入信号波长	λ	1310	nm
基态(GS)光子增益	$g_{GS}(\hbar\omega)$	14	cm^{-1}
激发态(ES)光子增益	$G_{ES}(\hbar\omega)$	1	cm^{-1}
输入信号群速	v_E	8.45×10^{-3}	cm/ps
量子点光放大器体积	N_Q	2.5×10^{17}	cm^{-3}
从 ES 到 GS 跃迁时间	τ_{10}	8	ps
从 GS 到 ES 跃迁时间	τ_{01}	80	ps
从 WL 到 ES 跃迁时间	τ_{21}	2	Ps
从 ES 到 WL 跃迁时间	τ_{12}	20	ps
GS,ES,WL 态寿命	$\tau_{0R},\tau_{1R},\tau_{\omega R}$	200	ps
输入信号光子能量	$\hbar\omega$	955.7	eV
GS 转移能量	$\hbar\omega_{GS}$	955	eV
ES 转移能量	$\hbar\omega_{ES}$	1015	eV
GS 及 ES 非均匀展宽	$\gamma_{2ES},\gamma_{2GS}$	17.5	eV
润湿层(WL)折射率	η_o	3.2	
输入脉冲最大功率	S_{max}	5×10^{17}	cm^{-3}

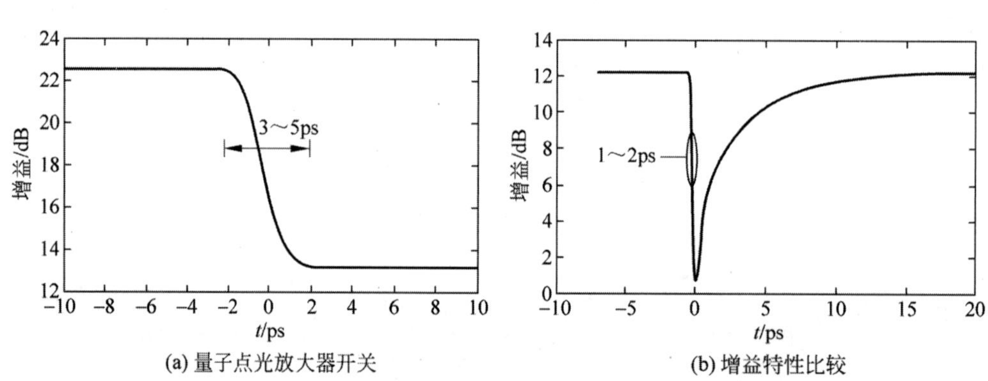

(a) 量子点光放大器开关　　(b) 增益特性比较

图 7-120　传统光开关

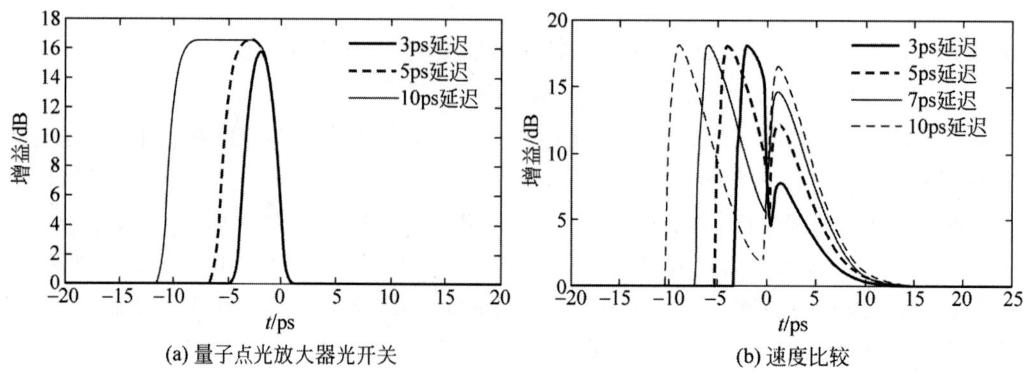

(a) 量子点光放大器光开关　　(b) 速度比较

图 7-121　传统光开关

从图 7-121 可看出，传统光开关(a)的增益衰减曲线不够陡峭。前端和后端共占用时间 5～10ps，不包括时间延迟，所以这种光开只能用于低调制频率，＜40Gb/s。而量子点光开关(b)所占用时间小于 3ps，所以可用于高数据率，＞100Gb/s，而且开关窗两侧曲线十分陡峭。基于这种高速量子点光开关改型设计的 Mach-Zehnder 干涉仪控制开关系统如图 7-122 所示。数据脉冲和控制脉冲同时从左边输入干涉仪。但上臂的控制脉冲比下臂提前数皮秒。开关足够小的延迟时间可满足旁瓣峰值增益，从而获得正确的输出。

采用此控制系统实际实验测试结果如图 7-123 所示。延迟时间分别为 3ps 和 5ps 时，控制高斯脉冲半高全宽为 0.13ps。而采用传统的光开关和相同的延迟时间，控制 Gauss 脉冲半高全宽约 3ps。

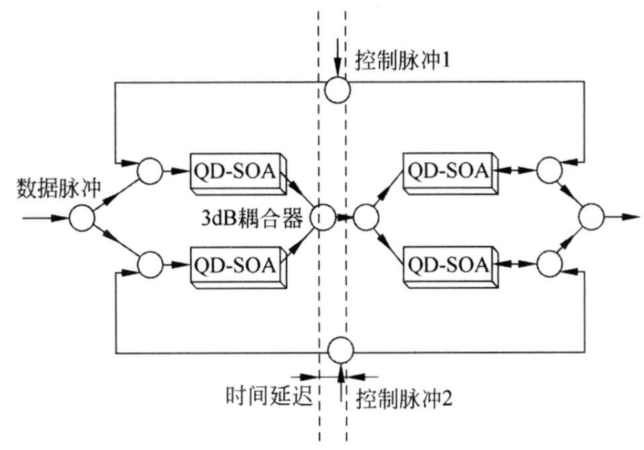

图 7-122　采用量子点光放大器光开关设计的新型 Mach-Zehnder 干涉仪控制系统结构示意图

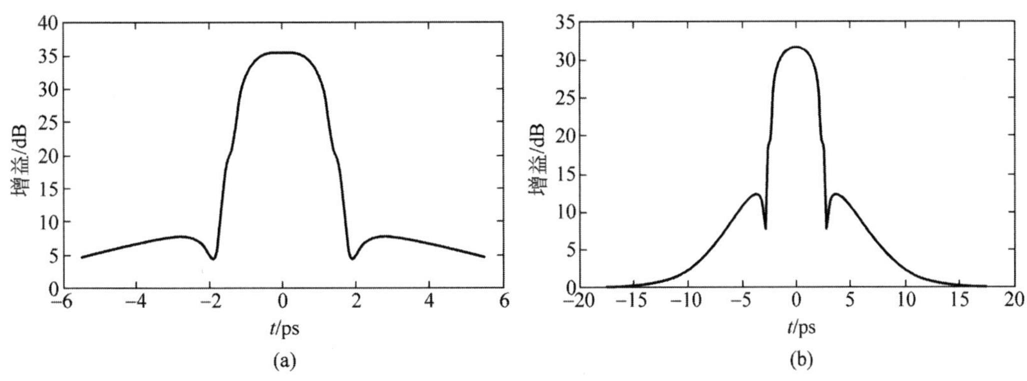

图 7-123　量子点光放大器光开关特性实验测试曲线

参 考 文 献

[1]　Eisert J, Cramer M, Plenio M B. Colloquium: Area laws for the entanglement entropy. Rev Mod Phys, 2010, 82: 277306.

[2]　Hastings M B. An area law for one-dimensional quantum systems. J Stat Mech: Theo Exp, 2007, 2007(8): P08024.

[3]　Aharonov D, Arad I, Vazirani U, et al. The detectability lemma and its applications to quantum hamiltonian complexity. New J Phys, 2011, 13(11): 113043.

[4] Aharonov D, Arad I, Landau Z, et al. The detectability lemma and quantum gap amplication. Proc 41st Ann ACM Symp Theo Comp(STOC'09), arXiv: 0811.3412, 2009: 417-426.

[5] Aharonov D, Arad I, Landau Z, et al. The 1d area law and the complexity of quantum states: A combinatorial approach. Proc 2011 IEEE 52st Ann Symp Found Comp Sci, 2011: 324-333.

[6] Arad I, Landau Z, Vazirani U. Improved one-dimensional area law for frustration-free systems. Phys Rev B, 2012, 85: 195145.

[7] Rogers D J. Broadband quantum cryptography, Synthesis Lectures on Quantum Computing. Morgan & Claypool Publishers, 2010.

[8] Brainis E. Four-photon scattering in birefringent fibers. Phys Rev A, 2009, 79: 023840.

[9] Zhang W, Zhou Q, Cheng J, et al. Impact of fiber birefringence on correlated photon pair generation in highly nonlinear microstructure fibers. Eur Phys J D, 2010, 59(2): 309-316.

[10] Zhou Q, Zhang W, Cheng J, et al. Noise performance comparison of 1.5 μm correlated photon pair generation in different fibers. Opt Express, 2010, 18(16): 17114-17123.

[11] Zhou Q, Zhang W, Cheng J-R, et al. Properties of optical fiber-based synchronous heralded single photon sources at 1.5μm. Phys Lett A, 2011, 375(24): 2274-2277.

[12] Wang P-X, Zhou Q, Zhang W, et al. High-quality fiber-based heralded single-photon source at 1.5 μm. Chin Phys Lett, 2012, 29(5): 054215.

[13] Zhou Q, Zhang W, Cheng J-R, et al. Polarization-entangled Bell states generation based on birefringence in high nonlinear microstructure fiber at 1.5μm. Opt Lett, 2009, 34(18): 2706-2708.

[14] Zhou Q, Zhang W, Wang P, et al. Polarization entanglement generation at 1.5 μm based on walk-off effect due to fiber birefringence. Opt Lett, 2012, 37(10): 1679.

[15] Cheng J R, Zhang W, Zhou Q, et al. Correlated photon pair generation in silicon wire waveguides at 1.5 μm. Chin Phys Lett, 2010, 27(12): 124209.

[16] Aaronson S, Arkhipov A. The computational complexity of linear optics. Proc 43rd ACM Symp Theo Comp, 2011: 333-342.

[17] Aharonov D, Ta-Shma A. Adiabatic quantum state generation and statistical zero knowledge. Proc 35th ACM Symp Theo Comp(STOC'03), 2003: 20-29.

[18] Ambainis A. Quantum walk algorithm for element distinctness. SIAM J Comp, 2007, 37(1): 210-239.

[19] Bromberg Y, Lahini Y, Morandotti R, et al. Quantum and classical correlations in waveguide lattices. Phys Rev Lett, 2009, 102: 253904.

[20] Childs A M. Universal computation by quantum walk. Phys Rev Lett, 2009, 102(18): 180501.

[21] Childs A M, Cleve R, Deotto E, et al. Exponential algorithmic speedup by quantum walk. Proc 35th ACM Symp Theo Comp, 2003: 59-68.

[22] Farhi E, Goldstone J, Gutmann S. A quantum algorithm for the Hamiltonian NAND tree. Theo Comp, 2008, 4(1): 169-190.

[23] Farhi E, Gutmann S. Quantum computation and decision trees. Phys Rev A, 1998, 58(2): 915-928.

[24] Owens J O, Broome M A, Biggerstaff D N, et al. Two-photon quantum walks in an elliptical direct-write waveguide array. New J Phys, 2011, 13(7): 075003.

[25] Peruzzo A, Lobino M, Matthews J C F, et al. Quantum walks of correlated particles. Science, 2010, 329(5998): 1500-1503.

[26] Sansoni L, Sciarrino F, Vallone G, et al. Two-particle bosonic-fermionic quantum walk via integrated photonics. Phys Rev Lett, 2012, 108: 010502.

[27] Terhal B M, DiVincenzo D P. Classical simulation of noninteracting-fermion quantum circuits. Phys Rev A, 2002, 65: 032325.

[28] Akiyama T, Arakawa Y. Quantum-dot semiconductor optical amplifiers. Proc IEEE, 2007, 95(9): 1757-1766.

[29] Akiyama T. Wavelength conversion based on ultrafast(＜3 ps) cross-gain modulation in quantum-dot optical amplifiers. Proc ECOC 2002, Copenhagen, Denmark, 2002.

[30] Zilkie A J. Carrier dynamics of quantum-dot, quantum-dash, and quantum-well semiconductor optical amplifiers

operating at 1.55 μm. IEEE J Quant Elec,2007,43(11): 982-991.

[31] Vallaitis T,Koos C,Bonk R,et al. Slow and fast dynamics of gain and phase in a quantum dot semiconductor optical amplifier. Opt Express,2008,16(1): 170-178.

[32] Aw E T, Wang H, Thompson M, et al. Uncooled 2×2 quantum dot semiconductor optical amplifier based switch. Proc 2008 Conference on Lasers and Electro-Optics/Quantum Electronics and Laser Science Conference, and Photonic Applications Systems Technologies, OSA Technical Digest, Optical Society of America, 2008: CME6.

[33] Han H,Zhang M,Ye P,et al. Parameter design and performance analysis of a ultrafast all-optical XOR gate based on quantum dot semiconductor optical amplifiers in nonlinear Mach-Zehnder interferometer. Opt Commun, 2008,281(20): 5140-5145.

[34] Bimberg D, Meuer C, Laemmlin M, et al. Quantum dot semiconductor optical amplifiers for wavelength conversion using cross-gain modulation. Proc 2008 10th Ann Intern Conf Transp Opt Netw(ICTON 2008), 2008,2: 141-144.

[35] Qasaimeh O. Novel closed-form model for multiple-state quantum-dot semiconductor optical amplifiers. IEEE J Quant Elec,2008,44(7): 652-657.

[36] Zhang W,Zhou Q,Huang Y,et al. Quantum light sources based on third-order nonlinear waveguides. Proc SPIE: Quantum and Nonlinear Optics II,2012,8554: 85540E-7.

[37] Moreno P. Modeling of gain and phase dynamics in quantum dot amplifier. Opt Quant Elec,2008,40(2-4): 217-226.

[38] Ezra Y B,Haridim M,Lembrikov B I,et al. Proposal for all-optical generation of ultra-wideband impulse radio signals in Mach-Zehnder interferometer with quantum-dot optical amplifier. IEEE Photon Tech Lett,2008,20(7): 484-486.

[39] Giller R,Manning R J,Cotter D. Gain and phase recovery of optically excited semiconductor optical amplifiers. IEEE Photon Tech Lett,2006,18(9): 1061-1063.

[40] Aliferis P, Gottesman D, Preskill J. Quantum accuracy threshold for concatenated distance-3 codes. Quant Inform Comp,2006,6(2): 97-165.

[41] King C,Ruskai M B. Minimal entropy of states emerging from noisy quantum channels. IEEE Trans Inform Theo,2001,47(1): 192-209.

[42] Wang L, Renner R. One-shot classical-quantum capacity and hypothesis testing. Phys Rev Lett, 2012, 108: 200501.

[43] Datta N,Hsieh M-H. One-shot entanglement-assisted quantum and classical communication. IEEE Trans Inform Theo,2013,59(3): 1929-1939.

[44] Datta N,Mosonyi M,Hsieh M-H,et al. A smooth entropy approach to quantum hypothesis testing and the classical capacity of quantum channels. IEEE Trans Inform Theo,2013,59(12): 8014-8026.

[45] Polyanskiy Y,Poor H V,Verdú S. Channel coding rate in the finite block length regime. IEEE Trans Inform Theo,2010,56(5): 2307-2359.

[46] Polyanskiy Y. Saddle point in the minimax converse for channel coding. IEEE Trans Inform Theo,2013,59(5): 2576-2595.

[47] Bennett C H,Shor P W,Smolin J A,et al. Entanglement-assisted capacity of a quantum channel and the reverse Shannon theorem. IEEE Trans Inform Theo,2002,48(10): 2637-2655.

[48] Matthews W. A linear program for the finite block length converse of Polyanskiy-Poor-Verdú via nonsignalling codes. IEEE Trans Inform Theo,2012,58(12): 7036-7044.

[49] Zeng S,Zhang Y,Li B,et al. Ultrasmall optical logic gates based on Silicon periodic dielectric waveguides. Photon Nanostruct,2010,8: 32-37.

[50] Joannopoulos J D,Johnson S G,Winn J N,et al. Photonic crystals: Molding the flow of light. Princeton,NJ: Princeton University Press,2008: 21-22.

[51] Joannopoulos J D,Johnson S G,Winn J N,et al. Photonic crystals: Molding the flow of light. Princeton,NJ: Princeton University Press,2008: 215-217.

[52] Jovanovic D,Gajic R,Djokic D,et al. Waveguiding effect in GaAs 2D hexagonal photonic crystal tiling. Proc Symp Eur Mat Res,2009,116: 55-57.

[53] Kubota H,Kawanishi S,Koyanagi S,et al. Absolutely single polarization photonic crystal fibre. IEEE Photon Tech Lett,2004,16(1): 182-184.

[54] Kabilan A P,Christina X S,Caroline P E. Design of optical logic gates using photonic crystal. Proc First Asian Himalayas International Conference on Internet(AH-ICI 2009),2009: 1-4.

[55] Modotto D,Conforti M,Locatelli A,et al. Imaging Properties of multimode photonic crystal waveguides and waveguide arrays. J Lightw Tech,2007,25(1): 402-409.

[56] Kim H-J,Park I,O B-H,et al. Self-imaging phenomena in multi-mode photonic crystal line-defect waveguides: Application to wavelength de-multiplexing. Opt Express,2004,12(23): 5625-5633.

[57] Johnson S G, Joannopoulos J D. Block-iterative frequency-domain methods for Maxwell's equations in a planewave basis. Opt Express,2001,8(3): 173-190.

[58] Oskooi A F, Roundy D, Ibanescu M, et al. MEEP: A flexible free-software package for electromagnetic simulations by the FDTD method. Comp Phys Commun,2010,181: 687-702.

[59] Talli G,Townsend P D. Hybrid DWDM-TDM long reach PON for next generation optical access. J Lightw Tech,2006,24: 2827-2834.

[60] Feldman R D, Harstead E E, Jiang S, et al. An evaluation of architectures incorporating wavelength division multiplexing for broad-band fiber access. J Lightw Tech,1998,16: 1546-1559.

[61] Yeh C H,Chow C W,Wang C H,et al. A self-protected colorless WDMPON with 2.5 Gb/s upstream signal based on RSOA. Opt Express,2008,16: 12296-12301.

[62] Sun X,Chan C K,Chen L K. A survivable WDM-PON architecture with centralized alternate-path protection switching for traffic restoration. IEEE Photon Tech Lett,2006,18: 631-633.

[63] Chan T J,Chan C K,Chen L K,et al. A self-protected architecture for wavelength division multiplexed passive optical networks. IEEE Photon Tech Lett,2003,15: 1660-1662.

[64] Marius I,Ionut P. An electronic voting system based on blind signature protocol. Comp Sci Master Res,2011,1: 67-72.

[65] Ibrahim S,Kamat M,Salleh M,et al. Secure E-voting with blind signature. Proc 4th Nat Conf Telecommun Tech,2003: 193-197.

[66] Jafari S,Karimpour J,Bagheri N. A new secure and practical electronic voting protocol without revealing voters identity. Intern J Comp Sci Eng,2011,3(6): 2191-2199.

[67] Kumar S,Walia E. Analysis of electronic voting system in various countries. Intern J Comp Sci Eng,2011,3(5): 1825-1830.

[68] Boykin P O,Roychowdhury V. Optimal encryption of quantum bits. Phys Rev A,2003,67: 042317.

[69] Wang T Y,Wen Q Y. Fair quantum blind signatures. Chin Phys B,2010,19(6): 060307.

[70] Chen K,Lo H. Conference key agreement and quantum sharing of classical secrets with noisy GHZ states. Proc 2005 IEEE Intern Symp Inform Theo,2005: 1607-1611.

[71] Deng F G,Li X H,Zhou H Y,et al. Improving the security of multiparty quantum secret sharing against trojan horse attack. Phys Rev A,2005,72: 044302.

[72] Gisin N,Ribordy G,Tittel W,et al. Quantum cryptography. Rev Mod Phys,2002,74: 145-195.

[73] Christandl M,Wehner S. Quantum anonymous transmissions. Proc 11th Intern Conf Theo Appl Crypt Inform Sec(ASIACRYPT'05),2005: 217-235.

[74] Zhou R R, Yang L. Quantum election scheme based on anonymous quantum key distribution. Chin Phys B, 2012,21(8): 080301.

[75] Vaccaro J A,Spring J,Chefles A. Quantum protocols for anonymous voting and surveying. Phys Rev A,2007, 75: 012333.

[76] Dolev S,Pitowsky I,Tamir B. A quantum secret ballot. arXiv: quant-ph/0602087,2006.

[77] Hillery M,Ziman M,Buzek V,et al. Towards quantum-based privacy and voting,Physs Lett A,2006,349(1-4): 75-81.

[78] Bonanome M,Bužek V,Hillery M,et al. Toward protocols for quantum-ensured privacy and secure voting. Phys Rev A,2011,84: 022331.

[79] Horoshko D, Kilin S. Quantum anonymous voting with anonymity check. Phys Lett A, 2011, 375 (8): 1172-1175.

[80] Li Y,Zeng G H. Multi-object quantum traveling ballot scheme. Chin Opt Lett,2009,7(2): 152-155.

[81] Okamoto T,Suzuki K,Tokunaga Y. Quantum voting scheme based on conjugate coding. NTT Tech Rev,2008,6(1): 1-8.

[82] Yang L,Wu L-A,Liu S-H. On the breidbart eavesdropping problem of the extended BB84 QKD protocol. Acta Phys Sin,2002,51(5): 961-965.

[83] Abdeldayem H,Frazier D O,Paley M S. An all-optical picoseconds switch in polydiacetylene. Appl Phys Lett, 2003,82: 1120.

[84] Almeida V R,Barrios C A,Panepucci R R,et al. All-optical switching on a silicon chip. Opt Lett,2004,29(24): 2867-2868.

[85] Iizuka N, Kaneko K, Suzuki N. Sub-picosecond all-optical gate utilizing N inter-sub-band transition. Opt Express,2005,13: 10.

[86] Kehayas E,Tsiokos D,Vrysokinos K,et al. All-optical half adder using two cascaded UNI gates. 16th Ann Meet IEEE Lasers Electro-Optics Soc(LEOS'03),2003,1: 228-229.

[87] Kim S H,Kim J H,Choi J W,et al. All-optical half adder using single mechanism of XGM in semiconductor optical amplifiers. Proc SPIE: Semiconductor Lasers and Applications II,2005,5628.

[88] Amosov G G,Holevo A S,Werner R F. On some additivity problems in quantum information theory. arXiv: math-ph/0003002,2000.

[89] Christandl M,Schuch N,Winter A. Entanglement of the antisymmetric state. Commun Math Phys,2012,311(2): 397-422.

[90] Christandl M, Schuch N, Winter A. Highly entangled states with almost no secrecy. Phys Rev Lett, 2010, 104: 240405.

[91] Collins B,Sniady P. Integration with respect to the Haar measure on unitary,orthogonal and symplectic group. Comm Math Phys,2006,264: 773-795.

[92] Harrow A, Montanaro A. An effecient test for product states, with applications to quantum Merlin-Arthur games. Proc 51st Ann Symp Found Comp Sci,2010: 633-642.

[93] Hastings M B. Superadditivity of communication capacity using entangled inputs. Nature Physics,2009,5: 255.

[94] Hayden P. The maximal p-norm multiplicativity conjecture is false. arXiv: 0707. 3291,2007.

[95] Hayden P,Winter A. Counterexamples to the maximal p-norm multiplicativity conjecture for all p>1. Comm Math Phys,2008,284(1): 263-280.

[96] Kobayashi H,Matsumoto K,Yamakami T. Quantum Merlin-Arthur proof systems: Are multiple Merlins more helpful to Arthur. Proc ISAAC'03,2003: 189-198.

[97] Shor P W. Equivalence of additivity questions in quantum information theory. Comm Math Phys,2004,246(3): 453-472.

[98] Werner R,Holevo A. Counterexample to an additivity conjecture for output purity of quantum channels. arXiv: quant-ph/0203003,2002.

[99] Winter A. The maximum output p-norm of quantum channels is not multiplicative for any p>2. arXiv: 0707. 0402,2007.

[100] Degeratu V,Degeratu Ş,Şchiopu P. General logical gate with optical devices. Cailaos N,Lesso W,Ahmad A, ed. Proceeding 2004: The 8th World Multi-Conference on Systemics, Cybernetics and Informatics: Image, Acoustic,Signal Processing and Optical Systems,Technologies and Applications,2004,VI: 45-48.

[101] Degeratu V, Degeratu Ş, Şchiopu P. Advantages and disadvantages of two different photonic logical circuits based on double-slit interferometer. Proc SPIE: Advanced Topics in Optoelectronics, Microelectronics, and Nanotechnologies V,2010,7821: 782118.

[102] Caulfield H J,Dolev S. Why future supercomputing requires optics. Nature Photon,2010,4(5): 261-263.

[103] Xu Q F, Soref R. Reconfigurable optical directed-logic circuits using microresonator-based optical switches. Opt Express, 2011, 19(614): 5244-5259.

[104] Chattopadhyay T. Optical programmable Boolean logic unit. Appl Opt, 2011, 50(32): 6049-6056.

[105] Chattopadhyay T, Roy J N. Design of SOA-MZI based all-optical programmable logic device (PLD). Opt Commun, 2010, 283(12): 2506-2517.

[106] Garai S K. A novel all-optical frequency-encoded method to develop arithmetic and logic unit (ALU) using semiconductor optical amplifiers. J Lightw Tech, 2011, 29(23): 3506-3514.

[107] Chen X, Yu Y, Zhang X. All-optical logic minterms for three input demodulated differential phase-shift keying signals at 40 Gb/s. IEEE Photon Tech Lett, 2011, 23(2): 118-120.

[108] Holdworth B, Woods C. Digital logic design. 4th ed, Elsevier Science, 2002: 43-44.

[109] Wang J, Sun Q J, Sun Q Z, et al. PPLN-based flexible optical logic and gate. IEEE Photon Tech Lett, 2008, 20 (3): 211-213.

[110] Wang Y, Zhang X, Dong J, et al. Simultaneous demonstration on all-optical digital encoder and comparator at 40 Gb/s with semiconductor optical amplifiers. Opt Express, 2007, 15(23): 15080-15085.

[111] Dong J J, Zhang X L, Fu S N, et al. Ultrafast all-optical signal processing based on single semiconductor optical amplifier and optical filtering. IEEE J Select Top Quant Elec, 2008, 14(3): 770-778.

[112] Strasser T A, Wagener J L. Programmable filtering devices in next generation ROADM networks. Proc OFC, 2012: OTh3D.

[113] Degeratu V, Degeratu Ş, Şchiopu P. Combinational logical circuits into ternary logic. Proc SPIE: Advanced Topics in Optoelectronics, Microelectronics, and Nanotechnologies IV, 2009, 7297: 72971A.

[114] Degeratu V, Degeratu Ş, Şchiopu P. McCulloch-Pitts neuron with optical devices. H-W Chu, Aguilar J, Rolland J, et al, ed. Proc 10th International Conference on Information Systems Analysis And Synthesis (ISAS CITSA'2004): Post-Conference Issue, 2004: 85-88.

[115] Blumenthal D J, Bowers J E, Rau L, et al. Optical signal processing for optical packet switching networks. IEEE Commun Mag, 2003, 41(2): S23-S29.

[116] Berrettini G, Simi A, Malacarne A, et al. Ultrafast integrable and reconfigurable XNOR, AND, NOR, and NOT photonic logic gate. Photon Tech Lett, 2006, 18(8): 917-919.

[117] Sun H, Wang Q, Dong H, et al. All-optical logic xor gate at 80 Gb/s using SOA-MZI-DI. IEEE J Quant Elec, 2006, 42(8): 747-751.

[118] Fujisawa T, Koshiba M. All-optical logic gates based on nonlinear slot-waveguide couplers. JOSA B, 2006, 23 (4): 684-691.

[119] Velanas P, Bogris A, Syvridis D. Operation properties of a reconfigurable photonic logic gate based on cross phase modulation in highly nonlinear fibers. Opt Fiber Tech, 2009, 15(1): 65-73.

[120] Sun K, Qiu J, Rochette M, et al. All-optical logic gates (XOR, AND, and OR) based on cross phase modulation in a highly nonlinear fiber. 35th Eur Conf Opt Commun (ECOC'09), 2009: 3. 3. 7.

[121] Yu C, Christen L, Luo T, et al. All-optical XOR gate using polarization rotation in single highly nonlinear fiber. IEEE Photon Tech Lett, 2005, 17(6): 1232-1234.

[122] Hill M T, Srivatsa A, Calabretta N, et al. 1×2 optical packets switch using all-optical header processing. IEE Electron Lett, 2001, 37(12): 774-775.

[123] Ju H, Zhang S, Lenstra D, et al. SOA-based all-optical switch with subpicoseconds full recovery. Opt Express, 2005, 13(3): 942-947.

[124] Wai P K A, Chan L Y, Lui L F K, et al. 1×N all-optical packet switch at 10 Gb/s, Proc Conf Lasers and Electro-Optics/International Quantum Electronics Conference and Photonic Applications Systems Technologies Technical Digest (CD), Optical Society of America, 2004: CTuFF2.

[125] Lui L F K, Chan L Y, Wai P K A, et al. An all-optical on/off switch using a multi-wavelength mutual injection-locked Fabry-Perot laser diode. Proc Sixth Chin Symp Optoelectronics, 2003: 7979720.

[126] Chan L Y, Wai P K A, Lui L F K, et al. Demonstration of an all-optical switch by use of a multiwavelength mutual injection-locked laser diode. Opt Lett, 2003, 28(10): 837-839.

[127] Uddin M R, Cho J S, Won Y H. All-optical multicasting NOT and NOR logic gates using gain modulation in an FP-LD. IEICE Elec Express, 2009, 6(2): 104-110.

[128] Lee Y L, Yu B A, Eom T J, et al. All-optical AND and NAND gates based on cascaded second-order nonlinear processes in a Ti-diffused periodically poled $LiNbO_3$ waveguide. Optics Express 14(7): 2776-2782.

[129] Parameswaran K R, Fujimura M, Chou M H, et al. Low-power all-optical gate based on sum frequency mixing in APE waveguides in PPLN. IEEE Photon Tech Lett, 2000, 12(6): 654-656.

[130] Zhang S, Robicheaux F, Saffman M. Magic-wavelength optical traps for Rydberg atoms. Phys Rev A, 2011, 84: 043408.

[131] Streed E W, Norton B G, Jechow A J, et al. Imaging of trapped ions with a microfabricated optic for quantum information processing. Phys Rev Lett, 2011, 106: 010502.

[132] Brady G R, Ellis A R, Moehring D L, et al. Integration of fluorescence collection optics with a microfabricated surface electrode ion trap. Appl Phys B, 2011, 103(4): 801-808.

[133] Basri R, Jacobs D. Lambertian reflectance and linear subspaces. IEEE Trans Patt Anal Mach Intel, 2003, 25 (2): 218-233.

[134] Stubkjaer K E. Semiconductor optical amplifier-based all-optical gates for high-speed optical processing. IEEE J Select Top Quant Elec, 2000, 6(6): 1428-1435.

[135] Zhao C, Zhang X, Liu H, et al. Tunable all-optical NOR gate at 10 Gb/s based on SOA fiber ring laser. Opt Express, 2005, 13(8): 2793-2798.

[136] Freemantle M. Photonic crystals assembled on chip. Chemical and Engineering News, 2001, 79(47): 31.

[137] Boffi P, Piccinin D, Ubaldi M C. Infrared Holography for Optical Communications: Techniques, Materials and Devices, Topics in Applied Physics: Vol 86, Berlin Heidelberg: Springer-Verlag, 2003.

[138] Goulet A, Naruse M, Ishikawa M. Simple integration technique to realize parallel optical interconnects: Implementation of a pluggable two-dimensional optical data link. Appl Opt, 2002, 41: 5538.

[139] Mahapatra T, Mishra S. Oracle parallel processing. CA: O'Reilly Media, USA, 2000.

[140] van Enk S J, McKeever J, Kimble H J, et al. Cooling of a single atom in an optical trap inside a resonator. Phys Rev A, 2001, 64: 013407.

[141] Sirringhaus H, Tessler N, Friend R H. Integrated optoelectronic devices based on conjugated polymers. Science, 1988, 280: 1741.

[142] Amano T, Kato H. 2008. Real world dynamic appearance enhancement with procam feedback. Proc 5th ACM/IEEE International Workshop on Projector camera systems(PROCAMS'08), New York, NY: ACM, 2009: 5.

[143] Bai J, Chandraker M, NG T-T, et al. A dual theory of inverse and forward light transport. Proc 11th European conference on Computer vision(ECCV'10): Part II, 2010: 294-307.

[144] Debevec P, Hawkins T, Tchou C, et al. Acquiring the reflectance field of a human face. Proc 27th Annual Conference on Computer Graphics and Interactive Techniques(SIGGRAPH'00), 2000: 145-156.

[145] Fuchs M, Blanz V, Lensch H P A, et al. Adaptive sampling of reflectance fields. ACM Trans Graph, 2007, 26 (2): 101.

[146] Garg G, Talvala E, Levoy M, et al. Symmetric photography: Exploiting data-sparseness in reflectance fields. Akenine-Möller T, Heidrich W, ed. Proc Eurograph Symp Render, 2006.

[147] Grossberg M, Peri H, Nayar S, et al. Making one object look like another: Controlling appearance using a projector-camera system. Proc CVPR, 2004: 452-459.

[148] Leith E. The evolution of information optics. IEEE J Select Top Quant Elec, 2000, 6(6): 1297-1304.

[149] Liesen J, Tichý P. Convergence analysis of Krylov subspace methods. GAMM Mitteilungen, 2005, 27(2): 153-173.

[150] Mahajan D, Shlizerman I K, Ramamoorthi R, et al. 2007. A theory of locally low dimensional light transport. ACM Transactions on Graphics: Proceedings of ACM SIGGRAPH, 2005, 26(3): 153-173.

[151] Ng R, Ramamoorthi R, Hanrahan P. All frequency shadows using non-linear wavelet lighting approximation. Proc. SIGGRAPH. 2003.

[152] Ng T-T, Pahwa R S, Bai J, et al. Radiometric compensation using stratified inverses. Proc 2009 IEEE 12th

Intern Conf Comp Vision(ICCV'09),2009.

[153] Peers P, Dutré, P. Wavelet environment matting. Proc 14th Eurograph Symp Render(EGRW'03). 2003: 157-166.

[154] Peers P,Dutré P. Inferring reflectance functions from wavelet noise. Proc 16th Eurograph Symp Conf Render (EGSR'05),2005: 173-182.

[155] Peers P, Mahajan D K, Lamond B, et al. Compressive light transport sensing. ACM Trans Graph, 2009, 28(1): 3.

[156] Salvi J,Pages J,Batlle J. Pattern codification strategies in structured light systems. Patt Rec,2004,37(4): 827-849.

[157] Schechner Y, Nayar S, Belhumeur P. Multiplexing for optimal lighting. IEEE T-PAMI, 2007, 29 (8): 1339-1354.

[158] Seitz S,Matsushita Y,Kutulakos K. A theory of inverse light transport. Proc ICCV,2005: 1440-1447.

[159] Sen P,Darabi S. Compressive dual photography. Computer Graphics Forum,2009,28(2): 609-618.

[160] Sen P,Chen B,Garg G,et al. Dual photography. ACM Trans Graphics,2005,24(2): 745-755.

[161] Simon H D, Zha H. Low-rank matrix approximation using the lanczos bidiagonalization process with applications. SIAM J Sci Comp,2000,21(6): 2257-2274.

[162] Simoncini V,Szyld D B. Theory of inexact Krylov subspace methods and applications to scientific computing. SIAM J Sci Comp,2003,25(2): 454-477.

[163] Wang O,Fuchs M,Fuchs C,et al. A context-aware light source. Proc ICCP,2010.

[164] Wetzstein G,Bimber O. Radiometric compensation through inverse light transport. Pacific Graphics,2007: 391-399.

[165] Zhang L,Nayar S. Projection defocus analysis for scene capture and image display. ACM SIGGRAPH,2006: 907-915.

[166] Jin Y,He H,Lu Y. Ternary optical computer principle. Sci China: Ser F,2003,46(2): 145-150.

[167] Jin Y,Shen Y F,Peng J,et al. Principles and construction of MSD adder in ternary optical computer. Sci China: Ser F,2010,53(11): 2159-2168.

[168] Jin Y,He H,Lü Y. Ternary optical computer architecture. Physica Scripta,2005,T118: 98-101.

[169] Jin Y,He H,Ai L. Lane of parallel through carry in ternary optical adder. Sci China: Ser F,48(1): 107-116,2005.

[170] Bao J,Jin Y,Cai C. An experiment for ternary optical computer hundred-bit encoder. Comp Tech Devel,2007, 17(2): 19-22.

[171] Huang W,Jin Y,Ai L. Design and implementation of the 100-bit coder for ternary optical computers. Comp Eng Sci,2006,28(4): 139-142.

[172] Jin Y. Management strategy of data bits in ternary optical computer. J Shanghai Univ: Nat Sci Ed,2007,13 (5): 519-523.

[173] Yan J,Jin Y,Zuo K. Decrease-radix design principle for carrying/ borrowing free multi-valued and application in ternary optical computer. Sci China: Ser F,2008,51(10): 1415-1426.

[174] GruberM,Jahns J, Sinzinger S. Planar-integrated optical vector-matrix multiplier. Appl Opt, 2000, 39: 5367-5373.

[175] Li M,He H-C,Jin Y. A new method for optical vector-matrix multiplier. Proc 2009 Intern Conf Elec Comp Tech(ICECT'09),2009: 191-194.

[176] Cherri K,Alam M S. Algorithms for optoelectronic implementation of modified signed-digit division, square-root,logarithmic,and exponential functions. Appl Opt,2001,40: 1236-1243.

[177] Li G Q,Qian F,Ruan H,et al. Compact parallel optical modified-signed-digit arithmetic-logic array processor with electron-trapping device. Appl Opt,1999,38: 5039-5045.

[178] Tremblay J-F. Electronic Chemicals. Chemical and Engineering News, 2001,79(47): 30-34.

[179] Goulet A, Naruse M, Ishikawa M. Simple integration technique to realize parallel optical interconnects: Implementation of a pluggable two-dimensional optical data link. Appl Opt,2002,41: 5538.

[180] Raczyński A, Zaremba J, Zielińska-Kaniasty S. Beam splitting and Hong-Ou-Mandel interference for stored light. Phys Rev A,2007,75: 013810.

[181] Wu J-H,Raczyński A,Zaremba J,et al. Tunable photonic metamaterials. J Mod Opt,2009,56(6): 768-783.

[182] Raczyński A,Zaremba J,Zielińska-Kaniasty S,et al. Reflectivity comb in coherently dressed three-level media. J Mod Opt,2009,56(21): 2348-2356.

[183] Stowik K, Raczyński A, Zaremba J, et al. Cross-Kerr nonlinearities in an optically dressed periodic medium. Physica Scripta,2011,2011(T143): 014022.

[184] Haist T, Osten W. An optical solution for the traveling salesman problem. Opt Express, 2007, 15: 10473-10482.

[185] Haist T, Osten W. An optical solution for the traveling salesman problem: Erratum. Opt Express, 2007, 15: 12627.

[186] Oltean M. A light-based device for solving the hamiltonian path problem. Lecture Notes in Computer Science, 2006,4135: 217-227.

[187] Oltean M. Solving the hamiltonian path problem with a light-based computer. Natural Computing,2008,7: 57-70.

[188] Oltean M,Muntean O. Solving the subset-sum problem with a light-based device. Natural Computing,2009,8(2): 321-331.

[189] Engels B,Kamphans T. Randolphs robot game is np-hard! Electronic Notes in Discrete Mathematics,2006,25: 49-53.

[190] Jacques V, Wu E, Grosshans F, et al. Experimental realization of wheeler's delayed-choice gedanken experiment. Science,2007,315: 966-968.

[191] CormenT,Leiserson C,Rivest R,et al. Introduction to algorithms. Cambridge,MA: MIT Press,2001.

[192] Diez S, Ludwig R, Schmidt C, et al. 160 Gb/s optical sampling by gain-transparent four-wave mixing in a semiconductor optical amplifier. IEEE Photon Tech Lett,1999,11(11): 1402-1404.

[193] Drexler F W,Hitzenberger C,Lasser T. Optical coherence tomography-Principles and applications. Rep Prog Phys,2003,66: 239-303.

[194] Argawal D,Keeler G A,Debaes C,et al. Latency reduction in optical interconnects using short optical pulses. IEEE J Select Top Quant Elec,2003,9(2): 410-418.

[195] Feldman M,Vaidyanathan R,El-Amawy A. High speed,high capacity bused interconnects using optical slab waveguides. Rolim J, Mueller F, Zomaya A Y, et al, ed. Parallel and Distributed Processing. IPPS 1999: Lecture Notes in Computer Science,vol 1586,Berlin,Heidelberg: Springer,1999: 924-937.

[196] Louri A,Kodi A K. SYMNET: An optical interconnection network for scalable high-performance symmetric multiprocessors. Appl Opt,2003,42(17): 3407-3417.

[197] Mittleman D M,Gupta M,Neelamani R,et al. Recent advances in terahertz imaging. Appl Phys B,1999,68(6): 1085-1094.

[198] Reiten M T, Grischkowsky D, Cheville R A. Properties of surface waves determined via bistatic terahertz impulse ranging. Appl Phys Lett,2001,78(8): 1146.

[199] Wang S,Ferguson B,Abbott D,et al. T-ray imaging and tomography. J Biol Phys,2003,29(2-3): 247.

[200] Chan W L,Charan K,Takhar D,et al. A single-pixel terahertz imaging system based on compressed sensing. Appl Phys Lett,2008,93(12): 121105.

[201] Pradarutti B,Müller R,Freese W,et al. Terahertz line detection by a microlens array coupled photoconductive antenna array. Opt Express,2008,16(22): 18443-18450.

[202] Xu J,Zhang X-C. Terahertz wave reciprocal imaging. Appl Phys Lett,2006,88(15): 151107.

[203] Donoho D L. Compressed sensing. IEEE Trans Inform Theo,2006,52(4): 1289-1306.

[204] Yasui T, Saneyoshi E, Araki T. Asynchronous optical sampling terahertz time-domain spectroscopy for ultrahigh spectral resolution and rapid data acquisition. Appl Phys Lett,2005,87: 061101.

[205] Yee D-S,Kim Y,Ahn J. Fourier-transform terahertz spectroscopy using terahertz frequency comb. Proc Conf Lasers Electro-Optics,2009: JWA17.

[206] Ersoy O K. Diffraction,Fourier optics and imaging. Hoboken,NJ: Wiley-Interscience,2006.

[207] Dreyhaupt A,Winnerl S,Dekorsy T,et al. High-intensity terahertz radiation from a microstructured large-area photoconductor. Appl Phys Lett,2005,86(12): 121114.

[208] Jin K H,Kim Y,Yee D-S,et al. Compressed sensing pulse-echo mode terahertz reflectance tomography. Opt Lett,2009,34(24): 3863-3865.

[209] Olenewa J,Ciampa M. Wireless# guide to wireless communications. 2nd ed. Course Technology PTR,2006.

[210] Ipatov V P. Spread spectrum and CDMA: Principles and applications. Hoboken,NJ: Wiley,2005.

[211] Naughton T J,Woods D. Optical computing. Meyer R,ed. Encyclopedia of Complexity and System Science, Springer. 2009.

[212] Ambs P. Optical computing: A 60-year adventure. Advances in Optical Technologies,2010.

[213] Halfacree G. Intel claims optical computing "milestone". Bit-Tech,2010-06-28,http://www. bit-tech. net/news/intel-claims-optical-computing-milestone/1/.

[214] Ibrahim T A, Amarnath K, Kuo L C, et al. Photonic logic NOR gate based on two symmetric microring resonators. Opt Lett,2004,29(23): 2779-2781.

[215] Biancardo M, Bignozzi C, Doyle H, et al. A Potential and ion switch molecular photonic logic gate. Chem Commun,2005(31): 3918-3920.

[216] Brown B. MIT touts optical computing breakthrough: Advance at MIT could enable creation of photonic chips using standard silicon. Network World, 2011-11-23, https://www. networkworld. com/article/2183481/computers/mit-touts-optical-computing-breakthrough. html.

[217] Jackson J. CalTech, UCSD bring photonics to silicon: A newly fabricated waveguide could prove to be an instrumental component in tomorrow's super-speedy optical networks. PCWorld, 2011-08-05, https://www. itworld. com/article/2737940/networking/caltech--ucsd-bring-photonics-to-silicon. html.

[218] Woods D,Naughton T J. Optical computing: Photonic neural networks. Nature Physics,2012,8: 257-259.

[219] Buhrman H,Christandl M,Hayden P,et al. Possibility,impossibility,and cheat sensitivity of quantum-bit string commitment. Phys Rev A,2008,78: 022316.

[220] Peng,C-Z,Yang T,Bao X-H,et al. Experimental free-space distribution of entangled photon pairs over 13 km: Towards satellite-based global quantum communication. Phys Rev Lett,2005,94: 150501.

[221] Acín A,Gisin N,Masanes L. From Bell's theorem to secure quantum key distribution. Phys Rev Lett,2006,97: 120405.

[222] Aspelmeyer M, Jennewein T, Pfennigbauer M, et al. Long-distance quantum communication with entangled photons using satellites. IEEE J Select Top Quant Elec,2003,9: 1541-1551.

[223] Inamori H,Lütkenhaus N,Mayers D. Unconditional security of practical quantum key distribution. Eur Phys J D,2007,41: 599.

[224] Elliott C,Colvin A,Pearson D,et al. Current status of the DARPA quantum network. Proc SPIE: Quantum Information and Computation III,2005,5815: 12.

[225] Stucki D,Brunner N,Gisin N,et al. Fast and simple one-way Quantum Key Distribution. App Phys Lett,2005, 87: 194108.

[226] Takesue H,Diamanti E,Honjo T,et al. Differential phase shift quantum key distribution experiment over 105 km fibre. New J Phys,2005,7: 232.

[227] Thew R T,Tanzilli S,Krainer L,et al. Low jitter up-conversion detectors for telecom wavelength GHz QKD. New J Phys,2006,8: 32.

[228] Pellegrini S, Warburton R E, Tan L J J, et al. Design and Performance of an InGaAs-InP single-photon avalanche diode detector. IEEE J Quant Elec,2006,42(4): 397-403.

[229] Wang X-B. Beating the photon-number-splitting attack in practical quantum cryptography. Phys Rev Lett, 2005,94: 230503.

[230] Lo H-K,Ma X,Chen K. Decoy state quantum key distribution. Phys Rev Lett,2005,94: 230504.

[231] Harrington J W,Ettinger J M,Hugues R J,et al. Enhancing practical security of quantum key distribution with a few decoy states. arXiv: quant-ph/0503002,2005.

[232] Kraus B,Gisin N,Renner R. Lower and upper bounds on the secret key rate for quantum key distribution protocols using one-way classical communication. Phys Rev Lett,2005,95: 080501.

[233] Makarov V, Anisimov A, Skaar J. Effects of detector efficiency mismatch on security of quantum cryptosystems. Phys Rev A,2006,74: 022313.

[234] Gisin N,Fasel S,Kraus B,et al. Trojan-horse attacks on quantum-keydistribution systems. Phys Rev A,2006,73: 022320.

[235] Gisin N,Iblisdir S. Quantum relative states. Eur Phys J D,2006,39(2): 321-327.

[236] Diamanti E,Takesue H,Langrock C,et al. 100 km differential phase shift quantum key distribution experiment with low jitter up-conversion detectors. Opt Express,2006,14(26): 13073-13082.

[237] Schuck C,Huber G,Kurtsiefer C,et al. Complete deterministic linear optics Bell state analysis. Phys Rev Lett,2006,96: 190501.

[238] Van Houwelingen J,Brunner N,Beveratos B,et al. Quantum teleportation with a three-Bell-state analyzer. Phys Rev Lett,2006,96: 130502.

[239] Collins D,Gisin N,de Riedmatten H. Quantum relays for long distance quantum cryptography. J Mod Opt,2005,52: 735-753.

[240] Chou C W,de Riedmatten H,Felinto D,et al. Measurement-induced entanglement for excitation stored in remote atomic ensembles. Nature,2005,438: 828-832.

[241] Chanelière T,Matsukevich D N,Jenkins S D,et al. Storage and retrieval of single photons transmitted between remote quantum memories. Nature,2005,438: 833-836.

[242] Eisaman M D,André A,Massou F,et al. Electromagnetically induced transparency with tunable single-photon pulses. Nature,2005,438: 837-841.

[243] Volz J,Weber M,Schlenk D,et al. Observation of entanglement of a single photon with a trapped atom. Phys Rev Lett,2006,96: 030404.

[244] Tamarat Ph,Gaebel T,Rabeau J R,et al. Stark shift control of single optical centers in diamond. Phys Rev Lett,2006,97: 083002.

[245] Kraus B,Tittel W,Gisin N,et al. Quantum memory for nonstationary light fields based on controlled reversible inhomogeneous broadening. Phys Rev A,2006,73: 020302(R).

[246] Alexander A L,Longdell J J,Sellars M J,et al. Photon echoes produced by switching electric fields. Phys Rev Lett,2006,96: 043602.

[247] Leibfried D,Knill E,Seidelin S,et al. Creation of a six-atom 'Schrödinger cat' state. Nature,2005,438: 639-642.

[248] Petta J R,Johnson A C,Taylor J M,et al. Coherent manipulation of coupled electron spins in semiconductor quantum dots. Science,2005,309(5744): 2180-2184.

[249] Koppens F H L,Folk J A,Elzerman J M,et al. Control and detection of singlet-triplet mixing in a random nuclear field. Science,2005,309(5739): 1346-1350.

[250] Shaked N T,Messika S,Dolev S,et al. Optical solution for bounded NP-complete problems. Applied Optics,2007,46(5): 711-724.

[251] Shaked N T,Simon G,Tabib T,et al. Optical processor for solving the traveling salesman problem(TSP). Proc. of SPIE: Optical Information Systems IV,2006,6311: 63110G.

[252] Shaked N T,Tabib T,Simon G,et al. Optical binary matrix synthesis for solving bounded NP-complete combinatorical problems. Optical Engineering,2007,46(10): 108201-1-108201-11.

[253] Sosík P,Rodríguez-Patón A. Membrane computing and complexity theory: A characterization of PSPACE. J Comp Sys Sci,2007,73(1): 137-152.

[254] Woods D,Naughton T J. Parallel and sequential optical computing. Dolev S,Haist T,Oltean M,ed. Lecture Notes in Computer Science: Optical SuperComputing,Berlin,Heidelberg: Springer LNCS,2008,5172: 70-86.

[255] Barros S,Guan S,Alukaidey T. An MPP reconfigurable architecture using free-space optical interconnects and Petri net configuring. J Sys Arch(The Euromicro Journal),2003,43(6-7): 391-402.

[256] Guan T S,Barros S P V,Alukaidev T. Parallel processor communications through free-space optics. Proc IEEE

Region 10's Ninth Annual International Conference(TENCON'94),Theme: Frontiers of Computer Technology, 1994: 4847762.

[257] Matsukevich D N,Kuzmich A. Quantum state transfer between matter and light. Science,2004,306(5696): 663-666.

[258] Chen S,Chen Y-A,Zhao B,et al. Demonstration of a stable atom-photon entanglement source for quantum repeaters. Phys Rev Lett,2007,99: 180505.

[259] Julsgaard B,Sherson J,Cirac J I,et al. Experimental demonstration of quantum memory for light. Nature, 2004,432(7016): 482-486.

[260] Kiselev A A,Kim K W,Yablonovitch E. Designing a heterostructure for the quantum receiver. Appl Phys Lett,2002,80: 2857.

[261] Boozer A D,Boca A,Miller R,et al. Reversible state transfer between light and a single trapped atom. Phys Rev Lett,2007,98: 193601.

[262] Choi K S,Deng H,Laurat J,et al. Mapping photonic entanglement into and out of a quantum memory. Nature, 2008,452: 67-71.

[263] Chen Y-A,Chen S,Yuan Z-S,et al. Memory-built-in quantum teleportation with photonic and atomic qubits. Nature Phys,2008,4: 103-107.

[264] Duan L-M,Lukin M D,Cirac J I,et al. Long-distance quantum communication with atomic ensembles and linear optics. Nature,2001,414: 413-418.

[265] Jiang L,Taylor J M,Lukin M D. Fast and robust approach to long-distance quantum communication with atomic ensembles. Phys Rev A,2007,76: 012301.

[266] Chen Z-B,Zhao B,Chen Y-A,et al. Fault-tolerant quantum repeater with atomic ensembles and linear optics. Phys Rev A,2007,76: 022329.

[267] Knill E,Laflamme R,Milburn G J. A scheme for efficient quantum computation with linear optics. Nature, 409,2001,46-52.

[268] Brassard G,Lütkenhaus N,Mor T,et al. Limitations on practical quantum cryptography. Phys Rev Lett,2000, 85: 1330.

[269] Matsukevich D N,Chanelière T,Bhattacharya M,et al. Entanglement of a photon and a collective atomic excitation. Phys Rev Lett,2005,95: 040405.

[270] de Riedmatten H,Laurat J,Chou C W,et al. Direct measurement of decoherence for entanglement between a photon and stored atomic excitation. Phys Rev Lett,2006,97: 113603.

[271] Honda K,Akamatsu D,Arikawa M,et al. Storage and retrieval of a squeezed vacuum. Phys Rev Lett,2008, 100: 093601.

[272] Appel J,Figueroa E,Korystov D,et al. Quantum memory for squeezed light. Phys Rev Lett,2008,100: 93602.

[273] Quick D. New diode promises to uncork optical computing bottleneck. NewAtlas, 2011-12-23, https://newatlas.com/passive-optical-diode-supercomputer/20936/.

[274] Fan L,Wang J,Varghese L T,et al. An all-silicon passive optical diode. Science,2012,335(6067): 447-450.

[275] Simon J,Tanji H,Ghosh S,et al. Single-photon bus connecting spin-wave quantum memories. Nature Phys, 2007,3: 765-769.

[276] Häffner H,Hänsel W,Roos C F,et al. Scalable multiparticle entanglement of trapped ions. Nature,2005,438: 643-646.

[277] Thompson J K,Simon J,Loh H,et al. A high-brightness source of narrowband,identical-photon pairs. Science, 2006,313(5783): 74-77.

[278] Simon J,Tanji H,Thompson J K,et al. Interfacing collective atomic excitations and single photons. Phys Rev Lett,2007,98: 183601.

[279] Matsukevich D N,Chanelière T,Jenkins S D,et al. Observation of dark state polariton collapses and revivals. Phys Rev Lett,2006,96: 033601.

[280] Black A T,Thompson J K,Vuletić V. On-demand superradiant conversion of atomic spin gratings into single photons with high efficiency. Phys Rev Lett,2005,95: 133601.

[281] Zhao B, Chen Y-A, Bao X-H, et al. A millisecond quantum memory for scalable quantum networks. Nature Phys, 2009, 5: 95-99.

[282] Zhao R, Dudin Y O, Jenkins S D, et al. Long-lived quantum memory. Nature Phys, 2009, 5: 100-104.

[283] Abid M, Huepe C, Metens S, et al. Gross-Pitaevskii dynamics of Bose-Einstein condensates and superfluid turbulence. Fluid Dyn Res, 2003, 33(5-6): 509.

[284] Granick S, Zhu Y, Lee H, Slippery questions about complex fluids flowing past solids. Nature Materials, 2003, 2: 221-227.

[285] Witlicki E H, Johnsen C, Hansen S W, et al. Molecular logic gates using surface-enhanced raman-scattered light. J Am Chem Soc, 2011, 133: 7288-7291.

[286] Hacker B, Welte S, Rempe G, et al. A photon-photon quantum gate based on a single atom in an optical resonator. Nature Quant Phys, 2016, 536: 193-196.

[287] Sun Q-C, Mao Y-L, Chen S-J, et al. Quantum teleportation with independent sources and prior entanglement distribution over a network. Nature Photonics, 2016, 10: 671-675.

第8章 纳米光量子器件制造工艺

信息社会充满机遇和挑战，从科技发展的侧面，在开展基础研究的同时，必须考虑大规模工业化生产的可行性及基础支撑条件。全社会都在期待信息存储、通信、计算和处理光量子信息技术早日从实验室走向工业化大规模生产，沿集成电路的发展模式，为社会发展做出划时代的巨大贡献。实践证明，只有现代微纳米加工技术可以将光量子器件集成在微型芯片上，是光量子器件实验研究的基础技术平台，也是未来进一步实现大规模集成化和工程应用的基本实验研究环境。即只有依赖纳米光量子工艺技术，才能在平面基片上加工各种包括波导、光学腔、分光、耦合、偏振、滤波、调制、探测及阵列控制电极等纳米尺度的微型结构器件。实验还证明，纳米结构的光量子实验器件，可获得比宏观实验更严格的光、电、磁场条件，更容易实现光子俘获、约束与控制和获得信噪比更高的输出信号。所以，现代微纳米加工技术也是光量子存储实验研究不可缺少的基本条件。特别是结构十分复杂的类脑光量子存储器研究，只有依赖现代微纳米加工技术才能开展有效实验，并在此基础上研究开发商业化规模生产的加工设备及技术，才有可能将这些研究成果实用化。当然，研究开发这些加工系统还将极大地推动现代微纳米加工技术的提高和发展，并可以应用在其他微型器件的加工制造。例如，量子计算、量子通信、量子信息处理、微型原子钟和低维量子气体探测研究等领域，都需要现代微纳米加工技术。对于光量子器件研究设计的科技人员，也必须了解这些现代微纳米加工技术的原理和性能，才能使设计者的理想成为现实。实际上，优秀的研究人员都应该会使用操作这些工艺设备，并对这些设备的设计制造工程师提出改进意见。通常，需要很长时间配合实践过程才能完成符合工业化使用要求的现代微纳米加工设备与技术，所以本书的最后一章专门介绍目前可供光量子器件加工的核心微纳米加工系统及技术。大规模及超大规模集成电路加工工艺，目前已达到10nm水平。许多工艺设备可以直接采用，其发展过程及经验完全可以借鉴，光量子集成加工首先将采用这些成功的技术和设备。但是，这些已有的设备技术不能完全满足光量子基础器件结构加工制造的需求。因为光量子集成器件的结构比集成电路芯片复杂许多，除了电子元件外还包括若干光学元件、光子晶体原件、波导器件及其他纳米结构仿生器件，所以必须研究开发相应的配套设备与技术。这不仅涉及许多学科领域，而且这些技术本身也是复杂的研究课题，例如纳米光子学、近场光学、非线性光学等学科及纳米材料、纳米光刻、纳米三维打印等核心技术。本章将对这些领域的研究成果分节具体介绍。

用于超大容量智能化数据存储光量子存储器的信息存储过程达到单原子量级，所以必须采用纳米工艺技术加工方法，即利用纳米技术处理微观存储材料。最理想的情况是在一个原子中存储一组数据。而目前的光存储数据存储方法是使用数百万个原子存储一位数据。物理学家们早就提出各种单原子级光量子存储原理和方法，这种原子量级的存储潜力可以达到在1cm见方的体积内存储全世界所有的文字资料。验证此结论的实验并不太复杂，在传统的光盘存储工艺的基础上，采用扫描隧道显微镜或原子力显微镜，在有机硅表面就可以加工出纳米量级的数据存储器件。存储密度就可以比传统光盘提高 100 万倍。如果利用这个单原子中光量子存储信息，而不是其几何形貌，则存储容量还可以再增加 1000 倍以上。但这些理想都毫无例外地以纳米加工技术为基础。研究人员预计可能需要几十年时间才能开发出完全符合工业要求的加工单原子结构的存储设备，本节介绍迄今为止有代表性的主要纳米结构制造技术。

8.1　纳米探针

纳米探针类加工测量技术中最典型的是原子力显微镜(AFM)，利用特制的微型探针与物质表面原子间相互作用，获取如隧道电流、原子力、磁力、近场电磁等物理参数，同时利用一高精度的三维压电驱动扫描工作台获取样品空间坐标信息。原子力显微镜的工作原理如图 8-1 所示，利用探针针尖原子与样品表面原子之间的相互排斥力与其间隔距离十分敏感的原理，可测量样品表面形貌，所以称为原子力显微镜。通常用于表面形貌探测时，探针与样品表面保持数纳米间隙，如果完全没有间隙，则可能损伤样品表面。反之，也可以用此特点进行表面纳米结构加工。对于硬度小的材料，可以直接实现纳米结构成型；对于高强度材料，则可以通过加工抗蚀剂，再进行光刻处理。可加工的材料包括玻璃、有机玻璃、石英、锗、硅、砷化镓等半导体材料及铜、铝、铍等金属材料。最高分辨率可以达到 0.1nm，是目前实现纳米及亚纳米加工的重要方法之一。由于加工尺寸很小，如果只用一个探针进行加工显然效率极低，由此出现多种形式的阵列式原子力探针扫描纳米加工系统。

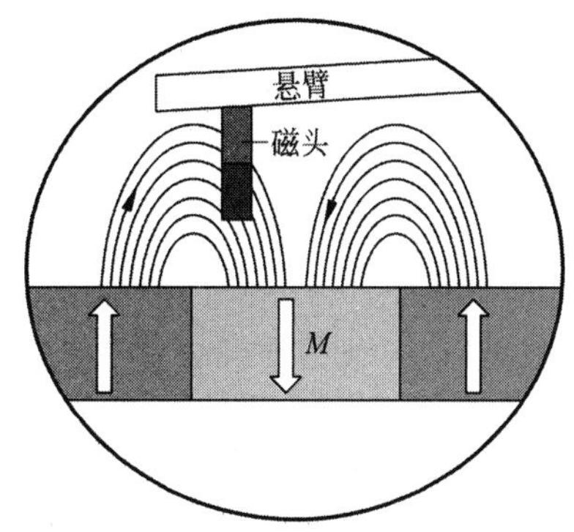

图 8-1　原子力显微镜探针工作原理示意图

粗略计算探针针尖原子与被加工(或检测)原子靠近时，原子之间的相互作用力 F_E 等于排斥力减去相互吸引力：

$$F_{\mathrm{E}} = (A\tau/r)^{12} - (B\tau/r)^{6} \tag{8-1}$$

式中，A,B 分别为原子之间排斥力与吸引力物理常数；τ 为原子直径；r 为相互之间的距离。

原子力显微镜的结构原理如图 8-2 所示。探针固定在高灵敏度的柔性的悬臂上。当探针靠近样品表面时，由于原子力的作用，保持一固定的间隙。所以当三维工作台移动时，探针将随样品表面轮廓上下移动。通过各种精密位移传感器(图 8-2 中使用的是发射式激光位移探测器)获得样品三维空间的几何尺寸。目前，已有多种纳米级位移传感器，所以实现纳米尺度的加工在原则上没有问题。当然，测量仅是问题的一部分，还需要各种纳米级精度的机械伺服及计算机控制系统的支持。将原子力探针及精密工作台位移的测量信号输入计算机进行控制和处理，由于原子力显微镜探针仅获得垂直(z 轴)方向的部分数据，其他数据主要依靠精密工作台提供，精密工作台及其驱动系统都必须达到纳米量级。但将此技术用于纳米加工显然效率太低，通常主要采用多探针并行加工方式以提高生产效率。最简单的原子力显微镜阵列扫描加工系统结构原理如图 8-3 所示。

阵列原子力显微镜主要由若干相互保持一定距离的原子力探针阵列固定在一片柔性膜上，带探针阵列薄膜的右端为压电晶体微驱动器，左端由可控制磁性滑块组成，如图 8-3 所示。在初始情况下，探针阵列与工作台面上被加工介质保持一定间隙，如图 8-3(a)所示。当左边磁性滑块磁锁定时，右边滑块在压电晶体驱动下向左移动距离 Δ 时探针阵列薄膜中部下曲，使探针阵列与样品表面接触进行加工处理，如图 8-3(b)所示。然后释放左滑块使探针阵列处于自然恢复状态，如图 8-3(c)所示。当左滑块向左移动 Δ 距离后，探针阵列薄膜恢复原来的状态，如图 8-3(d)所示。只要 Δ 值足够小，通过如此循环，则可完成线性结构加工。如果采用同样的方法在垂直方向移动 Δ 距离，就可实现任何平面结

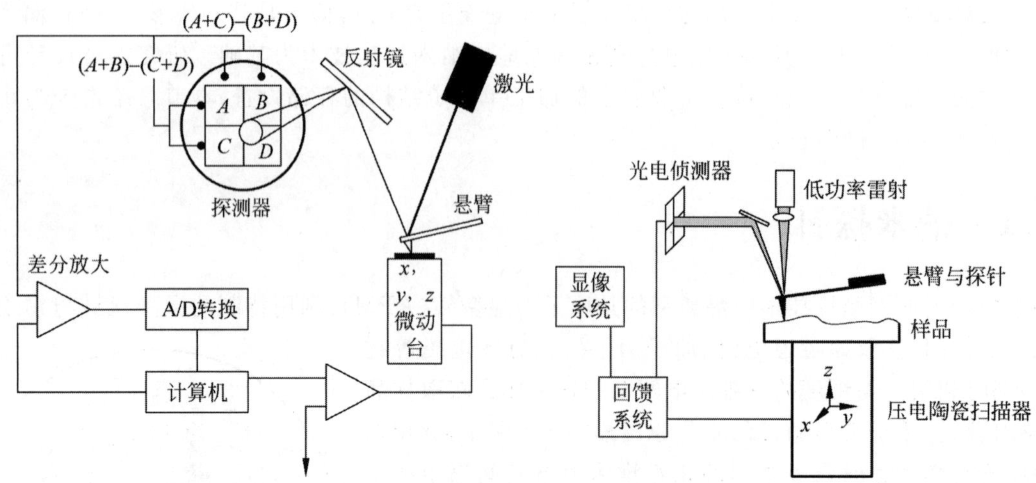

图 8-2 原子力显微镜结构示意图

构的加工。加工的速度主要取决于此循环控制的频率,加工精度则取决于滑块移动距离 Δ 的控制精度。该阵列的探针目前达到的循环频率为 100/s,相当于线性位移速度 0.1μm/s。除了移动速度外,加工效率主要取决于探头矩阵面积和探针数量。

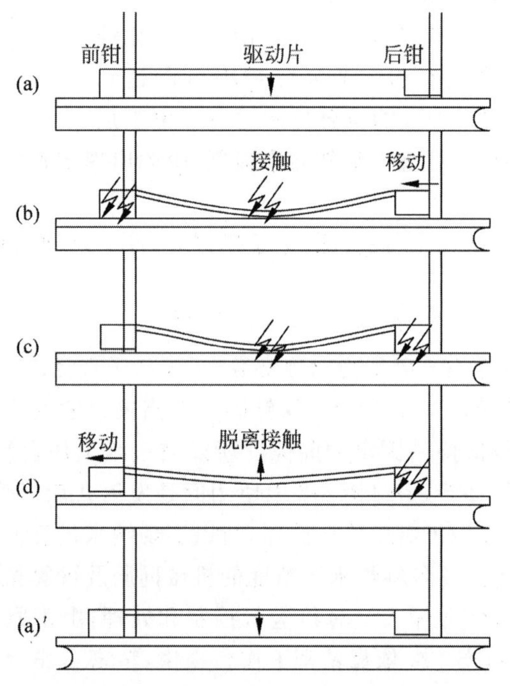

图 8-3 步进式柔性膜原子力探针阵列扫描系统工作原理

实验证明,这种阵列的探针逐点扫描加工方法得到的图形质量与介质特性密切关系,必须通过具体实验确定最佳参数。有时这种离散拼接方式获得的结构比连续扫描质量更好。分析认为离散扫描加工的热稳定性更好,最终还要根据介质物理化学特性及具体加工参数而定。对于此加工设备而言,更重要的是提高扫描频率和控制精度,而控制精度则又取决于传感、反馈及伺服驱动等一系列技术问题。此外,探针矩阵密度和排列方式对图形形状和质量也有很大影响,本系统采用的矩阵面积为 50μm×50μm,间距为 100nm 点阵,所以加工图形单元尺寸小于 100nm×100nm。当然,由拼接理论是可以获得更大面积图形的。但对传感、反馈测量及计算机处理软件都需要进行许多改进。此外,探针矩阵的面积主要与基片薄膜长度有关，本实验系统采用的基片长度为5mm，移动步距为1～10nm。并非完全根据弹性力学的计算，更多的是受到已有配套器件及技术的限制。如果需要在两个方向上同时移动，原理上当然没有问题，但技术上更加困难。目前正在试验探针矩阵不动而移动携带被加工介质的载体的方案。

本系统的另一个核心技术是探针。探针可以根据加工需要选择磁力显微镜(MFM)探头或原子力显微镜(AFM)探头。探头直径50nm左右、探头之间的距离为100nm的正方形矩阵，由于可能在制造或使用过程中损坏或断裂，至少不会影响其他探针的正常工作而无法使用。此外，为了实现更高的加工效率，可以考虑利用此阵列组成更大面积的阵列。例如采用8×8探针阵列薄膜组成的大阵列，可提高加工效率近100倍。此外，各子系统中比较复杂的是步进定位和驱动精度。工作台的粗定位采用激光干涉或高精度的光栅一般都能达到亚微米量级，最终纳米尺度控制完全由压电晶体开关执行。通过对加工图形的测试结果设计控制电压，当然其他条件都必须严格控制。

对于探针能量控制，当纳米探针用于加工时，探针的电平控制电路需要的能量和放大倍数都需精确控制。放大所需的最小能量由放大器的信噪比(SNR)或要求的输出阻抗而定。在带宽及SNR非常小的情况下，最小功耗由输出功率的期望值确定。根据本系统实际实验测试每个探针的能耗约为50pJ。由于本系统采用阵列结构，属于多路复用电路，根据多路复用器的一般规则，总能耗为

$$P_{\mathrm{MUX}} = \sum(C, V, f) \tag{8-2}$$

式中，C为系统电容；V为工作电压；f为工作频率。考虑到输入和输出的差异，总的最大功耗为

$$P_{\mathrm{MUX}} = C_{m_i} V_{\mathrm{sup}}^2 P_x P_y F_{\mathrm{B}} f_r + C_{m_o} V_{\mathrm{sup}}^2 F_{\mathrm{B}} f_r B_w \tag{8-3}$$

式中，C_{m_i}为输入部分电容（约为1pF）；C_{m_o}为输出部分电容（约为5pF）。若系统中的缓存流量为1Mb/s，字长32b，存储器访问时间为10ns。当采用100^2个探针时，总共耗费的时间为$10^4 \times 10^3 \times 10^{-8}/32 \approx 3\times 10^{-3}$s。所以，可忽略缓冲存储器本身的功耗。电路系统，包括放大、复用和缓存如图8-4所示。

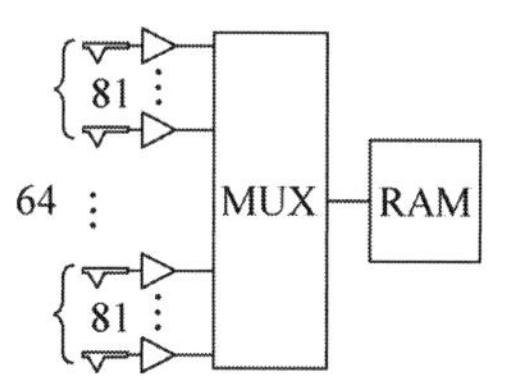

图8-4 探针阵列放大、复用及缓存系统示意图

系统步进驱动部分的能耗U_{ts}计算如式(8-4)所示。所加工的图形由若干行线阵组成，而每行又由若干点组成。例如，本系统采用的探针阵列点数D_y为$100\times 100=10^4$，则总数据为10^4b。由于所加工结构图形尺寸都很小，实际扫描轨道D_y上平均需逐点扫描的长度不到1/3，因此每个轨道实际平均能耗为

$$U_{\mathrm{ts}} = \frac{D_y U_{\mathrm{s}}}{3} \tag{8-4}$$

若探针阵列以全速步进扫描，则平均最大数据速率$B_{wx} f_r = 640$Kb/s。相当于MP3文件的1/4。若每秒探针工作f_r次，则每个步进扫描的时间为$f_r/4$s。并且多路复用器电路可以在最大频率的1/4处操作。因此，在t秒时间内使用带宽因子F_{B}扫描所需能量为

$$U_{r,f}(F_{\mathrm{B}}, t) = F_{\mathrm{B}} f_r t U_s + \tag{8-5}$$

$$\frac{F_{\mathrm{B}} f_r t U_{ts}}{D_x} + \tag{8-6}$$

$$F_{\mathrm{B}} f_r t B(U_P + U_r) + \tag{8-7}$$

$$t\frac{B_a V_{\mathrm{sup}} C_a}{6} P_x P_y + \tag{8-8}$$

$$t\frac{1}{2}\frac{1}{2} C_{m_i} V_{\mathrm{sup}}^2 P_x P_y F_{\mathrm{B}} f_r + \tag{8-9}$$

$$t\frac{1}{2}\frac{1}{2} C_{m_o} V_{\mathrm{sup}}^2 F_{\mathrm{B}} f_r B_w \tag{8-10}$$

在式(8-5)等号右端第 1 项所示的步进过程条件下，式(8-6)为变轨迹所需的能量，式(8-8)代表坐标位置和移动方向。同时，式(8-5)和式(8-6)均指机械能耗，式(8-7)代表探针自身能耗。式(8-8)、式(8-9)和式(8-10)均为电子系统能耗。所以整个阵列的总能耗为

$$U_{T_i}(t) = f_r t U_{S_i} \tag{8-11}$$

当步进扫描停止时，放大器和多路复用器电路均被关闭，不消耗任何功率。这时中继器的功率损耗可以忽略，不消耗功率。若只使用单方向轨道扫描，系统可以容纳的最大扫描速率带宽为

$$W_{T,\max} = B_w f_r \frac{D_x}{D_x + \frac{D_y}{3}} \tag{8-12}$$

如果系统包括多个探针阵列 T_f，从 0 到全速工作的探针数为 T_{nf}，且空闲阵列探针数为 T_i，则当所需带宽为 W 时可计算：

$$T_f(W) = \left\lfloor \frac{W}{W_{T,\max}} \right\rfloor \tag{8-13}$$

$$T_i(W) = T_x T_y - T_f(W) - 1 \tag{8-14}$$

非全速 T_{nf} 的带宽为

$$W_p(W) = [W - T_f(W) W_{T,\max}] \tag{8-15}$$

式中，W 为总带宽，在工作时间为 t 时的能耗为

$$\mathcal{U}(W,t) = T_f(W) U_{r,f}(1,t) + \tag{8-16}$$

$$U_{r,f}\left(\frac{W_p(W)}{W_{T,\max}}, t\right) + U_{T_i}\left(\frac{W_{T,\max} - W_p(W)}{W_{T,\max}} t\right) + \tag{8-17}$$

$$T_i(W) U_{T_i}(t) \tag{8-18}$$

按照式(8-11)表示的全带宽能耗，T_{nf} 所需的能量如式(8-17)所示，存在部分空闲矩阵时所需的能量为式(8-18)。所以，带宽函数的功率消耗为期望值可用下式进行简单计算：

$$\mathcal{P}(W) = \frac{\mathcal{U}(W,t)}{t} \tag{8-19}$$

根据式(8-19)和前 3 个部分中提供的所有计算数据绘制的能耗曲线如图 8-5 所示。本系统选择带宽在音频范围(128～256Kb/s)。图 8-5 中的 4 条曲线分别为电器、机械和探针的能耗，以及三者的总和。机械部分的能耗可直接根据式(8-19)计算，但其中 $U_{r,f}(F_B, t)$ 值仅根据式(8-7)计算，电子系统能耗也是在式(8-19)的基础上，$U_{r,f}(F_B, t)$ 分别采用式(8-8)、式(8-9)和式(8-10)计算。总能耗则为以上 3 条曲线之和。

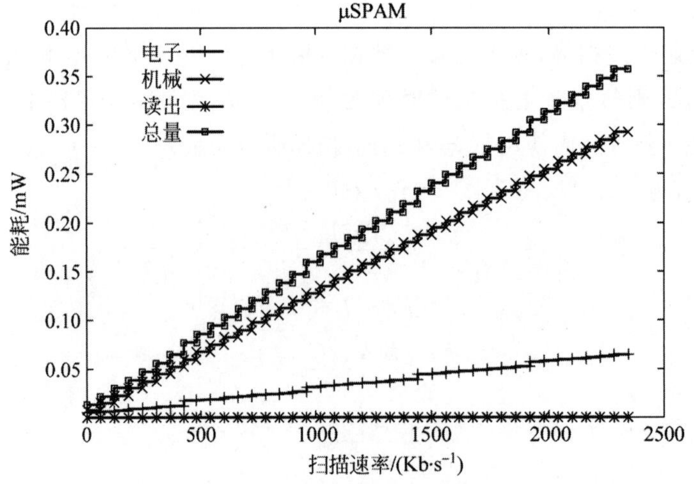

图 8-5 探针阵列扫描速度(数据率)与系统能耗的关系曲线

从图 8-5 可知，探针与样品表面接触时的功率消耗很低，移动功耗与所需的带宽成线性关系。步进距离主要取决于加工图形结构。因此，原子力扫描探针的加工功耗随带宽要求而变化。图 8-5 还表明，机械部件消耗所需的大部分功率，约占 80%，其余为电子设备消耗的功率。扫描所需的数据速率也随之线性增加。数据处理及伺服控制的频率特性必须与之匹配。与同等精度和分辨率的纳米加工设备相比，原子力扫描探针加工系统不仅成本低，组装最新一代的原子力扫描探针加工光刻机并不需要太复杂的技术。当然，由于它的加工效率低，主要适合于实验研究使用。对本系统更精确的评价需要更详细的设计计算和分析，可参考相关专著。

此外，原子力扫描探针还可用于无源纳米加工。即采用原子力显微镜的尖端作为笔的所谓纳米笔光刻(Dip-Pen Nanolithography，DPN)技术。其基本原理是，利用原子力显微镜的针尖与基底间冷凝水形成的毛细管，移动沉积在基片上的低水溶性有机分子。例如，使用 DPN 在沉积硫醇的黄金(111)衬底上刻画加工的线宽为 70nm 的文字图形，如图 8-6 所示。另外，通过更换沉积物，DPN 可用于多成分纳米结构加工。包括纳米结构光量子材料，例如制作特殊结构的光子晶体。利用 DPN 在 $Au/Ti/SiO_x/Si$ 衬底上加工的 50nm 结构等离子体阵列，然后用化学蚀刻暴露出间距为 100nm 的黄金点阵列，如图 8-7 所示。

图 8-6　采用 DPN 写的线宽为 70nm 的文字 AFOSR 放大照片

图 8-7　采用原子力显微镜 DPN 直写技术在 $MHA/Au/Ti/SiO_x/Si$ 膜上加工出的黄金颗粒阵列

纳米探针除了上述原子力显微镜以外，扫描探针显微镜 (Scanning Probe Microscopy，SPM)还有许多种类。首先，SPM 是获得纳米结构的三维空间图像的重要技术，也可用于进行纳米级定位测量及纳米结构加工。SPM 利用针尖(半径为纳米)和样品表面接触的相互作用获得样品表面形貌、电子结构、磁结构或其他属性。分辨率接近单原子水平、不破坏样品、没有真空条件要求。例如，采用 SPM 测量 InP 纳米颗粒的表面能量密度分布曲线如图 8-8 所示。

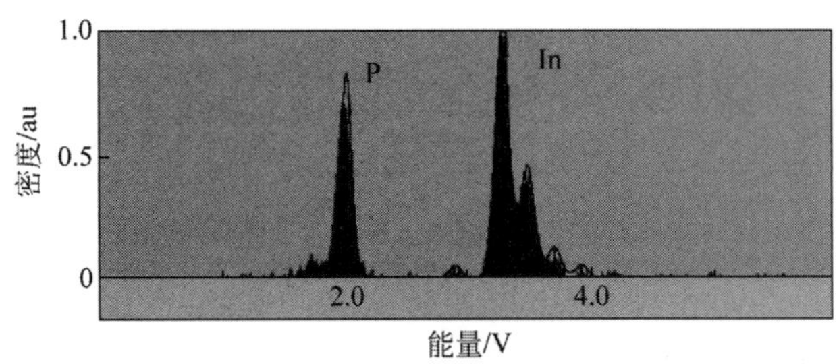

图 8-8　InP 纳米颗粒表面能量密度分布曲线

扫描隧道显微镜(STM)与原子力显微镜(AFM)的原理略有不同。STM 的探针与样品(金属)表面作用产生电子隧穿现象。测量探针针尖与样品之间需保持一定距离形成电场。而 AFM 则以针尖与表面之间的原子力为基础，根据尖端与样品之间的距离及主导作用确定其工作原理及参数。基于类似工作原理的还有利用磁针探索当地的磁相互作用的磁力显微镜(MFM)。利用金属尖端探测局部静电相互作用(力和隧道电流)的静电力显微镜(EFM)。利用探针涂有化学结构的特异性探针产生相互作用的化学力显微镜(Chemical Force Microscopy，CFM)，以及利用光学探针的近场光学显微镜(NSOM)。

STM 的金属探针距离样品 5～50Å。前端的电子波函数和样品原子产生隧道。根据所施加的电压(称为偏置电压)产生隧道电流为

$$I = CU\rho_t\rho_s e^{-2kz} \tag{8-20}$$

式中，C 为常数；U 为偏置电压；ρ_t 为探针电子密度正态分布；ρ_s 为样品表面电子密度正态分布；z 为针尖与样品的距离(单位为 Å)；k 为势垒高度，其值为

$$k = \frac{\sqrt{2m_e(V-E)}}{\hbar} \tag{8-21}$$

式中，m_e 为电子的质量；E 为电子能量；V 为势垒。由于隧道电流 z 成指数关系，只要 z 减少 1Å，隧穿电流就可能增加一个数量级。因此，STM 具有非常高的垂直分辨率。采集信号可以有两种模式，如图 8-9 所示，即保持探针尖端样品表面之间的隧道电流不变，测量探针的移动；另一种模式是探针保持不动，测量隧道电流的变化。根据输出信号及工作台(x,y)坐标位置便可获得样品表面的形貌图像。

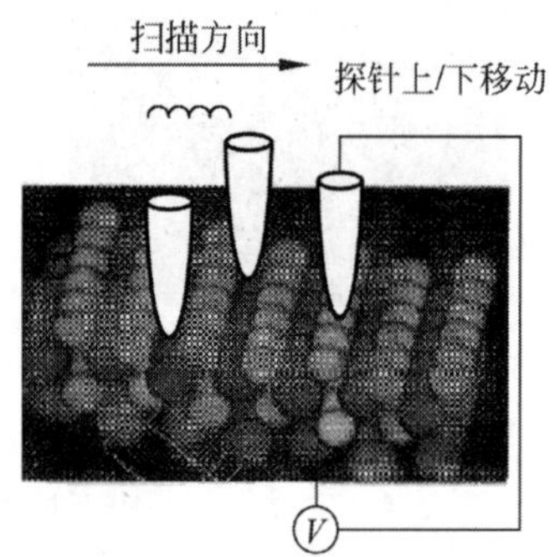

(a) 保持隧道电流恒定，探针在垂直方向移动

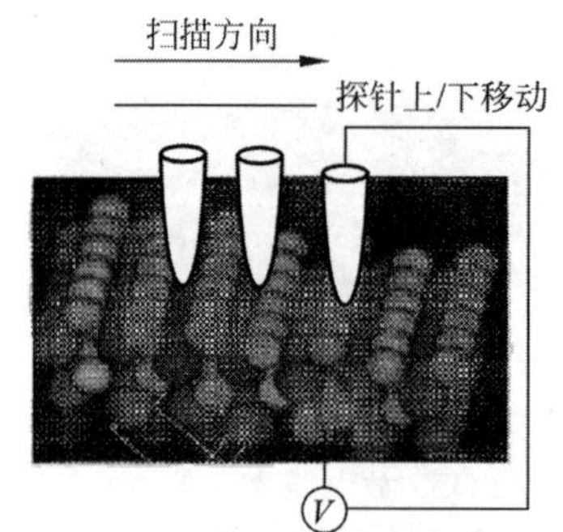

(b) 探针的垂直位置保持恒定，测量隧道电流的变化

图 8-9　两种不同工作原理 STM 测量方式对比，同样是在样品和尖端之间施加一个偏压

另外，根据 STM 的隧道谱还可以获得能量函数(偏压)的样品态密度信息，这些信息包括样品尺寸、形状、周期性、粗糙度、电子结构甚至元素成分。另外，根据电子特性关系，还可提取样品材料的电子结构信息。而 AFM 是检测探针针尖和样品表面之间的作用力。将探头连接到一个悬臂弹簧，根据原子力产生的悬臂的弯曲度获得信息。所以，STM 不可能用于气体和液体样品。通常接触式 AFM 工作在恒定力模式下，测量悬臂梁的挠度，如图 8-9 所示。另一种操作模式是震荡法，探针以固有频率振动和接近的样品表面。振荡的振幅和悬臂的谐振频率取决于与前端样品间的距离。移动探针保持振幅或频率常数，便可获得高度信息。消除了尖端的横向剪切力，并降低了探针和表面的作用力，不损坏软样品。这种方法有时被称为交流原子力显微镜或动态原子力显微镜。还有许多其他模式的原子力显微镜技术，如间歇性接触式显微镜，横向力显微镜(Lateral Force Microscopy，LFM)、磁力显微镜(Magnetic Force Microscopy，MFM)，静电力显微镜(Electrostatic Force Microscopy，EFM)和扫描热显微镜(Scanning Thermal Microscopy，SThM)。MFM 可得到磁性特征的大小和形状，以及在不同位置的磁场的强度和极性。EFM 可获得样品表面上的电场梯度及掺杂浓度。在原子力显微镜的尖端通常是硅或氮化硅材料制成，或加涂有特殊材料(例如金属或稀土硼化物)用于 MFM 和 EFM。针尖的几何形状有圆锥状、四面体和锥体。圆锥尖可以获得大的长度与针尖直径比，可用于测量深和

窄的结构，具有良好的成像功能。目前已能造直径为 5nm 的锥形尖，但容易损坏，常用的尖端直径在 10～50nm 范围。采用碳纳米管的 AFM 和 STM 针尖直径已减少到 1～2nm。采用 AFM 成像获得的聚苯乙烯微球如图 8-10 所示。

图 8-10　聚苯乙烯纳米球（直径 20nm）光子晶体的 AFM 表面成像

8.2 纳米压印

光量子存储器件需要使用在二维或三维中图案化的电介质、半导体、聚合物、金属和非金属纳米尺度结构。本节在总结这类器件的物理基础和与之适用的纳米子器件光刻技术的基础上，举例说明这类器件的基本特性、潜在应用及相关工艺技术。特别是应用面最广的法线入射下的 100nm 以下的带宽的单周期性硅基片集成器件制造技术。

由于硅基片集成器件制造有成熟的集成电路工艺支持，易于制造，是非线性与室温非临界相位匹配周期偏振器件制造中的首选材料。在多维光量子存储中，由于储密集波分复用（DWDM），信道频率转换和信号放大，周期性偏振态铌酸锂（PPLN）器件的制造和工艺近来也取得重要发展，例如短周期光栅（$<6\sim8\mu m$）的精确光刻，玻璃和熔融二氧化硅基片的旋涂湿法蚀刻已完全成熟。Ti-Au 和 Ni-Cr 等组合材料的光刻工艺和抗蚀材料研究也获成功，已用于生产高级金属光栅器件。基于晶片物理性能，几何形状和光栅周期的计算机优化设计模型，偏置电压，掩模结构设计均已成熟。以这些新制造工艺制造的间距达到 6.5nm 的周期光栅如图 8-11 所示。

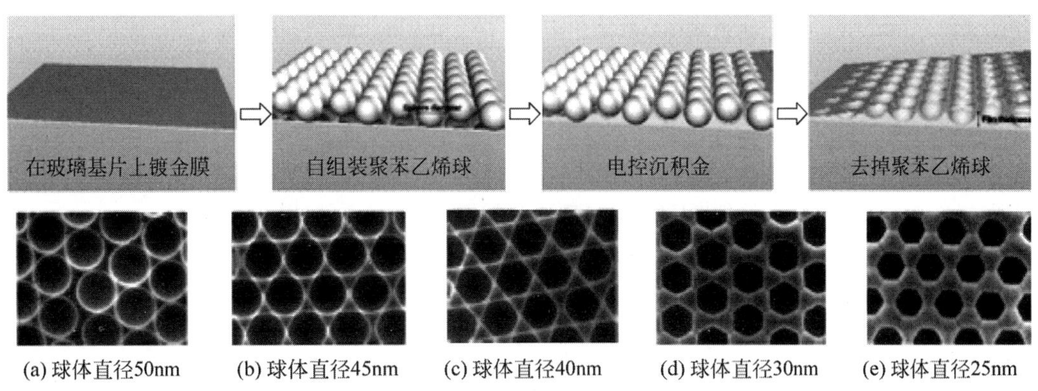

图 8-11　在 90nm 的金薄膜上加工的各种球形纳米阵列的扫描电镜放大照片

具体工艺方法是在镀金的晶片上施加高压脉冲，并根据所需加工的球直径控制晶片上的电荷量，本系统的电荷转移精度可达到 1%以上。关键是控制电压上升和下降速度，防止动态冲击，则可在脉冲处形成尺寸稳定的成核群体，并严格控制电压防止电流击穿。采用光学相控阵列二维自由空间光束偏转相控阵列，在没有移动部件的情况下实现自由空间光束转向。这种可调谐增益元件和相位调谐的光相控阵列具有 23°×14°的转向范围，可在绝缘体波导表面组成的相控阵完成单一热光调制，加工出设计所需尺寸及形貌。这种工艺还可以用于相位调谐器，波长调谐器等周期性结构加工。这种方法还与 CMOS 工艺兼容，实现由于基片上传播和热串扰而导致的各个通道之间的累积相位误差的补偿。

1. 纳米压印

清华大学光存储国家工程研究中心从 2005 年开始将传统的光盘生产压印技术作为一种新技术加工纳米级图案。最先由于生物传感器及微型光子器件的研制，并将热纳米压印和紫外扫描浸没透镜纳米光刻技术结合，完成了 80nm 尺度的各种实验器件加工。纳米压印技术中最重要的问题是压印模具与被加工体之间的粘连对器件尺寸与形貌的影响，而且正型与负型印模的影响有很大差异，不可能使用同样工艺参数条件。实验证明，纳米压印技术毫无疑问是最适合加工光子器件的工艺之一，但还需根据光子器的纳米尺寸图案的精确定义设计不同工艺参数及模具的修正常数。通常加工的基本图案都是周期性的二维或三维六边形、正方形、栅格中、单线、圆形、点或孔以及光子晶体的带隙结构。图案要求的精度对于器件的性能及可靠性至关重要。传统的电子束光刻需要较长的加工时间，因此成本较高。干涉法光刻虽然非常适合于在大面积上并行的加工图案，但只能用于严格的周期性图案，对图像的结构限制很大，所以无掩模阵列激光扫描是比较有效的加工方法(见 8.3 节)。其他某些纳米加工技术，例如通过同步加速器辐射，虽然具有很高的分辨率和加工效率，但因条件限制，该技术并不总是适合在每个实验室中使用。基于自组装和相分离化学的纳米加工技术，也可以达到很高的精度和效率，特别适合于高分子聚物材料的加工，且生产成本低廉，但必须对预先设计的构图表面组合程序及工艺参数具有足够的经验积累。而纳米压印技术在传统的光盘加工中被广泛使用，其主要工艺设备制造具有丰富的经验及技术积累，是未来光子器件规模化生产的重要选择。当然，对图案类型、缺陷及成品率的要求应根据产量进行综合评估，通常小批量产品本态适合压印加工。纳米压质量与图案尺寸和图案类型的依赖性问题，批量估计(大约数量级)及具体参数分析将在下面具体介绍。纳米压印技术和系统主要有两种类型，即纳米压印直接成型及纳米压印光刻两类，这两种压印技术的工艺特性对比如表 8-1 所示。

表 8-1　热压印(T-NIL)及紫外压印(UV-NIL)工艺性能比较

涂膜工艺	旋转涂膜	分散喷滴
成型方法	热压成型	紫外成型
材料类型	热塑型高分子聚合物	紫外固化树脂
材料黏稠度	高(10^4～10^6 Pa·s)	低(1～10Pa·s)或 0.1Pa·s(液态)
抗蚀剂类型	正性或负性抗蚀剂	负性抗蚀剂
加工温度	高温	低温或室温
加工压力	高压(10～100bar)	低压(<10bar)或大气压
衬底材料	高硬度(硅、镍、耐高温玻璃)	柔性材料(PDMS)
衬底材料透明度	透明或不透明	必须对紫外光透明
成模特性	不可改变	可修改

2. 纳米压印光刻

纳米压印光刻可分为热纳米压印光刻(T-NIL)和紫外线纳米压印光刻(UV-NIL)两种，但都是将模板的图案进行复制，类似于常规光学光刻。不同点在于光学光刻中的模板是光掩模，其特征在于以透明和非透明区域形式的图案，并且通过经由掩模的曝光进行复制。在纳米压印光刻中，模板是印模，其特征在于凹陷和凸起区域形式的图案，并且通过机械变形进行复制。因此，与光学光刻或电子束光刻相比，所使用的材料的机械性质对处理结果非常关键。与光学光刻相比，纳米压印最明显的优点是不存在衍射效应或邻近效应。T-NIL 和 UV-NIL 的性能比较如表 8-2 所示。表中列举了 T-NIL

使用旋涂基材上的热塑性层。建议使用PS(聚苯乙烯)或PMMA(聚甲基丙烯酸甲酯)为T-NIL特定混合聚合物,但其他大多数光致抗蚀剂(正或负)都是可应用的,主要根据它们对干法蚀刻的选择性。其他重要参数是玻璃化转变温度 T_g,其对于常规聚合物(PS约为100℃,PMMA约为110℃)是最容易获得的光致抗蚀剂,典型值为 $40℃<T_g<110℃$。T_g 对于选择压印温度 T_i 很重要,因为只有 $T_i>T_g$ 才能保证聚合物层印模的形状。此外,应考虑平均摩尔质量(molar mass,Mw)。摩尔质量代表分子尺寸的量度。Mw 越高,应选择 T_i-T_g 差值越高。一般认为,$T_i=200℃$ 是避免温度降低的上限。通常,T-NIL保持压印温度下的黏度 η 为 $10^4\sim10^6$ Pa·s。在此温度范围内,PS和PMMA的 Mw 值的上限分别为350kg/mol和75kg/mol。压印时,高黏度材料需要相对高的压力(通常为10~100bar)以保证聚合物层变形。因此,T-NIL压印必须采用硬模,最典型的是硅材料(也是最传统的制备技术),也可采用镍或Pyrex玻璃。关键参数是印模的热膨胀系数(CTE)必须与基片CTE相对应,以避免在冷却后图案剪切和形变。T-NIL的另一优点是材料的性质不改变,压印后的图案稳定,甚至可以连续在同一层上压印。相比之下,UV-NIL只有在室温下具有低黏度的材料可加工,通常采用UV固化树脂和低 T_g 负性光致抗蚀剂。1~10Pa·s的材料可采用通旋涂,0.1Pa·s的材料为液体需采用喷涂或液滴分配系统。液体材料可以在近大气压下处理。旋涂需要稍高的压力,但通常远低于T-NIL的压力。为了保证所加工的印模内图案固化以后稳定,这些低黏度材料被保留在印模上。因此,印模(或基底)必须对UV光透明。具有液滴分配的系统通常使用由石英硬印模(厚度约5mm)。对于软压模,需采用例如PDMS、聚二甲基硅氧烷或复合材料(PDMS或PDMS/石英复合材料)以保证在低加工压力下实现压模和基片之间保持大面积良好接触。紫外线纳米压印光刻(UV-NIL)直接固化成型,没有任何热循环和压力负载可获得更高的精度和形貌质量。

3. 压印工艺特征

压印工艺比较简单,与基板分离在实验室情况下可以手动进行,在四周插入刀片即可自动脱模。UV-NIL及T-NIL压印的力学过程几乎完全相同。主要工艺参数可参考表8-1。其中,压力 P 和材料的黏度 η 影响较大。温度影响次之,且可视为一种工艺调控手段。根据 P 和 η 两个参数建立的材料反应特征常数 τ 为

$$\tau=\frac{\eta(T)}{p} \tag{8-22}$$

此反应时间常数除了非常低的液滴分配UV-NIL($\approx10^{-6}$s)及非常高的自旋涂覆($\approx10^{-5}$)外,均具有一定的参考价值。另一个重要的参数是膜层厚度。典型的薄层厚度为100~500nm。用于硬质基板的通常是硅,直径10cm时的典型厚度为500μm,实际可按照此比例缩放。压力 P 和材料黏度 η 控制不当的常见缺陷如图8-12所示。压力不足构成轮廓缺陷如图8-12(a)所示;若流动性差,可能在线条前沿出现小空洞,如图8-12(b)所示。

(a) 由于流动性较差,平面部分出现点状凹陷

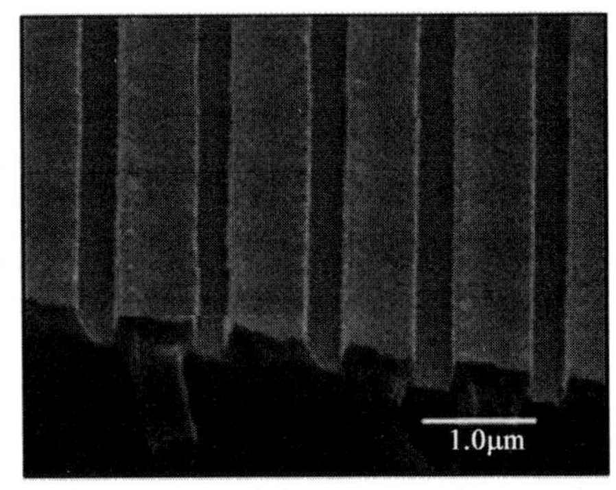

(b) 因压力不够,图形沟槽没有充满端部产生的残缺

图8-12 采用以下工艺参数:350kg/mol、100bar、170℃,3min热压印的2μm宽图形所产生的典型残缺关系放大照片

在压印过程中，压印材料成为印模与基片之间的流体。由于流体是不可压缩的(几乎所有液体材料，包括聚合物材料)，这种不可压缩性导致压印材料只能沿印模结构流动填充。小图案和小腔与大图案和大腔需要的材料和传输距离有很大差异，这些差异与图案和腔尺寸相关。相对而言，典型的光量子器件结构比较均匀，受影响较小，所以很适合于纳米压印复制。

4. 压印速度

若压印图形横向尺寸为 S(或半径为 R)，η 为黏度系数，h 为厚度，压力为 $P(F)$。若先不考虑厚度因素，则按照流体力学原理，可建立压印速度方程如下：

$$v=\frac{F}{3\pi\eta R}=\frac{2pR}{3\eta} \tag{8-23}$$

式中，v 为恒定压力下的压印速度。显然，在压力和黏度系数一定的情况下，压印速度随着图案尺寸的增加而增加。但对于纳米尺度的图形，图形结构参数对压印速度影响较大。挤压速度与图形结构尺寸成指数函数变化：

$$v(t)=-\frac{\mathrm{d}h}{\mathrm{d}t}=\frac{F\cdot h^3}{\eta\cdot s^4}=\frac{p\cdot h^3}{\eta\cdot s^2} \tag{8-24}$$

所以，在相同的材料和恒定压力下，不同的图形压印速度差别较大。特别是当层厚度 h 变小时，速度明显减小($v\sim h^3$)。所以，加工件厚度是很重要的工艺参数，如式(8-24)所示。当压力和黏度 η/P 确定时，根据式(8-22)可获得工艺间常数 τ。但在式(8-23)中不包含层厚度。当厚度逐渐减少时，T-NIL 和 UV-NIL 的压印速度均产生明显变化，如图 8-13 所示。

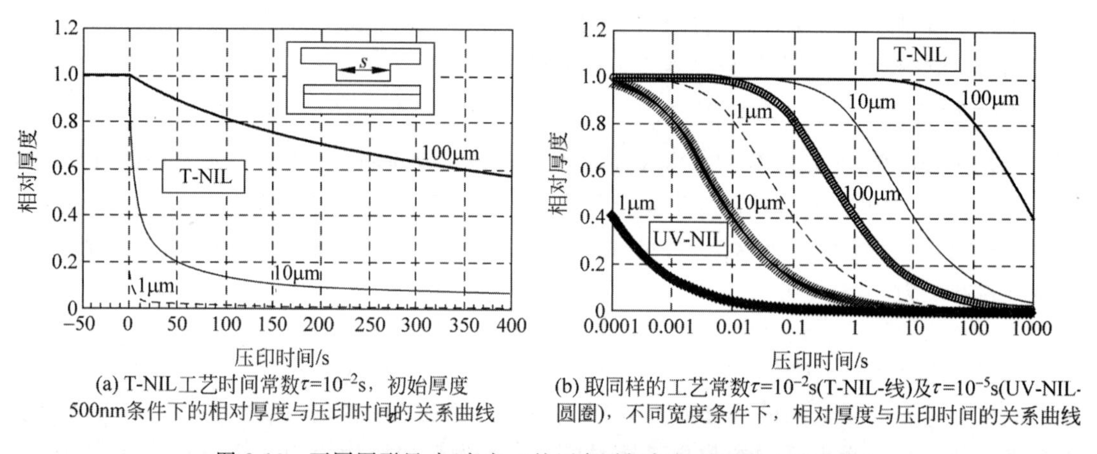

(a) T-NIL工艺时间常数$\tau=10^{-2}$s，初始厚度500nm条件下的相对厚度与压印时间的关系曲线

(b) 取同样的工艺常数$\tau=10^{-2}$s(T-NIL-线)及$\tau=10^{-5}$s(UV-NIL-圆圈)，不同宽度条件下，相对厚度与压印时间的关系曲线

图 8-13 不同图形尺寸(宽度 s)的压印时间与相对厚度的关系曲线

必须指出，式(8-23)只适用于单一的结构图形。但实际器件往往包含多种结构，并形成若干空腔。这些空腔的宽度实际上也是另一个重要的几何参数。因为真正影响压印速度的是腔体的体积，即厚度与宽度的乘积。同时，考虑了图形厚度与宽度的压印速度如表 8-2 所示。表中给出的宽度为 500nm，其他数据是参照目前已市场化的和 UV-NIL 和 T-NIL 压印设备实际工艺常数而定的。

表 8-2 不同纳米压印技术的典型压印速度 v(nm/s)与工艺常数和基片尺寸之间的关系。按照层厚 h 相同，空腔长度为 500nm，式(8-22)提供的工艺时间常数 τ，利用式(8-24)计算

压印类型		τ	压模尺寸/cm				
			0.5×0.5	2×2	5×5	ϕ10	ϕ20
UV-NIL	液滴	10^{-6}	5	3×10^{-1}	5×10^{-2}	2×10^{-2}	4×10^{-3}
	层状	10^{-5}	5×10^{-1}	3×10^{-2}	5×10^{-3}	2×10^{-3}	4×10^{-4}
T-NIL	低 η	10^{-3}	5×10^{-3}	3×10^{-4}	5×10^{-5}	2×10^{-5}	4×10^{-6}
	高 η	10^{-1}	5×10^{-5}	3×10^{-6}	5×10^{-7}	2×10^{-7}	4×10^{-8}

表 8-2 中的压印速度值是指一旦空腔完全填充时，压印立即“停止”。但即使在最有利的工艺条件，很小的模板尺寸(例如 5mm×5mm)，压印后继续填充有可能导致严重后果，所以需进一步细化处理工艺和时间，防止不切实际的工艺，过度挤压出材料导致压模与产品无法分开。因此，精确计算控制聚合物体积也很关键。根据纳米压印光刻工艺的要求，残留层必须去除。作为光刻的目标压印产品，并不一定要求填充完全没有缺陷。某些微小的残留物，只要不影响有效蚀刻就可以忽略层薄。但物理自组装的缺陷必须避免，必要时可适当降低 T-NIL 温度。

此外，压模结构及涂膜工艺对加工质量也有重要影响。通常需根据产品图案密度差异确定压模的正或负。因为图案的形状与尺寸对压模结构和图膜工艺有很大的依赖性。总的原则是在保证同样功能情况下，需压印的图形面积越小越好。而多数光量子器件只有小区域的图形是有效结构，所以在无图形部分产生缺陷并不影响成品率。当被加工器件只有部分图案压印结果强烈依赖时，合理采用正性或负性压模，例如在非图案区呈凹陷，有效图形为正图案，所以更容易保证工艺质量，如图 8-14 所示。若以液滴方式涂膜的 UV-NIL 压印(见图 8-14(c))，压印材料主要在图形化的区域内，最大限度地减少了非图案区压印模与材料的接触。更重要的是，负压模可避免纳米压印结构受损，对 T-NIL 和 UV-NIL 压印都是有利的。

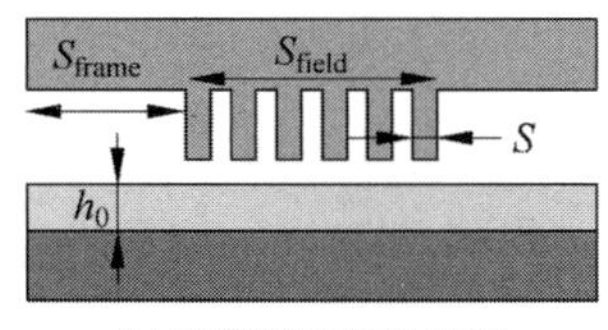
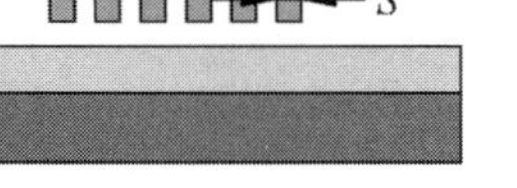

(a) 正压模加旋涂工艺

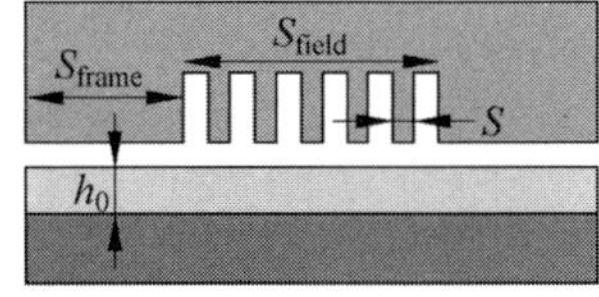

(b) 负压模加旋涂工艺

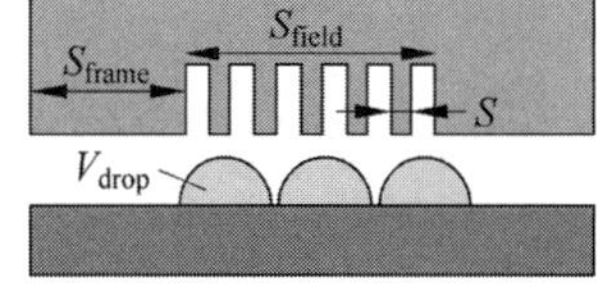

(c) 负压模加点涂工艺

图 8-14　不同压模结构及涂膜方式工艺比较

另外，压模工艺不仅涉及模具本身结构与质量，还与基板和被压印材料有关，而所有压力都集中在整个基片上。若采用厚石英基片，本身是刚性的，不会弯曲。UV-NIL 采用柔性或复压模，可在低压力下较容易实现面积接触涂布的基材。T-NIL 压印模也可能产生变形。常用的硅或镍杨氏模量($E\approx10^{11}$ Pa)比 PDMS($E\approx10^{6}$ Pa)高得多，作用在系统上的压力也高。为避免压模损坏，通常还需添加弹性元件，将几毫米厚的 PDMS 基片，100μm 厚的导热弹性箔或铝片一起粘在压模板上。例如采用 T-NIL 工艺，在 100bar 压力作用下，压模时产生的挠度可能达到 100μm，属压印中最高者，如图 8-15 所示。

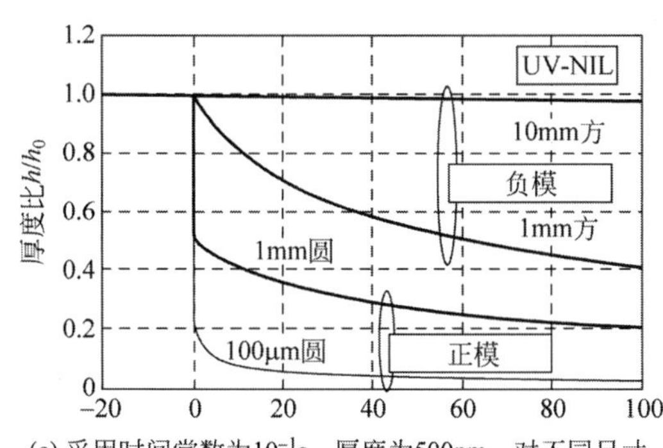

(a) 采用时间常数为10^{-1}s，厚度为500nm，对不同尺寸的有效图形和压模结构的模压时间与相对厚度关系曲线

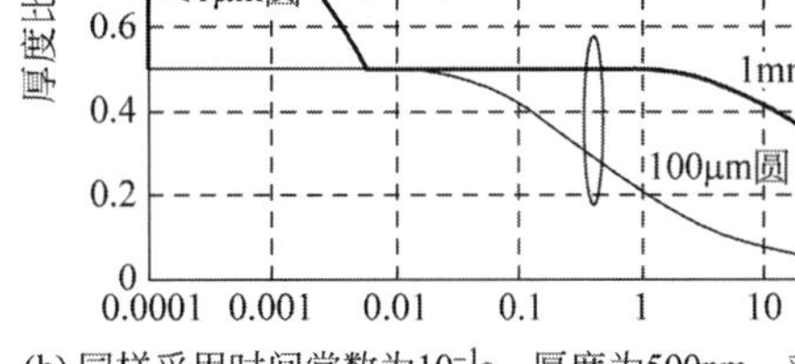

(b) 同样采用时间常数为10^{-1}s，厚度为500nm，对正型压模，图形密度为50%时的厚度比与压印时间的关系曲线

图 8-15　正、负型紫外压印过程中厚度与压印时间关系曲线($\tau=10^{-5}$)

压模安装直接影响压印结果。压模的弯曲变形有利于完整填充图形空腔，但可能影响厚度的均匀性。但如果没有压模的弯曲变形，可能导致部分图形填充不完整。尤其在压模及图形尺寸比较大时，很容易产生缺陷如图 8-16(b)所示。此外，当压印材料黏度低时，也会影响接触和填充造成各种缺

陷，需按照表 8-2 调制工艺参数。可弯曲的压模比较适合密集图案旋涂层压印。液滴涂膜形式可以在一定程度上弥补在压模上图案的密度差异带来的缺陷。对某些厚度较大的器件压印，可考虑将材料旋涂在压模上，而不是在基片上，然后再将压印材料转移到基板上。这种技术对于厚度较大的三维光子器件的制备比较理想，但要求对材料附着力、压力和湿度必须很好地平衡。当压模直径与图形尺寸比较大时，特别要注意疏散基板与压模之间的空间，否则在封闭的压模腔内加工大面积器件时会产生缺陷，如图 8-16 所示。目前已有采用抽真空设备排气的压印系统，可彻底解决残余气泡缺陷问题。UV-NIL 的压力很低，即使采用抽真空技术，气体扩散的效率仍然比较低，所需要的时间可能会在几秒到几分钟。

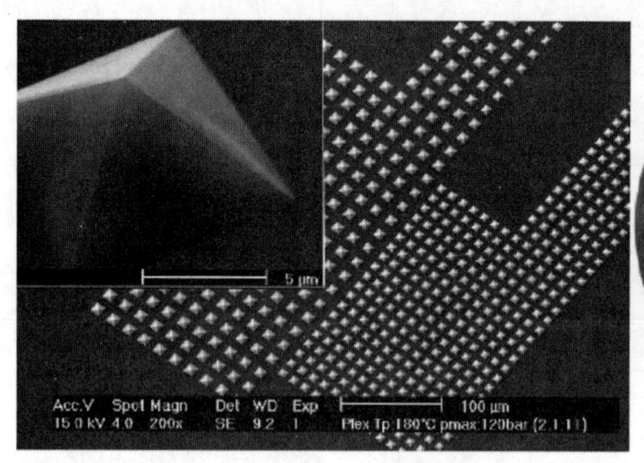

(a) 对于小尺寸压印(基片2cm×2cm，图形5μm)比较很容易实现无缺陷压印

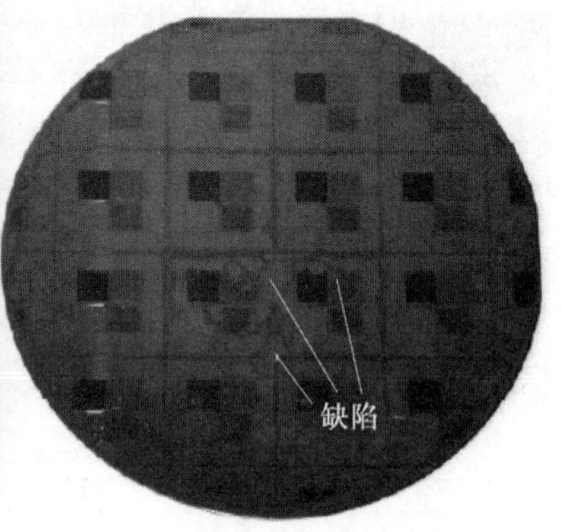

(b) 大面积压印(基片ϕ10cm，图形尺寸2cm)时，存在气泡等缺陷

图 8-16　无缺陷 T-NIL 压印

为了克服这些问题，如果是液态树脂，可调整滴液分布。根据缺陷分布情况(例如图 8-17)，适当增加缺陷部位材料。另外在压印过程中，应注意观察封闭区域内的空气的分散效果。当气体很分散和面积很小时，可通过调整温度和压力完全排除这些缺陷。

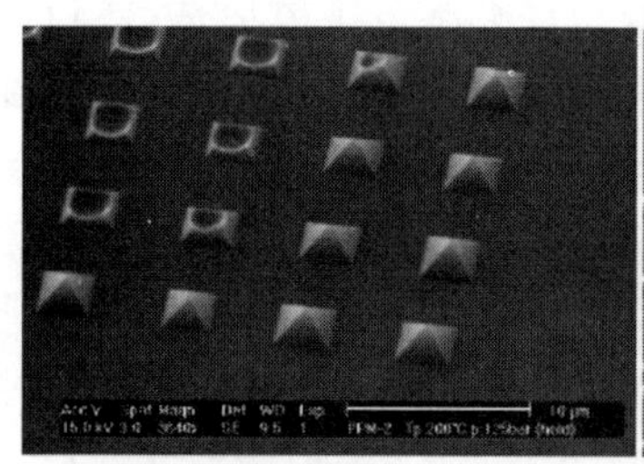

(a) 采用负性压模，只有边缘部分结构填充，很不均匀

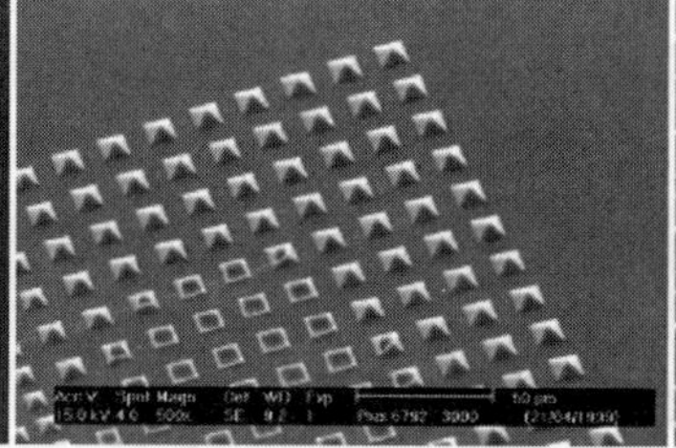

(b) 大部分图形结构完成填充

(c) 仅压模中心部分填充不完整，主要是排气不彻底所致

图 8-17　因填充不完全造成的缺陷

此外，纳米压印过程中，压模与压印材料之间的粘连对产品缺陷及压模使用寿命都有重要影响。在该盖与该印迹层之间的大的接触面积可能会导致大于层和平坦衬底之间的黏合力。这些黏合力作用在整个层上，任何部位都有可能遭到破坏。对粘连影响最大的是表面粗糙度，其他影响均可忽略。根据介质的热力学表面能，可计算出各界面的粘连能 γ。定义基片物＝1，材料＝2 层，压模＝3，各界面的粘连能分别为 γ_{12}，γ_{23}，黏结和聚集能为 W(W 为每单位面积的能量)和实际接触面积为 A_c，则可建立以下方程：

$$\Delta W_{\text{adh}} = A_{\text{c,sub}} w_{\text{adh,sub}} - A_{\text{c,stamp}} w_{\text{adh,stamp}} > 0 \tag{8-25}$$

$$w_{\text{adh,sub}} = \gamma_1 + \gamma_2 - \gamma_{12} \approx 2\sqrt{\gamma_1 \cdot \gamma_2}\text{；}\quad w_{\text{adh,stamp}} = \gamma_2 + \gamma_3 - \gamma_{23} \approx 2\sqrt{\gamma_2 \cdot \gamma_3} \tag{8-26}$$

$$\overline{W}_{adh}=\frac{A_{c,sub}w_{adh,sub}+A_{c,stamp}w_{adh,stamp}}{2}<A_{c,sub}w_{coh,layer}=2\gamma_2A_{c,sub}=W_{coh} \tag{8-27}$$

式(8-25)代表粘连能，式(8-27)代表内聚破坏力。只要满足黏结强度 $W_{adh}>W_{coh}$，则能成功分离，膜层保持不变，否则可能产生破裂，材料贴在压模和基板上。当压模的黏附比基材的附着力强时($\Delta W_{adh}<0$)，材料则会从衬底上脱落堵塞压模图案(采用 T-NIL 和热塑性材料时，压模很容易用溶剂清洗。若用 UV-NIL 压印时，由于固化过程中产生粘连，清洗比较困难，需采用等离子体清洗)。由于图案密度可能局部超过压模 $A_{c,stamp}(x,y)$。按照式(8-25)计算，高接触区(密集区域)局部平衡被破坏，而出现如图 8-18 所示的缺陷。所以有效的防粘连措施十分重要。

图 8-18　压印工艺中当压模的黏附比基材的附着力强时($\Delta W_{adh}<0$)，材料则会从衬底上脱落到图案上，或使图形结构遭严重破坏

5. 防黏附措施

压模与加工层之间产生的黏附是纳米压印工艺中产生缺陷的主要因素。从式(8-25)可知，压印中各表面之间的黏附取决于各层的参数特性。因此，可从两个方面进行处理，使压模和压印层之间的黏附减少：(1)减少压模表面的黏合能；(2)减少材料层本身的表面黏合能。例如在材料层加含氟的添加剂，以降低材料层与压模表面之间的黏附性，但同样降低了材料层和衬底之间黏附性，因此这不是最好的防黏措施。除非采用向异性的材料，只减小与压模表面之间的粘连和凝聚力，但此工艺很复杂。所以，预防粘连的经典方法是采用防黏层的压模。只有这种经过处理的副压模用于压印。一个模板可复制若干工作压模，还可以降低整体产生成本。例如采用有机改良陶瓷(ORMOCER)材料(表面能≈23mN/m)作为压模基材。另外，可采用聚四氟乙烯进行处理。在压模表面通过等离子体沉积四氟乙烯或 CF_4/H_2 气体，但厚度必须足够小，以保证压模图案的尺寸不受影响。另外，通过工艺试验证明，此防粘连层会在压印过程中转移到聚合物表面，且一般不容易进一步处理。其他防粘连方法还有在压模其表面由自组装亚纳米厚度的高耐久性防黏层。例如使用 Si-Cl 组合、Si-OCH_3 组合或 Si-OCH_3 组合的线性分子特征，将其涂布在压模表面，结合成 OH-基团。这些以 Si 或石英为基础的薄膜，通过等离子体处理或紫外线臭氧处理的压模具有良好的防粘连性。此外是采用氟化物降低表面能，即用单或 3 价氯硅烷(CF_3-$(CF_2)_n$-$(CH_2)_2$-Si-Cl_3)和甲氧基硅烷(CF_3-$(CF_2)_n$-$(CH_2)_2$-Si-$(OCH_3)_3$)在压模表面沉积一定厚度的覆盖膜。但这种方法对许多材料不能使用，例如自聚合物容易受弱表面预处理后的压模浸润，致使压模上的微小的凹槽因溶液不能进入而无法涂布。因此，气相涂布成为首选。即通过加热液体原料(典型的沸腾温度为 150～250℃范围)或蒸发(典型蒸气压为 0.1～1bar)，有一定的湿度反而有利于与表面结合。其反应过程分以下两个步骤：(a)R-Si-Cl＋H_2O→R-Si-OH＋HCl；(b)R-Si-OH＋HO-Si-基片→R-Si-O-Si-基片＋H_2O(R 表示硅烷)，厚度能达到 1nm 或更小。与硫醇自组装不同，硅烷适合于 T-NIL，能接受压印过程的温度。对于 UV-NIL，压印效果较差，因为固化过程中强紫外辐射产生的化学物质会破坏防黏层。

6. 激光辅助纳米压印光刻

纳米压印技术除了可以直接通过热压注塑方法加工最终图形外，还可以在致抗蚀剂膜上压印成型，然后再采用各种刻蚀方法获得最终图形。还有一种利用光学与压印相结合，直接在硅片上成型的方法。这种方法被称为纳米压印光刻技术，具有生产效率高、低成本和后续工艺兼容性好的优点，而且属于非光学加工方法，分辨率不受衍射的限制，非常适合结构不十分精细的器件制造。纳米压印光刻的关键是压印模的加工。因为它不仅必须有较高的硬度和强度，而且必须对辅助光束具有很好的透明度。采用激光辅助，直接在硅片上压印纳米结构的光刻技术，及制备工艺过程如图 8-19 所示。压印模具由石英制成，直接紧压在硅衬底上。采用真空法使石英掩模与基片硅表面密切接触，不能存在任何间隙；然后在压印模上方，采用石英模具不吸收的 308nm 波长 XeCl 准分子激光器强激光脉冲照射数百纳秒，使基片硅表面融化。此熔融硅层厚度约 300nm，被石英模挤压为石英模具的浮雕型。迅速冷却凝固后，硅片即可与压模分离，且获得所需的图形。实验证明，这种方法加工的各种硅结构，最高分辨率可达到 10nm，已成功用于制造纳米光电探测器、硅量子点、量子线和环管。

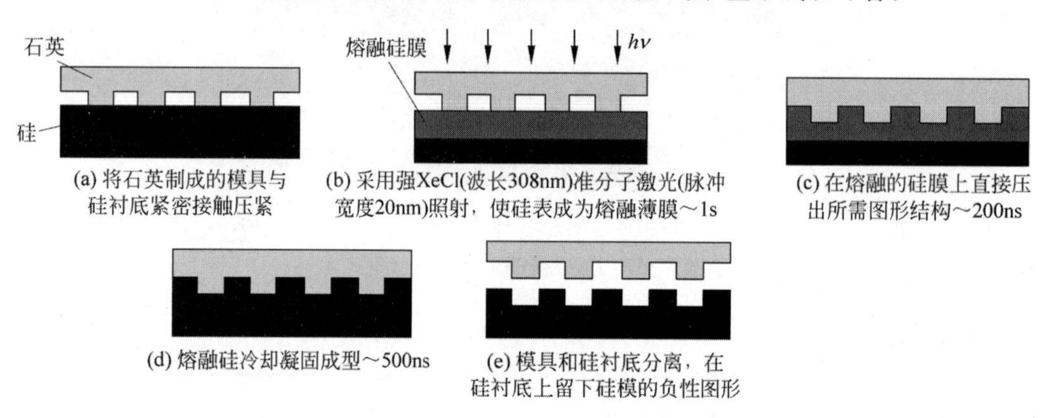

图 8-19　在硅片上采用激光辅助直接压印(LADI)纳米结构原理

7. 微接触及弹性压模加工

微接触压印(Microcontact Printing，μCP) 和弹性模加工(Elastomer Stamp Fabrication，ESF)都是以自组装图案技术为基础的纳米结构加工技术。具有相对高的分辨率(小于 100nm 线宽)。与上述纳米压印相比，主要差别在于加工压力很轻，对被加工对象几乎没有任何影响，适合复杂结构的后工序加工。当然也可用于厚度较薄的表面成型，或仅作为图形转移之用。模具通常采用聚甲基硅氧烷聚合物(polydimethylsiloxane，PDMS)制造。PDMS 坚固耐用，化学稳定性好，最高工作温度可以达到 100℃。其他聚合物材料，如酚醛聚合物、热塑性聚氨酯和聚酰亚胺均可使用，灵活性很大。但无论何种材质，都必须首先加工负性硅压模，再转移到 PDMS 或其他材料的压模上，如图 8-20 所示。μCP 加工可采用沾“墨水”方式，将烷硫醇分子转移聚合物基板上形成自组图案。而 ESF 技术主要用于将图形转移到需加工基片的抗蚀剂层上，然后采用其他工艺完成纳米结构成型。这种工艺的主要优点是快速、高效和低成本，作为纳米结构制造的辅助工序使用。但只要工艺条件具备，也能得到低至 30nm 的有效加工分辨率。

如图 8-20 所示，由于 PDMS 模具有一定柔性和弹性，对平面度较差的衬底材料也能加工。经过大量实验研究证明，对于适当的纵横比可以保持模式精密转移，基材和模具不会发生粘连。具有弹性的聚二甲基硅氧烷模相当于一个印章，很适合于单图形较小的大面积图形化加工要求。利用具有弹性的 PDMS 模具，相当于“印章”，通过微接触压印将微结构转移到被加工的基片上，工艺效率很高。PDMS 模具的制造可采用传统的 CMOS 工艺，能达到纳米级图形化的要求，加工设备及使用条件相对价廉，便于推广使用。其中最关键的技术是配制黏性适度的“墨水”，与 PDMS 表面粘合力、厚度均

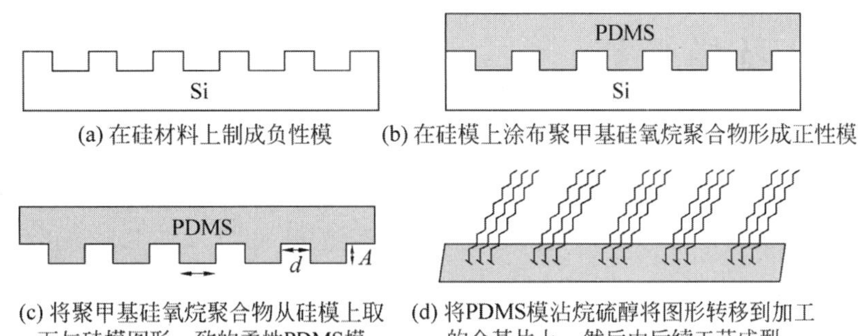

图 8-20　微接触弹性压模加工工艺过程示意图

匀性及产生缺陷有很大关系。选择配制性具有良好电性能、化学和光学敏感性和选择性，并适于室温条件下使用的纳米器件纳米线器件的结构化材料是今后进一步改善图形化微结构，并适合于各种后续工艺：光刻法、电子束光刻法、亲水-疏水作用自组装单分子层、自组装微球单层膜等技术的配套使用。正确配制材料，严格控制温度变形、刚度和稳定性就能加工出高质量的精细结构如图 8-21 所示。由于压模有一定变形，所以图形排列不太整齐，但局部微观图形结构参数及质量完全可以保证。

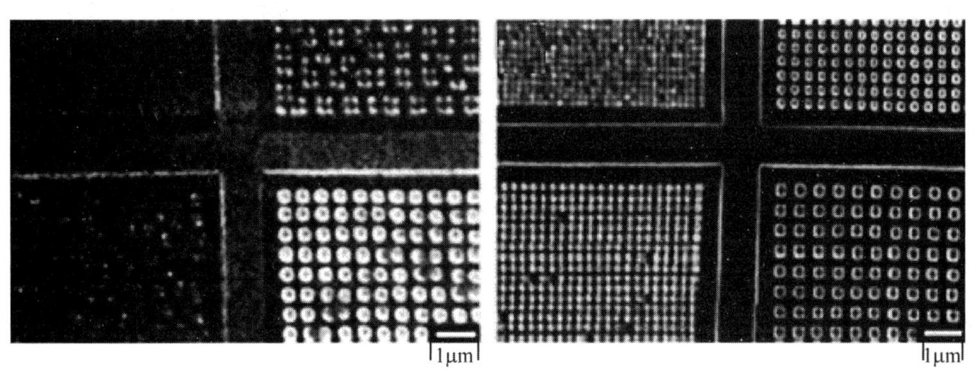

图 8-21　采用 μCP 和 ESF 工艺加工的 1μm 尺度结构样品的 SEM 图像

8. 纳米压印光刻的基本工艺流程

以上各种纳米压印技术，虽然设备结构和加工方法有所不同，但基本工艺流程大同小异。主要包括：

(1) 压模制备。这是获得高质量，高分辨率图形的基础，直接影响纳米图形复制的成功率。压模的主要材质是高品质的聚合物，原模材料是高平整度石英玻璃。最简单的方法是利用上述自组装工艺，直接在石英玻璃表面组装抗蚀剂图形，然后腐蚀组成石英模，再传递为聚合物加工模具。当然也可以利用传统集成电路加工工艺，采用常规光学或电子图形发生器将石英基片加工成原模，在转移为聚合物工作压模。因为聚合物加工模可能在生产过程中损坏，需根据使用情况，加工多个备份。

(2) 加工基片备制。包括抛光、清洗、干燥等工序。必须保证不存在任何与图形尺度对应的颗粒。

(3) 涂胶。即涂布光刻胶。目前主要采用的旋涂法，但这种方法只能加工微米级膜层。对于微米以下膜层，特别是纳米级膜层只能使用自组装方法。光刻胶涂布完成后，还需根据按照所用光刻胶规范完成相应的各后续工序。

(4) 压印光刻。采用微压印(μCP)或紫外固化压印(UV-NIL)，将压模上通宵转移到基片上。

(5) 成型。通过后烘、显影、腐蚀、清洗、干燥等序列工序获得最终图形。在实际加工生产中还需进行一系列质量检查，才能确定所加工的纳米器件质量及工艺流程是否真正符合设计要求。

8.3 光学无掩模光刻

光量子存储必须采用高效率的纳米加工技术，特别是在科研和新产品开发中，由于设计变更频繁，无掩模光刻意义更为重大。纳米无掩模光刻技术包括电子束、离子束扫描、纳米探针光刻均属于无掩模光刻。目前比较普遍使用的是无掩模原子力显微镜光刻，可以加工 10nm 甚至更精细的图形或结构，在 8.2 节中已做了详细介绍。这种方法最大的缺点是结构效率低，只适合于样品实验加工。此外，还有多种光学无掩模光刻(Optical Maskless Lithography，OML)设备和方法。例如采用等离子体透镜"蝇眼"阵列，短波长表面等离子体透镜可获得 100nm 以上的分辨率。如果要进一步提高光学系统分辨率，只能采用浸没透镜或在近场条件下工作。根据类似磁盘空间空气轴承结构原理设计的近场光学间隙控制系统，已实现运动线速度为 3～4m/s 时保持 30nm 的间隙，完全能满足近场光学要求。当采用波长 197nm 的 ArF 准分子远紫外激光器作为光源，放大率 100 倍的近场光学物镜组成的无掩模投影光刻系统，实际有效加工分辨率可达 20nm。为解决高分辨率与加工效率的矛盾，可采用多投影系统组合阵列结构。即由计算机同步控制这种投影光刻阵列中的全部光学系统，在同一时间内完成若干(取决于阵列中的单元数)同样图形的光刻加工。不仅解决了加工效率低的缺点，而且因为是多投影系统在同一基片上分区定点光刻，大大提高了套刻精度，缩短了精密工作台的运动行程，简化了投影光刻机的结构和制造成本。而且，阵列中的投影光刻单元数可根据基片尺寸增加或减少，加工效率只取决于单系统的光刻速度，与基片尺寸无关。所以，对大面积基片(例如直径 600mm 基片)的生产更为有利。

高倍近场光学无掩模光刻系统如图 8-22 所示。计算机将结构设计数据转换为控制程序驱动纳米定位的精密工作台，直接对移动的基片上的光致抗蚀剂涂层曝光。如果图形均为不同宽度尺寸的正交线性组合(例如各种 IC 芯片)，由程序控制的可变光栏直接修正光刻参数，如图 8-22 所示。如果图形比较复杂，特别是存在曲线或某些特殊结构，则可采用空间光调制器用空间光调制器(Spatial Light Modulator，SLM)取代上述可变光栏。控制计算机可直接与计算机辅助设计(CAD)系统相衔接，图形数据直接输入 SLM，形成所需结构图形。近场光学系统将 SLM 图形转移到基板上的光致抗蚀剂上，拼接成最终需要的图形。但由于目前的 SLM 器件不能用于深紫外，采用波长为 360～405nm 的高压汞灯光源，最高分辨率只能达到 40～50nm。但无论是采用可控制光栏还是 SLM，系统均同步提供图形加工过程信息，所有图形同时显示在系统大屏幕液晶显示器上。操作人员可随时发现图案的离散性缺陷，进行适时处理。另外，还可以采用图形分析计算软件对微型图案结构尺寸与设计数据进行比

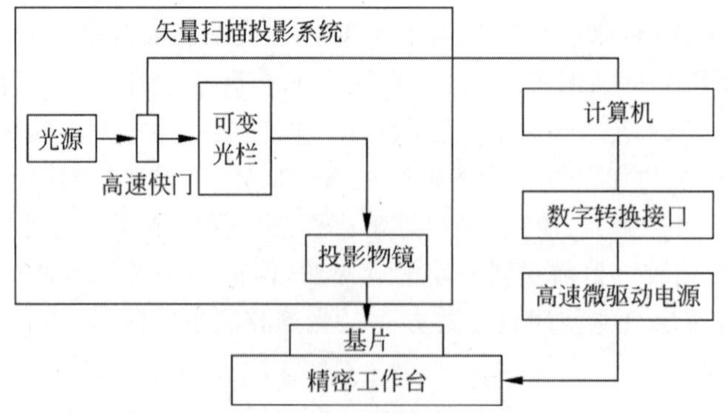

图 8-22 光学无掩模光刻系统结构原理示意图。矢量扫描图形生成系统根据设计数据转换为两部分控制程序。一路通过计算机控制工作台和快门，另一路通过计算机控制精密工作台。光源为大功率 ArF 准分子激光器或高压汞灯，通过石英光纤分导进入曝光系统

对，对工艺参数和加工质量进行动态控制。工作台的步长须根据曝光模式和图形尺寸选择，并与工作台运动速度及每个结点之间的距离进行平衡。对于用户所选择的数据和参数，计算机自动进行处理保存，供以后参考。

由于系统已采用波长 193nm 的光源和大数值孔径浸没物镜，若需进一步提高光刻分辨率，唯一可以改进的部位是可变光栏和 SLM 的光学特性。即采用类似传统分步投影光刻机中，利用相移掩模产生的光学邻近校正(Optical Proximity Correction，OPC)效应，提高光学投影成像的有效分辨率。例如，采用致密干涉形成的模板或特殊纳米离子结构，取代可控光栏及空间光调制器(SLM)像素边沿的光学性质，改善图形边缘能量分布，从而提高光刻系统分辨率，即所谓相位调谐技术。由于光束沿纵向轴产生的偏角 θ 取决于波长，而在横向方向的偏角可用相变控制进行适当修正调整。根据衍射原理，光束的横向偏角 ψ 可用下式计算：

$$\sin\psi = \frac{\lambda_0 \phi}{2\pi d} \tag{8-28}$$

式中，ϕ 为平均单元相位增量；d 为线宽。光线通过宽度为 d 的狭缝的相位和通道矢量发生变化，采用傅里叶变换自动优化程序进行分析计算，得到相应的远场分布理论计算曲线如图 8-23 所示。

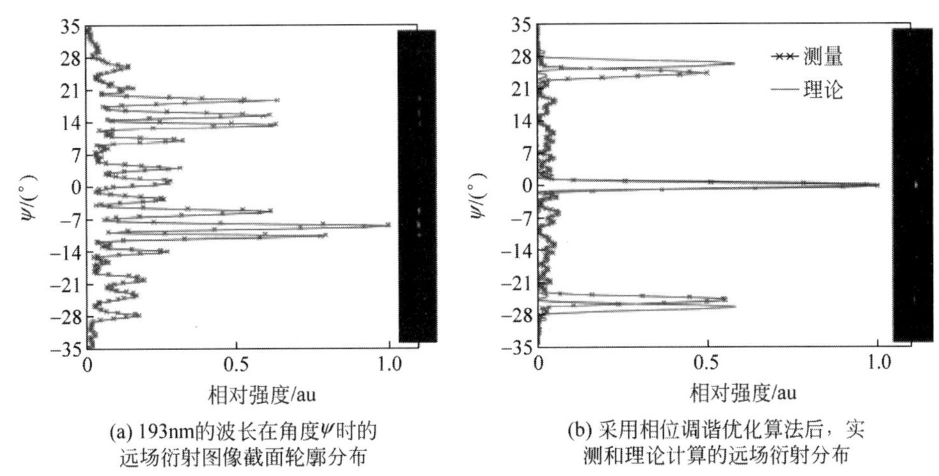

(a) 193nm的波长在角度ψ时的远场衍射图像截面轮廓分布　(b) 采用相位调谐优化算法后，实测和理论计算的远场衍射分布

图 8-23　采用不同处理程序获得的像面空间光场分布对比

根据计算机模拟数据，采用电子束曝光制成的光学相位校正后，干涉光栅构成的狭缝束实际光刻实验结果如图 8-24 所示。该实验样品用反应离子刻蚀加工而成。实验证明，这种衍射修正方法对系统分辨率具有相当的影响。这种光学修剪技术能在一定程度上进一步提高浸没透镜投影光刻的分辨率。但就目前已有的纳米结构加工技术，还不可能实际用于可控光栏，更不可能加在空间光调制器上。只能证明采用边界纳米光学修正技术，对提高投影光刻系统分辨率具有相当的发展空间。

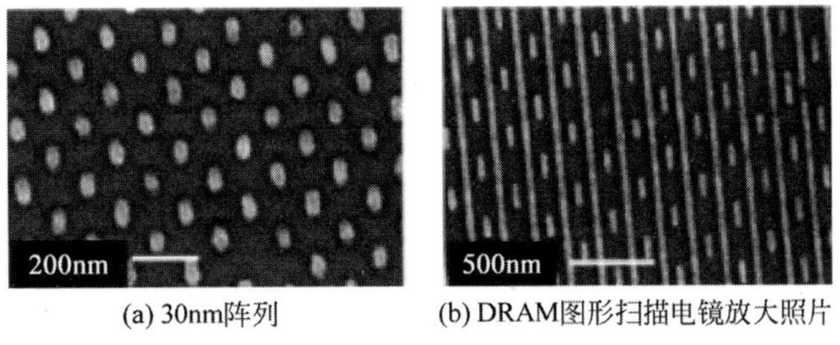

(a) 30nm阵列　(b) DRAM图形扫描电镜放大照片

图 8-24　电子束曝光加工的 40nm 半间距干涉光栅形掩模，在同样投影光刻系统和工艺条件下加工成的扫描电镜放大照片

1. 近场光学无掩模阵列光刻系统

图 8-22 所示的光学无掩模光刻系统虽然可以获得 20nm 有效分辨率。但经过 100 倍物镜缩小，单元图形面积很小，加工效率低。面对尺寸越来越大的晶片（例如直径 300mm 以上），完成一片光刻需要数小时。为提高产生效率，将 400 个无掩模光刻系统组成 20×20 光学矢量扫描阵列光刻（Optical Vector Array Lithography，OVAL）系统，可使加工效率提高 400 倍以上，光刻直径为 300mm 的晶片只需 1～2min。这完全能满足各种微结构的无掩模制造，特别是混合集成器件，例如 MEOMS 器件、传感器和光量子存储器等规模化生产的要求。其结构原理如图 8-25 所示，超半球浸没物镜如图 8-26 所示。该系统的矢量模式图形的生成有两种方式。一种是采用 800×600 像素阵列的空间光调制器（SLM），面积为 9mm×8mm，像素单元尺寸为 8μm×8μm，工作波长为 405nm。经过 100 物镜缩小，在像面上每个像素的尺寸约 10nm×10nm，适于光刻图形结构复杂（特别是需要加工不规则线条）但对分辨率要求较低（大于 40nm）的图形光刻。根据 SLM 光学性能，采用波长为 405nm 的大功率高压汞半导体激光器为光源，用于这种半导体激光器体积较小，可在阵列中每个单元内独立安装。所以系统结构比较简单，非常适于光量子存储器件制造。另一种方式是利用二维可控光栏，采用波长 197nm ArF 准分子远紫外激光器作为光源，光刻分辨率优于 25nm，但不适合于光刻具有弧形结构（如变向光波导）的图形。无论是采用大功率高压汞灯还是准分子远紫外激光器，照明都是通过石英光纤分导至阵列中各投影单元，曝光时间和能量由计算机统一控制，如图 8-25 所示。近场投影浸没物镜系统结构如图 8-26 所示。

(a) OVAL无掩模直接写光刻实验系统外形

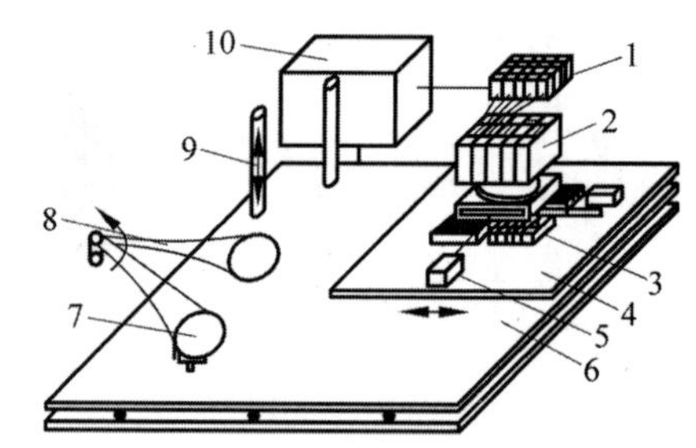

(b) 结构原理示意图

图 8-25 近场光学无掩模直写光刻系统

1—ArF 准分子远紫外激光光源；2—纳米激光束阵列；3—磁浮工作台；4—托板；5—高分辨率激光干涉仪；6—更换晶片器预对准工作台；7—晶片预对准系统；8—机械手；9—晶片定位校正系统；10—控制单元

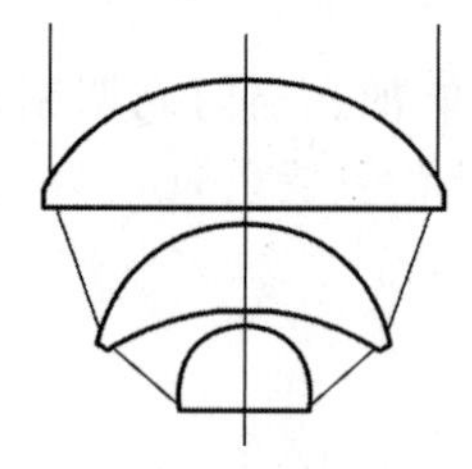

图 8-26 近场投影浸没物镜系统结构

2. 光学系统分辨率

用于波长为 197nm 的 ArF 准分子远紫外激光器为光源的近场光学物镜系统，全部采用熔融光学石英玻璃制造，其光场能量分布函数 $f(r)$ 的傅里叶积分为

$$f(r)=\frac{1}{4\pi^2}\iint_H F_0(k_x,k_y)\exp[\mathrm{i}(xk_x+yk_y)]\mathrm{d}k_x\mathrm{d}k_y \tag{8-29}$$

将函数 $f(r)$ 坐标系转化为矢量波动方程，建立光学系统的电磁场分布模型，作为定量分析光轴上输出光点源强度分布的基础，并可用下式描述：

$$E_{xz}=(n^2-1)\sum_{k_\mathrm{m}}\frac{kk_\mathrm{m}+pq_\mathrm{m}}{q-q_\mathrm{m}}[\exp\mathrm{i}(q_\mathrm{m}-p)\xi]_{k-k_\mathrm{m}}T(k_\mathrm{m}) \tag{8-30}$$

式中，$f(r)$ 和 E_{xz} 为能量分布函数和光场的矢量波动方程；x,y,z 为系统空间坐标系；n 和 n' 为透镜材料的折射率和浸没介质折射率（对于近场光学系统可认为 $n\cong n'$）；k,k_m 为 p,q 各阶相互垂直的偏振电磁场振幅分量；ξ为形态函数，$T(k_m)$为发射场振幅。

对于采用高压汞灯的 306nm 谱线为光源，由程序控制空间光调制器生成矢量图形的光刻系统。投影物镜采用中国生产的型号为 K9T，LaK7 及 ZLaF4 光学玻璃制造。这些光学系统采用的光学材料，浸没液体及投影物镜的数值孔径，如表 8-3 所示。

表 8-3　近场投影物镜材料及相关特性参数

材 料 名 称	K9T 光学玻璃	LaK7 光学玻璃	ZLaF4 光学玻璃	熔融石英玻璃
折射率	1.535 82(360nm)	1.745 74(360nm)	1.925 67(360nm)	1.534 829(197nm)
浸液折射率	1.52	1.75	1.93	1.52
数值孔径	0.91	0.95	0.96	0.91

以光学系统的电磁场分布模型复振幅方程式(8-30)为基础建立的物镜输出面电磁场分布模型，可计算出本系统光轴上点源光能量模拟分布，如图 8-27 所示。若物镜采用的材料为表 8-3 中的熔融石英光学玻璃，系统的其他设计参数为：数值孔径 0.91，有效数值孔径 1.52，工作波长 197nm 的 ArF 准分激光器，工艺常数取 0.4。根据上述数学模型计算的物镜的输出面上，以光轴为中心的光能量分布模型如图 8-27 所示。可以看出，光能基本上分布在直径 80nm 范围内，而且约 80%的能量集中在直径 50nm 的光场区域。有效分辨率可以达到 40nm。但此系统的光斑由可变矩形光栏控制，不能光刻曲线。如果需要加工复杂的图形，需采用像素为 800×600 阵列的空间光调制器取代可变矩形光栏，相应的光源换为波长 360nm 的高压汞灯。由于空间光调制器最小单元尺寸为 8μm×6μm，完全可以满足各种复杂结构(包括弯曲光波导器件)的拼接，实现各种结构的无掩模光刻，非常适合光量子器件的结构制造。当然，由于光源波长几乎增加一倍，虽然有效数值孔径增大为 1.93，实际光刻分辨率还是有所降低，只能达到 50nm。若要求进一步提高系统的有效分辨率，除了采用波长更高短的光源外，可利用前面介绍的光栏边缘移相控制或纳米离子效应，减小系统中控制光斑尺寸的矩形光栏，有可能将有效分辨率提高到 20nm 左右。例如，美国林肯实验室采用 157nm 波长光源的浸没式物镜，与 27nm 半间距光栅修正光栏边缘衍射分布技术组成的同类型的无掩模光刻系统，获得的有效加工分辨率为 22nm，并已将此系统用于集成光学、微流体芯片及固态光子存储器加工实验。利用此工艺实际加工的 PMOS 晶体管及 NMOS 门器件如图 8-28 所示。采用正、负光致抗蚀剂进行比对实验，证明对图形质量的影响不大，可根据加工器件结构的需求确定。

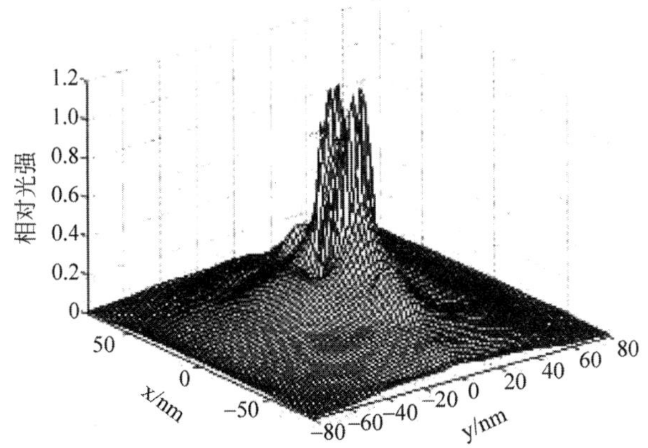

图 8-27　采用 405nm 波长时，物镜输出面上以光轴为中心的三维光强分布

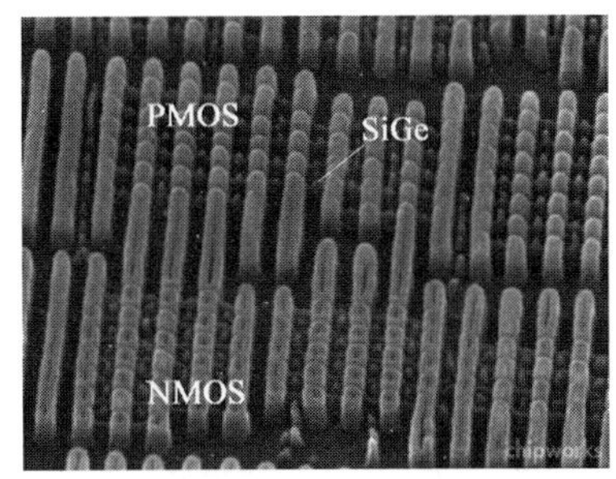

图 8-28　NMOS/PMOS 三极管扫描电镜放大照片

另外，为了保证具有一定厚度的光致抗蚀层均充分曝光，被曝光图形需全部进入同样强度的光能分布区域，对于投影光刻系统像面上纵向光能分布也有一定要求。由于本系统使用的光源都通

过全内反射光线分导照明，光强已得到匀化。聚焦光束在不同的轴向位置 $W(y)$ 的 Gauss 分布特性为

$$W(y)=W_0\left[1+\left(\frac{\lambda y}{\pi W_0^2}\right)^2\right]^{1/2} \tag{8-31}$$

式中，W_0 为照明光束最小截面半径。

$$W_0=\sqrt{\frac{\lambda L}{2\pi}} \tag{8-32}$$

式中，L 为波导出口直径；λ 为波长。每个界面上的波前半径 $R(y)$ 为

$$R(y)=R_0\left[1+\left(\frac{\pi W^2(y)}{\lambda R_0}\right)^2\right] \tag{8-33}$$

式中，$W(y)$ 为出射光斑半径；$R(y)$ 为波阵面半径。由于出射光束振幅沿光轴半径方向呈非线性衰减，光照强度与轴向位移成反比。若定义光强度变化 10% 以内，为光强深度方向的允差，可计算出照明光源纵向深度。对于采用可控光栏的投影光学系统，将此结果除以物镜的轴放大率，即可获得像方深度。如果采用空间光调制器，则需按照其衍射特性另行计算。由于本系统采用的准分子激光器为椭圆偏振光，其空间能量分布为

$$E_j(r,t)=\exp[-\mathrm{i}\omega t]\sum_{m=0}^{M}P_{m_j}(n,\theta)J_{\mathrm{m}}(\alpha r) \tag{8-34}$$

式中，r 为空间位置矢量；ω 为角频率；θ 为入射角；α 为偏振面与入射光轴夹角；J_{m} 为 Bessel 函数。对不同空间入射角，偏振纵向振幅偏振分量为

$$P_{O_y}^{\mathrm{pol}}(n,\theta)=\pi A\exp(-|\omega_t|z)(t_{\mathrm{TE}}+t_{\mathrm{TM}_{xy}}\cos\theta)a\sin\varphi$$

$$P_{1_z}^{\mathrm{pol}}(n,\theta)=-\mathrm{i}2\pi t_{\mathrm{TM}_z}A\exp(-|\omega_t|z)\cdot\sin\theta(\cos\varphi\cos2\xi+a\sin\varphi\sin\xi)$$

$$P_{2_x}^{\mathrm{pol}}(n,\theta)=\pi A\exp(-|\omega_t|z)(t_{\mathrm{TE}}-t_{\mathrm{TM}_{xy}}\cos\theta)\cdot(\cos\varphi\cos2\xi+a\sin\varphi\sin2\xi) \tag{8-35}$$

式中，A 为入射线偏振光振幅，所以光强度 $I=A^2$。根据以上数学模型计算的系统光轴截面上光场分布如图 8-29 所示。大体上可以看出，在 100nm 范围内光束发散不大，与实际测量结果基本一致。如果采用的光致抗蚀剂的厚度为 100nm，则调焦误差必须为零。说明本系统对焦面控制要求极为严格。

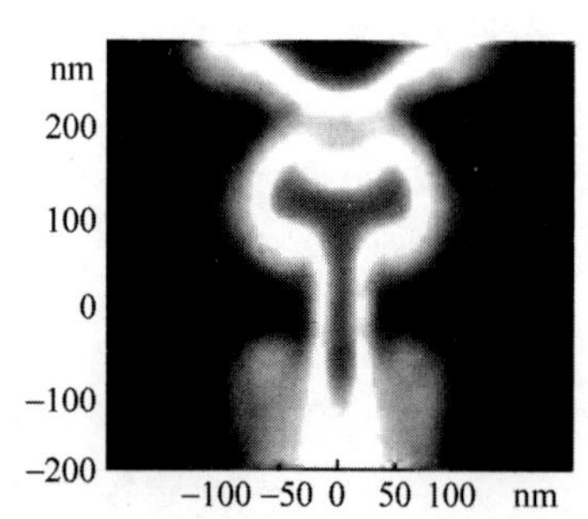

图 8-29 根据矢量衍射模型计算的光学系统焦面上输出光场纵向能量分布

本系统采用的投影物镜，对 197nm 波长光源为固体浸没透镜(Solid Immersion Len，SIL)，对 360nm 波长光源为液体浸没透镜(Liquid Immersion Len，LIL)。基于流体力学的微流动理论设计的流体动压支撑纳米间隙自动控制飞行系统的工作原理如图 8-30 所示。

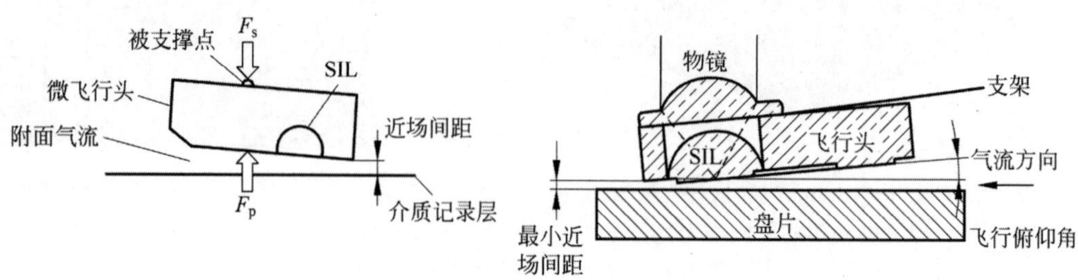

图 8-30 流体动压自动平衡近场间隙飞行系统的工作原理示意图

在运动过程中，流体导入盘面和嵌入浸没透镜微飞行头底面，在特殊设计的底面结构作用下，使流体形成一层厚度几十纳米的动压润滑薄膜。不仅使之不与样品表面接触，而且当微飞行头所产生的浮力 F_p 与其自重和主光学单元施加的载荷 F_s 平衡时，系统达到稳定工作状态，形成厚度一定的纳米量级流体薄膜，从而达到高精度自动调焦的目的。

对于连续流体，根据 Navier-Stokes 流体运动方程，并考虑润滑层内流动的边界特点和流动的连续性，以及气体满足的状态方程，可以推导出一般型的气体动压润滑基本方程——广义 Reynolds 方程如下：

$$\frac{\partial}{\partial x}\left[ph^3\frac{\partial p}{\partial x}\right]+\frac{\partial}{\partial y}\left[ph^3\frac{\partial p}{\partial y}\right]=6U\mu\frac{\partial}{\partial x}[ph]+6V\mu\frac{\partial}{\partial y}[ph]+12\mu\frac{\partial}{\partial t}[ph] \tag{8-36}$$

式中，p 为气体(或液体)浮力分布函数；h 为气膜厚度；μ 为流体黏度；U,V 分别为附面气流沿 x 方向和 y 方向的线速度；t 为时间。

由于飞行系统工作的近场间距已经接近甚至小于分子平均自由程，附面气流夹杂的高速灰尘粒子流将在微飞行头底面、盘面之间形成摩擦，在基片高速运动时，这种轻微摩擦都会对导致微飞行头底面和光刻介质磨损，引起严重后果。因此，必须对微飞行头底面的流场分布，底面各部分灰尘粒子的流量和流速进行精确计算与控制。为提高数值求解的收敛性，采用行扫描法求解离散的修正雷诺方程，将离散的修正雷诺方程可以改写为

$$\begin{aligned}
&a'_O P_O = a'_A P_A + a'_B P_B + a'_C P_C + a'_D P_D + b(P_O)\\
&a'_A = \frac{(QPH^3)}{\delta y}\Big|_{A'}\Delta x(A(|P_{A'}|)) + \max(-(\Lambda_y H)\big|_{A'}\Delta x, 0)\\
&a'_B = \frac{(QPH^3)}{\delta x}\Big|_{B'}\Delta y(A(|P_{B'}|)) + \max(-(\Lambda_x H)\big|_{B'}\Delta y, 0)\\
&a'_C = \frac{(QPH^3)}{\delta y}\Big|_{C'}\Delta x(A(|P_{C'}|)) + \max((\Lambda_y H)\big|_{C'}\Delta x, 0)\\
&a'_D = \frac{(QPH^3)}{\delta x}\Big|_{D'}\Delta y(A(|P_{D'}|)) + \max((\Lambda_x H)\big|_{D'}\Delta y, 0)\\
&a_{O'} = a_{A'} + a_{B'} + a_{C'} + a_{D'} +\\
&\max(0, (\Lambda_y H)\big|_{A'}\Delta x + (\Lambda_x H)\big|_{B'}\Delta y - (\Lambda_y H)\big|_{C'}\Delta x - (\Lambda_x H)\big|_{D'}\Delta y)\\
&b(P_O) = \max(0, (\Lambda_y H)\big|_{C'}\Delta x + (\Lambda_x H)\big|_{D'}\Delta y - (\Lambda_y H)\big|_{A'}\Delta x - (\Lambda_x H)\big|_{B'}\Delta y)P_O
\end{aligned} \tag{8-37}$$

根据以上数学模型分析计算设计的一种正负压力并存的微型飞行头底面结构如图 8-31(a)所示。这种负压型微飞行头底面采用了 3 层结构，沿长度方向的弧形冠面和沿宽度方向的拱形面叠加形成的非球面，不仅能防止型微飞行头直接损伤加工件表面，而且增加了流体支撑刚度。使底面所形成的压力分布如图 8-31(b)所示。当 SIL 移动中产生的附面气流首先由导入边的台阶面引入，由浅通气槽轨道流向气垫面，由于气垫面和通气槽高度差很小，附面气流受到极大压缩，在轨道上形成正压力。当气流进入开放式主通气槽时，因主通气槽与气垫面的高度差相对较大，被压缩气体此时进入一个相对开阔的区域而迅速膨胀，使气体在开放的主通气槽的压强减小，甚至低于大气压，出现负压效应，提高了系统稳定性。位于开放式主通气槽中心的轨道对气流流向有一定调解作用，有利于气流沿开放式主通气槽两侧及 SIL 两侧的通道顺利流出，减少了可能流入 SIL 底面的灰尘颗粒，同时减小了开放式主通气槽的面积，提高了微飞行头的承载力。此外，这两个轨道上的正压力对微飞行头的俯仰角也有一定影响。气流经过主通气槽后，流向 SIL 底面形成的轨道再次被压缩，形成导出边的正压力，与导入边的正压力共同支撑微飞行头。当微飞行头受到的正压力和负压力的合力与加载力平衡时，飞行系统处于稳定工作状态。实际测试证明，此系统的控制误差小于 5nm。

对于 LIL 浸没系统，光学性能最好的浸没介质应该与物镜材料的折射率相同，但目前折射率在

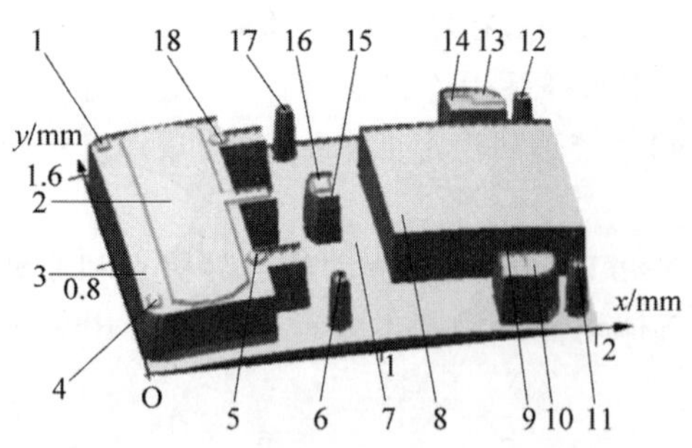

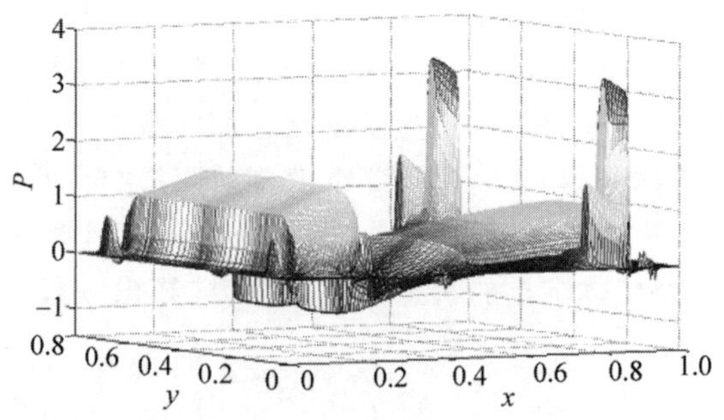

图 8-31　同时具有正负压的微飞行头底面结构形貌及对应的底面压强分布图

1.8 以上的浸没液很难找到，实际采用的折射率为 1.716 的萜烯烃醇作为浸没液，这种材料对 360nm 波长的透过率为 98%，但不溶于水，对晶片有污染不易清洗。且由于其折射率低于物价玻璃的折射率(1.925)，对成像质量有所影响。根据投影光刻系统平面图像投影成像计算焦深(DOF)的公式为

$$\mathrm{DOF} = k\frac{\lambda}{NA^2} \tag{8-38}$$

式中，k 为工艺因子；λ 为入射光波长；NA 为物镜的数值孔径，由于焦深与物镜的数值孔径平方成反比，当物镜数值孔径大幅度提高时，系统焦深变得很短。本系统采用实验的入射光源波长 λ 为 360nm，物镜数值孔径 NA 为 1.83，若工艺因子 k 采用 0.4，DOF 计算结果为 42.3nm。由于液体产生的动压远高于气体，LIL 镜头的间隙尺寸更容易保证，控制进度优于 5nm。光刻结果如图 8-32 所示。

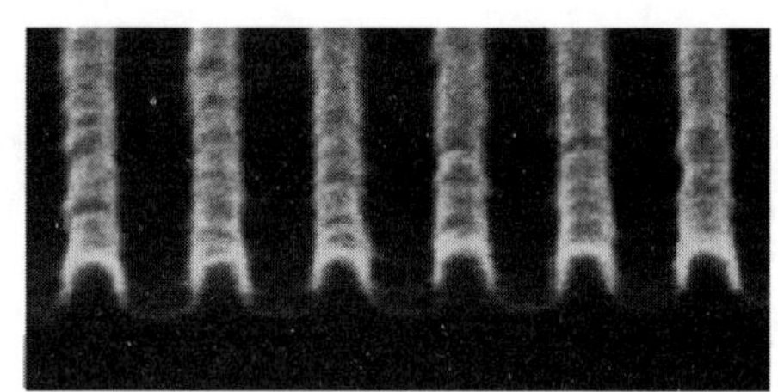

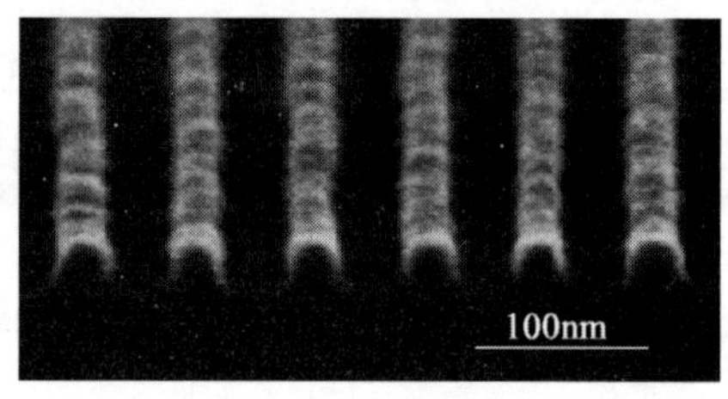

图 8-32　采用 197nm 波长光源固体浸没透镜在 105nm 金属膜上的 50nm 厚抗蚀剂光刻实验图形

这种无掩模光刻系统采用逐点扫描或拼接方式进行光刻，光刻过程中，列式扫描光刻系统相对于整个加工基片的分布如图 8-33 所示，所以工作台行程为最大光刻头之间的距离即可。光刻过程中，在图形内部采用结点校准，可进一步提高图形套刻精度。由于目前激光扫描头的最小尺寸为 8mm×10mm，这种方法加工的最小芯片尺寸也为 8mm×10mm，最大尺寸不限，而扫描头的数量则根据硅片尺寸而定。需要增大硅片及芯片尺寸时，只需加大承片台尺寸即可，无须改动系统其他部位。

为保证套刻精度，在基片上、下方增加了两个对准专用光刻头，位置如图 8-33 所示。这两个光学头不加工有效芯片，首次光刻时，在晶片上同步加工由 N 行×M 列组成的矩形图形阵列，专供后续工序套刻对准使用。电路图形构成的矩形顶边和底边中点处也设置一对校准图形，通过检测图形阵列结点的编码及位置进行各套刻的对准。校正结点图形的排列与实际电路图形的区别特征编码记录在计算机中。校准图形由与上述关键结点个数相同的 n 个校准子图形组成。根据图形的结点位置，在硅片上刻写相应的校准子图形，用于校准子图形位置。在光刻之前，通过计算机根据芯片图形的特征确定该芯片坐标参数。在以后的光刻中将芯片图形的实际坐标与校准图形的坐标进行比较，只有当两坐标相符才进行刻录，直至完成整个电路图形。实际重复对准套刻精度为±5nm。

3. 激光直写成型

激光加工技术在生物及医疗设备微尺度加工中得到广泛应用。由于多种准分子激光器，例如，ARF，KrF 和 XeF 激光器和金属蒸气激光器(HeCd 紫外波长激光器)，可以同时工作在连续波或脉冲

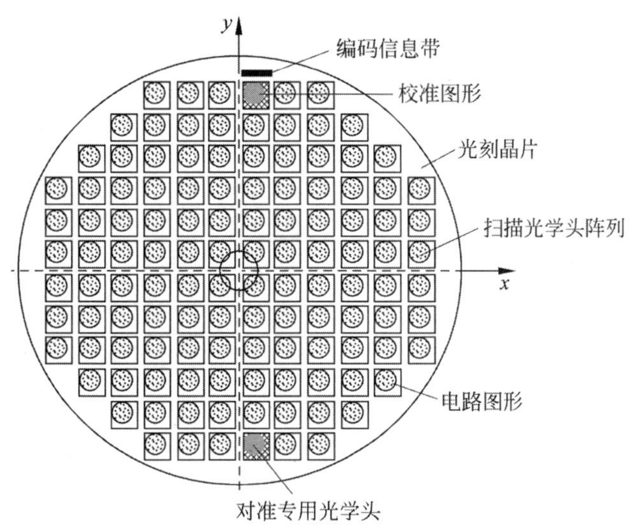

图 8-33 OVAL 光刻系统扫描光学头阵列相对于被光刻加工晶片的分布示意图。扫描光学头数等于晶片上加工芯片单元数,所以只要完成一个单元的光刻,即完成整个晶片光刻。无须分步重复,工作台在 xy 方向的运动距离等于光刻图形单元的尺寸

模式。形成的超短脉冲(例如,钛蓝宝石激光器)达到 fs 量级,非线性光学过程产生双光子吸收。这种光与物质相互作用产生的双光子聚合(Two-Photon Polymerization,2PP)被用于高精度、复杂结构的直写光刻或直接成型,包括三维结构的制备,通过 3 个旋转轴实现 6 个度自由的直接写成型,目前已用于特殊结构的人体器官制造。激光直接写入技术与其他制造技术相比,最大优点是可以制造复杂的内部几何形状,有可能是类脑存储研究的重要工具和技术。与计算机辅助设计结合,很容易修改结构的几何形状,甚至可以同时进行。此外,随激光-物质相互作用研究工作的深入,多种新型激光加直写工技术不断涌现。例如,使用光子的吸收导致靶材原子和分子激发;控制波长实现选择性激光烧结;局部控制温度加工生物活性陶瓷、热塑性聚合物及选择性激光烧结;用选择性激光烧结法制备高密度聚乙烯复合材料构建等。由于目前激光器产生的最小光斑尺寸为 50μm,限制了其应用范围,还仅用于锈钢,钽,铂合金血管支架加工。其中值得一提的是立体光刻,即利用光固化快速成型,常用材料为丙烯酸酯、环氧树脂、聚氨酯丙烯酸酯或乙烯基醚。通过控制激光功率和曝光时间获得的各种加工图形如图 8-34 所示。激光功率为 100mW,曝光时间为 1ms,陶瓷制作温度为 600℃,获得的最小尺寸宽度为 150nm。

SiO_2 纳米颗粒与树脂混合材料,利用激光高温分解形成型的各种三维陶瓷微结构(包含不同 SiO_2 颗粒比例),如图 8-35 所示。内部结构为分层叠加制成的 9μm×9μm×9μm 圆柱体交叉而成的立方体,如图 8-35(a)所示。其中,由直径 0.8μm 圆柱体组成的各种三维陶瓷阵列如图 8-35(b)~(f)所示。图 8-35(c)和(d)的周围形成的金字塔状非线性结构,需同时控制辐射光强及曝光时间,保持相同的侧向收缩才能形成光滑的面型。另外,树脂中添加的 SiO_2 粉末的比例对成型过程及结构都有影响,如图 8-35 所示。

2PP 双光子吸收光刻是在透明树脂中,2PP 利用光引发剂分子激发产生光引发剂分子与单体之间的化学反应。物质吸收两个光子形成飞秒级虚拟态,双光子吸收过程与入射光具有非线性(二次)关系,所以激发态电子比单光子激发具有更高的能量。而且,能量分布梯度很大,紧邻的焦点位置的能量不会达到光引发剂的激发阈值。因此,2PP 比其他直接写入技术具有更高的分辨率(单光子直写的最小结构特征尺寸约 100nm),而且通过改变系统的数值孔径还可缩放特征尺寸。被加工目标的精度取决于工作台的精度及分辨率,目前采用压电具体驱动的精密工作台,分辨率达到 1.2nm。此外,

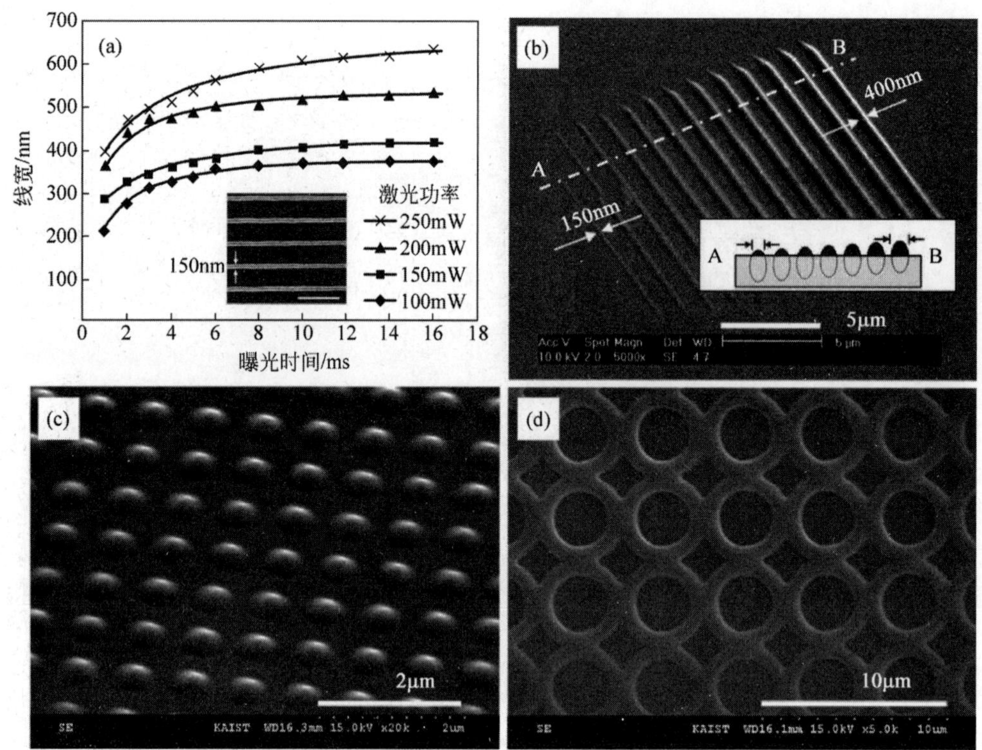

图 8-34　光固化快速成型工艺参数及加工样品放大图。(a)激光功率和照射时间与纳米光固化工艺参数的聚合物的线宽的关系曲线；(b)～(d)各种二维结构陶瓷样品图案

许多材料都对近红外波长光透明，所以 2PP 的用途比较广泛，且无须专用的洁净室等基础设施，可以在过程现场临时加工配件。除了加工光敏聚合物及有机改性陶瓷材料外，2PP 还可加工聚氨酯甲基、丙烯酸烷氧基硅烷、二丙烯酸酯、丙烯酸酯基共聚物等材料，非常适合加工人体器官及某些细胞。

下面介绍利用光诱导光化学或光物理变化产生纳米结构，即利用非线性光学过程、近场激发和等离子磁场增强，特征尺寸小于波长的纳米结构直写光聚合。双光子光刻技术，采用双光子激发，在高强度焦点产生光子化学变化，用于三维光学电路的三维纳米结构制造。例如光学微机电系统(MEMS)和三维数据存储系统，双光子光刻等。另一种双光子加工是利用双光子全息干涉相干光束产生复杂的三维结构。近场光刻中的近场激发，利用孔径(锥形光纤)或无孔的几何形状(使用局部场增强)，诱导的光物理和光化学变化产生纳米结构，包括自组装单层模板上的近场光刻技术。

近年来，三维微细加工激光直写快速成型技术已在多种微电子机械系统(MEMS)的加工中实际应用，例如三维光学波导电路、三维光学数据存储器。到目前为止，大多数微电子机械设备(如传感器、执行器)是由传统的光刻制造和蚀刻工艺在硅衬底上，其中包括许多复杂和耗时的步骤。另外，激光快速成型技术与激光光聚合或光交互反应加工三维纳米结构，可直接与计算机辅助设计制造融合一体，形成智能化加工系统。双光子光刻使用激光的线性吸收产生光聚合效应，所以其分辨率取决于使用的光波长。同时，深入到介质内可能由于线性吸收影响结构质量，制作必须逐层进行。与一般 3D 打印紫外固化完全不同，双光子光刻可以获得很高的分辨率。同时，这种双光子加工过程的转移概率与光照强度的二次幂成正比，高数值孔径的物镜聚焦深不足 1μm。因此，深度方向的精度也在亚波长范围内。

由于不同的光化学反应需不同的波长，目前已开发的线性吸收光引发剂的光谱跨度已覆盖 400～650nm 范围的可见光谱。清华大学光存储国家工程研究中心与中国科学院化学研究所合作，完成多种波长的高双光子吸收截面光诱发剂，可以在不同波长产生多种结构的功能。根据双光子生色团供-

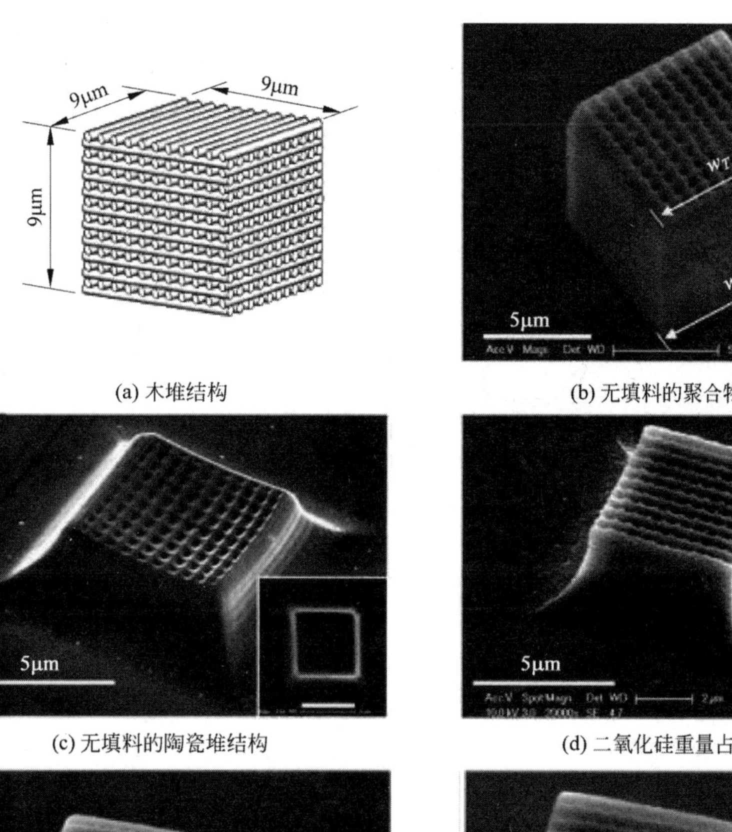

(a) 木堆结构

(b) 无填料的聚合物结构

(c) 无填料的陶瓷堆结构

(d) 二氧化硅重量占比20%

(e) 二氧化硅重量占比30%

(f) 二氧化硅重量占比40%

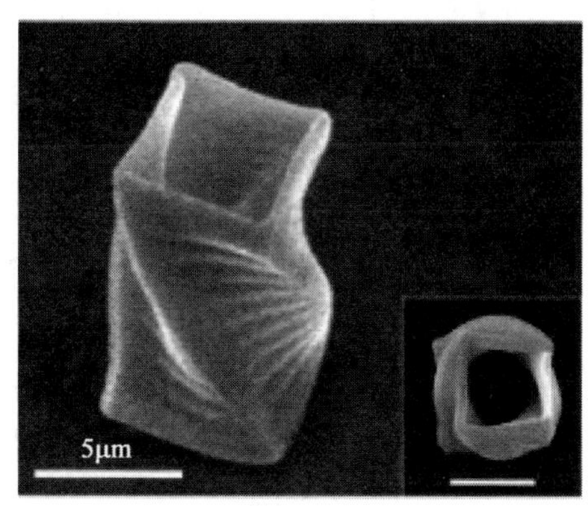

(g) 螺旋型三维陶瓷微观结构

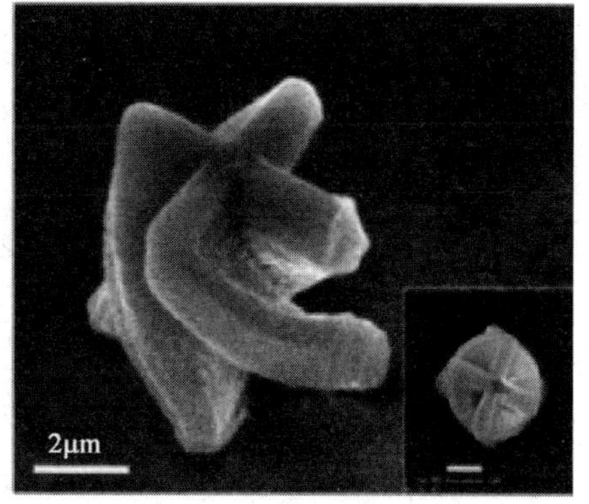

(h) 扭转角度90°的微管结构(均含40%重量的二氧化硅颗粒)，底面积为7.6μm×7.6μm

图 8-35　三维激光光刻加工陶瓷器件微观结构图。材料分解温度为 600℃

受体的特性，调整受体的光谱吸收特性。合成基于双光子诱发剂的聚氨酯丙烯酸酯双光子诱发剂(photoinitiator)，如图 8-36 所示。此诱发剂在 650nm 处有强双光子吸收，可用于亚微米尺度光子器件，例如波导、光栅和其他光学元件用于多维光存储实验。基于以上材料的这种三维微细加工实验装置结构如图 8-37 所示。采用步进精度为 50nm 的压电驱动的 3D 工作台，*NA* 为 0.95 的高数值孔径物镜，以及 *NA* 为 1.93 的浸没物镜。

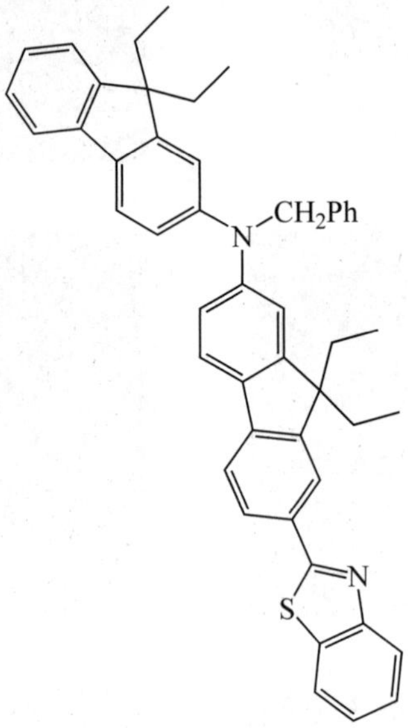

图 8-36　聚氨酯丙烯酸酯双光子诱发剂化学结构

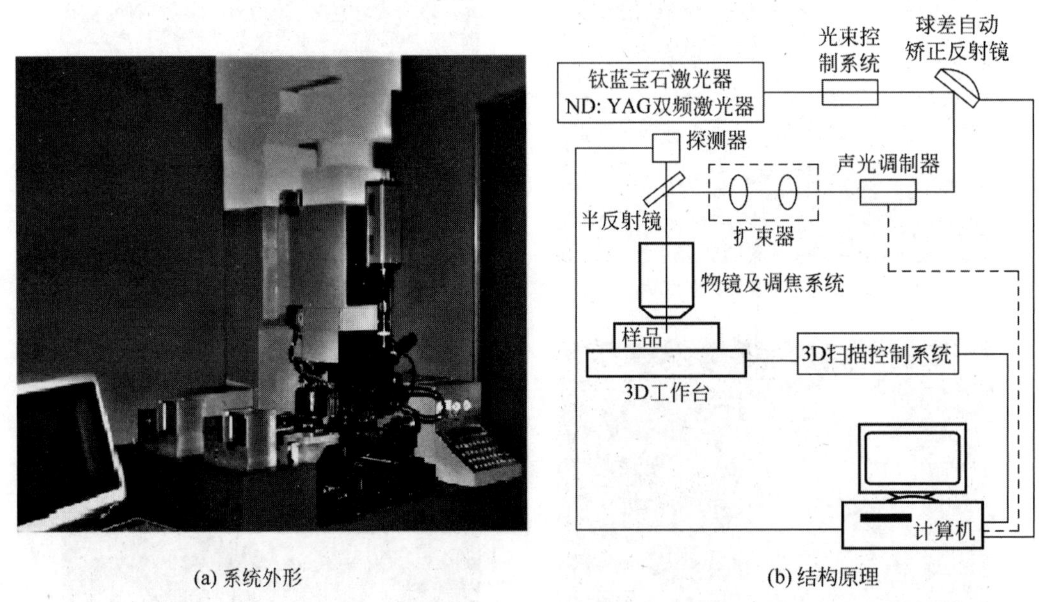

(a) 系统外形　　(b) 结构原理

图 8-37　微结构双光子三维直接成型加工系统

实验所用激光光源为工作波长 656nm，脉宽 105fs，脉冲功率为 2μJ。使用聚氨酯丙烯酸酯双光子光诱发剂制作各种亚微米结构，制造三维光波导结构、1×*N* 分光器、三维多波长固态存储器。通过光子作用诱发化学放大环氧化聚合加工三维纳米颗粒的金属结构矩阵，以及利用双光子聚合高光学质量的无机有机杂化材料的方法加工二维和三维纳米结构，例如周期 60nm 的平面二维光栅和跨越光栅的连接线，如图 8-38 所示。

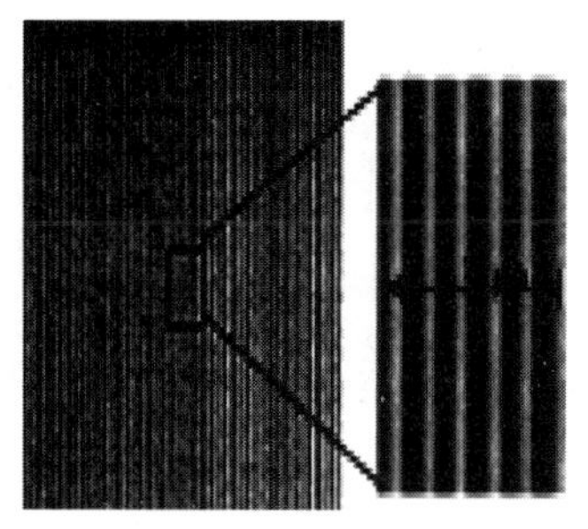

(a) 双光子三维直接成型加工的纳米光栅

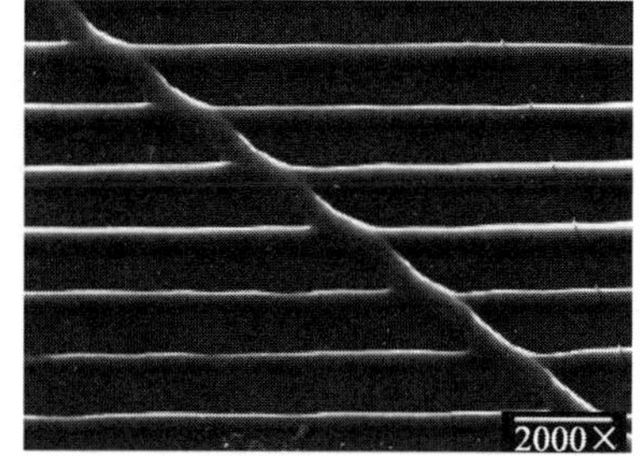

(b) 跨越光栅的连接线

图 8-38　利用双光子直接成形加工的三维纳米结构实物照片

这种加工方法获得高分辨率的原因是介质对双光子聚合产生的阈值函数效应。即只有高于某个阈值的强度(在聚焦光点中心)才能发生这种聚合反应。采用锁模钛蓝宝石 100fs 脉冲激光光源，采用不同激光功率和变曝光时间，对阈值附近的曝光条件进行实验如图 8-39 所示。实验条件是：波长 780nm、周期为 80fs 的锁模钛蓝宝石激光器，基甲酸酯丙烯酸酯单体和低聚物组成的可控硅树脂双光子聚合物。可看出，不同曝光时间和功率得到的分辨率和聚合物体积和长宽比是不同的，这不同于曝光功率与时间等效的传统概念。

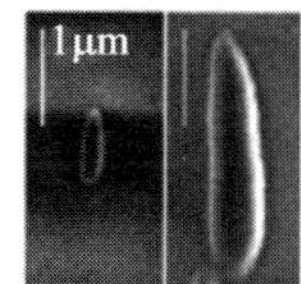

(a) (3.2mW，32ms)和(10mW，32 ms)条件下得到的三维聚合物SEM图像

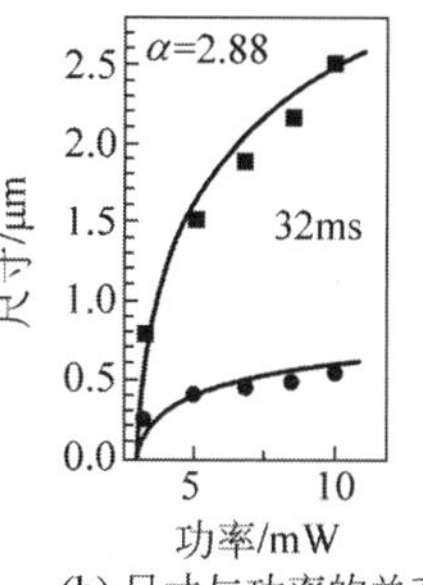

(b) 尺寸与功率的关系

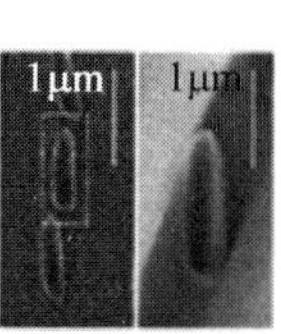

(c) (5mW，1ms)和(5mW，64ms)条件下得到的三维聚合物SEM图像

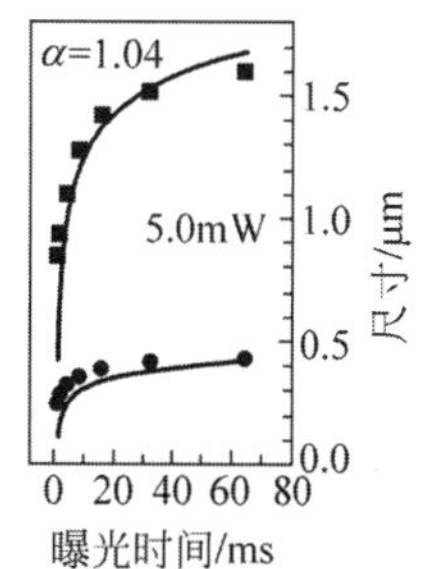

(d) 尺寸与曝光时间的关系

图 8-39　不同曝光时间和功率的曝光实验曲线和聚合物照片

■代表垂直方向；●代表横向

基于以上实验分析，优化激光功率和曝光时间，可直接制造复杂的三维纳米结构。如果与近场激发相结合，利用纳米光学近场激发光化学或光物理学相互作用，加工纳米结构，即所谓近场纳米加工。例如，使用漂白有机染料产生纳米结构如图 8-40 所示。采用有机染料介质与光耦合形成永久漂白，使用 400nm 锥形光纤单光子吸收，使用在近场双光子激发实现更窄的纳米级分辨率，获得光致漂白尺寸 70nm 的图形。

采用 405nm 波长光源的近场单光子吸收加工光栅，获得 70nm 宽的图形如图 8-40 所示。此外，采用光强 $12W/cm^2$ 的 193nm 波长等离子激光器作为光源，进行近场光刻实验，加工各向异性光子异构化偶氮苯自组装单层制作纳米结构如图 8-41 所示。该系统通过紫外光纤获得直径 50nm 近场光

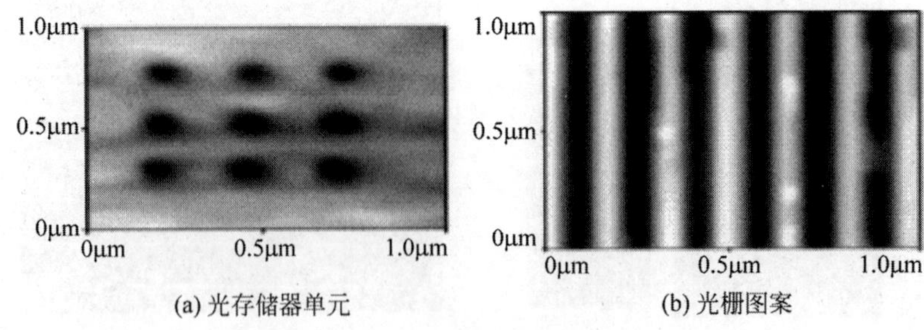

(a) 光存储器单元　(b) 光栅图案

图 8-40　利用近场光学纳米激发光化学反应加工的微图形

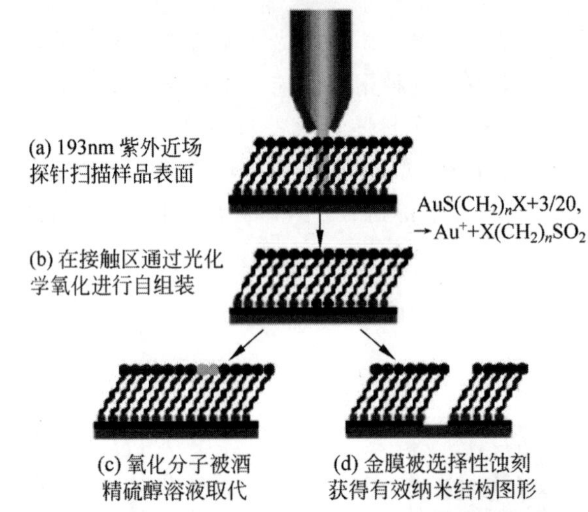

图 8-41　紫外光纤近场扫描光刻示意图。衬上镀纳米金膜，金膜上面为烷硫醇 LB 膜，通过近场光学自组装和选择性蚀刻，金膜形成纳米结构图形

点，在金膜表(LB 溶液涂层)扫描，使烷硫醇分子异构化，为弱键合在金表面，浸没在硫醇溶液中便可去除。然后经过化学处理和选择性蚀刻，在金膜表面形成有效尺寸小于 80nm 的结构图形。此外，使用无孔径近场光学显微直接在商用光致抗蚀剂 SU-8 上光刻，也能得到小于 70nm 分辨率的表面突出结构图形。

8.4　极紫外光刻

EUV 光刻采用波长极短的 13.5nm 远紫外光线为光源，所以通称极紫外光刻(EUVL)或软 X 射线光刻。由于极紫外光刻光源波长极短，单光子的能量仅为 91.48eV，远低于相同体积的 ArF 准分子激光光源。EUV 的光子数比 ArF 光子数少数十倍，属于步进扫描投影光刻机(scanner)。极紫外光刻结构原理如图 8-42 所示。有效分辨率超过波长 193nm 浸没式投影光刻，达到 14nm 水平，率先用于 14nm 技术结点逻辑电路制造。成像质量远高于双偶极或双曝光双蚀刻 193nm 浸没式光刻技术。特别是二维图形，例如孔 EUV 的光刻质量远优于 193nm 浸没式光刻。另外，极紫外光刻生产率达到每小时 100 片，所以耗材成本较低，掩模数和工序所需数量也相对较少，是目前大规模生产集成电路的骨干设备和技术。极紫外光刻进一步延伸光学光刻的波长范围在 11～14nm 的缩小投影光刻。分辨率 7nm 的极紫外光刻已研制成功，并将在近期投入规模化生产使用。极紫外光刻已成为目前纳米尺度微加工的主流设备，占总量的 45%，如图 8-43 所示。

目前，极紫外光刻系统生产厂商主要为欧洲的 ASML 公司。最初的型号使用 13.4nm EUV，数

(a) 光刻机外形

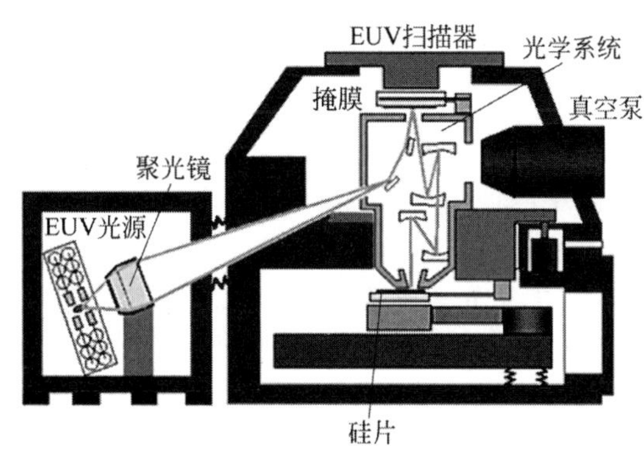

(b) 内部结构

图 8-42 EUVL 光刻机结构原理图

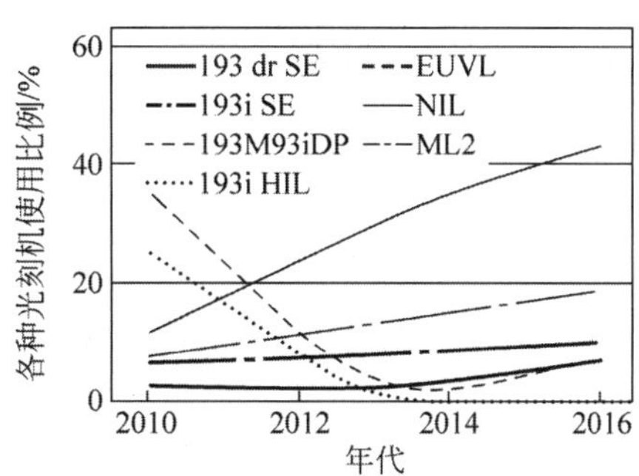

图 8-43 EUVL 技术应用发展情况，2016 年在 IC 生产中应用比例已超过 50%。图中为 20nm 以下器件的主要加工设备

值孔径 NA 为 0.25，分辨率为 30nm。但几乎所有的传统光学材料都强烈吸收 13.4nm 波长，甚至在空气中的透过率也很低。因此，极紫外光刻系统需要在真空中操作。此外，光学系统全部采用反射式结构，掩膜必须镀 1/4 波长的 Bragg 反射膜。ASML 公司在其 2011 年研究报告中提出，极紫外光刻掩模吸收体厚度对曝光宽容度和误差的影响显著增强。在 27～32nm 半间距内，不同的照明影响显著不同。例如，32nm 等间距图形，不同的厚度(30%)尺寸偏差超过 4nm。如果要进一步减小图像边缘区域的噪声(线宽粗糙度，LER)，需要掩模上添加第二层纳米离子膜，改变掩模边缘结构，调整图像边界区域的光能分布。

此外，由于入瞳形状为环形，其非远心效应(Effects of Non-Telecentricity，ENT)不满足 20nm 或更低特征尺寸要求的照明条件(至少超过 50%)，可能影响图形的均匀性和附加镜头噪声。为提高物镜分辨率，必须增大数值孔径 NA，但焦深与 NA 平方成反比，尤其是对多重图形带来很大影响。极紫外光刻与 197nm 准分子激光浸没式物镜光刻曝机主要光学参数不同。这两种光刻机的光源性能参数如表 8-4 所示。

表 8-4 极紫外光刻使用的气体放电等离子极紫外光源的主要性能指标

主要参数	技术指标	主要参数	技术指标
波长	13.5nm	重复频率	>10kHz
输出功率	300～500W	工作稳定性(效率)	>90%
功率密度	>15mJ/cm^2	输出立体角	>0.3srad

极紫外光刻设备的主要核心技术包括：高发光效率、高可靠性的13.5nm波长光源，反射式投影成像光学系统，高平面度的反射式掩模和与13.5nm波长相适应的光致抗蚀剂及配套工艺。这种极紫外光源可以采用3种技术方案实现：各种同步辐射源、激光产生等离子体(Laser Produced Plasma，LPP)EUV光源和气体放电等离子体(Discharge Produced Plasma，DPP)EUV光源。同步辐射光源具有诸多优点，如高准直、高偏振、高纯净度、高亮度、窄脉冲及控制精确度高等，非常有助于EUVL获得高分辨率和较大焦深。但这种光源结构复杂、体积庞大，制造成本很高，目前仅限于实验室使用。目前商用的EUV光源主要是LPP和DPP极紫外光源。虽然这两种光源的制造技术均已成熟，但由于LPP EUV光源需先由电能转换为光能，再向等离子体能转化，效率较低，运营成本高，维护较困难，使其发展和推广受到限制。而DPP EUV光源可直接将电能直接转化为等离子体能，转换效率较高，且其中心焦点(Intermediate Focus，IF)的功率密度远高于LPP紫外，结构较为简单，制造成本较低，适于大规模工业应用。其主要技术指标如表8-4所示，原理结构如图8-44所示。但在碎屑污染控制、重复频率、光源稳定性、光源输出角等方面还有大量改进的余地。

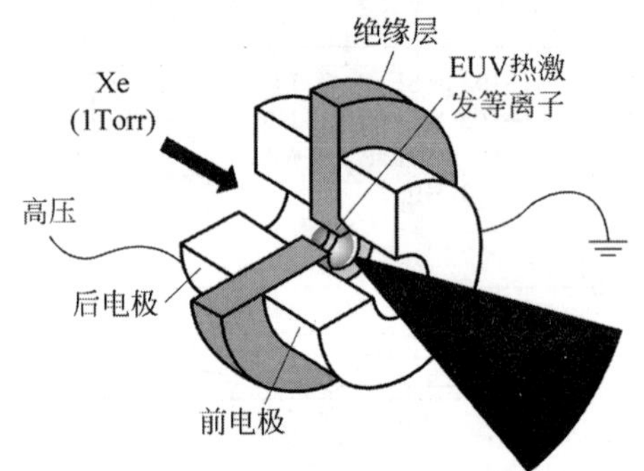

(a) 气体放电等离子体EUV光源

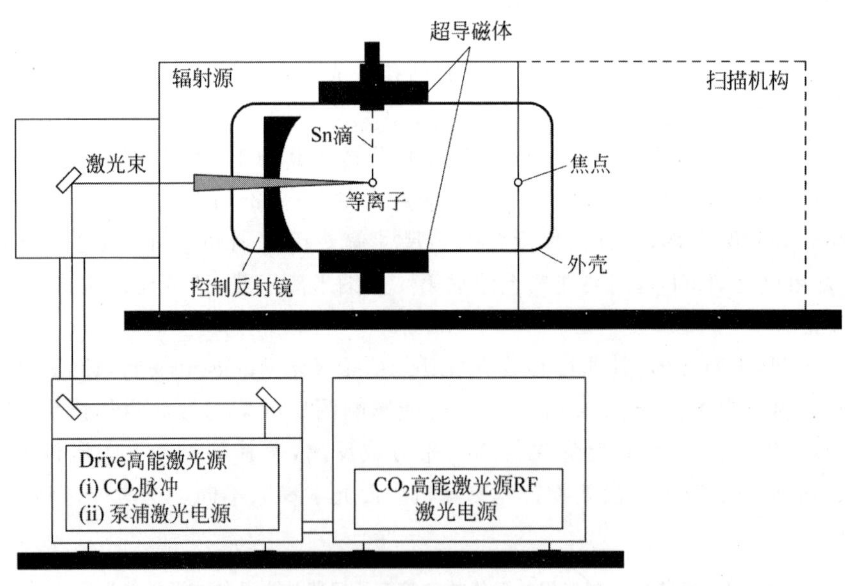

(b) 激光产生等离子体EUV光源原理结构

图8-44 EUVL光刻机辐射源及其控制系统

为了进一步提高EUVL的分辨率，首先考虑的是减小光源波长。例如采用同样的系统，换成氙气便可获得10.5nm波长，如图8-45所示。若采用Gd靶，则可获得6.7nm波长LPP激光离子体光源。即利用辐射强度为1.3×10^{12} W/cm^{2}的纳秒YAG激光，照射Gd靶时会产生强6.7nm光脉冲辐射。喷射的离子碎屑可用外加磁场抑制，可大幅度减小，基本上可避免对 Faradcy 电荷探测器及多层膜极紫外聚光镜的污染。当离子束经过磁场区域时，由于 Lorentz 力的作用，使离子碎屑运动方向发生变化。因为带电离子在磁场中的 Mohr 半径 r_g 与离子质量和速度成正比，与离子所带的电荷量和磁场强度成反比，其表达式为

$$r_g = mv_{\perp} / |q| B \tag{8-39}$$

式中，m 为带电粒子质量；$v_{\perp}$ 为带电粒子运动速度沿垂直于磁场方向的分量；q 为粒子的电荷数；B 为磁场强度。因此，可以通过调整磁场强度及分布位置，控制和消除碎屑对光刻系统的污染。

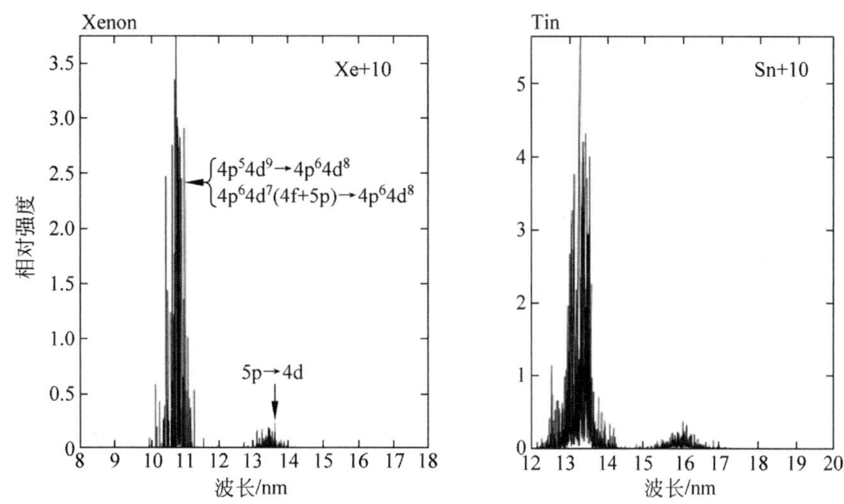

图 8-45　波长与辐射相对强度的关系曲线，通过更换等离子体元素可改变 EUV 辐射波长

典型的 EUVL 光学系统如图 8-46 所示，图中除光源聚光镜以外，由 4 个任意曲面反射镜组成聚焦照明系统，6 个高精度曲面反射镜组成缩小投影曝光系统。其中多项技术均代表当代最高光学加工水平：(1)该系统光学元件表面面型加工精度超过 $\lambda/30$，相对位置精度均为微米量级(相对位置数百毫米)；(2)镜片表面的 Mo/Si 多层(每层厚度均在 10nm 以下)Bragg EUV 反射镀膜工艺；(3)各反射镜之间最大距离将近 1m，而相对位置安装精度必须控制在微米量级。整个系统的分辨率 R 和焦深 DOF 由下式确定：

$$R = k_1\lambda/NA \tag{8-40}$$

$$\text{DOF} = k_1\lambda/NA^2 \tag{8-41}$$

式中，k_1 为工艺序数；λ 为波长。工艺序数与加工结点尺寸和系统数值孔径有关，如表 8-5 所示。

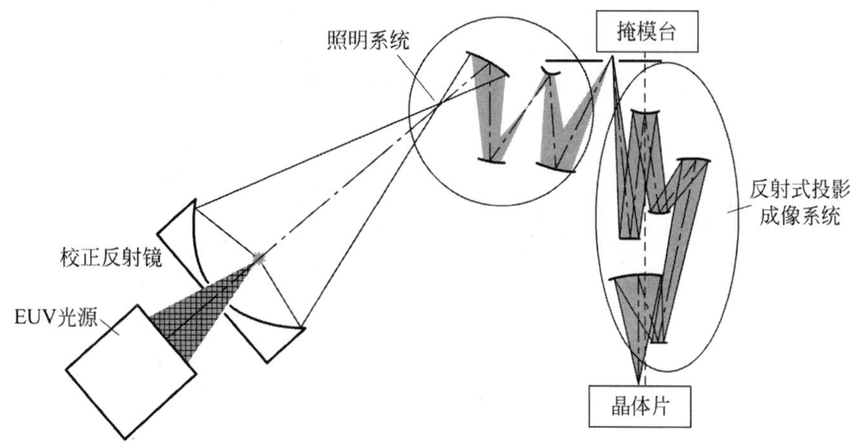

图 8-46　典型 EUVL 光刻机光学系统工作原理：利用掩模与晶片工作台精密同步扫描进行光刻(采用反射式掩模)

表 8-5 EUVL 光刻机物镜的工艺序数 k_1 表

节　点	NA 0.25	NA 0.35	NA 0.50
32nm	0.59	0.83	1.19
22nm	0.41	0.57	0.81
16nm	0.30	0.41	0.59
11nm	0.20	0.29	0.41

从表 8-5 可看出，数值孔径越小，工艺序数 k_1 值越低，这完全符合理论分析。但随结点尺寸减小，k_1 值也下降，则说明目前设计及加工大数值孔径的 EUVL 光刻机的光学系统技术还不够成熟。与浸没式深紫外分步投影光刻机相比，技术参数和制造工艺水平完全不同。EUVL 光刻机的主要技术优势在于采用波长极短的光源，具有较大的发展空间（继续减小工作波长）。但由于全部采用反射式结构，获得大数值孔径困难较大，所以物镜的数值孔径比较小是 EUVL 光刻机最明显的弱点。但应该指出，光学系统数值孔径较小并非都是缺点，因为图像焦深与数值孔径成反比，数值孔径较小，可以获得较长的焦深。因此，可放宽对掩模平度、调焦精度的要求，这对 EUVL 光刻机的设计制造都是十分重要的。相反，对于波长难以再减小的 193nm 透射式浸没透镜光刻机，唯一的改善途径就是提高系统数值孔径，例如采用更高折射率的浸液，甚至采用固态浸没物镜。两者的技术路线对比如表 8-6 所示。

表 8-6 EUVL 光刻机物镜参数与 193nm 波长透射式浸没透镜光刻机对比

工作波长/nm	物镜材料折射率	NA	DOF（归一化）	透镜质量	掩模尺寸/in
193	1.44	1.35	1	λ/20	6×6
13.5	1	0.33	1.17	λ/50	8×8
13.5	1	0.55	0.4	λ/50	8×8

此外，EUV 光刻技术在同样数值孔径情况下的 EUV 光刻图案 k_1 值也存在很大差异。对于极紫外光刻技术，图形高度（抗蚀剂厚度）显著降低光刻分辨率，即 k_1 值上升。在同样的数值孔径条件下，图形厚度较小时 k_1 值下降，甚至能相差一倍以上。说明利用薄的抗蚀剂可以获得高分辨率，如表 8-7 所示。为了获得光质量高分辨率的光刻图形，k_1 值并非唯一的影响因素，改变掩模具结构和处理工艺也能提高 EUV 光刻的分辨率。例如，通过增加工艺流程，采用多掩模和多次工艺处理（ARFI 间隔，单向双模，双向四模等）多次曝光获得高质量的图形，在同样的边宽距离内获得很小的圆角，如图 8-47(b) 所示。但这种多压模重复叠加光刻必须增加工艺流程，必然会影响生产效率，降低芯片产量。所以，采用 EUV 光刻技术的使用条件也可能明显影响 k_1 值。

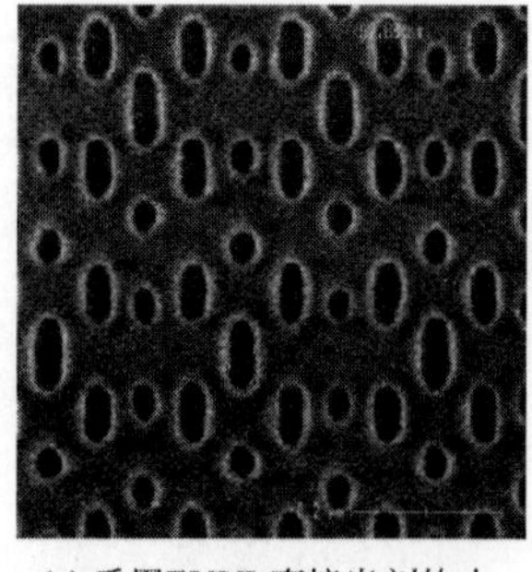

(a) 采用EUVL直接光刻的水平间距24nm SRAM阵列图像

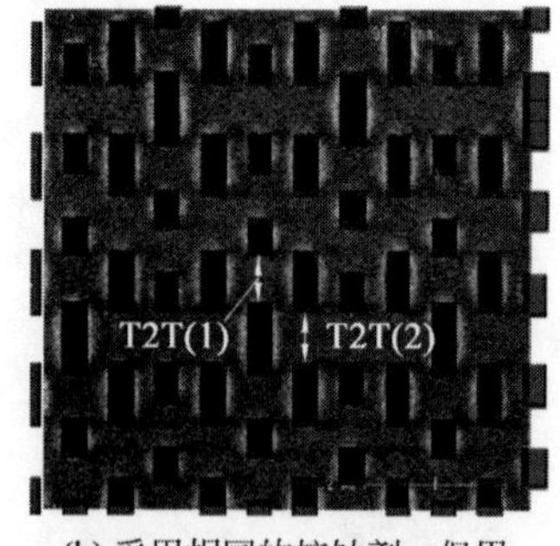

(b) 采用相同的抗蚀剂，但用多掩模覆盖光刻获得的图像

图 8-47 在厚度 75nm sevr-139 抗蚀剂膜上用不同工艺光刻图形质量比较

表 8-7 不同光学系统数值孔径的 EUVL 光刻机在不同工艺结点条件下的 Rayleigh 值 k_1

结点尺寸/nm	高度/nm	$k_1/NA=0.25$	$k_1/NA=0.33$
22	80	0.74	0.98
20	64	0.59	0.78
16	56	0.51	0.68
14	45	0.41	0.55
10	36	0.33	0.44

EUVL 光刻机的另一个关键技术是掩模加工。由于 EUV 的穿透能力极强，EUVL 的掩模结构很复杂，如图 8-48 所示。常用的尺寸为 6in×6in 或 8in×8in，厚度为 5～6mm。为了避免温度对尺寸精度的影响，必须采用膨胀系数低的材料。例如掺钛熔融石英、微晶玻璃等。片基上镀厚度为 6.7nm 的 Mo/Si 交替多层膜，在多层膜上镀厚度 30nm 的 SiO_2 保护层，然后镀代表图形的结构，即厚度约 75nm 的 Cr 或 TaN 吸收层，在吸收层下为 50nm 厚的 Ru 隔离(缓冲)层如图 8-48 所示。

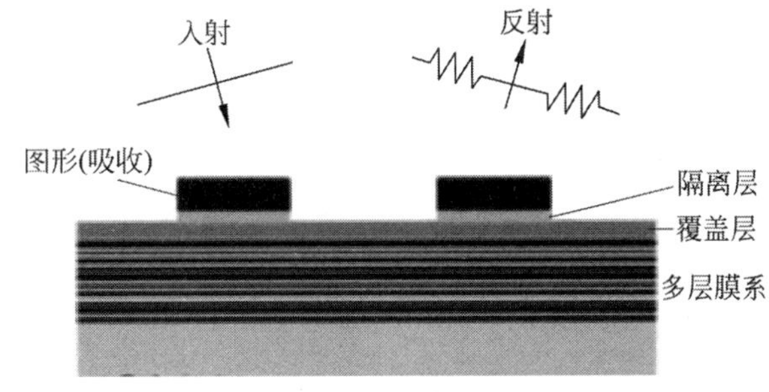

图 8-48 EUVL 光刻机掩模结构示意图

评价 EUVL 光刻掩模质量，除了上述结构方面的性能参数外，还有一个重要指标是缺陷概率。由于 EUVL 光刻掩模图形精细，结构复杂，生产成本很高，对产品质量及成品率影响巨大。而掩模不可能完全没有任何缺陷，所谓合格掩模，是指缺陷尺寸和数量符合使用要求。所以在 EUVL 光刻工艺过程中，对掩模的质量控制及保护均有专门的设备和工具，同时还制定了一定的技术规范，即达到无缺陷掩模标准。影响掩模合格率的主要因素包括：对缺陷尺寸的要求，允许存在的缺陷数量及盲区(没有图形的区域，与所采用的抗蚀剂类型有关)面积等。根据大量工艺实验统计资料总结绘制的，缺陷直径及允许存在缺陷数量与无缺陷掩模(符合使用要求)掩模的概率关系曲线如图 8-49 所示。图 8-49(b)为同样的掩模，但正确合理选用抗蚀剂类型(正或负)，使无图形盲区尽量扩大，减少了图形转移过程中缺陷对光刻质量的影响，从而适当增加了允许缺陷数量，使掩模的合格率大大提高。说明器件结构，工艺设计均影响掩模的合格率。

按照上述 EUVL 掩模结构原理制成的掩模图像及光刻结果如图 8-50 所示。压模上矩形接点之间的间距为 16nm。光刻基片为超平石英玻璃，上镀 50nm 铬膜及厚度 75nm 的 EVR-139 EUV 抗蚀剂。曝光后，用四丁基氢氧化铵和表面活性剂冲洗显影，如图 8-50(b)所示。

从以上实验可以看出，EUVL 技术中除了硬件方面的问题外，抗蚀剂也非常重要。193nm 光刻使用的是 CAR 光刻材料。CAR 具有灵敏度高的特点，也非常适合光源功率受限制的 EUVL 光刻。但 CAR 存在酸扩散效应，致使曝光图形边界清晰度下降。EUVL 技术出现后，须对 CAR 抗蚀剂进行改进。其基本技术路线可分为 CAR 和 Non-CAR 两大体系。例如，聚对羟基苯乙烯及其共聚物。聚对羟基苯乙烯(Poly 4-hydroxystyrene)PHS 或 PHOST 受 EUV 辐照产生的二次电子远高于其他同类聚合物。它含有多苯环结构，能够保证在图形转移过程中具有高抗蚀性。所以，PHS 及单体形成的共聚物(Hybrid)成为 EUVL 的主要抗蚀剂材料。它由基质及带保护基团的 PHS 和 Hybrid(PAG)加上酸猝灭剂和溶剂组合而成。这种光致抗蚀剂的分子结构如图 8-51 所示。

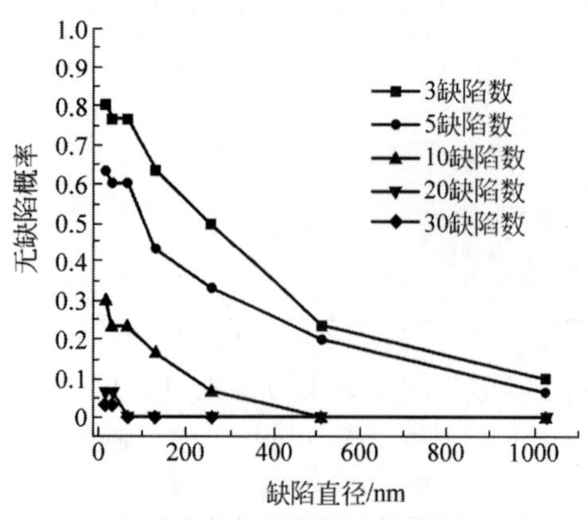

(a) 没有考虑盲区面积及掩模数量，致使允许缺陷数量较小时的合格掩模概率曲线

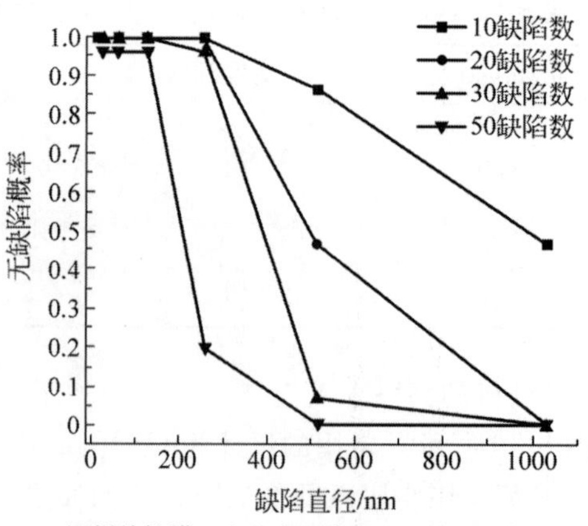

(b) 同样的掩模，充分合理选用(正、负)抗蚀剂，使无图形盲区尽量扩大，减少了缺陷影响，从而适当增加了允许缺陷数量。生产同样图形的合格掩模概率曲线

图 8-49　EUV 掩模的结构参数、技术要求与合格掩模概率关系曲线

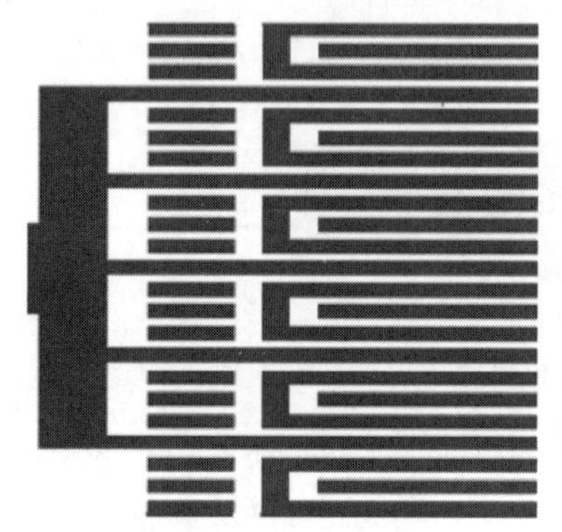

(a) 图形间距16nm的金属平面EUV光刻实验掩模图案

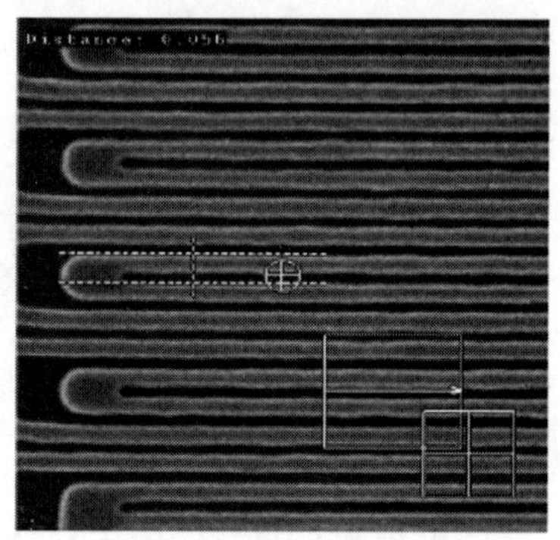

(b) 利用EUV光刻后，氧化腐蚀获得的扫描电子显微镜放大同样图案的照片

图 8-50　采用两种不同工艺制成的掩模质量对比

高分子群

PAG

$C_4F_9SO_3^-$

淬火

$N(C_2H_5)_3$

溶剂

图 8-51　用于 EUVL 的 PSH 光致抗蚀剂分子结构

这种抗蚀剂曝光时吸收EUV产生二次电子。当二次电子能量衰减后，形成的热电子与PAG相互作用形成酸性，经后烘阶段扩散至保护基团处，从而使曝光区与非曝光区在碱性显影剂四甲基氢氧化铵(Tetramethyl Ammonium Hydroxide,TMAH)水溶液中，呈现很大的溶解度差异，减小CAR中酸的扩散效应，从而提高分辨率。此外，另外一类具有代表性的是光致自由基链式聚合物Non-CAR。例如乙炔基单体与硫醇类交联剂，通过光引发自由基发生聚合反应后，改变了其分子结构如图8-52所示。乙炔基单体与硫醇类交联剂自由基聚合物属于一种负性EUV光刻材料。这种抗蚀剂制成的厚度45nm的薄光致抗蚀剂膜，在相同曝光剂量作用下，有效分辨率达到7nm。大量实验证明，这种抗蚀剂的光刻质量优越，图形十分清晰。但当膜层厚度超过60nm时，图形质量明显下降。目前使用的光致抗蚀剂材料中，CAR和Non-CAR的分辨率及抗蚀能力都能满足20nm结点以下的图形制作要求。实验证明，JSR公司的新型抗蚀剂PHS，DOW公司的PBP和Inpria公司的Hf-peroxide抗蚀剂，最小光刻线宽能分别达到14nm、12nm和10nm。其中，CAR的曝光灵敏度最高，在线宽12nm时的曝光剂量约为12mJ/cm^2，基本符合实际应用要求。而Non-CAR的Hf-peroxide要求曝光剂量为25mJ/cm^2，与实际生产要求差距较大。Hf-peroxide光刻图形的线边缘粗糙度(Line Edge Roughness,LER)优于PHS和PBP。这种抗蚀剂用于线宽为12nm结点的光刻时，LER线宽误差低于1nm，基本上能达到实用要求。从已公开发表的研究报告可知，目前已成熟的光致抗蚀剂，对于新一代10nm以下结点的大规模工业化生产，无论灵敏度、分辨率及抗蚀性能尚未达到实用，特别是LER值差距较大。要获得符合10nm以下结点光刻要求的高性能EUV光致抗蚀剂材料，还需要进一步根据极紫外曝光机理和反应过程，修改材料结构，既要考虑分辨率和抗蚀性能，还要兼顾提高EUV的曝光效率。对曝光后显影过程和工艺过程，特别是提高溶解性对比度，还需与显影材料及工艺同时进行配套研究。根据目前掌握的实验数据资料分析，负性光致抗蚀剂在10nm以下结点光刻实验中的表现尚佳。特别是厚度较小时，其抗蚀剂能力和机械稳定性相对较好，不失为研究发展方向之一。

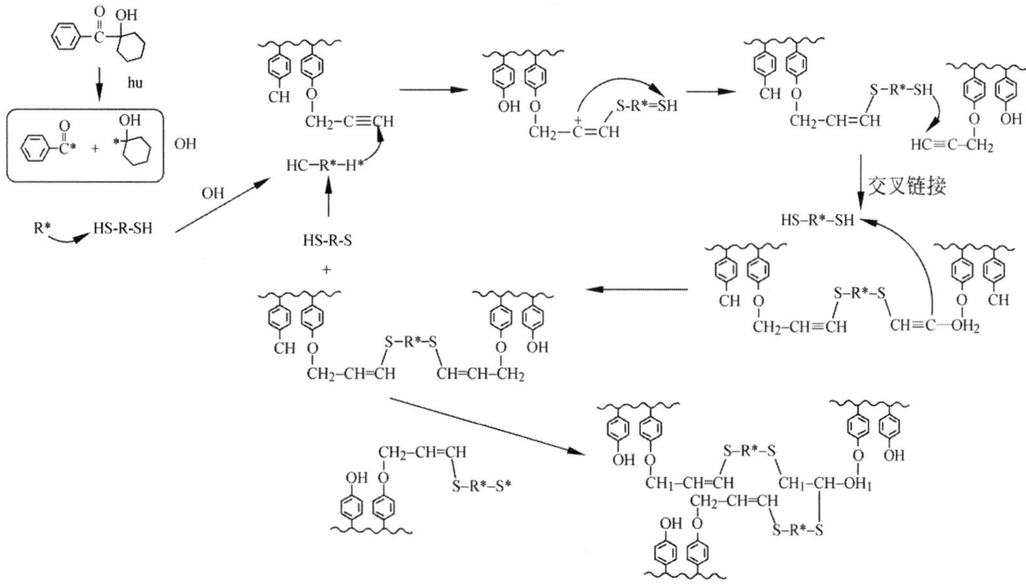

图8-52 乙炔基单体与硫醇类交联剂自由基聚合物的分子结构

以上分析对比可以看出，极紫外(EUV)扫描投影光刻机在用于20nm以上分辨率时，可以采用较小的物镜数值孔径($NA=0.25$)。焦深(DOF)相对较长，对掩模平度及光致抗蚀剂厚度要求均比较容易实现。例如NXE：3100型EUVL光刻机，曝光宽度约5%，焦深大于250nm。也是目前工业部门使用的主流EUVL机型和光刻技术。其主要技术指标如表8-8所示。表中数据没有加工生产效率，根据目前统计，大部分IC生产线上，EUVL加工14nm结点产品的生产率为每小时100片。基本上能满足目前各种纳米光学元件制造的需要。影响加工速度的主要原因是极紫外光源的功率和可靠性不够。对于14nm结点以下的加工技术，第一金属层质量与后端工艺设备规范有密切关系，目前还未全部完成必要的实验。国际上主要的EUVL光刻机生产厂，例如荷兰ASML公司的注意力则集中在7nm结点EUVL系统及其制造工艺的研究开发。在EUVL使用配套工艺技术方面，台积电(TSMC)与Intel公司均已完成7nm结点的EUVL工艺实验准备。TSMC公司目前已宣布完成300W功率的EUV光源的实验，称其可靠性已经提高到80%，每天可以处理500～600个晶片。2018年ASML公司可向企业提供完全符合规模生产7nm结点产品使用的EUVL光刻机，2020年可以完成4nm或更小结点EUVL技术的研究开发。

表 8-8 NXE：3100型EUVL主要性能参数

参数	值	参数	值
波长	13.5nm	光学投影参数	带ILIAS传感器
视场	26mm×33mm	离轴照明	共7种位置可调
数值孔径(NA)	0.25	光源	DPP极紫外技术
部分相干率 σ	0.81	曝光能量	148mJ/cm^2
闪点	～5%	掩模固定	热平衡夹紧且有厚度51nm防护膜
晶片尺寸	300mm		

若完全从技术层面分析，可进一步延伸EUVL光刻的分辨率，例如达到4nm结点以下范围。依靠增加物镜数值孔径NA意义不大，何况反射光学系统达到大数值孔径，例如0.8以上，技术上几乎不可行。即使能成功，其焦深也非常小，甚至无法使用。最佳技术路线显然是进一步缩短光源波长，以大幅度提高光刻分辨率。当然，随之而来的序列问题：光源、掩模、抗蚀剂及光学系统设计制造都必须同步跟进，对光刻机设备制造及相关配套工艺都是严峻的考验。对于光量子类脑存储器件研究，目前还不需要如此高的分辨率的极紫外光刻机(EUVL)。清华大学微细工程研究所曾经在这方面进行过若干探索，最终选择了波长369nm近紫外浸没透镜高倍扫描投影光刻和波长193nm的深紫外光刻及纳米压印光刻技术。因为极紫外光刻虽然分辨率极高，但不太适应加工3D结构器件(特别是具有不同厚度或深度的构建)，而这些机构恰恰是研究开发类脑器件必不可少的工具。

8.5 等离子纳米工艺

等离子体是一种由自由电子和带电离子为主要成分的物质形态，也是宇宙中丰度最高的物质形态，常被视为物质固态、液体和气态之后的第四态。另外，等离子态又被称为超气态。因为它与气体有很多相似之处，例如没有确定形状和体积，具有流动性。同时，等离子体中的粒子具有群体效应，只要一个粒子扰动，就会传播到等离子体中每个带电粒子，所以等离子体亦是良导体。等离子体，有时被称为"电线上的光"，允许光的频率在一个微小的金属丝表面数据的传输。实验中，把金属的微小颗粒视为等离子体(金属晶体因为其内部存在大量可以移动的自由电子——带有定量电荷，自由分布，且不会发生碰撞导致电荷的消失——因此金属晶体可以被视为电子的等离子体)，由于金属的介电系数在可见光和红外波段为负值，当金属和电介质组合为复合结构时会发生光波(电磁波)入射到金属与介质分界面时，金属表面的自由电子发生集体振荡。如果电子的振荡频率与入射光波的频率一致，就会产生共振，形成的一种特殊的电磁模式：电磁场被局限在金属表面很小的范围内并发生增强，这种现象就被称为表面等离激元。同时，电磁场增强效应能够有效地提高分子的荧光、原子高次谐波产生效率及分子的Raman散射信号等。在宏观尺度上，此现象表现为在特定波长状态下的金属晶体的透光率的大幅提升。因此，等离子的这些特性被用于纳米加工。

应用各种非线性光学过程，包括应用近场激发，等离子场增强引起光化学或光物理变化可获得的纳米结构比直接采用光的波长小得多。等离子体光刻的原理是利用金属纳米结构的表面等离子体谐振增强效应，控制近场附近的电场强度。当使用的光的波长与对应的等离子体产生谐振时，将光子能量传递到被光刻介质表面。用这种方法转移的等离子体图形如图 8-53 所示。图中，由金属纳米金属纳米粒子排列结构形成一数组直线。

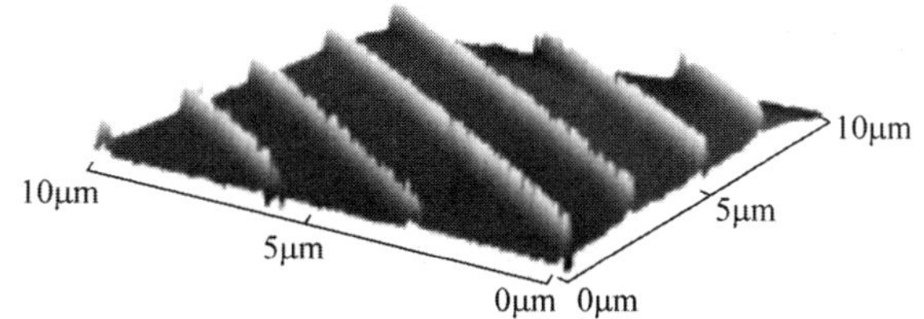

图 8-53　使用近场接触式光刻胶曝光形成的宽度 50nm 和宽度 100nm 的纳米粒子平行线的 AFM 成像照片

为了增强金属掩模层下方粒子的局部电场强度，照明光为 p 偏振光，按一定角度入射抗蚀剂层。光使纳米颗粒的等离子体产生谐振形成强增强场，增强场偶极子使局部形成的纳米尺度的光致抗蚀剂膜，覆盖在金属纳米膜上。经过显影，抗蚀剂层产生与掩模相同的纳米结构图案。

为有效实现等离子体光刻，必须保证金属纳米结构获得较长的载流子弛豫时间，才能实现强场增强。为此，可采用金（弛豫时间 $\tau\approx 4\text{fs}$）和银（弛豫时间 $\tau\approx 10\text{fs}$）。这些金属都具有足够小尺寸的金属纳米结构（纳米颗粒），能在其纳米结构粒子下面区域内实现强偶极增强。例如，金或银纳米粒子的直径为 30～40nm，采用波长为 300～450nm 的光致抗蚀剂就能得到最佳等离子体谐振的金属纳米结构。纳米银粒子的等离子体谐振波长为 410nm。采用喷射沉积产生的直径约为 40nm 的银纳米颗粒，与 G 线（360nm 波长）抗蚀剂 AZ1813（敏感波长 300～450nm）配合使用。用旋涂法制成厚度 75nm 的膜层，通过单色仪获取 1000W 氙弧灯的 410nm 波长谱线，并通过偏振片形成垂直于样品表面的偏振光。光束通过一圆柱形透镜聚焦后，按一定入射角对样品曝光。经显影随后获得的原子力显微镜图像的膜表现为圆形凹陷的宽度 50nm、高度 100nm 的直线，如图 8-53 所示。

采用这种方法还可以制造聚合物或银纳米球，类似于胶体光子晶体的单层亚微米球体。单层结构可用旋涂法加工溶剂中的纳米微球。通过优化旋涂速度可获得单层周期性的纳米颗粒阵列，然后通过加热或激光脉冲沉积形成胶体晶体球形掩模，如图 8-54(a)所示。将图案材料（如金属）沉积在衬底上球之间的空隙，然后用溶剂清除聚合物纳米球，留下微观物质。如果是 SiO_2 纳米球，可以用 HF 溶液蚀刻。最终留下六角形纳米球图案的周期阵列的沉积物质，如图 8-54(b)所示，其形状和间距可以通过改变纳米微尺寸控制。这种金属纳米阵列可用于各种等离子体结构加工，例如有机发光纳米二极管阵列，如图 8-55 所示。将羧基聚苯乙烯微球（尺寸为 400nm 和 160nm）沉积在光滑的 ITO 导电玻璃基板上形成单层自组装结构，然后在空穴上覆盖 1,4-双萘基苯基氨基联苯（1-Naphthyl-Phenylamino Biphenyl，NPB）层。形成填充聚苯乙烯球，真空沉积 50nm 厚的 NPB 空穴转换层。其次为 40nm 厚的电子转换层和 300nm 铝层。

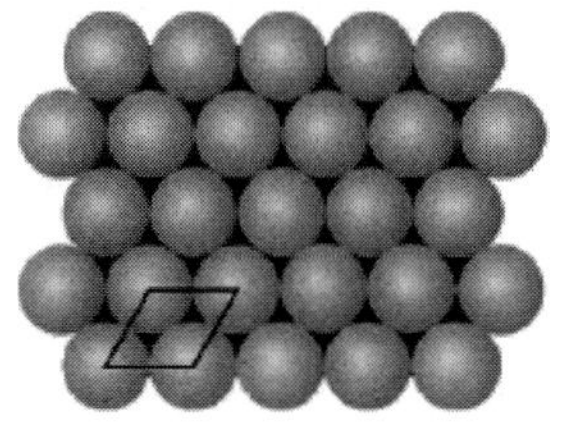

(a) 由直径542nm的纳米球胶体晶体构成的掩模示意图

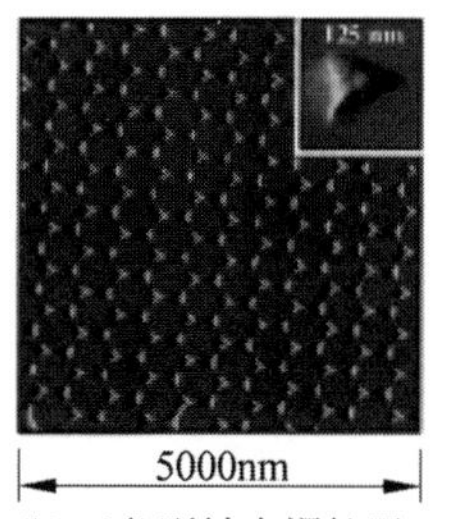

(b) 三角形纳米银粒子的原子力显微镜图像

图 8-54　单层结构纳米颗粒掩模

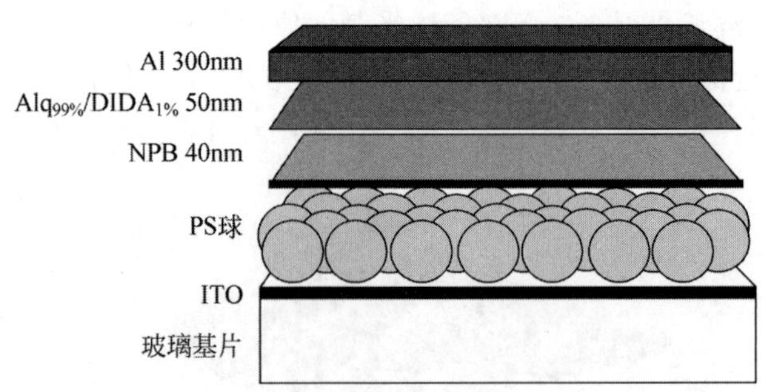

图 8-55 纳米有机发光二极管阵列(OLEDA)结构及主要组成材料示意图

1. 光电定向纳米加工

另外一种利用光驱动纳米颗粒迁移,并有序排列为所需结构的纳米加工技术,称为光电定向纳米加工。其基本原理及工艺过程如图 8-56 所示,即利用某些高分子材料对光敏感,例如光折变、光聚变效应,随空间光能的分布组合排列成所需结构。图 8-56 中的黑点代表随机地分布在一定空间中的纳米颗粒,例如高分子聚合物或聚合物单体,常态下这些纳米粒子是随机分布的,当同一光源发射的两光束激光交叉通过此聚合物时(产生全息相干)形成空间光栅,在介质中出现强度交替调制的明暗区域。由于这种强度调制模式的存在,单体聚合物产生与这些空间强度调制相对应的聚合反应。即在亮度高的地区发生的聚合反应强,而在黑暗的地区聚合反应很弱或完全没有产生单体聚合。可交联聚合物都集中在明亮的区域,而在暗区不产生交联的聚合物。如果其中的纳米颗粒性能与聚合区域不兼容,就会移向黑暗的未聚合区域。这种纳米粒子的空间运动,使之逐渐在黑暗区域中聚集对齐,形成规则的周期性纳米粒子阵列。这种方法可以用于加工光子晶体的折射率不同的 Q 纳米点阵列,也可以用于液晶聚合物组成的,透明度不同的空间矩阵,或尺度不同的纳米颗粒构成的空间结构。

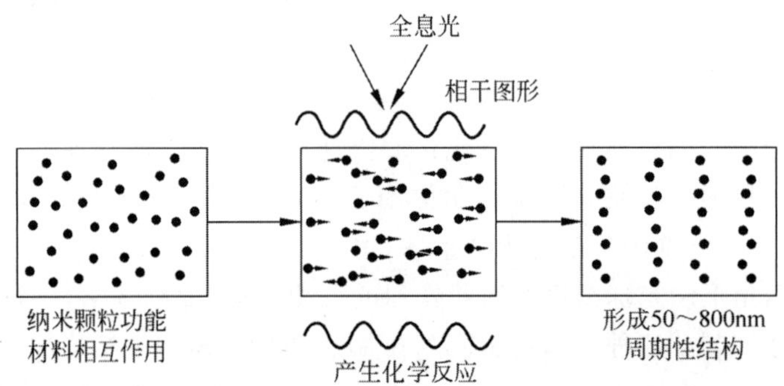

图 8-56 利用激光全息光聚合反应,诱导分子(纳米颗粒)运动构成合纳米三维模式的原理和反应过程示意图

加工如图 8-56 所示的全息透射光栅的系统如图 8-57 所示。均采用氩离子激光器通过半透射、半反射分光棱镜将入射激光分为两部分。图(a)为双光束同向入射形成光栅,图(b)为双向入射,也能产生空间衍射光栅。衍射效率均能达到 70%,曝光时间为几十微秒。通过改变两光束之间的夹角,可调整光栅结构和衍射特性。这种光栅可以通过定影固化成独立的衍射器件,也可以动态切换光场,用于调制光束衍射方向。

在新型光量子芯片中,等离子体与金属粒子作用产生的各种特殊光学性被利用于器件集成。所以,等离子体能量可用以下自由电子模型描述:

$$F_p = \hbar\sqrt{\frac{nc^2}{m\varepsilon_0}} = \hbar \cdot \omega_p \tag{8-42}$$

式中,n 为传导电子密度;e 为基本电荷;m 为电子质量;ε_0 为自由空间介电常数;$\hbar$为 Plank 常量;ω_p

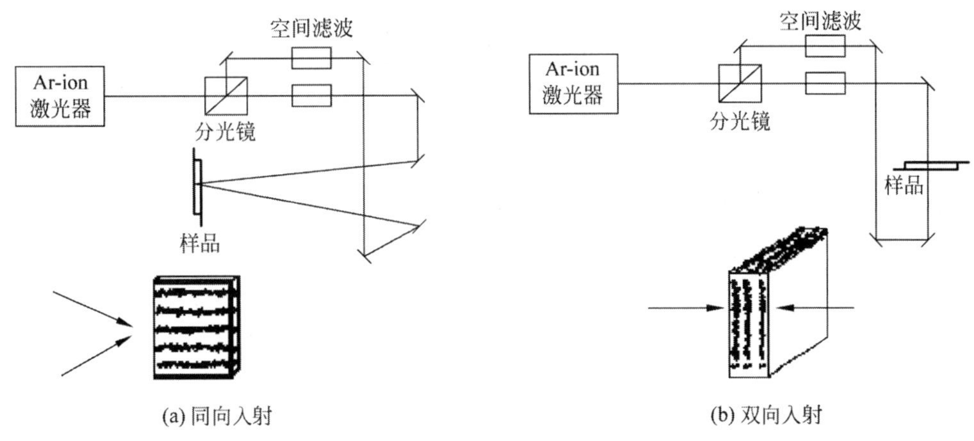

图 8-57 两种产生全息光栅的光路原理示意图

为等离子频率。等离子体表面和光相互作用产生偏振，在局域形成小正虚数和大负实数的介电常数(包括金属或金属掺杂电介质)。在表面形成增强 Raman 光谱(Surface Enhanced Raman Spectroscopy，SERS)。产生表面等离子体激元效应，分子传感器，检测不同类型的分子。等离子体电浆用于信号传输率可达到 100THz。根据此原理设计的太赫级连续光混频器结构如图 8-58 所示，其中的核心元件-偏置可变调制太赫交换电极之间的间隙仅为 80nm。

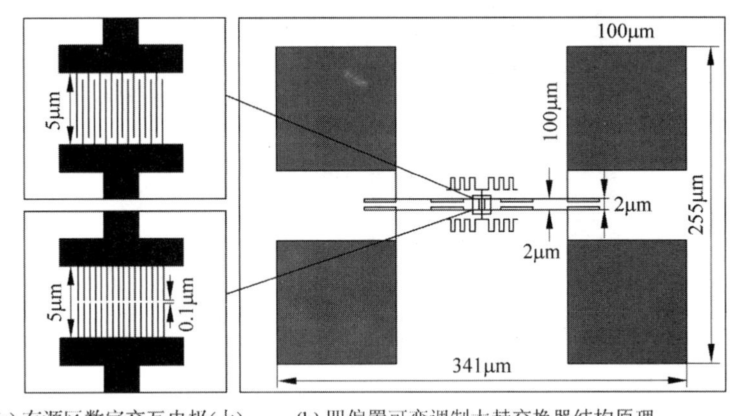

图 8-58 太赫连续光混频器原理示意图

这种连续波超高频太赫光学混频器在室温下用于光谱成像时，其电极间隙仅为 80nm，具有良好的阻抗匹配和很低的时间常数。所以输出功率超过普通有源光混频器两个数量级，主要性能指标和实验曲线如图 8-59 所示。

不同的光混频器在太赫平面波近场的电场振幅分布与极间纳米间隙有密切关系。当电极间隙降低为 50nm 时，电场增强显著，分布集中，且连成一片。若电极间隙增加至 1000nm，则电场强度分散在每个电极尖端，如图 8-60 所示。电磁增强集中在平面波照射下有源区间隙内，电场增强度可用时域有限差分及场强分布模拟。端部电场增强与电极尖端纳米间隙相关，电极结构也有不同程度的影响，例如结构为叉指状电极的电场强度分布，电极尖端部分的电场比电极侧面的电场变化更为强烈。

完整的 Stocks 矢量成像比较困难，具有圆偏振选择性的等离子体在实现个圆偏振态传输时，阻止了反相循环。光子晶体膜可以提供平面光子量子耦合系统及纳米腔单量子点，构成空腔量子电动力学单光子控制系统。这种高品质因素的光子晶体膜对光子和声子激发控制，调整耦合光声频率及晶

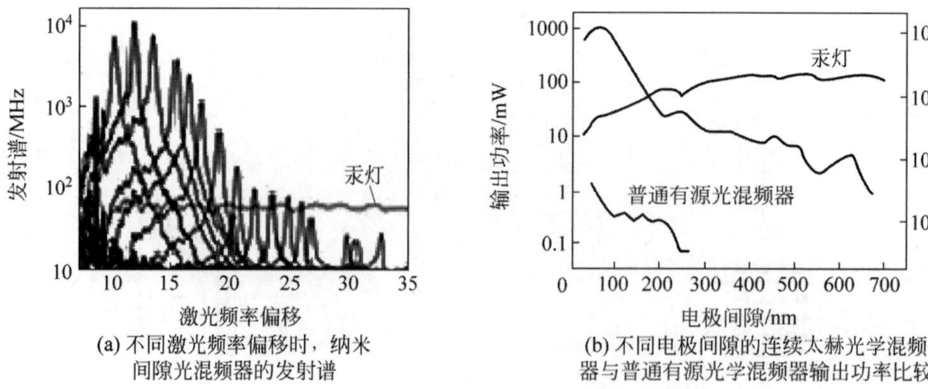

(a) 不同激光频率偏移时，纳米间隙光混频器的发射谱

(b) 不同电极间隙的连续太赫光学混频器与普通有源光学混频器输出功率比较

图 8-59 连续太赫光学混频器的输出特性

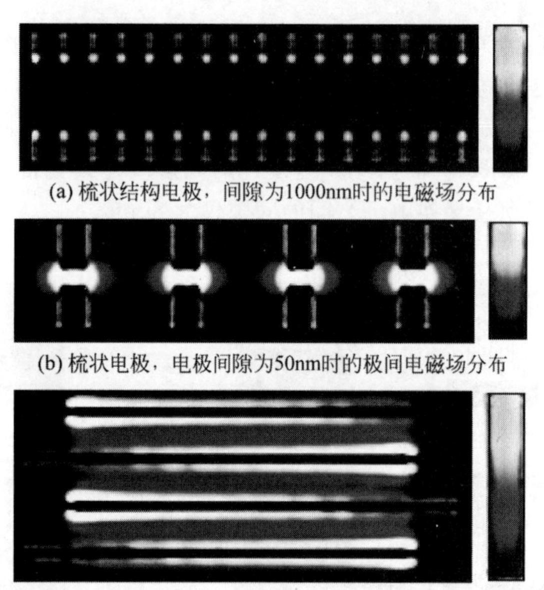

(a) 梳状结构电极，间隙为1000nm时的电磁场分布

(b) 梳状电极，电极间隙为50nm时的极间电磁场分布

(c) 叉指结构电极，间隙为50nm时的电场强度分布

图 8-60 连续太赫光学混频器，不同结构和不同电极间隙时的辐射场分布

体相干声控制开辟了一条新途径。

利用光电定向纳米加工的光子晶体微腔，在射频脉冲作用下会产生不同周期的纳腔变形，控制 Q 腔发光，使 Lorentz 腔发射强度扩大 5 倍以上。另外，受表面声波(Surface-Acoustic Waves，SAW)的作用，纳米腔产生变形，使辐射谱改变如图 8-61 所示。SAW 的最高频率为 1.7GHz 和 2.5λ 的 Fabry-Perot 谐振器工作在最佳状态，获得频差为 40nm 的精细结构出射光谱，光子晶体的晶格常数为 0.26μm。可以看出，这 3 种频率(P)与腔宽(A)具有线性相关函数关系 $\sqrt{P_{RF}} \propto A_{SAW}$。

相位相关纳腔的发射谱采用 414MHz 调谐测量，SAW 振幅为 1.9nm，最大 Q 值时激光的空分辨率 $\tau=90$ps。激光脉冲的宽度和量子点辐射寿命主要由 Purcell 效应($\tau=140$ps)确定，最长的辐射寿命 $\tau=500$ps，Q 值小于 6%。

纳米腔技术也可用于全光随机存储器(Optical Random Access Memory O-RAM)。将光子晶体纳米腔与微型异质结构结合，可实现对光子和载流子的强约束，采用热效能应迅速有效地释放出光子而实现全光数据存储器。这种存储器的功耗仅 30nW，只有同类随机存储器的 1/300，非常适于大规

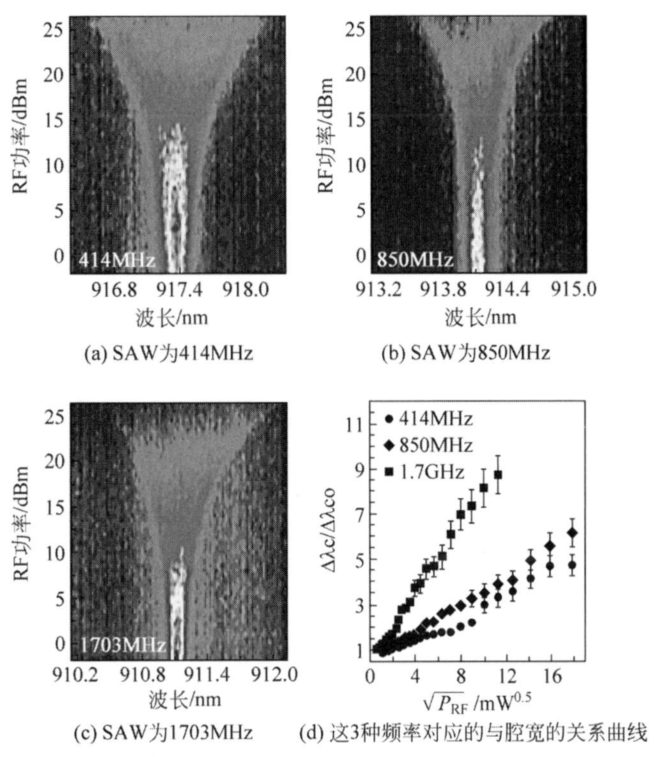

(a) SAW为414MHz (b) SAW为850MHz

(c) SAW为1703MHz (d) 这3种频率对应的与腔宽的关系曲线

图 8-61 当表面声波(SAW)频率不同时获得的辐射谱不同

模随机存储系统处理超高速率的光信号。其纳米微腔阵列及蚀刻在 InGaAsP 基片上的微观结构如图 8-62 所示。连续光从波导输入发射到纳米微腔阵列。光子腔波导两端构成光谱峰间隔为 0.6nm 的 Fabry-Perot 谐振器。连续激光从短到长扫描。泵浦光波长 $\lambda=1530$nm，注入高阶模式双稳区。在初始谐振峰输出和输入之间产生数量不同的 h 失谐 δ 滞后效应，偏置光输出脉冲具有切换双稳态，用于存储过程信号控制。输入信号为连续偏置脉冲，脉宽 12ps。复位脉冲的宽度 50ns，以充分消耗自由载流子。

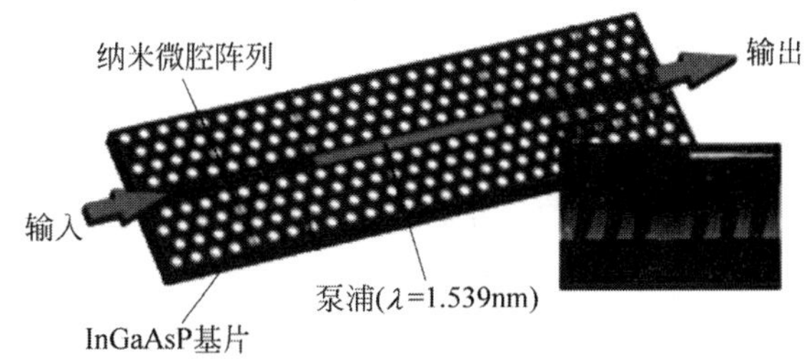

图 8-62 全光随机存储器结构原理示意图

O-RAM 的动态操作过程如图 8-63 所示。由连续写脉冲构成的输入波，包括写脉冲和复位脉冲组合发给 O-RAM。速率为 40GB/s 的 4 位信号序列，被并行转换器分解进入 4 个端口，读脉冲与偏置光结合同时注入 O-RAM 芯片，然后获得偏置光和读出脉冲。两个不同的输入信号“1010”和“1101”列证明为带通滤波器(Band Pass Filter，BPF)，如图 8-64 所示。

光子晶体的纳米腔还可用于吉赫以上高频声子的动态调制。基于量子信息网络和空腔量子电动力学，设计制造的光子晶体膜平面光子量子电路，基本量子元件为纳米腔和单量子点。以此为基础组合而成的单光子耦合控制模块，其动态调制单色相干声子表面波频率超过 1.7GHz。

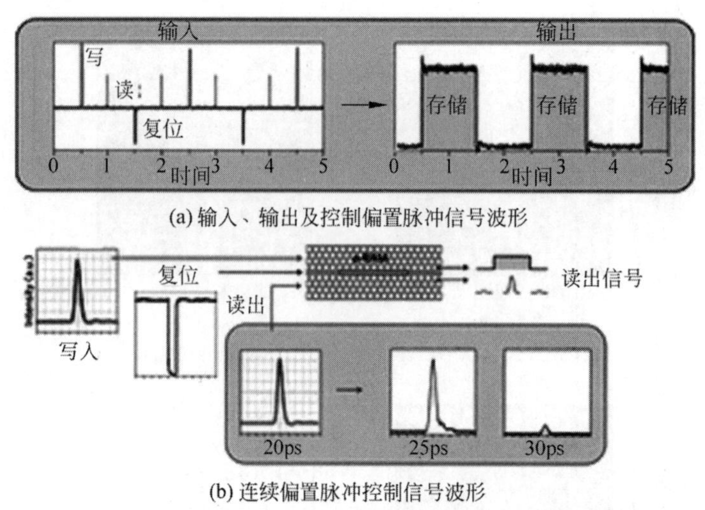

(a) 输入、输出及控制偏置脉冲信号波形

(b) 连续偏置脉冲控制信号波形

图 8-63 O-RAM 数据存储动态过程

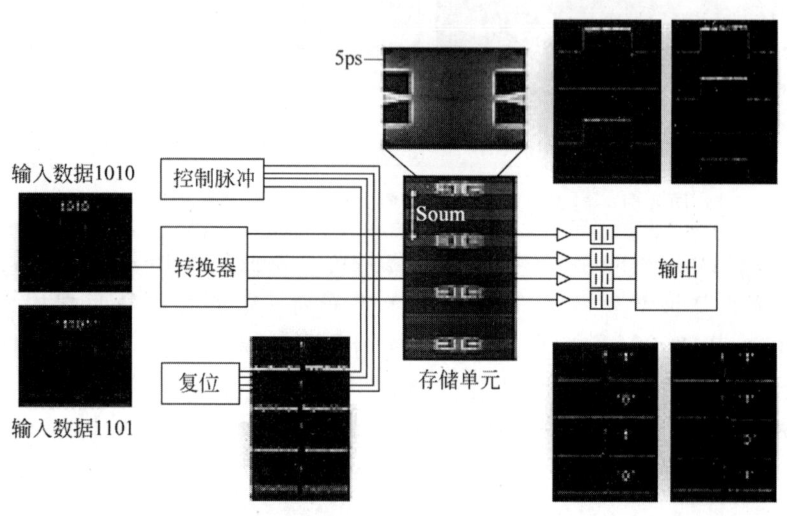

图 8-64 ORAM 存储器 4b 数据流全光学信号存储流程及信号波形

2. 纳米结构外延生长

纳米结构，特别是晶体的外延生长在纳米结构加工中具有重要地位。这种结构外延生长最常用的工艺是分子束外延(Molecular Beam Epitaxy，MBE)。MBE 被广泛用于 VI～V 族半导体，例如 Si 和 Ge 的外延生长。MBE 必须在超高真空(10^{-11}Torr)不锈钢环境进行，如图 8-65 所示。采用同样元素原子(例如，Ga)蒸发，也可用同元素的分子形式(例如，AS2)，形成所需增长的半导体成分的热细胞，称为积液细胞或 Knudsen 细胞。细胞被加热形成的蒸气，通过压力差加速从一个小孔喷射而出形成分子束。喷射出的粒子既不反应，也不相互碰撞，直接喷射到被加工的基片(例如，GaAs)上。安装基片的支架受双自由度加热机械手控制，以保证沉积的均匀。喷射分子细胞的流量根据监测数据通过百叶窗式快门控制。被加工基片的外延生长速率可精确地控制到单分子层的分辨率。孔前百叶窗快门速度高于 0.1s，能快速切换形成各种半导体成分的合金(例如，$Al_xGa_{1-x}As$)。由于外延生长的质量对衬底温度非常敏感(例如，GaAs 必须控制在 580℃，AlAs 必须控制在 630℃)，基板的温度是被控制的，腔室周围温度被冷却到液氮温度，以确保光束中没有杂质。

MBE 生长的监测直接影响晶体增长质量。图 8-65 中采用的是反射式高能电子衍射(Reflection

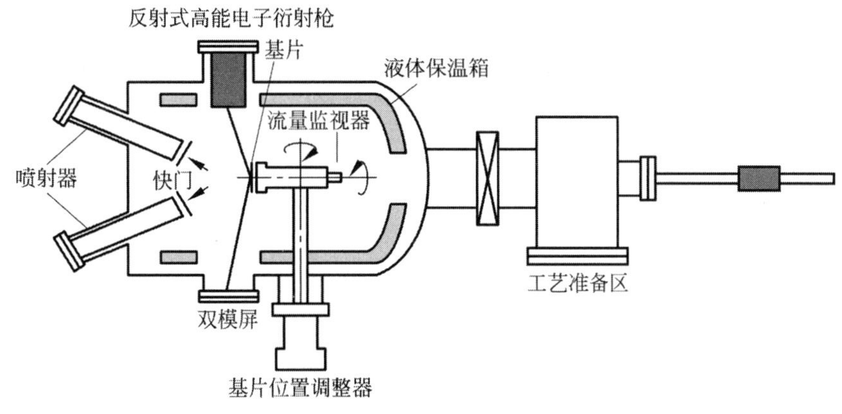

图 8-65　分子束外延(MBE)系统结构原理示意图

Highenergy Electron Diffraction,RHED)测量系统,监控不断增长的沉积层表面层结晶的完整性。另外,可采用质谱技术采集原子和分子通量率信息,控制生长速率、合金成分和掺杂水平;以及采用X射线衍射仪和扫描探针显微镜进行检测控制。图 8-65 中的生长室对面为准备室。基片(晶片)在准备室中完成清洁、加热和电子束照射,达到超高真空系统要求后,再送入增长室。准备室还可能包含许多特殊测试设备,对生长结束后的质量进行测量,包括晶格匹配、薄层材料厚度及量子阱、量子线和量子点的层生长质量检测,以排除量子阱、量子线和量子点阵列生产的与衬底晶格失配,所以这种增长也被称为自组织增长。由于晶格失配引起的应变式增长具有独立的结构形式。例如,在GaAs(001 面)上生长 InAs。利用这种分子束外延生长的量子阱和量子点结构如图 8-66 所示。

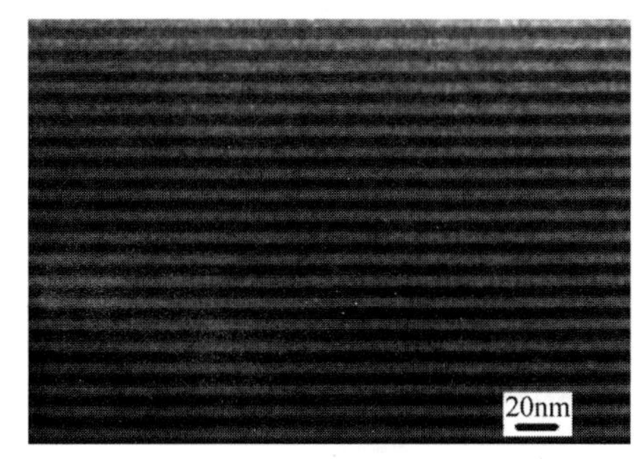

图 8-66　多层 ZnCdSe/ZnSe 交替分子束外延超晶格断面的 TEM 高分辨率照片。图中亮层为 ZnSe,暗层为 ZnCdSe

在 MBE 技术基础上发展起来的金属有机气相外延(Metal-Organic Vapor-Phase Epitaxy,MOVPE)属于气相外延的一种,基本原理如图 8-67 所示。在半导体衬底上沉积和生长不同化学结构的外延层。MOCVD 生长室由一个玻璃反应器组成,加热的基板与气体层流保持一定角度。携带气体通常是氢,例如,三甲基镓($Ga(CH_3)_3$)为 Ga 和 AsH_3,即为生长Ⅲ-V半导体 GaAs 的前体,其热裂解化学反应为 $Ga(CH_3)_3+AsH_3 \rightarrow 3CH_4+GaAs$,即 $Al(CH_3)_3$ 和 AsH_3 为 AlAs 的前体。同样,对于Ⅱ-Ⅵ半导体 CdS,其前体是 $Cd(CH_3)_2$ 和 H_2S。生长层的化学成分由输入气体混合物的金属-有机前体的比例而定,并可实现多层生长。MOCVD 生长速率 10 倍于分子束外延。然而,这些前体往往毒性很大,应特别注意安全。

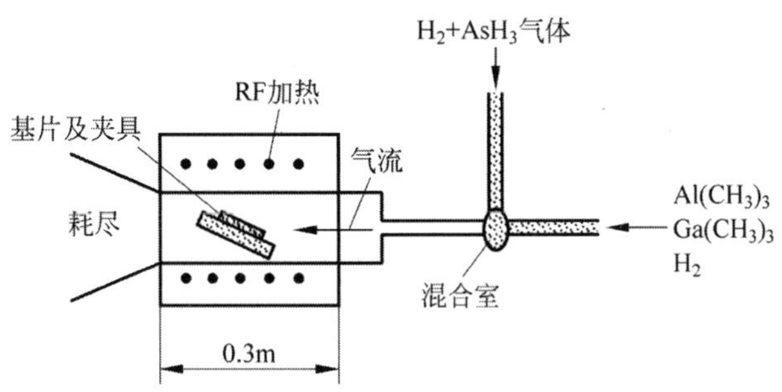

图 8-67　有机气相外延反应室结构原理示意图

除 MBE 和 MOCVD 外还有一种液相外延(Liquid-Phase Epitaxy,LPE)。LPE 利用溶液或熔体实现沉积外延。即在一定温度下,衬底与需加工薄膜材料的饱和溶液接触。典型的 LPE 生长有两种类型：浸渍处理和倾浇处理。所谓浸渍,即将基片垂直浸入熔(溶)体中;倾浇则将熔体倾斜浇到水平放置于石墨坩埚中的基板上。摇动坩埚让熔体衬底上流动,然后控制温度在基板上形成所需的生长薄膜。LPE 具有较高的沉积速率,薄膜结晶完美,通常用于Ⅲ-Ⅴ半导体合金。LPE 加工成本较低,沉积速率较高,化学计量比较容易控制。LPE 的主要缺点是某些材料获得液相比较困难,另外对于晶体取向控制也比较困难,表面质量较差。

3. 激光辅助气相淀积

激光辅助气相淀积也是采用沉积法加工纳米粒子薄膜的方法。基本原理是利用激光烧蚀固体靶料沉积在基片上。也包括使烧蚀材料与混合气体产生反应获得所需膜层特性。通常采用惰性气体,通过喷嘴进入真空室,将所需材料沉积在受温度控制的衬底上。所以,这种方法也被称为激光辅助分子束沉积(Laser-Assisted Molecular Beam Deposition,LAMBD),例如生成 TiO_2 纳米颗粒。另外,它还被用于生产有机-无机纳米复合材料。即采用激光辅助分解前体气态分子产生所需的新材料进行气相沉积,对激光、光子学、生物光子学及类脑科学中特殊新材料的研究开发具有重要意义。这种通过高温分解或合成新的纳米粒子的方法如图 8-68 所示。连续发射的 CO_2 激光束聚焦到直径约 2mm 的中央反应器上,硅烷吸收波长为 10.6μm 的激光能量后被加热,同时将 SF_6 添加到前体流中作为光敏剂。由于 SF_6 具有较大的吸收截面,极大地提高了对激光的吸收率,快速达到所需温度,硅烷迅速分解形成纳米颗粒,被硝酸纤维素膜过滤留在收集器中。采用 60W 的激光器,每小时可生产硅纳米颗粒 200mg。

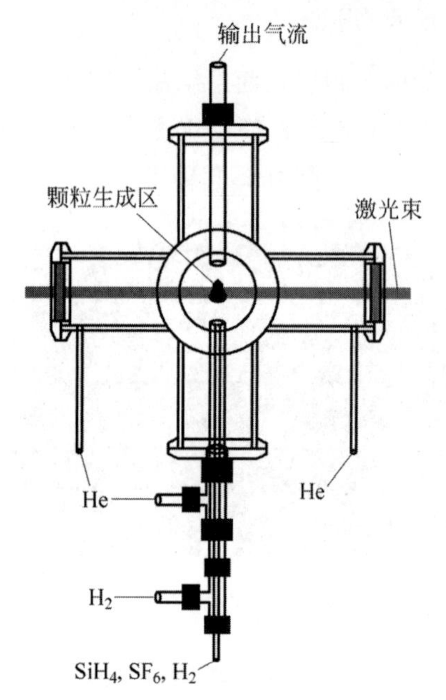

图 8-68 激光辅助化学气相淀积制备携带纳米颗粒气流原理示意图

LAVD 除了利用激光束加热消融使固体物质直接沉积在基片上以外,还可以使反应气体与材料产生某种反应,然后通过惰性气体控制沉积。例如用激光诱导前体物质硅烷(SiH_4)离解产生硅纳米晶体。这种基于纳米化学及液相化学的沉积技术,已被用于生产金属、半导体以及有机-无机复合纳米粒子和核-壳结构的加工沉积。纳米化学反应包括反胶束的合成,即微乳液化学反应控制纳米胶束型分子的形成,以及在所选择的溶剂中,由前体的化学反应生长的表面覆盖材料淀积成膜,因此可以获得各种各样的纳米材料。在生成过程中,测量方法具有决定性作用。例如,采用 X 射线结构测定;通过 X 射线衍射提供的纳米颗粒的结晶形式信息计算和控制纳米颗粒尺寸;利用 X 射线光电子能谱(XPS)光电效应产生的 X 射线光子测量新构成原子的化学特性。此外电子显微镜也是主要的辅助工具。除了可以离线观测高清晰度纳米结构图像外,根据电子显微镜的不同类型还可以获得更多信息。包括在 MBE 生长室中,直接利用电子的高能光束衍射束监控沉积增长层;利用特征 X 射线能量色散谱仪(EDS)检测外延层精细结构。

激光辅助气相淀积中涉及的纳米化学反应是一个活跃的新领域。利用这种方法,可对纳米尺度上(1～100nm)的化学反应进行控制,加工所需的纳米结构化工产品,对纳米器件制造具有重要意义。纳米化学方法可加工不同成分、尺寸和形状的多功能纳米结构,包括对各种金属、半导体、玻璃和聚合物纳米颗粒的制备以及多层、核壳型纳米颗粒的制备、纳米表面功能化和自组装结构的模板。例如,

CdS 纳米粒子合成(量子点)在反胶束腔微乳液中的反应。反胶束体系指两个互不相溶的液体,例如水和油,在水相分散纳米水滴的连续非极性有机溶剂中,表面被活性剂分子单层膜包裹形成含有各种溶解盐类的水溶液,使这些物质能够进入水相阴离子和含纳米晶体的疏水性诱导纳米粒子沉积于基片表面。纳米晶体(Nano-crystals,NC)还可通过表面修饰微晶的表面活性剂改性。此外,表面活性剂的选择取决于 NC 成形材料的性质,例如采用这种方法生产金纳米粒子;利用长链硫醇(Thiols)或胺(Amines)和氧化物纳米粒子 Fe_3O_4 为稳定剂包裹的纳米水芯粒子,如图 8-69 所示。利用这种方法获得的油酸铁氧体 10nm 以下磁性纳米粒子的 TEM 图像如图 8-70 所示。

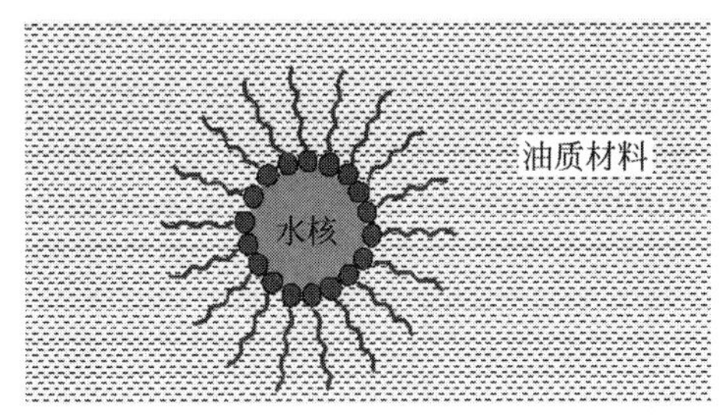

图 8-69　反胶束纳米反应器的水芯示意图

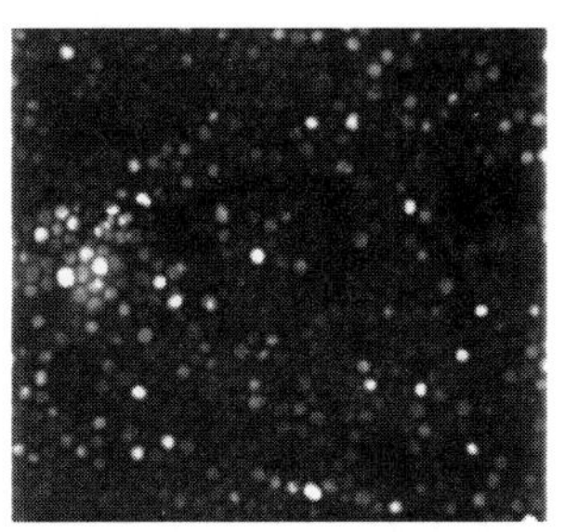

图 8-70　6～10nm 的油酸铁氧体磁性纳米粒子透射电子显微镜放大照片

几乎所有的胶体合成过程,都需要调整反应条件、时间、温度、前体浓度和化学性质。这主要依靠表面活性剂。双功能有机分子可作为连接两种类型纳米粒子的单体。Ⅲ族卤化物溶剂($InCl_3$ 和 $GaCl_3$),加上配位体或表面活性剂可用于Ⅲ～Ⅴ族半导体(磷化铟、砷化铟和 GaAs)纳米晶的合成。Ⅴ组前体($(P(SiMe_3))_3$ 或 $(As(SiMe_3))_3$ 在温度升高 300～500℃时再添加。通过改变反应浓度和反应温度,连续注射前体,可获得高纯度分散的纳米晶体。纳米材料的性能直接依赖于其成分、尺寸、表面结构及粒子间的相互作用。因此,分析纳米材料的这些性质以及结构与功能之间关系具有极其重要的意义,需要使用一系列显微镜和光谱分析了解材料的详细纳米结构,包括 X 射线特性,电子显微镜和扫描探针显微镜获得 X 射线衍射(XRD)和 X 射线光电子能谱(XPS)特征。XRD 是分析纳米颗粒结晶形式和估算晶粒尺寸的主要方法,用于采用粉末形式的纳米颗粒进行 X 射线衍射分析,称为粉末衍射。基于弹性散射的 X 射线的周期性晶格类型信息,与晶体结构和颗粒尺度有对应关系。当一束单波长 X 射线穿透样品时,产生结晶材料的周期性晶格衍射,根据 Bragg 方程,可得

$$n\lambda = 2d\sin\theta \tag{8-43}$$

式中,n 为正整数;λ 为 X 射线波长;d 为晶面与衍射光束之间的间距;θ 为 X 射线入射角。

纳米材料粉末进行 X 射线衍射分析时,入射角 θ 是变化的因此可获得一系列满足 Bragg 定律的 X 射线衍射图谱,如图 8-71 所示。此图是 Fe_3O_4 纳米粒子 X 射线粉末立方晶格的衍射曲线,颗粒尺寸小于 90nm,可用于估计纳米晶体的平均尺寸。对于无应力颗粒/晶粒尺寸 D,可用下式计算:

$$D = 0.9\lambda/\beta\cos\theta \tag{8-44}$$

式中,λ 为 X 射线波长;θ 为衍射角;β 为射线最大密度 1/2 处的宽度。若颗粒可能存在应力,更精确的方法是采用多衍射峰平均计算。

如果需了解样品的表面的组成和电子态,可采用 X 射线光电光子谱仪 (XPS)也称为电子光谱化学分析(Electron Spectroscopy for Chemical Analysis,ESCA)。样品为纳米膜形式,光源为能量范围 200～2000eV 的单波长 X 射线,其穿透深度取决于入射角、光子能量和材料的光电效应。样品在 X 射线作用下产生光电效应发出电子。离开样品的电子采用电子能谱仪检测分析,则可获得样品表面上不同的构成元素的原子。例如 InP 纳米颗粒的 X 射线光电光谱,如图 8-72 所示。图中的 O 和 C 峰来自污染物。

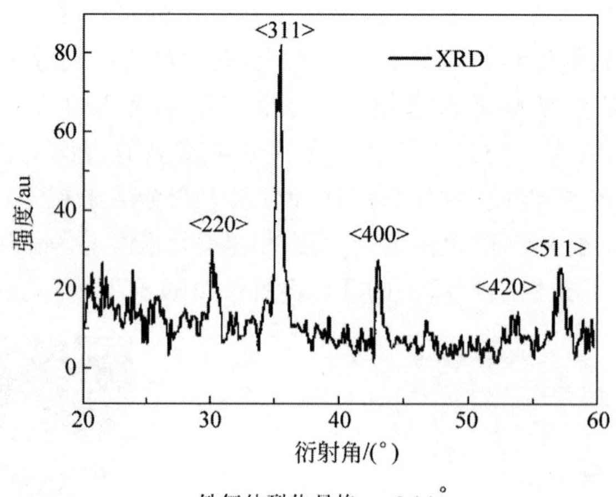

图 8-71　铁氧体 Fe_3O_4 纳米颗粒的 X 射线衍射谱

另一种反射式高能电子衍射仪(Reflection High-Energy Electron Diffraction,RHEED),是监测纳米层生长质量的标准方法,主要用在 MBE 生长室。电子枪的高能能量达到 10～20keV,电子束撞击到生长表面的掠射角约 0.5°～3°产生的衍射图案显示在荧光屏上。通过监测的衍射图案,可获得薄膜晶体对称性信息、有序程度(图案清晰度)和增长模式(包括是三维或二维)。但反射式高能电子衍射仪最重要的目的是监测生长厚度,如图 8-73 所示。图中的振荡衰减强度曲线为 ZnSe 层沉积的时间函数,振荡即 ZnSe 层增长的过程,一个振荡周期即完成一层外延,时间约几秒钟。

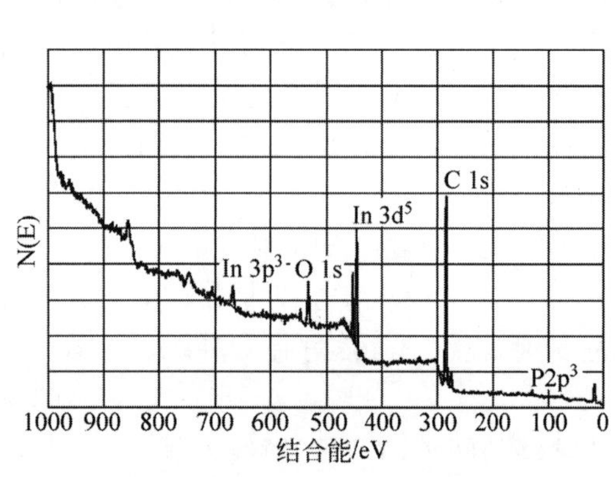

图 8-72　InP 纳米颗粒的 X 射线光电谱

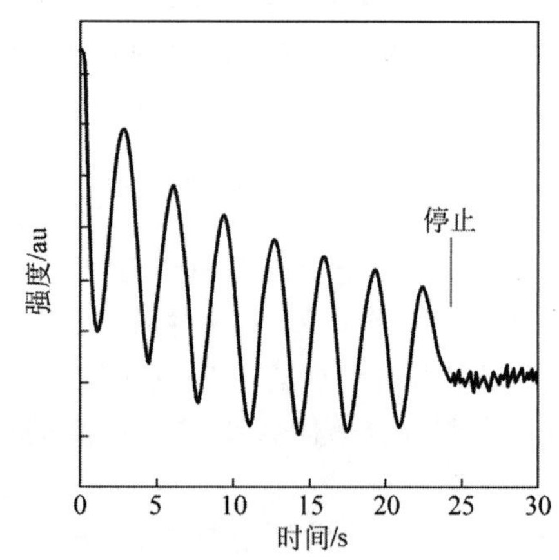

图 8-73　分子束外延生长 ZnSe 过程中,利用反射式高能电子衍射仪监测曲线

如果需要测量样品的微观区域化学成分,可将显微镜与能量色散谱仪(Energy-Dispersive Spectroscopy,EDS)配合使用,即 X 射线能量色散谱分析,简称 X 射线能谱仪。可用于抛光表面,也可用于断裂表面、粉末和薄膜测量。

8.6　纳米结构材料

本书讨论的光量子存储器件,特别是类脑存储器件结构的重大特点是:第一结构尺度为纳米量级;第二大部分结构为金属-非金属-无机-有机材料组合而成。这些结构单元还包括金属离子、金属有机及其他无机纳米粒子和有机结构单元,以及有机分子、生物分子和有机聚合物等。利用这些不同的材料，通过超分子作用连接形成各种功能的固体材料，经过金属配位、氢键、静电相互作用和 π-π 堆积组装连接成光量子存储器件。随着材料科学发展，材料与加工分割(材料准备完成后再加工)的传统流程正在被材料制备与成型加工同时进行的新工艺流程替代。特别是在纳米结构器件的加工生产中表现得尤为明显。不仅是因为采用大块材料加工纳米结构会造成巨大浪费，更重要的是这些材料往往具有高度的结构、组成和性能的相关性及可调性。也就是说，在这些材料的纳米尺度组合中材料本身的性能也可能变化，而这种变化恰恰就是被加工器件所需要的结果。因此在这种情况下，材料制备与结构成型不存在严格的界限。例如光量子器件中代表性的金属-有机晶体材料由于整体尺寸在纳米量级、材料体积与表面积之比与传统的大尺寸器件相差若干个数量级。某些原来可以忽略不计的反应，例如离子交换、吸附和分离等性能，器件的尺寸被降低至纳米级时，其尺寸和形貌将直接影响其整体光学，电学和磁学性质。反之，设计人员可将这种机材-尺度-性能的相关性用于发展新器件和材料。还有可能是未来研究开发新功能器件的一个重要途径。尤其是金属-有机纳米材料金属-有机纳米材料，具有无定型或半晶相结构，单晶 X 射线衍射技术无法使用，使这类材料纳米级结构及自组装过程(8.7 节还要详细讨论)的监控具有很大的挑战性和巨大的发展空间。金属-有机配位聚合物材料除了以上尺寸形貌依赖的特殊性质以外，金属-巯基配位聚合物具有的特殊相互作用，有可能是研究金属-有机配合物自组装的突破口。金(111)-巯基配位聚合物组装形成宏观的层状自组装纳米材料的相互作用和氢键等的可控调节性，对纳米尺度组装同形貌尺寸结构的精确控制均具有十分重要的意义。

所以，纳米结构材料是制造光量子器件的基础，它不仅涉及一个非常丰富的研究领域——分子工程，还因为只有通过纳米结构控制才能产生新的和多功能的光学材料和器件。即控制纳米结构的共价键(化学键)，建立产生特定的光子-电子相互作用的拓扑结构和特定形状的分子的非共价相互作用，最终确定分子及三维纳米结构，用于分子工程及纳米器件结构设计共同控制其属性的新型设计、材料制备和形貌加工的综合制造(组装)体系。光量子器件最常用聚合物体系如图 8-74 所示。

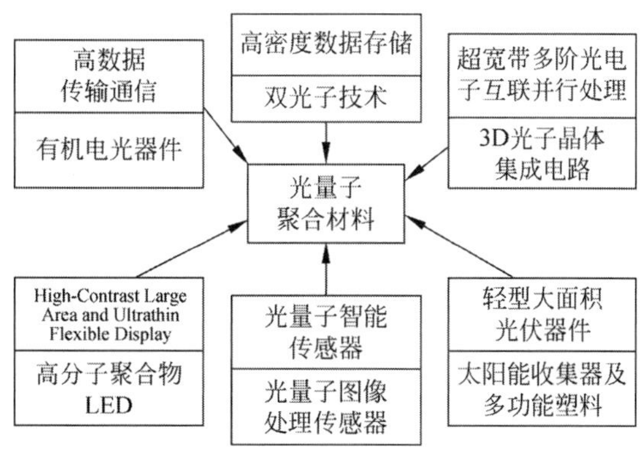

图 8-74　光量子器件最常用聚合物体系

图 8-74 中显示的各种功能的聚合物，通过改变其主链结构获得不同功能，包括对光的反应、对电子的反应、机械性能及加工工艺性等。若需进一步改进性能，可通过共混聚合制造纳米复合材料，制造自组装光子晶体。通过调整低聚物(oligomer)的发光块共轭链，改变发光聚合物的发射波长及波导的透光率特性等。例如图 8-75 中的含共轭块类型共聚物，由共轭聚对苯乙炔(Poly-P-Phenylene Vinylene，PPV)形成甲氧基衍生物块。这类共聚物辐射波长可由共轭长度(共轭块的长度)控制，而非共轭块的长度不会受影响，被称为惰性间隔。但电致发光效率依赖非共轭的块长度，且惰性间隔较长效率更高。

嵌段共聚物的设计还有其他方式，例如将含有共轭段在主链和侧链段中的柔性间隔基-O-

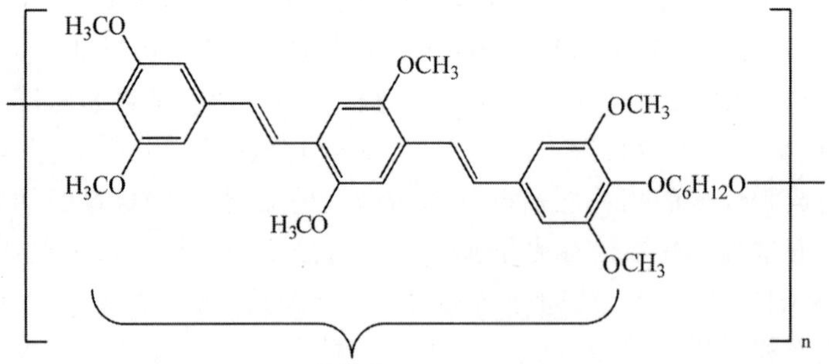

共轭块

图 8-75　含二甲氧基 PPV 共轭块和非共轭脂族链，具有共轭约束的电致发光聚合物分子结构

$(CH_2)_6$-O-与主链分离。将嵌段共聚物纳米技术应用于微区规模和形状调整，通过改变分子参数可改变共轭单位，调整辐射波长。例如，制成多波长辐射光源，用于高密度光存储。根据分子力学原理设计的超分子结构，例如环形结构分子，可通过改变框架的曲率调整内腔直径，如图 8-76 所示的典型酰胺分子。基于酰胺和聚酰胺的内部空腔，具有不同纳米尺度曲率。内腔有带负静电荷酰胺氧原子，因此很容易用作带极性的纳米粒子和无机量子点。弯曲的主干为金属取代苯环，分子内每个氢键的固定是酰胺键。

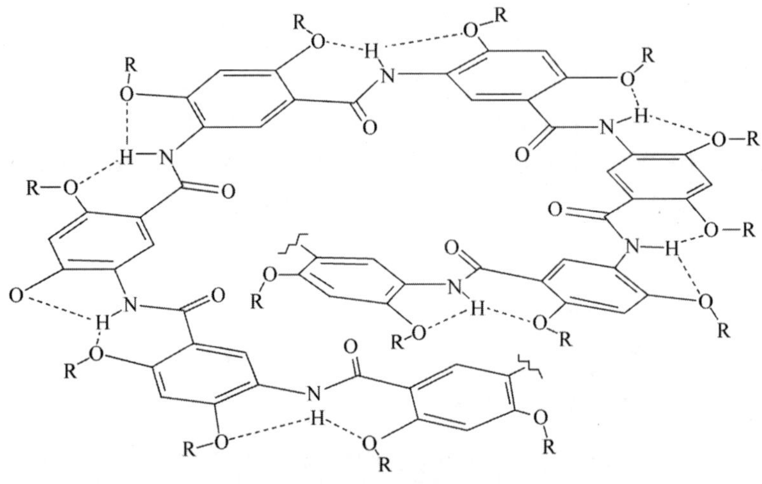

图 8-76　形成螺旋结构的酰胺低聚物

6～7 组以上的低聚物之间可添加额外的稳定 π-π 苯环。内部空腔的直径可通过同苯环中的二酰胺链配位实现。这些类型的螺旋体均能用于纳米光子学。首先，这种分子纳米腔能被用于固定纳米粒子、量子点和量子棒，很容易将这些纳米颗粒子卷在低聚物这种螺旋腔内表面。同时，这种带缝隙的手性螺旋形状，还可用于光学、非线性光学及光电效应。

1. 多层分子自组装

分子组装可构成纳米厚度的单层膜形式，也可将依次沉积的纳米级多层膜叠加而成单材料多层膜。如果采用不同材料交替沉积，还可建立超晶格。最主要的工艺方法有两种，即 Langmuir-Blodgett 技术和自组装单分子膜。这些方法具有很大的灵活性，能获得各种结构表面形状，例如 LED 纳米分子组件；还可以使分子轴按照特定的方向排列，构成取向分子组件。多层单组分或多组分交替层超晶格结构还可制作成非中心对称的形式，制成二阶或高阶非线性光学介质，用于二次谐波产生的线性电光效应。因此，具有聚合介质特征，没有电场极化。LB 的成膜原理是利用材料分子的极性，即利用亲水性的头和疏水性(脂肪)的尾沉积到衬底表面的水上成膜。这种膜主要特点是完全利用水表面张力和侧表面结合力，将这些随机分子构成的有足够黏性的薄膜完整地转移到基板上。例如 LB 法制作硬脂酸($C_{17}H_{35}COOH$)膜。硬脂酸为典型的两亲分子，其沉积膜过程如图 8-77 所示。图中，黑圆点代表极性分子的头，直线为脂肪组分尾。采用亲水性的玻璃为基片插入漂浮在水面的硬脂酸膜中，则在基片上出现典型的沉积现象，如图 8-77 所示。形成头贴近玻璃表面，脂肪尾组成的膜。

LB 法组成的这种薄膜厚度在 1μm 以内。因为成膜的沉积过程像 Y 字母，所以称为 Y 型沉积膜。采用这种工艺重复多次沉积，显然可以沉积为非中心对称膜。根据此膜系结构形成原理，可设计出若干化学成膜方法，加工用于倍频和电光效应的稳定的非中心对称 LB 膜，都属于二阶非线性光学结构膜。当基片再次浸没在水中的同质膜层时，则形成尾-尾沉积形式(见图 8-77 中下部分)。重复此过程，可构成厚膜。若采用花菁染料(merocyanine dye)和 ω-碳烯酸(tricosenoic)交替沉积，可获得二阶非线性交替膜层构造，其分子排列情况如图 8-78 所示。显然，图 8-78 中分子的极轴垂直于膜面。通常，定义相对于 z 轴的倾角为分子轴。倾斜角度 α 的分布可能相对于平均值 α_0 表现出很发散的分布，主要取决于系统的化学性质。例如，使用多层 LB 膜工艺制作的非线性光学聚合物，二次谐波为蓝色(400nm)透明聚合物，其结构如图 8-79 所示。图中 N 型为正常聚合物，R 型为反转聚合物。为了二阶非线性光学微观效应增强，分子设计中让供电子基团的共轭链电子受体分离，所以 N 聚合物的电子受主-二氧化硫-连接到疏水尾 $C_{10}F_{21}$。另一方面，该反转聚合物有供电子基-N-附着在疏水 $C1_8H_{37}$ 尾，因此非线性分子尾的取向相反。因为其偶极子点在同一个方向，所以这两种非线性光学聚合膜交替沉积，在同一方向产生二阶非线性。最终结果是双层复合添加剂(一层 N 和一层 R)的非线性增强。在这些多层膜中，光倍频产生的强度与双层膜的数量成倍数增加，说明双层的光学非线性效应是各单层的光学非线性效应之和。

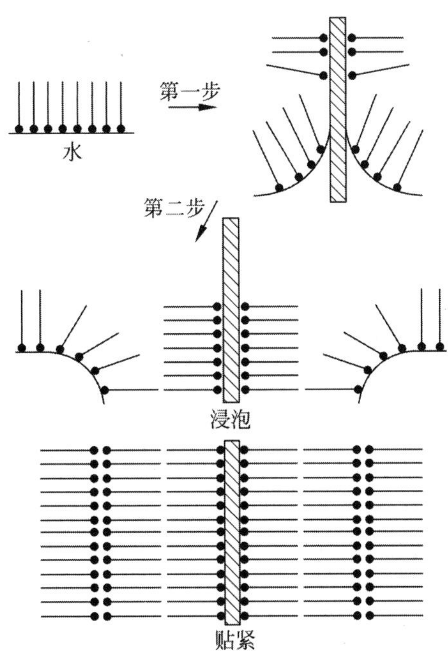

图 8-77　LB Y 型沉积的过程中的第一步，亲水基片脱离水面贴紧；第二步压缩面膜的亲水头黏附于基片表面

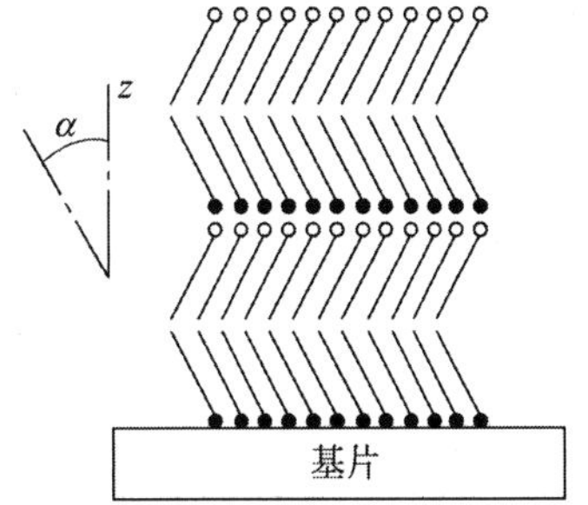

图 8-78　相对表面平均倾角均为 α 的两种不同聚合物形成的 LB Y 型膜

有机膜也可用自组装方法制作，称为自组装膜(Self-Assembly Monolayer，SAM)。与 LB 成膜方法完全不同，SAM 最大的优势是分子自组装膜形式，包括前组、长链烷基和尾组。典型的结构是头部采用三氯硅烷，与 Si 表面反应形成羟基聚合膜，物理性能稳定。典型的尾组是一种酯，去掉其中

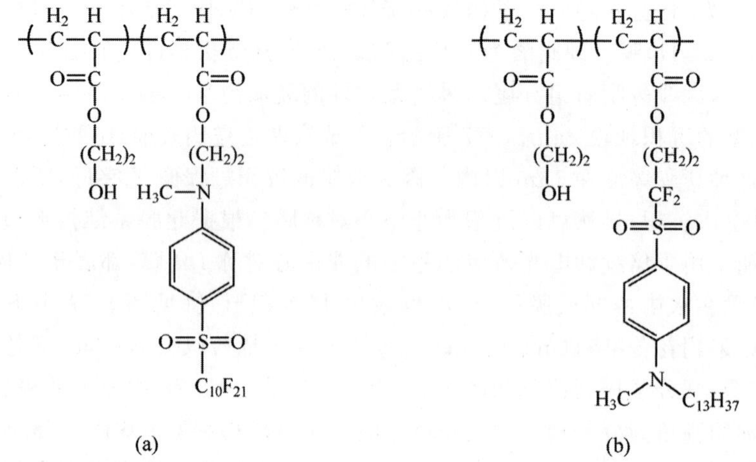

(a)　　(b)

图 8-79　蓝色透明的 N 型(a)和 R 型(b)有机聚合物 LB 交替膜的化学结构

$LiAlH_4$ 形成新的羟基化表面，可依次用来沉积新的一层。SAM 可获得高质量多层膜，例如，自组装的超晶格具有非常大的电光系数 r_{33}（衡量电光强度的系数）超过 65pm/V。利用改进的湿化学方法，即迭代组合自限性高非线性偶氮苯色团，单层极性吸附和原位自限层特性，将三烷基甲硅烷基组成单层八氯硅氧烷生色团，如图 8-80 所示。

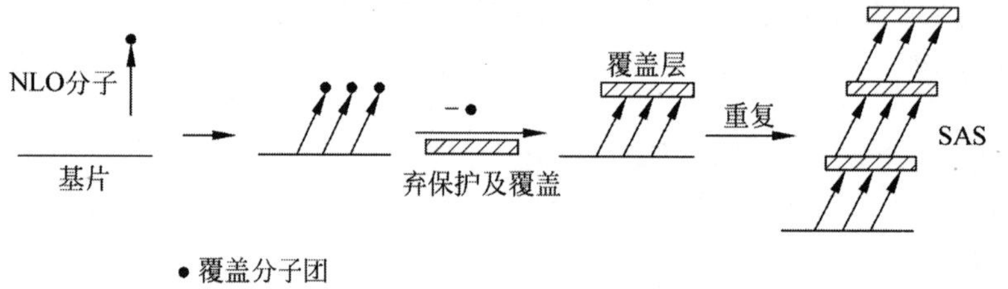

图 8-80　迭代组合法层-层自组装膜原理及组装过程示意图

总之，以高分子聚合物为基础的纳米材料，具有多种技术手段和广阔的发展空间。例如，利用正态聚合物（Normal Polymer，N）和反向聚合物（Reverse Polymer，R）交替制作的 80 层发色基团，定周期和极性沉积。自组装超晶格（Self-Assembly Superlattice，SAS）与 SiO 形成强共价键超晶格，电光系数和介电常数优于标准的电光材料铌酸锂晶体（$LiNbO_3$）。采用三维分子结构，通过非共价键相互作用，不涉及化学键。不同类型的非共价相互作用包括：氢键、金属配位、π-π 相互作用、静电和离子相互作用、van der Waals 相互作用及疏水相互作用。根据相互作用的定向和区域特征进行可识别诱导组装，从一个单元、节段到完整的分子。高分子材料的主要用途是光子媒体。其功能结构可以控制从单原子到整体水平，从而控制纳米结构。聚合物结构的主链引入块段（嵌段共聚物）或附加侧链的功能包括吊坠的主链（侧链聚合物）和定向排列（电场极化聚合物），产生或增强反应功能的电极化聚合物。含有不同光学和机械性能不同链段的共聚物，具有非共价相互作用产生不同形态和功能的纳米光学材料。改变二嵌段聚合物共轭链长度可提供不同波长的电致发光。高分子材料作为重要的光子媒体，其功能结构可以从原子到整体实现结构可控。从聚合物结构的主链引入块段（如嵌段共聚物），附加侧链的各种功能，吊坠主链（侧链的聚合物），定向排列（电场极化聚合物），增强反应功能（电极化聚合物）实现高性能聚合物结构设计。此外，对嵌含不同光学和机械特性不同的链段共聚物提供产生不同形态的功能的纳米光学介质。例如，利用二嵌段聚合物共轭链的长度的改变，实现不同波长的电致发光。

根据分子力学原理设计纳米分子结构，分子单位由力学链组成，不涉及化学键，具有十分广范的工程应用发展空间。例如通过光能作用实现各分子单元之间相对位移，特别是结构有序、高度分支化的纳米结构大分子。由含有分支点同心层构建的树状大分子合成核心向外生长，通过一系列耦合和激活形成包裹层、收敛层、外层和内连单体。例如光子发光核心部位隔离，可减少环境引起的非辐射淬火。使用光子收获天线，吸收光子(漏斗)能量转移到核心，转换为荧光增强或光伏反应。利用分子内相互作用的控制(如静电斥力)增强光子效应(如电场极化结构储电光效应)。使用外周超分子结构的纳米分子结构，提高灵敏度。利用两种或两种以上的化学物质，通过分子间非共价键相互作用构建超分子聚合物单体阵列。通过可逆和高度定向，加工生产各种形状的非共价相互作用纳米物体。采用含有介孔折叠的分子组装与中央的空心管，作为腔模包裹各种光子功能纳米粒子，组成相应的纳米尺度功能器件。利用超分子体系盘状结构加工单层和多层分子组件，通过 π-π 相互作用增强光量子各种交互作用的效率。利用单层或多层 LB 技术及单层自组装技术加工，控制纳米级厚层状分子结构。单层膜或多种物质交叠多层膜系加工高性能超晶格，可实现高效二阶非线性光学效应器件制造。通过自组装单层沉积，单层头组和衬底之间的共价键及化学黏结层建造多层膜系。利用自组装生产无电场极化的超大电光系数超晶格器件等等。

2. 纳米薄膜自组装材料及性能

重要的是分子自发组织成聚合物在金属表面形成自组装膜，由不同化学分子吸附作用固定在基片表面。自组装膜(SAM)通常是表面暴露的化学基团，具有很强亲和力的或能模仿基片材料分子组成。这些组件为作用于底物和吸附物之间的相互化学作用，以及分子间相互作用的媒介。吸附物之间相互作用，分子与衬底之间的化学吸附和分子间的氢键、离子供体受体和形成共价键。更稳定的物理吸附由芳基分子硅附着于金属表面，通过重氮盐形成碳键媒介。吸附系统包括三烷基-三氯或三烷氧基硅烷对二氧化硅表面、氧化铝和银的表面吸附。自组装形成过渡金属表面上(例如 Au，Ag)，表面活性剂头(例如 S，O，N)和 N-烷基尾。吸附在金表面的表面和头之间的亲和力足以形成极性共价键或离子键，相邻分子之间的相互作用自组装的 N-烷硫醇分子如表 8-9 所示。

表 8-9　各种吸收合并入硫醇基的自组装功能元素(分子结构)

功能单元	英文名	位置 I	位置 T
$—CH_3$，$—CH_2^-$	Alkyl	√	√
$—CF_3$，$—CF_2^-$	Trifluoromethyl， Diffuoromethylene	√	√
$—CH_2OH$，$—CH_2OCH_2^-$	Hydroxyl ether	√	√
$—COOH$，$—COO^-$	Carboxylic acid		√
$—CO_2CH_3$，$—CO_2CH_2^-$	Ester	√	√
$—CONH_2$，$—CONH^-$	Amide	√	√
—Cl，—Br	Chloro，Bromo		√
—CN	Nitrile		√
$—NH_2$，$—NH_3^+$	Amine		√
$—B(OH)_2$	Borate		√
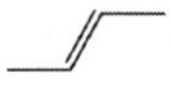	Alkene	√	
	Alkyne	√	
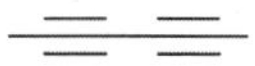	Diacetylene		
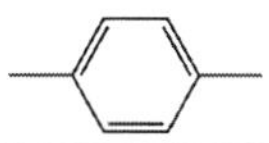	Aryl		

续表

功能单元	英文名	位置I	位置T
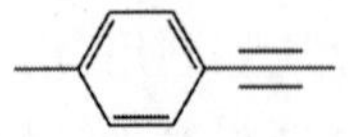	Oligo(phenylene ethynylene),OPE		
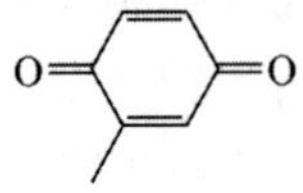	Quinone		
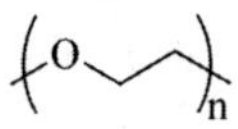	Oligo(ethylene glycol),OEG		
	Sulfone		
	Epoxide		
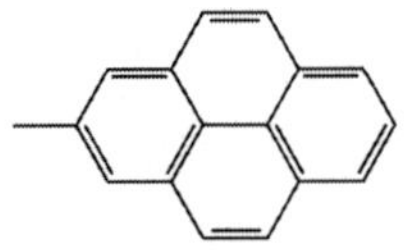	Pyrene		
$C_{12}H_{10}N_{20}$	Azobenaene		

注：材料名称及在自组装膜中的分布位置：I代表在膜内部，T代表在膜界面，S代表吸附物，"—"代表硫醇类分子。表中取代基已省略。

分子的化学性质包括极性头，如巯基或羧基酸及简单的疏水层（一般线性脂肪族）。其分子的吸附基团的官能团分布在膜内部或膜的界面，如表8-9所示。分子与金属衬基片的相互作用强度（稳定度）确定了能否转移分子到金属膜。自组装末端官能团表面的疏水/亲水性、黏结性能、化学反应能力（包括羧酸类、醌类、胺类、酸酐）属于分子的化学表面特性（润湿、电导率、粘连和化学作用），与裸基板完全不同。

电子转移、细胞黏附、聚合物吸附均可用于成膜的后组装改性。分子改性局限于气膜界面，可选择性化学反应，包括不同的液相化学作用及分子结构固定。功能部分包括发色团、掺入活性基团，或者在自组装键的分子（即共价交联或相邻分子之间非共价氢键）中增加传感、电子转移及分子识别等功能。许多相关材料具有良好的表面化学性质，包括金属、半导体、氧化物和其他复合材料，如超导体，各种原子、分子均可用作自组装基板，其分子间的相互作用吸附特性，参见表8-10。有些材料具有复杂多样的表面化学特性，例如，复合材料，包括氧化物、铁电材料如 $LiNbO_3$ 等具有晶体结构和多原子成分。但其表面特定元素可通过化学处理，例如，曝光后的锆钛酸铅（$PbZrTiO_3$）在酸性条件下导致表面贫铅。在实际自组装过程中，还可选择对某些区域具有选择性保护的材料，或在相同的材料内形成特殊必要的化学成分分布，以及采用进一步生长或蚀刻的方法改变其结构或性能。

表 8-10　常用自组装膜的依附表面、基片名称和吸附物

依附表面	基　　片	吸　附　物
金属	Au	R-SH,R-SS-R,R-S-R, R-NH_2,R-NC,R-Se,R-Te
	Ag	R-COOH,R-SH
	Pt	R-NC,R-SH
	Pd	R-SH
	Cu	R-SH
	Hg	R-SH
半导体	GaAs(Ⅲ-Ⅴ)	R-SH
	InP(Ⅲ-Ⅴ)	R-SH
	CdSe(Ⅱ-Ⅵ)	R-SH
	ZnSe(Ⅱ-Ⅵ)	R-SH
氧化物	Al_2O_2	R-COOH
	TiO_2	R-COOH,R-PO_3H
	$Yba_1Cu_3O_{7-b}$	R-NH_2
	Tl-Ba-Ca-Cu-O	R-SH
	ITO	R-COOH,R-SH,R-Si$(x)_3$
	SiO_2	R-Si$(x)_3$

3. 金属-有机配位聚合物纳米材料特性

金属-有机配位聚合物纳米组装体是由金属离子和有机配体反应得到的纳米结构,因此兼具金属离子和有机配体的内在性质。对于金属离子,可以与质子或者电子作用产生荧光、强紫外吸收或者其他磁学光学性质,这些性质有利于作为一种功能性材料在器件上应用。某些有机配体还具有独特的功能,例如特殊光谱辐射,其自由基是生物分子、光学、磁学功能材料组成的单元。金属离子与有机配体结合还可以产生很多其他新性质,例如硫酸锌溶液纳米粒子内所含的锌离子被铜离子取代后,纳米粒子的形貌和尺寸保持不变。某些金属-有机配位聚合物纳米组装体具有可调节光学性质。例如 Zn(Ⅱ)-BMSB 纳米球在不同的溶剂中有不同的光学性质。该纳米粒子在甲苯溶剂中为红色,但加入甲醇时呈黄色,颜色变化是由于 Zn 离子的吡啶辅助配体被甲醇取代所致。若将该纳米结构中添加 DMSO 形成 Zn-DMSO 混合物,溶液呈红色。此外,DMSO 吡啶、DMF、丙酮和甲醇的紫外吸收光谱也可以在很短时间内改变,而且是可逆反应。聚乙烯吡咯烷酮生长的粒径约为 5nm 的发光聚合物纳米粒子,Eu(Ⅲ)配位聚合物纳米粒子能发射波长 650nm 的强红色荧光。这些一维的金属-有机纳米结构中引入不同成分离子后,会产生两种不同的发射或吸收的重叠分子,从而获得不同的发射或吸收光谱,如图 8-81(a)所示。在二甲基甲酰胺(n-Dimethyl Formamide,DMF)中添加 Zn(OAc) 会产生不同发射光谱如图 8-81(b)所示。

4. 纳米材料特性测量

自组装膜的物理和化学性质与加工模式和工艺有关。自组装膜的性质、形成和结构取决于生长、黏附、尺寸、电化学处理等组装技术。其中扫描探针显微镜是直接测量和优化自组装膜模式的基本工具。

5. X 射线光电子能谱仪

X 射线光电子能谱仪(XPS)是利用 1500eV 以上 X 射线照射溅射固态样品表面,然后将溅射出的点子能量进行分析,从而获得样品表面的组成、化学状态等参数表面。包括 1～12nm 尺度的元素和元

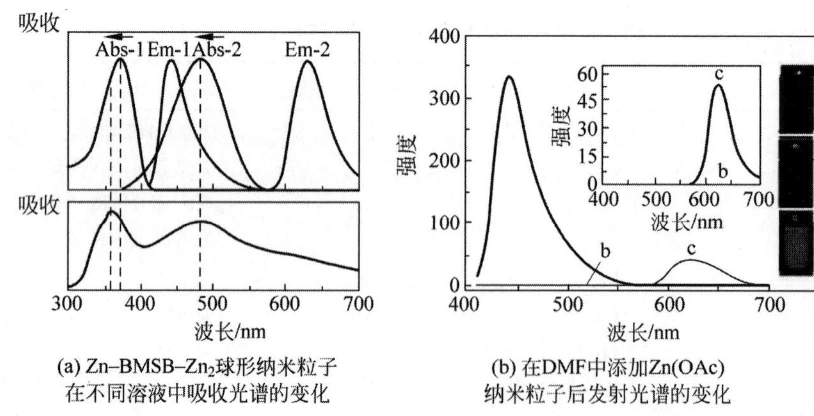

(a) Zn–BMSB–Zn_2球形纳米粒子在不同溶液中吸收光谱的变化

(b) 在DMF中添加Zn(OAc)纳米粒子后发射光谱的变化

图 8-81 在金属-有机聚合物中参入不同成分的纳米离子后，吸收发射光谱的变化

素质量，各种元素的化学状态、电子态的键能、电子态密度及表面 12nm 范围内的厚度。其基本结构如图 8-82 所示。X 射线管利用 Al 或 Mg 作为阳极，经单色器滤波后照射到样品表面。高能 X 射线溅射将样品表面元素的电子溅射到电子能量分析器和电子倍增器系统进行能谱分析，属于非破坏性检测。样品室内的样品架安装有传动机构，不但可以做 x，y 和 z 3 个互相垂直方向的移动，还可沿某一坐标轴做一定角度的旋转。其他性能指标参见表 8-10。

6．傅里叶变换红外光谱仪

傅里叶变换红外光谱仪（FTIR）为基于光电导性及 Raman 散射红外光谱技术的分析仪器，主要用于获得固体、液体或气体的吸收、发射色散型红外光谱。经过傅里叶转换，FTIR 可同时收集大范围的光谱数据，主要用于分析各种化合物及混合物的结构成分。其他性能指标参见表 8-11。

7．摩擦力显微镜（横向力显微镜）

横向力显微镜（LFM）是原子力显微镜（AFM）作用方向调到横向，以便反应表面的摩擦力变形。为了测量表面吸附物空间分布的多种不同组织以及表面的不同方向的反应，除了改变悬臂方向外，此悬臂还对针尖-样品相互作用产生的扭转敏感。另外，还能测量吸附在金表面的自组装膜的电子传递速率，测定原子的成分。所以，可用于某些表面形状比较复杂的氧化还原共价键连接的单层膜，例如，五边形氨基吡啶与钌合成的吸附物的自组装或材料的 LFM 成像，如图 8-83 所示。

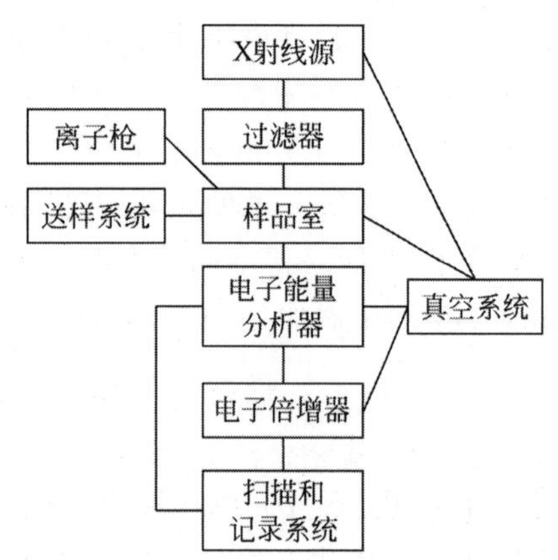

图 8-82 X 射线光电子能谱仪结构原理

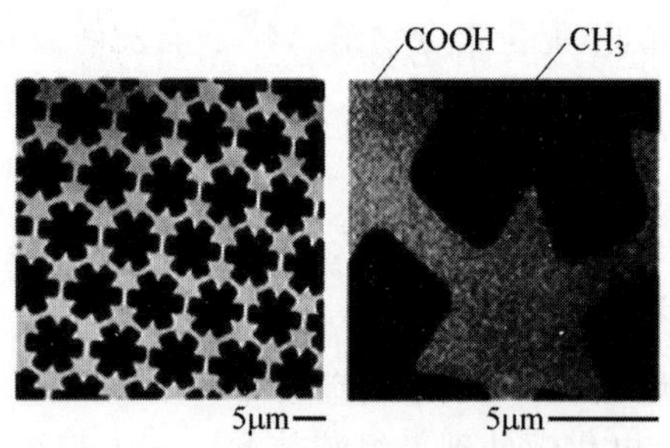

图 8-83 横向力（摩擦力）显微镜成像。由于羧基和甲基碱性粒子在金表面形成的图形吸附力强，比较平滑，摩擦力小，呈黑色；而酸端甲基区域标记表面对探针尖移动的阻力较大，需要较大的电压平衡悬臂梁的侧向力，所以形成明亮的图形

8. 扫描探针显微镜

结构稳定性对自组装的基础研究至关重要。因为根据自组装膜图案及结构的完整性、边界的边缘分辨率，可以了解 *n*-烷硫醇吸附、流动及热稳定性，以及自组装膜对各种溶剂和其他环境条件的适应性。所以，扫描探针显微镜(SPM)是对自组装膜性能的综合评估的主要工具。

9. 扫描隧道显微镜

扫描隧道显微镜(STM)不仅可用于吸附在金表面 n-烷硫醇膜自组装，还是材料检验自组织结构特征的主要设备。新型扭转机制也影响了悬臂的位置，从而在光电二极管激光信号，新型 STM 也能探测左、右两侧的横向力。即针尖与样品之间的摩擦对探针施加侧向力也可以记录，并能显示具有纳米级精度的自组装表面上不同的分子结构、形貌和尺寸。

10. 质谱仪

质谱仪(MS)根据带电粒子在电磁场中偏转的原理测量物质原子、分子及其碎片的质量差异，从而获取被测物质成分及相关物理、化学性能。质谱仪按应用范围分为同位素质谱仪、无机质谱仪和有机质谱仪。按其工作原理，可分为静态仪和动态仪。有机质谱仪的基本工作原理是以高能电子轰击被测物质使之离子化，形成各种质荷比(m/e)的离子，然后测量其在电场中各种不同质荷比离子的强度，从而确定被测物质的分子量和结构。其中，离子阱质谱及有机质谱仪能详细提供各种有机化合物结构，化合物的分子量、元素组成以及功能团的结构信息，是光量子纳米材料研究的重要测量设备。有机质谱仪还能与气相色谱、液相色谱、热分析等联合使用，其他数据参考表 8-11。

表 8-11　常用纳米材料物理化学成分分析仪器

名　称	测量位置	方式	样品状态	样品量/g	分辨率	灵敏度	真空度/Pa
XPS	表面	非破坏	固,气,液	$10^{-6}\sim10^{-8}$	较低	10^{-18}	$1.33\times10^{-4}\sim1.33\times10^{-9}$
吸收光谱仪	本体	非破坏	固,气,液	$10^{-2}\sim10^{-3}$	—	10^{-9}	—
发射光谱仪	本体	破坏	固	—	—	10^{-12}	—
质谱仪	本体	破坏	固,气,液	$10^{-3}\sim10^{-4}$	高	10^{-13}	$1.33\times10^{-2}\sim1.33\times10^{-5}$
电子探针	表面	非破坏	固	—	—	10^{-16}	$1.33\times10^{-1}\sim1.33\times10^{-3}$
X 射线能谱仪	表面	非破坏	固	—	—	10^{-17}	—

8.7　光子晶体

光子晶体是新一代存储器中最重要的结构材料之一。光子晶体是一种高和低折射指数的物质有序交替构成的新介质，也是能对不同波长光子进行一定顺序周期性调制的特殊纳米材料。光子晶体的出现促进了纳米光子学的发展，并拓宽和见证了纳米光学的发展前景。同时，这些理论的发展又进一步推动了对光子晶体光学过程的理解，引导出许多十分重要的技术应用。本节仅出于光量子存储研究的需要，介绍光子晶体的基本概念、常用的计算光子晶体的能带结构及其光学性质的方法。光子晶体具有许多独特的光学和非线性光学性能，也是光量子存储中最需要的一些光子功能。本节重在列出这些需要的重要功能及基本概念，对光子晶体的数学描述及理论物理分析仅一带而过，以节省篇幅。但后果是打乱其完整的理论体系，使许多描述缺乏逻辑性和准确性。若读者遇到这种情况或需要深入研究，请参考有关专著。

制造不同的光子晶体(一维、二维和三维)有许多种方法。由于本节着重讨论其应用，对制造方法未进行详细介绍，但不能认为不重要，将来的许多重要突破可能要依靠新的光子晶体支撑，这就是研究光子晶体的魅力所在。光子晶体的非线性是本节的主题,即光子晶体带边附近表现出强烈的非线性光学效应,是构成二次谐波、双光子激发、非线性光纤的基础。光子晶体是不同的介质介电常数或折射率物质周期性有序排列的纳米晶格结构形式。这种周期性结构使光波通过时产生按一定顺序周期性分布的光子能量和波矢量(传播方向)场,构成不同的透射或反射特性,如图 8-84 所示。尤其在大折射率比(n_1/n_2)的情况下,光子晶体的结构形状和对称性变化最为明显,主要体现在带隙(也被称为光子带隙)对光子晶体的性能具有决定性的影响。

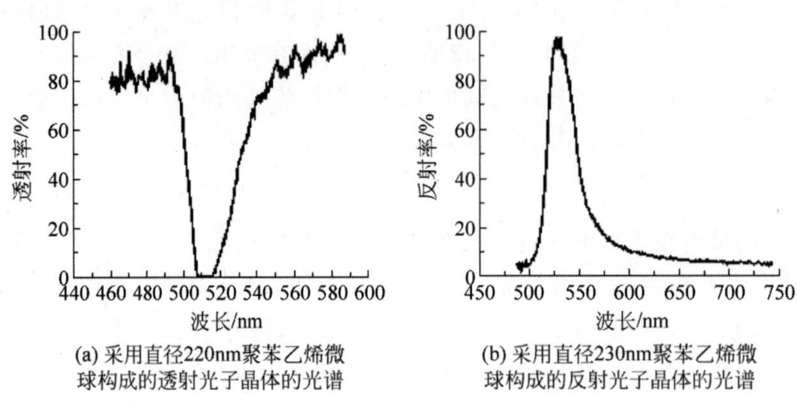

图 8-84 典型的光子晶体透-反射特性曲线

光子晶体结构的代表性的形式有 3 种,即球状的三维排列、二维的柱状排列及片状一维结构,分别具有不同的传播特性,如图 8-85 所示。三维结构中的亚微米尺寸球,可采用玻璃或塑料如聚苯乙烯,即利用胶体化学制备,所以被称为胶体晶体。

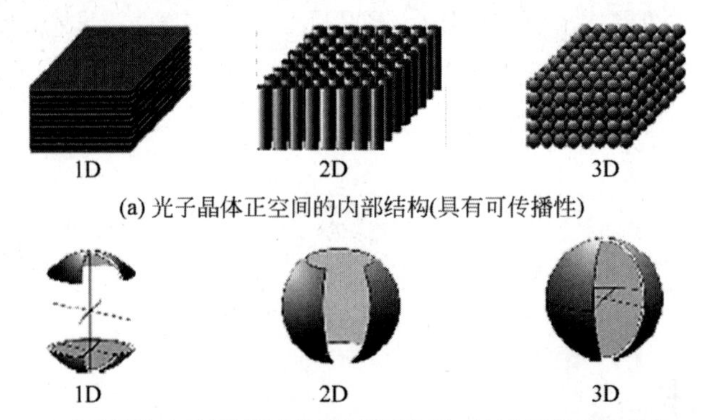

图 8-85 光子晶体的结构具有可传播空间或不具备可传播空间示意图

柱状二维光子晶体的折射率与他们之间的介质折射率不同。最典型的例子是光子晶体光纤束。一维的光子晶体是单层结构,采用不同的折射率材料交替堆叠而成。因此,其折射率的变化只有一个方向(图中的垂直轴向),典型的例子是 Bragg 光栅。其中周期域(例如,球形颗粒)具有高折射率,外围由低折射率的介质(如空气)填充空隙,这种结构被称为规则结构光子晶体。如果包装的是胶体颗粒,例如乳蛋白结构,在这种情况下带隙不明显,相当于带隙为零。需要具有高折射率($n>2.9$)的材料包装,形成空隙。具体方法是采用聚苯乙烯球,填补空隙用具有高折射率的材料(GaP,$n=3.5$)。

1. 光子晶体理论模型

根据对光子晶体光学特性的定义,主要涉及传播、反射和角。从结构检测研究可知,关键在带隙结构。在这方面已有许多精确计算应用程序。计算光子带隙结构的理论和数值计算方法有两大类：一类是源于频域技术的光子的本征方程法，直接求解光子态和能量。这种方法的优点是可直接提供的能带结构。例如平面波展开法(Plane Wave Expansion Method，PWEM)，传递矩阵方法(Transfer Matrix Method，TMM)。结合快速傅里叶预处理变换和预条件子空间迭代算法，寻找 Maxwell 方程的本征值及有限元离散处理。这些方法已实际应用于光子晶体电磁和弹性场频率及结构计算。另一类是采用时间域法计算输入电磁场在晶体中传播时间的演化，然后通过傅里叶变换时间场的频域间接计算带隙结构。目前广泛使用的时域方法是时域有限差分法(Finite-Difference Time Domain，FDTD)。FDTD 的 Maxwell 方程可直接离散化计算电磁波的时间演化。该方法也适用于波包传播模拟传输和反射系数计算。针对晶体结构分析，平面波展开法和传递矩阵法最直观。此平面波的电磁场可展开为

$$H(r)=\sum_{G}\sum_{\lambda}h_{G,\lambda}e_{\lambda}\exp[\mathrm{i}(k+G)\times r] \tag{8-45}$$

式中，k 为 Brillouin 区波矢量；G 为倒易晶格矢量；e_λ 为与 $k+G$ 正交的单位矢量。矢量电磁波主方程的特征值方程的解为

$$\nabla\times\left[\frac{1}{\varepsilon(r)}\nabla\times H\right]=\frac{\omega^2}{c^2}H \tag{8-46}$$

用数值方法可获得光子晶体的能带结构，特别对无缺陷结构很有用，特别是对于三维带隙结构的计算。利用此模型计算的聚苯乙烯颗粒的带隙图如图 8-86 所示。其中，聚苯乙烯的折射率 $n=1.59$。可以看出，在<111> L 点方向的间隙。x 轴为 Brillouin 区的对称线。归一化频率 $f_n=(f^* a)/c$，其中 a 为晶格常数，c 为光速。能带结构可用对角转移矩阵计算，根据转移矩阵的特征值就可以获得带隙图。这种算法比 PWEM 简捷方便。若需要计算有限光子晶体的电磁模传播，可采用 TMM 算法。基于 TMM 计算，对一维、二维和三维光子晶体能带结构及传输，反射系数的计算很有效。利用此法计算的蛋白石(opal structure)结构光子晶体的反射光谱如图 8-87 所示。形成紧密立方形的<111>晶体的折射率为 $n=1.59$(聚苯乙烯)。归一化频率 $f_n=(f^* a)/c$，单位为 Hz。采用同样计算方法获得的一维光子晶体光子带结构，即所谓的 Bragg 堆栈的波矢量与归一化频率关系曲线，如图 8-88 所示。晶体由 10 个周期性介质层组成，表面介电常数 $\varepsilon_1=1.96$，$\varepsilon_2=11.56$，反射电磁波垂直于晶面。

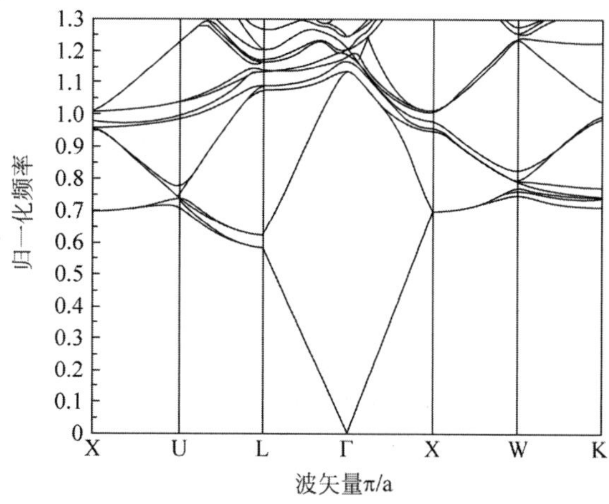

图 8-86 用平面波展开法计算聚苯乙烯球结构的能带波矢量与归一化频率的关系曲线，L 对应于晶体的<111>方向

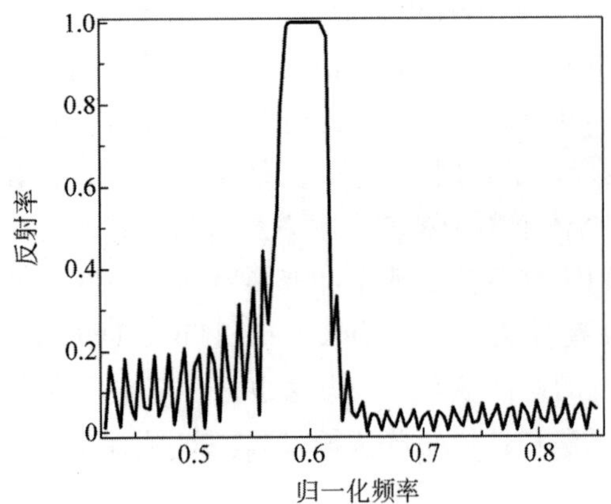

图 8-87 利用转移矩阵法计算立方蛋白石结构的<111>方向反射光谱曲线

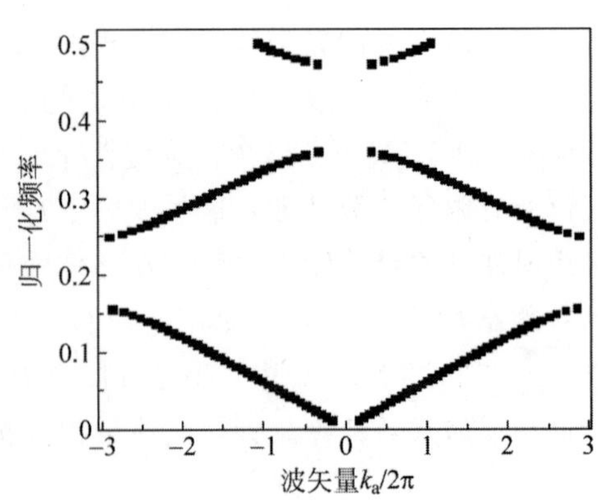

图 8-88 利用传递矩阵法计算的一维光子晶体的带隙结构(Bragg 栈)波矢量与归一化频率关系曲线

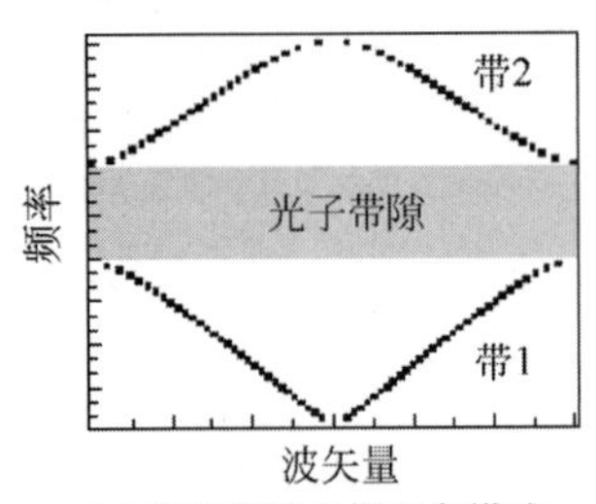

(a) 光子带隙电场分布模式，波矢量与频率的关系曲线

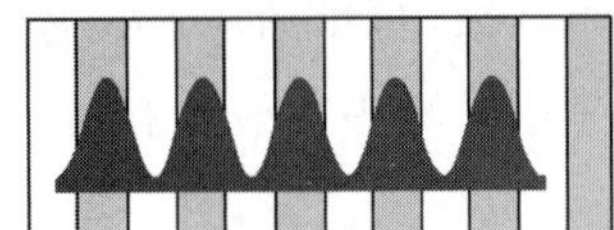

(b) 带1为光子晶体截面上电磁场分布

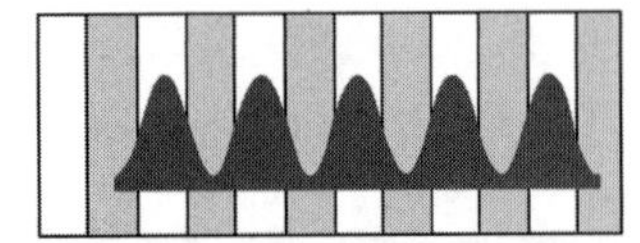

(c) 带2为光子晶体截面上电磁场分布

图 8-89 一维光子晶体的光子带隙结构示意图

实验证明，以上理论计算结果与实际实验测试基本一致，对光子晶体设计有指导意义。特别是无缺陷结构晶体和尺寸较小的光子晶体，转移矩阵法具有足够高的精度。

光子晶体非线性光学特性已用于低阈值激光发射、频率转换和选择性反射或吸收等应用领域。且通过改变周期性能带隙结构(晶格常数)，可有效调整这些参数。例如，三阶非线性光学效应产生光学 Korr 效应获得的折射率变化为 $\Delta n=n_2 I$，式中 n_2 为光子晶体的非线性系数，说明 Δn 与光强成正比。所以通过增加光强可以改变折射率，用于光子开关。另外，由于双折射光子晶体光子带隙的两正交偏振不同，可用于消除偏振或与偏振相关的光开关。通过改变光子晶体结构改变电磁场的空间分布，或实现局域场增强。场增强可增加光子晶体的非线性光学效应。在带隙附近的光子，波长(频率)靠近低折射率材料层，而能量集中于非线性强的高折射率区域，如图 8-89 所示。因此，高折射率材料区具有高非线性效应。同时，这个强磁场增加基本场的光子晶体的非线性相互作用。

2. 异常群速色散

光子晶体的能带结构、使传播频率的散布成为传播矢量 k 的函数，决定了介质中传播光波包(如光的短光脉冲)群速度。光子的频率(能量)色散光子也决定了有效折射率及其相关的影响(如折射、准直等)。群速度 v_g 可根据光子能带结构计算：

$$v_g = \mathrm{d}\omega/\mathrm{d}k \tag{8-47}$$

由于在光子晶体中存在高度各向异性的复杂能带结构，以上群速度被剧烈改变。它可以显示从零到真空光速的大范围变化，且取决于光频及其传播方向的带隙。例如，能隙附近光频的群速非常低，在带隙区域为零。因此，光子晶体介质可用来操纵光波包传播速度(及其能量)。此功能可用于提高光的相互作用，但需要较长时间才能体现出来。另一个重要特点是，群速度色散 β_2 定义为

$$\beta_2 = \frac{\mathrm{d}^2 k}{\mathrm{d}\omega^2} \tag{8-48}$$

因此，可看出 β_2 取决于带结构的曲率。在电子结构中，能带曲率 $\mathrm{d}^2E/\mathrm{d}k^2$ 与电子的有效质量有关。因此，根据式(8-48)对 β_2 的定义，可看出 β_2 与光子的有效质量成反比。因为不同频率成分的群速不同，

使多色光脉冲(包含多种频率分量)的色散扩大化,称为异常色散。在带隙附近的有效光子质量($1/\beta_2$)为负,这种现象最为明显。在间隙内,群速度色散呈快速下降到零。异常色散已被实验验证,属于超棱镜效应的现象,即超过普通角棱镜的折射色散,如图 8-90 所示。在光子晶体内的折射角显著超过普通棱镜。例如在 Si 基板上制作三维光子晶体上,当入射光改变入射角±7°时,光子晶体内的折射角达到±70°,如图 8-91 所示。所以,提出负折射介质概念,即使不具有负折射率。另一种观点认为这种异常群速度色散特性是光子晶体的自准直现象,属于平行光传播,对入射光束的发散角不敏感。在相同的光子晶体中,类似透镜的自准直像发散传播是可以实现的,取决于在选定波长和传播方向的能带结构。这种自准直现象与光的强度无关(因此不是来自强度自聚焦)。对光学电路中,光束传播不发散具有重要实用意义。

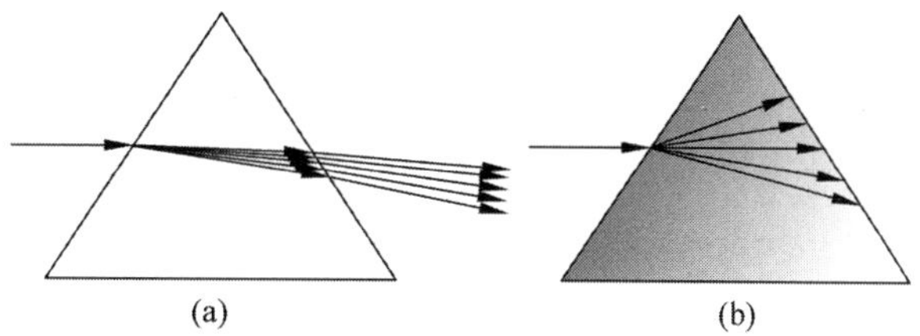

图 8-90　常规棱镜(常规光学材料)(a)与异常色散超棱镜(光子晶体材料)(b)的性能差别的比较

图 8-92 为三维光子晶体超棱镜呈现出近高频带隙有效折射反常色散现象。其有效折射率归一化频率的计算式为

$$f_n = a/\lambda \tag{8-49}$$

其中 a 为晶格常数。可看出,三维光子晶体的这种反常现象与吸收无关,不涉及损失的吸收。问题是如何让非线性光子晶体的异常色散,高效生成相匹配的第二或第三谐波。只有基础波长的相速度(c/n)和谐波相同,基波功率才能同相位连续传播到谐波。

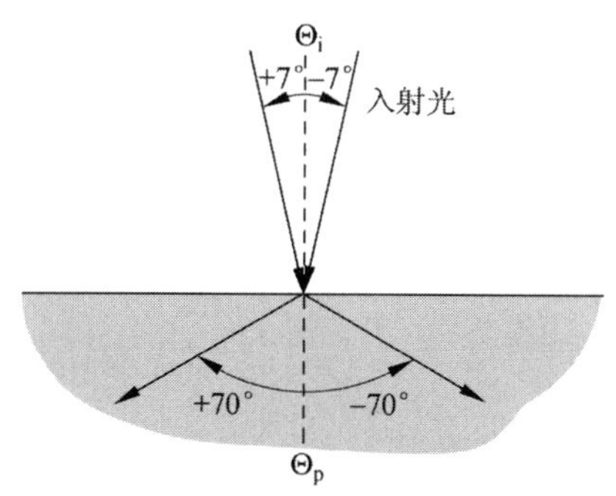

图 8-91　在三维光子晶体界面上,当入射角变化±7°时,折射角变化达到±70°

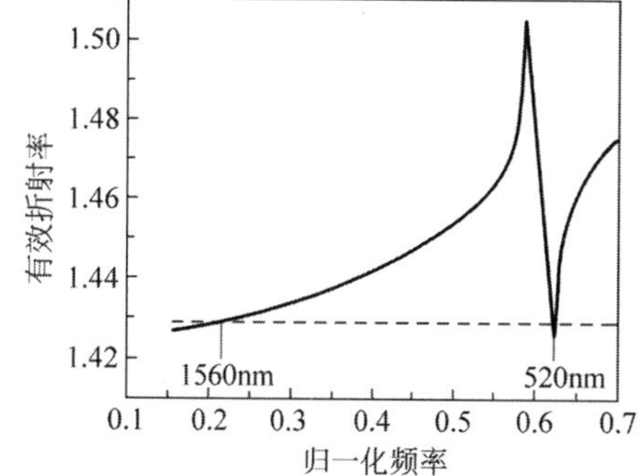

图 8-92　有效折射率与归一化频率的关系曲线图。在波长 520nm 处呈现的反常色散现象

3. 光子晶体微腔效应

光子晶体设计的本质就是通过嵌入特制缺陷(如位错、孔)构成特殊的光学微腔。此外,还可通过调整这些缺损部位、大小和形状,在带隙区域创建相关的缺陷获得某些特殊的性能如图 8-93 所示。这些缺陷模式类似于半导体的价带与传导之间的杂质(掺杂剂)和状态。假设是球形状缺陷(例如,自组装胶体晶体),可支持波长为 λ 的球形光子态微腔的直径 d 为

$$d = n\lambda/2 \tag{8-50}$$

最低的模式为 $n=1$。可以看出,空腔的尺寸变小(即体积变小),腔模数变得更小。

如果将发射器嵌入微腔,只有辐射比空腔谐振峰窄,同时,其频率(波长)与腔模光学响应相匹配,

其发射才能增强。其决定因素是 Q 值：$Q=\omega/\Delta\omega$，式中 $\Delta\omega$ 为腔模的谱线宽度。理想的窄增强发射腔要求非常高的 Q 值。光子晶体可以实现高品质因子 Q 和体积极小的纳米腔，能保证准确波长和高选择性增强电磁场谐振。这种效应已用于谐振腔增强型光电探测器、发光二极管和低阈值激光器。这种光子晶体创造的高 Q 值微腔推动了腔量子动力学的研究发展。例如 Purcell 效应和光子再循环维腔效应。Purcell 效应只能在自发发射光谱比腔共振峰窄，和发射频率与腔模频率相匹配条件下才能实现自发辐射增强。腔增强因子，即 Purcell 因子 f_P 与 Q/V 成正比。目前，Q 值已超过 10^5，腔体积 $V\approx0.03\mu m^3$(InGaAsP 晶体)，每个光子是平均重发射 25 次，总效率超过 83%。光子循环发射增加了光子寿命，提高了响应速度。

例如，目前生产的低阈值光子晶体激光器——InGaAsP 量子阱微腔光子晶体激光器，泵浦阈值 $<120\mu W$。

制造光子晶体的方法很多。常用的有自组装方法，是三维光子晶体制备最有效的方法。基本构件是分散的二氧化硅或聚苯乙烯纳米球。生产胶体晶体主要利用重力沉淀法。获得的晶体 AFM 图像如图 8-94 所示。晶粒的尺寸取决于结晶温度、湿度和时间。另一种自组装技术为细胞法，如图 8-95 所示。将球形颗粒的水性分散体注入两个玻璃基板、光致抗蚀剂或聚酯薄膜框架形成细胞，放置在底基板表面。框架有孔让溶剂流过。纳米颗粒留在膜上形成有序结构(通常是面心结构)。此技术制造水薄聚苯乙烯光子晶体效果很好，其厚度通常不超过 $10\mu m$。这种方法比较简单，适合于小规模实验研究性加工制造。

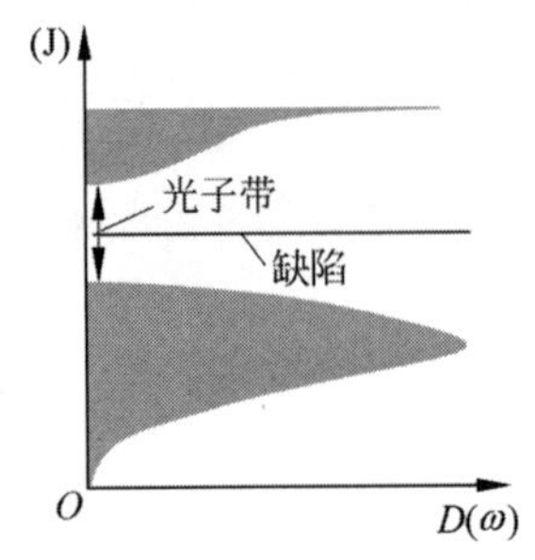

图 8-93 在光子晶体带隙区域插入缺陷模型示意图。图中 $D(\omega)$ 为频率 ω 的光子密度

图 8-94 采用沉淀法生产的 350nm 纳米硅球晶体的原子力显微镜图像

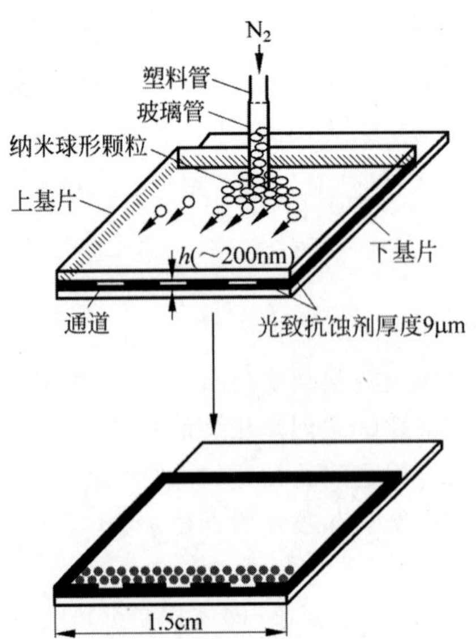

图 8-95 胶体球形晶体自组装的纳米颗粒加工过程示意图

采用垂直沉积法加工光子晶体效果较好，尤其是面积较大的诱导胶体颗粒结成的胶状晶体，特别是颗粒直径 $d>300\text{nm}$ 的光子晶体很容易实现。有序的三维光子晶体样本扫描电子显微镜(SEM)图像，如图 8-96 所示。

双光子光刻技术也可用于三维光子晶体的制造。主要材料是聚合物，利用双光子辐射触发材料，使之产生化学或物理变化。只要介质具有足够的敏感性，在三维度上同时达到纳米级分辨率是不成问题的。最常用的是波长 800nm 的皮秒激光器加工。皮秒激光双光子引起聚合引发产生分辨率为 200nm 的结构。由于双光子吸收局限在很小体积内，扫描聚焦在可以直接生产三维微尺度模式。采用电子束光刻能获得非常高的分辨率的各种光子晶体。但这种方法比较复杂，因为它包含许多变量，而且必须在真空环境下进行，使用材料受到较大限制，加工成本也比较高，主要用于二维光子晶体的制备，如图 8-97 所示。

图 8-96　利用垂直沉积法制备的聚苯乙烯/空气光子晶体的 SEM 图像

图 8-97　采用电子束光刻和干法腐蚀加工的二维光子晶体图像

利用电化学方法也能制作光子晶体。即在酸性溶液中铝阳极氧化所产生二维光子晶体，可获得有序的多孔氧化铝(Al_2O_3)紧密排列的柱状六边形蜂窝状结构，并可通过选择阳极氧化条件(选择酸性、电压和预处理的铝表面)，精确控制其孔径和密度。这种多孔氧化铝还可以用作模板，在孔隙中填充形成其他光子介质。此外采用全息法，利用两个或两个以上的相干光波产生一个周期的强度图案，转移到树脂中，形成周期性光生光子结构。最简单的是制造一维周期结构光子晶体 Bragg 光栅。使用聚合(或光交联)含无机纳米粒子的介质(如 TiO_2，金属纳米粒子)或液晶滴可制成各种尺寸纳米粒子的一维光子晶体，如图 8-98 所示。两个多光束干涉可用于制作二维和三维光子晶体。例如 3 束 $\lambda=325$

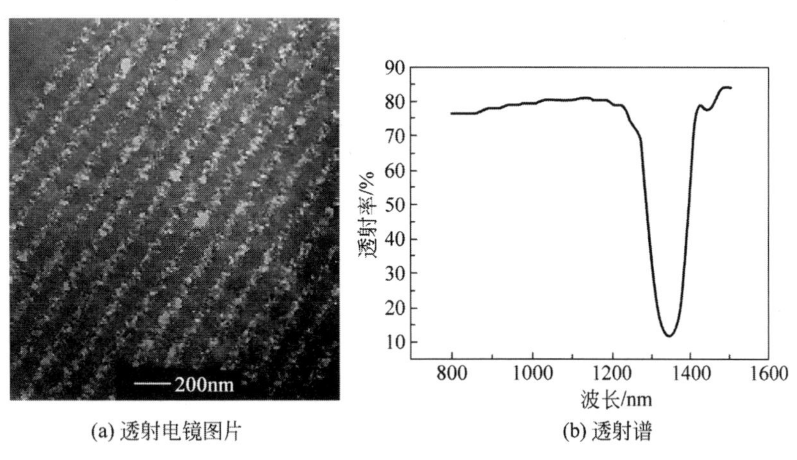

(a) 透射电镜图片　　(b) 透射谱

图 8-98　采用聚合物分散液晶全息法制作的一维光子晶体

光束全息聚合可二维六角形纳米晶格，形成二维的三角形结构。将两组光束产生的全息结构，沿第三维重叠可形成三维六角形光强图案。转移到光聚合性树脂模，即可制作三维光子晶体。利用多光束干涉的全息方法还可加工许多高度周期性精细结构的光子晶体，而且一次激光曝光即可成功，工艺步骤简单，成品率较高。这种方法的缺点是折射率对比度只能达到中等水平。全息方法也可以用于制造电切换聚合物分散液晶光子带隙材料，及聚合物分散液晶光子晶体。

8.8 平面纳米结构制造

在纳米加工中，平面纳米膜的制作具有举足轻重的地位。不仅许多纳米器件直接由纳米膜形成，而且绝大多数纳米器件都是通过纳米膜结构传递、转移或叠加而成。随着现代表面科学、分子化学、电子化学及纳米加工技术的发展，又为纳米膜及其图形加工提供了强有力的理论与工程支撑。对分子(原子)相互作用的物理化学性能研究不断取得重大突破。例如，已可实现在金属表面上按照设计程序有序排列原子和分子。对吸附在过渡金属表面的有机分子的自组装，修改结构及物理和化学特性如图 8-99 所示。

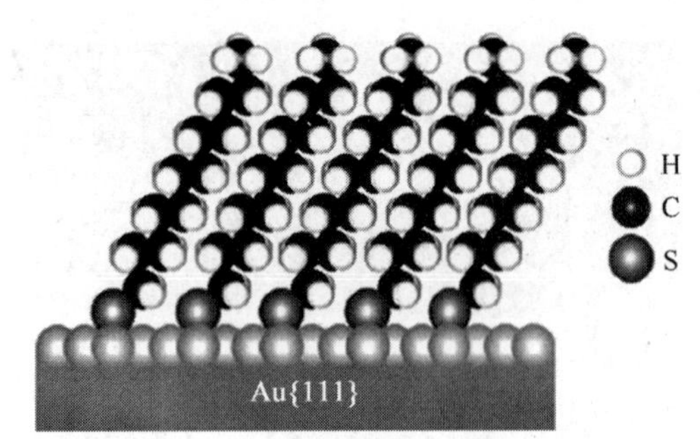

图 8-99　Au(111)平面上的单层 n-烷基蛋白分子自组装示意图。该分子被S、C 和 H 之间键合力相互吸附

1. 分子膜自组装

可控单分子自组装膜利用某些有机薄膜分子结构可以自然增长特性进行自组装。对自组装的控制主要依靠对其形成过程的外部条件进行控制，包括温度、溶液配比及反应时间等进行准确控制。随着对单分子自组装膜形成机制和工艺过程及其操作机制越来越多的了解，单分子自组装已能实现单个或多预定空间分布的制备，甚至达到某些图案化结构要求。目前已经工程化应用的多种不同方式的处理模式包括：通过特殊的吸附进行选择性去除；通过吸附进行分子结构选择性配置和选择性反应；利用外加能量，例如辐射，电、热、磁等外部场影响销毁分子的某些不需要的结构，然后采用新的吸附物回填形成最终分子结构。

各种典型自组装工艺工作原理示范如图 8-100 所示。对应的主要自组装工艺技术特性比较如表 8-12 所示。

表 8-12　各种自组装技术功能比较

技术名称	有效分辨率/nm	加工面积	工艺特性
探针直写 (CP)	30	$>cm^2$	快速，平行处理
黏液打印 (DPN)	70	$<mm^2$	较慢，顺序处理
能量束 (电子、离子、光子)	100	$>cm^2$	快速，平行处理
溶解及热重组	100～500	$>cm^2$	调解控制
各种物理宏观处理	10～50	$>m^2$	负性控制
电化学吸附	10～50	$>m^2$	调解控制
STM 辅助牵引	>1	$nm^2\sim m^2$	较慢，顺序处理
AFM 辅助移植	>1	$nm^2\sim m^2$	较慢，顺序处理

图 8-100 给出了目前广泛采用的纳米自组装技术工艺过程如下：(1)压印成型；(2)原子力显微镜直写；(3)高能束光刻；(4)热处理；(5)结构异化处理；(6)电化学吸附处理；(7)扫描隧道显微镜吸附加工；(8)原子力显微镜辅助成型；(9)近场光子束直写。表 8-12 中的负性控制，是指这种加工

技术将可能去掉原结构中的某组元或成分；调解控制是指对原来结构或成分进行重组或调整，但不取消原组分中的元素或添加新元素。应该指出，扫描探针显微镜在分子自组装具有广泛用途，可以直接移动膜上完整分子，也可以对经过处理的分子进行改装，例如在确定光栅模式和低能量束力或释放中的应用。

目前广泛采用的纳米加工及结构自组装技术已基本成熟，典型工艺过程如图 8-100 所示，主要包括压印成型、原子力显微镜直写、各种为高能束直接光刻、各种温度的热压成型、表面结构异化处理、电化学吸附刻蚀、利用扫描隧道显微镜吸附直接加工、原子力显微镜辅助成型以及近场光子束直写光刻等。另外利用表 8-12 中所列的"负性控制"加工技术可以去掉原结构中的某元素或对原结构的成分、分子结构进行重组或调整。在实际应用中，扫描探针显微镜，包括原子力显微镜和扫描隧道显微镜，目前在分子自组中是主要工艺技术装备。可以直接移动膜上完整分子，也可以对经过处理的分子进行改装，并按照确定光栅扫描模式和能量束的大小，构成所需的纳米量级精细三维结构。

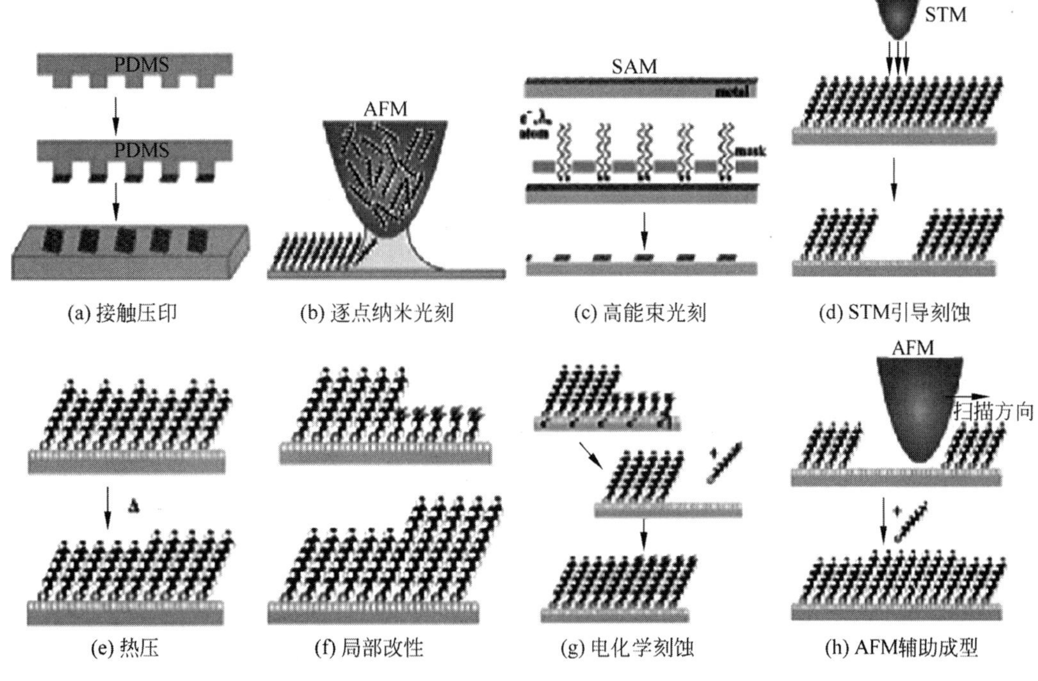

图 8-100 典型的纳米自组装技术工艺过程示意图

自组装技术涉及面很广，可以组装创建各种复杂的薄膜。自组装技术的工艺灵活性及加工精度、分辨率远超过传统的有机抗蚀剂光刻。在上述自组装技术中，实际上也包含通过采用抗蚀剂作为过渡，转移比较复杂的纳米图形或结构。但所采用的抗蚀剂层厚度远低于传统的集成电路制造工艺，所以分辨率可以真正达到纳米量级。当然，半导体集成电路生产加工图形的复杂程度及工艺要求，则不是由纳米技术能实现的。自组装中使用的抗蚀剂保护层可以减少被保护材料表面的蚀刻速度或氧化、溶解程度配合自组装。因为直接在金属材料上加工高分辨率结构或图形是比较困难、费时或费用昂贵的，所以可以根据实际条件，部分采用集成电路生产的传统设备及技术，或者采用其淘汰设备作为一种补充。

另外，自组装膜多采用有机高分子材料的原因，除了工艺因素外，更重要的是有机高分子材料的合成技术已非常成熟，光电子或光量子器件中大部分光学元件都可以利用这些材料制作。更重要的是，根据未来的发展方向制造类脑生物型器件，更是非高分子材料莫属。这些膜系的基本结构为单分子或混合膜，表面组织模式除了单膜以外，还可通过"自下而上"自组装的方式创造三维多功能纳米结构，包括各种纳米粒子、细胞、蛋白或其他生物分子功能，以及各种有序的结构和架构。然后根据需要进行填充、改装，获得全部或部分特定图案。在自组装过程中还可以牺牲某些结构，以支持最终的结构特性。采用图案纳米自组装技术还有助于简化多元自组装薄的分子尺度及组织结构。所以在加工生产过程中，必须不断积累有关图形软件及设计资料供以后新结构制造参考。作者认为，在自组装生产线引入计算机辅助设计及智能化加工系统是十分重要的发展方向。本书对目前已有的信息和他人积累的经验，做了部分介绍。例如，分离法将局部分子间的相互作用分解，重组为新型纳米电元件或子元件。未来的纳米光电子电路完全有可能利用这种表面结构进行加工，从而赋予整体结构特殊的新性能。这就是纳米光量子集成电路特殊的魅力。

表面自组装膜的另外一个重要用途是作为抗蚀剂使用。特别是各种常用金属包括金、铂、钯、银、铜等良导体材料和 SiO_2 类半导体材料，通过抗蚀剂过渡加工高分辨率结构图形。例如烷硫醇与金组合加工各种功能的纳米结构。

2. 金基片上 *n*-烷硫醇自组装

例如，金基片上 n-烷硫醇自组装及其巯基的自组装膜，可以利用各种含硫物形成的硫醇，硫化物混合溶液。由于金的表面呈惰性，不容易形成表面氧化物，因此自组装膜可以很容易地在各种环境条件下制备。对于界面特性，如疏水性反应性很容易操纵和控制，为烷硫醇自组装膜提各种复杂的功能性纳米结构。通过对金表面的硫醇吸附形成的表面结构一般为有序结晶。当金基板放在这样的硫醇溶液或气相环节中时，金表面形成金和 n-硫醇结构。金与硫之间迅速（通常在几秒钟内）形成约44kcal/mol的连接键，并在几小时内逐渐完成顺序组装。如果暴露在高浓度的硫醇（密度达到 $10^{15}/cm^2$）环境，分子吸附迅速横向延伸达到基板表面，形成化学钝单分子层厚度膜。在室温条件下，n-烷硫醇自组装膜按照 $n\geqslant6$ 秩序排列；在超高真空（或真空）条件下，硫醇形成较短（$n=2$）的定向自组装膜。如果采用 n-硫醇/银表面自组装膜，由于与表面结合较紧密，分子倾斜角度比金膜小，会影响自组装膜密度及整体效果。测量检查自组装膜质量的方法很多。例如，检查单层的宏观物理结构特征，可以全面了解自组装性能；采用椭偏测量薄膜的厚度，傅里叶变换红外光谱（FT-IR）可以检查分子排列秩序、倾角和较大的缺陷；利用电化学探针可检查针孔缺陷；采用石英晶体微量天平（QCM）可以确定单层装配结合强度；采用X射线光电子能谱仪（XPS）可以评价结合物的成分；采用吸热探针（TPD）可以测量膜层热力学特性及装配黏结强度；采用扫描隧道显微镜（STM），横向力显微镜（LFM）可以详细分析膜层纳米尺度上的组织结构形态。

如前所述，自组装膜的形成是一个复杂的混合物的热力学和动力学过程，是典型的局域内有限动力学极小值取向。所以，STM检查各种局部缺陷，包括黄金在吸附过程中形成的空缺，腐蚀形成S-Au键削弱，金表面重建，分子晶格缺陷，n-烷硫醇吸附倾斜错位等均难以避免。采用STM检查存在缺陷的自组装膜的图像如图8-101所示。

形成图8-101所示各种缺陷的原因包括，烷基链倾斜形成吸附错层、分子硫头不规则、硫基与金基板之间吸附不实以及分子晶格本身产生空缺。在实验研究中，应该将这些缺陷的比重及分布状况，发生缺损的部位与制造工艺控制类型、密度和环节条件进行系统比对分析，才能制定正确的处理工艺程序以及控制条件的允许偏差范围。如果缺陷主要存在于晶界、域边界或基板上的某些固定位置，应该考虑动态交换过程及溶液中硫醇的成分问题。进一步采用STM对这些分子的装配位置及周围结构的变化情况进行分析，调整溶液浓度及分子的流动性。

3. 在 SiO_2 基片上自组装有机硅烷膜

除了在金属上自组装 n-烷硫醇膜以外，在 SiO_2 衬底上自组装有机硅烷分子结构图形也比较普遍。硅烷和 SiO_2 表面的相互作用中，硅烷分子凝聚羟基与 SiO_2 表面形成一个很薄的共价连接聚硅氧烷界面层，如图8-102所示。此聚合物界面具有较高的热稳定性，从而提高了有机硅烷自组装膜的抗蚀能力，这对以 SiO_2 为基础的纳米器件制造具有很大的实用性。实验证明，这种自组装膜构成的图案可以直接用于蚀刻，无须第二次工艺过渡转移。

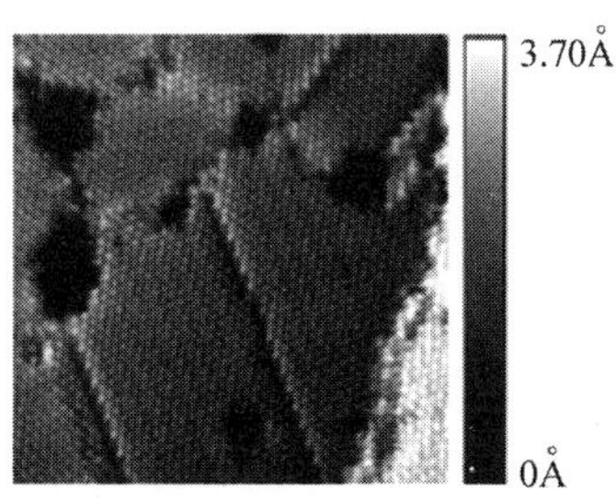

图 8-101 在 250Å×250Å 面积内有缺陷的 n-硫醇自组装 STM 图像。隧道的条件，$V_{under}=-1$ V，$i_s=10$pA。密集整齐排列部分为正常分子格，分区边界（黑线）不整齐，出现大面积缺失（黑色洼块）

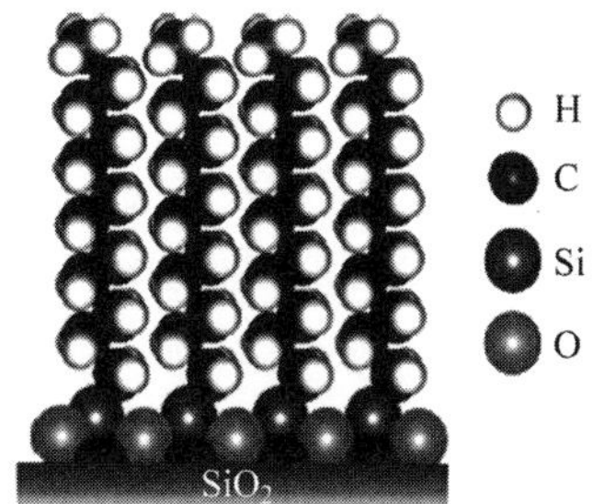

图 8-102 在 SiO_2 基板上自组装有机硅示意图。在组装过程中，SiO_2 表面形成很薄的聚有机硅氧烷膜

4. 电化学辅助组装

电化学为自组装膜的许多复杂过程提供了理论支持，从而实现通过控制界面反应改变自组装分子的特性。根据电化学原理，金基板属于一个大电极，对厚度足够大的 n-烷硫醇膜形成高达 99%的电化学阻断效应（Electrochemical Blocking Effect，EBE）。在自组装吸附发生之前，只允许 1%的电流通过。所以在金衬底上发生"针孔"缺陷的密度很低（占表面覆盖率≤0.01），可作为超微电极阵列。

将自组装金基片放入具有数字显示控制电极和参考电极的电化学电池中，利用自组装 EBE 效应，控制影响形成与金表面氧化还原电化学反应的电解质实现表现结构重组。常用的电解质为 $Fe(CN)_{+3/+26}$ 和 $Ru(NH_3)_{+3/+26}$，使金属表面成为永久钝化的苯酚的电化学聚合金属离子层，形成完整表面稳定实体。所以，STM 的金属探针尖与样品之间产生隧道电流，当电子从金属尖隧道通过烷硫醇自组装层下面的金属基板时，遇到过两个不同成分的区域。即探针尖端与黄金表面上的膜层界面之间的间隙有两部分，如图 8-103 所示。每个膜层度分别为 d_{gap} 和 d_{SAM}，且分别具有各自的电阻与衰变常数。图中跨导指数 G_{gap} 的指数因子为 A，衰变常数为 α。G_{SAM} 的指数因子为 B，衰变常数为 β。根据自组装膜本身不同的化学性质和衰变常数的变化，导致不同的隧穿特性。如果两层膜材料或厚度发生变化，将产生不同的隧道电流。所以，可通过电流了解和测量膜层形成的情况。如果电流稳定，说明自组装膜质量均匀。

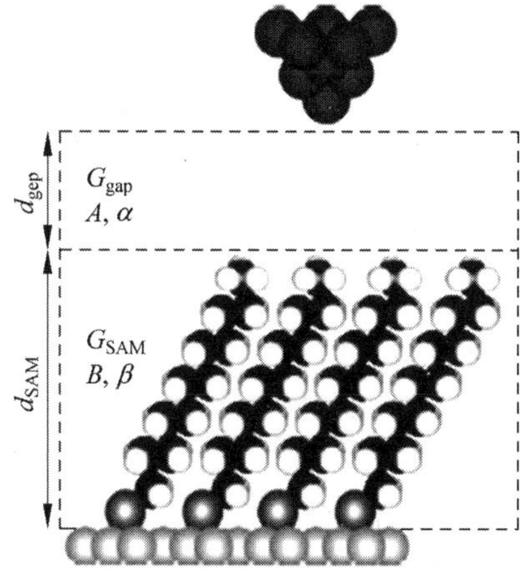

图 8-103 隧道显微镜探针接触电子化学辅助自组装膜时产生的隧道电流。可根据电子通过 d_{gap} 和 d_{SAM} 两个间隙区域时的电流变化，控制膜层质量

5. 多成分自组装单分子膜的形成

由多种分子排列组成特定的空间分布图案，受到热力学、分子动力及组成材料本身的化学结构特性、溶剂、配比等多种因素的影响。首先是组成分子的吸附特性，摩尔分数通过改变表面上的吸附物改变图形结构，即分子相互识别对分子自组装的影响。对于无机材料，例如多铁材料(包含铁电性、铁磁性、铁弹性和铁涡旋性的材料)，不同铁性之间相互存在严重影响及耦合效应，即组分对分子自组装的影响。此外还有所使用溶剂的影响，所以混合组装的难度很大。多成分膜层的自组装必须根据组成元素及对最终成品的具体要求，选择适当的工艺方法。

6. 相分离自组装

纳米粒子的聚合物纳米复合材料在光学及电磁学中均具有重要用途。纳米粒子是其中的主要成分，但表面的形貌、分散状态对优化复合材料的性能至关重要。实验证明，这种复合材料的稳定性与配体链密切相关。表面纳米粒子可用于设计自组装有序结构，通过控制配体链就可以改变表面纳米粒子结构形成特殊的图案化。这是一种相分离的具体应用结果。这种纳米粒子表面微观相分离的现象，是配体链错位导致的结构熵。所以，可在选择性溶剂中自组装有序结构的纳米粒子及多种有序结构。另外，还可利用相分离图案化的纳米粒子作为结构单元，组装尺寸更大的纳米粒子结构，即自发相分离自组装重现聚合物。例如，将不同尺寸和特性的金纳米粒子接上不同长度的聚苯乙烯及聚乙二醇嵌段共聚物链后，形成两个不同的混合溶液。当与基片接触后，会同时接触和吸附自组装在基片表面，通过氢键或其他相互作用自动聚集到均匀域。如果图案表面出现液相吸附分子，或表面覆盖率没有达到要求可调整摩尔比，也可以采用扫描探针显微镜电化学作用影响表面分子间的相互作用及吸附力，使相对较少的可溶性分子可以在溶液中聚集，利用 STM 辅助调整分子吸附于表面的指定位置。另外通过改变烷基链，可使相分离自组装膜形成不同于硫醇的烷基链长度，形成不同比例的吸附浓度自组装膜。

实验表明，相分离可以促进改变组装件之间末端吸附功能团。然而，相分离也可能引起薄膜金属界面附近的分子发生不同的功能团。例如，含酰胺基 n-烷硫醇混合物的相分离域羰基氧和酰胺微胶体及其分子结构如图 8-104 所示。工艺条件为：$V_{\mathrm{ample}}=+1\mathrm{V}, i_{\mathrm{c}}=1\mathrm{pA}$。含多个酰胺基团的分子组件具有较好的热稳定性吸附功能。氢键的方向性可以帮助分子对准，如图 8-104 中白色箭头所示。相分离时产生的焓及相分离膜吸附物硫基，在含酰胺分子附近形成氢键，均有助于提高分子吸附力。这些氢键的相互作用能进一步协助复合材料纳米粒子在膜中的有序排列，帮助形成精锐清晰的边界区。这种现象说明，相分离形成的分子间的相互作用，能在组装薄膜中精确放置所需的分子，构成自组装膜的特殊结构和性能。所以，相分离自组装功能将来完全有可能模拟许多生物化学特征，用于信息存储及处理，实现与目前以电子双态为基础的一维二进制信息存储与处理系统完全不同的、以不同分子组合为代表的高维信息记录与处理系统。

此外，根据相分离原理，无论产生电子活性分子作为超微电极，或通过分子表面具有的特殊的聚合与分离形成的特殊物理特性，均可用于自组装传感器。例如，n-烷基硫醇之间的相分离作用，已被成功用于某些生物化学反应的探测分析(即所谓生物传感器)。另外，基于相分离形成二维结构"印迹"自组装，除了用于特殊纳米结构加工外，还可用于保持图形或信息。例如在金衬底上采用 n-烷基硫醇(alkanethiolate)与硫代巴比妥 (thiobarbiturate)组成的巯基共吸衍生物可创造(打印)特殊图形。其中硫代巴比妥分子形成吸附模板框架，n-烷基硫醇吸附在金基底平面上形成的图形，如图 8-105 所示。由于硫代巴比妥吸附物的衍生物具有巯基，可防止分子在金表面上移动。相当于栏杆防止 n-烷基硫醇横向扩散，从而破坏模板分子印迹的形状。这些形状除了其几何学上的意义及化学特异性结构外，还可以获得不同的物理量。例如电容，通过精密测量实验每个图形具有一定的电容，而且电容值随薄膜厚度的增加而减小。

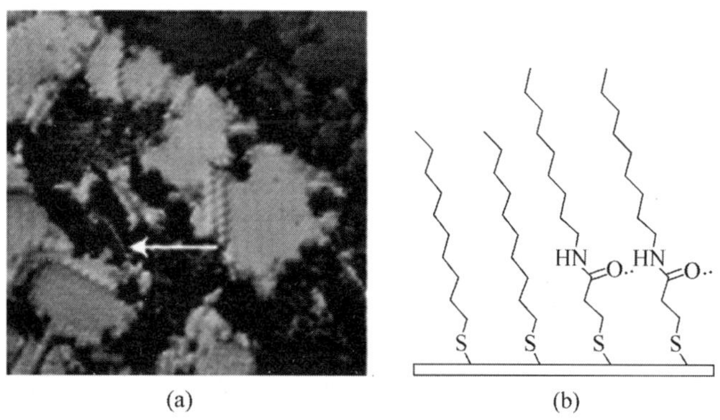

图 8-104　在 220Å×220Å 面积内，由等摩尔分数 *n*-烷硫醇和 3 巯基形成 *n*-壬基丙酰胺的二元自组装 STM 图像(a)及相分离域的羰基氧和酰胺微胶体氢键阵列结构示意图(b)。出现突起部分为含酰胺分子的吸附相分离域，白色箭头指示含酰胺的分子线图形

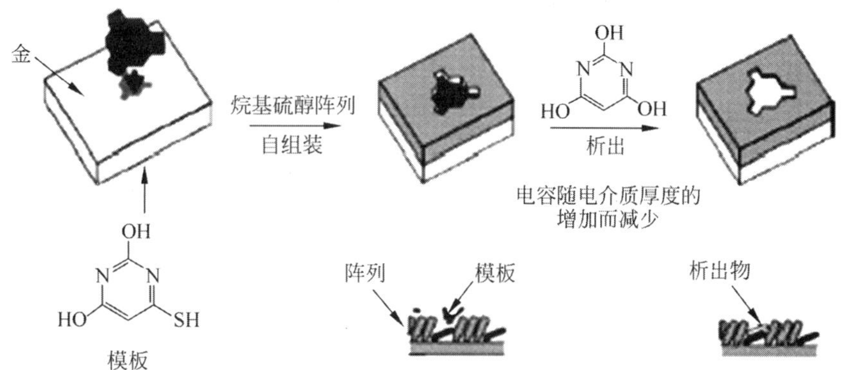

图 8-105　分子印迹传感器工作原理图。图中材料为丙二酰脲酶(barbiture)，是硫代巴比妥和 *n*-烷基硫醇形成的共吸物。硫喷妥为分解物的模板，即保持模板形状的"挡杆"，防止表面结成的烷基硫醇横向扩散

7. 定向控制分离自组装

实验表明，在室温下硫醇(*n*-decanethiol)和十二硫醇(*n*-dodecanethiol)混合物溶液不会产生相分离，如图 8-106(a)所示。但将十二硫醇溶液加热至 78℃保持 1 小时热处理后，即可获得二元组件相分离自组装。自组装形成结构图形如图 8-106(b)所示，工艺条件均为 $V_{\text{amraple}}=-1\text{V}$，$i_s=10\text{pA}$。

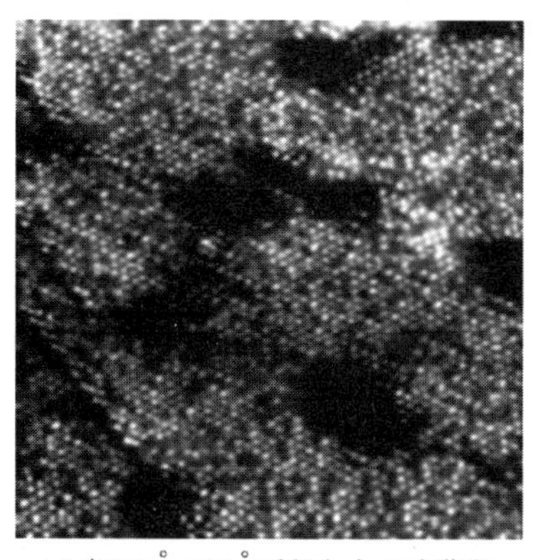

(a) 在200Å×200Å面积上十二硫醇和烃硫基金属二元自组装的 STM图像

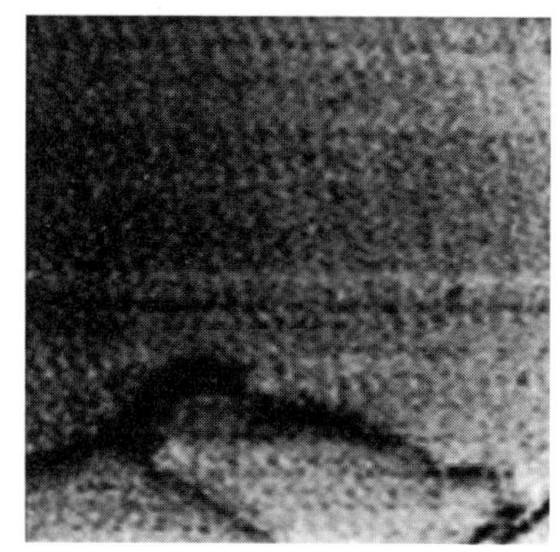

(b) 将十二硫醇溶液加热到78°处理后获得的结构图形。表面缺陷由衬底造成

图 8-106　在室温环境下进行二元组件相分离自组装实验结果照片

根据吸附在表面的分子动力学原理，浸没在溶液中的基片表面上的吸附物与吸附体之间存在交换机制，分子可以被吸附叠加在表面上已经存在的自组装矩阵的交界部分。实验证明，插入（“客体”）的分子将首先进入组装主体的局部缺损部位。自组装受体吸附过程，与液体中输入体的低浓度有关。一般浓度为 0.1～0.5mol，吸附过程可能为几分钟到几小时。例如硫醇插入到小摩尔分数的苯乙炔基中的自组装过程如图 8-107 所示。工艺条件为 $V_{\text{ample}}=-1\text{AV}$，$i_c=0.2\text{pA}$。可看出十二硫醇共轭分子插入二硫化物基质预制矩体中，可以为对称或不对称。自组装主体上的缺陷密度非常重要，客体分子首先插入组装主体的缺损部位，导致更大的缺陷密度。

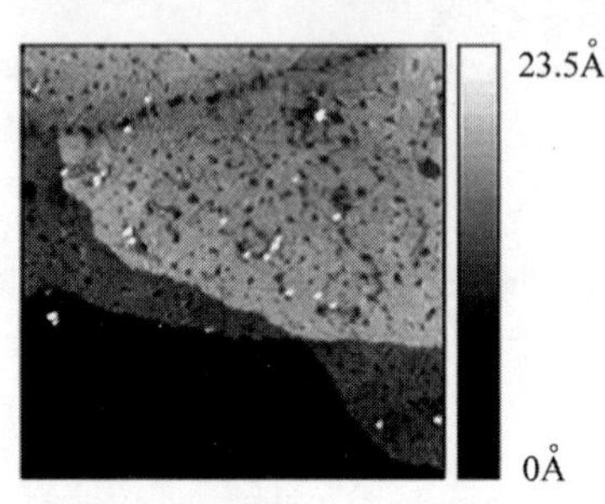

图 8-107 在 1500Å×1500Å 面积内，硫醇自组装插入到小摩尔分数苯乙炔基中的 STM 图像。硫醇已插入部分，由于其电导比绝缘烷基矩阵主体高，表现为边缘比较暗部分及基片表面缺陷位置

如果是两个或多个不同的吸附混合溶液自组装，通常相互作用强的相分离组件在基片表面上的分离的度及化学组合速度比较快。可以通过调整它们在吸附溶液的相对摩尔分数，或采用电化学方法操控吸附界面的 Au-SR 键，形成自由巯基和 Au^0。其反应机理为：$RS^- Au + e^- \rightarrow RS^- + Au$。各种电化学作用在金电极上形成的烷烃硫醇盐吸附床的电势及对自组装的影响如图 8-108 所示。不同的硫醇具有不同的还原电位，Ag/AgCl 电极的峰值电位从短巯基链烷酸的－0.75V 到十六烷硫醇（*n*-hexadecanethiol）的－1.12V。因此，可对硫醇分子产生选择性吸收。将两个或两个以上的硫醇分子吸附在金表面，可以提高二元成分组装的相分离过程。根据此原理设计制造的扫描电化学显微镜（Scanning Electrochemical Microscope，SECM），是分析研究利用电化学作用实现对相分离的操控，以及自组装工艺过程控制参数实验的重要工具。

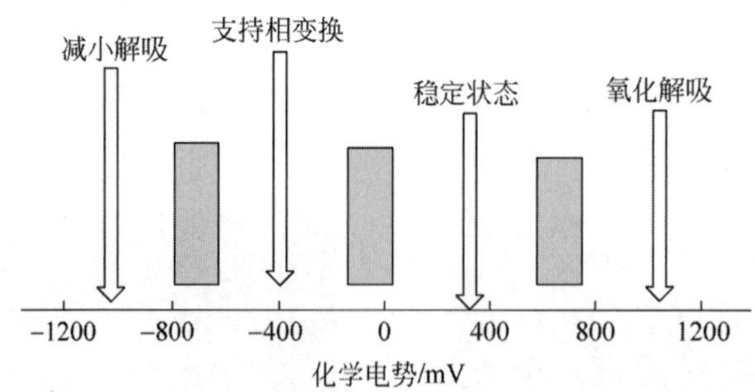

图 8-108 各种电化学作用在金电极上形成的烷烃硫醇盐吸附床构成的电势比较

8. 软光刻自组装单层图形

所谓软光刻（soft lithography）技术，是采用可柔性掩模转移纳米结构的一种特殊光刻技术，也被称为软蚀刻技术或软光刻技术。采用柔性高分子材料作为掩模基材，镀上金薄膜，然后通过上述各种自组装工艺加工出所需具有抗蚀性图形。经过腐蚀工艺制成柔性掩模，并以此为基础，利用接触光刻方法（包括各种光学光刻和电子束、离子束光刻）将图形转移到最终产品上。这种方法的主要用途是加工非平面纳米器件。由于掩模的扭曲变形会导致复制图案误差，所以掩模厚度及柔性将直接影响产品质量，且套刻对准困难，不适于加工多次成型的器件。

在8.2节中介绍的接触打印或软光刻技术，包括μCP和PDMS均可在预定的位置进行化学处理。采用这类方法制备的反应自组装工艺可以加工不同纳米材料组合的复杂表面结构图案，包括各种无机、有机、金属和非金属材料。更具有挑战性的优势在于，在这种加工过程中还可以采用电子化学方法对加工图形进行化学诱导及特殊处理，从而在器件局部形成某些特殊性能的多元组合结构。这种工艺是任何宏观加工方法都不可能实现的。例如在黄金和银纳米粒子周围自组装链羧酸酐、羧酸和n-烷基酰胺酸酐基团反应选择性结构图案。这种混合自组装形成的含氟胺(CF_3-CF_2-$6ch_2nh_2$)混合n-吸附硫醇和含氟n-烷基酰胺结构的边缘部分分辨率，通过扫描电子显微镜和二次离子质谱测定优于2nm，远超过目前其他的纳米加工水平。

此外，μCP多元自组装图案还可用于其他纳米材料的选择性沉积加工模板，获得高阶结构的沉积物，用于聚电解质的选择性吸附模板。采用羧酸和硫醇回填，可以实现阻止硫醇扩散，使电荷的聚合按照所选择位置定向组装到预定表面。相反电荷的聚电解质，如聚二烯丙基二甲基氯化铵和磺化聚苯乙烯通过多层堆叠方式，自组装成三维胶体结构。利用各种聚电解质胶体的相互作用，按照特殊设计加工的各种代表性胶体、电解质组成的可控定域几何形状如图8-109和图8-110所示。

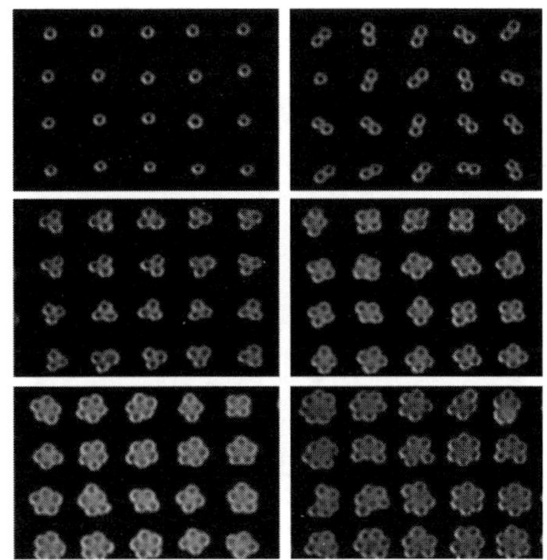

图8-109　采用直径40nm羧基胶乳胶体颗粒沉积在电解质上，组装的控制粒子数组合图案化的聚合物图形的扫描电子显微镜放大照片

9. 纳米打印

在实际工程应用中，μCP多元自组装技术还延伸出若干类似的加工方法。所谓纳米打印(Nanotransfer Printing，NTP)就是其中的代表。与以上所介绍的热压印(Hot Embossing Lithography，HEL)、紫外固化压印(Ultra Violet Nanoimprint Lithography，UVNIL)等光刻工艺相比较，纳米打印属于一种操作较简单，能直接向基片上转移超薄图形的加工方法，是微接触纳米图形转移的补充。这种方法克服了压印图形边界质量较差的缺点，进一步提高图案化金属特征边缘的分辨率。目前能达到的图案化边缘特征分辨率为5～15nm，优于其他压印技术。例如在硅基片上压印金膜图形工艺流程如图8-111(a)所示。第一步在硅基片上自组装烷硫醇单分子膜；第二步将吸附了金膜的PDMS压模与硅表面接触，压模表面的金膜被黏在基片上的烷硫醇单分子膜上；第三步脱离压模，图形部分的金层被留在基片上。这种印制图形的特点没有传统光刻必需的腐蚀过渡工艺过程，直接在基表面上获得金膜图形。采用光学显微镜对纳米打印加工观察，可以看出压模上蒸发吸附的金被清晰地印在衬底上，如图8-111(b)所示。

此类成本低廉的图形复制方法，将传统的机械模具微复型的原理取代传统的光学光刻工艺，降

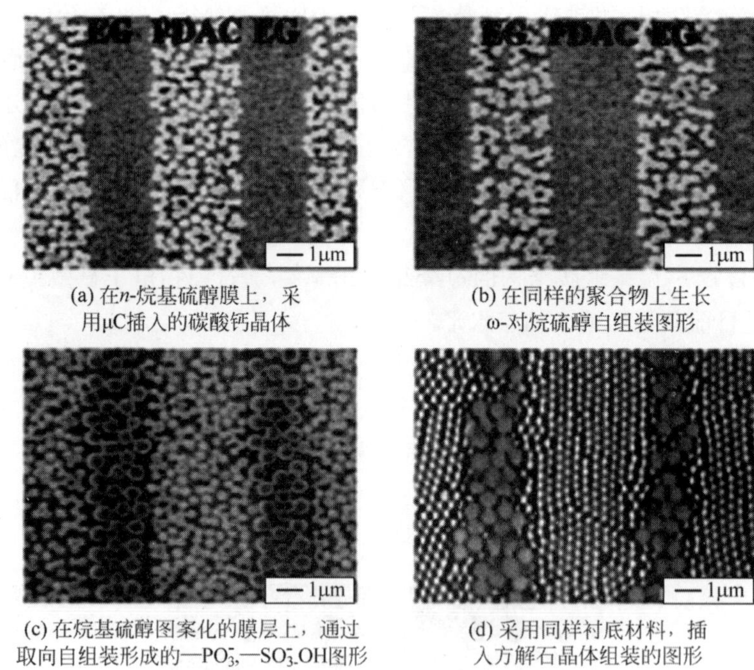

图 8-110 将功能化新胶体组件插入图案化的(乙二醇烷基硫醇，PDAC，十六烷基三甲基氯化铵等)已图案化衬底聚合物膜上创建各种特殊结构阵列

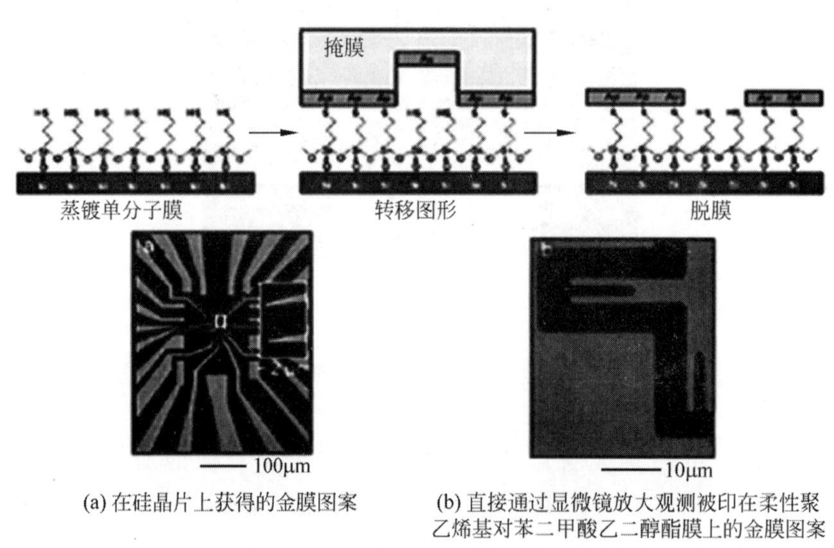

图 8-111 纳米打印加工工艺过程示意图

低了对特殊曝光束源、高精度聚焦系统、极短波长透镜系统以及抗蚀剂分辨率受光波场效应的限制和要求。这种方法最早于 1995 年由美国普林斯顿大学提出，为纳米加工技术的发展提供了一条新思路。其后，美国的许多高校和企业，包括哈佛大学、密西根大学、普林斯顿大学、林肯实验室、德克萨斯大学、摩托罗拉、惠普公司，瑞士、德国以及中国的若干大学和研究机构都开展了类似的纳米结构成形机理、工艺和装备方面的研究，并取得了一系列重要研究成果。目前的主要研究目标是，进一步解决高分辨率压印模版的制造、模版寿命保障、图形转移缺陷控制及多层套印精度保证等技术问题。

8.9 自组装超薄抗蚀剂膜

光刻图形的尺度越小，需要抗蚀剂的膜层越薄。但膜层厚度的选择，不能以图形结构尺寸作为唯一条件，还需要考虑抗蚀能力的要求。而抗蚀剂的刻蚀能力，则取决于被光刻材质的性能和所需刻蚀的深度。所以抗蚀剂膜的设计加工，不是简单的膜层加工方法，必须与腐蚀工艺、材料及刻蚀条件综合考虑。以最常用的材料 *n*-烷基硫醇在金属表面形成的膜系为例，如果对表面钝化处理，进行自组装钝化，控制蚀刻/氧化作用，可使非钝化区的腐蚀速度远超过非保护区域，为减小抗蚀剂厚度创造条件。实际上，目前已有薄膜自组装工艺加工单层分子膜，所以获得超薄层及控制膜层厚度并不困难。超薄膜工艺研究的核心是抗蚀剂膜的工艺设计，其中讨论最多的是在抗蚀剂薄膜形成过程中的加工处理，目前尚未见系统的报道。

目前，自组装单层或多层膜系的厚度大多数在 10～100nm 范围。光刻方法基本上采用光子束、电子或离子束，都是利用高能束破坏抗蚀剂结构，从而形成抗蚀剂过渡图形，留下裸露区域，进一步利用干法或湿法蚀刻。由于聚合物抗蚀能力的有效性是有限的，只能增加厚度，而厚抗蚀剂材料的高能量电子会引起一连串的背散射电子损伤周边结构，使图形质量受到很大影响。如果不通过抗蚀剂过渡，直接在基片上自组装最终有效结构，例如采用化学改性自组装，就可以避免上述问题，且减少了工艺流程，提高加工效率。例如，在金膜基片上采用烷基硫醇自组装，利用 KCN 蚀刻液获得的图形如图 8-112 所示。实验结果表明，最小特征线宽为 20nm。通过激光扫描共聚焦荧光显微镜观测，烷基硫醇抗蚀剂膜边缘完整。然后，再采用高剂量(200keV)的电子束进行破坏性试验表明，这种超薄抗蚀剂系统还存在相当大的冗余抗蚀能力。

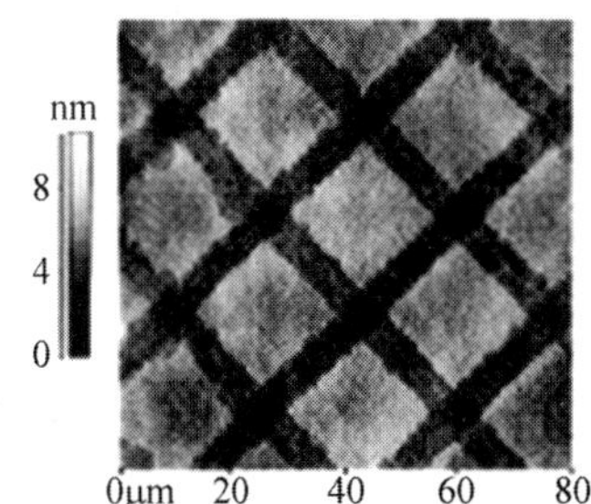

图 8-112　在金衬底上直接自组装 n-烷基硫醇抗蚀剂膜加工成的纳米实验图形。宽度20nm，采用荧光显微分析，证明抗蚀性能良好，且具有较大调整空间

此外，金纳米结构的制备采用正性光刻胶 *n*-烷硫醇(*n*-alkanethiolate)和负性光刻胶芳氧基肉桂酸(arylthiolate)自组装膜实验。证明二者的分辨率都能达到分子量级，至少用于最小线宽 20nm 特征图案(自组装型)没有问题。至于各向异性刻蚀效果，主要取决于基板。实验证明，电子束的能量越低，波长 $\lambda=157$nm 光子对自组装掩模的损坏会小于 0.1nm。目前常用的典型压印方法工艺性能比较如表 8-13 所示。全世界已有多家设备制造商可制造这些纳米压印光刻设备，包括美国的 MIIN，奥地利的 EVG，瑞典的 OAB 和德国的 SMCI 等公司。但迄今为止，虽然纳米压印光刻技术回避了传统的投影光刻光学系统受到光学衍射的物理限制，而由于图形转移过程中直接接触又产生了许多新问题，特别是缺陷难以控制，目前还不能用于大规模集成电路制造。

表 8-13　典型压印工艺性能比较

项　目	热压印	紫外硬化压印	微接触压印
模具材料	硬质模具	透紫外光硬质模具	软模具
最小尺寸	5nm	10nm	60nm
模具成本	高	低	低
施压方式	高	中	低
压印温度	玻璃化温度	室温	室温
压印过程	直接压	紫外曝光	SAM 自组装
多次压印	好	好	差

其他平面纳米加工工艺主要如下。

1. 扫描探针光刻

AFM 和 STM 等扫描探针显微镜都可以用于图案化表面加工，分辨率均可达到分子尺度。工作原理包括各种表面物理、化学或机械性能的变化，包括直接插入、置换或解吸分子，改变表面介导及催化表面反应，从而改变被加工界面的性质。此外，利用探针可直接创建所需几何结构。但如果采用单探针作业，除了实验研究以外，没有实用价值。近年来，各种阵列式探针纳米加工系统不断涌现。例如通过计算机控制三微纳米工作台，使若干探针同时并行工作，其加工效率与探针总数成正比，表现出令人兴奋的成绩，目前正在朝着使图案化与多元材料混合装配多探针加工的方向努力。

2. 蘸笔(喷墨)纳米光刻

蘸笔纳米光刻技术(DPN)与上述各种扫描探针光刻略有不同之处在于，探针上蘸了某种悬浮液的分子墨水，当探针与被加工物质表面接触时，不仅受到探针的物理作用，同时还产生其他反应。例如对 n-烷基硫醇(n-alkanethiol)分子及其衍生物蘸笔纳米光刻实验。对在金基片上自组装的 n-烷基硫醇分子膜，当蘸笔纳米光刻采用蘸寡核苷酸(oligonucleotides)时，移动探针与自组装分子模式反应沉积在图案化区域。硫醇分子通过毛细作用构成线条。如果输送更多的蘸液体，图形会逐步扩大成圆形，如图 8-113 所示。最小线宽为 12nm。另外，蘸笔纳米光刻技术也被用于较大的粒子，包括纳米颗粒阵列、蛋白质、细胞和无机膜。

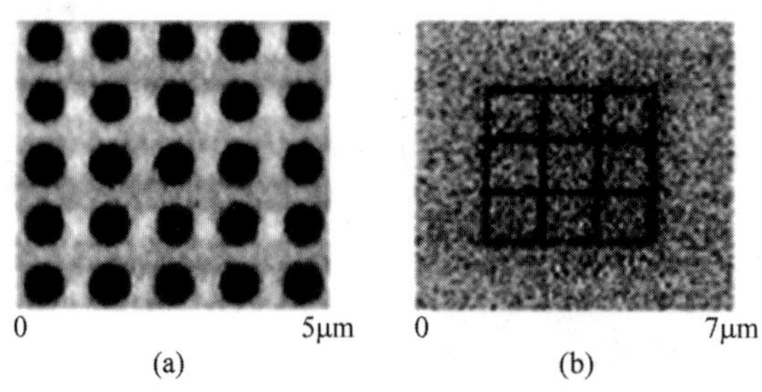

图 8-113 采用蘸笔纳米光刻在金基基片上打印的硫醇分子图形

蘸笔纳米光刻技术比较适合印刷各种功能团分子，通过化学自组装可以获得各种物理特性的单分子层膜，而且蘸笔纳米光刻能使用的材料类型较多，可在基板上加工特殊物理性能、结构复杂的图案。另外，利用蘸笔纳米光刻通过硫醇形成各种有序的自组装结构工艺过程中，硫头组连接到金界面，氮化硅针尖的巯基作用使图案上的硫醇分子脱离界面形成可溶解在水中粒子。所以，蘸笔纳米光刻加工必须保持一定湿度。

最常用的柠檬酸钠可获得稳定的纳米颗粒阵列。方法是先将巯基六癸酸(Mercapto Hexa Decanoic，MHDA)稀释在甲基封端巯基烷硫醇(n-Octadecanethiol，ODT)中，利用蘸笔纳米光刻加工所需光学性质的改性纳米颗粒或带正电荷的电介质微球体，然后通过吸附改性制成聚苯乙烯(Polystyrene，PS)球，通过静电驱动组装为各种纳米结构阵列。Au 为最常用的衬底，适用于大多数蘸笔纳米光刻分子基团，包括硫醇、芳基磺酰氯、巯基蛋白及硫醇核苷酸等。蘸笔纳米光刻不仅用于印刷有机材料，也可用于加工固态纳米结构图案，即使用原子力显微镜针尖转移金属离子前体形成介孔薄膜。采用共聚物表面活性剂分散无机“墨水”增加其流动性，在 Si 及 SiO_2 表面加工 Al_2O_3，SiO_2 及 SnO_2 结构图案。另外，通过蘸笔纳米光刻图案化磁粒子，加工无机和有机材料图案。例如在 MHDA Au 基板上，针尖蘸磁铁矿(Fe_3O_4)颗粒溶液，利用钝化磁铁纳米粒子表面的正离子活性，通过静电作用结合成所需图案。用于蘸笔方式携带的材料有限，所以先进的蘸笔光刻具有材料连续输送系统，实际上相当于喷墨打印。

3. 原子力介导化学反应光刻

原子力显微镜的针尖上镀钯,利用钯能催化叠氮化物和氨基甲酸酯基团还原实现自组装。只要反应物质组合合理,可以加工许多特殊材料纳米膜图形,获得对不同波长光子吸收或反射光谱的膜层,对光量子集成器件制造具有重要意义。

4. 替代光刻

与上述采用催化反应加工纳米结构相类似,利用AFM和STM携带某些化合物使基片上的被加工膜分子与基片之间的吸引力进行选择性改变,然后利用AFM将需要去除分子从基片表面分离,相当于直接光刻成型。此过程属于电化学与机械负荷作用相结合的纳米结构加工方法。所以在加工过程中,通过调整偏置电压(通常的范围3~4V)控制加工结构尺寸或深度。主要的困难是材料的配置,目前实验研究的主要材料是烷硫醇自组装膜,通过从针尖对样品的正偏压,完成选择性去除图案加工。

5. 纳米直接成型

这种加工方法与传统光刻概念有根本的不同。传统的光刻往往是在抗蚀剂上成型,然后利用腐蚀或外延方法加工实际有效图形。纳米直接成型的最大优点就是直接在基片上加工最终结构。无论是正和负型模式都能加工,对材料也没有严格限制。另外在加工过程中,不完全是几何成型,还可能包括若干物理或化学的反应,甚至新材料的合成。基本工具仍然是AFM,但其机械作用只是加工工艺中的一部分。更多的影响因素是材料配置,及附加场(光、电、磁、热等)的控制。加工过程中的反应也比较复杂,包括自组装新结构,删除置换不需要的结构,溶解腐蚀部分结构甚至合成新的材料。例如采用新的硫醇回填指定裸区,利用长链硫醇溶液部分分子加工正图案,也可以用短链烷硫醇产生负图形,以及在扫描探针上加一定电压的脉冲等进行逐点化学光刻,如图8-114所示。

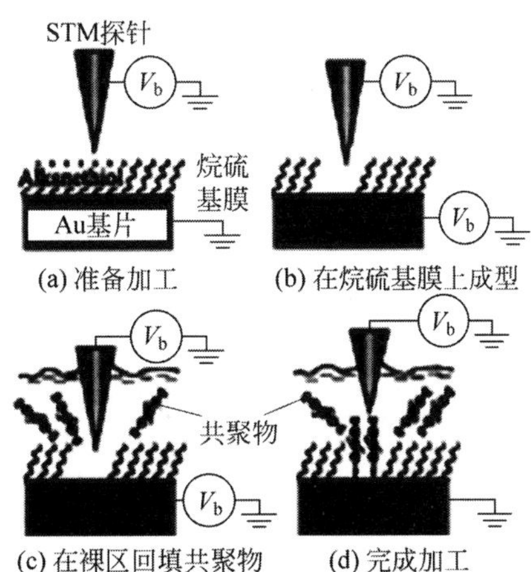

图8-114 在STM针尖加电压$V_{ample}=0.1V$,电流$i_c=0.5nA$,脉宽$0.05\mu s\sim0.5s$的电脉冲操作,在基片表面上的n-羟基降冰片烯-二甲酰亚胺分子层上还原解吸选定区域图像并回填裸露区实现自组装

6. 扫描隧道显微镜加工

扫描隧道显微镜的工作原理前面已经介绍。基于扫描探针光刻自组装单分子膜是在GaAs衬底上,采用低能量(~10eV)二次电子发射和隧穿电子注入切割甲基封端的烷硫醇的化学键。可获得宽度为15nm甚至更细的线条。STM的作用还不仅在烷基链的长度,还有其分子的电活性,即稀释转移特性在金基沉积甲基完成自组装。一般情况下能获得10~15nm的有效分辨率。也可将样品沉浸在非极性溶剂中进行替代的光刻或用电活性分子进行回填裸露区域。在STM针尖附近的分子数可通过改变偏置电压进行控制,所以可以在一定范围内改变特征线宽。利用这种方法还可以加工创造不同线宽变化的梯形线性结构,这是传统光刻技术比较难以实现的。STM的工作参数,如电压、电流、

扫描速度及自组装锲入方向与位置均比较灵活，同时还可以与湿法蚀刻技术相结合。所以扫描探针光刻技术在实际应用中已经显示出明显的特殊效用。通过适当选择附着分子材料，控制定点化学膜，采用多探针并行扫描及与计算机辅助设计系统有效结合，隧道扫描探针显微镜光刻有可能成为 20nm 以下的生产型纳米结构加工自组装设备。

参考文献

[1] Ke K，Hasselbrink E F，Hunt A J. Rapidly prototyped three-dimensional nano-fluidic channel networks in glass substrates. Anal Chem. 2005，77(16)：5083-5088.

[2] Kim T N，Campbell K，Groisman A，et al. Femtosecond laser-drilled capillary integrated into a microfluidic device. Appl Phys Lett.，2005，86(20).

[3] Harris M L，Doraiswamy A，Narayan R J，et al. Recent progress in CAD/CAM laser direct-writing of biomaterials. Mater Sci Eng C.，2008，28(3)：359-365.

[4] Mikani M. Development status of EUV mask blanks and substrates. International Symposium on EUVLithography，Miami，Florida，19 October 2011.

[5] Lee J W，Nguyen T A，Kang K S，et al. Development of a growth factor-embedded scaffold with controllable pore size and distribution using micro-stereo-lithography. Tissue Eng A.，2008，14(5)：835.

[6] Lee K B，Solanki A，Kim J D，et al. Nanomedicine：dynamic integration of nanotechnology with biomaterials science. In：Zhang M，Xi N，ed. Nanomedicine：A Systems Engineering Approach. Pan Stanford，Singapore. 2009：1-38.

[7] Hsu C L，Liu Y C，Wang C M，et al. Bulk micro-machined-optical filter based on guided-mode resonance in silicon-nitride membrane. J. Lightwave Technol.，2006，24：1922-1928.

[8] Kanamori Y，Kitani T，Hane K. Guided-mode resonant grating filter fabricated on silicon-on-insulator-substrate. Jpn. J. Appl. Phys.，2006，45：1883-1885.

[9] Fehrembach A L，Talneau A，Boyko O，et al. Experimental demonstration of an arrow band，angular tolerant，polarization independent，doubly periodic resonant grating filter. Opt. Lett.，2007，32：2269-2271.

[10] Lee K J，LaComb R，Britton B，et al. Silicon-layer guided-mode resonance polarizer with 40 nm bandwidth. IEEE Photon. Technol. Lett.，2008，20：1857-1859.

[11] Lee K J，Jin J H，Bae B S，et al. Optical filters fabricated in hybrimer media with soft-lithography. Opt. Lett.，2009，34：2510-2512.

[12] Magnusson R，Ding Y. MEMS tunable resonant leaky mode filters. IEEE Photon. Technol. Lett.，2006，18：1479-1481.

[13] Magnusson R，Shokooh-Saremi M. Widely tunable guided-mode resonance nanoelectromechanical RGB pixels. Opt. Express，2007，15：10903-10910.

[14] Ding Y，Magnusson R. Band gaps and leaky-wave effects in resonant photonic-crystal waveguides. Opt. Express，2007，15：680-694.

[15] Magnusson R，Shokooh-Saremi M. Physical basis for wideband resonant reflectors. Opt. Express，2008，16：3456-3462.

[16] Shokooh-Saremi M，Magnusson R. Particle swarm optimization and its application to the design of diffraction grating filters. Opt. Lett.，2007，32：894-896.

[17] Fang Y，Frutos A G，Verklereen R. Label-free cell-based assays for GPCR screening. Combinatorial Chemistry & High Throughput Screening，2008：357-369.

[18] Daghestani H N，Day B W. Theory and applications of surface Plasmon resonance，resonant mirror，resonant waveguide grating，and dual polarization interferometry biosensors. Sensors，2010，10：9630-9646.

[19] Wawro D，Tibuleac S，Magnusson R. Optical waveguide-mode resonant biosensors，optical imaging sensors and

systems for homeland security applications. New York: Springer, 2006: 367-384.

[20] Abdulhalim I. Bio-sensing configurations using guided wave resonant structures-Optical waveguide sensing and imaging. Dordrecht, Netherlands: Springer, 2008: 211-228.

[21] Magnusson R, Shokooh-Saremi M, Wang X. Dispersion engineering with leaky-mode resonant photonic lattices. Express, 2010, 18: 108-116.

[22] Vartiainen I, Tervo J, Kuittinen M. Depolarization of quasi-monochromatic light by thin resonant gratings. Opt. Lett., 2009, 34: 1648-1650.

[23] Magnusson R, Shokooh-Saremi M, Johnson E. Guided-mode resonant wave plates. Opt. Lett., 2010, 35, 2472-2474.

[24] Fattal D, Li J, Peng Z, et al. Flat dielectric grating reflectors with focusing abilities. Nature Photonics Lett., 2010, 4: 466-470.

[25] Peng Z, Fattal D A, Faraon A, et al. Reflective silicon binary diffraction grating for visible wavelengths. Opt. Lett., 2011, 36: 1515-1517.

[26] Li X, Han D, Wu F, et al. Flat metallic surfaces coated with a dielectric grating: excitation of surface plasmon-polaritons and guided modes. J. Phys. Condens Matter, 2008, 20: 1-4.

[27] Magnusson R, Wawro D, Zimmerman S, et al. Leaky-mode resonance photonics: technology for biosensors, optical components, MEMS, and plasmonics. Proc. SPIE 7604, 76040M, 2010.

[28] Han J, Jia Y. CT image processing and medical rapid prototyping. In: Proc 2008 Int Conf Biomed Eng Informatics. 2008, 2: 67-71.

[29] Malinauskas M, Gilbergs H, Žukauskas A, et al. A femtosecond laser-induced two-photon photo polymerization technique for structuring micro-lenses. J Opt., 2010, 12(3): 035-204.

[30] Kruth J P, Mercelis P, Van Vaerenbergh J, et al. Binding mechanisms in selective laser sintering and selective laser melting. Rapid Prototyping J., 2005, 11(1): 26-36.

[31] Antonov E N, Bagratashvili V N, Whitaker M J, et al. Three-dimensional bioactive and biodegradable scaffolds fabricated by surface-selective laser sintering. Adv Mater Deerfield, 2004, 17(3): 327-330.

[32] Kathuria Y P. Micro-structuring by selective laser sintering of metallic powder. Surf Coat Technol., 1999, 116: 643-647.

[33] Wendel B, Rietzel D, Kuehnlein F, et al. Additive processing of polymers. Macromol Mater Eng., 2008, 293(10): 799-809.

[34] Exner H, Horn M, Streek A, et al. Laser micro sintering—a new method to generate metal and ceramic parts of high resolution with sub-micrometer powder. In: Bartolo P J, Mateus A J, Batista F D C, et al., ed. Virtual and Rapid Manufacturing—Advanced Research in Virtual and Rapid Prototyping. Routledge, London, UK, 2008: 491-499.

[35] Regenfuss P, Streek A, Hartwig L, et al. Principles of laser micro sintering. Rapid Prototyping J., 2007, 13(4): 204-212.

[36] Tan K H, Chua C K, Leong K F, et al. Selective laser sintering of biocompatible polymers for applications in tissue engineering. Biomed Mater Eng., 2005, 15(1-2): 113-124.

[37] Shishkovsky I, Yadroitsev I, Bertrand P, et al. Alumina-zirconium ceramics synthesis by selective laser sintering/melting. Appl Surf Sci., 2007, 254(4): 966-970.

[38] Gahler A, Heinrich J G, Guenster J. Direct laser sintering of Al_2O_3-SiO_2 dental ceramic components by layer-wise slurry deposition. J Am Ceram Soc., 2006, 89(10): 3076-3080.

[39] Simpson R L, Wiria F E, Amis A A, et al. Development of a 95/5 poly(l-lactide-co-glycolide)/hydro-xylapatite and β-tricalcium phosphate scaffold as bone replacement material via selective laser sintering. J Biomed Mater Res B., 2008, 84 B (1): 17-25.

[40] Lorrison J C, Dalgarno K W, Wood D J. Processing of an apatite-mullite glass-ceramic and a hydroxyapatite/phosphate glass composite by selective laser sintering. J Mater Sci Mater Med., 2005, 16(8): 775-781.

[41] Dyson J A, Genever P G, Dalgarno K W, et al. Development of custom-built bone scaffolds using mesenchymal stem cells and apatite-wollastonite glass-ceramics. Tissue Eng., 2007, 13(12): 2891-2901.

[42] Steen W M. Laser Material Processing. 3rd Edition. Berlin, Germany: Springer, 2003: 279-300.

[43] Ibrahim D, Broilo T L, Heitz C, et al. Dimensional error of selective laser sintering, three-dimensional printing and PolyJet™ models in the reproduction of mandibular anatomy. J Craniomaxillofac Surg., 2009, 37(3): 167-173.

[44] Kaim A H, Kirsch E C, Alder P, et al. Preoperative accuracy of selective laser sintering (SLS) in craniofacial 3D modeling: comparison with patient CT data. Rofo., 2009, 181(7): 644-651.

[45] Asaumi J, Kawai N, Honda Y, et al. Comparison of three-dimensional computed tomography with rapid prototype models in the management of coronoid hyperplasia. Dentomaxillofac Radiol, 2001, 30(6): 330-335.

[46] Wu G, Zhou B, Bi Y, et al. Selective laser sintering technology for customized fabrication of facial prostheses. J Prosthet Dent., 2008, 100(1): 56-60.

[47] Lohfeld S, McHugh P, Serban D, et al. Engineering Assisted Surgery™: a route for digital design and manufacturing of customised maxillofacial implants. J Mater Process Technology, 2007, 183(2-3): 333-338.

[48] Williams J M, Adewunmi A, Schek R M, et al. Bone tissue engineering using poly-caprolactone scaffolds fabricated via selective laser sintering. Biomaterials, 2005, 26(23): 4817-4827.

[49] Partee B, Hollister S J, Das S. Selective laser sintering process optimization for layered manufacturing of CAPA® 6501 polycaprolactone bone tissue engineering scaffolds. J Manuf Sci Eng Trans., 2006, 128(2): 531-540.

[50] Kanczler J M, Mirmalek-Sani S, Hanley N A, et al. Biocompatibility and osteogenic potential of human fetal femur-derived cells on surface selective laser sintered scaffolds. Acta Biomater, 2009, 5(6): 2063-2071.

[51] Salmoria G V, Klauss P, Paggi RA, et al. Structure and mechanical properties of cellulose based scaffolds fabricated by selective laser sintering. Polym Test, 2009, 28: 648-652.

[52] Shishkovsky I V, Volova L T, Kuznetsov M V, et al. Porous biocompatible implants and tissue scaffolds synthesized by selective laser sintering from Ti and NiTi. J Mater Chem., 2008, 18(12): 1309-1317.

[53] Zhang H, Hao L, Savalani M M, et al. In vitro biocompatibility of hydroxyapatite-reinforced polymeric composites manufactured by selective laser sintering. J Biomed Mater Res., 2009, 91 A(4): 1018-1027.

[54] Von Wilmowsky C, Vairaktaris E, Pohle D, et al. Effects of bioactive glass and b-TCP containing three-dimensional laser sintered polyetheretherketone composites on osteoblasts in vitro. J Biomed Mater Res A, 2008, 87 A(4): 896-902.

[55] Hao L, Savalani M M, Zhang Y, et al. Selective laser sintering of hydroxyapatite reinforced polyethylene composites for bioactive implants and tissue scaffold development. Proc Inst Mech Eng H., 2006, 220(4): 521-531.

[56] Shishkovsky I, Yadroitsev I, Bertrand P, Smurov I. Alumina-zirconium ceramics synthesis by selective laser sintering/melting. Appl Surf Sci., 2007, 254(4): 966-970.

[57] Eliades T, Eliades G, Athanasion A E, et al. Surface characterization of retrieved NiTi orthodontic archwires. Eur J Orthod., 2000, 22(3): 317-326.

[58] Rimell J T, Marquis P M. Selective laser sintering of ultra-high molecular weight polyethylene for clinical applications. J Biomed Mater Res., 2000, 53(4): 414-420.

[59] Schmidt M, Pohle D, Rechtenwald T. Selective laser sintering of PEEK. CIRP Ann., 2007, 56(1): 205-208.

[60] Snakenborg D, Klank H, Kutter J P. Microstructure fabrication with a CO2 laser system. J Micromech Microeng., 2004, 14(2): 182-189.

[61] Miller P R, Aggarwal R, Doraiswamy A, et al. Laser micromachining for biomedical applications. JOM., 2009, 61(9): 35-40.

[62] Schmidt V, Kuna L, Satzinger V, et al. Two-photon 3D lithography: A versatile fabrication method for complex 3D shapes and optical interconnects within the scope of innovate industrial applications. J Laser Micro/Nanoeng., 2007, 2(3): 170-177.

[63] Gattass R R, Mazur E. Femtosecond laser micromachining in transparent materials. Nat Photon., 2008, 2(4): 219-225.

[64] Joglekar A P, Liu H, Spooner G J, et al. A study of the deterministic character of optical damage by femtosecond laser pulses and applications to nanomachining. Appl Phys B., 2003, 77(1): 25-30.

[65] Vogel A, Venugopalan V. Mechanisms of pulsed laser ablation of biological tissues. Chem Rev., 2003, 103(2):

577-644.

[66] Chichkov B N, Momma C, Nolte S, et al. Femtosecond, picosecond and nanosecond laser ablation of solids. Appl Phys A., 1996, 63(2): 109-115.

[67] Stoeckel D, Bonsignore C, Duda S. A survey of stent designs. Minim Invasive Ther Allied Technol., 2002, 11(4): 137-147.

[68] Stoeckel D, Pelton A, Duerig T. Self-expanding nitinol stents: material and design considerations. Eur Radiol., 2004, 14(2): 292-301.

[69] Grabow N, Schlun M, Sternberg K, et al. Mechanical properties of laser cut poly(l-lactide) micro-specimens: Implications for stent design, manufacture, and sterilization. J Biomech Eng Trans., 2005, 127(1): 25-31.

[70] Lannutti J, Reneker D, Ma T, Tomasko D, Farson D F. Electrospinning for tissue engineering scaffolds. Mater Sci Eng C., 2007, 27(3): 504-509.

[71] Duncan A C, Rouais F, Lazare S, et al. Effect of laser modified surface microtopochemistry on endothelial cell growth. Colloid Surf B., 2007, 54(2): 150-159.

[72] Patz T M, Doraiswamy A, Narayan R J, et al. Two-dimensional differential adherence and alignment of C2C12 myoblasts. Mater Sci Eng B., 2005, 123(3): 242-247.

[73] Doraiswamy A, Patz T, Narayan R J, et al. Two-dimensional differential adherence of neuro-blasts in laser micro-machined CAD/CAM agarose channels. Appl Surf Sci., 2006, 252(13): 4748-4753.

[74] Choi H W, Johnson J K, Nam J, et al. Structuring electro-spun poly-caprolactone nanofiber tissue scaffolds by femtosecond laser ablation. J Laser Appl., 2007, 19(4): 225-231.

[75] Applegate R W, Schafer D N, Amir W, et al. Optically integrated microfluidic systems for cellular characterization and manipulation. J Opt A., 2007, 9(8): S122-S128.

[76] Vazquez R M, Osellame R, Cretich M, et al. Optical sensing in microfluidic lab-on-a-chip by femtosecond-laser-written waveguides. Anal Bioanal Chem., 2009, 393(4): 1209-1216.

[77] Sugioka K, Hanada Y, Midorikawa K. 3D integration of micro-components in a single glass chip by femtosecond laser direct writing for biochemical analysis. Appl Surf Sci., 2007, 253(15): 6595-6598.

[78] Hanada Y, Sugioka K, Kawano H, et al. Nano-aquarium for dynamic observation of living cells fabricated by femtosecond laser direct writing of photo-structurable glass. Biomed Microdevices, 2008, 10(3): 403-410.

[79] Ancona A, Roeser F, Rademaker K, et al. High speed laser drilling of metals using a high repetition rate, high average power ultrafast fiber CPA system. Opt Express, 2008, 16(12): 8958-8968.

[80] Ancona A, Nodop D, Limpert J, et al. Micro-drilling of metals with an inexpensive and compact ultra-short-pulse fiber amplified microchip laser. Appl Phys A., 2009, 94(1): 19-24.

[81] Chrisey D B, Pique A, Fitz-Gerald J, et al. New approach to laser direct writing active and passive mesoscopic circuit elements. Appl Surf Sci., 2000, 154: 593-600.

[82] Ringeisen B R, Callahan J, Wu P K, et al. Novel laser-based deposition of active protein thin films. Langmuir, 2001, 17(11): 3472-3479.

[83] Ringeisen B R, Chrisey D B, Pique A, et al. Generation of mesoscopic patterns of viable Escherichia coli by ambient laser transfer. Biomaterials, 2002, 23(1): 161-166.

[84] Wu P K, Ringeisen B R, Krizman D B, et al. Laser transfer of biomaterials: matrix-assisted pulsed laser evaporation (MAPLE) and MAPLE direct write. Rev Sci Instrum, 2003, 74(4): 2546-2557.

[85] Dinu C Z, Dinca V, Howard J, et al. Printing technologies for fabrication of bioactive and regular microarrays of streptavidin. Appl Surf Sci., 2007, 253(19): 8119-8124.

[86] Wu P K, Ringeisen B R, Callahan J, et al. The deposition, structure, pattern deposition, and activity of biomaterial thin-films by matrix-assisted pulsed-laser evaporation (MAPLE) and MAPLE direct write. Thin Solid Films, 2001, 398: 607-614.

[87] Doraiswamy A, Narayan R J, Lippert T, et al. Excimer laser forward transfer of mammalian cells using a novel triazene absorbing layer. Appl Surf Sci., 2006, 252(13): 4743-4747.

[88] Patz T M, Doraiswamy A, Narayan R J, et al. Three-dimensional direct writing of B35 neuronal cells. J Biomed Mater Res B., 2006, 78(1): 124-130.

[89] Doraiswamy A, Narayan R J, Harris M L, et al. Laser microfabrication of hydroxyapatite-osteoblast-like cell composites. J Biomed Mater Res A. ,2007,80A (3): 635-643.

[90] Venuvinod P K, Ma W. Rapid Prototyping: Laser-based and Other Technologies. Dordrecht, The Netherlands: Kluwer Academic Publishers, 2004: 245-278.

[91] Ovsianikov A, Passinger S, Houbertz R, et al. Three-dimensional material processing with femtosecond lasers. In: Phipps CR, editor. Laser Ablation and Its Applications. NY, USA: Springer, 2007: 121-157.

[92] Gittard S D, Narayan R J, Lusk J, et al. Rapid prototyping of scaphoid and lunate bones. Biotechnol J. ,2009,4 (1): 129-134.

[93] Lee J W, Lan P X, Kim B, et al. 3D scaffold fabrication with PPF/DEF using micro-stereo-lithography. Microelectron Eng. ,2007,84(5-8): 1702-1705.

[94] Lee J W, Ahn G, Kim D S, Cho D. Development of nano-and microscale composite 3D scaffolds using PPF/DEF-HA and micro-stereo-lithography. Micro-electron Eng. ,2009,86(4-6): 1465-1467.

[95] Arcaute K, Mann B K, Wicker R B. Stereo-lithography of three-dimensional bioactive poly (ethylene glycol) constructs with encapsulated cells. Ann Biomed Eng. ,2006,34(9): 1429-1441.

[96] Subburaj K, Nair C, Rajesh S, et al. Rapid development of auricular prosthesis using CAD and rapid prototyping technologies. Int J Oral Maxillofac Surg. ,2007,36(10): 938-943.

[97] Singare S, Dichen L, Bingheng L, et al. Design and fabrication of custom mandible titanium tray based on rapid prototyping. Med Eng Phys. ,2004,26(8): 671-676.

[98] Singare S, Dichen L, Bingheng L, et al. Customized design and manufacturing of chin implant based on rapid prototyping. Rapid Prototyping J. ,2005,11(2): 113-118.

[99] Singare S, Lian Q, Wang W P, et al. Rapid prototyping assisted surgery planning and custom implant design. Rapid Prototyping J. ,2009,15(1): 19-23.

[100] D'Urso P S, Earwaker W J, Barker T M, et al. Custom cranioplasty using stereo-lithography and acrylic. Br J Plast Surg. ,2000,53(3): 200-204.

[101] Wurm G, Tomancok B, Holl K, et al. Prospective study on cranioplasty with individual carbon fiber reinforced polymere (CFRP) implants produced by means of stereolithography. Surg Neurol. ,2004,62(6): 510-521.

[102] Lee S, Wu C, Lee S, Chen P. Cranioplasty using polymethyl methacrylate prostheses. J Clin Neurosci. ,2009,16 (1): 56-63.

[103] Staffa G, Nataloni A, Compagnone C, et al. Custom made cranioplasty prostheses in porous hydroxy-apatite using 3D design techniques: 7 years' experience in 25 patients. Acta Neurochir(Wien),2007,149(2): 161-170.

[104] Narayan R. Two photon polymerization: An emerging method for rapid prototyping of ceramic-polymer hybrid materials for medical applications. Am Ceram Soc Bull. ,2009,88(5): 20-25.

[105] Doraiswamy A, Jin C, Narayan R J, et al. Two photon induced polymerization of organic-inorganic hybrid biomaterials for micro-structured medical devices. Acta Biomater, 2006, 2(3): 267-275.

[106] Serbin J, Egbert A, Ostendorf A, et al. Femtosecond laser-induced two-photon polymerization of inorganic-organic hybrid materials for applications in photonics. Opt Lett. ,2003,28(5): 301-303.

[107] Ovsianikov A, Chichkov B, Adunka O, et al. Rapid prototyping of ossicular replacement prostheses. Appl Surf Sci. ,2007,253(15): 6603-6607.

[108] Lee K S, Kim R H, Yang D Y, et al. Advances in 3D nano/microfabrication using two-photon initiated polymerization. Prog Polym Sci. ,2008,33(6): 631-681.

[109] Lim T W, Son Y, Yang D Y, et al. Highly effective three-dimensional large-scale microfabrication using a continuous scanning method. Appl Phy A. ,2008,92(3): 541-545.

[110] Hemker K J, Sharpe W N. Microscale characterization of mechanical properties. Ann Rev Mater Res. ,2007,37: 93-126.

[111] Ovsianikov A, Chichkov B, Mente P, et al. Two photon polymerization of polymer-ceramic hybrid materials for transdermal drug delivery. Int J Appl Ceram Technol. ,2007,4(1): 22-29.

[112] Ovsianikov A, Ostendorf A, Chichkov B N. Three-dimensional photo-fabrication with femtosecond lasers for applications in photonics and biomedicine. Appl Surf Sci. ,2007,253(15): 6599-6602.

[113] Gittard S D,Ovsianikov A,Monteiro-Riviere N A,et al. Fabrication of polymer microneedles using a two-photon polymerization and micromolding process. J Diabetes Sci Technol. ,2009,3(2): 304-311.

[114] Brown M B,Martin G P,Jones S A,et al. Dermal and transdermal drug delivery systems: current and future prospects. Drug Deliv. ,2006,13(3): 175-187

[115] Gill H S,Denson D D,Burris B A,et al. Effect of microneedle design on pain in human volunteers. Clin J Pain. , 2008,24(7): 585-594.

[116] Narayan R J,Jin C M,Doraiswamy A,et al. Laser processing of advanced bio-ceramics. Adv Eng Mater. ,2005, 7(12): 1083-1098.

[117] Tayalia P,Mendonca C R,Baldacchini T,et al. 3D cell-migration studies using two-photon engineered polymer scaffolds. Adv Mater. ,2008,20(23): 4494-4498.

[118] Schlie S, Ngezahayo A, Ovsianikov A, et al. Three-dimensional cell growth on structures fabricated from ORMOCER by two-photon polymerization technique. J Biomater Appl. ,2007,22(3): 275-287.

[119] Claeyssens F, Hasan E A, Gaidukeviciute A, et al. Three-dimensional biodegradable structures fabricated by two-photon polymerization. Langmuir. ,2009,25(5): 3219-3223.

[120] Sandstrom T,Bleeker A,Hintersteiner J,et al. Proceedings of the Optical Microlithography XVII,San Jose,CA, 2004.

[121] Oh D J,Won B,Kim K H,et al. Proceedings of the Optical Microlithography XVIII,San Jose,CA,2004.

[122] Liebmann L, Maynard D, McCullen K, et al. Proc. SPIE 5756 (1), Design and Process Integration for Microelectronic Manufacturing III,2005.

[123] Liebmann L,Barish A,Baum Z,et al. Proc. SPIE 5379(20),Design method and system of mask,2006.

[124] Fritze M,Tyrrell B,Fedynyshyn T,et al. Proc. SPIE 5751,Extreme ultraviolet (EUV) lithography,2005.

[125] Switkes M,Rothschild M. Journal of Vacuum Science & Tech B19,2353,Semiconductor Science and information devices,2007.

[126] French R H, Sewell H, Yang M K, et al. J. SPIE Microlithography, Optical Imaging in Projection Microlithography,2012.

[127] Fritze M,Bloomstein T M,Tyrrell B,et al. Accurate determination of absorption coefficients from reflection and transmission measurements. Journal of Vacuum Science & Tech. ,2013,B23: 2743.

[128] Bloomstein T M, Juodawlkis P W, Swint R B, et al. Nanotechnology and Microelectronic Devices and Processing. Journal of Vacuum Science & Tech,2015,B23: 2617.

[129] Bloomstein T M,Fedynyshyn T H,Pottebaum I,et al. Semiconductor crystals and thin film materials. Journal of Vacuum Science & Tech,2016.

[130] Bloomstein T M,Marchant M F,Deneault S,et al. 22nm Immersion Interference Lithography. Optics Express for publication,2002,1,243.

[131] Carlson N W, Evans G A, Amantea R, et al. Electronic beam steering in monolithic grating-surface-emitting diode laser arrays. Appl. Phys. Lett. ,1988,53(23): 2275-2277.

[132] Van Acoleyen K,Bogaerts W,Jágerská J,et al. Off-chip beam steering with a one-dimensional optical phased array on silicon-on-insulator. Opt. Lett. ,2009,34(9): 1477-1479.

[133] Van Acoleyen K,Rogier H,Baets R. Two-dimensional optical phased array antenna on silicon-oninsulator. Opt. Express,2010,18(13): 13655-13660.

[134] Kwong D,Hosseini A,Zhang Y,et al. 1×12 Unequally spaced waveguide array for actively tuned optical phased array on a silicon nano-membrane. Appl. Phys. Lett. ,2011,99(5),051104.

[135] Van Acoleyen K, Bogaerts W, Baets R. Two-Dimensional Dispersive Off-Chip Beam Scanner Fabricated on Silicon-On-Insulator. IEEE Photon. Technol. Lett. ,2011,23(17): 1270-1272.

[136] Fang W,Park H,Jones R,et al. A Continuous Wave Hybrid AlGaInAs-Silicon Evanescent Laser. IEEE Photon. Technol. Lett. ,2006,18(10): 1143-1145.

[137] Sysak M N, Anthes J O, Liang D, et al. A hybrid silicon sampled grating DBR tunable laser. In: Group IV Photonics,2008 5th IEEE International Conference,Cardiff,Wales,2008: 55-57.

[138] Park H,Kuo Y H,Fang A W,et al. A Hybrid AlGaInAs-Silicon Evanescent Amplifier. IEEE Photon. Technol.

Lett. ,2007,19(4): 230-232.

[139] Park H,Sysak M N,Chen H W,et al. Device and Integration Technology for Silicon PhotonicTransmitters. IEEE J. Sel. Top. Quantum Electron,2011,17(3): 671-688.

[140] Le Thomas N,Houdré R,O'Brien D,et al. Exploring light propagating in photonic crystals with Fourier optics. J. Opt. Soc. Am. ,2007,B 24(12): 2964-2971.

[141] McManamon P F,Shi J,Bos P. Broadband optical phased-array beam steering. Opt. Eng. ,2005,44,128 004.

[142] McManamon, et al. Review of Phased Array Steering for Narrow-Band Electro-optical Systems. In: Proceedings of the IEEE 1093,2009,97,6.

[143] Shi J,Bos P J,Winker B,et al. Switchable optical phased prism arrays for beam steering. In: Proc. SPIE,2004, 5553: 102-111.

[144] Smith W,Holz M K O. Wide angle beam steering system. U. S. Patent 7 215 472,May 8,2007.

[145] Kim J,Oh C,Escuti M J,et al. Wide-angle non-mechanical beam steering using thin liquid crystal polarization gratings. In: Proc. SPIE Adv. Wavefront Contr. : Methods,Devices,Applicat. ,2008,VI,7093.

[146] Fujita H. Micro-actuators and micro-machines. In: Proc. IEEE,1998,86: 1721-1732.

[147] Krishnamoorthy, Li K, Yu K, et al. Dual mode micro-mirrors for optical phased array applications. Sens. Actuators A,Phys. ,2002,A97-98: 21-26.

[148] Smith N R, Abeysinghe D C, Haus J W, et al. Agile wide-angle beam steering with electro-wetting micro-prisms. Opt. Express,2006,14: 6557-6563.

[149] Wu Y H,Lin Y H,Lu Y Q,et al. Sub-millisecond response variable optical attenuator based on sheared polymer network liquid crystal. Opt. Express,2004,12(25): 6377-6384.

[150] Wang B,Zhang G,Glushchenko A,et al. Stressed liquid-crystal optical phased array for fast tip-tilt wave-front correction. Appl. Opt. ,2005,44(36).

[151] Coleman D A,Fernsler J,Chattham N,et al. Polarization-modulated smectic liquid crystal phases. Science,2003, 301: 1204-1211.

[152] McManamon P F. Agile non-mechanical beam steering. Opt. Photon. News,2006: 21-25.

[153] Wang X,Wang B,McManamon P F,et al. Spatial resolution limitation of liquid crystal spatial light modulator. In: Proc. Liquid Cryst. Conf. Great Lakes Photonics Symp. ,Cleveland,OH,2004,Jun. : 7-11.

[154] Harris S. Characterization and application of a liquid crystal beam steering device. In: Proc. SPIE,2001,4291: 109-119.

[155] Ciapurin V,Glebov L B,Smirnov V I. Modeling of Gaussian beam diffraction on volume Bragg gratings in PTR glass. In: Proc. SPIE Practical Hologr. XIX: Mater. Applicat. ,Bellingham,WA,2005,5742.

[156] Riza N A,Arain M A. Code-multiplexed optical scanner. Appl. Opt. ,2003,42(8): 1493-1502.

[157] Yaqoob Z,Arain M A,Riza N A. High-speed two-dimensional laser scanner based on Bragg gratings stored in photothermorefractive glass. Appl. Opt. ,2003,42(26): 5251-5262.

[158] Yaqoob Z,Riza N A. Free-space wavelength-multiplexed optical scanner demonstration. Appl. Opt. ,2002,41 (26): 5568-5573.

[159] Glebov L. Fluorinated silicate glass for conventional and holographic optical elements. In: Proc. SPIE Window Dome Technol. Mater. X,2007,6545: 654 507.

[160] Khan S A,Riza N A. Demonstration of 3-dimensional wide angle laser beam scanner using liquid crystals. Opt. Express,2004,12(5): 868-882.

[161] McManamon P F, et al. A Review of Phased Array Steering for Narrow-Band Electro-optical Systems. In: Proceedings of the IEEE,2009,97(6).

[162] Escuti M J,Oh C,Sanchez C,et al. Simplified spectro-polarimetry using reactive mesogen polarization gratings. In: Proc. SPIE Opt. Photon. Conf. ,2006,6302: 630 207.

[163] Eakin J,Xie Y,Pelcovits R,et al. Zero voltage Freedericksz transition in periodically aligned liquid crystals. Appl. Phys. Lett. ,2004,85: 1671-1673.

[164] Escuti M J,Jones W M. Polarization independent switching with high contrast from a liquid crystal polarization grating. In: SID Symp. Dig. ,2006,37: 1443-1446.

[165] Komanduri R, Jones W M, Oh C, et al. Polarization-independent modulation for projection displays using small-period LC polarization gratings. J. Soc. Inf. Display, 2007, 15: 589-594.

[166] Provenzano C, Cipparrone G, Mazzulla A. Photo-polarimeter based on two gratings recorded in thin organic films. Appl. Opt., 2006, 45: 3929-3934.

[167] Komanduri R, Jones W M, Oh C, et al. Polarization-independent modulation for projection displays using small-period LC polarization gratings. J. Soc. Inf. Display, 2007, 15: 589-594.

[168] Provenzano C, Cipparrone G, Mazzulla A. Photo-polarimeter based on two gratings recorded in thin organic films. Appl. Opt., 2006, 45: 3929-3934.

[169] Escuti M J, Oh C, Jones W M, et al. Reactive mesogen polarization gratings with small pitch and ideal properties. Opt. Express, 2008.

[170] Watson E A, Whitaker W E, Brewer C D, et al. Implementing optical phased array beam steering with cascaded microlens arrays. In: Proc. IEEE Aerosp. Conf., Mar 2002.

[171] Aksyuk V A, Arney S, Basavanhally N R, etc. Micromechanical optical cross connect. IEEE Photon. Technol. Lett., 2003, 15: 587-589.

[172] Stewart J B, Bifano T G, Cornelissen S, et al. Design and development of a 331-segment tip-tilt-piston mirror array for space-based adaptive optics. Sens. Actuators A, Phys., 2007, 138(1): 230-238.

[173] Ryf R, Stuart H R, Giles C R. MEMS tip/tilt & piston mirror arrays as diffractive optical elements. In: Proc. SPIE, Bellingham, WA, 2005, 5894: 58940C-1-11.

[174] Pardo F, Simon M E, Aksyuk V A, et al. Characterization of piston-tip-tilt mirror pixels for scalable SLM arrays. In: Proc. IEEE/LEOS Int. Conf. Optical MEMS Applicat. Conf., 2006: 21-22.

[175] Xie H, Pan Y, Fedder G K. A CMOS-MEMS mirror with curled-hinge comb drives. J. Micro-electro-mech. Syst., 2003, 12(4): 450-457.

[176] Milanovic V, Matus G A, McCormick D T. Gimbal-less monolithic silicon actuators for tip-tilt-piston micro-mirror applications. IEEE J. Sel. Topics Quantum Electron., 2004, 10(3): 462-471.

[177] Piyawattanametha W, Patterson P R, Hah D, et al. Surface-and bulk-micro-machined two-dimensional scanner driven by angular vertical comb actuators. J. Micro-electromech. Syst., 2005, 14(6): 1329-1338.

[178] Jung W, Krishnamoorthy U, Solgaard O. High fill-factor two-axis gimbaled tip-tilt-piston micro-mirror array actuated by self-aligned vertical electrostatic comb-drives. J. Micro-electromech. Syst., 2006, 15(3): 563-571.

[179] Tsai J C, Wu M C. Design, fabrication, and characterization of a high fill-factor, large scan-angle, two-axis scanner array driven by a leverage mechanism. J. Micro-electro-mech. Syst., 2006, 15(5): 1209-1213.

[180] Jain, Xie H. An electro-thermal micro-lens scanner with low-voltage, large-vertical-displacement actuation. IEEE Photon. Technol. Lett., 2005, 17(9): 1971-1973.

[181] Wu L, Xie H. A large vertical displacement electro-thermal bimorph micro-actuator with very small lateral shift. Sens. Actuators A, 2008, 145: 371-379.

[182] Wu L, Maley S, Nelson T, et al. A large-aperture, piston-tip-tilt micro-mirror for optical phase array applications. In: Proc. IEEE MEMS'08, Tucson, AZ, 2008: 754-757.

[183] Pardo F, Cirelli R A, Ferry E J, et al. Flexible fabrication of large pixel count piston-tip-tilt mirror arrays for fast spatial light modulators. Micro-electron. Eng., 2007, 84(5-8): 1157-1161.

[184] Srinivasan U, Helmbrecht M A, Rembe C, et al. Fluidic self-assembly of micro-mirrors onto micro-actuators using capillary forces. IEEE J. Sel. Topics Quantum Electron., 2002, 8(1): 4-11.

[185] Waldis S, Clerc P A, Zamkotsian F, et al. Micro-mirror arrays for object selection. In: Proc. SPIE, San Jose, CA, Jan. 25-26, 2006, 6114: 611408.1-611408.12.

[186] Gilgunn P J, Fedder G K. Flip-chip integrated SOI-CMOS-MEMS fabrication technology. In: Tech. Dig. Solid-State Sens., Actuators, Micro-syst. Workshop, Hilton Head Island, SC, 2008: 10-13.

[187] Smith N R, Abeysinghe D C, Haus J W, et al. Agile wide-angle beam steering with electro-wetting micro-prisms. Opt. Express, 2006, 14: 6557-6563.

[188] Smith N R, Hou L, Zhang J, et al. Experimental validation of >1kHz electro-wetting modulation. In: Proc. 17th Biennial University/Government/Industry Micro/Nano Symp. (UGIM 2008), Louisville, KY, July 2008: 11-14.

[189] Hou L, Smith N R, Heikenfeld J. Electro-wetting manipulation of any optical film. App. Phys. Lett. , 2007, 90: 251114.

[190] Shi L, McManamon P F, Bos P J. Liquid crystal optical phase plate with a variable in-plane gradient. J. Appl. Phys. , 2008, 104: 033109.

[191] Simes R, et al. Semiconductor Optoelectronic Devices for Lightwave Communication. IEEE J. Selected Topics in Quantum Electronics, 2005, 11(1): 50-65.

[192] Melle S, et al. Network Planning and EC Architecture. In: Proc. 2005 OFC/NFOEC, Session NTuA1, Anaheim, CA, March 5-9, 2005.

[193] Bishop D J, Giles C R, Austin G P. The Lucent Lembda Router: MEMS technology of the future here today. IEEE Commun. Mag. , 2002, 40: 75-79.

[194] Chu P B, Lee S S, Park S. MEMS: The path to large optical cross-connects. IEEE Commun. Mag. , 2002, 40: 80-87.

[195] Li Y P, Henry C H. Silica-based optical integrated circuits. IEE Proc. Opto-electron. , 1996, 143: 263-280.

[196] Hashimoto T, Ogawa I. Optical hybrid integration using planar light-wave circuit platform. Proc. SPIE 4652, 2002: 58-67.

[197] Kirsten P, Bakhti F. Passive optical components for WDM applications. In: Proc. SPIE 4277, 2001: 54-68.

[198] Van Acoleyen K, Bogaerts W, Jágerská J, et al. Off-chip beam steering with a one-dimensional optical phased array on silicon-on-insulator. Opt. Lett. , 2009, 34(9): 1477-1479.

[199] Van Acoleyen K, Rogier H, Baets R. Two-dimensional optical phased array antenna on silicon-on-insulator. Opt. Express, 2010, 18(13): 13655-13660.

[200] Kwong D, Hosseini A, Zhang Y, et al. 1×12 Unequally spaced waveguide array for actively tuned optical phased array on a silicon nano-membrane. Appl. Phys. Lett. , 2011, 99(5): 051104.

[201] Van Acoleyen K, Bogaerts W, Baets R. Two-dimensional dispersive off-chip beam scanner fabricated on silicon-on-insulator. IEEE Photon. Technol. Lett. , 2011, 23(17): 1270-1272.

[202] Fang W, Park H, Jones R, et al. A Continuous Wave Hybrid AlGaInAs-Silicon Evanescent Laser. IEEE Photon. Technol. Lett. , 2006, 18(10): 1143-1145.

[203] Sysak M N, Anthes J O, Liang D, et al. A hybrid silicon sampled grating DBR tunable laser. In: Group IV Photonics, 2008 5th IEEE International Conference, Cardiff, Wales, 2008: 55-57.

[204] Park H, Kuo Y H, Fang A W, et al. A hybrid AlGaInAs-silicon evanescent amplifier. IEEE Photon. Technol. Lett. , 2007, 19(4): 230-232.

[205] Park H, Sysak M N, Chen H W, et al. Device and integration technology for silicon photonic transmitters. IEEE J. Sel. Top. Quantum Electron. , 2011, 17(3): 671-688.

[206] Le Thomas N, Houdré R, O'Brien D, et al. Exploring light propagating in photonic crystals with Fourier optics. J. Opt. Soc. Am. , 2007, B 24(12): 2964-2971.

[207] Wang X, Wang B, Pouch J J, et al. Performance evaluation of a liquid crystal-on-silicon spatial light modulator. Opt. Eng. , 2004, 43: 2769-2774.

[208] Wang X, Wang B, Bos P, et al. Modeling and design of an optimized liquid-crystal optical phased array. J. Appl. Phys. , 2005, 98: 073101.

[209] Jarrahi M, Pease R F W, Miller D A B, et al. High-speed optical beam-steering based on phase-arrayed waveguides. J. Vac. Sci. Technol. , 2008, B (26): 2124-2126.

[210] Acoleyen K V, Bogaerts W, Jágerská J, et al. Off-chip beam steering with a one-dimensional optical phased array on silicon-on-insulator. Opt. Lett. , 2009, 34: 1477-1479.

[211] Gu L, Chen X, Jiang W, et al. Fringing-field minimization in liquid-crystal-based high resolution switchable gratings. Appl. Phys. Lett. , 2005, 87: 201106.

[212] Hosseini A, Kwong D N, Lin Ch Y, et al. Output Formulation for Symmetrically-Excited one-to-N Multimode Interference Coupler. IEEE J. Sel. Topics Quant. elect. , 2010, 16(1): 61-69.

[213] Kwong D N, Zhang Y, Hosseini A, et al. 1x12 Even Fanout Using Multimode Interference Optical Beam Splitter on Silicon Nano-membrane. IET Electronics Letters, 2010, 46(18): 1281-1283.

[214] Soganci I M, Tanemura T, Williams K A, et al. Monolithically Integrated InP 1×16 Optical Switch with Wavelength-Insensitive Operation. IEEE Photonics Technology Letters,2010,22(3): 143-145.

[215] Carley L R, Bain J A, Fedder G K, et al. Single-chip computers with micro-electro-mechanical systems-based magnetic memory (invited). Journal of Applied Physics,2000,87(9): 6680-6685.

[216] Almawlawi D,Bosnick K A,Osika A,et al. Fabrication of Nanometer-Scale Patterns by Ion-Milling with Porous Anodic Alumina Masks,Adv. Mater. ,2000,12: 1252-1257.

[217] Beetz C,Xu H,Catchmark J M,et al. SiGe detectors with integrated photonic crystal filters. NNUN Abstracts 2002/Optics & Opto-electronics,2002: 76.

[218] Jakubiak R,Bunning T J,Vaia R A,et al. Electrically switchable,one-dimensional polymeric resonators from holographic photo-polymerization: a new approach for active photonic bandgap materials. Adv. Mater. ,2003, 15: 241-243.

[219] Kittel C. Introduction to solid state physics. 7th edition. New York: John Wiley & Sons,2003.

[220] Konan Y N,Gruny R,Allemann E. State of the art in the delivery of photosensitizers for photodynamic therapy. J. Photochem. Photobiol. B: Biology,2002,66: 89-106.

[221] Ranka J K,Windeler R S,Stentz A J. Visible continuum generation in air silicamicrostructure optical fibers with anomalous dispersion at 800nm. Opt. Lett. ,2000,25: 25-27.

[222] Reese C E,Baltusavich M E,Keim J P,et al. Development of an intelligent polymerized crystalline colloidal array colorimetric reagent. Anal. Chem. ,2001,73: 5038-5042.

[223] Shoji S,Kawata S. Photo-fabrication of three-dimensional photonic crystals by multi-beam laser interference into a photo-polymerizable resin. Appl. Phys. Lett. ,2000,76: 2668-2670.

[224] Vlasov Y A,Bo X Z,Sturm J C,et al. On-chip natural assembly of silicon photonic bandgap crystals. Nature (London),2001,414: 289-293.

[225] Wostyn K,Zhao Y,de Schaetzen G,et al. Insertion of a two-dimensional cavity into a self-assembled colloidal crystal. Langmuir,2003a,19: 4465-4468.

[226] Wostyn K,Zhao Y,Yee B,et al. Optical properties and orientation of arrays of polystyrene spheres deposited using convective self-assembly. J. Chem. Phys. ,2003b,118: 10752-10757.

[227] Zhu J,Li M,Rogers R,et al. Crystallization of hard sphere colloids in microgravity. Nature,1997,387: 883-885.

[228] Gaponenko S V. Optical properties of semiconductor nanocrystals. Cambridge: Cambridge University Press,1999.

[229] Gonokami M,Akiyama H,Fukui M. Near-field imaging of quantum devices and photonic structures. In: Kawata S,Ohtsu M,Irie M,ed. Nano-Optics. Berlin: Springer-Verlag,2002: 237-286.

[230] Beck M,Hofstetter D,Aellen T,et al. Continuous wave operation of a mid-infrared semiconductor laser at room temperature. Science,2002,295: 301-305.

[231] Borchert H,Dorfs D,McGinley C,et al. Photoemission of onion-like quantum dot,quantum well and double quantum well nanocrystals of CdS and HgS. J. Phys. Chem. ,2003,B 107: 7486-7491.

[232] Carlisle J A,Dongol M,Germanenko I N,et al. Evidence for changes in the electronic and photoluminescence properties of surface-oxidized silicon nanocrystals induced by shrinking the size of the silicon core. Chem. Phys. Lett. ,2000,326: 335-340.

[233] Kim K,Jin J I. Preparation of PPV nanotubes and nano-rods and carbonized products derived therefrom. Nano Lett. ,2001,1: 631-636.

[234] Krestnikov I L,Sakharov A V. Lundin W V,et al. Lasing in vertical direction in structures with InGaNQuantum dots. Phys. Stat. Sol. A Appl. Res. ,2000b,180: 91-96.

[235] Li L S,Hu J T,Yang W D,et al. Band gap variation of size-and shape-controlled colloidal CdSe quantum rods. Nano Lett. ,2001,1: 349-351.

[236] Li X,He Y,Talukdar S S,et al. A process for preparing macroscopic quantities of brightly photo-luminescent silicon nanoparticles with emission spanning the visible spectrum. Langmuir,2003,19: 8490-8496.

[237] Pettersson H,Warburton R J,Lorke A,et al. Excitons in self-assembled quantum ring-like structures. Physica, 2000,E6: 510-513.

[238] Prasad P N. Introduction to bio-photonics. Hoboken, NJ: John Wiley & Sons, 2003.
[239] Wang J, Gudiksen M S, Duan X, et al. Highly polarized photo-luminescence and photo-detection from single indium phosphide nanowires. Science, 2001, 293: 1455-1457.
[240] Zhong Z H, Qian F, Wang D L, et al. Synthesis of p-type gallium nitride nanowires for electronic and photonic nano-devices. Nano Lett., 2003, 3: 343-346.
[241] El-Sayed M A. Some interesting properties of metal confined in time and nanometer space of different shapes. Acc. Chem. Res., 2001, 34: 257-264.
[242] Halas N. The optical properties of nano-shells. Opt. Photon News, 2002, August: 26-31.
[243] Hao E, Schatz G C. Electromagnetic fields around silver nanoparticles and dimers. J. Chem. Phys., 2003.
[244] Jackson J B, Halas N J. Silver nano-shells: variation in morphologies and optical properties. J. Phys. Chem., 2001, B 105: 2743-2746.
[245] Jin R, Cao Y W, Mirkin C A, et al. Photo-induced conversion of silver nano-spheres to nano-prisms. Science, 2001, 294: 1901-1903.
[246] Kelly K L, Coronado E, Zhao L L, et al. The optical properties of metal nanoparticles: the influence of size, shape, and dielectric environment. J. Phys. Chem., 2003, B 107: 668-677.
[247] Lakowicz J R, Malicka J, Gryczynski I, et al. Radiative decay engineering: the role of photonic mode density in biotechnology. J. Phys. D: Appl. Phys., 2003, 36: R240-R249.
[248] Lezec H J, Degiron A, Devaux E, et al. Beaming light from a subwavelength aperture. Science, 2002, 297: 820-822.
[249] Wenseleers W, Stellacci F, Meyer-Friedrichsen T, et al. Five orders-of-magnitude enhancement of two-photon absorption for dyes on silver nanoparticle fractal clusters. J. Phys. Chem., 2002, B 106: 6853-6863.
[250] Bednarkiewicz A, Hreniak D, Deren P, et al. Hot emission in Nd3+/Yb3+: YAG nano-crystalline ceramics. J. Lumin., 2003: 102-103, 438-444.
[251] Kittel C. Introduction to solid state physics. 7th edition. New York: John Wiley & Sons, 2003.
[252] Kück S, Sokolska I, Henke M, et al. Photon cascade emission in Pr3+-doped fluorides. J. Lumin., 2003: 102-103, 176-181.
[253] Menezes L de S, Maciel G S, de Araüjo C B. Phonon-assisted cooperative energy transfer and frequency upconversion in a Yb3+/Tb3+ codoped fluoroindate glass. J. Appl. Phys., 2003, 94: 863-866.
[254] Vink A P, Dorenbos P, Von Eijk C W E. Observation of the photon cascade emission process under 4f 15d1 and host excitation in several Pr3+-doped materials. J. Solid State Chem., 2003, 171: 308-312.
[255] Livisatos A P, Peng X, Manna L. Process for forming shaped group III-V semiconductor nanocrystals, and product formed using process. U. S. Patent 6,306,736, Oct. 23, 2001.
[256] Barnham K, Vvedensky D, ed. Low-Dimentional Semiconductor Structures. Cambridge, U. K.: Cambridge University Press, 2001.
[257] Battaglia D, Peng X. Formation of high quality InP and InAs nanocrystals in a non-coordinating solvent. Nano. Lett., 2002, 2: 1027-1030.
[258] Bonnell D, Huey B D. basic principles of scanning probe microscopy. In: Bonnell D, ed. Scanning probe microscopy and spectroscopy—theory, techniques, and applications. 2nd edition. New York: John Wiley & Sons, 2001: 7-42.
[259] Bonnell D, ed. scanning probe microscopy and spectroscopy—theory, techniques, and applications. 2nd edition. New York: John Wiley & Sons, 2001.
[260] Chen X, Na M, Cheon M, et al. Above-room-temperature ferromagnetism in GaSb/Mn digital alloys. Appl. Phys. Lett., 2002, 81: 511-513.
[261] Chi L, Röthig C. Scanning probe microscopy of nanoclusters, characterization of nanophase materials. In: Wang Z L, ed. New York: John Wiley & Sons, 2000: 133-163.
[262] Crist B V. Handbook of monochromatic XPS spectra. 3-Volume Set. New York: John Wiley & Sons, 2000.
[263] Xu D Y, Qi G Sh, Fan X D. Array-optical probe scanning integrated circuit lithography method. Chinese invention patent: ZL 01120598. 9, 2001.

[264] Xu D Y, Jiang P J, Kun Q. The layout coding method for array-optical probe scanning lithography systems. Chinese invention patent: ZL 02104178.4, 2002.

[265] Xu D Y, Fan X D, Kun Q. Table movement precision control method and system for array integrated circuit scanning lithography. China invention patent: ZL 02116681.1, 2002.

[266] Xu D Y, Fan X D, Qi G Sh. Precision table structure of array-optical probe scanning lithography systems. Chinese invention patent: ZL 02117420.2, 2002.

[267] Xu D Y, Qi G Sh, Jiang P J. The linear light source scanning device for integrated circuit lithography system. Chinese invention patent: ZL 01120600.4, 2001.

[268] Xu D Y, Qi G Sh, Kun Q. Alignment devices of the array-optical probe scanning integrated circuit lithography system. Chinese invention patent: ZL 01123501.2, 2001.

[269] Lal M, Levy L, Kim K S, et al. Silica nano-bubbles containing an organic dye in a multilayered organic/inorganic hetero-structure with enhanced luminescence. Chem. Mater., 2000, 12: 2632-2639.

[270] Li X, He Y, Talukdar S S, et al. Process for preparing macroscopic quantities of brightly photo-luminescent silicon nanoparticles with emission spanning the visible spectrum. Langmuir, 2003, 19: 8490-8496.

[271] Lucey D W, MacRae D J, Furis M, et al. Synthesis of InP and GaP in a non-coordinating solvent utilizing in-situ surfactant generation. Journal of Vacuum Science & Tech, 2014.

[272] Meyer E. Atomic force microscopy: fundamentals to most advanced applications. New York: Springer-Verlag, 2003.

[273] Murray C B, Kagan C R, Bawendi M G. Synthesis and characterization of monodisperse nanocrystals and close-packed nanocrystal assembles. Annu. Rev. Mater. Sci., 2000, 30: 545-610.

[274] Nikoobakht B, El-Sayed M A. Preparation and growth mechanism of gold nano-rods (NRs) using seed-mediated growth method. Chem. Mater., 2003, 15: 1957-1962.

[275] Patra A, Friend C S, Kapoor R, et al. Fluorescence up conversion properties of Er3+-Doped TiO2 and $BaTiO_3$ nano-crystallites. Chem. Mater., 2003, 15: 3650-3655.

[276] Vvedensky D. Epitaxial growth of semiconductors. In: Barnham K, Vvedensky C, ed. Low-dimentional semiconductor structures. Cambridge, U. K.: Cambridge University Press, 2001.

[277] Wang Z L, ed. Characterization of nanophase materials. Weinheim, Germany: Wiley-VCH, 2000.

[278] Akcelrud L. Electroluminescent polymers. Prog. Polym. Sci., 2003, 28: 875-962.

[279] Balzani V, Ceroni P, Gestermann S, et al. Dendrimers as fluorescent sensors with signal amplification. Chem. Commun., 2000: 853-854.

[280] Berl V, Hue I, Khoury R G, et al. Interconversion of single and double helices formed from synthetic molecular strands. Nature, 2000, 407: 720-723.

[281] Brouwer A M, Frochot C, Gatti F G, et al. Photoinduction of fast, reversible translational motion in a hydrogen-bonded molecular shuttle. Science, 2001, 291: 2124-2128.

[282] Brunsveld L, Folmer B J B, Meijer E W, et al. Supramolecular polymers. Chemistry Review, 2001, 101: 4071-4097.

[283] Dalton L, Robinson B H, Jen A K Y, et al. Systematic development of high bandwidth, low drive voltage organic electro-optic devices and their applications. Opt. Mater., 2003, 21: 19-28.

[284] Dykes G M. Dendrimers: A Review of their appeal and applications. J. Chem. Technol. Bio-technol., 2001, 76: 903-918.

[285] Gong B, Zeng H Q, Zhu J, et al. Creating nano-cavities of tunable sizes: hollow helices. In: Proc. Natl. Acad. Sci. U. S. A., 2002, 99: 11583-11588.

[286] Kyllo E M, Gustafson T L, Wang D K, et al. Photo-physics of segmented block copolymer derivatives. Synth. Met., 2001, 116: 189-192.

[287] Leigh D A. Molecules in motion: towards hydrogen bond-assembled molecular machines. In: Charra F, Agranovich V M, Kajzar F, ed. Organic Nano-photonics, NATO Science Series II. Mathematics, Physics and Chemistry, Vol. 100. The Netherlands: Kluwer Academic Publishers, 2003a: 47-56.

[288] Luo J, Haller M, Li H, et al. Highly efficient and thermally stable electro-optic polymer from a smartly

controlled crosslinking process. Adv. Mater. ,2003,15: 1635-1638.

[289] Park C, Yoon J, Thomas E L. Enabling nanotechnology with self-assembled block copolymer patterns. Polymer, 2003,44: 6725-6760.

[290] Percec V, Glodde M, Bera T K, et al. Self-organization of supramolecular helical dendrimers into complex electronic materials. Nature, 2002,419: 384-387.

[291] Vögtle F, Gestermann S, Hesse R, et al. Functional Dendrimers. Prog. Polym. Sci. ,2000,25: 987-1041.

[292] Zhu P, van der Boom M E, Kang H, et al. Efficient consecutive assembly of large-response thin-film molecular electro-optic materials. Polym. Prep. ,2001,42: 579-580.

[293] Zhu P, van der Boom M E, Kang H, et al. Realization of expeditious layer-by-layer siloxane-based self-assembly as an efficient route to structurally regular acentric super-lattices with large electro-optic responses. Chem. Mater. ,2002,14: 4983-4989.

[294] Chau R, Kavalieros J, Roberds B, et al. 30nm physical gate length CMOS transistors with 1. 0 ps n-MOS and 1. 7ps p-MOS gate delays. Presented at Electron Devices Meeting, 2000. IEDM Technical Digest International, 2000.

[295] Cheetham A K, Grubstein P S H. Nanomaterial and venture capital. Nano-today, 2003, December: 16-19.

[296] Dunn S, Whatmore R W. Nanotechnology advances in Europe. Working paper STOA 108 EN, European Commission, Brussels, 2002.

[297] Garner C M. Nano-materials and silicon nanotechnology. Presented at Nano-Electronics & Photonics Forum Conference, Mountain View, VA, 2003.

[298] Gould P. UK Invests in the Nano-world. Nano-today, 2003, December: 28-34.

[299] Unnikrishnan A R, Philip N V. SPIE Lithography, Micro-processes and Nanotechnology Conference, 2005.

[300] Mills J. Photonic Crystals Head Toward the Marketplace. Opto and Laser Europe, November, 2002.

[301] Pitkethly M. Nanoparticles as building blocks? Nano-today, 2003, December: 36-42.

[302] Roco M C, Bainbridge W S, ed. Societal implications of nanoscience and nano-technology. Hingham, MA: Kluwer Academic Publishers, 2001.

[303] Sweeney D. Current status of EUV optics and future advancements in optical components. Presented at Micro-processes and Nanotechnology Conference, 2000.

[304] The Nanotech Report 2003. Investment overview and market research for nanotechnology. Vol. 2. New York: Lux Capital, 2003.

[305] Eggeling C, et al. Direct observation of the nanoscale dynamics of membrane 10. In: Nägerl U V, Willig K I, Hein B, et al, ed. Live-cell imaging of dendritic spines by STED microscopy. Proc. Natl Acad. Sci. USA, 2008, 105: 18982-18987.

[306] Hell S W, Jakobs S, Kastrup L. Imaging and writing at the nanoscale with focused visible light through saturable optical transitions. Appl. Phys. , A Mater. Sci. Process, 2003, 77: 859-860.

[307] Hofmann M, Eggeling C, Jakobs S, et al. Breaking the diffraction barrier in fluorescence microscopy at low light intensities by using reversibly photo-switchable proteins. Proc. Natl Acad. Sci. USA, 2005, 102: 17565-17569.

[308] Ando R, Mizuno H, Miyawaki A. Regulated fast nucleocytoplasmic shuttling observed by reversible protein highlighting. Science, 2004, 306: 1370-1373.

[309] Dedecker P, et al. Sub-diffraction imaging through the selective donut-mode depletion of thermally stable photo-switchable fluorophores: numerical analysis and application to the fluorescent protein dronpa. J. Am. Chem. Soc. ,2007, 129: 16132-16141.

[310] Huang B, Babcock H, Zhuang X. Breaking the diffraction barrier: super-resolution imaging of cells. Cell, 2010, 143: 1047-1058.

[311] Betzig E, et al. Imaging intracellular fluorescent proteins at nanometer resolution. Science, 2006, 313: 1642-1645.

[312] Hess S T, Girirajan T P K, Mason M D. Ultra-high resolution imaging by fluorescence photo-activation localization microscopy. Biophys. J. ,2006, 91: 4258-4272.

[313] Rust M J, Bates M, Zhuang X. Sub-diffraction-limit imaging by stochastic optical reconstruction microscopy

(STORM). Nature Methods,2006,3: 793-796.

[314] Bossi M,Foelling J,Dyba M,et al. Breaking the diffraction resolution barrier in far-field microscopy bymolecular optical bistability. N. J. Phys. ,2006,8: 275.

[315] Li L,Gattass R R,Gershgoren E,et al. Achieving l/20 resolution by one-color initiation and deactivation of polymerization. Science,2009,324: 910-913.

[316] Andrew T L,Tsai H Y,Menon R. Confining light to deep subwavelength dimensions to enable optical nano-patterning. Science,2009,324: 917-921.

[317] Fischer J,Freymann G,Wegener M. The materials challenge in diffraction unlimited direct-laser-writing optical lithography. Adv. Mater. ,2010,22: 3578-3582.

[318] Andresen M,et al. Structure and mechanism of the reversible photo switch of a fluorescent protein. Proc. Natl Acad. Sci. USA,2005,102: 13070-13074.

[319] Adam V,et al. Structural characterization of IrisFP,an optical highlighter undergoing multiple photo-induced transformations. Proc. Natl Acad. Sci. USA,2008,105: 18343-18348.

[320] Brakemann T, et al. Molecular basis of the light-driven switching of the photochromic fluorescent protein Padron. J. Biol. Chem. ,2010,285: 14603-14609.

[321] Zacharias D A,Violin J D,Newton A C,et al. Partitioning of lipid modified monomeric GFPs into membrane micro-domains of live cells. Science,2002,296: 913-916.

[322] Bizzarri R,et al. Single amino acid replacement makes Aequorea Victoria fluorescent proteins reversibly photo switchable. J. Am. Chem. Soc. ,2010,132: 85-95.

[323] Adam V,et al. Data storage based on photochromic and photo convertible fluorescent proteins. J. Biotechnol. , 2010,149: 289-298.

[324] Vats P,Rothfield L. Duplication and segregation of the actin (MreB) cytoskeleton during the prokaryotic cell cycle. Proc. Natl Acad. Sci. USA,2007,104: 17795-17800.

[325] Riedl J,et al. Lifeact: a versatile marker to visualize F-actin. Nature Methods,2008,5: 605-607.

[326] Andronov A,Gilat S L,Frechet J M J,et al. Light Harvesting and Energy Transfer in Laser Dye-Labeled Poly (Aryl Ether) Dendrimers. J. Am. Chem. Soc. ,2000,122,1175-1185.

[327] Brousmiche D W,Serin J M,Frechet J M J,et al. Fluorescence resonance energy transfer in a novel two-photon absorbing system. J. Am. Chem. Soc. ,2003,125: 1448-1449.

[328] Dichtel W R, Serin J M, Ohulchanskyy T, et al. Oxygen generation via two photon excited fluorescence resonance energy transfer. J. Am. Chem. Soc. ,2004.

[329] Hampp N,Bräuchle C,Oesterhelt D. Bacteriorhodopsin wildtype and variant aspartate. Nano-letters,2002,2: 919-923.

[330] He G S,Lin T C,Cui Y,et al. Two-photon excited intramolecular energy transfer and light harvesting effect in novel dendmitic systems. Opt. Lett. ,2003,28: 768-770.

[331] Kawabe Y,Wang L,Horinouchi S,et al. Amplified spontaneous emission from fluorescent-dye-doped DNA-surfactant complex films. Adv. Mater. ,2000,12: 1281-1283.

[332] Suyatin S,Tolstikhina D B,Trifonov A L,et al. Interfacial nanofabrication strategies in development of new functional nanomaterials and planar supramolecular nanostructures for nano-electronics and nanotechnology, microelectron. Eng. ,2003,69: 373-383.

[333] Kuznetsov Y G,Malkin A J,Lucas R W,et al. atomic force microscopy studies of icosahedral virus crystal growth,colloids and surfaces. Bio-interfaces,2000,19: 333-346.

[334] Lee S W,Mao C,Flynn C E,et al. Ordering of quantum dots using genetically engineered viruses. Science,2002, 296: 892-895.

[335] Mbindyo J K N,Reiss B D,Martin B R,et al. DNA-directed assembly of gold nanowires on complementary surfaces. Adv. Mater. ,2001,13: 249-254.

[336] Mertig M,Ciacchi L C,Seidel R,et al. DNA as a selective metallization template. Nano-letters,2002,2: 841-844.

[337] Prasad P N. Introduction to bio-photonics. New York: John Wiley & Sons,2003.

[338] Sarikaya M, Tanerkerm C M, Jen A K Y, et al. Molecular bio-mimetics: nanotechnology through biology. Nature Mater., 2003, 2: 577-585.

[339] Shamasky L M, Luong K M, Han D, et al. Photo-induced kinetics of bacteriorhodopsin in a dried Xerogel glass. Biosensors Bioelectronics, 2002, 17: 227-231.

[340] Wang Q, Lin T, Tang L, et al. Icosahedral virus particles as addressable nanoscale building blocks. Chem. Int. Ed., 2002, 41: 459-462.

[341] Whaley S R, English D S, Hu E L, et al. Selection of peptides with semiconductor binding specificity for directed nanocrystal assembly. Nature, 2000, 405: 665-668.

[342] Bunning T J, Kirkpatrick S M, Natarajan L V, et al. Electrically switchable grating formed using ultrafast holographic two-photon-induced photo-polymerization. Chem. Mater., 2000, 12: 2842-2844.

[343] Chou S Y, Chris K, Jian G. Ultrafast and direct imprint of nanostructures in silicon. Nature, 2002, 417: 835-837.

[344] Deckman H W, Dunsmuir J H. Natural lithography. Appl. Phys. Lett., 1982, 41: 377-379.

[345] Haynes C L, VanDuyne R P. Nano-sphere lithography: a versatile nanofabrication tool for studies of size-dependent nanoparticle optics. J. Phys. Chem., 2001, B 105: 5599-5611.

[346] Kawata S, Sun H B. Two-photon photo-polymerization as a tool for making micro-devices. Appl. Surf. Sci., 2003: 208-209, 153-158.

[347] Kik P G, Maier S A, Atwater, et al. plasmon printing—a new approach to near-field lithography. Mater. Res. Soc. Symp. Proc., 2002: 705, 66-71.

[348] Kuebler S M, Braun K L, Zhou W, et al. Design and application of high-sensitivity two-photon initiators for three-dimensional microfabrication. J. Photochem. Photobiol. A Chem., 2003, 158: 163-170.

[349] Kim H K, Sun Y B, Kawata. Graphene nanocomposite films. Journal of Physical Chemistry, 2013, C.

[350] Mirkin C A. Programming the assembly of two-and three-dimensional architectures with DNA and nanoscale inorganic building blocks. Inorg. Chem., 2000, 39: 2258-2274.

[351] Piner R D, Zhu J, Xu F, et al. Dip-pen nanolithography. Science, 1999, 283: 661-663.

[352] Prasad P N, Reinhardt B, Pudavar H, et al. Polymer-based new photonic technology using two photon chromophores and hybrid inorganic-organic nanocomposites. 219th ACS National Meeting, San Francisco, CA, March 26-30, 2000, Book of Abstracts (2000), POLY-338.

[353] Ramanujam P S, Holme N C R, Pedersen M, et al. Fabrication of narrow surface relief features in a side-chain azobenzene polyester with a scanning near-field microscope. J. Photochem. Photobiol. A: Chem., 2001, 145: 49-52.

[354] Rogers J A, Bao Z, Meier M, et al. Printing, molding, and near-field photolithographic methods for patterning organic lasers, smart pixels and simple circuits. Synth. Metals, 2000, 115: 5-11.

[355] Veinot J G C, Yan H, Smith S M, et al. Fabrication and properties of organic light-emitting nano-diode arrays. Nano Lett. 2, 333-335 (2002).

[356] Yin X, Fang N, Zhang X, et al. Near-field two-photon nanolithography using an apertureless optical probe. Appl. Phys. Lett., 2002, 81: 3663-3665.

[357] Zhang H, Chung S W, Mirkin C A. Fabrication of sub-50-nm solid-state nanostructures on the basis of dip-pen nanolithography. Nano Lett., 2003, 3: 43-45.

[358] Anglos D, Stassinopoulos A, Dos R N, et al. Random laser action in organic/inorganic nanocomposites. J. Opt. Soc. Am. A 12, 208-212 (2004).

[359] Ishijima A, Yanagida T. Single molecule nano-bioscience. Trends Biomed. Sci., 2001, 26: 438-444.

[360] Jiang Y, Jakubczyk D, Shen Y, et al. Nanoscale nonlinear optical processes: theoretical modeling of second-harmonic generation for both forbidden and allowed light. Opt. Lett., 2000, 25: 640-642.

[361] Kawata S, Ohtsu M, Irie M, ed. Nano-Optics. Berlin: Springer, 2002.

[362] McNeill J D, Barbara P F. NSOM investigation of carrier generation, recombination, and drift in a conjugated polymer. J. Phys. Chem., 2002, B 106: 4632-4639.

[363] Moerner W E, Fromm D P. Methods of single-molecule fluorescence spectroscopy and microscopy. Rev. Sci. Int., 2003, 74: 3597-3619.

[364] Shen Y, Swiatkiewicz J, Winiarz J, et al. Second-harmonic and sum-frequency imaging of organic nanocrystals with photon scanning tunneling microscope. Appl. Phys. Lett., 2000, 77: 2946-2948.

[365] Shen Y, Markowicz P, Winiarz J, et al. Nano-scopic study of second harmonic generation in organic crystals with collection-mode near-field scanning optical microscopy. Opt. Lett., 2001a, 26: 725-727.

[366] Drzaic P S. Liquid crystal dispersions. Singapore: World Scientific, 1995.

[367] Nalwa H S, ed. Handbook of organic-inorganic hybrid materials and nanocomposites. Vols. 1 and 2. Stevenson Ranch, CA: American Scientific Publishers, 2003.

[368] Ren H, Wu S T. Tunable electronic lens using a gradient polymer network liquid crystal. Appl. Phys. Lett., 2003, 82: 22-24.

[369] Ren H, Fan Y H, Wu S T. Prism grating using polymer stablized nematic liquid crystal. Appl. Phys. Lett., 2003, 82: 1-3.

[370] Choudhury R K, Samoc P. N, Charge carrier transport in poly: CdS quantum dot hybrid nanocomposite. J. Phys. Chem., 2013, B.

[371] Shvets G. Photonic approach to making a material with a negative index of refraction. Phys. Rev., 2003, B 67: 035109-1-035109-8.

[372] Sipe J E, Boyd R W. Nanocomposite materials for nonlinear optics in nonlinear optics of random media. In: Shalaev V M, ed. Topics in Applied Physics. Berlin: Springer, 2002.

[373] Wiersma D S, Cavaleri S. Temperature-controlled random laser action in liquid crystal infiltrated systems. Phys. Rev., 2002, E 66: 056612-1-056612-5.

[374] Winiarz J G, Prasad P N. Photorefractive inorganic-organic polymer-dispersed liquid crystal nanocomposite photosensitized with cadmium sulfide quantum dots. Opt. Lett., 2002, 27: 1330-1332.

[375] Benard M C, Chaussé A, Deliry E C, et al. Structure melting point, boiling point, density, molecular formula, molecul. Chem. Mater, 2010, 3450(15).

[376] Donhauser Z J, Manooth B A, Kelly K F, et al. Interpretation of Raman spectra of disordered and amorphous carbon. Science, 2013, 292.

[377] Hodneland C D, Mrksich M. Metal ion control of photo induced electron spin polarization in electron ground state. Journal of the American Chemical Society, 2012, 4235.

[378] Ipe B I, Thomas K G, Barazanuk S, et al. Quantum Mechanics/molecular mechanics-Replication-exchange and umbrella sampling. Journal of Physical Chemistry, 2013, B 117.

[379] Nakamura F, Hara M, Mol. Effectiveness removing organic and inorganic contaminates from aqueous solution. Journal of Physical Chemistry, 2016, 377.

[380] Girisun M, T C S, Rao S V. Super-paramagnetic and unusual nonlinear absorption switching behavior of an in situ decorated CdFe2O4-rGO nanocomposite. Journal of Materials Chemistry, 2017, C.

[381] Donhauser Z J, Price II D W, Tour J M, et al. Matrix viscosity and composition of a functionalized polymer on the phase structure of polypropy nanocomposites. J. Am. Chem. Soc., 2008, 11462.

[382] Janet G Y, Liu G Y. Radiation-induced effects in pyrochlores and nanoscale materials. Journal of Physical Chemistry, 2013, B 1128746.

[383] Smith R K, Reed S M, Lewis P A, et al. Vibronich enhancement of heterogenous body size and energy transport in photosynthetic complexes. Journal of Physical Chemistry, 2013, B 115 1119.

[376] Donhauser Z J, Manooth B A, Kelly K F, et al. Interpretation of Raman spectra of disordered and amorphous carbon. Science, 2013, 292.

[377] Hodneland C D, Mrksich M. Metal ion control of photo induced electron spin polarization in electron ground state. Journal of the American Chemical Society, 2012, 4235.

[378] Ipe B I, Thomas K G, Barazanuk S, et al. Quantum Mechanics/molecular mechanics-Replication-exchange and umbrella sampling. Journal of Physical Chemistry, 2013, B 117.

[379] Nakamura F, Hara M, Mol. Effectiveness removing organic and inorganic contaminates from aqueous solution. Journal of Physical Chemistry, 2016, 377.

[380] Girisun M, T C S, Rao S V. Super-paramagnetic and unusual nonlinear absorption switching behavior of an in

situ decorated CdFe2O4-rGO nanocomposite. Journal of Materials Chemistry,2017,C.

[381] Donhauser Z J,Price II D W,Tour J M,et al. Matrix viscosity and composition of a functionalized polymer on the phase structure of polypropy nanocomposites. J. Am. Chem. Soc. ,2008,11462.

[382] Janet G Y, Liu G Y. Radiation-induced effects in pyrochlores and nanoscale materials, Journal of Physical Chemistry,B 1128746,2013.

[383] Smith R K,Reed S M,Lewis P A,et al. Vibronich enhancement of heterogenous body size and energy transport in photosynthetic complexes. Journal of Physical Chemistry,2013,B 115 1119.

[391] Imabayashi S I,Hobara D,Kakiuchi T. Langmuir 17 (2001) 2560.

[392] Imabayashi S I, Hobara D, Kakiuchi T. Langmuir, Nanoscale α-MnS crystallites grown on N-S co-doped. J. Electroanal. Chem. ,2019,17: 2560.

[393] Lee I,Zheng H P,Rubner M F,et al. rGO long-life and high-capacity organic semiconductor crystallite based on sulfide. Adv. Mater. ,2020,572.

[394] Han S W, Lee I, Kim K. Langmuir, Role of Surface States and Defects in The Ultrafast Nonlinear Optical Properties of Cus Quantum Dots. Advanced Materials,2020,182.

[395] Loo Y L, Willett R L, Baldwin K W, et al. Reduced graphene oxide supported MnS nanotubes non-precious metal electrocatalyst for oxygen reduction reaction. J. Am. Chem. Soc. ,2018,224: 765.

[396] Hataor A,Weiss P S. Three-dimensional holey-graphene niobia composite architectures for ultrahigh-rate energy storage. Science,2019,1019.

[397] Geyer W, Stadler V, Eck W, et al. One-pot synthesis of γ-MnS/reduced graphene oxide with enhanced performance for aqueous asymmetric supercapacitors. Nanotechnology,2017 (6).

[398] Weeks B L,Noy A,Miller A E,et al. A high-quality CdSe quantum dots for tunable nonlinear absorption, Phys. Rev. Lett. ,2019,898-2505.

[399] Fakhri A,Kahi D S. Synthesis and characterization of MnS 2/reduced graphene oxide nano-hybrids for with photocatalytic and antibacterial activity. Journal of Photochemistry & Photobiology,2017,B: Biol.

[400] Voiry D, Yang J U, Kupferberg J. High-quality graphene via microwave reduction of solution-exfoliated graphene oxide. Science,2016 (6306).

[401] Salaun M, Kehagias N, Sahli B, et al. Directtop-down ordering of diblock copolymers through nanoimprint lithograph. J. Vac. Sci. Technol. ,2011,B 29: 06F208.

[402] Reboud V,Kehoe T,Kehagias N,et al. Advances in Nanoimprint lithography: 2D and 3D nano-patterning of surfaces by nanoimprint lithography, morphological characterization and photonic applications. Nanotechnology, Wiley,2010,8.

[403] Sotomayor-Torres C M, Reboud V. A view on nanoimprinted photonic components. 4th Asian Nanoimprint Lithography Symposium,2011.

[404] Sotomayor-Torres C M. Advanced nanoimprint lithography for 3D photonic structures. 13th European Doctoral School for Metamaterials,2009.

[405] Schift H. Nanpoimprint lithography: An old story in modern times? A review. J. Vac. Sci. Technol. ,2008,B 26: 458-480.

[406] Dhima K,Steinberg C,Möllenbeck S,et al. Experimental analysis for process control in hybrid lithography. J. Vac. Sci. Technol. ,2011,B 29: 06FC14.

[407] Scheer H C, Möllenbeck S, Mayer A, et al. Aspects of hybrid pattern definition while combining thermal nanoimprint with optical lithography. J. Vac. Sci. Technol. ,2010,B 28: C6M1-C6M6.

[408] Scheer H C,Bogdanski N,Wissen M,et al. Impact of glass temperature for thermal nanoimprint. J. Vac. Sci. Technol. ,2007,B 25: 2392-2395.

[409] Kehagias N, Zelsmann M, Choulkri M, et al. Low temperature direct imprint of polyhedral oligomeric silesquioxane (POSS) resist. Microelectron. Eng. ,2011,88: 1997-1999.

[410] Schift H,Bellini S,Gobrecht J,et al. Fast heating and cooling in nanoimprint using a spring-loaded adapter in a preheated press. Microelectron. Eng. ,2007,84: 932-936.

[411] Vogler M, Wiedenberg S, Mühlberger M, et al. Development of a novel, low-viscosity UV-curable polymer

system for UV-nanoimprint lithography. Microelectron. Eng. ,2007,84: 984-988.

[412] Merino S,Schift H,Retolaza A,et al. The use of automatic demoulding in nanoimprint lithography processes. Microelectron. Eng. ,2007,84: 958-962.

[413] Dealy J M,Larson R G. Structure and Rheology of molten polymers. Hanser Gardner,Cincinnati,2006.

[414] Kimoto Y, Shibata M, Nakamura S, et al. Comprehensive study on process time in thermal NIL. MNE Conf. ,2008.

[415] Bogdanski N,Wissen M,Möllenbeck S,et al. Thermal imprint with negligibly low residual layer. J. Vac. Sci. Technol. ,2006,B 24: 2998-3001.

[416] Auner C,Palfinger U,Gold H,et al. Residue-free room temperature UV-nanoimprinting of submicron organic thinfilm transistors. Organic Electronics,2009,10: 1466-1472.

[417] Landis S,Chaix N,Hermelin D,et al. Investigation of capillary bridges growth in NIL processes. Micro-electron. Eng. ,2007,84: 940-944.

[418] Bogdanski N,Wissen M,Möllenbeck S,et al. Challenges of residual layer minimization in thermal nanoimprint lithography. Proc. SPIE,2007,6533,65330Q.

[419] Okuda K,Nimii N,Kawata H,et al. Micro-nano mixture patterning by thermal-UV novel nanoimprint. J. Vac. Sci. Technol. ,2007,B 25: 2370-2372.

[420] Schuster C,Reuther R,Kolander A,et al. mr-NIL 6000LT—epoxy based curing resist for combined thermal and UV nanoimprint lithography below 50°C. Microelectr. Eng. ,2009,86: 722-725.

[421] Sjolding L H D,Teixidor G T,Emneus J,et al. Negative UV-NIL—a mix and match NIL and UV strategy for realization of nano-and micrometre structures. Microelectron. Eng. ,2009,86: 654-656.

[422] Peng C,Pang S W. Hybrid mold reversal imprint for three-dimensional and selective patterning. J. Vac. Sci. Technol. ,2006,B 24: 2968-2972.

[423] Scheer H C, Bogdanski N, Möllenbeck S, et al. Recovery prevention via pressure control in nanoimprint lithography. J. Vac. Sci. Technol. ,2009,B 27: 2882-2886.

[424] Wuister S F,Lammers J H,Kruijt-Stegeman Y W,et al. Squeeze-time investigations for step and flash imprint lithography. Microelectron. Eng. ,2009,86: 681-683.

[425] Morihara D, Hiroshima H, Hirai Y. Numerical study on bubble trapping in UV-nanoimprint lithography. Microelectron. Eng. ,2009,86: 684-687.

[426] Liang X G,Tan H,Fu Z,et al. Air bubble formation and dissolution in dispensing nanoimprint lithography. Nanotechnology,2007,18: 025303.

[427] Hiroshima H, Komuro M. UV-nanoimprint with the assistance of gas condensation at atmospheric environmental pressure. J. Vac. Sci. Technol. ,2007,B 25: 2333-2336.

[428] Truffier-Boutry D, Galand R, Beaurain A, et al. Mold cleaning and fluorinated anti-sticking treatments in nanoimprint lithography. Microelectron. Eng. ,2009,86: 669-672.

[429] Schift H, Park S, Jung B, et al. Fabrication of polymer photonic crystals using nanoimprint lithography. Nanotechnology,2006,16: S261-S265.

[430] Leveder T,Landis S,Davoust L,et al. Optimization of demolding temperature for throughput improvement of nanoimprint lithography. Microelectron. Eng. ,2007,84: 953-957.

[431] Tanabe Y,Jarzabek D, Matsue M,et al. Impact of demolding temperature on adhesion and friction forces in thermal NIL. MNE Conf. ,2008.

[432] Tallal J, Gordon M, Berton K, et al. AFM characterization of anti-sticking layers used in nanoimprint. Microelectron. Eng. ,2006,83: 851-854.

[433] Wu K,Wang X,Kim E K,et al. Experimental and theoretical investigation on surfactant segregation in imprint lithography. Langmuir,2007,23: 1166-1170.

[434] Okada M,Haruyama Y,Matsui S,et al. Evaluation of fluorine additive effect on cationic UV-nanoimprint resin. J. Vac. Sci. Technol. ,2011,B 29: 06FC04.

[435] Schift H, Spreu C, Saidani M, et al. Transarent hybrid polymer stamp copies withsub-50-nm resolution for thermal and UV-nanoimprint lithography. J. Vac. Sci. Technol. ,2009,B27: 2846-2849.

[436] Jung G Y, Li Z, Wu W, et al. Vapor-phaseself-assembled monolayer for improved mold release in nanoimprint. Langmuir, 2005, 21: 1158-1161.

[437] Scheer H C, Häfner W, Fidler A, et al. Quality assessment of anti-sticking layers-for thermal nanoimprint. J. Vac. Sci. Technol., 2008, B 26: 2380-2384.

[438] Okada M, Iwasa M, Nakamatsu K I, et al. Durability of anti-sticking layer against heat in nanoimprinting using scanning probe microscopy. Microelectron. Eng., 2009, 86: 657-660.

[439] Garidel S, Zelsmann M, Voisin P, et al. Structure and stability characterization of anti-adhesion self-assembled monolayers formed by vapor deposition for NIL. SPIE Proc., 2007, 6517: 65172C.

[440] Francone A, Iojoiu C, Poulain C, et al. Impact of the resist properties on the anti-sticking layer degradation in UV nanoimprint lithography. J. Vac. Sci. Technol., 2010, B 28: C6M72-C6M76.

[441] Taylor H, Boning D. Towards nanoimprint lithography-aware layout design checking. Proc. SPIE, 2010, 7641: 76410U.

[442] Sirotkin V, Svintsov A, Zaitsev S, et al. Coarse-grain simulation of viscous flow and stamp deformation in nanoimprint. J. Vac. Sci. Technol., 2007, B 25: 2379-2383.

[443] Mendels D A. Multi-scale modelling of nano-imprint lithography. Proc. SPIE, 2006, 6161: 615113.

[444] Hermans J V, et al. Overlay Progress in EUV Lithography Towards Adoption for Manufacturing. Proc. SPIE, 2011, 7969.

[445] Hermans J V, et al. Performance of the ASML EUV Alpha Demo Tool. In: Proc. SPIE, 2010, 7969.

[446] Hermans J V, et al. Stability and imaging of the ASML EUV Alpha Demo Tool. In: Proc. SPIE, 2009, 7271.

[447] Wallow T, et al. EUV resist performance: current assessment for sub-20nm imaging on NXE: 3300. In: Proc. SPIE8322, 2012.

[448] Mickan U, et al. Discussion of a simple EUV reticle model. In: Proc. European Mask Lithography Conf., 2005, 243.

[449] Mailfert J, Philipsen V, et al. 3D mask modeling for EUV lithography. In: Proc. SPIE 8322, 2012.

[450] Laidler D, et al. Mix and Match Overlay Optimization Strategy for Advanced Lithography Tools. In: Proc. SPIE 8326, 2012.

[451] Wagner C, Harned N, Kuerz P, et al. EUV into production with ASML's NXE platform. In: Proc. SPIE, 2010, 7636: 76361H-1-76361H-12.

[452] Eom T S, Park S, Park J T, et al. Comparative study of DRAM cell patterning between ArF immersion and EUVL. In: Proc. SPIE, 2009, 7271: 77115-1-727115-10.

[453] Taflove A, Hagness S C. Computational Electrodynamics. 3rd ed. Boston: Artech House, 2005.

[454] Lam M C, Neureuther A. Modeling methodologies and defect printability maps for buried defects in EUV mask blanks. In: Proc. SPIE, 2006, 6151: 61510D.

[455] Stearns D G, Mirkarimi P B, Spiller E. Localized defects in multilayer coatings. Thin Solid Films, 2004, 446: 37-49.

[454] Lee B, Park J T, Koo S, et al. Process overlay controllability in EUV lithography. International Symposium on EUV Lithography, Miami, Florida, 17 October 2011.

[455] Wood O, Gallagher E, Kindt L, et al. Impact of frequent particle removal on EUV mask lifetime. International Symposium on EUV Lithography, Kobe, Japan, 19 October 2010.

[456] Seo H S, Kim T G, Huh S, et al. Readiness and requirements for EUVL mask blank in each HP node. International Symposium on EUV Lithography, Miami, Florida, 19 October 2011.

[457] Goethals A, Niroomand A, Hosokawa K, et al. EUV resist performance update on ADT and NXE: 3100 scanner. International Symposium on EUV Lithography, Miami, Florida, 17 October 2011.

[458] Gallagher E, Badger K, Kindt L, et al. EUV masks: ready or not. International Symposium on EUV Lithography, Miami, Florida, 17 October 2011.

[459] Nagai S, Kato H, Schefske J, et al. Overlay control study mitigating wafer leveling/clamping effect on Alpha Demo Tool. International Symposium on EUV Lithography, Miami, Florida, 17 October 2011.

[460] Hermans J, Laidler D, Pigneret C, et al. Overlay progress in EUV lithography towards adoption for

manufacturing. In: Proc. SPIE,2011,7969: 79691M-1-79691M-13.

[461] Liang T, Yan P Y, Zhang G, et al. Critical assessment of substrate and mask blank readiness. International Symposium on EUV Lithography, Miami, Florida, 17 October 2011.

[462] Stearns D G, Mirkarimi P B, Spiller E. Localized defects in multilayer coatings. Thin Solid Films, 2004, 446: 37-49.

[463] Lee B, Park J T, Koo S, et al. Process overlay controllability in EUV lithography. International Symposium on EUV Lithography, Miami, Florida, 17 October 2011.

[464] Seo H S, Huh S, Kang I Y G, et al. Readiness and requirements for EUVL mask blank in each hp node. International Symposium on EUV Lithography, Miami, Florida, 19 October 2011.

[465] Smerieri, Vandoorne K, Bienstman P, et al. High-performance photonic reservoir computer based on a coherently driven passive cavity. Optica, 2015, 2: 438-446.

[466] Larger L, Baylón-Fuentes A, Martinenghi R, et al. High-speed reservoir computing using a time-delay-based architecture: photonic words per second classification. Phys. Rev., 2017, X 7, 011015.

[467] Duport F, Smerieri A, Akrout A, et al. Fully analogue photonic reservoir computer. Sci. Rep., 2016, 6, 22381.

[468] Vinckier Q, Bouwens A, Haelterman M, et al. Autonomous all-photonic processor based on reservoir computing paradigm. Optical Society of America, 2016.

[469] Antonik P, Duport F, Hermans M, et al. IEEE Online training of an opto-electronic reservoir computer applied to real-time channel equalization. Transactions on Neural Networks and Learning Systems, 2016: 1-13.

[470] Antonik P, Hermans M, Haelterman M, et al. Towards adjustable signal generation with photonic reservoir computers. International Conference on Artificial Neural Networks, Vol. 9886, 2016.

[471] Kovac A D, Koall M, Pipa G, et al. Persistent memory in single node delay-coupled reservoir computing. PLOS, 2016, ONE Il: 1-15.

[472] de Wolf R. Quantum computing. Amsterdam, 2018.

[473] Antonik P, Haelterman M, Massar S. Online training for high-performance analogue readout layers in photonic reservoir computers. Cognitive Computation, 2017: 1-10.

[474] Litty V, Thekkekara, Gu M. Bioinspired fractal electrodes for solar energy storage, 2017.

[475] Krasulick, et al. Method and system for heterogeneous substrate bonding for photonic integration. Patent Application Publication, United States, US 20180052283Al 2018.

[476] Hoffmann M C, et al. Femtosecond profiling of shaped X-ray pulses. New J. Phys., 2018, 20(03): 30083012.

[477] Coughlin T, Hoyt R, Handy J. Digital Storage and Memory Technology. Part 1. IEEE, November, 2017.

[478] Mal T Q, Kapustin E A, Yin S X. Single-crystal X-ray diffraction structures of ovalent organic frameworks. Science, 2018, 361: 48-52.

[479] Leemann S C, Byrne W, Venturini M, et al. A novel 7 balattice for a 196m circumference diffraction-limited soft X-ray storage. Ternational Particle Accelerator Conference JAC0W Publishing, 2018.

[480] Wolter A, Fruscione A. The X-ray luminosity function of ultra-luminous X-ray Sources in collisional ring galaxies. Draft version, June 8, 2018.

[481] Bajt S, Prasciolu M, Fleckenstein H, et al. X-ray focusing with efficient high-NA multilayer Laue lenses. Light Science & Applications, 2018, 7.

[482] Vetter A, Kirner R, Opalevs D, et al. Printing sub-micron structures using Talbot mask-aligner lithography with a 193nm CW laser light source. Optics Express, 13 Aug, 2018.

[483] Krasulick et al. Method and system for heterogeneous substrate bonding for photonic integration. Patent Application Publication, United States, US 20180052283M, 2018.

[484] Ma L J, Slattery O, Tang X. Optical quantum memory based on electromagnetically induced transparency. J. Opt., 2017, 19.

[485] Urick V J. Considerations and application opportunities for integrated microwave photonics. Optical Society of America, 2018, 07, M2B.

[486] Micheloni R, Crippa L. Solid state drives. Springer International Publishing AG, 2017.

[487] Purlysl V, Gaileviciusl D, Stasevicius I. Influence of Laser Wavelength on Direct Laser Writing Thresholds.

Laser Research Center, Department of Quantum Electronics, 10, I-T-10222, Vilnius, Lithuania, 2017.

[488] Marcu L, Boppart S A, Hutchinson M R, et al. Bio-photonics: the big picture. Journal of Biomedical Optics, 2018, 23(2): 021103.

[489] Antonik P, Haelterman M, Massar S. Online training for high-performance analogue readout layers in photonic reservoir computers. Cognitive Computation, 2017: 1-10.

[490] Cupta K. Micro and Precision Manufacturing. Berlin: Springer, 2018.

物理-化学常数

符　　号	名称及定义	数　　值
c	真空中光速	299 792 458m/s
h	Planck 常数	$6.626\ 070\ 040\ 81\times10^{-34}$ J·s
$\hbar$	约化 Planck 常数 ($\hbar\equiv h/2\pi$)	$1.054\ 571\ 726\ 47\times10^{-34}$ J·s $=6.582\ 119\ 281\ 5\times10^{-22}$ MeV
e	电子电荷量	$1.602\ 176\ 565\ 35\times10^{-19}$ C $=4.803\ 204\ 501\ 1\times10^{-10}$ esu
F	Faraday 常数	96 485.336 5A·s/mol
$\hbar c$	热功转换当量	197.326 971 844 MeVfm
$(\hbar c)^2$	热功转换常数	0.389 379 338 17 GeV^2 mbarn
N_A	阿伏伽德罗常量(用于原子量标定)	$6.022\ 141\ 99\times10^{23}\ \mathrm{mol}^{-1}$
m_e	电子质量	$0.510\ 998\ 928\ 11\mathrm{MeV}/c^2$ $=9.109\ 382\ 914\times10^{-31}$ kg
m_p	光子质量	$938.272\ 046\ 21\ \mathrm{MeV}/c^2$ $=1.672\ 621\ 777\ 74\times10^{-27}$ kg $=1\ 836.152\ 672\ 457m_e$
mu	电子质量常数	$1.660\ 538\ 921\ 73\times10^{-27}$ kg
λ	光波长	蓝光波长 λ=405nm
λ_{cp}	Compton 质子波长	$1.321\ 4\times10^{-15}\mathrm{m}=1.321\ 4\times10^{-6}\mathrm{nm}$
λ_{ce}	Compton 电子波长	$2.426\ 3\times10^{-12}\mathrm{m}=2.426\ 3\times10^{-3}\mathrm{nm}$
m_d	氘核质量	$1\ 875.612\ 859\ 41\ \mathrm{MeV}/c^2$
ε_0	自由空间的介电常数	$1/\mu_0 c^2=8.854\ 187\ 817\cdots\times10^{-12}\ \mathrm{F\cdot m^{-1}}$
μ_0	自由空间磁导率	$4\pi\times10^{-7}\ \mathrm{N\cdot A^{-2}}=12.566\ 370\ 614\times10^{-7}\ \mathrm{A}^{-2}$
α	精细结构常数经典电子半径	$e^2/4\pi\varepsilon_0\hbar c=7.297\ 352\ 566\ 417\times10^{-3}$
re	经典电子半径	$e^2/4\pi\varepsilon_0 m_e c^2=2.817\ 940\ 326\ 727\times10^{-15}$ m
a_∞	Bohr 半径($m_{\mathrm{nucleus}}=1$)	$4\pi\varepsilon_0\hbar^2/m_e e^2=r_e\alpha^{-2}0.529\ 177\ 210\ 921\times10^{-10}$ m
$h_c/(1\mathrm{eV})$	1eV/c 粒子波长	$1.239\ 841\ 930\ 27\times10^{-6}$ m
hcR_∞	Rydberg 能量	$m_e e^4/2\ (4\pi\varepsilon_0)^2\hbar^2=m_e c^2\alpha^2=213.605\ 692\ 533\ 0\mathrm{eV}$
σ_T	Themson 散射截面	$8\pi r^2 e/3=0.665\ 245\ 873\ 413$barn
μ_B	Bohr 磁子	$e\hbar/2m_e=5.788\ 381\ 806\ 638\times10^{-11}$ MeV/T
μ_N	核磁子	$e\hbar/2m_p=3.152\ 451\ 260\ 522\times10^{-14}$ MeV/T
ω_{cycl}^e	电子回旋频率	$e/m_e=1.758\ 820\ 088\ 39\times10^{11}$ rad/(s·T)

续表

符　　号	名称及定义	数　　值
ω_{cycl}^{p}	质子回旋频率	$e/m_p=9.578\ 833\ 582\ 1\times10^{7}\ rad/(s\cdot T)$
G_N	万有引力常数	$6.673\ 848\times10^{-11}\ m^3/(kg\cdot s^2)$ $=6.708\ 378\times10^{-39}\hbar c(GeV/c^2)^{-2}$
g_N	标准重力加速度	$9.806\ 65m/s^2$
k	Boltzmann 常数	$1.380\ 648\ 813\times10^{-23}J/K$ $=8.617\ 332\ 478\times10^{-5}eV/K$
V_m	理想气体摩尔体积	$22.413\ 968\ 2\times10^{-3}\ m^3/mol$
b	热辐射维恩位移定律	$\lambda_{max}T=2.897\ 772\ 126\times10^{-3}mK$
σ	Stefan-Boltzmann 常数	$\pi^2k^4/60\hbar^3c^2=5.670\ 373\ 21\times10^{-8}W/(m^2\cdot K^4)$
$GF/(\hbar c)^3$	Feimi 耦合常数	$1.166\ 378\ 76\times10^{-5}GeV^{-2}$
$\sin^2\hat{\theta}(M_z)\ (\overline{M}S)$	弱混合角	0.231 161 2
$GM(\delta_{TPA})$	光吸收截面	$1GM=1\times10^{-50}\ cm^4\cdot s/(mol\cdot photon)$
m_W	玻色子质量	$80.385\ 15GeV/c^2$
m_z	z_0 玻色子的质量	$91.187\ 621GeV/c^2$
e	电子常数(Euler 数)	$e=2.718\ 281\ 828\ 459\ 045\ 235$
γ	Euler-Mascheroni 常数	$\gamma=0.577\ 215\ 664\ 901\ 532\ 86$
$\alpha_s(m_z)$	强耦合常数	0.118 47

附录B

常用数学符号

符　号	名　称	定　义	用　法
$+$	加法 逻辑符号“或”(OR)	几个值之和 逻辑或	$3+5=8$ $\neg(A+B)=\neg A * \neg B$
$*$	乘法符号 逻辑符号“和”(AND)	两值相乘 逻辑“和”	$3\times5=15$ $\neg(A*B)=\neg A+\neg B$
$x(\cdot)$	双值乘积	乘法符号	$3\times5=3\cdot5=15$
$/(\div)$	除法符号	除法	$3/4=3\div4=0.75$
$\sum$	西格玛(sigma)	级数范围内所有值之和	$\sum x_i = x_1+x_2+\cdots+x_n$
$\sum\sum$	双西格玛(sigma)	两组级数之总和	$\sum_{j=1}^{2}\sum_{i=1}^{S}x_{i,j} = \sum_{i=1}^{S}x_{i,1}+\sum_{i=1}^{S}x_{i,2}$
$\prod$	连乘符号	三以上至无穷多值乘积	$\prod x_i = x_1\cdot x_2\cdot\cdots\cdot x_n, \prod_{n=1}^{+\infty}\frac{1}{n}$
$f(x)$	x 的函数	$f(x)$的映射值 x	$f(x)=3x+5$
$\frac{\mathrm{d}y}{\mathrm{d}x}$	导数	也称一阶导数或拉格朗日符号	$\mathrm{d}(3x^3)/\mathrm{d}x=9x^2$
$\frac{\mathrm{d}^2y}{\mathrm{d}x^2}$	二阶导数	导数的导数	$\mathrm{d}^2(3x^3)/\mathrm{d}x^2=18x$
$\frac{\mathrm{d}^ny}{\mathrm{d}x^n}$	n 阶导数	进行 n 次导数运算	$f(x)=x^n/(1-x)$
$\dot{y}$	时间导数	时间的导数，又称 Newton 符号	$\mathrm{d}x/\mathrm{d}t$
$\ddot{y}$	二次时间导数	时间导数的导数	$\mathrm{d}^2x/\mathrm{d}t^2$
$\frac{\partial f(x,y)}{\partial x}$	偏导数	多元变量的导数	$\partial(x^2+y^2)/\partial x=2x$
$\int$	积分	积分运算	$\int x^2\mathrm{d}x=x^3/3+c$
$\iint$	双积分	对两个变量积分	$\iint f(x,y)\mathrm{d}x\mathrm{d}y$

续表

符　号	名　称	定　义	用　法
$\iiint$	三重积分	对函数的3个变量积分	$\iiint f(x,y,z)\mathrm{d}x\mathrm{d}y\mathrm{d}z$
$\oint$	封闭线积分	封闭环线上线积分	$\oint F(x)\mathrm{d}x$
$\oiint$	封闭曲面积分	封闭曲线内全部面上积分	$\oiint F(x,y)\mathrm{d}x\mathrm{d}y$
$\oiiint$	封闭曲体积分	在封闭空间内的三维积分	$\oiiint F(x,y,z)\mathrm{d}x\mathrm{d}y\mathrm{d}z$
$\otimes$	张量积	A 和 B 的张量乘积	$A\otimes B$
$\langle x,y\rangle$	内积	两个矢量的标量函数,也称点积	$\langle v,w\rangle=\langle w,v\rangle$
$\sqrt{a}$	平方根	开方	$\sqrt{a}\cdot\sqrt{a}=a,\sqrt{9}=\pm 3$
$\sqrt[3]{a}$	立方根	开3次方	$\sqrt[3]{8}=2$
$\sqrt[4]{a}$	四次根	开4次方	$\sqrt[4]{16}=\pm 2$
$\sqrt[n]{a}$	n 次根	开 n 次方	$n=3$ 时,$\sqrt[3]{8}=2$
^	指数符号	指数符号	$2\ \hat{}\ 5=2^5=32$
!	惊叹号	阶乘符号:$n!=1\cdot 2\cdot\cdots\cdot n$	$5!=1\cdot 2\cdot 3\cdot 4\cdot 5=120$
${}_nP_k$	排列	排列的定义:${}_nP_k=\frac{n!}{(n-k)!}$	${}_5P_3=5!/(5-3)!=60$
${}_nC_k\binom{n}{k}$	组合	定义:${}_nC_k=\binom{n}{k}=\frac{n!}{k!(n-k)!}$	${}_5C_3=5!/[3!(5-3)!]=10$
…	延续符号	多量延续	$S=\{1,2,\cdots\}$
:	冒号	冒号,比例符号	$2:4=20:40$ $\exists x:x>4$ and $x<5$ $\forall x:x<0$ or $x>-1$
|	垂直线	逻辑符号,用于限定或分割范围	$\exists x\mid x>4$ and $x<5$ $\forall x\mid x<0$ or $x>-1$ $S=\{x\mid x<3\}$
::	双冒号	逻辑计算符号	$3::11=(3+11)/2=7$
∞	双扭线符号	无穷大数值	$\forall x:x<+\infty$
( )	圆括号	括号	$(a_1,a_2,a_3,a_4)(3,5)$
[ ]	方括号	第二级括号	$w+[(x+y)+z],[3,5]$
( ]	混合括号	半开放	$(a,b]$
[ )	混合括号	半开放	$[a,b)$
{ }	卷曲括号	多用于量化数字	$E=\{2,4,6,8,\cdots\}$

续表

符　　号	名　　称	定　　义	用　　法
$=$	等号	符号两端值相等	$-(-5)=5$
$\sim$	相似符号	成比例关系	$\triangle ABC\sim\triangle DEF$
$\approx$	近似符号	两值接近	$x\approx y$
$\cong$	符合符号	相同或相似	$\triangle ABC\cong\triangle XYZ$
$\neq$	不等	两值不等	$x\neq y$
$<$	差异符号	左边小于右边	$3<5$
$\leqslant$	不等式符号	左边小于或等于右边	$x\leqslant y$
$>$	差异符号	右边小于左边	$5>3$
$\lvert\ \rvert$	绝对值符号	数字原值	$\lvert -3\rvert=3$
$\triangle$	三角形符号	三角形	$\triangle ABC,\triangle DEF$
$\perp$	垂直符号	几何符号	$L\perp M$
$/\!/$	平行符号	几何符号	$L/\!/M$
$\angle$	角度符号	几何符号	$\angle ABC=\angle DEF$
$\exists$	相关符号	逻辑关系符号	$\exists x:x>4,x<5$
$\forall$	倒 A 符号	全称量词符号	$\forall x:x<0,x>-1$
$\neg$	逻辑负	逻辑关系符号	$\neg(\neg A)\ A$
$\rightarrow$	单箭头	连带逻辑关系符号	$A\rightarrow B$
$\leftrightarrow$	双箭头	逻辑相等符号	$A\leftrightarrow B$
$\in$	包容符号	包含的元素及数字	$3\in A,A=\{3,9,14\}$
$\notin$	不包容符号	不包含的元素及数字	$A=\{3,9,14\},1\notin A$
$\subseteq$	子集符号	A 等于或小于 B 数字集合	$A\subseteq B,\{9,14,28\}\subseteq\{9,14,28\}$
$\supseteq$	子集符号	A 等于或大于 B 数字集合	$A\supseteq B\{9,14,28\}\supseteq\{9,14,28\}$
$\subset$	真子集符号	A 一定在 B 以内，不超过 B	$A\subset B,\{9,14\}\subset\{9,14,28\}$
$\supset$	真子集符号	A 一定在或大于 B 范围	$A\supset B,\{9,14,28\}\supset\{9,14\}$
$\cup$	并集	子集相似符号代表 A,B 向上一致（相符）	$A\cup B=B\cup A$
$\cap$	交集	A,B 向下一致（相符）	$A\cap B=B\cap A$
$A\not\subset B$	子集不等	左边与右边不一致（相符）	$\{9,66\}\not\subset\{9,14,28\}$
$A\not\supset B$	子集不等	右边与左边不一致（相符）	$\{9,14,28\}\not\supset\{9,66\}$
$\varnothing$	空值符号	没有数值，即 $\varnothing=\{\ \}$	$C=\{\varnothing\}$

附录 C

理论计算符号

符　　号	名　　称	定　　义	用 法 举 例
$\lim\limits_{x\to x_0} f(x)$	极限	获取函数最大极限值	
ε	epsilon	代表接近于零的微小值	$\varepsilon\to 0$
y'	导数	函数值增量	$(3x^3)'=9x^2$
y''	二阶导数	导数的导数	$(3x^3)''=18x$
$y^{(n)}$	n 阶导数	导数的 n 阶导数	$(3x^3)^{(3)}=18$
i	虚数单位	$\mathrm{i}\equiv\sqrt{-1}$	$z=3+2\mathrm{i}$
z^*	共轭复数	$z=a+b\mathrm{i}\to z^*=a-b\mathrm{i}$	$z^*=3+2\mathrm{i}$
z	共轭复数	$z=a+b\mathrm{i}\to z=a-b\mathrm{i}$	$z=3+2\mathrm{i}$
∇	梯度	矢量分析散度算子	$\nabla f(x,y,z)$
$\mathcal{L}$	Laplace 变换	积分变换	$F(s)=\mathcal{L}\{f(t)\}$
$\mathcal{F}$	傅里叶变换	以三角函数(正弦和/或余弦函数)表示的变换,例如光学傅里叶变换	$X(\omega)=\mathcal{F}\{f(t)\}$
δ	Delta 函数	广义函数,本书中常用于表示质点、电荷的密度分布	
x	矢量	具有方向性的物理量	
$\hat{x}$	矢量单位	例如以上各种物理量的单位	$\hat{i}=\begin{bmatrix}1\\0\\0\end{bmatrix},\hat{j}=\begin{bmatrix}0\\1\\0\end{bmatrix},\hat{k}=\begin{bmatrix}0\\0\\1\end{bmatrix}$
AB	直线	A、B 点间连线	
$\overrightarrow{AB}$	矢量线	A、B 点间带有方向性连线	

续表

符 号	名 称	定 义	用法举例
$\|x-y\|$	距离	x、y 点间直线距离	$\|x-y\|=5$
a^b	幂	指数	$2^3=8$
a ^ b	指数符号	b 为 a 的指数	2 ^ 3 $=2^3=8$
%	百分比	1%=1/100	10%×30=3
‰	千分比	1‰=1/1000=0.1%	10‰×30=0.3
=,≙	等号	等号及按定义指定的等号	A≙B
≪	超小符号	左边大大小于右边	1≪ 1 000 000
≫	超大符号	左边大大超过右边	1 000 000≫1
$\lfloor x \rfloor$	下取整括号	代表取整函数 x 的最小整数	$\lfloor 4.3 \rfloor \to 4$
$\lceil x \rceil$	上取整括号	代表取整函数 x 的最大整数	$\lceil 4.3 \rceil \to 5$
$(f \circ g)$	组合函数	$(f \circ g)(x)=f(g(x))$	$g(x)=x-1 \Rightarrow (f \circ g)(x)=3(x-1)$
Δ	delta	代表微小变化或差值	$\Delta t=t_1-t_0$
Δ	判别式函数	典型的判别式函数为平方二次函数式	$\Delta=b^2-4ac$
φ	黄金比例	即黄金分割常数：0.618	$\sqrt{(5-1)/2}$
$\|A\|$	矩阵	A 的矩阵表示为 $\|A\|$	
$\det(A)$	矩阵	同样表示 A 的矩阵表示为 $\|A\|$	
$\\|x\\|$	双垂直符号	X 的矢量的范数	
A^{T}	转置符号	代表转置矩阵	$(A^{\mathrm{T}})_{ij}=(A)_{ji}$
$A^{\dagger}(A^{*})$	Hermit 矩阵符号	Hermite 矩阵，又称对角线矩阵，其对角线上的元素都是实数	$(A^{\dagger})_{ij}=(A)_{ji}$
A^{-1}	逆矩阵	如果矩阵可逆，逆矩阵与其伴随矩阵之间只差一个系数	$AA^{-1}=I$
$\mathrm{rank}(A)$ $\dim(U)$	矩阵秩 矩阵维	矩阵 A 的秩就是此矩阵中的各线性子空间的维数	$\mathrm{rank}(A)=3$ $\mathrm{rank}(U)=3$
$\mathcal{P}(A)$	汇聚符号	包含 A 中全部子集	
A^c	补充符号	A 中没有的补充(附加)量	
$A\backslash B$ $A-B$	相关补集	A 中有，B 中没有的量	$A=\{3,9,14\}$，$B=\{1,2,3\}$， $A\backslash B=\{9,14\}=A-B$
$A\Delta B$ $A\ominus B$	对称差异	A 或 B 中差异是交叉对称的	$A=\{3,9,14\}$，$B=\{1,2,3\}$，$A\Delta B=\{1,2,9,14\}$ $A\ominus B=\{1,2,9,14\}$
$A\times B$	笛卡儿乘积	A 中的组元也是 B 的集合	若 $A=\{a,b\}$，$B=\{0,1,2\}$，$A\times B=\{(a,0),(a,1),(a,2),(b,0),(b,1),(b,2)\}$ $B\times A=\{(0,a),(0,b),(1,a),(1,b),(2,a),(2,b)\}$
$\|A\|$，#A	基数	$\|A\|$(或 #A)为 A 的基数	$A=\{3,9,14\}$，$\|A\|=3$
U	通用值	代表各种可能的数值	

续表

符　号	名　称	定　义	用法举例
$\mathbb{N}_0$	包括 0 的自然数	$\mathbb{N}_0=\{0,1,2,\cdots\}$	$0\in\mathbb{N}_0$
$\mathbb{N}_1$	不包括 0 的自然数	$\mathbb{N}_1=\{1,2,\cdots\}$	$6\in\mathbb{N}_1$
$\mathbb{Z}$	整数	$\mathbb{Z}=\{\cdots-2,-1,0,1,2,\cdots\}$	$-6\in\mathbb{Z}$
$\mathbb{Q}$	有理数	$\mathbb{Q}=\{x\|x=a/b,a,b\in\mathbb{N}\}$	$2/6\in\mathbb{Q}$
$\mathbb{R}$	实数	$\mathbb{R}=\{x\|-\infty<x<+\infty\}$	$6.343\,434\in\mathbb{R}$
$\mathbb{C}$	复数	$\mathbb{C}=\{z\|z=a+bi,-\infty<a<+\infty,-\infty<b<+\infty\}$	$6+2i\in\mathbb{C}$
Ω	omega	目标值(阻值)	$R_2=330\Omega$
ω	omega	有限系数、角速度、周期	$\omega=36\,000\text{rad/s},\omega=1/60\text{s}$
$\mathbb{N}$,N	增强数	增强正整数	$\mathbb{N}=\{0,1,2,3,\cdots\}$
$\mathbb{Z}$,Z	增强整数	增强自然数	$\mathbb{Z}=\{0,1,-1,2,-2,3,-3,\cdots\}$
$\mathbb{Q}$,Q	合理数	任意明确值	$\mathbb{Q}=\{a/b\|a,b$ 为自然数$\mathbb{Z}\}$
$\mathbb{R}$,R	增强 R 值	代表明确的实数	$\mathbb{R}$ 基数

附录D 概率分析计算符号

符　号	名　称	定　义	用　法
$P(A)$	概率函数	A 的概率	$P(A)=0.5$
$P(A\cap B)$	交集概率	A 和 B 的综合概率	$P(A\cap B)=0.5$
$P(A\cup B)$	同时发生概率	A 或 B 两个事件同时发生的概率	$P(A\cup B)=0.5$
$P(A\|B)$	条件概率函数	A 引发 B 的概率	$P(A\|B)=0.3$
μ	总值	统计总体均值	$\mu=10$
$E(X)$	期待值	随机变量 X 的期待值	$E(X)=10$
$E(X\|Y)$	条件期待值	对于给定的 Y 值，随机变量 X 的期待值	$E(X\|Y=2)=5$
$\mathrm{var}(X)$	方差	随机变量 X 的方差	$\mathrm{var}(X)=4$
σ^2	总方差	统计总体均值的方差	$\sigma^2=4$
$\mathrm{std}(X)$	标准偏差	随机变量 X 的标准偏差	$\mathrm{std}(X)=2$
σ_X	偏差值	随机变量 X 的偏差	$\sigma_X=2$
$\widetilde{X}$	中值	随机变量 X 的中值	$\widetilde{X}=5$
$\mathrm{cov}(X,Y)$ $\mathrm{corr}(X,Y)$	协方差	随机变量 X 和 Y 的协方差	$\mathrm{cov}(X,Y)=4$
$\rho_{X,Y}$	相关性	随机变量 X 和 Y 的相关性	$\rho_{X,Y}=3$
MR	中值	最大，最小平均值	$MR=(x_{\max}+x_{\min})/2$
Md	抽样中值	低于统计总体均值的半数	
Q_1	四分数	低于统计总体均值的 25%	
Q_2	半数	低于统计总体均值的 50%	
Q_3	第三分数	低于统计总体均值的 75%	
x	采样	算术平均值	$x=(2+5+9)/3=5.333$
s^2	抽样方差	采样估计平均值	$s^2=4$
s	样本标准偏差	样本估计标准偏差	$s=2$
z_x	z 标准分数	总平均数差除以标准差	$z_x=(x-x)/s_x$
$X\sim$	X 分布	随机变量 X 的分布	$X\sim N(0,3)$
$N(\mu,\sigma^2)$	正态分布	Gamma 分布	$X\sim N(0,3)$
$U(a,b)$	均匀分布	在 a,b 范围内的概率相等	$X\sim U(0,3)$
$\exp(\lambda)$	指数分布	每单位时间内发生的事件的次数	$f(x)=\lambda\mathrm{e}^{-\lambda x},x\geqslant 0$
$\mathrm{gamma}(c,\lambda)$	Gamma 分布	Gamma 分布属于连续概率分布函数，主要用于表示独立随机事件发生的时间间隔	$f(x)=\lambda cx^{c-1}\mathrm{e}^{-\lambda x}/\Gamma(c),x\geqslant 0$
$\chi^2(k)$	卡方(Chi-square)分布	K 自由度的 K 独立随机变量的标准正态分布平方和	$f(x)=x^{k/2-1}\mathrm{e}^{-x/2}/(2^{k/2}\Gamma(k/2))$

续表

符　　号	名　　称	定　　义	用　　法
$F(k_1,k_2)$	分布函数	用于定义概率分布特性的函数	F 分布
$\text{Bin}(n,p)$	二项式分布	二项式分布主要用于统计数据精确度校验	$f(k)={}_nC_k p^k(1-p)^{n-k}$
$\text{Poisson}(\lambda)$	Poisson 分布	概率论中最常见到离散概率分布，指单位时间内随机事件的发生的平均概率	$f(k)=\lambda^k e^{-\lambda}/k!$
$\text{Geom}(p)$	几何分布	离散型概率分布，指数分布的离散模拟	$f(k)=p(1-p)^k$

附录E 测量单位符号

符　号	名　称	定　义	数　值
m	米	光速的 299 792 458 分之一	1m=c/299 792 458
Å(cm^{-1})	埃	长度单位 1Å=0.1nm	1Å=10^{-10}s
s	秒	时间测量单位	1hour=3600s
′	分	角度单位 1°=60′	α=60°59′
″	弧秒	角度单位 1′=60″	α=60°59′59″
m	milli-毫	1×10^{-3}	1ms=10^{-3}s
μ	micro-微	1×10^{-6}	1μs=10^{-6}s
n	nano-纳	1×10^{-9}	1ns=10^{-9}s
p	pico-皮	1×10^{-12}	1ps=10^{-12}s
f	femto-飞	1×10^{-15}	1fs=10^{-15}s
fa	fatto-阿	1×10^{-18}	1fas=10^{-18}s
z	zepto-仄	1×10^{-21}	1zs=10^{-21}s
ppm	百万分之一	1ppm=1/10^6	300ppm=0.0003
ppb	十亿分之一	1ppb=1/10^9	300ppb=0.0000003
ppt	万亿分之一	1ppt=1/10^{12}	300ppb=3×10^{-10}
π	pi	圆周率 π=3.141 592 653 589 793 238	circular area=$r^2\pi$
rad	弧度单位	角弧度单位	360°=2π rad
grad	弧度单位	百分度制角弧度	360°=400grad
sr	球面度立体角单位	对于一个完整球面 S：$\iint_s \sin\theta d\theta d\phi = 4\pi$	1sr=$(180/\pi)^2$ 度
h	时	时间单位 1 天=24h	1h=60min
in	英寸	长度单位 1in=0.0254m	12in=31.2cm
dyne	达因	力学单位 1dyne=10^{-5}N	1kg=9.8N=9.8dyne10^5
J	焦[耳]	能量单位 1J=1kg·m^2/s^2=2.78×10^{-7}kW·h	
erg	尔格	能量单位 1erg=10^{-7}J	
V	伏[特]	电压单位 1V=1kg·m^2·s^{-3}·A^{-1}	1mV=0.001V
W	瓦[特]	功率单位 1W=1kg·m^2·s^{-3}	1mW=0.001W
W·h	瓦·时	能量单位 1W·h=3600J	1kW·h=1000W·h
eV	电子伏特	能量单位 1eV=1.602 176 565(35)$\times10^{-19}$J	
eV/c^2	梅斯	质量 1eV/c^2=1.782 661 845(39)$\times10^{-36}$kg	
0℃	摄氏温度	0℃=273.15K(Kelvin 温度)	
Torr	托	压力单位 760Torr=101 325Pa=1atm	

续表

符　号	名　称	定　义	数　值
b	bit(比特)	最小数字单位	数据传输速率 1Mb/s=10^6 b/s
B	Byte(字节)	数字单位 1B=8b	
k	kilo	10^3	1KB=1024B
M	Mega	10^6	1MB=1024KB
G	Giga	10^9	1GB=1024MB
T	Tera	10^{12}	1TB=1024GB
P	Peta	10^{15}	1PB=1024TB
E	Exa	10^{18}	1EB=1024PB
Z	Zetta	10^{21}	1ZB=1024EB
Y	Yotta	10^{24}	1YB=1024ZB

索引